TECHNOLOGIE

DER

GESPINNSTFASERN.

VOLLSTÄNDIGES HANDBUCH

DER SPINNEREI, WEBEREI UND APPRETUR

HERAUSGEGEBEN

VON

DR. HERMANN GROTHE

Ingenieur, Docent etc., ehem. Weberei- und Spinnereidirector, Commandeur des kais. russ. Stanislausordens, Offizier des ital. Ordens von St. Maurice und St. Lazarus, Ritter des holländ. Löwen, des portug. Militair-Christus-Ordens, des russ. Annaordens III. Cl., des württemberg. Friedrichsordens und des Kronenordens II. Cl., corresp. Mitglied der Mechanical Society in Manchester und techn Gesellschaften in Stockholm, Lissabon und St. Petersburg; Generaldirector etc. etc.

Band I.

Die Streichgarn-Spinnerei und Kunstwoll-Industrie.

Mit 547 in den Text gedruckten Holzschnitten und 35 Tafeln.

1876.

Springer-Verlag Berlin Heidelberg GmbH

Monbijouplatz 3.

STREICHGARN-SPINNEREI

UND

KUNSTWOLL-INDUSTRIE

VON

DR. HERMANN GROTHE
INGENIEUR UND DOCENT ETC., EH. WEBEREI- UND SPINNEREI-DIRECTOR
CORRESP. MITGLIED TECHN. GESELLSCH. ZU STOCKHOLM, MANCHESTER, LISSABON, ST. PETERSBURG.

Mit 547 in den Text gedruckten Holzschnitten und 35 Tafeln.

1876.

Springer-Verlag Berlin Heidelberg GmbH
Monbijouplatz 3

Buchdruckerei von Gustav Lange (Paul Lange), Friedrichstrasse 103.

Meinen Freunden

Adolf Hörmann

Professor an der Königl. Bergakademie, an der Königl. Bauakademie und an der
Königl. Gewerbeakademie zu Berlin

und

Arnold Lohren

Director der Kammgarnspinnerei zu Potsdam — Neuendorf

in

treuester Freundschaft

zugeeignet.

Additional material to this book can be downloaded from http://extras.springer.com

ISBN 978-3-642-98624-6   ISBN 978-3-642-99439-5 (eBook)
DOI 10.1007/978-3-642-99439-5

Softcover reprint of the hardcover 1st edition 1876

Die Kritik hat bereits ein Urtheil über die ersten beiden Theile des vorliegenden Bandes gefällt. Diese wohlwollenden, für mich schmeichelhaften Urtheile gewinnen für mich um so mehr Werth, als sie von Männern kamen, die wir in der Textilindustrie als Autoritäten zu bezeichnen pflegen. Ich danke dafür den Herren Hartig, Kick, Böttcher, Karmarsch, Hörmann, Zemann, Lohren, Colombo, Thovez.

Die Herausgabe des vorliegenden Bandes „Die Streichgarnspinnerei und Kunstwollindustrie" erforderte um so mehr Zeit, Mühe und Arbeit, als für dieses specielle Gebiet die Vorarbeiten spärlich und die Materialien sehr zerstreut waren. Vielleicht ist es die anerzogene Vorliebe für dieses Gebiet, das seit meinen Kinderjahren mich oft umgab und wie eine Heimath mich anzog, dass ich die Mühe nicht scheute und Jahre hindurch Baustein zu Baustein legte, um endlich einmal dies Gebäude daraus fertig zu stellen. Eigenthümlich genug mag es erscheinen, dass von allen Spinnereibranchen diese grösste in Deutschland literarisch keine Bearbeitung erfuhr, die als eine auch nur annähernd erschöpfende hätte betrachtet werden dürfen. Prof. Alcan dagegen hatte in Frankreich schon vor Jahren ein zweibändiges Werk: „Traité du travail de laine" erscheinen lassen, in welchem die Reihe der die Streichgarnspinnerei ausmachenden Maschinensätze und Materialien eingehend dargelegt sind, aber worin auf die vielfachen Variationen derselben keine Rücksicht genommen worden ist. Viel dürftiger steht der Leitfaden von Leroux, Filature de la laine da. Von deutschen Gelehrten haben Karmarsch und Hülsse die eingehendsten Beiträge für dieses Gebiet geliefert, und besonders die Kapitel von der Wollspinnerei in des Ersteren Handbuch der mechanischen Technologie boten seither das jedenfalls Bedeutendste für die Streichgarnindustrie in der deutschen Literatur, trotzdem der Rahmen jenes Lehrbuchs der Arbeit einen bestimmten Zwang angelegt hatte.

In der Bearbeitung von Einzelnheiten haben dann die Herren Prof. Hartig, Prof. Kick, A. Lohren, Fr. Pasquay, Prof. Böttcher, J. Zemann, H. Schmidt das Meiste geleistet, — vor ihnen aber der Mitbeförderer deutscher Textilindustrie Herr Wedding (gestorben als

Geh. Ober-Regierungsrath), dessen Schriften jetzt bereits als geschichtliche Documente neuen Werth erhalten und der mit einem merkwürdigen Feingefühl die hervorragendsten Constructionen in England auszuwählen und bei uns einzuführen im Stande war. Auch Fr. Wieck's Verdienste um diese Industrie dürfen nie vergessen werden.

Bei der Abfassung des vorliegenden Werkes durfte es nicht so sehr darauf ankommen, mit ängstlicher Genauigkeit alles Material zusammenzustellen, sondern darauf, mit kritischem, durch die Praxis gestähltem Blick das **dauernd Wichtige** herauszuheben, das Ausgewählte geeignet einzutheilen und im Zusammenhange das organisch Zusammengehörige darzustellen und in Verbindung zu bringen, unter steter Berücksichtigung der durch die Praxis bereits eruirten Erfolge. Wenn nun bei dieser Arbeit die Praxis und die practischen Resultate in zahlreichen Publicationen mich nicht zu sehr im Stiche liessen, so bezeigte sich die theoretische Seite der Literatur über dies Gebiet ausserordentlich lückenhaft und mager. Ausser den theoretischen Arbeiten E. Stamm's über den Selfactor, der Spinnereimechanik von H. Schmidt und den Kraftbedarfsermittelungen von Hartig tauchten nur hier und da einige wenige Winke aus dem Meer literarischer Erzeugnisse auf. Ganz besonders aber vermisste ich ein festes sicheres Fundament der Spinnerei selbst und zwar beruht dieser Mangel auf den Ueberbleibseln einer gewichts- und maasszerrissenen Zeit, der auf anderen Industriegebieten längst beseitigt ist. Es ist in der That unbegreiflich, dass die deutsche Regierung, nachdem das Metermaass „**gesetzlich**" eingeführt ist, dieses Gesetz nicht ausführt für die Maasse der **Spinnereiproducte**. Die Zerfahrenheit der früher und leider jetzt noch bestehenden Maasse für Spinnereiproducte lässt eine bestimmte **Fundamentalgrösse** nicht aufstellen, auf welche alle Bestimmungen des Gewichts, der Länge, der Dicke der Gespinnste zu beziehen sind. Von der Gewinnung dieser Grösse aber würde sich die Theorie und Praxis der Spinnerei schnell zu einer geordneten Systematik formen lassen und eine wirkliche Spinnereiwissenschaft im allgemeinen und speciellen Sinne des Wortes hervorbringen. Wenn ich es nun versucht habe, ein solches Normalgrundgesetz auf pag. 462 aufzustellen, so bin ich mir wohl bewusst, dass dieser Versuch vielleicht nichts weiter ist als eine directe Anregung zur Verfolgung des Gedankens, und nur in diesem Sinne wünschte ich diesen Versuch aufgefasst zu sehen, — allein die Festhaltung der darin ausgesprochenen Gesichtspunkte hat bereits für eine Reihe folgender Betrachtungen treffliche Dienste geleistet.

Was den Inhalt des vorliegenden Werkes anlangt, so habe ich mit Sorgfalt die einschlagende Literatur und besonders die Journalistik und die Patentspecificationen benutzt. Ich glaube auf manchen trefflichen, heute nur aufgezeichneten Gedanken aufmerksam gemacht zu haben, der die Beachtung der Constructeure verdient. In diesem Sinne, zugleich mit der Einsicht der Wichtigkeit des Gegenstandes habe ich den Fortschritten der amerikanischen Streichgarnspinnerei Aufmerksamkeit zugewendet, und nach Kräften herbeigezogen, was das überseeische Genie hervorgebracht. Meinen Freunden Georg Howe, R. Einstein, Js. Walz und G. Avery in Amerika sage ich für ihre freundliche Unterstützung dabei warmen Dank. — Der Abschnitt über Selfactoren und Jennyspinnmaschinen bot gewaltige Schwierigkeiten, da nach Anlage des Werkes die geschichtliche Entwickelung hierfür mehr erfordete als für die anderen Capitel und die ersten Constructionen nicht der Wolle dienten, somit eigentlich dem Rahmen dieses Werkes sich entzogen. Ich hoffe, dass ich die Aufgabe einigermassen zufriedenstellend gelöst habe; die herrschenden Systeme glaube ich klar genug gezeichnet zu haben, um ein volles Bild zu geben von dem Entwickelungsstande dieser schwierigen Maschinentechnik.

Dafür, dass das Werk mit 547 in den Text gedruckten Abbildungen und 33 Tafeln versehen ist, wolle man die hin und wieder auftretende Unvollkommenheit der Darstellung verzeihen! Ich zog es doch vor, so viele Abbildungen zu geben und an beschreibendem Text zu sparen, wenn auch die Bilder nicht alle vollkommen zu nennen sind und einen uniformen Character nicht an sich tragen. In letzterer Beziehung bin ich einem Gefühle gefolgt, das für die Deutlichkeit vieler Maschinen perspectivische Abbildungen vorziehen lässt, für andere die streng geometrische Zeichnung. — Vielleicht gestattet es eine neue Auflage, später die Illustrationen zu verbessern.

Einzelne Druckfehler und Irrthümer, die sich hier und da eingeschlichen haben, wolle man verzeihen, jede Berichtigung wird mir dankbar willkommen sein.

So möge denn das Buch hingehen und sich Freunde erwerben und Nutzen stiften.

Dr. H. Grothe.

INHALT.

	Seite
Die Wolle	1
1. Chemismus der Wolle	6
Wollschweiss	9
2. Physiologie und allgemeine Charakteristik der Wolle	15
Stapel. Wollvertheilung am Schafkörper	20
Wollmesser	26
3. Physikalische und mechanische Eigenschaften der Wolle	34
4. Wollproduction	39
Das Sortiren der Wolle	43
Das Entstauben	46
Das Wollewaschen	51
I. Schafwäsche	52
II. Fabrikwäsche. Das Entschweissen, Entfetten der Wolle und die Benutzung der Wollfette	62
1. Alkalische Mittel	64
2. Schwefelkohlenstoff und leicht verdampfende Extractionsmittel	70
Siehe hierzu Braun's Verfahren (Anhang).	758
3. Verwerthung des Schweissfettes	80
Siehe hierzu Anhang	764
III. Waschmaschine für lose Wollen	83
I. Sehlmacher, Chaudet etc.	84
II. Petrie	89
III. Leviathan, Mélen, Petrie, Mc. Naught, Milburn etc.	91
Details	101
IV. Plantrou	107
V. Waschtrommeln	107
IV. Waschmaschinen für Wolle in Vliessen	109
Waschresultate	111
Das Wolletrocknen	113
a. Pressen	114
b. Centrifugaltrockenmaschine	117
1. C. mit horizontaler Axe	119
2. mit verticaler Axe	120
I. C. mit Antrieb über dem Korb	121
II. C. mit Antrieb unterhalb des Korbes	130
III. C. mit continuirlichem, selbstthätigem Betrieb	133
c. Trockenräume und Trockenmaschinen für Wolle	139
I. System Norton etc.	140
II. System Beu	143
III. System Petrie	149
Ventilatoren, Exhaustoren	151
IV. System Havrez	154
Conditionirung	156
Wollwaschanstalten	157
Entfernung der Wolle von Schafhäuten, Schafscheeren	161
1. Gährungsverfahren	163
2. Chemische Agentien	163
Die Reinigung und das Auflockern der Wolle	167
Schlagwölfe	169
Reisswölfe	171
Klettenwölfe	186

		Seite
Entklettung mit Hülfe chemischer Mittel		203
Die Fabrikation der Kunstwolle		209
Behandlung der Lumpen		210
Methoden zur Entfernung der vegetabilischen Substanzen		216
Mungo- und Shoddywölfe		220
Endenöffner		227
Wolfkrempel, Droussetten		231
Spinnereiabfälle		236
Einfetten der Wolle		239
Materien		239
Maschinen zum Einfetten		244
Die Krempelmaschine		251
Allgemeine Einrichtung der Krempel		252
Ausführliche Beschreibung		256
Vorkrempel		256
Feinkrempel		259
Die Krempeltheile		263
A. *Arbeitende Theile*		263
1. Apparate und Mechanismen zum Speisen der Krempel		263
2. Die Einführwalzen		285
3. Die Vorwalzen und Zwischenwalzen		287
4. Die Krempelwalzen (Belag.)		290
5. Die Kratzen		293
Theorie der Kratzenwirkung		295
Kratzendraht		297
Kratzenfabrikation		301 305
Kratzenstellung		309
Vorwalzen		311
Arbeiter		312
Tambour		312
Wender		313
Volantkratzen		315
Kammwalzen		319
6. Erörterung des Krempelprozesses		323
7. Das Beschlagen der Krempel		326
8. Das Reinigen und Schleifen der Krempel		330
9. Vorrichtungen zum Auffangen des Schmutzes		339
10. Das Abführsystem und der Peigneur		340
a. Beim Reisskrempel		340
Ablieferung in Pelzen		341
Ablieferung in Bändern		344
b. Beim Mittelkrempel		345
c. Beim Feinkrempel		345
I *Ablieferung in Vorspinnfäden*		346
II. *Ablieferung in Locken*		361
Würgelsysteme		361
Anstückelmaschinen		365
B. *Die Gestelle und Lager für Krempel*		372
C. *Die Bewegungsmechanismen der Krempel*		377
Der Hacker und seine Bewegung		386
Die Würgelverschiebung		395
Aus- und Einrückung der Krempel		399
Berechnung der Krempel		400
Ausgeführte Krempelconstructionen		413
a. Für grobe Wollen		414
b. Für Medio-Wollen		417
c. Für feine Wollen		418
d. Für Kunstwollen		429
Wahl der Krempel		436

	Seite
Aufstellung der Krempel	439
Kraftbedarf der Krempel	439
Bearbeitung der Mischungen	441
Melangen	443
Vigogne	451
Strumpfwollen	451
Verdichten des Vorgespinnstes	452
Die eigentliche Spinnmaschine und das Vorspinnen	455
Spinnprozess	456
Drehungen	466
Die Spinnmaschine nach Watersystem	474
Allgemeines	475
A. Spinnapparate mit Continuekrempel verbunden	480
B. Continuespinner	491
C. Grundzüge und Details der Continuespinnmaschine nach dem Waterspinnsystem	537
I. Streckwerk	537
II. Spindelaufstellung	538
III. Spinnen und Aufwickeln	539
a. *Spindeln drehen sich*	539
b. *Spindeln drehen sich nicht*	540
c. *Aufwindemechanismus*	540
d. *Spindelbewegung*	545
e. *Spindelform und Spindelaufstellung*	547
Spindellager	553
Die Spule	557
f. *Das Spinnen*	558
Fadendrehungen	561
Die Streichgarn-Jenny	565
Einleitung: Jenny von Hargreaves. Billy	565
1. Die Presse	572
2. Der Wagen und die Spindeln	573
3. Bewegungsmechanismus	574
4. Steuerung	575
Constructionen: Price 572, Mason 581, Schimmel 582, Wiede 586, Hartmann 591, Wain 594, Haliwell 596, Benson & Greenwood 598, Brunneaux 599.	
Die selbstspinnende Jenny. Streichgarnselfactor	601
Einleitung	601
Geschichte	604
Ausgeführte Constructionen	609
Roberts, Selfactoren	609
Smith, "	619
Potter, "	620
R. Hartmann, "	621
Th. Wiede, "	640
F. Schellenberg, Selfactoren	646
Knowles Houghton (Thurlow), Selfactoren	650
Curtis Sons & Co., Selfactoren	652
Platt Brothers, "	659
Theile der Selfactoren	662
1. Wagenweg. Fadenstellung	662
2. Seiltransmission	663
3. Räumliche Anordnung	663
4. Spindelbewegung	664
5. Wagen	664
6. Wagenausgang	665
7. Einfahrt. Schnecken	666
8. Festhalten des Wagens	666
9. Aufwindung	667

	Seite
10. Aufwinden. Quadrant	668
11. Aufwindezeug	669
12. Coppingplatte. Formplatten	670
13. Kötzerform	671
14. Bewegungsorgane	671
15. Umschaltungen. Steuerwelle	674
16. Berechnung der Aufwindung	678
17. Sector, Quadrant	683
18. Leitschienenberechnung	684
19. Sectorbewegung	686
20. Aufschlagen, Abschlagen	687
21. Spindeln, Spindeltheilung, Lager	689
Kötzerhülsen	690
Auf- und Abstecken der Kötzerhülsen	691
Antrieb der Spindeln	692
22. Spindeltrommel. Seilbetrieb	693
Seile und Schnuren	694
Fabrication derselben	694
Seilrollen	698
23. Spindelumlaufzähler	699
24. Reinigungs- und Schutzapparate	699
Der Jennyspinnprozess	702
Perioden, Auszug	702
Drahtgebung	704
Spindeldrehungen	709
Voreilung	714
Spinnen	715
Berechnung der Spinnmaschine	716
Dimensionen, Preise etc.	723
Betriebskraft	727
Die Herstellung gezwirnter, flammirter und façonnirter Garne	728
Doublir- und Zwirnmaschinen	728
Aufstellung der Spulen	730
Vorzugmechanismen	730
Regulirapparate	732
Leitapparat, Führer	735
Spindel und Spule	735
Wagen	736
Dimensionen	737
Zwirnen oder Doubliren	739
Materialaufwand	740
Zwirneffecte	744
Maschinerie für Effectgarne	746
Das Haspeln	750
Dampfhaspel	751
Messen und Haspeln	752
Messung und Nummerirung	755
Entzündbarkeit der Wollspinnereiabfälle	757
Anhang zu Seite 64.	
Dr. O. Braun's neues Verfahren, Wolle zu waschen	758
Anhang zu Seite 80.	
Ferd. Fischer, Fabrikation von Pottasche aus Wollschweiss	764

I.

Wolle und Wollewaschen.

Die Wolle.

Man nennt „Wolle" das Haargebilde, welches den Körper der Thiere bedeckt, die zu der Gattung Ovis der Wiederkäuer gehören.*) Dies Haar hat die Eigenthümlichkeit, so lange ungestört und ohne auszufallen fortzuwachsen, als sich das dasselbe tragende Thier im gesunden Zustand befindet, im Gegensatz zu dem Haar der verwandten Ziege, welches bekanntlich alljährlich von selbst wechselt. Die Cultur hat von der Urgattung des Schafes eine Menge Abänderungen durch verschiedene modificirende Einflüsse geschaffen, die theils in Veränderung der Ernährungsweise, des Klima's, der Begattung nach freiwilliger Auswahl u. s. w. beruhen mögen. Wir haben es daher heute mit einer sehr verzweigten Familie des Schafes zu thun, deren Mitglieder sich unterscheiden nach Grösse des Körpers, dem Körperbau und Stärke, am meisten aber nach dem Wollhaar, welches sie tragen, welches sie produciren. Die Linie, an welcher sich diese verschiedenen Qualitäten aufreihen, ist ziemlich lang und beginnt mit dem straffen, schlichten Haar, ähnlich dem Ziegenhaar, und endigt in der vielgekräuselten Merinowolle oder beginnt mit dem starken, dicken Haar der Zackel und endigt mit dem feinen, dünnen Haar der Electorals. — Wir haben jedoch hier nicht zu untersuchen, wie diese verschiedenen Charactere sich langsam ausgebildet haben, sondern wir haben uns unter den verschiedenen Wollsorten diejenigen herauszulesen, welche für die Tuchmanufactur oder noch besser für die Streichgarne von Wichtigkeit und Brauchbarkeit sind. Nur mit diesen Wollen hat sich das vorliegende Buch zu beschäftigen.

Als Tuch- oder Streichwollen eignen sich alle Wollen, welche mit dem Namen „kurze Wollen" im Handel und der Schafzucht bezeichnet werden. Ihnen gegenüber stehen die „langen Wollen" oder Kammwollen.

Die weiteren allgemeinen Kennzeichen ausser der Länge des Haares liegen in der Dicke desselben und in der äusseren Gestaltung. Feine

---

*) Es sei hier bemerkt, dass einzelne Schafraçen keine Wollhaare tragen, z. B. Ovis musimon, pachycera, tragelaphus in Sardinien, Persien, Afrika. Durch diese Eigenthümlichkeit dieser wilden Schafe, kein Wollhaar zu tragen, nahm man früher sogar als möglich an, dass das Wollhaar auf den übrigen Schafraçen eine Folge der Zucht und Pflege sei.

Tuchwolle hat ein kürzeres Haar (1—1½ Zoll lang), ein feines Haar und ein regelmässig gekräuseltes Haar. Bei grober Tuchwolle treten diese Eigenschaften, besonders die letzteren, in geringerer Vollkommenheit auf. Feine Kammwolle hat ein feines Haar von bedeutender Länge (3—18 Zoll), grosser Elasticität, guter Regelmässigkeit, aber ohne schärfere Wellen und Kräuselungen, also von einer gewissen Schlichtheit. Bei groben Kammwollen findet man die Feinheit und Elasticität verändert; jene hat abgenommen, diese hat zugenommen. —

Worin ist diese Eintheilung sämmtlicher Wollen in zwei Klassen begründet? Die Grundidee derselben ist abzuleiten aus zwei verschiedenen Methoden der Spinnerei, welche wiederum durch die verschiedenartig hervortretenden Eigenthümlichkeiten der Wolle bedingt waren.

Die Streichgarnspinnerei will nämlich die Garne produciren, welche bei der Verarbeitung zu ver- und gefilzten Geweben verwendet werden, die wir tuchartige nennen. Das Gespinnst soll hierbei eine möglichst grosse Anzahl von Haarenden aus dem Faden heraustreten lassen, die dann zur Verfilzung der Wollfäden und Wollgewebe beim Walken Veranlassung geben. Diesen Zweck erreicht die Streichgarnspinnerei nur durch Verwendung kürzerer, aber möglichst feiner Wollen, da die Kürze der Fasern entschieden dahin wirkt, dass aus den Fäden mehr Faserenden hervorragen, die Feinheit des Haares aber grössere Tendenz zum Filzen bietet auch in Folge der grossen Anzahl der Kräuselungsbögen. Die Kammgarnspinnerei und -Weberei aber will glatte, nicht gefilzte Zeuge herstellen, aus denen die Haarenden nicht zahlreich hervorstehen, sondern in denen vielmehr die Haare glatt gestreckt liegen und durch ihre Seitenflächen die Oberfläche des Stoffes bilden. Wenig Faserenden erreicht man aber durch Anwendung längerer Wollen und grosse, glatte Seitenflächen bieten weniger feine Haare dar. Deshalb verwendet die Kammgarnspinnerei Wollen von grösserer Länge mit geringer Kräuselung und gewisser Feinheit, die jedoch durch keine so enge Grenzen bedingt ist, als bei der Streichgarnspinnerei. Während diese viel Kräuselung sucht, hebt jene durch Operationen die etwa vorhandene Kräuselung möglichst auf. Da natürlich zwei solche Gebiete nicht ganz streng getrennt werden können, sich vielmehr Wollen finden, die für beide Verwendungen geeignet sein, aber auch für beide ungeeignet befunden werden können, so steht zwischen beiden Zweigen noch ein dritter, nämlich die Fabrikation der Halbkammgarne, welche Wollen von mittlerer Länge und mittleren Eigenschaften bearbeitet.

Wir bemerken jedoch ausdrücklich dazu, dass wir die sogenannte gemischte Wollenspinnerei (Cardée-peignée) als keine selbstständige Spinnereigattung erkennen können, sondern sie als Annex zu einer oder besser zu jeder der beiden von einander unterscheidbaren Systeme betrachten.*)

---

*) Man sehe: Das Wollengewerbe 1869, Nr. 30, pag. 306.

Unter den **Tuch-** oder **Streichwollen** stehen vorzugsweise die Merinowollen obenan.

Ueber den Ursprung der Merinoschafe ist man sehr verschiedener Ansicht.*) Die Einen meinen, dass das Merinoschaf ein Abkömmling des alten athenischen oder des tarentinischen Schafes sei, Andere wollen es aus dem Lande der Koraxer nach Spanien hin verpflanzt wissen und wieder Andere glauben, es sei vom nördlichen Afrika nach Spanien hinübergekommen. Was an allen diesen Meinungen Wahres sein kann oder mag, wollen wir hier nicht untersuchen. Uns scheint die Ansicht Einzelner, dass sich das Merinoschaf nach der maurischen Zeit aus den Ueberresten der in Spanien seit den ersten Römerzeiten vielfach cultivirten und gepflegten Schafracen langsam entwickelt hat, dass es also zuvor nicht in dieser Form vorhanden war, am glaubhaftesten. Die Merinos waren auch niemals durch ganz Spanien hindurch mit gleichen Formen und Eigenschaften ausgerüstet, sondern die verschiedenen einzelnen Heerden hatten stets ihre besonderen Eigenthümlichkeiten. Nur der Character der Wolle war ein ziemlich übereinstimmender. Die besten spanischen Heerden waren die Perales, Perella, Negretti, Ximenes, Paular, Escurial, Alcolea, St. Juan, Yranda, Salazar und Portago.

Bis gegen das Ende des vorigen Jahrhunderts war die spanische Wolle die erste der Welt. Von da ab aber wurden spanische Schafe nach Schweden, nach Preussen, Sachsen, Schlesien, nach Oesterreich, nach Frankreich und nach England verpflanzt; selbst bis nach Island hinauf zog sie der Wunsch des Schafzüchters, in Besitz der Weltwolle zu kommen. Diese Uebersiedelungen, für die sich die bedeutendsten Agronomen der betreffenden Länder (Thaer, Alströmer, Pictet u. A.) interessirten, geschahen einestheils durch Ueberführung ganzer Merinoheerden aus Spanien her, — mehr aber durch Acquisition einzelner Thiere, zumal Böcke, mit denen einheimische Landschafe gepaart wurden. Durch fortgesetzte Kreuzungen, auf welche zumal in Sachsen und Schlesien ausserordentliche Sorgfalt verwendet ward, erlangte man in diesen Ländern sehr bald eine Merinorace, welche der spanischen nicht sowohl gleichkam, sondern sie sogar übertraf.**)

Man setzte in Norddeutschland und Süddeutschland die Merinozucht

---

*) Man lese: M. von Neitzschütz, Studien zur Entwickelungsgeschichte des Schafes. Danzig 1869, A. W. Kafemann. — Magerstädt, Bilder der römischen Landwirthschaft. — Janke, die Wollproduction unserer Erde und die Zukunft der deutschen Schafzucht. 1864. Breslau, J. U. Kern. — G. F. von Schmidt, die Schafzucht und Wollkunde. III. Aufl. Stuttgart 1869, Ebner u. Seubert. — H. Grothe, Bilder und Skizzen zur Geschichte vom Spinnen, Weben und Nähen. II. Aufl. Berlin 1875, J. Springer. — Rohde, das französische Merinoschaf. Berlin 1864, Wiegandt u. Hempel — Bohm, Wollkunde. 1873, Wiegandt u. Hempel u. a. Werke.

**) Man lese hierzu noch die Abhandlungen in der Zeitschrift der Wollinteressenten, II, pag. 354, cf. v. Sison, Notizen über Einführung der spanischen Schafe, — von R. Behmer, pag. 365 und Dr. Rohde, III, Heft 1.

mit unglaublichem Eifer fort und schaffte dadurch nicht sowohl eine Feinwollzucht, sondern man erhob durch Kreuzung der Landschafe mit dem edlen Thier die ganze gesammte Schafzucht.

Wir geben hier, um den Character der Merinos zugleich klar zu machen, eine Abbildung, auf welcher directe Abkömmlinge der spanischen eingeführten Zucht dargestellt sind (nach Photographie*).

In Frankreich ward ebenfalls 1786 die Merinoschafzucht durch Begründung der Heerde zu Rambouillet eingeführt. Dieselbe verbreitete sich von hier aus durch ganz Frankreich mit grosser Schnelligkeit.

In England dagegen machte die Merinozucht keine Fortschritte und ward sogar bald wieder aufgegeben. Dagegen blühte diese Zucht schnell empor in Australien, wo Mac Arthur mit circa 38 Schafen dieselbe begann. Auf dem Cap der guten Hoffnung war sie kurz zuvor eingeführt und gedieh dort unter eigenthümlichen Verhältnissen ganz gut. In Russland nahm 1802 die Merinozucht ihren Anfang durch Schafe, die Rouvier von Malaga her dort einführte, während nach Finnland und Norwegen, Dänemark und Island von Altströmers Heerde Merinos gelangt waren. Endlich breitete sich die Merinozucht auch über Buenos-Ayres und die übrigen Laplata-Staaten aus, nachdem 1828 Sheridan und Herrat die ersten veredelten Schafe dort eingeführt hatten. Auch in Nordamerika griff Merinozucht Platz und hat in Californien in letzten Jahren sehr grosse Dimensionen angenommen.

Wenn auch in allen genannten Staaten die Merinos von sehr verschiedener Gestalt und Ergiebigkeit auftreten, und der gewiegte Schafkenner eine Menge Unterschiede zu finden weiss, so tragen doch alle Wollen, die die Schafe, welche aus dieser Zucht entstammen, hervorbringen, Merinocharacter. Derselbe kennzeichnet sich dadurch, dass das Haar der Merinowollen fein ist und viele Kräuselungsbögen hat und von geringerer Länge ist. Dies sind aber Eigenschaften, die auch eine Tuch- oder Streichwolle besitzen muss! Ferner steht die Merinowolle dicht und giebt ein Vliess, welches durch seine Dichtheit äusseren Einflüssen entgegentritt und so die Wolle vor Unreinigkeit schützt. Unter den Wollen, die hierher gehören, finden sich auch noch manche von gewöhnlichen Landschafen und diese unterscheiden sich von der Merinowolle hauptsächlich durch eine geringere Feinheit des Haares selbst und durch Unregelmässigkeit der Kräuselungsbögen.

Wir wollen hier die Wollsorten namhaft machen, welche sich vorzugsweise als Tuch- und Streichwolle eignen.

1. Deutsche Merinowolle, welche in Oesterreich, Schlesien, Sachsen und Mecklenburg vorzugsweise gezüchtet wird, zum Theil auch in Posen, Preussen, Pommern und anderen Provinzen.

Diese Wollhaare haben eine durchschnittliche Länge von 50—60 Millimeter, eine Dicke des Haares von 1,54—1,76 Centimillimeter, zeigen auf

---

*) Aus der Zucht des Herrn von Ribbeck auf Ribbeck bei Nauen.

dem Raum eines Centimeters 10—13,57 Kräuselungsbögen und auf der ganzen Länge des Haars (von 45—60 Millimeter) 56—75.

2. Spanische Merinowolle. Segovia, Leon und weniger fein Soria, Caceres. Durchschnittliche Länge 50—60 Millimeter; Dicke des Haares 1,6—1,8 Centimillimeter. Kräuselungsbögen auf der ganzen Länge des Haares 46—50, auf einem Centimeter 7—8,5.

3. Australische Wolle. (Hier meinen wir nur die für Tuchwolle geeignete.) Sie fällt sehr ungleich nach dem Ort ihrer Züchtung aus, und es wechseln daher die Angaben ihrer Dimensionen wesentlich. Theilweise ist sie so gut als deutsche Tuchwolle, theilweise steht sie unter derselben

4. Aehnliches gilt von der Laplata-Wolle. Doch hält diese die Verhältnisse schon besser ein. Man kann annehmen: Länge 50—70 Millimeter, Dicke 1,70 Centimillimeter, Kräuselungen 40—45 per Haareslänge, 5,5—6,5 per Centimeter.

5. Südrussische Wollen von sehr verschiedener Feinheit und Länge und Kräuselung.

6. Capwolle. Länge 40—60 Millimeter, Dicke 1,2 Centimillimeter Kräuselungsbögen auf der Länge des Haares 40—44, per Centimeter 5,0—5,7.

7. Französische Wollen. Der Character der französischen Wollen ist undeutlicher ausgesprochen, als in irgend einer anderen Wolle vorkommt. Sie halten im Allgemeinen eine Mitte zwischen Streich- und Kammwollen. Das Wollhaar enthält circa 4—6 Kräuselungsbögen per Centimeter. Die übrigen Dimensionen variiren sehr stark.

Mittelmässigere Tuch- oder Streichwollen liefern Nordamerika, Italien, Aegypten und die Berberei, Chili u. a. Staaten, ebenso die Heerden von Landschafen aller Länder.

Im Grossen und Ganzen ist die Production von Streichwolle grösser als die der Kammwolle.

„Eine jede gute Tuchwolle, von welcher Feinheit sie auch sei, sollte vor allen Dingen von einem kräftigen und aufrechten Wuchse, von einem klaren Bau und so elastisch und filzbar wie möglich sein. Kürze ist weniger wichtig und auch das Nichtvorhandensein von Kraft hat nicht viel zu bedeuten."

Dieser Satz enthält die Grundeigenschaften der Streichwolle; wir wollen auf dieselben näher eingehen, zunächst aber den Chemismus und die Physiologie der Wolle näher in das Auge fassen.

1. Chemismus der Wolle.

Die Wolle gehört zu den Horngebilden der organischen Natur, über welche bisher nicht allzuviel eingehende, gründliche Untersuchungen angestellt worden sind. Die ältere Ansicht, dass in den Haaren als Hauptsubstanz ein modificirter Eiweissstoff enthalten sei, sind auch heute noch im Grunde genommen anerkannt, wozu allerdings der Umstand wesentlich beiträgt, dass die Hauptbestandtheile des Horngewebes zu den Proteïnkörpern in den nächsten Beziehungen stehen. Man nimmt heute in der Hornsubstanz mindestens vier verschiedene stickstoffhaltige, den Proteïnkörpern oder ihren nächsten Abkömmlingen zugehörige Materien an. Das war die Folge von genaueren chemischen Analysen, die ein Materiengemenge, nicht aber eine einzige Materie zeigten; ebenso wie das Resultat eingehender, scharfer, mikroskopischer Beobachtungen, welche im Haar verschiedene, deutlich unterscheidbare Theile und Glieder erwiesen, als Zellenhäute, Kerne, Zelleninhalt, Intercellularsubstanz u. s. w. Zieht man gewönliche Wollhaare, nachdem sie gründlich von mechanischen Anhängseln gereinigt sind, mittelst heissen Wassers aus, mit Alkohol und Aether darauf, so erhält man die sogenannte Hornsubstanz, das Keratin der Chemiker, isolirt.

Das Keratin ist ein nach der Menge und Qualität seiner näheren Bestandtheile, selbst bei den Wollhaaren unter sich nur verglichen, sehr veränderliches Substanzengemenge, wie uns das die Analysen verschiedener Chemiker deutlich klar machen. Es fanden

Scherer:

Kohlenstoff	50,65
Wasserstoff	7,03
Stickstoff	17,71
Sauerstoff und Schwefel	24,61

Ure:

Kohlenstoff	63,70
Wasserstoff und Schwefel	2,80
Stickstoff	12,30
Sauerstoff und Schwefel	31,10

Goerard:

Kohlenstoff	50,00
Wasserstoff und Schwefel	7,0 + 3,1
Stickstoff	17,7
Sauerstoff und Schwefel	22,00

Ulbricht:

Kohlenstoff	50,48
Wasserstoff	7,0

Eine gute Analyse chemisch reiner Wollfaser ist von M. Märcker und E. Schulze ausgeführt und ergibt

	für Landwolle	für Rambouilletwolle
Kohlenstoff	49,25	50,46
Wasserstoff	7,57	7,37
Stickstoff	15,86	15,74
Schwefel	3,66	3,43
Sauerstoff	23,66	21,01

wobei zu bemerken, dass die Analyse von 5 Sorten Landwolle verschiedene Resultate gaben, ebenso die von Rambouilletwolle.

Wenn nun besonders die Wasserstoffmenge in den Wollen ziemlich constant bleibt, so variirt doch besonders der Schwefelgehalt derselben sehr wesentlich. Bei allem Extrahiren der Wolle mittelst Wasser, Alkohol, schwachen Säuren oder Alkalien tritt schon ein, wenn auch sehr geringer Schwefelverlust ein, der das analytische Resultat aus der Hornsubstanz ungenau machen muss. Welche Rolle der Schwefel im Wollhaar spielt, ist unergründet bis jetzt. Chevreul*) hat nach dieser Richtung gearbeitet und wollte zeigen, dass der Schwefel zur Constitution der Wollfaser nicht absolut nöthig sei, weil die Faser bei gänzlicher Entschwefelung ihre Structur nicht verändere, — allein Grothe**) hat in einer Reihe von Versuchen und Methoden nachgewiesen, dass es nicht möglich ist, die Wolle ganz zu entschwefeln, ohne ihre Structur zu verändern. Grothe hat aber betreffend die Schwefelentziehung gefunden, dass

destillirtes Wasser . . 0,0 Proc. (kalt)

$NaO \cdot CO_2$ . . . . . 0,6 „

$NH_3 \cdot CO_2$ . . . . . 0,4 „

$NaO \cdot HO$ . . . . 1,2 „

$KO \cdot HO$ . . . . . 1,5 „

Schwefel aus 100 Th. Wolle, welche überhaupt 2,2 Proc. Schwefel enthielt, extrahirten.

Was den Schwefelgehalt der Wolle selbst anlangt, so variirt derselbe mit den Sorten der Wolle. Während Chevreul 1,78 Proc., v. Bibra 0,8—0,9 Proc., Scherer 1,78 Proc., Mulde etwas mehr, Goerard 3,1 Proc. erhielten, stellte Grothe für verschiedene Wollsorten folgende Werthe fest aus einer grossen Reihe von Versuchen:

Haidschnucke . . . 3,0—3,4 Proc.

Englische lange Wolle 2,0—2,4 „

Alpaca . . . . . 2,6—3,1 „

Vicunna . . . . 1,3—1,8 „

Buenos-Ayres . . . 2,4—2,7 „

Preuss. Landschaf. . 1,9—2,1 „

Sächs. Merino . . . 1,6—1,8 „ (in einem Fall 3,4)

aus denen ein durchschnittlicher Procentgehalt von 2,31 resultirt. Reich's neueste Untersuchungen ergaben 3,28—3,84 Proc. bei Merinos. Nach Märker und Schulze enthält Wolle der Landschafe 3,41—3,73 Schwefel, Wolle der Rambouillets 3,43—3,69 Schwefel. Dass der Schwefel nur zufällig in der Faser vorhanden, scheint bei der bedeutenden Menge nicht annehmbar.

Verbrennt man Wolle, so erhält man nach v. Gorup 3,23, v. Bibra 0,80, Grothe aus 5 Versuchsreihen à 10 Wollsorten 0,5—3,3, Chevreul

---

*) Comptes rendus, 1840, I, Nr. 16.
**) Journal für prakt. Chemie von Erdmann u. Werther. Bd. 89, pag. 421. — Muspratt, techn. Chemie, Bd. V, Art. Textilindustrie von Grothe.

0,3—0,5, Schlossberger 2,0 Proc. Asche; nach Märker und Schultze etwa 0,08—0,37, Reich und Ulbricht 0,06—0,29 Proc. Auch bei diesen Differenzen spielt die Verschiedenartigkeit der Sorten mit. In der Asche ist Kieselsäure enthalten; ferner kommen unlösliche und lösliche Salze, Eisenoxyd und Kohlensäure vor.

In der Analyse von v. Gorup-Besanez, welche von bei 120° getrockneten Haaren 3,23 Proc. Asche ergab, kamen davon 0,29 Proc. auf die Kieselsäure.

Heidner fand in 100 Th. Asche von Merinowolle:

Eisenoxyd	17,61 Proc.
Kalk	23,91 „
Magnesia	5,81 „
Kali	18,54 „
Natron	2,64 „
Kohlensäure	3,03 „
Chlor	0,79 „
Phosphorsäure	3,03 „
Kieselsäure	24,57 „

Wollschweiss. Was das Vorkommen des Wollhaares anlangt, so erscheint dasselbe nie in chemisch reinem Zustande, sondern mit einer Materie beladen, fast durchdrungen, die den Namen Schweiss erhalten hat. Dieselbe stellt sich als eine zähe fette Schmiere dar, die besonders den feinen Wollsorten eigen ist. Der Schweiss ist Gegenstand vielfacher genauer Untersuchungen seitens der Chemiker gewesen, weil der durchschnittliche Gehalt der Wolle daran zu 35—58 Proc. des Wollgewichtes beträgt. Der Wollschweiss ist eine Gemenge von Stoffen, die als Secrete des Haares oder der zugehörigen Organe zu betrachten sind, mit von aussen und zufällig hinzugekommenen Stoffen, wie Staub, die also mechanisch anhängen. Weicht man rohe Wolle einige Zeit im Wasser ein, so entsteht eine trübe, milchige und schäumende Flüssigkeit, während die Wolle den grösseren Theil der Schweissbestandtheile abgiebt, die sich theils wirklich auflösen, theils im Wasser nur suspendiren. Nach Vauquelin*) besteht der aufgelöste Theil hauptsächlich aus einer seifenartigen Verbindung des Kali mit Fett, einigen Salzen (kohlensaurem, essigsaurem Kali, Chlorkalium und einem Kalksalz), nebst etwas riechender thierischer Substanz. Der nicht gelöste Theil besteht aus Sand, Thon und kohlensaurem Kalk und einem kleinen Antheil an doppeltkohlensaurem Kalk, ferner aus unverseiftem Fett, welches mit der seifenhaltigen Lösung eine Emulsion bildet und ihr das milchige Ansehen ertheilt. Ein anderer Theil des Wollschweisses bleibt in der Wolle zurück. Chevreul, der seinen früheren Untersuchungen über den Wollschweiss neue hat

---

*) Annales de chimie, t. XLVII.

folgen lassen, fand, dass der Wollschweiss verschiedener Schafraçen*) verschiedene Zusammensetzungen hat. Unter den von ihm bestimmten 29 Salzen und Säuren des Wollschweisses befinden sich: oxalsaurer Kalk, kieselsaures Kali, Phocensäure, Chlorkalium, andere Kalisalze, endlich fünf verschiedene Fette**). Ueber diese Fette und die Kalisalze haben wir von Chevreul neue Arbeiten zu nennen, die zum Theil schon über dieselben klareres Licht verbreiten. Unter den Fetten ist eine eigenthümliche Fettsäure, die Elinsäure, enthalten, der Oleinsäure ähnlich.

Die neuesten Arbeiten über die Bestandtheile des Wollschweisses resp. Wollfettes rühren von Ernst Schultze (Zürich) her. Schon vor ihm hatte Hartmann nachgewiesen, dass im Wollfett kein Glycerin enthalten sei, dagegen ein Körper ähnlich dem Cholosterin. Schultze wies nun neuerdings nach, dass das Cholosterin im Wollfett als ein Hauptbestandtheil sich vorfindet. Neben Cholosterin tritt Isocholosterin auf, und Aether von beiden. Diese Verbindungen sind jedoch keineswegs in allen Wollschweissen constant, sondern sogar sehr wechselnd. Isocholosterin variirt in Menge sehr oft. Daneben tritt noch ein amorpher Alkohol auf. Alle diese Verbindungen befinden sich sowohl im schwerlöslichen Theil des Wollfetts, als im leichtlöslichen Theil***).

Bezüglich des Gehaltes an Schweiss haben Chevreul und neuerdings Wilhelm aus roher bei 100° getrockneter Merinowolle folgende Mengen der Bestandtheile erhalten:

Chevreul:

Erdige Stoffe } durch kaltes Wasser . {26,06 Proc.
Wollschweiss   {32,74 „
Fette . . . . 8,57 „
Erdige Stoffe . . . . 1,40 „
Reines, entfettetes Wollhaar . . . . 31,23 „

Wilhelm:

Wasser . . . . . . 4— 8 Proc.
Fett . . . . . . 47—12   „
Reine Wolle . . . 36—72   „
Schmutz . . . . 11— 6   „

Stöckhardt, der auch den verschiedenen Fettgehalt der Schafwolle nach den einzelnen Raçen beobachtete, bestimmte denselben in mehreren Wollen und fand, dass bei

---

*) So reagirt der Schweiss der Alpacaziegen entschieden sauer, der der gewöhnlichen Hammel aber alkalisch.

**) Compt. rend. XLVII, 130.

***) Schultze, Berichte der deutschen chem. Gesellschaft. 1873, Nr. 20, p. 1075 und 1874, Nr. 7, pag. 573.

Gewaschene Wolle

1) Merinohammel . . . . 3,08 Pfd. = { 1,83 Wollhaar / 1,25 Schweiss

2) Southdownhammel . . 2,66 „ = { 2,14 Wollhaar / 0,52 Schweiss

3) Southdownfrankenhammel 2,60 „ = { 2,32 Wollhaar / 0,28 Schweiss

erzielt wird. Es enthielten somit 100 Th. bei 100° getrockneter, gewaschener Wolle dieser Schafe

1) 40,6 Th. ⎫
2) 19,6 „ ⎬ Wollschweiss oder Fett.
3) 11,0 „ ⎭

woraus zugleich wieder resultirt, dass die feineren Sorten Schafwolle mehr Wollschweiss enthalten als die gröberen. Stöckhardt hat ferner noch ermittelt, dass sogar nach dem Körpertheil, auf welchem die Wolle gewachsen, diese in ihrem Fettgehalt variirt.*)

Elsner von Gronow fand in bei 100° getrockneter Wolle nach ähnlicher Untersuchung von

1) Edlem Merinobock . . 1,382 Pfd.
2) Französ. Merinobock . . 1,339 „
3) Cotswold-Bock . . . . 1,306 „

Ed. Heiden fand in Merinowolle

59,597 reine Wolle,
27,018 Fett,
1,028 Asche,
1,914 Sand,
10,443 Wasser.

Andere Untersuchungen rühren von M. Märcker und E. Schultze**) her. Sie extrahirten die Wollen mit Wasser, Alkohol, verdünnter Salzsäure, Aether und Alkohol. Die Qualität des in Wasser löslichen Antheils der Wolle beläuft sich nach diesen acht Versuchen auf 20,50—22,98 Proc.

Es wurde die Trockensubstanz der Wasserextracte sodann bestimmt und folgende Zusammensetzung desselben gefunden:

Organische Substanz . . . . 58,92—61,86 Proc.
darin Stickstoff . . . . . 1,85— 3,42 „
Mineralstoffe ohne Kohlensäure 38,14—41,08 „

Diese Mengen von Stickstoff und von Mineralstoffen betragen in Procenten der lufttrocknen rohen Wolle:

Stickstoff . . . 0,38—0,77
Mineralstoffe . . 8,38—9,31

---

*) Stöckhardt, chemischer Ackersmann. 1861. Nr. 1, p. 58.
**) Journal für praktische Chemie von Erdmann und Werther 1870. — Zeitschrift des Vereins der Wollinteressenten von Grothe. 1870, p. 145,

— 12 —

Der Wasserextract enthielt an Ammoniak und fertig gebildeter Kohlensäure in Procenten der Trockensubstanz an

        Ammoniak . . . 0,06 – 0,48
        Kohlensäure . . 1,70 – 5,97

in Procenten der rohen, trocknen Wolle:

        Ammoniak . . . 0,07 — 0,11
        Kohlensäure . . 0,35 — 1,30

Daraus ergiebt sich für 100 Theile roher Wolle an kohlensaurem Kali berechnet: 1,10—4,08 Theile. Hartmann*) fand in Rambouilletwolle 2,9 Proc. kohlensaures Kali. Reich und Ulbricht bestimmten nur 0,01 Proc.**)

In der Wollschweissasche fanden Märcker und Schultze

	Kohlensäurehaltig	Kohlensäurefrei
Kali	58,94—63,45	79,42 – 84,99
Natron . . .	2,76	3,72
Kalk . . .	2,76— 2,19	3,29— 2,93
Magnesia . .	1,07— 0,85	1,44— 1,14
Eisenoxyd .	unbestimmt	
Chlor . . .	4,25 — 3,83	5,73 — 5,13
Schwefelsäure	3,13— 3,20	4,22— 4,28
Phosphorsäure	0,73 — 0,70	0,98— 0,94
Kieselsäure .	1,39 — 1,07	1,88— 1,43
Kohlensäure .	25,79 —25,35	
	100,50 100,03	100,86 100,84
ab für O u. C	0,96 0,86	1,39 1,17
	99,54% 99,77%	99,39% 99,69%

Uebereinstimmend hiermit ist die Analyse der Wollschweissasche von Mauméné und Rogelet:

        Kohlens. Kali . . 96,78 Proc.
        Chlorkalium . . 6,18 „
        Schwefels. Kali . 2,83 „
        SiO_3, Al_2O_3
        $KO, PO_5, MgO,$
        CaO, Fe_2O_3 } 4,21 „
        Mn_2O_3, CuO

Hartmann fand:

        KO, CO_2 83,1 Proc.
        $ClK; KO, PO_5;$ } 14,6 „
        KO, SO_3
        CaO, CO_2 2,3 „

---

*) Inaugural-Dissertat., p. 10.
**) Annalen der Landwirthschaft, 49, p. 133.

Aus den obigen Ermittlungen ergiebt sich, dass 100 Pfd. rohe Wolle 8,73 Pfd. kohlensäurefreie Wollasche geben mit 7,17 Pfd. Kaligehalt. Das Waschwasser von 100 Pfd. Wolle besitzt, wenn man die in demselben enthaltenen Stickstoff- und Phosphorsäuremengen in Rechnung zieht, durchschnittlich einen Düngerwerth von 19,1 Sgr. (p. Pfd. Kali = 2 Sgr., Pfd. Stickstoff = 8 Sgr. und Pfd. PO_5 zu 3 Sgr.)

In Verviers rechnet man, dass aus 1000 Kilo Wolle an Wollschweisswasser sich ergeben:

27,40 Hectol.	von	1,03	spec.	Gew.
16,07 „	„	1,05	„	„
7,91 „	„	1,10	„	„
5,24 „	„	1,15	„	„
3,92 „	„	1,20	„	„
3,13 „	„	1,25	„	„

deren Werth natürlich nach der Dichte wechselt zwischen 5,48 fr. bis 18 fr. 47 c.*)

Man entzieht der Wolle den Schweiss theils durch Wasser, theils durch Anwendung von Chemikalien.

Es ist von höchstem Interesse zu wissen, wie viel Schweiss eine Wolle enthält und wie viel reines Wollhaar oder besser noch, wie viel reines Wollhaar und wie viel anhängende verunreinigende Substanzen.

Reich**) in Regenwalde hat eine sehr ausführliche Analyse oder Bestimmung hierüber gebracht. Durch die verschiedenen Extractionen kam er zu folgenden Resultaten:

Trocknen bei 100°	. .	12 bis	16 Proc.
a. Aetherauszug	. . .	8 „	28 „
b. Alkoholauszug	. . .	3 „	7 „
c. Wasserauszug	. . .	8 „	11 „
Schmutz	. . . . .	12 „	32 „
Reines Wollhaar	. . .	23 „	55 „
a. enthält: Fettsäure	. .	1½ „	7 „
unverseifbares Fett	. .	5 „	16 „
b. enthält: Fettsäure	. .	1⅓ „	2⅓ „
Kali	. . . . . .	0,3 „	1,06 „
Chlorkalium	. . .	0,5 „	1,06 „
c. enthält: Kali	. . .	2,5 „	3,9 „
Phosphorsäure	. . .	0,04 „	0,14 „

Dabei ist von Interesse, dass Wollen
von Electoral-Negretti-Böcken ergaben 27,81 u. 23,39 Th. reines Wollhaar
„ Merino-Française 27,77
„ Französischer Jährlingsbock . . 31,72

---

*) Bulletin de la société industrielle de Verviers. 1864, p. 55.
**) Preuss. Annalen der Landwirthschaft. Wochenbl. 1867, Nr. 4. — Jahrbuch der Landwirthschaft. Dr. Schumacher. I, pag. 269.

von Franz. Mutterschaf 31,33
„   „   Electoral-Negretti . . 28,26
„   Lincoln-Merino-Bock . . . 44,61
„   Lincolnbock 55,82
Heiden fand in Merinorohwolle 49,597
Wilhelm fand in feiner Merinowolle . . . 20,23
„   gröberer   „   . . . 29,30
„   Southdowns 41,05
Märcker u. Schultze fanden in Landwolle 42,28—50,08 reine Wollfaser
„ Rambouillet 29,51—32,78 „ „

Elsner von Gronow fand durch Entfetten mit Schwefelkohlenstoff folgende Mengen reiner Wolle:

In gewaschenen Wollen:

Deutsche Merinos . . . . 32 bis 84,773 Proc.
Nordamerikanische Merinos . . . 61,1 „
Ungarische Merinos . . . . . . 83,292 „
Rambouillet-Negretti . . . . 38,511 „

In ungewaschenen Wollen:

Montevideo Merino . . . . . . 48,851 Proc.
„   Metis . . . . 50,63 „
Buenos-Ayres Merino . . . . . . 39,32 „
Capwolle-Merino . . . . 39,146 „
Marokko, ordinär . . . . 45,901 „
Schlesische Negretti . . . . . . 14,96 „
Ranzin . . . . 16,42 „

Es wird aus diesen Analysen wohl klar, wie sehr der Gehalt an reiner Wolle schwankt und ebenso der **Fettgehalt** oder **Schweissgehalt**. Dieser letztere stellte sich für die genannten Untersuchungen auf:

Wollschweiss
Märcker u. Schultze*): Landschafe . 20,73—22,26 + 7,17 ger. Fett
Heiden*):   Rambouillet 20,50—22,49+14,46 „ „
Merino . . 27,018
Wilhelm*)   Merino fein . 34,98
Merino II . 15,11
Southdown . 12,11
Rohde*) u. Scholz: Negretti-Tuchwolle 43,36
Electoral . . . 39,35
Electoral . . . 39,75

---

*) Journal für pract. Chemie von Erdmann und Werther. 1870. — Zeitschr. d. Ver. d. Wollinter. von Dr. Grothe 1870. April- und Maiheft. — Landwirthschaftl. Versuchsstation. VIII. 450. — Allgem. land- und forstwirthschaftliche Zeitung. 1866. Nr. 67. — Zeitschrift d. Ver. d. Wollinteress. 1870. H. 1.

Dabei ist wohl zu beachten, dass dieser Gehalt an Wollfett bedeutend höher erscheint in der Wolle, welche auf dem Schafe gewaschen ist. Wilhelm giebt hierfür folgende Bestimmung:

In 100 Theilen gewaschener Wolle (kurz vor der Schur) sind enthalten:

	fein Merino	grober Merino	Southdown
Wasser	4,90	7,91	8,75
Fett	47,50	21,38	12,50
Reine Wolle	36,40	59,59	72,24
Schmutz	11,20	11,12	6,51

Rohde und Scholz geben ferner folgende Analyse:

	Negretti	Electoral	Electoral
Wasser	5,61	11,87	12,59
Schweiss	43,36	39,35	39,75
Schmutz	31,38	22,40	21,49
Reine Wolle	19,15	26,28	29,30

Elsner von Gronow hat 163 verschiedene Wollsorten mittelst Extraction durch Schwefelkohlenstoff auf ihren Fettgehalt etc. geprüft.

Hier geben wir für unseren Zweck den Gewichts-Verlust überhaupt an.

Lange Tuchwollen	64—69 Proc.
Nordamerikanische Merino	64,30 „
Russische Merinos	68,68 „
Buenos-Ayres	60,88 „
Rambouillet	58,05 „
Kurze Tuchwollen	69—72 „
Kurze Tuchwollen Hochfeine	72—79 „

Die Vererbungsfähigkeit des Fettgehaltes der Wolle bei Kreuzungen wird vielfach angenommen und scheint sich zu constatiren.

2) Physiologie und allgemeine Characteristik der Wolle.*)

Als die feinsten Formelemente, sowohl des thierischen, als auch des pflanzlichen Organismus, sind bis jetzt die Zellen erkannt. Man kann sie äusserlich als Bläschen, die in einem meist flüssigen Inhalte einen Kern enthalten, der das Centrum der Lebensfähigkeit ist, characterisiren. Zum morphologischen Begriff einer Zelle gehört eine mehr oder

---

*) W. v. Nathusius-Königsborn, das Wollhaar des Schafs in histologischer und technischer Beziehung. Berlin 1866, Wiegandt und Hempel. — Leidig, Lehrbuch der Histologie. — Schmidt, die Schafzucht und Wollkunde. — Weckerlin, landwirthschaftliche Thierproduction. — Jeppe, Terminologie der Schafzucht und Wollkunde. — Mentzel, Handbuch der rationellen Schafzucht. — Bohm, Schafzucht. I. Bd. Wollkunde. Wiegandt, Hempel u. Parey. 1873, Berlin. — Schlossberger, Chemie der Gewebe des Thierreiches. Heidelberg 1856. u. a.

minder weiche Substanz, ursprünglich der Kugelgestalt sich nähernd, die einen centralen Körper umschliesst, welcher Kern heisst. Die Zellsubstanz **erhärtet** häufig zu einer mehr oder weniger selbstständigen Grenzschicht oder Membran und alsdann gliedert sich die Zelle in **Membran, Zelleninhalt** und **Kern**. Diese Bezeichnungen gelten zumeist blos von dem Jugendzustand der Zellen. Im Laufe der Entwicklung können sehr mannigfaltige Aenderungen sowohl der Dimensionen als der Gestalt und Form der Zellen eintreten, es kann der Zelleninhalt sogar verschwinden und die ganze Zellensubstanz kann sich zu einem homogen erscheinenden Körper zusammenballen. Aus den vorhandenen Zellen gehen neue Zellen hervor, somit muss eine Mutterzelle vorhanden sein. Diese Mutterzelle für das Haar liegt in der Haut. Von hier aus hebt der Keim des Haares zunächst die Lederhaut und dann die Oberhaut halbkugelig empor und dann treibt das Haar mit vollständiger Spitze heraus.

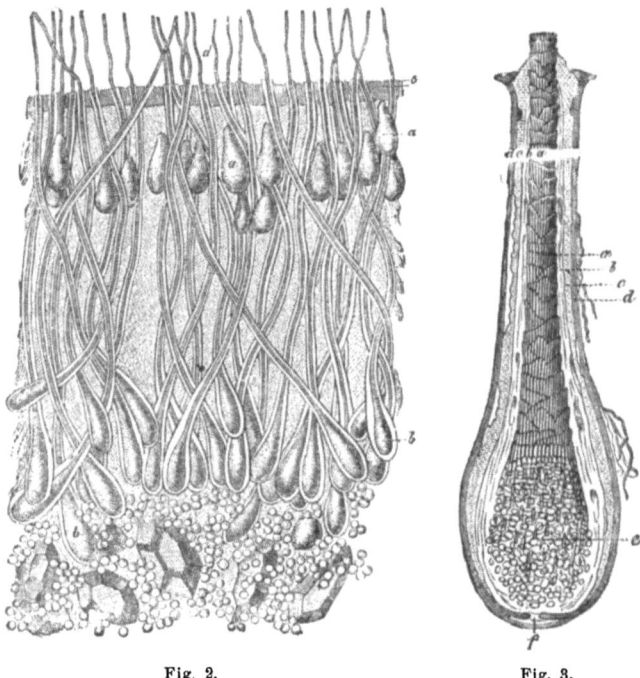

Fig. 2.   Fig. 3.

Die Form des Merinowollhaares*), wie sie uns im Stapel entgegentritt, ist nicht die natürliche, sondern eine schon durch äussere mechanische Kraft beeinflusste. Die ursprüngliche Form tritt ohne Zweifel in ziemlich regelmässigen Spiralwindungen und Kräuselungen auf; dafür spricht das ganze Entstehen und Wachsen. Das Merinowollhaar, wie jedes andere haarähnliche Gebilde, entwickelt sich im **Haarbalge** auf der **Papille** von der **Haarzwiebel** b aus. Nun liegen bei dem **Merinoschafe** die

---

*) J. Bohm.

Haarpapillen in gesonderten Gruppen förmlich nesterweise nebeneinander; von ihnen gehen die Haarbälge, aus zwei Häuten b u. d gebildet (Fig. 3), aus und ziehen sich in den verschiedensten Windungen zur Oberhaut in die Höhe. Das junge Haar füllt bei seiner Entstehung und Fortwachsthume zunächst den innern Raum des Haarbalges aus, fügt sich, selbst noch nicht vollständig verhornt, sondern von der Haarzwiebel f an aus noch weichen Zellen bestehend, den Windungen desselben und verhärtet so allmälig, indem es dann auch bald durch die Oeffnung der Oberhaut an die Luft tritt. So immer weiter von der Haarzwiebel aus sich entwickelnd, schieben die neugebildeten Theile den schon fertigen Theil des Haares immer vor sich her, so wachsen sie, sich immer durch die Schlangenlinien des Haarbalges windend, in ihnen erstarrend, verhornend.

Ehe dieselben aber an die Oberfläche treten, werden sie schon zu ihrem Schutze gegen Luft und ungünstige Einwirkungen der Atmosphäre von dem in den Talgdrüsen a, welche unmittelbar unter der Oberhaut c in den Haarbalg münden oder eigentlich mehr Ausbuchtungen desselben sind — entwickelten Fette, dem Fettschweisse, wie es die Kunstsprache nennt, eingehüllt. (Fig. 2.)

Die aus je einer Gruppe von Haarbälgen an die Oberfläche heraustretenden Härchen d kommen nun gleich in mehr oder weniger, aber unter sich jedenfalls ungleichen spiralen Windungen hervor, greifen ineinander, werden ausserdem durch das ihnen anhängende Fett, wozu noch vielleicht die dasselbe zersetzende, gasartige Ausdünstung der Haut durch die Schweissdrüsen tritt, nachdem sich noch Staub und andere unorganische Stoffe darauf abgelagert und so noch die Zähigkeit dieses Fettkittes verstärkt haben, noch mehr zusammenklebt. (Fig. 4.)

Fig 4.

So wachsen nun diese, in ihren Spitzen zusammengeklebten Haare in unfreiem Zustande mit einander weiter, in „unfreiem Zustande": insofern als die Spitzen sich nicht mehr frei bewegen, nicht mehr den Windungen des nachwachsenden Haares folgen können, sondern durch den Fettkitt festgehalten werden. Das wachsende Haar muss daher seine Spiralen in andere Formen drängen, vollständig eine Rückdrehung machen.

Diese so aus einer Gruppe von Haarbälgen hervorgetretene Summe von Härchen nennt die Züchtungssprache „Strähnchen." Bei dem ergänzt sie sich nicht wieder, und die Haare späterer Schuren zeigen Fortwachsen werden die Windungen der einzelnen Haare natürlich mit denen der anderen, da sie ja in der Spitze vereinigt sind, zusammengedrängt, durch den Fettschweiss noch mehr aneinander gefügt; so entstehen durch die Gesammtheit dieser Haare die an den Strähnchen beobachteten mehr oder weniger regelmässigen Kräuselungsbogen.

Sondert man ein solches Strähnchen aus einem grösseren Stapel in Fett geschorener Wolle ab, entfettet dasselbe mit Schwefeläther oder Schwefelkohlenstoff, welche beide Ingredienzien ihrer raschen Verflüchtung wegen, keinen Einfluss auf das Quellen des Haares haben, und zerlegt dann dasselbe in die einzelnen Haare, so wird man sehr bald sehen, wie von einer Gleichmässigkeit der Wellungen keine Rede ist, sondern ein jedes seine eignen eigenthümlichen Windungen hat, welche Verzerrungen der eigentlichen Spiralen sind.

In der Verbindung dieser beiden Eigenschaften nun:
1) des Vermögens, in freiem natürlichem Zustande möglichst vollkommen die ihm durch irgend welche Einwirkung geraubte ursprüngliche Form wieder anzunehmen, also der Elasticität und
2) der Befähigung, in den durch mechanische, von aussen herantretende Macht, unter Zuhülfenahme von Feuchtigkeit und Wärme, vorgeschriebenen Formen zu beharren, der Formbarkeit,

besteht, wie oben gesagt, die Krumpfkraft und Filzbarkeit des Haares.

Das in vollem Wachsthum begriffene Haar besteht aus der äusseren Haarscheide und aus einer inneren Haarscheide.

Der Haarschaft trägt an seiner Peripherie das Oberhäutchen, welches ein schuppiges Ansehen erlangt durch ursprüngliche Zellen. In den meisten Haaren bildet die Hornschicht, Rindenschicht den überwiegenden Theil der Haarachse. In der Axe des Haarschaftes befindet sich dann der Markstrang, die Marksubstanz. Diese Marksubstanz ist nicht in allen Wollen nachweisbar. Sie ist dagegen bei einzelnen Wollsorten, z. B. beim Vicunna, sehr entwickelt. Die Markzellen enthalten entweder Flüssigkeit oder Luft. Somit erscheint die äussere Gestalt des Wollhaares niemals röhrenförmig glatt, wenigstens kommen nur wenige grobe Wollen der Art noch vor, sondern auf ihrer Oberfläche schuppenartig entwickelt. Diese Schuppen der Oberhaut, die bei der Verarbeitung der Wolle ihre bedeutsame Rolle spielen[*], nutzen sich allmählig ab, so dass die Rindensubstanz blosgelegt wird. Diese zerfasert sich auch an Bruchstellen pinselartig. Der Länge nach läuft das Wollhaar sehr allmälig zu einer feineren glatten Spitze aus, indem sich die Querfalten der Schuppen mehr und mehr verlieren. Die Spitze tritt jedoch nur auf bei Lammwolle der ersten Schur, später

---

[*] Siehe Zeitschrift des Vereins der Wollinteressenten. Bd. I.

daher eine ziemlich gleichartige Stärke auf ihrer ganzen Länge. Ist dies nicht der Fall, treten also Verdickungen und Verdünnungen abweichender Natur bei den Wollhaaren auf, so muss man sie für fehlerhaft, krankhaft betrachten.*)

Der Hauptbestandtheil der Wolle ist die Rinden- oder Fasersubstanz. Dieselbe ist langstreifig, bei weisser Wolle stets durchsichtig. Bei der Behandlung mit concentrirter Schwefelsäure spaltet sich die Rindensubstanz in lange Streifenfasern, die brüchig sind und zackige Ränder haben. Jede dieser Streifenfasern ist ein Aggregat von Plättchen oder Faserzellen, die um die Längenachse des Haares in concentrischen Lamellen angeordnet sind. Der natürliche Farbstoff der Wolle scheint in der Rinde zu sitzen. Die Oberhaut ist ein sehr dünnes und durchsichtiges Häutchen, eine Art Cuticula, welche durch Schwefelsäure in ihre Elemente zerfällt.

Die Substanz des Wollhaares zeigt gegen die Einwirkung von chemischen Agentien folgendes Verhalten. Gegen Schwefelsäure besitzt die Wolle eine merkwürdige Beständigkeit. In kalter selbst concentrirter Schwefelsäure bleibt sie längere Zeit unverändert, nur die Oberhaut wird afficirt und bei längerer Dauer der Einwirkung bräunlich gefärbt. Beim Kochen in concentrirter Schwefelsäure zersetzt sich die Wolle und giebt eine Lösung von rothbrauner Farbe. Aehnlich ist ihr Verhalten gegen concentrirte Salzsäure. Diese löst endlich die Wolle nach heftigem Kochen auf. Diese Lösung färbt sich roth. Die Salpetersäure färbt die Wolle sofort gelb und löst sie langsam auf, ohne Bildung von Pikrinsalpetersäure. Die kaustischen Alkalien sind von ausnehmend schneller Wirkung auf die Wolle. Schon in mässiger Concentration ihrer Lösung bewirken sie wesentliche Mischungsänderungen in der Wolle und bei zunehmender Concentration zerstören sie die Fasern gänzlich und lösen sie endlich auf, wobei sich reichlich Schwefelwasserstoff entwickelt. Durch Essigsäure kann man die Hornsubstanz der Wolle aus dieser Kali- oder Natronlösung herausfällen und erhält dieselbe als amorphen zähen Körper. Kohlensaure Alkalien und Ammoniak greifen die Wollfasern nur wenig an. Das Chlor bleicht die Wollfaser, aber unter heftigem, zersetzendem Angriff. Es liefert aus Wolle eine klebrige, bittere, durchsichtige Masse, die sich theilweise in Wasser auflöst. Durch Kochen im Papin'schen Topf lösen sich die Haare unter Schwefelwasserstoffentwickelung zum grössten Theil auf.

Bezüglich der Einwirkung der kaustischen Alkalien, sowie der Schwefelsäure wollen wir noch bemerken, dass dieselben zuerst die Oberhaut mit ihren Schuppen zerstören, indem sie die Schuppen isoliren und loslösen. Diese Schuppen haben bei den verschiedenen Wollhaaren der Schafe nichts Unterschiedliches in Form und Grösse. Nathusius hat sehr viele Haarschuppen der Messung unterworfen und bei der edlen schlesischen Wolle deren Grösse gefunden $= 2{,}2 - 4{,}3$ Centimillimeter. Die

---

*) Auf der diesem Werke beigegebenen Tafel werden diese Eigenschaften genügend dargestellt.

Rindensubstanz ist bei den feineren Merinos etwas schwächer als z. B. bei den langhaarigen englischen Wollen.

Bei näherer Betrachtung der **Markhöhle** und **Marksubstanz** ist es nöthig, einzugehen auf den Unterschied der einzelnen Haare auf dem Schafkörper. Das Wollvliess einiger Schafraçen enthält ausser der eigentlichen Wolle noch sogenannte falsche Haare, das sind vereinzeltere, schlichte, gröbere Haare, die sich schlecht färben lassen und lose sitzen und die den Namen **Stichelhaare, Schielhaare** erhalten haben, und besonders ist eine der Schafraçen in England, nämlich die Shetlands, sehr reichlich mit solchen Stichelhaaren bedacht. Hiermit sind übrigens nicht die Unterschiede zwischen Oberhaar und Unter- oder Flaumenhaar gemeint. Es kommt bei verschiedenen Raçen vor, dass das gewöhnliche Haar, eben jenes weisse, fast undurchsichtige, den ganzen Körper bedeckt, während es bei den meisten Schafen sich auf Kopf und Füsse beschränkt oder als Stichelhaar auftritt. Im Allgemeinen aber herrscht das gemeine Wollhaar vor bei den russischen Schafen, beim englischen Landschaf u. s. w. Dies gemeine Wollhaar ist unregelmässiger gestaltet, sehr deutlich geschuppt und marklos. Die dritte Haargattung, der Flaum, kommt nicht sowohl da vor, wo das gemeine Wollhaar als Oberhaar auftritt, sondern auch als ausschliessliche Bedeckung der Merinos. Nathusius hat auch beim Merino das Ueberhaar beobachtet, nämlich kurz nach der Geburt der Lämmer, ist aber auch der allgemeinen Ansicht, dass dasselbe bald ausfällt. Schon bei halbjährigen Merinos wird Ueberhaar nicht mehr bemerkt. In dem Unterschiede der Haare zu dem, was wir Wollhaar nennen, liegt auch die Definition des Begriffs „Wolle." Nathusius sagt in dieser Beziehung: „Wolle sind diejenigen Haare, deren Krümmungsverhältnisse derartig sind, dass auch nach der Trennung von der Körperfläche die Gesammtheit derselben eine zusammenhängende Masse, ein Vliess, bildet, oder Wolle sind diejenigen Haare, die sich **stapeln**, d. h. auf dem Körper des Thieres durch die Eigenthümlichkeit ihrer Kräuselung eine so innige Verbindung erlangen, dass sie auch nach der Trennung vom Körper ihren regelmässigen Bau und einen mehr oder weniger festen Zusammenhang behalten." Dieser Characteristik nach ist der Stapel der Wollhaare also eine Verbindung einzelner Haare auf dem Schafkörper, nicht durch die klebende Eigenschaft des Wollschweisses bewirkt, sondern durch die Eigenthümlichkeit der Kräuselung. Desshalb sehen wir auch bei grobwolligen, wenig gekräuselten Schafen wenig ausgebildeten Stapel. —

Es ist durchaus bei Beurtheilung der Wolle darauf zu achten, dass die Wolle der einzelnen Theile des Schafkörpers ganz bedeutende Verschiedenheiten zeigen kann. Am besten hat dies G. F. von Schmidt in folgender Tabelle klar gemacht.

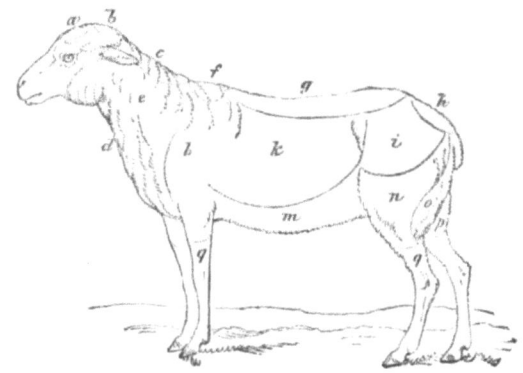

Fig. 5.

Körperstelle.		Feinheit.	Weichheit.	Uebrige Eigenschaften des Wollhaars.	Spinnbarkeit.	Weitere Bemerkungen.
Bezeichnung in Fig. 5.	Benennung.					
a. b.	Vorder- und Hinterkopf.	5	Gering.	Unedel; verwirrt; schlecht gestapelt.	4	Ist oft mit groben und starren Haaren durchwachsen.
c. d.	Oberer Unterer Hals	3 4	Mittelmäss.	Häufig etwas schlaff, schlecht gestapelt.		Auf den Falten in der Regel gröbere Wolle.
zwisch. d. u. m.	Brust	4—5	Mittelmäss.	Starre Spitzen; schlecht gestapelt.		In der Regel ist die Wolle hier etwas länger als an den übrigen Stellen.
e.	Seiten des Halses.	2	Weich.	Gut; etwas weniger regelmässig.	3	
f. g und zwisch. g. und h.	Widerrist. Rückgrat. Kreuz.	3	Mittelmäss.	Bei offenem Stapel hart; an den Spitzen untreu.	3	Die grössere oder geringere Geschlossenheit des Stapels ist hier am meisten fühlbar.
h. i.	Schwanzwurzel. Keule.	4—6	Gering. Mittelmäss.	Schlaff u. elastisch.		
k. l.	Seiten und Flanken. Blatt.	2 1	Sehr weich. Sehr weich.	In allen Beziehungen die beste Wolle.	1	Auch der Bau der Wolle ist hier am regelmässigsten.
m.	Bauch.	1—2	Verschied.	Kraftloser, schlaffer und verwirrter als an den übrigen Theilen.	2—6	Armwollige und schwächliche Mutterschafe verlieren hier ihre Wolle.
n.	Oberschenkel	4	Mittelmäss.		3—6	Ungleichartige Wolle macht sich hier zuerst kennbar.
o. p. q.	Wolfsbiss, innerer Schenkel, Unterfuss	5—6	Bald mittelmäss., bald gering.		3—6	

Professor Settegast macht auch besonders auf diesen Umstand für die chemische Untersuchung aufmerksam. Er fand

	Schulter		Flanke		Vorhand	
	rechts	links	rechts	links	rechts	links
Feuchtigkeit.	8,510	9,142	9,318	7,363	9,956	9,567
Verlust . .	24,415	25,564	26,682	27,094	26,380	25,170
Fett . . .	28,142	24,968	20,485	33,345	23,266	22,832
Wollhaar . .	39,933	40,436	43,515	32,198	40,398	42,431

	Schädel	Kreuz	Kruppe	Bauch
Feuchtigkeit .	7,507	9,563	8,328	9,531
Verlust . . .	20,948	31,044	34,164	25,170
Fett	29,979	28,336	24,704	22,832
Wollhaar . .	41,516	31,057	32,804	42,431

Das gewöhnliche Haar ist das gröbste und unbrauchbarste, das gemeine Haar schon etwas feiner, das Flaumenhaar endlich ganz fein und zart. Das Flaumenhaar ist durchschnittlich um ein Drittheil feiner als das Oberhaar. Bei Schafen, die beide Wollen tragen, wie die Donskoi, liefert die Schur im Winter 60 Proc. Flaum, im Sommer 52 Proc. Beim Flaumenhaar umschliessen die Schuppen das Haar sehr regelmässig becherförmig und oft spiralförmig um das Haar angeordnet. Je edler der Flaum, desto dichter die Schuppen und desto becherförmiger von Bildung.

Die Gleichmässigkeit der einzelnen Haare hängt entschieden mit der Vertheilung und der Dichtstellung derselben auf dem Körper der Schafe ab. Bei ordinären Schafraçen ist das Haar sehr gleichmässig über den ganzen Körper der Thiere vertheilt und die einzelnen Haare zeigen wenig Dimensionsverschiedenheiten. Bei den feineren Sorten ist beides selten der Fall, und man unterscheidet am Schaf eine Reihe von verschiedenen Wollen.

Durch Vereinigung der Haare in Büschel oder Stapel wird natürlich eine freie und gleichmässige Ausbildung der einzelnen Haare beeinträchtigt und somit findet man in einem Stapel nie lauter Haare gleicher Dicke und Länge.

Die Länge und Dicke der Wollhaare wechselt also wesentlich, wie wir gesehen haben, dennoch lassen sich dafür Durchschnittswerthe nach einzelnen Schafraçen angeben, wie wir weiter unten sehen werden. Der Durchschnitt der Haare zeigt eine rundliche aber unregelmässige Basis und wechselt in seiner Form mit der Stelle, an welcher man den Durchschnitt nimmt. Die Dicke der Wollhaare wechselt von 0,0132 Centimillimeter bis 0,06 Centimillimeter.

Die Länge der Wollhaare, wie wir bereits bemerkt, ist auch eine sehr verschiedenartige. Betrachten wir ein Wollhaar der Länge nach, so erblicken wir an demselben eine Menge Bögen, die nicht als Spiralwindungen des Haares auftreten, sondern als Plattbögen in Wellenform. Bei ordinären Wollen treten diese Kräuselungsbögen in grosser Unregelmässigkeit und Weitläufigkeit auf, bei den feineren Wollen jedoch in grosser Regelmässigkeit und Dichtigkeit. Darnach zählt man z. B. auf ordinärer Schafwolle im Raum eines Zolles kaum 10 bis 12 Bögen, während man auf demselben Raum bei feineren Wollen bis zu 50 Bögen und mehr wahrnimmt. Im gewöhnlichen Zustand verkürzen diese Bögen natürlich die Länge des Wollhaares wesentlich. Dieselbe wird daher maassgebend in ausgespanntem Zustand des Haares gemessen und wechselt da zwischen 5 und 300 Millimeter. Elsner von Gronow will bei den Wollhaaren eine besondere spiralförmige Windung constatiren. Wenn man will, kann man das, was er so bezeichnet, als Spiralwindung betrachten, jedoch erscheint diese Art Windung durch die Wellenkräuselung des Haares an und für sich bedingt. Uebrigens ist Elsner nicht der Erste, der diese Gestaltung so auffasst, sondern schon Corda hat sie spiralig genannt, wenn die einzelnen Schuppenränder gegen die senkrechte Mittellinie des Haares nicht horizontal, sondern steigend geneigt erscheinen.

Sowohl die Länge, als die Dicke der Haare wird bei der Taxirung der Wollqualität in Betracht gezogen; ferner nimmt man dabei Rücksicht auf die Stapellänge, Stapelgleichmässigkeit, auf die Anzahl der Kräuselungsbögen u. s. w.

Schon oben gaben wir eine Definition des Begriffes Stapel. Wir wollen darauf hier genauer eingehen und besonders, nach Settegast*), auch bildlich die Stapelform zeigen, die der Merinowolle eigen ist. Es ist ein Kennzeichen edler Wollen, wenn sie guten Stapel bilden. Guter Stapel hängt aber auch von der Güte der einzelnen Haare ab, welche den Stapel bilden. Es gehört dazu eine möglichste Gleichmässigkeit der Haare unter sich; eine gleichartige Form, die für verschiedene Stellen des Haares gleiche, möglichst runde Querschnitte zeigen muss; das Haar muss an jeder Stelle, vom Hautende bis zur Spitze, die gleichen Eigenschaften zeigen (Treue); eine gewisse Dünnheit des Haares und eine dichte Kräuselung.

In den Abbildungen, Fig. 6 bis 11, geben wir, nach Settegast, eine Reihe Stapel in abnehmender Güte. Fig. 6 ist die vorzüglichste Merinotuchwolle. Der Stapel ist voll, leicht theilbar, gleichartig. Fig. 7 ist ebenfalls gute, edle, feine Tuchwolle, aber von weniger vollem Stapel. Fig 8. Negrettiwolle, sehr edel und von erster Feinheit. Fig. 9. Wolle, die in den Fehler des Zwirnens gekommen ist. Stapel weniger voll. Fig. 10. Verworrenes Haar ohne Gleichartigkeit. Fig. 11. Loser, offener Stapel mit schlechter Spitze. Kräuselung schlecht. —

---

*) H. Settegast, Bildliche Darstellung des Baues und der Eigenschaften der Merinowolle. Berlin 1869. Wiegandt u. Hempel. — Eine ausgezeichnete Behandlung der Stapelformen ist von Bohm (Wollkunde) auf 15 Farbentafeln gegeben.

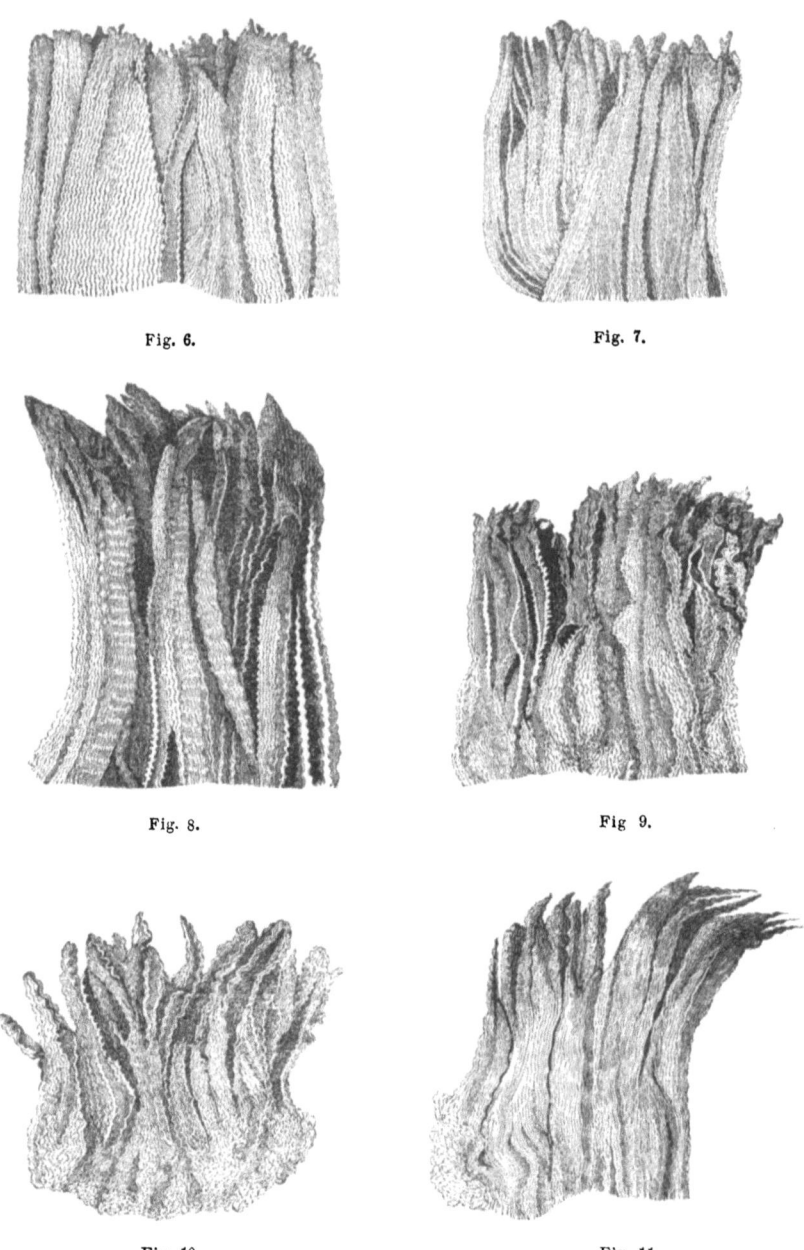

Fig. 6.　　　　　　　　Fig. 7.

Fig. 8.　　　　　　　　Fig 9.

Fig. 10.　　　　　　　Fig. 11.

Was die **Feinheit des Haares** anlangt, d. h. die **Dicke**, so hat dieselbe selbst für die Eintheilung der Wolle nach Feinheitsgraden gedient, die man theils mit Hülfe von Instrumenten, theils mit Hülfe des Mikroskops und eines Mikrometers ermittelt. Solche Instrumente tragen den Namen **Eriometer.**

Dabei müssen wir sogleich bemerken, dass das Wollhaar keineswegs gleichmässig dick ist auf seiner ganzen Länge, sondern wesentlich variirt. Um dies näher zu zeigen, führen wir hier 7 Figuren an, welche jede ein Wollhaar im Durchschnitt an 3—4 Stellen vorführen. Diese Abbildungen zeigen hinreichend genau die bedeutenden Variationen der Durchschnittsdimensionen:*)

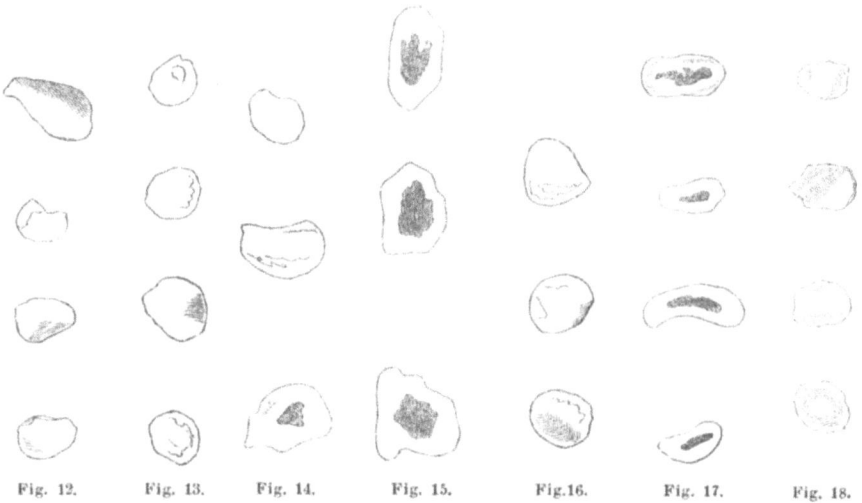

Fig. 12.   Fig. 13.   Fig. 14.   Fig. 15.   Fig. 16.   Fig. 17.   Fig. 18.

Die Eriometer beruhen erstens auf dem übrigens sehr zweifelhaften Erfahrungssatz, dass die Anzahl der Kräuselungsbögen in ziemlich gradem Verhältniss zur Feinheit des Haares stehe; oder sie messen zweitens die Dicke des Haares. Zur ersten Klasse dieser Instrumente gehört das Instrument von Sorge. Dasselbe besteht aus einer dünnen Metallplatte von 5 Zoll Länge und 1 Zoll Breite, welche durch Querlinien in fünf Abtheilungen, jede 1 Zoll, getheilt ist. Der eine lange Rand dieser Platte ist mit regelmässigen, runden Auszackungen dergestalt versehen, dass in dem ersten Felde, also auf ein Zoll Länge, 28 Zacken vorhanden sind, in den folgenden Feldern der Reihe nach 24, 20, 16 und 12. Diese Zahlen sind auch auf den Feldern selbst eingravirt und dabei stehen die Anfangsbuchstaben der Sorten nebst den ungefähr entsprechenden Feinheitsgraden nach Dollond, nämlich:

bei 28 steht E Electa   und   7°
„   24   „   P Prima   „   8°
„   20   „   S Secunda „   9°
„   16   „   T Tertia „   10°
„   12   „   Q Quarta „   11°

---

*) Man sehe hierüber Ausführliches bei Nathusius, Wollhaar des Schafes. 1866. Wiegandt und Hempel.

Ein Vergleich der Kräuselungsbögen der Wollfaser mit diesen Bögen ergiebt für dieselbe den ungefähren Feinheitsgrad. — Zur zweiten Klasse der Wollmesser gehört, als am meisten eingeführt, der von Dollond. Derselbe besteht aus einem zusammengesetzten Mikroskope, vor dessen Objectivlinse noch ein Zerstreuungsglas angebracht ist, das durch eine Linie, welche den Mittelpunkt dieses Hohlglases durchschneidet, in zwei gleiche Hälften getheilt ist, welche sich mittelst Stellschraube genau mit Nonius messbar verstellen lassen. Spannt man nun ein Wollhaar vor dem Zerstreuungsglas rechtwinklig zum Schnitt aus, so erscheint es, durch das Mikroskop betrachtet, in 50maliger Vergrösserung. Verschiebt man nun die Hohlglashälften gegen einander, so erscheinen in dem Momente zwei Bilder des Haares, wo die Grösse der Verschiebung gleich dem Durchmesser des Haares geworden ist, d. h. des 50 Mal vergrösserten Haares. Der Nonius erlaubt nun das Ablesen der Dimension. Jeder Theil desselben ist gleich $1/200$ engl. Zoll und drückt hierbei $1/200 : 50 = 1/10000$ engl. Zoll oder einen Grad aus. Viel weniger genau und einfach zu handhaben sind die Apparate von Daubenton, Skiadan, Grawert u. A. Voigtländer spannt zehn Haare neben einander vor dem Mikroskop aus und misst mit Mikrometern. Der Durchmesser der Haare wird danach in Einundachtzigtausendtheilen des Wiener Zolles (= 26,350 Mm.) ausgedrückt. Köhler wählt einen Wollbüschel von 100 Haaren und drückt ihn durch einen Schieber zusammen. Young endlich bedient sich der farbigen Kreise, welche sichtbar werden, wenn man durch eine Masse Fäserchen auf eine Lichtflamme sieht. Pilgram misst den Raum, welcher zwischen zwei einander gegenüberstehenden, feinen, metallenen Spitzen in dem Augenblick vorhanden ist, wo ein- hin- und herschwingendes Haar zwischen ihnen durchschlüpfte. Das Instrument giebt dann den Durchmesser des Haares an in Zehntausendtheilen der Pariser Linie.

Ein neues Instrument ist vom Schafzüchter J. Bohm erfunden und von R. Wasserlein ausgeführt. Dabei hat besonders die Beseitigung des Mangels vorgeschwebt, dass man mit Hülfe der übrigen Instrumente nicht im Stande ist, das Wollhaar von allen Seiten seiner Oberfläche genau betrachten zu können. Da nun aber der am häufigsten vorkommende Querschnitt des Haares der ovale ist und ferner die spiralige Gestalt des Haares die vollkommen senkrechten Durchschnitte kaum erlaubt, so bringt die Beobachtung mit den vorgenannten und ähnlichen Instrumenten eine Reihe Fehler mit sich. Alle diese hervortretenden und oft ausgesprochenen Mängel sind durch Benutzung des Instruments, wovon Abbildung in Holzschnitt, zu vermindern.

Die beigegebene Zeichnung stellt das Instrument dar.

a. a. sind zwei Säulen, auf denen b. c. die beiden Kluppen, jede unabhängig von der anderen, um ihre eigene Axe gedreht werden können.

In diesen beiden Kluppen wird das zu untersuchende Object eingespannt.

Selbstredend ist es, dass das Haar oder die Faser ganz genau in der Spitze der Kluppe befestigt wird, da, wenn dies nicht geschieht, bei der gleichmässigen Umdrehung beider Kluppen eine excentrische Umdrehung des Objects eintreten müsste.

Sehr erleichtert man sich diese Arbeit, wenn man den zu untersuchenden Gegenstand an seinen beiden Enden vorher zwischen etwas steifes Papier klebt; dies macht man am besten, wenn man ein Stückchen schon vorher gummirtes Papier nimmt, dies zusammenlegt, mit der gummirten Seite nach innen, und, nachdem man es etwas angefeuchtet und den zu untersuchenden Gegenstand auf die eine Hälfte angeklebt hat, die andere Hälfte darauf drückt.

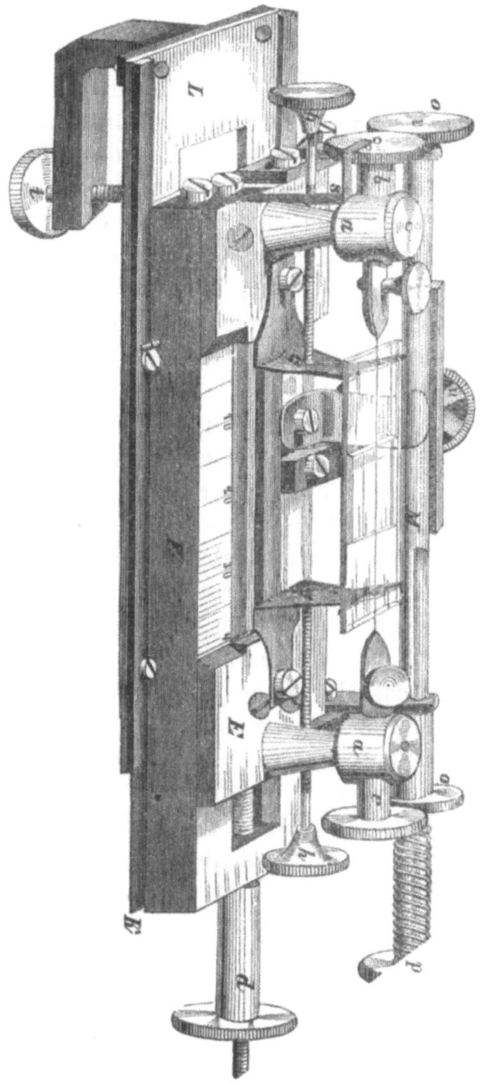

Nun wird es sehr leicht, mit Hülfe einer Pincette das Papier zwischen die beiden Backen der Kluppe zu bringen und solches so lange hin und her zu schieben, bis der zu untersuchende Gegenstand genau in der Spitze jeder Kluppe liegt.

Fig. 19

Ist dies geschehen, so spannt man durch Umdrehen der Schraube d das Haar etc. an. Dies geschieht, indem der ganze verschiebbare Theil E des Instrumentes durch die Schraube fortgerückt wird.

Auf der Sohle F des Instrumentes ist eine Eintheilung angebracht, die dem Widerstandsfähigkeitsmesser von J. Kühn entlehnt wurde, um den Grad der Dehnbarkeit des Gegenstandes über seine wirkliche Länge vergleichend angeben zu können.

Ist das Haar oder Faser nun angespannt, so bringt man unter dasselbe eine Glasplatte (Objectträger). Die beiden Stützen g g sind bestimmt, denselben zu tragen.

Nothwendig ist es aber, dass der zu untersuchende Gegenstand platt auf dem Glase aufliegt, an den beiden Enden desselben sich aber auch nicht drückt, was geschehen würde, wenn die Spitze der Kluppen niedriger ständen als die obere Fläche des Objectträgers. Zu diesem Ende sind die beiden Stellschrauben h h angebracht, welche die Stützen g g,' die von Stahl sind und federn, durch Anschrauben herabdrücken, durch Zurückschrauben wieder in die Höhe gehen lassen.

Ist der Objectträger regulirt, so bringt man die lichtbrechende Flüssigkeit, am besten verdünntes Glycerin, damit ja keine Verklebung oder Adhäsion statt habe, auf das Object, und legt das Deckgläschen darüber.

Jetzt bringt man das Instrument unter das Mikroskop, indem man es auf dem Tisch desselben befestigt; die Schraube i muss man aber vorher so weit herunter schrauben, dass sie bequem sich unter den Tisch schieben lässt. Hat man das Instrument gehörig unter dem Sehfelde eingerichtet, dann schraubt man es fest.

Bei geringer Vergrösserung untersucht man nun das Object, ist es noch nicht vollkommen angespannt, so muss dies noch nachträglich geschehen, dann schreitet man zur Entkräuselung, indem man, dasselbe durch das Mikroskop beobachtend, die beiden Klappen C C, die eine vor- die andere rückwärts dreht.

Um das Object in seiner ganzen Länge übersehen zu können, ist das Instrument verschiebbar: es steht mit seinem Schlittenläufer K K auf der Unterbahn L. Indem man den Schraubenkopf d anfasst und ihn nach links rückt, schiebt sich der ganze Schlitten nach links, zieht man an demselben, so folgt das Instrument nach rechts; natürlich muss man sich hüten, den Kopf zu drehen, da sonst die Spannung verändert würde.

Selbstredend wird ein gekräuseltes und in solchem Zustande angespanntes Haar durch die Entkräuselung wieder schlaffer, es muss also von Zeit zu Zeit der Schraubenkopf d wieder etwas angezogen werden.

Hat man nun durch Controllirung der ganzen Länge des Objectes sich überzeugt, dass die Entkräuselung wirklich vollständig stattgefunden hat, dann rückt man das Gestänge M ein, indem man die Schraube n behutsam andreht, bis sich die beiden Triebscheiben o o an die Knöpfe der Kluppen b c angelegt haben; ist dies geschehen, so wird man durch Drehung des Knopfes p beide Kluppen gleichmässig um ihre Axe drehen, und ist so in den Stand gesetzt, das Object von allen Seiten untersuchen zu können.

Der Knopf b der linken Kluppe hat an seiner äusseren Fläche durch Radien die Kreislinie in sechs gleiche Theile getheilt, der daran angebrachte Zeiger s markirt solche.

G. F. von Schmidt giebt die Feinheit der Wollsorten nach sieben Klassen geordnet in Graden nach Dollond, Voigtländer, Pilgram und Köhler, ferner nach directen Messungen in Centimillimetern an unter Zufügung der Zahl von Wollhaaren, welche, neben einander gelegt, den Raum eines Millimeters bedecken.

Klasse.	Haare auf 1 Millimeter.	Durchmesser in Centimillimeter.	Grade nach			
			Dollond.	Voigtländer.	Pilgram.	Köhler.
Superelecta	60	1,663—1,778	6,5— 7	51 — 54	7,3— 7,8	$1^{3}/_{4}$—2
Electa....	53	1,778—2,085	7 — 8	54,6— 64	7,9 - 9,2	2 —$2^{3}/_{4}$
I. Prima ..	47	2,085—2,177	8,1— 8,5	65 — 66	9,3 — 9,8	$2^{3}/_{4}$—3
II. Prima..	42	2,266—2,514	8,6— 9,9	67 — 77	9,7—11,1	$3^{1}/_{4}$—4
Secunda ..	39	2,514—2,667	10 —10,5	79,6— 82	11,4—11,8	$4^{1}/_{4}$—$4^{1}/_{2}$
Tertia....	33	2,740—3,326	10,6—13,1	84 — 102	12,1—14,7	$4^{3}/_{4}$—7
Quarta ...	28	3,556—3,975	13,2—16	109,3—122,2	15,7—17,6	$7^{1}/_{4}$—10

Eine französische Eintheilung hat nur die vier Klassen:

    Hochfein . . . 0,013 —0,020 Millim.
    Fein . . . . . 0,020 —0,025 „
    Mittelfein . . . 0,025 —0,0313 „
    Stark . . . . 0,0313—0,050 „

Wekherlin classificirt so:

    Superelecta I. . 0,0126 Millim.
        „ II. . 0,0152 „
    Electa I. . . . 0,0152 —0,0177 Millim.
        „ II. . . . 0,0177 —0,0203 „
    Prima I. . . . 0,0203 —0,0228 „
        „ II. . . . 0,0228 —0,0253 „
    Secunda . . . 0,0253 —0,02785 „
    Tertia . . . . 0,02785—0,0304 „
    Quarta . . . . 0,0304 —0,0354 „

Ausserdem giebt es noch viele verschiedene Classificationen, besonders von dem berühmten Wollkundigen Jeppe. Natürlich hat man auch nicht unterlassen, nach solchen Feinheitsbestimmungen allgemeine Feinheitsnummern aufzustellen, die jedoch in den französischen und deutschen Systemen wesentlich abweichen. Mit Recht weist daher Hülsse darauf hin, dass man nicht die Haardicke messen und den Feinheitsgraden zu Grunde legen solle, sondern die Haarzahl des Stapels oder die im Garn neben einander liegende Haarzahl. Wir stellen hierfür folgende Betrachtung an:

Es ergiebt sich, dass die Nummern der Garne wesentlich bestimmt sind durch die Dicke der Wollhaare. Es giebt einen Durchschnittsproduct für den Fadenkörper, das bei allen Garnsorten von wirklich dazu passenden Wollsorten wiederkehrt. Es ist das die Zahl der Haare, die den Garncylinder bilden bezüglich eines Durchschnitts oder jedes Durchschnitts. Aus diesem Product ermittelt sich die Zahl der Haare, die in einer graden Linie des Durchmessers liegen, neben einander sich berührend. Den Raum, den diese Zahl Haare einnimmt bei verschiedenen Garnen von verschiedenen Garnnummern, giebt die Feinheit und zwar den practisch verwerthbaren Feinheitsgrad der Wollfaser der betreffenden Wolle an. Sei diese Zahl x also die Anzahl Haare, welche auf dem Raum des Durchmessers von Nr. 1 liegen können, so bezeichnet jedesmal die nächste Nr. des Garns eine höhere Feinheit der Wolle, entsprechend dem kleineren Durchmesser, so gewissermassen eine andere Feinheitsklasse derselben und umgekehrt.

Aus eigenen Ermittelungen haben wir ersehen, dass diese Normalzahl sich erst aus vielen directen Spinnversuchen bestimmen lässt. Nehmen wir aber an, sie sei 56, so würde also eine Wollsorte, von welcher 56 Haare auf den Raum von 2 Millimeter gehen, zu Nr. 1 das richtige Material sein. Nach vorstehender Tabelle wäre dies Quartawolle u. s. w.*) Diese Bestimmungen bedürfen, wie gesagt, einer genauen Untersuchung und Feststellung.

Ein wesentlicher Punkt bei Bestimmung der Wollklassen ist die Kräuselung und zwar gerade bei den Wollen, welche für unsere Darstellung Wichtigkeit haben. (Siehe pag. 25: Sorge.)

Die Wollkundigen machen zunächst Unterschiede nach Art der Kräuselung. Sind die Bogen vom Anfang bis zum Ende des Haares regelmässig, so sagt man, das Haar sei „wellentreu". Geht die Bogenreihe in ein flaches Ende über, so heisst das „wellenuntreu". Sind die Wellen sehr verwirrt, so nennt man das „gezerrt". Hiermit hängt die Treue des Haares zusammen, welche, nach Menzel, darin besteht, dass die Dimension des Haares von unten bis oben gleich ist. Nun unterscheidet man ferner die Art der Kräuselung in: normalbogig, gedrängtbogig, hochbogig, überbogen, flachbogig, gedehntbogig, schlicht. Letztere drei Eigenschaften gebühren der Kammwolle. — Nun kommt dazu die Benutzung der Zahl der Bögen für Eintheilungsbestimmungen.

Diese Bestimmung nach der Anzahl der Kräuselungsbögen beruht wesentlich auf dem zweifelhaften Gesetz, dass eine Wolle in der Regel um so viel feiner sei, je mehr Kräuselungsbögen auf eine bestimmte Länge fallen. Dies Gesetz findet gar keine Anwendung bei den Kammwollen. Nach Schmidt und Anderen hat man nach den Kräuselungsbögen 6, 7, 9 und sogar 10 Klassen hergestellt.

---

*) Aehnliches hat Professor Hartig bereits 1867 in Polyt. Centralhalle, pag. 308, ausgeführt.

Klasse I. . . . 32—36 Kräuselungsbogen per Zoll Rheinl.
„ II. . . . 30 „ „ „ „
„ III. . . . 28½ „ „ „ „
„ IV. . . . 27 „ „ „ „
„ V. . . . 25 „ „ „ „
„ VI. . . . 23 „ „ „ „
„ VII. . . . 21 „ „ „ „ .
„ VIII. . . . 17 „ „ „ „
„ IX. . . . 14 „ „ „ „
„ X. . . . 10 „ „ „ „

Block hat zuerst ein Instrument entworfen zur Messung der Kräuselungsbögen und ihre Zählung. Er stellte 6 Klassen, SE 31, E 26, P 23, S 19, T. 15, Q 11, auf, bei welchen die Zahlen die Anzahl der Kräuselungsbögen angeben. Das Instrument besteht aus einem Sechseck von Messingblech, dessen Kanten mit ebensoviel Zähnen als obige resp. Zahlen angeben, versehen sind. Dieser Messer wurde von Pabst verbessert und mit Lupe versehen.

Tauber hat ebenfalls ein Instrument construirt, bestehend aus einem Vergrösserungsglase, vor welchem ein Viereck sich befindet, das einen halben Berl. Zoll breit ist, und das durch zwei vorgespannte Drähte in drei gleiche Theile getheilt ist. Man zählt mit seiner Hülfe die Kräuselungsbögen, welche auf die angegebene Breite fallen, und bestimmt dann die Feinheitsklasse etwa nach der oben gegebenen Eintheilung.

Später hat S. Hartmann ein ähnliches Instrument entworfen, aber mit 9 Klassen. Die Zahl der Kräuselungsbögen ist dabei nach Originalwollhaaren bemessen. Er zählt pro Centimeter SSE über 12, SE 11—12, I E 10—11, II E 9—10, I P 8—9, II P 7—8, Sec. 6—7, T 5—6, Q 4—5. Bohm entwarf 13 Klassen und ein bequemes Instrument zur Ermittlung.*)

Die Klassificirung in 6 Klassen kennt:
Electa . . 29 Kräuselungen per Zoll Rheinl.
Prima . . 25 „ „ „ „
Secunda . 21 „ „ „ „
Tertia . . 17 „ „ „ „
Quarta . . 13 „ „ „ „

als Minimalzahlen, so dass alle Wollen, welche weniger als 13 Kräuselungsbögen haben, zur Klasse Quinta gerechnet werden.

Wagner**) giebt noch eine andere Eintheilung nach Kräuselungsbögen auf der Stapelhöhe, welche aber auf der Voraussetzung beruht, dass das feinste Haar auch das kürzeste sei! Seine ganze Eintheilung ist eine Eintheilung nach der Länge. Giraud zählt die Zahl der Kräuselungsbögen auf der Länge des Haars und giebt 4 Klassen:

---
*) Wollkunde, pag. 271.
**) Die Spinnbarkeit der Schafwolle. Esslingen 1869. — Siehe hierzu das Werk: Filature de laine par Charles Leroux. Paris, Lacroix.

I. 56—75
II. 48—52
III. 44—48
IV. 40—46

Er berücksichtigt dabei aber auch die Dicke des Haares a, die Länge der Kräuselungsbögen b, und die Zahl der Bögen per Centimeter c. So erscheint dann die Tafel folgendermassen:

b. cm.	a. mm.	c. centm.	
I. 0,056	0,013—0,02	10 —13,57	56—75
II. 0,06	0,02 —0,025	8 — 8,66	48—52
III. 0,08	0,025—0,0313	5,5— 6,00	44—48
IV. 0,08	0,031 —005	5,00—5,77	40—46

Berühren wir die Länge des Wollhaares noch, so haben wir die äusseren und allgemeineren Eigenschaften desselben nacheinander beleuchtet. Die Länge der Wolle ist ein doppelsinniger Begriff, je nachdem man damit die Länge der Wolle bezeichnen will, wie sie im Stapel sich zeigt, — Stapellänge, oder die Länge der Wolle meint, wie sie im ausgestreckten Zustande sich darstellt, wirkliche Haareslänge. Beide Begriffe sind wohl von einander zu unterscheiden, da sie wesentlich mit einander differiren. Z. B. beträgt die Stapellänge neben der wirklichen Haarlänge:

	S.	H.
I.	24½ Millimeter	51 Millimeter
II.	35 „	64 „
III.	49 „	80 „
IV.	70 „	100 „

Ferner kann von einer natürlichen Haarlänge nicht wohl die Rede sein, ohne dabei daran zu denken, dass die Wollhaare ja nur ein periodisches Wachsthum haben, und in längeren oder kürzeren Zwischenräumen abgeschnitten werden.

W. von Nathusius-Königsborn[*]) hat über a Länge des gestreckten Haares, über b den Durchmesser desselben, über c das Verhältniss der Länge des gestreckten Haares zur Länge des gekräuselten, über d die Länge des Haarstückes, welches in einem Kräuselungsbogen enthalten ist, unter Zufügung der Stapellänge, viele umfassende Versuche angestellt, woraus wir hier einige interessante Daten bringen wollen.

	a. mm.	b. Centimillim.	c.	d. mm.	e. mm.
Pommersches Landschaf	75—182	2,41	1,49	2,7	85 gewasch. 100 ungew.
Merino (Schlesien) . . .	64,3	1,79	1,59	1,29	40,5 mit 50 Kräuselbg.
Merinobock	41	2,21	1,89	1,46	22,75
Merino (Sachsen)	62,95	1,69	1,965	1,615	32 „ 39 „
Merino mit französ. Blut	85	2,21	1,51	2,0	33 „ 15,5 „

---

[*]) W. von Nathusius-Königsborn, Das Wollhaar des Schafes in histologischer und technischer Beziehung. Berlin 1866. Wiegandt u. Hempel.

Betrachten wir nun diese eigenthümlichen Eigenschaften der hier in Rede stehenden Gattungen, so lässt sich doch ein annäherndes Bild der Hauptklassen derselben geben nach Länge und Kräuselung. In den folgenden Figuren sind acht verschiedene Qualitäten Wollen graphisch dargestellt nach genauer Beobachtung und Messung. Die 8 Qualitäten sind von einem Wollkenner uns übergeben als für die ersten 8 Nummern des Streichgarns als normal verwendbar. Letztere Angabe ist natürlich relativ und bezieht sich auf eine ideale Vorstellung über die Verwendbarkeit der Wollen zu bestimmten Nummern etc.

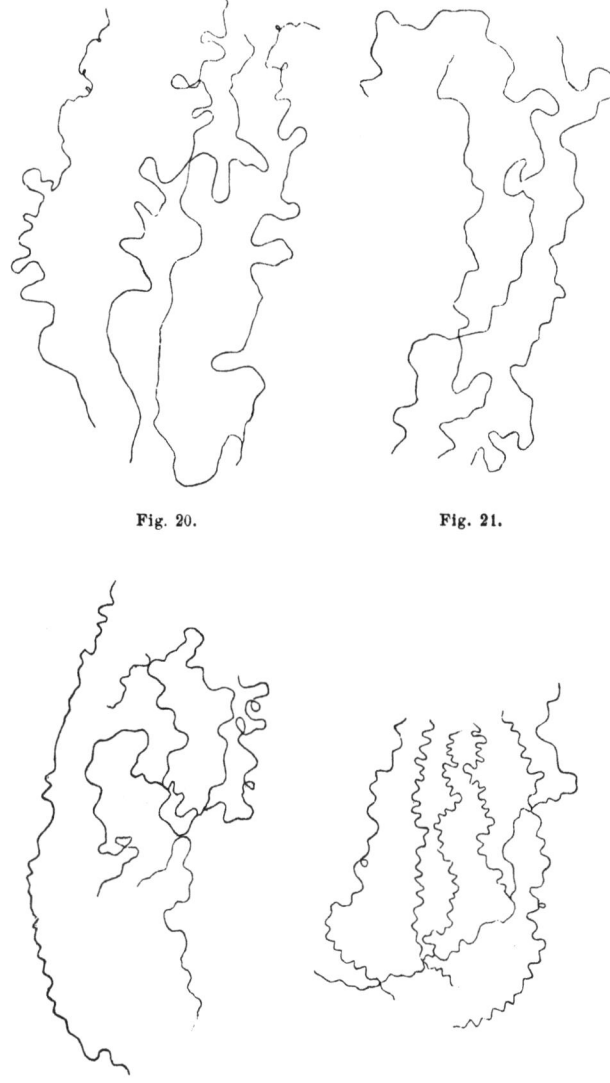

Fig. 20.   Fig. 21.

Fig. 22.   Fig. 23.

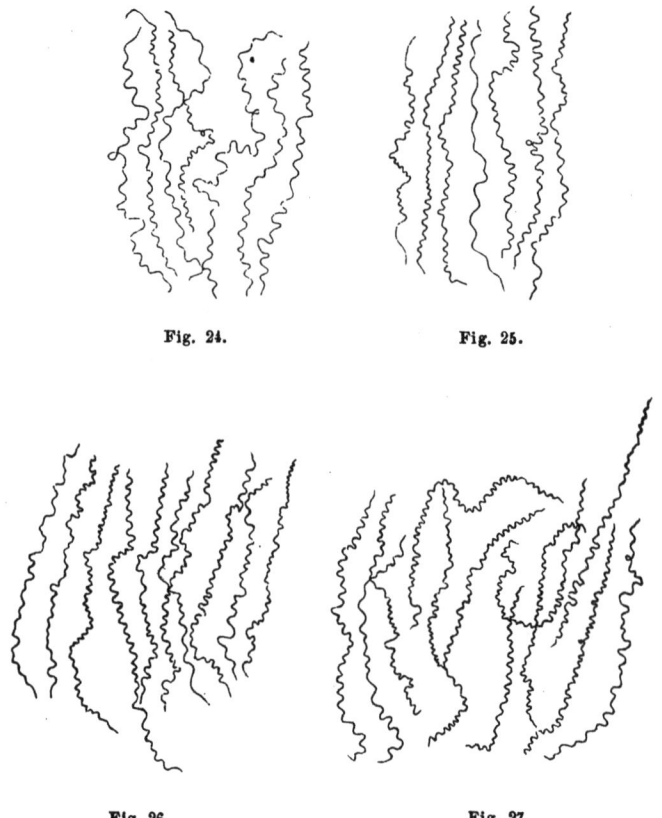

Fig. 24.   Fig. 25.

Fig. 26.   Fig. 27.

3. Physikalische und mechanische Eigenschaften der Wolle.

Wir sahen bereits, dass das Wollgewicht alterirt wird durch den Fett- oder Schweissgehalt. Eine ebenso bedeutende Veränderung desselben kann eine Folge der Hygroskopicität der Wolle sein. Trocknet man Wolle bei warmem Wetter an der Luft, so enthält sie zwischen 8 und 12 Proc. Feuchtigkeit. Gewöhnlich aber hat die Wolle im käuflichen Zustande 15 bis 18 Proc. Feuchtigkeitsgehalt. Wird sie in feuchten Lokalen aufbewahrt, so zieht sie bis zu 30 und 40 Proc. Wasser an sich. Bemerkenswerth ist jedoch dabei, dass diese Feuchtigkeit selbst bei unzureichendem Zutritt der Luft niemals zu jenem Process Anlass giebt, der bei der vegetabilischen Faser unter denselben Umständen eintritt und den wir Stocken nennen. Mauméné hat über die hygroskopischen Eigenschaften der Wolle gearbeitet und fand besonders noch, dass der Feuchtigkeitsgehalt sehr allmälig nur aus der Faser zu entfernen ist. Ganz trockne Wolle, also bei über 100° getrocknete, vermag dagegen sehr schnell bis zu 50 Proc. ihres Gewichtes Wasser aufzunehmen.

Ueber den Feuchtigkeitsgehalt der Wolle sind in neuerer Zeit vielfache Versuche angestellt. Rohde ermittelte die wasserhaltende Kraft entfetteter Wollen von Negretti und Electorals und fand dieselbe bei

Negretti . . . 27,38 Proc.
Lincoln . . . 49,30 „
Electoral . . . 23,49 „

Er hat festgestellt, dass die Aufnahme der Feuchtigkeit in ungewaschener Wolle abhängig ist von dem Fettgehalt derselben, in gewaschener Wolle aber von der Lagerung der Zellen. **Die Wasser haltende Kraft des Wollhaars scheint ferner im umgekehrten Verhältniss zur Festigkeit zu stehen**, indem es um so mehr Feuchtigkeit aufnimmt, je lockerer die Lagerung der Zellen und je geringer damit seine Festigkeit ist. Wilhelm fand, dass die fettärmste Wolle den höchsten Feuchtigkeitsgehalt habe. Jedenfalls aber ist die Feuchtigkeitsaufnahme sowohl in gewaschener als ungewaschener Wolle bedeutend.

Da dieser Umstand für den Handel zu lästigen Differenzen und Schäden führen kann, so hat man mehrfach vorgeschlagen, den Wassergehalt auf einen bestimmten Procentsatz zurückzuführen, ähnlich wie bei der Seide und etwa denselben auf 15 bis 16 Proc. zu normiren.

Für diese Nothwendigkeit ist man bei der Kammgarnbearbeitung bereits seit längerer Zeit eingetreten. Auch für Streichgarn wird das Bedürfniss nach einer handelsmässigen Bestimmung des Wassergehaltes in Folge der hygroscopischen Eigenschaften der Wolle vielfach bemerkt und betont; ja es ist lebhaft dafür agitirt. Die Frage und die Methoden zur Conditionnirung der Wolle sind von Grothe erschöpfend behandelt worden. Derselbe schlägt vor, 17 Proc. Feuchtigkeit als Reprise nach dem Austrocknen zuzulassen und darauf hin alle Wollen zu conditionniren.*)

Bisher ist ein derartiges Verfahren in Deutschland noch nicht in grösserem Maasse angenommen und zur Ausführung gekommen.

Dem Wassergehalt ist auch wohl die zuweilen vorkommende Entzündung sehr gefetteter Wollen in fester Verpackung zuzuschreiben, wenigstens spielt er gewiss eine wesentliche Rolle dabei. Solche Entzündungen kamen meistens nur bei ordinären Wollen vor, bei deren Verspinnung ordinäres Rüböl in Vermischung mit Wasser in grosser Menge angewendet wird. Solch trübes Oel enthält eine grössere Menge von Schwefelsäure, welche auf die organischen Stoffe einwirkt und bei Wasserzutritt eine hohe Temperatur erzeugt, die sich bei Fortgang dieses Reactionsprocesses weiter und weiter erhöht und endlich zur Entzündung Anlass giebt. Leider sind über diesen Punkt bisher keine eingehenderen Versuche angestellt.

---

*) Zeitschrift des Vereins der Wollinteressenten. 1870, pag. 100, 385. — 1871, pag. 168 cf. — Etude sur la Condition publique des matières textiles. Par F. F. Verviers 1871. — Musin, Sur le conditionnement des fils. Roubaix 1873.

Mit den hygroscopischen Eigenschaften ist eine andere Eigenschaft der Wolle eng verknüpft, die vorzugsweise bei der Streich- oder Tuchwolle eine bedeutende Rolle spielt. Wir meinen die **Filzbarkeit** und **Krümpkraft** oder besser **Krümmkraft**. Es sind über diese Eigenschaft die verschiedensten Ansichten und Erklärungen laut geworden.*) Bohm sagt in seiner neuesten Erörterung hierüber, diese Eigenschaften seien in der Elasticität der Wolle und in ihrer hygroscopischen Natur begründet. Aus letzterer folgt die **Formbarkeit** der Wolle. Schon oben haben wir auseinandergesetzt, in welcher Art das Wollhaar des Merino wächst und wie es in unfreiem Zustande von seiner ursprünglich spiralförmigen Gestalt lassen muss, wie es ferner durch das Wollfett mit einem Ueberzug versehen wird, welcher grade der Eigenschaft entgegenwirkt, welche der Filzbarkeit und der Formbarkeit der Wolle zuträglich ist, der hygroscopischen Eigenschaft. Desshalb kommt es auch selten vor, dass schwerschweissige feinere Wolle auf dem Körper des Thieres filzt. Viel schneller filzen leichtschweissige Wollen, wenn sie noch dazu etwa mit Oberhaar und Stichelhaaren durchsetzt sind auf dem Thierkörper. Die unfreie Form des Wollhaars anf dem Thierkörper ändert sich sofort, wenn man das entfernt, was zu der unfreien Form beiträgt, das **Schweissfett**. Es hat, nach Nathusius, jedes Haar in erweichtem Zustande das Bestreben, diejenige Form wieder anzunehmen, welche ihm durch die Gestalt des Haarbalges, in dem es gebildet wurde, von der Natur aufgeprägt ist. Das Wollhaar nimmt nach dem Entfetten und Erweichen in Wasser nun freilich keineswegs diese **ursprüngliche Spiralform** wieder an, aber ein Zurückgehen auf diese Form zeigt sich dadurch an, dass die regelmässige Kräuselung zum Theil verschwindet und dafür unregelmässige Krümmungen entstehen, in denen die spiralige Windung erkennbar ist. Nathusius giebt auch als Maass der **Krümmkraft** an, die Differenz zwischen der Form, welche der Haarbalg dem Haare geben möchte, und derjenigen, die es durch die Stapelung erlangt hat. Hierdurch tritt die Wichtigkeit der Erhaltung des **Stapelbaues**, die Haltung der Thiere und die Behandlung in der **Wäsche** hervor. Je mehr der Stapel zerstört ist, je mehr wird die Krümmkraft beeinträchtigt, welche erst in späteren Stadien der Wollverarbeitung in Anspruch genommen werden soll. Wenn man nun auf die **Weichheit** des Haares Rücksicht nimmt, so muss die Krümmkraft bei jungen Schafhaaren grösser sein, ebenso bei frischgeschorener Wolle, weil in beiden Fällen die Haarsubstanz weicher ist. (Man darf aus diesen Worten aber nicht an das leicht flüssige Mark Wagner's denken.) Im Uebrigen spielt

---

*) Wir erinnern hierbei an die unhaltbaren Erklärungen von Wagner jun. aus Esslingen in seiner kleinen Schrift: „Ueber die Spinnbarkeit der Wolle" und „im Wollengewerbe 1870, Nr. 12, 13", welche durch J. Bohm eine vorzügliche Widerlegung gefunden haben. Schon vorher waren dieselben im Art. Textilindustrie der Muspratt'schen technischen Chemie theilweise widerlegt.

das Aufsaugen der Feuchtigkeit eine hohe Rolle bei der Filzfähigkeit. Die Wolle ist in dem eingeweichten resp. erweichten Zustande geeignet, einer mechanischen Kraft folgend, eine andere Form anzunehmen, und wird während der Andauer dieser Kraftwirkung noch die Flüssigkeit verdunstet, so behält das Haar die gegebene Form. —

Die Elasticität der Wolle, die hierbei mit in Rede trat, ist ein relativer Begriff, insofern diese Elasticität nur die Folge der gekräuselten Gestalt der Wolle ist. Sie findet ihre Grenze, sobald das Haar bis zum vollständigen Verschwinden aller Kräuselungsbögen ausgespannt worden ist. Man möchte daher lieber die Elasticität der Wolle „Federkraft" nennen. Dagegen ist die Contractionskraft der Wolle eine Eigenschaft von grösserer Bedeutung. Dieselbe äussert sich und wird deutlich bei Wechsel der Temperaturen, unter Einflüssen physikalischer, chemischer und mechanischer Natur. Schon die äussere Form des Haares zeigt eine vorherrschende Neigung sich zu krümmen und zusammenzuziehen, eine Aeusserung der Contractionskraft. Wirkt aber z. B. eine höhere Temperatur auf die Wolle ein, so äussert sich die Contractionskraft in höherem Grade, die Haare rollen oder ringeln sich, sehr oft vollkommen spiralförmig, mit grosser Energie zusammen, wie das R. Weber und Grothe gezeigt haben.*) Durch Kälte und Wasser von niedriger Temperatur hebt man nahezu die Contractionskraft auf. Auch gespannter Wasserdampf verringert die Contractionskraft. Fehlt aber bei Anwendung von Feuchtigkeit in höheren Temperaturgraden die Spannung des Wollhaares, so wächst die Contractionskraft. Wesentlich wird sie unterstützt durch Reibung, Stoss und Schlag. Unter solchen Einflüssen tritt Electricität als begleitender Umstand auf. Auf den ersten Blick möchte die Krümmkraft hier mit der Contractionskraft identisch erscheinen. Dem ist aber nicht so. Während die Krümmkraft sich ausdrücken lässt durch die Formbarkeit des Haares, eine Möglichkeit, dem Haar durch mechanische Mittel eine gewisse Lage anzuweisen, in der es verbleibt, oder auch das Bestreben des Haares, nach dem Entfetten etwa der ihm natürlich zukommenden Gestalt sich zu nähern oder überhaupt in die frühere Lage zurückzukehren, ist vielmehr die Contractionskraft diejenige Kraft, welche das Haar selbst unter gewissen Umständen in eine andere Lage bringt. Die Contractionskraft entsteht wahrscheinlich durch ein Zusammenziehen oder Ausdehnen der Zellen und Haarsubstanz überhaupt. Ihr liegt ein physikalischer Vorgang zu Grunde. Eine Zusammenwirkung der Adhäsion und Attraction wird dabei thätig sein. Die Dehnbarkeit der Wolle und die Ausdehnung der Wolle bestätigen ferner das Vorhandensein der Contractionskraft. Wir sind der Ansicht, dass die Krümmkraft und Filzbarkeit der Wolle bedingt wird durch die Contractionskraft und durch die hygroskopische

---

*) Deutsche illustr. Gewerbezeitung. 1862, p. 392. Dingler, LCXX. 384.

Natur der Wolle und durch das Verhalten der Wolle bei gewissen physikalischen Einflüssen (Feuchtigkeit, Wärme, Kälte). Je elastischer eine Wolle ist, um so mehr Contractionskraft besitzt sie, um so besser lässt sie sich filzen.

Eine gewisse Bedeutung hat auch die Dehnbarkeit des Wollhaars, obwohl sie fast mit der Haltbarkeit zusammenfällt. Die Dehnbarkeit des Haares beginnt mit der Elasticitätsgrenze oder besser, bei dem Punkte, wo die Wollhaare ausgespannt alle Kräuselungsbögen verloren haben und hört auf beim Zerreissen, also mit dem Aufhören der Haltbarkeit selbst. Man hat über die Dehnbarkeit mancherlei Proben angestellt, die ebensowohl für die Haltbarkeit gelten können. Im Allgemeinen ist der Grad der Dehnbarkeit unter sonst gleichen Umständen proportional der Haareslänge. Es ist das eine Erscheinung, die auch bei anderen Gespinnstfasern zutrifft. Specielle Angaben hierüber haben wenig Werth, zumal sich herausgestellt hat, dass eine grössere Dehnbarkeit des edlen feinen Wollhaars dem gröberen gegenüber nicht nachweisbar ist, im Gegentheil hat von Nathusius nachgewiesen, dass das feinste, edelste Merinohaar eine viel geringere (50 Proc. geringer) Dehnbarkeit hatte, als z. B. das Haar des Pommerschen Landschafes. Körte's Theorie, dass die Dehnbarkeit proportional der Feinheit sei, ist absolut unhaltbar. Wir übergehen daher sowohl diese, als alle die Instrumente, um die Dehnbarkeit der Wollfasern zu messen. Würden die Wollhaare zu Faden an einander geknotet, so würden derartige Versuche mehr Nutzen und Bedeutung haben. Gesundheit und Stärke der Wollfaser sind hinreichende Garantien für die Haltbarkeit, und auf diese muss der Käufer sehen. Rohde giebt hierfür die Regel an: Wolle ist bezüglich der Stärke und Gesundheit zu allen Zwecken tauglich, wenn ein Stapel beim Auseinanderrecken, wenn man ihn zwischen den Fingern ausdehnt, den Ton einer Saite hören lässt!*) — Bei solchem Ausdehnen und Zusammengehenlassen eines Stapels oder beim Zusammendrücken einer Quantität Wolle hat man auch einen Schluss auf die Elasticität der Wolle, durch die Schnelligkeit und Energie, mit welcher dieselbe wieder die alte Form anzunehmen scheint. Ihr aufrechter Stand, ihre Ausdehnbarkeit sind Zeichen der Elasticität. —

Die Weichheit, Zartheit der Wolle ermittelt man durch das Gefühl.

Das specifische Gewicht der Wollen hat bisher keine wesentliche Berücksichtigung gefunden. Vor allen Dingen war das specifische Gewicht der Wolle ein ziemlich vager Begriff, insofern man nicht mit ganz entfettetem Wollhaar die Bestimmungen anstellte. Hier lag es auf der Hand, dass die Unterschiede im specifischen Gewichte reiner Haar-

---

*) Rohde, die Schafzucht in Deutschland etc. 1869. Wiegandt und Hempel. pag. 24. Hieran reiht sich noch die Eigenschaft des Metalles für Wolle. Man sehe hierüber Bohm, Wollkunde, pag. 297.

massen nicht sehr wesentlich sein konnten, wenn auch immerhin aus dem verschieden starken Bau der verschiedenen Haare Unterschiede resultiren mussten. Stöckhardt hat 1861 Bestimmungen vorgenommen, ebenso Nathusius; Ersterer wahrscheinlich mit bei 100° C. getrockneten Haaren, Letzterer mit lufttrocknen.

Stöckhardt:	Merino	1,295
	Southdown-Merino	1,271
	Southdown-Franken	1,257
v. Nathusius:	Merino	1,382
	Merino, franz.	1,339
	Cotwold-Bock	1,306

W. von Nathusius-Königsborn weist darauf hin, dass es der Eigenschaft der Wolle, im Wasser aufzuquellen, wegen nicht angängig sei, bei der Bestimmung des specifischen Gewichts der Wolle sich des Wassers zu bedienen. Er schlägt daher vor, an Stelle des Wassers Oel zu nehmen. Die Wolle muss bei 100° C. getrocknet werden und die anhängenden Luftblasen müssen möglichst entfernt werden, was äusserst schwer ist. Einer Anzahl von Bestimmungen ist zu entnehmen, dass eine bedeutende Verschiedenheit im specifischen Gewicht bei den verschiedenen Wollen nicht existirt, besonders nicht zu Gunsten etwa der edlen Wolle.

4. Wollproduction.

Es bleibt uns noch übrig, über die Wollproduction Einiges beizubringen.

Die verschiedenen Schafraçen erzeugen auch verschiedene Quantitäten Wolle. Wir stellen im Folgenden einige zerstreut in Zeitschriften vorgeführte Angaben neben einander.

		ungewaschenes Vliess			gewaschenes Vliess			
Jeppe:	I. Superelecta	5 Pfd.	6 Lth.		1 Pfd.	12 Lth.		Auf der Stuttgarter Vliessschau. Böcke.
	Electa	6 „	11 „		1 „	28 „		
	Prima	9 „	30 „		3 „	4 „		
	Secunda	9 „	27 „		3 „	9 „		
	Quarta	14 „	8 „		4 „	4 „		
	II. Superelecta	5 „	35 „		1 „	11 „		Auf der Doberaner Vliessschau. Böcke.
	Electa	5 „	38 „		1 „	25 „		
	Prima	9 „	15 „		2 „	26 „		
	Secunda	9 „	20 „		3 „	14 „		
	Tertia	11 „	2 „		3 „	10 „		
	III. Superelecta	5 „	15 „		1 „	11 „		Auf der Doberaner Vliessschau. Schafe.
	Electa	5 „	5 „		1 „	12 „		
	Prima	5 „	30 „		1 „	25 „		
	Secunda	6 „	9 „		2 „	10 „		
	Tertia	10 „	12 „		2 „	27 „		

				gewaschenes Vliess	
Schmidt:	Kurzwollige Merino	Electa	. .	2 Pfd. 6 Lth.	Hohenheim 1851.
	Langwollige "	Prima	. .	2 " 20 "	
	Dishley Merino	Quarta	.	3 " 16 "	

Kuhlwein:	Bergamasker Schafe	6— 7 Pfd. ungewaschenes Vliess			
Bohtz:	"	"	8—10 "	"	"
Kraatz:	"	"	10 "	"	" (Schafe)
"	"	"	12—14 "	"	" (Böcke)
Erdt:	Negretti	"	8 "	"	"
"	Rambouillet	"	12 "	"	"
Rohde:	Französ. Merino .	"	10 "	"	" (Böcke)
	(Gilbert)				
	"		8 "	"	" (Schafe)

Das Schurgewicht der Rambouillets steigt bis auf 18 Pfd. Wolle der Böcke und 14 Pfd. Wolle bei den Schafen. Auf Ranzin schwankt es bei der Kammwollheerde mit französ. Blut zwischen 9 und 17 Pfd.

Die Gesammtproduction der Wolle ist nicht anzugeben, da wir von vielen Landstrichen nicht einmal annähernd die Zahl der Schafe wissen, viel weniger deren Raçe. Wenn man daher mit von Pabst annähernd annehmen kann, dass Schafe mit Superelecta- und Electawolle 1½—2 Pfd., mit Electa- und Primawolle 2—3 Pfd., mit Prima- und Secundawolle 2½—3½ Pfd. und mit Tertia- und Quartawolle 2¾—4 Pfd. im Vliess gewaschener Wolle jährlich produciren, so kann man daraus noch nicht berechnen, welchen Ertrag die Schafhaltung der Länder giebt.

Für Preussens Umfang vor 1866 gab die Zählung an 10,997,364 veredelte Schafe und 7,808,536 Landschafe. Die Zählung von 1873 ergab eine Gesammtzahl des Schafviehes im preuss. Staat von 19,624,758 Stück. Davon sind feine Wollschafe 8,160,189 Stück, veredelte Fleischschafe 1,827,919 Stück und Landschafe 9,636,650 (incl. 757,895 Haidschnuken). Im Zollverein betrug die Zahl der Schafe 1864 27,666,929. Russland hat 12 Millionen Merinos, 48 Millionen Landschafe und 5 Millionen Schafe in Polen und Finnland, also zusammen etwa 65 Millionen. Von Spanien giebt man ihre Zahl sogar auf 80 Millionen an.

Ein Theil der Wollproduction documentirt sich in dem Export und zwar der Einfuhr von Wolle in Häfen wie Antwerpen und in London. Dabei ist zu bemerken, dass London bei weitem nicht den Markt allein repräsentirt, vielmehr nehmen eine ganze Reihe englischer Häfen daran Theil, ferner auf dem Continente Antwerpen, Bremen, Havre, Bordeaux, Marseille. Ferner sind die vielen Märkte für Wolle der europäischen Zucht zu berücksichtigen, wie Berlin, Stettin, Posen, Breslau, Kirchheim, Brünn, Pesth, Warschau, Charkow, Nowgorod u. s. w. Von obigen Häfen her bezieht der Continent nur die überseeische Wolle und zwar hat sich nach London der Verkauf der australischen Wollen und der Capwollen vorzugsweise hin gerichtet, nach Antwerpen der der Buenos-Ayres-Wolle und nach Marseille der Levant-, russischen und afrikanischen Wolle. In Hamburg und Bremen begann man 1870 Auctionen mit Capwollen und Buenos-Ayres-Wollen einzurichten, ebenso 1872 in Berlin. Im Uebrigen dürfen folgende Uebersichten genügen:

Zufuhren in Antwerpen.	Import. (Ballen.)							
	1874.	1873.	1872.	1871.	1870.	1869.	1868.	1867.
Von Buenos-Ayres....	118,571	121,311	95,732	102,360	93,568	99,084	120,268	83,088
„ Montevideo.....	19,144	24,427	27,128	23,557	18,342	19,416	20,444	10,969
„ Rivières	16,761	11,084	12,896	18,774	11,354	—	—	—
„ indirecte Sendungen.	2,311	6,371	2,254	18,275	12,322	5,249	3,325	6,518
Total-Import Wollen von La Plata ..	156,787	163,193	138,010	162,966	135,586	123,749	144,037	100,575
„ „ Rio Grande .	144	78	209	296	211	168	517	159
„ „ Russland ..	980	2,721	4,279	3,122	5,220	428	1,418	2,650
„ „ Afrika....	86	645	4,749	2,680	1,593	498	706	1,800
„ „ Chili u. Peru.	720	652	906	598	816	524	1,028	306
„ „ Levante...	201	2,085	3,455	2,050	1,481	430	635	888
„ „ Bombay ...	—	—	294	—	—	—	—	—
„ „ Cap.....	5,202	4,613	4,641	11,325	8,450	8,501	5,004	6,109
„ „ Australien..	489	75	337	1,252	810	57	144	91
Total....	164,609	174,062	156,880	184,289	154,167	134,355	153,459	112,579

Die Einfuhr von Colonial- und überhaupt fremden Wollen in Grossbrittanien betrug 1874 ...... 338,800,481 lbs.
Die Ausfuhr d. d. betrug 1874 . 144,362,359 „

Es verblieben für inl. Consum . 194,438,122 lbs.
England exportirte von einheimischen Wollen 10,047,333 lbs. —
Seit 1835 ist die Totaleinfuhr von Colonialwollen in England von 20,586 Ballen auf 815,770 (1874) gewachsen, die der fremden Wolle (Europa, Africa, Asien) von 114,517 (1835) auf 323,534 Ballen (1874).

Einfuhren von Colonial- und fremden Wollen nach Grossbritannien, 1864—1874.

		1864.	1865.	1866.	1867.	1868.	1869.	1870.	1871.	1872.	1873.	1874.
Neu-Süd-Wales u. Queensland	Ballen	77,484	79,672	82,030	101,425	121,439	121,401	142,588	153,655	128,847	136,748	
Victoria	"	119,351	135,513	141,921	169,596	211,243	206,053	209,038	216,476	198,685	209,675	265,417
Tasmania	"	17,025	16,082	16,318	15,774	17,920	17,121	17,039	15,584	14,623	14,693	17,223
Süd-Australien	"	40,609	45,505	40,696	45,901	55,137	68,679	65,960	70,522	85,590		
West-Australien	"	2,691	2,991	3,572	3,581	4,175	4,779	5,260	4,743	5,448	6,275	6,285
Neu-Seeland	"	45,017	52,797	64,091	76,364	81,268	85,119	106,660	110,595	104,584	117,738	140,313
Australische	"	302,177	332,560	348,628	412,641	491,218	499,610	549,264	567,013	522,709	551,576	651,576
Cap	"	69,309	99,991	107,184	128,418	141,916	134,349	124,050	126,977	138,892	156,027	164,194
Colonial	"	371,486	432,551	455,812	541,059	633,134	633,959	673,314	693,990	661,601	708,021	815,770
Deutsche	"	32,684	24,696	40,475	15,865	22,966	29,065	16,459	25,837	24,372	30,729	35,003
Spanische und Portugisische	"	11,677	13,561	14,921	10,905	11,010	12,938	10,870	19,333	16,125	13,367	8,640
Ostindische und Persische	"	58,909	54,228	79,732	47,010	52,588	58,216	44,090	62,872	65,216	68,763	63,291
Russische	"	37,829	37,147	45,021	21,258	24,727	22,161	18,474	42,662	37,836	31,403	32,570
La Plata	"	15,699	14,636	18,718	16,495	14,632	14,093	11,122	16,329	16,455	17,788	11,373
Peru, Lima, und Chili	"	58,010	46,338	61,625	57,411	29,657	42,658	35,623	39,333	47,309	33,888	36,661
Alpacca	"	24,998	23,653	30,319	30,319	15,234	24,674	28,550	37,009	28,628	39,839	35,095
Mittelmeerländische u. African	"	34,127	20,748	23,151	25,936	19,773	30,054	18,448	85,535	63,453	49,392	33,857
Mohair	"	20,087	27,441	22,074	15,374	37,559	22,718	14,190	44,149	31,904	35,248	47,551
Diverse	"	25,288	18,076	20,684	19,542	17,838	12,406	16,977	28,842	25,979	19,960	19,493
Total Ballen	"	690,794	713,075	812,532	801,174	879,118	902,942	888,117	1,095,891	1,018,878	1,048,398	1,139,304

Das Sortiren der Wolle.

Schon in Obigem haben wir oft auf die Verschiedenheit der Wollen hingewiesen. Wir sahen den Unterschied der Wollfasern nach **Feinheitsgraden**, nach **Länge** und **Kräuselung**, ferner nach dem **Stand am Körper** des Schafes selbst. Dazu kommt nun noch der Unterschied nach der **Schur**. Man nennt diejenige Wolle, welche man das ganze Jahr auf dem Thiere lässt und nur einmal abscheert, **einschurige Wolle** oder **Einschur** und entsprechend dem Jährlich-zweimal-scheeren — **Zweischur**. Die im Frühjahr geschorene Wolle nennt man **Winterwolle**, die im Herbst geschorene **Sommerwolle**. Ferner unterscheidet man die von den Lämmern geschorene Wolle als **Lammwolle**. Sodann wird die Wolle gestorbener oder getödteter Thiere als **Gerberwolle, Sterblingswolle, Fellwolle, Raufwolle** in den Handel gebracht, jedoch mit untergeordnetem Werth. Schliesslich möchte als Unterschied feinerer Art **Bock- und Schafwolle** angeführt sein.

Die Unterschiede nach den Raçen berühren wir hier nicht eingehender, sie theilen sich in die grösseren Klassen: Merino, Electoral, Negretti, Bastarde und Landschafe veredelter und unveredelter Zucht.

Die Wolle selbst trägt, je nachdem sie vorkommt, noch als Vliess zusammenhängend oder in einzelne Stücke des Vliesses zerrissen die Handels- und Sortirbenennungen **Vliesswolle** und **Locken**; ferner **Stücke** und **Abrisse**, die sich auf die ordinairsten Theile des Wollvliesses beziehen und vom Scheerer gleich getrennt werden. Aus diesen Verschiedenheiten der Wolle haben sich zunächst festere **Handelsklassen** der Wolle herausgebildet; es ist die Nothwendigkeit nicht allein, sondern auch das Wünschenswerthe einer Sortirung bald hervorgetreten. Es hat sich sodann ein ziemlich weitverzweigtes Sortirsystem herausgebildet. Schon der Schäfer beginnt dasselbe durch Sortirung der Heerden.

Nach der Schur werden die Vliesse sortirt. Man legt besonders **zerrissene — und wohlerhaltene Vliesse**. Diese Vliesse werden auf die Schnittseite gelegt und sorgsam sortirt, d. h. alle diejenigen Theile werden aus dem Vliess herausgetrennt, welche für den Spinner keinen gleichen Nutzen haben, wie z. B. zwirnige, baumwollartige Stapel und unedele Theile, nämlich die Stirnwolle, Bauchtheile, die äusseren Grenzen der Hintertheile und des Schwanzes, die urinirten Theile, endlich die sehr beschmutzten, wozu auch die mit Oelfarbe aufgestrichenen Marken und Zahlen gehören. Alle diese Auslese darf eigentlich den zehnten Theil des Vliesses nicht übersteigen. Man sollte alle gutgewachsenen Wolltheile im Vliess lassen, wenn sie auch etwas gröber sind. Sind die Vliesse unter sich nach Feinheit der Wolle unterschieden, so sucht man auch hier eine Sortirung durchzuführen. Nach solchen Gesichtspunkten kommen die besser gehaltenen Wollen von Australien, dem Cap und von Buenos-Ayres auf die Auctionen.

Man unterscheidet da:
1. Gute, leichte Vliesse,
2. Mittelgute Vliesse,
3. Schwere Vliesse,
4. Fehlerhafte Vliesse,
5. Lammwollen, vorzügliche,
    gute,
    mittlere,
7. Locken,
8. Grobe, stichelhaarige Vliesse,
8. Gerberwollen,
9. Lesewollen,
10. Schwänze und Stücken,
11. Farbige Wollen,
12. Gemischte Wollen u. s. w.*)

Ferner Eintheilungen nach der besseren oder schlechteren Ausführung der Wäsche. — Ferner theilt sich Buenos-Ayreswolle in eine Reihe von Klassen der Feinheit des Haares nach.

Ueberhaupt kommt eine genauere Wollsortirung auf allen den grösseren Stationen zur Anwendung, wo man grössere Quantitäten verschiedener Raçen züchtet. Wir finden da**)

1. Kurze Wollen:
    a) Vliesse höherer Feinheit und Regelmässigkeit, schneeweiss gewaschen,
    b) Feine Tuchwolle, 1—1½ Zoll lang, regelmässig gestapelt, elastisch, weich und kräftig,
    c) Gröbere und barschere Tuchwolle,
    d) Grobe, kurze Wolle.

---

*) Anmerk. Wir geben hier die gangbaren englischen Bezeichnungen wieder:

Superior Fleecewashed,	White, tipped,
Good Fleecewashed,	„ inferior,
Inferior and Faulty,	Tails—white,
Superior Grease Wool,	„ coloured,
Short and Light,	Long Coloured – light,
„ „ Heavy,	„ „ dark,
Superior Snow White,	„ „ fancy.
Good „ „	Black—long,
Superior „Up-country" Scoured,	„ mixed,
Good „ „	Drab—long,
Middling „ „	„ mixed,
White, bloods,	Dusters,
„ prime,	Young birds, light,
„ firsts,	„ „ dark,
„ seconds,	

**) Rohde, die Schafzucht in Deutschland unter dem Einfluss der Wollproduction in Australien. Pag. 36.

2. Lange Wollen:
    a) Kammwolle, fein, sanft, elastisch und haltbar, regelmässig, aber flach gewellt,
    b) Längere und gröbere Kammwolle.

Oben haben wir bereits auf die Sortirung der Wolle je nach ihrem Standort auf dem Körper hingewiesen und führen diese Sortirung hier mit an. —

Die Sortirung selbst setzt Kenntniss voraus und eine gewisse Fertigkeit des Griffes und Blickes. Wir geben hier ein Beispiel von Sortirung grösserer Quanten Wollen, wie sie als normal wohl bezeichnet werden kann.

1000 Kilogr. Wolle aus der Picardie*) ergeben:

$1°$ Superfine . . . 30 Kilo
$2°$ Fine . . . . 100 „
$3°$ Demi fine . . . 400 „
$4°$ Mittlere . . . 300 „
$5°$ Starke . . . . 100 „
guter Abfall . . 5 „
schlechter Abfall 10 „
Koth . . . . 5 „
Stroh, Disteln . 30 „
_____
980 Kilo.

Ein anderer Gesichtspunkt für die Sortirung der Wolle ist folgender. Da in Buenos-Ayres, in einzelnen Theilen Australiens und des Cap auf den weiten Weidestrecken distelartige Pflanzen in Masse vorkommen, so belädt sich die Wolle mit den Bruchtheilen der Ringeln und Häckchen. Diese vegetabilische Materie, die in der Colonialwolle viel unangenehmer auftritt als jemals die Distel unserer Weiden in unseren Schafwollen, ist eine sehr unangenehme Beigabe und hat Jahre hindurch dazu beigetragen, die betreffenden Wollen im Preise niederzuhalten. Nachdem man jedoch Apparate und Maschinen construirt und ebenso chemische Mittel entdeckt hat, mit Hülfe welcher man diese Anhängsel genügend aus der Wolle entfernen kann, so haben die stets damit behafteten Wollen bestimmter Gegenden jetzt mehr Werth, stehen aber in dieser Beziehung anderen Wollen nach. Man hält demnach klettige und klettenfreie Wollen auseinander. Dasselbe gilt auch für gewisse Wollen, die dem Anhängen ähnlicher mit Häckchen bewaffneter Samen von Pflanzen ausgesetzt sind. Sie kommen besonders unter der Benennung Samenwollen auf den Markt.

Schmutzwolle ist die allgemeine Bezeichnung für ungewaschene Wolle. Rückenwäsche nennt man die Wolle, welche auf dem Schaf

---
*) Leroux, Filature de laine. pag. 69.

in der Schwemme u. s. w. gewaschen wurde. **Kunstwäsche** nennt man sowohl die auf dem Schaf mit Anwendung chemischer Mittel gewaschene Wolle, als auch die nach der Schur mit gleichen Ingredienzen gereinigte Wolle. **Fabrikgewaschene** Wollen werden die nach der Schur mit gewöhnlichen Alkalien oder Seifen auf Waschapparaten gewaschenen Wollen genannt. **Vliesswäsche** bedingt ein Erhaltenbleiben der abgeschorenen Vliesse in einem zusammenhängenden Stück. **Entfettete** Wollen setzen eine der bekannten Entfettungsmethoden voraus.

Endlich unterscheidet man noch **frischgeschorene Wollen und Lagerwollen**, je nachdem die Wolle seit dem Tage des Abscheerens längere oder kürzere Zeit gelagert hat.

Eine besondere Frage ist die: „Soll man die Wolle frisch verarbeiten oder erst nach längerem Liegen im abgeschorenen Zustande." Diese Frage hat die Tuchmacher seit einem Jahrhundert beschäftigt. **Jacobson***) widerräth, Wolle alt werden zu lassen, da dann das Fett zu fest eintrockne. Später giebt **Naudin****) an, dass alte Wolle sehr gut zu brauchen sei, da das in dem neuen Haar enthaltene flüssige Fett gähre und sich verflüchtige und so die Wolle trocken und reiner mache. Er meint, 6—8 Monate sei die Wolle immer erst zu lagern, bevor man sie anwende. Alte Tuchfabrikanten liessen sie ein ganzes Jahr liegen. Neuerdings erklärt **Erdmann Hoffmann*****), dass das Liegenlassen der Wolle auf 9—12 Monate wesentliche Vortheile für den Waschprocess habe. Es lässt sich hierfür keine bestimmte Entscheidung abgeben. —

Während sich alle diese letzteren Sortirungsgründe auf das Aeussere der Wolle beziehen, giebt die Gestalt und sonstige Eigenschaft der Wolle Gründe zu einer Sortirung für die diversen Anwendungen, die allerdings theilweise der Fabrikant selbst erst bewirkt, theilweise der grössere Wollhändler.

Die Sortirung, ein Haupttheil der Wollkunde, verdankt ihr Entstehen besonders dem grossen Landwirthe **Thaer** und dem 1823 in Leipzig abgehaltenen Wollconvent. Das Studium der Wollkunde hat für die Entwickelung der Wollproduction unseres Vaterlandes sehr segensreich gewirkt. —

Das Entstauben.

In früherer Zeit war es besonders in England und Frankreich gebräuchlich, die Wolle vor der Wäsche zu entstauben oder sie zu entstauben und sofort der Verarbeitung auf den Krempeln zu übergeben. Letzteres Verfahren wird auch heute noch in den Districten geübt, wo die Wollmanufactur in kleinen Etablissements zur Herstellung von

---

*) **Jacobson's** Schauplatz der Zeugmanufactur. Bd. II. 1774.
) **Naudin, Praktisches Handbuch der Tuchfabrikation. 1838.
***) Privatbrief von 1870.

ordinairen Stoffen getrieben wird. In Frankreich*) besteht das Entstauben auch heute noch für Wollen feiner Qualität mit dem Zweck, die Waschoperationen dadurch abzukürzen resp. zu unterstützen. Für diesen Zweck hat man jetzt Maschinen construirt, während früher auch dies einfach mit der Hand ausgeführt wurde. Solche Maschinen sind von verschiedenen Constructeuren erdacht und bestehen meistens aus einer Anzahl Stäbe, welche mittelst Kurbel oder Daumen bewegt auf einen Tisch aufschlagen, auf dem man die Wolle ausgebreitet hat. Dieser Tisch kann auch aus einem endlosen Tuch und Drahtgewebe bestehen. Diese Maschine hat viele Inconvenienzen und ist für das Entstauben der Wolle sehr in den Hindergrund gedrängt, weniger jedoch in anderen Branchen der Textilindustrie, z. B. Kattundruck. Mit unseren neueren Schlagwölfen erreicht man denselben Zweck und hat noch die Chance, dieselben bei der weiteren Verarbeitung der Wolle ferner anwenden zu können. Wir führen hier 4 solcher Constructionen vor, deren Beschreibung wir so kurz als möglich geben, mit der Bemerkung, dass noch viele andere Constructionen für diesen Zweck benutzt werden können. So hat Grand Ry-Kaivers in Verviers einen sogen. Battoir à Laines und einen Brisoir und einen Brisoir-Battoir construirt, letzterer lediglich eine Combination der beiden einzelnen Maschinen. Diese Maschinen können jedoch sehr wohl auch als Wölfe zum Mischen, Oelen, Zertheilen etc. benutzt werden. — Die in Fig. 28 dargestellte Maschine ist der Schlagwolf von Carlier Vitu**).

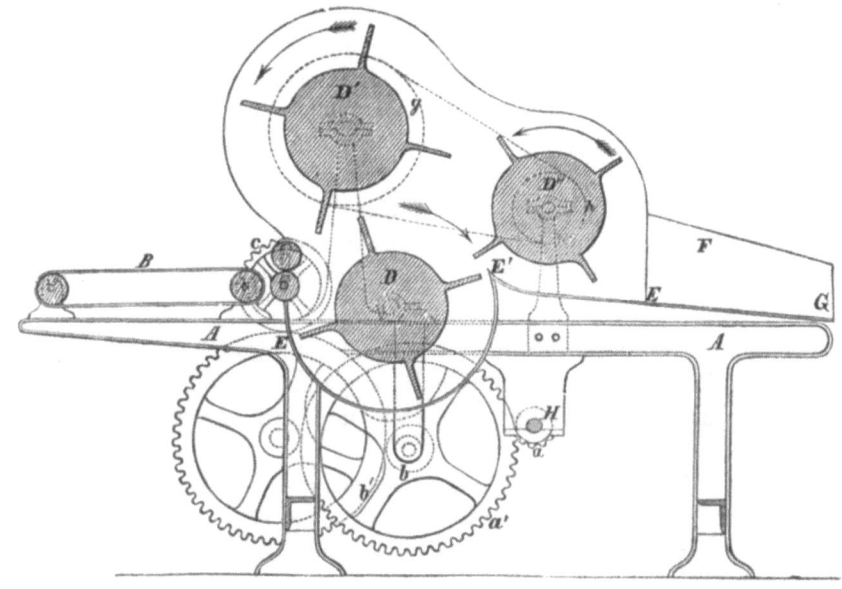

Fig. 28.

---

*) S. Leroux, Filature de laine. pag. 73.
**) Zeitschrift des Vereins der Wollinteressenten. Von Dr. H. Grothe. I. p. 14.

Die in vorstehender Figur abgebildete Maschine soll dem allgemein gefühlten Bedürfniss einer Schlagmaschine auch für längere Wollen begegnen, und bezweckt ein Reinigen der Wolle von Sand, Futter, grossen Kletten etc. Construction und Arbeitsweise derselben sind höchst einfach. Die zu reinigende Wolle wird auf dem endlosen Speisetuche B den Einziehwalzen CC zugeführt und beim Austritt aus letzteren der Wirkung der Flügel oder Schläger D ausgesetzt. Dabei wird ein Theil der fremden Bestandtheile von den Wollfasern getrennt und fällt durch das Gitter E unter die Maschine. Die Wollfasern selbst gelangen zunächst in den Bereich einer zweiten Flügelwalze D und dann zur dritten Walze D''. Letztere empfängt eine etwas grössere Geschwindigkeit, als die beiden ersten, so dass die Wolle von derselben erfasst und ähnlich wie durch einen Ventilator, aus der Oeffnung G geschleudert wird. Beim Vorübergange an der Kante E' des Gitters E wird hierbei eine abermalige, kräftige Reinigung erzeugt. Damit hierbei jedoch die Wollhaare selbst nicht zu sehr leiden, werden die Flügel mit Vortheil aus Holz gefertigt und an den äusseren Enden mit Leder oder elastischem Materiale bekleidet. Auch ordnet man zuweilen zwei Paar Speisewalzen an, zwischen denen Nadelwalzen eingeschaltet werden können.

Die Bewegung der Einziehwalzen erfolgt von der Betriebswelle A aus mittelst der Räder a a b b' und c; die drei Flügelwellen mittelst der Räder d e f und der Riemscheiben g b.

Die in Figur 29 gegebene Maschine ist von der Baumwollenindustrie hergenommen. Es ist die Schlagmaschine von Crighton. Die Wolle wird bei a in einen Trichter eingegeben. Sie tritt in den conisch geformten Cylinder c ein, wird hier von Schlägerarmen, die an Scheiben auf der Axe b befestigt sind, erfasst und zertheilt.

Die Stäbe haben abwechselnd Ansatzstücke, die nach oben gerichtet sind (siehe Durchschnitt), und dadurch wird die Wolle allmälig nach oben hingeführt. Der Cylinder ist perforirt und der kräftige Ventilator f zieht den Staub aus demselben heraus und führt ihn durch h ab. Die Wolle tritt endlich oben aus und wird von der perforirten, mit dem Ventilator in Verbindung stehenden Walze c angesaugt und endlich von dem Zuführtuch d abgeführt.

Die in Figur 30 dargestellte Maschine ist eine Schlagmaschine von Platt-Brothers*). Diese Maschine ist ursprünglich auch für Baumwollen construirt, sodann aber für Wolle und Lumpen in Gebrauch genommen.

Die Einrichtung dieser Reinigungsmaschine ist aus der Abbildung ohne längere Beschreibung zu entnehmen. Auf der Trommelachse sitzen 5 gusseiserne Räder oder Reihen A, welche am Umfang durch Holz-

---

*) Diese Maschine ist zuerst vom Docent J. Zemann beschrieben und abgebildet S. Zeitschrift der Wollinteressenten. Von Dr. H. Grothe. II. Jahrg. pag. 155.

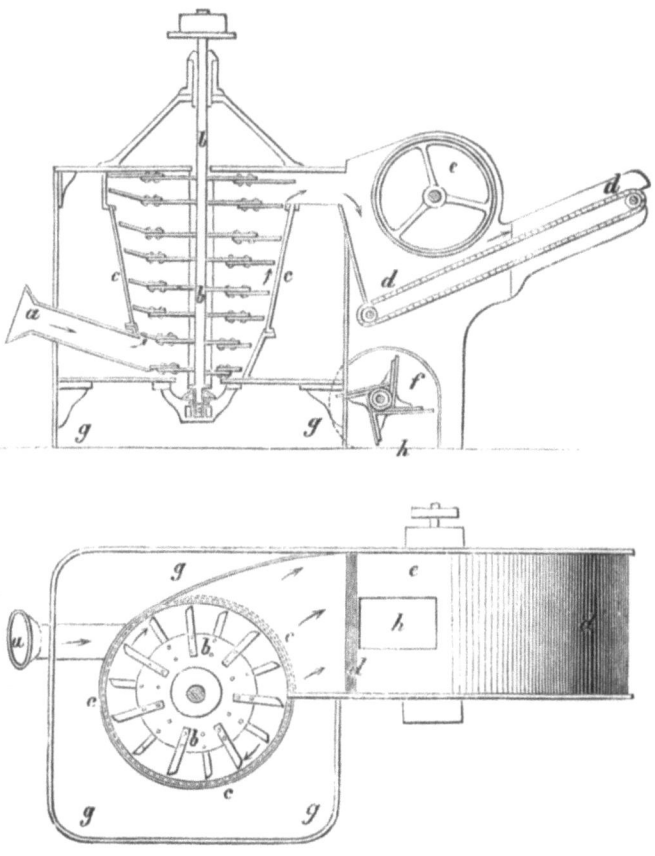

Fig. 29.

leisten h und darüber liegende Eisenschienen s verbunden sind. Ueber diesem Gerippe ist ein Blechcylinder festgenietet. Die Stifte t sind 0,08 M. hoch, oben 0,02 M., unten 0,045 M. stark und in bekannter Weise durch Schraubenspindel und Mutter befestigt. Der Querschnitt der Arme und der Reifen A ist ┬ bez. ┗ förmig; und die Construction dadurch kräftig.

Die Trommel ist 1,40 M. breit, und die Stiftenzahl per Reihe beträgt 13.

Der Kastendeckel über der Trommel ist aus zwei concentrischen, halbkreisförmigen Blechwänden zusammengesetzt und mit 3 Reihen von je 4 Stiften armirt, wozu die Holzleisten h' entsprechend eingelegt sind.

Platt liefert auch Reinigungsmaschinen, bei denen über der Trommel zwei mit Stiften versehene, in Umdrehung zu setzende Walzen angebracht sind.

Der unterhalb der Trommel liegende, um eine Achse drehbare Rost R lässt Unreinlichkeit sowie Staub passiren, welcher durch einen

Ventilator nach der Staubkammer abgeleitet wird. Die Luftzuführungsröhre C für den Ventilator erstreckt sich über die ganze Maschinenbreite und ist unterhalb mit der erforderlichen Einlassöffnung versehen. Um den Staub vom Arbeitslokale abzuhalten, ist die andere, offene Maschinenseite durch ein Tuch TT abgeschlossen.

Eine besondere Ausrückvorrichtung hat zum Zweck, nach einer bestimmten Zeit oder Anzahl von Trommelumdrehungen den Rost R niederzulassen, worauf die geklopfte und gesäuberte Wolle etc. mit Hilfe eines hölzernen Löffels herausgenommen und durch frische ersetzt wird.

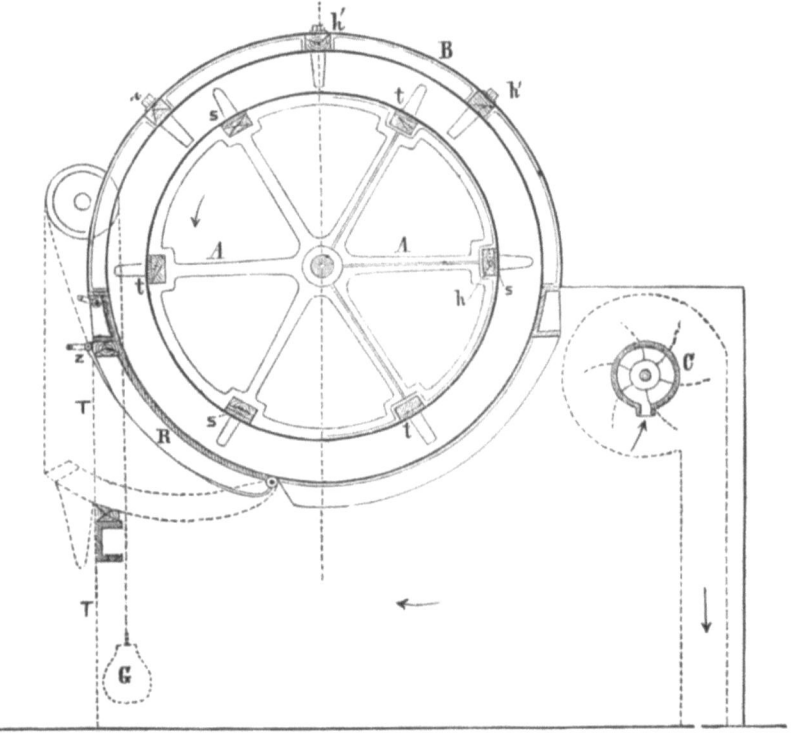

Fig. 30.

Die in Figur 31 abgebildete Maschine ist ein gewöhnlicher Schlagwolf aus der Fabrik von Oscar Schimmel & Co.*) in Chemnitz. Dieselbe enthält 2 Axen mit langen Schlagstäben. Diese Stäbe der einen Axe schlagen durch die Lücken der Stäbe auf der anderen Axe und üben eine leicht verständliche Einwirkung aus auf die dazwischen geworfene Wolle. Die Wirkung ist eine theilende und entstäubende. —

---

*) Zeitschrift des Vereins der Wollinteressenten. Von Dr. H. Grothe. II. — Engineering 1874. — Polytechnische Zeitung 1874.

Wir verweisen im Uebrigen auf die spätere ausführliche Darstellung der Reinigungsmaschinen, Wölfe etc.

Fig. 31.

Das Wollewaschen.

„Die Wäsche der Wolle gehört wohl eigentlich dem Landmann nicht an, denn wir zählen die Wolle zu den rohen Producten; gewaschene Wolle ist aber kein Rohproduct." Von diesem Satz eines tüchtigen Landwirths aus dem Anfang des Jahrhunderts hat man aber wenig Gebrauch gemacht; vielmehr ist die Wollwäsche zumeist eine hergebrachte, alljährlich zweimal wiederkehrende Arbeit für den Landmann.

Die Idee des Wollwaschens erstreckt sich sowohl auf die Entfernung des Staubes und Unrathes, welcher mechanisch der Wolle anhängt, als auch auf die Entfernung des Fettschweisses, welcher sich eng an die einzelnen Haare angelegt hat und daran festhaftet. Erstere Absicht wird leichter erreicht, letztere jedoch nicht so leicht, da das Fett zur festen Incrustation des Haarkörpers wird und den mechanischen Mitteln trotzt und ebenso der Einwirkung des gewöhnlichen Wassers. Da aber beide Sorten der Verunreinigung der weiteren Verwendung der Wolle nach dem Abscheeren störend, ja sogar hindernd im Wege stehen, so muss man darauf bedacht sein, dieselben wegzuschaffen.

Den althergebrachten Methoden nach geschieht das auf mehrfache Weise, meistens in zwei verschiedenen Operationen. Diese sind folgende:

Die Wolle wird auf den Schafkörper gewaschen (Gutswäsche, Schafwäsche, Rückenwäsche, Schwemme), sodann nach einigen Tagen abgeschoren und später, vor der Verwendung in der Spinnerei, nochmals gewaschen (Fabrikwäsche). Diese beiden getrennten Operationen können dann zu einer einzigen vereinigt werden, wenn man von den Schafen das schmutzige Vliess herunterscheert und dies in den Fabriken auf einmal wäscht. Dabei kann man noch auf die Erhaltung des ganzen Vliesses mit Vortheil für spätere Sortirung sehen.

Im Anfang des Jahrhunderts und schon früher unterschied man zwei Systeme der Landwäsche:

1. das südliche oder spanische,
2. das nördliche oder sächsische.

Ersteres scheert die Wolle ab und wäscht sie nach der Schur warm, das zweite System aber wäscht die Wolle auf dem Thiere und scheert sie dann ab. Auch diese Systeme waren nicht durchweg in den betreffenden Ländern angenommen und eingeführt.

Sowohl die Schafwäsche, als die Fabrikwäsche wird mannigfach verschieden ausgeführt, wie in Folgendem beleuchtet werden soll.

I. Die Schafwäsche.

Die gewöhnlichste Methode der Schafwäsche bei uns gestaltet sich dahin, dass man die Thiere in einen Bach, ein Bassin etc. treibt, in welchem Arbeiter stehen. Das Wasser soll so tief, dass das Schaf nur mit dem Kopf herausragt, und womöglich fliessend sein. Der Arbeiter ergreift ein Schaf und drückt mit der Hand die Wolle aus, um die zusammenbackenden Spitzen und anhängenden Unreinigkeiten fortzuschaffen. Nachdem er es gehörig bearbeitet hat, überlässt er es wohl einem zweiten Arbeiter zu gleicher Manipulation und dieser zwingt dann das Schaf etwas stromauf zu gehen und so sich reinspülen zu lassen, um sodann an's Ufer zu steigen.

In New-Süd-Wales pflegt man die Schafe zwei oder drei Tage vor der eigentlichen Wäsche auf irgend eine Weise einzunässen, um dadurch die Unreinigkeiten vorher zu erweichen.*) Der Platz, den die gewaschenen Schafe betreten, soll rein sein, vielleicht eine grüne, bewachsene Wiese, ein mit Steinen bepflasterter Hofraum, oder ein mit Stroh belegter Platz.

J. Bohm**) hat eine Vorschrift guter Wäsche gegeben. Als eine Hauptbedingung des Gelingens der Wäsche fordert er, dass das Wasser mindestens eine Temperatur von 15° R. habe, da sich erst bei diesem Grade von Wärme der Wollschweiss zu lösen beginne. Ferner ist kalkfreies Wasser nothwendig. An dem geeignetsten Teiche, Bache, Flusse

---

*) Blacklocks Schafzucht. p. 144.
**) J. Bohm, die heutige Lage der Schafzucht Norddeutschlands. Leipzig, Bach, 1870.

oder sonstigem Wasser werden ein oder zwei gewöhnliche Waschkessel leicht eingemauert und Bottiche aufgestellt. Letztere müssen so eingerichtet sein, dass drei Schafe auf einmal gewaschen werden können; die runde oder ovale Form ist die beste. Die Bottiche müssen zur Bequemlichkeit der Leute so hoch sein, dass sie sich bequem überbiegen können. Aus dem Teiche wird das Wasser am Besten durch eine kurze Pumpe in die Kessel und Bottiche geschafft, welche auf einem kleinen Floss angebracht ist, so dass der auf dem Grund liegende Schlamm nicht etwa aufgerührt wird. Zu diesem kalten reinen Wasser wird soviel kochendes Wasser, in welchem man, wenn es erforderlich ist, das nöthige Natron gelöst hat, zugesetzt, dass das Wasser im Bottich 18° R. erreicht. Es muss dafür gesorgt werden, dass die Temperatur des Wassers nicht unter 16° R. sinkt. Eine höhere Temperatur würde einen nachtheiligen Einfluss auf die Wolle ausüben, indem sie die Wolle zu stark krümpt, womit den Fabrikanten durchaus nicht gedient ist. Rechnet man zum Waschen eines Schafes 2 Menschen und 10 Minuten Zeit, so werden durch 6 Menschen per Stunde 18 Schafe gewaschen, bei 12 Arbeitsstunden daher in jedem Bottich bequem 200 Schafe. Zwei Stunden vor Beginn des eigentlichen Waschens, aber nicht länger, damit sie ja in den Spitzen nicht trocken werden, müssen die Schafe in warmem Wasser eingeweicht werden. Es reicht diese Zeit vollkommen aus, um Schmutz und Fett zu erweichen. Dies Einweichen darf somit nur immer mit soviel Schafen per Stunde geschehen, als man im Stande ist, in jedem Bottich auszuwaschen. Nach der Wäsche ist es zur Herstellung des Stapels gut, wenn die Thiere noch im Teiche geschwemmt werden können; etwa kalkhaltiges Wasser ist nun ohne Schaden; sollte dabei aber Schlamm oder Schmutz aufgerührt werden, so dürfte es ausreichend sein, wenn jedes Schaf noch in einem Bottich mit kaltem Wasser einige Male der Art geschwenkt wird, dass ein Mann dasselbe an Kopf und Vorderbeinen, der andere an den Hinterbeinen fasst und dasselbe, mit dem Rücken nach unten, zwei bis drei Mal rasch untertaucht und hebt. — Es ist Thorheit, die Schafe nach der Wäsche in engen Hürden zusammenzupferchen, damit sie schwitzen sollen. Es lässt sich diese Methode von keinem Standpunkt aus motiviren.

Hetsey's Schafwaschverfahren unter Anwendung seines Waschmittels ist folgendes:

Für eine Heerde von 1000 Schafen gehören 40 Pfd. Wollwaschmittel; der Centner kostet 30 Thlr., also pro 100 Schafe 4 Pfd. im Betrage von $1^{1}/_{5}$ Thlr.

In einen Bottich mit 60—70 Eimer Wasser, für eine Tageswäsche von 333 Schafe werden 15 Pfd. Ingredienz für den ersten Tag hineingethan, und zwar am Abend vor dem Waschen. Ebenso werden die zu waschenden Schafe entweder Abends vorher oder früh 3 Uhr eingeweicht, so dass der Schmutz sich erweicht.

Dann werden zwei Bottiche oder Bassins aufgestellt, von der Grösse, dass 4--6 Schafe darin stehen können, und von solcher Tiefe, dass der Rücken der Thiere mit Wasser bedeckt ist, während die Köpfe frei bleiben.

Zum Waschen eines jeden Schafes gehören 2 Mann, 2 Weiber oder Burschen. Erstere zwei zum Waschen, Reiben und Ausdrücken der Wolle, sowie zum Herausheben der Thiere, die Burschen oder Weiber nur zum Halten der Schafe und zum Helfen, damit es schneller geht.

In die Bottiche Nr. 1 und 2 kommen 4 Theile klares Wasser und 1 Theil von dem aufgelösten Extractwasser, welches durch ein Sieb gegossen werden muss. Auf die Bottiche müssen breite Querleisten gelegt werden, zur Zeit, wenn das Schaf herausgehoben wird. Auf diese Querleisten legt man das Schaf, um das schmutzige Wasser, welches noch in der Wolle sitzt, ablaufen zu lassen. Ist dies fertig, so geht es an Bottich Nr. 2. Dieselbe Manipulation wird durchgemacht, worauf in diesem reineren Wasser die Wäsche vollständig fertig wird, aber ein Durchschwimmenlassen des Thieres durch ein klares Wasser, Bach oder Teich noch nothwendig ist. In Ermangelung einer solchen Gelegenheit zum Durchschwimmen wird noch eine leichte Sturz- oder Spritzwäsche angemessen sein.

Nachdem 40—50 Schafe gewaschen sind, wird Bottich 1 entleert, und Nr. 2 tritt nun an die Stelle von Nr. 1, welcher, gereinigt und neu gefüllt, nun die Stelle von Nr. 2 zum Reinwaschen einnimmt. Wenn nun zuerst das Wasser in Nr. 1 knapper wird, so füllt man aus Nr. 2 nach und ersetzt den Verlust in Nr. 2 aus dem Bottich des aufgelösten Waschmittel-Extractes, dieser selbst aber wird im Laufe des Tages immer nur durch Zuguss reinen Wassers mit so viel ergänzt, als er verloren hat. Somit können am ersten Tage ungefähr 333 Schafe gewaschen werden. Für den zweiten Tag bleiben die am ersten Tage in den Auflösebottich hineingethanen Ingredienzien darin, und man setzt am 2. und 3. Tage jedesmal 2—3 Pfd. weniger Wollwaschmittel zu. Also etwa den 1. Tag 15 Pfd., den 2. 13 Pfd., den 3. 12 Pfd., macht zusammen 40 Pfd. für 1000 Schafe.

Jedes reine, klare Wasser, gleichviel ob hart oder weich, und gleichviel welche Bestandtheile es enthalten mag, ist zur Wäsche verwendbar.

Ebenso wie hier das Waschmittel auf den Schafen selbst zur Anwendung kommt, so kann man auch die ungewaschen geschorene Wolle nach Hetsey's Methode waschen. Ueber das Waschmittel selbst sehe man weiter unten Näheres.

An Stelle solcher Wäsche hat man auch mancherlei andere Verfahrungsarten eingeführt, von denen wir besonders die sogen. Spritzwäsche nennen. Bei der Ausführung dieser Wäsche wird das Schaf aus zwei oder mehreren Spritzen bespritzt, damit das Wasser tief in die

Haare eindringen soll. Dies Verfahren giebt nur ungenügende und ungleichartige Resultate.

Pogge behauptet, es sei die Spritzwäsche in Mecklenburg sehr viel angewendet. Thadden wendet die Spritze nicht mit einem vollen Strahl an, sondern mit einem Brausenkopf versehen, also douchenähnlich. In Württemberg bedient man sich vielfach der Sturzwäsche. Das Wasser wird gestaut, wo es nöthig ist, und fällt mehrere Fuss hoch über einen Ueberfall herab. Unter diesen bringt man das Thier.

Wie schon bemerkt, ward die spanische Wäsche, zur Zeit, als spanische Wolle die erste der Welt war, derart ausgeführt, dass die Schafe ungewaschen geschoren wurden und hernach die Vliesse, sortirt oder unsortirt, in warmem Wasser, auch wohl unter Zufügung von alkalischen Ingredienzien eingeweicht ward. Dann ward die Wolle in Canälen mit frischem Wasser tüchtig ausgespült, sodann mit einer Brettpresse ausgedrückt und zum Trocknen aufgelockert und ausgebreitet. Diese Operation wurde in besonderen Häusern vorgenommen (Lavaderos), die womöglich mit den Schurhäusern (Esquileos) zusammen hingen. Diese Einrichtungen haben uns J. H. W. Vogel (1777)*), Lasteyrie, Flandrin, Petrie, Gebr. Ternaux, Mortemart-Boisse, Mole u. A. genügend beschrieben, sammt den in Frankreich, Italien, Russland und England, als auch in Oesterreich bekannten und angewandten Methoden.**) Es ist merkwürdig, dass in jener Zeit, Thaer an der Spitze, die meisten Schafzüchter die Wollwäsche auf dem Schafe als gesundheitsgefährlich für Mensch und Thier erklärt haben, und dass dieselbe bis heute sich hat halten können. Ueber das Schwitzen der Schafe vor der Schur war man ebenso einig, dass es eine unzweckmässige Behandlungsweise sei.— Ferner stimmte man dazumal ganz überein, dass der Werth einer und derselben Wolle um so grösser sei, je reiner und zweckmässiger sie gewaschen wird. Und doch war diese Thatsache in unserer Zeit wieder ganz in Vergessenheit gerathen. — Nach allen Urtheilen möchte sich als Waschverfahren für den Landwirth das oben angeführte von Bohm oder besser noch ein Waschverfahren mit der abgeschorenen Wolle, etwa nach spanischem Muster, empfehlen.

In Australien verfährt man im Grossen nicht anders, als bei uns. Viele Heerden von grösserer Kopfzahl werden aber mit Hülfe folgender maschineller Einrichtung gewaschen. Die Anlage ist von Brodnitz & Seydel in Berlin entworfen und durchgeführt.

---

*) Wollveredelung und Wollverwendung. Leipzig, Fröhberg, 1833.
**) Ueber alle diese Methoden berichtet ein Werk von J. C. Possart, die Wäsche der Wolle und ihr Interesse für Wollproducenten, Fabrikanten und Händler. Berlin, Mittler 1835. Dies Werk ist als eine Uebersicht über sämmtliche, seiner Zeit gebräuchliche Waschmethoden sehr interessant und lehrreich auch für die Jetztzeit. — Thomas Southey: Ueber Veredelung der Schafzucht, Behandlung und Sortirung der Wolle, mit Bezug auf Australien und Tasmanien. London 1831.

In beigegebener Skizze der ganzen, mit einem Fluss oder Bach (Creek) in Verbindung gebrachten Schafwäscherei wird die Erweichung durch die Brause in den Räumen A ausgeführt, deren Grösse sich nach der Grösse der Heerden richtet. In diesen Räumen, die hoch umzäunt sind, laufen Röhrenstränge parallel den Wänden entlang in solcher Höhe, dass die Schafe bequem unter den Röhren marschiren können. Diese Röhrenstränge sind an der unteren Seite fein perforirt. Sie liegen so weit von einander ab, dass die aus den oberen Seitenlöchern unter dem Pumpendruck herausgepressten, kalten Wasserstrahlen sich noch mit ihrem Abwärtsbogen schneiden. Sie werden von einem Hauptzuflussrohr aus gespeist, durch welches eine Druckpumpe k das Wasser aus dem Fluss hinzusendet. Wie man sieht, kann A aus mehreren, durch Thore verschliessbaren Abtheilungen bestehen. Die Schafe werden in diese Räume hineingetrieben und nun durch Oeffnen der Hähne abtheilungsweis bebraust.

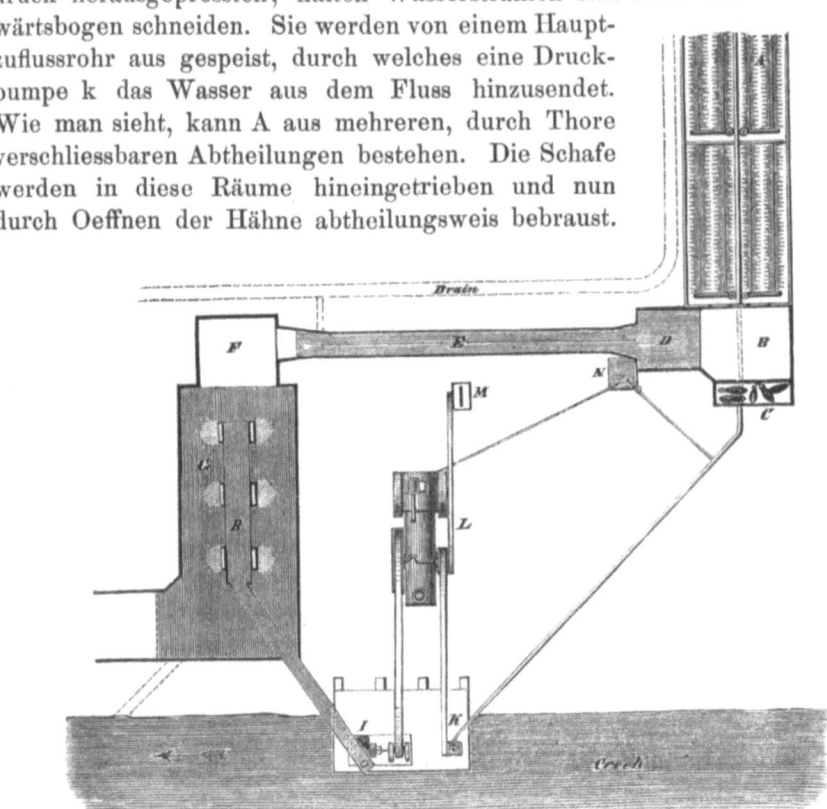

Fig. 32.

Nachdem dies soweit geschehen ist, dass man es für eine Erweichung für genügend erachtet, so schliesst man die Hähne und lässt die Schafe ca. 14 Stunden ruhig in diesem Raume. Während dieser Ruhe verdampfen durch die Körperwärme die feinen Wassertröpfchen leicht und hüllen die Schafe in eine Dampf- und Wasserdunstatmosphäre, die sehr günstig auf die Auflösung und Oeffnung der Schmutzballen wirkt, ohne dem Thiere schädlich zu sein. Nun öffnet man die Pforten nach B hin. B ist eine Plattform mit fester Sohle, an deren Vorderseite im Gehege C einige Schafe eingesperrt sind, durch deren Anblick angelockt, die Schafe aus A nach B laufen. Nach dem Bassin D zu fällt die Plattform B geneigt ab. Diese geneigte Fläche ist schlüpfrig erhalten, und sobald die Schafe dieselbe betreten, gleiten sie hinab nach dem Bassin D und fallen in das in demselben befindliche warme Wasser. Dieses Herabgleiten wird wohl noch durch aufgestellte Arbeiter befördert, indem sie den Schafen einen Schub versetzen. In D ist warmes Wasser enthalten. Dies Bassin ist so tief, dass die Schafe darin schwimmen müssen. Es erhält sein Wasser aus dem Mischgefäss N. In N wird entweder durch directe Feuerung von unten her, das durch Pumpe K eingeführte kalte Wasser auf ca. 24° C. erwärmt, oder durch Einführung von Dampf von der Locomobile L her. Gleichzeitig nimmt man in N die Lösung von Seife oder Alkalien vor. Diese Mischung tritt also, ca. 24° C. heiss, in das zuvor sorgfältig gereinigte Bassin D und in die aus demselben herausführenden Kanäle E. Es wird darauf N sofort wieder gefüllt. Man kann dabei auch so verfahren, dass man in N eine höhere Temperatur erzeugt, dann D mit kaltem Wasser füllt und durch das ca. 60—80° heisse Wasser aus N auf ca. 24° C. bringt und zugleich alkalisirt. Die höhere Temperatur und die Alkalien wirken nun trefflich reinigend auf die bereits durchgeweichte Wolle des Thieres. Die Schafe sind durch die Nothwendigkeit des Schwimmens im Bassin zur fortwährenden Bewegung gezwungen. Durch Dirigiren zweier Arbeiter werden die Thiere dann in die Kanäle E geführt, die nur so breit sind, dass das Schaf bequem vorwärtsschwimmen und später gehen (da die Sohle der Kanäle ansteigt), dass es sich aber nicht umwenden kann. Die Zäune an diesen Kanälen sind hoch genommen, so dass den Thieren jede Aussicht geraubt ist. Sie gelangen nun auf die Plattform F und werden von hier in den Spülraum G getrieben. In demselben steht erhöht ein grosser Holzkasten B, an dessen unteren Seiten, so hoch, dass ein Schaf unten durch gehen kann, Ausströmungsöffnungen angebracht sind. Diese Ausströmungsöffnungen sind Schlitze, deren Dimension durch eine verstellbare Platte geändert werden kann. Das Bassin B wird von der Centrifugalpumpe J her mit Wasser gefüllt. An jeder Seite der Ausströmungsmündungen steht ein Arbeiter etwa in einem Fasse oder Bank, um trocken zu bleiben. Die Schafe werden herzugetrieben, die Arbeiter erfassen sie und halten sie unter diese improvisirte Douche, so dass die Wasserstrahlen tangential den Körper berühren. In einer halben Minute ist dieses Abspülen vollendet und die Thiere werden sodann auf einen Trockenplatz gebracht, dessen Boden mit Latten belegt ist, so dass die Thiere, selbst wenn sie sich hinlegen, vor erneutem Beschmutzen gesichert sind.

Bekanntlich rühmt man der australischen Wolle nach, dass sie besser gewaschen in den Handel komme, als die deutsche Wolle. Wir wissen vor Allem, dass das Gros derselben gleichmässiger gewaschen auf dem Markt erscheint. Diese Gleichmässigkeit ist von vornherein durch oben beschriebene Methode gesichert, sobald man, und das ist ja sehr leicht, Temperatur und Zeitdauer einhält. Die grössere Reinigkeit aber folgt auch aus dem Processe selbst, der dem russischen Dampfbade nachgebildet erscheint. Also Benetzen, Dämpfen, Warmbaden unter Anwendung von Alkalien und anderen Waschmitteln und Kaltabspülen. Ferner haben die Apparate dieser Methode den grossen Vortheil, weniger gewaltsam zu wirken, als etwa unsere Spritzwäschen, die an und für sich doch jeder rationellen Form entbehren.

Neuestens haben die Australier noch andere Einrichtungen getroffen, die, wenn auch sinnreich, doch nur für sehr grosse Heerden dienen können.

Im Allgemeinen entfernt die Schafwäsche nur einen kleineren Theil der Unreinigkeiten, besonders des Schweisses. Hierfür sind die Versuche von Bohm interessant, die er mittheilt. Derselbe liess mehrere Schafe vor den Schurtagen halb abscheeren und hernach mitwaschen, so dass also die andere Hälfte des Vliesses als Gutswäsche betrachtet werden kann.

			nach der Schur		später		nach der Fabrikwäsche	
I.	½ Vliess	ungew.	6 Pfd.	4 Pfd.	27	Lth.	1 Pfd. $9^{8}/_{10}$	Lth.
	„	gew.	2 „	1 „	$29^{3}/_{4}$	„	1 „ $5^{1}/_{10}$	„
II.	„	ungew.	$6^{1}/_{4}$ „	4 „	$29^{1}/_{4}$	„	1 „ $12^{8}/_{10}$	„
	„	gew.	$2^{1}/_{4}$ „	2 „	$6^{1}/_{2}$	„	1 „ $10^{1}/_{2}$	„
III.	„	ungew.	6 „	4 „	3	„	1 „ $9^{7}/_{10}$	„
	„	gew.	$2^{1}/_{2}$ „	2 „	$7^{1}/_{2}$	„	1 „ $6^{3}/_{10}$	„
IV.	„	ungew.	$4^{1}/_{2}$ „	3 „	9	„	1 „ 8	„
	„	gew.	$2^{1}/_{4}$ „	2 „	$7^{1}/_{2}$	„	1 „ 12	„

Es haben somit die ungewaschenen Vliesshälften durchschnittlich $5^{3}/_{4}$ Pfd. gewogen, die gewaschenen $2^{1}/_{4}$ Pfd. und die fabrikgewaschenen aber 1 Pfd. $10^{1}/_{10}$ Loth. Daraus ergiebt sich, dass 23 Pfd. rohgeschorene Wolle in der Fabrikwäsche verlieren ca. 75—80 Proc., in der Gutswäsche ca. 50—60 Proc. für diese Wollsorte.

Von Interesse muss es noch sein, das Wasser zu betrachten, welches bei der Wollwäsche eine nicht zu unterschätzende Rolle spielt. Prof. Trommer*) sagt darüber:

Bekanntlich bildet das Wasser und dessen Beschaffenheit den Cardinalpunkt einer guten Wollwäsche, gleichviel, ob diese auf dem Thiere selbst erfolgt oder bei der bereits geschorenen Wolle. Dasselbe muss vor Allem frei von solchen Bestandtheilen sein, welche die Auflösung des Fettschweisses oder des Schmutzes verhindern. Derselbe ist nämlich ein Gemenge sehr verschiedenartiger Substanzen. Der Hauptsache nach, sind es zunächst die nicht flüchtigen Bestandtheile des Schweisses, ferner des Fettes der Wolle und der abgestossenen Theilchen derselben, welche hier

---

*) Zeitschr. d. Ver. der Wollinteressenten Deutschlands. 1870 Mai.

in Betracht kommen. Ausserdem sind stets abgestossene Oberhautpartikelchen und die in der Luft suspendirten Staubtheilchen, die nach und nach auf die Wolle sich niederschlagen, damit gemengt. Die letzteren werden aber noch besonders im Stalle durch die Einstreu und das Futter bedeutend vermehrt; auch werden manche Körpertheile des Thieres ausserdem noch durch den Urin und den Darmkosch besonders verunreinigt. Aus alle-dem geht zur Genüge hervor, dass beim Waschen oder Reinigen der Wolle sehr verschiedenartige Substanzen zu entfernen sind. — Vom allgemeinen chemischen Standpunkte aus sehen wir, dass der Wollschmutz alkalisch reagirt, eine Erscheinung, die ihren Grund in gewissen Bestandtheilen des eigentlichen Schweisses hat. Indessen zeigt auch der Harn eine solche Reaction, woraus hervorgeht, dass diejenigen Stellen des Körpers, welche mit dieser Flüssigkeit verunreinigt werden können, um so alkalischer reagiren müssen. — Derjenige Bestandtheil des Schweisses, eventuell des Harnes, welcher genannte Reaction hervorbringt, ist das Kali, welches entweder als kohlensaures Kali auftritt, oder in Verbindung mit dem Fette des Wollhaares, und zwar in Gestalt einer Seife. Beide Kaliverbindungen, insbesondere aber die letztere, sind im Stande, den Wollschmutz in Wasser löslich und vertheilbar zu machen, und in den meisten Fällen reicht die natürliche Menge derselben in der Wolle aus, um diese von ihrem Schmutze befreien zu können. Nur in besonderen Fällen, z. B. wenn die Thiere einen sehr zähen Fettschweiss (Stechschweiss) haben, muss man zu künstlichen Waschmitteln seine Zuflucht nehmen. Unter allen Umständen aber muss das Wasser, wenn der Zweck der Reinigung der Wolle erreicht werden soll, möglichst frei von Kalkverbindungen oder Kalksalzen sein, denn diese sind der grösste Feind einer guten Wäsche. Der Grund hiervon liegt darin, dass die in dem Wasser gelösten Kalksalze durch das Kali des Fettschweisses unlöslich werden, indem sich einmal neutraler kohlensaurer Kalk bildet, und zweitens die seifenartige Verbindung des Kali's in eine unlösliche Kalkseife umgeändert wird. Beide Kalkverbindungen, die nun auf der Wolle niedergeschlagen werden, erschweren aber die Entfernung des Schmutzes ausserordentlich, und machen sie fast unmöglich. Da aber das Wasser um so kalkreicher wird, je länger es mit den Erdschichten (insbesondere Kalk- oder Mergelschichten) in Berührung gewesen ist, so ist dasjenige Wasser am geeignetsten für die Schafwäsche, welches als Regen- oder Schneewasser in entsprechenden Vertiefungen sich angesammelt hat. Man sollte es nie unterlassen, das Wasser der betreffenden Schafwäsche zuvor einer Prüfung zu unterwerfen, um so weniger aber, wenn man Gelegenheit hat, über verschiedene Waschwässer disponiren zu können. Eine derartige Prüfung ist sehr leicht ausführbar. Man nehme gleiche Quantitäten des Wassers, im Fall man nämlich vergleichen will, z. B. Gläser von gleicher Höhe und von gleichem Durchmesser, fülle dieselben bis zu einer bestimmten Höhe mit dem Wasser an, und setze hierauf jedem Gefässe eine gleich grosse Menge Seifenspiritus*) hinzu, z. B. einen Esslöffel. — Je grösser nun der Niederschlag oder die Trübung ist, die dadurch hervorgebracht wird, und je schneller sie entsteht, desto mehr enthält das Wasser Kalksalze, oder um so härter ist dasselbe. In ganz reinem Wasser, wie z. B. in Regen- oder Schneewasser, welches im Freien gesammelt worden ist, entsteht durch Hinzugiessen von Seifenspiritus anfangs gar keine Trübung. Nur erst nach und nach erfolgt eine solche, deren Entstehung indessen in ganz anderen Ursachen gesucht werden muss, als da, wo Kalksalze zugegen sind. — Ist man aber gezwungen, dennoch ein derartiges kalkhaltiges Wasser zur Schafwäsche verwenden zu müssen, so suche man zunächst das Wasser zu verbessern, wenn man es nicht vorziehen sollte, besondere Wollwaschmittel anzuwenden. Eine Verbesserung des Wassers aber lässt sich sehr leicht ausführen, sobald der Teich oder das Bassin nicht zu gross ist. Die für diesen Zweck anzuwendenden Mittel gehen aus den bisherigen Betrachtungen zur Genüge von selbst hervor. Sie bestehen in Kali, Natron oder auch in Ammoniak. Das wohlfeilste und naturgemässeste würde das Kali und dessen seifenartige Verbindung des Fettschweisses selbst sein müssen. Man kann leider dieses Mittel nur in der Art anwenden, dass man erst eine Partie Schafe in dem betreffenden Wasser waschen lässt, und auf Unkosten deren Wolle das Wasser brauchbarer oder weicher macht. Ist man so glücklich, einen Nachbar zu haben, der nicht selbst eine Schafwäsche besitzt, und der so freundlich sein will, mit seinen Schafen den Anfang zu machen, desto besser!**) In einem gewissen Zusammenhange hiermit steht die Anwendung des Schafmistes als Verbesserungsmittel der Schafwäsche. Bekanntlich nimmt man zu diesem Mittel mitunter ebenfalls seine Zuflucht; die Wirkung desselben beruht ebenfalls in dem Kali und zwar als kohlensaures Kali, welches, wie oben gezeigt wurde, einen wesentlichen Bestandtheil des Urins dieser Thiere bildet. Indessen ist dieses Mittel nicht empfehlen. Einmal sind es die festen Dungtheile, welche das Wasser sehr verunreinigen würden. Es könnten nun zwar durch passende Vorrichtungen dieselben zurückgehalten werden und nur

---

*) Dergleichen kann man leicht aus jeder Apotheke entnehmen, wenn man es nicht vorziehen sollte, sich diese Flüssigkeit selbst zu bereiten. In diesem Falle nehme man $1/4$ Pfd. der gewöhnlichen Hausseife (Talgseife), schneide dieselbe in kleine Stücke, bringe diese in eine gewöhnliche Bier- oder Weinflasche und giesse hierauf $1/2$ Quart gewöhnlichen Branntwein. Man stelle alsdann die lose verschlossene Flasche an einen warmen Ort, schüttele öfters um, und nachdem sich die Seife, so weit es geschehen kann, aufgelöst hat, giesse man die klare Flüssigkeit ab und bewahre dieselbe in einer gut verschlossenen Flasche auf.

**) Hierin ist die allgemeine, in einem gewissen Widerspruche stehende Ansicht begründet, dass nämlich das Wasser um so besser wasche, je mehr Schafe bereits darin gewaschen sind. Man sieht hierdurch offenbar, dass die Kalksalze des Wassers gefährlicher sind, als die Schmutztheile der Wolle selbst.

die flüssigen, im Wasser löslichen Bestandtheile des Düngers durch Auslaugen mit Wasser der Schafwäsche zugeführt werden; allein es würden doch immer die Farbstoffe des Düngers (Gallenfarbstoff) dabei sein, welche der Wolle sehr leicht eine braune Färbung ertheilen könnten. Zweitens aber vermag das Kali, wie dasselbe im Schafdünger oder im Urin des Schafes auftritt, keineswegs die Kalksalze eines Wassers unlöslich zu machen oder auszuscheiden.*) Es ist daher zweckmässiger, Kali direct und zwar in passender Form anzuwenden oder anstatt dessen Natron, wenn man eben die Absicht hat, das Wasser im Grossen und Ganzen zu verbessern. Da das Natron dieselben Dienste thut als das Kali, das Letztere aber bedeutend theurer ist als Natron, so ist es vortheilhafter, Letzteres anzuwenden. Für diesen Zweck liefert es uns aber der Handel in dreierlei Gestalt; einmal als krystallisirtes kohlensaures Natron, schlechtweg Soda genannt, 2) dieselben im wasserfreien Zustande oder als calcinirte Soda und 3) als Aetznatron, frei von Kohlensäure und Wasser, schlechtweg „Seifenstein" genannt. Da das eigentliche Natron allein den wirksamsten Bestandtheil bildet, und in der calcinirten Soda sowohl, als auch im Seifenstein das Natron wohlfeiler gekauft wird als in der krystallisirten Soda, so ist es vortheilhafter, eine der beiden erstern Substanzen anzuwenden und zwar vor allem den Seifenstein. Auf 1000 K.-Fuss Wasser nehme man 1 Ctr. desselben, wobei auf 1 K.-Fuss Wasser 3 Loth Seifenstein kommen oder 0,16 Proc. Indem aber bei dieser Gelegenheit der Seifenstein oder das Aetznatron sogleich die Kohlensäure des Wassers und ferner diejenige, welche den kohlensauren Kalk in doppelt kohlensauren Kalk umgeändert hatte, aufnimmt und bindet, entsteht einfach kohlensaurer Kalk, welcher fast unlöslich ist und daher sich ausscheiden muss, während nun das kohlensaue Natron auch weiter die übrigen noch vorhandenen Kalksalze, namentlich den Gyps, ebenfalls zu zerlegen im Stande ist, wobei die Kalkerde ebenfalls in neutrale kohlensaure Kalkerde umgeändert wird. Das dagegen im Wasser verbleibende kohlensaure Natron, oder im Fall auch noch etwas Aetznatron verblieben sein sollte, wirken nun direct noch reinigend auf die Wolle ein, und es ist ein derartiges gereinigtes Wasser gleichsam einer verdünnten Seifenlösung gleichzustellen.

Die erforderliche Quantität eines guten und brauchbaren Wassers für die Wollwäsche würde sich aber viel wohlfeiler darstellen lassen,

---

*) Die Gründe, weshalb das Kali unter diesen Verhältnissen die in dem Wasser vorhandenen Kalksalze nicht zu zersetzen vermag, liegen darin, dass einmal dasselbe hier als doppelt kohlensaures Kali auftritt und zweitens der Kalk zum grösseren Theil auch als doppelt kohlensauren Kalk im Wasser vorhanden und dadurch gelöst wird, während derselbe als einfach kohlensaurer Kalk fast unlöslich ist. Aber auch den schwefelsauren Kalk oder den Gyps vermag das doppelt kohlensaure Kali eben so wenig in unlöslichen kohlensaurer. Kalk umzuändern, wie dies stets durch das einfach kohlensaure oder das neutrale kohlensaure Kali geschieht.

sobald man die Rückenwäsche aufgeben und die Wolle nur im abgeschorenen Zustande waschen würde. Man sollte um so mehr dahin streben, als in diesem Falle auch die passenden Temperaturverhältnisse des Wassers, die beim Waschen der Wolle nicht minder in Betracht kommen, weit sicherer und bequemer erreicht werden könnten. Endlich aber und vor allem sollte die Rückenwäsche wegen der Gefahr, die für die Gesundheit der Thiere, ja selbst für das Leben derselben stets damit verbunden ist, für immer verbannt werden. Man greift gewiss nicht zu hoch, wenn man annimmt, dass ein Thier, welches einigermaassen bewollt ist, an 10 Pfd. Wasser nach der Wäsche in seiner Wolle beherbergt, welches **dampfförmig** entweichen muss. Um aber eine derartige Quantität Wasser in Dampf zu verwandeln, bedarf es gegen 6040° C. oder Wärmeeinheiten, die in diesem Falle allein auf Kosten des Körpers des Thieres erzeugt werden müssen.

II. Fabrikwäsche.
Das Entschweissen, Entfetten der Wolle und die Benutzung der Wollfette.

Wie wir schon oben besprochen, sind bei der Definition des Begriffes „Wolle waschen" zwei Punkte wesentlich zu berücksichtigen, nämlich die **Entfernung des mechanisch anhängenden Staubes und Unraths** und die Entfernung des enger an die Wollhaare angeschlossenen und festhaftenden Fettschweisses. Wir haben ferner schon beleuchtet, welche Menge an Schweissfett an der Wolle haftet und welcher Art und chemischer Natur dieses Exsudat ist. Da nun die flüssig-klebrige Natur dieses Schweisses ein Mittel bietet, um die staubförmigen Körper aufzufangen und festzuhalten und gleichsam mit dem Haarkörper zu verkitten, so muss bei einer Waschoperation, welche eine tiefere Reinigung der Wolle vor Augen hat, dieser Fettschweiss nach Möglichkeit weggeschafft werden, er muss zersetzt oder gelöst werden, um zugleich mit ihm und durch solche Operation die von ihm festgehaltenen Staubkörper vom Haare zu entfernen.

Dies geschieht nun zum Theil in zwei Operationen, zum Theil in einer und bemerken wir hier, dass dieses Capitel „Entschweissen, Entfetten" in vielen Fabriken nicht gekannt wird, zumal da, wo die eigentlich vollkommneren Waschmaschinen eingeführt sind, die die Entschweissung zugleich selbst mit bewirken. —

Aus der Analyse des Fettschweisses ersehen wir, dass derselbe wesentlich aus einem fettartigen Körper besteht, welcher meistens neutral oder alkalisch ist, jedoch auch freie Fettsäuren enthalten kann. Es lag seit

Erkenntniss dieser Eigenschaft die Idee nahe, dieses Fett durch Alkalien zu verseifen und auf diese Weise zu lösen und wegzuschaffen. In Verfolg der Praxis sind dann noch eine grosse Menge anderer Mittel als geeignet entdeckt und vorzüglich haben fettlösende, leicht verdampfende, chemische Körper wie Fuseloel, Aether, Petroleum, Schwefelkohlenstoff u. s. w. eine neue Bahn der Entfettung, wenn auch zum Theil in anderem Sinne noch eröffnet.

Bei Anwendung alkalischer Medien oder von Säuren aber muss stets die Ueberlegung leitend sein, dieselben in so concentrirtem Zustand der Lösung anzuwenden, dass sie keine chemische Einwirkung auf den Haarkörper und seine Bestandtheile ausüben. Man hat diese Hauptregel nicht immer befolgt, man hat sie einfach früher nicht so gekannt, als dass sie rationelle Anhalte zu ihrer Beobachtung ergeben haben könnte. Eine Uebersicht der seit einem Jahrhundert angewendeten Mittel zeigt übrigens ein nicht sehr verschiedenartiges Beginnen. Man kehrte, nachdem ein Mittel durch marktschreierisches Talent einige Zeit hindurch die alte Methode verdrängend eingeschlichen war, doch immer zu den altväterlichen Methoden wieder zurück.

Die berühmten Schäfer Spaniens im vorigen Jahrhundert, bestrichen ihre Schafe mit Eisenocker, in der Idee, derselbe absorbire das Fett beim Exsudiren und verhindere das Festhaften desselben am Haarkörper; ein Wasserbad nehme hernach den Ocker sammt dem Fette hinweg.

Jacobson handelt in seinem trefflichen Werke von den Zeugmanufacturen (1774) weitläufig über die Bedeutung des Wollwaschens und Entschweissens ab. Er empfiehlt zunächst nur ein Aufweichen in lauwarmem Wasser (wäre es zu heiss, so würde der Schweiss darinnen verbrennen, wäre es aber zu kalt, so würde es ihn nicht auflösen), dann aber ein Bad mit Zusatz von Urin, wobei er ausdrücklich bemerkt, dass man auch dasselbe bewirken könne unter Anwendung von Seifenwasser, allein diese Art sei theils theuerer und weitläufiger, als die mit Urin und theils benehme sie auch der Wolle viel von ihrer Weichheit! „Um zu prüfen, ob die Wolle in dem Urinbade genügend gereinigt sei, nehme man etwas von der Wolle heraus und presse sie in der Hand zusammen. Wenn man dann die Hand offen mache, quelle die genügend entfettete Wolle elastisch auf und sei locker. Es entscheide die weisse Farbe der Wolle nicht immer." —

Auch der Verfasser der „Tuchmanufactur in Eupen" beschreibt die Wollwäsche mit Zusatz von Urin ebenfalls als in Eupen 1796 durchweg eingeführt und ebenso referirt Naudin nach 1838 über die Aachener Fabrication, dass auch sie die Seife für zu theuer hielt. Bonnet dagegen beschreibt 1826 in seinem Manuel des fabricans de draps nur die Methode, Wolle mit Seife zu waschen! Inzwischen wurde schon im vorigen Jahrhundert die schon den Alten bekannte Saponaria officinalis zum Wollwaschen angewendet, ferner wurden benutzt Gypsophila fastigata und struthium (Spanien), Sapindus saponaria, Mimose saponaria, die Wurzeln der Lupine, Lychnis dioica und Chalcedonia, Arundo, Aesculus hipocastanum (Rostkastanie), Solanum tuberosum (Kartoffel) u. a. und endlich die in neuester Zeit wieder aufgetauchte Quillajarinde. Als die Chemie begann technisch angewendet zu werden, versuchte man mit allen möglichen Stoffen zu waschen. Den Mischungen, Vorschlägen und Compositionen von Chantin, Hale, Gournay, Clapp, Senior, Engerer, Mercer, Moisson & Giret, d'Arcet folgten in neuerer Zeit die von Schapringer, Daune & Cohn, Vilermet & Manheim, Stohmann, Vogel, Hetsey, Possart, Müller, Deis, Seyfferth, Schlieper, Graeger, Gedge, Henneberg, Richter, Lunge, Trenn, Fortier, Moisson-Payen, Heyl & Comp. u. v. A. Während eine Unzahl von Recepten alkalischer Incredienzien ihre ofte Wiederholung fanden, zeichneten sich die Verfahrungsarten von d'Arcet, Moisson, Lunge, Richter und Heyl durch einen neuen Gedanken aus, nämlich das Fett durch einen Körper, der leicht verflüchtigt werden kann, auflösen zu lassen. d'Arcet wandte dazu Terpentinoel an, Seifferth, Jesse, Fischer (1843), Moisson, Lunge, Heyl und van Haecht Schwefelkohlenstoff, Richter Fuseloel, andere Benzin und Therebintenessenz, endlich Dr. Braun Alkohol, Aether und Wasser (Patent, 3. Dec. 1874).

Wir beabsichtigen nun keineswegs alle genannten Mittel und Methoden zu beschreiben, sondern wollen die besten dieser Vorschläge näher angeben und beurtheilen.

1. Wir betrachten zuerst die Entfettung mit Hülfe alkalischer und ähnlicher Mittel.

Als Apparat für die Entschweissung mit gewöhnlichen Mitteln dient ein einfacher Kessel oder eine Tonne, in der das alkalische Bad durch Dampf erhitzt werden kann. Man steigert die Temperatur, jedoch nicht weiter als auf circa 30—50° Celsius und eine Dauer des Bades von 5—10 Minuten reicht aus.

Ein altes gutes Mittel zum Entschweissen der Wolle ist ein Bad von Wasser und faulem Urin (5 Th. : 1 Th.), welches auf circa 50° C. erhitzt angewendet wird. Diese Methode hat nur die Unannehmlichkeiten des üblen Geruches und der Unreinlichkeit. Dadurch veranlasst, bemühte man sich fort und fort, andere Waschmethoden zu finden, obgleich nicht zu verkennen ist, dass diese frühere Methode Vorzüge vor allen späteren hat. Zu den späteren Methoden gehört besonders die Verwendung von Soda. Bei der Anwendung dieses Alkalis ist jedoch die grösste Vorsicht nöthig. Soda nämlich entschweisst wohl die Faser vollkommen, greift aber auch zugleich die Faser selbst an, macht sie rauh und spröde, Eigenschaften, die für das Verspinnen gänzlich unerwünscht sind. Man hat nun die Wirkung der Soda von Seife abschwächen wollen und in der That sind die dadurch erzielten Resultate nicht unbefriedigend, allein das beste Resultat erzielt man sachgemäss nach Schlieper*) durch eine Waschcomposition, welche besteht aus 20 Th. Soda, 5 Th. Olein und 5 bis 10 Th. Salmiak. Letztere Substanz ist in grösserer Quantität dann zu nehmen, wenn die Wolle fein ist, in geringerer, wenn die Wolle gröber ist. Die eigenthümliche Wirkung dieser Mischung, welche darin ihren Hauptwerth hat, dass das Haar seine Weichheit und Geschmeidigkeit vollkommen bewahrt, dabei aber vom Schweiss gänzlich befreit wird, beruht in dem Vorhandensein des Oleins und Salmiaks. Es bildet sich aus dem Salmiak und der Soda kohlensaures Ammoniak und Chlornatrium, ferner Oelseife und entsprechendes doppeltkohlensaures Natron. Letzteres nimmt nun der Soda den schädlichen sprödenden Einfluss. Das Olein befördert die Bildung einer Emulsion mit dem Wollschweiss. Schon vorher hat man oft beobachtet, dass eine Zufügung von Kochsalz zu der Sodalösung sehr gut wirkte. Im Schlieper'schen Verfahren tritt dasselbe ebenfalls auf.

Beim Entschweissen spielt die Temperatur eine bedeutende Rolle und der Praktiker muss für die einzelnen Wollsorten sich die zweckmässigsten Temperaturen der Bäder ausprobiren. Es kommt eben wirklich vor, dass Bäder angegebener Art Wollen bei 40° R. entschweissen und bei 43° R. bereits empfindlich angreifen, andere Wollen erst bei 50° R. entschweissen und bei 56° R. angreifen. Die Sorten Soda, welche man zur Wollwäsche verwendet, sind keineswegs gleichgültig bez. ihrer Reinheit u. s. w. Vor allen anderen Stoffen darf die zur Wollwäsche anzuwendende Soda nicht den geringsten Antheil von Aetznatron haben, da dieses das Wollhaar selbst zersetzend angreift. Schapringer**) giebt ein Verfahren an, welches etwa vorhandenes Aetznatron sicher unschädlich macht, zugleich aber auch doppelkohlensaures und anderthalbkohlensaures Natron bildet. Er setzt nämlich zu einem Bade aus 300 Th. Wasser und 1 Th. Soda etwa 3 bis 6 Proc. des Sodagewichtes Schwefelsäure mit zehnfachem Wassergewicht verdünnt. Die dabei gebildeten Carbonate bilden mit dem Wollschweisse schnell eine Emulsion, ohne die Faser selbst zu gefährden. Das Claussen'sche Verfahren ist ähnlich. Darnach reinigt man die Wolle durch Waschen in kalter, schwacher Sodalauge, die stets alkalisch erhalten wird, und behandelt sie darauf in einem schwachen Bade von Schwefelsäure und endlich mit Wasser. Für sehr feine Sorten wird an Stelle der Soda kohlensaures Ammoniak angewendet. — G. Müller (in Neustadt a. d. Haardt) hat offenbar mit Vorlage des obigen Schapringer'schen Verfahrens sich folgendes Compositum patentiren lassen, zu dessen Herstellung ca. 1200 Liter Wasser etwa 5 Minuten lang mit 10—15 Pfd. Mehl gekocht und dann mit 200 Pfd. calcinirter Soda von ca. 90 Proc., 100 Pfd.

---

*) Polyt. Centralbl. 1868, S. 293; Musterzeitung 1868, Nr. 2.
**) Deutsche Industriezeitung 1868, p. 183. Muspratt, technische Chemie V. Art: Textilindustrie von H. Grothe.

Leinsamen, 72 Pfd. Pottasche, 72 Pfd. Harz und 40 Pfd. Aetznatron von ca. 90° versetzt werden: ausserdem können noch 40—50 Pfd. Olein hinzugefügt werden.

Was einzelne der Ingredienzen sollen, begreift man nicht.

Nach van Damme und Cohn entschweisst man mit einer Mischung von 60 Proc. Aetznatron, 30 Proc. kohlensaurem Kali und 10 Proc. Glycerin. Diese Methode möchte wohl sehr gefährlich sein.

Trenn wendet statt des gefaulten Urins eine wässrige Lösung von kohlensaurem Ammoniak an. Auf 100 Ctnr. Wolle verwendet er 1 Ctnr. kohlensaures Ammoniak. Die grössere Verdünnung und ihre Wirkung trotzdem erklärt Trenn dadurch, dass die Fette der Wolle keine chemische Verbindungen mit Ammoniak eingehen, sondern mit demselben nur eine Emulsion bilden. Dasselbe Verfahren schlagen auch Phillippe und Fortier vor.

Prof. Henneberg*) giebt ein Verfahren an, nach welchem man die Wolle, in kaltem Wasser ausgespült, mehrere Wochen an der Luft liegen lässt, ehe man zur Fabrikwäsche schreitet, weil das Wollfett um so leichter zu entfernen ist, je mehr es auf der Wolle erhärtet und verharzt ist. (Das Gegentheil glaubte man früher.)**) Bei der Wäsche selbst wird eine Lösung in dem Verhältniss von 3 Pfd. Kernseife und 2 Pfd. krystallisirter Soda zu 100 Pfd. Regenwasser angewandt. Man bringt die Lösung in einen kupfernen Kessel auf die Temperatur von 50—55° C., schüttet die Wolle hinein und lässt sie unter gelindem Umherbewegen 15—20 Minuten lang in dem Bade etc. Auf 1 Pfd. Wolle sind etwa 12—20 Pfd. Sodaseifenwasser zu nehmen. —

Villermet und Manheim empfehlen zum Entschweissen ein Verfahren folgender Art. Die Wolle wird zunächst mit einer Lösung von Potasche in Wasser behandelt, die auf 50 bis 60° erwärmt worden ist. Darauf folgt ein Wasserbad, ebenfalls 50 bis 60° warm, und ein Trocknen in der Centrifugalmaschine. Noch aber enthält die Wolle einen grossen Theil des Fettes, ebenso durch das alkalische Bad etwas Alkali. Beides fortzuschaffen wendet man ein Bad aus Wasser und Schwefelsäure an (100 bis 150 Kilogr. Wasser auf 150 Grm. Schwefelsäure). Dies Bad wird ebenfalls auf circa 60° erhitzt und die Wolle auf einige Stunden hineingethan. Tüchtiges Ausspülen und Trocknen beendigt die Operation. Von den erhaltenen Waschflüssigkeiten nimmt man einen Theil mit dem Säurebad zusammen. Die Fette scheiden sich dann aus, während die Säure das Kali bindet. Den zweiten Theil der Flüssigkeit benutzt man als erstes Bad für die nächstfolgende zu bearbeitende Wollportion.

(Bemerkenswerth ist noch Graeger's Methode, Wollabgänge zu entfetten. Er behandelt die Wolle mit sehr verdünnter Salzsäure. Nach

---

*) Dr. Nobbe's landwirthschaftliche Versuchsstationen Bd. VI, Heft 6. Dingler pol. Journ. Bl. 76, 483.

**) Siehe auch Fabry & Girod, Schafwolle 1824. B. F. Voigt pag. 102 cf. und oben die Angabe von Erdmann Hofmann.

12 bis 24 Stunden wird sie ausgespült, man entfernt durch Behandlung mit kohlensaurem Natron die Oeltheile und den Schmutz und spült tüchtig aus. Dabei verliert die Wolle theilweise ihre elastische und weiche Beschaffenheit und um diese wieder herzustellen, behandelt man sie nochmals in einem schwachen Säurebade und darauf in Sodalösung. Dabei bildet sich Chlornatrium, welches durch reines Wasser herausgespült wird.)

Die schon früher im Gebrauch stehenden „seifenartigen" Pflanzen haben in neuerer Zeit sowohl selbstständig als auch in Vermischung als Wollwaschmittel, theilweise sogar zu geheimgehaltenen Mitteln der Art dienen müssen. Zunächst die Rinde von Quillaya saponaria, von der festgestellt wurde, dass ein Pfd. Quillaya drei Pfd. grüner Seife gleichwerthig zu erachten seien, anlangend behandelt E. de Werchin dieselbe derart, dass er die seifigen Theile extrahirt, die Solution abdampft bis zur Syrupsconsistenz oder bis zur Trockne und dieses Produkt als Seife benutzt. Dasselbe wird allerdings von Alkalien und Säuren wenig angegriffen, löst sich aber im Wasser unvollkommen. Es ist dies die schlechteste Methode der Verwendung. Bouet extrahirt die Wurzeln der Luzernen und mischt das seifige Produkt mit Marseiller-Seife. Reinfeld vermischt eine Sodalösung von 10—15° R. mit $^2/_5$—$^3/_5$ ihres Gewichts Seifenpulver von Quillaya. L. Rolland's „Eau Rolland" ist nichts anderes als ein Gemisch von Quillayarinde im Wasser mit circa $^1/_6$ ihres Gewichtes Ammoniakflüssigkeit versetzt.

Das Hirsch'sche Waschpulver besteht zur Hälfte aus pulverisirter Seifenwurzel und Quillayarinde, zur Hälfte aus Soda.

Mit ziemlich bedeutender Geheimnisskrämerei hat Hetsey seine Waschpulver und sein Verfahren der Wollwäsche colportirt. Dies Waschmittel besteht aus vegetabilischen Substanzen (Pulver von Gypsophila fastigata, Saponaria officinalis) und Soda. Vergleicht man alle Urtheile [*] über das Hetsey'sche Wollwaschverfahren und über seine Waschmittel, so muss man bekennen, dass die Mehrzahl derselben ungünstig lautet. Man bezeichnet die nach diesem Verfahren gewaschene Wolle als hart und rauh, trotzdem sie noch 12—14 Proc. Fett enthält, also nicht genügend entfettet ist.

Wir können nur jedem Fabrikanten rathen, an dergleichen Geheimmittel kein Geld zu verschleudern. Er kann meistens dieselbe Sache um die Hälfte billiger haben, wenn er von dem Geheimmittel eine kleine Quantität erkauft und dem nächsten chemischen Laboratorium zur Analyse übergiebt. Geheimmittel gehören nicht in unsere heutige Zeit!! —

Das Hauptoperation des Entschweissens ist jedoch immer das Verfahren, die Wolle in einem Bottich oder Entschweissungsapparat mit Sodalösung resp. Seifen- und Sodalösung zu behandeln bei einer Wärme von circa 30—50° C. Darauf folgt Ausringen im kalten Wasser.

---

[*] Im: Wollengewerbe, landwirthsch. Zeitungen, Annalen der Landwirthschaft, Deutsche Industriezeitung, u. s w.

Man macht diesem Verfahren besonders desshalb Vorwürfe, weil das alkalische Bad nicht bei jeder Beschickung des Apparates mit Wolle erneuert wird und somit die Reinheit abnehmen muss.

Ein neues System in Verviers operirt so:

1. Kaltes Wasserbad, zur Aufnahme des Schweisses (désuintage) unter Circulation des Wassers;

2. Erwärmen des Wassers bis 45° C.;

3. Tüchtige Bewegung des Wassers, dasselbe enthält sodann Fett und Alkalien der Wolle und wird benutzt auf Kali und Leuchtgas;

4. Die Wolle wird ausgedrückt und im Sodabad behandelt. Aus diesem Bade kann man mit Schwefelsäure das Fett ausscheiden (Dégraissage);

5. Die Wolle wird ausgedrückt und mit kaltem reinen Wasser ausgespült. Man führt diese Operationen mit 4 Gefässen aus in continuirlicher Folge. —

Es begegnet uns bei Ueberblick der Entfettung eine Methode von Michel Alcan,*) (der das Uebrige betreffs der Entfettung mit Oberflächlichkeit, Lückenhaftigkeit und Unbestimmtheit behandelt) nämlich die Entfettungslösungen im luftleeren Raume auf die Wolle wirken zu lassen. Diese Idee ist freilich nicht neu und bereits in anderen Gebieten der Gespinnstfasermanufacturen angewendet,**) dennoch von grossem Interesse. In Figur 34 geben wir eine Skizze dieses Apparates. Wenn man mit demselben arbeiten will, so öffnet man die Hähne R und O. Dadurch strömt von O her Dampf in die Glocke P und treibt die Luft durch R hinaus. Nach einigen Minuten schliesst man R und ebenso O. Der in der Glocke enthaltene Dampf condensirt sich schnell und nun tritt unter der Glocke eine gewisse Luftleere ein. Die Wolle ist vorher unter die Glocke gebracht, in den doppelbodigen Kasten P, in welchem sich der Stempel D auf und nieder bewegen lässt mit Hülfe der Schraube P, deren Mutter in der Glockenspitze sitzt. Durch die Luftleere ist die Glocke leichter geworden, hebt sich ein wenig und nun strömt die in dem umgebenden Bassin enthaltene Entschweissungsflüssigkeit mit Macht unter die Glocke und durchdringt die Wolle. Dabei findet allerdings eine sehr innige Berührung der Wollhaare mit der Flüssigkeit statt und nach 5 Minuten ist die Wolle entfettet. Sie wird dann hernach ausgepresst. Die Unvollkommenheit dieses Apparates, so wie ihn Alcan mittheilt, liegt auf der Hand.

Eine Verbesserung desselben ist folgende: In den Apparat tritt die Waschflüssigkeit von obenher in die festgestellte Glocke ein und sickert continuirlich durch die Wolle hindurch, läuft sodann wieder in das Bassin zurück. Ist die Einwirkung des Alkalis von genügender Dauer gewesen, so schliesst man den Hahn und ebenso den Abfluss und lässt nun durch

---

*) Traité du travail de laine. Paris.
**) Wir erinnern an die Methode von Banks & Grisdales, von Berjot u. A.

— 69 —

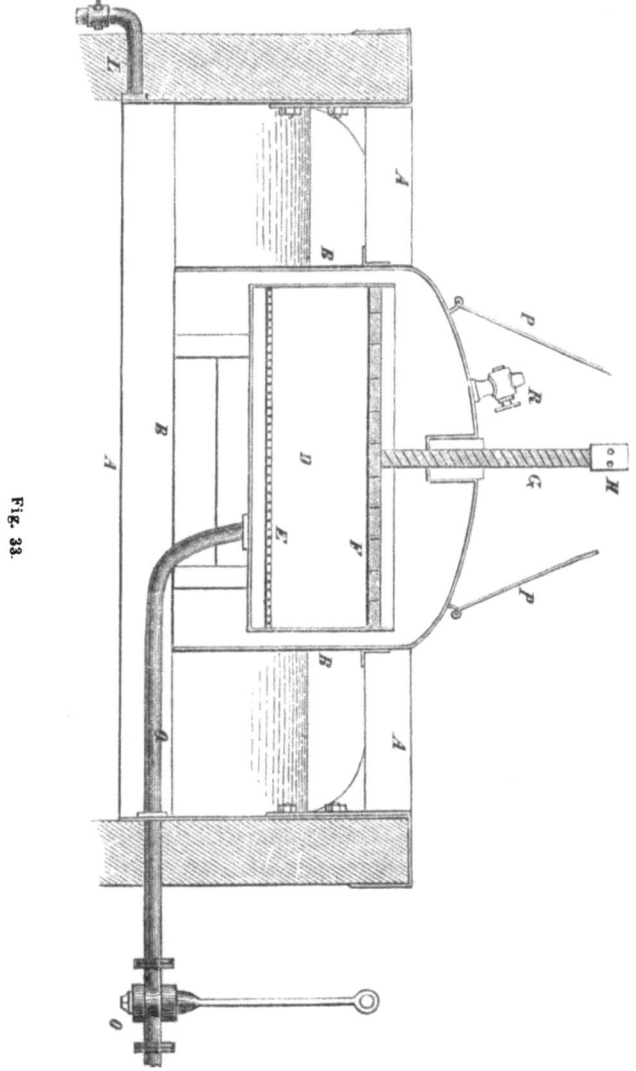

Fig. 33.

ein zweites Rohr kaltes reines Wasser über und durch die Wolle strömen, bis letzteres abströmend nicht mehr alkalisch reagirt, was man mit Lacmuspapier schnell probiren kann. —

Im Allgemeinen dürfte noch immer gute Seife das beste Mittel zum Entschweissen sein, jedoch auch in der Wahl dieses milden Waschmittels zur Fettentziehung ist Vorsicht nöthig. Man darf nicht grüne Seife gebrauchen, nicht Seife von Colzaoel. Dagegen ist die sogenannte Marseillerseife sehr zu empfehlen und die in neuerer Zeit im ausgedehnten Masse angewendete Wasserglasseife. Die angewendeten Seifen müssen einen Ueberschuss an Alkali haben, um die Fettsäure des Wollfettes an sich zu reissen. Leroux*) hat eine ganz gute Tafel entworfen für die Quantität der anzuwendenden Seife für die diversen Wollen; — man kann jedoch nicht behaupten, dass sie absolut zutreffend wäre.

Wollbezeichnung	Temperatur	Quantität Seife p. 100 Kilo.
Wolle für Nro. 120 franz.	52° C.	6 Kilo. 400 Gr.
105	51° C.	6 „ — „
95	50° C.	5 „ 600 „
85	49° C.	5 „ 200 „
70	48° C.	4 „ 800 „
55	47° C.	4 „ 400 „
30	46° C.	4 „ — „
25	45° C.	3 „ 600 „
20	44° C.	3 „ 200 „
15	43° C.	2 „ 800 „
10	42° C.	2 „ 400 „

Die Entfettung der Wolle lediglich mit Hülfe heissen Wassers oder Wasserdampfes hat bisher keine befriedigende Resultate ergeben.

2. Wir kommen nun zu den Methoden, welche mit Hülfe leicht verdampfungsfähiger Stoffe das Fett von der Wolle abzulösen beabsichtigen. Diese Methoden haben entschiedene Vorzüge neben einigen Nachtheilen. Die Vorzüge sind die, dass die Entfettung sehr vollständig vor sich geht, dass die schädliche Einwirkung der Alkalien, die gar nicht zu unterschätzen ist, vermieden wird, dass man das Fett in einem weiter leicht benutzbaren Zustande gewinnt u. s. w. Zu den Nachtheilen gehört besonders noch die Kostspieligkeit der Verfahrungsart, über welche man hoffentlich hinwegkommen wird, und eine nicht zu leugnende Einwirkung auf die Wollfaser selbst und ihr Verhalten. —

Hierbei stösst die Frage auf, ob denn die gänzliche Wegschaffung des Schweissfettes ein grosser Vortheil für die Wolle sei oder eine Nothwendigkeit, da man ja hernach doch genöthigt sei, die Wolle für den Spinnprocess wieder einzufetten?

Diese Frage ist vielfach discutirt und zwar sehr verschieden beurtheilt worden. Unserem Ermessen nach ist es ein Vortheil, das natürliche Wollfett bis auf das erreichbare Minimum von 1—2 Proc. wegzuschaffen. Bereits die alte Tuchmacherei hatte aus der Erfahrung und Praxis sich die Ansicht gebildet, dass das Schweissfett, welches in der Wolle geblieben, sowohl die Farbe beeinträchtige als auch die vollkommene gute Krempelei, ebenso die Walkerei. Hält man dabei nur die natürliche Organisation und Bildung des Haares fest. Das Haar wächst ohne durchaus bestimmt zu sein, sich mit dem Schweiss und dem durch denselben haftbar gemachten Schmutz zu beladen und sich damit

---

*) Filature de laine pag. 127. Für Laine cardée peignée.

vollkommen zu überziehen. Dieser Ueberzug aber hindert das Haar in seiner freien Bewegung seiner natürlichen Gestaltung zu folgen.

Erst nachdem dieser Ueberzug fortgeschafft ist, nimmt das Haar diejenige Form und Gestalt und Lage ein, welche es seinem Naturzustande gemäss, einnehmen kann und müsste. Das ist eben jener Zustand, der bei der Wolle auch die Krümmkraft ausmacht. Dass die Wirkung des neuzugefügten Fettes oder Oeles für die Verspinnung eine ganz andere ist, liegt auf der Hand und erfordert keine weitläufigere Erörterung. Dasselbe bildet nie einen energisch festhaftenden Ueberzug auf der Faser. — Es ist ein entschiedener Vortheil, das Haar rein zu haben. Dadurch erwachsen zugleich Industrien neuer Art, zunächst die Gewinnung des Wollfettes, sei es zur Kalifabrikation oder zur Leuchtgasbereitung, sei es zur Gewinnung des Fettes an sich.

Unter den hierher gehörigen Verfahrungsarten nennen wir besonders zwei, das Verfahren unter Anwendung von Schwefelkohlenstoff und das Verfahren unter Anwendung von Fuselöl, denn die Verwendungen von Terpenthinöl, Therebintenessenz, Aether gehörten in die Kathegorie der Versuche und Probemethoden, dagegen ist das Verfahren mit Benzin im Grossen noch nicht gründlich versucht worden; eben so wenig ist das Petroleum ein geeigneter Körper hierzu. Jean empfiehlt allerdings die Benzinmethode als wesentlich vortheilhafter und für die Wolle am wenigsten schädlich.*)

Wir lassen hier Moisson-Payen's**) Verfahren und Apparat folgen:

Man füllt den Cylinder A unter dem Kolben mit Wolle an. Der Cylinder hat einen durchlochten Doppelboden, ebenso Doppelwandungen

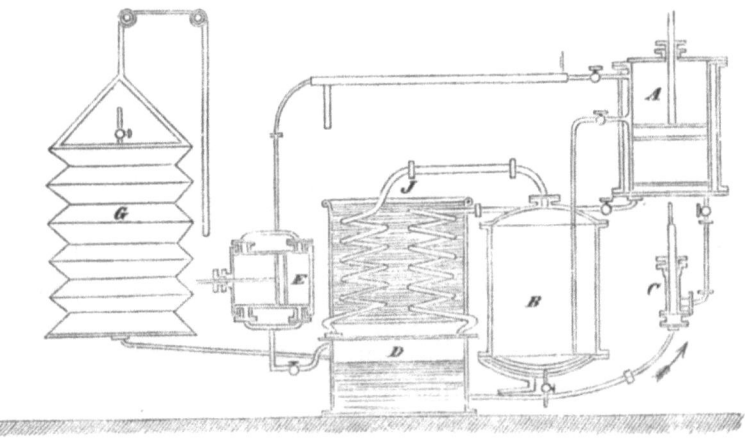

Fig. 34.

---

*) Jean', Moniteur de la Teinture. XVII. 142.
**) Polyt. Centralbl. 1864, p. 330. — Muspratt, technische Chemie. Bd. V. Abschnitt: Textilindustrie von H. Grothe. — Dingler, pol Journ. CLXX. 290.

und gelochten Kolben. A steht unterhalb durch Rohr mit Hahn und Ventil mit der Pumpe C in Verbindung, die den Schwefelkohlenstoff aus dem Bassin D heraussaugt und nach A drückt. Der Schwefelkohlenstoff steigt von unten nach oben durch die Wolle und wird auf den Schweiss auflösend wirken. Diese Lösung tritt durch ein Rohr bis auf den Grund des Sammelkessels B, in welchem sich die Lösung ablagert. Der sich gasförmig verflüchtigende Schwefelkohlenstoff steigt aus B in einem Rohr nach J über und tritt hier in die Kühlschlange, um condensirt zu werden und nach D zurückzufallen. Man lässt den Process einige Zeit andauern und probirt mit dem obersten Rohre (von A nach der Pumpe E), ob der Process genügend gefördert ist. Man erkennt dies dadurch, dass man in diesem Rohre ein längeres horizontales Stück weiten Rohres von Porcelan eingesetzt hat. Wenn die aus A nach Oeffnung des Hahnes in die Röhre eintretende Flüssigkeit noch mehr oder weniger braun und dunkel gefärbt ist, so muss der Process noch andauern, da dies anzeigt, dass noch Wollschweiss gelöst wird. Bleibt die Röhre aber klar, so stellt man die Pumpe C ab und schliesst den Hahn im Pumpendruckrohr. Nun treibt man warme Luft mit Hülfe der Pumpe E in A hinein, um die in der Wolle noch befindlichen Theile des Schwefelkohlenstoffs zu verflüchtigen. Dieselben treten dann durch das untere Rohr nach J über und verdichten sich in der Schlange. Die heisse Luft tritt auch in B ein und verflüchtigt hier die im Fett enthaltenen Antheile von Schwefelkohlenstoff. Derselbe tritt ebenfalls durch eine Schlange in J nach D ein. D ist mit einem Blasebalg G versehen, um den Luftdruck in D, sowohl beim Pumpen als beim Condensiren geeignet zu regeln. —

In Deutschland hat Dr. Lunge zuerst weitere Schritte zur Einführung und Vervollkommnung dieses Verfahrens mit Schwefelkohlenstoff gethan. Er hat auch einen ziemlich einfachen Apparat construirt, von dem wir in Figur 35 eine Ansicht bringen. In demselben sind A A' A" Cylinder mit doppelten Wandungen oben mit Wasserverschlüssen gedichtet. In diese Cylinder setzt man durchlochte Kästen mit Wolle gefüllt und verfährt nun folgendermassen. Man verbindet den Cylinder A durch das Rohr K mit der Schlange im Kühlgefäss C bei o und den Cylinder A", den man zuvor mit Wolle in B" gefüllt hat, mit dem unteren Ausfluss der Schlange bei 1p durch das Rohr K. Die Dichtungen der Rohransätze sind alle Wasserdichtungen in concentrischen Röhren. In A trägt man die nöthige Quantität Schwefelkohlenstoffs ein und erhitzt dann diesen durch Einleitung von Wasserdampf nach A mittelst der Dampfröhre f und der Schlangenröhre g, die auf ihrer Unterseite perforirt ist. Der Schwefelkohlenstoff verflüchtigt sich bei 44° C., und seine Dämpfe steigen durch K nach der Kühlschlange l über, condensirt dort und fliesst nach A" über und sickert hier durch die Wolle in B" hindurch, unter steter Abkühlung durch kaltes Wasser, welches im concentrischen Raum des Cylinders A von c her eingeleitet wird und

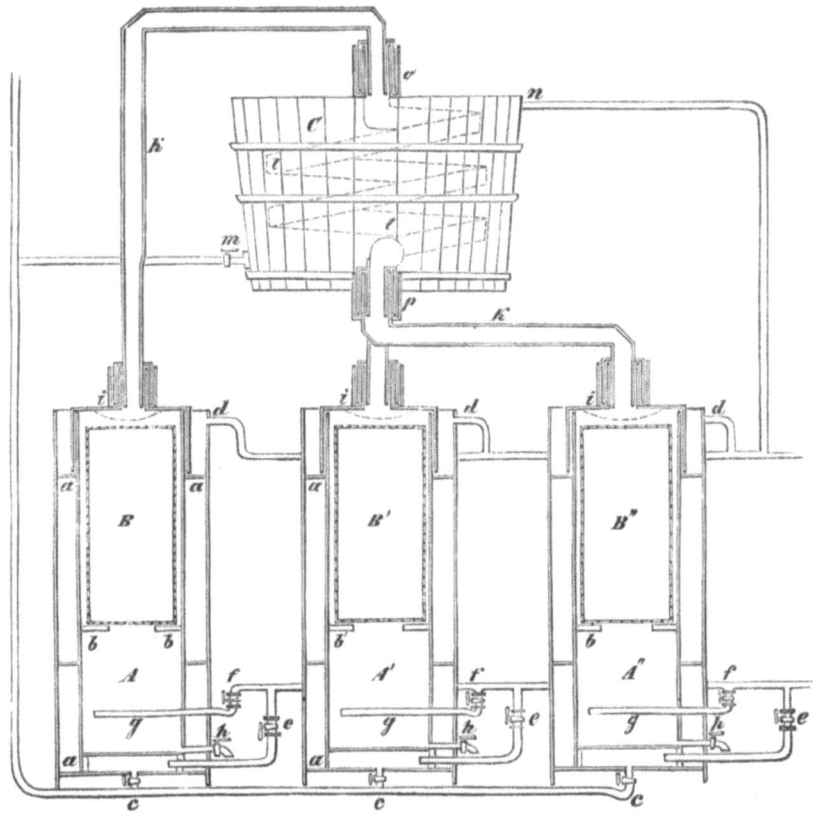

Fig. 35.

durch d abfliesst. Sobald die Destillation beendet ist, verbindet man A" durch K mit o und der Kühlschlange, nachdem man B' mit Wolle gefüllt hat, ferner A' durch K mit l p der Kühlschlange verbunden hat, und schaltet somit A aus, für welches B während dessen mit Wolle beschickt wird. Man erhitzt durch Dampf den auf dem Boden von A" aufgesammelten, mit dem Fett der Wolle in B" beladenen Schwefelkohlenstoff und bewirkt so dessen Verdampfung unter Zurücklassung des Fettes. Der dampfförmige Schwefelkohlenstoff streicht durch die Wolle in B" hindurch und geht durch die Kühlschlange über nach A', dessen innerer Cylinder durch Wasser gekühlt wird. So gelangt der Schwefelkohlenstoff theils flüssig in die Wolle von B', theils condensirt er sich darin und extrahirt das Fett aus derselben. Nachdem diese Operation vollendet, verbindet man A' mit o und A mit l p. A war bereits während der letzten Destillation mit Wolle in B beschickt. Man verflüchtigt den Schwefelkohlenstoff unter Zurückbleiben des Fettes aus A' und treibt denselben condensirt durch A, wo er sich dann auch am Boden mit dem Fett ablagert. Es folgt nun die Verbindung A mit A" wieder. Vorher jedoch und zwar während der Destillation zwischen A' und A ward A'' mit einem Condensationsgefäss verbunden, dessen Einrichtung sehr einfach ist und in der Figur 36 abgebildet ist. Man erhitzt den inneren Cylinder von A'' aussen und lässt im Innern Dampf hindurch strömen. Dadurch verflüchtigt sich aller im Fette oder in der Wolle von B'' etwa

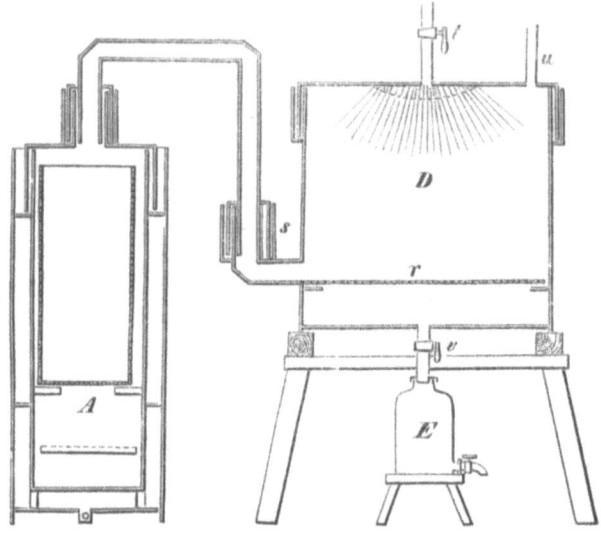

Fig. 36.

noch zurückgebliebener Schwefelkohlenstoff und entweicht in das Condensationsgefäss D mit dem Dampfe, wo er einem Wasserregen begegnet, bewirkt durch Brause und Coksstückchen. Hier condensirt sich der Schwefelkohlenstoff und der Wasserdampf. Ersterer sammelt sich vermöge seiner grösseren specifischen Schwere unter dem Wasser an und kann leicht gewonnen werden. Uebrigens sind diese Reste von Schwefelkohlenstoff sehr unbedeutend. Man sieht, dass hierbei ein continuirlicher Betrieb sehr gut herzustellen ist.

Der Lunge'sche Apparat ist ganz aus Zinkblech herstellbar, und da Kautschuck, Firniss u. s. w. als Dichtungsmittel ausgeschlossen sind, wegen der auflösenden Kraft des Schwefelkohlenstoffs gegen dieselben, so bildet man mit Wasser Verschlüsse, die genügend sind, sobald man dafür sorgt, dass der Schwefelkohlenstoff nicht an den Rändern der Cylinder in die Verschlüsse einlaufen kann. —

Einen continuirlich arbeitenden Apparat für gleichen Zweck haben Heyl & Co. in grossartigem Massstabe ausgeführt.

Wir bemerken ausdrücklich, dass Heyl & Co.[*] fast die einzigen Fabrikanten sind, die die Extraction mit Schwefelkohlenstoff im Grossen

---

[*] Allg. Deutsche Polyt. Zeitung 1874. 283.

und dauernd durchgeführt haben und rationell betreiben, allerdings wenig für Extraction der Wolle.

Bei demselben*) sind die Cylinder A B C D aus Eisen mit Dampfmantel. Dieselben bestehen aus zwei ineinander einschiebbaren Cylindern, die mit Hülfe einer Schraubenanordung fest in einander gepresst werden können. Dieselben werden mit der Wolle beschickt und zwar wird dieselbe möglichst zusammengepresst. Im Bassin H befindet sich der Schwefelkohlenstoff. Bei Beginn des Processes wird derselbe durch eine Luftpumpe, welche den Cylinder E luftleer macht, nach F gehoben. F liegt höher situirt als die Cylinder A B C D, daher fliesst der Schwefelkohlenstoff durch das Rohr a nach unten und gelangt, wenn der Hahn b geschlossen wird, weiter durch das Rohr c nach dem Rohre d, welches parallel unter den Cylindern hinläuft. Ist der Hahn e und auch f geschlossen, so steigt der Schwefelkohlenstoff in g' empor und tritt von unten her in den Cylinder C ein, durchzieht die Wolle und steigt hinauf bis an die Mündung des oberen Querrohrs a'', sinkt bei Oeffnung des Hahnes b'' herab und steigt in g'' empor, erfüllt den Cylinder B und geht durch a''' herab nach g''' und in den Cylinder A, um von hier durch das Rohr i nach g und D überzutreten. In anderer Weise aber ist die Beschickung der Cylinder auch möglich von dem Rohre d aus zugleich nach allen Cylindern. In die Rohre a' a'' a''' a'''' sind Glasenden eingesetzt und an diesen beobachtet man den Durchfluss des Schwefelkohlenstoffs. Nimmt derselbe eine helle Farbe an, so kann man auf die Reinheit des Cylinders, aus dem er so abfliesst, rechnen, und der Cylinder wird dann ausser Betrieb gesetzt.

Der mit Fett beladene, aus dem letzten Cylinder, für unsere Annahme jetzt D, abfliessende Schwefelkohlenstoff wird nach G gehoben, welches Bassin mit der Luftpumpe durch den Cylinder E und einer Röhre in Verbindung steht. Aus G fliesst derselbe nach dem Abdampfgefäss J ab. Solcher Gefässe sind zwei aufgestellt in Verbindung mit zwei kleineren Cylindern K. J wird durch Dampf geheizt, und es verflüchtigt sich der Schwefelkohlenstoff dabei und tritt nach K über, wo er sich vom Wasserdampf trennt und durch ein Rohr nach der Kühlschlange in L geht, um dort zu condensiren und nach H zurückzutreten. Das Fett sammelt sich auf dem Boden der Gefässe J auf und wird von dort abgelassen. Durch die Cylinder aber, welche entfettet scheinen, lässt man Dampf streichen und erhitzt sie durch Einlassen von Dampf in ihrem Mantel. Die Schwefelkohlenstoffdämpfe gehen dann über nach G und J

---

*) Da Heyl & Co. in Charlottenburg ihre Fabrikationsmethode und Fabrikeinrichtung geheim halten, so sah sich der Verfasser veranlasst, aus der engl Patent-Specification Nr. 1897 vom Jahre 1867 die Einrichtung zu entziffern und mit Mittheilungen mündlicher Art in Einklang zu bringen. Er hat danach auch die Zeichnung (Fig. 37) möglichst übersichtlich vorgeführt. Weitere Details können füglich fehlen, da sie unwesentlicher Natur sind.

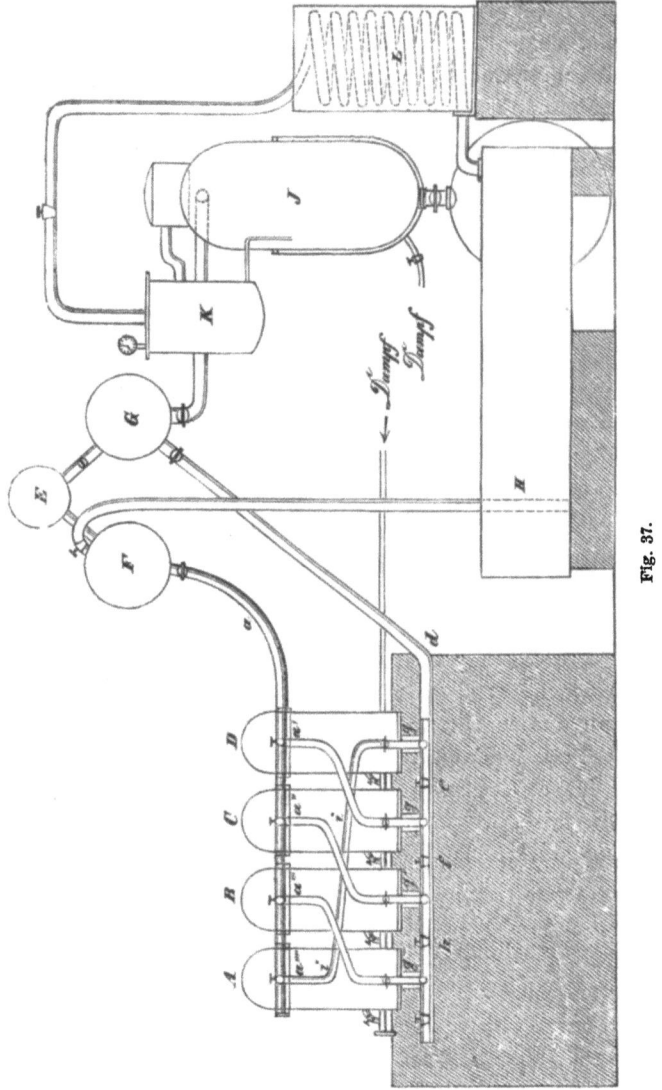

Fig. 37.

und werden mitcondensirt in F. Sie können auch direct durch eine Schlange in F condensirt werden und so nach H flüssig zurückgehen. Die Cylinder haben eine Höhe von 12½ Fuss engl. und eine Weite von 7½ Fuss engl. —

Richter und Dr. Braun haben viel Antheil an der Durchführung dieses Processes in der Heyl'schen Fabrik.

— 77 —

Zu diesen drei Einrichtungen ist neuestens die von van Haecht getreten; wir geben*) dieselbe hier ebenfalls mit Abbildungen des Apparates.

Die Grundidee des Apparates von van Haecht ist ebenfalls die Erreichung einer continuirlichen Arbeit. Zu dem Behufe sind zwei Extracteurs nebeneinander im Gebrauch und zwar so, dass jeder für sich besteht und mit dem Schwefelkohlenstoffbehälter verbunden ist, — sie im Uebrigen auch unter sich communiciren können. Jedes System aber besteht aus einem Extracteur E (Fig. 39), zusammengesetzt aus drei Körben A B C mit gelochtem Boden t und herausnehmbar mittelst der Ketten, die, wie Fig. 40 anzeigt, an den Lappen o eingehakt werden, — ferner aus dem Reservoir des Schwefelkohlenstoffs C, hergestellt aus Mauerwerk und mit Blei ausgekleidet, von 8 Cubik-Meter Volumeninhalt, — ferner

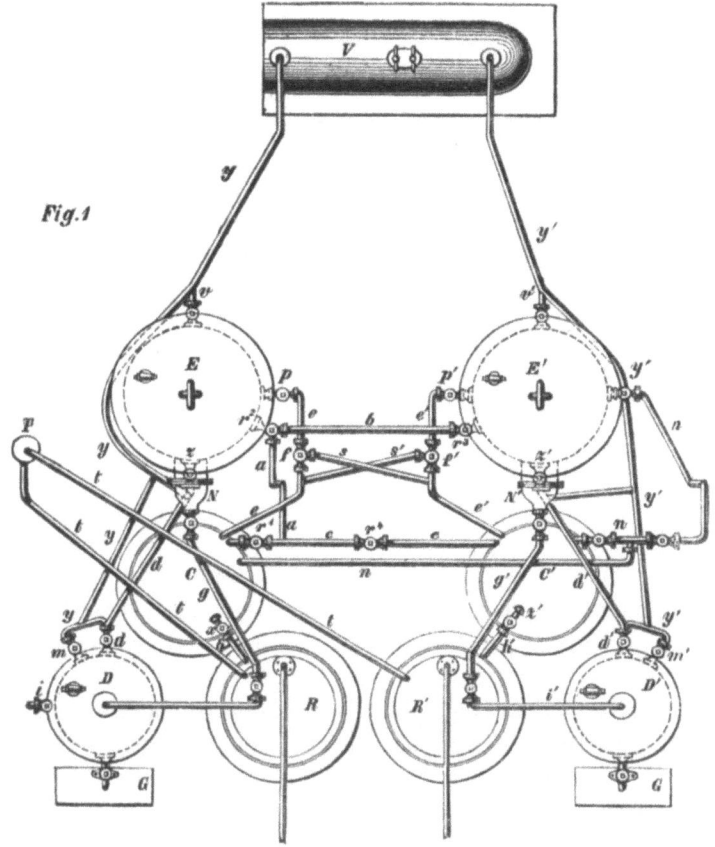

Fig. 38.

---

*) Nach dem Bulletin du Musée de l'industrie. Brüssel. Tome 64, Nr. 6. — Allgem. polyt. Zeitung. II. Jahrg. 123.

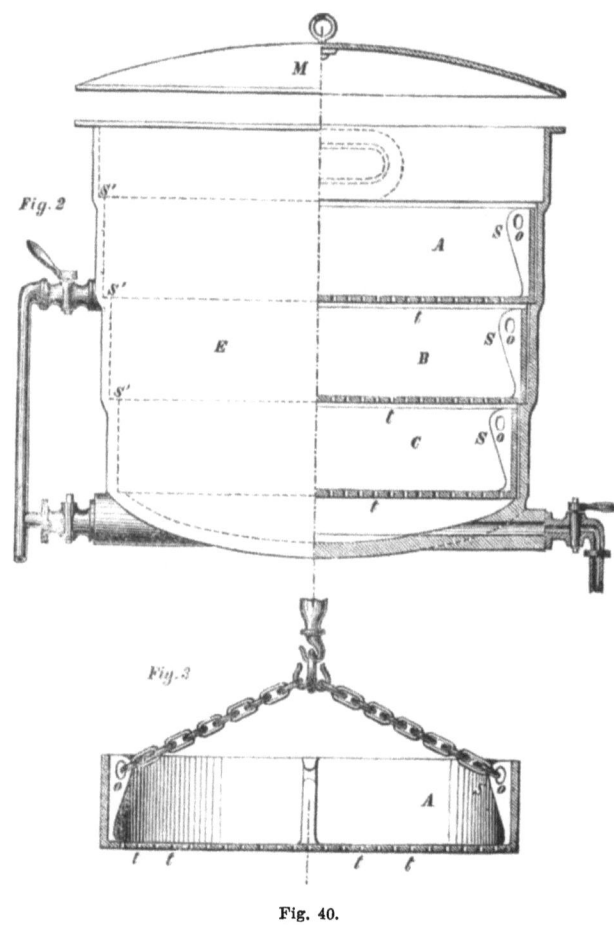

Fig. 39.

Fig. 40.

aus einem Destillationsapparat D, einem Abkühler R mit Schlangen, einer Kufe G zur Aufnahme des Fettes. Der Dampfkessel V ist beiden Systemen gemeinschaftlich, wird aber möglichst weit ausserhalb des Gebäudes, worin die Apparate stehen, verlegt, um Explosionen vorzubeugen.

Nehmen wir nun an, dass der flüssige Schwefelkohlenstoff sich in C befinde und das Extractionsgefäss E mit den zu extrahirenden Stoffen gefüllt sei, so lässt man den Schwefelkohlenstoff mittelst Pumpe aus C herausheben und nach dem Extracteur leiten. Die Extracteurs stehen mit den Pumpen resp. den Reservoirs C u. C' durch die Rohre c (mit Hähnen r^1 und r^4), a und b in Verbindung und zwar so, dass man durch Schluss von r^4 und r^3 den Extracteur E' von dem Extracteur E gänzlich abschliessen kann. Ist nun der Extracteur bis zum Abflussrohr d d' gefüllt, so lässt man die Arbeit einige Stunden ruhen, damit die Lösungsarbeit vor sich geht. Nun lässt man die Pumpe von Neuem wirken, und der Schwefelkohlenstoff, der mit Fett beladen ist, tritt nach oben und fliesst durch die Hähne Z Z' und Rohre d d' nach den Destillationsapparaten D D'. Dort wird die Materie gereinigt und der Schwefelkohlenstoff von ihr getrennt, der dann durch die Hähne p p' und Rohre e e' nach den Reservoirs C C' zurückweicht. Diese Operation wird so lange fortgesetzt, bis man an den Röhren d d' bemerkt, dass der Schwefelkohlenstoff unbeladen aus den Extracteurs in die Destillateurs übergeht. Auch die Cisternen C C' sind unter einander und mit E' und E durch die Rohre s s' (mit Hähnen f f') und Röhren e e' verbunden. Um aus dem gewonnenen Fette den Schwefelkohlenstoff zu vertreiben, der noch in grösserer Menge zurückgeblieben ist, wird Wasserdampf durch v v'. eingeführt, der durch Rohre y y' aus dem Dampfkessel entnommen ist. Ebenso wie nach den Destillateurs kann man auch Dampf durch die Extracteurs circuliren lassen. Durch die Wärme werden die letzten Theile des Schwefelkohlenstoffs gasförmig und fortgeführt nach den Condensatoren R R', wo sie in Schlangen kaltes Wasser durchlaufen und tropfbar flüssig geworden endlich nach den Reservoiren C C' zurück gehen. Die Fette zieht man aus D D' nach dem Kufen G G' ab. —

Es muss übrigens bemerkt werden, dass die Methode für diesen Apparat keineswegs abweicht von den früheren Methoden. Nur die Anordnung der Apparate ist eine bequemere und in gewisser Hinsicht übersichtlichere und vortheilhaftere. —

Vom Richter'schen Entfettungsverfahren erfährt man durch die Zeitschriften herzlich wenig und das Wenige besteht in Attesten für die Güte desselben oder auch in Waschproben mit gutem Resultat.[*] Wir wissen nur, dass Richter seine Methode mit Fuseloel durchführte, welches bekanntlich auch die Eigenschaften besitzt, Fette zu lösen und sich bei einer niederem Temperatur als Wasser zu verflüchtigen. Es genügen übrigens schon diese Daten, um die Idee des Verfahrens klar zu legen.

Im Allgemeinen kann man annehmen, dass die gewöhnliche gute Gutswäsche (Rückenwäsche etc.) vom Fett der Merinowolle (circa 27 Proc.) nur etwa 3—6 Proc. entfernt, dass Alkalien und Seifenwurzel und dergleichen Waschingredienzien aus gutgewaschener Merinowolle circa 9—12 Proc. Fett verseifen, dass Fuseloel nach Richter's Verfahren etwa daraus 22—22,5 Proc. herauslöst und dass die Schwefelkohlenstoffentfettung etwa 20—22 Proc. herausschafft, dass man endlich mit Aether im Stande ist, schnell alles Fett, also aus gutgewaschener Wolle circa 21—24 Proc. Fett abzuscheiden.

---

[*] Deutsche Industrie-Ztg. 1867, Nr. 21, pag. 206 und 1868, Nr. 12, pag. 115 und 1869, pag. 426. — Deutsches Wollengewerbe. 1869, 228 u. 1870. p. 13 u. a. a. O.

Dies ausgewaschene oder extrahirte Fett hat zur Entstehung von Nebenindustrien bereits Veranlassung gegeben.

Der erste Versuch zu solchen ward von Mauméné & Rougelet*) gemacht, nachdem Westrumb**) bereits diese Idee angeregt hatte. Das Verfahren ist folgendes: Man bringt die Wolle in Fässer und drückt sie möglichst zusammen und übergiesst sie mit Wasser und erhitzt. Es löst sich dann im Wasser ein Theil des Schweisses auf und bildet mit demselben eine braune Flüssigkeit, welche unten aus dem Fasse abläuft, ohne von den erdigen Theilen viel mit zu nehmen. Der Haupttheil des Fettes bleibt bei Anwendung kalten Wassers in der Wolle zurück. Die braune Flüssigkeit enthält aber Kali mit Fettsäure und sonst keine Spur einer Basis. Nun dampft man die braune Flüssigkeit ein und glüht. Die beim Glühen entweichenden Stoffe sind auf Ammoniaktheer, Gas u. s. w. weiter zu verarbeiten. Die zurückbleibende Masse enthält Pottasche ohne Natron, nur mit etwas Chlorkalium und schwefelsaurem Kali verunreinigt und kann ausgelaugt werden.

Es ist in der That richtig, dass das sogenannte Woll-Kali vorzugsweise wegen seiner Reinheit von Luxusglasfabriken gekauft wird. Die Schwefelkohlenstoff-, Aether-, Benzinmethoden liefern ein verhältnissmässig besseres Fett, das leichter verarbeitet werden kann. Dieses Product dient vorzugsweise zur Fabrikation von Wagenfetten, Schmierfetten etc.

Bei den neueren, grossen Fabriken und Wollwäschen fängt man das Waschwasser jetzt regelrecht auf, läst natürlich, wenn die Fabrik mit Walke etc. verbunden ist, auch diese Walkwässer mit in die Bassins für die Waschwässer laufen und verarbeitet sie hier regelrecht. Die neueste Mittheilung***) hierüber gab folgendes Bild des Verfahrens, das um so wichtiger ist, als damit auch die generelle Frage der immer mehr zu verhindernden Verunreinigung der Wasserläufe durch Einläufe der Waschwässer berührt wird und das möglicher Weise bald allgemein erlassene Verbot desselben ins Auge fasst und Wege zeigt, welche für solchen Fall der Fabrik zu Hülfe kommen. Eine mechanische Abscheidung der Seife resp. des Wollfettes aus den Waschwässern ist nicht möglich. Kies- und Schlackenfilter oder Klärteiche ergeben, — zumal auf die Dauer — kein gutes Resultat. Der Abscheidungsprocess mit Säuren ist kostspielig und oft nicht einmal durchzuführen. Die am meisten und mit Erfolg angewendete Methode bedient sich Sammelbassins zum Auffangen der Wollwaschwässer etc. Ist ein solches Bassin gefüllt, so lässt man Kalk-

---

*) Repert. of pat. inv. 1860. p. 231. März. — Repert. de chem. appl. II. p. 133. Wagner, Jahresber. 1861. p. 199, — Alcan, Traité du travail des laines. I. 277. — Chandelon giebt in seinem Rapport du Jury Belge sur l'exposition de Londres, I., p. 239 sehr interessante Details über die Methode Rougelet und Mauméné.

**) Kurrer, Kunst, alle Stoffe zu bleichen.

***) Siehe Allg. D. Polytechn. Ztg. 1874. Nr. 47, p. 502. — Schammborn, Wollengewerbe. 1875. Nr. 1.

milch in dünnem Strahle eintreten. Für das Bassin ist abschüssiges Terrain günstig. Wo dies nicht vorhanden ist, muss man die Pumpe zu Hülfe nehmen.

Der Boden des Zersetzungsbassins ist aus drei Lagen Ziegelsteinen gebildet. Zu unterst liegt eine flache, darauf eine hochkantige, mit so grossen Zwischenräumen, als es die oberste, wieder glatte Lage, welche mit Mörtel verbunden ist, gestattet. Dieses Kanalsystem hat Neigung nach einer Ecke des Bassins und Verbindung mit einem daselbst fest eingepassten, über einem Abflusskanal angebrachten prismatischen Holztrichter, der bis zur Höhe des Bassins reicht und mit einer schräg aufsteigenden Reihe von Löchern, die beim Einlassen der Brühe durch Holzzapfen verschlossen sind, versehen ist.

Die Zersetzung findet augenblicklich nach dem Einströmen in das Bassin statt. Die Kalkseife scheidet sich in flockigem Zustande aus, hüllt hierbei die festen suspendirten Substanzen, Farbstoffe, Wollfaser etc. ein, sinkt mit diesen allmälig zu Boden und verdichtet sich schliesslich zu einem dickschlammigen Niederschlage. Bereits nach wenigen Minuten ist die oberste Schicht der Flüssigkeit von der flockigen Ausscheidung befreit, und nicht allein klar, sondern farblos. Diese sich sonst auf die suspendirten als auch auf die gelösten Farbstoffe erstreckende Klärung ist erfahrungsmässig so energisch, dass sie gestattet, dem seifenhaltigen Abfallwasser noch bedeutende Mengen von andern Farbwässern zuzuführen, um dieselben mit zu klären. Die characteristische Erscheinung der Flocken im freien Wasser ist der Anhaltspunkt für den genügenden Zusatz von Kalk. Ein Ueberschuss desselben ist indess dem Klärungsprozess nicht hinderlich. Annähernd jedoch immerhin wechselnd nach dem Seifengehalt des Wassers, ist auf 150 Kbm. Brühe circa $3/10$ Kbm. d. i. $1/5$ Proc. des Volumens derselben an Kalkbrei, wie er sich in den Löschgruben befindet, zu rechnen.

Das geklärte Wasser wird durch Ziehen der an dem Trichter angebrachten Holzzapfen von oben nach unten abgelassen, bis an den Punkt, wo die dickschlammige Kalkseife sich abgelagert befindet; zur bessern Hantirung ist dabei eine quer vor dem Trichter bis zur Mitte der Bassinhöhe anzubringende Bretterwand, die ebenfalls mit Zapfen versehen ist, noch empfehlenswerth.

Das weitere Entwässern geschieht theils in Folge der Verdunstung, welche durch das Rissigwerden und Aufklaffen des Schlammes unterstützt wird, theils durch Filtration in das Kanalsystem des Bodens. Eine Bestätigung dieser Annahme giebt nach mehreren Tagen im Grossen das Bild des am Boden liegenden, angetrockneten, ganz zerklüfteten Stoffes.

Dieser Teig wird zu seiner fernern Trocknung auf den Rand des Behälters ausgeworfen und dort möglichst ausgebreitet. Im Winter findet das Trocknen, je nach den örtlich-klimatischen Verhältnissen, zuletzt unter Dach auf geeigneten Stellagen seine Erledigung. Gestattet die Oertlichkeit die Anlage noch eines zweiten Zersetzungsbassins, so wird die Trocknung wegen der dadurch gewonnenen Zeit sehr erleichtert.

Die Kalkseife hält die letzten Antheile an Feuchtigkeit längere Zeit zurück, während sie vermöge ihrer fettigen Beschaffenheit, resp. des Mangels an Adhäsion neu hinzutretendes Wasser, z. B. bei Regengüssen, nicht wieder aufnimmt. Ein lufttrockenes Stück kann sogar Tage lang unverändert unter Wasser liegen, ohne erhebliche Zunahme seines Gewichtes zu zeigen. Der ganz trockne Bodensatz eines $1\frac{1}{2}$ Meter hohen Bassins ist circa 60 Millm. hoch = 4 Proc. der Flüssigkeitssäule.

Die Kalkseife ist im Wasser unlöslich, getrocknet ein gut zerschneidbares, fettig sich anfühlendes, beim Anzünden mit Flamme brennendes Produkt, von Farbe hell- bis dunkelgrau, ihr specifisches Gewicht im Durchschnitt = 1,1.

Mehrere genau ausgeführte chemische Analysen ergaben im Durchschnitt:

Wasser 3, 11
Kalk und Eisenoxyd 18, 47
Fettsäure 71, 96
Wollfaser, Farbstoffe, Schmutz etc. 6, 46
    100, —

Diese Resultate werden variiren je nach dem nicht genau zu bemessenden Verbrauch des Kalkes und den übrigen, von den suspendirten Stoffen der Brühe herrührenden Bestandtheilen.

Durch Zersetzung der Kalkseife mit Säure und darauf folgende heisse Wasserbäder gewinnt man eine direkt zur Destillation verwendbare Fettsubstanz. Das überdestillirte Gemenge scheidet sich durch Pressen in feste und flüssige Fettstoffe. Nach Angabe des Professor Dr. Stahlschmidt erhält man Fettsäuren,[*] welche sofort zur Verseifung verwendbar sind, wenn die Kalkseife mit Salzsäure zersetzt und hierauf mit Aether oder Schwefelkohlenstoff behandelt wird; auf diesem nicht kostspieligen Wege kann dieselbe grossen Nutzen abwerfen.

Sowohl diese Kalkseife, als auch die Wollfettproducte, die man aus dem Säureverfahren und dem Verfahren mit Schwefelkohlenstoff aus der Wolle gewinnt, sind am allerbesten zu verwenden als Material zur Leuchtgasfabrikation. Es liegen hierüber bereits treffliche Resultate vor. Wir bemerken ausdrücklich, dass man in Spinnereien natürlich auch die übrigen fetthaltigen Producte mit diesen Waschwasserreducten und in ganzen Tuchfabriken die Walkwässerfette mit jenem Waschfett vereint verarbeitet. In Aachen von Desclabissac angestellte Versuche ergeben für die genannten Materien folgende Resultate:

---

[*] Verhandlungen des Vereins für Gewerbfleiss in Preussen 1874.

Roh-Producte	Gewicht der Beschickung in Pfund.	Gasmenge aus der Beschickung in Kubik-Meter.	Gasmenge aus 1 Centner in Kubik-Meter.	Verhältniss der Gasmenge aus gleichen Gewichten, die Gaskohle als Einheit.	Lichtstärke bei stündlichem Consum von 2½ engl. Kbf. durch einen 4 Kbf. Schnittbrenner in Parlamentskerzen.	Verhältniss der Lichtstärke, das Steinkohlengas als Einheit.	Lichtmenge aus gleichem Gewicht des Rohproductes, die Steinkohle als Einheit.
Steinkohle	751	71. 5	9. 5	1	9	1	1
Wollfett	168	16. —	9. 8	1. 03	27. 5	3. 06	3. 15
Stearintheer	168	15. —	8. 9	0. 90	29. 3	3. 25	2. 90
Kalkseife	320	49. —	15. 3	1. 61	32. 3	3. 59	5. 78
Mischung.	751	80. —	10. 7	1. 18	?	?	?

Diese Mischung bestand aus ¹/₇ Kalkseife und ⁶/₇ Steinkohle.

Die Resultate dieser Proben ergaben, dass bei gleichem Gewichte die

$$\left.\begin{array}{l}\text{Steinkohle } 1\\ \text{Kalkseife } 1{,}61\end{array}\right\} \text{Theile an Leuchtgas}$$

iefern. Die Lichtmenge für gleiche Theile Gas ist bei

Steinkohle 1
Kalkseife 3,59

Gleiches Gewicht Rohstoff stellen her an Licht:

Steinkohle 1
Kalkseife 5,78

Ein Centner Kalkseife ersetzt also 5,78 Ctr. Steinkohle.

Zur Vergasung bedient man sich kleinerer Retorten und einer besonderen Beschickungsmethode.

Diese äusserst rationelle Benutzungsart des Wollfettes (aller Art) ist zunächst von Heinrich Hirzel und von Liebau angeregt, später von Anderen fortgebildet und heute bereits viel verbreitet.

Waschmaschinen für lose Wolle.

Waschmaschinen sind schon ziemlich frühzeitig construirt und zwar mit Beginn der Entwicklung der Grossindustrie. Jedoch waren dieselben sehr einfacher Art, bestanden meistens aus einem Bottich mit zwei Quetschwalzen oder aus einem Korbkasten, der durch Räderwerk eine oscillirende Bewegung erhielt. Solche Maschine liess im vorigen Jahrhundert Missa in Rheims sich patentiren. Mittels Pferdegöpels betrieb er 12 solcher Körbe an einer Welle. Meistens war dem Arbeiter, angestellt mit einem Rechen die Wolle im Wasserbottich tüchtig durchzuarbeiten, die eigentliche mechanische Arbeit überlassen. Zahlreicher tauchten jedoch Waschmethoden auf, die auf Anwendung chemischer Ingredienzien zum Waschwasser basirten, wie wir das bereits beleuchtet haben. Gegen 1830 und von da ab werden die Versuche reger, auch die mechanische Arbeit des Wollwaschens durch Maschinentheile bewirken zu lassen. Es folgten

Vorschläge und Apparate von Seitle, Davallon, Harris, sodann von Gancel, Sehlmacher, Bartel, Clapp, Renneville, Partridge, Hickes, Leroy, Desplanques, Maistre, Ortmanns-Hauzeur, Shaw auf einander und waren die Vorläufer unserer heutigen Constructionen von Petrie, Crabtree, Naugth, Peltereau, Donisthorpe, Jouhaut, Gay, Mélen, Ravel, Parpaite, Holden, Plantrou, Hauzeur-Gérard, Chaudet, Milburn, u. v. A. Die heute unter dem Namen „Leviathan" bekannte grosse Fabrikwollwaschmaschine in allen ihren Variationen der Nachahmung findet ihre erste Idee und Ausführung in der Maschine von Gancel wieder, welche bereits 1835 veröffentlicht ward. Sehr ähnlich ist auch die Maschine von Mellet & Foulquier in Louviers (Brevet 1840). Ferner ist die Maschine von Sehlmacher von grösserem Werthe gewesen, was schon Wedding sehr wohl 1837 eingesehen und genugsam betont hat. Dagegen zeichnet sich unter den übrigen weniger geistreichen Combinationen die Maschine von Clapp durch curiose Originalität aus. In derselben wird jedes Schaf einzeln zwischen zwei Waschräder gestellt und durch sie bearbeitet. —

I. Wir geben von der Maschine von Sehlmacher eine Abbildung (Fig. 41)

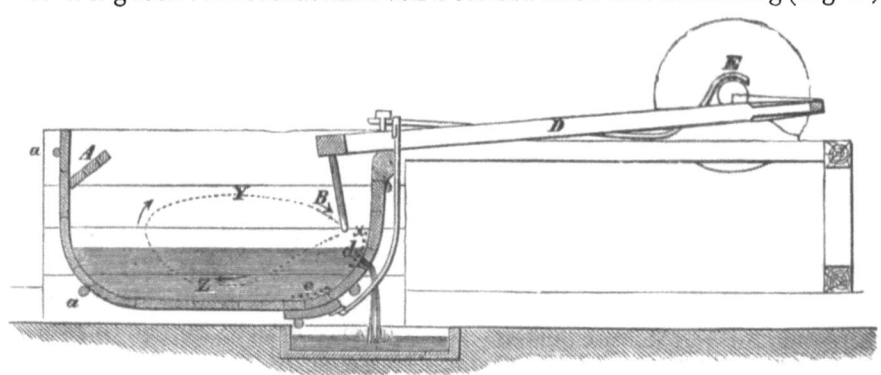

Fig. 41.

und Beschreibung.*) Die wesentlichsten Theile dieses Apparates bestehen in einem länglichen Bottich und einem mechanisch bewegten Rechen. Die zwei langen Seitenwände des Bottichs sind grade, die beiden kürzeren aber mit dem abgerundeten Boden zusammengestossen. Die Bohlen sind genuthet und festverschraubt. Dieser Kasten ist etwa 3 Fuss lang, 20½ Zoll breit im Lichten und ebenso tief. Er enthält während der Arbeit des Wollwaschens nur 6 Zoll Wasser, welches nach Erforderniss und zwar fortwährend erneuert werden muss, was durch eine Pumpe oder von einem Wasserbehälter aus geschehen kann. Das zugeführte Wasser wird geeignet über die Breite des Bottichs vertheilt. Der Kasten obiger

---

*) Verhandlung des Vereins für Gewerbfleiss in Preussen 1834. 462. — Wedding, Ueber die Verarbeitung der Schafwolle zu Streichgarn. Berlin 1867. Sehlmacher erhielt für diese Maschine die silberne Denkmünze des Vereins. In Frankreich ward diese Maschine Leroy patentirt, der noch ein paar Kleinigkeiten hinzufügte.

Dimension wird mit 2½—3 Pfd. entschweisster Wolle beschickt und um diese zu reinigen, wird sie in dem Wasser des Bottichs mittelst einer Harke, die durch einen Krumzapfen bewegt wird, bearbeitet. Diese Harke macht per Minute etwa 70 Touren. Der Waschprocess einer Beschickung kann in 6 Minuten als beendigt betrachtet werden. Die Bewegung der Harke ist keineswegs eine bloss hin und hergehende, sondern durch ihr Auflager auf dem Rand des Bottichs beschreiben die Enden der Zinken eine Art eliptischer Curvenbahn. Diese Maschine wäscht täglich 220—250 Pfd. Wolle. —

In neuerer Zeit ist eine Waschmaschine sehr vielfach eingeführt, deren Entstehung auch auf die dreissiger Jahre dieses Jahrhunderts zurückzuführen ist und die seitdem vielfache Aenderungen von weniger grosser Wesentlichkeit erfahren hat. Auf dieses System, welches basirt auf freier circularer Strömung des Wassers und welches die Wolle selbst durch Schlagräder etc. untertauchen und bearbeiten lässt, kommen die Maschinen von Blaquière frères & Ralp (1841), Norton (1857), Desplas (1859), Chaudet (1858), Peltzer (1855), (Itzigsohn), Ravel, Peltereau, Ortmanns-Hauzeur, u. A. zusammen. Am einfachsten und am meisten in den neuen Constructionen erhalten, ist die Maschine von Peltzer.*) Wir geben von einer derartigen Maschine Abbildungen. Die Figur 42 zeigt den Apparat im Durchschnitt und Figur 43 im Grundriss. Die Maschine besteht aus einem ovalen, elipsenförmigen Bottich A von verschiedenen Dimensionen, je nach Erforderniss, in welchem concentrisch ein zweites kleineres Gefäss B eingesetzt ist. Die Röhre C ist ein Wasserrohr, durch welches Wasser unter Druck durch den Hals a ausströmt. Dieser Hals ist im Scharnier b drehbar und man kann somit die Richtung des Wasserstrahls verändern. Das Wasser fällt in den Bottich A ein und zwar nur in das äussere Elipsengefäss und fliesst der Stossrichtung des Strahls folgend in Richtung des Pfeiles, rund um den inneren Bottichkörper herum. Der Boden des grösseren Bottichs ist doppelt und zwar ist der obere d gelocht. (Diese Einrichtung brachte zuerst 1855 Severin Fagard an). Bei e ist ein schützenartig angeordneter Auslass hergestellt, über den das schmutzige Wasser nach Vollendung der Tour abfliesst; ein Gitter hält die Wolle zurück. Auf den Gefässrändern lagern die Wellen D und F. D trägt die Riemenscheiben P P' und das Zahnrad R, welches in R' eingreift. Diese Axen sind mit Schlägerarmen garnirt und können zum Theil mit Blechen bedeckt sein. Diese Arme schlagen auf das Wasser und tauchen die darauf

---

*) Beschrieben ist diese Maschinen-Gattung in Alcan, Traité du travail de laine Tom. I. p. 361. — Fischer, Streichgarnspinnerei pag. 8. — Muspratt, technische Chemie Bd. V, pag. — Dingler, p. J. CLXXXIV. 25. a. O. pract. Maschinen-Constructeur II. 169. Oesterreich. Bericht über die Ausstellung 1867 in Paris pag. 535 Bd. IV. Bulletin de la Société industrielle de Verviers. I. 1864. In Stommels Streichgarnspinnerei ist diese Maschine gänzlich unerwähnt gelassen. —

Fig. 42

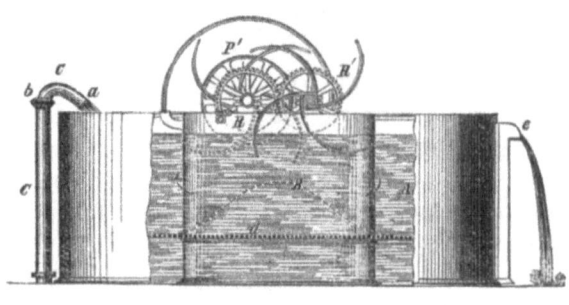

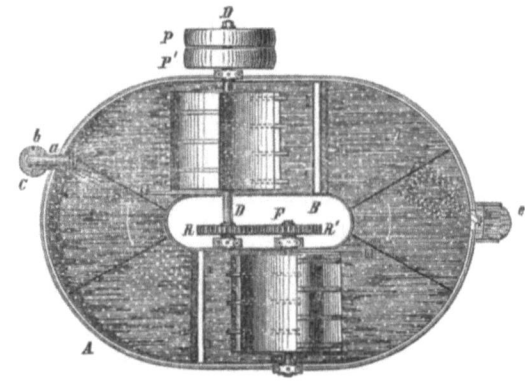

Fig. 43.

schwimmende Wolle nieder. Dieselben können mit Gehäuse übergeben sein. Bei einigen dieser Maschinen sind analog, wie bei dem Papierholländer, auf dem Boden des Bottichs Berge (wie punktirt angemerkt) von Holz angebracht, um dadurch eine Druckwirkung auf die Wolle beim Eintauchen durch die Schläger auszuüben. Jedoch lässt man diese Berge meistens weg.

Die Schlagwellen sind ebenfalls Gegenstand verschiedener Construction gewesen. Die weitest verbreitete Anordnung zeigt unsere Figur. Bei Chaudet's Anordnung ist der Wollschläger hergestellt aus 8 Rechen, die zwischen zwei gusseisernen Scheiben lose angebracht sind, so dass die Zinken der Rechen, deren jeder 10 Zinken hat, durch eine dritte Scheibe mit Nuht, excentrisch zur Welle, stets in verticaler Richtung gehalten werden, während sie sich im Wasser bewegen. Ferner hat seine Maschine schon eine selbstthätige Ausführgabel und Abführtuch. Die Construction von Ortmans-Hauzeur und Grivegnée enthält an Stelle der Schläger bewegte Rechen. Bei der Maschine von Blaquière frères & Ralp ist im Anfang des Stromes eine Walze mit drei Reihen langer Zähne aufgestellt, im zweiten Gange des Laufs aber sind zwei Tauchwalzen mit 6 Reihen langer Zähne über 2 Bergen aufgebracht, die hier quetschend wirken. (Siehe Figur 44).

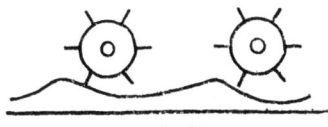
Fig. 44.

Stellt man solche Maschine im freien Flusse auf, so bringt man gut das Zuströmungsventil im Boden des Bottichs an.

Bevor man die Wolle in die Maschine bringt, wird sie im Aufweichbottich mit 30—50° C. heissem Wasser unter Beimischung von etwas Soda eingeweicht zur Lösung des Schweisses, oder sie wird auf den beschriebenen Entschweissungsapparaten vorbereitet. Das Beschickungsquantum des Bottichs richtet sich nach der Grösse desselben und nach dem Bestand der Wolle. Uneingeweichte Wolle darf nur in geringerem Quantum angewendet werden. Um einen ungefähren Anhalt zu geben, würde eine Maschine von 2,40 Meter Länge und 1,40 Meter Breite beschickt werden können mit 15 Kilo ungewaschener oder 50 Kilo eingeweichter Wolle. Die Dauer der Bearbeitungszeit wird für solches Quantum vorher eingeweichter Wolle 5—8 Minuten zu wählen sein. (Alcan nennt für eine Peltzer'sche Maschine von 2,55 Meter der grossen Axe ein Leistungsquantum von per Stunde 40 Kilogramm).

Chaudet giebt für seine Maschine an:

1. Auf Land betrieben:

2000—1600—1000—800 Kilogr. Wolle p. 12 St.
2 — 1½ — 1½ — 1 Pferdekraft,
2500—2500—1000—1000 Liter Wasser per Min.
5500—4000—3500—2000 Frcs. Preis.

2. Im Fluss:

1500—800 Kilogr. Wolle p. 12 St.
2 — 1 Pferdekraft,
3,500—1,800 Frcs. Preis.

Dabei ist das als ein Vorzug der Maschine zu erachten, dass durch den Strom des Wassers die im Wasser suspendirten Schmutztheile sich an einer Stelle des Bottichs ansammeln und weggebracht werden können. Die Ansichten der Practiker sind darüber einig, dass diese Maschine in Anbetracht ihrer Einfachheit und guten Wirkung für Streichwolle als vorzüglich betrachtet werden kann. —

Als die Leviathanconstruction aufkam, die nur für grössere Fabriken Rationelles leistet, suchte man die ovale Strommaschine zu verbessern. Man versah sie mit beweglichen Rechen, mehr wichtig aber war, dass man durch Wiederholung dieser Maschine ein continuirliches System durchzuführen sich bestrebte. Wir geben in der Figur 45 ein solches System in Skizze nach der Anordnung von J. Grand Ry-Kaivers. Man sieht hier als I einen Einweichbottich zu 2 Abtheilungen mit Abführung und Presse versehen. Unter II folgt die erste Strommaschine mit zwei Paaren Gabelrechen, Aushebung und Presse und in III eine zweite Strommaschine mit einem Paar Gabeln und dem Schlagrade; endlich in IV ein Hydroextracteur. Diese Systeme sind ungemein verbreitet. Sie geben sehr gute Effecte.

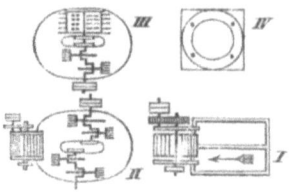

Fig. 45.

In I wird eingeweicht, in II warm gewaschen, in III kalt ausgespült und abgepresst und in IV entnässt. Die Dimensionen wechseln:

	Nr.	Raum	Grösse	Länge	Tourenzahl	Kraftaufwand	Leistung
		m.	m.	m.	per Minute	Pferdekraft	12 St. Kilo
II	1	4,50 } 2,50	1,65	2,30	20	½ }	800
III	„	„	„	„	50	¼ }	
II	2	5,50 } 3,50	2,35	3,00	20	¾ }	1400
III	„	„	„	„	50	½ }	
II	3	6,50 } 4,50	2,85	3,75	20	1 }	2000
III	„	„	„	„	50	¾ }	

Höhe 0,85 Meter für alle Nummern.

Hartig*) hat mit einer solchen Wollspül- und Waschmaschine aus der Fabrik von Anton Zschille in Grossenhain Versuche angestellt. Dieselbe war mit zwei Flügelrädern versehen, deren Flügel bis 285 Mm. im Wasser eintauchten. Beschickung 40 Pfd. Wolle. Betriebskraft 0,17 Pferdekraft. Eine Steigerung der Betriebskraft durch die Beschickung mit Wolle war nicht ersichtlich.

Die Maschine, welche Newton 1863 patentirt wurde und von welcher wir einen Holzschnitt (Fig. 46) bringen, gehört insofern hierher, als sie ebenfalls ein zweitheiliges ovales Gefäss enthält. Die Wolle wird in das Gefäss eingebracht, nachdem dasselbe mit Wasser bis zu ¾ der Höhe gefüllt ist. Dann wird das Getriebe in Bewegung gesetzt und das Schaufelrad b dreht sich, wie der Pfeil angiebt. Dadurch wird die Wolle von den runden Schaufelenden sanft heruntergedrückt und ausserdem das

---

*) Versuche über Kraftbedarf etc. Dresden.

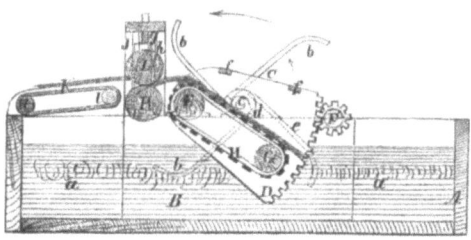

Fig. 46.

Wasser in Fluss gebracht. In dem anderen Theile des Bassins ist auf den Wellen E und G ein endloses Tuch angebracht. Auf den Walzenzapfen befindet sich an jeder Seite (mit einander durch die Spannstangen f f verbunden) ein Sector D aufgeschoben, dessen Zahnkranz e in das Zahnrad F eingreift. Wenn der Umgang der Wolle und die Bearbeitung derselben genugsam vor sich gegangen ist, so senkt man durch Drehung von F den Sector so, dass das endlose Tuch in die Flüssigkeit tief eintaucht. Die von dem sich bewegenden Wasser fortgeschwemmte Wolle fliesst gegen das Tuch und da sich dieses gleichzeitig nach oben hin bewegt, so zieht es die Wolle mit sich. Dieselbe wird oben angelangt von den Quetschwalzen J erfasst, die durch Schraubenpressung von g h aufeinander gedrückt werden. Der Tisch R führt endlich die Wolle aus dem Bereiche des Bassins.

Donisthorpe's Waschmaschine (1865 Patent) verfolgt folgendes Princip. Die Wolle wird in einem doppelbodigen Bassin gewaschen, nöthigenfalls in mit Dampf geheiztem Wasser. Sie wird dann auf ein Zuführtuch c (Fig. 47) gebracht und von starken Walzen d ausgepresst, dann aber sofort von einer schnell gehenden Flügelwalze n auseinander gebreitet. Diese Methode ist als Vorarbeit zur Trocknung nicht übel.*)

Der Fabrikant Hulin in Elbeuf liess sich in Frankreich eine continuirliche Waschmaschine für lose Wolle von folgender Einrichtung patentiren. Ein Kasten ist durch eingesetzte Scheidewände, die an der Berührungsstelle mit einer Seite des Kastens unterbrochen sind, so eingetheilt, dass an einer Ecke eingelassenes Wasser einen grossen Weg durch alle Windungen der Kästen machen muss, um an das andere Ende zu gelangen, Dem Wasser entgegen wird die Wolle mit Hülfe mechanisch bewegter Schlagvorrichtungen allmälig bis an das Ende des Kastens getrieben, an welchem das Wasser eintritt, so dass sie nach und nach mit immer reinerem Wasser in Berührung kommt.

II. Die Maschinen von Jean Petrie jeune (Rochdale) bilden nun hier den Uebergang zu den complicirteren, automatisch wirkenden Wasch-

---

*) Die von Leroux, Filature de laine, pag. 104 abgebildete Maschine von Brunnaux in Rethel ist fast identisch. — Donisthorpe, Beschreibung und Zeichnung: Deutsche Industr.-Zeit. 1868. 243.

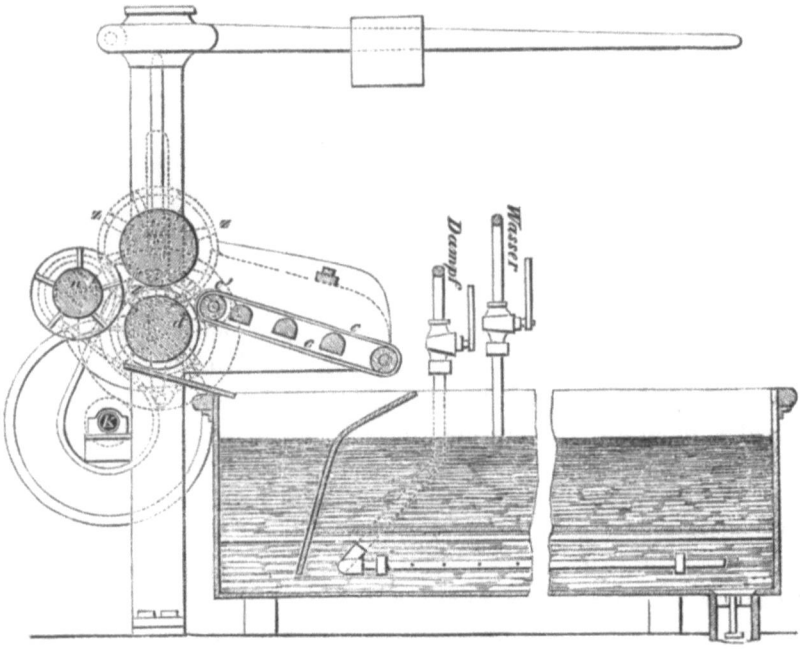

Fig. 47.

maschinen. Die Wolle wird in einen viereckigen Bottich gebracht und hier von Arbeitern mit Gabeln tüchtig durchgearbeitet und nach dem Ende des Bottichs zugeführt, wo entweder eine Walze, mit Zähnen garnirt, oder eine selbstthätige Gabel die Wolle aufnimmt und auf ein Zuführtuch wirft, welches dieselbe zwischen den üblichen Quetschwalzen hindurch dem Vertheiler resp. Ventilator zuführt.

Die Presswalzen haben eine sehr starke Belastung, je nach der Masse der zu quetschenden Wolle von 6096—10000 Kilogramm. Die Bottiche sind circa 4—5 Meter lang und 1—1,4 Meter breit. Solche Maschinen zu einer Batterie von drei combinirt und in Superposition aufgestellt, geben ein sehr gutes Waschsystem ab. Solches hatten auch Pierrard Parpaite & Co. bei Gelegenheit der Pariser Ausstellung vorgeführt, ohne selbstthätige Fortführung der Wolle.

Das erste Bassin hat zwei Abtheilungen. Diese Abtheilungen, mit Wasser gefüllt, werden mit Wolle nach einander beschickt und während der Arbeiter die eine Abtheilung ruhig dem Einweichen weiter überlässt, entleert er die zuerst beschickte nach der folgenden Kufe hin, welche der Entfettung dienen soll. Von dieser aus wirft der folgende Arbeiter die Wolle auf einen Zuführtisch, der sie den Presswalzen mit circa 12000 Kilo Pressung zuführt. Hinter den Presswalzen lockert ein Windflügel die Wolle auf. Das letzte Bassin steht höher als das vorhergehende.

Grosse Aufmerksamkeit verlangen die Presswalzen. Dieselben unterliegen bei so hoher Belastung leicht dem Zerbrechen. Daher will man die Oberfläche einigermassen elastisch machen. Man umwindet den Eisenkern mit Hanftauen oder legt gute bearbeitete Wollbänder herum. Besser hat Parpaite diese Aufgabe gelöst, indem er die Presswalze einlagert in ein Lager getragen von Pressionshebel und Gegenpression durch Wagenfedern. —

III. Petrie hat seit 1859 sein obiges System vervollkommnet dadurch, dass er die Arbeiter, wie früher schon Gancel versuchte, und 1840 Mellet & Foulquier in Lodève und 1843 Pion & Malteau in Elbeuf, ersetzte durch Rechen, denen eine der Handarbeit ähnliche Bewegung durch die Maschinentheile selbst ertheilt wird. Dieselbe Idee ist ferner ausgeführt worden von Chaudet in Rouen, von Mélen in Verviers, von Pierrard Parpaite in Rheims, von William Mc. Naught & Sons in Rochdale, Milburn & Co. in London, Sargent & Son in Grantville (Mass. U. S.) u. A.

Als eigentlicher Erfinder dieser selbstthätigen Waschmaschine und ihre Combination zu einem System kann wohl Eugène Mélen in Verviers betrachtet werden. Demselben ist 1863 am 14. April der Leviathan patentirt. Chaudet hatte allerdings bereits 1862 ein Brevet auf eine Leviathanconstruction erhalten, allein der Prozess Mélen contra Chaudet ist 1873 zu Gunsten Mélens entschieden. Letzterer erhielt 1869 die goldene Denkmünze und den Preis von 6000 Frs. der Société industrielle de Verviers.

Mit der Zeit haben die ursprünglichen Bewegungsorgane natürlich mancherlei andere Formen erhalten und besonders die Maschine von Pion hat in ihren Theilen wenig Aehnlichkeit mit den jetzigen. Bei Pions Maschine wird die Wolle durch ein Zuführtuch mit Zinken zugeführt und von einem Schaufelrade untergetaucht, welches zugleich der Flüssigkeit die Bewegung ertheilt. Eine Axe mit 6 langen Flügeln treibt die Wolle weiter. Dieselbe wird erfasst von einem grossen Cylinder, mit Zähnen besetzt u. s. w. Es wiederholen sich diese Zahnwalzen bis an das Ende des Bassins, wo ein tief eintauchendes gezahntes Zuführtuch die Wolle herausholt. — In der Maschine von Foulquier & Mellier waren schon bewegliche Rechen angebracht. Jedoch hatten diese Rechen nur sehr beschränkte Bewegungsausdehnung. —

J. Petrie's Maschine ist im Allgemeinen so eingerichtet. Es ist ein langer Bottich zur Aufnahme des gebrauchten Wassers vorhanden. Derselbe ist von Eisen construirt und wo möglich innen mit Holz ausgefüttert. Er ist ferner aus mehreren Stücken zusammengesetzt, schon des bequemeren Transportes wegen, die mit Flantschen und Schrauben und Dichtungsmitteln wasserdicht zusammengefügt werden können. Innerhalb der Kufe, einige Decimeter vom Boden entfernt, liegt ein Einsatzboden, auf seiner ganzen Fläche perforirt. Durch denselben fallen die beim

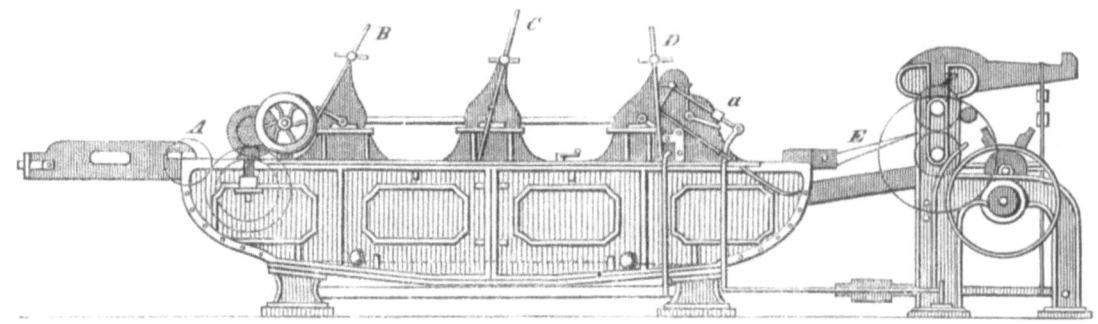

Fig. 48.

Waschprocess losgelösten Schmutztheile und sinken durch die Löcher in den Doppelboden. Man verhindert dieselben dadurch am Wiederaufsteigen und neuer Vermengung mit der Wolle, oder mit anderen Worten, man hält das Waschwasser fortwährend reiner und kann somit mehr Wolle in demselben Quantum Wasser waschen. Im unteren Boden ist ein Ventil (Messing oder Rothguss) angebracht, bei dessen Oeffnung man das Wasser aus dem Bottich ablassen kann. Um diesen Abfluss gut zu erzielen, muss man den Bottich bei der Aufstellung so setzen, dass die Seite desselben, an welcher das Ventil sich befindet, etwas tiefer liegt; man neigt also die Kufe etwas. Die Kufe ruht auf 4—6 starken Fussklötzen, die am besten mit derselben zusammen gegossen sind. Die Speisung der Kufe mit Wasser bewirkt man einfach durch Herzuleitung von Röhren, die über den Rand des Bottichs ausströmen. An dem einen Ende des Bottichs befindet sich der Zuführtisch, welcher die Wolle zuführt. Dieselbe stürzt durch A geführt über den Rand der Zuführtuchrolle hinein in den Bottich und wird von der Plongeurwalze untergetaucht. Nun ergreift sie der bewegte Rechen B, welcher mit seinen Zinken durch die Wolle hindurchfasst. Die eigenthümliche, automatisirende Bewegung dieses Rechens B ist in Figur 48 angedeutet; sie ist bedingt durch die Kurbel und die drehende Gleithülse für die Stange. Der Rechen schiebt die Wolle vorwärts bis an einen festen Rechen, durch dessen Gitter der bewegte Rechen C hindurchgreift, und so wiederholt sich das Spiel der Rechen C und D. Der Rechen D führt die Wolle heran an die tief in das Wasser eintauchende Abführgabel a mit besonderem Mechanismus, die die Wolle auf ein Abführtuch E ablegt. Dasselbe ist jalousieartig aus Holzstäben gefertigt, enthält aber in Distancen von 250 Millimetern Nasen, welche zwischen den Zinken von a hindurchragen und die Wolle von demselben herunterschieben. Dieses endlose Tuch bringt die Wolle herauf zu den Presswalzen F, die mit einem Gewicht und Druck von ca. 15000 Kilo pressen. Ein Flügelrad schlägt die Wolle bei ihrem Hervortreten aus den Walzen ab oder wirft sie bei

Anordnung von mehreren Bottichen hintereinander in den zweiten Bottich.

Diese Leviathaneinrichtung hat seit ihrer Combination wesentliche Verbesserungen erfahren, nicht sowohl in der Organisation des Ganzen, als auch besonders in den Constructionsdetails. Die einzelne Maschine in der Einrichtung trägt übrigens ursprünglich den Namen Leviathan nicht, sondern lediglich das Ganze der Combination. Wir wollen hier auf die Combination eingehen. Man combinirt zunächst 3—6, ja noch mehr einzelne Waschapparate zu einem grossen Leviathan. In der beistehenden Skizze, die lediglich ein Bild der Combination geben soll, finden wir den Leviathan bestehend aus 4 Waschapparaten und einer Presse. Die Arbeitsinstrumente dieses Leviathans reihen sich, wie folgt an einander. Die 1. Kufe a ist der zweitheilige Einweichbottich. Aus ihm führt der Abführtisch und die Presse b die Wolle in die 2. Kufe. In dieser arbeiten die Rechengabeln c d für Fortbewegung der Wolle, der Elevator e hebt sie aus und legt sie auf den Zuführtisch der Presse f.

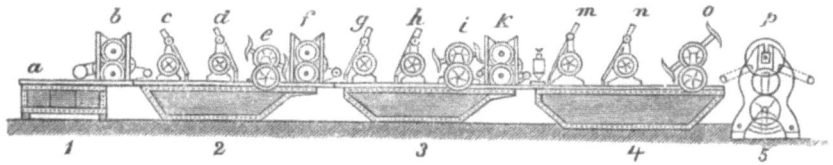

Fig. 49.

Die 3. Kufe mit g h i k wirkt so wie die Kufe 2. Diese beiden Kufen (2 und 3) dienen als eigentliche Waschkufen und enthalten das warme Bad. Die Kufe 4 mit ihren Apparaten l m n o dient zum Ausspülen der Wolle in kaltem Wasser. Der Elevator o hebt die Wolle sodann auf den Zuführtisch des Auspressapparates 5, von wo sie oberflächlich entnässt, abgeführt wird.

In der Combination geht man nun verschiedentlich weiter, vermehrt bald die Kufen 2 und 3 um eine oder fügt zur Kufe 4 noch eine gleiche zweite hinzu. Sodann verbindet man an Stelle von Presse 5 das System mit anderen Entwässerungsapparaten, lässt auch wohl die ausgepresste Wolle gleich auf einen Trockenapparat übergehen. — In der Placirung der Kufen verfolgt man verschiedene Principien. Stellt man z. B. die Kufe 4 hoch auf und 3, 2, 1 in terrassenförmig abstufender Höhe, so kann man durch geeignete Verbindung der Kufen mittels Röhren einen Gegenstromapparat herstellen, der von guter Wirkung ist.

Um eine Andeutung über die Leistung eines solchen Leviathans zu geben, führen wir an, dass obiger 4facher Apparat 20 Meter Länge und 2 Meter Breite einnimmt, 5 Pferdekraft zum Betriebe beansprucht und 2000—3000 Kilo roher Wolle in 12 Stunden reinigt. —

— 94 —

Die Bewegungsübertragung auf die einzelnen Theile der Maschine geschieht auf verschiedene Weise, entweder mittels Zahnradbetrieb oder mittels Riemenbetrieb. Im Allgemeinen sind diese Mechanismen einfach angeordnet. Wegen des weiten Raumes zwischen den einzelnen Betriebstheilen kann man selbst von Regulirvorrichtungen für die Beschickungsmassen absehen. Jedoch existiren solche, wie wir unten sehen werden. —

Wir führen nunmehr den neuesten und sehr vervollkommneten Leviathan von Mc. Naught in Rochdale vor.*) Auf Tafel zu Seite 94 stellen wir diese schöne Maschine in perspectivischer Ansicht, theilweise im Durchschnitt dar. Figur I stellt zunächst den Anfangskasten eines Systems dar, der als einfache Maschine gedacht, mit dem in Figur zugefügten Pressapparat versehen ist, in Combination aber mit anderen Bottichen hinter dem Elevator eine Presse mit Ueberführung in den 2. Bottich etc. enthält und so fort. Wie die Figur I deutlich zeigt, ist der Bottich R' nicht von regelmässiger Form, sondern er ist am Anfang tiefer, gegen das Ende hin flacher. Er ist jedoch von 6 Füssen so unterstützt, dass der Boden eine Neigung nach dem Zuführtuch erhält, die Oberkante des Bottichs aber horizontal steht. Diese Neigung des Bodens hat den wesentlichen Nutzen, dass die aus der Wolle bei Aushebung abrinnende Flüssigkeit nach vorn hinströmt zum Netzen der neuen Beschickung. Wie aus dem Durchschnitte in Figur II deutlich wird, enthalten die Kufen perforirte Doppelboden V, durch welche die ausgewaschenen suspendirten Stoffe fallen und sich im Zwischenraum aufspeichern. Betrachten wir zunächst den einfachen Waschapparat in Fig. I, so begegnen wir zunächst dem Zuführtuch f, bewegt durch das Zahngetriebe w auf der Hinterrolle. Die Wolle fällt in den Bottich R ein und wird vom Plongeur g unter Wasser getaucht. Sodann kommt die Wolle in Bereich der Gabel n an, die von der Kurbel a bewegt wird, während n mit dem Gelenk m an den festen Arm e bei b sich dreht. Die Gabel an n treibt die Wolle gegen das feste Gitter c, dessen Lage aus Fig. II ersichtlich ist. Die 2. Gabel aber greift durch die Zinkenzwischenräume an c hindurch und zieht die Wolle weiter, um sie der 3. Gabel n zu überliefern, die sie wieder weiter treibt und der Elevatorgabel A mit doppelter Reihe Zinken A i zuführt. Wie man in Fig. II ersieht, erhebt sich an dieser Stelle der Doppelboden im Bottich R' und die Gabel schiebt die Wolle auf demselben herauf, bis auf eine schräge Ebene B. Im Beginn derselben sind drei Reihen Zähne C C C so angebracht, dass sie durch R hindurchragen können, wenn der Mechanismus die dazu geeignete Bewegung macht. Auf diese Zähne schiebt die Gabel A i die Wolle. Ueber der geneigten Ebene B aber bewegt sich der Ausführapparat. Derselbe besteht aus einer mit Zähnen H besetzten Fläche, die

---

*) Siehe Beschreibung von Dr. H. Grothe, Engineering 2. Jan. 1874, pag. 16.

an rahmenförmigen Trägern hängt. Die parallelen Tragbalken A ruhen auf Excentern J und werden durch Bewegung derselben bewegt, so dass die Zinkenplatte H eine ovale Curve beschreibt. Während N lose auf J J aufruht, steht der Boden H durch die Stange M' in feste Verbindung mit der Kurbelaxe K, die von Q her bewegt wird. Wenn die Fläche H sich gegen den Anfang von B herabsenkt, ziehen sich die Zinken C C C nach unten hin zurück. Dieser Ausführapparat schiebt nun die Wolle auf der schiefen Ebene B hinauf, bis dieselbe in Bereich der Walzen mit differirender Geschwindigkeit M M M M kommt und in die Presse N eintritt. Bei einer Maschine tritt dann die Wolle aus dem Presscylinder aus und wird durch eine Flügelwalze O abgeschlagen. Bei dem Leviathan in Combination aber führt die Walze O diese Wolle in die zweite Kufe unter das Gitter c, durch welches sodann die Gabel D greift, und die neue Arbeit in der zweiten Kufe beginnt. —

Die Verbesserung des Ausführapparates ist sehr bedeutend gegen die frühere Construction, die in Figur 50 skizzirt ist. Bei letzterer wurde die schiebende Ebene lediglich durch zwei Kurbeln bewirkt, an denen

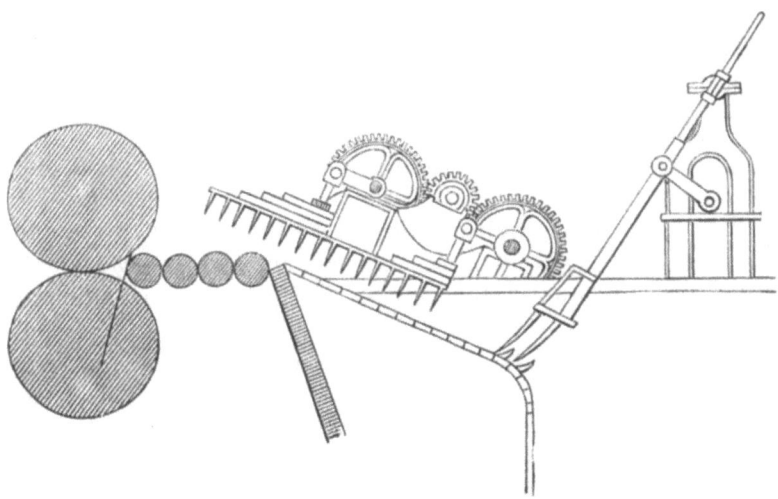

Fig. 50.

dieselbe hing. Durch die neue Einrichtung aber verweilt unter Vorwärtsbewegung die Zinkenplatte längere Zeit auf der geneigten Ebene, wird dann schnell emporgehoben, zurückgeführt und niedergelassen. — Auch die Rechenbewegung ist gegen früher wesentlich verbessert. —

Wenn mehrere Bottiche zu einem grossen Leviathan combinirt sind, so fügt Mc Naught folgende Theile hinzu. Er verbindet die einzelnen Bottiche mit Röhren U, welche unterhalb in die Kasten münden. Da nun die Böden geneigt sind, so steht in der Regel der Anfang des zweiten Bottichs niedriger, als das Ende des ersten Bottichs. Ein freiwilliges Ueberströmen des Wassers findet also nicht statt. Dasselbe treibt eine Art Injector S mittels Dampfstrahls, dessen Wärme dem Wasser zu Nutzen kommt, nach R'. Das Wasser tritt von R" aus durch Z nach S. Die Oeffnung x dient zum Ablassen der Flüssigkeit. —

Mc. Naught hat auch den Einweicher, wie Fig. III auf der Tafel darstellt, mit mechanischem Betrieb angeordnet Der Mechanismus ist derselbe fast wie bei dem Ausführapparat. Dadurch ist in der That der Leviathan von John & William Mc. Naught ganz selbstthätig. —

Die Preisliste dieser Fabrikanten ist sehr reichhaltig. Sie unterscheidet die Maschine nach der Zahl der Rechengabeln, nach Zahl der einzelnen Bottiche, nach Vorhandensein der einzelnen Details in mehr oder weniger vollkommenem Arrangement u. s. w.

Zweigabelmaschine	. . 19' lang, 6' 8" engl. breit	Preis		
Dreigabelmaschine	. . 22' „ „	„	circa	£ 175
Viergabelmaschine	. . 25' „ „	„	„	£ 195
Doppelt-Dreigabeln	. . 36' 8" lang 6' 8" breit	„	„	£ 340
Doppelt-Viergabeln	. . 42' 8" „ „	„	„	£ 380
Dreifach-Dreigabeln	. . 51' 5" „ „	„	„	£ 505
Dreifach-Viergabeln	. . 60' 5" „ „	„	„	£ 565
Vierfach-Dreigabeln	. . 66' „ „	„	„	£ 670
Vierfach-Viergabeln	. . 78' 2" „ „	„	„	£ 750

Was nun die Bewegungsmechanismen anlangt, so geschieht der Antrieb mittels Riemens und Riemenscheibe P p. Auf der Axe dieser Scheibe sitzt ein Zahnrad, welches die Zahnräder auf den Axen J J umtreibt, ferner ein conisches Rad, welches mit einem Gegenrad die Langwelle d bewegt. Diese Welle enthält für jede Gabelanordnung ein Treibrad der Kurbelaxe von a. Durch die geneigte Welle t und zwei Zahntrieben wird die Bewegung auf den Plongeur g und die Vorziehwalze w übertragen. Andererseits wird von der Axe der Scheibe p mittels Zahnradvorgelege die Presse bewegt. Bei der Combination von mehreren Kufen verfährt man verschieden. Entweder wird jede Kufe für sich behandelt und mittels Riemens P in Bewegung gesetzt, oder die Wellen d an jeder Kufe werden mit einander gekuppelt. —

Die Details der einzelnen Leviathanconstructionen wechseln nun wesentlich. Was zunächst die dem Zuführtuch die Wolle entnehmende Walze oder die demselben folgende Walze anlangt, so ist diese bereits wesentlich verschieden gestaltet, obwohl sie stets für den Zweck des Untertauchens construirt wird. Wir geben hier die Petrie'sche Construction als die einfachste und gutwirksame. (Fig. 51). Andere Anordnungen mit 4 Armen gab Mc. Naught, noch andere Milburn (siehe pag. 99) und Crabtree.

Die Weiterführung in der Waschflüssigkeit bedient sich also der Gabeln. Die Bewegung und Führung derselben differiren in den einzelnen

Constructionen. Petrie (Fig. 51) hat eine einfache Kurbelschleife angewendet, welche oscyllirt. Bei Mc. Naughts Construction sind in

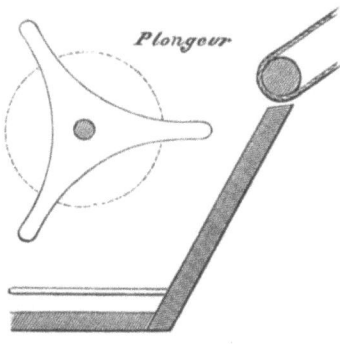

Fig. 51.

Führungsschlitzen b verstellbare Lenkstangen m, Gelenke eingeführt, welche die Gabelstangen n oben führen. Die Fig. 52 giebt eine andere primitivere Einrichtung mit herabhängenden Gabelrechen. Bei Chaudets Construction fehlen die festen Gabeln ganz. Die beweglichen Rechen aber sind zweitheilig und auf derselben Axe um 80° verstellt, eine

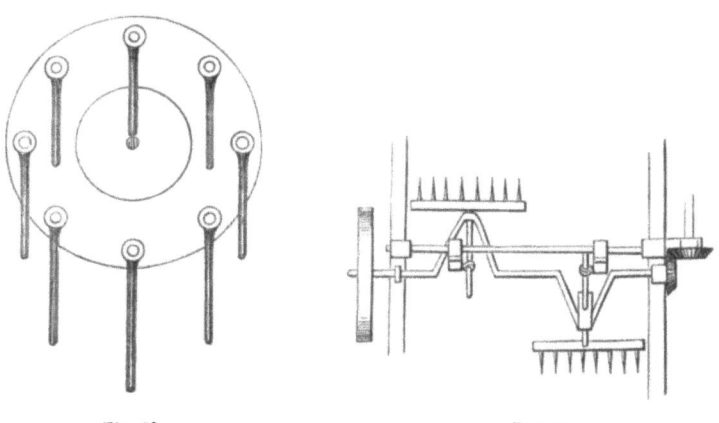

Fig. 52. Fig. 53.

Einrichtung, die ursprünglich in der ovalen Strommaschine erschien und lediglich desshalb Beachtung verdient, weil sie in der Flüssigkeit lebhaftere Bewegung erzeugt. Fig. 53.

Originell ist die Fortbewegung in einer Maschine von Holden. Wir stellen dieselbe in Fig. 54 im Längsschnitt und in Fig. 55 im Querschnitt (letzterer grösser) dar. Im Bottich ist bei A die Zuführung. Um die beiden Rollen wird eine endlose Kette geleitet c, welche an ihren Gliedern angeschraubte Rechengabeln d enthält, welche an ihrem oberen Arm b Gleitrollen enthalten, die in einer Zickzackbahn gleiten.

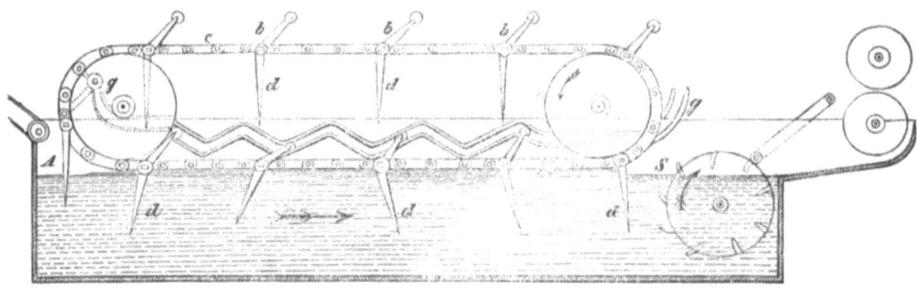

Fig. 54.

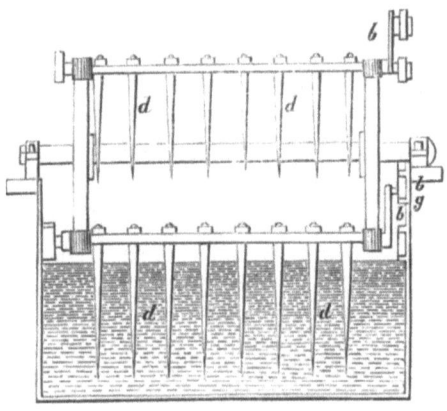

Fig. 55.

Da nun die Rolle an b eine grössere Strecke zu durchlaufen hat, als die Kette, indem die Bahn in ihrer Lage zur Kette die Rolle an b bald näher, bald ferner führt, so entsteht ein continuirliches Vor- und Rückwärtsschlagen der Zinken d, so lange sie die Flüssigkeit durchziehen. Bei g treten die Rollen aus der Gleitbahn aus und kehren in Ruhelage nach A zurück. —

Bei Milburns Maschine (Fig. 56) ist ein grosses Waschrad eingeschaltet hinter dem Plongeur. Da dieses Rad das Characteristische an der Maschine ist, so fügen wir die Beschreibung derselben an dieser Stelle ein.

Die Wolle tritt mittels des Zuführtuchs ein, welches aus Gliedern und Holzstäben besteht und über zwei Walzen rollt, deren vordere vom Riemen der Scheibe bewegt wird. An der anderen Seite dieser Vorderwalze sitzt eine kleine Scheibe, welche mittels Kreuzriemens den Plongeur in Umdrehung versetzt. Dieser Plongeur schlägt mit seinen Flügeln die Wolle vom Zuführtuch ab und taucht sie in die Flüssigkeit unter. Da er viel langsamer sich bewegt als das Zuführtuch, so sammelt sich immer eine Partie Wolle auf der Oberfläche des Wassers an, die der herankommende Flügel dann auf einmal unterdrückt. Diese Quantität steht mit den von dem Washing-Drum zu bearbeitenden Quantitäten für

— 99 —

Fig. 56.

einen gleichen Zeitraum in genügendem, abgemessenem Verhältnisse, so dass hier niemals übermässige Anhäufungen eintreten können. Diese Waschtrommel mit ihren Zähnen, deren Form ja genügend aus der Figur ersichtlich ist, erhält durch den Mechanismus eine intermittirende Bewegung und zwar so: Die Trommel sitzt lose auf der Axe, welche, wie angezeichnet, mittelst Riemens von der Transmission ihre Bewegung erhält und zwar ungestört fortrotirt. Auf dieser Axe sitzen zwei Zahnräder, das eine vor dem Bügelrade mit innerer Verzahnung, das andere dahinter. Das am Bügel sitzende Zahnrad trägt eine Kurbel, deren Kurbelstange mit einem Schlitten und Kurbelwarze in der Coulisse, die sich auf der Hülse mit Klinkrad dreht, verbunden ist. Das Bügelrad erhält durch die Zahnräder eine Bewegung, welche der Bewegung entgegengesetzt ist, welche nach Ausschaltung dieser Räder das hinter dem Bügelrad liegende Zahnrad auf das Zahnrad am Bügel hervorbringt. Somit ist also die vor- und rückwärts gerichtete Bewegung hergestellt, die nun eine grössere sein kann, je nachdem man den Schlitten in der Coulisse der Axe entfernter oder näher rückt.

Das resultirende Vorschreiten aber ist bedingt durch einen in der Figur nicht sichtbaren Schaltmechanismus für den Coulissenarm. Die Verstellung des Mechanismus geschieht von der vorderen Seite aus mittels Hebels. Der Aushebemechanismus enthält die ursprüngliche Einrichtung von Mélen. An der Axe sitzen an jeder Seite drei Arme, an deren Endpunkten die Gabeln angebracht sind, aufgesetzt an einer Schaufel mit Axe. Auf diesen Axen sitzen noch die Flügelstiele. Dieselben finden im Innern der Kufe an den Wandungen Nasen, hinter welche sie sich legen. Dadurch richten sich die Schaufeln und Gabeln des betreffenden Theiles allmälig in eine horizontale, später geneigte Lage und zwar so, dass die Spitzen der Gabeln sich nach oben wenden. Die Wolle wird so auf dieser annähernd horizontalen Fläche getragen und herausgehoben, bis die Gabelspitzen über dem Abführtuch liegen. Jetzt gleitet der Arm von der Nase ab und die Gabel sinkt über, die Wolle fällt herab auf das Abführtuch. In dieser letzten Situation zeigt sich eine Gabel in der Figur, während die untere Gabel bereits unter der Nase liegt. Die Quetschwalzen drücken die überflüssige Wassermasse aus. Ihr eigenes Gewicht ist durch Hebelgewicht vermehrt.

Für grosse Fabriken construirt Milburn diese Maschinen zu drei Kasten und betrachtet die wie vorstehend beschrieben eingerichtete als Hauptmaschine. Die vorhergehenden Kasten dienen als Weichapparate und erhalten nur wenig mechanische Ausrüstung; ja für die meisten Fälle ist ein Kasten mit zwei Abtheilungen vorzuziehen. Diese Kastentheile enthalten je einen Plongeur, eine Gabelanordnung, einen Ausheber und ein Paar Ausquetscher. Für endliches Auswaschen der Wolle con-

struiren Milburn & Co. besondere Kasten mit Plongeur und Presscylinder. Für Warmwasserwäsche ist der letztere Apparat mit eigenthümlicher Heizanordnung versehen. Die Grösse der Apparate richtet sich nach dem Bedürfniss. Die drei gangbaren Grössen sind für die Einweichtröge:
1. jedes Compartiment 6 Fuss lang, 2 Fuss 6 Zoll tief, 2 Fuss weit;
2. jedes Compartiment 8 Fuss 3 Zoll lang, 2 Fuss 6 Zoll tief, 2 Fuss 6 Zoll weit;
3. jedes Compartiment 10 Fuss 3 Zoll lang, 2 Fuss 6 Zoll tief, 3 Fuss weit.

Die Dimensionen der Waschmaschine wechseln nicht in der Länge, aber wie vorstehend in der Breite.

In allen diesen Kasten sind perforirte Doppelböden, Ventile etc. angebracht.*)

Der Schluss dieser Beschreibung hat uns bereits zu den Aushebemechanismen geführt, die besonders Gegenstand vielfacher Modificationen waren. Die oben abgebildeten Maschinen von Petrie und von Mc. Naught, sowie die von Holden und von Milburn zeigen bereits 4 verschiedene Constructionen. Die Einrichtung in der Holden'schen Maschine ist ursprünglich von Petrie versucht. Wir stellen sie hier in der Figur 57

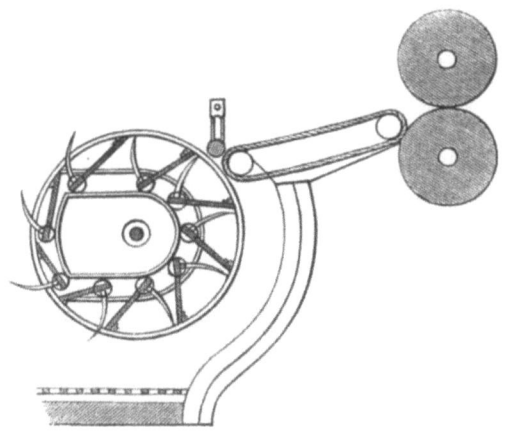

Fig. 57.

speciell dar. In einer Trommel sind an Armen, die elastisch sind und gelenkartig im Mantel befestigt, Fingerrechen angebracht, deren Finger durch Oeffnungen im Mantel des Cylinders hindurchgreifen. Diese Rechen werden durch Gleitcurven geführt und nehmen dabei nach einander eine Reihe verschiedener Stellungen ein. Bei der Drehung von unten nach oben ragen die Finger hervor und greifen die Wolle und nehmen sie mit aufwärts. Oben angekommen ziehen sich die Finger zurück und die

---

*) Siehe Centralblatt für Textilindustrie. VI. Nr. 1.

Wolle wird durch Leitwalzen auf das endlose Tuch der Presse übergeführt.

In der oben vorgeführten Milburn'schen Maschine ist der Abführungs-Apparat enthalten, der zuerst an einer Maschine von Sirtaine & Mélen erschien.*)

Derselbe besteht, wie hier nach Chaudet's Zeichnung dargestellt, aus einer Axe mit drei Armen b b b, zwischen denen die Gabelrechen sich befinden. Jede Rechenaxe hat zwei Ansatzarme C, welche sich bei

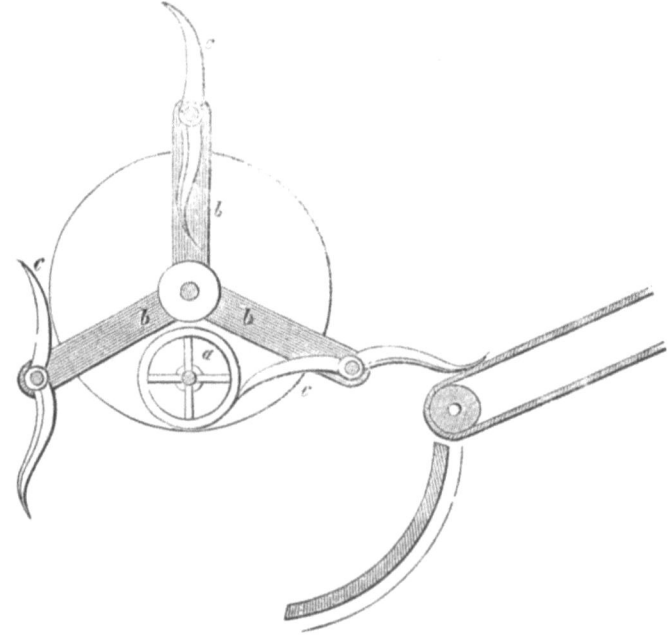

Fig. 58.

Drehung der Axe hinter a, eine Rolle an der inneren Wandung des Bottichs legen und so bei Fortgang der Bewegung allmälig die Zinken selbst emporheben, auf welche sich die Wolle aufgelegt hat. Sobald die Zinkenreihe auf dem Zuführtuch aufliegt, gleitet c von a ab, und nun kehrt sich die Zinkenreihe nach unten und wirft die Wolle ab auf das Zuführtuch.

Von Petrie jeune ist noch folgender Apparat construirt. An der Axe sind 3 Arme angebracht, welche eine eigenthümlich gestaltete Gabelfigur erhalten. Wie die Figur 59 zeigt, hängt die Reihe zuerst in der Flüssigkeit und hebt sich bei Drehung der Axe allmälig empor, während Wolle an den Haken hängen bleibt. Die Hypothenusenseite des Dreieckkörpers ruht bald auf dem Kniebogen des Armes und wird nun herum-

---

*) Siehe Grothe, Spinnerei, Weberei, Appretur auf der Pariser Weltausstellung 1867.

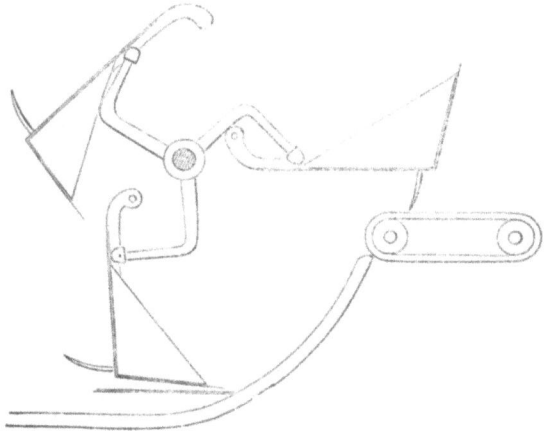

Fig. 59.

geführt, bis oberhalb des Abführtuches der schwere Dreieckkörper überschlägt und die Wolle direct auf das Tuch abgeworfen wird. —

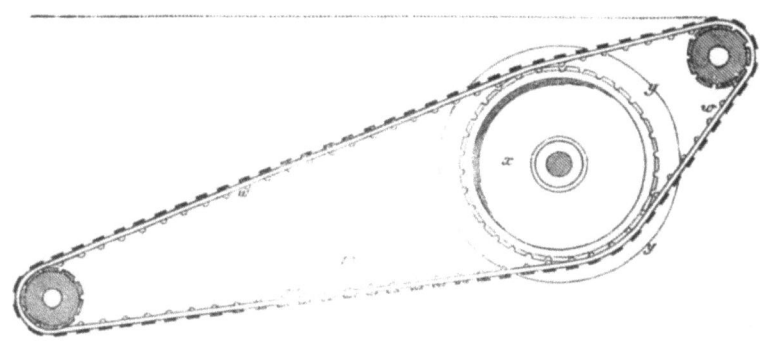

Fig. 60.

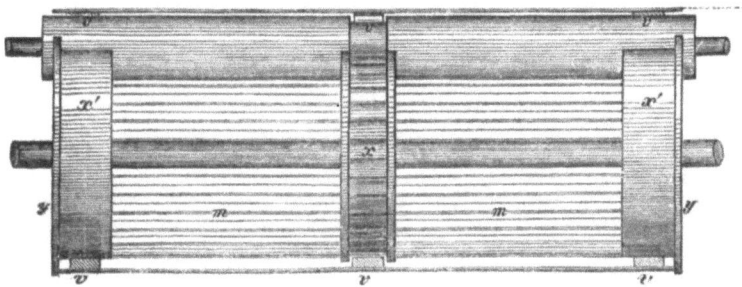

Fig. 61.

Ebenfalls von Petrie rührt vorstehend abgebildeter Elevator (Fig. 61) her. Derselbe besteht aus einem endlosen Tuch w, welches hergestellt ist aus 3 Streifen Kautschucktuch v v v, über welche Blechstreifen travers gelegt und mit den Bändern vernietet sind. Die Bänder v laufen über

Walzen. Die Bewegung erhalten diese durch die Axe und Rad x. Dieses Rad enthält auf seinem Mantel Einschnitte entsprechend den Nieten an den Bändern. Letztere legen sich in diese Vertiefungen ein. Die äussern Bänder laufen glatt auf x' und die Scheiben y sichern vor dem Herabfallen. — Ein endloses Tuch bildet auch der Elevator von Pion & Malteau, welcher in Fig. 62—69 dargestellt ist. Ueber die 3 Axen NNO bewegt sich das Lattentuch L L. Jede Latte enthält 19—20 kegelförmige Zähne K. Die Latten sind an beiden Enden an endlosen Ketten C befestigt, welche

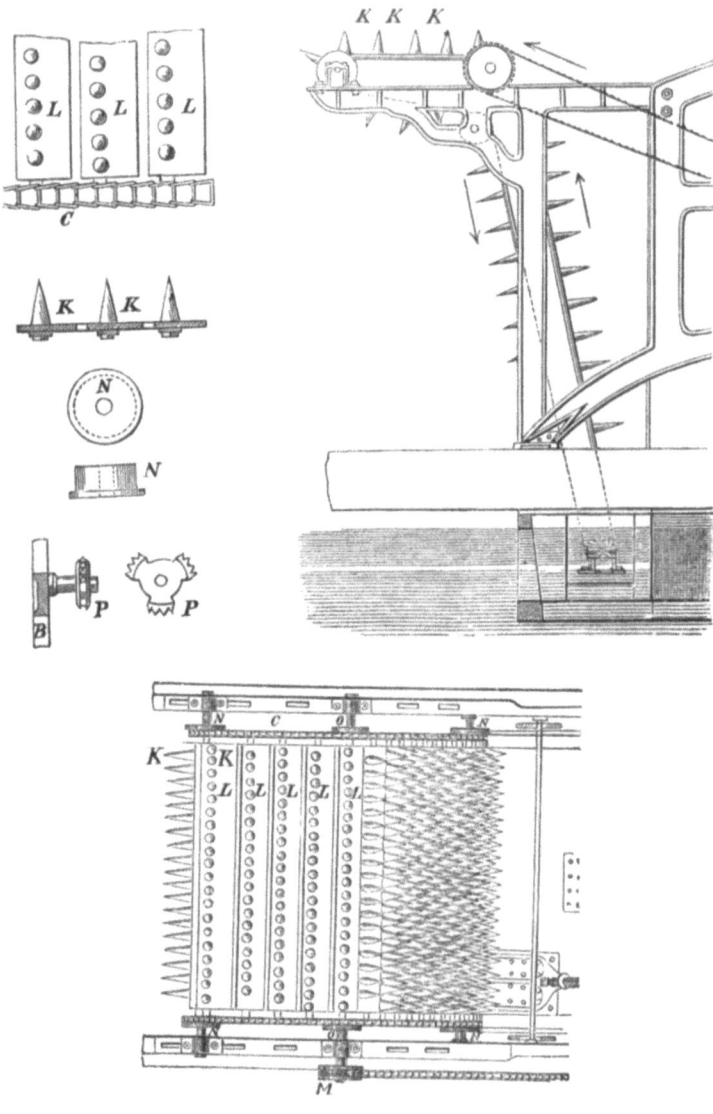

Fig. 62—69.

über eine Zahnrolle P derart sich bewegen, dass sich die Latten stets in die Lücken des Zahnkranzes von P einlegen können. Scheibe N hält diese Zahnrolle P in geeigneter Distanz von den Gestellwangen auf den Axen. Die übrige Einrichtung ist an sich verständlich.

An Petrie's ersten Maschinen war die Ausführung der Wollen durch einfache Tücher bewirkt, welche mit geneigter Ebene aus der Flüssigkeit heraustraten, unten über eine Rolle und oben direct um den untern Presscylinder gingen. Hierbei stellte sich ein vielfaches Verziehen der Tücher als Folge unregelmässiger Beschickung heraus. Diese Einrichtung ist daher ganz verlassen.

Eigenthümlich ist Crabtree's Einrichtung. Dieselbe besteht aus einem endlosen Zuführtuch, das geneigt in den Bottich hineinragt. Dasselbe besteht aus flachen Eisenstäben, die durch Kettenglieder verbunden sind. Es sind mehrere Reihen automatisch hervortretender Finger darin angebracht, die in den Momenten zurücktreten, wo das Tuch bei den Presscylindern angelangt ist, — hervorkommen, wenn das Tuch um die untere Walze herum nach oben läuft. —

Die Presse endlich bildet eine wesentliche Zufügung zum Leviathan. Sie besteht meistens aus zwei starken Presscylindern, deren unterer direct durch Zahnrad bewegt wird, deren oberer durch Friction sich dreht. Diese Presse wird sowohl bei jedem Bottich angewendet und wirkt dabei reinigend und entnässend, so dass Flüssigkeit und Schmutz weniger übertragen werden, — als auch am Schluss des Leviathans. Sie kommt sowohl eng verbunden mit dem Bottich vor als auch in besonderem Gestell. Letzteres ist zumal am Ende des Leviathansystems der Fall. Die Presse ist, wie aus Obigem ersichtlich stets mit Zuführung versehen. Sie ist im Allgemeinen eine stabil wiederkehrende Maschine von stets gleicher Construction. Die Cylinder, bestimmt einen hohen Druck auszuüben, haben starke Zapfen und Axen von Schmiedeeisen oder Stahl. Mc. Naught giebt ihnen z. B. Axen von fast 4 Zoll engl. Durchmesser und ordnet sie so an, dass sie 10—16 Tons Druck auszuüben im Stande sind. Dieser Druck setzt sich zusammen aus dem Gewicht der oberen Walze und der Hebelbelastung, durch welche die obere gegen die untere Walze gepresst wird. Diese Hebeleinrichtung ist aus den obigen Abbildungen von Petrie, Mc. Naught, Milburn erkennbar. An Stelle derselben tritt bei der Ausführung von Mélens Maschine durch Houget-Teston & Bède ein Druck durch starke Federn. Die folgende Figur 70 stellt einen Einweichbottich mit Presse und Ueberführung nach dem zweiten Bottich dar. Der Doppelboden ist eingenietet v^1 v^1. a^1 sind Los- und Festscheibe. E ist der obere Presscylinder. F und G ist die Federdruckvorrichtung. Diese Einrichtung ist zu empfehlen, weil sie eine Hebung des Cylinders bei Durchgang zusammengeballter Wollmengen erlaubt. Letzter Inconvenienz begegnet Crabtree durch Einschaltung einer Art Differentialgetriebes. Wenn grössere Wollmengen sich durch

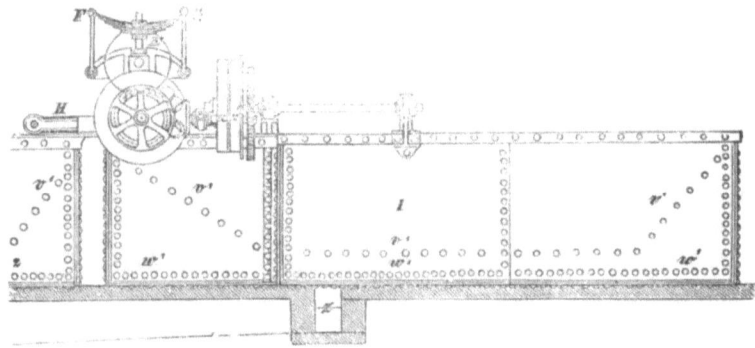

Fig. 70.

die Walzen drängen, heben sie die obere Walze empor. Diese kommt dadurch in Eingriff mit einen grösseren Zahnrade und wird schneller umgedreht. Das Durchgehen grösserer Wollmengen hat öfter zum Brechen der Cylinder geführt. Um ferner die Cylinder gegen Einwirkung der Flüssigkeit zu schützen, sodann zu vermeiden, dass die pressenden Eisenflächen die Wollfasern quetschen, hat man sehr bald dazu gegriffen, die Cylinder mit Kupfer zu überziehen und sie mit einem Kleide von Tauen, Geweben, Kautschucktuch, Wolle etc. zu versehen. Am besten soll sich ein Ueberzug von Vorgespinnstfäden bewährt haben.

Der Durchmesser der Cylinder wechselt von 30—50 Centimeter; die Bewegungsgeschwindigkeit ist durchschnittlich 30 Touren per Minute. Kraftaufwand $1/2$—$3/4$ Pferdekraft. Zur Bewegung des unteren Cylinders dient meistens ein grosses Zahnrad, welches von der Hauptwelle aus getrieben wird. An Stelle des Zahnrades tritt auch ein Zahnradvorgelege, welches so construirt ist, dass man die Bewegung beliebig beschleunigen kann.

Der Kraftbedarf der Leviathan's wird sehr verschieden angegeben und das folgt auch natürlich aus der Verschiedenheit der Constructionen. Wir wollen daher einige Angaben beibringen, ohne deren Werth als feststehend hinzustellen. Jedenfalls wird die Betriebskraft für die Leviathan's hauptsächlich durch die Mechanismen der Maschine absorbirt und die Steigerung derselben bei Aufgabe von Wolle wird keine sehr merkliche sein, wenn auch immerhin eine grössere, als bei der ovalen Strommaschine.

1. Demeuse, Houget & Comp. in Aachen geben an: Leistung eines L. 3 Bottiche à 2 Rechen, $12^1/_2$ Meter lang, per 12 Stunden mit 5 Pferdekraft, 6000 Pfd. Wolle;
2. Chaudet in Rouen: 3 Bottiche à 3 Rechen, 6 Pferdekraft, 12 Stunden, 7200 Kilo Wolle;
3. J. Grand Ry-Kaivers in Verviers: 3 Bottiche à 3 Rechen und Einweichbottich, zusammen 20 Meter lang, 5 Pferdekraft, 12 Stunden, 2000—3000 Kilo. Wolle.

Ueber die Kosten der Leviathanwäsche veröffentlichte Daniel Fuhrmann 1871 folgende Angaben:

Buenos-Ayres-Wolle 20 Sgr. per Ctr.
Deutsche Wolle 25 „ „ „

Chaudet giebt an per 100 Kilo. circa 4 Frcs.

IV. Ein eigenthümliches Verfahren des Wollwaschens verfolgt Plantrou fils in Incarville (Patent 1860). Er nennt seine Maschine „Laveuse par insuflation d'air" und führt darin die Idee aus, die Arbeit der Rechen und Stäbe zu ersetzen durch den Anprall und Stoss der eingeblasenen Luft. Man denke sich also einen Bottich mit Doppelboden von einiger Länge, der durch eine Scheidewand in halber Höhe getrennt ist in zwei Längsabtheilungen. In die eine Abtheilung wird die Wolle eingetragen in das Wasser. Der Boden dieses Theils ist mit vielen kleinen Löchern versehen, durch welche von einer Compressionspumpe her Luft eingetrieben wird. Die Luft bewirkt ein Aufwirbeln des Wassers, ein Umherschleudern der Wolle — und das ist der Ersatz der Rechenarbeit. Die Maschine liefert täglich 2,500 Kilogr. bei einer Consumtion von 150 Liter Wasser, während die Luftmaschine allein eine halbe Pferdekraft beanspruchen soll.

V. Man hat auch versucht, Wolle in Waschtrommeln zu waschen und in Frankreich*) ist dies Verfahren gebräuchlich. Eine ganz einfache Trommel dieses Zweckes hat Jouhaud construirt. Wir geben die Figur 71 dieses Apparates. Der Mantel A des Cylinders, dessen äussere Basen durch die Scheiben B gebildet wird, besteht aus einem hohlen Cylindern von Drahtgewebe, geeignet von Rippen a unterstüzt und getragen. D ist eine Klappe, um den Cylinder mit Wolle beschicken zu können. P P' sind die Riemenscheiben auf der Axe b. Aus der Rinne E strömt durch Bodenlöcher das Wasser auf der ganzen Breite des Cylinders herab und dringt tropfenweise in die Wollhaare ein, während die Trommel rotirt.

Die Centrifugalkraft mischt die Wassertropfen mit den Wollfasern sehr innig. Ist der Process beendigt, so öffnet man die Thür D nach unten und lässt die Wolle in einen untergeschobenen, kleinen Kastenwagen fallen. —

L. Gay liess sich einen Apparat patentiren, der ziemlich rationell ist. Ein konisches Gefäss, das horizontal oder fast horizontal liegt, erhält eine langsame rotirende Bewegung; an den Enden ist es nur theilweise geschlossen und im Innern ist es mit einer Anzahl vorragender Spitzen versehen. Die Wolle wird an dem einen Ende eingeführt und durch die Drehung des Apparates allmälig nach dem andern Ende geführt, wo sie wieder entfernt wird. Die Waschflüssigkeit dagegen wird an dem Ende eingeführt, an welchem die Wolle herausgenommen wird und an dem entgegengesetzten abgeführt.

---

*) Siehe auch Leroux, Filature de Laine, pag. 107.

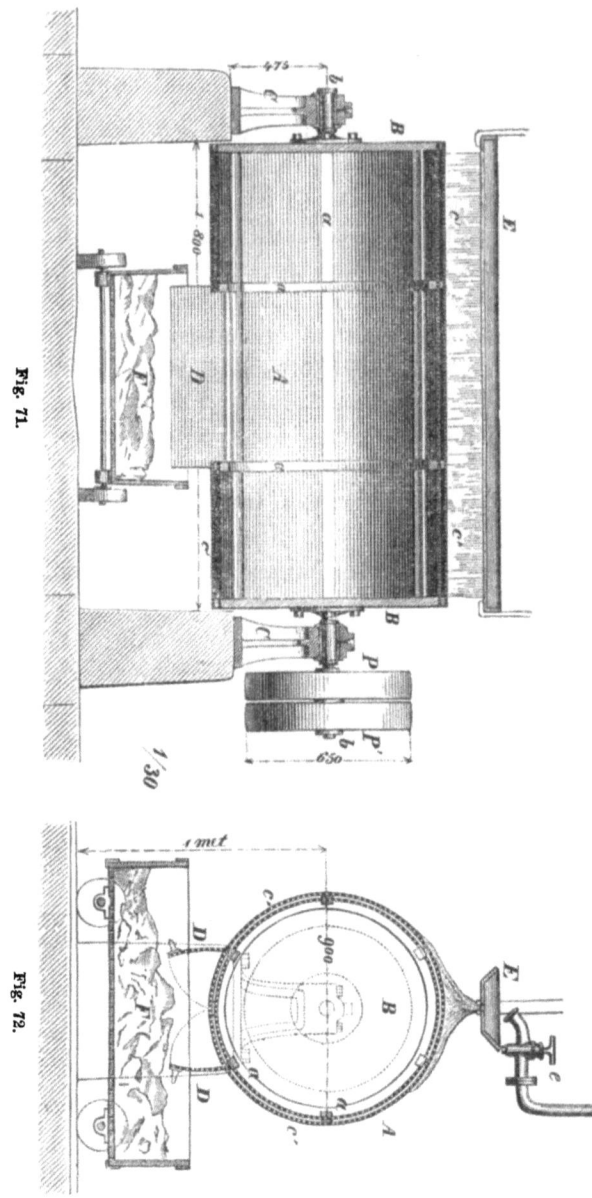

Fig. 71.

Fig. 72.

Was hier durch die Conicität des Gefässes bewirkt wird, will Armingaud in St. Pons mit Hülfe einer Schraube von Blech, mit sehr hohen Gängen erreichen. Die Kanten dieser Gänge sind mit Ausschnitten von Dreieckform versehen. Diese Schraubenwelle dreht sich in einem Cylinder von Eisendrahtgewebe oder perforirtem Blech und der ganze Apparat wird in Wasser gestellt. Die Wolle wird an der einen Seite in den Cylinder gebracht und durch die Bewegung der Schraube langsam unter fortwährendem Umwenden durch den Cylinder bewegt. Nach ähnlichen Ideen sind die helicoïdalen Waschmaschinen von Landon & Bréant und von Legris construirt. —

Im Allgemeinen haben diese letzteren Apparate wenig Bedeutung gewonnen, wie denn auch dies System kaum Zukunft haben kann.

Waschmaschinen für Wolle in Vliessen.

Der Umstand, dass bei der Wollwäsche mit Maschinen, wie sie im vorigen Abschnitt beschrieben sind, die Wolle in kleineren Flocken zertheilt viel schwieriger sortirbar ist, ferner aber der Gedanke, dass bei Möglichkeit einer guten d. h. genügenden Vliesswäsche, — wobei also das zusammenhängend heruntergeschorene Vliess zusammenhängend bleibt bei und nach dem Waschprocess, — dass die vielen Unzuträglichkeiten der Gutsschafwäsche, die den Thieren nicht zuträglich sein kann und viele Unbequemlichkeiten wegfallen, dass das Vliess aber so erhalten bleibt, dass es auf dem Sortirtisch eine genaue Wollsortirung in bester Weise ermöglicht, — dieser Gedanke hat schon früher die Idee zur Erfindung eines Vliesswasch-Apparates angeregt. In der Neuzeit ist diese Frage aber ernster wieder aufgetreten.

Alois Seitle machte schon 1830 einen solchen Apparat bekannt. Er besteht in Folgendem.

Die ganzen Vliesse werden in eigens hierzu verfertigten Behältnissen mit laugenhaftem Wasser eingeweicht und mehrere Stunden darin erhalten. Dann kommen sie in den Waschapparat. Derselbe besteht aus zwei viereckigen Rahmen, welche auf einer Seite durch zwei eiserne Hespen-Bänder vereinigt sind und auf der andern durch eine Klinke zuzumachen oder zu öffnen sind. In diese Rahmen sind hölzerne Gitterstäbe eingesetzt, welche kantig zulaufen. Von innen werden auf diese Gitter Messingdrahtgewebe oder Rohrgeflecht aufgelegt und befestigt. In solchen Rahmenkasten legt man das Vliess, stellt solcher Kasten mehrere übereinander in einer stativähnlichen Stellage und befestigt das Ganze an dem Haken eines Windentaues, mit welchem man es langsam in das Wasser einsenkt und heraushebt, bis das ablaufende Wasser möglichst klar erscheint. Dann nimmt man die Vliesse heraus, trocknet sie, rollt sie zusammen und verpackt sie je nach Absicht.

Eine andere Einrichtung von Seitle ist folgende. Die Vliesse werden auf einem runden Tisch ausgebreitet, in dessen Mitte eine Axe steht mit 4 Armen, auf denen Walzen aufgebracht sind und sich mit der Axe im Kreise und um sich selbst drehen. —

Sierce hat sich einen Waschapparat für Vliesse patentiren lassen, der folgende Theile zeigt. In der Mitte eines runden Kufengefässes steht eine Welle senkrecht, welche Schläger von Eisen in Bewegung setzt. Die Kufe dreht sich und wird mit Vliessen gefüllt, die von den Schlägern geschlagen werden, während reichlich Wasser zufliesst.

Eine neuere Methode des Vliesswaschens von P. Possart in Berlin bedient sich zunächst der Methode des Einweichens in Wasser, welches mit irgend einem lösenden, meistens und am besten alkalischen Zusatz versehen ist. Die Vliesse erweichen darin in 1½—2½ Stunden und werden dann auf einen Tisch, mit einer Tischplatte von circa 6 Fuss im Quadrat Grösse gelegt, ein Tuch wird darüber gedeckt und während 4—6 Mann mit Walkbürsten auf das Viess schlagen, wird reichlich Wasser aus zwei Spritzen her auf die Wolle gespritzt. Nach 5—6 Minuten hört die Schlagarbeit auf und das Vliess wird nur noch ausgespült und dann getrocknet. —

Moreau Valette wäscht die Wolle in Vliessen in einem Bottich mit Doppelboden. Es werden darin die Vliesse aufgeschichtet und oben mit einem durchlochten Boden mit Stange in der Mitte überdeckt. Dieser letzte Boden wird kolbenartig auf und nieder bewegt, nachdem man den Bottich mit Wasser resp. unter Zusatz von Waschmitteln gefüllt hat. Durch das abwechselnde Zusammendrücken und Lockern soll der Waschprocess sehr gut vor sich gehen.

Eine Maschine zum Woll- und Wollvliesswaschen ist von H. Grothe construirt. Wir geben davon eine Abbildung*) (Fig. 73.).

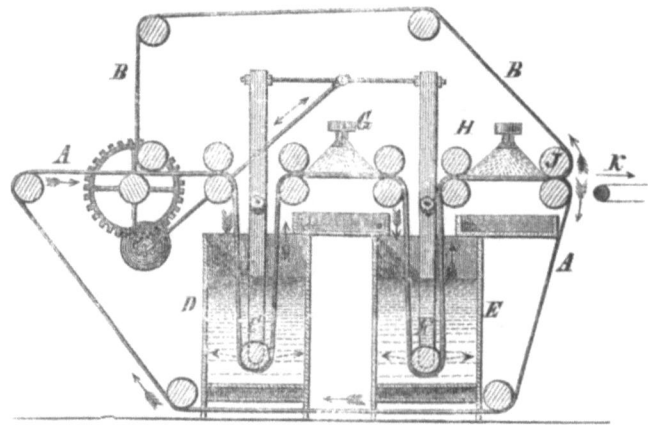

Fig. 73.

Die Maschine enthält das Zuführtuch A, auf welchem das Vliess ausgebreitet wird. In der Hälfte des Tisches legt sich ein endloses Tuch B auf die obere Seite des Vliesses und nun cursiren beide Tücher mit dem dazwischen befindlichen Vliess durch die Maschine. Sie gehen zunächst durch zwei Walzen und von da hinab in den mit leichter Lauge oder

---

*) Zeitschrift des Vereins der Wollinteressenten 1872. — Maschinenconstructeur Uhland 1874 u. a. a. O.

Seifenwasser gefüllten Bottich D, fast bis auf den Grund desselben. Hier werden die Tücher um die schwingende Walze C herumgenommen und von 2 Paar Walzen ausgepresst und weitergeführt. Die schwingende Bewegung der Walze C imitirt die Handbewegung beim Waschen und wirkt ausserordentlich günstig. Zwischen den Walzenpaaren fällt ein breiter Strahl kalten reinen Wassers aus G auf die Zuführtücher und spült die Lauge fast gänzlich heraus. Die Tücher mit dem Vliess werden dann durch das Bassin E geleitet unter der schwingenden Walze F durch. Dies Bassin E ist mit lauwarmem Wasser von 40—50° C. erfüllt und hat den Zweck, sowohl die Alkalien zu entfernen, als auch noch die hängen-gebliebenen, härteren Schmutztheilchen herauszulösen. Zwischen den Quetschwalzenpaaren H und J fällt dann wieder eine Douche kalten Wassers nieder zum Ausspülen des Vliesses. — Die Wäsche ist dann beendet und das von der möglichst schwerpressenden Walze J ausgedrückte Vliess geht auf das endlose Tuch K über, während A und B nach dem Zuführtisch zurückkehren. Das Tuch K führt das Vliess nach einem Trockenraum, der aus einem schmalen und niedrigen Kasten besteht, durch welchen ein Ventilator heisse (30—35° R.) Luft saugt. Die Geschwindigkeit der Maschine ist per Minute 3—4 Fuss. Dagegen oscylliren die schwingenden Walzen per Minute 50—80 Mal. Die oberen schweren Walzen pressen mit ihrem Gewicht und können durch geeignete Hebel- oder Federeinrichtung mit höherem Druck arbeiten. Die Vliesse werden zuvor in schwach laugenhaltigem Wasser aufgeweicht. Die Maschine wäscht in einer Stunde etwa 50 Vliesse; eben so viele werden in dem Trockenapparate sofort getrocknet. Aber nicht allein den Zweck, Schafwollvliesse zu waschen, hat diese Maschine, sondern bei geeigneter Vorrichtung der beiden endlosen Tücher ist die Maschine für die Wäsche jeder Wollform zu gebrauchen, wobei stets der Vortheil dünner Schichtung einen schnellen Effect und gründliche Reinigung garantirt. Hat man lose Schafwolle zu waschen, so sind die endlosen Tücher auf den die Wolle berührenden Flächen mit geeigneten Gliedern versehen, welche dazu beitragen, die Wolle gleichmässig ausgebreitet zu erhalten, so dass ein massiges Zusammenballen nicht möglich ist. Da die Maschine die Wolle selbsthätig in und durch die Flüssigkeit bewegt, so kann man die Arbeiterzahl wesentlich reduciren; der continuirlich auflegende und ausbreitende Arbeiter wirkt dabei auflockernd und vorarbeitend. —

Auf dem Lande angewendet muss die Maschine durch eine Locomobile betrieben werden, deren abgehende Dämpfe das Bassin H erwärmen. Ist Brennerei vorhanden, so wird das warme Wasser derselben benutzt und etwa Goepelbetrieb angewendet.

Wir wollen schliesslich noch anführen, welche Resultate die einzelnen Methoden der Wollwäsche ergeben haben. Selbstredend dürften die Resultate besonders nicht geeignet sein zum Vergleich unter einander, da sie mit verschiedenen Wollqualitäten ausgeführt sind.

100 Pfd. Wolle ergaben (Stohmann):

 a. Bei der Rückenwäsche:
  I. 53,5 Proc.
  II. 56,1 „
  III. 49,3 „
  IV. 53,8 „

 b. Bei der Fabrikwäsche mit Seife:
  I. 44,3 Proc.
  II. 43,1 „
  III. 32,3 „
  IV. 39,4 „

 c. Beim Entfetten mit Schwefelkohlenstoff:
  I. 43,2 Proc.
  II. 41,5 „
  III. 32,3 „
  IV. 39,9 „

 d. Bad von 1 Pfd. Seife und ¼ Pfd. Soda in 100 Quart Wasser (Proskau). Temperatur 22—24° R.
  Merino verlor . . . . 20—30 Proc.
  Southdown-Merino verlor 30—40 „

 e. Bad von ½ Pfd. Quillajarinde, ¼ Pfd. Soda auf 100 Quart Wasser. Temperatur 22—24° R.
  Merino . . . . 17—25 Proc. Verlust
  Southdown-Merino 30—40 „ „

 f. Richter'sches Verfahren. Rückenwäsche vorliegend: (Hartmann)
  58,3 Proc.

 g. Alkalien bei Rückenwäsche:
  55 Proc.

 h. Hetsey's Waschverfahren: rohe Wolle:
  Merino 50 Proc. Wolle
  „ 46 „ „

 i. Fabrikwäsche mit Alkalien: rohe Wolle (Schwendy & Co.)
  Negretti . . . . 23 Proc. Waschverlust
  Negretti-Electoral . 25 „ „
  Rambouillets . . 34—28 „ „

 k. Teichwäsche:
  Rambouillet 68 Proc. Wolle.

 l. Fabrikwäsche der mit Pelzwäsche behandelten Wolle:
  Rambouillet 57—61 Proc. Wolle.

m. **Waschverluste (1874).** Fabrikwäsche in Döhren (Hannover):

Feine hannov. Dominialwolle in Schweiss		65 —71	Proc.
„	„	„ Rückenwäsche	32 —41	„
„	„	Bauernwolle in Schweiss	51¼—57	„
„	„	„ Rückenwäsche	22½—34⅓	„
Westfälische veredelte Schweisswolle		65 —72⅔	„
„	„ Rückenwäsche		33 —37	„
„	grobe Wolle in Schweiss		51 —54½	„
Feine ostpreussische Wolle in Schweiss		62⅔—70½	„
„ sächsische	„	„ „	62 —64	„
Thüringer	„	„ „	66 —68	„
Mecklenburger	„	„ „	61 —69	„
Pommersche	„	„ „	62 —67	„
Böhmische	„	„ „	65 —70	„
Heidschnucken	„	„ „	38 —54	„
Capwolle	„	„	63 —66	„
Buenos-Ayres	„	„	65 —71⅓	„
Montevideo	„	„	62 —66	„
Australier	„	„	61 —66	„
„	Rückenwäsche		34 —40	„
Capwolle	„		38 —49	„

n. **Mit Petroleum behandelt:**
Merino verlor , . . . 48 Proc.
Thür. Landwolle verlor . 36 „
Montevideo verlor . . . 60 „

Anscheinend geben diese Resultate keinen bestimmten Anhalt, aber sie beweisen trotz ihrer Differenzen, dass die Wollwäsche nicht immer rationell betrieben wird. Eine rationelle Wollwäsche muss den Schweissgehalt möglichst entfernen; damit entfernt sich auch der Schmutz. Dieser Schweissgehalt aber muss der weiteren Behandlung unterliegen, sei es zur Darstellung von Schmieröl, sei es in Kalkseifen für Vergasung. Wenn man alle bisher gefundenen Resultate betrachtet, so ergiebt sich, dass ein hoher Procentsatz Schweissfett vorliegt, der Verwendung und Verwerthung finden kann.

Das Wolletrocknen.

Das Trocknen der Wolle folgt dem Waschen unmittelbar, denn man hat keine Veranlassung damit zu zögern. Vielmehr ist jede Zögerung sogar abzurathen, weil die Wollfaser, je länger mit dem Wasser in Berührung, um so fester und mehr Wasser als hygroscopische Feuchtigkeit aufnimmt. Für das Trocknen muss Rücksicht genommen werden auf die Constitution der Faser und ihr Verhalten in der Wärme. Im Allgemeinen muss das Prinzip vorherrschen, so die Feuchtigkeit zu entfernen, dass die äusseren Umstände und die Temperatur möglichst den gewöhnlichen natürlichen Zustand einhalten. Hierdurch wird bereits angedeutet, dass eine die gewöhnliche Lufttemperatur sehr übersteigende Hitze zum Trocknen der Wolle nicht angewendet werden sollte. Das Streben beim Ausführen des Trockenprozesses muss also dahin gerichtet sein, die Temperatur unter Berücksichtigung der Zeitdauer des Prozesses möglichst niedrig zu halten. Vor allen Dingen darf die Temperaturerhöhung niemals 100 Grad übersteigen. —

Wir finden diesen Grundsatz bereits in den Methoden der Wolltrocknung früherer Zeit ausgesprochen. Man vermied es, Wolle im Sommer in der Sonne zu trocknen und wendete im Winter nur **gewöhnliche Stubenwärme** an. Jacobsson sagt in seinem Schauplatz der Zeugmanufacturen von 1774, Bd. II, pag. 62 darüber: „Diejenige Wolle, welche getrocknet werden soll, wird auf dem Boden im Schatten getrocknet; denn geschiehet dieses an der Sonne, so wird sie gemeiniglich hart. Die Böden müssen so eingerichtet sein, dass sie von der Luft durchstrichen werden können." Ebenso sagt der Verfasser der feinen Tuchmanufactur in Eupen pag. 72: „Man trocknet in Eupen keine Wolle an der Sonne, sondern der Tuchmacher hat auf seinem Boden und Stuben glatte Schnuren aufgezogen oder Stangen; auf diese hängt man sie und trocknet sie im Schatten." Dieser Gebrauch, der ganz allgemein verbreitet gewesen ist, wurde auf zwei Weisen begründet. Die Einen behaupteten, die directe Sonnenwärme sei zu hoch temperirt und schade dadurch der Faser; — die Anderen sagten: „Das directe Sonnenlicht trocknet zu schnell und macht das Haar starr." Beide Ansichten kamen auf dasselbe hinaus. Es war in früherer Zeit bei der Kleingewerblichkeit der Industrie übrigens ohne Umstände möglich, die kleinen Posten Wolle gemächlich im Freien oder auf den Böden zu trocknen. Mit Entstehen der Grossindustrie, der Nothwendigkeit, grosse Quantitäten Wolle schnell zu trocknen, war man veranlasst, andere Apparate und Methoden zu ersinnen, um die grösseren Quanten schnell zu bewältigen. Diese neueren Apparate kann man in drei Klassen theilen:

    a. Pressen,
    b. Centrifugaltrocken-Maschinen,
    c. Wolltrocken-Apparate und -Maschinen.

Die beiden ersten Klassen können ohne die letzere als Trockenmaschinen nicht bestehen. Vielmehr bilden die Pressen und die Centrifugaltrockenmaschinen eine Gruppe, die man betiteln könnte: **Maschinen zum Vortrocknen**. Unter die Abtheilung c rechnen wir auch die noch bestehenden Trockenböden mit ihren Vorrichtungen, ferner aber die sehr zahlreichen neueren Apparate mit Maschinenbetrieb.

a. Pressen.

Die Pressen für das Entnässen der Wolle sind zweierlei Art, 1. Stempelpressen, 2. Rollpressen. Die **Stempelpressen** nach dem in Fig. 74

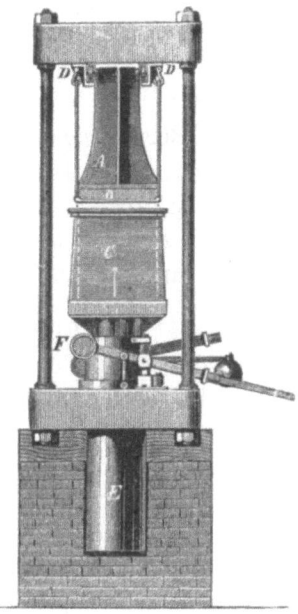

Fig. 74.

mitgetheilten Typus finden nur selten Anwendung für die Wolle. Sie bestehen aus einer hydraulischen Presse, deren Tisch C kastenförmig gestaltet ist, die nasse Wolle aufnimmt und mit dem Steigen des hydraulischen Druckes gegen den im oberen Theile des Pressraumes befestigten Stempel B, der genau in den Kastenraum eintreten kann, angedrückt wird, so dass zwischen Stempel und Tischplatte die Wolle ausgepresst wird. E ist der Presscylinder. F ist der Pumpenhebel.

Der dazu nöthige Kraftaufwand p pro □Einheit ergiebt sich aus nachstehender Formel. Wenn P den Gesammtdruck und F die Tischfläche bezeichnet, so ist $p = \frac{P}{F}$. Der Wasserdruck pro □Einheit sei P_w, so ist $P_w = p_w \frac{d^2\pi}{4}$. Werden die Reibungswiderstände an der Büchse und anderen Stellen mit R bezeichnet, so ist $P_w = P + R$ und $P = P_w - R$. Wird dieser Werth oben eingesetzt, so erhält man $p = \frac{P_w - R}{F}$ und setzt man den Werth von P_w hier ein, so ist

$$p = \frac{p_w \cdot \frac{d^2\pi}{4} - R}{F}.$$

Die Roll- oder Walzen- oder Quetschpressen bestehen, wie oben bei den Waschmaschinen mehrfach erwähnt, aus 2 Cylindern, deren oberer durch Friction umrollt, der untere aber durch Getriebe bewegt wird. Nennt man die Druckfläche F, die Länge der die Wolle fassenden

Walze l, den Bogen der drückenden Fläche s, so ist zunächst $F = ls$ und der Gesammtdruck $Q = F p_m$, unter p_m der mittlere Druck verstanden. $p_m = \dfrac{Q}{F} = \dfrac{Q}{ls}$. Ist nun wie bei der geringen Schicht der Wolle die drückende Fläche vom Berührungspunkt mit der Wolle bis zum Berührungspunkt der Walzen klein, so ist ls fast zu vernachlässigen und der Maximaldruck wird nur wenig grösser ausfallen als p_m.

Diese Walzenpressen werden ziemlich allgemein, theils isolirt, theils mit Waschmaschinen verbunden, angewendet.

b. Centrifugaltrockenmaschinen.

Die Centrifugaltrockenmaschinen spielen seit etwa 15—20 Jahren eine sehr bedeutende Rolle in der Wollindustrie! Desshalb gestatten wir uns, dieselben hier eingehender zu betrachten, wenn es auch scheinen möchte, dass diese Maschine hier bei der Wolltrocknerei eine zu umfassende Besprechung erfährt. Allein wir weisen ausdrücklich darauf hin, dass die Beleuchtung der Centrifugen hier uns der späteren wiederholten Beurtheilung bei dem Centrifugiren der Wollgarne etc. überhebt.

Penzoldt*) liess sich 1836 einen Apparat patentiren, der für die späteren, sogenannten Centrifugalmaschinen der Prototyp war. Der Apparat war mit einem Wort die erste Centrifugaltrockenmaschine. Dieselbe machte gleich bei seinem Auftreten Aufsehen und lenkte die Aufmerksamkeit verschiedener Techniker auf sich. Penzoldt selbst verbesserte ihn schon 1837 und später; Andere aber suchten ihn besser zu construiren und so folgten dann schnell aufeinander die Centrifugen von Seyrig,**) Caron, Robinson, Offermann (Sorau), Gropius, Götze, Kelly & Alliot (Copie von Seyrig), Ohnesorge, Fesca, Stephan, Farinaux, Rohlfs, Shears, Thomas, Coudroy, Henry, Levy, Carriere, Buffaud, Tulpin, Houget & Teston, Münnich, Bartolomey & Brissoneau frères, Langenard, Havrez, Cadiat aîné, Napier, Renaux, Fontainemoreau, Vangoethem, Begault, Guary, Holcroft, Laubereau, Heraud, Liebermann, Sultzer, Fauquemberg, Brinjes, Chavannes & Huillard, Girard, Montaigne, Corby, Hauboldt, Momou & Racinet, Montigny, Duvergier, Bedu, Hay und Andere. Unter ihnen waren nur wenige, die sich für eine Centrifuge mit horizontaler Drehaxe entschieden. Letztere Construction ward besonders von Goetze empfohlen und gebaut, ferner von Offermann, Robinson und in neuerer Zeit noch von Tulpin, Hemmer, Gay und

---

*) Penzoldt oder Pentzoldt oder Petzoldt in Paris erhielt sein erstes Bérvèt 1836, 2. Août. Brévét pour un nouveau procédé de séchage des tissus à l'aide d'une machine à rotation rapide avec axe vertical. Brévét de 1837. Mach. à axe horizontal. Bulletin de la société d'encour. 1850. Comptes rendus 1838. Publications industr. Armengaud III. 1843.

**) Seyrig, J. G., zu London erhielt 1838 am 16. Februar ein Patent auf eine Centrifuge.

Kaepelin. In neuerer Zeit war das Streben darauf gerichtet, die Centrifugen mit senkrechter Axe für continuirlichen Betrieb einzurichten. Zu den Ingenieuren, die dies anstrebten, gehören Buffaud, Langenard, Shears, Havrez, Schimmel, Frey, Carrière. Es fehlte auch nicht an anderen Aenderungen und Verwendungen; so versuchten Renaux und später Farinaux den Centrifugenkorbraum mit heisser Luft zu speisen, Bailly den Trockenprocess mit dem Bleichprocess zu verbinden, durch Einleitung von schwefliger Säure in den Korb, u. s. w. — Der Kreis der Anwendung wuchs und wächst mit jedem Jahr. Heute machen folgende Zweige der Technik vorzugsweise erfolgreiche Anwendung von der Centrifuge: Textilindustrie, Zuckerfabrikation, Porzellanmanufactur, Färberei, Weinbereitung, Brennerei, Papier-Fabrikation, Farben-Fabrikation, Oel-Fabrikation, Kohlen-Industrie. — Die meisten Verbesserungen fielen auf das Getriebe. Zunächst war man sehr zweifelhaft (und Götze verneint es sogar), ob man Zahnräder oder Kegelräder so herstellen könne, dass man mit ihnen der Maschine 1000 Touren ertheilen könne. Allein Offermann wies bestimmt auf die Nothwendigkeit schnelleren Ganges als 1000 Umdrehungen hin und bald hatte man dies vollständig erreicht, denn Caron's Maschine hatte schon 1800 Umdrehungen durch Betrieb von unten her. Seitdem sind zahlreiche Treibcombinationen gemacht, bis man in neuerer Zeit entschieden auf das System der Frictionsscheiben und auf Riemenbetrieb oder auch directen Antrieb eingegangen ist, bei welchen Einrichtungen die Umdrehungsgeschwindigkeit leicht und fast unbegrenzt erhalten werden kann. Ebenso ist man zu einer hinreichend starken Construction der Centrifuge und ihrer einzelnen Theile gelangt, denn Anfangs kam es vor, dass die Körbe für die entstehende Spannung zu schwach construirt wurden. Im Ganzen ist die Einführung der Centrifugalmaschine schnell und leicht vor sich gegangen und der im Anfang mit einer Penzoldt'schen Centrifuge vorgekommene Fall des Zertrümmerns ward schnell als durch den Muthwillen der Arbeiter, die auf 3000 Umdrehungen gedreht hatten, entstanden kund gethan. — Allein bisher ist es nicht zu einer wissenschaftlichen Feststellung von Constructionsformeln für die Centrifugen gekommen und zwar aus dem Grunde, dass die abzuschleudernden Massen viel zu heterogener Natur sind, als dass für sie ein allgemeines Gesetz Platz greifen könnte. Ebenso wenig war es möglich, über den Wirkungsgrad und die Leistungsfähigkeit der Centrifugen ein bestimmtes Bild aufzurollen. In den Publ. ind. par Armengaud aîné finden wir in Vol. III und XI und XVII Einiges in dieser Richtung hin vorgeführt. Neuerdings hat Albert Fesca[*] einen Artikel über die Explosion von Centrifugen gegeben, worin er zunächst sehr richtig darauf aufmerksam macht, dass der Gebrauch der Centrifugen staatlich controllirt sein solle.

---

[*] In Dingl. Journ. CCIII., H. 5 und Zeitschr. d. Ver. d. Ing. XV. 737.

Für die Construction*) der Centrifugen ist es wichtig, dass die einzelnen Bestandtheile „Korb, Boden, Axe" in geeigneten Einklang gebracht werden. Der Werth für Festigkeit der Scheibe, die den Boden bildet, kann kleiner sein, als der Werth für die Festigkeit des Ringes oder der Korbwände. Während bei ersterem die Spannung $S = \frac{2}{3} q H$ genommen werden kann, muss bei dem Ring $S = 2 q H$ genommen werden (S Spannung im Ring und Korb, q Gewicht per Cub. Meter, H die der Peripheriegeschwindigkeit entsprechende Fallhöhe). Für die beschickte Centrifuge spielt die Dicke der Schicht δ ebenfalls eine Rolle, ferner deren Masse M und Gewicht G_2. Ist ω die Winkelgeschwindigkeit bei n Umdrehungen per Minute, F die Querschnittsfläche des Korbes, $g = 9,81$, R der Radius des ungefüllten Korbes, so ergiebt sich, wenn G^1 das Korbgewicht bedeutet, die Gesammtspannung in der Centrifuge

$$S_a = \frac{\omega^2}{\pi g F} \left[G^1 R + G_2 \left(R - \frac{\delta}{2} \right) \right].$$

Hierin bezeichnet δ die Füllungsdicke. Ist dieselbe sehr gering, so wird $\frac{\delta}{2}$ so klein, dass dieser Ausdruck vernachlässigt werden kann und es bleibt dann die Summenspannung $S_a = \frac{\omega^2 R}{\pi g F} (G_1 + G_2)$.

Die Geschwindigkeit hängt ab von der Betriebskraft und der betreffenden Transmission, andererseits von der Festigkeitsbestimmung des Korbes resp. seiner Theile. Die Kraft, welche den Körper in der Centrifuge durch die Centrifugalkraft an die Wandungen des Korbes andrückt, wird für gewöhnlich ermittelt bei gleichbleibender Umgangsgeschwindigkeit durch die Formel $K = \frac{c^2 G}{g v}$.

Dieselbe ergiebt bereits, dass die Pressung des eingegebenen Körpers um so grösser ist, je kleiner der Radius ist und mahnt dazu, nicht auf eine Vergrösserung des Raumes im Korbe das Gewicht zu legen, sondern mehr auf Erhöhung der Geschwindigkeit. — Wir kommen dabei auf die Thatsache, dass das Centrifugalverfahren um so besser wirkt, je geringere Massen in den Korb eingegeben werden. Natürlich beschränkt sich diese letzte Bestimmung in der Praxis von selbst. Es lässt sich für den Leistungseffect der Centrifugen eben das Gesetz aussprechen: „Die Centrifuge muss bei möglichst kleinem Diameter mit möglichst grosser Umdrehungsgeschwindigkeit mindestens so viel Material fassen, dass die daraus innerhalb einer (für jedes Material) bestimmten Zeitperiode abgeschleuderte Flüssigkeit mindestens gleichwerthig ist dem Kraft-, Zeit-

---

*) Grothe in der Allgem. Deutschen Polytechnischen Zeitung 1873. pag. 29. 43. 90.

und Arbeitsaufwand zur Beschickung, Bewegung und Instandhaltung der Centrifuge."

Wir wollen in Folgendem einige Centrifugaltrockenmaschinen beschreiben, bemerken jedoch dabei, dass bisher die Constructionen nicht immer mit der Leistungsforderung im Einklang stehen. Meistens sind die Dimensionen zu stark gegriffen und man bewegt eine bedeutende Masse unnütz mit herum. Es ist für die Zukunft nothwendig, die Masse genau dem vorliegenden Zweck anzupassen; dann wird der Gebrauch der Centrifugaltrocknenmaschinen noch mehr Vortheile bieten. —

Die Centrifugen werden theils für Handbetrieb, theils für Maschinenbetrieb angewendet. Erstere Einrichtung ist für kleinere Fabriken bequemer. Wir nehmen in Folgendem auf den Maschinenbetrieb mehr Rücksicht und geben als Repräsentanten des Handbetriebs unter dem 2. Abschnitt mehrere Fesca'sche Constructionen.

1. Centrifugaltrockenmaschine mit horizontaler Axe.

Die Offermann'sche Maschine*) dieser Art war folgender Art construirt. Auf einer starken horizontalen Axe von circa 1,5—2 Meter Länge ist ein Cylinder von Kupfer, von circa 1½ Meter Durchmesser, mittels geeigneter Radarme aufgesetzt. Dieser Cylinder ist auf seinem ganzen Mantel perforirt. Unmittelbar um die Axe herum ist ein kleiner Cylinder von etwa 15 Decimeter Durchmesser aufgefügt, so dass derselbe concentrisch die Axe auf der ganzen Länge umschliesst und zwischen der letzteren und der inneren Wandung dieses kleineren, ebenfalls mit erbsengrossen Löchern versehenen Cylinders ein ringförmiger hohler Raum bleibt. Zwischen dem äusseren Mantel des kleinen und dem inneren Mantel des grossen Cylinders befindet sich der Raum zur Aufnahme der Wolle. Derselbe ist an den Radarmen geschlossen durch volle Scheiben. In dem Mantel des grossen Cylinders ist eine Einführöffnung. Der Cylinder ist ferner mit einem Gehäuse rund umgeben, welches etwa 5 Decimeter von dem Mantel des Cylinders absteht, unten aber rinnenförmig sich gestaltet für den Abfluss des Wassers. Der Cylinderraum wird mit der nassen Wolle beschickt, die Einführöffnung wird geschlossen, ebenso das Gehäuse und nun beginnt man mittelst Kurbel oder Räderwerk und Maschinenkraft die Axe umzudrehen.

Die Centrifugalkraft presst die Wolle an die Wandungen des Cylinders an und das lose in der Wolle eingeschlossene Wasser wird durch die Perforationen der Wandung herausgeschleudert und fliesst an der inneren Wandung des Gehäuses nach unten zusammen und von da ab. Frische Luft strömt stets durch die offenen Seiten des kleinen Cylinders ein und

---

*) Beschreibung und Abbildung der ersten F. A. Offermann'schen Centrifuge, im Gange zu Sorau seit 1841, ist in den Verhandlungen des Vereins für Gewerbfleiss 1842. pag. 158 enthalten. Sie kostete, von einem Klempner gefertigt, über 100 Thlr.! —

wird ebenfalls durch die Wolle hindurchgetrieben. Die Offermann'sche Maschine macht gegen 1000 Umdrehungen in der Minute und schleuderte in 10—12 Minuten das Beschickungsquantum aus. — Goetze machte dieser Maschine den Vorwurf, dass sich das Beschickungsquantum nicht gleichmässig an die Wandungen des Cylinders bei Drehung desselben anlege und theilte desshalb den inneren Raum durch Scheidewände in 4 Abtheilungen. Er hatte hierin nicht Unrecht. Dagegen ist seine Annahme, dass 600 Umdrehungen genügten, der Offermann'schen Behauptung gegenüber, dass die Geschwindigkeit besser 12—1500 Umdrehungen betragen solle, durchaus falsch und es ist zweifelhaft, ob seine Angabe, dass er das Beschickungsquantum in 5—10 Minuten getrocknet habe, als wahr hinzunehmen ist.

Die neueren Constructionen nach diesem System enthalten nichts hervorragendes Besseres und gehen wir nach Darlegung des Princips dieser horizontal-axigen Centrifugen über dieselben hinweg zur 2. Gattung.*)

2. Centrifugaltrockenmaschinen mit verticaler Axe.

Die Centrifugaltrocknenmaschinen mit verticaler Axe sind insofern von vornherein vollkommener wirkend, als sich in dem horizontal rotirenden Korbe derselben die Körper gleichmässiger gegen die Wandung desselben anlegen. Bei den Centrifugen mit horizontaler Axe fällt bei Beschickung zunächst die ganze Masse des zu entnässenden Körpers auf die eine Stelle des Korbes und presst durch ihr Gewicht bereits gegen dieselbe an. So verbleibt es zum grössten Theil, indem bei langsamer Rotation die Masse wohl entsprechend der wechselnden Neigung der Wandungen herabrollt, aber durch das Gewicht stets wieder den tiefstliegenden Punkt zu erreichen sucht. Dies Herabrollen, später Herabfallen hört erst dann auf, wenn die Centrifugalkraft die Kraft des Gewichtes der Masse überwindet. Und auch dann wird die Vertheilung der Masse an den Wandungen niemals eine gleichmässige sein. Bei den verticalaxigen Centrifugen jedoch wirkt das Selbstgewicht des Körpers nicht zum Anlegen an die Wandungen, wenigstens zunächst nicht. Bei zunehmender Geschwindigkeit überwiegt die wachsende Centrifugalkraft allmälig die Gewichte der einzelnen Wassertheile. Die leichteren folgen

---

*) Alcan fertigt in seinem Werke Traité du travail de laine Tome I. pag. die für die Streichgarnspinnerei wichtigen Centrifugalmaschinen einfach ab mit den Worten: Pour la laine cardée l'essorage à l'hydro-extracteur, à force centrifuge, remplace celle de la pression, dont les laines lisses ne souffrent pas l'action. Comme les machines à extraire l'eau sont bien connues, nous ne décrivons pas pour le moment la disposition la plus ordinaire parceque nous donnons plus loin une combinaison speciale imaginée par Mr. Tulpin pour opérer le séchage des lainages en pièces. Dies der Antheil, den die Centrifugen bei Alcan, der sonst mit ungewöhnlicher Breite und vielem Raisonnement die einfachsten Maschinen behandelt, erhält. An dem von ihm angegebenen Orte beschreibt er den Tulpin'schen Appareil à éssorer les draps au large, — eine Maschine, die keine Beziehung für das Wolletrocknen hat. —

der Centrifugalkraft und werden gegen die Wandungen angepresst, — und so fort bis alle Theile durch dieselben herangezogen sind. Dass hierbei, da in jedem Momente, entsprechend jedem Momente in der Zunahme der Geschwindigkeit, Theilchen gegen die Wandungen bewegt werden, aber stets andere Punkte des Korbes in diesen Momenten der tangentialen Richtung der Schleuderung als Aufhalt dienen, — die Vertheilung eine gleichmässigere sein muss, dürfte unbezweifelt sein. Aus diesem Grunde wird auch die Bewegung der vertical-axigen Centrifuge von nur geringen Stössen begleitet sein, während diese bei den horizontal-axigen stets wahrgenommen werden, schon durch die Gewalt der herabfallenden Massen. Dennoch aber stellt sich bei den vertical-axigen Centrifugen die Schwierigkeit heraus, dass die Axen derselben eine sehr genau senkrechte Stellung erfordern und zur Verminderung der Zapfenreibungsspitze, conische Stehzapfen erfordern, ferner Halslager und diese sowohl unterhalb als oberhalb des Korbes, oder aber andere Anordnungen, die den entstehenden und bei der Zufälligkeit der Lage der Massenbeschickung unvermeidlichen Schwingungen des Korbes und dem einseitigen Axendruck, sowie der damit verbundenen stärkeren ungleichen Reibung entgegen wirken. In diesen angegebenen Vorkommnissen und Thatsachen liegt der Grund zu der mannigfachen Construction, die die Centrifugen seit einigen Jahrzehnten erfahren haben.

I. Centrifugen mit Antrieb über dem Korbe.

Diese Centrifugen haben meistens bei kleinen Dimensionen einseitige, bei grösseren Anwendungen zweitheilige, selten dreitheilige Gestelle.

Die Construction von A. Münnich & Comp. in Chemnitz enthält innerhalb des dreitheilig starken Gestells A die Centrifuge. Die Welle C derselben steht unten in einem Fusslager mit conischem Zapfen. Die Verbindung des Korbes mit der Welle ist aus der Zeichnung ersichtlich. Den Korb umgiebt das Gehäuse. Die Wandungen des Korbes sind aus Kupferblech hergestellt und entsprechend gelocht. Die Welle ist im Halslager J eingelagert und trägt oben eine mittels K K verschiebbare Rolle D. Unter J ist eine Bremsscheibe mit Bremsanordnung angebracht. Die Bewegung wird auf die Axe von der Hauptwelle G her ertheilt, die hier aus 2 Theilen besteht, jeder ausgerüstet mit einer Riemenscheibe F und einer Frictionsplanscheibe E. Durch die Federanordnungen H und H' werden diese Wellen stets nach der Axe zu gepresst. Die Scheibe F stehe mit der Transmission der Fabrik durch Riemen in Verbindung, die eine mittels glatten Riemens, die andere mittels geschränktem Riemen. Wenn die Bewegung der Axe beginnen soll, stellt man die Frictionsrolle D herab, so dass sie dem Mittelpunkt der Scheibe sich nähert. Es wird hier das Bewegungsübersetzungsverhältniss etwa wie 1 : 2 sein. Je mehr man die Rolle D nach oben verschiebt, um so mehr erhält sie beschleunigte

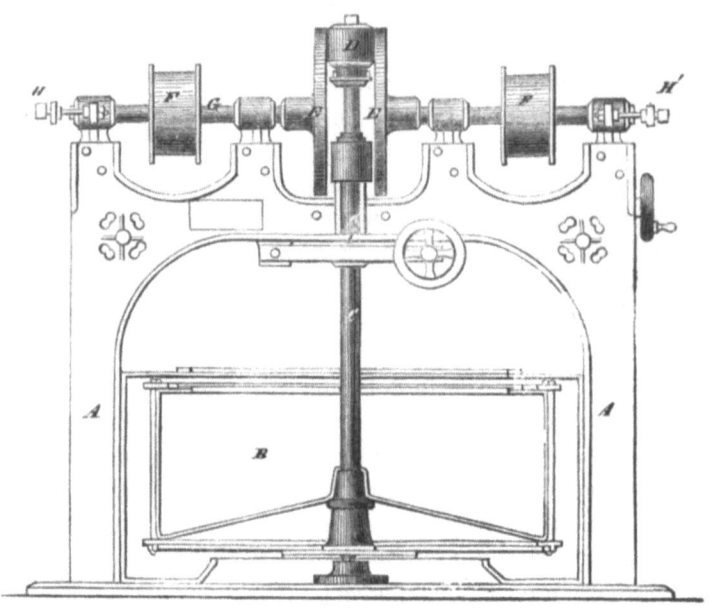

Fg. 75.

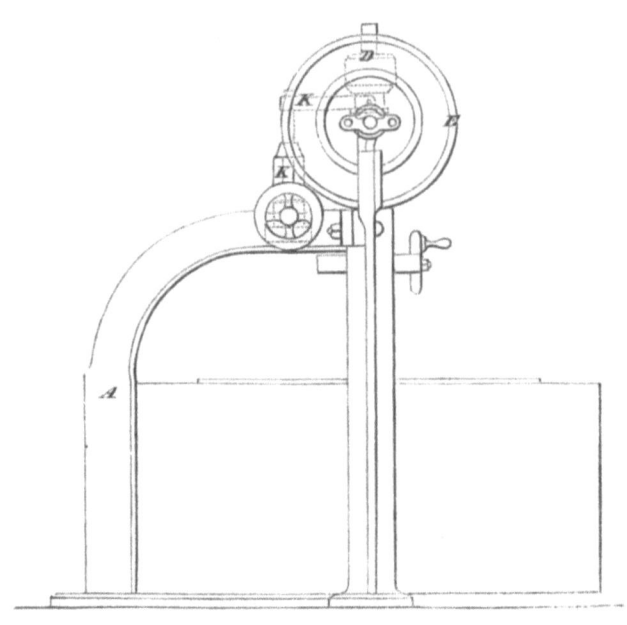

Fig. 76.

Bewegung bis in oberster Stellung das Bewegungsverhältniss entsprechend den Radien der Scheiben E und D zum Maximum wächst. (Fig. 75 u. 76).

Sehr ähnlich ist die Centrifugenconstruction von A. Kiesler & Comp. in Zittau, H. Thomas in Berlin und Oscar Schimmel & Comp. in Chemnitz. (Fig. 77). Bei letzterer ist jedoch die Rolle über den ganzen Scheibenraum verschiebbar, nicht wie in der Construction oben nur auf der Hälfte. Ferner setzt Schimmel die Stellage zur Aufnahme der

Fig. 77.

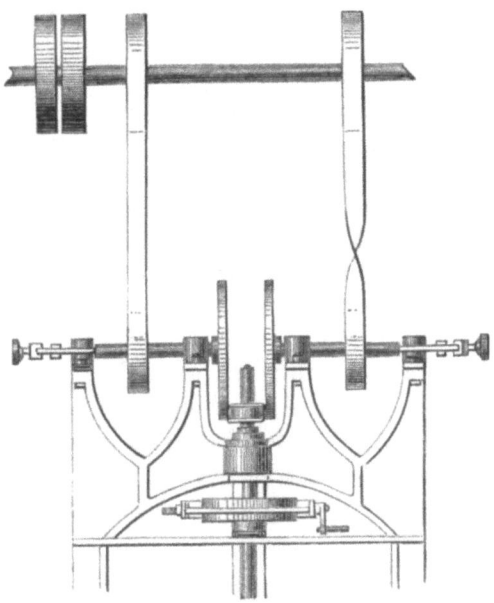

Fig. 78.

Hauptwelle direct auf das stark construirte Gehäuse, welches die Centrifuge umschliesst, auf. Es ist dies übrigens eine Methode, die vielfach durchgeführt wird, zumal bei den französischen Centrifugen z. B. v. Tulpin ainé in Rouen, Pierron & Ferd. Dehaitre (Fig. 79) in Paris. Bei der Centrifuge von Tulpin (Fig. 80) wird eine sehr grosse Planscheibe K

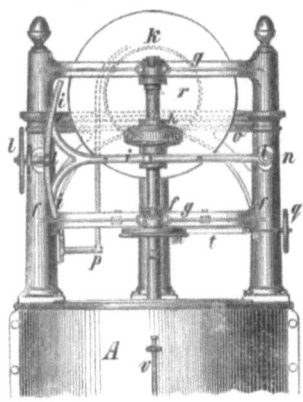

Fig. 79.   Fig. 80.

verwendet und der Antrieb ist einseitig. Die Hauptwelle ist sehr kurz und in dem dreisäuligen Gestell f, das auf das Gehäuse A aufgeschraubt ist, derart eingelagert, dass sie auf der Mittelsäule und dem Verbindungsbalken o zwischen den Frontsäulen ruht. Die grosse Scheibe K liegt vor dem Steg o. Die verschiebbare Rolle h sitzt hier auf der langen Axe Z zwischen den beiden Halslagern g. Die Rolle h ist schmal aber von grösserem Durchmesser, wodurch eine klarere Friction erzielt wird. Ein Hebel i bei n an der Säule f befestigt, umfasst in einer Rinne die Rollenkörper h und endigt an der andern Seite in einem Sector, der durch eine Stellradachse mit Zahntrieb l verstellt werden kann. p ist Riemengabel für die Riemenscheibe r. m ist Frictionsscheibe, gegen deren Mantel das Band t und die Bremse mittels q angezogen werden kann. Das Gehäuse A ist zweitheilig hergestellt und wird zusammengeschraubt an umgebogenen Flantschen. v ist eine Speiseröhre für Oelung des Fusszapfens. —

Das was Tulpin's Centrifuge zu wünschen übrig lässt, dass der Druck der Planscheibe in der Axe keinen starken Widerdruck findet, weil die Aufstellung der Axe in den Lagern g g dennoch zu Federungen Veranlassung geben möchte, hat H. Prollius in Görlitz sehr passend vermieden dadurch, dass er wie Figur 81 zeigt, ein Arcadengestell wählt

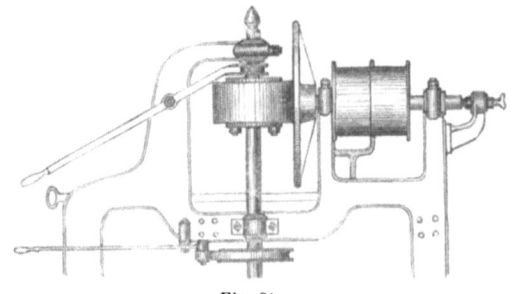

Fig. 81.

und in demselben die Planscheibenwelle fest einlagert und an einer Verlängerung desselben Gestelles die Centrifugenaxe in zwei Halslagern festhält.

Die Bewegungsübertragung mit Planscheiben hat sehr viel Vortheilhaftes, weil man damit die schnelle Bewegung der Centrifugen langsam einleiten kann. Trotzdem ist sie nicht so sehr verbreitet als man erwarten sollte. In Deutschland wird sie vorherrschend benutzt.

In der in folgender Abbildung (Fig. 82) scizzirten Anwendung von horizontalen Frictionsscheiben finden wir bereits den Uebergang zu dem starren System, welches eine Einleitung der Bewegung der Axe in langsamem Anfangstempo nicht mehr gestattet. Diese Construction, jedoch für

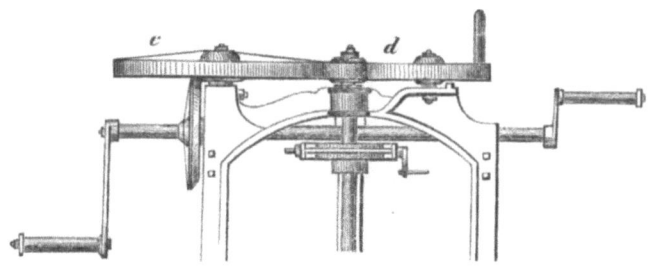

Fig. 82.

Handbetrieb an Kurbeln ist wohl geeignet, weil sich hierbei die allmälige Beschleunigung von selbst ergiebt. Bei Beginn wird mit dem Handgriff d umgedreht, sodann an der Kurbel gedreht und durch c die Rolle schnell in die normale Umdrehung versetzt.

In Buffauds Construction, wie sie beigehende Figur 83 vorführt, sind eine Reihe interessanter Details zu bemerken. Zunächst sehen wir, dass die Centrifuge (grösserer Dimension) einen eigenen Motor in Form einer kleinen Dampfmaschine am Gehäuse angeschraubt enthält. Es ist dies eine Anordnung, welche von Buffaud frères (Paris) in sorgsamster Weise für eine ganze Reihe verschiedener Dimensionen durchgeführt worden ist. Die Steigung des Conus ist schwach genommen. Die Axe steht auf Stahllinsen, eine für Centrifugen sehr zweckmässige Anordnung. Das untere Lager ist nicht absolut festgeschraubt, sondern lässt durch seitliche Schraubenstangenverbindungen leichte Ausweichungen zu.

Der Boden der Centrifuge von Bertholomey & Brissoneau frères zu Nantes, derselben Einrichtung, ist mit einer Spiralvertiefung versehen, um dem Ablauf zu unterstützen. Es ist diese Einrichtung des Bodens jedoch keine französische Neuerung, sondern Albert Fesca in Berlin hat sie zuerst bei seiner Centrifuge in Anwendung gebracht. Fig. 84.

Als Beispiel einer einseitigen Construction mit Conusfrictionsbetrieb gaben wir Fig. 79, dass äusserst kräftig gehaltene Stativ an einer Centrifuge für Hand- oder Motorenbetrieb von Pierron & Ferd. Dehaitre in

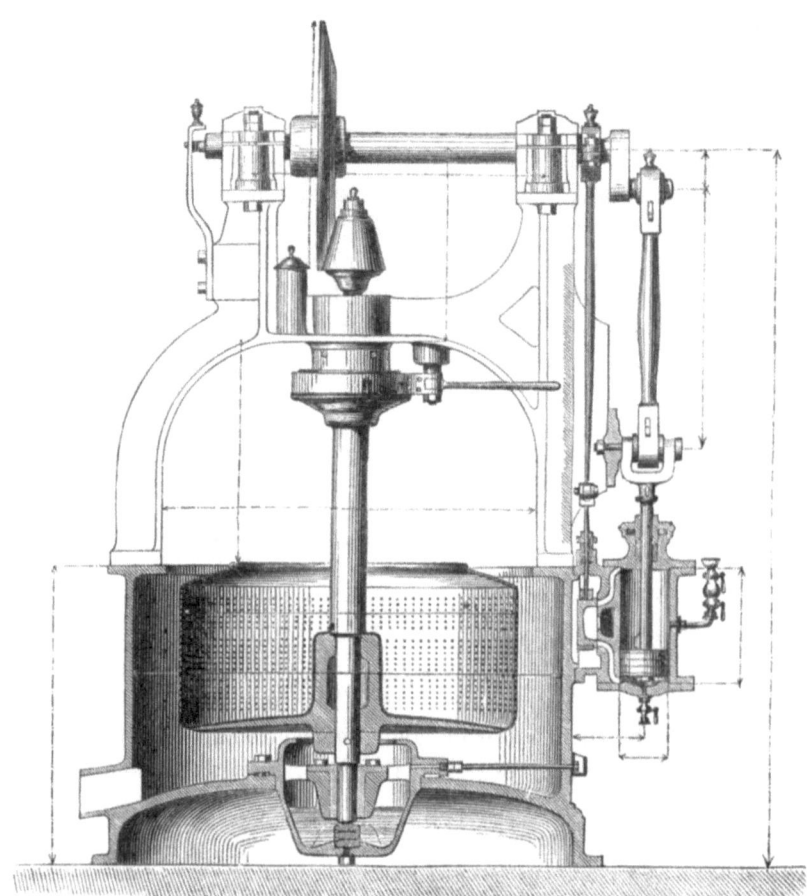

Fig. 83.

Fig. 84.

Paris, deren grössere Constructionen unter Beibehaltung des massigen Stativs sich der Buffaud'schen anschliessen.

An die Stelle der conischen Uebertragungstheile treten nun in vielen Centrifugen conische Zahnräder, ganz besonders für schwere und grosse Centrifugen. Solche Einrichtung zeigen die Centrifugen von Langenard, Havrez, Pierron. Dieselben enthalten einfache conische Zahnräder in ähnlichen Verhältnissen wie die Frictionskegel.

Abweichend von dieser einfachen Anordnung ist aber die in Fig. 85 beigegebene Anordnung*) von Carrière in Besançon.

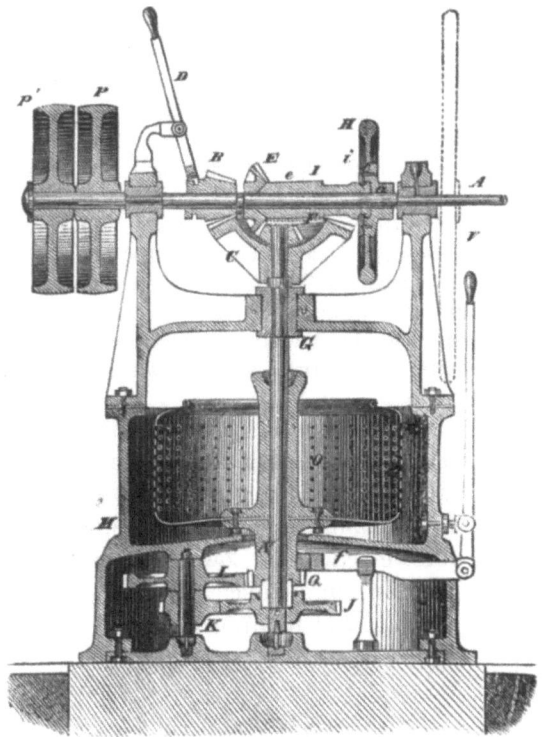

Fig. 85.

In unserer Figur 85 bezeichnet A die horizontale Welle des Apparates, die ihre Bewegung durch die auf ihr fest gekeilte Scheibe P erhält, über die der Antriebsriemen ohne Ende läuft. Auf eben derselben Welle ist ein conisches Getriebe B angeordnet, welches mittels des Hebels D mit dem Rade C in und ausser Eingriff gebracht werden kann, während ein anderes conisches Getriebe E, das aber lose auf der Welle läuft, in das Getriebe F eingreift, das auf der verticalen Welle G befestigt ist. Das erstere Getriebe kann aber auf der horizontalen Welle durch eine Vorrichtung auch fest gezogen werden, die einestheils aus dem Rad H besteht, in dessen Nabe ein Schraubengewinde eingeschnitten ist, so dass es sich auf den Theil a der horizontalen Antriebswelle auf-

---

*) Genie ind. 1869. — Ill. G. Zeit. 1870. Nr. 1.

schrauben kann, andere theils aus der Hülse I, welche sich frei über der Welle und in der Nabe des Rades H dreht, die zu diesem Zweck mit einer Kehle versehen ist, in welche sich eine Platte i hineinschraubt. An dem unteren Theil der verticalen Welle G ist das Stirnrad J befestigt, welches mit dem Getriebe K in Eingriff steht, das seine Bewegung dem Rade L mittheilt, indem beide auf ein und derselben Zwischenwelle befestigt sind; das letztere Rad aber greift weiter in das Getriebe Q ein, welches mit der Hülse N, auf welcher die Trommel ruht, aus einem Stück gegossen ist. Durch diese ganze Rädercombination, die in dem unteren Sockel M der Maschine eingeschlossen ist und die von der oberen unabhängig wirkt, wird der Trommel unmittelbar ihre nothwendige Geschwindigkeit gegeben. Die Bremse f ist oberhalb des Getriebes Q angeordnet.

Will man den Apparat in Thätigkeit setzen, so bringt man mittels des Hebels D das Getriebe R mit dem Rade C in Eingriff, dessen Durchmesser um ein bedeutendes grösser als der des Getriebes ist, in dem Verhältniss, als die anfängliche Geschwindigkeit eine nur geringe sein soll, um das Trägheitsmoment der Masse zu überwinden, ohne gewaltsame Schläge, Stösse u. s. w.; dreht sich nun der Apparat mit der anfänglichen mässigen Geschwindigkeit, so rückt man das Getriebe B aus und hält mit der Hand das Rad H fest; während dessen aber fährt die Welle A fort, sich zu drehen, so dass das Rad H sich auf dieser aufschraubt und dadurch den conischen Theil e der Hülse I gegen das Getriebe E drängt. Dies aber geschieht allmälig, und da das Verhältniss der beiden Getriebe E und F zu einander so genommen ist, dass durch ihren beiderseitigen Eingriff der Apparat seine grösste Geschwindigkeitsbewegung erhält, so folgt daraus, dass die Zunahme bis zu dieser Geschwindigkeit eine allmälige und vollkommen ruhige sein muss. Soll der Apparat nicht mehr thätig sein, so schiebt man den Riemen auf die Leerscheibe P' über und bringt das Schwungrad V zum Stillstand, so dass nun auch die Welle aufhört sich zu drehen und das Rad H sich zurückschraubt, was die Aufhebung des Druckes der Hülse gegen das Getriebe E und dessen Aussereingriff mit dem Getriebe F zur Folge hat.

Directe Zahnradbetriebe hat man ebenfalls versucht, aber mit geringem Erfolg. Dagegen finden wir die Uebersetzung durch Schraubengang und Rad mehrfach durchgeführt, so bei den Centrifugen von Schellenberg in Chemnitz und bei den kleinen Centrifugen und Centrifugirapparaten für verschiedene Zwecke von Rudolph Voigt in Chemnitz. Von dieser Anordnung geben wir beigehendes Bild. Fig. 86. Solche Anordnungen dürften viel Kraftaufwand erfordern und sich schnell abnutzen. —

Fig. 86.

Wir führen endlich noch das Spindellager speciell an. Die meisten Spindellager sind gewöhnlicher Construction, wie sie für stehende Wellen

Verwendung finden. Auf Seite 125 berührten wir aber bereits das Lager der Centrifuge Buffaud (Figur 83), welches abweichend construirt war mit einer Unterlage von Linsen aus Stahl. Wir geben hier nun in Figur 87, ein Lager von Henry welches ebenfalls zwei Linsen D als Grundplatten enthält, bei dem aber der Stehzapfen der Welle C conisch gestaltet ist und in einem conischen stellbaren Lager B steht, das in den Lagerblock A eingeschraubt und mit der Regulir-Mutter G versehen ist, welche auf A aufruht. F ist der innen trichterförmig erweiterte Rand der conischen Lagerschaale. E sind Schmiercanäle. B wird nun so weit herunter geschraubt, dass das Ende von C die Linsen berührt und in der Schaale B ein wenig gelüftet wird. —

Als ein abweichendes Beispiel der Centrifugen mit verticaler Axe und Betrieb oberhalb des Korbes müssen wir hier die Centrifuge der Mannheimer Maschinenfabrik anfügen. (Fig. 88.)

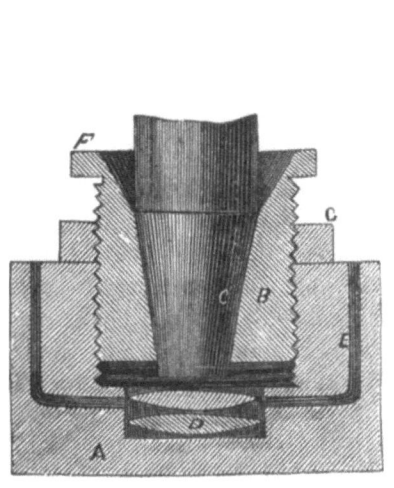

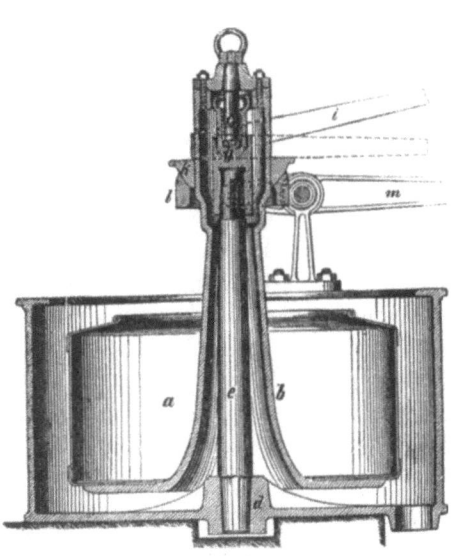

Fig. 87.   Fig. 88.

Die Centrifuge (Fig. 88) der Mannheimer Maschinenfabrik enthält die stehende Spindel e, welche im Fusslager bei d festgestellt ist, oben aber einen Lagerhalter mit Lager g trägt. Das Lager g besteht aus einem röhrenartigen Stücke, oben zu einem Oelgefäss erweitert, unten halbkugelig geschlossen und innerlich am Boden der Röhre mit einem halbkugeligen Lagerträger versehen. In dieses Rohrstück wird der eigentliche Drehzapfen c der Korbwelle eingeführt und ruht auf der Lagerhalbkugel. Der Zapfen c ist oben in dem Deckel der hohlen conoïdal-geformten Korbaxe eingefügt und kann durch eine Flügelmutter angezogen werden. Der, wie Figur zeigt, cylindrische Obertheil der Korbwelle b dient als Riemenscheibe für den halbgeschränkten Riemen i, der von horizontaler Transmission herkommt und auf den Cylinderring k vor dem Herabfallen geschützt ist. Dieser Cylinderring k dient aber gleichzeitig als Bremskörper und ist dafür, wie ersichtlich, unterhalb conisch-kugelig geformt, genau entsprechend der Ausarbeitung des Bremsringes l, der durch Hebel m angedrückt wird. Die Bodenplatte des Korbes a ist mit der Endplatte der Axe b unten zusammengefügt. Diese Art und

— 130 —

Weise der Aufhängung der Centrifuge wirkt dahin, dass die ungleichmässige Belastung der Centrifuge im Korbe keinen nachtheiligen Einfluss auf den Gang derselben und die Abnutzung der einzelnen Theile ausübt. —

II. Centrifugen mit Antrieb unterhalb des Korbes.

Die frühesten Constructionen von Penzoldt und von Caron bedienten sich des Antriebes von unten. Allein man wandte sich dieser Construction erst später mehr zu, weil bei derselben die Schwingungen um so grösser hervortraten, je länger die Axe sein musste, auf welcher der Korb aufgehängt wurde. —

In neuerer Zeit hat man viele Centrifugen dieses Systems construirt, man hat die Axe kürzer genommen und die Schwingungen haben sich mehr verloren. Allein nicht alle Hoffnungen hierfür sind erfüllt; trotzdem dürften diese Constructionen den vorher beschriebenen ebenbürtig sein.

Albert Fesca & Co. in Berlin liefern seit langer Zeit solche Centrifugen in einfacher, sinnreicher Anordnung und mit allen erdenklichen Verbesserungen versehen. Die Fig. 89 stellt diese Centrifuge dar, zu der wir einen Grundriss (Fig. 90) fügen, bei welchem vorzüglich die Anordnung des balancirten Lagers gut hervortritt. T ist der Korb, S das Gehäuse, dessen Glocke ausziehbar, dessen Boden kegelförmig hergestellt ist zum bequemen Ablauf der Flüssigkeiten. Der Korb ist auf der Welle t montirt. Das Halslager k für die Welle t ist mit 6 eisernen Armen am Kranz O befestigt und nimmt den Mittelpunkt dieses Kranzes ein. Die einzelnen Arme durchragen den Kranz O und tragen vor O einen Gummipuffer m, der mittels Mutter und Scheibe gegen O angedrückt wird. Dieses Lager hat in Folge dieser Anordnung die Fähigkeit, bei Schwingungen durch ungleiche Vertheilung der Schwungmassen in der Centrifuge genügend nachzugeben. Um diese Wirkung noch mehr zu vervoll-

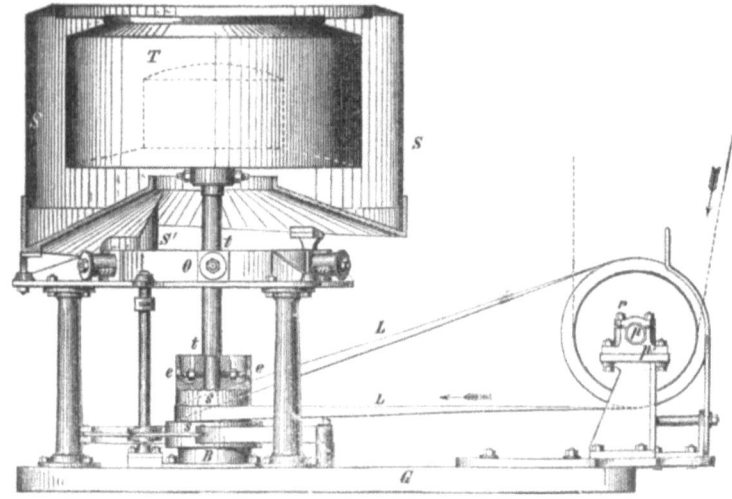

Fig. 89.

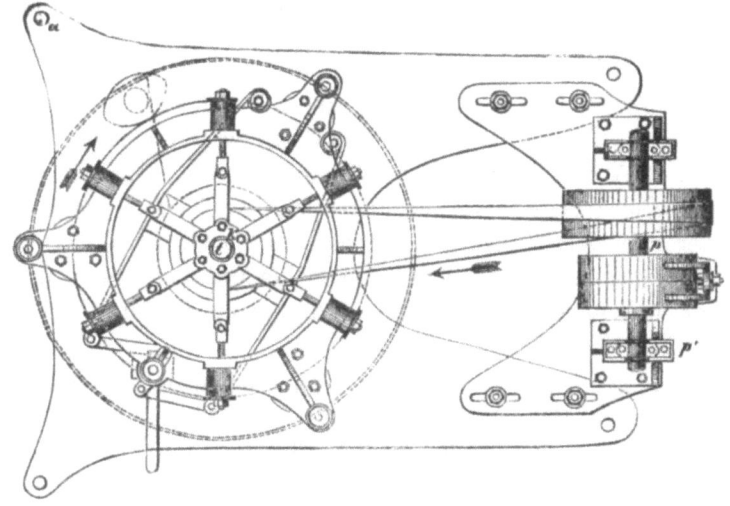

Fig. 90.

kommnen, hatte A. Fesca auch einen Regulator construirt, der das Gleichgewicht bei ungleicher Beschickung herstellte.*)

Die Welle t ist unten mit einer breiten Riemscheibe s versehen, die mit eingelassenen Stellschrauben e festgestellt wird. Unterhalb dieser breiten Riemscheibe, die durch Riemen L von r her bewegt wird, sitzt die Bremsscheibe.

Die Centrifugen kleinerer Dimension von Albert Fesca & Co. in Berlin bedienen sich des Schnurenbetriebes. (Fig. 91 u. 92.) Hierbei

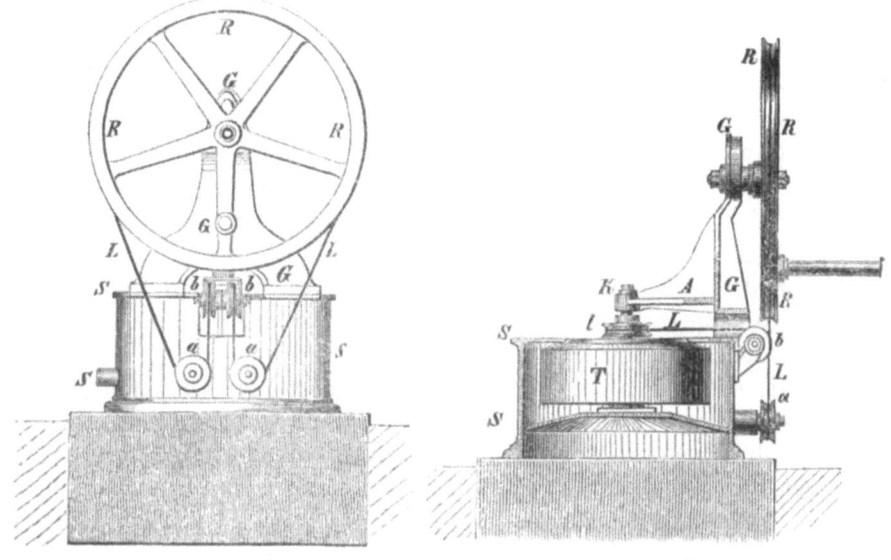

Fig. 91. Fig. 92.

*) Zeitschrift des Vereins deutscher Ingenieure. 1866. X. 177.

ist das Kurbelrad R zugleich Schnurtriebrad. Die Schnur L geht unter den Leitrollen a a hinweg, über die Leitrollen b b, nach der Rolle L, die entweder oberhalb oder unterhalb des Korbes T angebracht sein kann, je nach dem man die Rolle a a und b b tiefer anbringt. Die Rollen werden an dem Gehäuse S angeschraubt, auf welchem auch das Stativ G mit dem Arm A und Lager K für die Spindel angeschraubt wird. Die vorstehende Construction, wie sie abgebildet ist, müsste eigentlich ihren Platz unter den Centrifugen mit Antrieb von oben erhalten, allein wir stellen sie hier ein, weil davon eine Reihe Constructionen das Prinzip entnommen haben. Unter diesen sei vorzüglich das System von C. G. Hauboldt junior in Chemnitz genannt.

Hauboldt benutzt den Schnur- resp. Seilbetrieb auch für grosse Centrifugen bis zu 1500 Millim. des rotirenden Korbes oder Kessels und wendet sowohl Betrieb durch directe, für die Centrifugen aufgestellte Dampfmaschinen an, als auch Riemenbetrieb von der Welle her. Zur Illustration für letztere geben wir beigehende Figur 93. Wie man sieht,

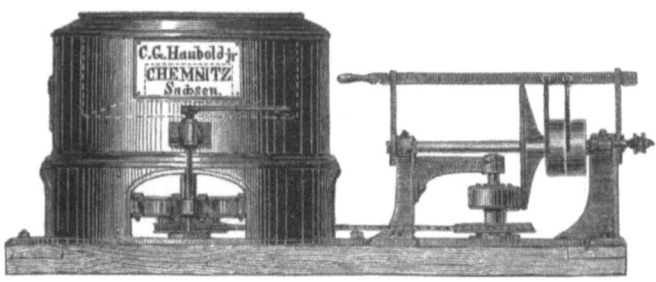

Fig. 93.

ist der Korb hierbei aber ganz frei und leicht zugänglich und alle Betriebstheile liegen unter dem Kessel. Das Vorgelege bedient sich einer Planscheibe und Frictionsrolle, auf deren Axe dann die Schnurscheibe von gleichem Diameter wie die Schnurscheibe auf der Korbspindel sich befindet und zwar dicht über dem Fusslager. Die Spindel hat daher nur sehr geringe Länge, wodurch natürlich die Wirkung der Schwingungen geringer wird. Gleichzeitig ist verhütet, dass Oel von den Lagern etc. in den Korb tropfen kann. Die Treibschnur ist Lederspiralschnur, da sich Hanfseile ausdehnen würden. —

Der directe Antrieb durch die Dampfmaschine von unten her ist neuerdings nur in der Centrifuge von Brotherhood & Hardingham in London durchgeführt worden und zwar in Verbindung mit ihrer dreicylindrigen Paragon-Dampfmaschine. Die 3 Cylinder der Maschine dienen hierbei in horizontaler Lage als Unterlage, und die Centrifuge ist unmittelbar auf die Axe aufgesetzt, welche vertikal stehend aus dem Gehäuse der Dampfmaschine emporragt.

Alle anderen bisher bekannt gewordenen Constructionen, die sich einer besonderen Dampfmaschine als Motors bedienen, übertragen die Bewegung der Kurbelwelle mittels Riemens oder mit Hülfe conischer Scheiben oder Planscheiben mit Rolle u. s. w. Von Fauquemberg in Husseignies rührt eine solche Construction her. Dieselbe enthält unter dem Korb und Gehäuse eine geneigt liegende Dampfmaschine, welche an einer Kurbel angreift und die Kurbelwelle umdreht, an deren Ende eine conische Scheibe sitzt, die mit der conischen Scheibe auf der Spindel der Centrifuge im Eingriff steht, d. h. in Berührung und Friction steht.*)

Die Constructionen von Tulpin frères, Gebr. Sultzer u. A. mit directem Dampfmaschinenbetrieb mögen hier erwähnt sein.**)

III. Centrifugen mit continuirlichem, selbstthätigen Betrieb.

Seither sind Versuche zur Erreichung des continuirlichen Betriebes, d. h. selbstthätiger Beschickung und Entladung für die Centrifugen gemacht. Drei Constructionen haben dies in gewissem Grade befriedigend erreicht, nämlich die von Brinjes, für Zucker bestimmt, die von Langenard für Wolle und Gewebe und die von Havrez für Wolle und lose Rohstoffe bestimmt.

Langenards Maschine hatte um so grösseren Erfolg, weil vorher die continuirliche Centrifuge von Shears keinen Erfolg zeigte. Trotzdem ist die Langenard'sche Centrifuge nicht sehr in die Praxis eingedrungen, obwohl sie mancherlei Vorzüge hat und in der That kraft- und zeitersparend wirkt. Wir lassen hier Beschreibung und Figuren 94—107 folgen.

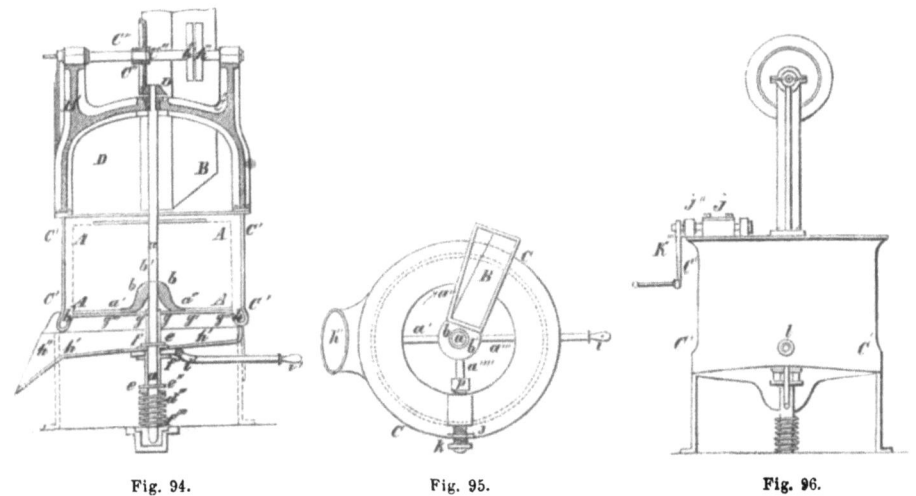

Fig. 94.   Fig. 95.   Fig. 96.

---
*) Maschinenbauer III. 202.
**) Maschinenbauer II. 140 n. IV. 240. — Zeitschrift der Ingen. 1874. H. 9.

— 134 —

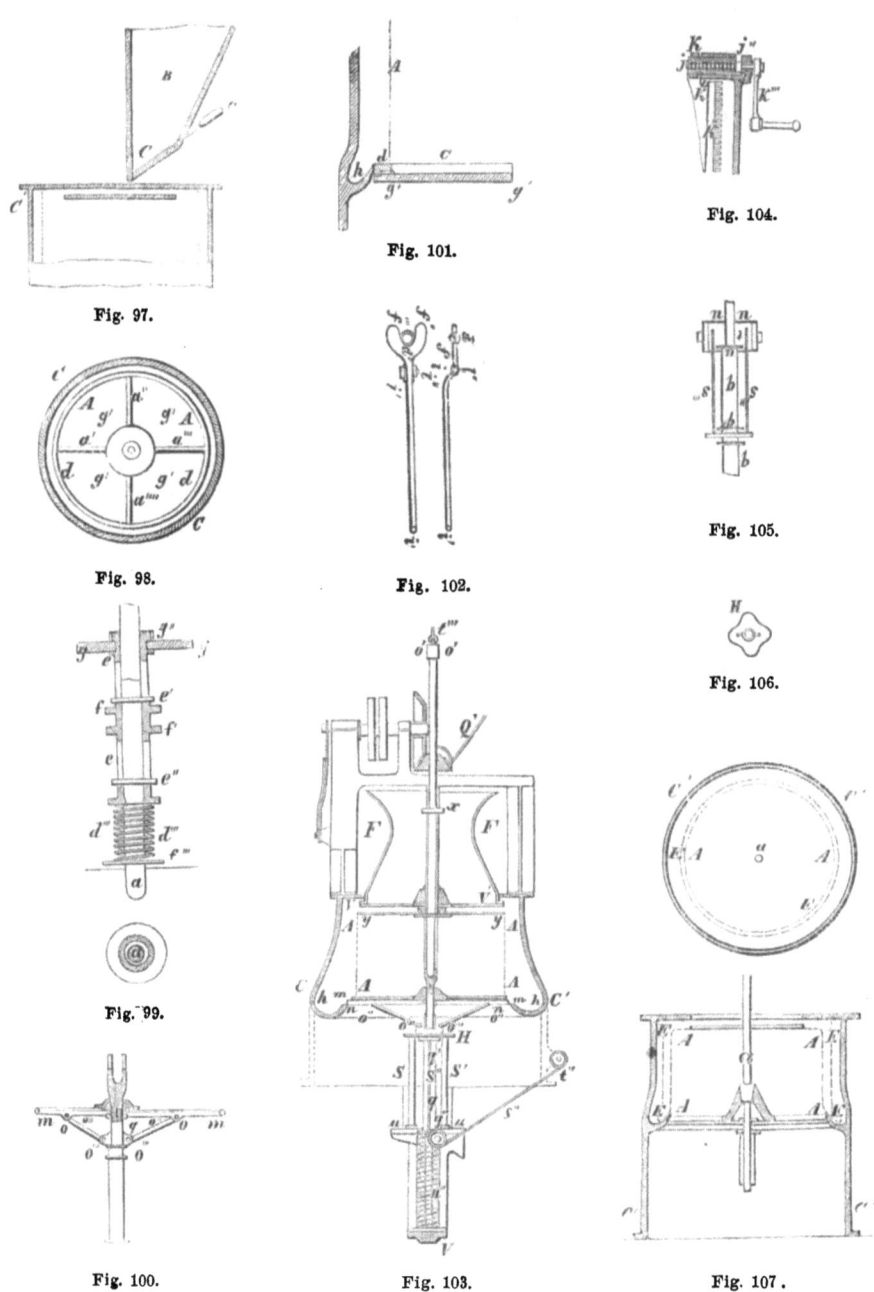

Fig. 97. Fig. 101. Fig. 104.
Fig. 98. Fig. 102. Fig. 105.
         Fig. 106.
Fig. 99.
Fig. 100. Fig. 103. Fig. 107.

In Fig. 94 der betreffenden Abbildungen bezeichnet A einen gewöhnlichen Trockenkessel aus Drahtgewebe oder gelochtem Blech, in welchem die zu trocknenden Waaren aus dem Trichter B eingeführt werden, nachdem man zuvor den Schieber C (Fig. 97) weggezogen hat. Der Kessel A ist vermittelst der Arme a' a'' a''' a'''' (Fig. 95) und der Nabe b mit der Welle a verbunden, indem die Nabe b durch einen Keil b' auf der Welle a festgehalten wird. Durch die Ringe c und d (Fig. 94, 98, 100) sind die Arme zu einem festen Ganzen unter einander und mit dem Kessel verbunden. Das untere Ende der Welle a trägt eine cylindrische Hülse e, die in der Mitte ihrer Länge einen Muff f f' hat. Dieser Muff wird von einem Gabelhebel i i' (Fig. 101) umfasst; doch greifen die Gabelschenkel f'' f''' nicht direct, sondern unter Vermittelung von Laufrollen d' d''' am Muff an. Am oberen Ende der Hülse e befindet sich ein Ansatz g, auf welchem die Bodenscheibe g'' aufruht; die letztere ist durch Schrauben g'' mit dem Ansatz g verbunden und dreht sich also mit diesem, so wie demzufolge auch mit der Hülse und mit der Welle. Die Bodenscheibe g' ist an ihrer unteren Fläche mit Bürsten g''' besetzt und ihr äusserer Rand hat einen Einschnitt, welcher den vorspringenden Rand des Ringes c aufnimmt.

Der Kessel A befindet sich in einem gusseisernen Mantel C', welcher das aus dem Kessel herausgeschleuderte Wasser aufnimmt und in einer um den Umfang herumlaufenden Rinne h ansammelt. Dieser Mantel geht tiefer herab als die Bodenscheibe g' und ist unten durch einen geneigt liegenden Boden h' geschlossen. An der tiefsten Stelle des Bodens h' befindet sich eine Oeffnung h'', durch welche die fertig getrocknete Waare aus der Maschine entfernt wird.

Das treibende Zeug ist in einem Bügel C'' über dem gusseisernen Mantel C' gelagert und besteht in den Fest- und Losscheiben h''' h'''' und den Frictionsrädern C'''' D; der Druck zwischen den letzteren wird durch eine Feder D' hervorgebracht, welche das Rad C'''' auf der Welle C''' nach rechts zu schieben sucht.

Die Behandlung der Maschine ist folgende: Nachdem man die Waare durch den Trichter B in den Kessel A eingetragen hat, setzt man die Maschine in Bewegung, und wenn dann die Waare hinreichend getrocknet ist, hebt man das Ende i' des Hebels i i'' und zieht dadurch den Muff f f' die Hülse e und die Bodenscheibe g' nieder. Dabei dreht sich aber der Kessel ununterbrochen fort, da die Hülse e mit der Welle a durch Feder und Nuth verbunden ist. Wenn die Bodenscheibe niedergezogen wird, so nimmt sie nur einen kleinen Theil der Waare mit sich, während der grössere Theil der Waare in Folge der Centrifugalkraft gegen die Kesselwand sich anlegt. Um diesen letzteren von der Wand abzulösen, ist an dem oberen Theile des Mantels C' ein besonderer Apparat angebracht, der in Figur 101 für sich dargestellt ist. Derselbe besteht in einer horizontalen Schraubenspindel j, welche durch zwei Ansätze j' j'' verhindert wird, in der Richtung ihrer Axe sich fortzubewegen, und einer mit der Mutter k dieser Schraubenspindel verbundenen Bürste k', welche in das Innere des Kessels A niederhängt. Dreht man nun vermittelst der Kurbel k''' die Spindel j, so wird die Bürste k' gegen den Umfang des Kessels fortgerückt, und da sie hierbei eine Reibung auf die gegen die Kesselwand gedrückte Waare ausübt, so dass diese der Geschwindigkeit des Kesselumfangs nicht mehr folgen kann, so gewinnt die Schwerkraft das Uebergewicht und die Waare fällt auf die Bodenscheibe g' nieder. Die Bürste kann, nachdem die Waare herabgefallen ist, bis an den Kesselumfang angerückt werden und dient dann zur Reinigung desselben.

Da die Bodenscheibe g' jetzt in ihrer tiefsten Lage, also unterhalb der Rinne h sich befindet und mit derselben Winkelgeschwindigkeit wie die Welle a sich dreht, so werden die Waaren, welche auf sie abgelegt worden sind, gegen den feststehenden Mantel C' geschleudert, an welchem sie auf den schräg liegenden Boden h' niederfallen; von dem letzteren werden sie durch die Bürste h''' gegen die Mündung h'' geführt, durch welche sie endlich die Maschine verlassen.

Ist alle Waare ausgetragen, so senkt man den Hebel i' wodurch die Hülse e und die Bodenscheibe g' in ihre frühere Lage zurückgehoben werden; diese Bewegung wird durch die Wirkung der Schraubenfeder d''' unterstützt. Diese Feder drückt den äusseren Rand der Bodenscheibe g' scharf gegen den Ring c, der eine Kautschukbekleidung hat, damit eine dichte Verbindung hergestellt wird. Die Flüssigkeit wird durch die Mündung l' abgelassen. Dann zieht man die Bürste k' zurück und trägt durch den Trichter B neue Waare ein. Haben die zu trocknenden Waaren ein sehr geringes Volumen, so dass sie möglicher Weise mit der Flüssigkeit durch die Löcher oder Maschen des Kessels entweichen könnten, so bedient man sich der in Figur 107 dargestellten Einrichtung, bei welcher zwischen Kesselrand und dem Mantel ein Metall- oder Haarsieb E' eingeschaltet ist. (Es ist dies eine für die Mungofabrikation wichtige Einrichtung.)

Für Waaren von sehr grossem Volumen dagegen bedient man sich der in Fig. 103 und 104 dargestellten Einrichtung. Hier liegen die Arme, welche den Kessel mit der Welle verbinden, im oberen Theile des Kessels, und der Ring V', welcher die Arme unter einander verbindet, greift nicht unter, sondern über den Rand des Kessels. Unter V' liegt das Halslager eines Trichters F, der ebenfalls mit einem Ring versehen ist, und alle diese Theile sind durch Schrauben so mit einander verbunden, dass der Trichter an der Drehung des Kessels Theil nimmt. Der Kessel A hat unten einen Rand, welcher sich auf einen über den Rand der Rinne h vorspringenden Ring m auflegt; dieser Ring m ist durch einen anderen Ring mit der Welle verbunden. Der Mantel C' hat dieselbe Einrichtung wie oben, nur die Rinne h ist etwas weiter; der Boden n besteht aus Tuch, Leder oder einer anderen weichen und nachgiebigen Substanz.

Nachdem die Waare in den Trichter F eingetragen worden ist, aus dem sie in den Kessel niederfällt, wird die Maschine in Bewegung gesetzt. Sobald die Waare getrocknet ist, setzt man die Walze t'' in Drehung und zieht vermittelst der um dieselbe gelegten Schnuren s'' s''' die Büchse H nieder, die dabei durch die Vermittelung der Ringe g' g'' den Muff g mitnimmt und die Arme o'' o''' niederzieht, so dass der Boden n nach Art eines aufgespannten Regenschirms umgebogen wird. Dann zieht man durch Aufwickeln der Schnur Q' den Muff o' nieder und schiebt dadurch auch den Ring y, der durch die Stangen x mit dem Muff o' verbunden ist, niederwärts. Der letztere entfernt hierbei die Waare, die sich an den Kesselumfang angelegt hat, von diesem und giebt ihr Gelegenheit, auf dem umgebogenen Boden n aus der Maschine herauszufallen. Nachdem die Waare auf diese Weise aus der Maschine ausgetragen ist, zieht man mittels der Schnur l''' den Muff o' in die Höhe, dreht die Walze t'' nach entgegengesetzter Richtung, so dass der Boden wieder eben wird, wobei die Feder u'' unterstützend wirkt, und trägt neue Waare ein.*)

Auf eine andere Weise sucht P. Havrez**) die Aufgabe continuirlicher Entleerung zu lösen. Seine Maschine ist freilich zunächst für körnerartige Substanzen bestimmt, wir glauben jedoch, dass diese Construction unter geeigneter Modification ebenso gut zum continuirlichen Ausschleudern der Wolle benutzt werden kann, wenn man den Korb und die Steigung der Schraubengänge höher und conisch nach oben zulaufend nimmt.

Die Maschine wird aus der Fig. 108 verständlich sein, in welcher auch die Masse eingezeichnet stehen. Der Betrieb geschieht durch conische Zahnräder und zwar einseitig. Abweichend von allen früheren Constructionen erscheinen folgende Theile. Die eigentliche Centrifugenwelle D' trägt oberhalb ein conisches Rad C', welches eingreift in das conische Triebrad C auf der Welle B, die mittels Riemenscheibe bewegt wird. Die Spindel D trägt auf den am unteren Ende gut befestigten Armen c c den Korb d, dessen Wandungen mit Verstärkungsreifen umgeben sind.

---

*) Technologiste 1865 Sept. p. 637. — Dingler, polyt. Journal CLXXX, p. 276. — Polyt. Centralbl. 1865, 1414. — D. Industrie-Zeit. 1865, 51. — Grothe, Jahresber. der mechan. Technologie, Bd. IV. V. p. 603. — Engineer XVIII. 355.

**) Armengaud, publications industr. 1867. — Dingler, polytechn. Journal. CLXXXIV. p. 114. — Zeitschrift für Rübenzuckerfabr. 1866. 771.

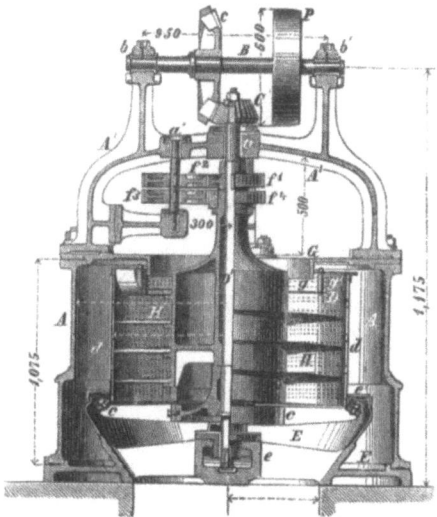

Fig. 108.

Der obere Rand des Korbes ist weit umgebogen und trägt hier den an den Körper H heranreichenden Teller g. Die Spindel ist unten im Lager e eingestellt und wird oben in dem Gestellbogen vom Halslager a umfasst. Auf dem Raume zwischen den Armen c und dem Lager a ist die Spindel D' von einer zweiten hohlen Axe umfasst, die am unteren Ende den ausgebauchten Körper H trägt, um den in Schraubengängen von Blech, mit ihm an vorstehenden Flantschen befestigt, herumgehen. Die Axe von H trägt oberhalb, wo sie D' dicht umschliesst, ein Zahnrad f', während dicht darüber an D' auch ein gleich grosses Zahnrad sitzt, f^1 greift in f^2 ein. F^2 sitzt mit f^3 auf einer besonders im Gestell aufgestellten kleinen Welle, somit überträgt f^3 die Bewegung auf f^4 und die damit verbundene Axe H.

Beobachten wir nun die Bewegungsverhältnisse, so finden wir, dass sich D' und H wohl in ein und demselben Sinne drehen aber dabei mit verschiedener Geschwindigkeit d. h. H geht schneller. $f^1=30$, $f^2=37$, $f^3=35$, $f^4=28$ Zähne. Hat der Korb 300 Umdrehungen, so hat also die Schraube 304 Umdrehungen d. h. sie dreht sich 4 Mal mehr in der Trommel herum und fördert dabei das zu trocknende Material langsam tiefer dem Ende der Schraube zu. Hat der Stoff das Ende des Schraubenganges erreicht, so fällt er in einen Trichter mit Ansatzrohr, woraus man ihn entfernen kann. Die Beschickung der Maschine geschieht durch die Oeffnung G. Wir wünschten wohl, dass diese an sich vortreffliche Idee für das Ausschleudern der Wolle nutzbar gemacht würde. —

Eine noch andere Bewegungsübertragung hat Havrez angewendet in folgender abgebildeter Anordnung (Fig. 109) hierbei sind doppelte conische Räder direct verwendet. Auf der Hauptwelle sitzt ein conisches Rad mit doppeltem Zahnkranz. Der kleinere greift in ein Zahnrad auf

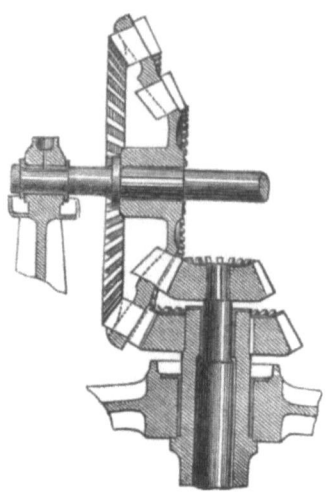

Fig. 109.

der Centrifuge. Der grössere Zahnkranz aber treibt ein conisches Rad auf dem cylindrischen Axenkörper, an dem die Förderspirale sitzt. Das Doppelrad auf der Welle hat, da es aus einem Stück besteht, einerlei Geschwindigkeit für beide Zahnkränze. Nach der Zahntheilung und dem Grössenverhältniss zwischen den Zahnkränzen und den kleinen Triebrädern richtet sich die Geschwindigkeitsdifferenz für die Spirale einerseits und dem Korbe andererseits.

Die selbstthätige Entleerung kann auch erreicht werden bei folgender (Fig. 110) Einrichtung von Pierron & Dehaitre*) in Paris. Bei dieser Centrifuge mit oberem Zahnradbetrieb sitzt die Scheibe A, als Boden des Korbes C, mittels Tragrippen verstärkt, mit einer centralen Büchse N auf der stehenden Spindel B. Die Büchse ist verschiebbar auf der Spindelaxe und ruht unten auf dem Hebelarm S, dessen anderer Arm J mit dem Stellgewicht K, auf Schraubenstange und Stellschraube M aufgebracht, belastet ist. Dies Gewicht K muss so gross genommen werden, dass es grösser als das Gewicht von A N ist und somit diesen Boden nach oben drückt. Auf der Spindel B fest sitzt der Körper D, an den sich von unten her der Deckelansatz anlegt, ebenso der Deckel selbst andrückt. Der Korb C selbst ist unten mit einem Flantschring E garnirt, der über den Rand von A fest übergreift. Ausserhalb aber ist ein T-ring Z angenietet, der in dem nach oben gebogenen Rande H seine Stütze findet, sobald C sich senkt. L ist das Bremszeug. P O sind die Triebräder, letzteres auf der Hauptwelle R mit Riemenscheibe T. Die Function dieser Centrifuge ist nun folgende. Der Boden A wird fest an C an-

---

*) Dieselbe enthält vieles von Langenards Einrichtung. Engineering, D. A. Polyt. Zeit. 1875, Nr. 7.

gedrückt, so dass einerseits A mit D in Contact ist und der Korb C aufgehoben auf A ruht. Nun wird beschickt und die Centrifuge in Bewegung versetzt. Nachdem die Schleuderung genug angedauert hat, lässt man entweder weiter drehen oder still stehen, hebt mittels M das Gewicht K und lässt so allmälig den Boden A aus dem Contact mit C. C ruht bald auf Z, und A fällt herab. Die Beschickung kann nur in den Canal F gezogen werden, oder bei andauernder Bewegung wirft die Centrifugalkraft selbst die Masse in den Canal F ab. (Letzteres ist vom Constructeur nicht beabsichtigt.)

Wir erwähnen hier auch Hepworths hängende Centrifuge*) der amerikanischen Zuckerfabriken.

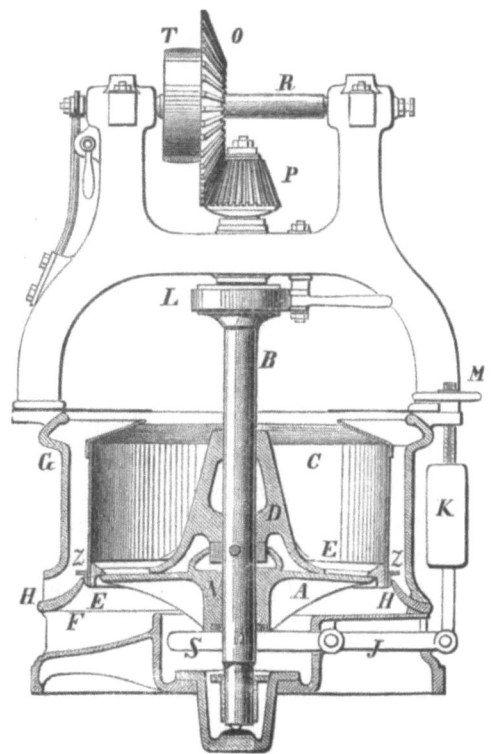

Fig. 108.

Trockenräume und Trockenmaschinen für Wolle.

Von einer ausführlichen Besprechung und Beschreibung der vormals vielfach eingeführten Trockenräume, können wir wohl füglich absehen, weil sie für unsere heutige Industrie veraltet und unanwendbar sind. Wir meinen damit jene grossen Bodenräume mit Horden, auf denen die Wolle ausgebreitet ward und die mit vielen Luftlöchern versehen, eine Luftzugtrocknung bewirkten, die keineswegs der Wolle zum Schaden gereichte, wohl aber Zeit und Raum übermässig in Anspruch nahm. Und grade mit diesen Factoren muss unsere Zeit am meisten geizen. Auch die Trocknenräume mit künstlicher Heizung haben sich mehr und mehr überlebt, denn auch sie absorbiren Raum und Zeit mehr, als neuere Einrichtungen beanspruchen und können daher deren Concurrenz nicht bestehen.

Bei den neueren Wolltrockenapparaten kann man zwei, aber nicht wesentlich von einander abweichende Systeme unterscheiden. Bei dem ersten wird die Wolle durch einen Raum hindurchgeführt, der mit

---

*) Dinglers Journal 1875. Januar. — Maschinen-Constructeur 1875. Nr. 3.

warmer Luft erfüllt ist und bei welchem der Abzug der gesättigten Luft durch gewöhnliche Mittel oder Ventilatoren bewirkt wird, also Bewegung des Materials und der trocknen Luft, — bei dem zweiten Systeme wird durch die ruhende Wolle heisse oder gewöhnliche Luft hindurchgezogen mittels Ventilators.

1. System.

Wir führen zuerst hier die Trockenmaschine (Figur 111) vor, welche von J. L. Norton*) erfunden und von T. B. Charlesworth in London und später durch Richard Hartmann auch in Deutschland viel Verbreitung gefunden hat. Unter den bewegenden Wolltrockenmaschinen ist sie immer noch die einfachste und sehr zweckentsprechend. Sie hat zugleich Anlass gegeben zu einer ganzen Reihe rationeller Trockenapparate sowohl für Wolle als auch für Gewebe.

Die Construction und Einrichtung der Norton'schen Maschine erhellt aus der gegebenen Abbildung.

Die nasse Wolle wird auf das endlose Tuch A gelegt, welches auf den Walzen a sich bewegt. Am Ende des ersten Tuches angekommen fällt die Wolle herab auf das zweite Tuch B, welches sich in entgegen-

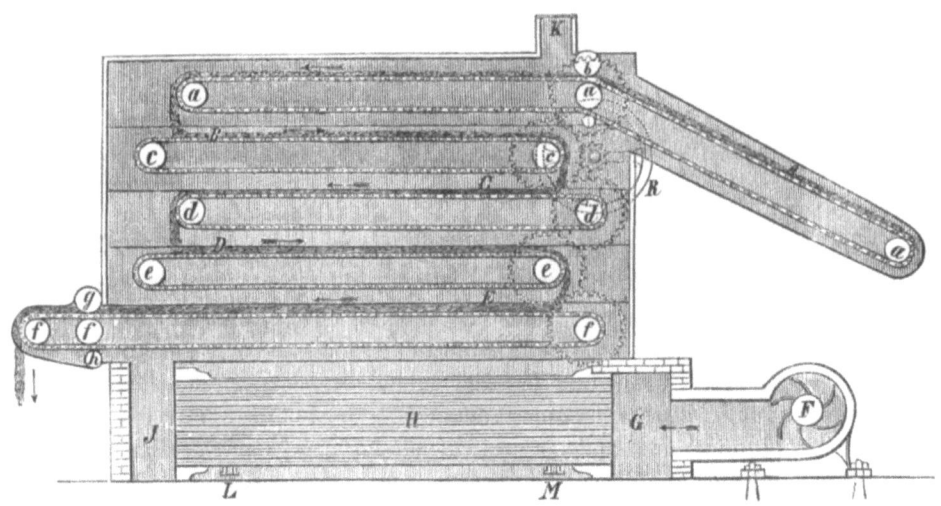

Fig. 111.

gesetzter Richtung wie A bewegt, und von diesem Tuch fällt sie auf E über den Rollen d d, dann auf Tuch D über den Rollen e e, welches sie in Richtung des Pfeiles fortführt und auf das Abführtuch E von f f und g geleitet, fallen lässt. Während dieses Vorganges bläst ein Ventilator F Luft durch die erhitzten Röhren H, welche sodann etwa 30° C. warm

---

*) Sächs. Industrie-Zeit. 1861. Nr. 10. — D. pol. Journal. Bd. 160. p. 428.

durch J in den Trockenraum tritt, sich mit Feuchtigkeit beladet und durch K abzieht. M L sind Ablasshähne für das Condensationswasser. Der Bewegungsmechanismus von der Riemenscheibe R aus ist punktirt angedeutet. — Norton gab als Leistungsfähigkeit dieser Maschine folgende Resultate an. Bei einer Länge von 12 Fuss, 6 Fuss Breite und 5 Fuss Höhe trocknete diese Maschine 2000 Pfd. Wolle, bei Erhaltung einer fast constanten Temperatur im Innern des Gehäuses. — Dieser Nutzeffect ist nicht übertrieben angegeben worden, sondern wird ganz leicht in der Praxis mit dieser Maschine erreicht.

Viel complicirter ist die Wolltrockenmaschine von E. Semper. Diese im mittlern Längendurchschnitt (Fig. 112) abgebildete Wolltrockenmaschine ist rundum von Wandungen eingeschlossen, so dass dieselbe in jedem Fabriklocale frei aufgestellt werden kann. Im Innern ist sie mit einem zur Erwärmung dienenden Röhrensysteme versehen, welches in Schlangenwindungen zwischen den verschiedenen Etagen desselben hindurchgeht und in welches gespannte Dämpfe eingelassen werden. Diese Rohrleitung ist in der Zeichnung im Durchschnitt durch kleine Kreise angedeutet.

Die Ableitung der feuchten Luft wird durch den auf der Maschine befindlichen Exhaustor A bewirkt, welcher die Feuchtigkeit aus derselben ansaugt und durch das Rohr B ins Freie führt; die Lufterneuerung in der Maschine geschieht am untern Theile derselben durch die Oeffnungen C; hierdurch wird eine Luftströmung in der Maschine erzeugt, welche bewirkt, dass die unten eintretende kalte Luft sich in dem Maasse mehr und mehr erwärmt, als sie nach oben zwischen den Dampfröhren durchzieht, so dass ihre Temperatur im obern Maschinenraum sich auf 50—60° R. steigern kann. Durch diese Anordnung wird eine schnelle Trocknerei erzielt, die Wolle selbst sehr geschont und weich erhalten; die nasse Wolle wird nämlich im obersten, wärmsten Raume der Maschine eingeführt und kann, so lange sie nass ist, durch die hohe Temperatur nicht leiden; dieselbe wird allmälig, wie sie trocknet, durch die mechanische Einrichtung der Maschine weiter nach unten in die kühlere Temperatur gebracht, bis sie schliesslich getrocknet und abgekühlt, milde und weich die Maschine wieder verlässt.

Die Bedienung der Maschine ist der Art, dass die nasse Wolle auf Drahthorden von 2—3 Fuss Breite und 4—5 Fuss Länge ausgebreitet wird; diese Horden werden auf den Eingangstisch D der Maschine, eine hinter der andern aufgelegt, von wo sie durch eigenthümlich construirte, an beiden Seitenwänden der Maschine hinlaufende Ketten erfasst und langsam in den obersten Raum derselben eingeführt werden; am entgegengesetzten Ende der Maschine angelangt, werden diese Wollhorden auf die Platte E übergeschoben, welche dieselben, so wie sie anlangen, auf die 2. Kettenlage ablegt, von welcher sie wieder nach vorne geleitet werden, wo sich das Ablegen auf die 3. Kettenreihe erneuert; in dieser Weise werden die Wollhorden in ununterbrochener Reihenfolge in der

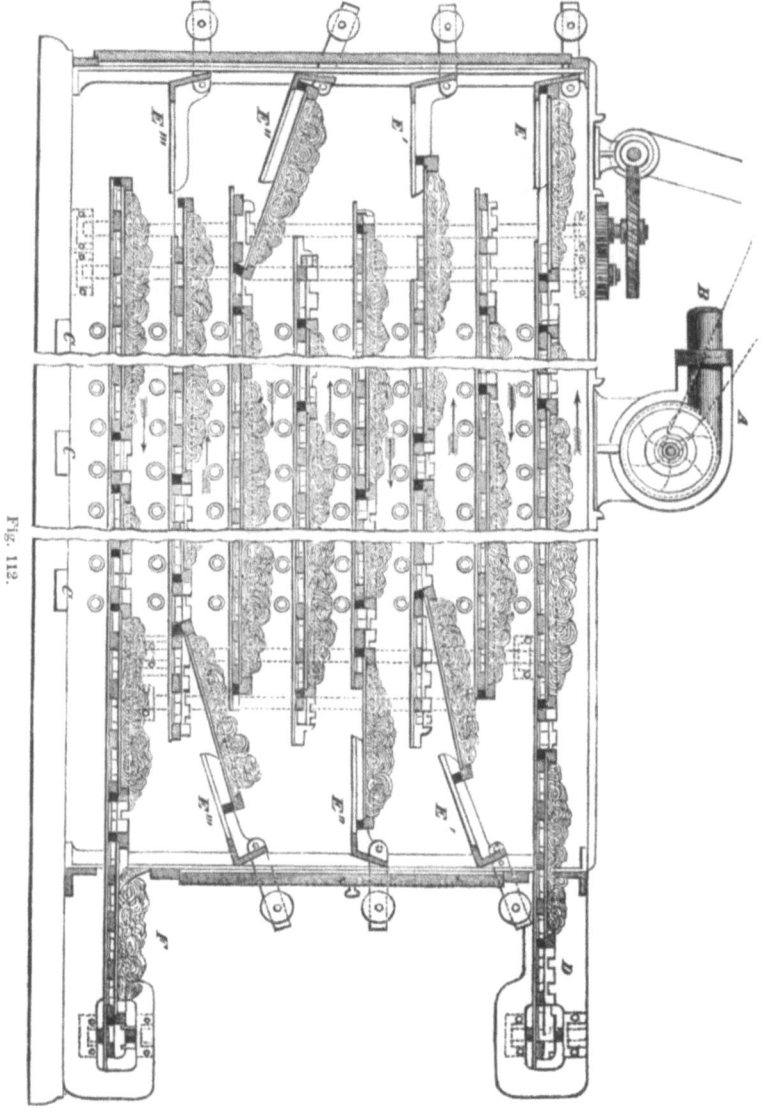

Maschine langsam zwischen den Heizröhren durch, hin- und hergeführt, wie es die Pfeile in der Zeichnung andeuten, und von oben nach unten abgelegt, bis sie am vordern Ende, unten, bei F mit der getrockneten Wolle die Maschine verlassen.

Die Leistung dieser Maschine wird angegeben auf 1500 Pfd. Wolle täglich, die zuvor centrifugirt war und gegen 30—40 Proc. Wasser noch enthält. Bei mittlerer Geschwindigkeit hält sich die Wolle gegen 40—50 Minuten in dem Raume der Maschine auf. Für diese Leistung beträgt die Höhe der Maschine 6′, die Breite 6′, die Länge 20′

und wiegt circa 90 Ctnr. Sie bedarf zu ihrem Betriebe ½—¾ Pferdekraft. Das System der Heizung mittelst der vielen kleinen Röhren ist auf die Dauer kein sehr empfehlenswerthes.

Unvollkommener, wenn auch einfacher von Construction, ist die Maschine von A. Pasquier in Rheims, welche auch Alcan in seinem Werke mittheilt. Dieselbe besteht wesentlich in einem kammerartigen Raum von 0,45 Meter Höhe und 2,25 Meter Länge. Doch sind diese Masse von Alcan angegeben offenbar falsch, da in einem solchen Kästchen nicht getrocknet werden könnte. In demselben ist über dem Boden ein System von Dampf-geheizten Röhren angebracht. Etwa in $^2/_3$ Höhe oberhalb der Röhren bewegt sich ein endloses Tuch der Länge nach durch den Kasten, um über ein am Boden befindliches Walzenpaar hernach zurückzukehren. Auf dieses endlose Tuch legt man die Wolle und lässt sie so durch den mit erhitzter Luft gefüllten Raum gehen, während oberhalb und unterhalb dieses Tuches angebrachte Flügelräder die Luft in Schwingungen versetzen. Die Luft soll dann schliesslich durch einen einfachen Schornstein abziehen. Der Apparat hat keinen Anspruch darauf, rationell zu sein oder sinnreich und leistet verhältnissmässig wenig. Die Temperatur in ihm beträgt stets (?) 50° C. Die Betriebskraft der 8 Windflügel und der Bewegung des Tuches nimmt 1—1½ Pferdekraft in Anspruch und doch beträgt die per Tag getrocknete Wollmenge nur 428 Kilo, woraus circa 400 Pfd. Wasser verdampft wurden.

Die neuere Construction von A. Pasquier enthält in einem Raum
von 1,75 M. Höhe, 1,60 M. Breite, 6 M. Länge,
oder 2,25 „ „ 1,60 „ „ 6 „ „
oder 3 „ „ 1,60 „ „ 6 „ „
3 oder 5 oder 7 endlose Tücher, auf welchen sich die Wolle durch den Raum bewegt. Im untern Theil des Raums liegt ein Heizkessel und ausserdem sorgt ein blasender Ventilator für Luftwechsel. Das also von Pasquier neuerdings acceptirte Grundprincip ist, wie ersichtlich das Norton'sche.

Gleichsam ein Mittelding zwischen den genannten beiden Systemen bilden die Maschinen, die zuerst von Beu in Dessau*) gebaut und darauf von den Franzosen (Houget & Teston, Chaudet, Levy) und Engländern nachgeahmt wurden. Fig. 113—117.

Die Maschine besteht aus einem rechteckigen, kastenartigen, circa 3 Meter hohen Raum, der unten entweder auf einem Röhrenkessel A steht oder auf dessen Canal, wenn der Raum die dargestellte Lage nicht erlaubt, oben mit einem trichterförmigen Dach versehen ist, dessen schornsteinartiger Kanal J in den Ventilator H führt. Der Kessel A besteht, wie der Durchschnitt der Figur lehrt, aus einem inneren Kessel A mit einigen 40 Röhren, die in den oberen und unteren Stirnplatten festsitzen, und dem Mantel C, welcher in etwa 10 Cm. Abstand von den Wänden D

---

*) Nachmals Arendt & Beselin, jetzt Belirn-Anhaltische-Maschinenfabrik.

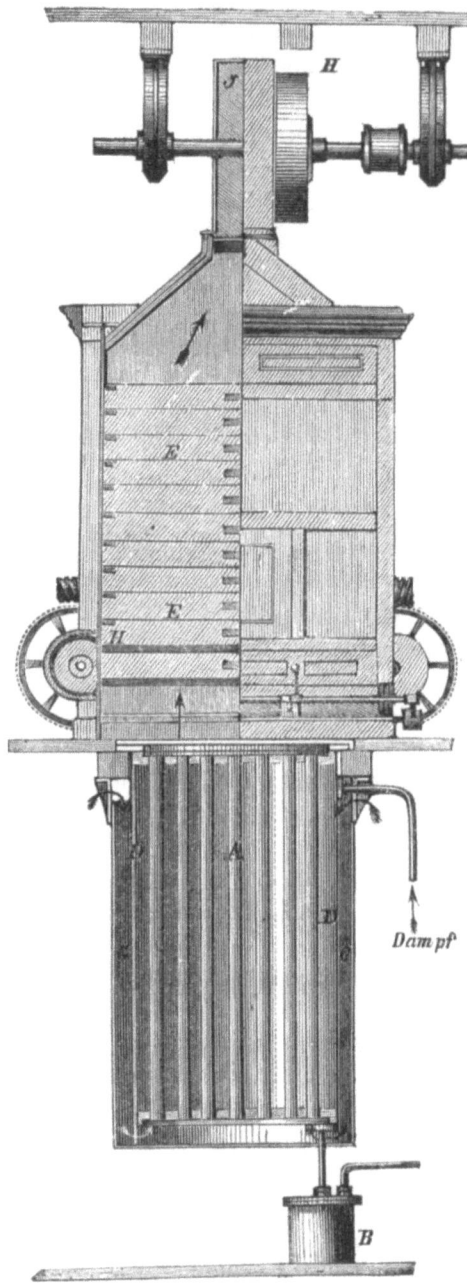

Fig. 113.

den Kessel A umhüllt. Der innere Kessel A wird von der Dampfleitung her mit Dampf gefüllt und dieser umspült die Rohre, während das Condensationswasser nach dem Condensirtopf B abfliesst. Die über die oberen Ränder von C tretende Luft fällt nach unten und zieht in Richtung der Pfeile durch die Rohre in A und wird hier erwärmt. Sie folgt dem Zuge des Ventilators und sucht durch den Kastenraum hindurch zu streichen.

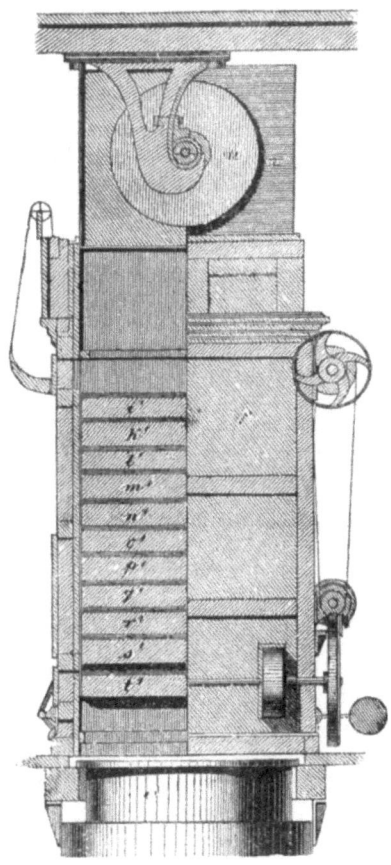

Fig. 114.

In diesem Raume sind nun Kästen E E t' s' u. s. w. über einander aufgestellt, die auf Siebboden die zu trocknede Wolle enthalten. Der letzte d. h. der unterste Kasten wird durch Daumrollen eines Mechanismus getragen. Diesen Mechanismus stellen wir in den nachfolgenden 3 Figuren speciell dar. In Fig. 113 sieht man rechts oben eine Riemscheibe, die den Antrieb von der Welle aus erhält und durch Riemen, wie gezeichnet, die Bewegung auf den Mechanismus überbringt und zwar zunächst auf die Welle D Fig. 115 mit Riemenscheibe e. Auf der Welle D befinden sich an jedem Ende Schraubengänge E E, welche in die Zahnräder auf den Wellen B B eingreifen. Die Wellen B B aber tragen die 4 Curvenscheiben A. Diese enthalten einen Ausschnitt, wie aus Figur 117 deutlich ersichtlich, so dass dadurch diese Scheiben die Gestalt von Daumenscheiben erhalten. Auf diese 4 Curvenscheiben stützt sich zunächst der

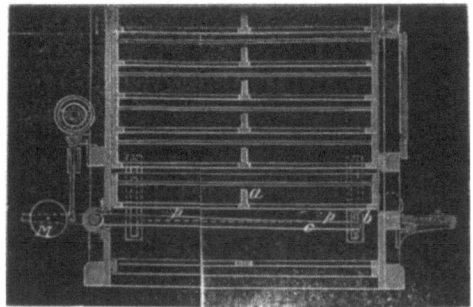

Fig. 115.

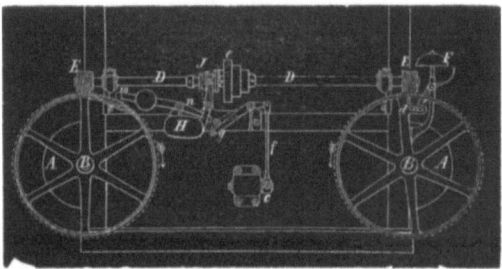

Fig. 116.

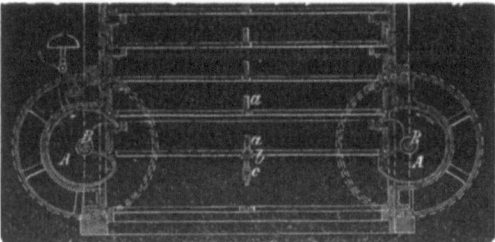

Fig. 117.

unterste Kasten, wenn derselbe durch Ausschaltung des vorhergehenden der unterste wird. In der Figur 117 ist dies dargestellt, insofern als der unterste Kasten gerade durch den Daumen herabgedrückt wird und herauszuziehen ist, der folgende aber auf der äusseren Mantelfläche der Scheibe sich auflegt. Die Bewegung der Curvenscheibe geht in Richtung des Pfeils vor sich, der Kasten wird also von den Scheiben getragen bis er auf die Höhe des Beginn des Curvenausschnittes gelangt und nun von der Kante desselben getragen wird. Nun greift die daumenartige Nase der Scheibe allmälig über den Rand des Kastens und berührt bei weiterer Drehung denselben unter Druck, so dass er in den untern Raum der Kammer gleiten muss. Sobald dies der Fall ist, stösst der Kasten auf b, den Knopf auf den Hebelarm c; ferner aber stösst der Schlitz d auf den Glockenstrang e und schlägt die Glocke F an. Wird der Kasten nicht sofort hinweggenommen, so rückt die Maschine selbstthätig aus, indem durch Niederdruck von b und dem Hebel c der Hebel f emporgeschnellt wird. Dieser rückt dadurch den mit ihm verbundenen Hebel g zurück und macht das Gewicht H frei, welches sinkt und mit dem anderen Arme seines Hebels die Kuppelung J der Welle mit der Riemenscheibe C ausrückt. Zugleich fällt die Klinke m in einen Riegel des linken Zahnrades ein, indem durch den Fall von H der Hebel n, an welchem diese Klinke m nebst Gewicht sitzt, heraufschiebt. So wird der Betrieb sofort gehemmt. Sobald aber der fällige Kasten entfernt ist, ruht der nächste Kasten auf der Kreisperipherie der Scheibe A; der Hebel c ist frei und wird durch das Gewicht M wieder in seine durch die Knöpfe p p begrenzte Lage gerückt; der Hebel f wird herabgezogen und der andere Arm hebt sich, um das Gewicht H zurückzustossen und damit die Kuppelung einzurücken und die Klinke m auszulösen. So geht der Mechanismus wieder weiter bis das Zahnrad eine Tour vollendet hat und klingelt. Wird dann der Kasten durch einen Arbeiter sofort entfernt, so rückt die Maschine nicht aus. Die Schnelligkeit, mit welcher der Umgang des Zahnrades bewirkt wird, ist variabel. Zugleich nach dem Wegnehmen eines Kastens unten wird ein frisch gefüllter oben auf gesetzt. Der Gang der Maschine ist sehr rationell. Die von dem Heizapparat, einem einfachen Röhrenkessel, der mit Dampf gefüllt ist, während der oben auf der Trockenmaschine stehende kräftige Ventilator mit 600—1000 Umdrehung die äussere Luft durch die Rohre des Kessels hindurchzieht. Die Luft langt auf etwa 36°—45° C. erhitzt bei dem letzten Kasten an, dringt durch den Drathboden desselben hindurch, durchstreicht die Wolle, die in dem untersten Kasten natürlich schon ziemlich getrocknet vorhanden ist, und von da ab alle übrigen Kästen, so dass die trockenste Wolle mit der trockensten und heissesten Luft zusammentrifft und jede Möglichkeit ausgeschlossen ist, dass sich etwas von dem durch die Luft aufgenommenen Wasserdampfe auf die Wolle im untersten Kasten niederschlagen könnte. Zu dem ist der ganze Apparat in Bezug auf den Raum so wohl benutzt, dass nirgend ein unnützes oder unbewegliches Luftquantum sich bilden und festsetzen kann. Es leistet daher die Maschine Bedeutendes. Nehmen wir an, die Temperatur der eingeführten Luft sei 40° C., so ist dieselbe im Stande per Cubikmeter 49,2 Gr. Wasserdampf aufzunehmen. Die Maschine enthält in 10 Kasten circa 25 Kilogr. Wolle, welche nach dem genügenden Ausschleudern circa 30 Proc. Wasser zurückhalten incl. der hygroscopischen Feuchtigkeit. Es sind also zu verdampfen ca. 7500 Gramm Wasser. Nehmen wir den Feuchtigkeitsgehalt der zugeführten Luft auf 13,0 Gr. per Cubikmeter an, entsprechend einer Temperatur der äusseren Luft von 15°, so erhalten wir für die Aufnahmecapacität dieser auf 40° erhitzten Luft $49{,}2 - 13 = 36{,}2$ Gr. Wir würden also zuzuführen haben $\frac{7500}{36{,}2} = 204{,}4$ Cubikmeter Luft. Dies bewirkt der Ventilator von ³/₈ Meter Flügeldurchmesser in $\frac{204{,}4}{60} = 3{,}4$ Minuten bei 2300 Umdrehungen oder bei 1000 Umdrehungen in der Minute mit circa 8 Minuten direct.

Um diese 204,4 Cubikmeter Luft von 15°
$$204,4 \cdot \frac{1,3}{1+0,00375 \cdot 15} = 251 \text{ Kilogr.}$$
Gewicht und von 0,27 spez. Wärme auf 40° zu erhitzen, erfordern sie
$$251 \cdot 0,27 \cdot 40 = 2710,80 \text{ W. Einheiten.}$$
Ferner um 7500 Gramm Wasser zu verdampfen, gebrauchen wir
$$7,500 \cdot 640 = 4800 \text{ W. E.}$$
Es ist somit Wärmeaufwand nöthig von
$$2710,80 + 4800 = 7510,80 \text{ W. E.}$$

Man lässt nun den Ventilator etwa 10 Minuten umgehen, bevor ein neuer Kasten eingeführt wird. Es werden daher circa 300 Cubikmeter Luft zugeführt von 40°. Von 370 Kilogr. Gewicht und zu ihrer Erhitzung gehören $370 \cdot 0,27 \cdot 40 = 3996$ W. E. Somit ergiebt sich ein Wärmeaufwand von $3996 + 4800$ W. E. $= 8796$ W. E. Dieser Wärmeaufwand entspricht einem Quantum Brennstoff von $\frac{8796}{5200} = 1,69$ Kilogr. Steinkohle. Es haben somit 1,69 Kilogr. Steinkohle 7,5 Kilo. Wasser verdampft, was einem Nutzeffect von 4,4 Kilo Wasser per 1 Kilo Steinkohle gleichkommt. Also ein guter Effect. —

Die Maschine wird von Arendt & Beselin in mehreren Grössen (9) zu verhältnissmässigen Preisen ausgeführt. Die tägliche Lieferung je nach Grösse wechselt zwischen 350 Z. Pfd. und 2400 Pfd. Wolle.

Houget & Teston's Nachahmung ist etwas geändert. Dieselbe ermöglicht das Trocknen von 100 Kilo per Stunde, erfordert aber circa 8 Pferdekraft. Der Ventilator hat 1,2 Meter Durchmesser. Dagegen ist die Trocknenmaschine der Zweiganstalt Demeuse-Houget & Co. in Aachen ganz die Copie des Beu'schen Systems und mit der Nachahmung von H. Chaudet in Rouen identisch. Ebenso hat Jules Levy in Paris eine Trocknenmaschine nach Beu'schen Grundprincip construirt. Kasten, Röhrenkessel, Ventilator sind vorhanden. Die Details weichen ein wenig ab. Die Kasten ruhen hierbei auf Winkeleisen, die an endlosen Bändern befestigt sind und dadurch gehoben werden. Ferner bewegen sich die Kasten von unten nach oben, also auch dem Luftstrom entgegengerichtet. Der Röhrenkessel ist in einer Kammer neben dem Kastenapparat aufgestellt und die heisse Luft tritt über die Scheidewand in die Kasten.

Chaudet's Preiscourant folgt hier:

	Ventilatorflügel	Trockenfläche	Kraft	Leistung in Kilo per 12 St.	Preis (ohne Montage u. Heizapparat)
Nr. 1	0,80 M.	20	1 Pfdk.	4—500	1500
Nr. 2	1, „	30	2 „	6—800	1650
Nr. 3	1,20 „	40	3 „	1—2000	1850

Neben den Beu'schen Wolltrockenapparat stellt sich folgender ursprünglich von Jean Petrie jeune in Rochdale construirter und demselben patentirter, — später aber von Vielen (Stehelin, Schimmel, Hartmann, Houget & Teston) nachgebauter Trockenapparat als vorzüglich wirkend.

Die Idee dieses Apparates ist folgende: (Siehe folgende Holzschnitte [Fig. 118 u. 119] der Petrie'schen Maschine). Es wird ein mässiggrosser kastenartiger Raum hergestellt durch Seitenwände, Vorder-

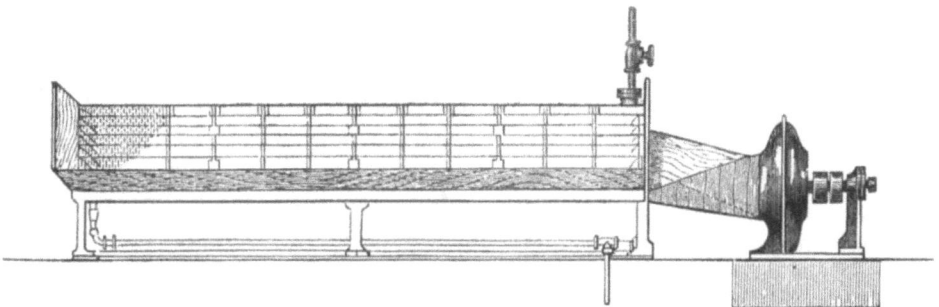

Fig. 118.

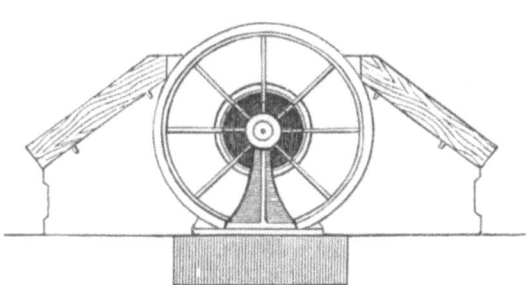

Fig. 119.

und Hinterwand. Dieser Raum wird von einem 3theiligen Dache überdeckt, dessen mittlerer Theil glatt und eben ist, dessen Seitentheile schräg und dachförmig anlehnen. Dies Dach ist aus Rahmenwerk gebildet, dessen Felder mit grobem Drahtgewebe bespannt sind. Ringsum ist das Dach mit einem erhöhten Rande umgeben. Ein Ventilator ist so vor die Vordergiebelwand gestellt, dass sein senkrechter Durchmesser mit einer Längs-Scheidewand zusammenfällt, er also zur Hälfte der Abtheilung rechts, zur Hälfte der Abtheilung links angehört. Er wird, wenn seine Saugöffnung frei ist, aus beiden Abtheilungen zugleich Luft an sich ziehen. Bringt man aber Schieber an, so kann man die eine oder die andere Oeffnung vor dem Ventilator verschliessen, so dass derselbe dann nur aus einer Abtheilung Luft saugt. Dies geschieht, wenn man die beiden Seiten des Daches abwechselnd beschicken und leeren will. Die schrägen Flächen des Daches beträgt man mit der feuchten Wolle etwa in 7—12 mm. Höhe und lässt sodann den Ventilator angehen. Derselbe saugt die Luft des Raumes durch die Wolle hindurch. Stellt man nun diesen Apparat in einem nicht zu grossen Zimmer auf, in welchem man die Luft auf 25—30° R. erwärmt, so erreicht man eine gute und schnelle Trocknung. Selbstredend hängt die Zeitdauer des Trocknens ab von dem Feuchtigkeitsgehalt der Wolle, von der Höhe der Auflageschicht, von der Umdrehungszahl des Ventilators.*) Man kann im Sommer der besonderen Erwärmung der Luft entbehren.

In etwa 8—15 Minuten, je nach Dicke der Schicht, ist das Quantum Wolle getrocknet. Der Ventilator macht etwa 1000 Umdrehungen per Minute. Das Beschickungsquantum betrage etwa 100 Kilo (dasselbe variirt natürlich nach der Grösse der Beschickungsfläche; für gewöhnlich rechnet man 2 Kilo per 1 ☐ Meter). Der Ventilator habe 1 Meter Flügellänge und dreht sich mit 100 Umdrehungen per Minute. Es werden dann direct 500 Cub.-Meter Luft per Minute durch den Apparat hindurch gezogen. 100 Kilogramm Wolle enthalten nass und gut ausgeschleudert noch 30 Kilogr. Wasser. Zur Verdampfung derselben muss Luft von 30° C. in folgender Menge herangezogen werden: Luft von 30° C. hat das Vermögen 29,4 Gramm Wasserdampf aufzunehmen. Die atmosphärische Luft habe für den Versuchstag 10° C. Temperatur und 9,4 Feuchtigkeit aufgenommen, so bleibt die Aufnahmefähigkeit der Luft von 29,4 Gr. noch 20 Gr. Wenn die Luft sich ganz sättigte mit Feuchtigkeit, so würden zur Verdunstung der 30,000 Gramme Wasser genügen $\frac{30,000}{20} = 1500$ Kubikmeter Luft. Da aber die Sättigung in der Schnelligkeit nicht vor sich gehen kann, mit welcher die Luft durch den Apparat geht, so nehmen wir das doppelte Quantum an, also 3000 Kub.-Meter Luft. Diese werden vom Ventilator in 6 Minuten hindurch getrieben. Es kommt hierbei auf die genaue Bestimmung des Ventilators an. Die hier angenommene Leistung des Ventilators entspricht folgenden Dimensionsverhältnissen und Betriebsverhältnissen desselben. Durchmesser der Flügel 1,2 Meter, Touren per Minute 700, benöthigte Kraft = 6 Pferdekraft, Durchmesser der Saug- und Ausblaseöffnung 0,60 Meter, Riemenscheibe = 280—300 Millim. Diameter und 130 Millim. Breite. Wir führen hier die betreffenden Dimensionen für diverse Fälle an:

---

*) Alcan zählt auch zu diesen Factoren noch den Querschnitt der Esse, durch welchen das beladene Luftquantum ausströmt. —

a. Saugende Ventilatoren, Exhaustoren:

Leistung per Minute in Kubik-Meter.	Touren per Minute.	Pferde-kraft.	Durchmesser der Saug- u. Ausblas-öffnung in Meter.	Riemenrolle Durchm. in Millimeter.	Riemenrolle Breite in Millimeter.	Gewicht Kilo.	Durchmesser der Flügel in Meter.	Preise ab Fabrik circa Thaler.
30	2500	³/₈	0,16	75	80	30	0,30	30
60	1650	³/₄	0,25	100	100	70	0,45	55
125	1200	1³/₄	0,33	150	100	185	0,60	90
250	1000	3¹/₂	0,44	200	100	300	0,80	140
400	700	6	0,55	250	120	400	1	200

b. Blasende Ventilatoren:

Cub.-Meter Wind p. Meter direct.	Umdrehung. per Minute.	Pferdekraft.	Durchmesser in Centimeter der doppelten Riemenrollen.	Durchmesser in Centimeter Ausblas-Oeffnung.	Gewicht Kilo.
—	—	—	Schnurrolle	6	30
20	3000	³/₈	5 u. 6,25	12,5	50
30	2500	¹/₂	6 u. 8	15	90
45	2300	³/₄	7,5 u. 10	20	150
70	1500	1¹/₂	10 u. 12,5	25	250
120	1250	2¹/₄	12 u. 15	32	500
180	1100	3¹/₂	16 u. 20	40	850
280	750	6	20 u. 25	50	1200

Berechnen wir ferner den Aufwand an Wärme zur Erwärmung der 10° C. Luft auf 30° C., so haben wir das Gewicht der Luft zu bestimmen:

$$3000 \cdot \frac{1,3}{1 + 0,00375 \cdot 10} = 3888 \text{ Kilogr.}$$

Diese 3888 Kilogr. Luft auf 30° zu erhitzen erfordert einen Wärmeaufwand von

$$3888 \cdot 0,27 \cdot 30 = 31462 \text{ W.-E.}$$

Um 30000 Gramm Wasser oder 30 Kilogr. Wasser zu verdampfen gebraucht man

$$30 \cdot 640 = 19200 \text{ W.-E.}$$

Es ist somit ein Wärmeaufwand von 19200 + 31462 W.-E. = 50662 W.-E.

nothwendig. Dieser Wärmeaufwand entspricht einem Quantum Brennstoff von $\frac{50662}{5200} = 9{,}7$ Kilogr. Steinkohle. Es haben somit 9,7 Kilogr. Steinkohle 30 Kubikmeter Wasser verdampft, d. h. 1 Kilogr. Steinkohlen verdampfte 3,09 Kilogramm Wasser.

Sowohl dieser Nutzeffect des Petrie'schen Apparates, wie der Beu'schen sind gut zu nennen, gegenüber den Effecten der Trockenkammern und ähnlicher Apparate, die nie über 2,3 hinauskommen.

Eine andere Einrichtung hat Petrie seinem Apparate gegeben, wenn es sich darum handelt, höhere Temperatur zu erzielen. Dann bringt er dicht unter dem Dach eine Reihe Heizröhren an und lässt den Ventilator blasen. Siehe Fig. 120.

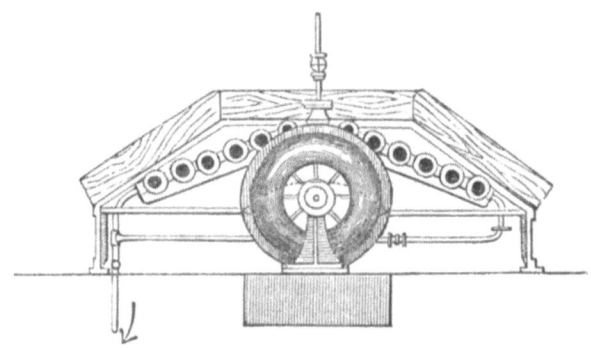

Fig. 120.

Die neueste Construction solcher Trockenmaschinen von Mc. Naught enthält die Heizrohre c ebenfalls oberhalb des Raumes dicht unter den Horden h. Der Luftwechsel wird jedoch nicht mittels Ventilators, son-

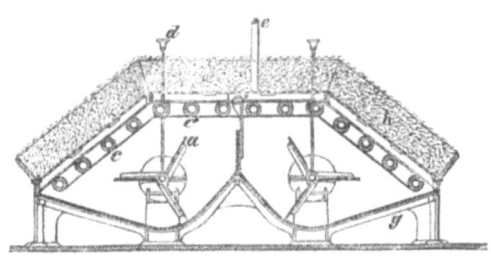

Fig. 121.

dern mittels zweier schnell gehender Flügelräder a, die im unteren Kasten eingelagert sind, bewirkt. Die Luftbewegung soll so gleichmässiger auf allen Punkten wirken. d sind Schmierrohre.

Ein abweichendes Prinzip der Trocken-Maschine bringt die Construction von Milburn & Co. Die Fig. 122 giebt eine perspectivische Ansicht dieser Maschine. Dieselbe wird in angepassten geschlosse-

— 153 —

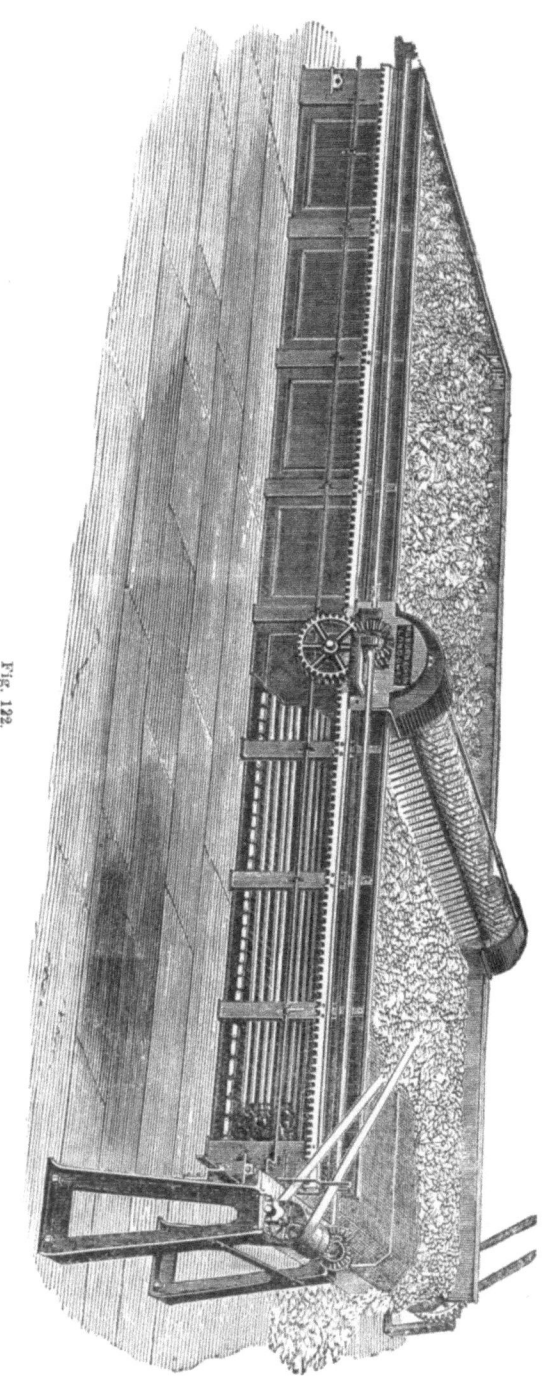

Fig. 122.

nen und mit geeigneter Ventilation versehenen Kammern aufgestellt. Sie enthält über einem kastenartigen Gestell endlose Drahthordentische zur Aufnahme der Wolle. Unter diesen Horden sind Dampfröhren in vielen Zügen und Windungen aufgestellt. Ueber der Tischfläche befindet sich eine wandelnde Axe mit 4 Reihen feiner Stäbe. Diese Axe wird vom Getriebe her bewegt und dient dazu, die Wolle zu wenden, Unebenheiten in der Schichtung zu beseitigen und lockernd einzuwirken.

Es bleibt noch übrig eines Apparates zu gedenken, den P. Havrez in Verviers neuerdings construirt hat. Denselben geben wir in Fig. 122 abgebildet. Man unterscheidet die beiden getrennten Räume ML, die abwechselnd beschickt werden. Der Boden derselben ist ein Doppelboden, in welchem ein System Röhren angebracht ist.

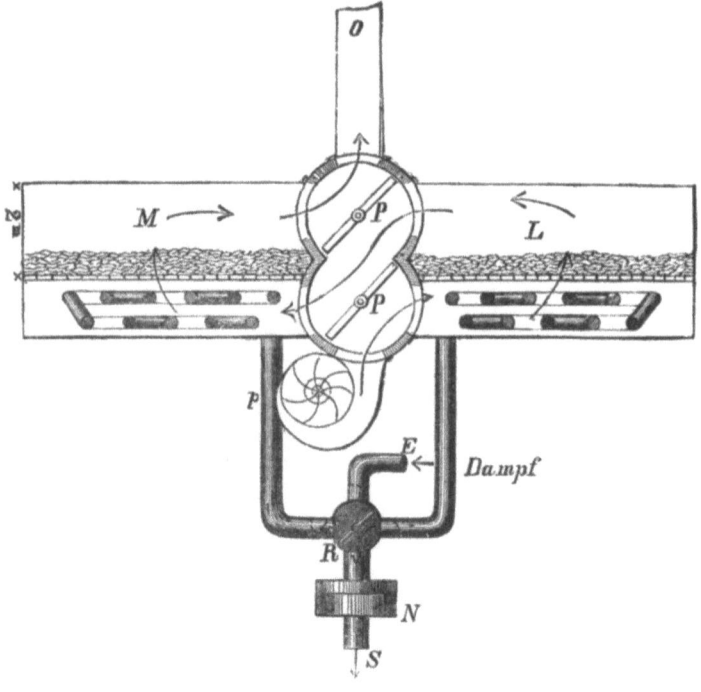

Fig. 123.

Der Dampf tritt durch E ein, geht in die Röhren des Raumes M, wo die halbtrockene Wolle liegt und dann in die Röhren unter dem Raum L, wo die nasse Wolle liegt. Die Luft wird durch den Ventilator V durchgeblasen, erst zwischen den Röhren unter L, dann durch die Hähne P in das Röhrensystem unter M u. s. f. N ist Condensationswasserabscheider. Die Umstellung von PP bewirkt den Eintritt der Luft zuerst in L dann nach M.

Die von Bastaert angeregte Trocknung mit überhitztem Wasserdampf hat keinerlei praktischen Werth, obgleich sie von vielen Zeitschriften beschrieben ist. —

Wir schicken obigen Beschreibungen von Trockenapparaten eine Besprechung des Einflusses der Temperatur auf die Wolle nach. Betrachtet man das Verhalten der Wolle bei verschiedenen Temperaturen, so ist dasselbe ein sehr verschiedenartiges. Bei allen niedrigen Temperaturen zieht die Wolle Feuchtigkeit aus der Luft an sich, wurde sie vorher gewaschen, so enthält sie ein bedeutendes Quantum Wasser in sich. Diese Feuchtigkeit, welche das Haar theilweise erweichte und zu dessen Volumenvergrösserung wesentlich beitrug, beginnt bei zunehmender Temperatur zu verdampfen. Dabei ziehen sich die Zellen des Wollhaars immer mehr zusammen. Das Wollhaar verringert sein Volumen, aber auch seine Form und den Zustand seiner Bestandtheile. Die vorher erweichte Hornsubstanz wird härter und härter. Durch diese Contraction beginnt bei 60—70° C. die Formveränderung, indem das Haar anfängt sich zu rollen, je weiter die Temperatur steigt, je schärfer und vollständiger wird das Geringel der Faser. Während dieser Temperaturerhöhungen verdampft fortwährend Wasser, nämlich nun auch das hygroscopische Wasser, wovon ein Theil mit den Fasersubstanzen chemisch verbunden zu sein scheint. Bei 100° C. beginnt eine Zersetzung des Haares. Zunächst fängt dasselbe an, sich zu bräunen und bei 110° C. quillt es auf und die Zellen platzen an einigen Stellen, nachdem sie aufgetrieben worden sind, durch die darin erzeugte Flüssigkeit resp. Dampf der Destillationsproducte. — Hieraus wird schon klar, wesshalb man mittlere Temperaturen einhalten muss, um Wolle zu trocknen.

Da der Wassergehalt in der Wolle dem Verspinnen keineswegs hinderlich ist, sondern sogar förderlich, weil er das Wollhaar geschmeidig macht, so sollte man den Trockenprozess nur fortsetzen bis zu dem Punkte, bei welchem die Wolle ausser der ihr eigenen hygroscopischen Flüssigkeit wenig andere Feuchtigkeit besitzt. Durch die Behandlung der nassen, gewaschenen Wolle in der Centrifugaltrockenmaschine entfernt man die Feuchtigkeit etwa bis auf 28—30 Proc. Von dieser sind circa 8 Proc. als hygroscopische Feuchtigkeit zu betrachten, die die Wolle auch nach vollkommenem Austrocknen sofort wieder aus der Luft an sich zieht. Es sollte demnach das Wärmequantum resp. die höher temperirte (höchstens 40° C.) Luft so bemessen werden, dass sie nur ausreiche, aus der 28 Proc. Feuchtigkeit haltenden Wolle 20 Proc. Feuchtigkeit zu verdampfen und zu entfernen. Hiermit ist sowohl ein Vortheil für die Güte der Wolle verknüpft, als auch eine Ersparniss an Heizmaterial.

Von diesem Trockenprozess, der überhaupt nur dazu dienen soll, die Wolle trocken zu machen, unterscheidet sich das Trocknen behufs Feststellung des wahren Wollgewichtes.

Bekanntlich hat man für Seide schon seit Langem ein Conditionnirverfahren aufgestellt und eingeführt zur Feststellung des **wahren** Gehalts an Seidenfaser in den zu Kauf gestellten Quantitäten Seide. Wie die Seide hygroscopische Eigenschaften besitzt, die das Gewicht einer Quantität Seide um 10—20 Proc. erhöhen können, so ist es auch wie wir bereits oben (pag. 35) sahen mit der Wolle, bei welcher die Möglicheit durch hohen Feuchtigkeitsgehalt den wahren Gehalt an Wollfaser zu verdecken und zu entstellen fast noch grösser ist. Dies hat man eingesehen und desshalb schon früher*) angeregt, ein der Conditionnirung der Seide ähnliches Verfahren für die Wolle ebenfalls einzuführen. In Frankreich ist dies geschehen, ohne dass man auch dort allgemein sich dieses Verfahrens bedient hätte. Das Verfahren dabei ist folgendes. Man wiegt Proben, die man aus verschiedenen Theilen des zu untersuchenden Wollquantums herauszieht und zwar Proben von 3 Kilogrammen auf je 100 Kilo der Masse. Diese Proben werden gleichmässig gemischt, um auch dem Uebelstande zu begegnen, der aus dem etwa vorkommenden ungleichen Feuchtigkeitsgehalt an verschiedenen Stellen der Wollquantität entstehen könnte, — und dann wieder zu je 3 Kilo abgetheilt, mehrfach und durch verschiedene Personen gewogen, um das Gewicht der Wolle vor dem Trocknen festzustellen, und sodann in den Trocknenapparat gebracht, in welchem eine Temperatur bis 103 und 108° C. herrscht. Bei dieser Temperatur ist auch das hygroscopische Wasser verdunstet und das Gewicht der so getrockneten Wolle ergiebt genau den Trockengehalt der Wolle an Wollfaser. Um aber den Handel zu vereinfachen, hat man einen erlaubten Feuchtigkeitsgehalt Reprise von 17 Proc. neuerdings $18^{1}/_{4}$ Proc. festgesetzt. Dieser wird zu obigem Gewicht hinzugerechnet und das Resultat repräsentirt dann das Gewicht der Wolle mit 17 resp. $18^{1}/_{4}$ Proc. Feuchtigkeit, d. h. den normalen **Handelsgehalt** an Wollfaser in der vorliegenden Quantität Wolle.

Ein solches Conditionnirverfahren, begleitet von einer Methode der gänzlichen Entfettung der Wolle muss dazu dienen, die besonders in neuerer Zeit erschütterten Grundlagen des Wollgeschäfts wieder festzustellen. Bei der Variation der Fettgehalte in der Wolle, besonders der edlen Wollen und den Schwankungen des Feuchtigkeitsgrades, der in den zu Kauf gestellten Wollen vorherrscht, würde eine Entfettungsmethode und die Conditionnirung jeden Streit und Zweifel beendigen. — **Hierin ist die Grundlage für eine zukünftige bessere Aera der Wollenindustrie zu suchen!!** —

Die in Roubaix eingeführte Entfettungsmethode ist die folgende:

I. Man entnimmt die Proben und wiegt sie mit grösster Genauigkeit.

Sodann erfolgt ein Ausringen in Wasser und zwar wird ein Bad

---

*) Dingler pol. Journal 115 pag. 222. Zeitschrift des Vereins der Wollinteressenten 1870, 1871. — Grothe, Conditionnirung der Wolle. Grieben 1871 Berlin. — Musin, Sur le Conditionnement. 1874 Roubaix. — Polyt. Zeitung 1874. Nr. 41. —

von filtrirtem und neutralisirtem Wasser, das auf 30° C. zur Entfernung der löslichen Stoffen erhitzt wird, hergestellt und benutzt,

II. oder es findet ein Ausringen in warmem filtrirtem Wasser statt, sodann Passage durch ein Bad mit Zusatz von Salzsäure, um Kalk und Magnesia von der Faser zu entfernen und um die Fettsäure frei zu machen. Ein neues warmes Wasserbad nimmt die ausgelösten Kalk- und Magnesiasalze auf und in einem Bad mit Zusatz von Soda (2° Beaumé) oder Seife werden die freigelegten Fettsäuren aufgelöst, worauf dann ein neues warmes Wasserbad (filtrirtes Wasser) die letzten Procente gebildeter Salze herausnimmt.

Wollwasch-Anstalten.

Nachdem wir in Vorstehendem die einzelnen Operationen der Wollreinigung resp. Wollbehandlung unmittelbar nach dem Abscheeren betrachtet und die bei diesen Operationen verwendeten und verwendbaren Maschinen und Apparate näher besprochen haben, wollen wir hier einige Worte beifügen über die Stellung und Bedeutung und Benutzung dieser Operationen in der Praxis und Wollindustrie, da sich seit einigen Jahren selbstständige industrielle Unternehmungen gebildet haben, die lediglich die Wollreinigung zu ihrer Aufgabe machen. Die Unsicherheit der Taxation der heutigen (besonders deutschen) Wollen durch die vielfachen und unerwarteten Variationen im Schweissgehalt liess vor 6—8 Jahren zuerst wünschenswerth erscheinen, dass die Wolle in gewaschenem Zustande auf den Markt komme als ein der Taxation offenliegendes Product. Freilich, wie das bei Neuerungen stets der Fall ist, fand dieses Project ebenso viele Gegner als Fürsprecher. Es wurde jedoch der Versuch gemacht, Waschanstalten zu begründen, — anfangs ohne den günstigen Erfolg, — ebenso wie Einige practisch für die Lösung der Frage durch accordmässige Uebernahme der Schafwäsche auf den Gütern eintraten. Heute kann die Frage als entschieden schon betrachtet werden; die Zweckmässigkeit der Wollwäsche ist keinem Zweifel unterlegen, die Wollwaschanstalten haben sich unseren industriellen Unternehmungen als lebensfähige Glieder angereiht. Die Begründung dieser Anstalten enthielt zugleich mit der ersten Absicht der Wollwäsche andere Keime zu einer weiteren Entwickelung, und so sehen wir heute eine Reihe von Wollwaschanstalten auch in anderen Richtungen hin thätig und der Kreis ihrer Wirksamkeit ist keineswegs als abgeschlossen zu betrachten. Die Entstehung und praktische Durchführung der Wollwaschanstalten ist ein bedeutender Fortschritt gewesen. Sie haben die Landwirthschaft einer unangenehmen und in ihrem Resultat mehr als zweifelhaftwerthigen Thätigkeit überhoben und schonen den eigentlichen Producenten, das

Schaf, an Körper und Gesundheit, — sie erleichtern dem Fabrikanten die Verarbeitung und vorher die Werthschätzung der Wollen — und führen der Fabrication grosse Quanten verhältnissmässig gleichartig bearbeiteter Wollen zu. Die Zukunft wird wahrscheinlich diesen Anstalten noch eine fernere bedeutsamere Rolle zuweisen, denn sie sind recht eigentlich als Verbündete des rationellen Wollhandels zu betrachten, deren Thätigkeit erst damit begrenzt sein kann, dass sämmtliche, heute noch in den einzelnen Fabriken im Kleinen durchgeführten Wollwäschen, die sämmtlich mit Verlust an Waschmitteln und mit Verlust werthvoller Nebenproducte arbeiten, in diesen Etablissements vorgenommen werden, somit auch der Spinner von diesem Geschäfte entlastet ist. Man wendet wohl ein, dass die einzelnen Spinner ihre speciellen geheim gehaltenen Waschverfahren etc. haben, ja viele derselben rühmen sich darauf etwas viel, — aber alle diese Waschverfahren gründen sich sämmtlich auf ein Prinzip und nur zu oft reducirt sich das besondere Verfahren auf das Wasser und dessen zufällige Güte. Dagegen beachte man, um wie viel sparsamer gewirthschaftet werden könnte. Man bedenke den Zinsverlust des Capitals der Waschmaschinen, wenn sie oft tagelang feiern, man berechne die Verluste in den überstehenden Seifenlaugen, die nur in einem continuirlichen Waschprozess ausgenutzt werden können, und calculire den Werth der täglich nutzlos abgelassenen Waschwässer, die in den Waschanstalten mit Erfolg bequem verwerthet werden können, — man überschlage den Betrag an verloren gehender Wärme bei nur temporär benutzten Trockeneinrichtungen, — so wird man einen bedeutenden Betrag finden, der zu Gunsten der Zwischenindustrie der Wollwäsche führt. Wie der Hüttenmann von Bergwerk die Erze erhält und verhüttet, um dies ausgeschmolzene Eisen den Giessereien und Maschinenfabriken zu überliefern, und es nicht rentabel ist, dass jede der letzteren eigene Verhüttung besitzt, so muss auch in der Wollindustrie die Rohmasse der Wolle vom Producenten, dem Landwirthe, an die Waschanstalten geliefert werden, wo aus der Rohmasse die 20—50 Proc. wirklichen Wollgehaltes ausgelöst — und dem Spinner überliefert werden. —

Wir haben schon bei den einzelnen Abschnitten auf die practische Anwendbarkeit jeder einzelnen Maschine hingewiesen. Es sei uns gestattet, hier einige Rück- und Ueberblicke zu thun und einige Bemerkungen über die Einrichtung der Wollwaschanstalten und den Kreis ihrer Thätigkeit den früheren Specialausführungen hinzuzusetzen.

Bei allen oben beschriebenen Operationen war es nicht möglich, bestimmte, überall und in allen Fällen gültige Angaben zu machen. C. Stommel[*]) ist voll im Rechte, wenn er an verschiedenen Stellen äussert: „Genaue Angaben über . . . . . zu machen, ist unmöglich, weil die Wollen zu verschieden sind," — und wir fügen hinzu, „weil die Wasser, die Alkalien — und die Menschen zu verschieden sind." Als Facit aus allen jenen Operationen kann man nur die Grundregel ziehen:

„Man wasche mit entsprechender Menge Alkali und gut beschaffenem Wasser bei einer mässigen Temperatur (die 40—45° R. nicht übersteigen sollte), mit möglichst geringem Arbeitsaufwand und unter Zugutemachung der Abfallproducte; — man trockene mit mässiger Wärme (30—35° R.) unter wenig Arbeitsaufwand." Diesem durch Erfahrung als rationell erwiesenen Grundsatz müssen die einzelnen Operationen nachstreben. Diese Hauptanforderung kann aber in der That in grossen Waschanstalten mit Erfolg erfüllt werden. Eine rationelle Waschanstalt muss zunächst folgende Operationen mit der Wolle durchführen:

I. a) Entstäuben,   II. Gewinnung von Wollstaub zu Dung,
   b) Entkletten,
   c) Waschen,   Gewinnung der Wollfette für Zwecke
   d) Trocknen,   der Feuerung, Gasbereitung, Seifen-
   e) [Sortirung].   fabrikation, Schmieröle etc.

Wir bemerken zu a), dass diese Operation da von grossem Werthe ist, wo wirkliche Fettgewinnung eingerichtet ist, weil der werthvolle, mit Wollhaaren, Dungstückchen, thierischen Hautschuppen etc. gemischte Staub besonders für Gärtner nutzbar zu machen ist und dann nicht die Waschwässer und später die Fettmassen unnütz belastet und werthloser macht. Die Operation des Entkletten s**) von der Waschanstalt vor oder nach dem Waschprozess ausgeführt, erhöht den Werth der Wolle, erleichtert relativ den Waschprozess und die Auflockerung der Wolle und passt vollkommen in den Kreis der Wollwaschgeschäfte hinein. Für den Waschprozess in Waschanstalten sind Leviathans anzuwenden, deren Abzugshähne mit Bassins zur Aufnahme der ausgenutzten fettbeladenen Waschwässer in Verbindung stehen.

Für die Durchführung einer guten Trocknung der Wollen ist natürlich die Beschaffung rationeller Apparate Nothwendigkeit.

Für Wollsortirung war seit Anfang des Jahrhunderts wesentliche Anregung gegeben. Man erkannte in einer gut durchgeführten Sortirung der Wolle eine wichtige Unterstützung der Manufactur. Thaer hat viel und eingehend darauf hingewiesen. Allein man verstand den Tenor dieser Winke insofern falsch, als der Schafzüchter anfing zu sortiren und ein Geschäft unternahm, das dem Wollhändler zukommt.***) Später hat W. Schmalhausen lebhaft für Wollsortirung und Wollsortirungsanstalten sich interessirt und zwar mit Recht. Jetzt, wo Waschanstalten in Blüthe kommen, sollten diese das Sortirungsgeschäft von mit den Spinnerfordernissen vertraute Leute durchführen lassen. —

Was speciell die Einrichtung einer Wollwaschanstalt anlangt, so muss dieselbe also an Maschinen enthalten:

---

    *) C. Stommel, Streichgarnspinnerei. 1875.
   **) Wir lassen die Beschreibung dieser Entklettungsapparate später folgen.
  ***) Haumann, Schafzucht 171.

Leviathan zu 3—6 Kufen,
Presse zum Entnässen oder Centrifuge,
Trockenmaschine,
Staubwolf oder eine Maschine zum Entstauben,
Klettenwolf,
Pumpen.

Sie erfordert ferner Dampfkessel zur Erzeugung des Dampfes für Erwärmung des Waschwassers, zur Erwärmung der trocknenden Luft, eventuell zur Erzeugung des Dampfes für die Dampfmaschine. Die Einrichtung der Baulichkeit ist zweckmässig so herzurichten, dass der Boden im Parterre, auf welchem die Waschapparate zu placiren sind, mindestens 25—40 Ctm. über dem Niveau des Terrains liegt, so dass ein schneller Abfluss abgelassener Wassermassen statthaben kann. Es empfiehlt sich dies für jeden Fall, ganz besonders aber dann, wenn die Fettgewinnung in Bassins vor sich gehen soll. Um bei niedrig gelegenem Terrain gegenüber dem Flussniveau nicht in die Lage zu kommen, die Abfallwässer in Bassins mit Pumpe überheben zu müssen, thut man gut, die Waschmaschinen in einem Parterre aufzustellen, das mit Kellern unterwölbt ist und 2—3 Meter selbst oberhalb des Terrainniveaus liegt. Die hierdurch vergrösserten Baukosten werden reichlich durch Ersparniss der Pumpen und der für dieselben aufgewendeten Betriebskraft gedeckt. Zur Lagerung der Rohwollen benutzt man den Raum über dem Waschsaale. Derselbe ist magazinartig herzurichten. Mittels Fahrstuhls wird die Wolle emporgehoben und herabgelassen, wenn man nicht vorzieht, da das Herabsenden ja meistens nur zum Zweck der Wäsche geschieht, unmittelbar einen trichterartigen Kanal senkrecht oder geneigt von der Decke in den Einweichbottich des Leviathans herabgehen zu lassen und so den Bottich direct zu beschicken. Arbeitet die Fabrik mit Staub- und Klettenwolf, so stellt man diese zweckmässig in einem Extraverschlage im Waschsaal auf, nahe dem Einweichbottich, und lässt mittels Trichters die Wolle vom Magazin in diesen Verschlag fallen und überträgt dieselbe mittels Zuführtuchs in den Einweichbottich. Die Trocknerei verlegt man vortheilhaft in den Keller, sobald er eine Art hohen Souterrains bildet, sonst fügt man dem Waschraum geeignete Verschläge zu, welche die Trockenmaschinen aufnehmen. Bei vorhandenen Kellerräumen kann die Wolle im gewaschenen Zustande in diesen lagern resp. verpackt werden; bei Nichtvorhandensein solcher aber wird sie in Magazine der oberen Stockwerke gebracht. In einigen Waschanstalten hat man die Trockenmaschine im obersten Stockwerk aufgestellt und hebt die entnässte Wolle dorthin empor. Das ist unzweckmässig, denn man hebt mit der Wolle eine sehr bedeutende Menge Wasser in die Höhe, die besser im Parterre verdampft wird, und man verliert eine Menge Wärme durch die Dampfleitung nach oben. Also zwei gewichtige Gründe sprechen dagegen. Nimmt man an, dass Wolle, wie sie aus der Centrifuge kommt, 50 Proc. Wasser enthält und dass täglich z. B. 20 Ctr. Wolle gewaschen werden, so werden also 30 Ctr. nasser (centrifugirter) Wolle nach oben befördert, also 10 Ctr. mehr als nöthig ist, wenn die Wolle im unteren Raum getrocknet wird. Der Verlust an Wärme in den Leitungsröhren und bei der Kraftleitung zur Bewegung der Trockenapparate übertrifft aber noch den Betrag der für die 10 Ctr. unnütz gehobenen Wassers aufgewendeten Kraft! —

Alle die in einer Waschanstalt nöthigen Maschinen sind gut dazu geeignet bei Einschaltung geeigneter Transportapparate ein continuirliches System zu bilden, dass bei genauer Regelung der Geschwindigkeiten der einzelnen Maschinen vortrefflich zusammen wirken kann. Hierbei ist der Gebrauch einer nicht selbstthätig beschickenden und entleerenden Centrifuge natürlich ausgeschlossen. Dagegen würde die Presse am Ende des Leviathans das Entwässern bewirken und eine Ueberleitung zu den Trockenmaschinen vermitteln.

Als Trockenmaschine würde dann das Norton'sche System den Vorzug erhalten, zumal da dasselbe selbstthätig in den Hebekasten auf dem Fahrstuhl abwerfen könnte. Die Anstrebung solchen continuirlichen, möglichst selbstthätigen Betriebs ist eine Aufgabe der nächsten Zeit. —

Entfernung der Wolle von den Häuten.

Wir haben uns oben nicht auf das Abscheeren der Wolle selbst eingelassen. Wir wollen desshalb hier das Nöthige beibringen und folgen darin zunächst der Darstellung G. F. von Schmidt's.*)

Das Abscheeren der Wolle geschieht auf zweierlei Weise: entweder setzen sich die Personen, welche das Geschäft besorgen, auf den Boden und nehmen die Schafe, welchen die Füsse zusammengebunden worden, vor sich, oder aber legen sie die Schafe auf einen Tisch, neben dem sie stehend arbeiten.

Beim Scheeren hat man darauf zu sehen:

Dass das Vliess in seinem Zusammenhang erhalten bleibe, weil dadurch das spätere Sortiren der Wolle sehr erleichtert wird, ebenso dass es nicht beschmutzt werde. Der gute Zusammenhang des Vliesses kann durch die Art und Weise, wie geschoren wird, sehr befördert oder beeinträchtigt werden. Die geübteren Scheererinnen fangen damit an, vom Kopfe an den linken Füssen hinunter eine Gasse zu scheeren, an welcher dann über den Rücken stets nach einer Richtung hin fortgeschnitten wird; —

Dass die Wolle nahe am Körper und in ganz gleichmässiger Entfernung von der Haut abgeschoren werde, damit das geschorene Schaf

---

*) Siehe auch Haumann, Schafzucht etc. Voigt, Weimar pag. 170.

eine ganz gleichmässige Oberfläche erhalte. Zeigt die stehengebliebene Wolle Staffeln, oder bilden die Stupfeln des Pelzes keine glatte und abgerundete Oberfläche, so bleibt der Stapel bis zur nächsten Schur beschädigt und das nächste Vliess wird in Folge der Ungleichheit der Oberfläche verdorben. Manche Scheererinnen trachten eine stehengebliebene Staffel durch einen zweiten Schnitt eben zu schneiden. Dies verbessert zwar den Stapel vom nächsten Jahre, aber das nachgeschnittene Schnipfelchen Wolle hat für den Fabrikanten keinen Werth. Dass das Thier beim Scheeren nicht verwundet werden darf, versteht sich von selbst. Auf einer verwundeten Stelle wächst häufig gröberes Haar als zuvor. —

Die bei diesem Abscheeren dienende Scheere ist in ihrer Form seit Jahrtausenden unverändert geblieben, wenn sie auch kleine Einzelnheiten zugefügt erhalten hat. Ihre Gestalt ist zu bekannt, als dass wir nöthig hätten, davon hier eine Abbildung zu geben. — Man hat aber neuerdings auch versucht das Abscheeren mit einer durch einen Motor bewegten Scheere zu bewirken und unter solchen mechanischen Scheeren ist die von Adien die beste. Wir geben davon hier Abbildungen. (Fig. 124 u. 125).

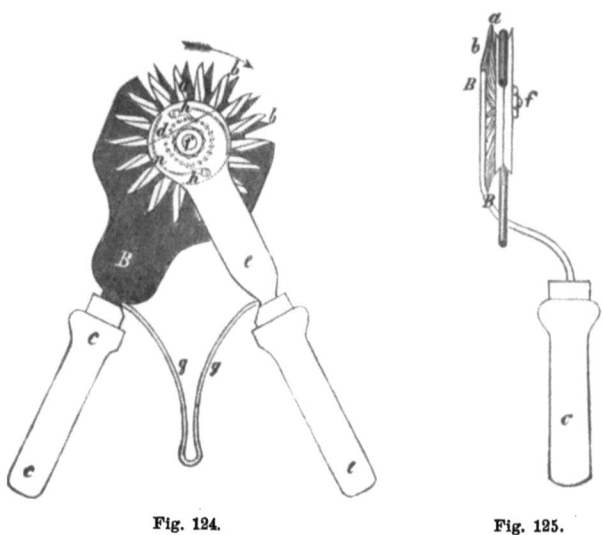

Fig. 124.   Fig. 125.

In diesem Instrument ist eine Schneidscheibe mit einzelnen radial gestellten Schneiden a über einem am mit Handgriff c versehenen Körper B befindliche Segment mit Schneiden b enthalten. Beide Schneidtheile sind durch die Axe f mittelst Schrauben festgestellt, so dass sie sich auf dieser Axe drehen. Soll diese Scheere mit der Hand bewegt werden, so erhält sie die Einrichtung in Fig. 124 mit 2 Handgriffen c und e, die durch Feder g auseinandergedrängt werden. Auf der obern Scheibe a ist dann ein Stellzahnrad d mit Klinken h h angebracht, die durch Feder n fest in die Zähne von d eingedrückt werden und so bei Bewegung von e und c gegeneinander zur Rotation der Scheibe a beitragen. Soll aber die Scheere mit motorischer Kraft bewegt werden, so wird auf a eine Schnurscheibe aufgesetzt und diese mit dem Motor verbunden, während c als Handgriff zur Leitung der Scheere dient, die also mit den Zinken b in die Wolle hineingeschoben wird, möglichst dicht am Körper. —

Von diesem Abscheeren der Wolle vom Körper des lebendigen Schafes ist das Abscheeren der Wolle von den Fellen wesentlich verschieden. Mit Wolle besetzte Häute stammen zum Theil von gestorbenen oder von geschlachteten Thieren her und kommen jährlich in grosser Quantität auf den Markt, besonders von den La Platastaaten her. Die Einfuhr von Schaffellen von La Plata in England betrug allein 1872 21706 Ballen und 1873 29201 Ballen! —

Da die Wolle auf solchen Fellen keineswegs werthlos ist, so hat man stets danach getrachtet, dieselbe davon zu gewinnen. Man benutzt dazu mechanische und chemische Mittel. Zu den mechanischen Mitteln gehören: das Abscheeren mit Schafscheeren und mit Maschinen. Ersteres wird erschwert durch die unregelmässige Lage der Wolle auf solchen Fellen, besonders auch durch die harte Beschaffenheit solcher Häute. Das Abscheeren mit Maschinen hat mit denselben Uebelständen zu kämpfen und verletzt sehr häufig die Fellhaut. Das Abscheeren mit Hülfe von Longitudinalscheermaschinen ist möglich und ganz gut durchzuführen, wenn die haarigen Häute zuvor im Dampfbade erweicht und die Haare mit einer rotirenden Bürste geordnet und glatt gelegt worden sind. — Bisher ist für diesen Zweck kaum ein rationelles und befriedigendes System gefunden. —

Chemische Mittel sind zahlreich angegeben worden und haben zum Theil den Zweck erreicht. Wir nennen hier einige der zweckentsprechenden Verfahren.

1. Gährungsverfahren.

Dies Verfahren ist mit Hülfe von Feuchtigkeit sehr leicht einzuleiten, — aber durchaus nicht leicht zu leiten, weil dabei die Beschaffenheit der Felle selbst, die Witterung, die Lage und Schichtung wesentlich mitwirken. Wird bei dieser Verschiedenheit der rechte Moment versäumt, so geht unter Entwerthung der Haut auch die Wolle verloren. Man hat freilich mit Hülfe des Salzes (Kochsalzes) es in der Hand, die Gährung zu hemmen, — allein dieses Mittel schützt dann nur vor weiterem Verlust durch die faulige Gährung. —

2. Chemische Agentien zur Entwollung.

a) Zuerst geschah die Enthaarung nur mit Hülfe von Asche und frischem Kalkwasser. In Kufen wird Wasser mit Asche und Kalk versetzt und in diese Flüssigkeit werden die Häute eingetragen. Nach einiger Zeit nimmt man sie heraus, rührt die Flüssigkeit wieder auf und versenkt nochmals u. s. f. Bessere Behandlungsweisen haben den Gebrauch der Asche ausgeschlossen. Bei dieser Behandlung wird leider die Wolle stark mit Kalk beladen und leidet körperlich ebenfalls, aber die Häute selbst werden zugleich vorzüglich vorbereitet. Dieses Verfahren ist noch vielfach im Gebrauch zumal für Lammhäute, bei denen die Wolle sehr nebensächlich ist. Wolle, welche nach dieser Methode abgetrennt wurde, wird im Besonderen Laine pelade, Gerberwolle genannt.

b) Eine zweite Methode besteht darin, Kalk in Patenform auf die Fleischseite der Haut aufzutragen zumal bei frischen Häuten. Dadurch werden die Haarzwiebeln zerstört und man kann mit der Hand die Wolle ausziehen. Jedoch wirkt diese Methode sehr ungleich und wird selten in Anwendung gebracht, obwohl die Wolle selbst sehr geschont wird.

c) Böttger hat bereits 1840 Calciumsulfhydrat (Ca H, S H), hergestellt durch Einleiten von Schwefelwasserstoffgas in Kalkbrei, zum Wegbeizen der Haare empfohlen, allein die Wirkung dieser Verbindung zerstört das Haar und bildet damit eine seifenartige Masse. Sie ist also zur Gewinnung der Wolle untauglich.

d) Felix Boudet wandte kaustische Soda zum Enthaaren an. Dieselbe greift das Haar scharf an und ist nur dann zum Zweck des Entwollens zu gebrauchen, wenn man auf die Haut eine niedrige Schicht der Lösung bringt, so dass nur die Wurzeln und unteren Haartheile angegriffen werden.

e) Felix Boudet bediente sich auch für gleichen Zweck der Schwefelverbindungen des Natriums und Kaliums, nachdem er eingesehen, dass diese Salze die wirksamen seien, bei einem von ihm intendirten Verfahren mit Operment, Kalk und Pottasche. Wenn man auf die Fleischseite der Häute einen Brei von Operment (15) Pottasche (10) und Kalk (150 Grm.) mit Wasser angemacht aufstreicht, so erreicht man die Entwollung vollständig. Wenn man einen Brei von Schwefelnatrium mit Kalkbrei vermischt aufbringt, erreicht man dasselbe, ebenso mit breiartigen Gemischen von Schwefelkalium und Kalk. Boudet glaubte daher, dass lediglich die Schwefelverbindungen des Natriums, Calciums und Kaliums die Agentien seien. Dem ist aber nicht so, sondern die Doppelverbindungen von Schwefelarsenik und Schwefelnatrium pp. sind bei Opermentmischungen thätig. Diese Sulfosalze wirken jedoch sehr schwach und milde.

f) Eine neuere Enthaarungsmethode von Böttger, freilich nicht bestimmt für die Entwollung, aber in geeigneter Weise dafür zu modificiren, besteht in Anordnung eines Gemisches von 1 Theil Natriumsulfhydrat kryst. und 3 Theilen gepulv. Schlemmkreide, also kohlensauren Kalks. —

g) Sterling hat die Entwollung mit Wasserdampf vorgeschlagen und durchgeführt, wobei der Wasserdampf und seine Temperatur eine Umsetzung in der Hautoberfläche hervorbringen und das Haar ausgelöst wird. Diese Methode ist als die Methode der Zukunft zu bezeichnen.

Es gilt nur, genau die Temperaturgrade zu ermitteln, bei denen jene Veränderung der Hautmasse, wahrscheinlich nur in ihrem Contractionsverhältniss, statthat, und zu beobachten, dass nicht die Constitution der Haut selbst leidet für die Verarbeitung auf Leder.

h) Watteau hat neuerdings den Sulfosalzen nachgebildete Enthaarungsmittel componirt, welche die Haare nicht angreifen, in 3—4 Stunden vollständig wirken und dazu die Häute für ihre Bearbeitung zu Leder günstig vorbereiten.

Das Verfahren Watteau, welches jetzt in Frankreich, Belgien, England viel Aufsehen macht, ist aber zugleich mechanisch sehr gut ausgebildet und die Watteau patentirten Sulfosalze dienen nur zur Unterstützung des mechanischen Prozesses. Die Methode, soweit sie bekannt ist, besteht in:

    a) Wäsche der Wolle auf dem Felle und Entklettung derselben,
    b) Präparation der Haut vor der chemischen Action, um die Haut selbst zu schützen.
    c) Wirkung der chemischen Agentien, Sulfosalze des Kalis, Natrons, Kalkes, mit Ausschluss der Arsenikverbindungen.
    d) Abscheeren der Wolle mittels Maschinen.
    e) Ausspülen der Wolle.

Dieses Verfahren ist trefflich durchdacht und wirklich nach beiden Seiten gut, d. h. es conservirt die Wolle in vollkommener Weise, indem dieselbe nicht direct mit den Chemikalien in Berührung tritt, und es conservirt andererseits die Haut, ja präparirt dieselbe günstig für den Gerbprozess vor. —

Das Centrum des Schaffellhandels ist bisher Bordeaux, während Liverpool und Antwerpen denselben seit einigen Jahren ebenfalls stark an sich ziehen. Für diese Plätze ist das Watteau'sche Verfahren sehr werthvoll.

Buchdruckerei von Gustav Lange (Paul Lange) in Berlin, Friedrichstrasse 103.

II.

Das Krempeln der Wolle.

Die Reinigung und das Auflockern der Wolle.

Der Entschweiss- und Waschprozess kann aus der Wolle wohl eine grosse Menge anhaftenden Schmutzes herausschaffen, aber dies genügt doch nicht, um die Wolle so vorzubereiten und zu reinigen, dass aus derselben ein reines, gutes Gespinnst gefertigt werden kann. Der Waschprozess in seinem ganzen Umfange beseitigt eigentlich nur die Theile des Schmutzes, welche theils auflösbar, theils fein zertheilbar und suspendirbar vom Wasser aufgenommen werden können. Dagegen bleiben solche Schmutztheile und Beimischungen, welche diese Eigenschaft nicht besitzen, in dem Haar zurück. Ferner ist der Waschprozess nicht dazu angethan, die vielfach durcheinander gewirrten Klumpen und Ballen von Wolle zu zertheilen. Es ist demnach nöthig, bei der speciellen Vorbereitung der Wolle zum Spinnprozess dieselbe noch mehr zu reinigen, sie aufzulockern und eine gewisse Gleichmässigkeit im Zusammenhange der Wollflocken hervorzubringen. Der Zeitpunkt, wann man diese Reinigungs- und Auflockerungsarbeit mit der Wolle in der betreffenden Maschine vornimmt, wechselt wesentlich, sowohl als bedingt durch die Qualität der Wollmasse, als auch lediglich in Folge der betreffenden Ortes herrschenden Usance. In gewissen Fällen oder an bestimmten Orten entfernt man die Kletten mittelst der Klettenwölfe bereits vor dem Waschprocess, an anderen Orten und in anderen Fällen erst kurz vor dem Krempelprozess, ja sogar erst mit demselben in Verbindung. Ebenso sehr variirt die Bearbeitung der Wollmasse im Schlagwolf u. s. w. Jedenfalls erscheint es rathsam, die Wolle früh d. h. in den möglichst ersten Bearbeitungsstadien zu entkletten, weil die weitere Bearbeitung die Kletten leicht zerstückelt und so ihre Entfernung erschwert. Meistens verbindet man mit dem Auflockern u. s. w. noch einen neuen Zweck. Durch den Waschprozess ist, je gründlicher er durchgeführt wurde, um so mehr das Schweissfett herausgeschafft. Die Wolle hat dadurch eine trockene Beschaffenheit erlangt und geringere Geschmeidigkeit. Da es nun aber bei weiterer Bearbeitung sehr wichtig und vortheilhaft ist, dass die Wollfasern gleitend und geschmeidig sind, weil sie dadurch vor Zerreissen etc. durch die betreffenden Maschinentheile geschützt werden, — so wird es nothwendig, der Wolle wieder etwas Fett zuzufügen, welches sich auf den Oberflächen der Haare vertheilt und diese gleitend macht. Alle oben genannten Absichten erreicht man mit Hülfe geeigneter Maschinen und zwar zunächst mit Hülfe der Maschinen, die den Namen „Wolf" tragen. Die Grundidee des Wolfes lässt sich kurz so präcisiren. Zum Abstreifen der gröberen Unreinigkeiten, sowie zum Auflösen von Knoten und Wirren gehört eine fingerähnliche Einrichtung, die zugleich die grösseren Ballungen zertheilt. Die Wegführung des Staubes geschieht aber am besten unter Anwendung der Centrifugalkraft. Die Staubtheile haben alle ein höheres specifisches Gewicht als die Wolle; sie werden daher schneller bei der Drehung des Wolfes herausfliegen. Sie sind ferner viel feiner als die Wolle und können demnach durch ein Gitter hindurchfliegen, welches die Wolle aber nicht durchlässt. Die Einrichtung solcher Maschinen, die den Namen „Wölfe" tragen, ist sehr verschieden und richtet sich nach dem speciellen Zweck, nämlich ob dieser die Entfernung des Staubes und der Unreinigkeiten oder ob derselbe auch die Lockerung der Wolle im Auge habe, endlich ob derselbe sich auch auf das Entfernen der Kletten und Strohtheile aus der Wolle bezieht, oder gleichzeitig auf die Besprengung der Wolle mit Oel etc. Die Wölfe lediglich für den erstern Zweck nennt man Klopf- oder Schlagwölfe, die für den zweiten Zweck Reisswölfe, die für den dritten Zweck Klettenwölfe und endlich die für die letzte Aufgabe Oelwölfe. Dem Zweck entsprechend erhalten natürlich diese Wölfe eine verschiedene Construction. Mehrere solcher Maschinen hat man auch häufig zu einer einzigen vereinigt, — oder aber die eine dieser Constructionen dient für mehrere der angegebenen Vornahmen. Es treten bei dieser Verschiedenheit der Anwendung noch eine Reihe von besonderen Bezeichnungen auf, wie z. B. Mischwolf, Sortirwolf. Die Einrichtung der Schlagwölfe, bei deren Anwendung also die Reinigung der Wolle in den Vordergrund tritt, scheint die ursprüngliche Form der Wölfe überhaupt gewesen zu sein. Jacobson giebt uns die Abbildung einer solchen Maschine aus dem Jahre 1774, welche im Wesentlichen aus einer vierflügeligen Welle besteht, die in einem viereckigen Kasten aufgestellt ist, mittels Kurbel drehbar. Die Flügel sind auf ihren Längskanten mit wenigen, grossen, etwas gebogenen Zähnen von Eisen garnirt. Nur die untere Kreisbahn dieser Flügel ist durch ein Gitter aus Holzstäben, dem Rost, begrenzt. Man nannte die Bearbeitung der Wolle in dieser Maschine ausdrücklich das Machiniren der Wolle, — eben zu einer Zeit, wo an eine weitere Bearbeitung der Wolle durch Maschinen noch kaum gedacht ward.

Wir bemerken hier, dass aus der weiteren Darstellung bei Jacobson hervorgeht, dass diesem Maschiniren ein nochmaliges Schlagen mit Stöcken folgte und sodann das Zupfen, ein Zertheilen der Wolle in kleine Flocken u. s. w. Letztere Arbeit verrichtet jetzt ausschliesslich der Reisswolf.

Man benutzt für reinere Wolle fast ausschliesslich nur den Reisswolf, dagegen für staubige, schmutzige Wollen, sowie für Abfälle der

Spinnerei etc. den Schlagwolf (Whipper), der der letzteren Anwendung wegen auch den Namen Abfallwolf erhalten hat. Jedoch schadet die Anwendung des Schlagwolfs niemals, im Gegentheil, sie ist durchaus vortheilhaft, weil jede Wolle mit Staub behaftet ist. Bei der stark mit Sand und Staub beladenen Wolle (Sandwolle) ist das Bearbeiten im Schlagwolf sogar Nothwendigkeit. In den Figuren auf Tafel II stellen wir einen Schlagwolf gangbarster Construction dar.

Der **Schlagwolf** besteht aus einem kräftigen Gestell A, welches an den Seiten geschlossen ist. Im Gestell ruhen die Lager für die Schlägerwellen b b'. Diese Letzteren sind mit den Schlägern Z (hier 6 auf dem Umkreis und 6 auf der Länge der Welle) besetzt. Diese Schläger bestehen aus Holzstäben, die radial zur Achse eingeschraubt sind. Die Schläger beider Wellen sind versetzt zu einander eingefügt und greifen durch einander. Die Wolle wird durch das endlose Zuführtuch o zugeführt und von dem Schläger erfasst und nach untenhin mitgeführt. Bei dem Punkte des Zusammengriffs der beiden Schlägerpartien wird die Wolle zwischen je zwei Stäben getheilt und theilweise vom Schläger b, theilweise vom Schläger b' mitgenommen. Die Einführung der Wolle in den Schlägerbereich ist nicht willkürlich, sondern wird durch die Vertheilungswalze x bewirkt, welche auf ihrem Mantel mit dichtgestellten Zähnen besetzt ist. Dieselbe schiebt das Material, welches durch o in die Maschine eindringen will, zurück, sobald es in zu grossen Quanten vorrückt, sie hält ferner das Material etwas fest zwischen sich und der flachen Mulde n, so dass die Schläger dasselbe abschlagen müssen. Der durch das Schlagen der Wolle gelockerte und ausgelöste Staub fällt auf den Rost p, gebildet aus Holz, resp. Eisenstäben, welche in eiserne Seiten-Rahmen, die verstellbar unter dem Schlaggehäuse angebracht werden, eingelegt werden. Der Schlägercylinder ist oben durch Gehäusedeckel h mit Klappen abgegrenzt. Hinter der letzten Schlagwelle befindet sich das Ausspeieloch w, durch welches die bearbeite Wolle durch Centrifugalkraft herausgeworfen wird. Diese Oeffnung kann auch durch eine Klappe verschlossen werden, wenn es sich darum handelt, Parthien in mehreren Umgängen der Flügelwalzen zu bearbeiten. Was den Bewegungsmechanismus anlangt, so ist dieser aus den Figuren ersichtlich. Die Bewegung wird durch die Riemenscheibe c auf der Welle b von der Hauptwelle etc. der Fabrik aus übertragen. c ist die Festscheibe, c' die Losscheibe. Von b aus wird durch Riemen auf der gleichgrossen Riemenscheibe d e die Bewegung auf die Schlagwelle b' vermittelt. Ferner sitzt auf b noch das Zahnrad f; dasselbe greift in g ein. Mit g sitzt auf der Zwischenaxe v das kleine Zahnrad h, welches seinerseits in das Zahnrad t eingreift, das auf gleicher Welle mit i sitzt. i treibt aber das Zahnrad k auf der Axe der Vertheilungswalze x, welche an der entgegengesetzten Seite das Zahnrad l enthält und durch dieses mittels Eingriffs mit m die Walze s des Vorziehtuchs bewegt. Das Vorziehtuch bewegt die Gegenrolle r durch die Bewegung von s. Diese verschiedenen Räder haben sehr verschiedene Durchmesser und Zahnzahlen und übertragen demgemäss differirende Geschwindigkeiten. Die Geschwindigkeit der Walzen und ihre Differenzen sind neben der äusseren Einrichtung der Walzen u. s. w. die Grundlage der Wirkung aller Krempel und Maschinen zur Vorarbeit der Wolle für das Verspinnen.

In unserer Maschine erhält die Hauptwelle b durch den Riemen von der Betriebswelle her eine Umdrehungszahl von circa 5—600 Umdrehungen per Minute.*) Die Flügelwelle b' wird daher ebenfalls 5—600 Umgänge machen, ebenso das auf b festgekeilte Rad f. Das Stirnrad f hat 25 Zähne und greift in g mit 100 Zähnen ein. g ist nur Transporteurrad auf der Transporteurwelle v, auf welcher auch das Rad h mit 21 Zähnen sitzt. h treibt t mit 121 Zähnen und während t nur Transporteurrad ist, greift das auf derselben Welle sitzende Zahnrad i mit 21 Zähnen, in k mit 57 Zähnen ein. Die Uebertragung von l nach m geschieht durch gleiche Zahnräder mit 23 Zähnen. Betrachten wir diese Verhältnisse näher, so ergeben sich folgende Bewegungsgeschwindigkeiten.

Flügelwelle b z. B. 500 Umdrehungen bei 880 Millimeter Flügeldurchmesser
„ b' „ „ 500 „ „ „ „ „

Zahnrad f = 500 Umdrehungen also 500 . 3,14 . 880 = 1381600 Millimeter Umfangsgeschwindigkeit per Minute. Das Zahnrad g macht, da es durch f $25/100$ mal umgedreht wird also 0,25 . 500 Umdrehungen = 125 während der Rotation der Hauptflügelwelle. Somit macht auch das Rad h = 21 Zähne nur 125 Umgänge per Minute. Das durch h getriebene Zahnrad t = 121 Zähne wird folglich $\frac{21}{121}$ · 125 Umdrehungen haben d. h. 21,7. Dieselbe Umdrehungszahl erhält auch i mit 21 Zähnen und überträgt diese Bewegung auf k mit 57 Zähnen. Somit erhält k $\frac{21}{57}$ 21,7 = fast 8 Umdrehungen in der Minute, ebenso l und m. Während sich also die Schlägerwellen mit 500 Umdrehungen per Minute bewegen, geht die Zuführung nur mit 8 Umdrehungen. Es kommen somit auf jede Rotation der Zuführung $\frac{500}{8}$ = 62,5 Rotationen der Flügelwellen. Die Zuführwalzen haben aber incl. des Zuführtuches 13 Millimeter Durchmesser. Es wird also per Minute 3290,72 Millimeter des Zuführtuches mit der daraufgebreiteten Wolle in den Bereich des Schlägers geführt. Es kommen ferner, da die Schlägerwelle 6 Reihen Schläger hat auf jede 40,82 Millimeter vorrückender Wollschicht $\frac{500}{8}$ 6 = 375 Schläge der einzelnen Flügel. Mit anderen Worten lässt sich das so ausdrücken: Das Wollquantum, welches auf den Zuführtisch ausgebreitet, eine Schicht von der Länge 3290 Millimeter per Minute einnimmt, würde durch das Schlagen ausgebreitet eine 1381600 Millimeter lange Schicht bilden, wenn man anders diese Schicht herzustellen beabsichtigte. Aus dieser Berechnung wird ersichtlich, wie theilend diese Maschine wirkt. —

Hierbei sind noch folgende Bemerkungen zu machen.

Die Auflage und Dicke der Wollschicht auf dem Zuführtuch, ferner die Stellung der Vertheilungs- oder Einführwalze richtet sich nach der Qualität der Wolle und nach ihrer Reinheit; sie wechselt daher wesentlich in ihrer Höhe. Im Allgemeinen kann man auf den Quadratmeter 25 - 36 Loth Wolle ausbreiten, ohne die Schicht zu dick oder zu gering herzustellen. Daraus berechnet sich dann die Lieferung der Maschine. Die Maschine hat eine Breite des Arbeitsraumes von 1240 Millimeter, eine Breite des Zuführtisches von 1120 Millimeter. Man kann somit auf den Raum des Zuführtuchs für 8 Umdrehungen der Minute = 1120 · 3290 Millimeter = 3684800 □ Millimeter = 3,68 □ Meter,

---

*) Meistens lässt man in Spinnereien die Haupt-Betriebswelle mit 80—120 Umgängen laufen.

3,68 · 30 Loth = 111,40 Loth Wolle ausbreiten und der Bearbeitung zuschicken. Es ergiebt das für 12 Arbeitsstunden 111,40 · 60 · 12 · = 79488 Loth = 2649 Pfd. = 26 Centner und 49 Pfd. Wir bemerken, dass dies Quantum nur zu leisten ist, wenn ohne jede Unterbrechung fortgearbeitet wird. Im Mittel kann man für solchen Schlagwolf eine Leistung von 16—20 Ctr. annehmen.

Eine andere Construction eines Schlagwolfes wollen wir hier erwähnen. Dieselbe ist von Gottlieb Schramm & Dill in Herford und anderen seit längerer Zeit mustergültig ausgeführt. Von der vorhergehenden Construction unterscheidet sich diese durch die Zahl der Schlägerreihen und durch die Zuführung, ferner durch die Art des Betriebes, insofern die Bewegungsübertragung mittels Riemen geschieht. Dieser Schlagwolf enthält auf jeder Axe nur 4 Schlagstabreihen, in welche die Entfernung von Stab zu Stab jeder Reihe 130 ^{mm} beträgt. Die Einführung besteht aus 2 hölzernen Walzen von 60 ^{mm} Diameter, deren obere sich durch Friction umdreht. Dicht unter dem Einzugwalzenpaar ist ein Querbalken mit einer nach dem Innern des Gehäuses gerichteten und hineinragenden Stabreihe angebracht. Dieses Stabgitter fängt zunächst die eingeführte Wolle auf. Die Distanz der Stäbe an einander ist 65 ^{mm} von Mitte zu Mitte des Stabes. Durch die Zwischenräume dieser Reihe schlagen die 4 Stäbe der Reihen auf den ersten Schläger hindurch und entnehmen so dem Auffanggitter die eingeführte Wolle und bearbeiten sie. Die erste Schlägerwelle ist die getriebene. Von ihr erhält die zweite Schlägerwelle ihre Bewegung mittels Riemens und zwar überträgt sich dieselbe von einer Riemenscheibe = 145 ^{mm} auf eine solche von 168 ^{mm}, woraus sich natürlich eine verlangsamtere Bewegung für die zweite Scheibe resp. die zweite Flügelwelle ergiebt. —

Wir lassen den Beschreibungen des Schlagwolfes hier gleich die Beschreibung eines typischen **Reisswolfes** folgen und zwar mit besonderem Grund. Das Bestreben nach vereinfachter Operation in der Bearbeitung der Wolle hat nämlich zunächst wieder zu Combinationen des Schlagwolfsystems mit dem Reisswolf geführt; sodann ist bei der Schlagwolfconstruction allmälig die characteristische Eigenschaft der langen Schlagstäbe immer mehr verschwunden, die Stäbe sind verkürzt und natürlich in ihren Diametern vermindert. Die Zähne und Garnitur des Reisswolfes dagegen haben ebenfalls veränderte Gestalt angenommen und die kleineren Eisenstifte sind gewachsen und allmälig zu Stabformen übergegangen, ebenso wie die Reihenaufstellung der Reisszähne mehr der Flügelanordnung entsprechend sich ausgebildet hat. So finden wir also annähernde Modificationen von beiden Seiten her und bei vielen Maschinen dieser Art ist es schwer zu unterscheiden, ob sie mehr Schlagwölfe seien oder Reisswölfe. Es ist leicht ersichtlich, dass eine Beschreibung nach den Gesichtspunkten Schlagwolf — Reisswolf hiernach zu Wiederholungen und zwecklosen Scheidungen führen muss und wollen wir dieselben dadurch vermeiden, dass wir in folgender Darstellung auf eine strenge Trennung nicht eingehen, sondern Schlagwolf und Reisswolf und ihre Combinationen und Modificationen zusammen behandeln.

Bevor wir auf die detaillirte Beschreibung des Wolfes auf Tafel III eingehen, führen wir hier einen Durchschnitt von einem Reisswolf von Oscar Schimmel & Co. vor, der eine allgemeine Anschauung giebt gleichzeitig aber interessante Details enthält. a ist der Tambour mit einfacher, sehr dichter Zahngarnitur in Keilanordnung, unterhalb von einem Gitter umfasst, welches verstellt werden kann. Die Zuführung besteht aus dem Zuführtuch e und dem Zuführapparat, bestehend aus einer Mulde b, in welcher sich ein cannelirter Cylinder dreht. Diese Mulde ist hergestellt aus einer

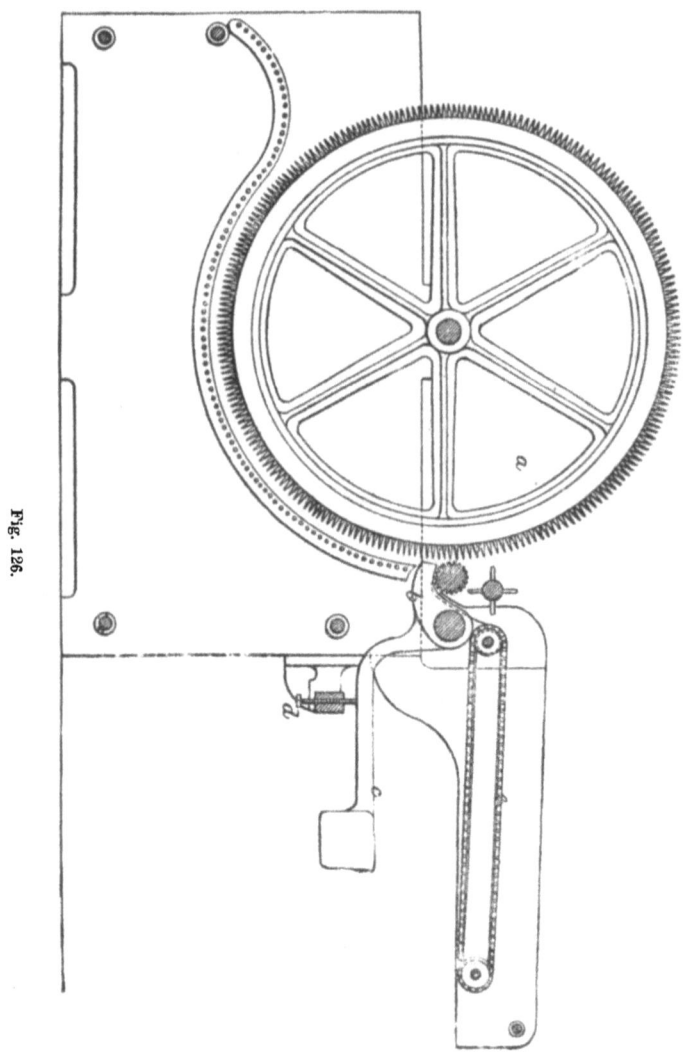

Fig. 126.

Anzahl Winkelhebel, die auf einer gemeinschaftlichen Achse selbstständig beweglich aufgereiht sind, sich mit dem Hebelarm b unter die Walze legen und an der Verlängerung des andern Hebelarms c ein Gewicht tragen. Dies Gegengewicht drückt die Finger b gegen den Zuführcylinder. Der Ausschlag von c wird begrenzt durch die Schraube d. Ueber der Zuführwalze oder besser über den Weg zwischen dem Zuführtuch und der Walze ist eine Flügelwalze aufgestellt, um das überflüssig zugeführte Material zurückzuwerfen.

In den Figuren auf Tafel III ist ein solcher abgebildet. a ist das Zuführtuch, welches sich über die 3 Walzen c c c endlos bewegt. Seine Wollauflage wird durch d geregelt und nach dem Wolltambour h hin zugeführt. Dieser Tambour h ist eine grosse Trommel, ein Cylindermantel auf kräftigen Armen und einer starken Achse. Ihr Mantel ist aus Holz und Eisen gebildet und mit starken Zähnen versehen. Diese Zähne b' sind kegelförmig und in Eisenbänder eingeschraubt oder eingenietet, welche in Schraubengängen um den Umfang des Cylindermantels herumgenommen sind. Die Entfernung der Zähne in den Reihen von einander ist 40 Millimeter. Der Tambour besteht aus 2—3 Reifen von Eisen, die von den Armen getragen werden. Auf diese Reifen werden starke Bretter aufgebracht und abgedreht und sodann wird der Stiftbezug eingefügt. Der Tambour ergreift mit seinen Zähnen die Wolle, welche von dem Einführtuch und der Walze d geboten wird und führt sie mit sich in Richtung des Pfeiles. Die untere Hälfte des Tambours ist mit einem Roste umgeben. Im oberen Theile desselben unter der Einführung sind zweimal Schienen m, besetzt mit versetzten Zahnreihen fest angebracht. Durch die Zahnabstände derselben greifen die Tambourzähne hindurch. An dieser Stelle findet die eigentliche Oeffnung der Wolle statt. Staub, Knoten u. s. w. fallen durch die Zwischenräume im Rost hindurch, während die Wolle durch z, das Ausspeiloch, herausfliegt.

Die Bewegung wird von der Tambouraxe aus vermittelt, welche durch Riemen und ihre Riemenscheibe w von der Hauptbetriebswelle aus in Bewegung gesetzt wird. Auf der andern Seite dieser Achse sitzt die kleine Riemenscheibe x, von welcher ein Riemen die Bewegung auf die Riemenscheibe y (auf einer Zwischenaxe, auf welcher auch der Trieb y' sitzt) übertragen wird. y greift in das Rad z ein, welches auf einer Achse sitzt mit dem Rade z'. z' bewegt durch Eingriff mit k die hintere Einführrolle des Zuführtuches und zugleich durch die Räder r r' die Zuführwalze d.

o ist das Obergehäuse für den Tambour, bestimmt das Herausfliegen der Wolle zu hindern. q sind Blechthüren in den Seitenbögen, durch die Riegel r fest verschliessbar und mit Handgriff versehen zum Herausnehmen. s s ist das gusseiserne Seitengestell der Maschine.

Die Bewegungsverhältnisse dieser Maschine sind folgende: Die Achse des Tambours h läuft circa 500 Mal per Minute um. Der Tambour hat 1 Meter Durchmesser und 99 Centimeter Breite. Die Verzahnung besteht aus 1034 **Zähnen** in 25 resp. 24 Reihen à 42—43 Zähne. Die Zahnschienen m haben je 3 Reihen Zähne von der Weite in der Stellung, wie die Zähne des Tambours. Der Tambour hat per Minute eine Umfangsgeschwindigkeit von $1 \cdot 3{,}4 \cdot 500 = 1570$ Meter. Mittelst Riemen von x von 12 Ctm. Durchm. nach y wird die Bewegung von $y = 72$ Ctm. Durchm. $= \frac{12}{72} \cdot 500 = 80$ Umdrehungen per Minute. Von y pflanzt sich die Bewegung auf y' fort und überträgt sich auf z. y' hat 18 Zähne und z hat 89 Zähne, somit wird z $\frac{18}{89} \cdot 80$ also $= 16{,}1$ Umdrehungen machen. Das Rad z theilt seine Bewegung an $z' = 18$ Zähne mit und dieses seinerseits dem Zahnrad k von 45 Zähnen. k hat daher $\frac{18}{45} \cdot 16{,}1$ Umdrehungen $= 6{,}4$. Es macht somit die Zuführwalze 6,4 Umdrehungen per Minute, während der Tambour 500 mal rotirt. Führen wir ferner die Rechnung der Lieferung aus, wie oben beim Schlagwolf ausgeführt wurde, so erhalten wir ein Arbeitsquantum per 12 Arbeitsstunden von circa 1800 Pfd. gereinigter Wolle.

Seit der Erfindung der Schlagwölfe und Reisswölfe, die bis in die Mitte des vorigen Jahrhunderts zurückreicht, sind eine grosse Menge*) Variationen an der Construction dieser Maschinen zu bemerken. Unter diesen von **Williams, Collier, Busby, Goulding, Milne, Reneaux-Bainville, Despiau, Bates, Worth, Desban & Gardan, Bussac, Hickes, Parson & Clyborn, Hartmann, Jahn & Co., Calvert, Sykes & Ogden, Lawson, Shaw, Illingworth, Vitu, Clissold, Leach, Malteau, Crighton, Parpaite, Garnett, Wailes, Goddard, Martin, Pastor** und von Andern herrührenden Verbesserungen und Veränderungen wollen wir nur die abweichendere Construction vorführen.

Was die Construction der Schlagwölfe, sowie der Reisswölfe anbelangt, so bemerken wir hier zunächst, dass dieselben in Bezug auf die Art der Zahngarnitur wesentlich schwankt. Bei den Schlagwölfen variirt man Zähnezahl, Zahnlänge und Zahnstellung der Schlagzähne oder Schlagstäbe vielfach. — Bei dem Schlagwolf von **Parpaite****) sind z. B. ferner die Zähne schräg gestellt, wie Fig. 127 zeigt. Diese Maschine besteht aus einem runden Cylinder mit Gitterboden d, in welchem sich der mit schräg gestellten Holzzähnen c garnirte Tambour b dreht. Die Zufuhr geschieht durch a, die Entleerung durch g. Innerhalb des Gehäuses sind ebenfalls Reihen von Holzzähnen angebracht.

Von den Variationen, die bei Garnitur des Wolftambours vorkommen, geben wir im Nachstehenden ein Bild (Fig. 127—148). Wie wir bei der Beschreibung des Reisswolfes oben bereits dargestellt haben, enthält die typische Construction einen mit Zähnen regelrecht besetzten Tambour.

---

*) **J. D. Fischer** behauptet, es habe der Wolf keine wesentlichen Veränderungen erfahren seit seiner Erfindung! Es ist dies eine von den zahlreichen Fehlern und Ungenauigkeiten des kleinen Buches desselben Verfassers: Die Streichgarnspinnerei. Chemnitz 1867. Focke.

) **Grothe, die Spinnerei, Weberei und Appretur auf der Ausstellung in Paris 1867.

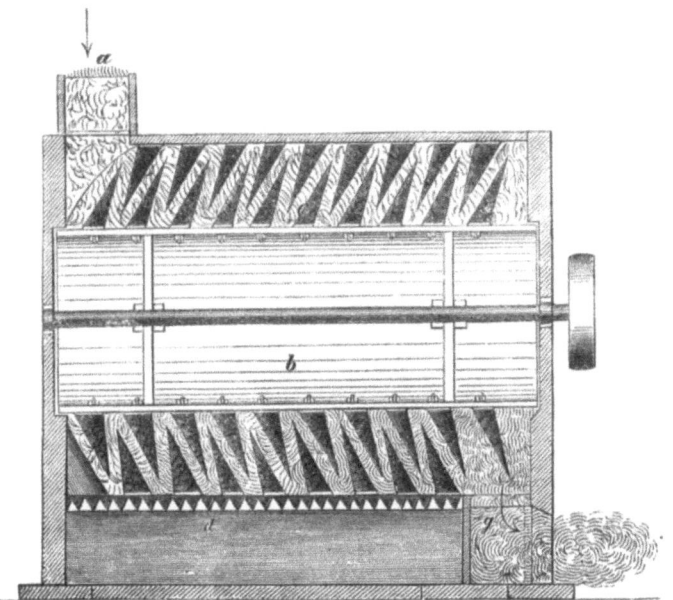

Fig. 127.

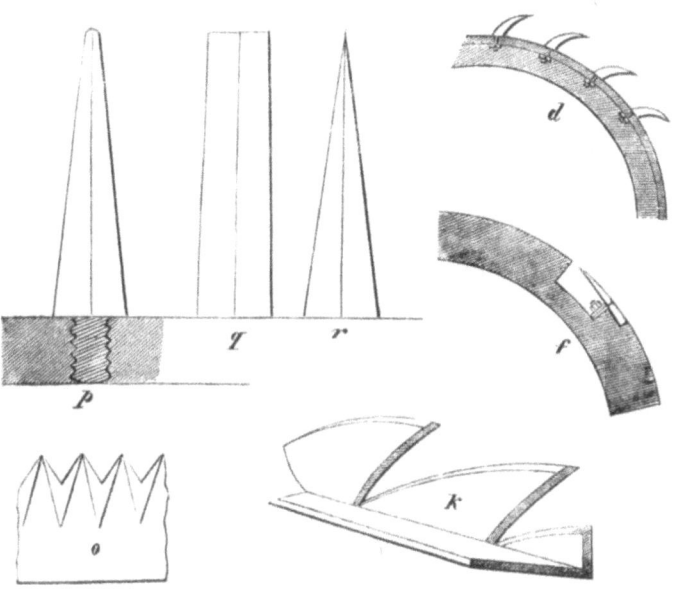

Fig. 128—147.

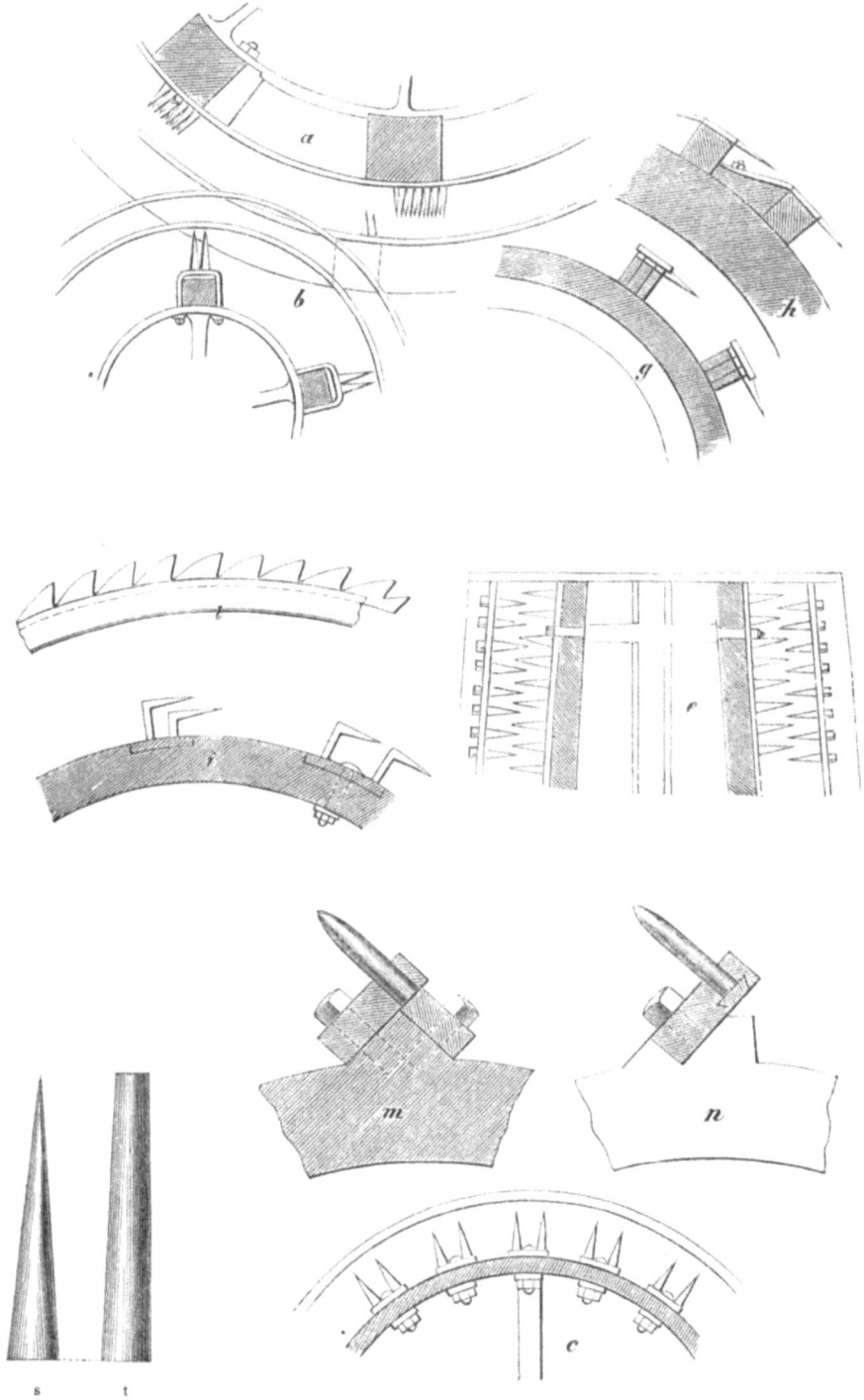

Fig. 128—147.

Allein während bei diesem Typus die Zahl der eingelassenen Zähne von 800—10,000 Stiften wechseln kann, so kann auch die Aufbringung dieser Zähne wesentlich verschieden sein. Dieselben können in den Holz- oder Eisenmantel des Tambours eingeschraubt, eingenietet sein, aber auch in Form von Kratzenbeschlägen hergestellt und auf den Tambour aufgezogen und befestigt sein. — Wesentlicher ist nun bereits die Abweichung, dass nicht mehr die ganze Mantelfläche des Tambours regelmässig mit Zähnen besetzt ist, sondern nur stellenweise, sei es in Reihen parallel zur Axe, sei es in Spiralgängen um den Mantel. Und diese stellenweise Anordnung variirt wieder bei den parallelen Reihen in Zahl der Gruppenreihen, wie c, a, b, i dies zeigen. Am meisten jedoch variirt die Gestalt der Zähne selbst. Bald sind dieselben Kegel s e, bald Kegel mit abgeplatteter Spitze t, bald Pyramiden r, bald Pyramiden mit breiter Spitze q, bald dreikantige Stifte p, bald runde Pflocke mit stumpfer konischer Zuspitzung n, m, bald gebogene hauerähnliche Eisenstifte d Weiter noch entfernt sich die Gestalt der Zahngarnitur in o, k, l, i, h, g. In den ersteren erscheinen nicht mehr selbstständige Zähne, sondern Eisenschienen mit sägenartigen Ausschnitten. In i hat der grade Zahn einem Winkelzahn Platz gemacht. Bei diesen Constructionen wechselt nun auch die Stellung zum Tambour selbst. Die Zähne in a, b, c, e, s, t, p, q, r stehen radial zur Tambouraxe. d leitet bereits zu einer geneigten Stellung über, n und m nehmen schon eine energisch abweichende Stellung ein, ihre Neigungslinie bildet bereits die Hypothenuse des gleichschenkligen Dreiecks der Peripherie und der Radiusverlängerung. Die Stellung i aber nähert sich der tangentialen Stellung, ebenso h g, während die Stellung des Zahnes in f und seine Form sich der Kreislinie des Mantels anschliesst. Bildeten die wirksamen Zähne des typischen Wolfes ausgesprochene Hervorragung, die offen zum Kampfe vorrückt, so sucht die Stellung f die Hervorragung zu vermeiden und die Angriffswaffe zu verstecken. Die Formen und Stellungen d, k, i, n, m, h, f, g aber enthalten noch eine andere Eigenthümlichkeit; — sie folgen den Principien, die den Oeffnungsmaschinen und Kämmmaschinen für die Kammwolle zu Grunde liegen. Wenn dies schon die variirende Angriffs- und Wirkungsweise der verschiedenen Garnituren andeutet, so ist dieselbe in der That sehr wesentlich differirend. Die radial gestellten Zähne üben auf die von den Einführwalzen dargebotene Wolle eine abschlagende Einwirkung aus, durch welche die Wolle gegen die Gehäusewandung geschleudert wird, der Einwirkung der Centrifugalkraft zugleich folgend. Sind im Innern des Gehäuses noch stehende Zahnreihen angebracht, so zwängen die radialen Zähne die Wolle durch die Zwischenräume derselben hindurch und zertheilen sie. Ganz anders ist schon die Wirkung einer Garnitur wie f zeigt. Hierbei greifen die gebogenen Zähne in die dargebotene Wollmasse hinein, sie stechen gleichsam in dieselbe hinein und ziehen die erfassten Flocken nach sich. Ein Abschleudern dieser erfassten Wolle gegen das Sieb und Gehäuse ist in geringerem Grade möglich. Aehnlich wirken die Anordnungen n und m. Während aber hier immer noch neben der kämmenden, stechenden Wirkung ein Abschlagen mitspielt, ist letzteres ganz aufgehoben bei Stellungen, wie die Anordnungen i, g, h, f sie zeigen. Diese Zähne wirken lediglich kämmend auf die eintretende Wolle ein, sie durchziehen die Fasern und nehmen Wollflocken, deren Wirrniss diesem Kämmen Widerstand entgegensetzt, mit sich. Nun aber stösst von selbt die Frage auf, kann ein Aufspiessen und Herumtragen der Wollflocken auf diesen Zähnen einen Erfolg haben? Nein, ein Erfolg ist nur zu erreichen, wenn diese Kammzähne die Wollflocken gegen ein anderes Organ führen, welche die Wollabnahme und hierbei Aehnliches oder dasselbe vollbringen, was die Zahnreihen vorher gegen die Wolle an der Einführung vollbrachten. Während also die radiale Verzahnung sich des Stosses, Schlages, Wurfes unter Mitwirkung der Centrifugalkraft und fester innerer Zahnreihen am Gehäuse bediente, bewirkt die mehr tangentiale Aufstellung der Verzahnung eine Trennung der Wollflocken durch ausziehende Zertheilung der Fasermassen unter Mitwirkung eines Hülfs-Organs. —

Wir müssen auch noch auf die Verschiedenheit in der Befestigung der Zähne und Zahnreihen an sich hinweisen. Die Figuren geben hierüber hinreichenden Aufschluss.

Was nun ferner die Gestalt des Tambours anlangt, so ist dieselbe meistens cylindrisch; jedoch kommen auch conische Tambours vor (siehe Fig. 128 e und später Crighton's Wolf). Eine sehr characteristische Modification der Wölfe, die so recht auf der Scheide zwischen Schlagwolf und Reisswolf steht, rührt von Price in Stroud (Gloucestershire) her und wurde zuerst von Wedding beschrieben. Die Maschine besteht aus einem Gehäuse, welches mit Drahtgitterboden versehen ist. In dem-

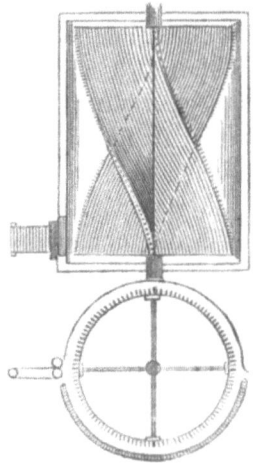

Fig. 148.

selben dreht sich der Tambour. Dieser besteht aber nicht aus einem hohlen Mantel, sondern aus 4 Flügeln, die schraubengangartig um die Axe herumgelegt sind, so dass die Flügelflächen in der Ebene der beiden auf einander senkrechten Durchmesser der Welle stehen und eine Ganghöhe von $1/4$ des Kreisumfanges haben. Auf den Flächen der Flügeloberkante sind Wolfzähne eingeschraubt.*) In dem Gehäuse selbst sind zwei Langschienen mit Zähnen aufgestellt, die mit den Flügelzähnen im Eingriff stehen. Diese Maschine wirkt sowohl als Schlagmaschine durch die Fläche der Flügel, als auch als Reisswolf durch die Verzahnung der Flügelkanten. Die Flügel rotiren 180—300 Mal in der Minute. Sie streifen an dem Rost in etwa 25—30 Millimeter Entfernung vorbei, und da das Gitter des Rostes uneben ist und die Wolle sich durch die Centrifugalkraft getrieben dagegenstemmt, so wird sie vielfach gewendet und getheilt. Das Gehäuse über dem Flügeltambour ist excentrisch aufgesetzt. In Folge dessen findet die Wolle hier weitere Flugbahn, wird gegen die innere Wand des Gehäuses geworfen und fällt dann in die Flügel herunter. Die Arbeit der Maschine ist langsam (50 Pd. Wolle per Stunde), aber sehr vollkommen. (Fig. 148.) —

Eine Construction von Desban & Gardan**) hält diese Idee fest und fügt Zähne mit Schraubenwindungen um den Mantel eines Conus ein. Derselbe dreht sich in einem Cylindergehäuse, welches im Innern, entsprechend der Verjüngung des Kegels, mit zunehmend längeren Zähnen versehen ist.

Renaux & Bainville haben den Wolf in zwei Formen combinirt construirt. Zunächst gelangt die Wolle in einen Reisswolf, der auf seiner Oberfläche nur mit 6 Doppelreihen Zähne garnirt ist und fällt dann in einen langen Cylinder aus Draht- oder Korbsieb, in welchem sich eine Langachse dreht, die auf ihrer ganzen Länge mit schräg gerichteten Stäben ausgerüstet ist. Die gelockerte vom Reisswolf kommende Wolle verliert darauf in diesem Schlagapparat die Unreinigkeiten.

Bei den Schlagmaschinen mit langer Schlagachse hat man auch nach Vorbild der ersten Willowconstruction für Baumwolle, conische Trommeln angeordnet, die mit längeren Holzzähnen besetzt sind. Bei solchen Maschinen wird die Wolle an dem grösseren Umfang eingeführt. Sie bewegt sich dann freiwillig nach dem anderen Ende durch Rotation der Welle. Solche Maschine hat George Parson***) für Wolle construirt. Der conische Tambour ist mit kleinen Schlagplatten garnirt. Crighton†)

---

*) Eine sehr ausführliche Beschreibung mit guten Zeichnungen dieser noch immer gebrauchten Maschine findet sich von Wedding's Hand in den Verhandlungen des Vereins für Gewerbefleiss in Preussen. 1837. p. 5; ferner in Stommel's Streichgarnspinnerei.

**) Brevet d'invention XXXVII. 185.

***) London Journal. Juli 1844. 393.

†) Deutsche Industrie-Zeitung 1865.

hat diese Einrichtung in anderer Weise benutzt (Siehe Fig. 149, 150). Die Schlagwelle b steht in seiner Maschine aufrecht und ist mit Schlägern garnirt, die von unten nach oben kegelförmig abnehmen und sich in einem Siebgehäuse c drehen. Die Wolle wird durch a eingegeben, von den untersten Schlägern erfasst immer weiter nach oben geführt und fällt in Richtung der Pfeile endlich über den Rand des Siebgehäuses auf das Zuführtuch d, auf welchem sie durch den Cylinder e festgedrückt und geebnet wird. Der Flügelventilator f saugt durch den Gehäusekasten die Luft hindurch durch die Wolle und entfernt so den Staub.

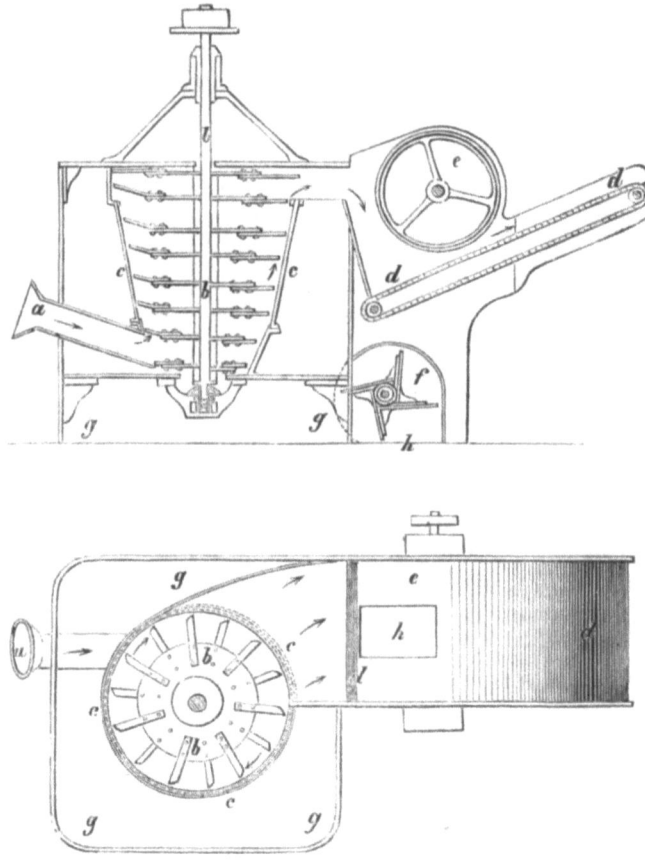

Fig. 149, 150.

Jllingworth empfiehlt eine Schlagmaschine, wie sie sehr ähnlich bei der Baumwollindustrie angewendet wird. Vom Zuführtuch nehmen Speisewalzen die Wolle ab und übergeben sie einem Schläger. Derselbe besteht aus einer Trommel von etwa ½ Meter Durchmesser und mit 4 Schlagleisten versehen. Von diesem Schläger gelangt die Wolle in ein Gehäuse, in dem sich ein vierflügeliger Schläger dreht. Derselbe wirft die Wolle auf ein aufsteigendes endloses Tuch, welches hier als Sieb wirkt, und so gelangt die Wolle auf eine Siebtrommel, durch welche mittels Ventilators Luft eingesaugt wird. Eine Rollwalze ebnet diese angesaugte Wolle und ein gegen diesen Siebcylinder anstreichendes Messer löst dieselbe ab.

Der von Williams schon 1830 ausgeführte Wolf, der sich besonders dem Zwecke, südamerikanische Wolle zu reinigen, anpassen wollte, enthält gute Momente der Construction. Auch er ist eine Combination von Reiss- und Schlagwolf. In der Fig. 151 (nach der Patentbeschreibung) ist d

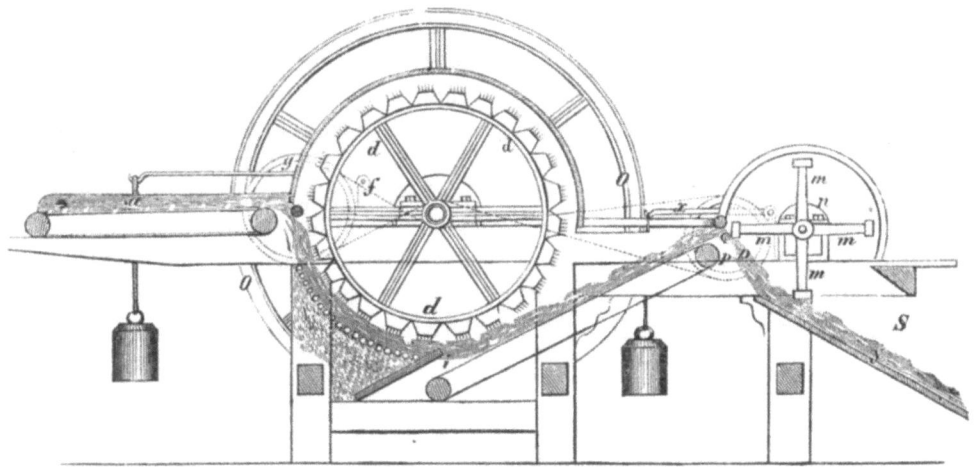

Fig. 151.

der Tambour mit eigenthümlicher Verzahnung in abwechselnden Gruppen. a ist das Zuführtuch. Die Einführung ist in der Maschine mangelhaft und das Gitter sehr weit von den Tambourzähnen entfernt. Das Zuführtuch i führt die Wolle dann dem Schläger m zu auf der Welle n. o ist ein Schwungrad. Die Form der Zähne auf den Blöcken des Tambours geht aus der Figur hervor, ebenso die Garnitur der Schläger.*) Leach**) construirte zwei verschiedene Wölfe, die sich übrigens nur in Kleinigkeiten unterscheiden. Beide sind Reisswölfe. Sie bestehen aus einem Tambour mit tangential an Knaggen angebrachten Zähnen, wie Fig. 152 zeigt. Derselbe dreht sich in einem Gehäuse, dessen unterer Theil Rost ist. Eine Vorwalze theilt dem Tambour die Wolle langsam mit, die Zähne greifen sie und eine Bürstenwalze trennt sie wieder heraus.

---

*) Russel, der vollkommene engl. Tuch-Appreteur. pag. 22.
**) Polyt. Centr.-Blatt 1861. 108. Grothe, Jahresber. d. mechan. Technologie. I.

— 182 —

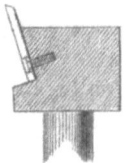

Fig. 152.

Beide Wölfe sind mit einem Apparat zum Einölen versehen, dessen wir weiter unten Erwähnung thun wollen.

Die in Fig. 153, 154 abgebildete Maschine von Carlier Vitu*) bezweckt ein Reinigen der Wolle von Sand, Futter, grossen Kletten etc. Construction und Arbeitsweise derselben sind höchst einfach. Die zu reinigende Wolle wird auf dem endlosen Speisetuche B den Einziehwalzen CC zugeführt und beim Austritt aus letzteren der Wirkung der Flügel oder Schläger D ausgesetzt. Dabei wird ein Theil der fremden Bestandtheile von den Wollfasern getrennt und fällt durch das Gitter E unter die Maschine. Die Wollfasern selbst gelangen zunächst in den Bereich einer zweiten Flügelwalze D' und dann zur dritten Walze D''. Letztere empfängt eine etwas grössere Geschwindigkeit, als die beiden ersten, so dass die Wolle von derselben erfasst und, ähnlich wie durch einen Ventilator, aus der Oeffnung G geschleudert wird. Beim Vorübergange an der Kante E' des Gitters E wird hierbei eine abermalige, kräftige Reinigung erzeugt. Damit hierbei jedoch die Wollhaare selbst

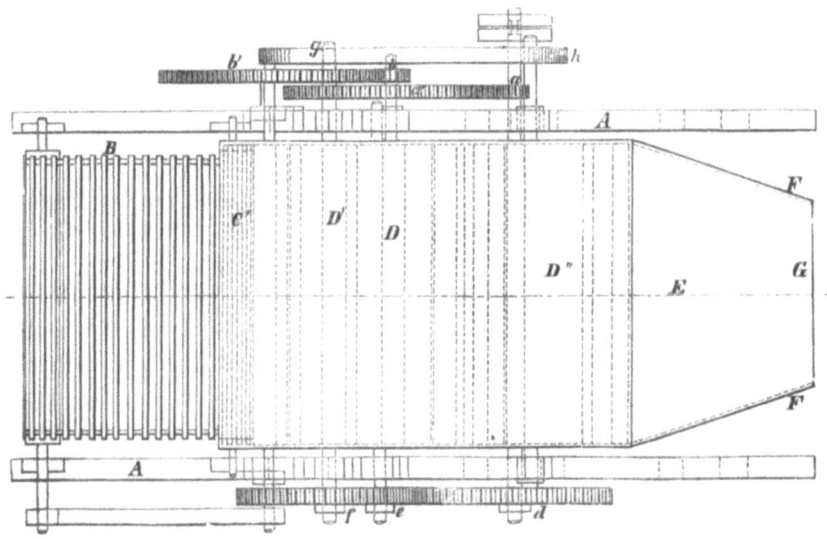

Fig. 153.

---

*) Zeitschrift des Vereins der Wollinteressenten von Grothe. 1870. Heft I.

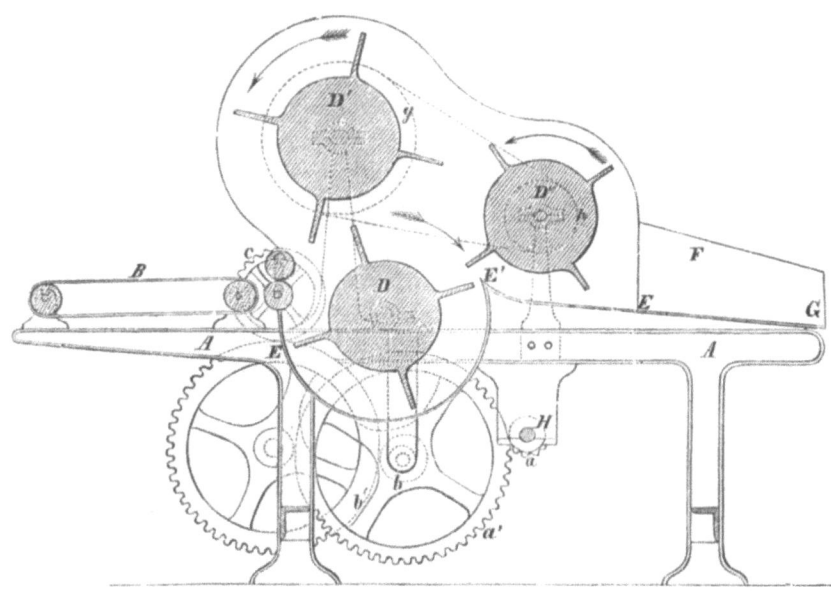

Fig. 154.

nicht zu sehr leiden, werden die Flügel mit Vortheil aus Holz gefertigt, und an den äusseren Enden mit Leder oder elastischem Material bekleidet. Auch ordnet man zuweilen zwei Paar Speisewalzen an, zwischen denen Nadelwalzen eingeschaltet werden können.

Die Bewegung der Einziehwalzen erfolgt von der Betriebswelle A aus mittelst der Räder a a' b b' und c; die der drei Flügelwellen mittelst der Räder d e f und der Riemenscheiben g h.

Leblan's*) Oeffner für Wolle ist wieder eine Combination von Schlagmaschine und Reisswolf. Er ist in Fig. 155 im verticalen Durchschnitt und in Fig. 156 im Grundriss dargestellt, besteht aus einem hölzernen Gestelle A, in dem die Triebwelle B mit den festen und losen Riemenscheiben V und die kleine Riemenscheibe T liegt, welche letztere mittelst der Scheibe T' und der Stange S den Hacker R bewegt; die grosse Scheibe U setzt die an der Achse des Schlägers sitzende Scheibe U', und ein Zahnrad auf der Welle B durch die Räder C, C', D und E die Stachelwalze in Bewegung. Das Zahnrad E bewegt ferner mittelst der Räder F, G und H die geriffelten Einführwalzen O, deren untere durch ein kleines Getriebe n n' das Speisetuch Y in Bewegung setzt und deren obere durch Hebelgewichte Q belastet ist. Die Stachelwalze und der Schläger sind mit einem Mantel W bedeckt, der mit zwei Oeffnungen

---

*) Deutsche Industrie-Zeitung. 1865. 384.

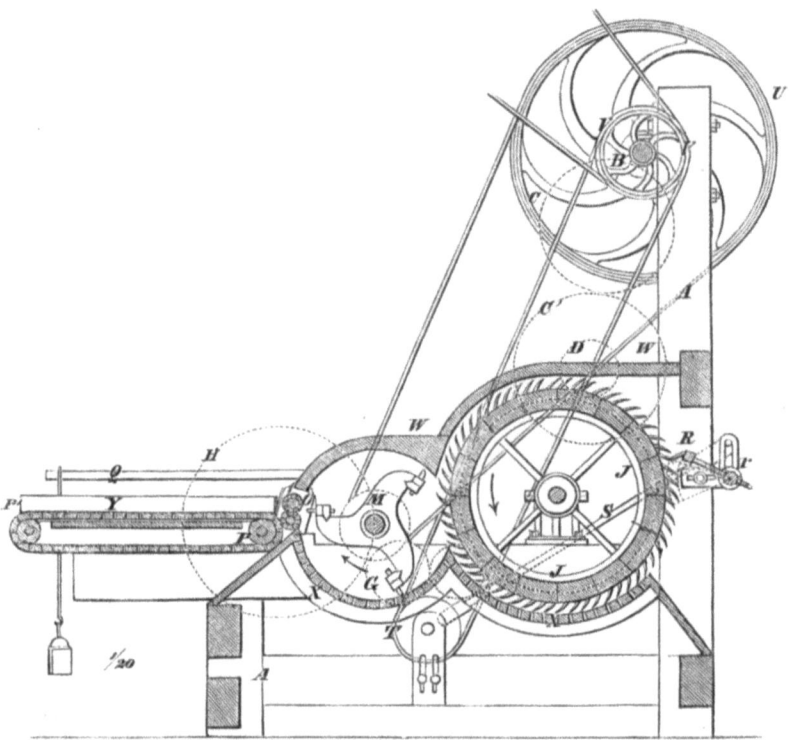

Fig. 155.

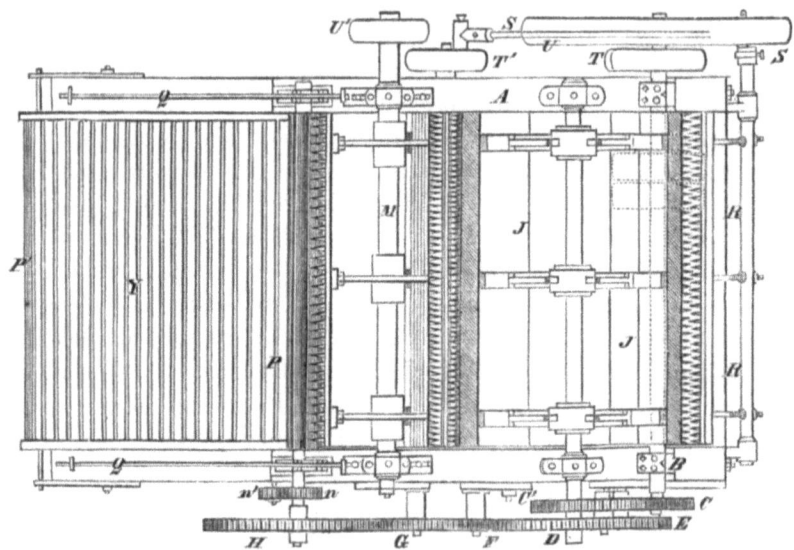

Fig. 156.

zum Reinigen der Maschine versehen ist. Die Unreinigkeiten werden durch den Rost X entfernt.

Die Wollen werden auf das Speisetuch Y aufgelegt, durch die Speisewalzen dem Schläger M und von diesem der Stachelwalze I zugeführt. Der Schläger ist mit mehreren (hier 3) gleich weit vom Mittelpunkt abstehenden Stäben versehen, an denen Stacheln sitzen; letztere gehen zwischen denen der Stachelwalze durch. Der Schläger hat im Verhältniss zu der Stachelwalze eine schnelle Bewegung, so dass sich die letztere allmälig mit den aufgelockerten Fasern anfüllt. Der Hacker nimmt diese Masse ab und es kann dann dieselbe beliebig aufgesammelt oder weitergeführt werden. Als Vorzüge der Maschine werden hervorgehoben: 1. grosse Leistungsfähigkeit, da sie mit einem einzigen Arbeiter bei den in den Abbildungen angenommenen Dimensionen stündlich 100 Pfd. liefert, 2. dass die bearbeiteten Stoffe in Form von Flocken abgeliefert und mehr geschont werden als auf anderen Maschinen, endlich 3. dass sie continuirlich arbeitet, da ein Hacker die Faserstoffe von der Stachelwalze fortwährend abnimmt.

Die Combination des Schlägersystems mit dem Reisssystem ist sehr schön und zweckmässig in der Maschine von Sykes & Ogden angeordnet. Diese Maschine ward 1846 in England patentirt und später von Sykes verbessert.*) Die Wolle gelangt von einem Zuführtuch zu den Zuführwalzen und in Bereich von Schlägern, die über einem Rost die Wolle schlagen. Die Wolle kommt geschlagen auf ein zweites Zuführtuch, welches über 3 Rollen und unter einer Trommel fortgeht, welche letztere pressend auf die Wolle wirkt. Eine Bürstenwalze bietet dem Tambour die Wolle dar, der sie mit den eingelegten Kammzähnen erfasst und mit fort nimmt. Eine Kammwalze streift einen Theil davon ab, welchen eine Bürste dem Tambour zurückgiebt. Eine Schlägerwalze schlägt die Flocken und Unreinigkeiten ab aus der Wolle im Tambour und überlässt diese der Flügelleistenwalze zur Sonderung. Die Unreinigkeiten fallen in einen Kasten, die brauchbare Faser geht nach dem Zuführtisch zurück. Die reine Wolle wird endlich durch einen grossen Bürstencylinder aus dem Tambour herausgetrennt. Der Tambour ist mit eingelegten Kammzähnen garnirt.

Die Maschine arbeitet recht gut und liefert ein sehr vollkommen geöffnetes Product ab. Sie arbeitet aber langsam; in 10 Arbeitsstunden circa 500 Pfd. bei 50 Zoll Breite und $^3/_4$ Pferdekraft Betriebskraft. Die Geschwindigkeit und Bewegung der Maschine ist folgende: Die Einziehwalzen von 2'' Durchmesser haben 2 Umdrehungen per Minute 12,57'' Umf.-Geschw. Die erste Schlagwalze dreht sich bei 14 Zoll D. 550 mal, die Bürstenwalze 82 mal und die Kammtrommel 30 mal. Letztere legt dabei (22'' D.) 2074,3 Zoll zurück. Die Streichwalze (4'' D.) geht 17 mal

---

*) Repertory. of pat. inv. 1846. 87. London Journ. XXVIII. 229. Bair. Kunst- und Gew.-Bl. 1853. 612. Verhandlungen des Vereins für Gerwerbefleiss 1864.

mal, die Bürstenwalze (6″D.) 82 mal, die Schneide- oder Schlägerwalze am Tambour (3½″D.) 1500 mal und die Schlagwalze (14″ D.) 340 mal. Die Bürstenwalze zur Abnahme endlich macht 360 Touren.

Die **Klettenwölfe** reihen sich den Schlag- und Reisswölfen an. Sie vertreten eine Specialität, — können aber auch ganz gut als gewöhnliche Wölfe betrachtet und benutzt werden. Wenn wir oben bereits auseinandersetzten, dass die Wölfe, deren Verzahnung sich tangential zum Mantel stellt, eines Hülfsapparates zur Ausübung ihrer Ausgabe bedürften, so haben wir ganz besonders dabei auch die Klettenwölfe im Auge gehabt. Das Princip der Klettenwölfe lässt sich kurz so feststellen. Eine Anzahl Wollsorten kommen in den Handel, welche mit sogenannten Kletten, den Früchten von Distelarten, behaftet sind. Besonders sind dies Wollen von La Plata, vom Cap und auch von Australien. Die Kelchblätter der Klettenpflanze (Carduus, Arctium, Cnicus, Onorpodon) tragen bei der Blüthe lange, verzweigte, stachelige Lappen und Spitzen. Gegen die Reife werden diese Kelchblätter gelblichbraun und trocken und, da sie ziemlich starke Fasern enthalten, so bleiben sie elastisch und fest. Solche Kelchblätter, die später die Fruchtkapsel umgeben, während auch die Fächerklappen der Fruchtkapsel selbst dieselben Theile bieten und dasselbe Klettenmaterial liefern, wirren sich in das lange Wollhaar der vorüberweidenden Schafe ein, werden losgerissen und bleiben nun in der Wolle sitzen. Einzelne der Klettenpflanzen haben längere Klettenlappen, andere kürzere. Besonders unangenehm und festhaftend ist die sogenannte Ringelklette, deren verzweigte Lappen sich sehr tief und fest mit der Wolle verschlingen. Ferner die Wolle bedeutend entwerthend wirkt die Nussklette. Letztere ist der ganze Fruchtkopf einer Pflanze, umhüllt von vielen Hacken und Zacken, der leicht von dem Stengel sich löst und ganz in die Wolle sich einnistet. Alle übrigen Klettensorten sind nicht so störend. — Um diese Vegetabilien wegzuschaffen, reicht die gewöhnliche Bearbeitung nicht aus, — hierzu bedarf man einer besonderen Procedur. Diese kann sich mechanischer oder chemischer Mittel bedienen oder beider zugleich. Das mechanische Entklettungsmittel ist der sogenannte Klettenwolf. Derselbe vollbringt seine Aufgabe je nach seiner Construction verschieden:

a) er schneidet die Klette heraus,
b) er sucht die Wollfasern von der Klette abzuziehen und diese so zu isoliren.

Bei Ausführung der ersteren Arbeitsweise muss also ein Organ zum Abtrennen der Klette vorhanden sein, aber auch ein solches, welches die Wollfaser selbst vor der schneidenden Wirkung des ersteren schützt. Das schneidende Organ besteht in einer Art Walzenmesser, einem mit Stahlklingen besetzten sehr schnell rotirenden Cylinder. Derselbe arbeitet mit dem andern Cylinder zusammen. Letzterer hält die Klette dem

Messer hin und soll dabei die Fasern schützen. Diese zweite Walze war Gegenstand besonderer Anstrengung des Erfindertalentes.

Die erste Idee zur Construction der heutigen Klettencylinder finden wir in der Maschine von Lawson.*) Lawson's Maschine ist recht sinnreich. Sie enthält einen gezahnten Tambour, Schläger, Klettenwalze und Abnehmer. Die Zähne des Tambours sind tangential und kammartig angebracht. Weiter angewendet wurde dieser Cylinder 1850 von Calvert, dessen Construction durch Roberts, Fothergill und Robinson**) zur Ausführung kam, ferner imitirt und modificirt ward derselbe von Hibbert, Platt & Sons, von Richard Hartmann, von Jahn & Co. und von Houget & Teston. In den Maschinen von Goddard, von Pastor, von Martin u. s. w. findet sich der andere Klettencylinder. Wir geben diese jetzt allgemein angewendete Modification der Klettenwalze in Fig. 157, 158 wieder. Man denke sich zuerst eine Walze p mit gusseisernem Mantel. Auf diesen Mantel werden Ringe von Stahl aufgeschoben und zwar Ringe von verschiedener Form abwechselnd. Der erste der Ringe ist gezahnt wie Fig. 157 zeigt. Der andere Ring ist ungezahnt und von etwas kleinerem Durchmesser als der Durchmesser des Kreises ist, den man durch die Tiefe der Zahnausschnitte beschreiben könnte. Dadurch erhält die Walze p das in Fig. 157 dargestellte Aussehen. Diese Einrichtung hat neuerdings eine Aenderung erfahren. Da es einerseits zur Erreichung eines möglichst grossen Effectes wünschenswerth ist, möglichst viel Zähne auf einer Walze zu haben, also eine möglichst grosse Anzahl Zahnscheiben neben einander aufstecken zu können, andererseits es aber weniger zweckmässig ist, wenn die Zähne der Länge der Trommel nach zu nahe beisammen stehen. Weil die in mehrere neben einander liegende

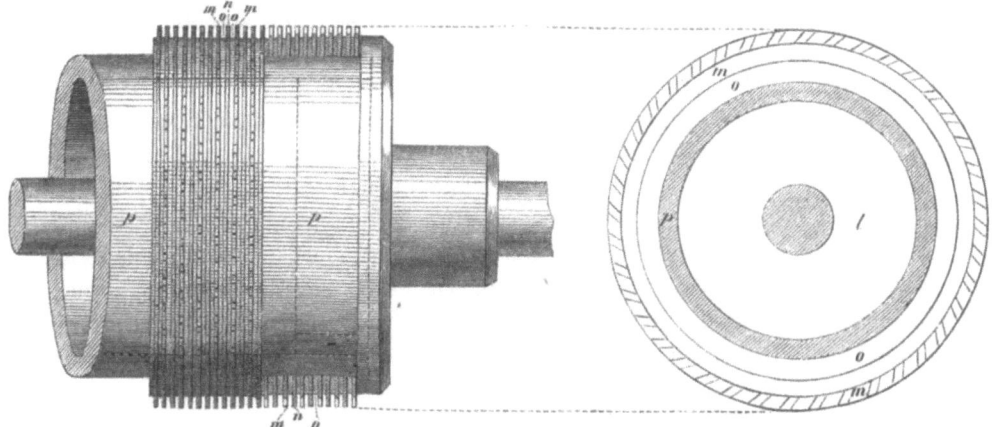

Fig. 157.

---

*) London Journal XXXIII. 104.
**) Beschrieben: Verhandlungen des Vereins für Gewerbefleiss in Preussen. 1851. 177.

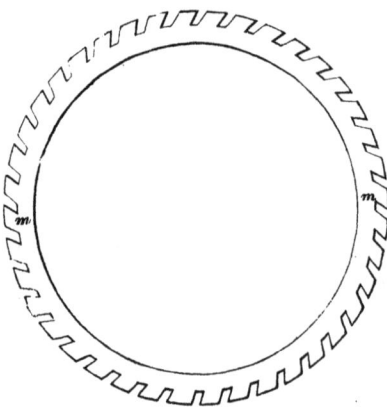

Fig. 158.

Zähne sich einlegenden Kletten oder sonstigen Unreinigkeiten nicht so leicht von den darauf einwirkenden Schlagflügelschienen abgelöst werden könnten, so bringt Newton auf seinen Zahnringen die Zähne nur auf der einen Hälfte des Umfangs an und lässt die andere Umfanghälfte glatt. Diese blos halb gezahnten Ringe werden nun natürlich ebenfalls unter Zwischenlegung von kleineren Trennungs- oder Zwischenscheiben so auf den Walzenkern aufgesteckt, dass der gezahnte Theil jedes zweiten Ringes alle Mal auf die Seite der Walze kommt, wo die glatte ungezahnte Umfanghälfte jedes ersten Zahnringes sich befindet. Auf diese Weise erhält man eine Reinigungswalze, welche auf einem gegebenen Durchmesser möglichst viel Zähne enthält, während auch die Wolle aus den Speisecylindern auf möglichst vielen Punkten erfasst wird, ohne dass die Zähne in der Längenrichtung der Trommel zu dicht beisammen stehen. Um die Kerne solcher Walzen herzustellen, und zu bewirken, dass ihre Oberfläche stets rund läuft und rund laufend bleibt, fertigt Newton selbige aus sehr gut ausgetrocknetem, ausgelaugtem und gedämpftem Holze. Nach dem Abdrehen werden in diese hölzernen Walzenkerne der Länge nach Nuthen eingeschnitten, von denen einzelne bis nahe auf die eiserne Welle gehen, und in diese Nuthen werden eiserne Schienen eingetrieben, welche sie vollkommen ausfüllen und mit der Walzenkernoberfläche bündig laufen. Diese Nuthen werden übrigens nicht zur Axe parallel eingeschnitten, sondern laufen etwas schräg oder schraubenförmig, um alle Längenfasern des Holzes in ihrem Zusammenhang zu unterbrechen, so dass keine Faser von einem Walzenstirnende bis zum andern reicht, wodurch ein Werfen des Holzes vermieden werden soll, wenn dessen Neigung hierzu durch das Dämpfen noch nicht völlig unterdrückt sein sollte. Auf diesen eigenthümlich angefertigten Walzenkern werden dann die Zahnringe aufgesteckt und durch gusseiserne Stirnscheiben das Abrutschen derselben verhindert. Walzen von grösserem Durchmesser werden natürlich nicht massiv, sondern hohl angefertigt, immerhin aber die erwähnten Nuthen eingeschnitten und mit Metallschienen ausgefüllt. Auch stellt Newton solche Walzenkerne ganz aus Metall her, indem er eine Anzahl Schienen in gleichen Entfernungen von einander auf dem Umfang zweier eiserner Kopfscheiben so befestigt, dass dadurch eine Art Gerippe oder Lattentrommel gebildet wird. Die einzelnen Schienen laufen aber auch hier nicht parallel zur Axe, sondern schräg gegen selbige, und sind auch die Schienen aus Flacheisen gebildet, dessen breitere Seite in die Richtung des Radius fällt, wodurch Leichtigkeit mit grosser Festigkeit erzielt wird.

Sehr trefflich haben die Amerikaner die Klettenwölfe unter Anwendung des oben beschriebenen Klettencylinders ausgeführt, so dass wir von ihnen lernen können. Wir lassen hier zwei Figuren amerikanischer Klettenwölfe von Parkhurst (Atlas Manufacturing Company, Newark, N. J.) folgen, welche sehr ausgedehnte Verbreitung in Amerika gefunden haben. Fig. 159 stellt einen Klettenwolf mit einfachem Klettencylinder a dar, dem die Wolle von dem Zuführtuch d durch die Zwischenwalzen b und c zugeführt wird. Der Schläger e schlägt die Klette ab und die Walze f trennt die gereinigte Wolle heraus. — Fig. 160 aber giebt einen Klettenwolf mit zwei Klettencylindern a und b. Dem Cylinder b wird die Wolle durch c d zugeführt von e aus. d dient mehr als Reinigung für c. Die Wolle von b geht dann, nachdem der Schläger f die Klette abgeschlagen hat noch an den Klettencylinder a über und wird hier nochmals bearbeitet. Für die Bewegungsrichtung von a und b bemerken wir,

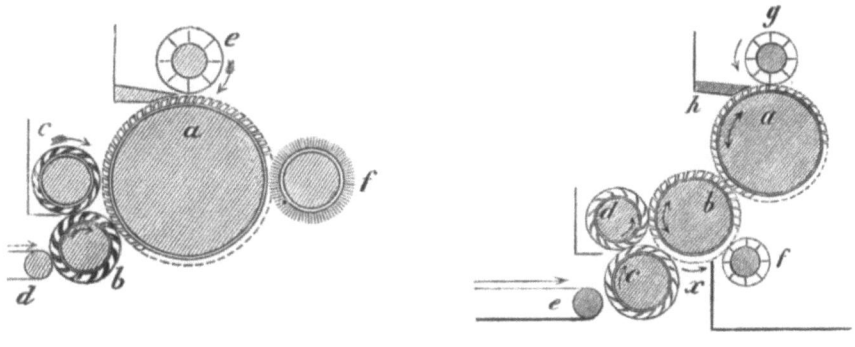

Fig. 159.   Fig. 160.

dass dieselbe in der amerikanischen Abbildung ausdrücklich unbestimmt gelassen worden ist. Bewegt sich b nach rechts herum, wie Pfeil x angiebt, so muss c schneller umgehen als b und die Wolle in die Kämme der Klettenwalze hineinlegen. a geht dann entgegengesetzt rascher herum. Richtet man die Neigung der Zähne von b umgekehrt, so muss bei Richtung von x die Walze c langsamer umgehen als b, und a entgegengesetzt gezahnt sein und sich entgegengesetzt drehen. Wir nennen auch die Wölfe von Davis & Furber in North Andover, Mass., der B rides-

burg Manufacturing Co. in Philadelphia u. a. Der Wolf von
Jahn*) & Co. und Houget & Teston ist nun folgender,
Tafel IIII. Zunächst ist das Lattentuch a zu bemerken, auf welchem die
Wolle ausgebreitet wird. Die Einführwalzen b b leiten dieselbe in die
Maschine, wo sie zuerst von der Schlagwalze c ergriffen wird. Diese
Schlagwalze wirkt durch die an ihrer Peripherie angebrachten Zähne
und Schlagleisten lockernd und reinigend auf die Wolle, deren Unreinigkeiten durch das Gitter d sich entfernen können. Dieser Rost d ist
mittelst eines Stellrädchens e verstellbar und kann man hierdurch die
freie Rostöffnung je nach Beschaffenheit der Wollen verändern, so dass
nur Staub und Kletten ohne Fasern hindurchfallen können. Die Schlagwalze c wirft die Wolle zwischen die Bürstenwalze f und die Kratzenwalze g. Die letztere steht der Kammwalze h sehr nahe, etwa in Karten-
blattdicke entfernt. Die Kammwalze h ist mit Zahnblättern, ähnlich den
Hackerkämmen (siehe Fig. 161, 162) bekleidet, welche tangential aufgestellt sind über Vertiefungen des Cylinders. Die Bürstenwalze f bürstet

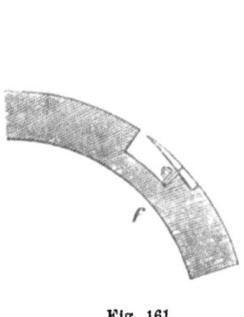

Fig. 161.

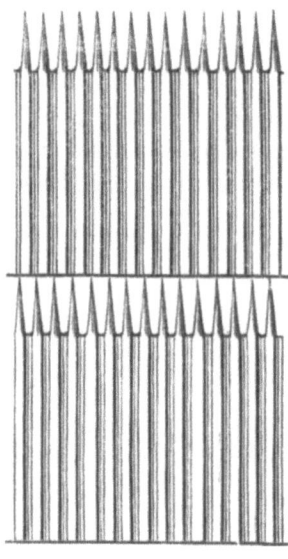

Fig. 162.

nun zunächst die von der Schlagwalze kommende Wolle in die Kratzenzähne der Walze g hinein und diese giebt die Wolle an die Zahnblätter
der Kammwalze ab, weil sie sich derselben entgegengesetzt bewegt. Die
Bürstenwalze trägt die Fasern noch tiefer in die Kämme hinein. Die
Kammwalze nimmt also so die Wolle mit, bis sie in den Bereich der

---

*) Pol. Centr. Bl. 1862. 692. Grothe, Jahresbericht der mechan. Technologie I. —
Lithographie und Beschreibung der Fabrik.

Walzen i und m gelangt. Diese Zahnwalzen*) stehen zwei Millimeter entfernt von der Kammwalze. Somit können wohl die Wollfasern durchschlüpfen, die Kletten und dergleichen mehr als 2 Millimeter starke Gegenstände können nicht hindurchgleiten und werden von den Zähnen der Cylinder abgestreift, festgehalten und aus denselben durch die Bürstenwalze herausgeworfen. Die zweite Zahnwalze ist dazu angebracht, etwa durchgeschlüpfte Kletten noch nachträglich auszutrennen. Bei dieser Maschine sind die Schneidwalzen i und m nichts anders als cannelirte Cylinder, deren Cannélé den Querschnitt eines Klinkradzahnes hat. Die Kante dieser Zähne bildet die eine, die Fläche der Kammwalze die andere Schneide. Die Bürstenwalze n bürstet endlich die Wolle aus der Kammwalze heraus und es fällt der dabei mit herausgebürstete Schmutz auf das Hängesieb o, welches die etwa mitfallende Wolle auffängt und beseitigt. Der Ventilator p zieht den Staub und Schmutz aus der Maschine heraus. Derselbe steht auf einem Kanal.

Die Bewegung dieser Maschine geht von r aus. Auf dieser Axe sitzen drei Scheiben s t u. Von u, der kleinsten Scheibe, aus wird der Tambour oder die Kammwalze h bewegt durch gekreuzten Riemen. Auf der Welle von h sitzt ein Trieb, welches in v eingreift, dem Transporteur nach w. w sitzt auf der Welle der Walze g und treibt wieder x auf der Welle der Bürstenwalze f. Ueber die Scheibe s läuft ein Riemen, welcher die Schlägerwalze c, die Klettenwalze m und die Bürstenwalze n treibt. Die Walze i wird von m aus durch Schnur bewegt. Die Scheibe t nimmt den Riemen der Betriebswelle auf. Von der Welle der Bürste n aus wird der Ventilator p in Betrieb gesetzt und endlich von einer Scheibe auf der Welle von h der Transporteur z, auf dessen Achse ein kleiner Trieb sitzt, der in das grosse Kammrad der unteren Einführwalze eingreift. Die obere Einführwalze wird durch Rädereingriff von der unteren her umgedreht. Dieselbe ist durch ihre eigene Schwere und durch Belastung mit Hebel und Gewicht auf die untere angedrückt, damit die Wolle festgehalten wird und so dem Schläger zur Abnahme dargeboten wird. — (Die ältere Maschine Calvert's zeigt einige andere Anordnungen gegenüber Jahn's Maschine, zumal einen Zahntambour, ähnlich dem in Leblan's Maschine (siehe Fig. 155); ferner ist am Ausspeiende ein Siebcylinder angebracht).

Im Wesentlichen ähnlich ist der Klettenwolf von Theodor Wiede. Er ist eine Combination des Klettenwolfes mit dem Reisswolf. Wir geben davon eine Abbildung in Fig. 163. Die Wolle kommt vom Zuführtisch a

---

*) Alcan giebt in seinem Traité du travail de laine I. pag. 380 dieselbe Maschine zum Besten unter falscher Darstellung der Klettencylinder. Ueberhaupt hat sich Alcan über das Entkletten, Schlagen und Wolfen wenig orientirt. Einige alte Constructionen und einiges Raisonnement sind der Inhalt der diesem Gegenstand gewidmeten Capitel.

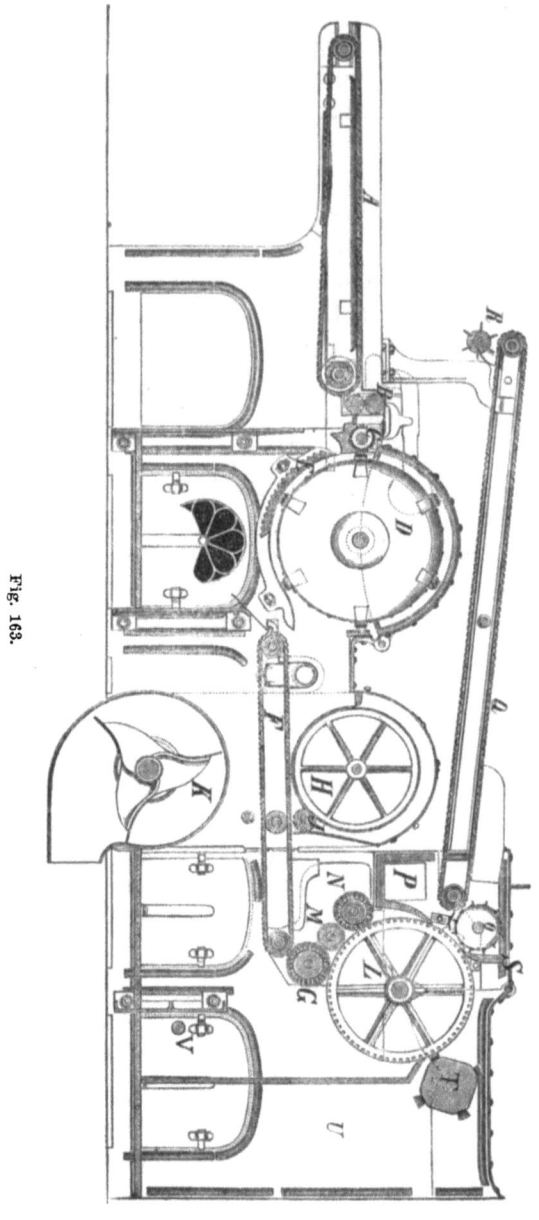

Fig. 163.

in die Speisewalzen B und wird von diesen in die Muldenzuführung mit Zahnwalze C abgegeben, welche sie dem Tambour D darbietet. D ist mit 6 Reihen einzelner Zähne à 4 garnirt und dreht sich sehr schnell. Unterhalb dieses Reisstambours D befindet sich das Gitter E, welches verstellbar ist, also weitere oder dichtere Spalten zeigen kann. Die vom

Tambour D bearbeitete Wolle wird auf das Zuführtuch F geworfen und der Bürstenwalze G zugeführt. Auf dem Wege dahin aber passirt die Wolle unter der Compressionswalze H mit Siebmantel hindurch, von welcher die kleine Cannelêwalze J dieselbe abstreift. Unterhalb dieses Zuführtuchs saugt ein Ventilator K den Staub aus der schon gelockerten Wolle durch den Siebcylinder und dessen Obergehäuse aus. Die Bürstenwalze G führt die Wolle an die Klettenwalze L, an welcher die Vertheilungswalze M und die Bürste N, welche von M wieder abnimmt, arbeiten. An dem oberen Theile der Klettenwalze L arbeitet der Schlagflügel O, indem er die Kletten und Knoten losschlägt und in den Kasten P wirft, dagegen die noch mit Wollfasern behaftete Unreinigkeit und Wollflocken mitreisst und nach dem Zuführtuch Q trägt, welches sie auf A zurückbringt mit Hilfe der Abschlagwalze R. Der Schlagflügel O arbeitet mit der Schneide S zusammen. Die gereinigte Wolle wird von der Bürstenwalze T abgenommen und nach U geworfen. Die Bewegung der Maschine geht von der Welle des Reisstambours aus. Die Klettenwalze L erhält ihre Bewegung von der Welle V, mit ihr durch Zahnräder die Walzen M G N, sammt der Tuchwalze für das Speisetuch F, von welcher die Bewegung nach der Walze des Zuführtuchs A durch Riemen bewirkt wird. Von der Klettenwalze her wird der Ventilator K bewegt. Die Tambouraxe steht durch Riemen mit der Achse V in Verbindung und treibt ferner die Siebwalze H.

Dieser Beschreibung schliessen wir am Besten die der Maschine Klettenwolf von Goddard an. In Fig. 165 nach Lohren's Zeichnungen*) haben wir das Wesentlichste dargestellt. a ist das Zuführtuch, von welchem die Einführwalzen b b die Wolle abnehmen und dem Tambour d darbieten. Dieser Tambour ist mit Zähnen garnirt, welche an hervorstehenden Knaggen des Mantels mittels der Schienen e befestigt sind, wie wir das in der Fig. 147 m noch deutlicher sehen. Unterhalb des Tambours ist das Gitter h angebracht, oberhalb ein feineres Sieb, welches durch den Canal k mit einem Ventilator in Verbindung gesetzt wird, und durch welches man

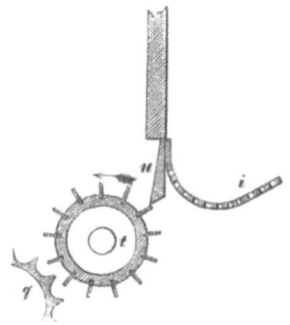

Fig. 164.

---

*) Lohren, Streichgarnspinnerei in den Verh. des Vereins für Gewerbefleiss. 1864.

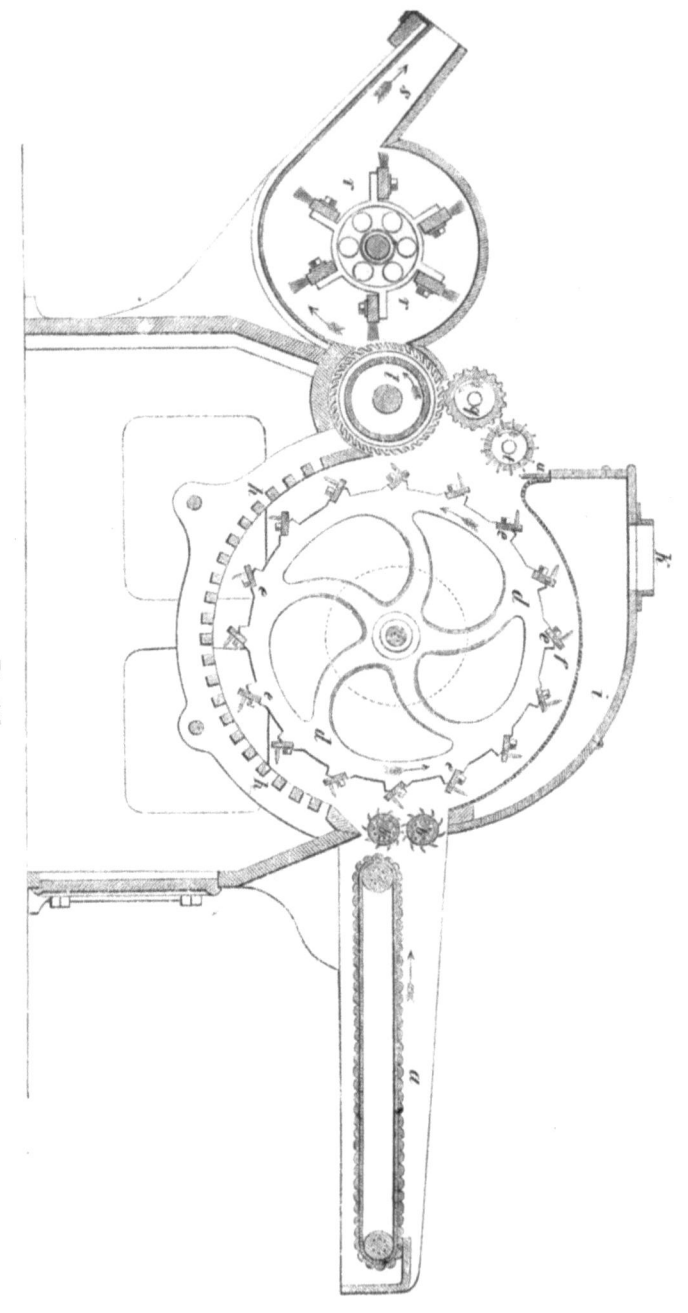

Fig. 165.

den feineren Staub auszieht. Die Klettenwalze l nimmt die Wolle von d auf und, indem sie sich dreht in entgegengesetzter Richtung mit der sie fast berührenden, scharf geriffelten Walze q, werden dadurch die Kletten u. s. w. abgestreift. Die Walze q wird durch t gereinigt und von t streift die scharfe Schiene u Alles ab, um es nach dem unteren Rost h fallen zu lassen. (Fig. 164) Die gereinigte, von l mitgenommene, Wolle wird von der Bürstenwalze r abgestreift und fortgeschafft. — Die Bewegung der Maschinentheile geht von der Welle c aus. Durch Riemenscheibe und Riemen wird von c aus v bewegt. Mit v auf einer Walze sitzt der kleine Trieb w und kommt mit dem grossen Zahnrad auf b der untern Einführwalze. Die Klettenwalze erhält eine etwa 2 mal schnellere Bewegung als die Einführung, ebenso q, während t sich schneller umdreht und ebenso die Bürstenwalze.

Hieran schliesst sich die neuere Construction von Francis Alton Calvert,*) die wir in Fig. 166 im Durchschnitt wiedergeben. a ist ein Tambour, der auf seiner Oberfläche mit Kammblättern besetzt ist. Ein Ventilator im Trichter b sorgt für Aussaugen des Schmutzes und der sägenartig garnirte Schläger d trennt hervorragende Unreinigkeiten aus, in Verbindung mit der oscyllirenden Mulde d. Ueber dem Tambour a ist eine Reihe Schienen aufgestellt mit Kammblättern versehen. Dieselbe ist in zwei Abtheilungen getheilt, zu deren erster die Schienen 1, 3, 5, 7, 9, 11, 13 und zu deren zweiter die Schienen 2, 4, 6, 8, 10, 12, 14 gehören. Durch ein Segment g auf der Hauptaxe des Tambours werden diese Schienensätze mittelst Verzahnung des Segmentkranzes bewegt. Sie gleiten also intermittirend auf den Cylinder herab, drehen sich dabei um ihre Achse etwas und gehen aufwärts, so die Operation von oscyllirenden Kämmen nachahmend. Dem Tambour a wird die Materie zur Bearbeitung zugeführt durch die Stachelwalzen i, j, k, die dieselbe aus dem gleichfalls oscyllirenden Zuführkorb s nehmen. Dieser Korb s enthält unter dem Rost aus Kantenschienen noch ein Schmutzgitter. Die stossweise Bewegung siebt viel von dem Staube aus. Die Walze l dient als Klettenwalze, während die Walze h die Kammschienen des Tambours reinigt. Der Wirkungsgrad der Maschine hängt von der Wirkung und Geschwindigkeit der Walzen h, i, k, l, j wesentlich ab. Vergegenwärtigen wir uns die Thätigkeit dieser Walzen nochmals. Die Walze i nimmt aus dem Korbe s bei der aufwärts gerichteten Bewegung desselben Material, welches von den Kämmen des schnell umlaufenden Tambours a theilweise erfasst wird, von j, k theilweis zurückgehalten, theilweis dabei zerfasert wird. Die Kammschiene kommt nur mit wenig Material beladen bei l an und entledigt sich hier der groben Stücke und Kletten, die Kämme 1—14 kämmen die von dem Tambour festgehaltenen Fasern durch. So rotirt nun der Tambour mehrere Male, ohne dass aus s neues Material

---

*) Zeitschrift des Vereins der Wollinteressenten von Grothe. 1870. pag. 297.

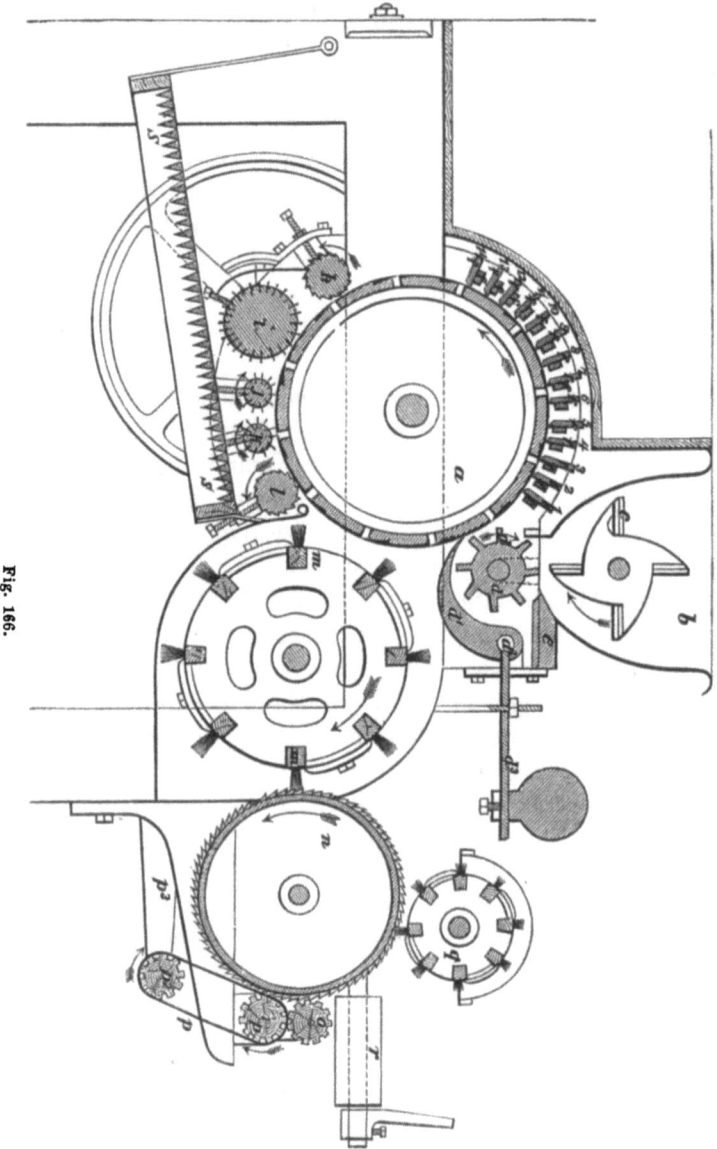

Fig. 166.

ihm zugeführt wird. Man beachte hierbei die Analogie dieser Operation mit der beim Floretspinnen. Die Bürstenwalze m trennt schliesslich die Wollbärte heraus und führt sie herum, bis sie von den Sägezähnen der Walze n aufgefangen werden, von welchen sie auf verschiedene Weise abgenommen werden, theils durch die Walzen p und p^2, theils durch p und o, theils durch die Bürste q.

Was noch die Garnitur des Tambours anlangt, so ist derselbe parallel zur Axe mit Nuten versehen, in welche je ein Satz Kammschienen versenkt ist. Jede Schiene ruht zwischen zwei Platten und ist der Längsrichtung nach verschiebbar, so dass beispielsweise die Zähne der zweiten Schiene zwischen den Zähnen der ersten Schiene zu liegen kommen u. s. w. Ferner hat man durch diese Einrichtung die Möglichkeit, die Feinheit der Zahnschienen zu wechseln, somit die Zähnezahl. Es lassen sich die Schienen sowohl in den Nuten aufstellen, dass die Zähne der Schienen radial zur Tambouraxe stehen, als auch tangential.

Bei einer anderen Construction Calverts ist die Muldenzuführung so eingerichtet, dass in dieselbe Dampf eindringen kann durch feine siebartige Löcher, um den Stoff zu feuchten und zu wärmen. Die Hülfe des Dampfes werden wir noch mehrfach für Wollbearbeitung benutzt finden.

Ein sehr eigenthümliches Klettenwolfsystem rührt von Ledger Shaw her. (Fig. 167). Von einem Zuführtisch f wird die Wolle durch eine Reihe

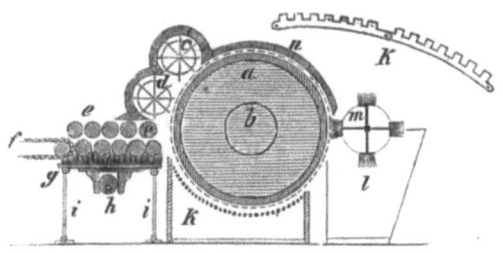

Fig. 167.

Walzen übernommen, welche versetzt unter einanderstehen. Der Walzen e sind 12—16 und zwar drehen sich dieselben von 1—16 mit zunehmender Geschwindigkeit, so dass die Wolle zwischen den Walzen förmlich gestreckt und dadurch vertheilt wird. Die Walzen werden von unten her stets rein gehalten von anhängenden Schmutztheilen durch einen schwingenden Bürsttisch g i h. Die bereits zertheilte Wolle gelangt dann an den Tambour a. Der Tambour a ist ähnlich wie ein Klettencylinder garnirt. Er ist nämlich mit eisernen Gliedern in der Form K bezogen, welche auf Eisenstangen, in den Tambourscheiben auflagernd und festgeschraubt, aufgereiht werden. Zwei Schneid- oder Schlagwalzen c d sorgen für Abtrennung der Kletten etc. und eine Bürstenwalze m für Abnehmen der Wolle. Die Walzen e sind mit Leder bezogen unter Belassung spiralförmiger Riemen.*)

Eine andere Einrichtung hat Malteau seinem Klettenwolf gegeben. Derselbe besteht aus einem Tambour mit radialen Zähnen, der von einem Zuführtuch mit Einführwalzen die Wolle abnimmt und bearbeitet. Sie gelangt darauf zu einem Tambour, der mit Kammblättern besetzt ist

---

*) Repertor. of patent inv. XVIII. p. 209. Polyt. Centr. Blatt. 1852. 284.

und um dessen untere Seite 4 Bürstencylinder und eine Schlägerwalze angebracht sind. Letztere soll die Kletten abschlagen. Ein Bürstencylinder bürstet endlich die Wolle aus den Kämmen heraus. Eine Anzahl Zuführtücher fängt die Abfälle unter den Bürsten auf und führt sie nochmals zu. Die Maschine wurde sehr gepriesen in der Presse, wir können aber nichts besonders Neues oder Wirksameres in der Maschine finden.*)

Die zweite Construction der Klettenwölfe huldigt, wie bereits oben mitgetheilt, dem Prinzipe der Isolirung der Klette ohne Abschneiden derselben von den umgebenden Wollfasern. Letzteres hat stets einen Verlust an Wolle im Gefolge und es lässt sich durchaus nicht in Abrede stellen, dass auch eine grosse Anzahl zufällig aus dem Kammcylinder hervorragender Fasern mit abgeschnitten wird. Desshalb muss die Idee, die Fasern durch Abziehen von der Klette zu trennen, rationeller erscheinen.

Diese Idee befolgt die originelle Maschine von Platt Brothers & Co.**) in Oldham für das Reinigen und Plüsen der Wolle. Dieselbe ist von ihm zuerst zum Egreniren der Baumwolle angewendet, eignet sich jedoch auch mit einigen Modificationen für Wolle, wie denn die Egrenirmaschinen für Baumwolle der Reinigung der Wolle sehr wohl dienstbar gemacht werden können. Die Maschine, deren Einrichtung wir in den Figuren 168—172 darstellen, enthält ein Zuführtuch a, auf welchem die Wolle ausgebreitet und durch den Einführcylinder b der mit Spitzen versehenen Walze c zuführt. Diese Walze ist unterhalb von einer Mulde und oberhalb von einem Deckel umgeben. Ein Hacker f schlägt die Wolle aus den Zähnen von c heraus und durch die am Rande der Mulde feststehende Zahnreihe e hindurch, worauf sie auf den Rost g fällt.***) Dieser Rost ist schräg gerichtet und dem Abfall gegenüber befindet sich die feste, verstellbare Schiene h mit Messer i und die an ihr hingleitende bewegliche Schiene k. Letztere sitzt an einem langen Arm L, der auf einer Kurbel sitzt und daher mit Drehung der Achse in oscyllirende Bewegung geräth. Diese Wechselwirkung der beiden Messer zieht die einzelnen Wollhaare zwischen sich durch, ohne dass Knoten und Kletten zu folgen im Stande wären.

Die durch die Messer aber vorgeschobenen Wollfasern werden durch einen Cylinder l erfasst, der mit Leder bezogen ist unter Belassung von Nuthen. Von dieser Walze trennt das Messer m in oscyllirender Bewegung die Wolle ab und lässt sie in einen Kasten fallen. —

---

*) Bulletin de la société d'Encour. 1869. Illustr. Gewerbe-Zeitung 1869. p. 7. u. p. 340—342. Eine frühere nicht besonders glückliche Construction hatte Malteau sich 1862 patentiren lassen. Dieselbe ist beschrieben im Polyt. Centr. Blatt 1863. 1629.

**) Dingler, Pol. Journ. 1865. CLXXVIII. 337.

***) Dieser Idee und Anwendung des Hackers bei Vorbereitung der Wolle sind wir zuerst im Despiau'schen Wollreiniger, Brevet d'inv. XXXII. 118, begegnet.

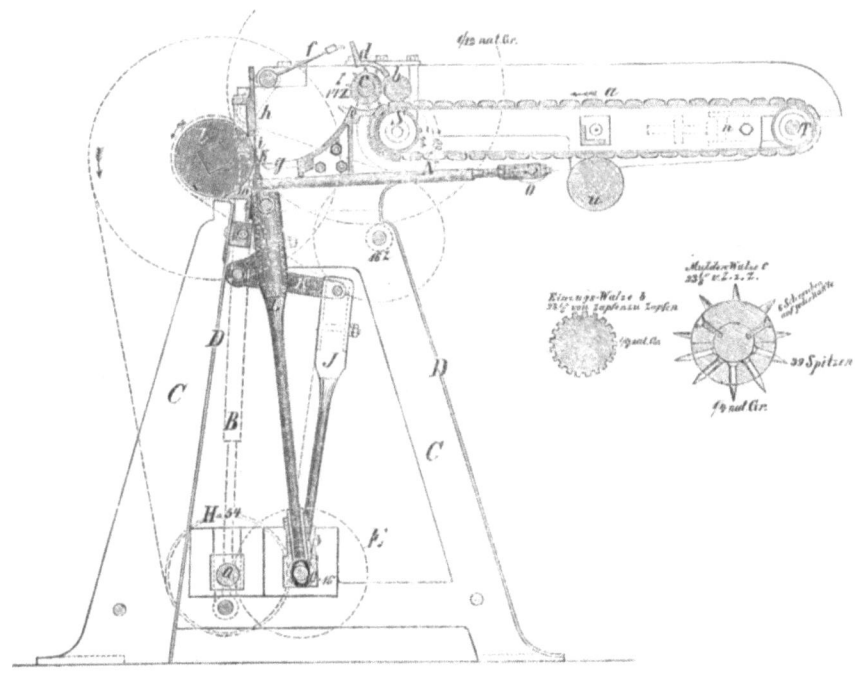

Fig. 168—170.

Diese Maschine ist sehr compendiös gebaut und sinnreich eingerichtet, trotzdem wird sie für Wolle kaum vielseitigen Eingang finden, da die Wollhaare in sich zu viel Zusammenhang durch ihre Kräuselung haben, als dass sie sich leicht und ohne Schaden für ihre Oberfläche auseinandertrennen liessen.

Der Cylinder l ist die bekannte Platt & Richardson'sche Büffellederwalze. Dieselbe ist von Holz mit durchgehender eiserner Axe und mit starkem Leder überzogen. In dieses sind spiralförmige Vertiefungen von 3—6^{mm} Tiefe eingeschnitten, deren sich 10 rechts und 10 links herumwinden, so dass sich die Rinnen mehrfach durchschneiden.

Der Zuführtisch bewegt sich mit 20 Cm. Geschwindigkeit per Minute. Die Einführwalze hat eine Umfangsgeschwindigkeit von 23,8 Cm., die Zahnwalze c aber an den Spitzen der Zähne 57 Cm. p. M. Der Hacker schlägt 178 Mal per Minute oder auf 1 Cm. zugeführter Wolle 1,4 mal. Das oscyllirende Messer bewegt sich mit 600 Umgängen der Kurbel und die Abzugswalze mit einer Umfangsgeschwindigkeit von 29,85 M. p. M. Die Abschlagschiene m endlich macht ebenfalls 600 Schläge per Minute. —

Die neueste Construction*) dieser Maschine ist in den nachfolgenden

---

*) Specification Nr. 1230. 1872.

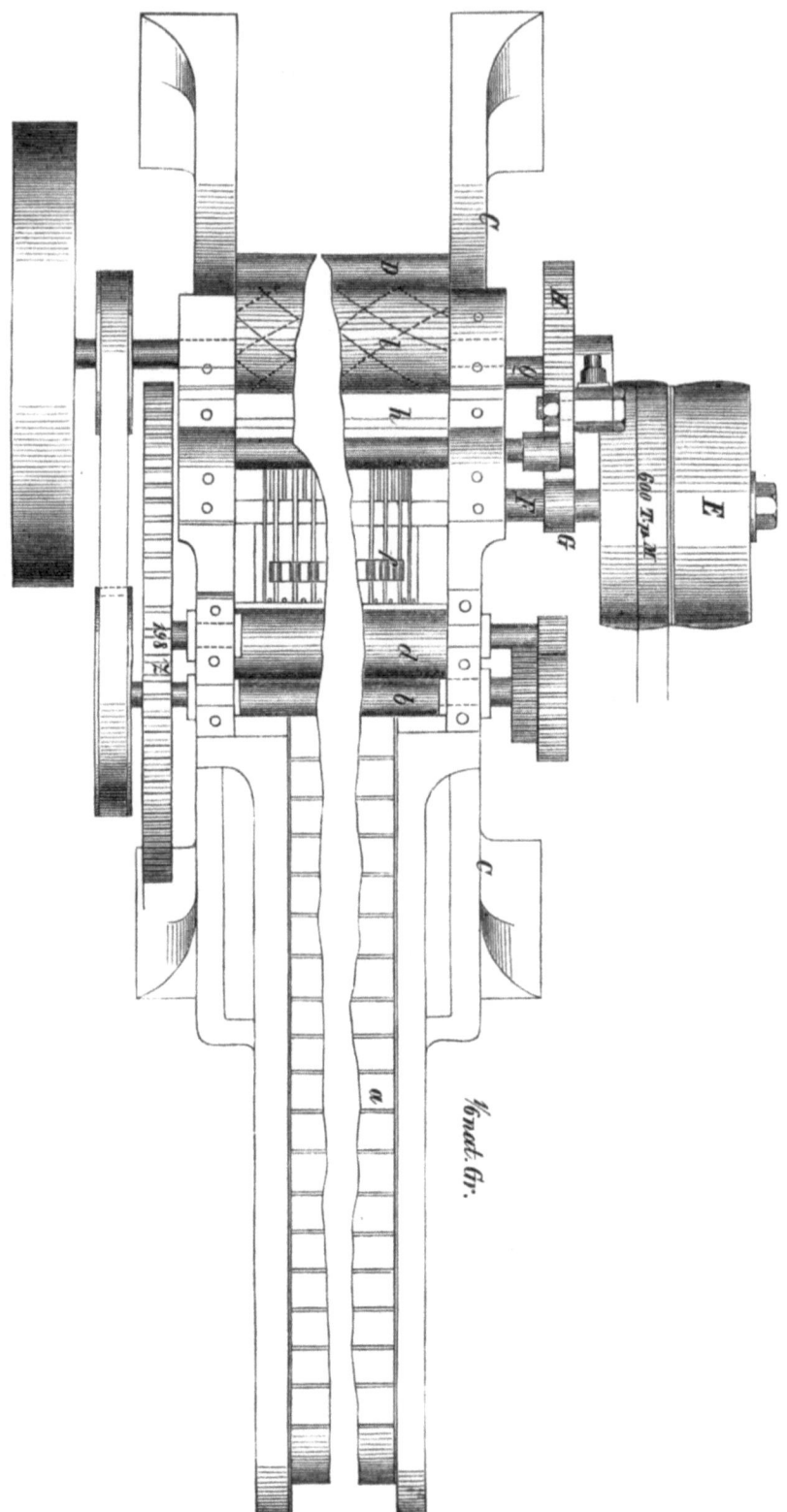

Fig. 171.

Figuren 172, 173 dargestellt. Sie rührt von W. Richardson & James Fiedler in Oldham her.

In der Abbildung ist ein Durchschnitt gegeben und zwar muss dieser in dem Arrangement gedacht werden, dass unterhalb a sich der Fuss der Maschine ansetzt, der Trichter u sich nach oben erweitert und der Trichter h mit den betreffenden Theilen etwa 1 Fuss hoch darüber gestellt ist*). Die Welle a erhält direct von der im oberen

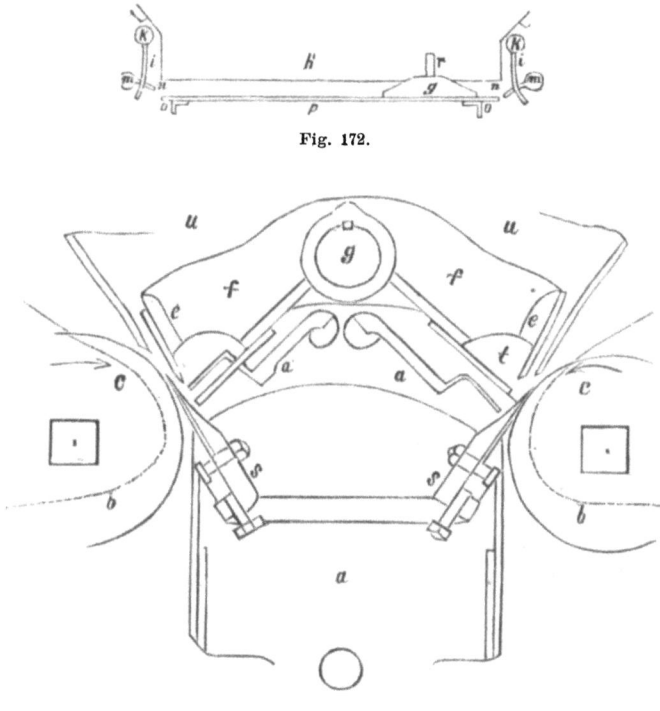

Fig. 172.

Fig. 173.

Theile gelagerten Antriebsscheibenwelle ihre Bewegung in Uebersetzung von 1 : 2. Auf a sitzt eine Kurbel, die durch eine Stange mit einem Arm an der Welle g festgemacht ist, so dass bei Drehung der Kurbel an a der Arm, somit die Welle g, die mit ihm fest verbundenen Theile ff, ee, tt oscylliren, wobei die Gitterstäbe t durch die festen Gitter d schlagen und die Vorschuhe auf e, mit den Messern s und den Walzen b zusammenwirken. Die Walzen b sind gewöhnliche Leder, wie beim Gin gebräuchlich. Die festen Blätter ss arbeiten in enger Berührung mit den Lederwalzen, welche letztere sich in Richtung der Pfeile drehen. An den stellbaren Armen d sind also Gitter eingestellt und an ee, welche Platten an den Armen ff schwingen, sind Blätter garnirt. Die Wellen kk und mm sind mit Fingern gitterartig versehen, die in den Zwischenräumen gegenseitig durchschlagen. g ist eine Platte, die auf den Boden des oberen Trichters querüber beweglich eingelegt ist und durch eine Kurbel in alternirende Bewegung versetzt wird, in Correspondenz mit der Oscillation von ff. Die Arbeit der Maschine ist so: Man giebt die Wolle in den Trichter h ein. Die Daumenplatte q führt dieselbe z. B. zunächst nach rechts hin, dort erfassen die Daumen nn dieselbe, während sie von oben

---

*) Letzterer ist in $\frac{1}{2}$ Grösse der anderen Figur gezeichnet.

14*

her durch die von o sich entfernenden Finger i an k hindurchgreifen, und lassen sie bei Weiterdrehung in den Trichter u fallen. Hier langt die Wolle in dem Momente an, wo der rechte Arm f gehoben ist und die Wolle fällt auf das Gitter t resp. auf die Walze b und gegen das Messer an s. Bei Herabgehen des rechten Armes von f schlägt t durch das Gitter an d hindurch, die Wolle wird dadurch umgerüttelt und fällt gegen s und die Walze b, welche mit Hülfe der Platte an s und an e die Fasern mit fortzieht, während s verhindert, dass Kletten mit durchgehen nach b hin, sowie während e an dem Mantel der Walze und dem Berührungspunkt (eigentlichen Arbeitspunkt) der Walze b und des Messers die Kletten aus den festgehaltenen Fasern herausschlägt. Die Kletten fallen durch das Gitter an d in den inneren unteren Raum der Maschine, die Wolle also gelangt entklettet nach aussen. Während dieser Wirkung der rechten Seite ist q nach der linken hinüber gegangen, während zugleich die Drehung von k die Oeffnung des Trichters h schliesst, indem i bis gegen die Kante von o schlägt. An der linken Seite entwickelt sich dann dasselbe Spiel, so dass also abwechselnd rechts und links gewisse, ziemlich genau bemessene Quanten Wolle zur Bearbeitung durch die Maschine selbst nach n hin eingegeben werden, ihnen eine gewisse Zeit zur Bearbeitung gelassen und dann die Aufgabe erneuert wird. Durch diese Regelung zeichnet sich diese Maschine wesentlich vor früheren Constructionen aus. Die Pressung der Walzen b gegen die Messerblätter s geschieht durch Gewicht.

Aehnlicher Idee folgt der Klettenwolf von Grothe. Bei Platt's Maschinen kommen, wegen der häufigen Stösse der oscyllirenden Messer vielfache Zerstückelungen der Kletten vor, selbst bei Nusskletten trennen sich dadurch Häkchen von der Klette. Der in Fig. 174—176 vorgeführte

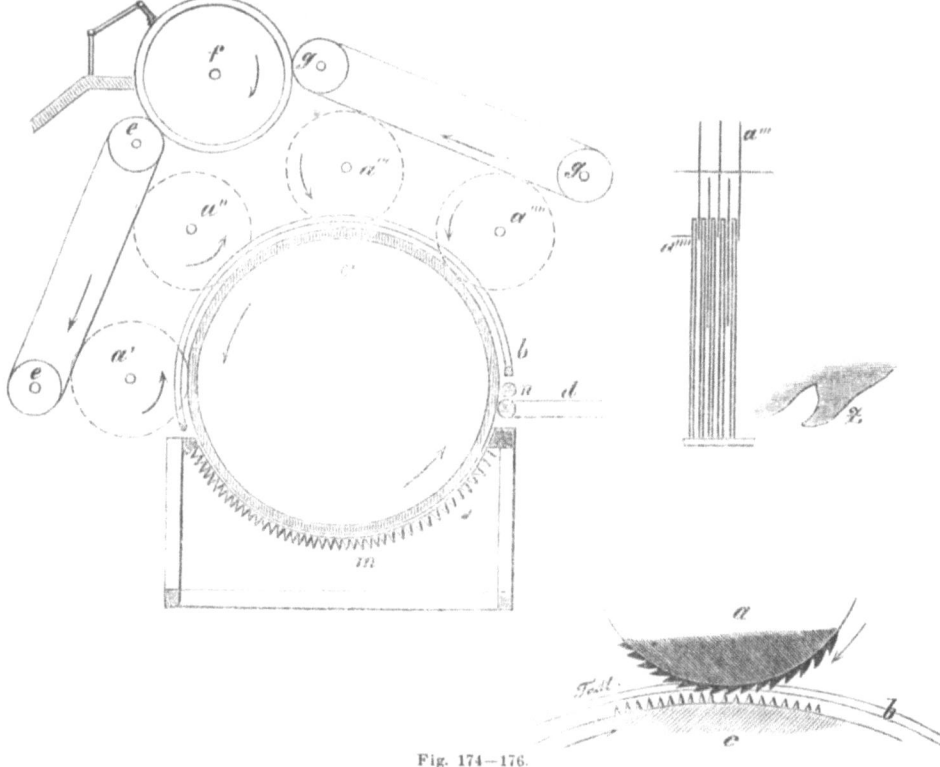

Fig. 174—176.

Wolf sucht die Idee des Isolirens der Fasern in folgender Weise durchzuführen. Ueber ein Gitter m ist der Tambour c aufgestellt, dessen Mantel mit kleinen stumpfen Zähnen bedeckt ist. Dieser Tambour erhält die Wolle von den sehr kleinen Walzen n und dem Zuführtuch d zugebracht und führt sie mit sich fort. Der Tambour ist auf der obern Hälfte mit einem Gitter b überdeckt, welches aus hochkantig gestellten Stahlschienen besteht. Die Dicke der Schienen beträgt 2^{mm}, die Breite 10^{mm}; der Zwischenraum zwischen je 2 Schienen ist $1,5^{mm}$. Durch diese Zwischenräume des Gitters greifen nun Sägekreisscheiben $a'\ a''\ a'''\ a''''$ von 1^{mm} Dicke am Zahn hindurch, erfassen mit dem fingerartig gebogenen Zahnhaken z die Wollfasern und ziehen sie nach oben. Der Zwischenraum von $1,5^{mm}$ verhindert die Kletten, dem Zuge der Wollfasern zu folgen und, indem sie sich gegen die scharfen unteren Räder von b stemmen, werden sie abgestreift und so die Fasern isolirt. Die Walzen $a'\ a''\ a'''\ a''''$ geben die Wolle an endlose Tücher g g und e e, mit Kratzen besetzt, ab, welche sie auf einen Peigneur f übertragen von dem sie der Hacker abtrennt. Die Walzen a drehen sich doppelt so rasch als der Tambour c.*).

Zunächst mag noch darauf aufmerksam gemacht sein, dass einige Methoden existiren zum Entkletten der Wolle auf ungeschorenen Schafhäuten. Früher bestand diese Arbeit nur in einem Schlagen der Häute mit Ruthen. Sirce hat diese Methode durch einen Apparat ersetzt, in welchem gezahnte Stäbe in auf- und abgehender Bewegung die stark benässte Wolle durchkämmen. Ein Wasserstrahl, der fortwährend die Wolle durchrieselt, löst deren Knoten auf und führt die losgerissenen Kletten mit sich fort. Lassalle's Maschine ist eine Art Schlagmaschine mit einem eisernen Cylinder, an dessen Enden Flügelschläger angebracht sind, die in schnellen Schlägen auf die ausgespannte Haut schlagen und so die Kletten abwerfen wollen. —

Die Methoden der **Entklettung mit Hülfe chemischer Mittel** folgen denselben Prinzipien wie die Methoden, welche überhaupt zur Entfernung vegetabilischer Materien in thierischer Wolle angewendet werden. Dieselben finden bei der Bearbeitung der Kunstwollen eine ausführlichere Beachtung. Wir wollen unter Hinweis darauf einige der geeignetsten Verfahren zur chemischen Entklettung der Wolle hier anfügen.

Für lose Wolle bedient man sich einer Reihe Methoden, die alle auf die Anwendung von Salzsäure oder Schwefelsäure oder beider zusammen hinauslaufen. Beide Säuren zerstören die Vegetabilien, greifen aber die animalische Wolle wenig an und die Hauptaufmerksamkeit bei Ausführung dieses chemischen Entklettungsprozesses muss darauf gerichtet

---

*) Centralblatt für Textilindustrie 1875. — Engineering polyt. Zeitung 1875. —

sein, diese Medien in solcher Concentration nur anzuwenden, in welcher sie am wenigsten disponirt sind, dem Wollhaar zu schaden, — sowie darauf, die Säure nach genügender Andauer des Prozesses schnellstens und gründlichst zu entfernen. — Für diesen Prozess, in einfachster Weise durchgeführt, würden an Apparaten nöthig sein: **Kufen zum Einweichen, Kufen mit Bleifütterung, Centrifuge von Kupfer mit Blei belegt**, ein Carbonisirofen resp. **Trockenraum**, eine **Walzenpresse**, eine **Schlagmaschine**, eine **Spülmaschine**. Es existiren bereits spezielle Entklettungsanstalten. Wie bereits oben bemerkt, bilden sie ein natürliches Glied in der Organisation der selbstständigen Wollwaschanstalten.

Wir führen hier einzelne solcher Verfahren an. Weit verbreitet ist ein Verfahren von J. Boode in Aachen[*]. Für loose Wolle nimmt man auf 100 Pfd. Wolle 2½ Pfd. Borax, 7 Pfd. Alaun, 4 Pfd. schwefels. Thonerde und engl. Schwefelsäure, bis das Bad 6° zeigt; die Wolle wird nach der Wäsche 1½ Stdn. lang in dieses Bad genommen, dann 4 Stdn. in den Körben stehen gelassen und ebenfalls scharf getrocknet. Das Bad bleibt stehen; man setzt ihm jedes Mal bei erneutem Gebrauch Borax, Alaun, schwefels. Thonerde und Schwefelsäure zu, bis es 6° zeigt. Die so behandelte Wolle kann nicht auf Hürden getrocknet werden, da sie diese beschädigen würde; vielmehr hat das Trocknen auf Lattengestellen mit mehreren Etagen zu geschehen, welche in einem entsprechend erwärmten Trockenraum aufgestellt sind. Ein württemberg. Industrieller machte mit diesem Verfahren eine Probe mit 20 Pfd. gewaschener Wolle und liess einer gleichen Quantität von Hand entkletteter Wolle dieselbe Farbe geben, wie der chemisch behandelten. Es wurden nun beide Mengen zugleich gesponnen und es ergab sich, dass bei der chemisch präparirten Wolle nicht ein Faden wegen Kletten riss, während bei der von Hand gereinigten dies öfter vorkam; auch zeigte es sich, dass die chemisch behandelte Wolle an ihrer Kraft und Zähigkeit gegenüber der andern Partie nichts verloren hatte. An fertigem Tuche zeigte sich dieselbe Weichheit bei beiden Partien, dagegen fanden sich in der von Hand entkletteten Partie noch viele Noppen und Unreinigkeiten, während das andere Stück vollkommen rein war.

Auf 100 Pfd. Tuch wird eine reine, mit einem Haspel versehene Holzbütte mit reinem kaltem Wasser, 1½ Pfd. Borax, 5 Pfd. Alaun und 3 Pfd. schwefels. Thonerde, welche zuvor in heissem Wasser gelöst werden, gefüllt; hierauf wird englische Schwefelsäure beigegeben, bis das Bad eine Stärke von 6° nach dem 100theiligen Aräometer zeigt. Die Tuche, selbstverständlich nur weisse, später zum Färben bestimmte, werden nach dem letzten Auswaschen in dieses Bad genommen, 20 Min. gedreht, herausgenommen, 4 Stdn. glatt liegen gelassen, nachher in grosser Hitze getrocknet, dann in Soda ausgewaschen und gewalkt wie gewöhnlich.

---

[*] Deutsche Industrie-Zeitung 1870, pag. 409. — Dingler's Journ. Bd. 198. p. 263.

Bourry*) taucht die Wolle ein in ein Bad von 4 Th. Schwefelsäure und 100 Th. Wasser auf 20 Minuten. Darauf wird die Wolle herausgenommen und ausgeschwenkt, bei einer Temperatur von 110—120° etwa 10 Minuten carbonisirt und in kaltem Wasser gewaschen oder auch in einem kalten Bade mit geringem Zusatz von Alkali oder Kalk behandelt und dann gewaschen.

Das geheimgehaltene Albert'sche**) Verfahren ist wohl nichts anderes als die geeignete Benutzung der Säurewirkung etc. ebenso wie das Cliff'sche***) Verfahren, ferner die Methoden von Saville†), Gray††), Wildsmith & Carter, Julion, Ruttre u. A. —

Als besonders empfehlenswerth stellt sich das Verfahren von G. Martin†††) dar. Der Apparat, in welchem diese neue Methode ausgeführt wird, besteht aus folgenden Theilen. In einem Gehäuse mit Eintrag- und Abführöffnung oben, resp. unten, dreht sich eine Trommel (etwa $^2/_3$ so gross als das Gehäuse), deren Mantel aus feinem Drahtsieb oder perforirtem Blech resp. von anderem Material gebildet ist. Auch diese Trommel enthält eine Eintragöffnung. Diese Trommel ruht und ist beweglich auf Zapfen, die durchbohrt als Zuleitungsrohr und Ableitungsrohr dienen. Man giebt die Materien in die Siebtrommel ein, setzt sie in Bewegung und lässt nun das Gas oder gespannten Dampf eintreten. In der Trommel angebrachte Daumen und Stäbe sorgen für Wendung der Wolle. Nachdem die Einwirkung der Gase oder Dämpfe genug angedauert hat, lässt man kalte Luft durch die Axe hindurch eintreten und treibt so die angreifenden Gase aus. Es ist ersichtlich, dass die Centrifugalkraft die Gase intensiv durch die Fasern hindurchtreibt. Die Temperatur steigt in dem Apparat ziemlich hoch. Man kann nun diesen Apparat mit gespanntem Dampf beschicken und dadurch die Vegetabilien zersetzen. Man kann aber auch schwefligsaures Gas einströmen lassen und die Fasern der Wolle bleichen. Der Apparat ist also für verschiedene Zwecke brauchbar.

Ein anderer Prozess, der sich auch des Säuregases bedient, wird in einem Granitofen ausgeführt. Die Wolle wird auf einen Wagen gelegt, dessen Kasten aus Siebgeflecht besteht. Der Wagen wird in den Ofen geschoben und nun wird Salzsäure in einer Pfanne am Boden erhitzt, so dass die salzsauren Dämpfe die Wolle durchziehen. Nach Vollendung des Prozesses wird die Wolle entsäuert in einem Wasserbade mit Schlemm-

---

*) Moniteur de Tissus 1872.
**) Wollengewerbe von Söderström. Grüneberg.
***) Dingler's pol. Journ. Bd. 158 p. 443.
†) London Journ. XIII. p. 24.
††) Repert. of pat. Journ. XXX. 322.
†††) Pat. Specif. 1869. 1540. Zeitschr. des Vereins der Wollinteressenten 1870.

kreide, alkalischem Bade, und schliesslich ausgespült und bei 40—50° C. getrocknet. Es folgt dann die mechanische Bearbeitung auf dem Wolf.

Um den Effect des chemischen Prozesses zu erhöhen hat S. Berenger*) einen einfachen Apparat construirt, bestehend aus 2 Gusscylindern, zwischen welchen die chemisch behandelte Wolle hindurchgeht. Der Walzendruck pulverisirt die bereits zersetzte vegetabilische Masse.

Was den Entklettungsprozess mit chemischen Mitteln nun an sich anlangt, so ist derselbe fast identisch mit dem später zu berührenden Prozess der Trennung der Wollen von den Vegetabilien bei der Kunstwollenindustrie. Dieser Prozess ist eigentlich 1853 von Fenton & Crone erfunden und seitdem von Izart & Lecoup, von Schaller, Julion, Sheerwood und vielen andern abgeändert und quasi verbessert. Die Tendenz dieses Prozesses Fenton beruhte auf Gebrauch verdünnter Mineralsäuren und der Wärme. Beide wirken auf schnelle Zerstörung der Vegetabilien hin. Duclaux, Lechartier & Raulin haben über diesen Prozess gleichzeitig mit Violette Versuche angestellt und die Resultate wie folgt veröffentlicht**).

Das Verfahren selbst begreift im Wesentlichen drei Operationen:

1) Einlegen der rohen oder verwebten Wolle in ein Schwefelsäurebad von 3 bis 4° B. 2) Ausschleudern in einer Centrifuge und 3) Aussetzen einer Temperatur von circa 100°.

Durch die Einwirkung der Säure erleiden die Kletten eine Art Verkohlung und werden so brüchig, dass sie bei der weiteren Verarbeitung der Wolle (nach vorausgegangenem Ausspülen der Säure) als Staub herausfallen.

Uebrigens darf nicht übersehen werden, dass die Behandlung organischer Materien durch Säuren und Wärme, wobei die vegetabilische Substanz zerstört und die animalische unverändert bleiben soll, immerhin etwas delicater Natur ist und daher Vorsicht erforderlich macht. Ueber Stärke der Säure, Temperatur etc. ist man noch keineswegs so im Reinen, dass nicht auch Misserfolge stattgefunden hätten, und aus diesem Grunde sind zahlreiche Versuche angestellt worden, um dem Industriellen feste und sichere Anhaltspunkte bei der Anwendung des Verfahrens zu geben.

Man hat, um die wollenen Stoffe vor der Einwirkung der Säure — wie man voraussetzte — sicher zu schützen, empfohlen, dieselben erst in eine Lösung verschiedener Salze, wie Sulfate, metallische Chloride und ganz besonders Zink-, Alaunerde-, Zinnsalze zu beizen. Um darüber ein entscheidendes Urtheil fällen zu können, behandelte man einige Wollstoffe gleich oder erst nach dem Eintauchen in Lösungen von Alaun oder Zinn-

---

*) Brevet d'invention 1869.

**) Bulletin de la Société chimique de Paris XXI. 337. Dingler's pol. Journ. Bd. 213. pg. 65.

salz mit Schwefelsäure von verschiedener Stärke. Der Erfolg war stets der gleiche, d. h. durch die vorherige Behandlung mit einem solchen Salze ging die Wolle aus dem Säurebade nicht besser hervor als aus letzterem allein, und wenn sie eine Veränderung erlitten hatte, so zeigte sich dieselbe in beiden Fällen gleich gross.

Das vorhergehende Behandeln mit Salzen konnte auf die spätere Färbung der Stoffe von guter oder schädlicher Wirkung sein. Darauf bezügliche Versuche ergaben im Allgemeinen, dass die Farbe der (durch die Salze) geschützten Stoffe von derjenigen der ursprünglichen mehr abwich als die Farbe der nicht gebeizten. Die ursprünglichen und die mit Schwefelsäure von passender Verdünnung allein behandelten Stoffe hatten eine gleichförmige, nahezu identische Farbe. Die gebeizten Proben hingegen besassen eine unregelmässige, von fremdartigen Nüancen durchsetzte Farbe, namentlich bei hellgrau und graublau, und selbst dann noch, wenn das Zinnsalz in einer Verdünnung von 1 Kilogramm auf 800 Liter Wasser angewendet worden war. Die sogenannten schützenden Bäder sind mithin nicht nur völlig nutzlos, sondern auch für die spätere Färbung nachtheilig.

Um nun wieder auf diejenigen Agentien zurückzukommen, welche die Fähigkeit besitzen, die vegetabilische Materie zu zerstören, ohne die Wolle anzugreifen, so heben mehrere Patente mit grosser Zuversicht als solche die vegetabilischen und mineralischen Säuren, das Chlor und dessen Sauerstoff-Verbindungen etc. hervor. Aber die Zahl solcher Agentien ist nur klein; so greift der Chlorkalk die Wolle stark an, während die Kletten dadurch nicht zerstört werden, und die vegetabilischen Säuren wirken weder auf die Wolle, noch auf die Kletten ein. Es sei daher der Process auf das Verhalten der Schwefelsäure allein beschränkt.

Taucht man ein Stück Stoff kalt in verdünnte Schwefelsäure, so erfolgt damit noch keine Einwirkung; wenn man das eingetauchte Stück aber nachher in einen bis auf 100° geheizten Raum bringt, so werden die darin vorhandenen Kletten in wenigen Minuten verkohlt.

Es wurden drei Proben Wollstoffe mit Schwefelsäure von verschiedener Verdünnung behandelt und mehr oder weniger lange verschiedenen Temperaturen ausgesetzt. Nach dem Herausnehmen aus der Säure waren die Proben der ersten Reihe dem blossen Abtropfen überlassen worden. Die Proben der zweiten Reihe hatte man in der Hand so weit ausgedrückt, dass sie nur noch ein ihrem eigenen gleiches Gewicht Flüssigkeit enthielten; die Proben der dritten Reihe endlich hatte man in einer Centrifugalmaschine ausgeschleudert, und betrug die daran zurückgebliebene Flüssigkeit kaum die Hälfte vom Gewichte des Stoffes.

In sämmtlichen blos abgetropften Proben war die Wolle augenscheinlich verändert; sie besass eine geringere Festigkeit als die der ausgedrückten Proben. Die Veränderung erschien übrigens an den verschiedenen

Stellen der Zeugfläche ungleich, stärker an den Rändern namentlich den unteren. Die Proben der zweiten Reihe waren innerhalb passender Grenzen der Säureverdünnung und Temperaturhöhe ziemlich unversehrt und von ziemlich gleichförmigem Ansehen; aber innerhalb derselben Grenzen übertrafen die Proben der dritten Reihe die übrigen hinsichtlich der Unversehrtheit der Wolle.

Diese Differenzen kamen noch mehr zum Vorschein, als man die Proben in ebensolche Färbebäder, als zur Ermittelung des Einflusses der sogen. schützenden Bäder gedient hatten, brachte; denn die Nüancen sämmtlicher Proben der ersten Reihe waren mehr oder weniger unregelmässig und verschieden von denen der ursprünglichen Proben, jene der zweiten Reihe wiederum ziemlich, und die der dritten Reihe vollkommen befriedigend. Mithin ist das Ausschleudern eine zur Erzielung untadelhafter Fabrikate nothwendige Bedingung, namentlich bei ganzen Tuchstücken, bei welchen das gleichförmige Ausringen kaum möglich wäre.

Die ungünstigen Resultate mit den blos abgetropften Proben sind eine unmittelbare Folge des nun zu besprechenden Einflusses der Säuremenge auf die Conservirung der Wolle und der ungleichen Vertheilung der Säure auf den Stoff während der Verdunstung der Flüssigkeit unter dem Einflusse der Schwere und der Capillarität.

Es wurden viele Versuche angestellt, um den Einfluss der Säuremenge, der Temperatur des Heizlocales und der Dauer des Verweilens in diesem auf die Resultate der Entklettung der Wollstoffe kennen zu lernen. Es ergab sich dabei u. a., dass — wenn man den Stoff zwei Stunden lang bei 110° aussetzte — 2 Liter Säure auf 100 Liter Wasser ein passendes Verhältniss sind, während bei ¼ Liter Säure die Kletten kaum angegriffen werden, und bei 17 Liter Säure die Wolle eine derartige Veränderung erleidet, dass der Stoff an den Rändern verkohlt wird und beim Waschen in Fetzen zerfällt.

Man erhält im Allgemeinen bei gleicher Temperatur und gleich langem Verweilen in dem Trockenraum innerhalb gewisser Säure-Grenzen gute Resultate; unterhalb der Minimal-Grenze werden die Kletten nicht genügend zerstört, und oberhalb der Maximal-Grenze wird die Wolle beschädigt. Der geeignete mittlere Säure-Zusatz variirt übrigens im umgekehrten Sinne mit der Temperatur und der Dauer des Verweilens im Trockenlocale.

Die so behandelten Stoffe wurden erst mit warmem Wasser, dann mit alkalischem Wasser gewaschen, in fliessendem Wasser gespült, in mehrere Reihen getheilt und gleichzeitig mit nicht entkletteten Proben gefärbt, und zwar hellgrau, stahlgrau, graublau, scharlachroth, goldgelb, grün und kastanienbraun.

Im Allgemeinen näherte sich die Farbe der entkletteten Proben um so mehr derjenigen der nicht entkletteten, als die Säuremenge geringer, die Temperatur des Trockenlocales weniger hoch und die Dauer des Verweilens darin kürzer war; sie zeigte sich übrigens unter gewissen Grenzen normal und gleichmässig. Oberhalb dieser Grenzen erschien die Farbe mit blassem Ton und glanzlos, weniger gleichmässig, und mit einer der ursprünglichen Musterprobe fremden Nüance, jedoch bei den verschiedenen Farben in ungleichem Maasse.

Die nachfolgende Tabelle gibt eine bestimmte Grenze an, welche der Fabrikant nicht überschreiten darf, wenn er befriedigende Resultate erzielen will.

Temperatur des Trockenlocals.	Säuremenge für 2stünd. Verweilen im Trockenlocale.	Säuremenge für halbstünd. Verweilen im Trockenlocale.
80°	1½ bis 4½ Liter	3 bis 7 Liter
110°	1 „ 3 „	1½ „ 4½ „
150°	½ „ 1 „	1 „ 1½ „

Die Veränderlichkeit der Farben beim Färbeprozesse sowohl an den mit Zinnchlorür als auch an den mit zu viel Säure behandelten Stoffen ist eine merkwürdige Erscheinung. Es lässt sich denken, dass das Zinnsalz, welches die allgemeinen Eigenschaften der Beizmittel besitzt, möglicherweise der Wolle in einem solchen Grade adhärirend bleibt, dass die Verbindung durch Waschen nicht wieder zerstört wird, und dass dadurch die Adhäsion des Farbstoffes eine Modification erleidet. Dieselbe Vermuthung wäre vielleicht auch in Bezug auf die Schwefelsäure zulässig; wenigstens ist den Praktikern wohl bekannt, dass die Wolle Schwefelsäure in grösserer Menge absorbirt als das Wasser, und dass die Säure ihr nur äusserst schwierig vollständig wieder zu entziehen ist.

Die Fabrikation der Kunstwolle.

Eine besondere Construction der Wölfe hat die Zweigindustrie der Streichgarnspinnerei verlangt, die Fabrikation der sogen. Kunstwolle. Wir schliessen daher diesen verwandten Gegenstand hier sogleich an weil sich die späteren Operationen der Bearbeitung und Verarbeitung der Kunstwolle weniger von den gewöhnlichen Methoden der Streichgarnspinnerei unterscheiden.

Die Fabrikation der Kunstwolle ist älter als man für gewöhnlich anzunehmen geneigt ist. Schon im vorigen Jahrhundert zerzupften die Leute alte Strümpfe und Wolltuchlumpen, um den Faserstoff wieder zu gewinnen und von Neuem zu verspinnen. Freilich geschah dies nur in kleinen Partien und war mehr eine Sparsamkeitsarbeit, als ein selbstständiges Handwerk. Als jedoch die Maschinen zum Lockern der Wolle erfunden waren, ging man auch daran, Wolllumpen mit denselben zu zerreissen. Aber erst in der Mitte dieses Jahrhunderts begann man ernstlicher an diese Zerzauselung zu denken. Es wurden Maschinen construirt zu dem Zwecke von Milner, Balp & Blacquière, Lyon-Cremieux, Portefacqu-Ramondène, Dessart, Vaudelin und A. Als die Baumwollkrisis 1854 über England schwere Prüfungen der Bauwollspinnerei mit sich brachte, ging man daran, die Wolllumpen zum Rohproduct einer neuen Industrie zu machen. Zuerst begann man damit in Huddersfield in grösserem Massstabe und jetzt dienen dieser Fabrikation eine Reihe stattlicher Fabriken in England (Batley, Huddersfield, Dewsbury, Cleckheaton u. a.) in Frankreich (Rheims, Tullins, St. Martory, Paris, Lodève-Heroult), in Belgien (Louviers, Verviers, Gent), in Holland (Breda, Tillburg, Amsterdam), in Italien (Biella, Mailand, Scio), in Polen (Bialystock, Tomaschef, Lodz, Suprasl), in Russland (Moskau, Riga, Twer), in Oesterreich (Biala, Brünn, Lambrecht, Reichenberg). In Deutschland hat sich diese Industrie gewaltig aufgebaut in Berlin, Düren, Worms, Breslau, Hannover, Neuss, Aachen Wesel u. s. w. sodass die deutsche Kunstwollindustrie die bedeutendste der Welt ist. Amerika tritt seit 2 Jahren in diese Reihe energisch ein.

Diese Industrie jedoch, obwohl ja jede Abfallindustrie dem menschlichen Geiste Ehre macht und niemals zu verdammen sein wird, hat nicht sehr segensreich gewirkt. Sie hat wohl dazu geführt, billige Fabrikate mit gutem Aussehen für die niederen Klassen der Bevölkerung herzustellen, allein die Fabrikate an und für sich sind sehr mangelhafte und unsolide und haben niederdrückenden Einfluss auf reelle und gute Fabrikate ausgeübt und die Industriezweige wesentlich in ihrer Stabilität geschädigt. Mit wenig Worten, Mungo und Shoddy sind wie eine Seuche in die Bekleidungsstoffe hinein gerathen und haben dieselben in ihren Eigenschaften wesentlich verschlechtert. Die Kunstwollindustrie steht aber fertig und einflussreich da, und wir wollen sie nach ihrem heutigen Standpunkte betrachten *).

---

*) Die Literatur über diese neuere Industrie ist nicht sehr reichhaltig. 1805 wird Lumpenwolle in Andersons Handelsstatistik genannt. Eine der ersten Maschinen für „Wiedergewinnung der Wolle aus alten Geweben" ist die von Beauvais (London Journ. V. 44. p. 12. Dingler B. 132 p. 176). Es folgten die Maschinen von Fenton & Crone, von Brown, Marshall, Norton, Bontoux, Calvert, Baird u. s. w. Karmarsch beschrieb im Bd 134 des Dingler'schen Journals pag. 104 die Darstellung der „Lumpenwolle" und Wedding 1857 in den Verhandlungen des Vereins für Gewerbfleiss in Preussen pag. 116 den Lumpenwolf. Später enthielten deutsche Zeitschriften hin und wieder einzelne Abhandlungen, aber erst A. Lohren machte durch seine 1864 erfolgten Publicationen in den Verhandlungen des Gewerbfleisses eingehendere Veröffentlichung. Grothe behandelte 1868 die ganze Kunstwollindustrie zusammenhängend, welche Arbeit, von 23 in- und ausländischen,

Giroud stellt in seiner Notice sur l'effilochage des laines die folgenden Punkte als Hauptprinzipienfragen für die Kunstwollfabrikation auf:
1) Wird man immer und genügend Rohstoff für dieselbe finden?
2) Kann die effilochirte Wolle eine günstige und nützliche Rolle in der Tuchfabrikation spielen?
3) Kann der Gebrauch dieses Produktes mit reellen Prinzipien der Oekonomie in Vereinigung gebracht werden?
4) Ist die Consumtion günstig für diese Industrie gestimmt, so dass sie eine wirkliche und nicht vorübergehende bleiben wird?

Giroud beantwortet alle diese Fragen mit Ja. Wir, wie wohl aus Obigem hervorgeht, beantworten sie zum Theil mit Nein. Der Rohstoff wird sich schon in genügenden Mengen stets finden, daran ist wenig Zweifel. Dass aber effilochirte Wolle eine für die Haltbarkeit und den wirklichen Werth der Bekleidungsstoffe ungünstige Zufügung ist, kann wohl Niemand bestreiten. Da dieselbe den Gebrauchswerth verschlechtert, der Unreellität jeden Vorschub leistet, so kann man die dritte Frage gewiss nicht bejahen, welche erforderte: neben Erhöhung des reellen Gebrauchswerthes billigeren Preis. Die Consumirenden sind keineswegs diesem Stoffe günstig gestimmt, weil die Erfahrung sie über die Unreellität desselben belehrt hat. Trotzdem wird diese Industrie am Leben bleiben, weil leider kaum eine Spinnerei den herrschenden Preisen der Wolle im Verhältniss zum Preise der Garne und Gewebe gegenüber ohne Heranziehung der Kunstwolle fertig werden kann, weil ferner der Kaufmann, der Zwischenhändler zwischen Produktion und Consumtion, den mit Kunstwolle surrogirten Stoff verhältnissmässig besser verkaufen kann, weil derselbe sich der Taxe des Laien entzieht. Uebrigens hat die Baumwollenkalamität während des amerikanischen Bürgerkrieges die Industrie der Kunstwolle damals künstlich sich so schnell entwickeln lassen.

Die eigentliche Kunstwollfabrikation begreift folgende Momente und Operationen in sich: 1) Sammeln der Lumpen, 2) Sortiren der Lumpen, 3) Bearbeitung der Lumpen, 4) Entfasern der Lumpen, 5) Mischen und Kardiren der Fasermassen, 6) Verspinnen der Lumpenfasern, 7) Verbrauch der Gespinnste in der Weberei.

Die erste dieser Thätigkeiten zur Benutzung der wollenen Lumpen, welche früher theils zur Blutlaugensalzfabrikation, theils als Dünger, theils zur Herstellung von weichen Papieren, Löschpapier etc., benutzt worden sind, beruht im Einsammeln derselben. Es geschieht dies theilweise durch Lumpensammler, welche im Lande und besonders auf dem flachen Lande, in Dörfern und Flecken umherziehen und die Lumpen möglichst billig einhandeln. Dieselben bedienen sich als Bezahlungsäquivalent selten

---

technischen Journalen nachgedruckt, die Grundlage vorliegenden Kapitels bildet. Dr. R. Schlesinger in Zürich endlich stellte eine Reihe chemischer Untersuchungen besonders zum Zweck des Nachweises von Shoddy an.

des Geldes, sondern von ihnen sehr billig erhandelter, kleiner Gegenstände, als Nähnadeln, Zwirn, Bilderbogen, Band etc., welche sie, natürlich oft auf den dreifachen Werth erhöht, in Zahlung geben. Die Sammler stehen meistens mit Lumpenhändlern in Verbindung, welche festes Domicil in den Städten haben und mit grösseren Lumpenkaufleuten der grossen Städte Geschäfte treiben oder auch selbst ihre Produkte an die Kunstwollfabriken abliefern. Dies ist die Organisation für Beschaffung des Rohproduktes, zu dessen erster Hervorbringung jeder bekleidete Mensch mitwirkt, mehr der thätige, fleissige Mann als der reiche Faullenzer. Die Lumpen sind nun keineswegs in allen Ländern dieselben und von gleichartiger Qualität, sondern sehr verschieden. England produzirt vorzugsweise Lumpen aus langhaarigen, gröberen Wollen, aber selten aus reiner Wolle, vielmehr aus gemischtem Material, meist mit Baumwollenkette. Die englischen Lumpen sind stets sehr schmutzig und feucht in Folge des Klimas; daher kauft England auch seinen Hauptbedarf an Lumpen im Auslande, besonders in Frankreich und Deutschland.*) Norddeutschland und Oesterreich produciren grosse Quantitäten Lumpen und vorzugsweise aus tuchartigen Streichwollstoffen. Da ein Theil derselben nach England ausgeführt wird, so bezieht Deutschland aus Frankreich noch Lumpen für die inländische Fabrikation. In Amerika ist die Fabrikation der Kunstwolle jetzt in gutem Gange. Russland liefert sehr staubige und erdige Lumpen. Sie könnten trotzdem für den Handel von Bedeutung werden, wenn man in Russland vor dem Export für gründliche Reinigung sorgte und sodann in dem grossen Kaiserreich geregelte Lumpensammlungen anstellte. Die Lumpen, welche Italien und zwar zumeist für den Export liefert, da in Italien selbst erst einige Fabriken für Kunstwolle bestehen, sind im Verhältniss zu denen aus anderen Ländern sehr rein, aber sehr durch den Gebrauch angegriffen und belebt. Sie gehören den Tuch- und Kammwollstoffen zu gleichen Quantitäten an. Spanien, Marokko, die Türkei und der ganze Orient sind Quellen des Rohstoffs für die Kunstwollfabrikation und werden von den Missionären dieser Industrie, den Lumpensammlern, bereits der Kreuz und Quere nach abgesucht. Diese Lumpen haben nur den Fehler, sehr viel mit Baumwolle, Leinen und anderen vegetabilischen Gespinnstoffen vermischt zu sein. Ausserdem sind sie stark benutzt und verbraucht, ja fast verwittert und verwest. Das letztere gilt auch von den Lumpen, welche hauptsächlich Frankreich aus Aegypten und Algier bezieht. Dort sind auch nur die Lumpen, welche man in den grösseren Städten dieser

---

*) Die Einfuhr wollener Lumpen zur Kunstwollenfabrikation in England betrug 1874: 57,361,920 Pfd. engl.; 1873: 55,888,000; 1872: 65,802,240; 1871: 51,447,648, während 194,483,122 Pfd. Naturwolle in England 1874 eingeführt wurden. Man kann ganz gut annehmen, dass $1/4$ der Materialien für die Wollindustrie in England heute Kunstwolle ist. — Engineering Polyt. Zeitung 1875 p. 74.

Länder sammelt, einigermassen mit den Lumpen der civilisirten Länder zu vergleichen. In Frankreich endlich gewinnt man ein ebenso brauchbares Material wie in Deutschland, nur ein etwas schmutzigeres. Die feineren Tuchlumpen herrschen auch dort vor und ebenso die rein wollenen. Als Folge des schnell wechselnden Modeluxus produziren die Städte Paris, Bordeaux, Lyon, Marseille, Toulon und Nizza grosse Quantitäten fast neuer Lumpen, welche selbstverständlich den höchsten Preis erreichen.

Wir haben oben schon die Art und Weise der Einsammlung berührt und erwähnt, welche und wie verschiedene Leute sich damit befassen. Wir wollen jetzt nun auf die Thätigkeiten dieser kleinen und grossen Lumpensammler eingehen. Die Lumpensammler, welche auf dem Lande herum gehen und die Lumpen theilweise von den Abfallhaufen auflesen oder gegen geringe Entschädigung kaufen, liefern das Erkaufte an den stationären kleinen Lumpenhändler ab und dieser beginnt mit der ersten Vornahme zur Verarbeitung der Lumpen, nämlich er sortirt dieselben nach den Gespinnstfasern, d. h. er sondert die Lumpen aus vegetabilischen Gespinnsten von denen, welche aus animalischen Gespinnsten gefertigt sind und sucht auch noch die wollenen von den seidenen specieller zu trennen, jedoch seltener, da die seidenen Lumpen für sich momentan noch wenig Werth haben. Von diesem Händler bezieht nun ein anderer die sortirten Lumpen, d. h. also z. B. nur die wollenen, und beginnt nun diese nach dem Habitus der darin enthaltenen Wolle, nach der Gewebeart, nach der Appretur, welche die Stoffe der Lumpen erhalten hatten, nach den Farben specieller zu sortiren. Er sondert die tuchartigen, gewalkten Lumpen von den ungewalkten, die Lumpen aus Streichgarn von denen aus Kammgarn, die Damenkleiderlumpen von ähnlichen Kammgarnstoffen, endlich die halbwollenen von den ganzwollenen Lumpen und die gewebten von den gestrickten oder gehäkelten. Der Grosslumpenhändler kauft diese so sortirte Waare auf und unterwirft sie nun einer Sortirung nach schärferen Gesichtspunkten. Es werden nur gleichartige Stoffe zusammengelegt, die Farben vereinigt etc. Das liefert das sortirte Produkt für die Entfaserung, welchem nur noch die mechanische Zurichtung fehlt, insofern als Nähte, Knöpfe, Haken, Schnuren etc. sorgsam heraus gelesen und ausgeschnitten, ferner aber auch oft die Lumpen in kleine Stücke von ca. 1 Quadratzoll zerschnitten werden, um dadurch die folgende Verarbeitung möglichst zu unterstützen. Jedoch geschieht dies nicht immer, sondern viele Fabriken verwenden Stücke wie sie sind. Das durch das Sortiren erlangte Produkt zerfällt nach dem Charakter der darin enthaltenen Wollen wesentlich in zwei Hauptgattungen: 1) Mungo, 2) Shoddy.

Mungokunstwollen zieht man aus tuchartigen Stoffen von kürzeren Wollen hergestellt und in Folge ihres dichten Filzgefüges auch beim Entfasern nur kurze Fasern liefernd. Zu den Shoddykunstwollen gebraucht man vorzugsweise ungewalkte Kammwollstoffe und

Tricotagen, als Strümpfe, Unterjacken u. dgl., ferner ungeschorene Stoffe, wie Lama und Fries. Die Preise für die einzelnen Lumpensorten richten sich wesentlich nach ihrem Zustand, auch nach der Feinheit der Wolle und nach der Art des Stoffes. Wir wollen der Preisordnung nach, allerdings ohne Angabe eines bestimmten Preises, da dieser vielfachem Wechsel je nach der Handelsconjunctur unterliegt, eine kleine Aufstellung der verschiedenen Lumpen hier folgen lassen.

A. Mungo. Neue Lumpen. Schneiderabfälle etc. pro 100 Pfd. Zollgewicht.

Thaler.

Flanell, weiss, ohne Leisten . . . . cra.	40—60
„ „ mit „	30—50
Nouveautéstoffe, schwach oder gar nicht gewalkt . .	30—40
Merinostoffe, leicht gewalkt	25—35
Rothes Militairtuch	12—20
Weisses „	12—15
Blaues „	10—12
Schwarzes Tuch verschiedener Feinheit	6—15
Thibetkleider, fein und dicht gestellt	10—15
Halbwollene Walkstoffe	6—10
Halbwollene, ungewalkte Stoffe	6—12
Halbwollene Damenkleiderstoffe	6—12

B. Mungo. Alte Lumpen, pro 100 Pfd. Zollgewicht (geschnitten).

Fantaisie- und Nouveautéstoffe, helle	10—15
„ „ „ dunkle	6— 7
Blaues Militairtuch	8—10
Rothes „	7— 9
Diverse andere Tuchfarben	4— 7
Braunes Tuch	4— 5
Ungeschnittene Tuchlumpen	1½— 2

C. Shoddy, geschnitten und sortirt pro 100 Pfd. Zollgewicht.

Merinostoffe, weiss			25—35
„ roth			20—25
Diverse Farben			12—20
Strümpfe	10—20 Thlr.	ungeschnitten nur	6— 8
Tricotagen	15—25 „	„ „	10—20
Cachenez	12—15 „	„ „	10—13
Châles und Tücher, ungewalkt			15—18
Teppichstoff (ordinäre Wolle)			2
Halbwollene Kleiderstoffe			2— 5
Weisse Flanelle, ungewalkt			20—25

Ein fernerer Unterschied, welcher ebenso wie die oben genannte Zweitheilung in der Verarbeitung und Bearbeitung der Lumpen und der effilochirten Wolle beruht, ist nach dem Gehalt der Lumpen an vegetabilischem Material zu machen. Die Lumpen mit Baumwollen- oder Leinenkette müssen besonders bearbeitet werden, um die vegetabilische Faser wegzuschaffen, da diese nur dazu dienen kann, die Kunstwolle zu entwerthen. Sowohl dieser Punkt als auch der, dass die Lumpen meistens mit vielem Staub beladen in den Handel gebracht werden, räth den Einkäufer zur grössten Vorsicht beim Kaufe. Wir haben Lumpen unter den Händen gehabt, welche per Zollcentner 70 Procent Schmutz und Abfall enthielten und durchschnittlich kann man rechnen, dass 40 Procent Staub vorhanden sind. Die Kunstwollfabriken kaufen entweder die rohen, nur oberflächlich sortirten Lumpen ein und sortiren selbst, oder sie kaufen bereits sortirte und geschnittene Lumpen, welche beim Schneiden natürlich einen grossen Antheil des Staubes bereits verloren haben.

Bei Bearbeitung und Zurichtung der Lumpen zu Kunstwolle für den Handel kann man jetzt nach dem Gebrauche verschiedener Fabriken folgende vier Methoden unterscheiden:

1) Man zerschneidet die Lumpen, feuchtet sie an und zerreisst sie auf dem Wolf. Das so erhaltene Product, mit vielem Staub und anderen Unreinigkeiten noch beladen, kommt in den Handel als Surrogatmaterial der Spinnerei.
2) Man zerschneidet die Lumpen, stäubt sie aus, zerreisst sie trocken und bearbeitet sie leicht auf Kardirmaschinen, wodurch viel Staub ausfällt.
3) Man zerschneidet die Lumpen, fettet sie etwas ein, zerreisst sie und kratzt sie etwas auf den Krempeln. Diese Methode bietet der betrügerischen Absicht die grösste Chance dar. Einmal fesselt das Oel den Staub an die Fasern, sodann aber die für die alleinige Verarbeitung viel zu kurzen Fasern an die längeren. Diese Mungomasse täuscht meistens den Verkäufer durch gutes Aussehen. Anders ist es, wenn der Kunstwollfabrikant diese so hergestellte Kunstwollmasse selbst weiter verspinnt, da fallen jene obigen Unsicherheiten weg.
4) Die Wolllumpen werden gewaschen, zerschnitten, nochmals gewaschen und dann zerrissen. Diese Proceduren liefern eine relativ staubfreie, gereinigte Masse, welche noch während ihrer Verarbeitung den Nutzen hat, die Arbeitsräume möglichst staublos zu lassen. —

Der Staub spielt eine sehr wesentliche Rolle bei der Mungo-Fabrikation, sei es als unerwünschtes Beschwerungsmittel der Rohlumpen, sei es als Beschwerungsmittel der Kunstwolle, sei es als Belästigung der Arbeiter in den Arbeitsräumen. Dieser letzte Punkt muss Gegenstand der Sorge für die Besitzer solcher Fabriken sein. Es müssen in solchen Räumen, welche dem Sortiren, Zerschneiden und Bearbeiten dienen, kräftige Ventilationsvorrichtungen angelegt sein, weil sonst die Gesundheit der Arbeiter sehr gefährdet wird, von der Reinlichkeit nun gar nicht zu reden. In vielen Kunstwollfabriken herrscht bereits der löbliche Gebrauch, die sortirten Lumpen vor dem Zerschneiden und Austrennen der Nähte etc. zu waschen oder auf dem Staubwolf zu bearbeiten, um so den Staub zu entfernen. Als passender Staubwolf dient der bereits beschriebene und abgebildete Wolf von Platt Brothers in Oldham. Jedenfalls empfiehlt sich das Verfahren, die Lumpen vor dem Zerschneiden zu waschen, mehr als das, nach dem Zerstückeln zu waschen. Breton hat in Pont de Claix eine besondere Methode der Staubentziehung für die Lumpen vor dem Zertheilen eingerichtet. Er lässt die Lumpen 30 Centimeter hoch aufschichten und mit Chlorkalkauflösung (per Quadratmeter $1/2$ Liter) besprengen. Darauf werden die Lumpen in eine Art Kornfege gebracht, wo ein Ventilator einen kräftigen Luftstrom in die Masse hineinbläst und den Staub in einen langen Gang treibt, an dessen Eintritt ein feiner Staubregen hernieder tropft und den grössten Antheil des Staubes niederschlägt, während der übrige Theil sich im Gange niederschlägt. Besonders schmutzige Lumpen kocht Breton mit Kalkmilch oder schwacher Sodalösung aus, wäscht sie sodann im Waschrade und trocknet sie. In Fabriken, wo die Kunstwolle hernach selbst versponnen wird, ist man überhaupt mit den Waschoperationen nicht so sparsam und erreicht dadurch mancherlei Vortheile und beseitigt viele Nachtheile. Die Waschmaschinen, welche man anwendet, sind meistens gewöhnlicher Construction. Am besten wirken solche Waschmaschinen, welche eine schlagende und bewegende Thätigkeit ausüben und die Lumpen oft und tief untertauchen. Es eignen sich also die oben beschriebenen Maschinen von Peltzer, Chaudet u. A. dazu. Das Wasser sollte hierbei in steter Cirkulation bleiben und zwar so, dass dicht über dem Boden der Waschkufe ein durch ein grösseres Netz geschützter Abfluss wäre, wohin die Flüssigkeit den aus den Lumpen entfernten, zu Boden sinkenden Staub wegspülte, während von oben her immerfort eben so viel frisches Wasser zuströmt. Das Trocknen der Lumpen nimmt man in Trockenstuben vor, besser aber auf Trockenapparaten mit Hürden von Draht, durch welche und durch die darauf gelegten Lumpen ein Ventilator von unten her Luft hindurch zieht. Das ist also die Petrie'sche Trockenmaschine, die auch zumeist in den Kunstwollfabriken sich vorfindet.

Der Theil der Lumpen, welcher aus gemischten Fasern besteht, unterliegt einer besonderen Bearbeitung. Da es bei diesen Lumpen darauf ankommt, die vegetabilische Substanz heraus zu schaffen, so richtet sich der Verarbeitungsprocess darnach. Man bedient sich zu dem Zwecke hauptsächlich chemischer Mittel, weil mechanische dazu nicht ausreichen. Man weicht die Lumpen nach einmaligem Waschen in einem Bade von bis auf 18° verdünnter Schwefelsäure von 66° Beaumé oder von Salzsäure ein und lässt sie längere Zeit (bis zu 12 Stunden je nach Concentration des Bades) darin unter Erhöhung der Temperatur. Dies Bad befindet sich meistens in mit Blei ausgekleideten Gefässen. Dem Säurebade folgt ein Trockenprozess bei hoher Temperatur und ein Bad von Alkalien und darauf ein intensiv wirkender Spülprozess. Nach diesen Operationen ist die vegetabilische Substanz in einen leicht zerreiblichen Körper übergeführt und kann von den fast unversehrt erhaltenen Wollfasern durch einfache Prozesse getrennt werden. Nach dem Spülprozess bewirkt dies zum Theil schon ein Auspress-Apparat, indem er die vegetabilischen, locker gewordenen Fasern zerdrückt und zerstäubt. Das Gelingen dieser Manipulation hängt wesentlich von der richtigen Concentration der angewendeten Säure, dem richtigen Temperaturgrade und der Dauer der Einwirkung ab. Wird auf diese Punkte nicht sorgfältig Acht gegeben, so kann die Wolle selbst leicht angegriffen und verschlechtert werden. (Fenton). — Eine andere Methode benutzt Schwefelsäure in Verdünnung von 15° B. und Vermischung mit etwas Kochsalzlösung und Zuckersäure. In diesem erwärmten Bade behandelt man die Lumpen 2—3 Stunden unter öfterem Umrühren, nimmt sie dann heraus, schleudert sie aus und trocknet sie bei 45—50° C. Hiernach folgen Bäder mit Alkalizusatz und Bäder von reinem Wasser und Trocknen. Nach C. E Brooman wird ein Bad von 3% Schwefelsäure (66° B.) und 97% Wasser angewendet, in welchem die zu zersetzenden Gewebe 12 Stunden bleiben. Sie werden dann herausgenommen und getrocknet, dann aber einer Hitze von 140—160° F. auf 2—5 Stunden ausgesetzt. W. E. Gedge behandelt die gemischten Gewebe mit Dämpfen von Salzsäure. Die Stoffe werden auf Hürden gelegt im oberen Theil einer Kammer. Von unten her kommen die Salzsäuredämpfe. Darauf setzt man die Stoffe einer höheren Hitze aus und bringt sie auf die Schlagmaschine, welche die zersetzte vegetabilische Materie als Staub heraustrennt. Aehnlich ist folgende trockene Methode der Trennung der Vegetabilien. Dieselbe bedient sich ebenfalls der Salzsäuredämpfe. Der Apparat besteht aus einer Kammer, von Granit construirt, deren Boden eine flache Pfanne enthält, in welcher Salzsäure sich befindet. Unter dieser Pfanne ist die Feuerung für die Verdampfung der Säure, deren Feuergase nach dem Heizen der Pfanne auch noch in Zügen den Ofen umstreichen und so den Raum heizen. Man bringt die Lumpen auf einen Wagen, dessen Kasten aus Siebgeweben besteht, und schiebt den Wagen auf Schienen in den Ofen über die Säureschaale und verschliesst die Thüre des Ofens, die mit Blei gedichtet wird. Nun lässt man die Säure verdampfen, zieht hin und wieder den Wagen heraus und schaufelt die Lumpen um, fährt ihn dann wieder ein und wiederholt diese Procedur so lange, bis die Probe zeigt, dass die Einwirkung genügte. Es wirken somit Säuregas und Wärme ein und dieser Wirkung widerstehen die Vegetabilien nicht. Ist die Procedur beendet, so entleert man den Wagen in ein Bad mit Kreidezusatz, beschickt den Wagen von Neuem mit Lumpen und schiebt ihn in den Ofen. Die fertige Masse aber wäscht man im Kalkbade, dann in alkalischem Bade und endlich mit kaltem, reinen Wasser aus. Darauf zerstäubt man die carbonisirte vegetabilische Faser im Wolf oder auf anderen Vorrichtungen.

In einigen Fabriken bedient man sich auch noch des früher allgemein üblichen Prozesses, welcher sich im Wesentlichen so zusammensetzt: Die Lumpen werden mit kalter Säure behandelt und sofort darauf in scharf geheizte Räume (60 bis 80°) eingetragen. Wenn man nun dies Material auf dem Wolf behandelt, so sondert sich die vegetabilische Faser leicht aus, aber die Wolle behält einen penetranten unangenehmen Geruch. Es sind aber diese Methoden keineswegs die einzig angewendeten, vielmehr bestehen deren noch andere und wir wollen hier einige der mehr bekannt gewordenen berühren. Newman sucht bei Ausführung der Säure-Methode die Wollfaser vor jeder Einwirkung der Säure dadurch zu schützen, dass er die Lumpen zuvor mit schwefelsaurer Thonerde- oder Alaunlösung (1 bis 5 Th. auf 100 Th. Wasser) imprägnirt und dann in eine warme Seifenlauge taucht (1,5 bis 7,5 Th. auf 100 Th. Wasser). Nun bringt er das Zeug so vorbereitet in das Schwefelsäurebad und überlässt es einige Zeit der Wirkung desselben. Darauf übergibt er es der Einwirkung einer Temperatur von 95°. Die Wollfaser erhält sich dabei recht gut, während die vegetabilische Faser sehr energisch zerstört wird. Böttger schlägt ebenfalls für Wohlerhaltung der Wollfaser ein Mittel vor, welches nachträglich wirkt. Nachdem man nämlich die Lumpen mit dem Säurebade behandelt hat, soll man ein Sodabad anwenden. Dasselbe beseitigt nicht sowohl alle Säure, sondern die dabei ausgetriebene entweichende Kohlensäure lockert auch das Fasermaterial sorgfältig auf, was für das Produkt nicht unwichtig ist. Schaller bemisst die Dauer des Schwefelsäurebades auf 12 Stunden und die Zusammensetzung desselben auf 3 Procent 66 grädiger Schwefelsäure und 97 Procent Wasser. Sollte dieses Bad noch nicht genügend gewirkt haben, so unterwirft man die Lumpen der Wirkung einer Hitze von 60 bis 70° C. Durch solche Behandlung werden die Vegetabilien zerreiblich. Merkwürdig und sonderbar erscheint eine von Rowley mitgetheilte Methode, die Einwirkung des Säurebades durch Trocknen in heisser Luft zu erhöhen, sodann aber die Lumpen in Kästen mit Sand einzubetten und längere Zeit darin zu belassen. Nach dem Herausnehmen werden sodann die Lumpen in Drahtsieben oder Drahtcylindern vom Sande befreit.

Martin*) verwirft die üblichen Methoden der Zerstörung der Vegetabilien durch Säuren, weil die dadurch gewonnene Wolle stets afficirt sei. Er hat daher einen Apparat construirt, der im Wesentlichen aus einem Drahtcylinder oder solchem aus perforirtem Blech besteht, der in einem dichtschliessenden Gehäuse sich befindet. Die Axe dieses Cylinders ist durchbohrt und dient als Zuleitungsröhre für den in diesen Raum einströmenden gespannten Wasserdampf. Arme und Daumen sorgen bei

---

*) Zeitschr. des Vereins der Wollinter. von Dr. Grothe 1870. 123. Siehe auch pag.

Rotation des Cylinders für häufige Wendung der Wolle. Nachdem die Wirkung des Dampfes lange genug angedauert hat, lässt man nunmehr kalte Luft einströmen, die durch die Centrifugalkraft durch die Wolle hindurchgetrieben wird. Die Hitze und die Einwirkung des Dampfes zersetzen die Vegetabilien.

Sherwood hat ein anderes Mittel zur Trennung der animalischen von vegetabilischen Faserstoffen in den Lumpen erfunden. Dieses Verfahren besteht darin, dass man die Stoffe oder Lumpen in eine Atmosphäre von Stickstoff oder Kohlensäure bringt, welche mit sauren Dämpfen gemengt ist, die aber vorher getrocknet worden sind. Der Erfinder hat entdeckt, dass die Schwefelsäure, Phosphorsäure, Salzsäure, wenn sie von Wasser befreit sind, die vegetabilische Faser schnell zerstören, während sie den Faserstoffen animalischen Ursprungs ihre Form, sowie ihre Elasticität und Farbe lassen. Die Atmosphäre darf keinen Sauerstoff enthalten und wird in einem besonderen Ofen durch Verbrennung von Körpern von geringem Werth erhalten. Die Säuren werden an sich in Form von Dämpfen eingeführt. Wenn die Stoffe mit diesen Agentien behandelt worden sind, so werden die Fasern der Einwirkung cannelirter Walzen bei Gegenwart eines Wasserstromes ausgesetzt. Wolle und Seide bleiben unberührt und werden besonders aufgesammelt, während die vegetabilischen Faserstoffe sich zertheilen. Man nimmt die vegetabilischen Faserstoffe aus dem Wasser heraus und unterwirft sie einer Waschung mit unterschwefligsaurem Natron, darauf mit Wasser. Es können diese Stoffe dann noch vortheilhaft zur Fabrikation von Papier und Pappe benutzt werden. Die Wolle und Seide haben bei der Behandlung weder ihre Farbe noch sonst irgend eine ihrer Eigenschaften eingebüsst, so dass sie nun von Neuem auf die gewöhnliche Art bearbeitet werden können.

Andere Methoden sind von Gray, Julian, Ruttre, Leloup, Lord, Wildsmith & Carter, Saville, Boode, Cliff, Berenger, Stuart u. A. angegeben. Die Methode Fenton, (Patent 1853) war die erste erfolgreiche. —

Für die Durchführung dieses Prozesses mit säurehaltiger Flüssigkeit ist ein bleigefütterter Kessel resp. Kammer nothwendig, eine Centrifuge oder Quetschmaschine, ein Trockenapparat und ein Schlagwolf. Bei Anwendung von Gasen ist die Martin'sche Maschine vorzüglich.

Endlich sei der Methode von Ch. Heinzerling Erwähnung gethan, welche ein ausserordentliches Resultat verspricht, wie die einzige Publikation darüber angiebt, die wir hier anführen. „Die auf H.'s Weise dargestellte Kunstwolle übertrifft ganz entschieden alle bis jetzt erzielten derartigen Fabrikate und namentlich die durch Zerreissen mit dem Wolfe aus ganzwollenen Stoffen erzeugte Kunstwolle und zwar aus dem Grunde, weil sie den Wolf nicht zu passiren braucht, wodurch ja bekanntlich eine ausserordentliche Zerstückelung der Wollfaser bedingt ist. Die erhaltene

Wolle kann daher direct nach der chemischen Behandlung auf die Droussette gebracht und weiter verarbeitet werden.

Als ein nicht unwichtiger Punkt dieses Verfahrens ist zu erwähnen, dass die zerstörte Baumwolle zum grössten Theil in einem Zustande erhalten wird, in welchem sie, nach ganz abgeschlossenen Versuchen zu urtheilen, bei der Papierfabrikation mit grossem Vortheil verwerthet werden kann."

Es ist die Operation der Trennung vegetabilischer und animalischer Fasern gewissermassen auch ein Entfaserungsprocess der Lumpen, welcher jedoch keine Anwendung finden kann, wenn die Lumpen aus reiner Wolle bestehen.

Die bei Entstehung dieser Industrie herrschende Handarbeit für das Entfasern der Wolllumpen ist mit dem Momente verdrängt worden, als die Kunstwollindustrie Bedeutung und Platz in der Grossindustrie gewann. An ihre Stelle eben ist Maschinenarbeit getreten. Die Principien dieser Maschinen treffen in allen verschiedenen Constructionen zusammen. Das lag in der Idee des zu lösenden Problems. Die Lumpen sollten zur Wiedergewinnung der Wolle benutzt werden, folglich musste aus ihnen die Wolle heraus gelöst werden und dies konnte wieder nicht anders als durch Entfasern derselben bewerkstelligt werden. Zum Zerreissen der Lumpenstückchen dienen die sogenannten Reisswölfe, von denen uns Constructionen vorliegen von Beauvais, Norton, Bontoux, Baird, Calvert, Busson in Paris, Bertier in Paris, Martin in Vienne (Isère), Thomaset und Gebrüder Raydet in Tullins (Isère), von Hartmann in Chemnitz, von Buchholz in Werdau, Jahn in Dessau, Houget und Teston in Verviers, Thomas Chadwick in Batley (Yorkshire), Schimmel in Chemnitz, ferner von Boutron, Thibaut, La Peyrouse, Lanoa, Dessart, Christian, Brunet, Gebr. Köster, Delay, Platt, Boullough u. A.

Wir beschreiben zunächst die normale Construction eines Mungowolfes von Rich. Hartmann (Sächsische Maschinenfabrik in Chemnitz). (Fig. 177). a ist der Tambour, b die Zuführung mit den geriffelten Zuführwalzen c c. Die überschüssig mitgerissenen Zeugstücke fallen schon durch f hinaus auf den Tisch b zurück. Von den Knaggen oberhalb b an umschliesst ein stellbares Blech e mit Schraube d den Tambour und verhindert das vorzeitige Herausfliegen von Stücken, die dann nach Passiren von d ungehindert nach g abfliegen und durch die Thür h entfernt werden. Ueber i aber liegt der Rost des Tambours, durch den die Staubmaterien abfallen, während die eigentliche Fasermasse unter der Zuführung herausgetrieben wird. —

Der Reisswolf von Chadwick ist folgender Art construirt: In einem starken Maschinengestell ist der Tambour von ca. 1 Meter Durchmesser in festen Lagern aufgebracht. Er ist auf seiner ganzen Mantelfläche mit Reihen Zähnen versehen; die Zähne zweier auf einander folgender Reihen

Fig. 177.

stehen im Versatz und die Durchmesser der Zähne werden gleich genommen den Lücken zwischen je zwei Zähnen in den Reihen. Die Zähne (Fig. 178) von runder Basis spitzen sich nach oben zu, aber nur von zwei Seiten, während die dritte und vierte Seite breit abgeplattet erscheinen. Vor dem Tambour liegt der in einer Coulisse verschiebbare Speiseapparat vor. Die Einziehwalzen sind möglichst klein genommen, um das durchgezogene kleinstückige Material möglichst nahe an die Zähne des Tambours zu geben, was bei grösseren Bogen nicht möglich wäre, wie die Figuren 179 verdeutlichen. Von dem Festhalten der Lumpen-

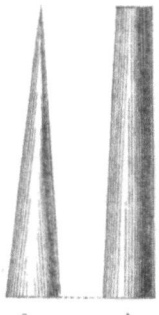

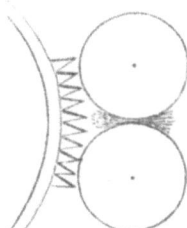

Fig. 178.   Fig. 179.

stückchen durch die Einziehwalze hängt wesentlich die gute Wirkung der Maschine ab. Die Zähne des Tambours sollen an dem Stückchen herunterfahren und die der Breite des Tambours parallele Garnfaser herausschieben, ohne gerade die Fasern, welche senkrecht zur Tambourmantelbreite festgehalten werden, abzureissen und mitzunehmen. Dadurch allein erhält man möglichst lange Fasern und wenig Gewebstückchen in die fertige Kunstwolle hinein. Die Einziehwalzen drehen sich sehr langsam und werden stark auf einander gepresst, während der Tambour möglichst schnell umgeht. Da es trotzdem nicht zu vermeiden ist, dass Gewebestücke unzerzaust mit in den Tambour kommen, so ist eine Vorrichtung getroffen, durch welche die Gewebestückchen selbstthätig aus dem Tambourraum entfernt werden und auf den Zuführtisch zurückfallen. Diese Vorrichtung ist in Figur 180 dargestellt. Der Tambourdeckel

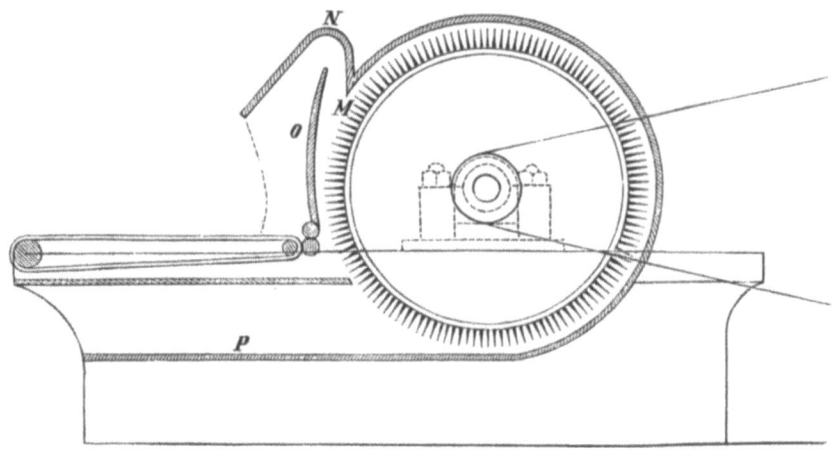

Fig. 180.

hat bei M eine Oeffnung über die ganze Breite des Tambours, und zwar zieht sich die Tambourdeckelwand O gegen die eigentliche Peripherie des Kreises, welchen sie bildet, zurück und setzt sich nach oben gegen die Rückwand des auf diese Oeffnung bei M aufgesetzten Canals N weiter fort, so dass das Ende von O über das Ende von N übergreift. Die schwereren Gewebestückchen entfernen sich in Folge der Centrifugalkraft sofort vom Tambour, sobald die Abweichung des Tambourdeckels beginnt und fliegen durch die Oeffnung bei M bis gegen die Wand N. Hier werden sie aufgehalten und fallen herab, aber nicht durch das Loch bei M hindurch, sondern auf die verlängerte Rückwand O, gleiten auf derselben herab und gelangen auf den Zuführtisch zurück. Die weniger schweren Mungofasern werden vom Tambour mitgenommen und treten erst bei P in einen Canal über, welcher unter dem Wolf hindurch geleitet und an dessen Mündung ein Ventilator aufgestellt ist, der die producirten Wollfasern an sich zieht. Die von Schafroth erfundene Abwerfe für Gewebstücke ist in Fig. 181 skizzirt.

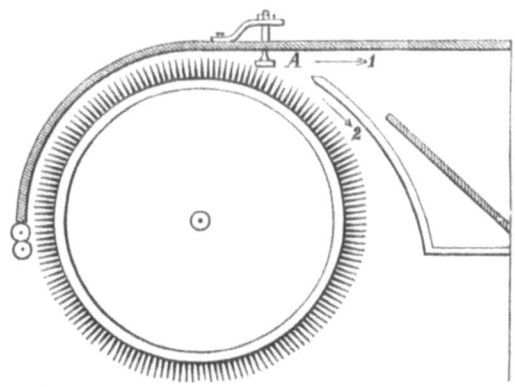

Fig. 181.

Sie unterscheidet sich von obiger dadurch, dass die mitgegangenen Stücke nicht gleich wieder auf den Zuführtisch zurückgeworfen werden. Die Gewebstücke fliegen in der Richtung des Pfeils 1 und die Mungowolle entfernt sich in der Richtung des Pfeils 2 von dem Tambour. Durch die Schneide A, welche man höher und tiefer stellen kann, kann man je nach dem Material die Distanz für die Flugrichtung einstellen.

Eine andere Vorrichtung am Reisswolf, um die mitgerissenen Lumpen aufzufangen und auf das Speisetuch zurückzuführen, ist in Fig. 182, 183 skizzirt. Bei dieser Anordnung ist dem Tambour nahe eine Stachelwalze d aufgestellt, welche sich entgegengesetzt zur Bewegung des

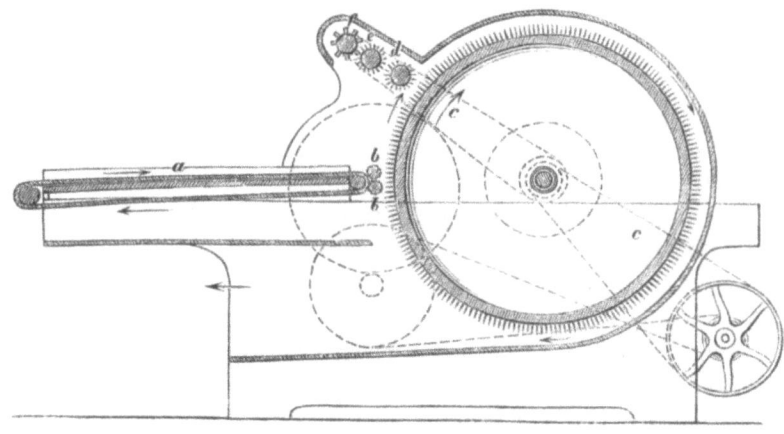

Fig. 182.

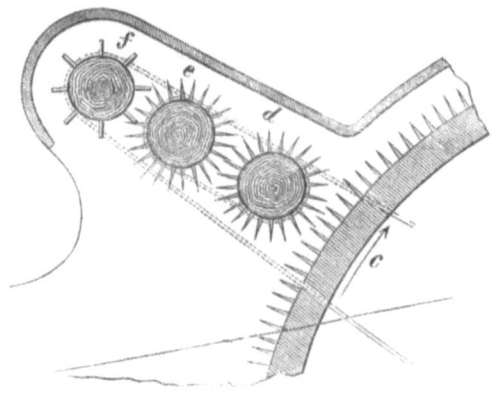

Fig 183.

Tambours bewegt. Sie berührt die Zähne des Tambours nicht, ist aber denselben so genähert, dass die grösseren Lumpenstücke von den Zähnen der Stachelwalze d erfasst und zurückgehalten werden. Eine zweite Stachelwalze e nimmt diesen von d ab und wird durch die Schlägerwalze f ihrerseits davon befreit. Die Lumpen fallen dann auf das Zuführtuch zurück. Auch dieser Wolf ist mit einem Canal unterhalb des Tambours zum Abziehen der Wolle versehen, aber ohne Ventilator. Sehr anzurathen ist aber, den Raum, in welchem die Reisswölfe arbeiten, gut zu ventiliren, um den reichlich producirten Staub, welcher die Arbeit stark belästigt, im Verein mit einem eigenthümlich brenzlichen Geruch, welcher durch die Reibungswärme bei der Arbeit entsteht, zu entfernen.

Die Bewegung des Reisswolfes ist eine sehr schnelle. Zum Betriebe desselben gehören je nach seiner Grösse und der Beschaffenheit der Lumpen 3—6 Pferdestärken. Hat eine Fabrik meherer solcher Wölfe im Betriebe, so thut sie wohl, sie direct von einer starken Welle zusammen zu betreiben, etwa einer 8 zölligen Betriebswelle mit 5 füssigen Riemenscheiben, von denen aus die Riemenscheiben der Wölfe direkt durch Riemen bewegt werden. Nimmt man für die Hauptwelle eine Geschwindigkeit von 50 bis 60 Touren per Minute an, macht den Durchmesser von der Scheibe $4^{1}/_{2}$ bis 5 Fuss gross, den der Riemenscheibe des Wolfs 1 bis $1^{1}/_{2}$ Fuss gross, so erhält man eine Geschwindgkeit für den Tambour des Wolfs von 700 bis 1000 Touren per Minute, welche den verschiedenen Stoffen angepasst werden müssen. Durchschnittlich genügt eine Tourenzahl von 700 bis 800, ja bei weicheren Stoffen, wie Fries, Flanell, ungewalkten Stoffen etc., braucht man bei Aufwand von $1^{1}/_{4}$ bis $1^{3}/_{4}$ Pferdestärken nur etwa 500 bis 600 Touren zu erzielen, um das genügende Arbeitsquantum per Tag zu erhalten. Bei Annahme von 700 bis 800 Touren und 3 bis 4 Pferdestärken werden ca. 1000 Pfd. Kunstwolle täglich in 10 Arbeitsstunden producirt, bei 500 bis 600 Touren und $1^{1}/_{4}$ bis $1^{3}/_{4}$ Pferdestärken 600 bis 700 Pfd. Kunstwolle aus lappigerem Material. Die letztere hat natürlich einen höheren Werth wegen der grösseren Länge der Fasern. Der Tambourmantel ist mit ca. 7000 bis 9000, ja bis zu 14000 Stahlzähnen garnirt. Nehmen wir einen 2 Fuss breiten und 5 Fuss dicken Tambour an und geben den dicht gestellten Zähnen ¼ Zoll Basis, so erhalten wir auf dem Mantel 272 Zahnreihen mit je 30 Zähnen bei ¾ Zoll Spatium incl. Zahnbasis. Denken wir uns diese Zahnreihen je drei gegen einander verstellt eingesetzt, so treffen also immer 90,6 Reihen auf denselben Punkt an den Einziehwalzen, und der von diesen dort festgehaltene Stoff, welcher per Minute nur um ca. 3 Zoll fortrückt, entsprechend **einer Umdrehung des Zuführapparates**, erhält somit $90,6 \cdot 800$ Kämmungen, hinreichend, um jede dargebotene Faser aus dem Gewebe einzeln heraus zu reissen, wenn wir bedenken, dass Tuchstoff mittlerer Qualität per Zoll ca. 60 Faden enthält und jeder Faden normaliter aus ca. 40 Wollfasern besteht, somit $60 \cdot 40 \cdot 3 = 7200$ Fasern, gegenüber $800 \cdot 90,6 = 72480$ Kämmungen.

Wir sahen also, dass für die Entfernung abgeschlagener Gewebestücke eine Reihe Vorkehrungen an den Maschinen angebracht worden sind. Man hat aber auch der Entstehung derselben vorzubeugen gesucht und zwar dadurch, dass man die Lumpenstücke möglichst bis zur Austrennung des letzten Querfadens durch die Einzugsmechanismen fetzuhalten strebt. Wir haben oben bereits das Verhältniss der Einzugswalzen hierzu näher beleuchtet. An die Stelle der Einzugscylinder sind dann andere Mechanismen getreten. Man hat dafür zwei Paar Cylinder mit Differentialbewegung hergerichtet, ferner die Zuführtische in Mulden- und Wellenform angeordnet, die Lumpen durch Bürstenwalzen darin festgehalten und geführt, den Lieferungscylinder mit besonderer Bewegung versehen, um dadurch die Ueberbleibsel der Gewebe fortzureissen und auf ein besonderes Tuch zu werfen, um sie auf demselben von Neuem der Wirkung der Zähne zuzuführen.

Busson hat den Zuführapparat mit Kautschuk hergerichtet und so eine elastische Zuführung bewerkstelligt. Er verbindet die Wirkung eines hohlen Troges mit der Elasticitätswirkung des Druckcylinders und zwar ist seine Speisevorrichtung der Art eingerichtet, dass vom Zuführtische aus die Lumpen in einen mit Kautschuk ausgefütterten Trog geleitet werden, in welchem sich ein fester eiserner Cylinder dreht, sodann in den zweiten Trog übertreten, in welchem ein Kautschukcylinder rotirt. Die dem Tambour zugewendete Seite des Troges ist mit einer Stahlleiste garnirt, und diese dient als Gegenlager für die Lumpen beim Angriffe des Tambours. Für die Herstellung der Pression in diesem Speiseapparate sind weder Federn noch Gewichte an Hebeln nöthig, sondern der Cylinder wird so fest in den Trog eingestellt, dass er die Lumpen zwischen der Peripherie und der konkaven Fläche des Troges festhält. Grösserer Anhäufung, dickeren Stellen in Folge von Falten etc., dient die Elasticität der Kautschukwalzen zur Ausweichung. Auch an dem Oeffner von Thomlinson ist eine Muldenzuführung angebracht. Ferner enthält derselbe zwei Zuführapparate über einander. Die Presswalzen in der Mulde sind jedoch nicht elastisch, sondern gezahnt-kannellirt wie Fig. 184 zeigt.

Oscar Schimmel hat die Muldenzuführung beibehalten, die Mulde aber zerlegt in eine entsprechende Reihe fingerartig die Mulde zusammensetzender Schnitte, welche als kurze Hebelarme durch die Belastung am längern Hebelarm gegen den Zuführcylinder gepresst werden. Diese Construction erblicken wir an der Figur 126 auf pag. 172. Wir erwähnen

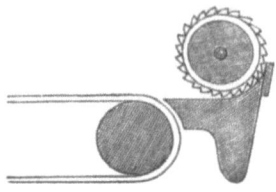

Fig. 184.

ferner noch den Lumpenreisswolf von Thomas Barraclough, welcher eine je nach Grösse des Lumpenmaterials verstellbare Zuführung mittels Walzen enthält, im Uebrigen 2 Abwurfapparate hat. —

Eine ganz besondere Bearbeitung der Lumpen lässt Henri Giroud (in Tullin's Dep. Isère) anwenden. Die Wolllumpen werden zunächst gewaschen und kommen dann im feuchten Zustande auf einen Reisswolf, dessen Tambour sehr schnell umläuft. Die entfaserte Wolle wird vom Tambour sofort in ein Bassin mit Wasser geworfen, worin sie zum zweiten Male einer sorgfältigen Wäsche unterworfen wird. Aus der diesem Waschbade entnommenen Wolle entfernt eine Centrifugaltrockenmaschine den grössten Theil der Feuchtigkeit, welche sie aufgenommen hat. Indem die Fasern sich mit Gewalt an die innern Wände der Essoreusse anpressen, werden zugleich durch die Centrifugalkraft die schlechten und zu kurzen Haare zerbrochen und durch die Oeffnungen mit hinaus geschleudert, so dass nur die brauchbaren Fasern zurückbleiben. Die so gewonnene Faserwolle ist sehr rein und wird an der Luft oder in Trockenräumen schnell getrocknet. Dieses System der Bearbeitung von Giroud, l'effilochage par le lavage complet genannt, eignet sich zum Entfasern der gebrauchten Wolllumpen vortrefflich. Weniger vortheilhaft würde es für neue Lumpen anzuwenden sein.

Bei den bisher betrachteten Maschinen zum Zerreissen der Lumpen bestand das zu bearbeitende Material aus Gewebestücken. Je nach ihrem Charakter unterliegen dieselben der Bearbeitung auf zweierlei Wölfen. Die gewalkten Lumpen werden auf Wölfen von ca. 0,75—1,5 Meter Breite bearbeitet, deren Tambourmantel bis zu 14000 feinere Stahlzähne enthält. Das von diesem Wolf aus den Tuchlumpen herausgekratzte Material ist eben Mungo und danach heisst dieser Wolf — Mungowolf. Der Kraftbedarf variirt von 2—6 Pferdekr. Die Lumpen von weichem Gewebe oder Strickereien, wie Flanellen, Strumpfwaaren, Phantasiewaaren etc., die nicht gefilzten und gewalkten Stoffen ihre Herkunft verdanken, werden mit dem sogenannten Shoddywolf bearbeitet und das gewonnene Material heisst Shoddy. Dieser Shoddywolf hat einen weniger dicht besetzten Mantel. Seine Fläche trägt ca. 5—8000 Zähne gröberen Calibers als der Mungowolf.

Wir sahen ferner schon, wie die gemischten Gewebe behandelt wurden. Ausser diesen Kategorien von zu effilochirendem Material kommen nun auch noch andere Materialien in der Kunstwollenindustrie zur Verarbeitung, nämlich Abgänge der Weberei, Abgänge der Spinnerei.

Die Abgänge der Weberei bestehen zumeist in den Ueberbleibseln der Webeketten (sog. Troddeln), Abfällen der Spulerei, Ausschnitten von Broschirungen und Lancirungen bei Mustergeweben u. s. w. Es ist dies Material, welches verhältnissmässig neu ist und mit Ausnahme des Weberleims, der Schlichte, kaum noch andere Unreinigkeiten enthält. Diese Abfälle gelangen in der Kunstwollindustrie zur Verwendung, häufig sogar in den gewöhnlichen Spinnereien. Im Allgemeinen hat man nur nöthig diese Fäden zu öffnen, allein dies ist keineswegs leicht, da dieselben meistens die volle Drehung enthalten und oft gezwirnt sind, während die Webeschlichte auch noch die Fasern zusammenklebt. Um diese Fädenabgänge zu öffnen, bedient man sich einer besonderen Art Wölfe, die den Namen Fitzenreisser, Endenöffner u. s. w. tragen. Wir werden hier einige dieser Wölfe und Maschinen dieses Characters vorführen.

Zunächst rechnen wir auch Schimmels Reisswolf (s. pag. 172) hierher. Die Fingermulde desselben ist sehr gut anwendbar für Enden.

Der Endenöffner von H. Prollius in Görlitz möge hier folgen. Er weicht durch Zahnstellung, Zuführung und durch seine Bewegungsorgane von obigem ab. (Fig. 185).

Der Endenöffner von C. Martin (Verviers) enthält auf eisernem Tambour Holzschienen mit Zähnen. Die Zuführung besteht aus einer feststehenden kurzen Mulde, in welcher sich ein cannelirter Cylinder dreht. Letzterer wird mittels Spiralfederdruck in die Mulde hineingedrückt. Aehnlich sind die Maschinen von Grand Ry-Kaivers, Köster, Hartmann u. s. w. Zemsch veröffentlichte 1869 einen sog. Fitzenreisser für Baumwolle und für Wolle. Bei demselben sind die Zähne auf dem Tambour auf den einzelnen Viertheilen der Mantelfläche in Spiralgängen angeordnet. Jedoch laufen die Spiralen je zweier sich berührender Manteltheile sich entgegen. Die Zähne von pyramidaler Gestalt haben nur 12^{mm} Länge und stehen in Zwischenräumen von 15^{mm} und 25^{mm}. Der Tambour hat ein Meter Diameter und 52 Cmtr. Breite, die Zuführung enthält 2 Paar Walzen. Die Fasern werden vom Tambour abgeschleudert und von einer Sieb-

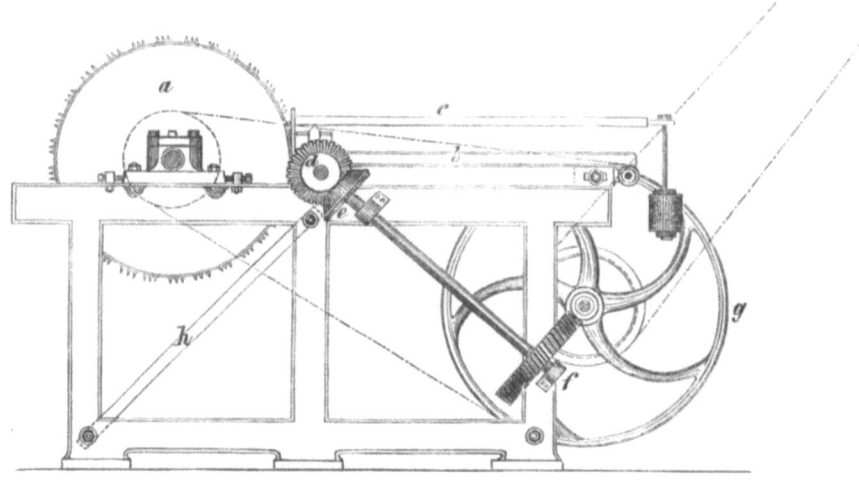

Fig. 185.

trommel angezogen, die sie auf ein endloses Tuch sammelt und aus der Maschine führt.*)

Ein von dem vorstehenden System verschiedenes System vertritt der Fadenendzerschneider von Oscar Schimmel & Co. Wir geben davon eine Abbildung (Fig. 186). Auf den Schlagcylinder sind 2 Messer in Spiralgang aufgebracht. Diese Messer schlagen gegen die von dem Zuführwalzenpaar dargebotenen Fäden und zerfasern dieselben.

Fig. 186.

*) Praktischer Maschinenconstructeur II. 307. (Uhland.)

Wir gelangen weiter zur Betrachtung neuer Maschinen, von denen die eine wie die andere zur Bearbeitung der Garnenden dienen. Diese Maschinen aber können zum Zerfasern geschnittener Lumpen dienen, besonders aber zum Zerfasern der auf den Mungo- und Shoddywölfen abgefallenen Gewebstückchen, so dass nach dieser Bearbeitung die Mungomasse, sowie der Shoddy vollständig fertig ist für die Verspinnung unter Vermischung mit Naturwolle.

Diese Wölfe und Vorbereitungsmaschinen der Garnabfälle und Mungoabfälle unterscheiden sich wesentlich durch den Bezug des Tambours von den vorherberührten Wölfen, insofern der Tambour derselbe mit sägezahnartigen Bändern resp. Winkeleisen bezogen ist oder mit Draht-Zähnen eigenthümlicher Art. Die Fig. 187 stellt die erstere Art der Zähne dar. Das hochstehende Schenkelblech des Winkeleisens ist oben sägezahnartig ausgeschnitten und in spiralen Windungen um den Tambour gezogen.

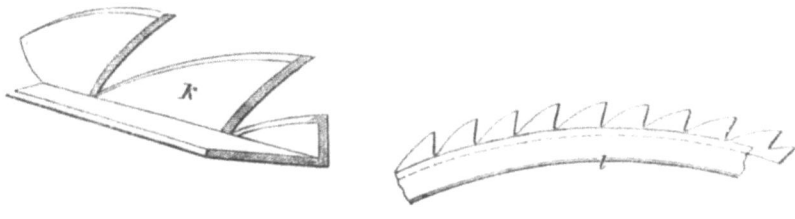

Fig. 187.

Andere Zähne entstehen dadurch, dass man starke Drähte auf den Cylinder legt, der Wölbung desselben folgend, und die Abschnittsstelle in Richtung der Radiusebene scharf ausführt. Es entsteht so ein elastischer, scharf wirkender Bezug.

Zunächst sei der Wolf von Busson nach Grothes Abänderung*) vorgeführt. (Fig. 188).

A der Tambour, der von einem Gehäuse umschlossen ist, entnimmt den Zuführwalzen das Material und giebt es an den Abnehmer B ab, aus dem es die Bürstenwalze C ausstreicht und in den Korb D fallen lässt. Den Tambour A umfängt unten ein Gitter E, durch welches der Staub nach unten gesaugt wird mittels des Ventilators F. Der Tambour rotirt per Minute 600 Mal, der Abnehmer 18 Mal. —

Weiter organisirt ist die Maschine von Garnett, (Fig. 189). Sie bildet eine Art Vorkrempel, Sortirkrempel, eine der Arbeit des Wolfes nachhelfende Maschine, die in der Praxis der Kunstwollindustrie einen wichtigen

---

*) Zeitschrift des Vereins der Wollinteressenten I. Sept. October. — The Manufacturers Rewiew 1872. — Moniteur des Tissus 1872.

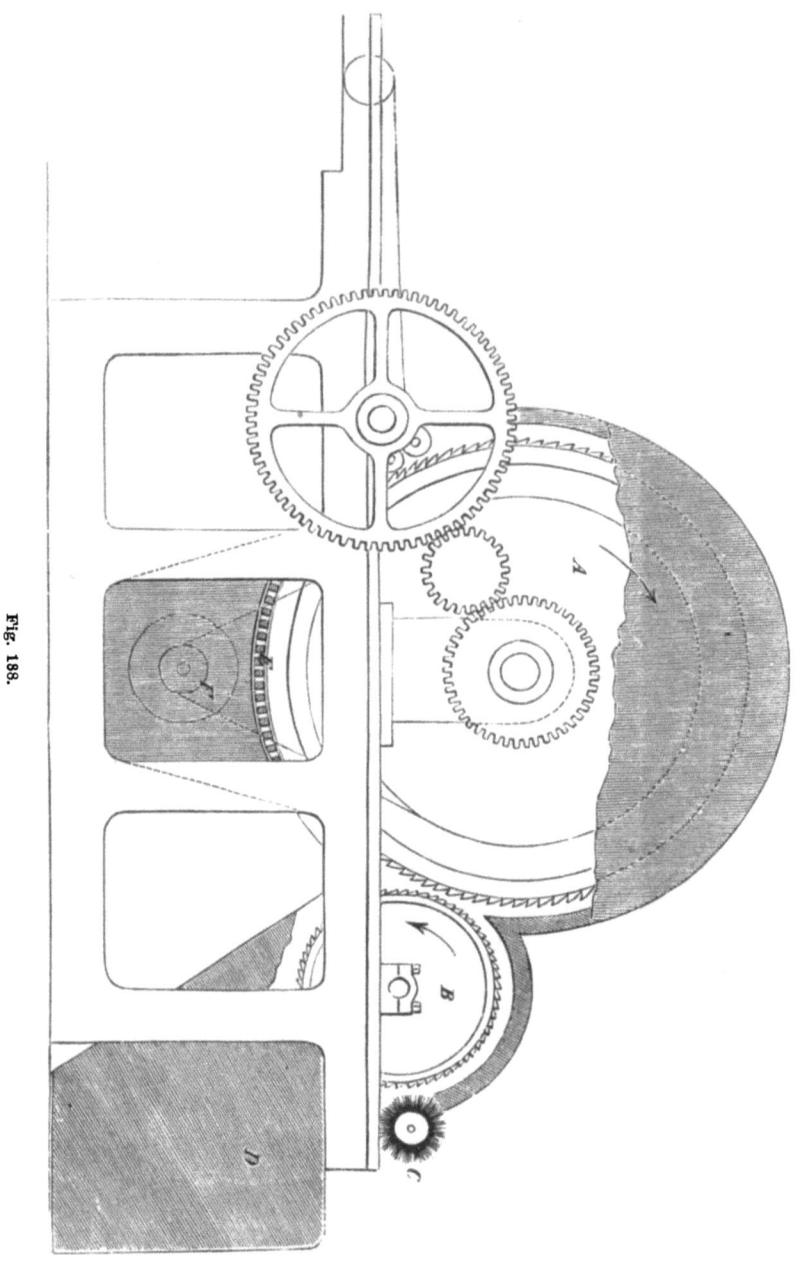

Fig. 188.

Platz gefunden hat. In einem starken Gerüst befindet sich der Tambour A, umgeben von fünf Arbeitswalzen B, dem Volant C, und einer Bürstenwalze D. Die Garnabfälle werden diesem Apparate durch das Zuführtuch E, die zwei Paare Zuführwalzen F, die Schmutzwalze G und die

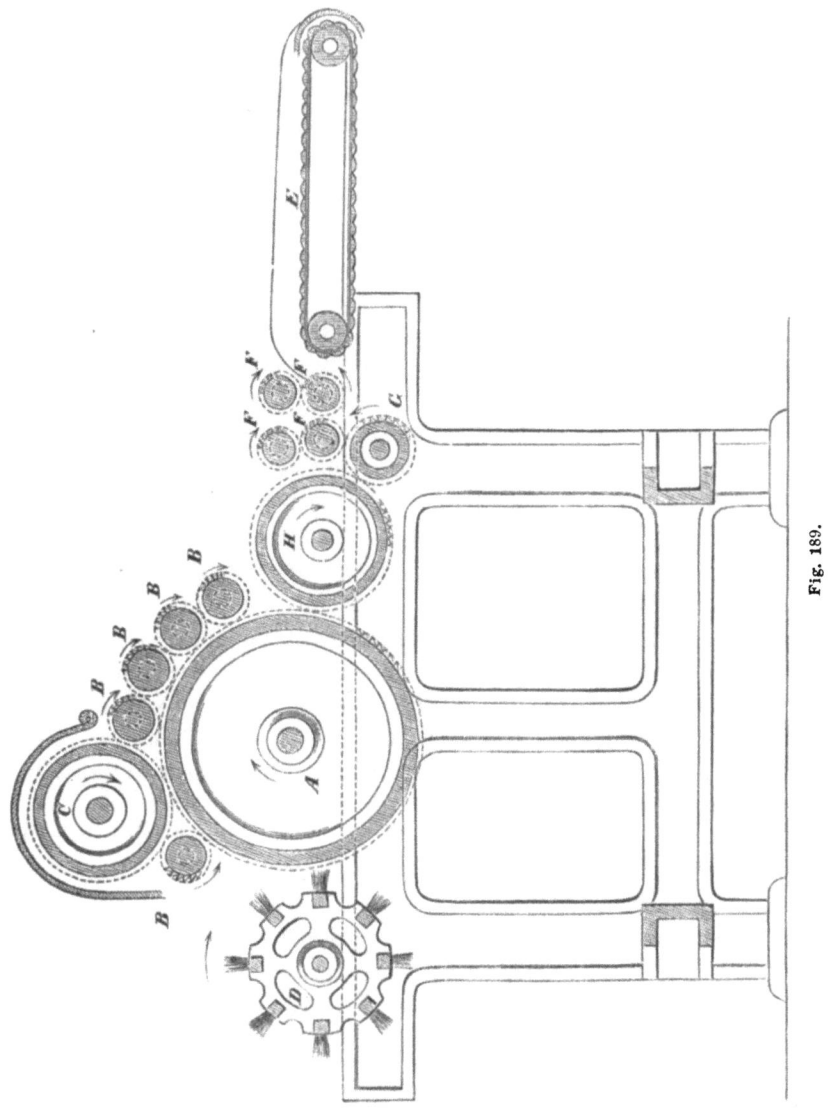

Fig. 189.

Vorreisswalze H zugeführt. Alle diese Walzen sind auf ihrer Oberfläche mit sägezahnartig ausgeschnittenen Stahlbändern bezogen, wie hier ersichtlich. Auf dieser Maschine werden die Fäden gänzlich geöffnet. Es wird ein Product erzielt, welches in jeder Beziehung genügt. Man giebt dem Tambour bei 42—50 Cm. Diameter ca. 400 bis 500 Umdrehungen. Die Arbeiter drehen sich bei ca. 15—20 Cm. Durchmesser 45 Mal per Minute, der Volant bei 25—30 Cm. Durchmesser ca. 800 bis 1200 Mal, die Vorreisswalze bei 30 Cm. Durchmesser ca. 50 Mal und endlich die Einziehwalzen bei 8—10 Cm. Durchmesser ca. 3 bis 4 Mal. Die Bürstenwalze, welche die entfaserte Wolle aus dem Tambour herausnimmt, also gewissermassen die Stelle eines Abnehmers vertritt, dreht sich bei 30 bis 40 Cm. Durchmesser 16 bis 20 Mal. Will man diese Bearbeitung noch sorgfältiger durchführen, so benutzt man an Stelle dieser einen Maschine zwei solcher und giebt der zweiten, welche dann Feinwolfkrempel zu nennen wäre, statt der Bürstenwalze einen Abnehmer mit Hacker.

Als solche weitergehende Feinwolfkrempel*) und demgemäss mit geeigneten Organen versehen, muss die nachfolgende Maschine von Garnett betrachtet werden. (Fig. 190). Dieselbe vervollständigt die Arbeit der vorstehenden Oeffnungsmaschine. a bezeichnet das Zuführtuch, b b sind die geriffelten Einziehwalzen, b' b' sind die Speisewalzen für die Vor- und Vertheilungswalze c, c' ist eine Reinigungswalze für b'. d ist der Tambour, e der Abnehmer, e' der Hacker, der die aufgenommene Fasermasse in Form eines Vliesses abtrennt. Der Tambour arbeitet zusammen mit den 3 Systemen à 4 und 3 und 4 Arbeitswalzen h, den 3 Volants f f und den Wendewalzen g. Alle Walzen mit Ausnahme der Einzugswalzen b b sind mit dem besprochenen Bezug von sägenartig ausgeschnittenem Draht versehen. Das Material wird durch b und b' an den Vorrichter c abgegeben und gelangt dann an den Tambour, von dem es successive die Arbeiter entnehmen. Der Volant hebt die Faser aus dem letzten Arbeiter h und ebenso aus dem Tambour, während g die Fasern ergreift und umgewendet wieder abgiebt. Die Vorwalze hat 25 Cm. Diameter und dreht sich ca. 36 Mal. Der Tambour hat 1 Meter Diameter und ca. 200 Umdrehungen per Minute, Abnehmer 10 bis 12 Umgänge, der Arbeiter ca. 25 bis 30 Umgänge, die Einziehwalzen 3 bis 4 Umgänge, der Volant 800 Umdrehungen und die Wendewalze 700 Umgänge.

Diese drei Maschinen werden auch als Mischapparate für die Vermischung der Naturwolle mit der Kunstwolle d. h. dem Mungo benutzt. Mischungen von Shoddy mit Naturwolle kommen seltener vor. —

Um die Masse des Mungos und Shoddys besser zu reinigen und gleichartig zu machen, besonders aber für die Anwendung des Mungos zu feineren Waaren dadurch vorzüglicher zu gestalten, dass man sucht, die Gewebestücke und alle gröberen mitgerissenen unaufgelösten Faden durchaus zu entfernen, ist nachstehend abgebildeter Apparat (Fig. 191) vorgeschlagen, der im eigentlichen Sinne ein Sortirapparat ist.**) Mit Hülfe desselben wird vor dem Mischen und Oelen die Scheidung der regelmässigen Fasermasse von den Resten der Gewebe- und Gespinststücke vorgenommen. Der Apparat enthält folgende Theile. A ist ein starker blasender Ventilator, dessen Mundstück, breit gedrückt und trichterförmig nach den Seiten erweitert, die Breite der Maschine etwa

---

*) Zeitschrift des Vereins der Wollinteressenten. 1870. p. 16.
**) Patent Grothe.

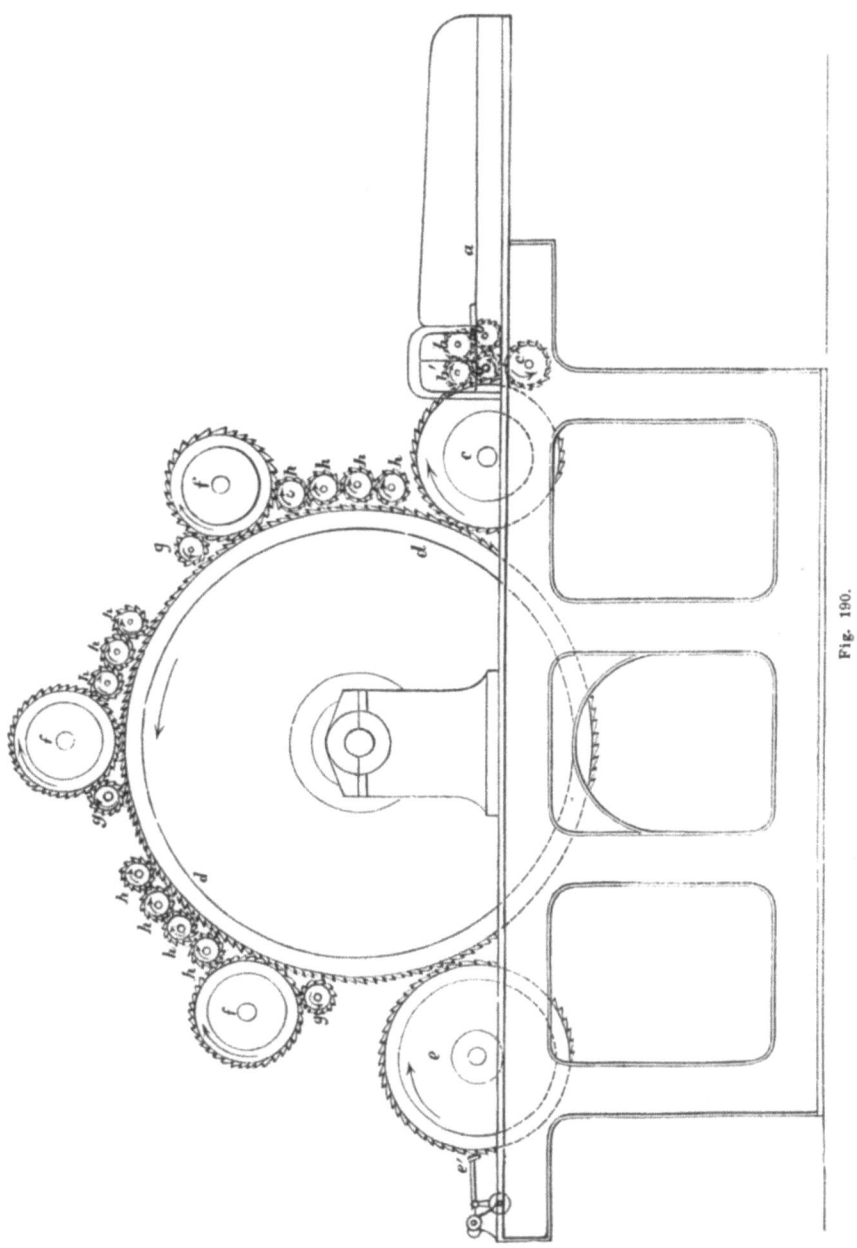

Fig. 190.

einnimmt. Ueber der Mündung steht ein trichterartiger Rumpf B, in welchen die Masse der Mungofaser geschüttet wird. Die untere Oeffnung ist zur Hälfte geschlossen, so dass der Wind vom Eintritt in den Rumpf B möglichst abgehalten ist. Ein Schlagflügel D, der in eine entsprechende

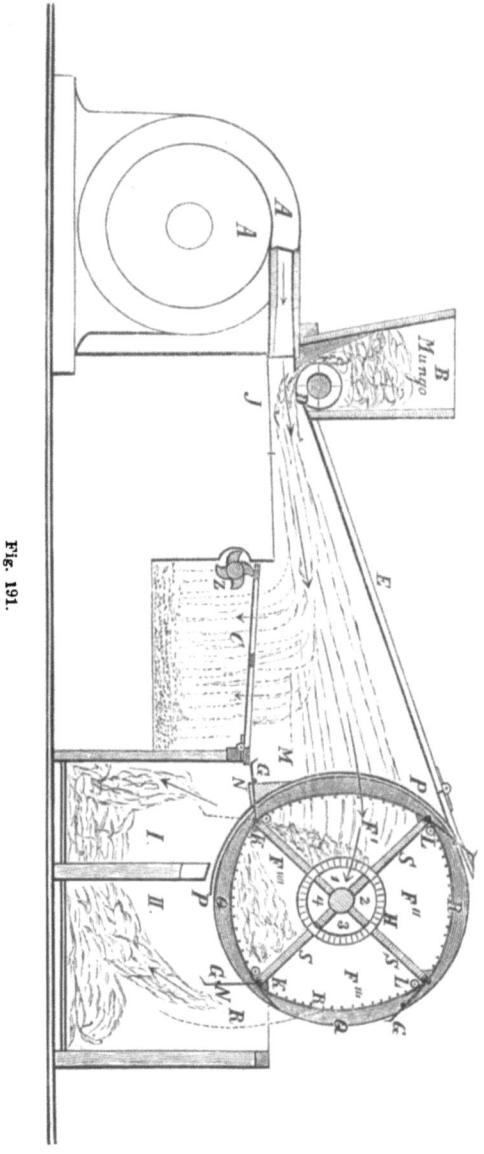

Fig. 191.

Umdrehungsgeschwindigkeit versetzt wird, schiebt die Fasermasse vom Brett des Bodens herab, so dass sie in den Windstrom fällt oder aber auf die schräge Ebene J in dem Strom. Jedenfalls aber trifft der Windstrom die Fasermasse und zerstäubt sie und führt sie mit sich. Die schwereren Sand- und Staubtheile, wenn sie eben an Gewicht die Kraft des Windes übertreffen, fallen, während des Fluges nieder und durch ein Gitter C in einen Kasten. Die schweren Gewebstücke fallen zum Theil ebenfalls auf dieses Gitter, aber nicht in den Kasten. Das Gitter C ist geneigt angebracht und dreht sich an einer Axe, während andererseits dasselbe auf den Klinkrädern Z aufruht und dadurch eine schüttelnde Bewegung erhält. Der Flug der Masse trifft auf einen grossen Siebcylinder F, der im Innern auf einer siebartig perforirten Cylinderachse H aufgebracht ist und mit dieser in 4 Abtheilungen getheilt ist. Entsprechend den 4 radialen Theilwänden S sind 4 Blechmulden G drehbar am Cylinder befestigt, die für gewöhnlich frei hängen. Diese Mulden G haben zu jeder Seite Nasen N. Der Cylinder F dreht sich in Intervallen und zwar macht er auf einmal stets nur eine Vierteldrehung. Dieses Viertheil des Cylinders schliesst dann stets genau die Flugbahn der Mungomasse ab. Tritt nun hierbei die Mulde G in die Maschine ein, so fällt sie über und die Nasen N legen sich auf die Leisten M und bringen die Mulde G allmälig in eine Horizontalstellung bis sie sich mit dem Rande auf den Rand des Gitters C vorn auflegt, nachdem die Führung M abgebrochen hat. Ferner sind die Siebflächen R jeder Viertheilabtheilung des Cylinders an einer Seite drehbar um Zapfen und Lager L an den Wänden S der Abtheilungen F' F'' F''' F''''. Tritt der Siebdeckel R der Abtheilung in den Arbeitsraum, so wird er durch einen über den Rand der Trommel überfassenden Bogen P fest gegen die Leiste K des Cylinders angedrückt. Gelangt aber bei der folgenden Bewegung der Trommel der Rand des Deckels aus dem Bereich dieses Bogens P, so fällt er ab und lässt das Material, welches sich in der Abtheilung angesammelt hat, herausfallen in den untergestellten Kasten II. Bei Beginn solcher Drehung hat auch die Mulde G ihren Stützpunkt verloren und schlägt nieder und lässt somit die Gewebestücke in einen Kasten I abfallen. Die Bekleidung der Trommel über den Abtheilungen ist nun so eingerichtet, dass der Windstrom aus den Fasermassen, die er gegen das Siebgitter R wirft, die wirklichen Mungofasern hindurchtreibt; dagegen können die Gewebstücke, Fadenenden etc. nicht hindurchdringen; sie prallen ab und fallen allmälig oder sofort, je nach ihrer Schwere, auf die Mulde G. Ebendahin treibt auch der Wind die bereits auf C abgefallenen Stücke die schräge Ebene hinab. Der Wind fängt sich jedoch nicht in dieser Abtheilung, sondern dringt weiter durch den inneren perforirten Cylinder H in eine Kammer, von wo er durch geeignete Ventilirung abzieht. Diese letzten Perforationen sind so genommen, dass sie Staub und zu kurze Faserpartikel durchlassen, die dann in der Staubkammer zu Boden fallen. — Auf diese Weise erzielt man eine 4-fache Trennung. Der Kasten unter C enthält den Staub und Sand etc. Der Kasten I hat die Gewebestücke aufgenommen. Der Korb II speichert die gleichartige Mungomasse auf und die Staubkammer enthält die Kleinfaser und Staubmasse. — Q sind die vollen kreisförmigen Seitenscheiben. —

Der Rumpf B kann übrigens auf einfache Weise durch einen Canal mit dem Reisswolf in Verbindung gesetzt und so gefüllt werden. Das

Gitter ist eine Construction nach durchgeführten Versuchen, aus welchen sich die Nothwendigkeit ergeben hat, unter den peripherischen stärkeren Drähten **feine** horizontale Drähte in 1 Cm. Entfernung anzubringen. Es trifft sich zuweilen, dass die Gewebstücke und Garnenden in verticaler Lage heran und dann leicht durch die verticalen Gitterzwischenräume hindurchgetrieben werden. Dies verhindern zunächst diese feinen Horizontaldrähte. Ferner aber stellte sich bei einem Versuch mit einem Gitter, in welchem diese Horizontaldrähte oberhalb des Gitters befestigt waren, heraus, dass nun die dagegen getriebenen feinen, ja feinsten Fasern abprallten und auf G oder C niederfielen. Liegen die feinen Drähte unterhalb, so können die Fasern zunächst frei in die Zwischenräume der verticalen Gitterung eindringen, und legen sie sich dann gegen die horizontalen Drähte, so werden sie durch den an den verticalen Drähten abgelenkten Windstrom von denselben abgeschoben und in die Abtheilungen F' etc. hineingetrieben.

Zwischen dem Bogen P ist der Raum um den Cylinder F soweit mit Brettern ausgefüllt, als er sich über dem Kasten I befindet, um zu verhüten, dass durch Ueberfall der Masse bei Drehung von F Fasern herausfallen durch das Gitter und nach I hineinfallen. —

Die Sortirung mit Hülfe dieser Maschine geht ungemein exact vor sich. Wir geben hier als Anhalt eine Uebersicht von Durchschnittsresultaten.

100 Pfd. Mungo von Commistuch auf einem **Hartmann**'schen Reisswolf bereitet ergaben:

Masse in C   9 Pfd. (meistens Sand).
„ „ F resp. II.   63 „ (Fasern von 7 ^{mm} bis 13 ^{mm} Länge).
„ „ I   7 „
„ „ der Staubkammer 21 „ (Staub und ganz kurze Fasern).

Wir wenden uns zu den **Spinnereiabfällen.** Dieselben sind theils Abgänge bei dem Krempelprozess an sich, theils stammen sie daraus her als Ausstrich beim Ausputzen der Krempel, theils entstehen sie bei der Feinspinnerei. Die Abgänge, welche während der Arbeit der Krempelmaschine und Spinnmaschine entstehen, sind stets sehr reich an Staub, Kletten, Strohstückchen, Knoten u. s. w. Sie müssen daher durch einen Klettenwolf und zwar mit Ventilator gehen. Auch der Abfall der Klettenwölfe gehört selbst hierher. Solche Abgänge aber lässt man nur in dünnen Schichten in die Maschine treten, um den Klettencylinder nicht zu sehr zu beladen und ein Versetzen der Sägenausschnitte zu verhüten.

Der eigentliche **Ausputz,** sei er nun durch continuirliche Ausputzapparate gewonnen oder periodisch durch Ausstreichen mit der Hand oder Cylinder, enthält stets eine grosse Quantität Fett oder Oel, mit welchem sich der Staub verbunden hat zu einer schmutzigen Masse. Diese Masse ist um so unhandsamer, je harzhaltiger die angewendeten Oele waren. Es sind zur Reinigung solcher Ausputzwolle verschiedene Vorschläge gemacht. Die gewöhnlichste Methode besteht in einem Waschen in verd. Sodalauge unter Zusatz von etwas Seifenlösung. Es verseift sich dann das Fett und lässt den Staub fallen. Man muss hierbei vor Augen haben, nicht zu viel Ingredienzien zuzusetzen, um der Wolle nicht zu schaden und um den Kostenpreis dieser Aufbereitung von minderwerthigen Abfällen nicht zu vergrössern. Dr. Graeger*) hat eine Methode vorgeschlagen, nach welcher die Fette mittels mit Salzsäure angesäuerten Wassers in 12—24 stündiger Einwirkung als harzartige Kalkseifen ausgelöst werden. Man spült dann aus, behandelt mit schwacher Sodalauge und wäscht in reinem Wasser. Diese Methode dürfte nicht sehr anwendbar sein, weil sie das Haar angreift und hart macht. Jedenfalls ist sie nur sehr vorsichtig zu verwenden. Graeger hatte es dabei auf Wiedergewinnung der Oelsäure abgesehen, die aus der Kalkseife zu bewirken ist. Die Entfettungsmethoden mit Schwefelkohlenstoff sind für solche Ausputzwollen sehr gut anwendbar und werden angewendet, besonders die Heyl-Braun'sche Methode, während das Verfahren von C. F. Richter mit Amylalkohol nach Zeugniss von Praktikern durch bedeutenden Verlust an Alkohol (R. hatte nur 16% Verlust angegeben) ohne Erfolg geblieben ist.**)

Eine andere Methode ist die folgende***): In einem durchgeschnittenen halben Baumölfass wird der Boden zu 2 Zoll Höhe mit guter Walkererde bedeckt und der zu waschende Ausputz in einer dünnen Schicht darauf gestreut; darüber kommt wieder eine Schicht Walkererde, darauf wieder Ausputz u. s. f. bis zur Höhe von etwa 10 bis 15 Zoll. Endlich wird warmes Wasser, am Besten condensirtes Wasser darüber gegossen und nun das Ganze durch einen Arbeiter ganz so durchgetreten und durchgeknetet, wie Kleber sich den Estrich zurecht machen. Dadurch wird bewirkt, dass der Ausputz in die innigste Berührung mit dem Lehm oder Thon kommt, dessen reinigende Wirkung in derselben Weise wie beim Waschen gefärbter Tuche aufzufassen ist. Ein grosser Ueberschuss von Wasser spült dann die Walkererde fort und lässt den Ausputz sehr schön und offen zurück. Das Auswaschen kann entweder in der Spülmaschine oder bei fliessendem Wasser in Wollkörben geschehen.

Eine besondere Methode ist von Pech erfunden und demselben patentirt. Nach derselben werden die Abfälle und der Ausputz (débourrages) mit Sand, Thon und andern Materien, welche fähig sind sich mit Fett zu beladen, vermischt. Nach einiger Zeit kommen diese Massen dann auf Schlagwölfe und werden tüchtig darin bearbeitet. Die genannten

---

*) Dinglers Journal B. 176. p. 324.
**) Siehe Deutsches Wollengewebe 1871, pag. 227.
***) Siehe Deutsches Wollengewerbe 1871, Nr. 9.

Materien saugen das Fett auf und lösen damit auch den Staub und Schmutz von der Wollfaser ab*).

Wir wollen hierbei noch anfügen, dass bei Reinigung der Ausputzwollen und Abgänge behufs Gewinnung der Faser auch andere werthvolle Producte entstehen, sei es tauglich zur Gasfabrikation, sei es zu Dünger. Für letztere Verwendung hat seiner Zeit die Firma J. F. Heyl & Co. in Berlin sehr rationell gearbeitet in folgender Weise. Die mittelst Schwefelkohlenstoff entfetteten Wollabfälle u. s. w. werden auf einem Wolf aufgekratzt, wobei ein feiner Wollstaub gewonnen wird, der den obengenannten Wolldünger darstellt. Derselbe enthält nach Angaben des Fabrikanten 8% Stickstoff. Am vortheilhaftesten dürfte es sein, den Wollstaub vor der Verwendung mit Schwefelsäure zu behandeln und alsdann mit Erde gemischt als Dünger zu benutzen, resp. ihn mit Superphosphat vermischt anzuwenden. — Es ist kein Düngemittel bekannt, in welchem der Stickstoff so billig geboten wird. Indessen darf nicht vergessen werden, dass derselbe unpräparirt sich nur ausserordentlich langsam zersetzt. —

Auf diese Weise ist Alles nutzbar gemacht, was diese Abfallstoffe bieten können: Faser, Fett, Wollstaub. Noch weiter ist man gegangen, indem man die mit Indigo gefärbten, aussortirten Lumpen und Abfälle zunächst auf ihren Indigogehalt ausgebeutet hat. Das Verfahren besteht darin, dass man zuerst die Lumpen in eine schwache Aetz-Natron-Lauge einweicht, sie sodann nach gehöriger Sättigung in einen doppelbodigen, zur Dampfheizung eingerichteten Kessel verbringt, welchen man eine Zeit lang unter einem Druck von 45 englischen Pfunden auf den Quadratzoll oder 3,164 Kilogramm auf den Quadrat-Centimeter erhitzt. Nach kurzer Zeit ist der Indigo reducirt und lässt sich durch rasches Ausweichen ausziehen. Durch Niederschlagen erhält man hernach einen ebenso reinen Indigo, wie die besten Handelssorten ihn darbieten**).

Endlich müssen wir noch auf die Behandlungsweise der stark gefilzten Wollabfälle, der Klunkern und Kothwollen, die aus den Vliessen abgerissen werden, eingehen. Oft ist die Verkleisterung dieser Wollabfälle so mächtig, dass es fast unmöglich erscheint, dieselbe zu lösen. Man hilft sich, so weit möglich, mit Einweichen und Zerreissen auf starken Wölfen, nicht immer aber mit gewünschtem Erfolg. Für die Bearbeitung solcher Wollen hat Pelassy fils einen Reisswolf construirt, welcher in der That die passende Maschine für diesen Zweck ist. In einem Gehäuse, welches mit gebogenen Wolfzähnen ausgekleidet ist, dreht sich der Tambour mit gleichen Hauerzähnen Fig. 127. d. garnirt, die Biegungen der Hauer im Gehäuse und auf dem Tambour sind entgegenge-

---

*) Brevet d'invention 1871.
**) Ann. de Génie civil 1869. p. 119. — Jacobson, Repertorium 1870.

richtet. Der Tambour dreht sich nicht gleichmässig, sondern in sog. Pilgerschritt-Bewegung, indem er z. B. die Drehung nach rechts plötzlich einhält, und sich nach links zurückdreht, dann wieder nach rechts umgeht u. s. f. Die Bewegung nach rechts jedoch ist eine unterbrochen-fortschreitende, so dass der Tambour rotirt. Diese rückgängige Bewegung dient dazu, besonders sehr stark verfilzte Partien zu schonen, indem sie so mehrfach ausgezogen und an einem anderen Punkte erfasst werden*).

Das Einfetten der Wolle.

Das Einfetten der Wolle vor dem oder nach dem Wolfen ist nothwendig, um die durch das Waschen entfettete und dadurch etwas härter gewordene Wolle geschmeidig und schlüpfrig zu machen, so dass sie bei der Bearbeitung auf den mit so vielen kleinen Stahldrähten und Häckchen versehenen Karden und Kratzen keinen Schaden durch Zerreissen und Brechen leide. Ferner aber vermehrt diese Fettfeuchtigkeit die Adhäsion der einzelnen Fasern unter einander und wirkt so günstig für und im eigentlichen Spinnprozess.

Man benutzte zum Einfetten der Wolle schon die eigenthümlichsten Dinge neben den gewöhnlichsten. Oel von Vegetabilien genommen als Rüboel, Colzaoel, Mohnoel, Olivenoel bildete bisher die Hauptmasse zur Einfettung. Daneben traten Fette und fettige Körper auf, als Butter, Milch, Schmalz, u. s. w.

Vorschläge ohne Oel zu spinnen, wie sie von Price, Pimont u. A. gemacht wurden, haben bisher keinen Erfolg gehabt und werden auch kaum jemals Erfolg haben. In neuester Zeit hat man in Belgien Versuche angestellt, um festzustellen, ob das Nichtoelen Verlust an Wolle nach sich zöge. Die Resultate ergaben, dass nicht geölte Wolle 1,50 Kilo weniger Product ergab auf den Krempeln, wie geölte Wolle. Dazu kommt noch, dass ungeölte Wolle feuchter versponnen werden muss, was den Kratzenbeschlag stark angreift und schnell verdirbt**). — Auch Vorschläge, wie von Anne, schwefelsaure Magnesia anstatt des Oeles zu gebrauchen, haben keine Aussicht auf Berücksichtigung. Besser immerhin sind Mischungen schleimiger Substanzen mit Fetten und Oelen, Abkochungen von fetthaltigen Wurzeln u. s. w.

Bei Gebrauch des Oeles zum Einfetten der Wolle ist besonders darauf Bedacht zu nehmen, dass die Oele nicht noch Säuren enthalten,

---

*) Brevet d'invention. 1871.
**) Le Teinturier pratique T. III. pag. 3.

welche die Wolle angreifen, wie dies beim Rüboel wohl leicht vorkommen könnte.

Ebenso unbrauchbar für die Spinnerei sind Harze als Fettungsmittel oder auch nur als Zusatz zum Oele. Wilson hat 1855 freilich ausdrücklich Harzoel und Ricinusoel zum Fetten der Wolle empfohlen, aber aus mehr als einem Grunde ist deren Gebrauch unanrathbar. Die Praxis selbst hat dies gezeigt, und ebenso genau, wie man sich von der Freiheit des Oels an Schwefelsäure überzeugen sollte, ist auch die Prüfung auf Harz gerathen und zwar in noch höherem Grade. Jüngst*) fand im Aethylalkohol ein Mittel, um Harzoele in fetten Oelen nachzuweisen qualitativ und quantitativ. Der Zusatz von Alkalien zum Oel, wie es von Mottet vorgeschlagen ward und neuerdings von Ronnet, ist ebenfalls nicht geeignet, den Zweck des Einfettens überhaupt zu unterstützen. Diese Alkalien binden einen Theil der Fette zu Seifen, und wenn diese auch dem Haare immerhin Geschmeidigkeit geben, so greifen sie doch dasselbe mehr an als vortheilhaft. Ferner kann aber das gewöhnliche Rüboel nicht zum Fetten aller Wollen benutzt werden, nämlich nicht zu solchen, die längere Zeit unverarbeitet liegen sollen, weil dies Rüboel klebrig wird in Folge der Trennung der beiden in ihm enthaltenen Oele, wie E. F. Richter nachgewiesen hat. Beim Raffiniren des rohen Rüboels schafft die Schwefelsäure einen Theil des schädlichen, harzenden Oeles heraus. Je grösser nun der zurückgebliebene Theil ist, um so mehr wird dies Oel kleben. Richter stellt ein von diesem zweiten Oel vollständig gereinigtes Kernoel her, welches völlig neutral, hellweissgelb, geruchlos und dünnflüssiger ist als gewöhnliches Rüboel, bei höherem Fettgehalt.

Die Fettmassen zum Wollfetten dürfen auch nicht härtere Talgmassen enthalten, denn diese erschweren die Operation wesentlich und an Gleichmässigkeit ist dann nicht zu denken. Auch dürfen alle angewendeten Fett- und Oelmassen nicht andere Stoffe mit sich führen, die dann die Wolle verunreinigen würden.

Austrocknende Oele dürften nur dann statthaft sein, wenn sie bei schnell zu verarbeitender Wolle in Anwendung kämen. Von sehr vielen Seiten ist die Oelsäure als Einfettungsmittel vorgeschlagen worden. Schon 1841 gab Aubet darüber Nachricht und später Alcan, Runge, Peligot, Zurhölle, Wege, Wilson, Roche u. A. Die von Gottlieb im reinen Zustande zuerst dargestellte Oelsäure, welche an der Luft sich so ausserordentlich schnell verändert, ist hier natürlich nicht gemeint. Vielmehr handelt es sich hier um ein Gemisch von Olein- und Olinsäure, aus welchem alle talgartigen Stoffe ausgeschieden sind. Dies Gemisch ist leichtflüssiger als Oel und lässt sich daher bequemer und gleichmässiger vertheilen.

---

*) D. p. Journ. CLXI. 307. Polyt. Centr.-Bl. 1862. 1502. —

Von den Gemischen, die man für Einfetten der Wolle theils zur Ersparniss, theils um bessere Resultate zu erzielen, componirt hat, wollen wir hier einige der neueren vorführen, mehr der Curiosität wegen, als sie etwa zu empfehlen. Im Gegentheil muss man warnen vor allen Fettungsmitteln, die etwa als Geheimmittel unter möglichst klangvollen Namen verkauft werden.

    J. Lord: $2^4/_5$ Pfd. Baumoel.
         $7^1/_2$ Pfd. Wasser.
         8 Lth. Soda krist. —
    Mottet: 1 Th. Oel.
        $^1/_2$ Th. Salmiakgeist.
        $^1/_4$ Th. Wasser.

Letzteres Gemisch wird mit Dampf bis zum Verschwinden des Ammoniakgeruchs gekocht.

    Gedge: 15 Th. Oel (Olivenoel, Rapsoel)
        1 Th. Ammoniak.
        15—20 Th. Wasser.

Von Karmarsch mitgetheilt:
        87 Pfd. Wasser (Regen- oder Flusswasser).
        10 Pfd. weisse Seife.
        24 Pfd. Oel.

Dieses Gemenge wird tüchtig geschlagen und geschüttelt, bis zum Entstehen einer gleichartigen Emulsion, von der 11 Theile so wirksam sein sollen als 10 Theile reinen Oels.

    Lepainteur: 3 Th. Wollwaschwasser.
         2 Th. Schwefelsäure!! —
    Delmasse: 100 Th. harte Seife.
         50 Th. Leim.
         15 Th. Soda

werden in möglichst wenig Wasser gelöst und diese Lösung wird mit 10 Th. Wasser verdünnt und sodann mit Oel versetzt, bis eine Emulsion entsteht. 1 Theil dieser Masse soll wie 5 Theile gewöhnlichen Oels wirken.

    Ronnet: 1 Hectol. Wasser
        4 Kilo 500 Gr. Leinsamen
        4 „ kohlens. Natron
        3 „ gelbes Harz
        1 „ Seife.

Wir brauchen wohl hierzu nichts weiter hinzuzufügen. Abkochungen von Eibischwurzeln, von Seegrasgallerte etc. sind nicht weniger oft vorgezogen. In neuerer Zeit gebraucht man auch Glycerin zum Einfetten der Wolle, nachdem es hierzu zuerst als Oleo lavato*) in den Handel gebracht war.

---

*) Dinglers pol. Journ. CLXVIII. 159. Deutsche Illustr. Gewerbe-Zeit. 1863. 156.

Das Glycerin allein eignet sich zum Einfetten der Wollen, zumal der schlecht gewaschenen, weil es das getrocknete Wollfett auflöst. Da es sich ferner verseifen lässt, so kann es in Form einer Seifenemulsion mit wenig Alkali zum Einfetten der Wolle sehr wohl gebraucht werden. Versuche, welche man mit grösseren Quantitäten Wolle und Glycerinseifenlösung angestellt hat, gaben zufriedenstellende Resultate. —

Interessant ist der Vorschlag von Huet (Brevet d'inv. 1872), die Wolle mit einer Composition zu oelen, welche leicht löslich ist im Wasser, daher nach dem Spinnen oder Weben durch reines Wasser fortgeschafft wird. Als solche Lösung giebt er an:

70% Glycerin von 28°
4% Seife
24% Wasser
2% einer antiseptisch wirkenden Verbindung, um die Fermentation der Mischung zu verhüten.

Negro benutzt eine Mischung von Colzaoel, Psyllumoel, Glycerin, Chlorkalium, Salpetersäure und acide phenique.

Lundy mischt Alkalien und Oel. Henry, Bang, Monestier, Figuier haben sich die Anwendung eines zerfliesslichen hygroscopischen Salzes statt des Oeles patentiren lassen.

Philippson empfiehlt eine Composition, welche er Oleocoll nennt. 1854 ward das Erdeicheloel warm angerathen.

Das Einfetten der Wolle geschieht am besten mit einem dünnflüssigen, also leicht und fein sprengbaren Oele, welches schwer oder nicht austrocknet, weder schädlich für das Wollhaar sich erweisende Säuren und Alkalien enthält und den verhältnissmässig billigsten Preis hat. Im Allgemeinen giebt man der Wolle $1/4$—$1/5$ ihres Gewichtes an Oelflüssigkeit, keineswegs aber sehr fettreiche. Alcan[*]) will sogar obige Menge von gutem Olein oder von Galipoliloel zugeben. Ein altes bewährtes Verhältniss ist per 1 Ctr. = 110 Pfd. altes Preuss. Gewicht 15 Pfd. Baumöl, das macht $1/7$ des Wollgewichts an Oel. Freilich meint Jacobson[**]) bei seiner Angabe 8 Pfd. Baumöl auf 60 Pfd. Wolle: „Von rechtswegen sollte wohl mehr gegeben werden, allein die Manufacturiers suchen auf alle Art und Weise ihren Vortheil und blos der Arbeiter ist damit sehr gedrückt, weil er nicht in seiner Arbeit so gefördert wird, als wenn alle Zuthaten in gehörigem Maasse dazu gegeben werden."

Leroux giebt eine Tabelle an über die zu den verschiedenen Wollen nöthigen Oelmengen (Composition)[***]):

---

[*]) Alcan, Traité du travail de laine I. pag. 387. Das Capitel: Ensimage ou Graissage ist an Seitenzahl bedeutend.
[**]) Jacobson Schauplatz der Zeugmanufacturen. II. p. 108.
[***]) EF extrafein, SF sehr fein, F fein, HF halbfein, M mittelmässig, G grob, SG sehr grob.

Proportionale Feinheit	Schlesien	Sachsen	Australien	Spanien	Nord-Frankreich	Algerien	Französ. Spinn.-Nr.	Oel-Composition per 100 Kilo	
1.	EF						225	12,5	
2.	SF	EF					180	12	
3.	F	SF	EF				160	11,5	Die Composition besteht aus 15 Kilo Marseillerseife (gelöst), 50 Liter Olein, 50 Liter Olivenöl.
4.	HF	F	SF				145	11	
5.	M	HF	F	EF			130	10,5	
6.	G	M	HF	SF			120	10	
7.	SG	G	M	F			105	9,5	
8.		SG	G	HF	EF		95	9	
9.			SG	M	SF		85	8,5	
10.				G	F	EF	70	8	
11.				SG	HF	SF	55	7,5	
12.					M	F	30	7	
13.					G	HF	25	6,5	
14.					SG	M	20	6	
15.						G	15	5,5	
16.						SG	10	5	

Nach R. & A. Sanderson & Co. (Galashiels, Schottl.), wird eine aus Kaliseifenlösung und Olivenöl bestehende Mischung, oder auch eine Seifenlösung allein, zum Oelen benutzt. Je nach der Varietät der zu behandelnden Wolle werden verschiedene Mengenverhältnisse genommen. Für englische und schottische Wolle nimmt man ³/₄ Unzen Seife in 3 Pfund Wasser mit 18 bis 24 Unzen Oel auf 24 Pfund Material; südamerikanische und australische Wollen (24 Pfund) behandelt man mit einem aus 8 bis 10 Unzen Seife in 4 Pfund Wasser und 16 bis 24 Unzen Oel bestehenden Bade. Eine gleiche Lösung dient für Wollen, die vor dem Krempeln gefärbt worden. Sind die Farben sogenannte „harte" und „trockene," so mag die Menge der zuzusetzenden Seife auf 14 Unzen und des Oeles auf 30 Unzen erhöht werden.

Man vermischt das Oel gewöhnlich etwas mit Wasser im Verhältniss 1 : 2 oder 3, um mehr Flüssigkeit zu erhalten, rührt die beiden Flüssigkeiten gut zusammen und sprengt sie auf die Wolle aus. Um dies recht durchdringend zu besorgen, breitet man die Wolle in dünner Schicht aus und taucht eine Bürste oder Besenreiss in die Oelmasse und spritzt sie über der Wolle aus. Nun breitet man eine neue Wolllage darüber, besprengt wieder und so fort. Darauf wird die ganze Wollmasse mit einem Stabe tüchtig durchgearbeitet und nochmals dem Wolf vorgegeben. Zu dem Zweck, das Oel sorgsam in der Wollmasse zu vertheilen, benutzte man früher den sogenannten Oelwolf, einen kleinen Wolf mit wenigen Reihen Zähne auf dem Tambour, aber von sehr schnellem Gange.

Das Einfetten wird jetzt theilweise vor dem Wolfen, theilweise nachher, theilweise erst auf dem Zuführtisch des ersten Krempels vorgenommen. Man hat auch das Einfetten mit der Hand ersetzt durch **automatisch wirkende Einölapparate**, von denen wir hier einige nennen und beschreiben wollen.

Alcan*) führt einen sehr veralteten Apparat von Houget & Teston an. Derselbe besteht in einem Wagen, der mittelst 4 seitlichen Rollenrädern auf Schienen sich über einen Tisch hin bewegen lässt. Im oberen Theile des Wagens ist ein Gehäuse enthalten, in welchem ein Bürstcylinder bei Bewegung des Wagens rotirt. Aus einem langen Oelgefäss tropft auf der ganzen Breite des Gehäuses Oel herunter. Bei Rotation der Bürste schlagen die Borsten gegen das Oel und streuen es durch Centrifugalkraft auf die auf den Tisch ausgebreitete Wolle aus. —

Viel vollkommener ist der Brisoir automate à huiller la laine von Martin in Pepinster bei Verviers.**) Derselbe ist zugleich als Wolf B sehr gut construirt (Fig. 192) und enthält eine Zuführvorrichtung A, welche eine gleichmässige Vertheilung sowohl der Wolle für die Einfettung als auch für die Bearbeitung im Wolf bewirkt. In einem Wollkasten, der durch eine obere Oeffnung m von Neuem beschickt werden kann, ist am Boden ein Zuführtisch n angebracht, der sich auf den zwei Endrollen bewegt, durch eine Rolle p aber gerade an der Stelle vor dem Einsenken bewahrt ist, wo der mit einem gezahnten Zuführtuche ausgerüstete Zuführapparat a a die Wolle abnehmen soll. Das Zuführtuch a ergreift mit den gebogenen Zähnen die Wolle und führt sie mit sich. Bei dem Uebergehen des Tuches jedoch aus der geneigt vertikalen Bahn in eine horizontale schlägt eine Walze c mit Schlagleisten die Wolle ab, die über die Zähne viel hinausragt. Bei dem langsamen Gang dieser Walze drückt sich jedoch Manches zu viel in die Zähne ein und um dieses wegzuschaffen ist der raschrotirende Schläger d aufgestellt. Er wirft die Wolle gegen die Mündung g, nimmt aber die sich hier ohne schnell durchzugehen anhäufende Wolle, eben das Zuviel für den Prozess weg und wirft es in den Kasten zurück. Die mit dem zurückkehrenden Tuch a etwa mitgezogenen Wollflocken oder die unter a durchgequetschten wirft ein Flügel s auf das Tuch zurück. Die Mündung in den Oeler wird gebildet durch das endlose Zuführtuch e, welches durch eine Spannrolle r vor dem

---

*) Alcan, Traité du travail de laine I. p. 394.

**) Grothe, die Spinnerei, Weberei und Appretur auf der Ausstellung zu Paris 1867. Berlin, Springer. pag. 36. Alcan, les Arts textiles. pag. 86 Die Abbildung führt die neueste Construction vom Jahre 1873 vor.

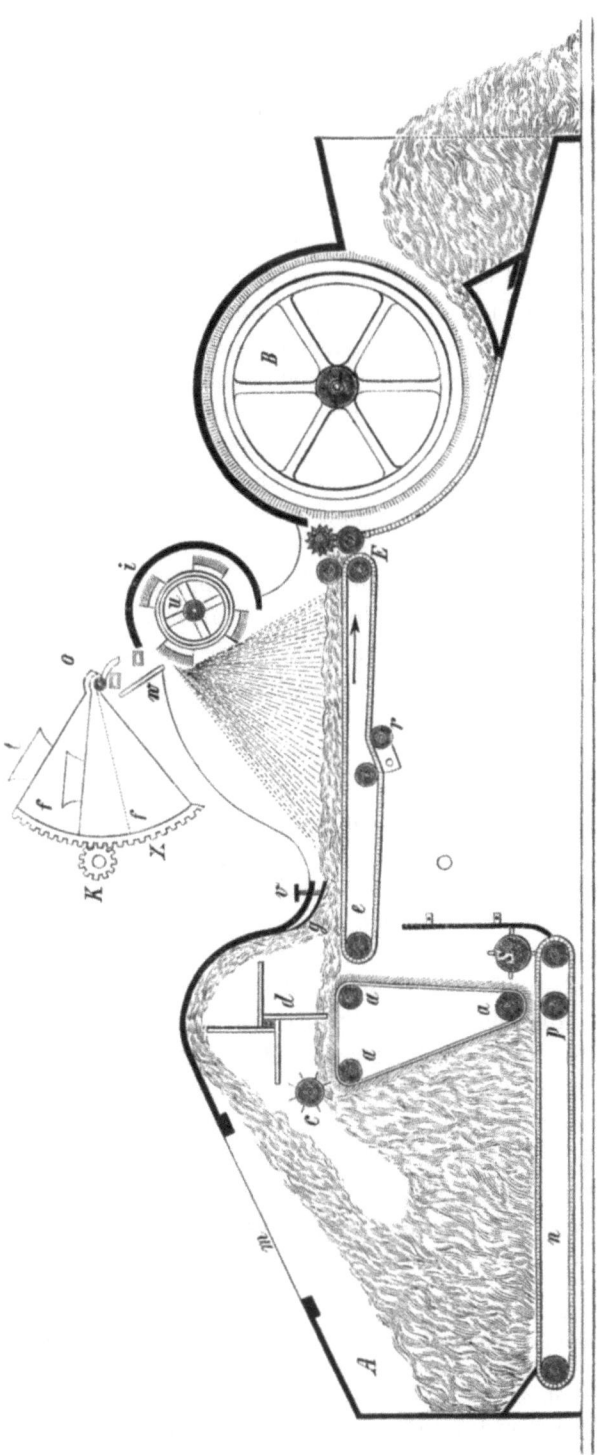

Fig. 192.

Einsenken geschützt wird. Um die Mündung in ihrer Grösse abzuändern, ist eine federnde Platte angebracht, die durch eine Schraube v niedergedrückt resp. aufwärts geführt werden kann. Die Wolle passirt so gleichmässig und nach Ermessen dicker oder dünner auf e aufgetragen mit dem Zuführtuch durch den Raum unter dem Einfettungsapparat. Derselbe besteht aus dem Gefäss f zur Aufnahme des Oels durch einen Trichter t. f hat an seiner Rückwand einen Zahnsector x, der mit dem Rädchen k eingreift, während die gebogene Spitze o des Gefässes auf einer Eisenstange ruht und um diese sich das Gefäss drehen kann. Das Gefäss f ist ein doppeltes Gefäss, dessen einer Theil mit Wasser, dessen anderer mit Oel gefüllt ist. Ein Bewegungsmechanismus sorgt für das entsprechende Einstellen des Apparates, so dass stets eine gleiche, gewisse Quantität von beiden Flüssigkeiten auf das Brett w tropft. Man kann diesen Apparat so einstellen, dass etwa mehr oder weniger Oel oder Wasser ausfliesst, also die Mischung constant wechseln kann. Das Oel tropft also auf das geneigt gestellte Brett w. Von hier wird es durch die daran streifenden Bürsten der Bürstenwalze u im Gehäuse i erfasst und über die Wolle auf e ausgesprengt. Die Wirkung dieses Apparates ist vorzüglich. Die eingefettete Wolle passirt dann durch die Walzen E und wird vom Wolftambour B erfasst, dessen unterer Theil von einem Gitter umgeben ist. Die abgegebene Wolle fällt dann aus der Maschine und wird von dort entfernt.

Ein Arbeiter kann mit dieser Maschine in 12 Arbeitsstunden 1500 Kilogr. Wolle wolfen und ölen.

Die Einrichtung von Ernoult & Palatte regelt den Zufluss des Oeles uhrenmässig*).

Leach**), dessen Wölfe wir bereits oben beschrieben, hat mit denselben zwei verschiedene Einölungsapparate verbunden. Der eine ähnelt dem vor-beschriebenen Apparat. Er besteht auch aus einem Oelgefäss, welches das Oel ausgiesst auf eine schräge Platte, von der eine Bürstenwalze dasselbe abnimmt und ausstreut. Dass Gefäss ist jedoch klein und hat auf einer Welle eine alternirende Bewegung. — Letztere Bewegung ist auch dem zweiten Apparat eigen und unterscheidet sich dieser von dem ersteren nur dadurch, dass sein Oelgefäss cylindrisch ist und aufrecht steht. In demselben dreht sich eine kleine Flügelwelle, um das Oel und Wasser, welche etwa eingegeben sind, tüchtig untereinander zu mischen. — Die hin- und hergehende Bewegung des Gefässes lässt sich leicht durch eine Axe mit links- und rechtsgewundenem tiefen Schraub-

---

*) Leider ist die Figur und die Beschreibung, die Alcan von derselben giebt sehr undeutlich. An anderen Orten haben wir aber eine Beschreibung dieses Apparates nicht gefunden. In Frankreich selbst haben wir diesen Apparat in keiner Spinnerei in Wirksamkeit getroffen und directe Anfragen unsererseits blieben ohne Antwort. —

**) Grothe, Jahresbericht der mech. Technologie IV. 132. Polyt. Centralbl. 1861. 108.

gange und darin gleitenden, mit dem Gefäss festhängenden Stift erreichen.
— An einem gewöhnlichen Wolf von Houget & Teston ist ein neuer Einoeler angebracht, der zuerst in Paris 1867 ausgestellt war. Derselbe besteht im Wesentlichsten aus einem Oelbehälter in welchem eine Axe mit zwei Armen tournirt. Diese Arme tragen an den Enden Bürsten, die in das Oel des Behälters eintauchen. Bei ihrer Rotation treffen sie auf zwei kleinere seitlich aufgestellte rotirende Bürsten und geben an diese das Oel ab. Diese letzteren streifen es an einer senkrecht in einem Spalt des Gefässbodens stehenden Platte ab, an welcher es herabrinnt und tropfenweis die darunter gebreitete Wolle einölt. Der Apparat ist nicht so rationell wie der von Martin.

Eine Vorrichtung von Thatam*) hat folgende Gestalt (Fig. 193).

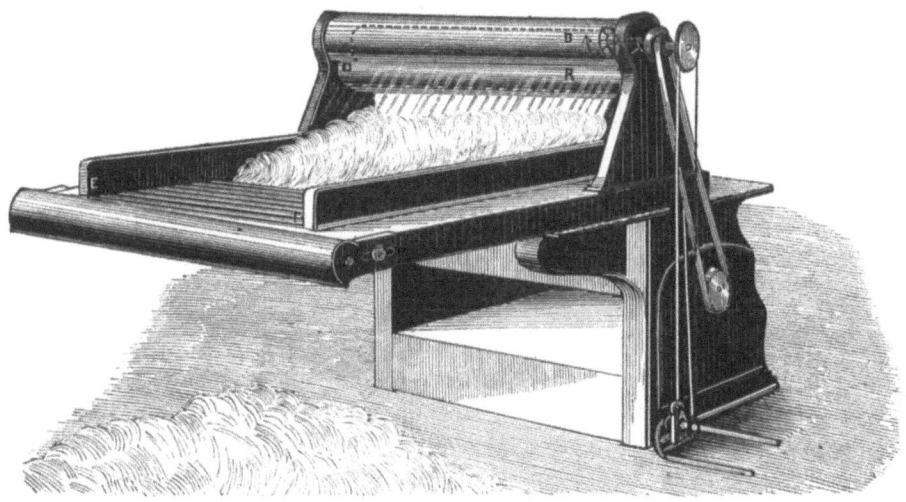

Fig. 193.

Von dem Oelgefäss herab fliesst das Oel in eine Röhre, die unten in eine horizontale Röhre mündet. Beide zusammen haben also die Form eines umgekehrten T. Die horizontale Röhre ist auf ihrer unteren Seite fein perforirt. An der vertikalen Röhre ist ein Würfel, und mit Hülfe einer Schnur versetzt man diesen T förmigen Apparat in schnelle Bewegung. Es wird dabei das Oel fein ausgestreut.

Eine andere derartige Vorrichtung ist von J. Roberts (Patent 1863) erfunden. Der Apparat besteht aus einer am Boden offenen T förmigen Röhre mit Durchlöcherungen an beiden Armen, welche mittelst Riemen in eine schnelle rotirende Bewegung gesetzt wird. Der Apparat befindet sich in einem Gehäuse mit passenden Oeffnungen; bei dem raschen Rotiren

---

*) Deutsche illustr. Gew. Zeit. 1869. 358. Polyt. Zeitung 1874. 191.

wird durch den hohlen Fuss der Röhre Oel aus dem Oelbehälter entnommen und durch die Arme in feinen Tropfen auf die Wolle gesprengt, welche auf einem endlosen Bande unter der Oeffnung des Gehäuses vorübergeführt wird. Das Princip des Apparats ist also das des Saugschwunghebers.

J. Roberts hat noch mehrere*) Einoeler construirt. Unter denselben führen wir hier folgenden**) an, da er der rationellste unter den genannten ist. In Figur 194 ist A der Behälter für das Oelgemisch.

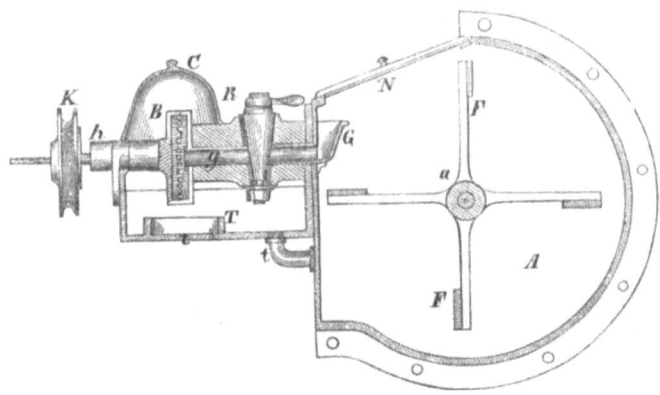

Fig. 194.

Durch die Länge dieses Behälters und in den beiden Endwänden desselben in Stopfbüchsen gelagert, geht die Welle a, von aussen mit Antriebscheibe versehen, auf welcher Welle die vierarmigen Flügelkreuze befestigt sind, welche an den äusseren Spitzen die durchlöcherten Schaufeln F tragen. Durch die rotirende Bewegung dieser Schaufeln (ca. 100 Umgänge p. Minute) wird Oel und Wasser gut gemischt und gleichzeitig in hinreichender Menge nach der Rinne G geworfen. Aus dieser fliesst es durch das Rohr g nach dem eigentlichen Oelvertheiler B; der in der Röhre g angebrachte Hahn R gestattet das Reguliren der Zuflussmenge. Der Vertheiler B besteht aus einer hohlen Scheibe, in deren Mitte die Röhre g einmündet und gleichsam noch als Zapfen für diese rotirende Scheiben dient. Andererseits verlängert sich dieselbe in einem im Lager h sich drehenden Zapfen, worauf die Schnurscheibe K befestigt ist. An der Peripherie der Vertheilungsscheibe B befindet sich eine Anzahl durchgebohrter Löcher, durch welche das Oelgemisch bei der raschen Umdrehung der Scheibe (600—1000 U.) in einem feinen Staubregen aus-

---

*) Siehe Grothe Jahresbericht der mechan. Technologie IV und V. 394. Ramming, die Spinnerei-Industrie. Weimar 1867. Voigt. pap. 57.
**) Génie industr. 1866. Febr. pag. 102. — Dingler, polyt. Journ. CLXXX p. 275. — Grothe, Jahresbericht der mechan. Technologie IV und V, pag. 394.

geworfen wird. Die Haube C verhindert das Wegspritzen des Oels nach oben und den Seiten hin, nur t lässt einen Raum offen, durch welchen der Staubregen nach unten hin auf die ausgebreitete Wolle ausgebraust werden kann. Das durch diese Oeffnung nicht ausgefallene Oel fliesst durch die Röhre t' aus dem Sammelgefäss T nach dem Oelbehälter A. zurück. Die Röhre t' ist durch ein kleines Lederventil geschlossen, welches sich nach dem Oelbehälter hin öffnet. Dieses verhindert das Austreten des Oelgemisches nach dem Sammelgefäss T bei den in Folge des Umrührens entstehenden Wallungen der Flüssigkeiten im Behälter A Letzterer ist noch durch den Deckel N geschlossen, durch welchen die Flüssigkeit eingebracht wird. Der Apparat wird am Besten über dem Zuführtisch des Wolfes resp. der Krempeln und die Oeffnung t so angebracht, dass der Fallwinkel des Regens gross genug ist, um die Wolle auf der ganzen Breite des Zuführtuches einzuoelen.

Um der Verdampfung der Oelsäure, die allerdings um so stärker ist, je reiner dieselbe ist, vorzubeugen, haben Houget & Teston und Martin für die geöffnete und eingefettete Wolle Wickeltücher in Anwendung gebracht. Dieselben werden hinter dem Wolf eingestellt und der Wolf ist für diesen Zweck so construirt, dass die gelockerte Wolle auf ein endloses Tuch fällt und von hier durch Vertheilungswalzen und Zuführwalzen auf das Rollentuch übergeht, welches die Wolle langsam zwischen seinen Schichten aufrollt, wie Fig. 195 das zeigt. Für die Construction des Einölers sei hier noch bemerkt, dass der Apparat von

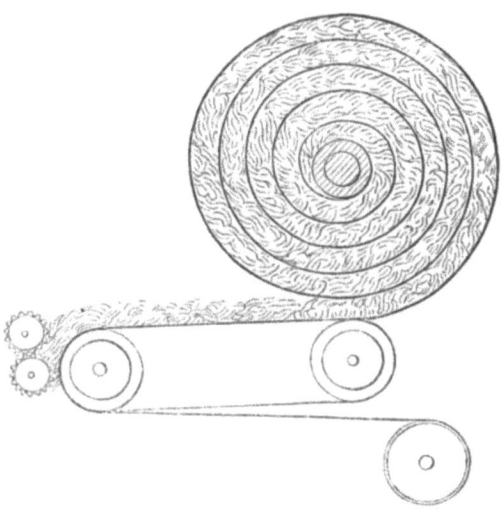

Fig. 195.

Stephan*) zum Einsprengen der Waaren mit Wasser für sehr passend zu erachten ist, auch für das Einfetten der Wolle. Dieser Apparat besteht im Wesentlichen aus einem Rohre, welches auf der oberen Seite mit kleinen schräg hervorragenden Röhrchen versehen ist, die mit ihren Mündungen vor den Mündungen kleiner Röhren die in ein Wasserbehältniss hinabreichen. Durch das erstere Rohr geht Dampf mit $1/3 - 1/2$ Atm. Pressung und stellt in den Tauchröhren durch Ueberstreichen ihrer oben offenen Enden Luftleere her. In Folge dessen steigt das Wasser in ihm empor und wird durch den Dampf mitgerissen und ausgebraust. Für Oel würde diese Einrichtung so zu gestalten sein, (abgesehen, dass sie auch so anwendbar ist), dass das Oel auf einem schrägen Brett herabrinnt und an der untern Kante von dem Dampfstrahl erfasst und ausgeblasen wird. Eine ähnliche Idee hat Leach**) ausgeführt. Derselbe treibt das Oel mittels comprimirter Luft aus dem Behälter und wirft es gegen eine schräg gerichtete Platte. Der Anprall macht das Oel in feine Tropfen zerstieben. —

Der Oelungsapparat von Kirk & Pendergast in Lawrence Mass. ist höchst einfach gedacht. Die beigegebene Fig. 196 verdeutlicht denselben. Ueber dem Zuführtisch wird der Apparat aufgestellt. Mittelst der Axe und Riemenscheibe f wird das Oelgefäss b in eine hin- und hergehende Bewegung am Gerüst versetzt. Bei derselben kämmt ein kleines Zahnrad in der Zahnstange a ein und erhält so Bewegung um den Zufluss des Oels und den schwingenden Arm e zu regeln. Das Oel fliesst sodann durch die Brause d ab. Der Arm e steht mit einem Ventil in Verbindung, welches innerhalb des Gefässes b vor dem Eingang der Röhre c spielt. Das Oel tritt durch c nach unten zwischen die sich stets

Fig. 196.

---

*) Musprats, chemische Technologie. Bd. V. Art. Textilindustrie von Grothe pag. 127. — Verh. des Vereins für Gewerbefleiss 1866. 182. u. a. O. Später ist diese Maschine in Mühlhausen von Welter & Weidknecht „neuerfunden" und ausgebeutet. Siehe über die Priorität Polyt. Zeitung 1874. Trotzdem bringt später d. Ill. Gew. Zeit. 1875. Nr. 10. dieselbe als Elsasser Erfindung. Gebaut wird diese Maschine sehr gut von Fr. Gebauer in Charlottenburg. —

**) Grothe, Jahresbericht der mechan. Technologie III. 132.

drehenden Hähne, welche eine verkehrte Stellung zueinander haben bezüglich ihrer Bohrungen. Dies verhindert eine Verstopfung des Zuflussrohres und Hemmung des Oelzuflusses, wenn die Maschine still steht.

Die Krempelmaschinen.

„Das Grundgesetz des Spinnens aller spinnbaren Substanzen, dass jede Faser eine ihrer Natur entsprechende Behandlung verlangt, dass also lange Wolle anders als kurze, reine anders als unreine, feine nicht wie grobe, und kräftige Wolle nicht wie zarte behandelt werden darf, musste naturgemäss dahin führen, für die besonderen Wollgattungen, welche scharf ausgeprägte, charakteristische Eigenschaften gemeinsam besitzen, ganz besondere Maschinerien zu ersinnen und so entstanden nach und nach eine Reihe von Vorbereitungs-Maschinen, aus welchen jeder Spinner diejenigen wählen konnte, welche für seine Wollen am geneigtesten erschienen. Als sich aber herausstellte, dass eine Spinnerei nur mit grossen Opfern alljährlich dieselben Gattungen von Wollen wiederkaufen konnte, — sich vielmehr auf die verschiedenartigsten Wollen einzurichten hatte, um den vortheilhaftesten Markt benutzen zu können, da verschwanden die Special-Constructionen wieder, um derjenigen Maschine Platz zu machen, welche für die grosse Mehrzahl der Wollen am besten anwendbar sich erwies und dies ist die Krempel."

Diese Worte A. Lohren's[*] zeichnen die Bedeutung der Krempel (Kratzmachine, Karde) auf das Vortrefflichste in ihrer grossen Bedeutsamkeit für die Technik der Spinnerei. Für die Streichgarnspinnerei speciell sind alle Versuche, anderer Apparate sich zu bedienen für die Bearbeitung der Streichwolle d. h. der Wolle von starker Kräuselung, von ungleicher und gewisser Kürze, von geringerer Reinheit, von oft zusammengewachsenem und verwirrtem Stapel, — gescheitert und noch heute spielt hierfür allein die Krempelmaschine die Rolle der Bearbeiterin. Sie hat dieselbe übernommen an Stelle der Hand des Wollbereiters, führt aber noch denselben Bezug der Oberfläche wie zu Plinius Zeiten und wie heute noch in Schweden, Island, Russland und einigen Orten Deutschlands die Handkardetsche oder Handkratze. Merkwürdig ist, wie sich dies einfache Werkzeug so lange unverändert erhalten konnte von den Zeiten vor Plinius bis zu der Lewis Paul[**] — eines Deutschen in England — und des Daniel Bourns[***] Patenten 1748 auf die ersten rotirenden Karden, welche aus Cylindern mit Kratzen bezogen, die sich in einer eben-

---
[*] Zeitschr. des Vereins der Wollinterr. von Dr. Grothe 1870. p. 231.
[**] Lewis Paul's Patent Nr. 636 16. December 1748,
[***] Daniel Bourn's Patent Nr. 628. Mai 1748.

falls mit Kratzen bezogenen Mulde bewegten, bestanden. Die Zufügungen der folgenden Zeit, besonders Arkwrights erste complete Kardirmaschine (1773), sind alle in der ersten Idee fortgeführt und haben wohl das Aussehen der Maschine verändert und complicirter gemacht, aber am Grundprincip nichts geändert. —

Allgemeine Einrichtung der Krempeln.

Wir nehmen eine Fig. 197 zu Hülfe, deren Einzelheiten später noch besondere Erklärung finden. Von einem Zuführtisch, auf welchem die Wolle ausgebreitet wird, eilt die Wolle dem Entrée der Maschine zu. Zwei Einführwalzen M L nehmen sie zwischen sich und bieten sie durch Vermittlung der Vorwalzen K I und des Vorreissers A dem Tambour (grosse Trommel) C dar, der in Richtung des Pfeiles rotirt. Dem Mantel des Tambours nahe gestellt nimmt zuerst eine Walze N, der Arbeiter genannt, die Wolle in Empfang. Diese Walze ist, wie auch der Tambour mit Kratzen d. h. mit Leder resp. Kunsttuch eingefügten Drahthäkchen besetzt, welche knieförmig gebogen sind. In welcher Weise der Beschlag angelegt ist, folgt später. Die Drahtzähne des Tambourbeschlages sind jedoch entgegengesetzt gerichtet mit denen des Arbeiters, und da letzterer langsamer umläuft wie der Tambour, so müssen alle über die Beschlagsspitzen hervorragenden mitgenommenen Wollflocken und Wollfasern von den Drahtzähnen des Arbeiters festgehalten und mitgenommen werden. Unterhalb des Arbeiters und in gleichem Abstande von ihm und dem Tambour ist eine kleine sehr rasch sich drehende Walze (Wender, Schnellwalze) M mit Kratzenbeschlag angebracht. Die Kniee des Wenderbeschlages sind denen des Arbeiterbeschlages entgegengesetzt gerichtet, sie müssen also bei der langsamen Bewegung des Arbeiters alle aus den Arbeiterkratzen hervorragenden Wollflocken und Wollfasern mit fortnehmen. Diese wickeln sich nun theils um die Wenderwalze herum und werden, wenn sie in Bereich des Tambourbeschlages kommen, einzeln fast vom Tambour wieder abgenommen oder gehen gleich vom Wender an dem Tambour über. Solcher Arbeiter- und Wender-Paare sind um den oberen Tambourumfang mehrere (3—5) aufgestellt. Sie wirken alle in dem angegebenen Sinne. Darauf aber kommt eine sich sehr schnell drehende Walze, der Volant P, mit dem Tambour in Berührung. Dieser Volant ist mit langen und feindrähtigen Kratzen bezogen, die fast ohne Knie sind, zuweilen auch mit Borsten. Dieser Volant hebt die Wolle aus den Tambourkratzen an und wirkt so vorbereitend für die Aufnahme der Wolle aus dem Tambour durch den Abnehmer (kleine Trommel) der entgegengesetzten Kniee der Beschlagsdrähte zeigt mit dem Tambour, somit die hervorgehobenen Wollfasern in seinen Beschlag gewissermassen einschieben lässt. Von dem Abnehmer schlägt eine an der untern Kante fein gezahnte Stahlschiene (Schlagkamm, Abschläger) die Wolle aus dem Abnehmer heraus. Dies die allgemeine Einrichtung aller Krempel für Streichwolle.

— 253 —

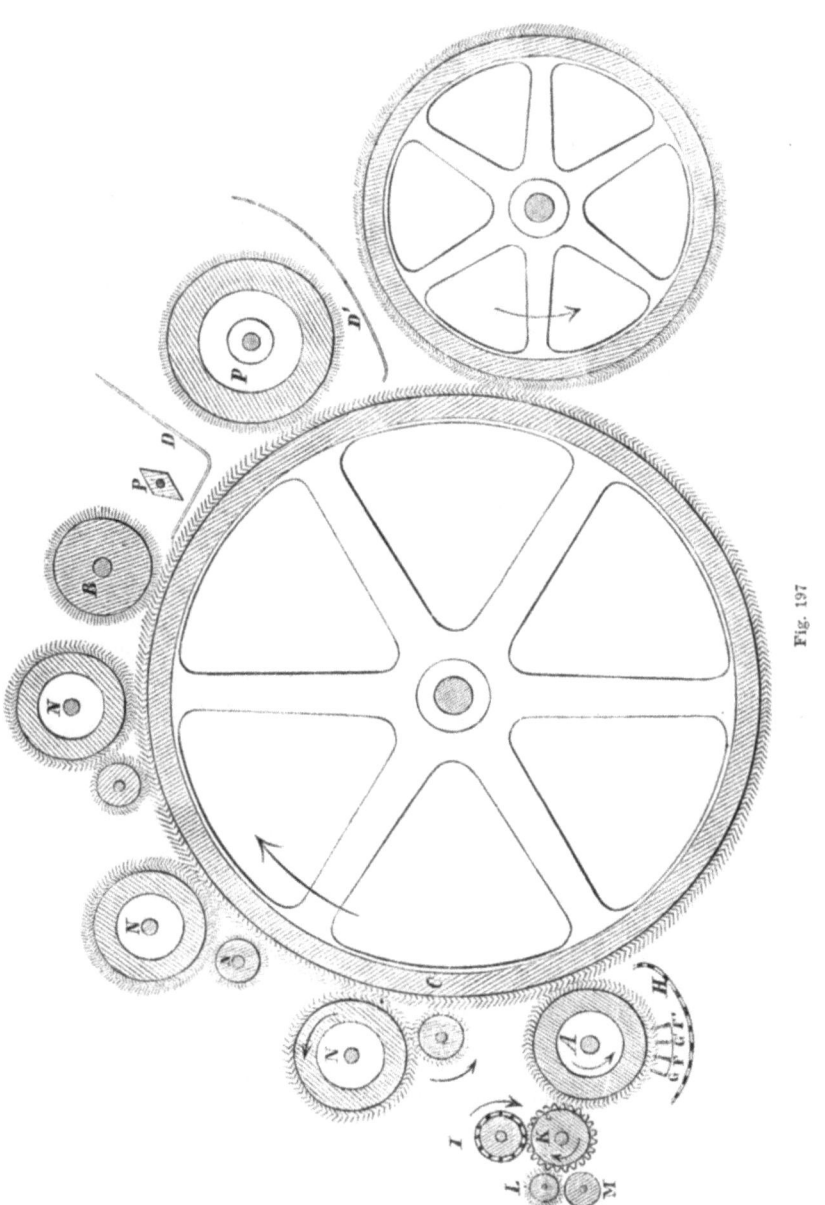

Fig. 197

Man sieht hieraus, dass der Krempelprozess zur Wirkung gelangt durch die **verschiedene Richtung und Geschwindigkeit der Bewegung der einzelnen Walzen und Kratzen** und unterstützt durch die **verschiedenartige Gestaltung der Kratzenbezugzähne.** Wie hat man nun die Wirkung der Krempeln characterisirt? — Hören wir die Erklärungen von Autoritäten und Schriftstellern hierüber:

Karmarsch: *) Das Kratzen der Wolle hat zunächst den Erfolg, dass die Haare gerade und parallel (in der Richtung, nach welcher die kratzenden Oberflächen sich bewegen) ausgestreckt werden; zugleich wird die Wolle innig gemengt und zu einer gleichförmigen Masse umgewandelt, in welcher die Haare nicht mehr flockig dichter beisammen liegen, endlich sondern sich die noch vorhandenen kleinen mechanischen Unreinigkeiten, so wie die gar zu kurzen Härchen ab, bleiben theils zwischen den Drathhäckchen der verschiedenen grossen und kleinen Walzen hängen, theils fallen sie unter die Maschine. —

Alcan: **) Einen Cylinder bilden gleichmässig und gereinigt von allen fremden Körpern oder eine Art Locken im Mittel von doppelter Dicke, wie der zu erzeugende Faden, aus isolirten Fasern durch den vorgängigen Bearbeitungsprozess, — das ist der Zweck der Krempelei der Wolle.... Die Fasern sollen sich in dem Faden resp. der Wattenvliesse so präsentiren, dass ihre äusseren Unebenheiten der Oberfläche (Schuppen?) sich im entgegengesetzten Sinne begegnen. An anderem Orte: Développer les fibres, les ranger parallelement entre elles etc. —

Fischer: ***) Die Krempel hat bei der Streichgarnspinnerei den Zweck, die Fasern auf das Vollständigste zu entwirren und in grade, völlig parallele **Lage** zu bringen, überdem auch die Wolle vom letzten Schmutz zu befreien.

Wedding: †) ...., so wird die Wolle einer nochmaligen sorgfältigen Mengung und einem Ausziehen unterworfen, wodurch die Wollhaare parallel neben einander gelegt, und eine bestimmte Menge derselben in ein zusammenhängendes, fast durchsichtiges, knotenfreies Vliess von angemessener Breite und Länge verarbeitet werden..... Da das einmalige Streichen der Wolle nicht zureicht, letzterer den erforderlichen Grad von Reinheit, ihren Haaren diejenige parallele Lage zu geben, die für die weitere Bearbeitung erfordert wird, so verrichtet man das Streichen zweimal. (An vielen andern Orten vertritt Wedding ebenfalls die Parallelisirung.)

Hartig: ††) Auflösung der noch unzertheilten Faserbüschel in Einzelfasern und Neuanordnung derselben zu einem gleichmässig lockeren Vliess. Diese räumliche Anordnung der Fasern muss der Geradestreckung und Parallelisirung vorausgehen.

Schmidt: †††) Die Karde dient zur Auflockerung und Parallellegung der Fasern. An einem andern Orte aber sagt **Schmidt:** *†) Man muss die Operation in der Streichgarnspinnerei so führen, dass der sonst (bei andern Fasern) so nothwendige Parallelismus der Faser **nicht** herbeigeführt wird, ohne dass aber dabei die Egalität und Reinheit des Fadens beeinträchtigt würde.

---

*) Karmarsch, Lehrbuch der mechan. Technologie II. 1260.

**) Alcan, Traité du travail de laine I. 402.

***) Fischer, die Streichgarnspinnerei. p. 16.

†) Wedding. Ueber Streichgarnspinnerei. Verh. des Vereins für Gewerbefleiss in Preussen. 1837.

††) Hartig. Ueber die Wirkungsweise der Krempeln. Zeitschrift des Vereins der Wollinteressenten. 1870. pag. 118.

†††) Schmidt, Spinnereimechanik. pag. 77.

*†) Schmidt, Spinnereimechanik. pag. 254.

Lohren:*) Bei den Streichwollen ist es nicht möglich, ein Vliess aus reinen Einzelfasern ohne Weiteres auf Streckwerken zu bilden; sondern es bedarf vorher einer Operation, welche die Faserbüschel in einzelne, getrennte Fasern auflöst, und welche die Unreinigkeiten aus der Wolle entfernt. Dies ist der Zweck des Krempelns.

Es ist klar, dass dieser Zweck um so einfacher zu erreichen ist, je reiner, offener und edler die Wolle ist; dass die Arbeit der Krempel eine um so intensivere, die Wolle angreifende sein muss, je unreiner und verwirrter das Material ist; und so besteht denn auch die Vorbereitung auf Krempeln von immer kräftigerer und grösserer Form, je mehr man in der Qualität des Materials zurückgeht, oder je vollkommener dasselbe Material gereinigt und geöffnet werden soll.

Pasquay**) ist derselben Ansicht wie Hartig, nur möchte er der Parallelisirung ein wenig mehr Bedeutung zugewiesen wissen nach vorangegangener vollständiger Auflösung der Büschel.

Stommel:***) Um geölte Wolle zu einem Faden zu verarbeiten, handelt es sich zunächst darum, die einzelnen Wollhaare möglichst parallel zu legen. Dies geschieht durch die Operation des Kratzens und Krempels mittelst der Kratz- oder Krempelmaschine.

Neste†) giebt als Zweck des Kardirens an: Reinigung, Auflockerung, Parallelisirung der Fasern.

Niess:††) Parallellegen, Auflockern und Reinigen.

Grothe: †††) Ich bin demnach der Ansicht — . . . . . , dass der Zweck des Krempelprozesses ebensowohl Auflockerung, Isolirung und darauf Zusammenführung der einzelnen Fasern ist bei Anstrebung möglichst paralleler oder doch gleichgerichteter Lage der Fasern zu einander.

Bei Betrachtung dieser verschiedenen Ansichten und bei der Prüfung derselben fällt zunächst auf, dass die Mehrzahl der genannten Autoren eine Parallelisirung der Faser in stärkerem bis zu geringem Grade als bezweckt ansehen. Von der schärfsten Ausdrucksweise hierfür des Herrn Fischer bis zu der Verwerfung des Parallelismus durch Schmidt spiegelt sich die Verschiedenheit der Auffassung sehr charakteristisch ab, während viele Autoren auch das Auflockern und Reinigen der Wollfasern als mit im Zweck des Streichens liegend darstellen, andere diese Operationen als das allein und hauptsächlich bezweckte hinstellen. Wir glauben, dass das Wesen des Krempelprozesses durch die Aussprüche von Lohren, Hartig, Pasquay, Grothe getroffen wird, die alle dem Auflösen der Isolirung und Reinigung der Fasern in erster Linie das Wort reden, und dem Parallelisiren oder überhaupt Gleichrichten derselben eine zweite Rolle zuweisen. Da die Streichwollen eine gleichartige Länge niemals zeigen, so ist dies Gleichrichten zugleich ein gleichmässiges Vertheilen der Fasern auf die Länge der Garne, um die mangelnden Längen gewisser Haarmengen durch grössere

---

*) Lohren. Ueber das Krempeln und einige Neuerungen bei demselben. Zeitschrift des Vereins der Wollinteressenten 1870. 231.

**) Fr. Pasquay. Die Volant-Frage. Zeitschr. des Vereins der Wollinterr. 1870. 224.

***) Stommel. Das Ganze der Streichgarnspinnerei, pag. 73.

†) Neste. Die englische Baumwoll-Manufactur. pag. 34.

††) Benno Niess. Die Baumwollspinnerei. pag. 64.

†††) Zeitschrift des Vereins der Wollinteressenten. 1870. pag. 89.

Anhäufung kürzerer Haare in geeigneter Folge zu ersetzen. Wir werden dies noch aus der nun folgenden Detailbesprechung der Theile der Krempel öfter berühren und genügend ersehen können. —

I. Ausführliche Beschreibung der Krempeln.

Für den Krempelprozess der Streichwolle wendet man mehrere Krempelmaschinen an. Das ältere System enthält 2 Krempeln und zwar
I. die Reisskrempel,
II. die Feinkrempel oder Vorspinnkrempel.

Die neueren Systeme zeigen für gewöhnlich 3 Krempeln (ja zuweilen 4):
I. Die Reisskrempel, Desunisseuse,
II. Die Reisskrempel oder Repasseuse,
III. Die Feinkrempel, Finisseuse, Continue.

Ausserdem giebt es noch Constructionen, in denen diese 3 resp. 2 Krempel quasi in einer Maschine vereinigt sind.

Die verschiedenen Krempeln eines Assortiments unterscheiden sich hauptsächlich durch die Feinheit ihres Beschlages, also der Dichtigkeit der Kratzenstellung, ferner aber durch die Form, in welcher sie die bearbeitete Wolle wieder abliefern. Diese ist bei den Reiss- oder Pelzkrempeln die des Vliesses (Watte, Pelz, Fell) oder des Vliessbandes, bei den Feinkrempeln aber die der Locken, Fäden, Wülste oder Vorspinnraupen. Wir wollen hier ein System neuerer Krempeln betrachten und daran die Besprechung der einzelnen Details, der Behandlung und Führung der Leistung und der verschiedenen Variationen der Einrichtung durch verschiedene Constructeure im Laufe der Zeit knüpfen.

Wir wenden uns zunächst zur Beschreibung der Krempel auf Tafel IV.

Von dem Zuführtisch a (endloses Tuch, Zuführtuch, Lattentuch) wird die darauf ausgebreitete Wolle der Maschine zugeführt und gelangt zuerst zur Zuführwalze c. Das Zuführtuch bewegt sich, in der Breite mit der Breite der Maschinenbezüge gleich, über Rollen b und ist seitlich durch aufrecht gestellte Schutzbretter F abgegrenzt, damit auf dem Wege nicht Wolle von dem Tisch herabfallen könne. Die Zuführwalzen (Entrée, Einführcylinder, Speisewalzen) c sind eiserne cannelirte Cylinder oder mit groben Kratzen oder Eisenspitzen rauh gemachte Walzen. Die untere wird durch ein Zahnrad von der Betriebswelle indirect getrieben und dreht die obere Walze mit um, durch Friction oder durch geeignete Zahnräder. Um die Friction zu vermehren, belastet man die Axe der obern Walze auch durch Hebel und Gewicht. Von den Speisewalzen nimmt die Walze d mit langsamem Gang die Wolle ab. Es ist dies die sogenannte Vorreisswalze, welche bei den älteren Krempelconstructionen gänzlich fehlt, dagegen bei neueren selten weggelassen wird. Solche Vorreisswalze giebt die Wolle ab an den schnell rotirenden Tambour T (grosse Trommel, Haupttrommel) und nun durchläuft die Wolle eine Reihe von Bearbeitungen durch die Arbeiter-Wenderpaare e f, hier 4. Die Wechselwirkung zwischen diesen Walzen und dem Tambour beruht darin, dass der Tambour schnell rotirt, der Arbeiter langsam, der Wender aber sehr schnell, ferner darin, dass die Richtung der Kratzenknice geeignet eingestellt ist, wovon unten Genaueres. In diesen Organismen vollzieht sich der eigentliche Krempelprozess des Auflockerns, Isolirens und Geraderichtens. Es folgt sodann die Mitwirkung des **Volants** (grosse Schnellwalze, Läufer, Fixwalze, Schnellläufer) g, welcher die Wolle emporhebt aus dem Tambour. Die letzte Kratzenwalze ist der **Abnehmer** (kleine Trommel, Peigneur, Streichtrommel, Kammwalze) m. Von dieser trennt der **Hacker** (Kamm) n die Wolle ab. Dieser Hacker erhält eine schnell oscyllirende Bewegung durch eine Kurbelwelle oder mittels Excentrik. Das abgetrennte Vliess wird unter der Rolle o durch auf die **Pelztrommel** p gewickelt, welche an einer Stelle oder an mehreren über die ganze Breite herüber klebrig oder anhaftend gemacht ist durch Oel oder aufgenagelte Tuch- oder Plüschstreifen.

Diese verschiedenen Organe dieser Maschine sind aufgestellt in einem festen gusseisernen Gestell, A A mit Verstärkungsribben etc. Auf diesem Gestell sind zwei Gestell- oder Lagerbögen B B aufgebracht, einer zu jeder Seite und mit dem Gestell fest verschraubt. Man giesst zuweilen Bogen und Untergestell jeder Wange in einem Stück, um jedes Losrütteln und Wanken zu vermeiden. Auf dem Gestell A sind die grossen Lager C aufgestellt für die Welle des Tambours. An dem einen Ende jeder Gestellwand ist ein Armlager D angeschraubt für die Pelztrommel, an dem anderen Ende wird der Zuführtisch mit Schrauben angebracht. An dem Gestell-Bogen sind die Lager für die Arbeiter und Wender eingesetzt und zwar ist der Lagerarm des Wenders, der unten in eine Platte endigt, fest mit dem Bogen durch zwei starke Schrauben, eine oberhalb eine unterhalb des Bogens B, verbunden, der Lagerarm des Arbeiters jedoch nur durch eine, während eine am Arbeiterlagerarm befestigte Seitenschraube durch ein Loch eines Ansatzes an dem Plattenkörper der Wenderlager hindurchgeht und durch Schrauben davor und dahinter festgestellt wird. Es ist dieser Arbeitslagerarm mithin verstellbar. Sämmtliche Wender und Arbeiterlager sind also mittels Schrauben unter dem Lagerstiel höher und niedriger zu stellen. Mehrere Variationen dieser Stellager werden wir noch unten berühren. Die Bewegungsverhältnisse sind aus der nachfolgenden genaueren Darstellung zu entnehmen. X ist die Losrolle, X' ist die Festrolle auf der Haupt- und Tambourwelle y. Auf derselben Welle sitzt die grosse Scheibe w, von welcher mittelst Riemens die Scheibe v auf einer Zwischenwelle bewegt wird, die einen Zahntrieb o trägt, die mit dem Zahnrade x auf der Peigneur- oder Abnehmerwelle in Eingriff steht. Ferner ist auf der Tambourwelle aufgebracht die Riemenscheibe z hinter dem Gestellbogen und von dieser aus werden durch die Riemenscheiben t u s die sämmtlichen Wender, der

Volant und die Rollen umgedreht. Die Rollen s sind nur als Leitrollen zu betrachten. Auf der Abnehmerwelle sitzt noch ein Stufenrad r, welches dem Stufenrad auf der Pelztrommel q correspondirt.

Auf der andern Seite der Krempel sind nun die übrigen Bewegungsverhältnisse ersichtlich.

Auf der Abnehmerwelle sitzt das Nasenrad α, über welches die Kette geht, die dann hier die empfangene Bewegung über die Ketträder auf die Arbeiter f f f überträgt. Ein Paar Spannrollen im Untertheil der Maschine sichert die Spannung dieser Kette, die aus sehr stabilen Gliedern zusammengesetzt ist. Ferner ist auf der Welle des Abnehmers eine Scheibe β, von welcher aus γ eine Scheibe, die mit der Spurscheibe δ auf einer Zwischenwelle sitzt, betrieben wird. Die Wirtelscheibe δ aber treibt die Scheibe ε und diese sitzt auf einer Axe, die durch das Lager η hindurchgeht und anderseitig ein Excentrik trägt, durch welches der Kamm in Oscyllation gesetzt wird. Durch feste Räderübertragung wird der Einführcylinder und zwar der untere bewegt. Es geht in festen Supportlagern eine Seitenwelle ρ an der Maschine entlang, die ihre Bewegung erhält von einem conischen Rade ω auf der Abnehmerwelle und diese dann φ mittheilt. Die Welle hat am anderen Ende das conische Rad λ und dieses bewegt das conische Rad auf τ der Einführwalze. Auf derselben sitzt ferner ein Zahnbetrieb, der in das Zahnrad ψ auf der hinteren Vorziehrolle eingreift.

Wir kommen nun zur Beleuchtung der Umdrehungsverhältnisse und Geschwindigkeiten, die durch diese Mechanismen auf die einzelnen Organe der Maschine übertragen werden.

Der Tambour macht bei allen Krempeln durchschnittlich 100—120 Umdrehungen. Die Dimensionen der Scheiben und Zahnräder sind in allen Krempelconstructionen obigen Typus fast gleich.

Tambour h = 130 Centimeter Durchmesser
    100 Umdrehungen per Minute.
Abnehmer m = 60 Centimeter Durchmesser,
    getrieben von w = 40 Centim. Durchm. } mit 100 Umdrehungen.
                  v = 40 „ „
                  v' = 10 Centim. mit 100 Umdrehungen.
                  π = 50 „ mit $\frac{50}{10}$ Umdrehungen = $\underline{5}$.
    5 Umdrehungen.
Wender e = 20 Centim. Durchm. der Scheibe
          13 „ „ der Walze selbst
    getrieben von Z = 80 Centim. Durchm. und 100 Umdrehungen
    folglich 300 Umdrehungen.
Volant g = 30 Centim. Durchm.
          12 Centim. Scheibendurchm.
    getrieben durch z = 60 Centim. Durchm. und 100 Umdrehungen
    folglich 500 Umdrehungen.
Arbeiter f = 40 Centim. Durchm.
          12 Centim. Durchm. der Scheibe

getrieben durch α = 15 Centim. und 5 Umdrehungen
folglich 6,25 Umdrehungen.
Einführwalzen c = 6 Centim. Durchm.
     Zahnrad c = 12 Centim.
 getrieben von ω = 16 Centim. Durchm. und 5 Umdrehungen
    φ = 12 „   „   „ 8 „
    λ = 8 „   „   „ 8 „
 folglich c = 5,28 .   „
Zuführwalze b = 6 Centim. Durchm.
     Zahnrad ψ = 6 Centim. Durchm.
 getrieben durch Zahnrad auf c = 6 mit 5,28 Umdrehungen
 folglich 2,64 Umdrehungen.
Hackerscheibe o = 10 Centim. Durchm.
 getrieben durch ∂ = 50 Centim. Durchm. —
 „   „   β = 10 „   „ und 100 Umdrehungen
 „   „   μ = 10 „   „   „ 100 „
 „   „   δ = 50 „   „   „ 100 „
 folglich o = 10 .   „   „ 500 „
Pelztrommel q = 60 Centim. Durchm.
 getrieben bei r = 25 Centim. Durchm. und 5 Umdrehungen
   q = 15 .   „   „ 8 „
   r = 20 „   „   „ 5 „
   q = 20 „   „   „ 6 „
   r = 15 .   „   „ 5 „
   q = 25 „   „   „ 3,30 „

Auf Tafel V. haben wir eine **Feinkrempel** (Vorspinnkrempel) abgebildet nach praktisch bewährter Ausführung.

Diese Krempel enthält keinen gewöhnlichen Zuführtisch, sondern entnimmt den in einen rahmenartigen Gestell aufgestellten Walzen mit Vliess zugleich seine Speisung, welche durch die gewöhnliche Einführwalzen E, deren obere durch Gewicht gepresst ist, eingeführt wird. Die Vliesswalzen werden im Gestell jedoch durch Zahnräder selbst in Bewegung gesetzt, um dadurch jeder Ungleichheit der Abwickelung vorzubeugen. Bei guten Constructionen ist auch ein Regulator für solche Abwickelung angebracht, durch den die Walzen entsprechend der Abnahme ihres Durchmessers durch das Abrollen des Vliesses in schnellere Umdrehung versetzt werden, so dass das Quantum der Abrollung stets ein Gleiches bleibt. Der Tambour T, die Wender und Arbeiter U A sind in gewöhnlicher, beim Reisskrempel bereits beschriebener Weise angebracht und zwar in 5 Paaren. Eine Vorreisswalze ist ebenfalls vorhanden; ebenso der Volant V. Anstatt eines Peigneurs (Doffers) sind hier 2 Kammwalzen oder Abnehmer angebracht P und P′, welche mit Ringbezug versehen sind, d. h. es ist die obere Walze mit Ringen in Zwischenräumen in der Breite der arbeitenden Kratzenfläche am Ringe bezogen und ebenso die untere. Die Stellung dieser Walzen untereinander ist nun so, dass die Ringe der oberen Walze den Zwischenräumen des unteren correspondire. Denkt man sich daher beide Walzen im Eingriff mit dem Tambour, so wird jede vom Tambour die Wolle auf einer Ringfläche abnehmen, zusammen aber die Wolle auf der Breite des Tambours. Natürlich müssen nun auch 2 Hacker H die Wolle aus den beiden Abnehmern herauskämmen. Es werden somit von jedem Abnehmer soviel einzelne Vliessbänder abgetrennt werden als Ringe vorhanden. In unserer abgebildeten Maschine enthält der Peigneur P' 23 und der Peigneur P 22 einzelne Ringe. Die von den Hackern abgetrennten Vliessbänder werden in das Würgelsystem (Nitschelwalzen) gebracht und durch dasselbe zu runden Wülsten, Locken oder Vorspinnfäden zusammengerollt. Um zu verhüten, dass die Vliessbänder auf ihrem Wege zum Würgelsystem in einanderlaufen, bringt man zwischen den Bändern Scheidewände von Blech, auf einer Grundplatte vereinigt zwischen denselben an und stellt so eine Art Trichter für jeden Faden her. Die zusammengedrehten Fäden aber werden auf zwei Walzen, die Lockenwalzen genannt, aufgewickelt. Auf diesem Wege zu den Ablieferungswalzen passiren, und werden dadurch auseinander gehalten, die Fäden einen Führer mit Stäben, in deren Zwischenräumen die Fäden einzeln geführt werden. Dieser Führer macht eine alternirende Bewegung, die durch die Nutenscheibe d' vermittelt wird. Was die Bewegung dieser Maschine betrifft, so ist im Allgemeinen zu merken, dass der Tambour 100—120 Mal umläuft, entsprechend der Tourenzahl der Vorkrempel und Zwischenkrempel von 90—100. Die Tambourwelle enthält die kleine Scheibe a, um den Abnehmer zu treiben, durch die Scheibe b und das Zahnrad c auf einer und derselben Zwischenwelle. c kämmt in e und e' ein, die auf der untern resp. oberen Peigneurwelle sitzen. Auf der Tambouraxe befindet sich auch die Scheibe f, von welcher aus man die Wender W und den Volant durch Riemen in Bewegung setzt. Auf der oberen Abnahmeaxe ist das Rad g aufgebracht zum Betrieb der Arbeiter mittels Kette. Die Einführung erhält ihren Antrieb vom conischen Rade h auf der oberen Peigneurwelle. Dies greift in i ein auf der Seitenwelle S mit dem conischen Trieb k, der in l einkämmt auf der Welle des unteren Einführcylinders. Das Würgelsystem besteht aus einem endlosen Leder, welches sich über 2 Walzen m n bewegt bei Umdrehung derselben. Auf diesem endlosen Tuch, welches somit den Walzen m n eine rotirende mit einer hin und hergehenden Bewegung verbindet, rotirt und geht entgegengesetzt mit m n hin und her eine einfache Walze o. Mit Hülfe dieser Bewegungen entsteht die Zusammenrollung des Bandes. Das Würgelsystem wird folgender Art bewegt. Auf der Tambouraxe sitzt das conische Rad und greift in w auf einer kurzen stehenden Welle ein, auf welcher 2 entgegengesetzt gestellte Excentrics aufgebracht sind p und v. Diese sind umfangen von Excentrikbügeln an den Stangen u und q, welche die Verbindungsstangen der Arme von Winkelhebeln sind, die auf der Welle r sitzen und drehen. Diese Hebel müssen näher betrachtet werden in ihrer Verbindung mit den Walzen m n und o. Da die Walzen m n und m' n' stets zusammengehen, so sind m n, sowohl als m' und n' durch ein Querstück an ihren

Axen gemeinschaftlich befestigt. Die Winkelhebel s' und t sind fest an der Welle r angebracht, dagegen s und t' an einer Hülse, die auf r lose geht und sich somit selbstständig bewegt. Um dies zu stabilisiren ist über dem Stück α, welches den Hebel t trägt ein Ring β angebracht, der zugleich als Stehlager für r dient. Ueber ihm ist die Hülse mit s und t' aufgesteckt und oben an der Spitze von r ist ein Ring mit dem Hebel s' fest angeschraubt. Die Stange u greift an der Hülse an mittels Winkelhebels und die Stange q an der Welle selbst. Nun ist der Hebelarm t mit dem Querstück von m n verbunden und s' mit der oberen Walze o' und ferner ist t' mit o verbunden und s mit dem Querstück von m' n'. Denken wir uns die Excentriks nun rotirend und zwar das untere p mit seinen grossen excentrischen Radius nach rechts gedreht, so steht das Excentrik v umgekehrt nach links, folglich hat die Stange u die Hebelhülse, so gedreht, dass die Walzen m' n' und o nach einwärts geschoben sind und die Stange q hat den Hebelarm nach sich gezogen, somit die Hebelwelle mit den Armen s' und t so gedreht, dass dadurch die Walzen m n und o' herausbewegt sind. Es wird verständlich sein, wie durch den fortlaufenden Wechsel der Excentrikstellungen ein continuirliches Hin- und Herschieben der Würgelwalzen entsteht. Damit nun aber auch den Walzen eine Rotation verbleibt bei diesen Verschiebungen hat man auf das Ende der Axe von n' ein breites Zahnrad η aufgeschoben, das im Eingriff steht mit e', dem grossen Zahnrad auf der oberen Peigneurwelle. Dies Zahnrad hat einen so breiten Mantel als die hin- und hergehende Bewegung der Walze beträgt, so dass also der Eingriff mit e' stets gewahrt bleibt. Auf n ist ebenfalls ein solches Zahnrad y' aufgeschoben, von etwas grösserer Dimension, sodass die unteren Würgelwalzen etwas langsamer gehen als die oberen, was in der Abkämmung seinen Grund hat. Die Walzen o o' die als Hülsen auf ihren Axen stecken, drehen sich durch Friction mit dem Würgelleder um. Die Zahnräder y y' vermitteln auch gleich die Bewegung der Lockenaufwickelwalzen mittels der Zahnräder Z und Z'.

Es bleibt nun noch die Bewegung der Hacker zu betrachten. Der Riemen der die Wender und Arbeiter bewegt, geht auf seinem Kreislauf über die Rollen Q M. An Q sitzt nun eine Nase oder ein Kurbelzapfen, an welchem die Stange φ angebracht ist. Diese greift ihrerseits an den Arm a' des Winkelhebels a'' an, dessen anderer Arm die Verbindungsstange der Hacker H H' sitzt an und ertheilt denselben die oscyllirende Bewegung, welche die Hacker haben müssen.

Die Bewegungsverhältnisse und Dimensionen der bewegenden Theile sind in Folgendem näher neben einandergestellt:

1. Tambour T = 130 Centimeter Durchmesser
               110 Umgänge per Minute.
2. Oberer Abnehmer P' = 20 Centm. Durchm.

getrieben durch a = 16 Centm. Durchm. mit 110 Umgängen
b = 40 „ „ „ 44 „
c = 10 „ „ „ 44 „
e' = 50 „ „ „ 8,8 Umdrehungen.
also P' = 8,8 Umdrehungen per Minute.

3. Unterer Abnehmer P = 22 Centm. Durchm.
getrieben durch a = 16 „ „ mit 110 Umgängen
b = 40 „ „ „ 44 „
c = 10 „ „ „ 44 „
e = 60 „ „ „ 7,04 „
also P = 7,04 Umgänge per Minute.

4. Wender W = 15 Centm. Durchm.
getrieben von f = 60 Centm. Durchm. mit 110 Umgängen
Scheibe auf W = 26 „ „ „ 253 „
also W = 253 Umdrehungen per Minute.

5. Arbeiter A = 20 Centm. Durchm.
getrieben durch g = 18 Centm. Durchm. und 8,8 Umdrehungen
Scheiben auf A = 12 „ „ „ 13,20 „
also A = 13,20 Umdrehungen per Minute.

6. Hacker, mittels Hebel von Q = 20 Centm. Durchm.
getrieben von f = 60 Centm. Durchm. und 110 Umgängen
also Q = 330 Umdrehungen per Minute
also H = 330 Schläge per Minute.

7. Einführungswalzen E = 8 Centm. Durchm.
getrieben von h = 11 Centm. Durchm. und 7,04 Umgängen
i = 8 „ „ „ 9,68 „
k = 8 „ „ „ 9,68 „
l = 35 „ „ „ 2,207 „
also E = 2,207 Umdrehungen per Minute.

8. Abzugswalzen und Würgelsystem
Würgelwalzen m n o ⎫
m' n' o' ⎭ = 7 Centm. Durchm.
getrieben für den oberen Peigneur P' durch e' = 50 Centm. Durchm. u. 8,8 Umdreh.
y = 10 „ „ „ 44,8 „
getrieben für den unteren Peigneur P durch e = 60 „ „ „ 7,04 „
y' = 13 „ „ „ 32,38 „
die seitliche Verschiebung von 6 Centm. Hingang
getrieben durch x = 25 Centm. kl. Durchm. mit 110 Umdreh.
w = 12 „ „ „ 228,8 „
somit 228,8 Oscillationen.
die Abführungswalzen = 14 Centm. Durchm.
getrieben von y' = 13 „ „ und 32,38 Umdrehungen
durch z = 28 „ „ „ 14,8948 „
z'' = 20 „ „ „ 20,85 „
d' = 16 „ „ „ 20,85 „
z'''' = 10 „ „ „ 33,360 „
y = 10 „ „ „ 44,8 „
z' = 20 „ „ „ 22,40 „
z''' = 16 „ „ „ 28 „ per Minute.
Der Faden-Führer g' getrieben durch d' macht per Minute 20,85 Hin- und Hergänge.

Die Krempeltheile.

Wir haben durch die vorstehenden Beschreibungen ein Bild der Einrichtung der Krempel im Allgemeinen gegeben. Die allgemeine Conception der Krempel ist auch stets dieselbe nicht aber die specielle Durchführung ihrer einzelnen Theile, und auf diesen Abweichungen beruhen die wesentlichen Verschiedenheiten der diversen Krempelconstructionen. Die Krempeltheile unterordnen sich den 3 Hauptabtheilungen:

A. Arbeitende Theile;
B. Gestelle und Lagerungen;
C. Bewegungsanordnungen.

Zu A gehören alle Einzelheiten der Construction, um die Wolle den Krempeln vorzulegen, die Wolle in den Krempeln geeignet zu bearbeiten, das Product aus der Krempel herauszulösen. Die Gestelle und Lagerungen, sowie die Bewegungsmechanismen bieten die Hülfe zu diesem Zweck. —

A. Arbeitende Theile der Krempel.

1. Apparate und Mechanismen zum Speisen der Krempel.

Die Speisevorrichtungen haben wesentliche Bedeutung für den Krempelprozess und dessen Ausfall. Es ist daher frühzeitig das Bestreben der Spinner und Constructeure dahin gegangen, Vorrichtungen an den Krempeln anzubringen, welche zunächst eine continuirliche Speisung bewirken, sodann solche, welche eine quantitativ gleichbleibende Speisung ermöglichen.

Die erste Absicht war bald erreicht in der Herstellung des endlosen Zuführtuches. An der Lösung der zweiten Aufgabe wird noch heute gearbeitet.

Die einfachste Zuführung des Materials zu den Einführungswalzen geschieht mit Hülfe also eines endlosen Zuführtuches, welches endlos über 2 Rollen läuft, und eine grössere Fläche bietet zur Auflage der Wolle. Man macht dies endlose Tuch von Leinen, von Leder, von Wachstuch, von Leinen mit Holzleisten jalousieartig beklebt oder benagelt, von Drahtgewebe, von Netz. Sodann hat man auch das Tischtuch nicht in ein Stück genommen, sondern hergestellt durch Zusammenfügung einzelner Theile; man nahm Querlineale von Holz, Blech, Flacheisen und verband dieselben mit Drahthäckchen oder sonst wie zu einem zusammenhängenden Stück, welches um die Leit- und Zugwalze sich bewegt. In anderer Weise zerlegte man den Tisch nicht in Quertheile, sondern stellte ihn her aus einzelnen längs der Bewegungsrichtung streichenden Theilen, Riemen, Ketten, Kautschukband u. s. w.

Alle Gewebstoffe für den Tisch bieten am meisten Vergänglichkeit dar durch Aufnahme des Fettes und Schmutzes. Leder eignet sich bereits besser, ebenso Kautschuktuch. Den Vorzug haben aber die componirten endlosen Zuführtische. Als eine der besten Construction führen wir die folgende an.

Diese Construction von Leach hat das Eigenthümliche, dass die einzelnen Lattentuchstäbe, abwechselnd Holz und Eisenblech, durch Charniere so vereinigt sind, dass jeder Stab leicht herausgenommen werden kann. Zu dem Ende sind die Stäbe mit Zapfen b b versehen. Die Stäbe von Holz erhalten eiserne Endstücke. Die Charniere d d, welche die so geformten Lattenstäbe mit einander vereinigen, sind nun entweder (Fig. 198) aus einem soliden Stück oder aus 2 Hälften zusammengeschraubt (Fig. 199). Im letzteren Falle dient eine Schraube e zur Vereinigung (Fig. 201), während im ersten Falle (Fig. 200) die Einschnitte h h angebracht werden müssen, durch welche die Stäbe b b eingelegt werden. Damit dieselben nicht herausfallen können, müssen die Zapfen b einen ovalen Querschnitt erhalten, so dass dieselben nur in der angegebenen Lage durch

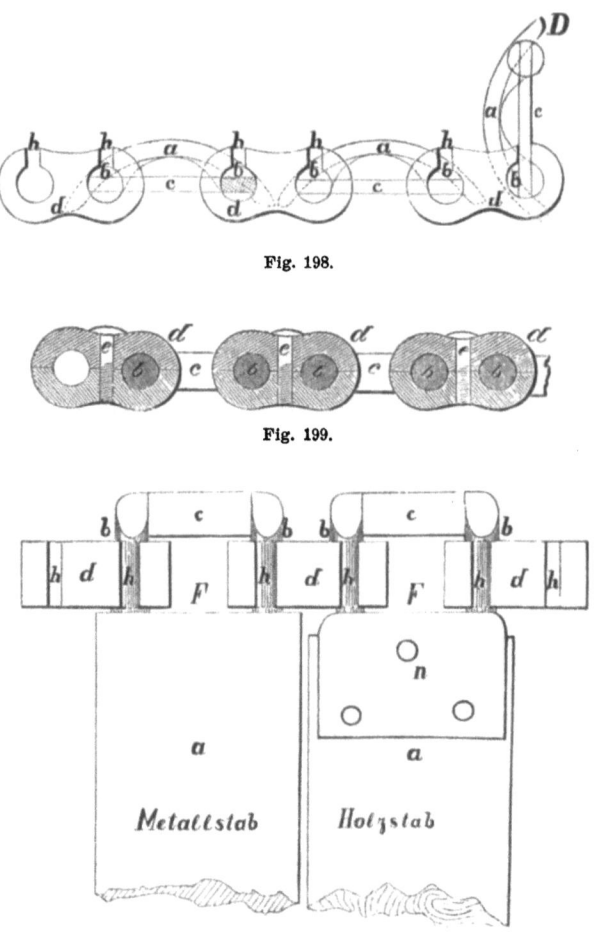

Fig. 198.

Fig. 199.

Fig. 200.

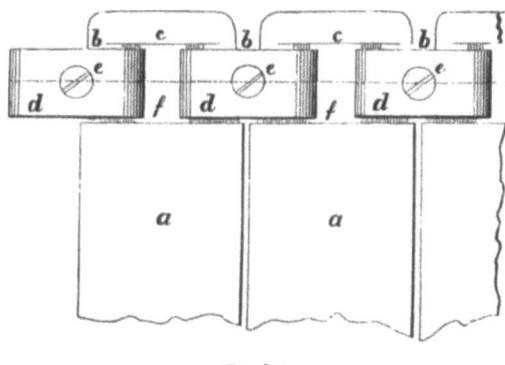

Fig. 201.

die Einschnitte eingehängt werden können. Solche Lattentücher sind am Besten durch Kettenräder zu betreiben, wobei die Zähne des Rades in die Lücken ff zwischen den Charnieren eingreifen sollen.

Viel mehr als dies Tuch an sich und seine regelmässige Spannung durch stellbare Walzen resp. Zugwalzen hat die Thätigkeit des Constructeurs die Effectuirung regelmässiger und gleichmässiger Beschickung des Tuches mit Wolle der Zeit und Quantität nach gefesselt. Für diese Aufgabe liegen uns sehr viele Erfindungen und Vorschläge vor.

Die beiden Zuführwalzen, welche die Wolle vom Tuch entnehmen, sollten durch ihre Geschwindigkeit und ihre Belastung regelnd wirken, besonders grössere Quantitäten zurückweisen. Allein, sie allein können grössere Unregelmässigkeiten nicht vermeiden. Ebenso ist die Muldenzuführung, bei welcher die Wolle von einer in einer Art Mulde liegenden Walze erfasst und vorgezogen wird zwischen der Walze und der Muldenfläche, nicht ausreichend zur Beseitigung der Ungleichmässigkeiten. Aehnlich steht es mit der Fingermulde (s. pag. 172 an Schimmel's Wolf).

Die Zuführung von Loas & fils sucht die Vertheilung der Wolle dadurch zu erreichen, dass über der gezahnt cannelirten Einführwalze a an Stelle der zweiten Einführwalze ein stellbarer Muldenschirm b angebracht ist; je nachdem derselbe der Walze a genähert wird, bleibt Raum zum Durchziehen eines bestimmten Quantums Wolle (Fig. 202).

Fig. 202.

Bei allen diesen Einführungsanordnungen legt die Hand die Wolle auf und die Einführungswalzen resp. Mulden sind die einzigen Organismen für Vertheilung. Die leichtere Aufgabe der genauen quantitativen Be-

18*

schickung bestand in der mechanischen Beschickung des Zuführtuches und für Lösung dieser Aufgabe treten die nachfolgenden Apparate ein.

Demolin und Bolette (oder Broomann)*) haben sich folgende Einrichtung patentiren lassen. (Fig. 203) B ist ein Trichtergefäss, dessen

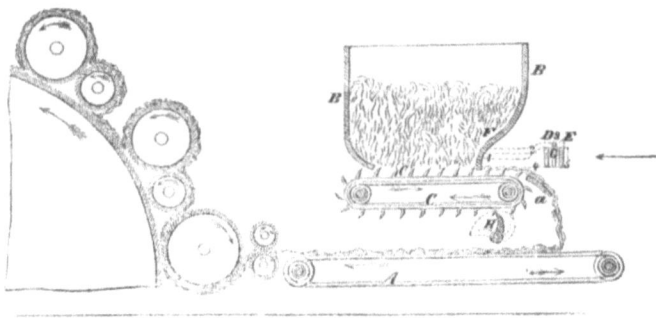

Fig. 203.

Boden durch das endlose gezahnte Tuch C gebildet wird. Diese Zähne nehmen die Wolle aus B mit. Ein Rechen D bewegt sich an Gleitstangen von F nach E. Bewegt er sich von F weg, so greift er in die Zähne des Tuches ein, und bevor er nach E zurückkommt, schiebt er die Wolle über das schräge Brett a und lässt sie fallen, indem sich die gezahnte Mittelleiste G des Rechens zwischen den ungezahnten Nebenplatten 4 und 5 desselben herauf hebt und dadurch die Wolle abgestreift wird. Die Führungsstangen sind für diese Bewegung bei 2 und 3 mit einem Bogen versehen, wodurch die Herabdrückung von G erwirkt wird, sobald derselbe in der Gleitführung an diesem Punkte angekommen ist. Die Wolle fällt sodann auf das endlose Tuch A herab und wird dem Zuführwalzenpaar übergeben. Eine andere Einrichtung ist in der Figur mit angedeutet. Man lässt den Rechen fehlen und bewirkt durch den Schläger H, mit oscyllirender Bewegung, das Ablösen der Wolle von dem Zahntuch C.

Der Apparat von Houget & Teston**) verbindet die gleichmässige Vertheilung mit einem Auflockern.

Wailes & Cooper***) haben hintereinander mehrere Apparate sich patentiren lassen, die bestimmt waren, für Streichgarnkrempel die Wolle vorher zu lockern und gleichmässig dann auf den Speisetisch aufzugeben. Die beste dieser Einrichtungen zeigt Fig. 204 im Durchschnitt.

---

*) London Journal 1865. pag. 184. Grothe, Jahresbericht der mechanischen Technologie IV u. V. p. 396.

**) Alcan, Etudes sur les arts textiles, planche I. Fig. 1.

***) Practical Mechanics Journ. 1865. 179. Ramming, Spinnereiindustrie pag. 230. Grothe, Jahresbericht der mechan. Technologie IV u. V, pag. 395. — Polyt. Centr. Blatt 1867. p. 360.

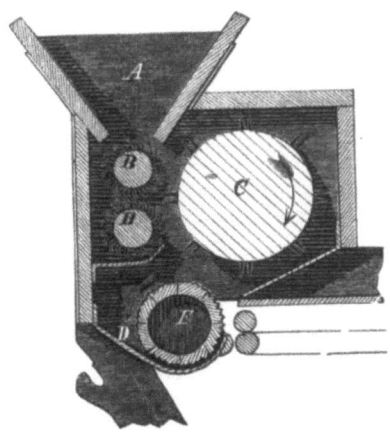

Fig. 204.

Im Trichter A wird die Wolle aufgegeben und von den Stachelwalzen B B erfasst. Ihnen entreisst der Stacheltambour C die Wolle und nimmt sie mit sich, um sie nach D zu werfen, wo sie in den Bereich der cannelirten Walze E gelangt, die sie auf das Zuführtuch ausbreitet. Unter C ist ein Gitter oder Rost zum Wegschaffen des Schmutzes, ebenso kann D durchlöchert sein. Die Seitenwände vom Trichter A sind verstellbar, so dass sie eine engere oder weitere Oeffnung für den Durchgang der Wolle bilden können, somit den Zugang von Wolle schon da beginnen zu regeln.

Die Patentspecificationen Englands und Americas bringen uns eine merkwürdig grosse Anzahl ähnlicher Apparate.

Evans & King*) liessen sich 1870 eine ganze Reihe von Combinationen patentiren und später fügte H. J. Hogg King**) 1872 eine Anzahl neuer hinzu, gleichsam als wollten diese Beiden das ganze Gebiet der möglichen Combinationen für sich in Beschlag nehmen. Wir führen einige dieser Anordnungen bildlich vor. In Fig. 205 ist auf dem Boden des Wollkastens das endlose Tuch b, welches die Wolle gegen die Walze a

Fig. 205.

---
*) Specification 1870. 23. Mai. Nr. 1484.
**) Specification 1872. 17. April. Nr. 1148.

schiebt. a nimmt so viel Wolle mit als die Oeffnung in der senkrechten Wand erlaubt und übergiebt sie der Vertheilungswalze c. — In Fig. 206

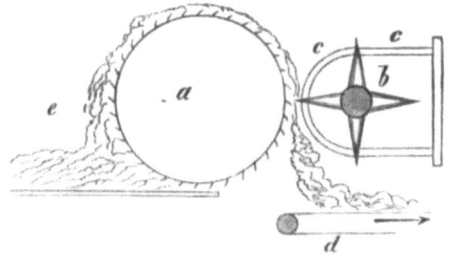

Fig. 206.

nimmt die Walze a die Wolle aus dem Wollkasten e. Ein Flügel b, der durch das Gitter c schlägt, löst die Wolle von a und wirft sie auf das Zuführtuch der Krempel d. — In Fig. 207 befindet sich unter dem Woll-

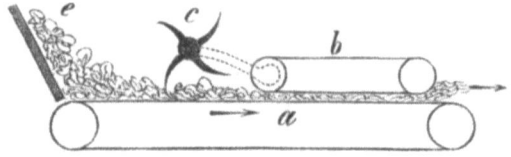

Fig. 207.

kasten e das endlose Tuch a. Dasselbe nimmt die Wolle mit sich, aber der Schläger c wirft das Zuviel zurück. Die Wolle gelangt dann noch unter das zweite Zuführtuch b und wird so etwas comprimirt der Maschine geboten. —

In einer Construction von Acton Mustard (Fig. 208) gelangt die

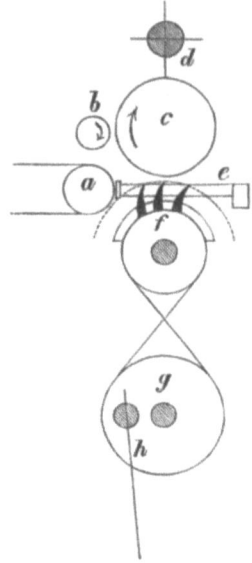

Fig. 208.

Wolle vom Zuführtisch a auf das Gitter e. Die Walze c sucht die Wolle zusammenzupressen und nimmt das Zuviel fort. Von ihr streicht b die Fasern ab oder schliesslich der Schlagflügel d. Ein schwingender Zahnsector f greift durch das Gitter und schiebt die Wolle voran. Er wird durch die schwingende, von einem Exenter her bewegte Scheibe g mittels Riemens bewegt.

E. B. Sampson liess sich eine Einrichtung patentiren, welche Fig. 209 vorführt. Das endlose Tuch a bildet den Boden des Wollkastens.

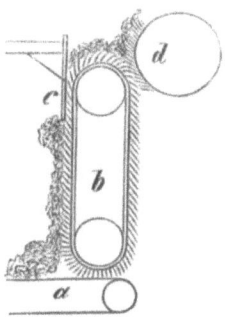

Fig. 209.

Das endlose zahnbesetzte Tuch b nimmt die Wolle mit hinauf. Das Streichholz c schiebt die Klumpen zurück, so dass nur ein geeigneter Theil zu der Uebertragungswalze d gelangt.

Wie man sieht, basiren alle diese Einrichtungen auf endlosen Zuführtüchern und Abschlägern, die in geeigneten Distancen aufgestellt, das Ueberflüssige der Wolle abschlagen und entfernen. So sind auch die vollkommeneren Apparate von B. J. B. Mills, von Bolette, Martin, Harwood & Quincy gedacht, die wir zum Theil bereits oben erwähnten. Die vollkommenste durchgebildete Einrichtung gehört Celestin Martin in Pepinster an. Wir geben eine Abbildung davon in Fig. 210. In dem grossen Kasten K mit dem Einschüttloch L befindet sich in der Nähe des Bodens das Zuführtuch A, über die Rollen a a¹ hinlaufend. Dies Tuch führt bei seiner Bewegung in Richtung des Pfeils die Wolle gegen das mit eisernen Häkchen versehene senkrechte Zuführtuch B, welches sich über die Rollen b b¹ in Richtung des Pfeils bewegt und an den nach oben gebogenen Drahtzähnen die Wolle mit sich trägt. Die Walze E mit ebenfalls gebogenen Zähnen ist so über b¹ und dem Zuführtuch aufgestellt, dass sie die von diesem überflüssig aufgenommene Wolle abschlägt. Die Walze D ergreift die Wolle vom Zuführtuch, schiebt sie auf das endlose Tuch C, über die Walzen c c¹ sich bewegend, und nimmt gleichzeitig das Zuviel mit hinweg, um es in den Kasten K zurück zu werfen. Das Zuführtuch C trägt die Wolle nach den Einführwalzen hin. Der Durchgang nach dort aber kann durch die federnde Schiene d mit

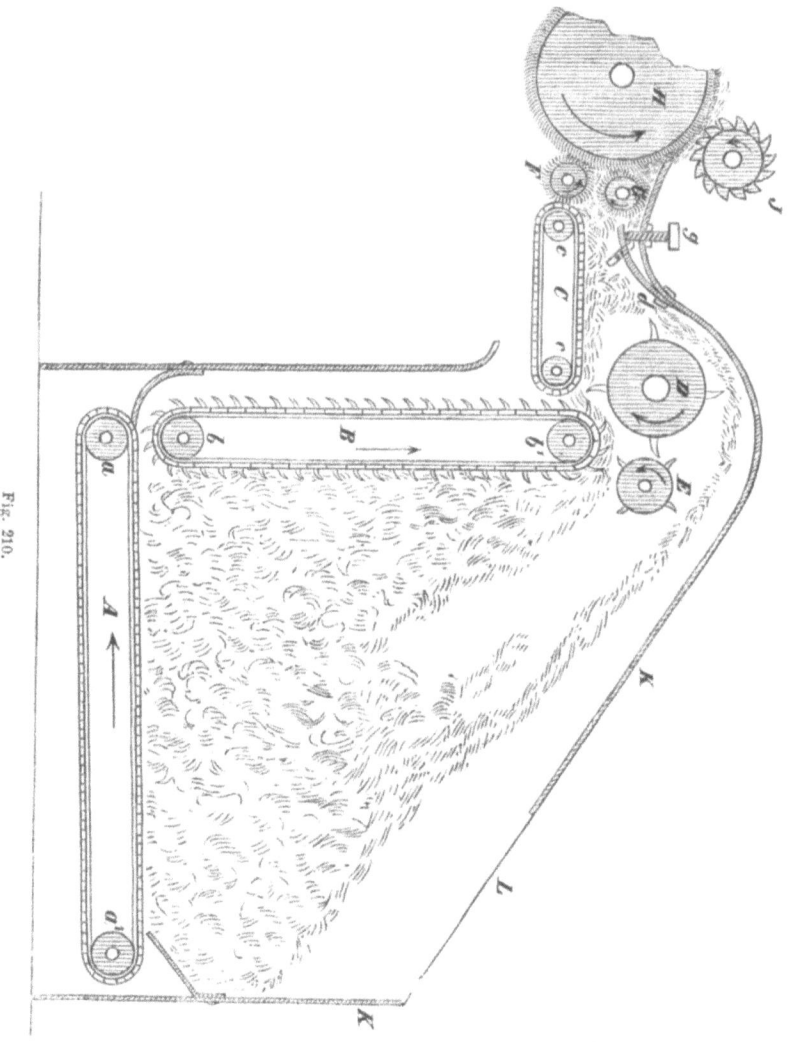

Fig. 210.

der Stellschraube g eingeengt oder erweitert werden. Die Zuführwalzen G F, welche mit weitläufigen Kratzenbezügen versehen sind, geben die Wolle ab an die Vorreisswalze H, auf welcher die Klettenwalze J scharf aufläuft, um die Kletten und Unreinigkeiten möglichst herauszuwerfen.

Aehnlich der Vorrichtung von Martin ist die von Harwood & Quincy (Boston). Diese Maschine befördert durch das Tuch a die Wolle vom Grunde des Kastens empor (Fig. 211). Der Schläger d trifft bei schneller Rotation die sehr hervorragenden wulstigen Theile in den Zähnen von a und zertheilt dieselben, sie theilweise in den Kasten wegschleudernd, theilweise sie auf c schiebend, wo die Wolle von Neuem

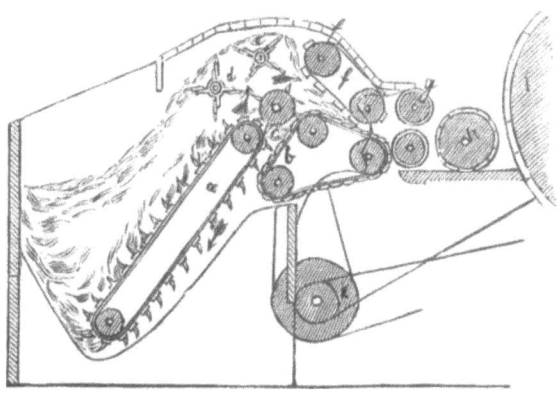

Fig. 211.

von dem Schläger e getroffen wird. Dieser zweite Schläger greift schärfer, d. h. tiefer ein in die Wolle und schiebt sie dem trichterförmigen Arrangement der Vorziehtücher b und ff zu. Das endlose Tuch ff enthält Querleisten in Distanzen und wirkt mit diesen schiebend. Während diese Tücher fortschreiten und Wolle mit sich nehmen und den Vorziehwalzen g übergeben, welche sie sodann dem Vorreisser h abliefern, nimmt der Schläger e jeden Ueberfluss der Wolle fort und wirft ihn in den Kasten zurück.

Origineller und vollkommener ist Clissold's Woll-Speise-Apparat für Oeffner, Klettenwölfe und Krempel. Derselbe besteht (Fig. 212) aus einem Kasten, welcher in 2 Abtheilungen A und A^1 getheilt ist, von denen die erste zur Aufnahme der Wollen oder Wollgemenge dient, die zweite zum eigentlichen Speisen. Der Boden dieses Kastens ist gebildet aus einer Reihe neben einander liegender Stäbe B B^1, welche eine Art Schüttelbewegung empfangen, vermöge welcher die Wolle ruckweise aus der Abtheilung A in A^1 übergeführt wird. Die Stäbe ruhen mit den Vorderenden auf einer geneigten Fläche C und mit den sägeartig ausgeschnittenen Hinterenden B* auf den Excentrics D. Die Bewegung der Stäbe wechselt nun so ab, dass der 1., 3. und 5. Stab sich in hoher Lage nach vorn bewegt, während die dazwischenliegenden Stäbe in tiefer Lage zurückgehen. Die Vorwärts-Bewegung erfolgt dabei durch Spiralfedern F, welche mit den Vorderenden verbunden sind, — während die Rückbewegung durch die Daumen D^1, D^2 bewirkt wird, indem dieselben bei jeder Umdrehung der Excenterwelle E gegen die Vorsprünge $B^2 B^2$ der Stäbe B anstossen. Die Daumen sind nun so konstruirt, dass die eine Hälfte der Stäbe langsam hochsteigt und von den Spiralfedern schnell vorwärtsgezogen wird, während die andere Hälfte schnell niederfällt und von den Daumen $D^1 D^2$ langsam zurückgedrückt wird. Hierdurch wird die in A lagernde Wolle ruckweise der Abtheilung A^1 zugeschoben.

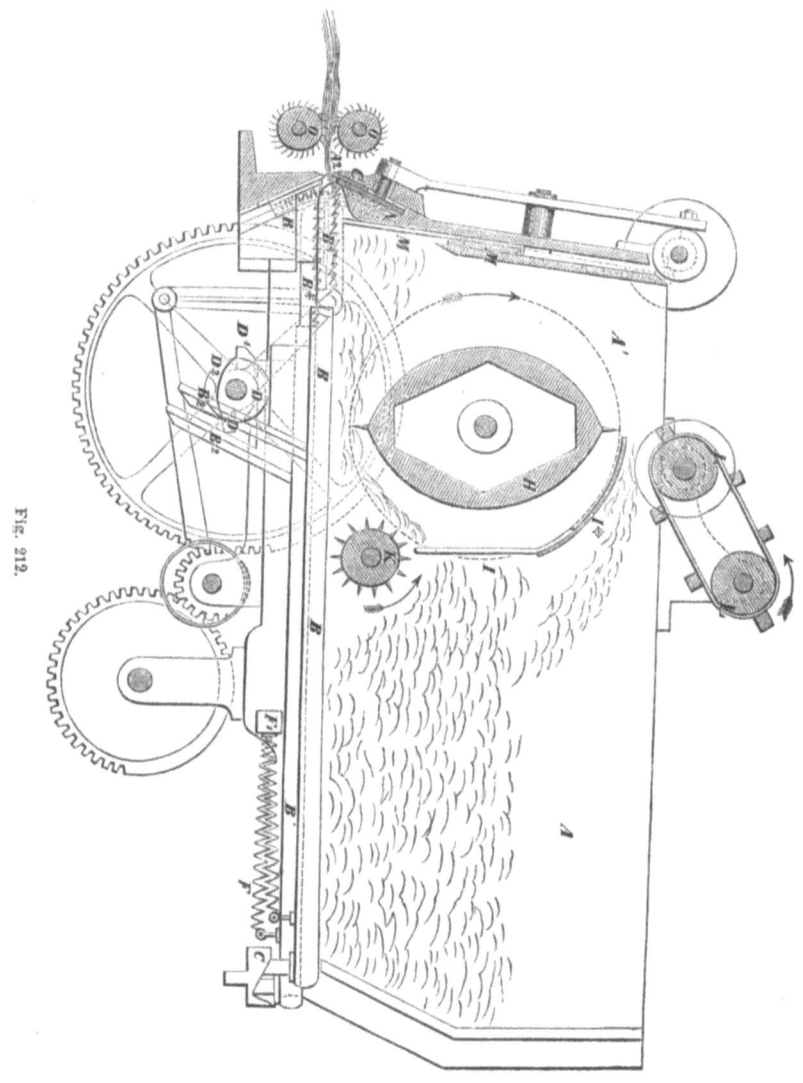

Fig. 212.

Diese beiden Abtheilungen sind durch die Scheidewand T getrennt. Der obere bogenförmige Theil J* dieser Scheidewand ist massiv, der untere J dagegen aus senkrecht stehenden Gitterstäben gebildet. Unter diesem Gitter befindet sich eine langsam rotirende Zahnwalze K, welche die Wolle in den Bereich der hinter dem Gitter rotirenden Kammwalze H führt. Diese Walze trägt zwei Zahnkämme, deren Zähne bei der Rotation durch die Gitterstäbe J hindurchschlagen, so dass jedesmal aus der dort lagernden Wolle eine Quantität herausgerissen und in den vorderen Theil des Kastens niedergeworfen wird. Von hieraus wird dieselbe alsdann mittelst der gezahnten Stäbe B* der Mundöffnung A^2 des Apparates zugeführt.

Um hierbei zu verhüten, dass sich zuviel Wolle in A^1 ansammle und den Apparat verstopfe und um zu bewirken, dass jedesmal eine gleich dicke Wollschicht zugeführt werde, ist oberhalb des Bogens J* ein Streichapparat L angebracht, welche die übergeschleuderte Wolle wieder nach A zurückführt, und hat das Mundstück folgende Construktion. Eine Reihe auf- und niedersteigender Stangen M M^1 stampft das Material zu einem Vliesse zusammen von annähernd gleicher Stärke. Die beiden Schienen G und G^1 erhalten mittelst eines Radsegments R eine oscillirende Bewegung, vermöge welcher dieselben den zugeführten Wollbart erfassen und an die Einziehwalzen O O abgeben. Um diese Arbeit mit Sicherheit auszuführen, sind diese Schienen mit flachen Zähnen versehen und befindet sich hinter der oberen Schiene G^1 noch eine Platte N, welche nach Richtung ihrer Länge hin- und herbewegt wird. Diese Platte bewirkt das Lösen anhaftender Wollfasern aus der Schiene G; während die untere Schiene G^1 beim Vorübergange an den Stabenden B* von anhängender Wolle befreit und rein erhalten wird.

Alle vorbeschriebenen Apparate erstreben den Zweck der gleichartigen Vertheilungen, allein von genauer Vertheilung eines bestimmten Gewichtes kann dabei keine Rede sein. Die ersten Versuche, um die genaue Vertheilung eines genauen Quantums zu vollziehen, wurden so vollführt. Man theilt bei gewöhnlichem Tuch die Oberfläche desselben ein in bestimmte Abschnitte von 1 Meter oder ½ Länge und bemerkt die Theilung durch kräftige Farbestriche. Auf jedem solcher Theile ist dann ein bestimmtes vorher abgewogenes Gewichtsquantum Wolle zu vertheilen. Um die Menschenhand hierbei zu ersetzen und die Beschickung des Zuführtuchs maschinell regelmässig zu erwirken, hat man verschiedene Einrichtungen ersonnen. Eine Regulirung der Zufuhr in dem Sinne, wie bei der Baumwollenmanufactur, vermittelst des Apparates von Tailor & Lang oder von Lord, wird bei Wolle nicht angewendet.

Dagegen sind in neuester Zeit die Bestrebungen auf Ersinnung einer continuirlichen Beschickung mit selbstthätiger Wägung von Erfolg gewesen. Verfolgt man die Entwickelung dieses Apparates, so muss man staunen, wie anregend die erste Idee gewirkt hat. Im Patent von Ph. Ch. Evans & H. S. King*) kommt ein Vertheilungsapparat mit Waage mehr nebensächlich vor. Zwei Jahr später und fast zu gleicher Zeit treten dann Evans**) und King***) jeder für sich auf mit Apparaten, in denen die Waage die Hauptrolle spielt. Die Behandlung durch Evans stellt sich zunächst als weitsichtig und sehr viel Gutes enthaltend heraus. Er giebt 12 verschiedene Combinationen von Zuführungen, von denen mehrere sehr anwendbar erscheinen. Aber Evans behandelt die

---

*) Pat. Specification 1869. 20. Januar. Nr. 184. 1870. 23. Mai. Nr. 1484, ferner 1869. Nr. 3600.
**) Evans, Specification 1872. 28. März. Nr. 937.
***) King, Specification 1872. 17. April. Nr. 1148.

Waage in ganz anderer Weise als King. King schaltet dieselbe in den übrigen Mechanismus ein und macht ihren Umschlag nicht von dem Gewicht der Wolle abhängig. Der Apparat enthält eine geregelte Zuführung aus dem Wollkasten. Die zugeführte Wolle fällt in eine Waagschaale; diese entleert sich durch einen Mechanismus nach Zeitablauf. Die Wolle fällt auf eine schiefe Ebene, von der das Zuführtuch sie abzieht. Auch King giebt in diesem Patent eine Reihe interessanter Zuführapparate. — Nun wird die Idee weiter erfasst und schon im Februar 1873 kommen A. Chappell & John Charlesworth*) (Linthwaite) und entnehmen ein Verbesserungspatent zum Apparat King-Evans. Diese Verbesserung bezieht sich auf die Regulirung für die Waageausschüttung. — Hogg King**) lässt sich nunmehr 1873 im Juni ein Verbesserungspatent zu dem King-Evans-Patent von 1869 geben. In demselben regelt er die Schüttung der Waage genau und beschäftigt sich mit den bequemeren Applicationen derselben an Krempeln. Endlich tritt Jonas Tatham***) (Glasgow) mit einem selbstständigen Patent auf, welches denselben Apparat betrifft. Tatham hatte übrigens (1873 November) ebenfalls ein Verbesserungspatent zu Evans & King's First-Feed genommen. Der neue Apparat von Tatham ist sehr einfach concipirt. Wir geben denselben in Abbildungen. Es steht diesen Apparaten eine grosse Zukunft bevor. Der Segen des Patentgesetzes Englands hat diese Frucht schnell reifen lassen. In Deutschland wendet die Sächsische Maschinenfabrik den Apparat (King) bereits seit 1873 an.

Indem wir auf den Speiseapparat älteren Datums von Henry James Hoog King, wie er in den später anzufügenden Abbildungen der R. Hartmann'schen Krempel in Combination mit dem Krempel dargestellt ist, verweisen, wollen wir hier den Apparat nach dem neuesten Patent beschreiben. Die Fig. 213 stellt den Apparat dar, wie er über dem Zuführtuch 39 aufgestellt ist. Der obere Theil des Apparates formt eine Art Kasten oder Rumpf, in welchen die Wolle eingegeben wird. Den Boden dieses Kastens bildet ein endloses Tuch und bei seiner Bewegung wird Wolle gegen die Walze 16 geführt, deren Peripherie punctirt angedeutet ist. Diese Walze ist mit Hauerzähnen garnirt, deren Spitzen nach oben gerichtet sind. In Folge dieser Stellung greifen diese Zähne die Wollflocken und ziehen sie mit sich in Richtung der Drehung, die durch den Pfeil angedeutet ist. Um die überflüssig angehängte Masse zu beseitigen, ist oberhalb der Walze ein Abschläger eingestellt. Ein rotirender Schläger an der Axe 17 aber nimmt die Wolle ab und lässt sie in die Schale 19 fallen. Diese Schale 19 ist vom dreiarmigen Hebel 20 getragen auf einer Horizontalwelle 21, gehalten von den festen Gestellarmen 22. Sie

---

*) Pat. Spec. 1873. 14. Februar. Nr. 555.
**) Pat. Spec. 1873. 14. Juni. Nr. 2109.
***) Tatham, Pat. Spec. 1873. 11. Nov. Nr. 3668. — 1874. 8. Juli. Nr. 2392.

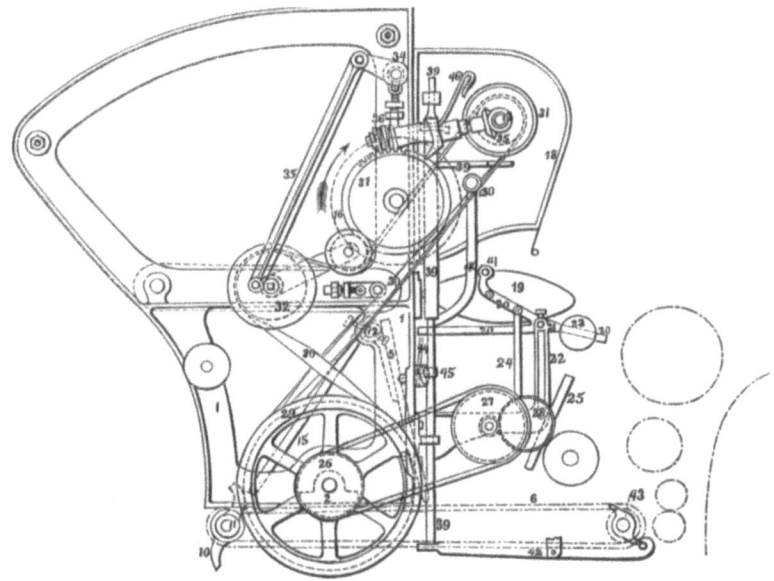

Fig. 213.

ist contrebalancirt von einem Gewicht 23, welches beliebig eingestellt werden kann. Das eine Ende der Wägeschale ist mit dem losehängenden Hacken 24 verbunden, dessen Nase einem Klinkrade, welches beständig rotirt, gegenübersteht. Von der einfallenden Wolle beginnt die Schale belastet zu werden und zu sinken. Der Haken sinkt ebenfalls und wird von den Zähnen des Klinkrades erfasst und mitgezogen, so dass die Schale umschlägt und die Wolle auf eine schräge Ebene 5 und sodann auf das endlose Tuch 6 fällt, welches sie der Maschine zuführt. Die schräge Ebene 25 dient zur Führung der fallenden Wolle, damit sie nicht gleich in die Karde fällt. Die schräge Ebene 5 aber ist verstellbar durch die Daumenwelle 10, welche zugleich Walze für das endlose Tuch ist. Die Ebene 5 ist befestigt an einer horizontalen Axe 12, deren Lager eingestellt werden können mittelst Schraube. An der Axe ist die Stange 15 angebracht, die von der Daumenscheibe 10 bewegt wird. Auf diese Weise kann dieses Arrangement so eingerichtet werden, dass die Ebene 5 in dem Moment sich der Horizontalstellung am meisten nähert, in welchem die grösste Quantität Wolle daraufällt und sich im Verhältniss zur fortschreitenden Senkung nun entleert. — Die Hauptbewegung geht von der Axe 2 aus, die durch geeignete Uebertragung von dem Krempel aus Motion erhält. Eine Schnur überträgt die Bewegung von der Scheibe 26 (auf 2) nach der Scheibe 27, auf deren Axe ein kleines Zahnrädchen die Zahnklinkenwelle in Bewegung setzt mittels Rades 28. Von der grösseren Scheibe 29 her (auf 2) erhalten durch geschränkten Riemen 30 die Wellen ihre Motion, auf denen die Scheiben 35 und 32 sitzen. Auf der Axe von 32 ist ein Excentrik aufgeschoben, welches durch die Stange 35 mit der Kurbel 34 in Verbindung steht, und dem Abschläger für das Zuviel der Wolle seine Oscyllation giebt. Die Zahnwalze 16 ist durch 2 kurze Wellen getrieben, die an den Seiten mit Schleifen die Axe 17 umfassen und lose daran hängen, während sie durch ein paar conische Räder bewegt werden. Die andere Seite enthält den Schraubentrieb 36, der in die Zähne des Rades 31 auf 16 eingreift. Das Spiel der Bewegung ist nun folgender Art. In dem Moment, wo die Schale 19 umschüttet, wird durch die Daumenwelle 43 der Hebel 42 bewegt. Derselbe hebt die Stange 39 empor und diese, da sie mit den Schraubenwellen 36 in Verbindung steht, hebt die Schraubentriebe aus 31 aus, so dass die Walze 16 still steht, folglich Wolle nicht aus dem Kasten gefördert wird. Zugleich besorgt der Riemenführer 46 den Stillstand des endlosen Tuchs 32, durch Ueberleiten des Riemens auf eine Losscheibe, — dadurch, dass die Stange 39 bei Emporgehen sich mittels Schraubenganges in 45 um etwas dreht.

Die Einrichtung des ähnlichen Apparates von J. Thatam ist die folgende (Fig. 214—217).*) Die Schale 1 ist an jeder Seite gehalten

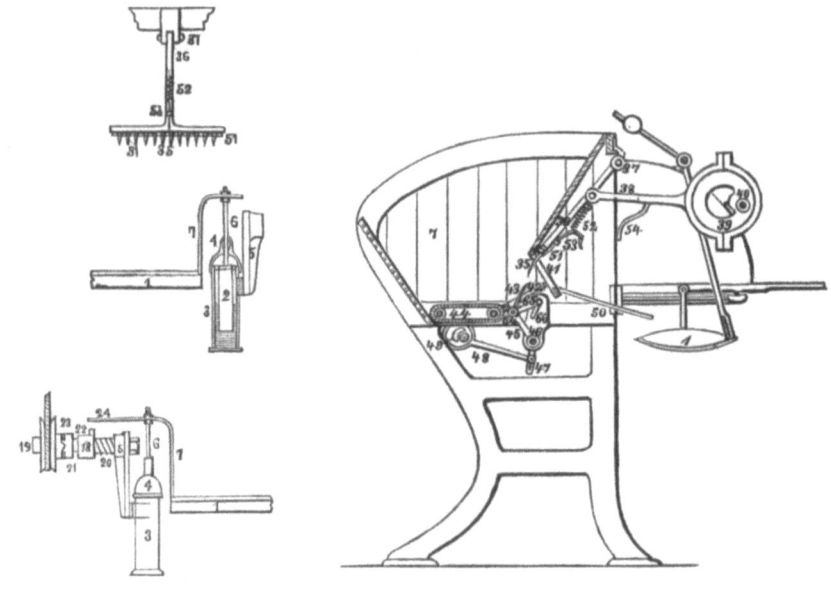

Fig. 214—217.

---

*) Dieser Apparat enthält ebensoviel von King & Evans' Feed als von früheren Patenten Thatams, besonders von seinem Patent Nr. 3668 vom 11. November 1873.

von Schwimmern in Oel, Quecksilber oder anderer Flüssigkeit, am besten Quecksilber, welches in stabilen Kesseln 3 von Eisen, die gut durch Deckel 4 verschliessbar sind, eingegeben ist. Diese Kessel sind an Gestellarmen 5 festgemacht. Der Schwimmer 2 ist ein runder Eisencylinder an der Stange 6, die durch die Stopfbüchse im Kesseldeckel 4 geführt an Arm 7 von 1 hängt. Je mehr die Schale 1 sich mit Wolle füllt, je mehr verdrängen die Schwimmer 2 an Quecksilber und die Schale fällt beständig, mit ihr das Armende 24 (Fig. x), so dass das letztere von der Nase 22 an der Scheibe 18 getroffen werden kann und dass indirect 5 nebst 1 bewegt wird von der Welle 19 und die Schale umschlägt. Das Herausfallen des Wollgewichts aber bewirkt gleich das Steigen von 2 und die Lösung des Connexes 22 und 24. — Die Wolle wird in 7 eingegeben und vom endlosen Tuch 44, das den Boden des Gefässes bildet, vorangeführt auf das Gitter 42. Durch letzteres greift die schwingende Zahnreihe 43 gelenkartig geführt durch 45, 46, 65, 66, und bewegt vom Exenter 49 durch die Verbindungsstangen 48 und 47. Von den Zähnen 43 nimmt die Zahngabel 35 die Wolle ab und zieht sie durch das Gitter 41. Die Zähne an 35 sind ebenfalls gelenkartig bewegt durch die Federn 51, 53, 52 und erhalten durch das Exenter 40, 39 den Antrieb mittels der Stangen 37, 38, 36. — Thatam behauptet, dass diese seine Einrichtung für lange Wolle besonders vorzüglich sei. —

In Obigem haben wir lediglich die Zuführung mit loser Wolle betrachtet und also wesentlich für die Wölfe, Oelwölfe, Reisskrempel. Allein die Speisung der 2. und 3. Krempel gehört auch hierher, resp. die Uebertragung der Producte der 1. Krempel auf die 2., der 2. Krempel auf die 3.

Die einfachste und früher allgemeine Methode der Speisung der 2. und 3. Maschine wurde lediglich so durchgeführt, dass man den Pelz der 1. Maschine auf das Zuführtuch der 2. Maschine u. s. f. legte. Schon Ende der fünfziger Jahre dieses Jahrhunderts begann man auf eine passende Methode zu sinnen, die Uebertragung der Materien von einer Krempel zur anderen selbstthätig mit Hülfe geeigneter Mechanismen zu bewirken. An diese Versuche knüpfen sich die Namen Apperley, Ferabee, Tatham und Clissold. Apperley & Clissold liessen sich 1857 nämlich ein Patent geben, das auf der 1. Krempel gebildete Vliessband (statt Pelzes) diagonal und zickzackförmig selbstthätig der 2. Krempel vorzulegen. Nun folgte Mason's Patent, solches Band bequem zu bilden und 1859 Ferabee's Patent ohne Bildung solches Bandes die selbstthätige Vorlage auch mit dem Vliess in ganzer Breite zu bewirken. Die Natur dieser Ideen gab bereits das Resultat, dass der Apparat Clissold & Apperley viel weniger complicirt sein konnte, mindestens viel weniger umfangreich als Ferabee's Apparat. Beide Apparate traten in die Praxis über, für beide Apparate bildeten sich Partheien, wurden Vervollkommungen ersonnen, Verbesserungspatente entnommen, interessirten sich tüchtige Kräfte. Beide Apparate traten ebenbürtig auf der Londoner Ausstellung 1862 auf. Die Ausstellung zu Paris 1867 aber lehrte, dass der Diagonalapparat bereits seinen Nebenbuhler überholt hatte, trotzdem Tatham sich des Ferabee'schen Apparates angenommen hatte, ebenso Platt Brothers. In unseren Tagen ist der Apparat Apperley und Clissold bereits sehr verbreitet und hat Gelegenheit zu sehr vielen Verbesserungen gegeben. Allein seit 1872 beginnt man auch wieder dem Ferabee'schen Apparat Sorgfalt zuzuwenden. Platt Brothers stellte einen solchen in Verbesserung in Wien 1873 aus und eine Reihe Verbesserungen erfolgten durch Evans, Leach, Tatham, Vick, Cooke, Barlow u. A. 1872 war auf der Londoner Annual Exhibition auch ein Apperley'scher Feedingapparat nach Ferabee's System vorgeführt.

Neben diesen genannten beiden Hauptanordnungen wurden neuerdings noch andere Systeme vorgeführt. Wir nennen darunter das System Blamires, das von George Parson, Thornton, Platt Brothers.

George Parson führt die gebildeten Bänder in Richtung der Bewegung des Zuführtuches nach dem Tambour F (Fig. 218). Das Zuführtuch

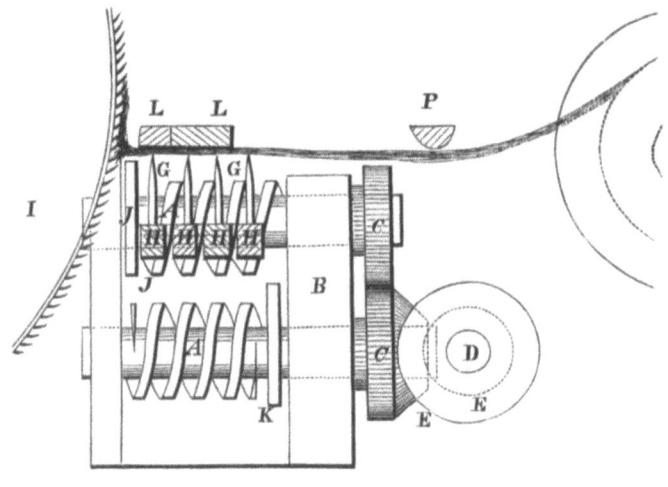

Fig. 218.

ist hierbei gebildet aus einem Schraubengill, in welchem die Kämme ff in den Gängen der oberen Schraube sich nach den Tambour zu bewegen und die Bänder gekämmt mitnehmen. Als Gegenhalt für die Bänder dienen die Bretter L L. Die Kämme bei I angekommen, fallen nach den untern Schraubengang A und kehren nach K zurück, um gehoben wieder in den oberen Schraubengang einzutreten. Diese Zuführung ist besonders für längere Wollen vorzüglich. — Platt Brothers theilen das Zuführtuch, wie bereits oben erwähnt in einzelne Riemen die endlos rotiren ein. Auf jeden Riemen wird ein Band gelegt, so das nebeneinander

20—30 Bänder in Richtung der Bewegung an die Einführwalzen kommen. Um den Einfluss der Zwischenräume zwischen den einzelnen Bändern auszugleichen, versieht man die Einführwalzen neben der rotirenden Bewegung mit einer seitlichen Verschiebung. — Die Apparate Blamires und Thornton bestehen mehr in Anordnungen für eine Abnahme als in Apparaten für Ueberleitung und Speisung. Wir betrachten sie unter den betreffenden Abschnitt „Abnahme".

Da die Form, in welcher das Product abgenommen wird, wesentlich bedingend ist für die Construction der Ueberleitung, so müssen wir diese Form hier betrachten, während wir die Apparate hierfür speciell unter dem Abschnitt Abnahme betrachten.

Die beregten Formen sind also:
a) Pelz, gebildet auf der Pelztrommel.
b) Pelz, gebildet auf Tischen (Blamires).
c) Vliess in continuirlicher Abnahme und Aufschichtung (Ferrabee).
d) Vliess zu Bandform zusammengefasst durch Trichter etc. (Clissold, Mason, Hardmann).

Wir beschreiben zunächst den Apparat von Clissold-Apperley*). Derselbe ist in Fig. 219 dargestellt. Das von der Kammwalze abgetrennte Vliess wird durch eine Vorrichtung, die meistens nur in einem Trichter

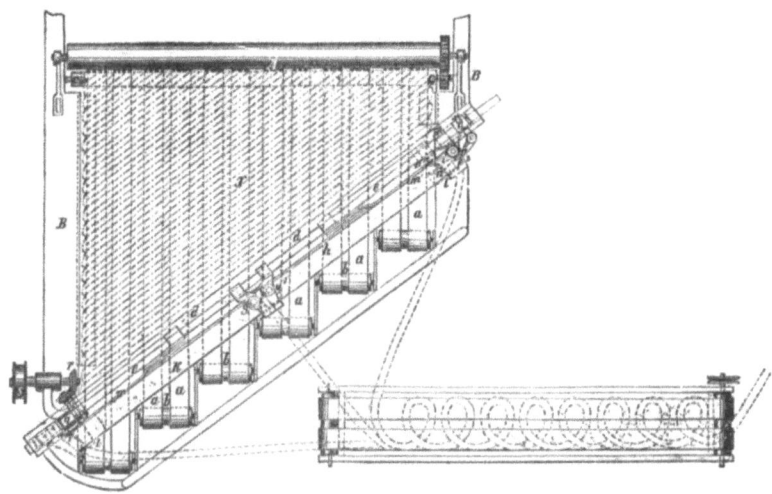

Fig. 219.

---

*) Lohren, Streichgarnspinnerei. Verh. des Vereins für Gewerbefleiss 1864. 106. Die Abbildung in Alcan's Traité du travail de laine ist theils undeutlich, theils unrichtig. Der Clissold-Apperley Apparat führt in England den Namen Scotch Feeding Apparatus. —

besteht, der in der Mitte dem Peigneur gegenüber aufgestellt ist, zusammengegriffen und in ein Band von etwa 5 Centimeter Breite verwandelt. Dieses Band wird von einem einfachen Ableger auf ein Zuführtuch gelegt, welches zwischen der Ablieferung der 1 Krempel und der Einlieferung der 2. Krempel meistens am Fussboden angebracht ist. In Fig. 219 haben wir diese Uebertragung scizzirt. Das Band wird sodann von der 2. Maschine in Empfang genommen und durch einen selbstthätigen Apparat auf dem Speisetuch der 2. Krempel diagonal ausgebreitet oder besser aufgereiht, wie das aus Fig. 219 ersichtlich ist. Dieser in Rede stehende Apparat besteht aus folgenden Theilen. X ist der Zuführtisch, gebildet aus einzelnen Riemenpaaren a über den Walzen b und der Vorziehwalze c. In diagonaler Richtung ruht auf den Enden des Tisches der eigentliche automatische Apparat, sich auf die obere Kante der beiden Gestellwangen B stützend. Auf der festen Grundplatte ist in einem Armlager eine Axe angebracht mit der Schnurrolle s und dem conischen Rade r. Dieses greift ein in das conische Rad r auf der Quer-Welle, welche an der anderen Seite des Lagers eine Riemenscheibe l^1 trägt. Dieser ganze Aufbau ruht auf der Grundplatte des Apparates und ist verstärkt durch die T förmige Ribbe d. Er steht an der einen Seite des Apparats, an dessen andere Seite eine andere Axe mit Riemenscheibe l^1 den Riemen k aufnimmt und zurückkehren lässt. Diese Einrichtung ist in Fig. 221 von vorn gesehen dargestellt. An diesem endlosen Riemen ist ein Stift i angenietet, welcher in den Schlitz eines Schlittens greift, der auf der Eisenstange e gleitet mit den beiden Hülsen an f. Dieser Schlitten, dargestellt in Fig. 221, trägt an seiner Unterseite eine trichterförmige, ovale Oeffnung h, hinter welcher zwei kleine Walzen g g^1 vertikal aufgestellt sind. Durch den Trichter h und zwischen den Walzen g

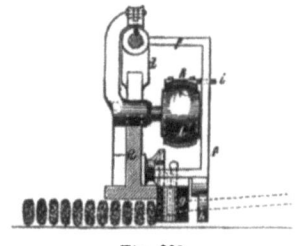

Fig. 220.

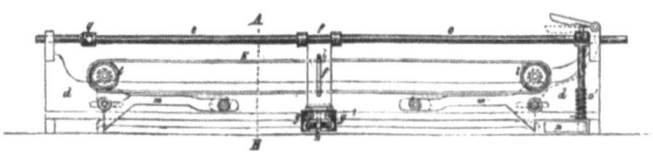

Fig. 221.

hindurch leitet man das Wollband, welches auf dem Zuführtisch herangekommen ist. Denkt man nun den Schlitten in Bewegung dadurch, dass er durch eine Schnur s bewegt wird und so r l l' und der Riemen k mit ihnen, so ist ersichtlich, dass wenn z. B. das obere Riemenende mit dem Stift bei l' angekommen ist und um diese Walze herumgehen will, der Schlitten fast stehen bleibt oder sich nur so viel bewegt als nöthig ist, damit der Stift i in dem Schlitz des Schlittens herabgleiten kann. Sobald aber der Stift mit dem Riemen unter der Walze angelangt ist, so beginnt die Bewegung des Schlittens in dem Riemen wieder, aber nach einer der vorigen entgegengesetzten Richtung. Die Walzen g rotiren durch Friction an der Bahn des Gestells, an welcher sie hinrollen. Das Band legt sich gleichmässig auf den Tisch. Dass dies aber ohne Verziehen geschieht, sind die beiden Hebel m m', an jedem Ende von d einer, angebracht. Dieser Hebel wird gehoben, sobald der Schlitten sich seiner Endstellung nähert, bei dessen Entfernung von derselben aber wieder niederfällt und hierbei genau in die Biegung des Bandes sich einsenkt, wie dies Fig. 221 verdeutlicht. Ausserdem ist am Ende des Apparats noch ein elastischer Pressfinger n angebracht, welcher, während der kurzen Zeitperiode, wo der Fallhebel bei seiner Hochhebung das Bandende verlassen hat, zur Wirkung kommt und dazu dient, das so frei gewordene Bandende auf dem Vorziehtisch vorwärts zu drängen und einer neuen Lage Platz zu schaffen. Dieser Pressfinger n ist lose auf die Stange o aufgesteckt und letztere ist mittelst eines Ringes p an der Führungsstange e befestigt. In der in den Figuren dargestellten Lage der arbeitenden Theile befindet sich der Pressfinger n ausserhalb des Bereichs der Wollbänder. Sobald aber der Schlitten seiner Endstellung f' nahe kommt, stösst derselbe den Ring p mit dem Pressfinger n in die, in Fig. 219 punktirt gezeichnete Lage n' und drückt vermöge der Spiralfeder o' gegen den Fallhebel m' so lange, bis dieser bei der Ankunft der Führungsrollen g g' gehoben wird. Dann tritt die Spiralfeder o' in Wirkung und presst den Finger in die punktirte Lage n^2, wodurch das Band auf dem Speisetuche vorwärts geschoben wird. Kommt endlich der Schlitten f seiner Endstellung f^2 nahe, so wird der Stellring p und mit ihm die Führungsstange e sowie der Pressfinger n in die ursprüngliche Lage zurückgebracht. In dieser Weise wird das Band continuirlich von den Walzen g g' eingezogen, von den Fallhebeln m m' in gemessenen Lagen festgehalten, von dem Pressfinger n vorwärts geschoben und endlich von den Speisebändern in diagonalen Linien zwischen die Einziehwalzen geführt. Die Berührung der Hebelspitzen mit den endlosen Vorziehriemen muss vermieden werden. Dieser Haltapparat ist von mehreren Constructeuren verändert worden.

Die Bewegung des Riemens mit Stift ist in dem Assortiment von Michaelis und Müller[*] in Chemnitz verbessert.

---

[*] Deutsche Industriezeitung 1871.

Eine neuere Anordnung des Diagonaltisches stellt Fig. 222 dar.*) In derselben sitzt der Schlitten d mit Trichter a und Einführwalzen b b auf

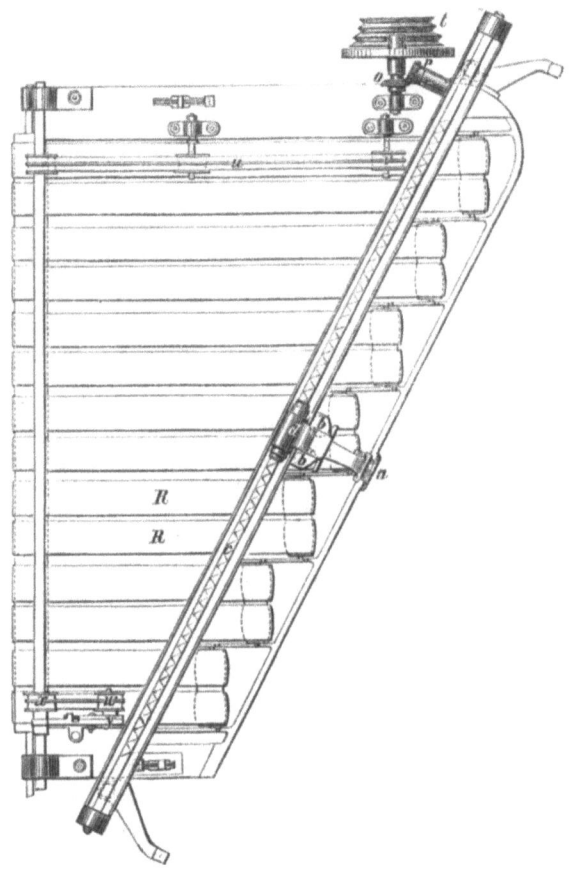

Fig. 222.

der Achse c mit doppeltem Schraubengang. Diese Axe erhält ihre Bewegung durch p von o und t her. R R sind die Zuführriemen, u v und x w y bewirken das Festhalten der Diagonalenden. (Eine sehr deutliche Darstellung der doppelgängigen Schraubenbewegung wird weiter unten bei den Apparaten zum Schleifen der Krempeln gegeben.) — So also ist die Einrichtung von Clissold-Apperley und wir wollen nun eingehen auf die Neuerung und Combination von Apperley-Ferrabee. In Fig. 223 haben wir dieselbe wiedergegeben.

Das Eigenthümliche derselben besteht darin, dass das, von der Krempel entnommene Vliess nicht zu einem festen Bande vereinigt wird, wie dies

---

*) Engineering 1875. — Polyt. Zeit. 1875. Nr. 20.

— 283 —

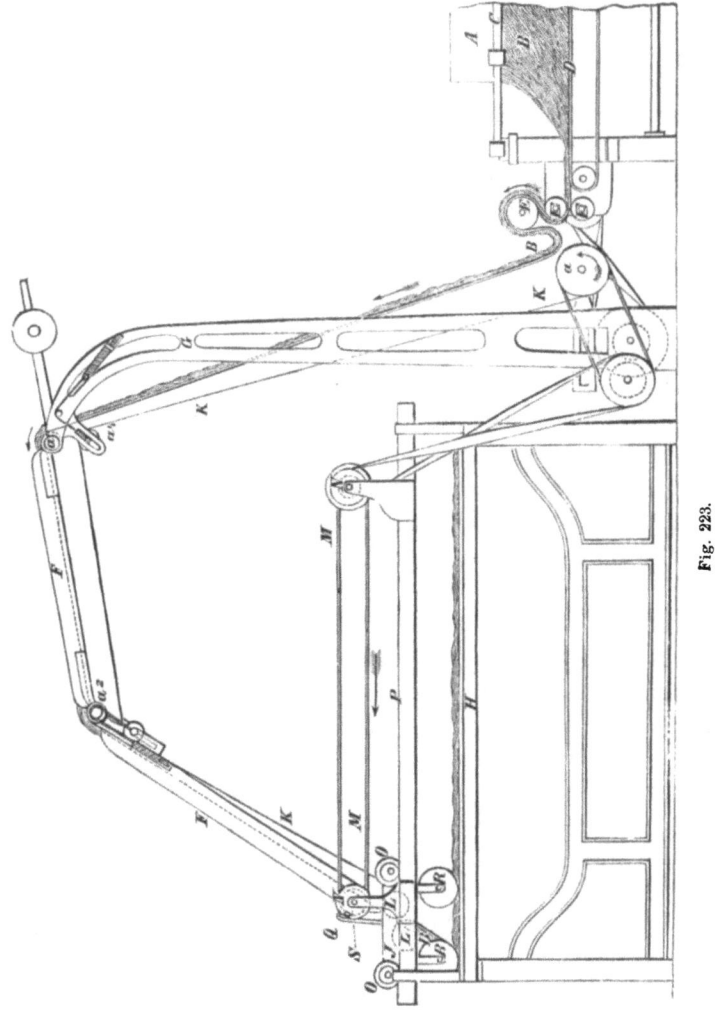

Fig. 223.

im gewöhnlichen Apperley'schen Apparate nothwendig ist, sondern als eine mehr oder weniger konsistente, fast gelöste Fasermasse der nächsten Karde übertragen wird. Ein festes Band setzt der Verarbeitung immer unnöthige Schwierigkeiten entgegen. Ausserdem lässt sich ein solches bei Verarbeitung von ordinären und sehr kurzen Wollen, sowie bei Gemengen von Wolle mit Kunstwolle oder mit Haaren nur sehr schwer haltbar genug herstellen, um Apperley's Apparat anwenden zu können. Das Ueberführen des Vliesses als mehr oder weniger breites Band, in welchem alle Fasern locker und geöffnet neben einander liegen, hat desshalb für alle Wollen einen unleugbaren Werth. Die Art und Weise, wie Ferrabee diesen Zweck zu erreichen sucht, ist aus Fig. 223 ersichtlich.

A bezeichnet die Kammwalze der Vorkrempel, B das vom Hacker C abgenommene Wollvliess. Dasselbe wird mittelst des endlosen Tuches D den Walzen E E zugeführt, welche es an das endlose Tuch K abgeben. Dieses Tuch erhält seine Führung über die Walzen a, a^1, a^2, L, a^3 und a^4, von denen die Walzen a, a^1 und a^4 in dem festen Ständer G gelagert sind, während die Walzen a^2, a^3, L und L^1 dagegen in dem schwingenden Rahmen F F liegen. Dieser Rahmen hat in a^1 seinen festen Drehpunkt und ist am andern Ende mit dem Rollwagen J verbunden. Letzterer empfängt eine Hin- und Herbewegung in diagonaler Richtung über den Speisetisch H, so dass also das Wollvliess, welches über das endlose Tuch K mittelst der Walzen L L^1 an die Wagenrollen R R geführt wird, ebenfalls in Diagonalen auf das Speisetuch der zweiten Krempel niedergelegt wird.

Was nun die Bewegung des Wagens J anlangt, so erfolgt dieselbe in der bekannten Art durch einen Riemen M, welcher über die Walzen N N geführt und an dem ein Stift S befestigt ist. Dieser Stift spielt in dem länglichen Schlitze des Armes Q, welcher am Wagen J angeschraubt ist. Der Wagen selbst hängt in Laufrollen O O, welche auf den Schienen P ihre Führung haben. So oft also der Riemen M einen Umlauf macht, so oft vollendet der Wagen T einen Hin- und Hergang. Die unteren Walzen R R dienen hierbei dazu, das zugeführte Wollvliess sanft auf den Speisetisch niederzudrücken.

Wenn man auch zugeben muss, dass dieser Apparat complicirt ist, um in grossen Spinnereien, wo sehr viele Krempelsortimente arbeiten, angewandt zu werden, so hat derselbe doch für gewisse Zweige der Spinnerei eine Bedeutung; — so namentlich für die Wollindustrie Englands bei Verarbeitung ordinärer Wollen, wo mit wenigen Krempeln von ungeheurer Dimension grosse Arbeitsleistungen erzielt werden müssen, wo häufig ein einziger Arbeiter das ganze Personal der gesammten Karderie ausmacht.

Wir machen nun noch auf die Art und Weise des Ablegens durch die letzten Apparate aufmerksam. In den Vliessen und Bändern ist die Faser im Allgemeinen in der Richtung der Länge gestreckt. Bei diesem Auflegen nun wird sie senkrecht zur Bewegungsrichtung geführt. Diese Führung ist es, welcher man eine so gründliche Durcharbeitung der Wolle auf der folgenden Maschine hauptsächlich verdankt. — Neuerdings haben Platt Brothers diese Vorrichtung verändert und vereinfacht. Das Abzuglattentuch, welches zum Wagen führt, besteht nicht mehr aus einem, sondern aus zwei endlosen Theilen, welche in einem knieförmigen Rahmen über Rollen laufen. Zu diesem Zwecke sind zwei Antriebsketten für das aufsteigende und für das abwärts führende Lattentuch getrennt in Anwendung gebracht, auch die Spiralfeder zur Spannung des früheren Lattentuches als überflüssig beseitigt. Die hin- und wiederkehrende Wagenbewegung findet hier nicht mehr mittelst eines endlosen Lederriemens, sondern durch ein Mangelgetriebe statt. Eine nach dem Principe des Mangelrades construirte Zahnstange — „Mangelstange" — ist so eingerichtet, dass durch Verstellung der Wendestücke an beiden Enden derselben der Ausschlag des Wagens, somit die Breite des entstehenden Vliesses abgeändert werden kann. Die Mangelstange liegt äquilibrirt in parallel geschlitzten Stelleisen und verschiebt sich sehr leicht beim Wechsel des Eingriffes des Getriebes nach aufwärts oder abwärts. Der Wagen läuft mittelst Laufrollen auf Schienen und wird hierbei durch Zahnstangengetriebe auf beiden Seiten stets parallel geführt. Die Fortrückung des Vliesstuches geschieht von der unteren Lattentuch-Walze aus, nahe dem Peigneur, statt mittelst Riemenkegel durch Stellkurbel und Sperrrad-Mechanismus.*)

2. Die Einführwalzen.

Die Einführwalzen werden sehr verschieden construirt. Meistens sind sie 2 dünne gusseiserne Walzen, welche ihrer Länge nach cannelirt sind, bald feiner bald gröber. Zuweilen findet man nur eine Walze, die über der Tischwalze steht und mit dieser zusammen die Einführung bildet. Ferner dienen als solche zwei mit Kratzen bezogene Walzen übereinander. Für grobe Wolle und auf dem Reisskrempel darf dieser Beschlag auch in dicken Drahtspitzen bestehen. Den 2 Einführwalzen lässt man dann oft Vorwalzen oder einen grösseren Avanttrain folgen.

Die obige Construction von Loas mit dem überliegenden Muldendeckel gehört ebenfalls hierher. Aehnlich hat man Einrichtungen mit einer unterliegenden Mulde, in der sich ein Cylinder dreht. —

Die Einzugswalzen von Lindsay & Proctor**) sind interessant. (Fig. 224—226). Es sind 3 Walzen aufgestellt vor dem Klettencylinder a. Die Eigenthümlichkeit des Beschlages ergiebt die Figur am deutlich. e unterstützt die Wirkung und reinigt zugleich die Walzen c und d. In Amerika ist dieser Zuführapparat sehr verbreitet.***)

Die neueste Construction von Zuführwalzen rührt von Kitson***) in Lowell (Massachusetts) her. Vier Walzen mit grossen pyramidalen Knaggen versehen, arbeiten zusammen. Die Tendenz dieser Vorrichtung ist die möglichste Zertheilung der Fasern im Zuführapparat, somit Erleichterung des Krempelprozesses. —

Einführwalzen sollen möglichst genau abgedreht und vor dem Verbiegen und Abnutzen geschützt sein. Diese Bedingung sucht man durch Ueberziehen der Eisencylinder mit Kautschuk zu erreichen. Für Einzugwalzen dürfte gehärtetes Glas (Patent Pieper-Siemens) grosse Richtigkeit haben. —

---

*) Zemann, Spinnerei auf der Wiener Ausstellung pag. 14.
**) Patent vom 26. Nov. 1872.
***) Manuf. Rewiew 1875. Nr. 9.

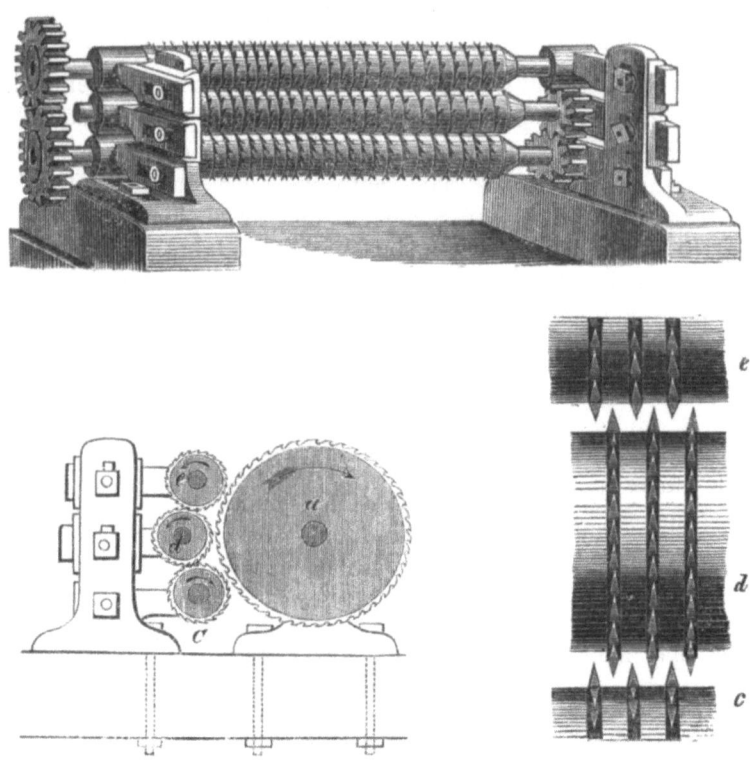

Fig. 224-226.

Sind die Einziehwalzen nur glatte oder cannelirte, so nimmt man ihren Durchmesser klein und presst die obere durch Hebel und Gewichten auf die untere auf. Den Grund für den kleinen Durchmesser muss man in dem schon oben berührten Hinhalten der Faser für den Tambour suchen. Man sehe oben Figuren 178 u. 179. Hat man Kratzenwalzen, so ist das nicht nöthig, sondern dann braucht man diese Walzen nur geeignet dicht aufeinander zu stellen, um sie vollkommen wirksam zu machen. Eine Hauptanforderung, die man an jedes gute Zuführwalzenpaar stellen muss, ist vollständige Gradheit der Walzen, sodass die Linien ihrer sich berührenden Mantelflächen absolut zusammenfallen. Anderenfalls ist die Zuführung unregelmässig und ergiebt ungleiches Product. Von den Einführwalzen hängt zum grossen Theil die Leistung der Maschine ab. Ihr schnellerer oder langsamerer Gang bedingt dieselbe. In der Regel sind die Bewegungsverhältnisse der Einführungswalzen abhängig gemacht von der Qualität der zu verspinnenden Wolle. Bei ordinairen Qualitäten ist es angethan, die Walzen schneller gehen zu lassen, bei feineren Wollen langsamer. Die Bewegung der Einziehwalzen wird meistens, sei es mittelst Riemens oder einer Schnur oder durch

Räder an einer durchgehenden Seitenwelle von der Abnehmerwelle aus vermittelt, weil diese beiden Organe: Einführung und Abnahme, in der engsten Beziehung stehen.

3. Die Vorwalzen und Zwischenwalzen.

Bei vielen Krempeln verfolgt man, ohne in den eigentlichen Krempelprozess einzugreifen, noch gewisse Nebenabsichten, die theils auf Auflockerung der einziehenden Wolle, theils auf Reinigung derselben hinzielen, theils aber auch während des Krempelprozesses zur Reinigung mitwirken sollen, — also in jedem Falle auf Unterstützung und Erleichterung der Krempelarbeit bedacht sind. Dazu dienen die Vorreisswalzen, die Klettenwalzen und Schmutzschläger. (Avanttrain.)

Wir haben oben schon in Fig. 157 die Klettenwalze dargestellt. Diese in der abgebildeten Garnitur oder mit dem Garnett'schen Sägezahnbezuge Fig. 187 wird vielfach, und man kann wohl sagen, in allen den Spinnereien, welche Colonialwolle verarbeiten, dem Krempel vorgelegt.

Um in der Wolle vor Abgabe an den Abnehmer und vor Wirkung des Volants noch die auf dem Tambour glattgestrichene Wolle von hervorragenden Unreinigkeiten zu befreien, werden zuweilen Walzen mit Stacheln, Borsten, Flügelschienen, Fangezähnen besetzt aufgestellt zwischen dem letzten Arbeiter und dem Volant.

In Fig. 227 ist sowohl die Klettenwalze mit Zähnen als auch die Reinigungswalze enthalten. L M sind die Zuführwalzen, von denen die Klettenwalze K die Wolle abnimmt. Die Schlagwalze I schlägt die hervorragenden Kletten u. s. w. heraus. Der Vorreisser A entnimmt von K die Wolle und führt sie in Richtung des Pfeils fort. Diese Wolle wird noch an einen anderen Reinigungsapparat vorüber geführt, der in den Schienen F F′ und G G′ besteht. G G′ sind Kämme, F F′ bloss scharfkantige Schienen. Die Wolle wird von dem Kamme G, welcher gröber ist und weiter absteht, zunächst gekämmt und dadurch von den gröberen Unreinigkeiten befreit. Der zweite, näherstehende Kamm G′ vollendet diese Reinigung, deren Gelingen durch die Schienen F F′ unterstützt werden soll. H ist ein Rost. Die Walze B bürstet aus dem Tambour noch Schmutztheile heraus, die nach D fallen und hier von dem Flügel P, der langsam sich dreht, aufgewickelt werden.

Eine andere Construction rührt von C. A. M. Schultze*) in Krimmitzschau her. Dieselbe besteht in einer gewöhnlichen Klettenwalze, einer der obigen Constructionen. Unter dieselbe ist die Abschlägerwalze A gestellt, deren Flügel a jedoch spiralförmig um die Axe gelegt sind, wie bei einem Scheercylinder für Tuche. Mit diesem Cylinder zusammen arbeitet die Schneide b, welche haarscharf mit a zusammenpasst. Alle Unreinigkeiten der Wolle werden in diesem Apparat sofort zerschnitten (Fig. 228).

---

*) Practischer Maschinenconstructeur I. 184. (Uhland).

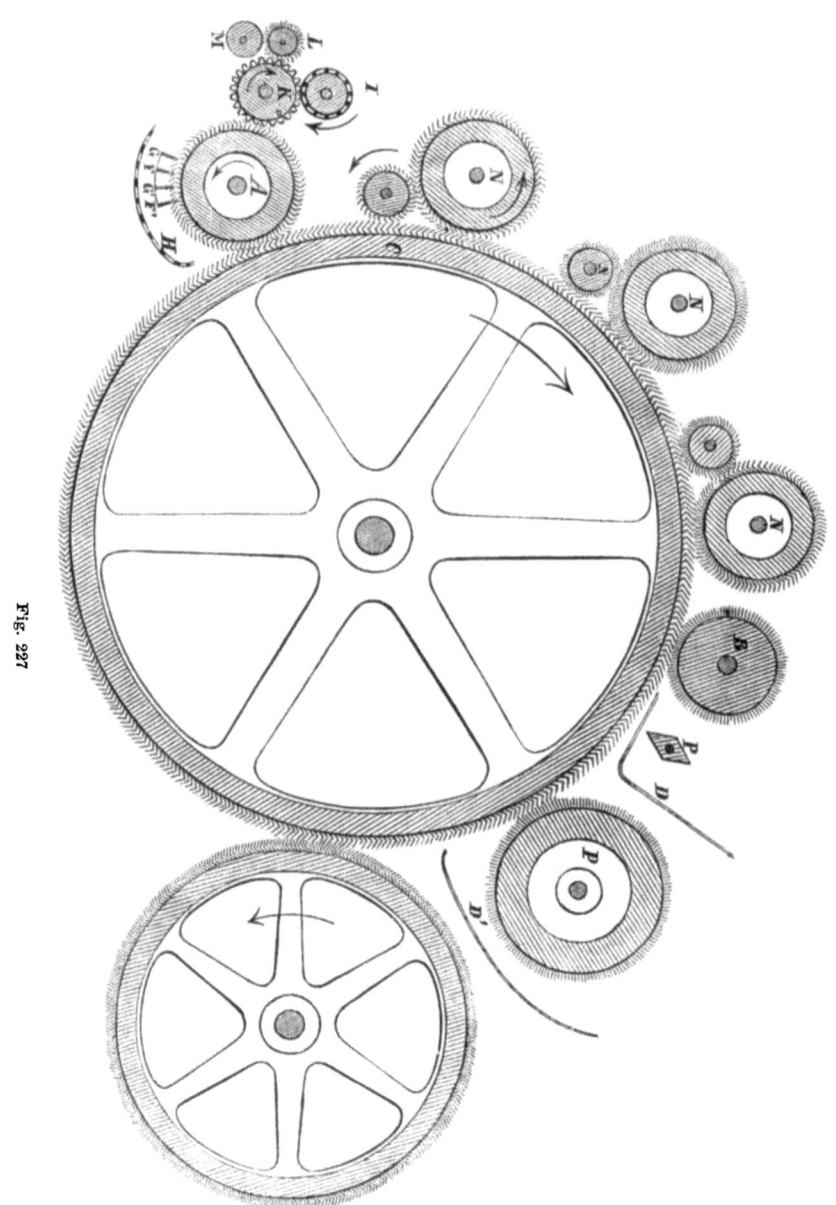

Fig. 227

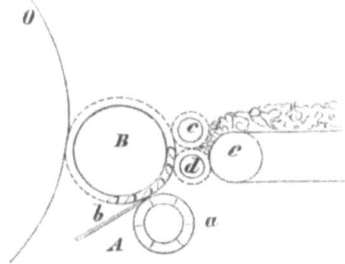

Fig. 228.

Noch anders hat L. F. Schellenberg in Chemnitz diese Anordnung geschaffen. Er stellt die Klettenwalze ein ohne Abschläger. An die Stelle des letzteren treten 4 Messer, die in Lagern verstellbar sind und möglichst genau auf die Klettenwalze eingestellt werden. Diese Messer streifen dann die Kletten etc. ab. Diese Einrichtung ist sehr gut gedacht und verdient Nachahmung, da dadurch das Haar nicht effectiv zerschnitten wird.

Eine andere interessante Construction ist in Fig. 220 mitgetheilt. Es

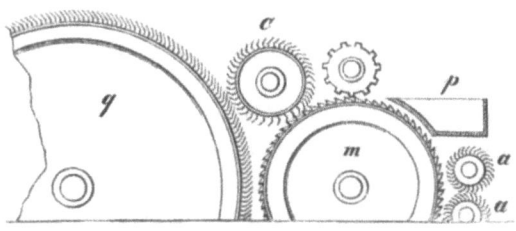

Fig. 229.

ist diese Combination von Krempeln genommen, welche die Vorreisswalze in Grösse eines kleinen Tambours anwenden. q ist dieser kleine Tambour, welcher die Wolle von der Klettenwalze m empfängt, auf welcher der Abschläger n arbeitet, um den Schmutz und die Kletten nach p hinüber abzuwerfen. Die Klettenwalze erhält die Wolle von den Zuführcylindern a a'. o ist eine Zwischenwalze.

In der grossen Abbildung einer Krempel auf Tafel IV haben wir hinter dem Einführcylinderpaare nur eine einfache Vorreiss- oder Vertheilungswalze. Von dieser einfachen Zufügung zu den ursprünglichen Krempeln ist man weiter und weiter gegangen. Man hat diese einfache Walze mit dem ersten Arbeiter zunächst zusammenarbeiten lassen, man hat diesen Vorreisser mit Klettenwalzen combinirt, man hat endlich diese Walze als kleinen Tambour eingerichtet und ihm Arbeiter und Wender gegeben. Alle diese Einrichtungen sind durch das Verlangen nach subtilerer Arbeit entstanden, und je feiner die zu verarbeitende Wolle, je mehr lag das Bedürfniss nach vielfacher Bearbeitung und Zertheilung vor, je complicirter wurde der Organismus der Krempelmaschine an sich.

Man bezieht die Vorreisswalze meistens mit gröberen Kratzen als den Tambour und die Arbeiter der Krempelmaschine und lässt sie etwas schneller rotiren als die Arbeiter.

4. Die Krempelwalzen.

Die Krempelwalzen haben im Allgemeinen gleiche Form und sind nur in ihren Durchmessern verschieden. Sie haben Cylinderform. Hinsichtlich ihrer Grösse oder besser der Grösse des Durchmessers ihrer Basis unterscheidet man für gewöhnlich 5 verschiedene Walzen in nachstehenden Durchschnittsmaassen der Durchmesser:

1. Tambour: Durchm. 0,70—1,3 Meter
2. Abnehmer: „ 0,55—0,70 „
3. Arbeiter: „ 0,17—0,25 „
4. Wender: „ 0,05—0,12 „
5. Volant: „ 0,26—0,36 „
[6. Speisewalzen: „ 0,04—0,08 „]
[7. Vorreisswalze: „ 0,25—0,60 „]

Vor allen Dingen muss bei allen diesen Walzen darauf gesehen werden, dass sie vollkommene Cylinder, dass ihre Mantelflächen durchaus eben und gleichmässig sind.

Das Material, aus welchem die Walzen bestehen, ist verschieden. Die früheren Tambours machte man so, dass man auf eine Welle zwei oder 3 gleich grosse Scheiben von Holz aufkeilte, zwei an den Seiten, eine in der Mitte und über diese parallel zur Axe Bretter, die zuvor der Rundung der Mantelfläche der Scheiben entsprechend ausgehöhlt waren, aufnagelte oder schraubte. Die Bolzen und Nagelköpfe mussten tief versenkt und ihre Löcher mit Gyps etc. ausgefüllt werden. Sodann wurde der ganze Mantel cylindrisch abgedreht. Später ersetzte man die vollen Scheiben durch eiserne Reifen auf Radarmen und Nabe. Die kleine Trommel oder der Abnehmer wurden ebenso hergestellt. Dagegen werden die übrigen Walzen aus vollem Holze gearbeitet oder, was Volant und Arbeiter betrifft, nach der zuerst angegebenen Methode verfertigt. Zum Theil sind diese Methoden noch heute im Gebrauch. Hölzerne Walzen haben den Vorzug, elastisch zu sein, der Befestigung des Beschlagens am meisten Bequemlichkeit zu bieten und die grösste Leichtigkeit zu besitzen. Für die hölzernen Walzen tritt neuerdings Amerika ein. Die Amerikaner suchen, im Gegensatz zu den Engländern, sämmtliche Maschinentheile so leicht als möglich herzustellen, um die Betriebskraft, welche nothwendig wird, auf das geringste Maass zu reduciren. Nach diesem Gesichtspunkt hat die Bridesburg Manufacturing Comp. in Philadelphia gearbeitet für

Herstellung hölzerner Walzen, die so bearbeitet sind, dass sie dem Austrocknen, Werfen, Feuchtwerden etc. nicht mehr unterworfen sind. Das für die Walzen bestimmte Holz wird roh in Vacuumkammern gebracht und hier behandelt, d. h. alle Säfte werden gründlich ausgetrieben, ebenso alle Luft und Gase aus den Poren. Nachdem dies genügend geschehen ist, bringt man das Holz in eine Paraffinlösung (Oel, Kautschuk etc. ist nicht so gut) innerhalb des Vacuums und imprägnirt das Holz mit Paraffin. Nach dieser Behandlung erhält sich das Holz in den Walzen unwandelbar.

Früher ist aber die Herstellung der Cylindermäntel aus Eisen in Gebrauch gekommen und da dieses Material für die Befestigung der Kratzenbezüge viele Schwierigkeiten und Unbequemlichkeiten bietet, auch das Gewicht der Krempel stark vergrössert, hat man zu componirten Trommeln gegriffen. Wir heben hier hervor, dass eiserne oder metallene Walzen mit hohlem Innern dann von grösserem Einfluss und Bedeutung werden, wenn man die von Amerika ausgehende Idee weiter verfolgt, die Krempelwalzen **während der Arbeit durch Dampf zu erhitzen***). Es unterliegt keinem Zweifel, dass die Wärme bei dem Prozess für das Oeffnen der Fasern von Wichtigkeit sein kann. Componirte Trommeln sind gebildet aus 3—4 Scheiben auf den Axen, über welche man einen Cylinder von Draht, Rohr und ähnlichem biegsamen Material zieht, welchen man schliesslich mit einer Lage von Gyps (ca. 2—4 Centimeter) stark belegt. Den so erhaltenen Körper dreht man dann sorgfältig cylindrisch ab. Man kann auch so verfahren, dass man um die Scheiben herum einen leichten Eisenblechcylinder bringt und diesen mit Gyps überzieht.

W. Clissold**) stellt die Tambours und Walzen der Krempeln aus einer Verbindung von Holz und Eisen her, wodurch sie nicht nur vollständig rund, sondern auch leicht und billig werden. Fig. 230 und 231 zeigen einen nach dem Clissold'schen Verfahren hergestellten Tambour in der Seitenansicht, zum Theil im Durchschnitt

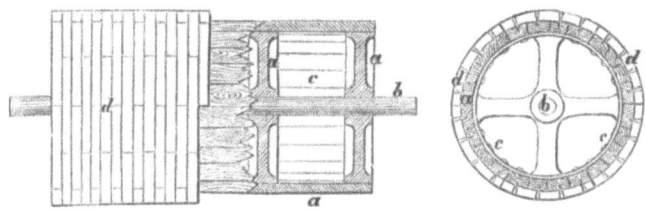

Fig. 230, 231.

---

*) Benutzt und eingeführt von F. Th. Chase & J. H. Platt in Dudley (Mass. U. S). — Engl. Patent von Robert Lake 1872. 961. —
**) London Journ. 1863 März p. 140.

und im Querdurchschnitt. Auf der Tambouraxe b stecken in angemessenen Entfernungen von einander leichte gusseiserne Scheiben a, die an ihrem Umfange abgedreht sind. Ueber diese Scheiben werden parallel zur Axe Streifen c c aus gut ausgetrocknetem Holze gelegt und auf denselben so befestigt, dass eine cylindrische Trommel entsteht. Diese Holzverkleidung wird abgedreht und mit Ringstücken d d, die ebenfalls aus gut ausgetrocknetem Holze bestehen, überdeckt. Die Stösse dieser Ringstücke liegen nicht nur rechtwinklig gegen die der unteren Holzverkleidung, sondern werden auch noch unter einander versetzt gelegt. Die obere Holzverkleidung wird auf die untere aufgenagelt und zugleich aufgeleimt. Die verschiedene Lage der Fasern in den beiden Holzverkleidungen verhindert das Werfen. Es bleibt nun nichts weiter übrig, als auch die obere Holzverkleidung abzudrehen und mit dem Kratzenbeschlage zu versehen.

Diese Tambours sind sicherlich weniger von den Mängeln behaftet, über die man bei den Krempelwalzenbelegen zu klagen hat. Gewöhnliche Holzwalzen sind einfach, leicht und bequem für die Befestigung der Kratzen. Sie unterliegen aber dem Temperaturwechsel zu sehr und werfen sich in Folge dessen, werden unrund und verderben in Folge dessen leicht und schnell die Kratzen. Die eisernen und die mit Gypsbelag versehenen Walzen leiden an diesen Mängeln nicht, sie bringen aber durch die schwierige Befestigung der Kratzen ebenfalls Unzuträglichkeiten mit sich. Um die Oberfläche der Walzen elastisch, flexibel zu machen, hat man mancherlei versucht, denn es lässt sich nicht in Abrede stellen, dass gegen die starren, härteren Säume der Beschläge irgend etwas gefunden oder geschaffen werden muss, was nachgiebig ist. Ein Vorschlag von A. M. Clark sucht diesen Zweck zu erfüllen durch Bildung eines Ueberzugs aus Compositionsmasse auf dem eisernen Kern. Diese Masse enthält 4 Pfd. Gelatine, 2 Pfd. Glycerin, $\frac{1}{2}$ Pinte Wallnussextract, $1\frac{1}{2}$ Pinte Zinkweiss oder Bleiweiss, 1 Pinte Holztheer, $\frac{1}{2}$ Pinte Leinoel. W. Walton liess sich einen Ueberzug aus Indiarubber, Gewebe mit Kautschukimprägnation etc. patentiren, um die Elasticität der Oberfläche herzustellen. Die Versuche zur Herstellung von Kautschuckcylindern sind bisher noch gescheitert an dem Kostenpunkt und manchen Fabrikationsschwierigkeiten. Daher war seit längerer Zeit die Erfindung eines besseren Belags der Walzen wünschenswerth und angestrebt. Clissold's Construction ist als ein Fortschritt anzuerkennen. Ein anderer Versuch in dieser Richtung ist von L. P. Hemmer in Aachen[*]) gemacht worden. Derselbe wendet an Stelle des Gypses eine Composition zum Belage an, die besteht aus: zerkleinertem Holz, Sägespähnen, Faserstoffen etc. mit geeigneten, widerstandsfähigen Bindemitteln. Diese Composition wird in noch teigartigem Zustande auf die mit einem ganz leichten Blechmantel versehenen

---

[*]) Grothe, Jahresbericht der mechan. Techn. IV. u. V. p. 372.

Walzen aufgetragen, dann getrocknet, mit conservirenden Stoffen durchzogen und schliesslich mit Firniss übertragen. Das Material ist sehr leicht und fest, erlaubt das Nageln und lässt sich leicht und trefflich abdrehen.*) Sehr gute Belagsmasse müsste übrigens die Pate aus Holz, wie sie in Holzpapierfabriken gebraucht wird, abgeben.

5. Die Kratzen.

Die Walzen werden für den Krempelprozess mit sogenannten Kratzen (Karden, Streichen) bezogen. Unter Kratzen versteht man mit feinen hakenförmigen Drahtspitzen dicht besetzte Flächen. Die Flächen bestehen aus Leder oder Kunsttuch, d. h. einem Stoff, der gebildet ist aus mehreren (3—8) Lagen von Kattungewebe verbunden untereinander mittelst Kautschukauflösung. Andere Tuchfabrikate sind vorgeschlagen von Walker aus Leinenkette und Haareinschlag**). In diese werden stumpfwinklige Drahthäkchen von hartgezogenem Eisendraht, der steif und elastisch ist, eingesenkt und hindurchgestochen. Die Fig. 232 giebt

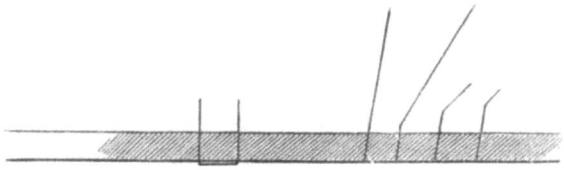

Fig. 232.

eine Darstellung solcher Drähte und die Art ihrer Einsenkung in das Leder. Man sticht den Draht so dicht ein, dass bis zu 350—900 einfache Drahtspitzen auf dem Raum von 3 Quadratcentimeter stehen, so dass alle Spitzen gleichweit über dem Stoff vorstehen und in gleichweiter Entfernung von einander. Man hat verschiedene Arten der Stellung der Drähte angewendet, einmal Setzung der Kratzenspitzen in Diagonalreihen und die Setzung in versetzten Reihen, u. A. —

Die erste Art könnte man Kratzenköper nennen, die zweite Kratzentafft. Fig. 233 verdeutlicht auch dies. Die Draht-Spitzen oder Häkchen haben für den Bezug der einzelnen Walzen verschiedene Gestalt und Feinheit. Der Draht selbst wechselt in seiner Form. Nach dem Durch-

---

*) Im Uebrigen behandelt H. diese Belagsmasse als Geheimniss. Der Preiss ist vorläufig 10—16% höher als der für Gypsbelag. Viel besser scheint uns der Walzenbelag von Martin zu sein. Martin stellt die Walzen aus Eisenblech her und schiebt hierüber Pappringe, die mittelst hohem Druck zusammengepresst werden und dann abgedreht werden können. Diese Walzen sind sehr haltbar, leicht und erlauben das Einnageln an allen Stellen.

**) Spec. 1871 No. 170.

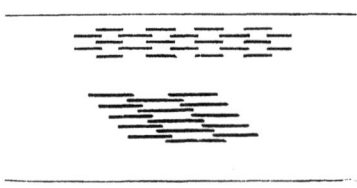

Fig. 233.

schnitt betrachtet, hat man runden, dreieckigen, ovalen und scharf breitgedrückten Draht zu unterscheiden, wobei letztere Drahtformen natürlich weniger Elasticität voraussetzen lassen. Ferner ist die Stärke, d. h. die Dicke des Drahtes wesentlich verschieden und hat zur Aufstellung einer Numerirung der Kratzen selbst Anlass gegeben im Verein mit der Dichtigkeit der Drahtstellung auf dem Leder per bestimmtes Quadratmass. Dem Beschlag von starkem dreikantigen Draht hat man auch den Namen Diamantbezug gegeben. Die Höhe des Kratzenknies wechsel ebenfalls wesentlich (bei besseren Bezügen). Je nachdem man das Knie weiter nach unten verlegt, hat der Draht eine grössere Stabilität und weniger Elasticität. Der Tambour, der die noch wenig zerzauste Wolle empfängt, muss in seinem Kratzenbeschlag mehr Widerstand bieten können. Man wählt daher für solchen Kratzen mit niedrigem Knie. Für den Arbeiter, zumal bei seiner langsameren Bewegung, genügt ein Knie, das etwa in der Mitte des Drahthäkchens sich befindet. Für die Kammwalze, welche bestimmt ist, die hinreichend bearbeitete Wolle vliessartig aufzunehmen, ist ein elastischer Beschlag nothwendig; das Knie dieser Kratzen sitzt daher ziemlich hoch oben. Alle diese drei Sorten Kratzen haben ziemlich gleiche Höhe. Der Winkel des Kniees beträgt etwa 150°. Von genannten abweichend ist der Beschlag des Volants, der aus Borsten bestehen kann oder aus gradgerichteten Drähten oder aus Drähten, deren Knie sehr tief unten oder sehr hoch oben liegt. Diese Variationen sind entstanden aus der sehr verschiedenen Auffassung über den Zweck und die Bedeutung des Volants. In Fig. 232 haben wir diese verschiedenen Kratzenarten bildlich vorgeführt. — Nach der oben schon angedeuteten Drahtfläche und der Dichtigkeit der Besetzung des Leders mit Drahthäkchen unterscheidet man Klassen oder Nummern von Karden oder Kratzen. Es liegt auf der Hand, dass dichtere Kratzen feineren Draht aufziehen müssen.

Man hat ferner mehrere Sorten Kratzenblätter bezüglich der Form und der Dimensionen des Grundleders oder Kattuns. Man unterscheidet z. B.
a. Kratzenband zum Tambour von 52 Mm. Breite.
„ „ Volant u. Arbeiter von 46 Mm.
„ zur Einführwalze ⎫
„ „ Klettenwalze ⎬ 26,154 Mm.
„ „ Wenderwalze ⎭

b. Kratzenblätter von 784 Mm. Länge u. 117 Mm. Breite.
Volantblätter „ 784 „ „ „ 130 „ „
Peigneurringe für 1-Peigneursystem „ 1725 „ „ „ 26,15 „ „
„ „ 2- „ „ 784 „ „ „ 26,15 „ „

Die Bänder für Wender und Entree sind meist von Sectoraldraht oder plattgewalztem Draht. Uebrigens sind diese Beschläge vielfach variirt; jede Fabrik hat ihre Besonderheiten. Als anerkannte Kratzenfabrikanten bezeichnen wir: D. Ullhorn (Grevenbroich), A. Heusch & Söhne (Aachen), Fétu & Deliège (Verviers), Horstmann frères (Lüttich), Blumenstock (Reichenberg), Cardenfabrik in Rüti bei Zürich, William Horsfall (Manchester), Fumière (Rouen), Grossain-Levaleux (Rouen), Lemée fils (Rouen), Walton & Söhne (Manchester), Gebr. Beuthner (Berlin).

Die Idee, die der Construction der Kratzen zu Grunde liegt, ist offenbar von dem natürlichen Kamm, der Hand mit den Fingern entnommen. Man hat bemerkt, dass die ausgestreckten, gespreizten Finger zur Entwirrung eines Fasergemenges sehr nützlich sind, dass aber knieförmig gehalten diese Finger besser wirken, weil ihre geneigten Spitzen so besser in das Gewirr einzudringen vermochten, die sich stemmenden Fasern an der schiefen Ebene des Vorderknies bis in den Winkelpunkt herabrutschten und hier einer grösseren Kraft ausgesetzt wurden, weil der Hebelarm des arbeitenden Kammes um die vordere Hälfte des Knies verkürzt war. Diese Beobachtung ist festgehalten worden, und da man leicht einsehen konnte, dass ein Kamm mit mehr und mit feineren gebogenen Zähnen auch mehr Fasern auf einmal zu entwirren vermöchte, so hat man allmälig deren Zahl vermehrt und ist auf die Construction der Kratzen gekommen. Bei der weiteren Ausbildung der Spinnerei erfolgte auch eine grössere Aufklärung über den Grund und die Art und Weise der Kratzenwirkung, und in dem Grade nahm die Construction feinerer Kratzen zu. Man will beim Krempelprozess wo möglich jedes Wollhaar von dem anderen trennen, jedes Haar isoliren und dazu würde, wenn man sich diese Absicht vollkommen erfüllt denkt, nothwendig sein, dass immer zwischen je 2 Wollhaaren ein Draht eingriffe. Nun liefert aber die Zuführung offenbar bei gröberer Wolle viel weniger Fasern als bei feinerer Wolle in die Maschine. Desshalb muss für feinere Wolle auch der Kratzenbezug viel mehr einzelne Zähne haben als derselbe für gröbere Wolle.

Zur weiteren Klarlegung nehmen wir einen Krempel von 1 Meter Arbeitsbreite an. Es werden die Zuführwalzen von 5 Centm. Durchmesser bei 1 Umdrehung per Minute ein Wollquantum von 15,70 Centm. Länge und 1 Meter Breite in die Maschine befördern. Dies Quantum wird vom Tambour erfasst, welcher 1 Meter Durchm. und 100 Umdreh. per Minute hat. Der Tambour von 3,14 Meter Umfang hat demnach eine Mantelfläche von 3,14 □Meter. Dieselbe enthält bei Annahme von Bandbezug für mittlere Feinheit der Wolle (etwa zu 6-stückigem Garn) an Kratzenzähnen auf dem Mantel: (für 6-stückige Kratze Nr. 24 = circa 600 Drähte per 9 □Centm. oder 66,6 Drähte per 1 □Centm.) 3,14 Meter mal 66,6 = 20912 Drahtspitzen. — Die Oberflächen der 4 Arbeiter sind bei

0,20 Meter Durchm. zusammen gleich 2,512 □Meter und enthalten bei Feinheit der Kratzen Nr. 24 = 66,6 Drähten per 1 □Centm. 251,2 · 66,6 = 16729,9 Drahtzähne. Die 4 Wender enthalten bei 5 Centm. Durchm. und 62,80 □Centm. Mantelfläche vom Kratzenbezug Nr. 22 = 550 per □Centm. oder 61 per 1 □Centm. 61 · 6280 = 5030 Drahtspitzen. Die Kammwalze endlich hat 0,50 Meter Diameter, somit 1,570 □Meter Oberfläche und bei Bezug mit Nr. 26 = 700 Zähnen per 9 □Centm. oder 77,7 per 1 □Centm. 157 · 77,7 = 12198 Drahtspitzen.

Die Zuführung an Wollquantum von 15,70 Centim. Länge und 1 Meter Breite entspricht einer Fläche von 1570 □Centm. Auf dieser Fläche kann man folgendes Quantum Wolle ausbreiten. Für gewöhnlich rechnet man auf die Reisskrempel eine Beschickung von 5—8 Pfd. per Stunde. Wir wollen hier annehmen 6 Pfd. Da die Krempelzuführwalzen per Minute 1 Umdrehung machen, so ist der durchlaufene Weg als Oberfläche gedacht 1570 · 60 = 74200 □Centm. und auf dieser würden also 6 Pfd. = 180 Loth Wolle ausgebreitet werden, was für die Lieferung in einer Minute 3 Loth betragen würde auf 1570 □Centm. ausgebreitet, was per 1 □Centm. 0,00019 Loth Wolle ausmacht. Wir haben hier eine Wolle von mittlerer Feinheit angenommen und zwar sei sie von durchschnittlich 2,5—3,5 Centm. Länge der Faser im Stapel. Diese enthält in 1 Pfunde etwa 12 Millionen einzelne Fasern, folglich enthält obiges Quantum per Minute = 3 Loth = 1200000 Fasern.

Zur Theilung dieses Quantums in obigem Sinne würden nun die Krempelorgane ebensoviele Drahtspitzen enthalten müssen. Dieselben enthalten aber

$$\left.\begin{array}{ll}\text{Tambour} & 20912 \\ \text{4 Arbeiter} & 16729 \\ \text{4 Wender} & 5030 \\ \text{Kammwalze} & 12198\end{array}\right\} = 54869 \text{ Spitzen.}$$

Angenommen, die ganzen Organe entledigten sich sofort wieder ihrer ganzen Aufnahme bei Vollendung jeder Umdrehung und gleich raschem Gange, so müssten sich diese Evolutionen 23,8 mal per Minute wiederholen. Es würde dann also bereits die Gelegenheit geboten sein, dass jedes Wollhaar von einem Drahtzahn bearbeitet würde. Hier greift man aber weiter und lässt in Wirklichkeit jeder Faser mehrere Kämmungen zu Theil werden unter geeigneter Stellung der Walzen zu einander und Durhführung bestimmter Manipulationen. Es gehe die Speisung per Minute fort. Der Tambour dreht sich 100 mal, bringt also 100 mal jeden Zahn zur Wirkung, was wir auch ausdrücken können, der Tambour wirke mit 20912 mal 100 Zähnen. Die Arbeiter drehen sich 10 mal per Minute; es wirkt daher jeder Zahn 10 mal und die Arbeiterfläche kann betrachtet werden als mit 1672900 Zähnen besetzt. Die Kammwalze hat hier keinen besonderen Antheil; sie wirkt mehr aufspeichernd als theilend. Sie würde anderen Falls mit 4 Umdrehungen und 48792 Zähnen zu berechnen sein. Die Wender haben bei 320 Umdreh. einen Werth der Kratzenzähne von 1609600. Rechnet man also für 1 Minute die Arbeitswirkung jedes Zahns zusammen, so erhält man mit Ausschluss der Kammwalze:

$$\left.\begin{array}{ll}\text{Tambour} & 2091200 \\ \text{Wender} & 48792 \\ \text{Arbeiter} & 1609600\end{array}\right\} = 3749592$$

Dies vertheilt sich auf 12000000 Fasern; es wird somit jede Faser von 3,1 Drahtzähnen bearbeitet. Wir haben absichtlich diese Berechnung so geführt, weil die in den betreffenden Lehrbüchern gewöhnlich vorgeführte Rechnung keinen guten und gründlichen Durchblick der Sache gewährt. Gewöhnlich macht man folgendes Beispiel zurecht: Die Einführung von 5 Centm. Durchm. der Walzen und 1 Meter Umgang per Minute fördert per Minute 15,70 Centm. Wolle von 1 Meter Breite der Auslegung = 3 Loth in die Maschine. Auf diese 15,70 Centm. erfolgen 100 Umdreh. des Tambours, folglich erfolgen auf den Centimeter 6,04 Tambourkämmungen, d. h. jeder Tambourzahn greift 6,04 mal an.

Aus Obigem ist ersichtlich, dass die Zähne der Krempel und die Fasern des zu verarbeitenden Wollquantums in Relation stehen. Dass heisst, wenn wir feinere Wolle zu verarbeiten haben, so ist darin eine grössere Faserzahl vorhanden. Diese erfordert eine entsprechende Zahnzahl, um so und so viele Kämmungen zu erhalten. Hierbei ist aber die Form der Wolle in Obacht zu nehmen. Schlichte, wenig gekräuselte Wolle löst und isolirt sich leichter aus den Stapelflocken aus, weil zum Theil die Fasern nicht einmal in Stapel stehen. Solche Wollen erfordern eine geringere Zahl von Kämmungen. Man kann nun hierfür entweder die Speisecylinder rascher gehen oder den Tambour langsamer rotiren lassen, so dass durch das Zunehmen des zugeführten Quantums die Zahl der Kämmungen abnimmt, oder man kann die Beschläge weniger dicht machen. Bei der stark gekräuselten Wolle ist dies Verhältniss umgekehrt.

Die Kratzen kommen nun in verschiedener Dichtigkeit vor und man hat dafür verschiedene Nummern gegeben, welche mit der Nummerzahl der Drahtstärken übereinstimmen. Aus diesem Grunde herrscht jedoch keine Uebereinstimmung unter den Kratzenfabrikaten verschiedener Fabriken, weil dieselben sehr verschiedene Drahtlehren befolgen, somit die Drahtstärken verschieden sind.

Wie sehr abweichend die Drahtlehren sind, zeigen uns die zusammenstellenden, vergleichenden und kritisirenden Arbeiten von Karmarsch, Thomae und R. Peters.[*] Auch hier wäre eine Normallehre sehr nothwendig. Peters hat eine solche versucht, die wir hier anführen wollen. Dieselbe war bereits von Karmarsch[**] aus der Birminghamer Drahtlehre rectificirt und ist von Peters etwas geändert und abweichend von Karmarsch aufgestellt.

Peter's Normallehre.

Nr.	Dicke, Millimeter.	Nr.	Dicke, Millimeter.
10/0	18,257	5	14,657
9/0	16,971	6	13,628
8/0	15,686	7	12,600
7/0	11,571	8	4,114
6/0	10,543	9	3,729
5/0	9,643	10	3,343
4/0	8,871	11	3,021
3/0	8,100	12	2,700
2/0	7,329	13	2,379
0	6,686	14	2,121
1	6,043	15	1,864
2	5,529	16	1,671
3	5,014	17	1,479
4	4,564	18	1,286

---

[*] Siehe Polyt. Centr. Blatt 1866. 1505 Mittheil. des Hannover'schen Gewerbe-Vereins 1858. 143—156 u. 225—235; — 1859. 334; 1860. 85—87; 1863. 83—87; 1865. 75. — 1868. p. 521. — Zeitschrift des Vereins deutscher Ingenieure. XI. 1867.

[**] Grothe, Jahresbericht der mechanischen Technologie. IV. V. p. 473.

Nr.	Dicke, Millimeter.	Nr.	Dicke, Millimeter.
19	1,157	30	0,257
20	1,029	31	0,219
21	0,900	32	0,193
22	0,771	33	0,167
23	0,669	34	0,141
24	0,579	35	0,116
25	0,514	36	0,103
26	0,450	37	0,090
27	0,386	38	0,077
28	0,334	39	0,064
29	0,296	40	0,051

Karmarsch hat bei Kratzen von D. Uhlhorn[*)] folgende Stärken für die Nummern gefunden:

Nr,	Millimeter.	Nr.	Millimeter.
8	0,51	20	0,33
10	0,48	22	0,30
12	0,45	24	0,28
14	0,42	26	0,26
16	0,39	28	0,24
18	0,36	30	0,22

Für französische Kratzendrähte gilt folgende Bestimmung:

Nr.	Millimeter.	Nr.	Millimeter.
2	1,09	26	0,24
3	0,95	27	0,23
4	0,90	28	0,22
5	0,85	29	0,21
6	0,80	30	0,20
7	0,75	31	0,19
8	0,70	32	0,18
9	0,65	33	0,17
10	0,60	34	0,16
11	0,55	35	0,15
12	0,50	36	0,14
13	0,46	37	0,13
14	0,43	38	0,12
15	0,40	39	0,11
16	0,38	40	0,10
17	0,36	41	0,09
18	0,34	42	0,08
19	0,32	43	0,07
20	0,30	44	0,06
21	0,29	45	0,05
22	0,28	46	0,04
23	0,27	47	0,03
24	0,26	48	0,02
25	0,28		

Die französischen Nummern stimmen somit mit den deutschen fast überein und differiren nur um etwa 2 Nummern, so dass unsere Nummer 26 gleich ist der Nummer

---

[*)] Grothe, Jahresbericht der mechan. Technologie III. p. 139.

24 französisch. Dagegen weicht die englische ab. Die englische ist für die hier in Betracht kommenden Nummern:

Nr.	Millimeter.	Nr.	Millimeter.
70	0,39	110	0,28
80	0,36	120	0,26
90	0,33	130	0,24
100	0,30		

so dass hiernach die französischen Nummern:
16, 18, 20, 22, 24, 26, 28 gleich sind
den englischen 70, 80, 90, 100, 110, 120, 130.

Aber nicht allein hierin weichen die Beschläge ab, sondern auch in der Dichtigkeit der Drahtstellung im Leder. Wir haben bei älteren englische Kratzen: (W.)

Nr. 16 per □Centimeter 40 Drähte per □Meter 4000
„ 18 „ „ 46 „ „ „ 4600
„ 20 „ „ 58 „ „ „ 5800
„ 22 „ „ 64 „ „ „ 6400
„ 24 „ „ 73 „ „ „ 7300
„ 26 „ „ 82 „ „ „ 8200
„ 28 „ „ 91 „ „ „ 9100

bei Walton in Manchester: (B.)

Nr. 70 per □Centimeter 37 Drähte per □Meter 3700
„ 80 „ „ 42 „ „ „ 4200
„ 90 „ „ 46 „ „ „ 4600
„ 100 „ „ 52 „ „ „ 5200
„ 110 „ „ 57 „ „ „ 5700
„ 120 „ „ 65 „ „ „ 6500
„ 130 „ „ 72 „ „ „ 7200

bei Victor Fumière in Rouen: (B.)

Nr. 16 per □Centimeter 46 Drähte per □Meter 4600
„ 18 „ „ 52 „ „ „ 5200
„ 20 „ „ 57 „ „ „ 5700
„ 22 „ „ 65 „ „ „ 6500
„ 24 „ „ 72 „ „ „ 7200
„ 26 „ „ 78 „ „ „ 7800
„ 28 „ „ 86 „ „ „ 8600

bei Fétu & Deliège in Verviers: (B.)

Nr. 16 per □Centimeter 37—38 Drähte per □Meter 3700—3800
„ 18 „ „ 42 „ „ „ 4200
„ 20 „ „ 46 „ „ „ 4600
„ 22 „ „ 52 „ „ „ 5200
„ 24 „ „ 57 „ „ „ 5700
„ 26 „ „ 65 „ „ „ 6500
„ 28 „ „ 72 „ „ „ 7200

bei D. Ullhorn in Grevenbroich: (W.)

Nr. 16 per □Centimeter 48 Drähte per □Meter 4800
„ 18 „ „ 64 „ „ „ 6400
„ 20 „ „ 72 „ „ „ 7200
„ 22 „ „ 90 „ „ „ 9000
„ 24 „ „ 100 „ „ „ 10000
„ 26 „ „ 110 „ „ „ 11000
„ 28 „ „ 120 „ „ „ 12000

Vergleiche, die wir mit Streichgarnbezügen von Fréné, Schmidt & Mar, Honegger und Amsler, Horsfall, Severin Heusch und Blumenstock angestellt haben, ergeben im Allgemeinen ebenso die oben vorgeführten Verschiedenheiten der Zähnezahl per □Centimeter resp. □Meter. Die Ausgleichung muss hierbei in den Preisen gewonnen werden.

Für verschiedene Beschläge geben wir hier die Auszählung der neuesten Sortimente von D. Ullhorn.

Diamantbezug

Nr. 32 per □Centimeter 35 per □Meter 3500 (Draht von 0,6 Mm.)
„ 29 „ „ 28 „ „ 2800 „ „ 0,7 „
„ 23 „ „ 20 „ „ 2000 „ „ 1 „

Tambour und Walzenblätter in △ Draht

Nr. 29 per □Centimeter 30 per □Meter 3000
„ 27 „ „ 25 „ „ 2500
„ 23 „ „ 15 „ „ 1500

Reinigungsband in △ Draht, mit grader Spitze fast ohne Knie schräg zur Lederebene gestellt,

Nr. 23 per □Centimeter 15 per □Meter 1500

Walzenbänder in △ Draht.

Nr. 32 per □Centimeter 30 per □Meter 3000 (Draht 0,5 Mm.)
„ 25 „ „ 25 „ „ 2500
„ 23 „ „ 20 „ „ 2000
„ 30 „ „ 15 „ „ 1500 (Draht von 1,2 Mm.)

Volantbezug: Kratzenhöhe 2 Centm. Kniewinkel 130°

Nr. 28 per □Centimeter 80 per □Meter 8000 (versetzte Reihe)
„ 26 „ „ 48 „ „ 4800 (Doppelreihe)
„ 24 „ „ 42 „ „ 4200

Wir lassen hier auch einige Preise folgen (gegeben 1870), deren Werth natürlich relativ ist und hier ohne Disconto und Commission stehen.

Ullhorn:

	Nr. 14	16	18	20	22	24	26	28	runder Draht
Tambourblätter 698 mm. 119,7 mm.	à 54	55	55	56	58	61	66	72	Sgr.
Volantblätter 698:133 mm	54	55	55	56	60	64	69	75	„
Tambourband 56,02 mm breit			10	10,5	11	11,5	12	13	„ p. 313,8 mm
Walzenband 46,5 mm breit	7,5	7,75	8	8,5	9	9,5	10	11	„ „ „ „

	Nr.	20	23	25	27	29	32	34	36	in Δ Draht
Tambourblätter 698ᵐᵐ 126,3ᵐᵐ	à	67	67	67	68	69	70	73	75	
Tambourbänder 53,2 mm breit		13	13	13	13	13	14	15	16	p. 318,8ᵐᵐ
Walzenbänder 26,6 mm breit		6,5	6,5	6,5	6,5	6,5	7	7,5	8	„ „ „
Einführwalzenbänder 26,6 mm breit		6,5	6,5	6,5						
Reinigungswalzenbänder 26,6 mm breit		6,5	6,5	6,5						

Wenderbänder 26,6 ᵐᵐ breit, Nr. 27 29 32 34 : 6,5 Sgr. Δ Draht.

Fétu & Deliège:

	Nr.	14—20	22	24	26	28	30			
Tambourblätter 698ᵐᵐ : 119,7ᵐᵐ	à	55	57	60	65	70	75	Sgr. p. Blatt		
Volantblätter 698ᵐᵐ : 133ᵐᵐ		57	59	82	67	72	76	„	„	„
Continueringe 175ᵐᵐ : 26,6ᵐᵐ		—	—	—	36	39	42	„	„	„
Continueringe 698ᵐᵐ : 26,6ᵐᵐ		—	—	27	30	33	36	„	„	„
Band zum Tambour 53,2ᵐᵐ breit		9,75	10,25	11,5	12	13	14	„	p. 313,8ᵐᵐ	
Band zu Walzen 46,5 ᵐᵐ breit		8,5	9	9,5	10,5	11,5	12,5	„	„ „ „	
Band zum Volant 46,5ᵐᵐ		8,5	9	9,5	10,5	11,5	12,5	„	„ „ „	

Einführwalzenband in Δ Draht 26,6ᵐᵐ breit 6³/₄ Sgr.

In neuester Zeit bürgern sich die Flachdrahtkratzen (Patent 1870 Ashworth Brothers in Manchester) mehr und mehr ein. Man ist bei Construction dieser Kratzen davon ausgegangen, dass ein Haarkamm um so besser und schonender wirkt, je flacher seine Zähne sind. Wir geben hier einige Notizen über diese Kratzen und ihre Anfertigung.

Da kein anderes Drahtprofil so leicht producirbar ist, als das runde, hauptsächlich für solch feine Drähte, wie sie zur Anfertigung von Karden zur Verwendung kommen, so zieht man vor, noch jetzt runden Draht zu beziehen und denselben zwischen zwei kleinen gehärteten Stahlwalzen hindurch zu ziehen und so demselben eine gewünschte Dicke und Breite zu geben, die durch die Stellung der Walzen mittelst Schrauben auf das Genaueste regulirt werden kann. Dadurch wird der Draht aber zu gleicher Zeit auch härter d. h. dichter gemacht. Dadurch aber, dass die grössere Widerstandsfähigkeit in der Richtung der Bewegung erhalten wird, ist es möglich, dünneren Draht anzuwenden, um genügende Stärke zu erhalten; durch die verringerte Breite des Zahnes wird zugleich auch der Widerstand beim Durchzuge durch die Wolle ermässigt, da der Draht die Fibern nicht so weit von einander zu drängen hat; ferner lassen sich aber durch die geringere Dicke mehr Zähne neben einander in denselben Raum setzen, oder man gewinnt mehr Raum zwischen den Zähnen und somit mehr Platz für Unreinigkeiten, was leichtere Reinigung zur Folge hat. Durch die flache Gestalt lässt sich aber haupsächlich eine feine Spitze erzielen. Das Resultat von allen diesen Vorzügen ist, dass die Wolle **besser gekämmt** wird, also die Arbeit besser verrichtet ist und die Karden **viel weniger Schliff** bedürfen. Die Spinner, die diese Karden im Gebrauche haben, versichern, dass dieselben nur **einmal in 1 bis 3 Monaten geschliffen werden** brauchen, während man runde Karden wenigstens 2 Mal per Woche schleifen musste. Für Einzugswalzen wird eine Specialität von besonderer Gediegenheit angefertigt. Man macht dieselben aus **Stahldraht**, der ebenso wie der andere flach gerollt wird; das Ende des Drahtes wird oben beim Einsetzen nicht winkelrecht, sondern schräge abgeschnitten, so dass die über dem Grunde stehenden Spitzen scharfwinklige Dreiecke vorstellen. Diese Karden brauchen keines Schleifens und halten sich stets rein (Fig. 234—236).

Die Herren **Ashworth** haben über 200 der besten Kardensetz-Maschinen im Gange; ein Arbeiter und ein Knabe genügen für circa 20 Maschinen. Diese arbeiten auf folgende Art: Auf einer Trommel ist der zu verarbeitende Draht aufgewickelt; auf einer Rolle ist der Streifen — Leder, Tuch oder Kautschuck-Tuch aufgewickelt, — dessen Ende durch eine Führung zwischen Rollen festgehalten, den Draht empfängt. Eine seitliche Führung zieht die nöthige Länge Draht — die Länge eines „Schnittes" — von der Trommel, indem sie denselben mit

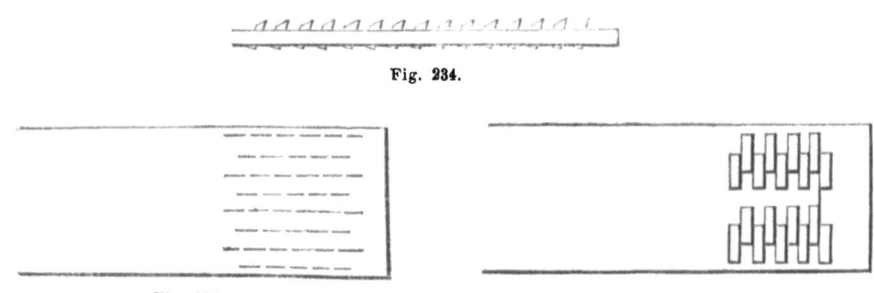

Fig. 234.

Fig. 235. Fig. 236.

zwei losen Backen anfasst; ähnliche Backen nehmen denselben in Empfang und halten ihn fest, bevor die Führung zurückgleitet und eine neue Länge holt, während dessen die vorige weiter befördert wird. Unterdessen hat eine andere Führung, die sich quer zu den zwei erstgenannten bewegt und zwei Stahlspitzen in der Entfernung der „Krone" der Karden trägt, zwei Löcher in den Streifen zur Aufnahme der zwei Spitzen eines Drahtes gestochen, der mittlerweile abgeschnitten und in die Form eines auf einer der kurzen Seiten offenen Parallelograms gebogen wurde; die kurze Seite oder Verbindung zwischen den zwei Spitzen heisst die „Krone," wogegen die ganze Länge, Draht die erforderlich ist, zwei Spitzen oder Zähne mit dem dazwischen liegenden Steg oder „Krone" zu bilden, der „Schnitt" genannt wird. Dies geschieht mit Hülfe eines Stiftes von der Breite der Krone, der den Draht im Centrum treffend, zwischen zwei Seiten klemmt, deren Entfernung von einander nur die Stärke des Stiftes und die doppelte Dicke des Drahtes beträgt. Sobald nun die nöthigen Vorstiche gemacht sind, bringt die den gebogenen Draht haltende Führung denselben vorwärts und steckt die Spitzen in die gemachten Oeffnungen. Im nächsten Augenblicke werden zwei neue Löcher gestochen und dasselbe Instrument schiebt den vorhin nur mit den Spitzen eingesetzten Draht vollständig ein, so dass die Krone an der Rückseite des Kardengrundes anzuliegen kommt. Sind es gewöhnliche, d. h. feine Karden oder solche, die von feinem Drahte gemacht werden, so nehmen je 4 Finger die auf der rechten Seite erscheinenden zwei Spitzen in Empfang und während zwei den Draht auf einer bestimmten Stelle festhalten, lassen die beiden andern denselben unter Druck zwischen sich während ihres Zurückfahrens unter einem Winkel durchgleiten; dadurch erhalten die Spitzen die gewünschte Neigung oder das Knie. Es braucht kaum gesagt zu werden, dass nach Einsetzung eines jeden Drahtes der Grund oder Streifen seitwärts verschoben wird, bis die Reihe voll ist, worauf eine neue Reihe an dem Ende begonnen wird, wo die vorige aufhört, nachdem der Streifen einfach um eine gewisse Länge fortgezogen ward. Eine solche Maschine fertigt das sogenannte Kardenband oder „Fillet" und nimmt nur wenig mehr Raum als zwei bei drei Fuss im Quadrat ein. Es giebt aber noch andere grössere Maschinen, die die sogenannten „Flächen"-Karden, Blätter oder „Sheets" anfertigen. Der Vorgang in diesen ist im Grunde derselbe wie vorher, nur ist hier der die Zähne empfangende Grund fest eingespannt und der andere Mechanismus bewegt sich seitlich, ähnlich wie die Supports auf dem Bette einer Drehbank, um eine solch lange Reihe Drähte einzusetzen; der Grund bewegt sich nur nach Vollendung jeder vollen Reihe etwas höher, um Platz für eine neue Reihe zu bieten.

Nachdem die fertigen Bänder von den Maschinen genommen sind, werden die Kanten derselben nahe am Drahte verschnitten und dann sorgfältig untersucht, fehlerhafte Drähte entfernt und neue eingesetzt; hierauf wird mit einem stumpfen Instrumente quer durch jede Zahnreihe gefahren und sind dieselben dann zur Verpackung fertig. Diese letzten Arbeiten werden meist von Mädchen verrichtet.*)

Die Kratzenfabrication war in frühester Zeit bis zu Ende des vorigen Jahrhunderts lediglich Handarbeit. Seit 1795, wo Amos Whittmore bei Boston die automatische, wenigstens die mechanisch-maschinelle

---

*) Die vorstehende Beschreibung skizzirt die englische Maschinerie und Methode speciell in Ashworth's Fabrik.

Herstellung der Kratzen versuchte und nicht ohne Erfolg durchführte, begann eine Serie der verbessernden Erfindungen. 1799 verband sich Whittmore mit Sharp in London. Allein die Kratzen konnten nur in groben Nummern vorläufig gefertigt werden. Nach seiner Rückkehr nach America verbesserte Whittmore seine Maschinen unablässig und als er 1811 glaubte, mit Hülfe einer Idee von Elizur Smith von Walpole, am Ziel zu sein, sandte er eine Modellmaschine nach England an seinen Vaterlandsgenossen Dyers zu London. Mit Dyers zusammen nahm Whittmore ein Patent in England 1813 und errichtete in Manchester die erste Kratzenfabrik. Dyers und später Parr & Curtis machten verschiedene Verbesserungen und Vereinfachungen an der Maschine, und Walton erfand die Kratzen mit Kautschuktuch. Die Whittmore-Dyers'sche Maschine ward 1813 auch in Frankreich eingeführt durch Degrand zu Marseille. Derselbe verband sich auch mit Jonathan Ellis aus Boston, um mehrere Kratzenbänder zugleich automatisch zu fabriciren und zwar cardes à l'anglaise, deren Reihen diagonal gestellt sind.*) Später machten sich Scrive, Cohin, Calla, Lalot u. A. in Frankreich verdient um die Verbesserung der Kratzenmanufactur. 1827 beschrieb Hoyau eine Calla'sche Maschine.**) Es folgten die Verbesserungen von Achez, Papavoine & Chatel, Drojat, Morel. In Deutschland aber trat D. Ullhorn zu Grevenbroich (1815) mit einer trefflichen Methode und Maschinerie auf. Er lieferte zuerst die von Stead in Edingburg 1809 erfundenen vorgespitzten Kratzendrähte, für deren Herstellung in neuerer Zeit Birkby (1855) in Leeds und Harding in Leeds (1861) Verbesserungen und Maschinen schufen. — Die Americaner haben jedoch die Erfindung der Maschinen zur Erzeugung der Krempelbelege festgehalten und weiter ausgebildet, so dass ihre Maschinen zu den einfachsten und besten für diesen Zweck gehören. 1867 stellte A. B. Prouth in Worcester (Mass.) eine solche in Paris aus, die sehr compendiös construirt war und schnell und correct arbeitete. Das hervorragendste Institut für Kratzenfabrikation in America ist T. K. Earle & Co's Card-Clothing Manufactory in Worcester.

Daniel Foxwell hat ein Patent (1872 Nr. 1083) genommen, nach welchem er alle Kratzen ersetzen will durch Metallblätter, die hochstehend ringartig die Walzen umgeben. Die obere Kante ist zahnartig ausgepresst oder ausgefeilt. Unsere Figur oben pag. 176 i giebt ungefähr eine Idee dieser Construction, jedoch muss man sich für Tambour und Arbeiter etc. die Zähne feiner denken, etwa wie in vorstehenden Ashworth'schen Kratzen.

In Deutschland hat Joh. Uhle in Aachen seinen Maschinen für

---

*) Karmarsch (Geschichte der Technologie) erzählt obige Erfindungsgeschichte ganz anders. Obige Darstellung rührt vom 80jähr. Dyers selbst her.

**) Bulletin de la Soc. d'encour. XXVI. p. 321.

Kratzenfabrikation die weiteste Verbreitung errungen. Seine Maschinen zeichnen sich durch subtile und zweckmässige Anordnung und exacte Zusammenwirkung der einzelnen Theile aus.

Um ein allgemeines Bild solcher Maschinen zu geben, führen wir hier eine Skizze vor, welche ohne Angabe der Bewegungsmechanismen das das Schema einer Kratzenfabrikationsmaschine darstellt (Fig. 237). A ist

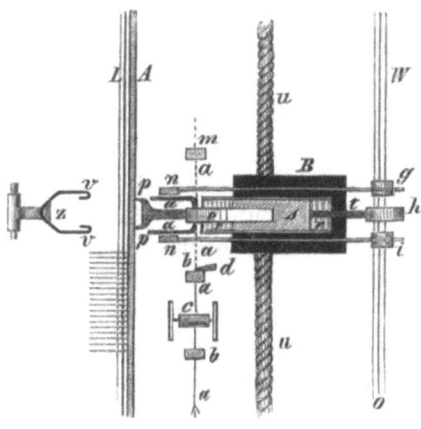

Fig. 237.

das Leder, in welches die Drahthäkchen eingesetzt werden sollen. Der Draht kommt von einer Rolle herab und geht in gestrecktem Zustande a durch die Führer b und zwischen den Vorziehwalzen c in die Maschine. Es geht so viel Draht hinein, bis die Spize a an die Platte m anstösst und nun stellt ein geeigneter Mechanismus die Zuführwalzen c still. Der Draht war durch das geöffnete Maul der Zange e hindurchgeschoben. Jetzt schliesst ein Klinkapparat das Maul von e, so dass der Draht fest von der Zange gehalten wird. Im nächsten Moment wird die Messerschneide d an b hin gegen den Draht geführt und schneidet den Draht bei b ab. Nun setzen sich die beiden Hebel n n, durch Excenter g i bewegt, in Bewegung und drücken die Enden des Drahtes ausserhalb der Zange in die gezeichnete U-Form, worauf sie wieder hinter die Drahtlinie zurückgehen. Gleichzeitig aber wurde durch einen Mechanismus der Pfriemen p gegen das Leder geführt. Dieser Pfriemen enthält zwei Spitzen, genau den Spitzen des U entsprechend, und diese bohren zwei Löcher in das Leder vor. Endlich setzt sich der Schlitten s auf der Coulissenbahn r in Bewegung durch das Excenter h und Stange t, und schiebt die Drahtspitzen des U-Drahtes hinein in die vorgebohrten Löcher, worauf die Zange e geöffnet wird und offen zurückgeht, um das neu heranbewegte Drahtende zu fassen. Die Spitzen des U-Drahtes aber werden andererseits durch die Greiferösen v v an dem Hebel z erfasst und während sie dem Zuge folgen und dadurch fest in das Leder einziehen, werden die vorkommenden Drahtenden gegen das untergestellte Lineal L gedrückt und biegen sich entsprechend, so dass sie ein bleibendes Knie erhalten. Je nachdem man dieses Lineal stärker nimmt, wird das Knie mehr am Fusse und näher der Spitze entstehen. — Da der Apparat nur stets **einen** U-Draht einfügt (per Minute ca. 200 oder mehr, je nach Stärke des Drahtes), so ist der ganze Apparat auf einer Platte B angebracht, die sich auf der Schraubenwelle u befindet und durch diese genau nach dem erforderlichen Versatzraum der einzelnen Drahthäkchen, resp. nach der Breite des Leders verstellt. Dabei wird der Bewegungsmechanismus auf der Welle W mitgenommen, der mit dieser durch einen Längsschlitz o und Stifte im Eingriff steht. Durch geeignete Mechanismen und Curvenräder lassen sich alle nur denkbare intermittirenden Bewegungen hervorbringen und ebenso die Verschiebungen genau bemessen.

Da Kratzen in Bandform und in Blattform hergestellt werden, so variirt die Grösse der Maschinen je nach diesem Zweck wesentlich, d. h. die Grösse der Arbeitsbreite. Ebenso muss natürlich der Mechanismus derart mit Umschaltung versehen sein, dass der Arbeitstisch grössere und kleinere alternirende Bewegungen machen kann, um die Breitreihen vollzusetzen. In dieser Hinsicht unterscheiden sich die Maschinen in **Band-** und **Blatt-Maschinen**. Spezielle Erfordernisse beeinflussen insofern die Construction, als z. B. Bandmaschinen eingerichtet sein können mit variirender **Stichtheilung** auf Breiten von 1—3 Zoll, mit Einrichtung zur selbstthätigen Hervorbringung leerer, nicht gestochener Zwischenräume z. B. für Continueband, — oder als die angewendete Drahtsorte Variationen nöthig macht, z. B. der Sectoraldraht, der ovale Draht, der Dreikantdraht oder der Doppelflachdraht, — oder als die Maschine mit gewöhnlichem Stich, Colonnenstich oder Kettenstich arbeiten soll. Am wesentlichsten unterscheiden sich die Maschinen oder die betreffende Maschineneinrichtung für Entréebezug, für Volantbezug, für Handkratzen, von den Maschinen für die normalen Tambour-, Arbeiter-, Wender- und Peigneurbezüge, — hinsichtlich der Bewegungsmechanismen differirt die Maschine mit excentrischer Bandbewegung von der mit Schraubengetriebe (Lanterne). Die Vorrückung des Bandes, welches festgeführt wird und dem Zuge von Gegengewichten folgt, geschieht mit Sperrrad und Klinke und die Skala der Bandsperrräder (kleine und grosse) zeigt 90—150 Zähne für die Zahl der Kratzenzähne per 1 Zoll von 31,2—52 und 156—240 per 1 Zoll 54,1—83,2; die Skala der Blattsperrräder zählt 30—90 Zähne für 22,4—67,2 per 1 Zoll. Diese Variationen sind für so geringen Raum ungemein bedeutend.

Neben den eigentlichen Kratzenstechmaschinen sind für den Betrieb einer Kratzenfabrik folgende Maschinen erforderlich: **Lederwalzmaschine** und **Lederpresse** zur Verdichtung des Leders. Bei Bändern, die aus den Lederfellen geschnitten und oft in bedeutender Länge verlangt werden, müssen die Enden der Lederstreifen, welche diese Bänder zusammensetzen sollen, sorgsam ge fal z t und mit Hausenblase geleimt werden. Die Bänder werden sodann egalisirt und auf einer Lederhobelmaschine so bearbeitet, dass das Band an allen Stellen gleiche Dicke hat. Eine Abrandmaschine beschneidet die Ränder der Bänder. Nach Vollendung werden die Kratzen genau nachgesehen und schadhafte Stellen werden herausgenommen und mit Hand ersetzt. Sodann wird dies Band auf eine Trommel aufgewickelt und appretirt, d. h. mit einem Schmirgelholz gestrichen, so dass alle Drähte ihre geeignete feste Lage einnehmen und das Aeussere der Kratze einen durchaus gleichmässigen Anschein gewinnt. Endlich erfolgt das Anschleifen mit Hülfe von Schleifmaschinen wie oben beschrieben. In einzelnen Fabriken hat man auch noch sogen. Plättmaschinen für Herstellung von halbrundem und halbflachem Draht aus dem gewöhnlichen Kratzendraht. Bisher lieferte nur England und Belgien den für Kratzen wirklich gut brauchbaren Draht, der bei Verarbeitung etwa nur 2 % Verlust ergiebt, während der deutsche Draht nach Aussage deutscher Kratzenfabrikanten allerdings billiger, aber 10 bis 12 % Verlust einschliessend sich zeigt. Ebenso ist deutsches Leder für diese Fabrikation unbrauchbar und die Deutschen Fabrikanten beziehen das Leder meistens aus Belgien. Nur Leder von Häuten jungen Rindviehes ist brauchbar. Dasselbe besitzt bereits genug Festigkeit und dabei Elasticität und Weichheit. Das Kautschucktuch wird aus England bezogen. In neuerer Zeit kommt Kautschucktuch, welches mit einer Lage Filz versehen ist, in Anwendung. Solche Kratzen brauchen nicht gefuttert zu werden, bieten jedoch für das Ausstreichen Schwierigkeiten. —

Für den gesammten Krempelprozess reichen die Nummern der Beschläge von 16—28 vollkommen aus. Niedrigere Nummern haben nur Verwendung für den Vorreisser und für die Einführwalzen resp. für Vorbereitungsmaschinen und für Wölfe. Ja für die Streichgarnspinnerei von gewöhnlicher Wolle in den normalen Spinnnummern lassen sich die Grenzen noch enger ziehen. Es werden da fast nur gebraucht: Beschläge von Nr. 20—28 für Arbeiter, Wender, Tambour, Kammwalze und verhältnissmässig für den Volant. Letzterer obwohl mit Kratzen von langem Draht (2—3 Centim.) bezogen, richtet sich in der Drahtnummer stets nach dem Abnehmer. — Wir wollen in Folgendem nun Einiges über die Verhältnisse zwischen der Länge und Feinheit der Wollen und dem Beschlag hinzufügen. Wir gehen dabei von Normalfaden mit 40 Fasern im Durchschnitt abgezählt und 6,4 Fasern im Durchmesser der Fadencylinder aus. Diese Berechnung werden wir im Kapitel über Spinnbarkeit und Spinnplan näher noch besprechen. Berücksichtigt muss die Länge der Faser werden. Bei zunehmender Länge der ordinairen Wollen nimmt die Kräuselung ab, daher die Nothwendigkeit der Normalfaserzahl auch bei dem Durchschnitt der längeren groben Wollen. Will man von feiner Wolle gröbere Nummern spinnen als ihre Normalnummer, so muss man trotzdem das Assortiment Krempeln so nehmen und beziehen wie für die Normalnummer der Wolle. Ist also die Absicht aus 9-stückiger Wolle 6 stückige zu spinnen, so gebraucht man Maschinenbezüge für 6 stückig.

Im Allgemeinen gebraucht man für das Spinnen von 1—9-stück. Garn folgende Beschläge.

	1—3	4—6	6—8	9
Tambour	22	24	26	26 auch 28
Wender	20	22	24	24
Arbeiter	22	24	26	26
Kammwalze Volant	24	26	28	28 auch 30

Für ordinäre Wollen, Haidwollen, Zackel, Pirker, Klaubwollen und ähnliche grobe und oft ganz haarige Wollen benutzt man auch niedrigere Nummern der Beschläge, z. B. genügt für Wolle der Lüneburger Haidschnucken Nr. 14 und 16 sogar auf den Locken oder Vorspinnkrempel. Im Allgemeinen gilt in obiger Rubrik für 1—3-stückig (und 4—6-stückig zum Theil) die Angabe: bis Nr. 22, 20, 22, 24, also etwa von Nr. 14 bis Nr. 22, 24 der Kratzen, — in noch höherem Grade aber für Garnnummern unter 1, also für $^1/_4$-, $^1/_2$-, $^3/_4$-stückig etc.

Es ist aber das aus dieser Bestimmung festzuhalten, dass man suchen muss in der Maschine die Zahnzahl mit der Faserzahl in der zu verarbeitenden Wolle in Einklang zu bringen. Diese Relation zwischen der Faserzahl und der Drahtspitzenzahl auf den Krempel findet wirklich statt; sie ist jedoch nicht ein Resultat theoretischer Betrachtung gewesen, sondern das Resultat practischer Versuche und Erfahrungen.

Wir haben nun die Kratzen als theilende Mechanismen kennen gelernt. Durch die geeignete Stellung derselben erreicht man jedoch noch manche andere Zwecke, die die Vornahme der Verarbeitung der Fasern überhaupt mit sich bringt und die mit den Kratzen durchgeführt werden unter Anwendung verschiedener Stellungen derselben zu einander.

Um die Wirkung der verschiedenen Stellungen der Kratzen besser beurtheilen zu können für die verschiedenen Bewegungen, welche ihnen durch die Rotation der Walzen ertheilt werden, wollen wir im Folgenden die vorkommenden Fälle genauer betrachten. (Fig. 238, 239).

Stehen die Kratzenknie zweier sich berührender oder besser zweier mit einander arbeitender Flächen entgegengesetzt gerichtet, so können mehrere Fälle eintreten. Man denke sich dabei Wolle zwischen den Walzen und zwar an a hängend (Fig. 239) zunächst und herzugeführt. Kommt a in Richtung des Pfeils 1 herum und b in Richtung des Pfeils 2, so wird bei gleicher Geschwindigkeit keinerlei Wirkung ersichtlich sein. — Rotirt aber a schneller als b, so wirkt der Kratzenbeschlag von b zurückhaltend

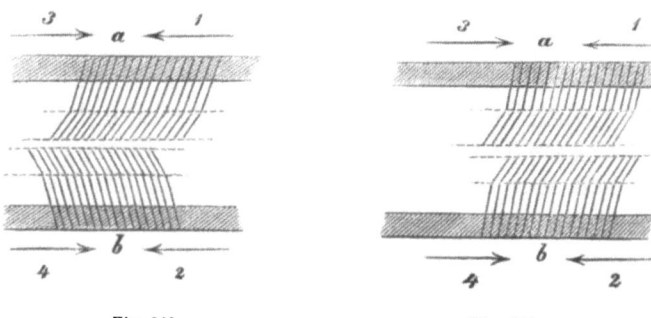

Fig. 238.   Fig. 239.

auf die Wollfaser und nimmt Wolle auf, die sich in die Kratzenknie hineinschiebt. (Tambour und Abnehmer, Tambour und Arbeiter). Rotirt aber b schneller als a, so findet keine abnehmende Wirkung statt, sondern höchstens eine streichende, glättende Wirkung der Kratzen von b auf die Fasern in a. — Denken wir uns aber a in Richtung des Pfeiles 1 und b in der Richtung des Pfeiles 4 thätig, so findet selbst bei ungleichförmiger Geschwindigkeit der Theile keinerlei für den Kratzprozess günstige Wirkung statt, vielmehr wird hierbei stets die Wolle auseinandergerissen in gewaltsamer Weise. — Keine Wirkung ist ersichtlich, wenn a nach Pfeil 3 und b nach Pfeil 2 rotiren.

Stehen die Kratzenknie zweier sich berührender oder besser zweier mit einander arbeitender Flächen gleich gerichtet, (Fig. 238) so können folgende Wirkungen sich ersehen lassen. a bewege sich in Richtung des Pfeils 2 und b in Richtung des Pfeils 1, so wird bei gleicher Geschwindigkeit keinerlei Abnahme der Fasern von a durch b erfolgen. Bewegt sich b schneller als a, so nimmt b die Fasern aus a heraus und speichert sie in sich auf (a Arbeiter, b Wender). Geht aber a schneller als b, so streicht b, vorausgesetzt, dass die Fasern in a herzugeführt werden, die Fasern in a tiefer ein und glättet sie. — Bewegen sich nun a und b in Richtung der resp. Pfeile 1 und 4, so wird bei gleichschneller Bewegung keine Wirkung hervortreten. Hätte b die Faser in sich, würde bei schnellerer Bewegung a dieselbe herauskämmen. Hat a die Faser, so tritt bei ungleichschneller Bewegung nur eine streichende Wirkung von b auf a ein. Aehnlich verhält es sich bei Richtung der Pfeile 3 und 2. Rotirt dabei b schneller als a, so kratzt b die Faser aus a heraus. Geht a schneller als b, so wirkt b abnehmend. Die Fasern schieben sich von a aus in die Kratzen von b ein.

Diese Fälle kommen zum Theil bei dem Gange der Krempeln vor und haben hier ihre bestimmte Wirkung. Als Hauptregel stellt sich dabei heraus, dass ein Abnehmen der Wolle von einer Walze durch eine andere immer nur geschehen kann: 1. Wenn die abnehmende Walze schneller aber in gleicher Richtung rotirt und gleichgerichtete Kratzen mit der zuführenden Walze hat. Es findet dann ein Herauskämmen seitens der schnellgehenden Walze aus der langsam gehenden statt. 2. Wenn die abnehmende Walze langsamer rotirt und die zuführende Walze schneller. Die Rotation ist gleichgerichtet. Beide sind mit entgegengesetzt gerichteten Kratzen bezogen. Der letze Fall kommt zur Anwendung zwischen Tambour und Abnehmer, und Tambour und Arbeiter. Der erstere Fall tritt ein zwischen Vorreisser und Tambour. 3. Wenn die abnehmende Walze schneller rotirt in Richtung ihrer Kratzenspitzen als die wollebedeckte Walze, welche entgegengesetzt rotirt, so dass die beiderseitigen Kratzen gleich gerichtet sind. In diesem Falle kämmt die schnellergehende Walze die Wolle heraus. Diese Stellung und Bewegung ist zwischen Wender und Arbeiter angewendet.

Betrachten wir die Kratzenstellung in der Fig. 240. Der Vorreisser hat mit dem Tambour entgegengesetzte Richtung, was die Winkelstellung der Kratzenknie anlangt. Denken wir uns die Umfangsgeschwindigkeit beider Walzen gleich schnell, so würde der Tambour nicht im Stande sein, dem Vorreisser Wolle zu entreissen, weil sich in diesem Fall die beiden äusseren Schenkel der Kratzenwinkel schneiden im Berührungspuncte. Geht aber der Tambour schneller um, wie das der Fall ist, können seine Kratzen die Wolle aus dem Vorreisser herausheben. Hierbei ist die Wirkung der Centrifugalkraft folgende. Der schnell rotirende Tambour erzeugt eine Luftströmung, welche auch gegen die Fläche vom Vorreisser gerichtet ist. Dieser Wind setzt sich unter die am Vorreisser hängenden Fasern und hebt sie mit ihren freien Enden vom Vorreisserbeschlage ab, so dass sie vom Tambourbeschlag erfasst werden. Die Kratzen der Beschläge selbst greifen nicht in einander, berühren sich nicht einmal, sondern gehen unter Belassung eines äusserst geringen Spatiums an einander hin. Die Wirkung lässt sich ferner darstellen (Fig. 241).

Der Arbeiter ist gleichgezahnt mit dem Tambour und so würde bei gleicher Umdrehungsgeschwindigkeit und entgegengesetzter Bewegungsrichtung keinerlei Wirkung zu ersehen sein. Nun aber dreht sich der Tambour entgegengesetzt der Bewegung des Arbeiters mit viel grösserer Geschwindigkeit. Die Fasern heben sich ein wenig ab durch die Centrifugalkraft, stehen aber, was die Hauptsache ist, theilweise über dem Beschlage heraus, gerade wie beim Vorreisser, (da ja die Entfaserung der Stapel und Büschel und die Isolirung der Fasern nur gering vor sich gegangen ist und erst beginnt, und somit ein dichtes und tiefes Einlegen in die Kratzen unmöglich bleibt,) — und werden nun von den Kratzenzähnen des ersten Arbeiters, der, wie gesagt, nur etwa $1/10$—$1/12$ der Tambourgeschwindigkeit hat, aufgenommen. Hierbei ist nun wohl zu beachten, dass die flockige Wolle sehr verschiedenartig sich auf den Tambour auflegt. Ein Theil bereits gelöster Fasern legt sich leicht und tiefer in den Tambourbeschlag ein, die weniger entfaserten Flocken dringen nur wenig in den Beschlag, die ungelösten Flocken lagern fast

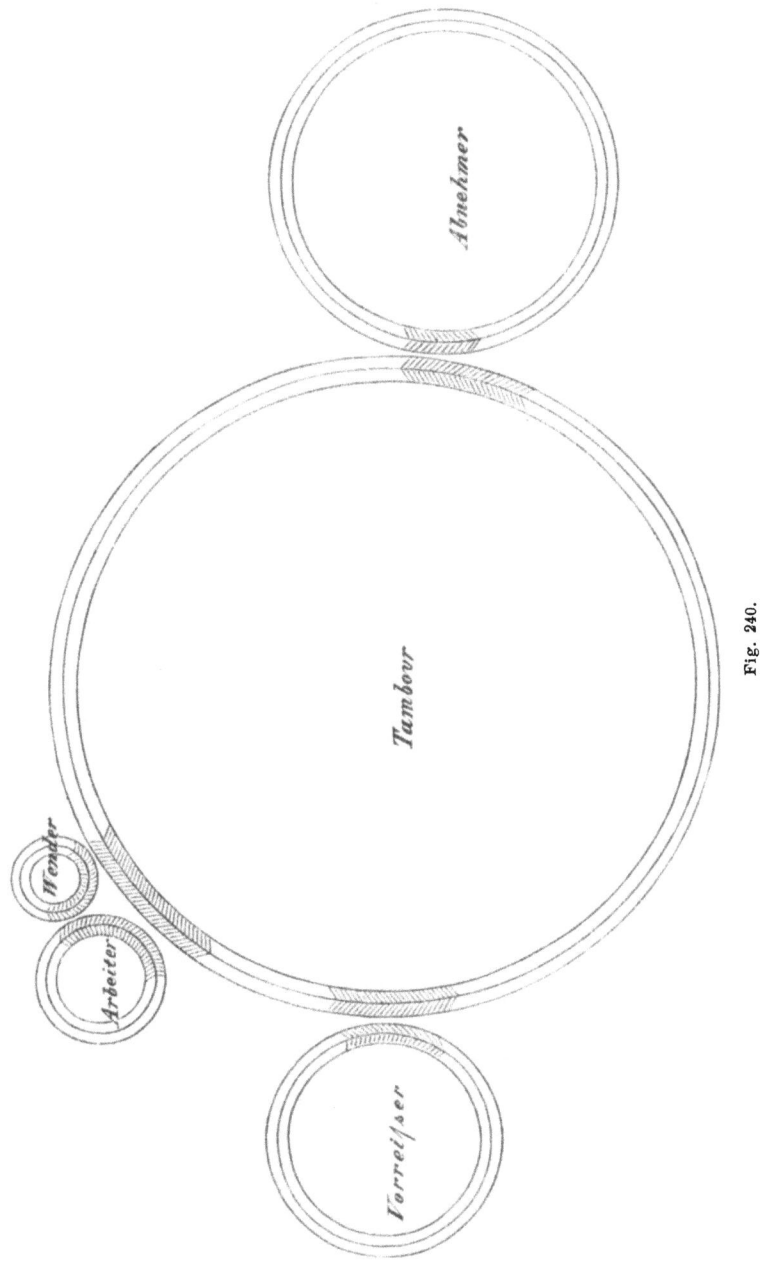

Fig. 240.

ganz oben auf an einzelne Fasern gehalten. Da nun der erste Arbeiter etwas weiter absteht vom Tambour, so erhält er besonders die ganze Masse ungelöster Fasern, während von dem Uebrigen manches zum 2., 3. Arbeiter fortgeht. Der Tambour speichert also die Fasern, die er

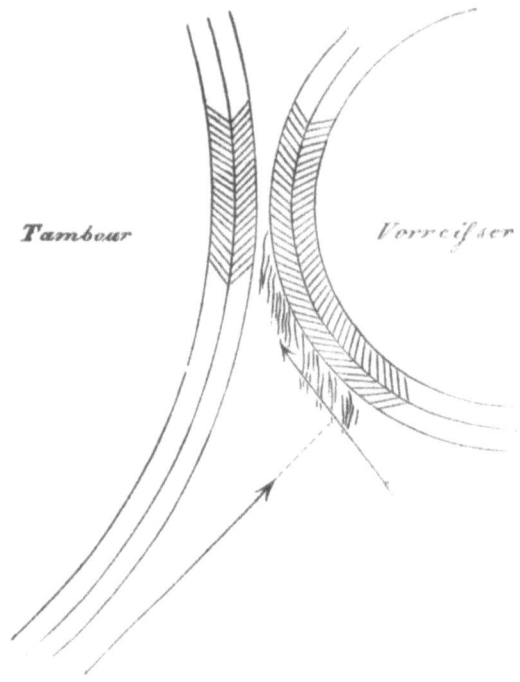

Fig. 241.

bei 10 Umgängen der Vorreisswalze entnimmt, auf dem viel kleineren Umfang der Arbeiter auf, abgesehen davon, dass er selbst einzelne bereits isolirte, sich tiefer einlegende Fasern selbst mit sich führt. Daher ist ersichtlich, dass die Arbeiter nach einander eine verhältnissmässig bedeutende Fasermasse in sich aufnehmen und diese kann selbstverständlich sich nicht tief in den Beschlag des Arbeiters einlegen und wird leicht von dem sich rasch drehenden Wender dem Arbeiter entrissen. Die Wenderkratzen sind denen des Arbeiters, sowie denen des Tambours entgegengesetzt gerichtet. Da der Wender etwa 32 mal so schnell umgeht als der Arbeiter, so vertheilt er die bei jedem Umgange des Arbeiters entnommene Wolle auf seinem 32-fachen Umfange. Seine Wirkung ist aber hauptsächlich eine ausziehende und umlegende. Der Arbeiter hält die Wollflocken gewissermassen angehakt. Bei dem schnellen Angriff der Wenderzähne haben die ganzen Büschel nicht Zeit sich loszuhaken und so zieht der Wender einzelne Fasern zunächst heraus, die weitere Trennung dieser Büschel dann späteren Wendern überlassend, da ja im nächsten Momente bei Fortschreiten der Drehung der Büschel selbst von dem nun geneigten Winkel der Arbeiterkratze abgleitet und auf den Wender übergeht. In diesem Vorgange liegt hauptsächlich der Grund der Anwendung von mehreren Wender- und Arbeiter-Paaren am Krempel.

Da der Wender schneller geht als der Tambour, so ist es diesem ohne Weiteres nicht möglich, dem Wender Wollfaser zu entreissen zumal bei der Richtung der beiderseitigen Kratzenknie. Der Wender belädt sich daher schnell stark mit Fasern, die nun theilweise mit ihren freien Enden durch die Schwungkraft emporgeworfen, theilweise durch den Wind des Tambours aufgeblasen werden. Diese aufgekehrten Fasern erfasst der Tambour und nimmt sie mit sich, ebenso die ohnehin weiter hervorstehenden zusammenhängenderen Büschel. Dieselbe Arbeit beginnt nun bei dem folgenden Arbeiter und Wender und bei den nächstfolgenden Paaren, nur mit dem Unterschiede, dass die Wolle zunehmend zertheilt ist und die zusammenhängenden Büschel in einzelne Fasern zertheilt worden sind. Hat der Tambour vom letzten Wender sich mit Fasern beladen, so geht er an die Wechselwirkung mit dem Volant heran. Zuvor aber machen wir noch für alle Arbeiter darauf aufmerksam, dass der Tambour die vom Wender ihm überlassenen etwa ungelösten Büschel sofort wieder an den Arbeiter abliefert. Das Verhältniss der Wender zu den Arbeitern ist speziell Anlass zu Constructionen geworden. Brown lässt, wie Fig. 242, 243 zeigt, vom Arbeiter a die Wolle durch den Wender w abnehmen, aber diese unterliegt vor ihrem Uebergange an den Tambour noch der Einwirkung der Reinigungswalze r. In der andern Construction legt er sogar 2 Reiniger an den Wender.

W. R. Lake zielt auf vollständige Isolirung oder Abkämmung des Arbeiters a (Fig. 244) durch den Wender c hin. Er schaltet zwischen

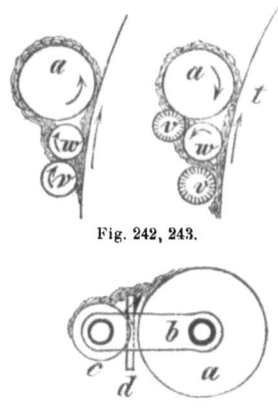

Fig. 242, 243.

Fig. 244.

beiden Walzen ein bewegliches Messer d ein, das sich besonders gegen die Arbeiterfläche anlegt und alle Wolle abhebt.

Die Wender arbeiten sehr nahe mit den Arbeitern zusammen und nehmen möglichst alle Wolle von ihnen herunter. Dagegen ist zu bemerken, dass die Stellung der Arbeiter zum Tambour eine zunehmend nähere ist, dass also, eine Massangabe zu gebrauchen, der Raum der Entfernung, d. h. ihrer Zahnspitzen zwischen erstem Arbeiter und dem Tambour 2 Millim. beträgt, derselbe für den zweiten Arbeiter 1,5 Mm., für den dritten Arbeiter 1 und für den vierten Arbeiter 0,5 Mm. ausmacht. Dies bewirkt eine successiv zunehmende intensivere Zusammenarbeit in dem Masse, wie die Lösung der Büschel vor sich geht. Ferner wird oft als Erleichterung der Lösungsarbeit den Arbeitern eine kleine freiwillige, alternirende Bewegung ertheilt. Es bedeckt somit eine isolirte Fasermasse den Tambour. Der Volant soll nun diese Fasermasse mit dem und auf dem Tambour zuletzt bearbeiten. Was der Volant bewirkt und in welcher Weise, darüber ist man etwas im Zweifel, wenigstens sind die Meinungen darüber sehr verschieden und auf diese müssen wir hier etwas eingehen. Es behaupten:

Naudin *): Die Volantwalze muss durchaus touchiren, sonst entstehen gleich Noppen; setzt man sie zu nahe an den Tambour, so wirft sie die Wolle heraus. Man kann sie nur nach Gehör stellen, und es hängt hier von sehr viel ab.

Karmarsch **): Der Läufer dient dazu, die zwischen den Zähnen der Trommel sitzende Wolle, die sich in Folge der Centrifugalkraft davon abzulösen sucht, glatt zu streichen, damit sie regelmässig an den Peigneur abgegeben wird.

Alcan***): Le tambour ne garde pas longtemps la laine restituée par les dechargeurs, car bientôt il rencontre le volant, ainsi nommé à cause de sa grande vitesse, et dont les aiguilles, presque perpendiculaires à l'axe pénétrent dans le denture du tambour pour en tirer les fibres et les amener à la pointe des dents. Les filaments dégagé sont entraînés dans cet état vers le peigneur, qui les saisit etc.

Portasse †):...(Revolved brushes) employed to raise the fibres of material from the teeth of the large card wheel and cause them to be laid hold of by those of the doffing cards.

Pihet ††): Ce volant a pour objet de lisser, d'unir tous les filaments de la nappe de la laine qui est formée sur toute la surface du gros tambour avec lequel il reste en contact.

Wedding†††): Nun erst wird die in den Spitzen der Streichen der Haupttrommel befindliche und von dem Schnellläufer glatt gestrichene Wolle an die Kammwalze abgegeben." „Dieses wiederholte Abnehmen und Uebertragen der Wolle ordnet und parallelisirt sie so, dass sie, wenn sie noch durch die langen Streichen der Bürstenwalze

---

*) Naudin, Praktisches Handbuch der Tuchfabrikation. 1838. p. II.

**) Karmarsch, Lehrbuch der mechanischen Technologie. p. 1252. Fischer, Streichgarnspinnerei, sagt p. 24 wörtlich dasselbe.

***) Alcan, Traité du travail de laine I. p. 408. Alcan ist übrigens ganz eigenthümlich zu dieser Ansicht gelangt. In der I. Auflage seines Werkes war nämlich die Bewegungsrichtung des Volants umgekehrt gezeichnet, was ihn selbst zu der Ansicht brachte, der Volant übertrüge die durch ihn abgehobene Wolle vom Tambour auf den Peigneur von oben herab. Alcan scheint sich die Sache gar nicht klar gemacht zu haben, denn wo soll bei dieser Disposition die Hackerthätigkeit wirken? Auf pag. 405 sagt er wörtlich: Le volant a pour but de détacher la couche cardée et de l'amener sur l'extrémité de ses aiguilles droites; les peigneurs l'enlèvent au volant pour s'en garnir, et les peignes à mouvement va et vient rapide detachentla nappe etc. Alcan ist also sicher ohne seine Schuld zu der obenstehenden verhältnissmässig richtigen Anschauung gelangt.

†) Abridgements of Specifications relating on Spinning p. 123.

††) Armengaud publicat. indust. 1847. T. V. p. 450.

†††) Verhandl. des Vereins für Gewerb. in Preussen. 1837. — 1855. p. 197. — 1855. p. 222.

(Volant) geglättet ist, von der Kammwalze übernommen wird." An einer dritten Stelle spricht Wedding vom Ordnen der Wollhaare durch die langen Streichen des Volants.

Hülsse*): Auf die Decken (es ist von Baumwollspinnerei die Rede) folgt der Volant, welcher eine grössere Peripheriegeschwindigkeit als die Haupttrommel und Krempelbeschläge aus längeren, feineren und ziemlich gradstehenden Drahtzähnen hat und mit denselben die auf der Haupttrommel befindliche Wolle leicht auflockert. Die Trommel wird hierdurch reiner gehalten und braucht viel seltener geputzt zu werden.

Schmidt**): Die Schnellwalze, der Volant, eine mit langen Zähnen besetzte Walze, deren Funktion darin besteht, die Wollfasern in den Beschlag der Haupttrommel einzudrücken.....

Kick und Rusch***): Der Volant wirkt gleichsam als Bürstenwalze und soll verhindern, dass Baumwolle oder Abfall zwischen den Zähnen der grossen Trommel sich festsetzt. Der Volant soll daher das Trommelputzen ersparen (oder doch vermindern).

Niess†): Der Volant soll ein Lockern der Faser bewirken und den Tambour rein halten.

Hartig††): Es wird zu behaupten sein, dass der Volant die regelmässige Ueberführung des gekrempelten Materials von dem Beschlage des Tambours in die Beschläge des Peigneurs befördert, sonach eine Ueberfüllung des Tambourbeschlages wirksam verhindert, und es kann die Annahme beibehalten werden, dass der Volant das Ausputzen der Trommel theilweise übernimmt, wogegen man die Behauptung von einer glattstreichenden oder gar eindrückenden Wirkung des Volants als irrthümlich oder doch unwesentlich fallen zu lassen hat, — ebenso wie die Ansicht, dass der Krempelprozess eine parallele Anordnung der Fasern zu einander herbeiführen solle und könne.

Stommel†††): Aufgabe des Volants oder Läufers ist, die festsitzenden Härchen aus den Winkeln der Zähnchen des Tambours herauszustreichen und glatt zu legen, so dass die Wollfäserchen sich oben an den Spitzen der Zähne des Tambours gleichmässig glattgestrichen befinden.

Grothe*†): Ich bin der Ansicht, dass die Rolle des Volants die von Alcan und Hartig bezeichnete ist, dass die Glattstreichung der Faser dabei nebensächlich ist.

Pasquay*††): Es liegt kein Zweifel mehr vor, dass der Volant oder Flügelwalze keinen anderen Zweck hat, als die Wolle theilweise aus den Zähnen der Haupttrommel emporzuheben, um die Abnahme durch die Kammwalze zu erleichtern. Ferner ist eine Reinigung der Trommel von kleinen Fasern u. s. w. dadurch bewirkt.

Friedrich†*) scheint dem Volant ebenfalls reinigende Wirkung für den Tambour zuzuschreiben.

Hülsse††*): Der Volant..... verfolgt den Zweck, die durch die Centrifugalkraft von der Trommel abgetriebenen Wollhaare vor der Berührung mit dem Peigneur glatt zu streichen.

---

*) Hülsse, Baumwollspinnerei 1857. p. 62.
**) Schmidt, Lehrbuch der Spinnereimechanik. 1857. p. 256.
***) Kick und Rusch, Neueste Fortschritte der Spinnerei. 1868. p. 9.
†) Benno Niess, Baumwollspinnerei 1869. p. 68.
††) Zeitschrift des Vereins der Wollinter. von Grothe 1870 p. 86.
†††) Cuno Stommel, Das Ganze der Streichgarnspinnerei p. 94.
*†) Zeitschrift des Vereins der Wollinter. 1870. pag. 89.
*††) Zeitschrift des Vereis der Wollinteressenten 1870. p. 225. 227.
†*) Friedrich, Praktische und commercielle Leitung der Baumwollenspinnerei. 1868. pag. 65.
††*) Hülsse, Kammgarnspinnerei 1861. p. 63.

C. A. Specker *): Die Umfangsgeschwindigkeit des Volants ist bedeutend grösser als die des Tambours, wodurch die zwischen die Zähne des Tambours gelangenden Fasern oder Haare wieder auf dessen Oberfläche gebracht werden, um der Kammwalze das Abnehmen zu erleichtern.

Aus diesen verschiedenen Erklärungen für den Zweck und die Wirkung des Volants wird zunächst das klar, dass man äusserst getheilt und unsicher über die Bedeutung des Volants war. Man sieht in obigen Citaten als Zweck und Wirkungsart des Volants angegeben: **Glattstreichen, Eindrücken, Heraus heben, Reinigen, Auflockern, Ordnen, Vereinigen**, zum Theil also Begriffe, die sich vollkommen entgegenstehen. Betrachtet man daneben nun noch die Erklärung und Annahme vieler Spinner und Spinnmeister, dass der Volant gänzlich fehlen könne, so kann man sich wirklich kein reicheres Bild der Verschiedenheit von Anschauungen über einen Gegenstand, der so lange Jahre schon unausgesetzt im Gebrauch war, wünschen.

Pasquay hat es unternommen, nachzuweisen, dass der ursprüngliche Krempel wirklich keinen Volant hatte. Die Lewis Paul'schen und später die von Arkwright **) haben keinen Volant gehabt, weil der ganze Tambour mit Deckeln arbeitete und ferner die Baumwollkratzen so gestaltet waren, dass ein Volant unnöthig war. Später hat man diesen aber auch in der Baumwollenspinnerei eingeführt. Ehrmann giebt richtig an, dass man früher die Schafwolle auf Baumwollkrempeln verarbeitete. Dies ging gut bei längeren Wollen. Als jedoch kürzere Wollen zur Verarbeitung kamen, war es unmöglich, den Tambour rein zu halten. Dies zu bezwecken, ward von ihm 1810 der Volant eingeführt in Elsass. Ebenso stellte sich bei dem White'schen ominösen Krempel die Nothwendigkeit des Volants heraus zum Reinhalten der Trommel. Pasquay erweist, dass erst im Anfange dieses Jahrhunderts der Volant erfunden wurde und seine Erfindung dem Bedürfniss entsprang, die Wolle leichter und vollständiger von der Trommel auf den Abnehmer überzuführen und so den Trommelbeschlag länger rein zu halten.

Betrachtet man den Beschlag des Volants, so fällt die Länge und Biegsamkeit der Drähte zunächst ins Auge. Man sieht, dass diese Eigenschaften dazu dienen, die greifende Wirkung der Drähte zu verhindern. Da die Drähte des Volants ferner fast ohne Knie sind, oft sogar ohne dasselbe, so hat ohne Zweifel der Volant nie den Zweck des Abnehmens gehabt. Die Zähne des Volantbeschlages greifen trotzdem in den Tambourbeschlag ein und schon Naudin sagt, sie müssen touchiren und Geräusch

---

*) Oesterr. offiz. Bericht von der Ausstellung in Paris 1867. Bd. IV. p. 546.
**) Wir erinnern daran, dass die ersten Krempel für Wolle und Baumwolle Anwendung fanden. Charakteristisch tritt der Volant erst in dem Krempel von Thomas Birch (Patent 1837) auf. Dagegen hatte die Douglasskrempel keine Volants. Doch finden wir bereits von 1810 ab Krempel mit Volants. Bei der Baumwollspinnerei ward der Volant durch Corker & Higgins in Manchester 1820 eingeführt. Dagegen hatte Coquerill bereits 1812 in den Wollmaschinen eine Flügelwalze.

machen, sie berühren somit die Wollfasern. Diese Wolle leistet einen bestimmten Widerstand, der jedoch gemindert wird durch die Winkelrichtung des Tambourbeschlages, die einem Herausschieben der Faser günstig ist. Die Faser rutscht am Knie herauf. Die Biegsamkeit der Volantzähne und die grössere Schnelligkeit des Volants aber bewirken ein Abgleiten des schiebenden Volantbeschlages. Hierin liegt nun die Lösung der Volantfrage. Naudin sagt, stellt man den Volant zu dicht auf den Tambour, so wirft er Flocken heraus! Es muss also die Grenze gefunden werden für die Touchirung des Volants, bei welcher er die Wollfaser etwas nach oben schiebt und mit den Spitzen sogar etwas über den Tambourbeschlag hebt, aber sie nicht vollständig herauswirft. Diese Grenze wechselt mit dem Habitus der Wolle. Stark gekräuselte Wolle wird durch die streckende Wirkung, die in dem Zusammenarbeiten des Tambours mit den Wendern zu finden ist, nicht so ausgestreckt wegen ihrer entgegenwirkenden Contractionskraft, dass sie nicht noch viele Bögen zeigte und somit Angriffspunkte für die Volantkratzen. Es muss hier die Zeit der Berührung der Volantspitzen mit den Kräuselungen abgekürzt werden und desshalb wird das Touché des Volants mit dem Tambour schneller genommen, als bei Verarbeitung der weniger gekräuselten Wollen.

Der Grund, wesshalb man bei gekräuselter Faser in der Regel den Volant rascher gehen lässt, liegt eben in dem tiefern Eindringen und dem innigeren Verbande der gekräuselten Wollfasern mit einander sowohl, als auch mit den Kratzendrähten. Die Funktion des Hebens resp. Auflockerns ist dem Volant dadurch erschwert und soll durch den raschern Gang erleichtert resp. ermöglicht werden. Das schlichte Haar dagegen lässt sich wegen des minder tiefen Eindringens und wegen der geringern Zusammengehörigkeit natürlich auch mit weniger Arbeit heben; daher hierbei der gewöhnlich langsamere Gang des Volants. Würde man unter gleichen Neben-Verhältnissen bei schlichter Faser denselben Gang des Volants beibehalten, so würde derselbe das Material zu sehr auswerfen.

Ein stärkeres oder geringeres Eingreifen des Volants und ein schneller oder langsamer Gang wird indess, wenn auch hauptsächlich, so doch nicht allein, durch die Beschaffenheit des Wollhaares — ob schlicht oder gekräuselt — bedingt. Es kommen hierbei die verschiedenartigen Biegungen des Volantdrahtes, sowie die übrigen Eigenschaften des zu verarbeitenden Materials, Länge etc. in Betracht. — Beispielsweise ist ein Volant, dessen Drahtbiegung etwas stark, der aber bei geringen Wollen seinen Zweck gut erfüllt, bei Verarbeitung feiner Wollen ganz unbrauchbar, indem er trotz schnellern Ganges und stärkern Eingriffs die Wollschicht im Tambour nicht hinreichend heben würde. Umgekehrt ist ein Volant, dessen Drahtstellung (wenig gebogen) auf die Verarbeitung gekräuselter Wollen berechnet ist, für schlichte Wollen nicht geeignet;

er würde, selbst bei verminderter Schnelligkeit und weniger starkem Eingriff, doch zu viel ausstauben.*)

Ferner ist zu berücksichtigen, dass die oft unvollkommen gefettete, immer aber eingeölte Wolle an den Kratzenzähnen stark adhärirt, dass sie durch ihre gekräuselte Beschaffenheit der Centrifugalkraft sehr widersteht, dass sie sich nach der letzten Bearbeitung durch den Wender tiefer in die Kratzen einlegt, so stellt sich die Volantwirkung als eine erleichternde heraus, wenn sie auch vielleicht entbehrt werden könnte und Versuche der Art nicht zu den Seltenheiten gehören. Uebrigens liegen gar keine Gründe vor, den Volant vom Krempel zu entfernen.

Dennoch hat Peter Ludw. Klein**) in Werden (a. d. Ruhr) ein sogen. Volant-System an die Stelle des Volants gesetzt und sich mannigfaltige Anerkennung damit errungen. Wir wollen seine eigene Beschreibung seines Systems hier wiedergeben. Es liegt dem System dieselbe Idee wie dem Volant zu Grunde: „Die Wollschicht, die sich bei der Verarbeitung in die Tambourkratzen festgesetzt hat, auf die Spitzen der Tambourkratzen zu „heben", damit dieselbe empfänglich für den Peigneur wird."

Das neue Volant-System hat also ganz genau dasselbe wie ein Volant zu besorgen. Der Unterschied zwischen Volant und dem neuen Volant-System ist also nicht in einem verschiedenartigen Zweck zu suchen, sondern ist nur die Art und Weise, wie ein und derselbe Zweck durch Volant oder Volant-System erreicht wird, verschieden.

Während der Volant eingreift in die Tambourkratzen und sich im Verhältniss schneller rund bewegt wie der Tambour, entsteht in den Tambourkratzen ein Streichen der Volantkratzen und wird durch dieses „Streichen" die Wollschicht auf die Spitzen der Tambourkratzen gehoben.

Bei dem Volantsystem ist eine, wie ein Wender mit gewöhnlichem Travailleurbande bezogene Walze dem Tambour (an Stelle des Volants) ziemlich nahe gestellt, ohne dass sich jedoch die Kratzen berühren; die Walze hat die ähnliche Geschwindigkeit im Verhältnis zum Tambour, wie ein Volant, bewegt sich also rascher wie der Tambour; dadurch, dass sich die Walze rascher bewegt, wie der Tambour, müssen also alle vorstehenden Haarspitzen der im Tambour befindlichen Wollschicht durch die Walze erfasst und gezupft werden. Da es aber durch die spiralförmigen Windungen der Wollhaare und das Ineinandergeflochtene der Wollschicht in den Tambourkratzen nicht möglich ist, einzelne Haare herauszuzupfen, ohne auch die ganze Schicht zu heben, so wird eben durch das „Zupfen" an den vorstehenden Wollhaarspitzen die ganze Wollschicht auf die Spitzen der Tambourkratzen gehoben.

---

*) Siehe Wollengewerbe 1870. p. 94. Controverse gegen Behauptungen von Grothe, welche sehr zur Klärung beigetragen hat.
**) Wollengewerbe 1874. p. 571.

Die Handhabung der Walze ist genau die des Volants: schnellerer oder langsamerer Gang und mehr oder weniger Nahestellung an den Tambour; nur dürfen sich niemals die Kratzen berühren.

Es bedarf nur eines geraden und runden Tambours, um mit dem Volant-System mit Leichtigkeit und grossem Vortheil arbeiten zu können.

Da aber leider zu wenig Werth auf diese Haupt-Tugenden, die einer Krempel eigen sein sollten, gelegt wird, so ist es leichter für einen Spinnmeister, bei nicht geraden und unrunden Maschinen mit Volant zu arbeiten, indem der Volant je nach Beschaffenheit der Maschine tiefer in die Tambourkratzen gestellt werden kann, was natürlich nur auf Kosten des Spinnereibesitzers geschieht. Die nöthige Accuratesse des Spinnmeisters ist also das ausschliessliche Erforderniss, um mit dem neuen Volant-System bequem und mit grossem Vortheil für den Fabrikanten zu arbeiten."

In Figur 245 haben wir die Wirkung des Volants darzustellen versucht. Der Tambourmantel ist gradlinig angenommen. Die in der Zeiteinheit zurückgelegten Wege sind für die Haupttrommelzähne a a, für die Volantzähne v v und für die Kammzähne p p. Ein Blick auf diese Figur zeigt, dass der Volant weder **abzunehmen** vermag, noch auch **glattzustreichen** oder zu **parallelisiren**, auch nicht **eindrückt** oder **ordnet und vereinigt**, vielmehr die Spitzen **heraushebt**, dabei **auflockert** und die Trommel **reinigt**. Vergleichen wir hiermit die Wirkung der Kammwalze ohne Volant, so giebt dieselbe Figur ein Bild, aus dem wir entnehmen müssen, dass in diesem Falle die Abnahme vom Tambour keine vollständige sein kann, sondern nur eine oberflächliche. Es folgt daraus ferner die Nothwendigkeit der öfteren Reinigung des Tambours. Betrachtet man auch das Schmutzbrett, welches stets unter und vor dem Volant angebracht sein müsste, oder die neuerdings viel verwendete Volantreinigungswalze, so wird man inne werden, wie sehr reinigend der Volant wirkt. Ebenso ist die Wirkung desselben auf Auslösung feiner und kurzer Fasern nicht zu unterschätzen. Bei kurzen Wollen ist der Flug dieser Fasern so stark, dass man gut thut, oberhalb des Tambours ein Drahtgewebe zum Auffangen der Fasern senkrecht aufzuhängen, da das Zurückfallen der Fasern auf die Arbeiter, Wender und den Tambour nur Veranlassung zu unnöthiger Arbeit würde. — Der Volant dreht sich ungefähr 4—5 mal schneller als der Tambour.

Wir haben endlich noch die Kammwalze zu nennen. Aus der Fig. 240 ersehen wir die Richtung der Zahnkniee, die der Richtung der Kratzen an dem Tambour entgegengesetzt sind. Die Kammwalze dreht sich etwa 20—30 mal langsamer als der Tambour. Sie muss dem Tambour möglichst nahe gestellt sein ohne ihn zu berühren, sonst nimmt sie zu wenig vom Tambour ab. — Von dem Abnehmer trennt ein schnell oscyllirender Hacker die Wolle in Form eines zusammenhängenden Vliesses ab. Bei dem langsamen Gange der Kammwalze vereinigt sich auf sie

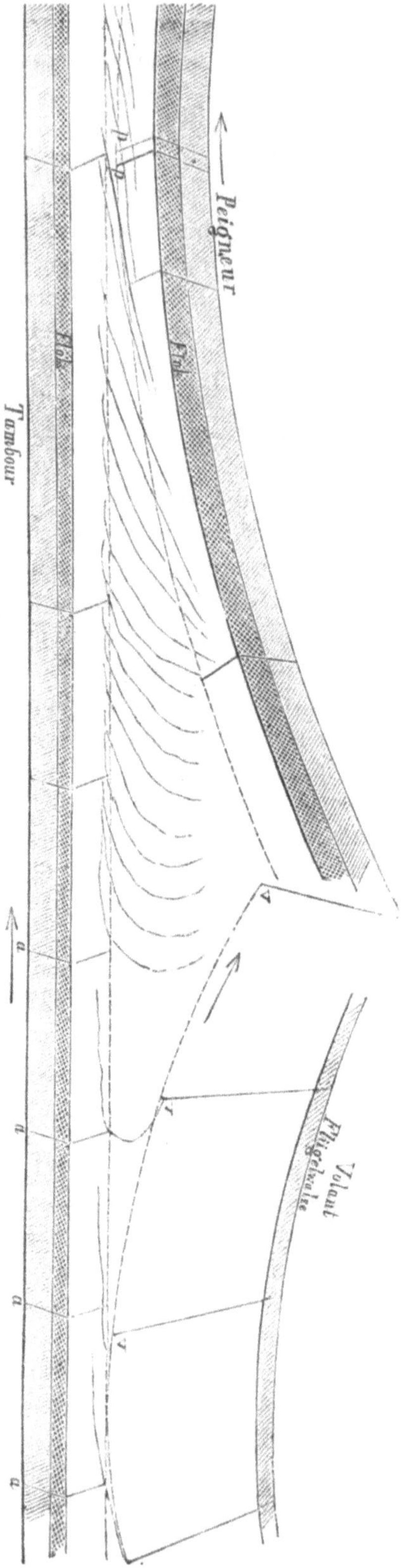

— 320 —

Fig. 245.

die Wolle, welche am Tambour eine weit grössere Fläche bedeckt, auf einer kleineren. Wenn der Tambour einen Mantel von 3,14 ☐Meter hat und die Kammwalze 1,570 ☐Meter, so vereinigen sich die Wollfasern für 25 Umgänge des Tambours von einer Fläche = 78,50 ☐Meter auf 1,570 ☐Meter der Kammwalze. Diesem entsprechend oder doch entgegenkommend ist der Beschlag der Kammwalze dichter und schärferen Knices als der des Tambours.

Sehr eigenthümlich ist die neue patentirte Combination des Peigneurs von Shaw & Lakin (Fig. 246). Diese Erfinder wollen die Krempelung

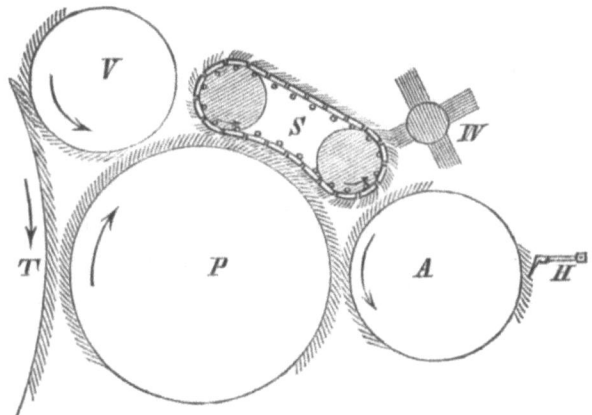

Fig. 246.

noch fortsetzen, nachdem die Wolle des Tambours T bereits auf den Peigneur P übergegangen ist. Sie lassen P in entgegengesetzter Richtung umgehen und zusammenarbeiten mit einer Kratzenkette S, welche eine langsamere Geschwindigkeit hat als P und somit Wolle aufnimmt, oder rein kämmend wirkt bei schnellerem Gange. An Stelle der Kratzenkette können auch Arbeiter-Wenderpaare eintreten. Der Abnehmer A endlich empfängt die Wolle von P und ein Kamm H kämmt sie davon ab. Der Bürstenschläger W reinigt die Kratzenkette. Bei dieser Anordnung rotirt T 120 mal, P 25 mal, A 8—10 mal per Minute. Für längere und ordinäre Wollen dürfte diese Anordnung gute Dienste leisten.

Bei dem Feinkrempel oder Vorspinnkrempel ist die Kammwalze zuweilen anders angeordnet, ausser dass sie mit Spiralband bezogen sein kann, wie die des Reisskrempels. Vom Abnehmer der Feinkrempel will man ein für Fäden getheiltes Vliess erhalten. Diese Theilung geht bei einer gleichmässig bezogenen Kammwalze mittelst besonderer Mechanismen vor sich. Man hat aber auch die Einrichtung so getroffen, dass man statt einer Kammwalze zwei vorlegt und jede mit einem Ring von schmalem

---

*) Spec. 1869. 2270.

Kratzenband versieht. Zwischen den Ringen auf der einen Walze bleiben so grosse Zwischenräume, als der Breite nach die Kratzenringe der anderen Walze austragen, so dass beide Walzen zusammengenommen eine ganz vollständig bezogene Kammwalze darstellen. Ferner kann man auch die Kammwalze mit breiteren Kratzenblättern beziehen und zwar der Breite der Krempel nach. In diesem Falle bleibt zwischen je zwei Blättern eine Lücke und der Hacker trennt das Vliess nach einander von je einem Blatt ab und lässt es in eine Mulde fallen, von wo es auf eine sogenannte Anstückelmaschine kommt u. s. w. (siehe weiter unten). —

Nach dieser speciellen Besprechung der wirksamen Organismen der Krempel müssen wir noch auf Einzelnes näher eingehen. Zunächst bezieht sich das wieder auf die Kratzen. Um dieselben widerstandsfähiger zu machen, futtert oder füllt man sie, d. h. man sucht kurze Wollfasern, Scheerflocken, die mit Terpentinöl angemacht sind in die Kratzen einzutreiben, so dass letztere bis zum Knie damit ausgefüllt sind (Fig. 247). Nur den Volantkratzen fügt man dieses Futter nicht bei. Um dies Futtern zu bewerkstelligen hat man verschiedene Methoden. Man drückt entweder die geölten Scheerflocken in die Kratzen mit der Hand ein auf allen Walzen und presst sie hernach mit einer Bürste herunter gegen das Leder und wiederholt diese Operation, zumal bei neuen Beschlägen, mehrere Male, bis die Drähte bis zum Knie etwa gefüllt sind, oder man setzt den Krempel ohne Volant in Bewegung und führt die Flocken mittelst schrägen Brettes gegen den Tambour. Es ist jedoch diese Methode langweilig und umständlich und daher in neuerer Zeit wieder verlassen. Das Füttern der Kratzen soll verhindern, dass sich gute, lange Wollhaare tiefer in die Kratzen einlegen und sich etwa mit den

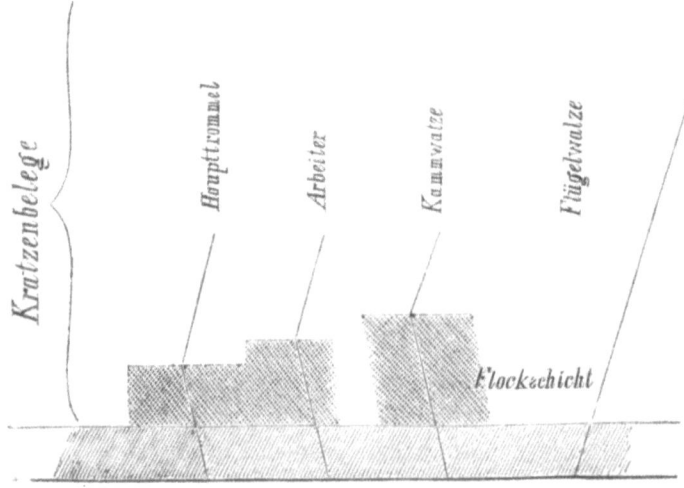

Fig. 247.

freien längeren Drähten besonders unterhalb des Kniees verschlingen und bei der Arbeit verreissen. — Die Zuführwalzen flockt man sogar fast bis zur oberen Spitze. Für alle andere Walzen rechnet man die nützliche Flockenschicht bis an das Knie, oder, wie Einige empfehlen, $1/5$ der ganzen Drahthöhe über das Knie hinaus. Die Schichten der Flocken sollen fest eingeklopft werden und nach dem Einführen des Futters sollte man etwa 14 Tage die Krempel ohne Ausputzen gehen lassen. Das allgemeine Urtheil richtet sich mehr gegen das zu wenig, als gegen das zu viel Flocken. Die sämmtlichen Walzen werden in geeignet angebrachte Lager eingelegt, von deren Einrichtung nachstehend, und gegeneinander eingestellt. Diese Stellung richtet sich nach der Qualität der zu verarbeitenden Wolle. Bei allen Walzen ist der genaueste Parallelismus ihrer Berührungslinien nothwendig. Bei Tambour und Zuführwalzen kann die Entfernung der Kratzenspitzen beider bis 4—6 Millimeter betragen. Wird eine Vorreisswalze angewendet, so stellt man diese auf 2—3 Millimeter an den Tambour heran. Die Entfernung der Arbeiter nimmt also, wie oben bemerkt, vom ersten bis letzten ab und die Kammwalze ist 0,5—1 Millimeter entfernt einzustellen. Die Wender dagegen stehen den Arbeitern auf 0,5—1 Millimeter nahe, dem Tambour auf 2—3 Millimeter. Uebrigens variirt hier die Gewohnheit und der Gebrauch. Viele Spinnmeister stellen ganz nach Augenmaass ein, andere bedienen sich der Stahllineale von 0,5—3 Millimeter Dicke, oder eines Kartenblattes, mit denen sie zwischen die betreffenden Walzen fahren. Bei guter Einstellung müssen die beiderseitigen Kratzen dies Lineal leicht touchiren. Sehr zu empfehlen sind Stahlschienen von der Arbeitsbreite der Maschinen. Man bestreicht dieselben mit Fett und bringt sie der Breite nach zwischen die Walzen und dreht diese. Sind die Walzen nicht parallel eingestellt, so macht sich dies dadurch deutlich, dass sich an den näheren Stellen im Fett Riefen und abgewischte Stellen bilden, während an den zu weiten Stellen die Oberfläche unversehrt bleibt. Mit Hülfe dieser Vorrichtung kann man auch einzelne Unebenheiten, hervorstehende Kratzenspitzen, verbogene oder sonst schadhaft vorragende Mängel auffinden. Ferner stellen viele Spinnmeister alle Walzen in gleichweiter Entfernung von einander und bedienen sich als Maass eines Kartenblattes, das sich in der Lücke entlang schieben lassen muss.

Die Kratzenspitzen müssen scharf sein, d. h. ihre Enden müssen mit scharfen Kanten versehen sein. Ueber die **Schleifmethoden** sprechen wir ebenfalls später und so über das **Ausputzen oder Reinigen**, sowie über das **Beschlagen der Walzen**.

6. Erörterung des Krempelprozesses.

Mit Bezugnahme auf die Eingangs unserer Besprechung der Krempelmaschine pag. 253 aufgeführte Vergleichung der Ansichten über den **Krempelprozess** können wir jetzt, nachdem wir die einzelnen Organe der

Krempel genauer betrachtet haben, urtheilen, welche Faktoren die Wirkung der Krempel bedingen. Wir hatten bereits oben genannt die differirende Geschwindigkeit der einzelnen Walzen, ferner die eigenthümliche Gestaltung der Kratzenzähne, die verschiedene Richtung der Kratzenknie; wir hatten ferner gesehen, dass Adhäsion und Centrifugalkraft und die nähere oder entferntere Stellung der Walzen von einander dabei von Bedeutung sind. Fast alle diese Punkte sind bereits näher erörtert und es erübrigt nur noch, über die Rolle der Centrifugalkraft und der Adhäsion der Wollfasern an den Kratzenzähnen beim Krempelprozess zu reden.

Ueber die Rolle der Centrifugalkraft beim Krempeln ist man auch sehr getheiter Ansicht. Hülsse, Niess und Karmarsch theilen derselben ziemlich viel Bedeutung zu, Niess freilich wohl in irrthümlichem Sinne, als er sagt, die Centrifugalkraft treibe die groben Unreinigkeiten in die Beschläge hinein, — während das Umgekehrte statthaben müsste, wenn nicht die Kratzenknie und die Wollfasern diese Unreinigkeiten zurückhielten. Es würde in der That kein besseres Reinigungsmittel für Wolle geben als die Centrifugalkraft, wenn die Unreinigkeiten lose in den Fasern wären. Die Centrifugalkraft ist offenbar beim Krempeln wirksam und sucht zunächst die Fasern von den Walzen wegzuführen. Diesem Bestreben treten einmal rein mechanische Hindernisse in den Weg, dann aber auch die Adhäsion. Die rein mechanischen Hindernisse zeigen sich darin, dass die Kratzenzähne aller schnellgehenden Walzen mit ihren Spitzen nach der Richtung der Bewegung weisen, die Richtung der Centrifugalkraft kreuzt sich demnach mit dem Oberschenkel der Kratzendrähte, die Haare werden somit gegen deren schräge Fläche geworfen und dadurch zurückgehalten, dass die zusammenhaltenden Wollflocken zuerst gleichzeitig in mehrere Kratzenzähne eingedrückt werden und dass diese spreizend und hakenförmig zugleich wirken. Ist die Wolle ziemlich ausgelöst, so legen sich die Wollfasern zwischen die Drähte hinein und werden darin zurückgehalten durch ihre Kräuselungsbogen und durch die Reibung, die an den Berührungsflächen statthat. Ist nun ferner die Wolle geölt, so hält die durch die Flüssigkeit vermehrte Adhäsion mit den Kratzenzähnen das Haar zurück. Das Haar folgt der wirksamen Centrifugalkraft nicht, weil ihre Kraft für das einzelne Haar kleiner ist, als das Produkt aus den benannten Hinderungsgründen. Wo dies nicht statthaben würde, wie zum Beispiel bei den ersten Arbeitern, die grössere Flocken aufnehmen, ohne tief einzudringen oder stark zu adhäriren, nimmt man zur Reduktion der Centrifugalkraft seine Zuflucht durch Verminderung der Umdrehungsgeschwindigkeit. So wird beim gesammten Krempelprozess die mögliche, ja gewisse Einwirkung der Centrifugalkraft, die durch ein Wegschleudern der Wolle dem Krempelprozess nicht dienlich sein kann, aufgehoben oder mindestens balancirt durch mechanische und physikalische, zur Wirkung kommende Kräfte. Dabei ist nicht zu verkennen, dass die Centrifugalkraft auf die Reinigung der Wolle durch Wegschleudern anhängender kleinerer oder grösserer Schmutztheile und des Staubes, ferner der zu kurzen Fasern sehr günstig wirkt, dass sie ferner für die Gradelegung der Fasern in Richtung der Bewegung wirkt, während die Vorderenden der Fasern festgehalten sind.

Fassen wir die ganzen Vorgänge des Krempelprozesses kurz zusammen. Der Krempelprozess besteht aus dem Auflösen der Faserbüschel der Wolle in Einzelfasern, also dem Isoliren der Wollfasern, dem damit verbundenen Reinigen, dem Nebeneinanderlegen und der Neuanordnung der Fasern zu einem gleichmässig lockeren Vliess. Das Parallelisiren oder besser Geraderichten der Fasern nimmt schon auf den Krempeln seinen Anfang, keineswegs aber darf man diese Ausstreckung und Parallelisirung als die eigentliche Aufgabe des Krempelprozesses auffassen, sie ist factisch nebensächlich und wird in diesem Sinne auch bei der Ablieferung behandelt. Während die Fasern bei der Bearbeitung durch Arbeiter und Wender und Tambour sich durch die differirenden Geschwindigkeiten wirklich ausstreckten und in gewissem Sinne parallel legten, ist der Tambour vor seinem Zusammengriff mit dem Volant mit annähernd parallel angeordneten Wollfasern bedeckt. Die Kammwalze aber mit ihrer aufhäufenden Wirkung hebt diese Gradrichtung wesentlich auf, wozu der Volant vorarbeitet. Das Vliess unmittelbar von der Kammwalze abgetrennt, zeigt auf das Deutlichste, dass die Fasern nicht parallel angeordnet, nicht einmal gerade gestreckt sind, sondern in verschiedenen Richtungen möglichst gleichmässig, bezüglich der Quantität der losen Fasern, durcheinander vertheilt liegen. Die Kammwalze löst somit den vorher erreichten, aber nicht absolut angestrebten Parallelismus wieder vollkommen auf. Der Hacker beginnt dann mit schnellerer Bewegung als die Kammwalze diese Faserlage wieder etwas auszustrecken. Niemals staucht der Hacker bei dem Streichgarnkrempel wie meistens bei dem Baumwollkrempel. Verfolgen wir endlich die Bearbeitung weiter, so finden wir, dass die Abzugswalze, welche das Vliess auf die Pelztrommel bringt, etwas voreilt und sich so nach eigentlicher Vollendung des Krempelprozesses eine beginnende Gradlegung der Fasern in Richtung der Bewegung einstellt. Es beginnt mit anderen Worten hier ein Streckprozess, (zunächst aus dem Bedürfnis der Straffhaltung des abgelösten Vliesses entsprungen), der stets auf Gleichrichtung der Fasern hinwirkt. Nun hat das Wollfasernvliess die treffliche Eigenschaft, durch die Isolirung ihrer Fasern und durch die vorherrschende Kräuselung derselben, sich mit grösster Leichtigkeit dem Prozess des Ausziehens oder Streckens zu unterwerfen. Im Feinkrempel wird von der Kammwalze an der Streckprozess weiter fortgeführt bis zur Lieferung von Vorspinnfäden, welche vollkommener geradgerichtete Fasern in den Vliessbändern bereits bieten. Der Würgelprozess hebt dies wieder wesentlich auf. —

7. Das Beschlagen der Krempeln.

Nachdem man die geeignete Band- oder Blattsorte und Nummer der Kratzen ausgewählt hat, bringt man diese Kratzen auf die Walzen auf. Diese Operation muss mit grosser Sorgfalt vollzogen werden, weil hiervon die gleichmässige Wirkung der Beschläge abhängt. Zunächst ist zu entscheiden, ob die betreffenden Walzen mit Blättern oder mit Spiralband oder mit Ringen bezogen werden sollen. Den Tambour bezog man früher stets mit Blättern, die in Belassung des Lederrandes der Blätter parallel der Axe auf den Mantel des Tambours aufgenagelt wurden. Es hat dieser Bezug auch heute noch Anwendung, besonders für gröbere Wollen. Ferner bezieht man den Tambour auch mit Kratzenband, welches spiralförmig, ohne Lederrand um den Tambour herum genommen wird. Der Beschlag der Arbeiter und Wender ist stets Kratzenband. Der Vorreisser wird gleichfalls mit diesem versehen. Für den Vorreisser verfolgt man zwei Methoden des Bezuges, wovon jede ihre Vortheile, jede ihre Nachtheile hat. Nach der einen bezieht man ihn, wie gesagt, mit gewöhnlichem, also feindrähtigem Beschlag, nach der anderen aber mit Diamantbeschlag. Ersterer arbeitet sich leicht zu voll und giebt dann die Wolle unregelmässig an den Tambour, letzterer aber ist schwer zu schleifen und dem Verbiegen der Zähne leichter ausgesetzt, da dieselben ohne Elasticität sind. Dagegen wird der Abnehmer verschieden garnirt: 1. mit Kratzenblättern, 2. mit Kratzenringen, 3. mit Kratzenspiralband. Der Volant kann mit Kratzenblättern und auch neuerdings sehr selten mit Spiralband versehen sein.

Das Aufziehen selbst muss so vorgenommen werden, dass das Kratzenleder mit der Unterseite auf allen Punkten fest auf dem Mantel der Walzen aufruht, dass der Bezug ferner an allen Punkten genügend befestigt ist, so dass er keiner Verschiebung unterliegt. Bei dem Aufzug bedient man sich einer Zange, die mit einem Stellrade in Verbindung steht. Hat man z. B. Blätter aufzuziehen, so legt man sie auf die zuvor mittelst Support und Messer sorgsam abgedrehte Walze und reckt sie in der Länge so viel als möglich aus und nagelt die eine ganze Längsseite mit Nägeln in 1 Centimeter Entfernung auf (Fig. 248). Darauf legt man die Zange an das andere Ende an und zieht mit Hülfe des Stellrades die Kratzenblätter auch in der Breite straff und nagelt diese Seite an. Für den Aufzug der Bänder hat man in der Regel eine Art Bäumvorrichtung, die genügende Friction giebt für das aufzubringende Band, so dass dasselbe stets in genügender Spannung aufläuft und gleich festgenagelt wird. Um die Befestigung mittelst Nägeln sicher zu machen bei Gypswalzen, legt man in den Gypsbelag Holzleisten ein. Bei ganz eisernem Mantel schraubt man die Beschläge fest. Eine starke Anspannung des Leders ist um so unerlässlicher, als das Leder in Berührung mit dem Fett der Wolle sich leicht ausdehnt.

Für das Beziehen der Krempel mit Bändern und Blättern ist neuer-

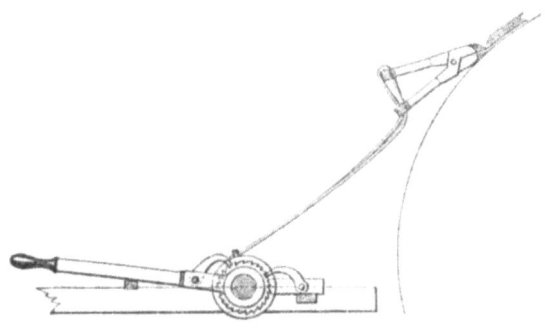

Fig. 248.

dings ein neuer bequemer Apparat construirt (Henry Simon in Manchester). (Fig. 249, 250). Derselbe hat folgende Einrichtung. Auf die Axen der

Fig. 249, 250.

zu beziehenden Walzen wird das Zahnrad a aufgebracht, welches mit dem Arm b auf einer Hülse sitzt. Die Hülse stellt das Rad auf der Achse fest. Der Arm b aber ist auf der Hülse frei beweglich. Der Arm b enthält am andern Ende ein Schneckenrad c, welches in a einkämmt; ein am Ende befestigter herabhängender Stiel dient als Stütze gegen den Fussboden bei Drehung von c. Das aufzuziehende Kardenband wird einmal um den Cylinder d herumgeschlungen und hier durch den Schmirgelsattel e gebremst, während die innere Schraube f die Spannung leicht herstellen lässt. Mittelst der Kurbel g ist der Support mit Trommel horizontal verschiebbar. — Für Kratzenblätter dient ein dem Apparat Fig. 248 ähnlicher oder auch derselbe Apparat.

In Fig. 251 stellen wir den neuesten, 1874 patentirten Apparat von William Walton dar. Derselbe ist sehr empfehlenswerth. g ist eine

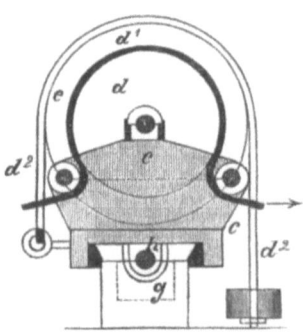

Fig. 251.

Längsunterlage, oben mit schrägem Anlauf ausgehend, um in eine Schwalbenschwanznuth des Supports c einzupassen. g wird auf die Seitenwände des Gestells gelegt. h ist eine Schraubenstange, mittelst Kurbel drehbar und durch eine an c befestigte Mutter gehend, so dass bei Drehung von h sich der Support bewegt. Im Support sind die Axen d e f. Auf der Axe von d sitzt neben der kleinern Trommel d noch eine Bremsscheibe d^1, umfasst vom Bremsband und Gewicht d^2. Das Kratzenband wird um e herum über d und unter f nach der Walze a genommen. —

Das zu straffe Aufziehen der Kratzen ist namentlich durchaus falsch; ein Bandbeschlag, der zu fest aufgezogen ist, bleibt nicht, wie manche irrthümlich denken, fest und gleichmässig auf der betreffenden Walze liegen, sondern er kommt nach und nach an beiden Seiten einer jeden der Schraubenwindungen, in welchen er die Walze umgibt, wie ein erwärmtes Blatt Papier in die Höhe. Um die Bandbeschläge gleichmässig aufzuziehen und vor dem Heben geschützt zu sein, wendet man folgendes einfache Verfahren an:

Nachdem man die betreffende Walze in ein passendes Gestell gelegt hat, befestigt man vor ihr am Gestelle ein 6—8″ starkes rundes Holz, reibt dieses, um es recht glatt zu machen, mit etwas Oel oder Seife ein und schlingt darum das Beschlagband, das man zuvor um eine Rolle unterhalb des Holzes geführt hat. Die Spitze des Bandes führt man auf die zu beschlagende Walze, wo man sie festnagelt, und muss man dabei, um eine gute Spitze zu bekommen, den Umfang der Walze in so viel gleiche Theile theilen, als die Breite des Bandes Nadelreihen enthält. Das freie Ende des Bandes wird durch einen Arbeiter so angezogen, dass die erwähnte Rolle, an die man, wie an die Kraftrolle eines Flaschenzuges, Gewichte angehängt hat, in einer gleichen Entfernung vom Fussboden bleibt. Die geeignetsten Gewichte sind erfahrungsmässig für den Tambour 110 Pfd., für den Peigneur 75 Pfd. und für diverse kleine Walzen 60—70 Pfd. Die zu beschlagende Walze wird dann wie gewöhnlich langsam durch eine Kurbel gedreht und das Band scharf, Umzug um

Umzug, angelegt. Nachträglich sei noch einer Vorkehrung gegen das Heben des Beschlages gedacht, die vielleicht Beachtung verdient. Man legt eine mit starkem Firniss getränkte Schnur in die Lücke zwischen die zwei äussersten Zahnreihen, hängt ein Gewicht von 8—10 Pfd. unmittelbar an die Schnur selbst und führt die Schnur durch langsames Drehen der Walze in den erwähnten Zwischenraum. Diese kleine Operation wiederholt man auch auf der andern Seite des Bandes und giebt in die Enden, wohl auch in der Mitte der Schnur einige Nägel zum Festhalten.

In einer neueren amerikanischen Methode wird folgender Art verfahren: Der Stoff, in welchen die Nadeln eingesetzt sind, besteht gewöhnlich aus Leder, und es wird die Kratze, je nachdem die Walze aus Holz oder Eisen besteht, entweder einfach aufgestiftet, oder man bohrt erst die Löcher in die eiserne Walze vor, füllt diese mit hölzernen Pflöckchen und schlägt nun erst in diese die Stifte ein. Da das Leder sich mit dem Temperaturwechsel mehr ausdehnt und zusammenzieht, als das Material der Walzen, ausserdem aber das Leder auch durch den Gebrauch sich streckt, so ist die Wiederholung des Abnehmens der untauglich gewordenen Kratzen und die Wiederbefestigung neuer Kratzen auf den Walzen eine um so umständlichere Arbeit, je häufiger gegenwärtig eiserne Walzen in Anwendung kommen. Ausserdem verlangt die letztere Arbeit die grösste Genauigkeit, weil durch sie die Qualität mitbedingt wird, mit welcher die Maschine arbeitet. Figur 252 zeigt die verbesserte Methode der Befestigung der Kratzen auf den Walzen in verticalem Querschnitt und Fig. 253 im Längendurchschnitt eines Theiles

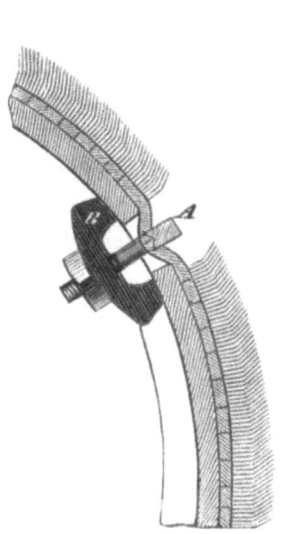

Fig. 252.   Fig. 253.

des Cylinders. Der aus Leder bestehende Stoff der Kratzennadeln wird nämlich an seinen Kanten mit einander entweder mittels Naht oder eines Kittes oder auch mittels Nieten verbunden, so dass er den Umfang der Walze deckt. Diese letztere ist ferner in angemessenen Entfernungen von etwa ¾ Zoll breiten, um die Peripherie laufenden Einschnitten durchschnitten, in welche die Kanten der Kratzen durch Schraubenbolzen A hineingedrückt und durch den Bügel B und die dazu gehörige Mutter festgehalten, bezüglich angezogen oder nachgelassen werden. Mittels dieser Einrichtung sitzen die Kratzen auf den Walzen nicht nur fest, sondern können auch in fortwährend gleicher Spannung erhalten werden; desgleichen verursacht die Abnahme der Kratzen weder Schwierigkeiten, noch grossen Zeitverlust.

8. **Das Reinigen und Schleifen der Krempeln.**

Eine Krempel muss von Zeit zu Zeit gereinigt oder ausgeputzt werden. Dies geschieht um so öfter, je kürzer die Wolle war oder je unreiner, es geschieht immer, wenn man hintereinander verschiedene Partien von etwa ungleicher Nummer oder verschiedener Farbe krempeln will. Bei Abwesenheit des Volants ist das Ausputzen ebenfalls öfter geboten.

Für gewöhnlich wird dies Ausputzen mit der Hand vollführt. Man hat zu dem Ende Handkarden von 6—8 Zoll Breite mit Handgriff versehen und kämmt mit diesen die Bezüge der Walzen aus, so aber, dass die Spitzen der Kratzendrähte nach der Richtung weisen, in welcher man die Handkarden bewegt. Man darf dabei aber die Handkarden nicht zu tief in die Walzenkratzen eindrücken, weil man sonst das Futter mit herausreisst.

Um dieses mehr oder weniger lästige und für die Kratzen nicht sehr zuträgliche Ausputzen zu vermeiden, oder doch auf seltenere Fälle zu reduciren, hat man sogenannte Reinigungswalzen in den Krempeln angebracht. Wir geben in Fig. 254 einige solcher Anordnungen, die immer in einer Walzencombination bestehen, der Art, dass eine Walze den Tambour reinigt und selbst durch eine dritte Walze, die auch Bürste sein kann, gereinigt wird, oder dass eine Walze, mit starren langen Stacheln besetzt, in den Tambour eingreift und die Unreinigkeiten, welche dadurch abgenommen

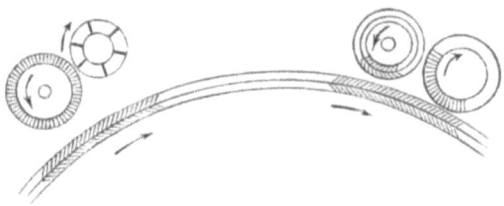

Fig. 254.

werden, fortschleudert, da sie gegen die Wirkung der Centrifugalkraft durch die Kniee nicht geschützt sind. Es ist dies gleichsam eine Einstellung von einem zweiten Volant. Man giebt oft auch den übrigen Walzen besondere Reinigungsbeiwalzen, so besonders dem Volant, dem Peigneur, Brown sogar den Wendern.

Man hat auch bei den Wollkrempeln ähnliche selbstthätige Reinigungsapparate versucht, wie bei der Baumwolle, jedoch mit weniger Erfolg, weil alle Organe der Wollkrempeln sich schneller oder langsamer, aber beständig bewegen. Von den hierher gehörigen Apparaten führen wir an Clark's Reinigungswalze für den Tambour. In den Figuren 255 und 256 ist

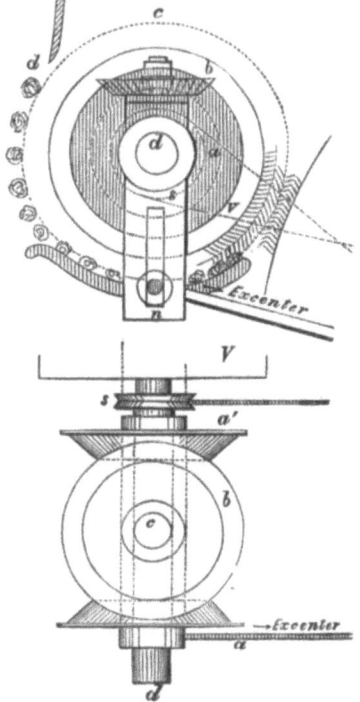

Fig. 255, 256.

derselbe dargestellt. Im geeigneten Lager ruht die Welle d der Reinigungswalze V, die mit Kratzen bezogen ist. Auf der Welle d sitzt die Scheibe s, welche von einer Scheibe auf der Tambourachse bewegt wird. Auf d sind zwei Hülsen fest aufgeschoben mit den conischen Rädern a a und frei drehbar eine senkrechte Welle c mit dem conischen Rade b, welches in beide Räder eingreift. Das Rad a' sitzt lose auf d, ist mit der Scheibe s verbunden und nimmt an der Drehung von s Theil. Das Rad a ist mit der Welle d fest verbunden, ebenso mit c. Auf d sitzt ferner der Hebel n mit der Stange, die von einem kleinen Excenter herkommt. Die Funktion ist folgende. Das Rad a' dreht sich continuirlich. Es müssen demnach c und a ebenfalls umdrehen, somit auch die Axe d und die Reinigungswalze. Nun aber oscyllirt n durch die Einwirkung des Excenters, und indem sich die dadurch hervorgebrachte Bewegung von n d der Geschwindigkeit der Umdrehung durch a' c bewirkt, addirt oder subtrahirt, wirkt die Walze V stossweise schnellgehend und dann absetzend. Die Folge dieser Action ist das Auskämmen von Theilen des Beschlages nach einander.

Tolson giebt einen Apparat (Fig. 257) an, bestehend aus einem

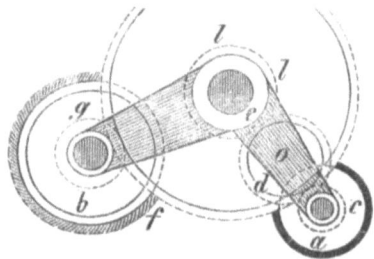

Fig. 257.

zweiarmigen Bügel o, der um die Axe e schwingt. Der eine Arm enthält die Walze a, der andere die Walze b. Die Walze a ist mit Tuch bezogen und legt sich an eine der bewegten Krempelwalzen an und wird durch Friction mitbewegt. Diese Bewegung überträgt sich durch die Zahnräder c d l f g auf die Walze b, die mit Austreichkratzen bezogen ist und geeignet an die zu reinigende Walze angelegt wird. Auf diese Weise benutzt Tolson die Bewegung der Krempel zur Bewegung seines Reinigungsapparates.*)

Beim und durch das Krempeln nutzen sich die oberen Drahtspitzen und deren Kanten ab. Man bedenke, dass per Minute viele Wollfasern an den Drähten entlang gleiten. Es muss nothwendig ein Abschleifen der Kratzen erfolgen. Um Verletzungen des Wollhaars vorzubeugen,

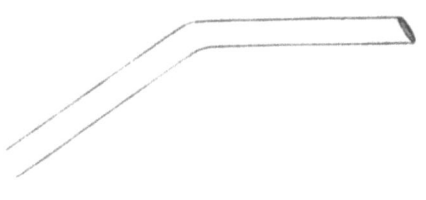

Fig. 258.

---

*) Deutsche Industrie-Zeit. 1869. 1392

sollen alle Drahtspitzen rund geschliffen sein, wie Fig. 258 in vergrössertem Maasstabe zeigt. Das Verfahren des Schleifens beruht entweder in einer Handarbeit oder in einer Maschinenarbeit. Die Methode des Handschleifens besteht darin, dass man ein Schleifholz auf seiner gradlinigen unteren Fläche mit Schmirgel überzieht und auf die Kratzenfläche leicht aufdrückt, während die Kratzenwalze sich schnell bewegt. Man führt dies Schleifholz hin und her und erreicht so das Abschleifen der Spitzenkanten.

Das Maschinenschleifen, oder das mechanische Schleifen, geschieht entweder mit einer Schleifwalze, welche so breit wie die zu schleifende Kratzenwalze, mit dieser sie eben berührend, umläuft, oder mit einem ausgespannten Tuche, das an der Unterseite mit Schmirgel überzogen ist und auf die betreffend zu schleifende Walze mittels Federkraft aufruht, oder mittelst einer sogenannten wandernden Schleiftrommel. Die erste dieser Methoden haben wir in Fig. 259 dargestellt. Dieselbe

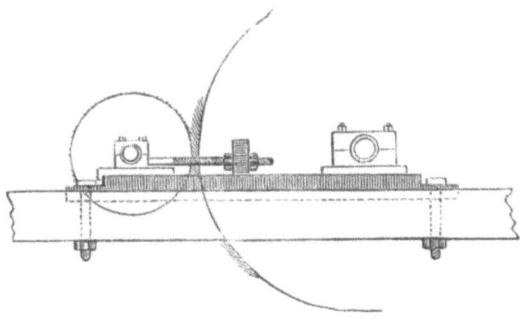

Fig. 259.

erfordert jedoch absolute Rundheit beider Walzen, sonst gelingt das Schleifen durchaus nicht.

George Newsome*) stellt diese Schleifcylinder her, indem er gewöhnliche Cylinderwalzen mit Schmirgelleinwand-Bändern in flachen Spiral-

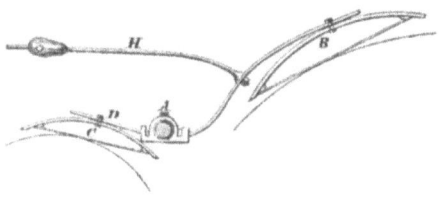

Fig. 260.

---

*) Specification Engl. Nr. 1407. 1872.

zügen garnirt. In Fig. 260 ist das Tuchschleifen vorgeführt. Auf der Axe A sind an einem Gestellarm D die Schmirgeltücher C und B angebracht, ausgespannt durch die federnden Bogen. Das Gewicht mit Balancier H regelt den Druck, mit welchem C und B auf den zu schleifenden Walzen aufliegen. Die Axe A ist mit entgegengesetzten Schraubengängen versehen, in welchen ein Stift an der Hülse um A, an der die Arme D mit B C sitzen, schleift und daher bald nach rechts bald nach links geführt wird. An Stelle der Schmirgeltücher können auch kleine Schmirgelwalzen an den Enden von D befestigt werden. Swines hat solche kleine Schmirgelwalzen durch kleine Stahlwalzen ersetzt, auf deren Umfang kleine dreieckige, an den Seitenflächen feilenartig aufgehauene Stahlstifte eingedreht sind.

Eine Neuerung hat Crighton[*]) durchgeführt. Dieselbe unterscheidet sich von den bis jetzt allgemein gebräuchlichen wesentlich dadurch, dass die Schmirgelwalzen nicht parallel zu der Krempelwalze liegen, sondern senkrecht zu derselben. Diese Walzen berühren sich also nicht mehr in einer Seitenlinie, sondern nur in einem Punkt.

Aus Fig. 261 ist das Eigenthümliche dieser Maschine zu erkennen. a a sind zwei Krempelwalzen, welche geschliffen werden sollen, b b vier Schleifwalzen (von denen nur die beiden vorderen ersichtlich sind). Die Krempelwalzen hängen in verstellbaren Lagerarmen c c und können in einfacher und sinnreicher Weise mittelst Schrauben ganz genau eingestellt werden. Dieselben empfangen ihre rotirende Bewegung von der Betriebsscheibe d aus mittelst Riemen e.

Die Schmirgelwalzen b b lagern in einem ganz solide gebauten Schlittenrahmen l, welcher auf den gehobelten Flächen des Bettes m gleitet und mittelst der starken Leitspindel n bewegt wird. Diese Schraubenspindel n reicht durch die ganze Länge der Maschine und empfängt abwechselnd eine Rechts- und Links-Drehung.

Die Schmirgelwalzen empfangen nun eine dreifache Bewegung und zwar
1) eine Bewegung in Richtung der Leitspindel n, parallel zur Axe der Krempelwalzen,
2) eine rotirende Bewegung um ihre eigenen Axen,
3) eine Hin- und Herbewegung in Richtung ihrer eigenen Axen.

Die erste Bewegung erfolgt für alle Schmirgelwalzen gemeinsam mittelst der Leitspindel n, welche den ganzen Schlittenrahmen l um jede beliebige Länge hin- und zurückführt.

Die zweite Bewegung wird durch den Riemen g hervorgebracht. Derselbe läuft über zwei Betriebsscheiben f, welche an den Enden der Maschine liegen und wird mittelst der Spannrollen h fest über die Riemscheiben O geführt. Letztere sitzen fest auf den Wellen K der Schmirgelwalzen b b.

Die dritte Bewegung endlich, durch welche die auf der Welle K

---

[*]) Zeitschr. des Vereins der Wollinteressenten von Grothe. 1870. p. 236.

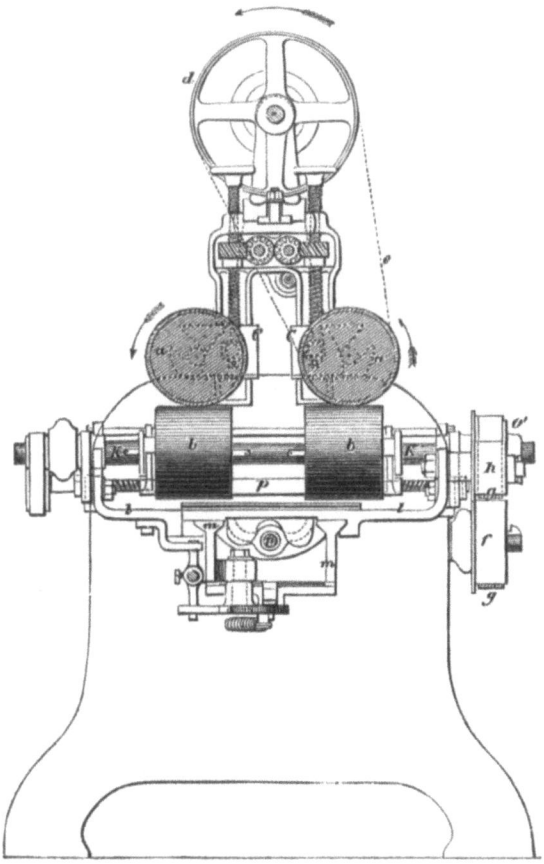

Fig. 261.

befindlichen beiden Schmirgelwalzen bald einander genähert, bald von einander entfernt werden, wird mittelst der Schraube p erzeugt. Dieselbe hat an dem einen Ende ein Rechts-, und an dem andern ein Links-Gewinde und empfängt, ähnlich wie die Leitspindel n, bald Rechts-, bald Links-Drehung.

Wie die erste Bewegung dazu dient, die Krempelwalzen der ganzen Länge nach zu schleifen, so dient diese dritte Bewegung dazu, die Schmirgelwalzen nach und nach in ihrer vollen Länge zum Angriff zu bringen.

In den Figuren 262—268 sind nun die neuesten erprobten Apparate zum Kratzenschleifen dargestellt. Fig. 1 giebt eine Schleifwalze, die auf einer Axe aufgebracht ist, die ihrerseits in einer Hülse d sitzt. Die Hülse d wird in quadratische Axenlager eingelagert und so festgestellt. Die innere Axe trägt seitlich ein Schraubenrad, in welches ein Zahnrad eingreift. Dieses Zahnrad ist in einem Gestell aufgestellt, welches mit

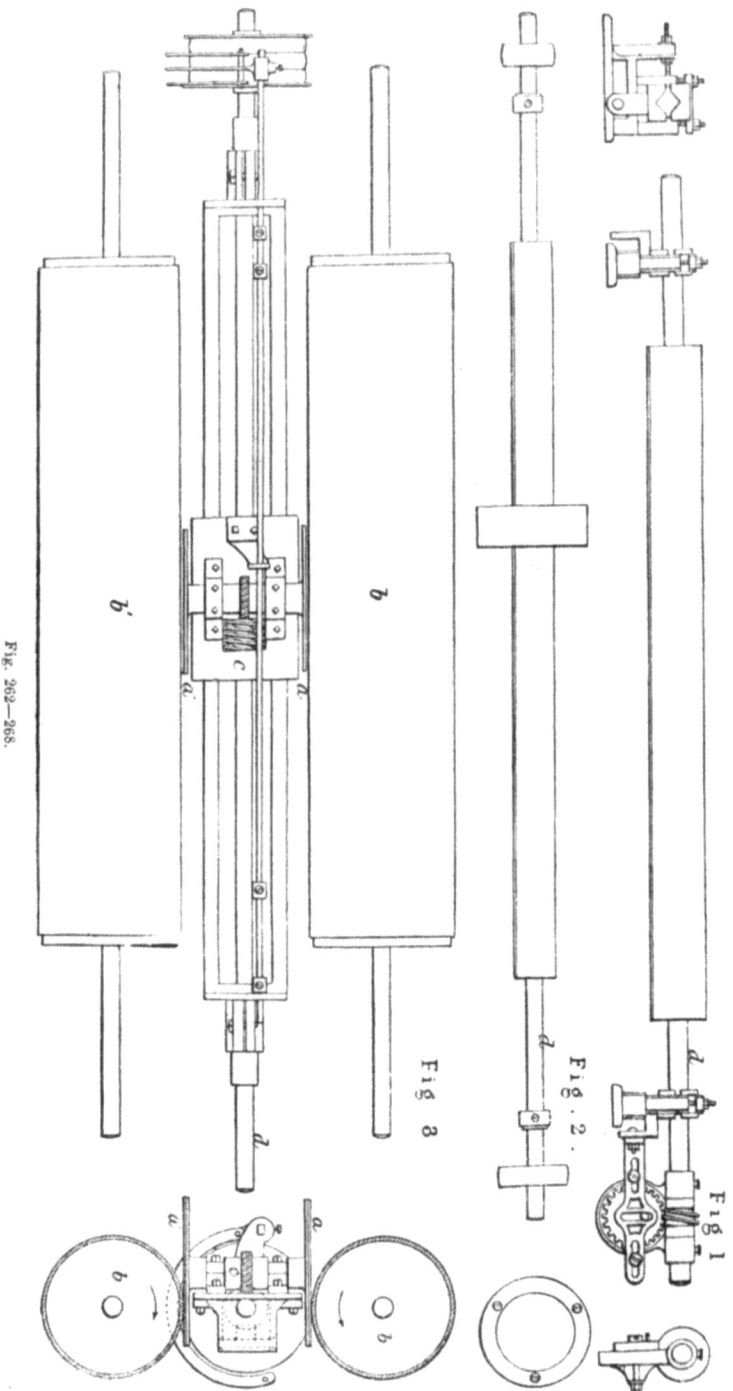

Fig. 262—268.

dem Lager a in fester Verbindung ist. Ein Bolzen am Zahnrade greift in den inneren Ausschnitt des Gestellarmes, und wenn das Zahnrad rotirt, so stemmt sich der Nasenbolzen gegen die Wandung dieses Ausschnittes und da dieser feststeht, dagegen die Axe d verschiebbar ist, so schiebt sich derselbe hin und her, wobei aber mittelst des Schraubenrades die innere Axe mit Cylinder fortrotirt. Es vereint sich somit die rotirende mit der alternirenden Bewegung auf das Beste.

In Fig. 265 (2) u. 269 geben wir die Abbildung der Horsfall'schen Schleif-

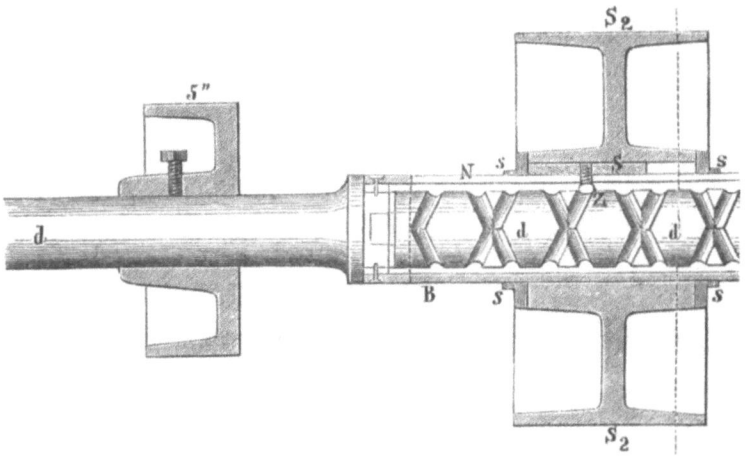

Fig. 269.

walze, die in neuerer Zeit alle andern Schleifapparate zu verdrängen scheint. Dieser Apparat besteht aus einer doppelgängigen Schraubenaxe A, die fest steht. Diese Welle ist von einer Hülse umgeben A B, welche mittelst Riemenscheibe an C umgedreht wird. Diese Hülse hat der Länge nach einen Schlitz N, durch welche der Stift Z reicht und in die Schraubenzüge von A eingreift. Z befindet sich in fester Verbindung mit der Schmirgelrolle S, die auf B lose aufgeschoben ist. Wird nun B gedreht, so geht der Stift Z in den Schraubengängen von A herum und schiebt dabei S mit sich. Am Ende des einen Schraubenganges, tritt der Stift in das Ende des andern Schraubenganges über und so wird die Bewegung der Schmirgelrolle eine hin- und hergehende. Uebrigens kann sich auch A drehen. Man hat es in der Hand, durch geeignete Einstellung von A und C die Schleifrolle langsamer oder rascher hin- und hergehen zu lassen.*)

Eine ähnliche Maschine ist 1861 von Constantin Pfaff in Chemnitz veröffentlicht worden. Bei dieser ist es ein Sector, der auf dem Krempel-

---

*) Benno Niess, Baumwollenspinnerei. p. 137. — Grothe, Die Spinnerei, Weberei und Appretur auf der Pariser Ausstellung 1867. pag. 39.

beschlag aufruht und eine hin- und hergehende Bewegung mittelst endloser Kette erhält. Pfaff hat damit auch zugleich einen Laufkrahn verbunden, der über den Krempelreihen hingeht und mit Hülfe dessen man den Schleifapparat von einem Krempel zum andern leicht übertragen kann.*)

Die Schraubenaxe, welche Horsfall benutzt, ist in Fig. 269 grösser dargestellt.

Die Abbildung Fig. 267 (3) stellt endlich den Apparat**) von Dronsfield dar. Derselbe ist ursprünglich nur mit einer Schleifwalze construirt, wie Fig. 270 im Detail zeigt. Es ist also ein Schlitten c auf der Führungs-

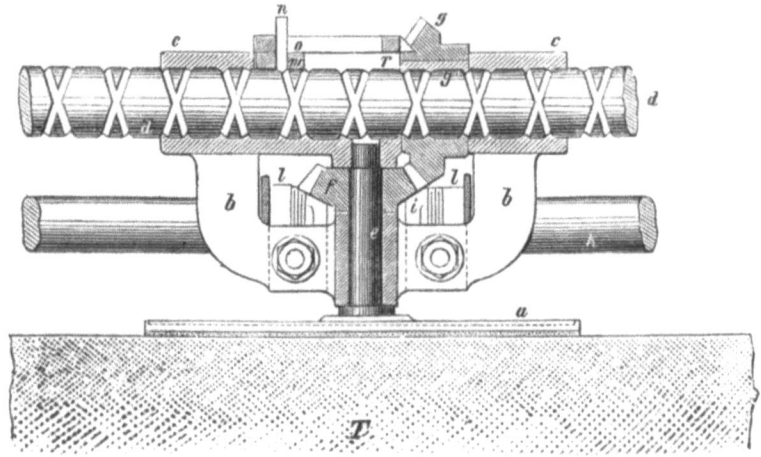

Fig. 270.

stange k verschiebbar und zwar verschoben durch die Axe d mit doppeltem Schraubengang. Allein der Apparat selbst rotirt nicht mit, wie die Horsfall'sche Scheibe, sondern hat lediglich eine hin- und hergehende Bewegung. Dagegen enthält der Schlitten Theile, welche an der Rotation von d direct Theil nehmen. Es ist dies das Rad g, welches mit einem Keil g' versehen ist, der sich in einer Nuth der Walze d verschiebt. g muss also sowohl der Rotation von d folgen, als auch der seitlichen Verschiebung des Schlittens. g greift in das Rad f ein, welches auf der Axe e sitzt, die vom Lager im Bügel b b gehalten wird. Die Axe e trägt unten die Schmirgelscheibe a, mit welcher der Tambour T touchirt wird. l ist der Ring, mit welchem der Schlitten, an Armen i mit l verbunden, auf k gleitet. Der Stift n im Schlüsselstück m greift in die

---

*) Sächsische Industrie-Zeitung 1861. Nr. 46.
**) Patent Spec. Nr. 355. 1870. — Zeitschrift des Vereins der Wollinteressenten 1871. pag. 379.

Schraubengänge ein. n befindet sich im Schlitz o. Ist nun der Schlitten an das Ende der Schraube angekommen, so geht der Stift n in den entgegengerichteten Schraubengang über und folgt demselben, ohne den Schlitten mitzunehmen, da der Schlitz o zunächst keinen Widerstand bietet. Erst wenn m bei r angekommen ist, wird der Schlitten mitgenommen. Die Fig. 267 (3) zeigt die Anwendung dieses Schleifapparates mit 2 Schleifscheiben, so dass zu gleicher Zeit 2 Walzen b b' geschliffen werden können. Die Einrichtung ist hierbei so, dass die Axe e seitlich an d vorüber gelagert ist und 2 Scheiben a a' trägt und durch Schraubenradgetriebe bewegt wird.

Dieser Apparat ist sehr empfohlen, besonders von Celestin Martin. In der That enthält er alle Momente, um eine gleichmässige gute und schnelle Arbeit zu verrichten.

9. **Vorrichtungen zum Auffangen des Krempelschmutzes.**

Beim Wolf hat man um den untern Umfang des Tambours einen Rost herumgelegt, um den Schmutz hindurchfallen zu lassen und so aus der Maschine zu entfernen. Selten sieht man solchen Rost bei den Krempeltambours angewendet oder bei anderen Krempelwalzen. Den zahlreich aus den Krempelwalzen herausgeworfenen Schmutzstückchen dienen meistens nur Bretter, welche senkrecht zum Mantel der Vorreisswalze und des Volants aufgestellt sind, abgesehen von den geeigneten Vorrichtungen bei den angewendeten Klettenwalzen. Von diesen Brettern nimmt der Arbeiter von Zeit zu Zeit den Schmutz ab.

Von Sidney Ashton Smith ist eine einfache Vorrichtung angegeben, um den Krempelabfall unterhalb des Tambours aufzufangen und selbstthätig zu sammeln. Dieselbe ist namentlich bei Verarbeitung von werthvollem Materiale empfehlenswerth uud mit richtigem Blick in Bezug auf Material-Verwerthung, Arbeits-Controle und Verminderung von Feuers-Gefahr erdacht worden. Nach Figur 271 besteht dieselbe aus einem endlosen Lattentuche e, welches unterhalb der Krempel über die Walzen

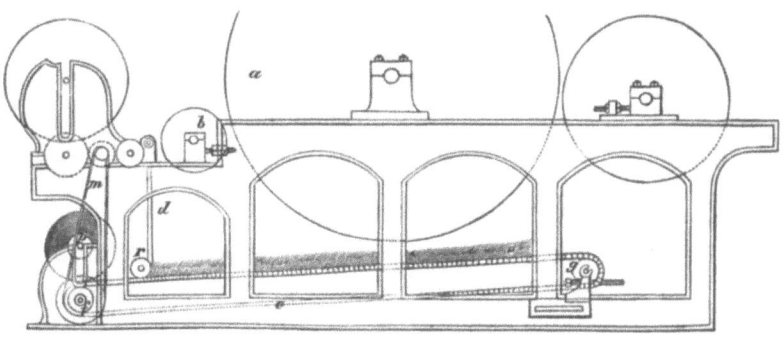

Fig. 271.

f g gespannt ist und welches durch einen Riemen m eine langsame Bewegung empfängt. Alle Fasern, welche vom Tambour a, Peigneur b, oder von den andern Krempelwalzen niederfallen, werden von dem Tuche e aufgefangen und der Wickelwalze zugeführt, wo dieselben aufgewickelt und behufs weiterer Bearbeitung regelmässig abgenommen werden. Eine Blechwalze r dient noch zum Comprimiren der aufgehäuften Fasern und wird durch eine Streichschiene d rein erhalten.

10. Die Abführsysteme und der Peigneur (Kammwalze).

Die Abführungseinrichtungen oder Ablieferungen der Krempelmaschinen sind verschieden, insofern sie Krempeln von verschiedenen Arbeitszwecken angehören. Die Reisskrempel liefert entweder ein Vliess oder ein Vliessband ab, der Mittelkrempel meistens ebenfalls Vliess oder Band, die Vorspinnkrempel aber stets Vorspinnfäden oder Locken, allerdings in verschiedener Form. Wir müssen bei Besprechung dieser Krempeltheile auf die Kammwalze, Peigneur, zurückgehen und dieselben nach den Maschinen betrachten, denen sie angehören.

a. Beim Reisskrempel besteht die Kammwalze in einer kleineren Trommel als der Tambour ist. Sie nimmt die Wolle vom Tambour in Empfang und führt sie mit sich. Auf halber Umdrehung begegnet sie dem Hacker. Der Hacker besteht aus einer Stahlschiene, welche zwischen zwei Armen der Länge der Krempelwalzen parallel festgestellt ist. Diese Arme sind beweglich, die Stahlschienen mit ihnen. Die untere Kante der Stahlschiene ist gezahnt und zwar ziemlich fein, etwa in $1/2$ Millimeter Theilung. Diese Zähne vertreten die Stelle von Kratzen. Der Abnehmer rotirt so, dass die Spitzen der Kratzenzähne der Bewegungsrichtung abgewandt sind. Daher muss der Hackerkamm bei seiner Bewegung nach unten die Fasern aus dem Abnehmerbezug heraustrennen. Der Hacker ist zuweilen durch grössere oder kleinere Abnehmerrollen ersetzt. Diese können bestehen aus kleinen Walzen, die mit Kratzen bezogen sind, aber mit sehr dichten, so dass das Vliess des Abnehmers nur oberflächlich anhaftet und dessen Fasern nicht eindringen. Eine andere Garnitur für diese Walze ist die Platt'sche. Die Walzen sind mit Leder überzogen, in welchem spiralige Einschnitte gemacht worden sind, an deren Kanten sich der Faserstoff festhängt. Endlich hat man noch Walzen benutzt, die mit Bürsten oder mit Tuch bezogen sind. Alle diese Walzen arbeiten zusammen mit einem Abstreichlineal, damit sie das Vliess nicht um sich selbst herumwickeln.

Das abgetrennte Vliess leitet man auf die grosse Pelztrommel und lässt es hier mit Hülfe einer kleinen Druckwalze sich aufwickeln. Von Oscar Schimmel & Co. ist eine Einrichtung ersonnen, den Pelz periodisch selbstthätig von der Trommel abzuziehen. Auf dem Umfang der Pelztrommel sind 2 klappenartig angebrachte, drehbare Brettchen eingelegt, welche unterhalb einen Mechanismus berühren, der im geeigneten Moment in Thätigkeit kommt und die beiden Deckel nach oben drückt.

Thornton schlägt vor, das Vliess vom Peigneur abzunehmen mittelst Walze c, dasselbe durch d auf das endlose Lattentuch a auszubreiten und durch e darauf zu verdichten. (Fig. 272.)

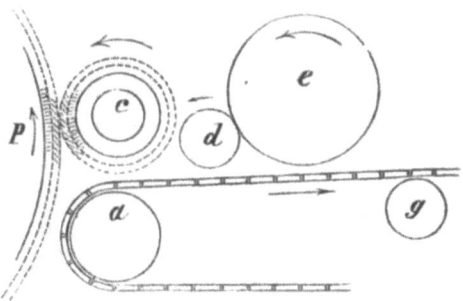

Fig. 272.

Man führt aber auch das Vliess durch zwei Walzen, die Abführwalzen ab und wickelt es in Tücher ein. (Siehe Fig. 195 oben.)

Eine andere Methode hat ferner Martin in Pepinster bei Verviers angewendet und diese liefert jene Vliessrollen, welche wir oben in der Normalfeinkrempel auf Tafel V als Vorlage fanden. Wir stellen diesen Apparat in Fig. 273 dar. Derselbe besteht aus einem eisernen Gestelle a,

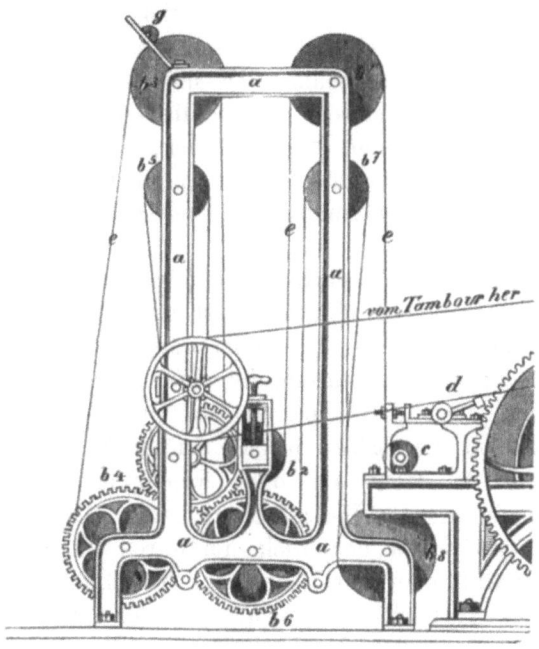

Fig. 273.

in welchem eine Anzahl Rollen b^1 bis b^8 angebracht sind. Ein endloses Tuch wird über diese Rollen in fast verticalen Gängen herunter und herauf geführt. In unserer Abbildung sind 8 solcher auf- und abwärts steigender Bahnen eingerichtet und zwar so, dass die Oberfläche des Tuches nur bei b^2, b^5, b^7, unter den Walzen durchgeht. Das Vliess, welches durch den Hacker d abgetrennt ist, geht zwischen zwei Walzen c durch und an das endlose Tuch e, wird von diesem mitgenommen und durchläuft den langen Weg mit dem Tuche, bis es nach c zurückkehrt und nun eine neue Vliesslage aufnimmt. Die Rolle g soll zum Andrücken des Vliesses dienen, sodann aber, wenn das Vliess die gewünschte Dicke erhalten hat und aufgeschnitten wird, zum Aufrollen desselben. Die Vliessstärke wird durch ein Zählwerk geregelt und abgemessen. Der Vorzug dieses Systems liegt hauptsächlich darin, dass durch die allmälige Uebereinanderlegung der feinen Vliesse jede Ungleichheit der Vliesse vermieden resp. ausgeglichen wird. — Martin legt einen solchen Apparat von nur 4 Tuchbahnen dem Reisskrempel und einen Apparat von 8 solchen Bahnen, wie wir ihn eben beschrieben haben, dem Mittelkrempel vor.

Die Bildung des Pelzes, sei es auf die eine oder andere Weise, hat gewisse Vortheile, welche die continuirlich selbstthätigen Apparate der Abnahme und Speisung nicht haben können. Solche Vortheile dürfen nicht übersehen werden. Arbeitet man mit dem Ferabee'schen oder einem ähnlichen Apparate, so muss man mit dem ganzen Assortiment arbeiten, weil sonst eine geregelte Arbeit nicht möglich wird. Es ist also die Unabhängigkeit jeder Maschine problematisch geworden und die Wirkung davon ist keine angenehme. Desshalb hat man auch dahin gestrebt, Apparate so zu construiren, dass sie die Vorzüge der selbstthätigen Speisung, bei welcher besonders die Veränderung der Fasernrichtung zu beobachten ist, beibehält, aber die Selbstständigkeit der Krempel wieder herstellt. Diese Idee haben besonders Th. und H. Blamires in Huddersfield auszuführen versucht.

Die Einrichtung nach Blamires ist folgende: Das vom Peigneur oder Doffer abgelöste Vliess fällt zunächst auf einen endlosen Riemen, der unmittelbar vor dem Peigneur, längs desselben (parallel zu dessen Axe) hinläuft; ein Paar Abzugswalzen, die winkelrecht gegen die Peigneuraxe liegen, führen dann das Vliess als ein Band weiter fort und zwar wird es ähnlich wie bei Ferrabee durch einen ein Knie bildenden Apparat über Leitwalzen in die Höhe und dann wieder nach unten geführt, so dass es zwischen ein anderes Walzenpaar gelangt. Diese letzten Walzen sind aber auf einem Wagen befindlich, der durch ein endloses Band mit daran befestigtem Stift oder durch eine, der bei Mangeln gebräuchlichen ähnliche, Zahnstangenvorrichtung hin- und hergeführt wird. Dieser Wagen mit seinen Walzen bewegt sich über einem endlosen Tuch (senkrecht gegen dessen Bewegungsrichtung) hin und her, das aus den Wagenwalzen herauslaufende Band legt sich daher zickzackförmig auf das fortlaufende Tuch auf, so dass durch das schuppenartige Aufeinanderlegen der einzelnen Bandwindungen wie bei Ferrabee ein Vliess gebildet wird. Von dem endlosen Tuch gelangt das Vliess auf ein Paar davorliegende Lappingwalzen, welche eine darauf gelegte Spule oder Rolle durch Friction umdrehen und so das Vliess spiralförmig darum winden, so dass es einen Wickel bildet. Damit sich die auf das Tuch gebreiteten Bandwindungen fest auf einander legen und sich fest an einander anschmiegen, um ein gut zusammenhängendes Vliess zu bilden, muss das letztere noch unter einigen gezahnten Walzen hinweggehen, die unmittelbar vor dem Tuche angebracht sind; die Walzen am Wagen müssen eine selbstständige Drehung erhalten, und zwar geschieht dies von den ersterwähnten Abzugswalzen aus. Die Schenkel des Knies mit den Leitwalzen, über welche das Band nach oben und wieder heruntergeführt wird, schwingen nämlich um die Zapfen der Abziehwalzen, der Wagenwalzen und der obersten Leitwalzen, und bilden lange Hülsen, in denen sich Wellen drehen, welche durch konische Räder die Rotationsbewegung der Abziehwalzen auf die Leitwalzen und die Wagenwalzen übertragen.

Es ist aus dieser Beschreibung ersichtlich, dass die ganze Einrichtung im Princip der Ferrabee'schen gleicht, während aber bei letzterer das gebildete Vliess unmittelbar auf den Tisch der zweiten Krempel aufgelegt wird, wickelt es die Blamires'sche Vorrichtung auf einen besondern Wickel auf, der der nächsten Krempel dann vorgelegt wird; eine Abänderung der Richtung der Wollfasern findet aber ebenfalls statt.

Eine andere Anordnung von Blamires ist noch folgende (Fig. 274): A ist der Tambour oder auch der Peigneur. Von ihm empfängt das endlose Band über Rollen B B die Wolle oder das Fasermaterial, wie es

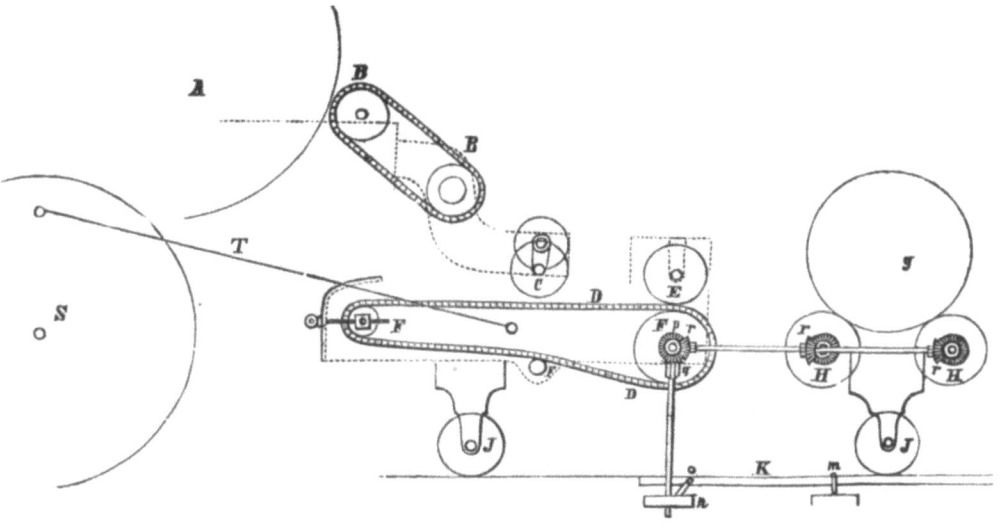

Fig. 274.

in mehr oder weniger zusammenhängendem Vliess von A abgezogen wird. Es wird mit dem Anfang auf den Tisch D gelegt, der aus einem endlosen Tuch über Walzen F F F besteht und in ein Gestell aufgebracht ist, welches auf Rollenspuren J J und darunter liegenden Schienen fahrbar gemacht ist, übrigens noch die Pressrolle E und die Aufwickelwalze G mit Pressrollen H H enthält. Die Schienenbahn ist mit einem um m beweglichen Stück k versehen, an welchem eine Klinke o sitzt, die in das Zahnrad e eingreift und es still stehen macht, so lange die letzte Rolle J den Drehpunkt der Schiene m nicht überschritten hat. Sobald dies geschehen, rückt das gehobene Schienenende die stehende Welle und das conische Rad g ein, dieses greift mit p und r zusammen. So entsteht die Bewegung aller auf dem Wagen angebrachten Mechanismen und Walzen für den halben Weg, den der Wagen beim Ausfahren zurücklegt. Der Wagen wird heraus und herein bewegt durch das Excenter S und die Zugstange T. Die Wirkung der Vorrichtung ist nun derart, dass das Vliess durch das Abnehmetuch B B und die Walze C kontinuirlich auf den hindurchgehenden Tisch D D abgelegt wird. In regelmässigen Zwischenräumen wird das Aufgelegte und durch C Gedichtete und Zusammengedrückte durch die Rotation von F und E und G übergeführt auf die Aufwickelwalze g. Von den Geschwindigkeitsverhältnissen ist es nun abhängig, dieses Vliess vom Tambour in mehreren Lagen und wellenförmigen Anordnungen aufzutragen.

Für die Benutzung der Apparate von Apperley, Ferrabee, Clissold etc. ist es nöthig die Vliesse in Bandform umzuwandeln. Dies geschieht auf verschiedene Weise. Es kann in einiger Distanz vom Peigneur ein Trichter aufgestellt sein, in den man das Vliess einleitet und durch welches man dasselbe mittelst zweier Zugwalzen vor die Trichterspitze vorzieht. Dieser Trichter kann gedreht werden oder er steht still.

Hartmann's Einrichtung für die Bandbildung geht von dem richtigen Gesichtspunkt aus, dass die Zugbahn für das Vliess möglichst lang sein müsse und das Zusammenschieben allmälig erfolgen möge. Er ordnet (Fig. 275, 276) diesen Apparat so an, dass das Vliess a in ganzer Breite von P abgekämmt, durch die hochstehenden Seitenwände des dreieckigen Fallbrettes mehr und mehr zusammengeschoben wird und endlich durch K hindurchtritt als Band, das von der Walze n vorgezogen wird. —

Je nach der Weite des Trichters erhält man ein breiteres oder schmäleres Band. Hinter dem Trichter sind ein Paar, meistens stehende Walzen, angebracht, die den Vorzug des Bandes vermitteln und die Leitung nach der Seite der Maschine. Auf der Gestellwand stehen dann wieder zwei Rollen zur Ableitung des Bandes nach dem Ueberführtuch zur folgenden Maschine. Martin hat auch für die Abführung in Bandform eine eigenthümliche Vorrichtung gebracht. Nachdem das Vliess nämlich durch den Trichter in Bandform gebracht worden ist, leitet er dasselbe über

— 345 —

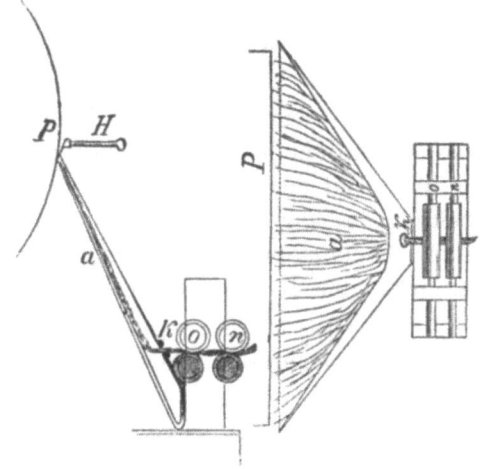

Fig. 275, 276.

eine Führungsgabel und wickelt es auf Rollen mit hohen Scheiben auf, die dann hernach, im Gestell aufgestellt, in die Zuführwalzen der nächsten Krempel abgezogen werden, umgedreht durch Friction mit durch conische Räder gedrehten Walzen, so dass der Abzug stets constant bleibt. Dieser Wickelapparat ist sehr sorgsam gearbeitet und mit Läutwerk versehen, für Anzeige der Füllung der Rolle. — Auch Platt Brothers benutzen eine Vorrichtung, entnommen von der Baumwollwickelmaschine zur Aufrollung der Wollbänder auf schmale Scheibrollen. Der Apparat ist mit selbstthätiger Auswechslung der vollen Rolle versehen.

b. Die Abführung von der Mittelkrempel ist meistens so eingerichtet, wie die der Reisskrempel. Martin wechselt freilich auch hier zuweilen, indem er die Pelzkrempel mit der Pelztrommel und die Mittelkrempel mit dem oben beschriebenen Vliessapparat gehen lässt. — Bei Benutzung der Rollen mit Bandvliess zur Speisung der Feinkrempel lässt man so viel Rollen vorlegen, als Bänder auf dem Vorspinnapparat erzielt werden sollen.

Wir wollen hier nur auf einen complicirten Apparat von Ph. Ch. Evans aufmerksam machen, der besonders zur Uebertragung von den Mittelmaschinen geeignet erscheint.*)

c. Bei dem Feinkrempel oder Vorspsinnkrempel gestaltet sich die Abnahme der Wolle ganz anders, wie bei Reiss- und Mittelkrempeln. **Die Feinkrempel oder Vorspinnkrempel liefert eben das Product des ganzen Krempelprozesses ab, das Resultat seiner Arbeit, die bis zum Verspinnen bearbeitete Wolle.** Die Form,

---

*) Patent Spec. 1874. Nr. 1057.

in welcher dieses Product geliefert werden soll, entscheidet für die Einrichtung in etwas. Sollen Vorspinnfäden, — oder unzusammenhängende Locken geliefert werden, so hat man dieser Form nach die Ablieferung der Krempel zu verändern.

Dieser Zweitheilung folgt dann zumal für die Form der Vorspinnfäden eine Serie von Unterabtheilungen, deren Unterscheidungen sich lediglich nach Form und Zahl der Kammwalzen, in zweiter Linie nach der weiteren Verarbeitung des abgenommenen Bandvliesses richten. Wir versuchen hier eine erschöpfendere Untertheilung durchzuführen unter Berücksichtigung der bekannten Krempelconstructionen.

I. Ablieferung in Vorspinnfäden.

A. Vliess von zwei und mehreren Kammwalzen (Peigneurs), durch Hacker, Walzen etc.
1. Kammwalzen (Peigneur) mit glattem Bezug,
2. Kammwalzen (Peigneur) mit Ringbezug.

B. Vliess von einer Kammwalze (Peigneur) durch Hacker.
   a) 1. Die Theilung wird zwischen Tambour und Peigneur mit Hülfe von Stahlbändern etc. bewirkt, Thatam.
   2. Die Theilung wird auf dem Peigneur bewirkt durch Ringe, die man in geeigneten Distanzen in den Beschlag des Peigneurs eingesenkt hat.
   3. Die Theilung wird bewirkt durch kleine Zwischenräume zwischen den einzelnen Ringkratzen des Peigneurs, welcher letztere neben der rotirenden Bewegung eine alternirende (langsam und kurz) Bewegung erhält.
   4. Die Theilung wird bewirkt durch Bedeckung des Peigneurs, den bestimmten abwechselnden Fäden entsprechend, so dass zwei Hacker wie von Ringkratzen abkämmen, Grothe-Pasquay.
   5. Die Theilung wird durch eigenthümliche Hackerconstruction resp. durch Theilung des Hackerkammes resp. der Hackerkämme bewirkt, Leach, Bouvet.
   b) 6. Die Theilung wird am abgetrennten Vliess durch Schneideapparate bewirkt, Fairburn, Marrée Giot, Bollette, Thatam.
   7. Die Theilung wird durch besondere Brechapparate unter Festhaltung und Führung der Bänder bewirkt, Martin, Bède, Wittich.

C. Abnahme des Vliesses durch Walzenapparate von einer Kammwalze (Peigneur).

II. Ablieferung in zusammenhängenden Locken.
Anstückelmaschine.

Betrachten wir zuerst die Einrichungen ad A, welche in der That die ältesten sind, so können wir von vornherein die Peigneurs mit glattem

Bezug, in der Mehrzahl angewendet, als nur ganz ausnahmsweise bezeichnen. Anders steht es mit den Kammwalzen, die mit Ringblättern bezogen sind. Diese Cathegorie hat lange die weiteste Verbreitung und Anwendung genossen und ist keineswegs heute als verworfen zu betrachten, sondern zweifelhaft ist es sogar, ob man nicht doch wieder hierauf zurückgeht.

Für ordinäre und längere Wollen wendet man auch heute noch vorzugsweise diese Ringwalzen an, meistens zu zwei, seltener zu drei. In der Abbildung (Fig. 277—280) geben wir ein Bild dieser Ringwalzen und

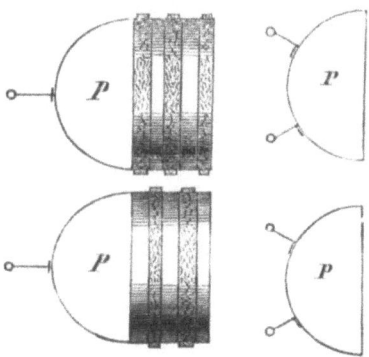

Fig. 277—280.

zwar zwei Walzen mit correspondirendem Beschlag und zwei Hackern und ferner zwei Peigneurs mit Ringbezug und vier Hackern. Letzere Einrichtung findet nur für feinere Wolle Anwendung. An einem andern Orte haben wir bereits angegeben, dass der untere Peigneur nicht immer die gleiche Quantität Wolle empfängt als der obere, weil bei dem Anstrich des oberen Peigneurs an den Tambour sich eine Menge Nebenfasern mit abziehen. Man hilft sich durch geeignete Regelung der Geschwindigkeiten und lässt die obere Walze schneller gehen als die untere, unter geeigneter Regulirung der Geschwindigkeit des Hackers, der Würgelwalzen und der Abzugswalzen. Die Hacker können auf der ganzen Breite durchweg gezahnt sein.

Zu den zahlreichen Einrichtungen ad B bemerken wir im Allgemeinen zuerst, dass die eine Kammwalze für Mittel- und gute Wollen vorzugsweise zuerst Anwendung fand. Ursprünglich war die Einstellung der einen Kammwalze an Stelle mehrerer Ringwalzen eine Vereinfachung des Getriebes, eine Ersparniss an Arbeit. Man bezieht die Kammwalze sowohl mit Kratzenband in Spiralzug (wie in Fig. 281), als auch mit Ringkratzen in verschiedener Stellung, d. h. entweder mit scharf aneinanderstehenden Ringkratzen, oder unter Belassung eines kleinen Zwischenraums (3 Mm.), wie in Fig. 283, oder unter Zwischenfügung eines Metallringes in Höhe des Kratzenstandes. Der Hacker würde nun, in gewöhnlicher Weise angewendet, das Vliess zusammenhängend abtrennen. Dies wird jedoch nicht gewünscht, sondern man will das Vliess in Bänder zertheilt haben, zum späteren Würgeln einzelner Fäden. Diese Aufgabe hat eben so mannigfache Einrichtungen hervorgerufen, die wir nun näher betrachten wollen.

1) Zwischen Tambour und Peigneur hat man eine Blechwalze mit Schneidscheiben eingelegt, welche mit den Rändern der Scheibe scharf auf den Beschlag des Peigneurs und des Tambours einschneidet und so das Ueberlegen von Fasern an dieser Stelle verhindert. — Besser wirksam erscheint eine andere Methode, welche sich eines Gitters von vertikal aufgehängten, unten beschwerten Stahlfedern bedient, welche sowohl den Beschlag des Peigneurs, als den des Tambours berühren. John Tatham erhielt noch 1873 auf eine solche Vorrichtung ein Patent.

Alle Methoden jedoch, welche die Theilung bereits zwischen Tambour und Peigneur machen wollten, sind nur wenig von Erfolg gewesen.

2) Die Garnitur des Peigneurs mit Ringkratzen und eingelegten hochstehenden Stahlbändern hat sich nicht gut bewährt, zumal weil die Höhe dieses Ringes nicht genau dem Zustande der Kratzenbeschläge anzupassen ist. Der bei neuen Kratzen eingestellte Ring wird schnell die Oberfläche derselben nach etlicher Arbeit überragen und so ein Uebelstand sein. Ist der Ring aber zu niedrig gegriffen, so verhindert er das Ueberlegen nicht.

Ist der Ring überhaupt als selbstständiges Organ nicht gedacht, sondern als ein Theil des Theilapparates, so hat die exacte Höhe nicht viel zu besagen, weil in diesem Falle eine mit Schneidscheibe in denselben Distanzen wie die Ringe auf dem Tambour garnirte Walze das Vliess zwischen der Scheibe und den Ringen zerschneidet.

3) Bewirkt man die Theilung durch Belassung kleiner Zwischenräume von 3—3,5 Mm. Breite zwischen den einzelnen Ringkratzen, so muss man, um trotzdem gleichmässig vom Tambour abzunehmen, dem Peigneur neben der rotirenden eine schwach alternirende Bewegung machen lassen.

4) Die Theilung durch einfaches Zudecken der Theile des Peigneurs, welche den 1. 3. 5. . . . Vliessbändern entsprechen, die von dem zweiten Hacker abzutrennen sind, während die 2. 4. 6. . . . vom ersten Hacker abgenommen werden unter Anwendung glatter Hackerkämme ohne spezielle Kammzahnung ist durch den Apparat Grothe-Pasquay*) (Fig. 281) erreicht worden. Es ist dies einer der einfachsten Theilmechanismen, der seinen Zweck auf kürzestem Wege vollkommen erreicht. P ist der Peigneur. Ueber die Walzen (mit Scheibentheilung) L M bewegen sich

---

*) Patent von 1875. — Centralblatt für Textilindustrie 1875. Engineering pol. Zeitung 1875.

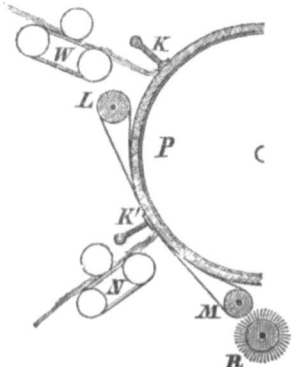

Fig. 281.

Stahlbänder von federndem Metallband. Die Abstände unter diesen Bändern sind geeignet zu bemessen. Diese Stahlbänder legen sich fest um den betreffenden Theil des Peigneurs auf. Sie bewegen sich dann mit derselben Geschwindigkeit wie der Peigneur, so dass zwischen den Blättern und den Peigneurkratzen keinerlei Reibung entstehen kann. Die Hacker K K' trennen das Vliess also sofort in Bandform ab und liefern es an die Würgelsysteme N und W ab. Eine Reinigungswalze unter der unteren Bandwalze M hält die Metallbänder stets rein und sauber, was continuirlich bei keiner andern Theilvorrichtung bisher selbstthätig geschah.

5) Mittels der Hackereintheilung das Vliess in Bänder zu zertheilen, ist vielfach versucht worden. In Figur 282 stellen wir einen mit Kratzenband spiralig bezogenen Peigneur dar, von welchem 2 Hacker die Bänder abtrennen. Der untere Hacker H^2 enthält ein Zahnblatt mit entsprechenden Zwischenräumen und nimmt natürlich nur mit dieser Zahnbreite das Vliess ab. In Figur 283 stellen wir den Versuch dar, mit 4 eingetheilten Hackern die Bänder abzutrennen und bemerken, dass der oberste Hacker H^1 auch vollgezahnt angewendet werden könnte.

Bei diesem Beschlage und solchen Hackern ist man zu keinem er-

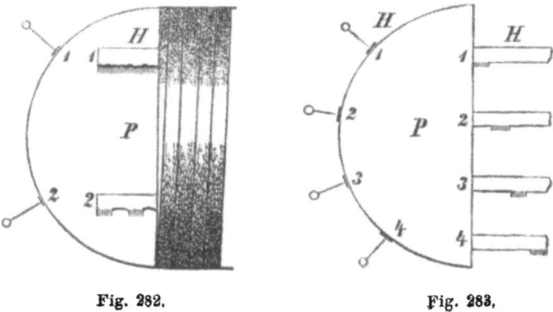

Fig. 282.   Fig. 283.

wünschten Resultate gekommen. Man hat freilich versucht, durch die Einrichtung einer langsam seitlichen Verschiebung des Peigneurs dahin zu wirken, dass zwei getheilte Hacker möglichst gleichmässig alle Wolle abnehmen sollten und dem Anhäufen von Fasern an den Berührungsstellen vorgebeugt werde, allein auch diese sinnreiche Combination hat nicht den nöthigen Erfolg gegeben. Neuerdings haben nun Gebr. G. und A. Bouvet in Eupen eine von ihnen bereits 1858 versuchte Einrichtung wieder aufgenommen, welche mit sehr hervorragendem Erfolge durchgeführt worden ist. In Fig. 284 stellen wir diese Con-

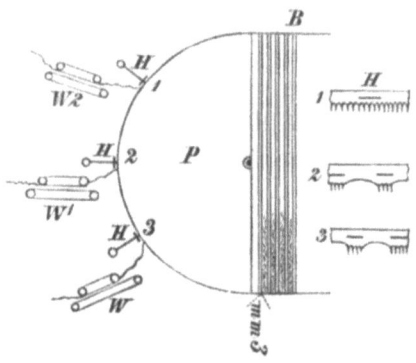

Fig. 284.

struction schematisch dar. Es ist ein Ringbezug für den Peigneur wieder aufgenommen. Die einzelnen Ringe stehen im 3 mm Zwischenraum (B). Drei eingetheilte Hacker H trennen das Vliess vom Peigneur ab und überliefern es den Würgelwalzen. Dies System ist sehr einfach und sinnreich. Dennoch hat sich eine lebhafte Discussion darüber erhoben, welche merkwürdiger Weise das System Bouvet mit dem System Martin in Vergleich bringt.*)

Den Hacker überhaupt anzuwenden zur Fadenvliesstheilung hat Leach durchzuführen versucht, indem er den Hacker in Entfernungen, wie sie der Breite der zu bildenden Fadenvliesse entsprechen, mit grösseren, spitzen, hervorragenden Schneidestücken versehen hat. In Fig. 285, 286 sind 2 solcher Kämme abgebildet in Frontansicht und Profil. In der oberen Anordnung ist c der Kamm, a das Theilschneidstück, b Kammkörper. Mit den untern Anordnungen geschieht die Theilung durch die scharfen Einschnitte b hinter den Wulsten a.

6) Die Theilung des Vliesses mittels Schneidscheibe ist von Fairburn versucht worden. Die Scheiben theilen das Vliess vor dem Abtrennen durch die Hacker auf den Peigneur selbst. Die Einrichtung hat in England viel Anklang gefunden, — in andern Ländern jedoch weniger.

---

*) Wollengewerbe 1875. — Centralblatt für Textilindustrie 1875.

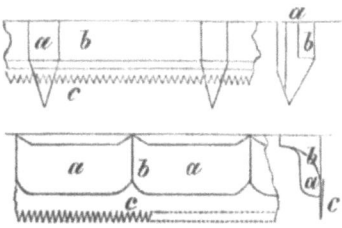

Fig. 285, 286.

In der Construction von Th. James Smith bestehen diese Schneidscheiben aus höheren oder niederen Rollen auf Axen, deren Erhöhungen u. s. w, entsprechend ineinander greifen. Zwischen den kleinen und grösseren Rollen sind flexible Scheiben eingelegt und die Wände der grösseren Rollen entsprechend ausgeschnitten. Das eigenthümliche Verhalten dieser flexiblen Scheiben bei Druck und Eingreifen der grösseren Scheibe bewirkt die Vliesstheilung.

J. B. Marée-Giot und L. F. Varlet Marée (Remilly) haben folgende Schneidscheibenanordnung gewählt. Das Vliess vom Peigneur P und Hacker a passirt die Scheibenwalzen p n. Dieselben sind componirt aus der Axe n, den Schneidscheiben r und den zwischen je 2 Scheiben eingefügten federnden Ringen p, durch welche die Scheiben der oberen gegen die Scheiben der unteren Walze gepresst werden und umgekehrt. m ist eine Leitscheibe mit Scheiben, ebenso ist von den Ausgabecylindern u und t die untere Scheibe t mit erhöhten Scheiben versehen (Fig. 287, 288).

Von J. und R. Thatam rührt die nachfolgende Einrichtung her. (Fig. 289). Vom Peigneur g nimmt eine glatte Kardenwalze e mit Reiniger f das Vliess ab. Dasselbe tritt zwischen d und c und wird hier in Bänder zerschnitten. d ist geformt wie die Oberansichtsskizze zeigt. Das

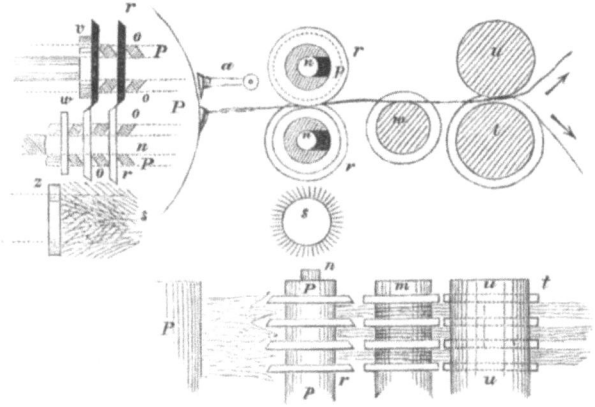

Fig. 287, 288.

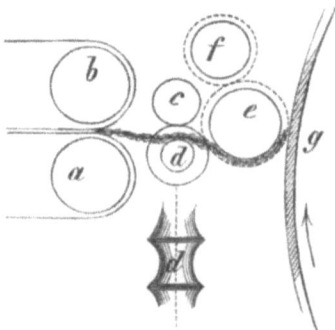

Fig. 289.

Band tritt dann in das Nitschelwerk a b ein. In seiner Abnahmevorrichtung ersetzt J. S. Bolette (B. J. B. Mills)*) die Schneidscheiben durch Kreissägen, welche etwas übereinandergreifen. Aber nicht hierdurch allein ist diese Einrichtung interessant, sondern mehr durch die eigenthümliche Bandführung nach dem Zerschneiden. Wir stellen Bolettes Einrichtung in den Figuren 290, 291 dar. a ist eine einfache

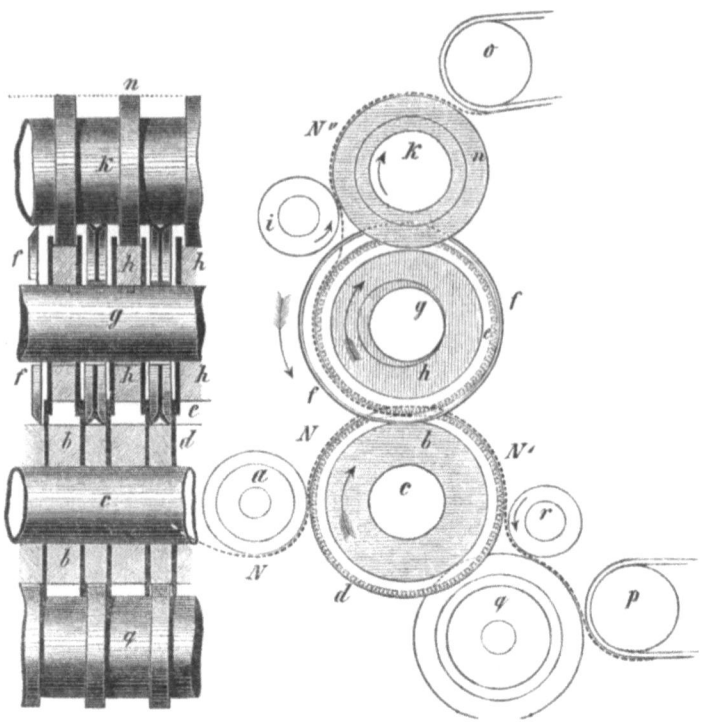

Fig. 290, 291.

*) Spec. 1873. Juli. 2477.

Walze, welche das ganze, in voller Breite vom Peigneur abgekämmte Vliess den beiden Theilwalzen c und g zuführt. Die Walze c besteht aus der hohlen Axe c, deren Zapfen an den Enden eingeschraubt werden. Auf derselben sitzt der Holzcylinder b, zusammengesetzt, wie der Durchschnitt zeigt, aus Holzringen, welche Kreissägenblätter d zwischen sich aufnehmen. Die Walze g ist eine volle Axe mit dem zusammengesetzten Körper h. Derselbe besteht, wie der Durchschnitt zeigt, aus den auf g festsitzenden Scheiben h mit seitlichen Sägeblättern e und den abwechselnd mit h eintretenden losen Scheiben f, deren Mantel eine keilförmige Nuth hat. Die Bohrung für f ist grösser genommen, als dem Cylinder g entspricht, so dass diese Scheiben ganz lose auf g hängen. Die Scheiben f sind grösseren Durchmessers als die Scheiben h und dringen so abwechselnd in die Zwischenräume der Kreissägeblätter auf c ein. Die Walzen g und c sind sich nun so genähert, dass die Scheiben f auf dem Umfang von b aufruhen. Oberhalb g ist die Scheibenwalze k aufgebracht in doppeltem Contact mit h und mit f. Unterhalb c ist die Scheibenwalze q eingestellt. Kommt das Vliess N um a herum zwischen c und g an, so greifen die Sägenzähne in dasselbe und zertrennen es in regelmässige Bänder. Die Walzen c und g rotiren wie die Pfeile angeben und man bemerke wohl, in gleicher Richtung! Da aber f lose auf g sitzt und mit b in Friction steht, so folgen die Scheiben f der Bewegung von b. In Folge dessen und weil f grösseren Umfang hat wie h, berührt die Mantelfläche von f den Mantel von b nicht in der Verbindungslinie beider Centren, sondern bereits früher und hält somit das Vliess an allen diesen Berührungsstellen fest. Die Bewegung von h e aber ergreift die dazwischen liegende Breite des Vliesses und zwingt es, der Bewegung von h zu folgen. Die Walzen i und r nehmen die getheilten Bänder N' und N'' von h und b ab und führen sie um die Scheibe k n und q herum dem Würgelsystem zu.

7) Theilung des Vliesses erreichen nun eine Reihe besonderer Erfindungen mit Hülfe von Apparaten, in denen geeignete Organismen die den Bändern entsprechenden Stücke zwingen, bestimmte Bewegungsrichtungen und Bahnen zu folgen. Da die Adhärenz, die Mitnahme u. s. w. hierbei stark wirkt, so geben die Vliesspartieen ihre Continuität in der Breitenrichtung auf und theilen sich in Bänder. Dies ist die Grundidee der Sache. Wesentlich unterschieden sind diese Organismen sowohl nach Material und Gestalt, als besonders durch ihren Zustand. In einigen Apparaten sind dieselben bewegt, in andern ruhend. Zu den bewegten Organen gehört der Martin'sche Riemchenapparat. Derselbe erschien 1872 zuerst in der Oeffentlichkeit, nachdem er ein längeres Entwicklungsstadium hinter sich hatte. Seitdem hat derselbe sehr grosse Verbreitung erfahren. Der Apparat wirkt ausgezeichnet, sobald er mit Sorgfalt behandelt wird.

Die Hauptvortheile dieser neuen Vorrichtung sind nach Martin's Angaben:

Da der Peigneur der Continükrempel voll beschlagen ist, trägt er in seiner ganzen Breite zur Cardirung der Wolle bei, genau wie die beiden Vorkrempeln; dies erlaubt, eine grössere Quantität Wolle durchzuarbeiten, als es mit den gewöhnlichen in Ringe getheilten Peigneurs möglich ist, weil bei diesen die Zwischenräume nicht mitarbeiten; der Flohr oder Fliess wird durch einen einzigen Hacker vom Peigneur voll abgenommen, wie bei den beiden ersten Krempeln, man erzielt dadurch eine grössere Regelmässigkeit der Faden, indem man das Zerreissen des Flohrs vermeidet, welches bei getheilten Peigneurs nöthig ist.

Der Riemchenapparat giebt den Faden, durch die Art und Weise, in welcher er den Flohr theilt, eine grössere Regelmässigkeit und erlaubt, deren Anzahl ganz bedeutend zu erhöhen, selbst bis zu 120 bei Krempeln von 1 M. 20 Cm. Arbeitsbreite. Die gebräuchlichste und vortheilhafteste Zahl für diese Breite ist jedoch 100, also 4 Walzen zu je 25 guten Faden. Diese grosse Erhöhung der Fadenzahl, verbunden mit einer fast verdoppelten Production, giebt die Möglichkeit, ein und dieselbe Wolle auf eine bedeutend höhere Nummer zu verspinnen, und das Zweimalspinnen gänzlich zu umgehen, ungeachtet der Qualität der Wolle und der Taxe, auf welche man dieselbe spinnen will.

Die Leistungsfähigkeit der Sortimente ist annähernd im Verhältniss der Fadenvermehrung an der Continü gesteigert, denn, da diese mehr Wolle bearbeiten und absorbiren kann, so folgt daraus, dass man sich immer mehr und mehr für die sorgfältige Unterhaltung der Beschläge der drei Maschinen, sowie für das genaue Rund-, Gerade- und Scharfsein sämmtlicher Walzen interessirt, denn es ist allgemein anerkannt, dass ein Sortiment, dessen Beschläge in vollkommenem Zustande, und sämmtliche Walzen, einschliesslich des Tambours genau rund sind, das doppelte Quantum Wolle zu verarbeiten vermag, was man ihm bis jetzt verarbeiten liess.

Durch einen sorgfältigeren Unterhalt der Maschinen erzielt man auch eine grössere Ergiebigkeit der Partieen, d. h. ein geringeres Quantum Abgang.

Das durch diese Vorrichtung erzeugte Garn ist auch schöner, denn, da der Peigneur ohne Zwischenräume, ist es mehr gekämmt oder glätter, und reisst in Folge dessen viel weniger an der Spinnmaschine. Es ist gut hervorzuheben, dass eine Wolle, die sich auf einer gewöhnlichen Continüvorrichtung schlecht verspann, gut geht, wenn sie auf dieser neuen Vorrichtung verarbeitet wird. Die Vortheile derselben resumiren sich denn nun in Folgendem:

1) Vermehrung der Leistungsfähigkeit, 50% im Minimum.
2) Regelmässigeres und schöneres Gespinnst.
3) Vermeidung des Zweimalspinnens.

— 355 —

4) Die Möglichkeit, eine Wolle auf eine bedeutend höhere Taxe zu spinnen.
5) Mehrproduction der Spinnmaschinen.
6) Grössere Ergiebigkeit der Partieen oder Verminderung der Abfälle.
7) Bedeutende Ersparniss in den Beschlägen des Peigneurs.

Diese Vorrichtungen lassen sich leicht an alle bestehenden Krempeln anbringen.

Wir lassen nun die Beschreibung dieses Apparates (Fig. 292) folgen. Die Cylinder A und B sind aus Gusseisen, in jedem derselben befinden

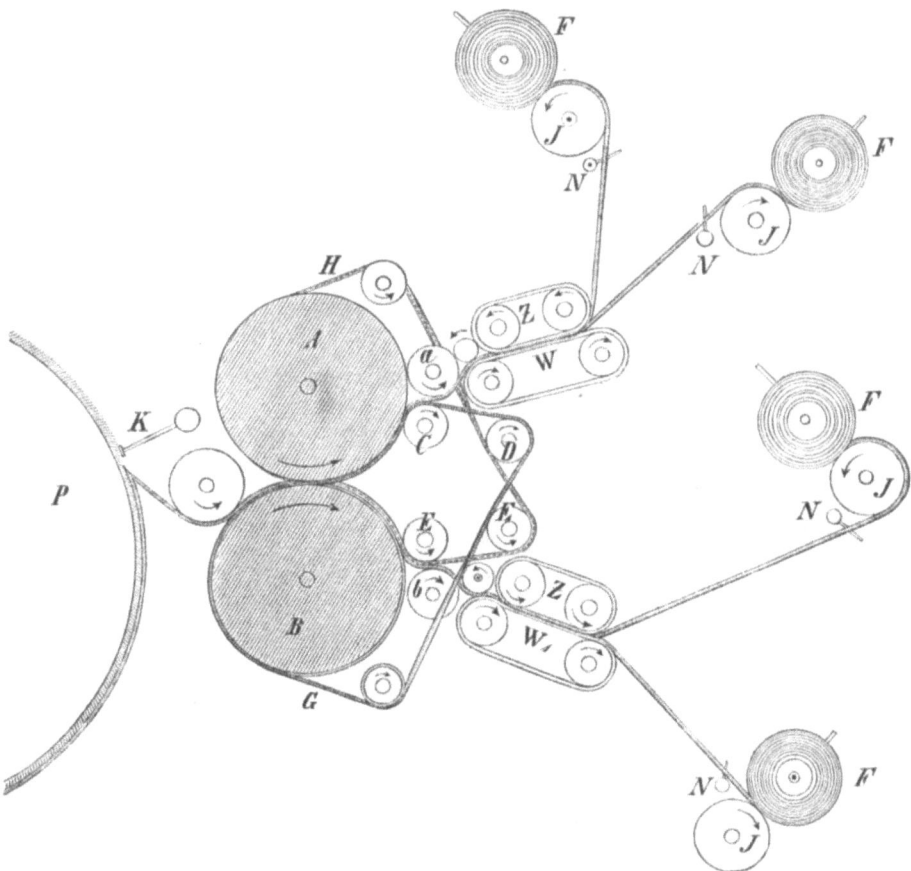

Fig. 292.

sich soviel Kehlen, wie die Anzahl der ledernen Riemen G oder H. Diese Kehlen haben dieselbe Breite wie die Riemen und ist die Tiefe derselben gleich der Dicke des Leders; zwischen jeder Kehle befindet sich ein voller Zwischenraum, der die gleiche Breite der Kehle hat; da nun die Riemen G in die Kehlen des Cylinders B eingehen, befinden sie sich im Berührungspunkte des Cylinders A und B auf dem vollen Zwischenraum des Cylinders A und dasselbe findet statt mit den Riemen H, welche in die Kehlen des Cylinders A eingehen, um die Direction des Cylinders B im Berührungspunkte der beiden Cylinder zu nehmen. Die Cylinder C, D, E, F, aus Eisen construirt, theilen allen Riemen ebenso wie den Cylindern A und B die kreisförmige Bewegung mit. Die Eintheilung des Wollvliesses findet in den Berührungspunkten der Cylinder A und B statt, die Hälfte des Vliesses wird in diesem Punkte zwischen die G-Riemen und den Cylinder A genommen, um den oberen Abgang zu bilden, und die andere Hälfte wird zwischen die H-Riemen und den Cylinder B genommen, um den unteren Abgang zu bilden.

Um die Leitung der Bänder resp. Riemchen in Martin's Apparat noch besser klar zu machen, benutzen wir aus dem ersten Patent*) Martin's die folgende Vorderansicht (Fig. 293), in welcher wir die abwechselnd folgenden Riemen scharf markiren. Die gleichen Riemen

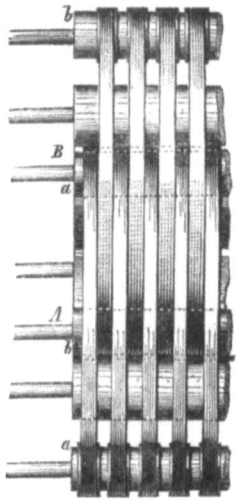

Fig. 287.

dienenden Walzen sind mit b b resp. a a bezeichnet für die Peigneurs A und B. Wir sprechen uns übrigens dahin aus, dass wir die erste Anordnung Martin's für die Riemchen für sehr glücklich halten und für einfacher als in der jetzigen Gestalt.

Der Martin'sche Riemchenapparat ist eine der bedeutendsten Erfindungen der Neuzeit auf dem Spinnereigebiete, voll absolutester Neuheit und Originalität! Jeder Spinner müsste den Hut abziehen vor dem geistreichen Manne, der diese Combination ersonnen, — und doch giebt es

---

*) Nach der ersten Patent-Specific. in der Zeitschr. des Vereins der Wollinter. 1872.

bereits Kräkler und Kleinkrämer, die leider in der deutschen Wollmanufactur nicht selten sind, welche dem Manne den Ruhm zu schmälern suchen. In seiner Heimath*), in Frankreich, in England, Italien, Russland ist Martin ungetheilte, verdiente Anerkennung geworden. Er erhielt 1873 die goldene Medaille und den Ehrenpreis von 5000 Francs der Société industrielle in Verviers. Mehr als alles das anerkennt ihn die enorme Verbreitung seines Apparates.

Dass der Martin'sche Apparat natürlich seine Fehler hat, wollen wir nicht in Abrede stellen und wir rechnen dahin die relative Complicirtheit, die Vergänglichkeit und Dehnbarkeit des Materials und öfteres Vorkommen vom Bruch der Riemen, Unbequemlichkeit der Reinigung. Wir setzen diese Mängel in krassestem Ausdrucke hierher. Die Vorzüge des Apparates bei guter sorgfältiger Besorgung derselben überwiegen jene Nachtheile bei weitem.

Mit Martins Apparat trat 1872 ein Apparat von Béde & Comp. in Verviers **) in Concurrenz, bei welchem die Theilmechanismen in Ruhe verbleiben. Dieser Apparat ist in verschiedenen Anordnungen ausgeführt, von denen wir folgende hier anführen und abbilden (Fig. 294—296). Aus der oberen Figur ist ersichtlich, dass der Hacker das Vliess gleichmässig abtrennt und unter einer Leitwalze hindurch dem Theilapparat zuführt. Derselbe trennt das Vliess in einzelne Bänder, die von senkrecht gestellten Würgelwalzen gewulstet werden und den 4 Aufwinderollen zueilen. In den unteren Figuren haben wir den Apparat selbst genau dargestellt. Derselbe besteht aus Gittern von Stahlbändern. Die Bänder a des oberen Gitters kommen von g' her, gehen zwischen den Walzen c e durch und wenden sich nach unten, um in h befestigt zu werden. Die Bänder des unteren Gitters b kommen von g und passiren die Walzen und werden mit ihren andern Enden im obern Theil von h befestigt. Somit kreuzen sich diese Stahlbänder zwischen c und e. Die Würgelwalzen c, d, i und f, e, i bewirken nun an diesen Gittern die Theilung, indem sie mit ihren Lederhosen das Vliess erfassen und nach sich ziehen. Da die Breiten der Bänder abwechselnd dem Zuge nach oben oder unten im Wege stehen, so wird das Vliess getrennt, in Bänder gebrochen. Diese Bänder rutschen dann unter steter Bewegung von c e und den Würgelhosen zwischen diesen und den innern Flächen der Stahlbänder hinauf, die Walzen k und k bringen sie der oberen Würgelwalze zu und hier wird der Wulst vollendet.

Der Apparat ist in der That einfach und einfach zu führen. Aber mit dem Rutschen der Vliessbänder zwischen b und c und a und b hat es so seine Bewandtniss, denn das Band ist nicht mehr Band und auch

---

*) Bulletin de la Société industr. de Verviers 1870—1871.
**) In England 1873 am 10. Mai unter Nr. 1711 dem M. Hunter Henry Murdoch patentirt.

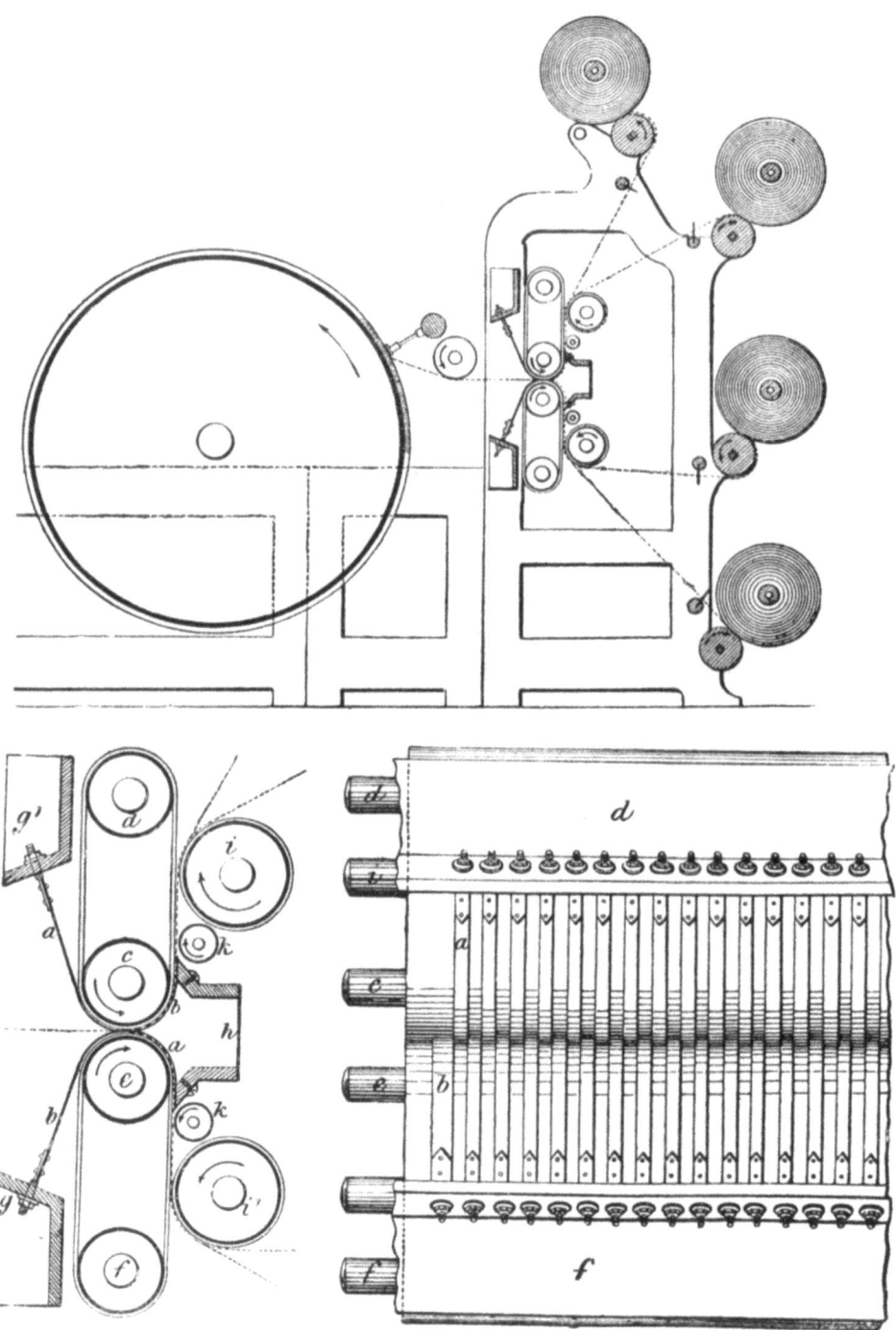

Fig. 294—296.

nicht Wulst und keineswegs ein gefügiges Stück. Zemann*), der diese Bedenken zuerst aussprach, dürfte Recht haben. Freilich ist zu beachten, dass, wenn die Function eingeleitet und einmal in Ordnung gebracht ist, dieser Apparat wohl auch arbeiten wird.

Eine Variation des Bède'schen Apparates hat R. Wittich in Chemnitz gebracht. Wie aus den Fig. 297, 298 ersichttich ist, hat Wittich die

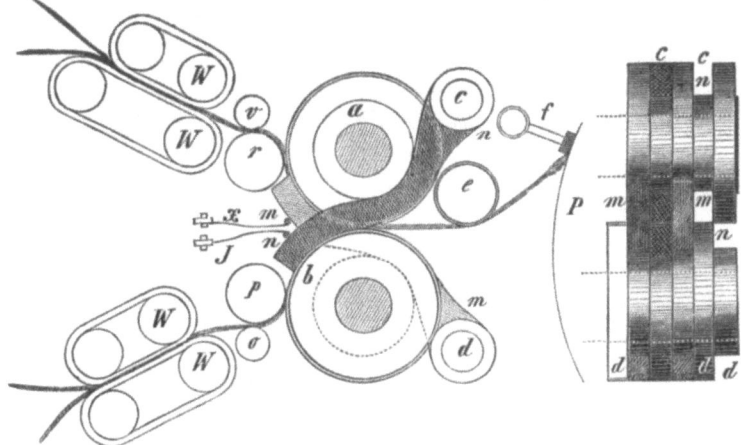

Fig. 297, 298.

Bède'schen Stahlbänder durch Hebel n, m, welche abwechselnd auf den Axen c und d aufgebracht sind, ersetzt. Dieser Idee zufolge mussten auch die übrigen Einrichtungen variirt werden. Der Hacker f trennt das Vliess von dem Peigneur P ab; die Rolle e leitet das Vliess dem Theilmechanismus zu. Dieser besteht aus den Walzen a b, deren Körper durch Kränze von grösserem Durchmesser und gleicher Dicke gebildet werden. Die grösseren Scheiben der oberen Walze stehen senkrecht über der kleinen Scheibe der untern Walze, wie aus der Seitenansicht hervorgeht. Es stossen somit die scharfen Kanten der grossen Scheiben der beiden Walzen gegen einander und können schneidend, theilend wirken. Diese Theilung aber wird unterstützt durch die Hebel n und m, welche sich abwechselnd in die Zwischenräume der grossen Walzenscheiben einlegen, also auf den kleinen Scheiben aufruhen. Somit füllen diese Hebel bis zur Senkrechten der Centrallinie beider Walzen die Einschnitte fast aus, ohne die Wirkung der scharfen Scheibenkanten abzuschwächen. Von da ab treten nun diese Hebel in Benutzung, insofern als sie zur Leitung der getheilten Vliessbänder nach obenhin, nach untenhin dienen, in ihrer Stellung zu a und b durch Federdruck x y regulirt. Die Mantelflächen der grossen Scheiben, mit Leder bezogen, nehmen die Bänder mit sich und die Hebel, die ja dann auch auf den grossen Scheiben der Gegenwalze sich auflegen, sorgen dafür, dass dies Band den angewiesenen

---

*) Zemann, Spinnerei auf der Wiener Ausstellung 1873.
**) R. Wittich, Engl. Patent-Specification Nr. 339. 1873.

Weg geht. Das Band tritt dann unter n m heraus und wird durch die Walzen p o' resp. r v den Würgelwalzen w zugeführt. Wir können nicht umhin, diese Einrichtung als eine gute Combination von bewegten und festen Organismen zu betrachten, die zwischen Martin und Bède mitteninne steht, letztere Anordnung aber entschieden übertrifft.

Was nun die ad c beregte Abnahme der Vliessbänder durch Walzen und andere Einrichtungen anlangt, so haben besonders die Engländer dieses System angebaut, — aber nicht mit Glück. Alle englischen Abnahmevorrichtungen dieser Art stehen den belgischen und deutschen durchaus nach. Eine der besseren Einrichtungen (von A. Lohren zuerst mitgetheilt) stellen wir in Fig. 299 dar. a ist die Kammwalze mit Spiral-

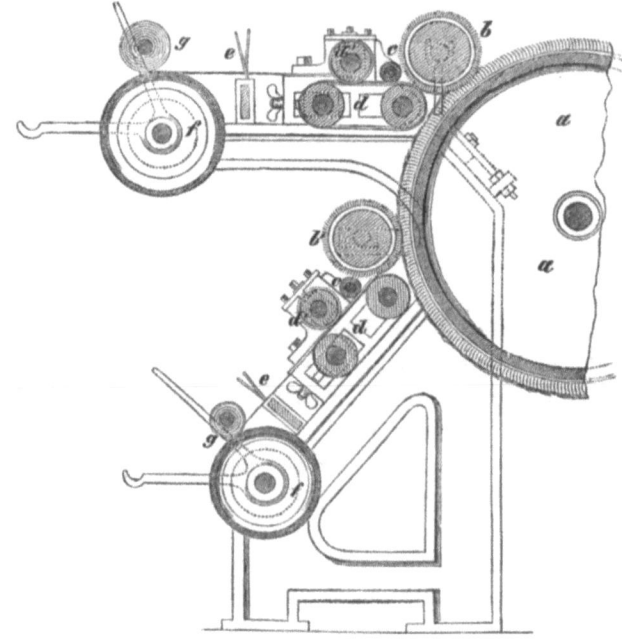

Fig. 299.

band bezogen. b ist die obere, b' die untere Ablösewalze. Letztere b' ist mit Kratzenringen bezogen unter Aussparung von Zwischenräumen in Breite der Bänder, während b ganz mit Kratzen bezogen ist. Somit kämmt b' nur Streifenbänder aus a heraus, b nachher ebensolche, welche b' übrig gelassen. Eine kleine Rolle c führt das Vliess auf das Wurzelsystem d d'. Die Entwarung zwischen c und b und c' und b' kann durch Mechanismen geändert werden. Das Vorgarn wickelt sich auf g auf, geführt durch e. g dreht sich auf f durch Friction. — Eine ähnliche Einrichtung aus zwei Walzen mit Scheibenwalze zur Leitung der Bänder, welche vom ringbezogenen Tambour kommen, ist 1872 Laidlaw & Fairgrieve patentirt worden.

II. Die Abtrennung des Vliesses in Locken, welche nicht zusammenhängende Fäden bilden, erfordert einen andern Beschlag des Peigneurs als bei den vorbeschriebenen Methoden. In Fig. 300 ist ein Peigneur mit 4 Kratzenblättern dargestellt, die unter Belassung von Zwischenräumen aufgenagelt sind. Der Hacker H trennt die Wolle von solchen Blättern ab. Beim Abtrennen wulstet sich das Vliess schon zusammen und fällt in die Mulde M,

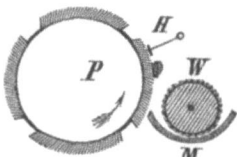

Fig. 300.

in welcher sich eine geriffelte Walze W dreht und die Locken noch mehr rollt und rundet. — Wir beschreiben später, wie diese Locken von der Länge gleich Breite der Maschine zu zusammenhängenden Vorspinnlocken vereinigt werden (Siehe pag. 366).

Wir kommen nun zu der weiteren Bearbeitung der Vliessbänder nämlich in dem **Würgelsystem** an sich und müssen dieses specieller betrachten. Würgelsysteme, Nitschelwalzen und wie man diese Organe noch nennen mag, werden angewendet für die Bänder, welche in Maschinen des obenbeschriebenen Systems I kommen, nicht aber für Bänder aus System II.

Es liegt der Grund dafür bereits in der Art und Richtung, in welcher die Lockenvliesse nach der Abtrennung sich befinden. Durch System a I kommen die Bandvliesse in continuirlichem Gange in Bewegungsrichtung der Maschine heraus und können zusammenhängend weiter bearbeitet werden. Bei System II aber fallen Enden von Bandvliess in Länge der Krempel-Breite herab und bewegen sich parallel der Walzenlänge fort. Es ist also hier kein continuirlicher Fortgang ersichtlich. Daher theilt sich die Weiterbearbeitung des abgetrennten Bandvliesses nach diesen beiden Constructionen der Maschinen in zwei Klassen, wovon die erste für Maschinen der Ordnung I in Vorrichtungen (I) besteht, welche neben Weiterführung des Bandes ein Zusammenrollen desselben bewirken in continuirlichem Fortgange, — die zweite aber für den Blatt-Peigneur Einrichtungen (II) enthält, insofern man nicht Handarbeit einschiebt, welche die einzelnen Lockenenden vereinigen und so einen zusammenhängenden Lockenfaden bildet, der dann aufgewickelt und verdichtet wird.

I. Das am meisten eingebürgerte System ist das Würgelsystem. Dasselbe ist ziemlich einfach in seiner Zusammensetzung. Es besteht, wie Fig. 301 zeigt, aus zwei Rollenwalzen, meistens von Holz, in etwa 10 bis 18 Centm. Abstand ihrer Mittelpuncte, über welche ein endloses Leder (Lederhose) in ganzer Länge der Walzen übergezogen ist und sich bei Bewegung der Walzen, als endloses Tuch, mitbewegt. Auf diesem Leder liegt eine einzelne Walze auf, mit einer Lederhülse bekleidet. Diese

Walzen drehen sich alle in Richtung der Bewegung der Maschine, haben aber neben der rotirenden Bewegung noch eine alternirende, schiebende und zwar hat die obere die entgegengesetzt hin und hergehende Bewegung der beiden unteren. Um diese verschiedenen Be-

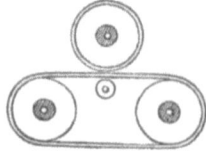

Fig. 301.

wegungen zu ermöglichen, sitzen die Walzen lose auf ihren Axen und enthalten einen Trieb auf einer Hülse, oder es sitzen die festen Axen mit Zapfen und Knopf drehbar, in den Mechanismen, welche die alternirende Bewegung verursachen und auf den Achsen sind Zahnräder zum Umtrieb angebracht. Um das Leder stets straff zu bewahren, versieht man oft die Lagerungen der beiden untern Walzen mit Stellschraube, so dass ihre Entfernung zu einander geändert werden kann. Gut ist es jedenfalls grade unter der oberen Walze innerhalb des endlosen Leders eine Walze anzubringen, welche verhütet, dass das Leder einsinkt und so den Würgelprozess unvollständig bewirkt. An Stelle der oberen einen Würgelwalze machen einzelne Fabriken Gebrauch von zwei Doppelwalzen mit endlosem Leder. Dann macht man aber die oberen Paare etwas kleiner und enger zusammen. Auch lässt man wohl das endlose Leder unterhalb der Walzenpaare über eine Spannwalze in freibeweglichen oder stellbaren Lager gehen, um so eine continuirlichere Straffheit desselben zu erreichen.

Das System der Würgelwalzen von Leach (Fig. 302) bilden wir hier ab. Die Walze d, die obere Würgelwalze, bildet hier in dem endlosen Leder der unteren Walzen b c a eine Art Mulde. S ist eine Schneid-

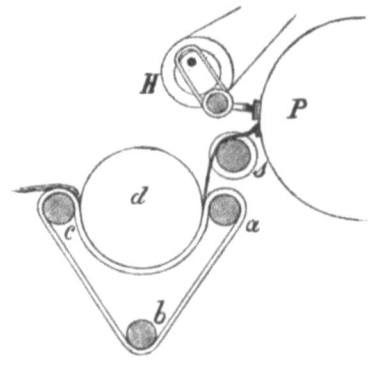

Fig. 302.

scheibe zum Theilen des Vliesses. H ist der Leach'sche Hacker, den wir noch besonders beschreiben.

Endlich ist zu erwähnen, dass einzelne Constructeure das Würgelwerk bestehen lassen aus drei oder mehreren lederbezogenen einfachen Walzen. An Stelle von Leder hat man mancherlei andere Stoffe versucht, bisher aber ohne günstigen Erfolg. Der Würgelprozess selbst besteht, wie ersichtlich ist, in einem Zusammenrollen des Vliessbandes, ohne dass man dies ein Drehen des Fadens nennen könnte, zumal die hin- und hergehende Bewegung ein wirkliches Drehen ausschliesst. An Stelle der Würgelwalzen hat man auch Röhren eingefügt, so dass jedes Vliessband durch Führer I und Walzen N in den Trichter der Röhre P eingeht und durch die Röhrenwandungen gedreht wird zu einer Locke, die sich auf R aufwickelt, bewegt durch Q. Die Röhrchen P (siehe Fig. 303) drehen sich ziemlich schnell. Anwendung findet dieses System sowohl für hochfeine, als auch für ordinäre Wollen. Jedoch wird es seltener angewendet.

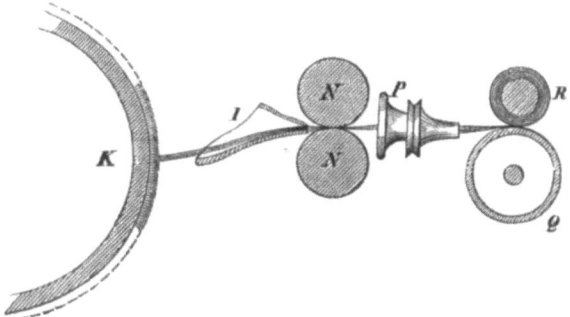

Fig. 303.

Interessant ist die von Aug. Zimmermann (Burg) angebrachte Einrichtung des Vorspinnapparates für ganz ordinäre Haidwollen. Darin ist Würgelsystem und Röhre combinirt. Die Bänder werden zwischen den Würgelwalzen gewulstet und erhalten in den Röhren eine gleichmässigere Abrundung, da die wenig gekräuselten und groben Haare unter den Würgelwalzen keine intensive Vereinigung erfahren.*)

Die Benutzung endloser Riemchen, zwischen deren Kreuzung die Vliessbänder geleitet und so zusammengerollt werden, ist kaum noch zu finden.

Für einen durch das Würgelsystem resp. Röhrchensystem, wie oben erwähnt, zu bewirkenden Streckprozess der Fasern, wirkt das Röhrchen besser als die Würgelwalze, während letztere der Locke mehr Dichtigkeit und Festigkeit giebt. Für beide Systeme bedient man sich noch einiger kleiner Unterstützungsmittel. Um die Bänder geeignet auseinander zu

---

*) Zeitschrift des Vereins der Wollinter. 1871.

halten, schaltet man meistens hinter der Kammwalze einen Trichterapparat ein, d. h. einen Apparat, der aus einer Grundplatte besteht, auf welcher senkrechte oder geneigte Wände in Zwischenräumen, die der Breite des Vliesses entsprechend aufgebracht sind, oder auf welcher in gewissem Spatium Drahtstifte aufgestellt sind. Dieser Apparat steht fest und hat wie gesagt, nur den Zweck das Zusammenlaufen der Vliessbänder zu verhüten.

Einen weiteren Zweck hat der Führungsapparat hinter den Röhren resp. Würgeln. Derselbe soll sowohl das Zusammenlaufen verhüten, als auch die gelieferten Vorspinnfäden auf der Spule oder Lieferungswalze vertheilen. Dieser Apparat besteht gewöhnlich aus einer Eisenschiene, an deren oberer Kante so viel runde Einschnitte gemacht sind, als Faden vorhanden. Dieselbe hat eine seitlich hin- und hergehende Bewegung. An Stelle der Eisenschiene kann man auch eine Holzschiene nehmen, auf deren oberer Fläche geignete Oehre aufgestellt sind, in welche man die Vorspinnfäden einlegt. Die Abführwalzen (s. später) sind ganz einfache Holz- oder Eisencylinder, auf denen in Schlitzlagern eingelegt sich Walzen mit breiten Endscheiben durch Friction drehen, während sich die Locken aufwickeln.

Um sowohl die Führung der Fäden zu regeln, als auch die Aufwicklung fest und gleichmässig zu gestalten, hat Thatam den in Fig. 304 abgebildeten Führungsfinger d a hergerichtet. Derselbe dreht sich um d und hat am Ende ein Schleifbrett mit Bohrung zur Aufnahme des Fadens. Dieser presst mit Federdruck gegen die Spule c.

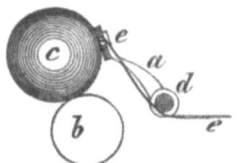

Fig. 304.

Wie bei den Baumwollflyern hat J. H. Johnson die Aufwindung auf Spulenwalzen ganz genau regeln wollen, d. h. ihre Geschwindigkeit mit der Zunahme ihres Umfangs durch Aufnahme des Garnes genau in Einklang zu bringen gesucht. Er benutzt hierzu ein Differenzialgetriebe, welches entsprechend der Zunahme die Abnahme der Umdrehungszahl bewirkt, ohne die Umfangsgeschwindigkeit zu ändern.

II. Wie schon bemerkt, kann keine der oben unter I beschriebenen Vorrichtungen allein oder sofort angewendet werden, um die von dem Peigneur, der mit Längsblättern bezogen ist, kommenden Locken weiter zu bearbeiten. Es muss da die sogenannte Anstückelmaschine eintreten, will man anders, wie das übrigens noch mehrfach geschieht, die Enden der Locken nicht mit der Hand aufeinanderpressen und so sie vereinigen. Es bestehen diese Apparate ihren Haupttheilen nach in einer Anzahl von Blechtrögen, welche die Form von Winkeleisen haben und mittelst zweier endloser Ketten eine fortschreitende Bewegung erhalten. Dieselben werden, parallel zur Axe der Lockentrommel, so aufgestellt, dass bei jedem Vorübergange eines Blechtroges an der Trommel eine Locke in letzte niederfällt. Ist in dieser Weise eine Anzahl Tröge mit Locken gefüllt, so werden sämmtliche Tröge auf einmal umgekippt, wobei dann die Locken auf ein endloses Tuch, den zweiten Hauptbestandtheil der Maschine, niederfallen. Dasselbe ist quer unter der Trogkette angebracht und hat eine zur Bewegungsrichtung der Tröge senkrecht fortschreitende Bewegung. Von diesem Tuche werden die Locken in ihrer **Längenrichtung** vorwärts bewegt und so dem dritten Hauptbestandtheil der Maschine, dem Würgel- und Aufwickelmechanismus zugeführt. Die Bewegungsgeschwindigkeiten der Trogkette und des endlosen Tuches sind so bemessen, dass die Locken, welche bei den einzelnen Umkippungen der Blechtröge aus denselben abgeworfen werden, auf die Vorderenden der bei der unmittelbar vorangegangenen Umkippung aus den Trögen ausgeschütteten Locken niederfallen. Das Zusammenlegen beider Enden wird dabei durch Streichschienen und die feste Vereinigung durch den **Würgelapparat** bewirkt. So erhält man also aus den einzelnen Lockenstücken zusammenhängende Vorspinnfäden. Wir geben hier die Beschreibung einer Anstückelmaschine nach **Lohren**.*)

Ein deutliches Bild von der Construction und den einzelnen Theilen einer solchen Anstückelmaschine, sowie ihrer Verbindung mit der Lockenkrempel gewähren die Figuren 1 und 2 auf Tafel VI, von welchen Figur 2 einen Durchschnitt der Maschine nach Richtung der Krempellänge, und Figur 1 einen Querschnitt nach Richtung der Krempelbreite darstellt. Die Kammwalze a ist in Zwischenräumen mit Kratzenblättern, welche parallel zur Axe liegen, bekleidet, und so nahe der Lockentrommel b aufgestellt, dass die vom Hacker c abgekämmten Wollstreifen in die Mulde d hineinfallen. Von den Cannellirungen der Lockentrommel b erfasst, rollt die Locke in der Mulde vorwärts und fällt schliesslich in eines der drei Fächer der Flügelwalze e nieder. Um ein recht regelmässiges Niederfallen der Locken zu bewirken und zu verhindern, dass Fasern derselben an der Lockentrommel hängen bleiben, ist die rotirende Walze f in der Nähe der Flügelwalze e am Tambour aufgestellt. Die Welle e empfängt eine intermittirend drehende Bewegung und dreht sich bei der Ankunft einer jeden einzelnen Locke um 120° um ihre Axe. Bei einer jeden solchen Drehung fällt die vorher aufgenommene Locke heraus und in einen der winkelförmigen Blechtröge g. Die Enden dieser Blechtröge sind durch Zapfen g^1 mit den Kettengliedern h h verbunden, und so gestaltet, dass sie eine halbe Umdrehung gestatten. Ihre Be-

---

*) Verhandlungen des Vereins für Gewerbefleiss. 1874. p. 103. Mit Erlaubniss des Herrn Verfassers abgedruckt.

wegung erhalten sie mittelst der Kettenscheiben i i, und zwar mit einer Geschwindigkeit, welche so bemessen ist, dass bei jeder ⅓ Drehung der Flügelwelle e, oder, was dasselbe ist, bei jedem Ausfallen einer Locke aus der Mulde d, ein Blechtrog an der Flügelwelle vorbeigeht und die niederfallende Locke auffängt. Zu bemerken ist übrigens noch, dass dieses Auffangen der Locke eben so sicher und regelmässig stattfindet, wenn, wie dies bei Maschinen von neuerer Construction der Fall, die Flügelwelle e nicht vorhanden ist und die Blechtröge ganz nahe an der Austrittsstelle der Mulde vorbeigeführt werden.

Wenn der erste der mit Locken gefüllten Tröge bis zum Punkte g^2 fortgeschritten ist, werden alle Tröge (von g^2 bis g^3), welche sich über dem Lattentuch m befinden, durch einen besondern Mechanismus gleichzeitig umgekippt und dadurch die Locken auf das Lattentuch m niedergeworfen. Von den Führungswalzen m^1 m^2 dieses Lattentuchs dient die Walze m^1 als Spannrolle, die Walze m^2 als Betriebsrolle. Die Bewegung erfolgt, wie die der Trogkette, mit gleichförmiger Geschwindigkeit in der Längenrichtung der Locken. Letztere gelangen zunächst unter die Pressionswalze n, laufen dann über die Führungswalze o hinweg, zwischen die Bänder p p' des Würgelapparats und werden endlich von der Frictions- und Aufwickelwalze q zur Spule r geführt. Eine Pressionswalze s dient dabei zum Anlegen der Bandenden an die Spule und zur Bildung eines festen Wickels.

Alle Walzen der Maschine (mit Ausnahme der Flügelwelle e) erhalten eine gleichförmig rotirende Bewegung, welche durch Räderwerk in einfacher Weise bewirkt wird. Die Würgelwalzen, sowie die Spule erhalten zudem noch eine hin- und hergehende Bewegung nach Richtung ihrer Länge. Diese Bewegung der Würgelwalzen wird von der Hauptwelle t aus, mittelst der Kurbel t^1, der Lenkstange t^2, des doppelarmigen Hebels t^3 und der beiden Stangen t^4 t^5 hervorgebracht, von denen die eine (t^4) mit den Wellen der obern, die andere (t^5) mit den Wellen der untern Würgelwalzen in Verbindung steht. Der Drehpunkt t^6 des Hebels t^3 befindet sich zwischen beiden Stangen t^4 t^5, so dass beide Würgelbänder entgegengesetzte Richtung nehmen. Die Längenverschiebung der Spule erfolgt in bekannter Weise von einer, schief zur Axe der Frictionswalze aufgesteckten Kreisscheibe aus. Eine an der Stange u Fig. 1 befindliche Gabel (die in der Figur nicht angegeben ist) umfasst jene Kreisscheibe und ertheilt dadurch der Stange u bei jeder Umdrehung der Frictionswalze hin- und hergehende Bewegung. Durch den doppelarmigen Lagerhebel u' wird diese der Spule r mitgetheilt.

Was die Bewegungsgeschwindigkeiten der Kettenscheiben i und der Walze m^2 anbetrifft, so ist bereits oben erwähnt, dass dieselben so bemessen sein müssen, dass die Vorderenden der neu auffallenden Locken mit den Hinterenden der bereits zum Würgelapparate hinlaufenden zusammentreffen. Da nämlich diese Enden etwas schwächer sind, als der übrige Theil der Locke, so lässt sich durch richtige Vereinigung derselben eine Verbindungsstelle von nahezu einer gleichen Stärke, wie die der übrigen Lockenkörper, erzeugen. Um nun das Zusammentreffen der beiden Lockenenden mit entsprechender Sicherheit herbeizuführen, sind auf dem Lattentuche m die Holzschienen l l angebracht. Diese Schienen sind an dem einen Ende, um den Zapfen l^1 drehbar, mit der Platte l^2 verbunden und stehen am andern Ende mit der Querschiene l^3 in Zusammenhang, welche auf der gehobelten Fläche l^4 ruht. Diese Querschiene empfängt mittelst der Kurbelstange l^6 von der Rolle l^5 aus eine hin- und hergehende Bewegung und setzt dadurch alle Holzschienen l l in Schwingung. Hierdurch werden die Locken nach der Mitte zweier Schienen hingeschoben und die Lockenenden dadurch vereinigt. Die zur Bildung eines zusammenhängenden Fadens nothwendige Festigkeit wird sodann durch den Würgelapparat bewirkt.

Es ist klar, dass die schwingende Bewegung der Holzschienen nicht eine continuirliche sein darf, sondern während des Niederfallens neu herankommender Locken aufgehoben werden muss. Um dies zu bewirken, sind auf der Trogkette h h Stifte (u) angebracht, welche so gestellt sind, dass sie zur Zeit des Umkippens der Tröge unter den Hebelarm v treten. Dieser Arm ist auf der Welle v^1 befestigt, auf welcher sich auch ein Sperrhaken (v^2) befindet. Beim gewöhnlichen Gange der Maschine wird dieser Sperrhaken von der Spiralfeder v^3 hochgehalten, so dass der auf der Querschiene l^3 befestigte Anstoss l^7 unter dem Haken fortgeht. Sobald aber der Stift u den Arm v hochhebt, senkt sich der Hacken v^2 und tritt gegen den Anstoss l^7. Der über die Rolle l^5 geführte Betriebsriemen l^8 gleitet alsdann, und die Bewegung erfolgt erst dann von Neuem, wenn der Stift u den Arm v wieder verlassen hat.

Das Umkippen der Blechtröge geschieht in folgender Weise: An der untern Seite jedes Troges g ist ein Stift w (Fig. 1) angebracht und im Innern der Maschine befindet sich eine Schiene w^1, welche mit Stiften w^2 in eben solchen Entfernungen von einander, wie die Stifte w, versehen ist. Die Schiene w ist mit der Gleitstange w^3, welche in der Gestellwand verschiebbar ist, fest verbunden. Zur Erzeugung der Verschiebung ist das Ende der Stange w^3 mit dem Arm w^4 eines doppelarmigen Hebels verbunden, dessen anderer Arm in die Nute einer excentrischen Scheibe eingreift. Sobald das Umkippen der Tröge g erfolgen soll, wird die Stange w^3 von dem Excentric aus einwärts geschoben. Dadurch treten die Stifte w^2 zwischen die Stifte w, welche hierdurch in ihrer Bewegung gehindert und soweit gedreht werden, dass die Umkippung der Tröge stattfindet. Ist dieselbe erfolgt, so zieht das Excentric die Schiene wieder zurück und erhält dieselbe in dieser Lage, bis ein abermaliges Umkippen einzutreten hat.

Die Methoden, welche man bei den gewöhnlichen Vorspinn-Apparaten anwendet, um dem Vorgarne Rundung und Festigkeit zu geben, haben ebenso auch bei der Anstückel-Maschine Anwendung gefunden. Die Einrichtung derselben mit Würgelbändern ist zwar die bei Weitem gebräuchlichste, es werden jedoch mitunter auch rotirende Röhrchen oder endlich rotirende Riffelscheiben angewendet, deren Arbeitsthätigkeit im Prinzipe desjenigen des Riemens ohne Ende ziemlich gleich ist. Dem Engländer Archibald ist im Jahre 1859 ein Patent auf eine derartige Construction ertheilt worden, an welcher auch in vielen andern Punkten Verbesserungen im Vergleich zu den bis dahin im Gebrauch gewesenen, betreffenden Maschinen sich vorfinden.

Eine Maschine dieser Construction ist in Fig. 4—7 Tafel VI in $^1/_{12}$ ihrer wirklichen Grösse abgebildet, Fig. 4 giebt eine Endansicht, Fig. 5 die Oberansicht der Maschine. Fig. 6 stellt einen Querschnitt und Fig. 7 eine theilweise Ansicht des Apparates zum Vereinigen, Verdichten und Aufwickeln des Vorgarnes dar.

Das Gerüst der Maschine besteht aus zwei starken eisernen Ständern a a, welche durch Querstücke fest mit einander verbunden sind. Ein besonderes Gestell b b ist seitwärts am Hauptgestell befestigt und dient zur Unterstützung des Abzugsapparats. Die Anordnung der arbeitenden Maschinentheile ist dieselbe, wie bei der oben erwähnten Construction. c, Fig. 5, ist eine Fächerwelle, welche hier in 4 Abtheilungen getheilt ist. Dieselbe empfängt eine intermittirende Bewegung, vermöge welcher sie jedesmal um 90° um ihre Axe gedreht wird. d d sind die Blechrinnen oder Tröge, welchen eine continuirlich fortschreitende Bewegung gegeben wird. Diese Tröge haben die Form von Winkeleisen und sind an beiden Enden mit Zapfen versehen, welche sich in den Lagerplatten d' d' (Fig. 4 und 5) drehen können. Letztere sind mit den Gliedern der Ketten e e (Fig. 5) verbunden, die über die Kettenscheiben f f, g g gleitet, von den Scheiben f f aus betrieben werden. h h (Fig. 5 und 6) sind endlose Lederbänder, welche zur Aufnahme der aus den Blechtrögen niederfallenden Locken dienen. Diese Bänder, deren Bewegungsrichtung zu derjenigen der Tröge eine rechtwinklige ist, sind mit dünnen gekrümmten Blechbändern i i der Art besetzt, dass nach unten sich verengende Kanäle gebildet werden; hierdurch wird erreicht, dass die einfallenden Locken immer genau an derselben Stelle der Lederbänder und zwar Ende auf Ende niederfallen. In der abgebildeten Maschine sind neun solcher Bänder neben einander angebracht, und über die Riemscheiben k k (Fig. 4, 5 und 6) geführt, welche von der gemeinschaftlichen Welle b b aus betrieben werden. Ueber den Walzen k k befinden sich die Pressionswalzen m m, deren Axen in Coulissen der Arme n n frei beweglich sind. Die in den Canälen der Lederbänder h vorgeführten Wolllocken werden zwischen die Walzen k und m hindurchgeführt, und hierbei stark genug gepresst, um ein zu rasches Vorziehen mittelst der rotirenden Scheiben o o zu verhindern. Diese Scheiben o o dienen zum Verdichten und Abrunden der Locken, welche von den Walzen k m nach den Streckwalzen p q geführt werden. Dieselben sind an ihrer Umfläche geriffelt und rotiren sämmtlich in der übereinstimmenden Weise, dass von zwei gegenüberstehenden Scheibenflächen die eine aufwärts, die andere abwärts bewegt wird. Das Vorgespinnst, welches, wie aus Fig. 5 und 6 zu ersehen, zwischen je 2 Scheiben hindurchgeführt wird, wird solchergestalt von der einen Scheibe nach unten, von der andern nach oben gedreht, so dass eine solche Drehung entsteht, ähnlich derjenigen mittelst rotirender Röhrchen. Hinter den Würgelscheiben o o befinden sich die Streckwalzen p q, welche durch die Druckwalzen r r belastet sind. Zu jedem Vorgarnfaden existirt eine besondere Druckwalze, welche bei einem Fadenbruch abgenommen werden kann, ohne dass benachbarte Fäden dadurch gestört werden. Jede Walze r ist mit einer Nute versehen, welche den Drehzapfen der Scheibe o umschliesst und dadurch in ihrer Lage gesichert wird. Die Bänder, welche aus den Streckwalzen p q austreten, werden von der Frictionswalze s auf eine Spule t aufgewickelt.

Was nun die Ingangsetzung der einzelnen Theile der Maschine betrifft, so erfolgt dieselbe von der Kammwalze der Krempel aus, und es wird die Bewegung durch Räderwerk an das Rad a^1 auf der Hauptwelle b^1 übertragen. Auf dieser Welle sind zunächst die Kettenscheiben f f befestigt, welche den Blechtrögen d d eine gleichförmig fortschreitende Bewegung ertheilen. Die Grösse dieser Scheiben ist gewöhnlich so bemessen, das bei jeder einzelnen Umdrehung so viele Tröge gefüllt werden, als jedesmal gleichzeitig umkippen sollen. Die intermittirende Bewegung der in vier Abtheilungen getheilten Walze c wird mittelst eines Scheibenringes c^1 erzeugt, der concentrisch am Rade a^1 befestigt ist. Senkrecht zur Ebene dieses Ringes befinden sich die Stifte d^1 d^1, welche so aufgestellt sind, dass sie bei jedem Vorübergehen an der Walze c gegen einen der vier Ansätze e' ' dieser Walze anstossen, und dadurch eine Drehung der Walze um 90° erzeugen. Die Bewegung der endlosen Lederbänder h h erfolgt mittelst der Welle l, welche von der Hauptwelle b^1 aus durch Vermittelung der Räderpaare a' g' h' k^1 und m' n' betrieben wird. Von denselben befinden sich die Räder g' und h' auf der Welle o^1, k^1 und m^1 auf der Welle l^1 und endlich das Rad n^1 auf der Welle l, welche als Betriebswelle für die Riemscheiben k k dient.

Die rotirende Bewegung der Riffelscheiben o o wird hervorgebracht vermittelst der Schnüre p' p', die theils über die Trommel q^1, theils über die Wirtel r^1 geführt sind. Die Axe der Trommel q^1 trägt an ihrem einen Ende eine Schnurscheibe s^1, welche mittelst der Schnur t' t' von der Tambourwelle der Krempel aus in schnelle Rotationen versetzt wird, u' u' sind Leitrollen für die Schnur t' t'.

Anlangend die Bewegung der Streckwalzen p und q, so werden beide von der Walze l aus betrieben, und zwar die Walze p durch Vermittelung der Räderpaare v w und y z, die Walze a mittelst der Räder v w und y' z^1. Die Druckwalzen werden durch Friction von den Unterwalzen mitgenommen. Zum gleichförmigen Aufwickeln des Vorgarns auf die Spule t dienen zwei Bewegungen; eine rotirende Bewegung und eine hin- und hergehende in Richtung der Spulenaxe. Die erstere wird von der Streckwalzenwelle p aus mittelst der Räder a^2, b^2 und c^2 erzeugt, von welchen das Rad c^2 auf der Welle der Wickeltrommel s befestigt ist. Die hin- und hergehende Bewegung der Spule wird in folgender Weise hervorgebracht: Die Enden der Spulenwelle lagern auf den oberen Armen, der Hebel d^2 d^2, welche auf den Wellen e^2 und f^2 ihre Führung haben, und ausserdem mit einer Stange g^2 verbunden sind. Diese Stange trägt an ihrem Ende zwei Rollen h^2 h^2, zwischen denen ein Excentric k^2 rotirt. Die Bewegung dieses Fxcentrics erfolgt von der Hauptwelle b^1 aus mittelst der Stirnräder l^2 m^2, und es leuchtet ein, dass bei jeder Umdrehung des Excentrics die Stange g^2 und mithin auch die Spule t eine hin- und hergehende Bewegung in Richtung ihrer Axe erhält. Dadurch wickeln sich die Lunten, Lage neben Lage, schraubengangförmig auf; ist eine Schicht vollendet, so kehrt die Spule zurück und es bilden die Lunten eine neue Schicht über der früheren u. s. f.

Es bleibt nun noch der Mechanismus zu beschreiben, welcher zum Umkippen der Lockentröge dient, so oft neun solcher Tröge mit Locken gefüllt, über den neun endlosen Lederbändern h h angekommen sind. Bereits oben ist erwähnt worden, dass die bewegende Kettenscheibe f bei jeder Umdrehung neun Blechtröge an der Walze c vorbeiführt. Das Umkippen der Tröge muss also bei einer jeden vollen Umdrehung dieser Kettenscheibe einmal erfolgen. Zu dem Ende ist auf der Welle b^1 ein conisches Rad n^2 angebracht, welches mit dem conischen Rade o^2 von gleicher Zahnzahl in Eingriff steht. Letzteres ist auf der Welle p^2 befestigt, und hat sonach diese eben dieselbe Umdrehungsgeschwindigkeit, als die Welle b^1 der Kettenscheibe. Mit der Welle p^2 sind die Daumen q^2 q^2 verbunden, welche bei jeder Umdrehung einmal gegen die Köpfe r^2 r^2 der Stange u anstossen, und dadurch dieselbe weiter in die Maschine hineinpressen. Die Stange u ist mit neun Vorsprüngen s^2 s^2 versehen, über welche die Blechtröge hinwegpassiren können, so lange die Stange in ihrer Ruhestellung verharrt. An jedem Blechtroge aber ist ein Ansatz t^2 angebracht, welcher gegen einen Vorsprung s^2 anstösst, sobald die Stange u mittelst der Daumen q^2 einwärts geschoben wird. Durch ein solches Anstossen werden die Tröge um ihre Zapfen gedreht, kippen um, und werfen die Locken zwischen den Kanälen auf die Aederbänder h h. Sobald die Daumen q^2 q^2 die Stangenköpfe r^2 r^2 verlassen haben, werden letztere von den Gewichten y^2 y^2 wieder in ihre ursprüngliche Stellung zurückgezogen und verharren in ihrer Lage bis wiederum neun gefüllte Tröge über den Lederbändern angelangt sind, wo alsdann die vorstehend beschriebene Operation des Umkippens aufs Neue stattfindet. Bezüglich der Geschwindigkeitsverhältnisse der Lockenkette und der endlosen Lederbänder ist zu erwähnen, dass die zweite Partie Locken genau zu der Zeit niederfallen muss, wo die erst niedergefallenen Locken so weit fortgeführt sind, dass nun auf die Enden der Letzteren die Enden jener herabtreffen. Die einzelnen Locken sind gewöhnlich an ihren beiden Endgegenden weniger stark, als an den übrigen Theilen, so dass durch eine richtige Vereinigung zweier Enden eine nahezu gleichförmige Luntenstärke erzielt werden kann. Für diesen Zweck ist es auch von Wichtigkeit, dass die Pressionswalzen m m entsprechend angeordnet und vom richtigen Gewichte gewählt werden; weil bei unvollkommener Wirkung derselben gar leicht ein Herausziehen oder Zurückbleiben der Lockenenden entstehen und dadurch ein unregelmässiges Anstückeln derselben herbeigeführt werden kann. Bei sorgfältiger Anordnung dieser Walzen und des Streckwerkes erfolgt die Drahtgebung mittelst der Riffelscheiben in hoher Vollkommenheit und es wird ein schönes, gleichförmiges Vorgespinnst erzeugt.

Zu bemerken ist übrigens noch, dass eine Anstückelmaschine mit Röhrenapparat, anstatt rotirender Riffelscheiben, sich in ihrer ganzen Construction von der abgebildeten Maschine nur allein dadurch unterscheidet, dass an derselben an Stelle der Scheiben rotirende Trichter angebracht sind, durch welche das Vorgarn auf seinem Wege von den Lederbändern zu dem Streckwerke hindurchgeführt wird.

Die Anwendung der Anstückelmaschine in der Streichgarnspinnerei ist namentlich in England sehr gebräuchlich. Die ordinairen und sehr kurzen Wollen, Kunstwollen, Kuhhaare u. dgl. werden meistens auf der Lockenkrempel kardirt, von der Anstückelmaschine auf Spulen gebracht, auf der Vorspinnmule vorgesponnen und sodann auf einer Grobmule zu grobem Garn versponnen. Die dazu benutzten Maschinen-Assortiments zeichnen sich durch einfache, wenig Handarbeit erforderliche Einrichtung und durch grosse Productionsfähigkeit aus. Zum Reinigen und Auflockern des Spinnmaterials bedient man sich des gewöhnlichen Wolfes; das Einfetten geschieht mit der Hand, oder mittelst eines Einölwolfes, das Vermengen der verschiedenen Materiale wird mittelst eines Droussetwolfes ausgeführt, und von diesem gelangt das Material zur Vorkrempel. Zum Abnehmen von der Vorkrempel und zum Speisen der Lockenkrempel dient meistens Apperly's einfacher Apparat, doch ist Ferrabee's Maschine zur Ausführung dieser Arbeiten ebenfalls sehr geeignet, wenn die Aufstellung beider Krempeln unter einem rechten Winkel thunlich ist. Die gewöhnlichste Art der Aufstellung der Vorkrempel und Lockenkrempel mit mechanischer Anstückelmaschine wird später dargestellt, siehe dort die Figur.

a ist das Lattentuch der Vorkrempel, über welches die Wolle in abgewogenen Quantitäten gleichförmig vertheilt und durch welches es den Speisewalzen b b zugeführt wird. Von Letzteren gelangt die Wolle an den kleinen Tambour e, um welchen zwei Paar Arbeiter und Wender angebracht sind, und von welchem die Wolle mittelst der Walze d abgenommen und an den grossen Tambour e übertragen wird. Um diesen Tambour sind ebenfalls zwei Paar, oder noch häufiger drei Paar Arbeits- und Wendewalzen, und ausserdem ein Volant f aufgestellt. Das Ablösen der Wolle von dem Tambour e erfolgt mittelst der kleinen Trommel g, die ihrerseits von der Abnahmewalze d^1 gereinigt wird. Letztere Walze überträgt die Wolle an den zweiten grossen Tambour e', welcher ebenso construirt ist, wie der Tambour e, und die Wolle an die Kammwalze h abliefert, von wo aus dieselbe mittelst eines Hackers k abgelöst und mittelst der Trichter l und der Pressionswalzen m m in Bandform in einem Kanal niedergeleitet wird. In diesem Kanal weiter geführt, gelangt das Band zum Speiseapparat n der Lockenkrempel, die in beliebiger Entfernung und Lage zur Vorkrempel aufgestellt sein kann. Die Construction der Lockenkrempel ist dieselbe wie die der Vorkrempel, nur mit dem Unterschiede, dass an jener der erste kleine Tambour fehlt und dass hinter der Kammwalze die Lockentrommel o, umgeben von der Mulde p, aufgestellt ist. Es folgt dann die Anstückelmaschine, welche die aus der Mulde herausfallenden Locken mittelst der getheilten Walze q auffängt, mittelst der Blechtröge r fortführt, unter den Würgelbändern vereinigt und verdichtet, und schliesslich sie auf eine Spule t aufwickelt. Sobald diese Spule gefüllt ist, wird sie abgenommen und der Vorspinnmule übergeben. In neuester Zeit hat man für diese Krempel eminente Dimensionen gewählt. Drei, selbst vier grosse Tambours kommen daran vereinigt vor. Der grosse Tambour e hat gewöhnlich 42 Zoll, jeder kleine (c), sowie die Krempelwalze h 30 Zoll Durchmesser (ohne Beschlag). Der Durchmesser der Arbeiter ist gewöhnlich 8 Zoll, der der Wender 4½ Zoll. Der Volant hat 12 Zoll, die Uebertragungswalze 7 Zoll und die Lockentrommel 13 Zoll Diameter. Die Breite der Maschine auf den Kratzen gemessen, beträgt bei den schmalen Krempeln 48 Zoll, bei Krempeln mittlerer Grösse 54, und bei grossen Maschinen 60 Zoll.

B. Die Gestelle und Lager für Krempeln.

Für die Gestelle der Krempel gilt als Hauptregel die absolute Festigkeit und Feststellbarkeit der Wangen und Untersätze. Häufig werden Untersatz und Bogen aus zwei Theilen hergestellt und festverschraubt. Dies muss aber auch in hohem Grade möglich sein, damit die Erschütterung der Maschine diese Theile nicht in Vibration bringt. Es gilt dies vorzugsweise für Gestell und Bogen, weniger ängstlich für Vorzieh- und Abführapparat. Wir müssen uns in dieser Hinsicht vollkommen den Auseinandersetzungen des Hrn. Köster (Neumünster) anschliessen, welcher fordert, dass der Stuhl oder Untergestelle, Bogen und Tambourlager aus einem Grundstück hergestellt werden sollen.*) Es wird sodann in den Seitenwänden die Oeffnung für die Tambouraxe angebohrt und giebt den leitenden Punct ab für alle ferneren Abmaasse. Es unterliegt keinem Zweifel, dass sich mit solcher Construction eine Maschine herstellen lässt von sicherem Gang und grösster Lauffähigkeit — ohne alle Vibration der Maschinentheile selbst. Am Besten nimmt man die Bogen nicht durchbrochen, da dies, wenn auch zu Anfang hübsch und zierlich aussieht, später vollständige

---

*) Man sehe die Abbildung seiner Maschine späterer Abschnitt: Krempel-Constructionen und Assortiments.

Schmutzfänge abgiebt. Der Bogen kann bestehen aus einem flachen Kranz mit unterer senkrechter Verstärkungsrippe oder aus einem vollen Bogenstück von etwa 15—25 Centim. Höhe und 8—10 Centim. Breite. Man nimmt den Mittelpunct der Tambouraxe am Besten auch zum Mittelpunct des Bogenzirkels. Zuweilen füllt man den ganzen Bogen aus, so dass er scheibenartig auf den Längsbalken des Gestells aufruht.

Speziell noch zu beschreiben, wie diese Gestelle geformt sind, erscheint unnöthig. Es ist das ersichtlich aus den vielen Figuren unseres Werkes. — Dagegen ziehen die Lager unsere Aufmerksamkeit mehr auf sich.

Wir verweisen auch hierbei auf die Abbildungen und werden hier nur einzelne Constructionen betrachten (Fig. 305—310).

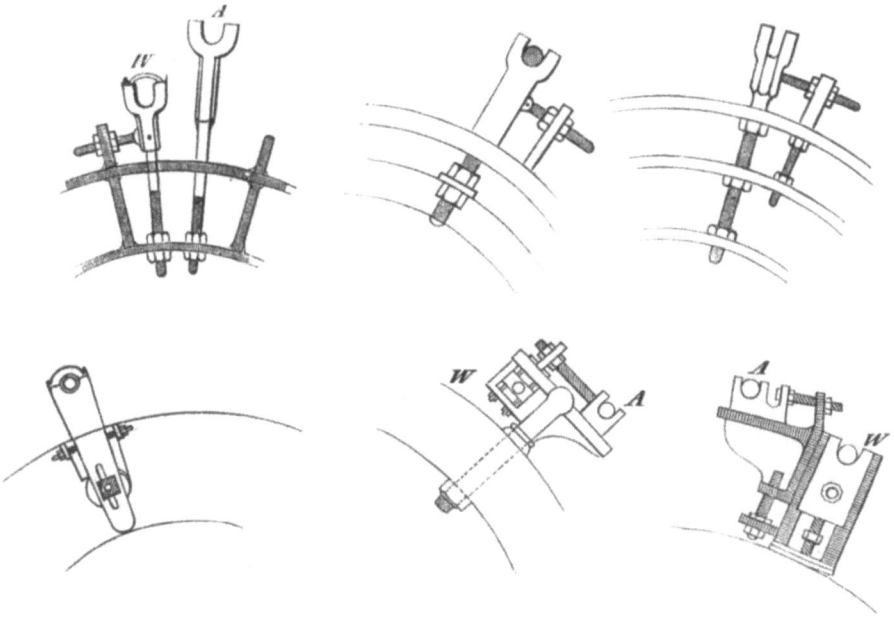

Fig. 305—310.

Die Lager müssen verstellbar sein gegen die Hauptwalze hin, als welche der Tambour zu betrachten ist, als auch gegen die Walzen, mit welchen sie zusammenwirken sollen. Ersteres tritt bei allen Walzen um den Tambour herum ein, also bei Arbeiter, Wender, Volant, Kammwalzen und Vorreisser oder Einführwalze; Letzteres bei Arbeiter und Wender, Vorreisser und Einführwalze. Der erstere Fall macht für alle Walzen eine Beweglichkeit in radialer Richtung zum Tambour nothwendig, da die Berührungslinie der Walzen mit dem Tambour in der Verbindungslinie beider Mittelpuncte liegt. Die Bewegung der Wender zum Arbeiter aber liegt in dem Kreisbogen eines zum Tambourkreise concentrischen Kreises. Somit muss die Verstellbarkeit der Walzen gegen Tambour radial gerichtet sein, der Arbeiter zum Wender aber bogenförmig.

Die Lager müssen mit dem Gestell und den Gestellbögen fest verbunden werden können, aber an denselben bewegbar sein. Dies erreicht man durch Schlittenlager, Lager mit Stellschrauben u. s. w. Wir haben hier einige solcher Lager vorgeführt, die aus den Abbildungen verständlich sein werden. (Fig. 305—310).

Die Fig. 311—313 stellen speziell neueste patentirte Lager der Gebr. Thornton dar. In dem ersteren finden wir eine eigenthümliche

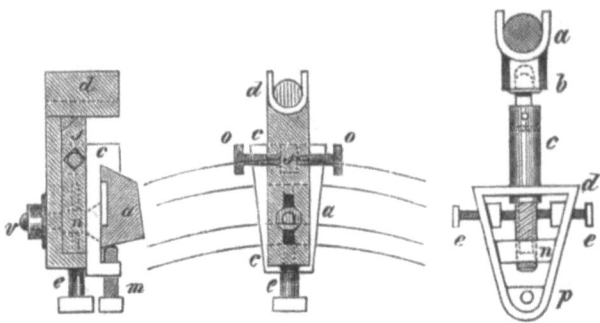

Fig. 311—313.

Befestigung gegen den Gestellbogen a mittels Schraube m. Der Lagerkörper besteht aus der Grundplatte c, welche über den Gestellbogenrand übergreift und eine Axe n in sich versenkt enthält, auf welcher das Tragstück d sitzt, mit Schraube r gegen c gehalten, durch Schraube e nach oben verstellbar, mit Lager d ausgerüstet. Die seitliche Verstellung bewirken die Stellschrauben o o, die gegen den an c angegossenen Lappen s pressen. Das andere Lager ist ein langstieliges. Auf dem Stiel c sitzt über einen lose schliessenden Zapfen der Kopf b mit Lagerschale a. Der Stiel c ist nach unten mit Schraubengang versehen und in n eingeschraubt. Von der Seite wird c in d gehalten durch Stellschrauben e e. Das Lager wird am Bogen des Gestells festgeschraubt und kann um den Punct p auch gedreht werden, nach Lösung von Stellschrauben.

Eine sehr grosse Hauptsache ist, dass die Lagerschalen genau horizontal gestellt werden, so dass die Zapfen der Walzenaxen in allen Puncten genau im Lager aufruhen und berühren, weil sonst bei der zum Theil sehr schnellen Rotation der Walzen Lager und Zapfen schnell zu Grunde gehen. Diese Einstellung ist nun allerdings nur mit grosser Vorsicht und Sorgfalt zu erreichen, sobald die Lagerarme an den Bogen angeschraubt werden. Aus diesem Grunde haben sich Constructeure damit befasst, selbst einstellende Lager auszuführen und erwähnen wir hierfür besonders das Lager von Martin (Fig. 314, 315). Der Lagerstiel d endigt oben in eine Gabel c, welche die eigentliche Lagerschale b umfasst, welche in a den Zapfen aufnimmt. b wird in c nur gehalten durch die Ribbe e in der Gabel, welche von einer Nuth in der Lagerschale b lose umfasst wird. Die Lagerschale ballancirt somit auf e und wird jeder Druckbewegung

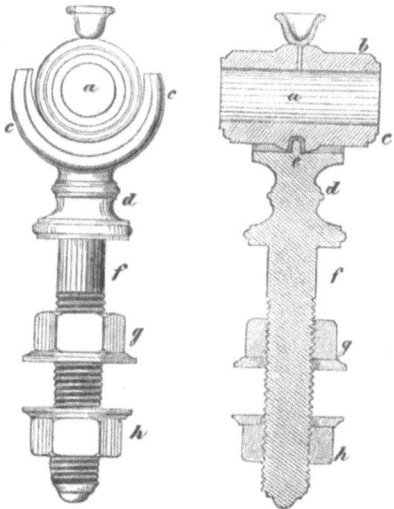

Fig. 314, 315.

der Walzenaxe so folgen, dass immer der ganze Zapfen in a aufruht. Am untern Theil f dieses Lager-Armes sind die Schrauben g und h zum Feststellen im Gestellbogen, resp. zum Hoch- oder Tieferstellen des Lagers selbst. —

Clissold*) will durch Keile und deren stärkeres oder schwächeres Anziehen die Lager genau einstellen.

Auf die Beschützung der Lager vor Verunreinigung mit Fasern, Staub und dergleichen sind die Constructionen von Fittou und von Houget & Teston gerichtet.

Fittou giesst an die Lagerplatte a (Fig. 316, 317), die in gewöhnlicher Weise am Lagerbogen befestigt ist, einen Vorsprung b an, welcher vom

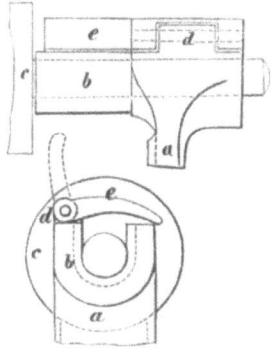

Fig. 316, 317.

---

*) Patent. England. 1862.

Bogen bis an das Ende der Walze sich erstreckt. Ein anderer, ebenfalls mit der Lagerplatte a festvereinigter Vorsprung d, bildet das Scharnier eines Deckels e, welcher im geschlossenen Zustande die Axe und den Hals der Walze überdeckt. Vermöge dieser Anordnung werden die losen Fasern verhindert, sich an die Axe anzuhängen. Der Deckel e ist leicht aufzuklappen, so dass man die Walzen leicht herausheben kann.

Houget & Teston's Einrichtung ist folgende (Fig. 318, 319): Der

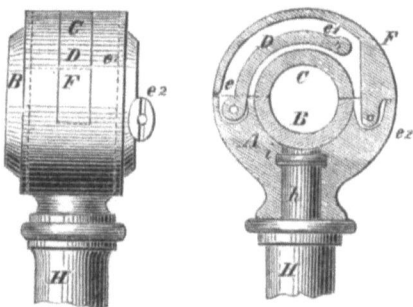

Fig. 318, 319.

Lagerkörper A, der durch den Zapfen h und Stift i mit der Lagersäule H in Verbindung steht, enthält die untere Lagerschale B. An der oberen Lagerschale C ist der Bogen F angegossen, der durch einen Stift e^2 in den Lagerkörper A drehbar befestigt ist. Ein Sector D hat die Bestimmung, die Schale C in ihrer Lage zu erhalten. Er ist einerseits mittelst Stiftes e am Lagerkörper A, andererseits mittelst Stiftes e^1 an der Schale C selbst befestigt. Will man nun den Zapfen der Walze bloss legen, so löst man e^2 und e^1 und kann dann den Deckel abheben, ohne seine Verbindung mit dem Lagerkörper aufzuheben.

Um die Abnutzung der Zapfen und Lager möglichst zu vermeiden, sollten überall Büchsen angeordnet werden. Oscar Schimmel & Co. haben solche mit Scheiben angewendet, um auch das Bewickeln der Axen mit Wolle zu verhüten. Solche Scheiben können verstellbar angebracht werden, um auch zugleich ein seitliches Verschieben der Walzen zu vermeiden, wo es nicht gewünscht wird.

Die Nothwendigkeit der öfteren Reinigung des Tambours und der Kammwalze hat an die Hand gegeben, die diesen Walzen vorliegenden Theile leicht entfernbar zu machen; so ist die Pelztrommel schnell zu entfernen und der Vorspinnapparat mit Würgelwalzen etc. ist auf einem besonderen Gestell eingesetzt, welches auf einer Bahn von der Maschine abgefahren werden kann, nach Lösung einiger Schrauben und Abnahme einiger Riemen und Schnuren. Ebenso kann man den Zuführtisch von den Längsbalken des Gestells leicht losschrauben und abheben.

C. Die Bewegungsmechanismen der Krempel.

Zur Bewegung der einzelnen Theile der Krempel verwendet man im Allgemeinen sehr einfache Bewegungsmechanismen, wie dies schon aus den erforderlichen Bewegungen selbst hervorgeht. Hinsichtlich der Bewegungen haben wir es beim Krempel zu thun:

    a. mit rotirenden,
    b. mit alternirenden

Bewegungen und zwar vorherrschend mit **rotirenden**. Alle Bewegungen sind dabei für gewöhnlich **gleichförmig** während des Ganges der Maschine. An Maschinentheilen zur Hervorbringung dieser Bewegungen werden beim Krempel angewendet: **Zahnräder,** (Stirnräder, Getriebe, Transporteurs-, Kegelräder oder **conische Räder**), **Riemenscheiben** (Schnurrollen, Nuthenscheiben, Stufenscheiben), **Kettenscheiben**, Frictionsrollen, ferner für die alternirende Bewegung: Scheiben mit Curvennuthen, Scheiben mit schräg zur Axe gestellter Ebene, Kurbel, Excentric, und zuweilen innerer Zahnkranz mit Getriebe.

Zusammengesetzte Bewegungen kommen nur an dem Würgelsystem vor und bei der Hackerbewegung. Dabei sind rotirende und hin- und hergehende Bewegungen combinirt.

Diese einzelnen Bewegungsmittel einzeln zu beschreiben, ist unnöthig, da ihr Wesen und ihre Einrichtung wohl als bekannt vorausgesetzt werden kann. Hier seien sie vielmehr in der Anwendung betrachtet.

Als allgemeine Norm beim Bauen der Krempeln hat bisher gegolten: **Die schnell rotirenden Walzen werden durch Riemen und Riemenscheiben bewegt, die langsamer rotirenden Walzen durch Ketten und Kettenscheiben oder durch Zahnräderübersetzung.** Die Gründe hiefür liegen nicht sowohl in der Vorsicht, schnelle Abnutzung zu verhindern, sondern auch in der Absicht, der Eigenthümlichkeit des Materials und den damit vorkommenden möglichen Unzuträglichkeiten zu begegnen. Bekanntlich filzt die Wolle und öffnet sich selbst auf dem Wolf in einzelnen Partieen unvollständig. Solche Flocken von grossem Trennungswiderstande zwischen den beiden mit Kratzen bezogenen Flächen, die etwa entgegengesetzte Bewegungsrichtung haben, gedacht, setzen hier, von den Kratzenhaken erfasst, einen bedeutenden Widerstand entgegen. Werden beide Walzen durch Zahnräder getrieben, so werden solche Flocken mit Gewalt zerrissen oder sie verbiegen und vernichten eine ganze Reihe der Kratzenzähne. Treibt man dagegen beide oder die eine Walze mit Riemen, so überwindet der Widerstand des Flockens die Reibung des Riemens und die Walze bleibt eher stehen, ja dreht sich ihrer ursprünglichen Bewegungsrichtung entgegengesetzt, als dass die Kratzenhäkchen vernichtet würden. Man lässt den Riemen niemals straffer laufen, als dass seine Reibung mit den Scheibenflächen so gross ist, als die Elasticität der Kratzenhäkchen. In

Folge dessen können sogenannte Rutscher vorkommen, die zur Vermeidung von Unzuträglichkeiten beim Krempelprozess eine nicht zu unterschätzende Rolle spielen.

Betrachten wir zunächst die Bewegungsmechanismen der rasch rotirenden Walzen am Krempel, so finden wir, dass der Tambour mittelst Scheibe vom Hauptmotor her, durch Vorgelege etc. getrieben wird. Die Scheiben des Tambours müssen breit genug sein, um einem genug starken Riemen Platz zu bieten. Für gewöhnliche Krempel genügen für Holzscheiben mit Lederbandage 8—12 Centimeter, für gusseiserne Scheiben aber 10—16 Centimeter. Die Tambouraxe muss ferner stark genug genommen werden, weil sie die für den Krempel und seine Arbeit nothwendige Kraft aufnimmt und auf die einzelnen Organe überträgt. Man findet ihre Stärke in den verschiedenen Constructionen zwischen 5 und 8 Centimeter schwankend. Unter 5 Centimeter herabzugehen ist nicht rathsam. Sie wird hauptsächlich auf ihre Torsionsfestigkeit in Anspruch genommen. Auf der Tambouraxe sitzt, meistens innerhalb des Lagerbogens vom Gestell, eine grosse Riemenscheibe, welche die Bewegung überträgt auf die Scheiben der schnell rotirenden Walzen, als da sind: Wender, Volant und Kurbelaxe für den Hacker, — in specieller Construction auch für die Reinigungswalzen und Flügel für die Klettenwalze. Die Anordnungen dieser Scheiben sind so ausserordentlich einfach in ihrer Stellung in der Ebene, in welcher die Triebscheibe liegt, dass wir nur das Eine darüber sagen, dass man für den am schnellsten gehenden Volant häufig eine Scheibe mit seitlichen Wülsten oder überragende Scheiben wählt, um das Abgleiten des Riemens zu verhindern. Jedenfalls thut man wohl, die Scheiben des Volants breiter als die auf den andern Walzen zu machen.

Die Durchmesser der Scheiben richten sich natürlich nach der Umdrehungsgeschwindigkeit, die man den einzelnen Walzen geben will. Die nothwendigen Umdrehungsgeschwindigkeiten der Wender im Verhältniss zum Tambour berechnen zu wollen, ist ein Unding, da wir es hier nicht mit positiven Bearbeitungen im Sinne der Verkleinerung oder Vergrösserung substantieller Materien, sondern mit Gemengen von kleinen Körpern zu thun haben, deren Eigenschaften, die hier in Betracht kommen müssen und können, mit jedem Theilchen wechseln. Man kann hier nur annähernd schätzen, und wie, werden wir weiter unten noch sehen. Für gewöhnlich erhält der Tambour 90—100 Umdrehungen p. M. Man nimmt gern die Schnelligkeit der Walzen: auf 270—320 Umg. für den Wender 400—450 Umg. für den Volant an bei Reiss- und Mittelkrempeln, auf 300—350 Umdr. für Wender und 430—480 Umg. für den Volant bei 100—120 Umg. des Tambours in der Feinkrempel an. Daraus ergiebt sich das Uebersetzungsverhältniss und die Grösse der einzelnen Riemenscheiben von selbst

$$T : W = 90 : 270$$

Scheibe für $W = \dfrac{1}{3}$ der Scheibe von T

$$T : W = 100 : 320$$

Scheibe für $W = \dfrac{1}{3,2}$ der Scheibe von T

$$T : V = 90 : 400$$
$$V = \dfrac{1}{4,3}$$
$$T : V = 100 : 450$$
$$V = \dfrac{1}{4,5}$$

Vom Tambour geht auch die weitere Bewegung der Krempeltheile aus, und zwar legt man die Triebscheibe hierfür auf die entgegengesetzte Axenseite. Dieser Antrieb kann verschieden bewerkstelligt werden. Entweder und zwar am häufigsten bedient man sich der Zahnradübersetzung oder aber der Riemenübertragung. Die Zahnradübersetzung hat dabei zweierlei zu erfüllen: „Die zu bewegende Kammwalze muss entgegengesetzte Umdrehung mit dem Tambour haben und muss in leichter Weise verschiedene Geschwindigkeit erhalten können." Die Uebertragung geschieht durch folgende Combination. Auf der Tambouraxe sitzt ein Zahntrieb a und greift in ein Zahnrad b ein. Dieses letztere würde nun den Peigneur schon bewegen können, wenn derselbe nicht entgegengesetzte Bewegungsrichtung haben müsste. Desshalb schaltet man nun ein Zahnrad c ein, so dass b Transporteur wird. Die Geschwindigkeit des Tambours darf nicht auf den Abnehmer übertragen werden, sondern dieser soll sich etwa 4—6 mal drehen, wenn der Tambour 100 mal umgeht, folglich muss eine Reduction der Geschwindigkeit stattfinden. Diese wird erreicht, wenn das erste Zahnrad schon 2—3 mal mehr Zähne hat, als das Triebzahnrad auf der Tambourwelle. Das eingeschaltete Rad versieht man auf seiner Axe mit einem kleinen Zahntriebe, einem Wechselrade d und lässt dieses in das Zahnrad e der Peigneuraxe eingreifen. Wir stellen diese Anordnung in Fig. 320 dar. Die Welle von c d stellt man in ein verschiebbares Lager ein. So hat man beide Forderungen erfüllt. Je nachdem man für d ein Rad mit mehr oder weniger Zähnen einlegt und den Eingriff von c und d mittelst ihres Stelllagers bewirkt, erhält man für e eine schnellere oder langsamere Bewegung. In vielen Constructionen ist auch der Trieb a wechselbar; jedoch ist dies nicht nothwendig, da die Grenzen der Verstellung einzelner Maschinen nicht sehr weit auseinander liegen. — Die Zähnezahl von a b c und e bleibt also stets constant. Sie betrage beispielsweise für a 30 Zähne, für b 160, für c 120 und für e 160, so muss sie für d 25 betragen. Denn $\dfrac{U(\text{von a}) \cdot a \cdot d}{c \cdot e} = U'(\text{von e})$

$$4 = \dfrac{100 \cdot 30 \cdot d}{120 \cdot 160} = \dfrac{3000 \cdot d}{19200} ; \quad d = \dfrac{19200 \cdot 4}{3000} = 25,6.$$

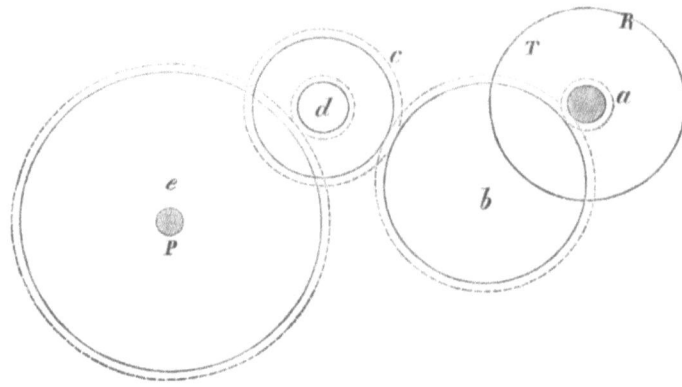

Fig. 320.

Es ermitteln sich nach dieser Formel leicht die Umdrehungen des Abnehmers und die dazu passenden Wechsel. Für die dargestellte Combination von a = 30 mit 100 Umdrehungen
b = 160 (Transporteur)
c = 120
d = ?
e = 160

sind für die Umdrehungszahlen des Abnehmers von 1—12 die folgenden Wechsel d zugehörig:

Umdrehung e	Wechselzähne d
1	6,4
2	12,8
3	19,2
4	25,6
5	32,0
6	38,4
7	44,8
8	51,2
9	57,6
10	64,0
11	70,4
12	76,8

Wendet man Riemenbetrieb an, so treibt man selten die Abnehmerwalze direct, weil dies für die Scheibe auf der Tambourwelle einen zu kleinen und für die Scheibe auf dem Abnehmer einen zu grossen Durchmesser erheischte, beispielsweise bei 100 und 4 Umdrehungen, für erstere D auf T = $\frac{1}{25}$ von D auf A, oder D T = 10 Centim., D A = 250 Centim.

Man nimmt da seine Zuflucht zu Zwischenrädern und Zwischenscheiben, an deren Axe dann der betreffende Wechsel angebracht sein kann. In Fig. 321

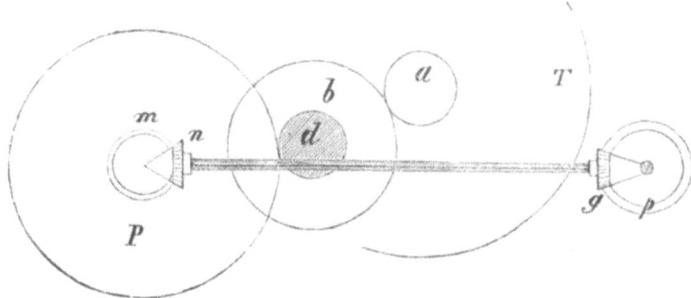

Fig. 321.

ist letztere Anordnung dargestellt. Man stelle sich vor, a ist die Scheibe auf T, b ist eine Scheibe, die gemeinschaftlich mit dem Wechsel d auf einer Axe sitzt. Der Wechsel d treibt das Zahnrad c auf der Abnehmerwelle. Die Berechnung bleibt die gleiche. Ist z. B. der Durchmesser von a = 10 Centim. und der von b = 20 Centim., so macht b bei 100 Umdrehungen von a nur 50 Umdrehungen, ebenso der Wechsel d. Soll nun der Abnehmer 5 Umdrehungen machen und hat sein Zahnrad 140 Zähne, so darf der Wechsel d mit 50 Umdrehungen blos 14 Zähne haben. Bei dieser Anwendung wird immer der Wechsel sehr klein und das Zahnrad des Abnehmers sehr gross. Von der Kammwalze aus werden nun die Einführwalzen bewegt und zwar direct nur die untere. Es kann dies geschehen durch Riemen, Kette oder am besten durch eine Seitenwelle, welche von einem Kegelrade m auf der Abnehmerwelle durch ein Kegelrad n auf der Seitenwelle getrieben wird und am andern Ende mittelst Kegelrades g ihre Bewegung auf ein Kegelrad k auf der Einführwalze überträgt. Da nun die Geschwindigkeit der Einführwalzen verstellbar oder abänderbar sein muss, so bildet dann das Kegelrad am Ende der Welle den Wechsel. Es besteht eine Abhängigkeit zwischen dem Wechsel für den Peigneur und dem Wechsel für die Einführung, und es wird die Geschwindigkeit der Einführwalze vergrössert oder verringert, je nachdem man die Auflage auf dem Speisetuch dichter oder dünner macht, es wird die Geschwindigkeit der Abnehmerwalze vergrössert oder verkleinert, je nachdem man ein dichteres oder weniger dichtes Vliess erzielen will. Mit der Aenderung des Abnehmerwechsels ist jedoch stets eine Aenderung der Einführgeschwindigkeit verbunden und diese muss stets beachtet werden. — Bei Verarbeitung gleichartiger Wollen kommt kaum jemals eine Veränderung der gegenseitigen Geschwindigkeiten der Abnehmer und Speisewalzen vor, dagegen öfter eine Veränderung in der Zahl der verlangten Kämmungen der Wolle durch den Tambour. Wenn die Speisewalzen beispielsweise 15 Centim. Wolle auf ihrer ganzen Breite in die Maschine einlassen und der Tambour dreht sich in derselben Zeit 90 mal, so kommen auf jeden Centimeter Wolle 6 Kämmungen des Tambours. Will man diese vergrössern oder vermehren, so lässt man die Speisewalzen langsamer umgehen. Dies kann man bewerkstelligen einmal dadurch, dass man den Einführwechsel ändert, sodann, dass man beide Wechsel verändert. — Hierfür lassen sich bestimmte tabellarische Uebersichten nur für jede vorliegende Krempelconstruction machen. Schmidt*) giebt für eine Krempel von bestimmten Dimensionen und Bewegungsverhältnissen eine Tafel an, die zuerst diese Verhältnisse klar machte. Wir wollen hier ein anderes Beispiel wählen. Es sei T = 1 Meter Durchmesser mit 100 Umdrehungen. Die Einführwalzen haben eine Umdrehungszahl = g und der Abnehmerwechsel = d. Wenn wir zunächst für den Abnehmerwechsel obige Figur zu Hülfe nehmen, so haben wir für d Zähnezahlen ermittelt, die für Umdrehungen vom Abnehmer passen:

4 : 25,6   6 : 38,4   8 : 51,2
5 : 32,0   7 : 44,8   9 : 57,6 etc.

Nehmen wir eine Krempel mit Seitenwelle an, so erhalten wir die Zähne von g, dem Wechsel der Einführung, bezüglich auf die Umdrehungszahl der Einführwalzen selbst: Kegelrad m = 50, das getriebene Kegelrad n = 24 und Kegelrad p auf der unteren Speisewalze = 160 Zähne. Die Umdrehungen von p sollen betragen nacheinander 0,25—1,50 per Minute.

Tambour = 100 Umdrehungen.

Abnehmer	Einführwalze	Wechsel d	Wechsel g
4	0,25	25,6	5
5	0,50	32,0	8
6	0,75	38,4	10
7	1	44,8	11,4
8	1,25	51,2	12,3
9	1,50	57,6	13,3.

Nehmen wir nun wie oben das Rad des Einlieferungscylinders = 16 Centimeter Umfang, so erhalten wir für obige Umgangs- und Zähnezahlen der Abnehmer- und Speisewalzen, der Wechsel d und g — folgende Kämmungen des Tambours per Centimeter:

Abnehmer Umdrehungen p. 1 Minute	Einführwalze	A : E	Tambour Kämmungen auf 1 Cm.	Wechselzähne d	Wechsel g
4	0,25	16 : 1	25	25,6	5
5	0,50	10 : 1	12,5	32,0	8
6	0,75	8 : 1	8,3	38,4	10
7	1,0	7 : 1	6,2	44,8	11,4
8	1,25	6,4 : 1	5,3	51,2	12,3
9	1,50	6 : 1	4,1	57,6	13,3

Wir sehen hieraus dass, wenn die Differenz der Geschwindigkeit

---

*) Schmidt, Spinnerei-Mechanik, pag. 258.

zwischen dem Abnehmer und Einführwalze kleiner wird, die Zahl der Kämmungen abnimmt und die Verzahnung der Wechsel ebenfalls weniger differirt. Man kann mit Hülfe des einen oder des anderen Wechsels die Differenz der Bewegung zwischen Abnehmen und Einführen herstellen. Wenn man den Wechsel vor dem Abnehmer ändert, so ändert man die Bewegung der Abnehmer- und der Einführwalzen zugleich. Will man aber dabei die Bewegung der Einführwalze unverändert erhalten, so muss der Einführwechsel g auch geändert werden und zwar um so viel negativ, als d positiv beschleunigt oder verlangsamt wurde. Bei gleichbleibender Geschwindigkeit der Einführwalzen wird daher der Wechsel g an Zähnezahl und Grösse wachsen müssen um so viel, als der Wechsel d abnimmt verhältnissmässig. Soll die Abnehmerwalze langsamer gehen bei constanter Geschwindigkeit der Einführwalzen, so muss d vergrössert, g verkleinert werden. Obige Tabelle zeigt Zunahme der Geschwindigkeit bei den in Rede stehenden Organismen. Es folgt daraus eine Zunahme der Dimensionen beider Wechsel. Würde diese Zunahme für beide Walzen verhältnissmässig gleich sein, so würde auch die Zunahme von d und g gleich gross sein müssen. Wir haben absichtlich diese Werthe gewählt, weil unter ihnen die vorkommen, die in der Praxis Verwendung haben, und weil dadurch die Grenzen der Differenzen angedeutet werden. Es ergiebt sich übrigens ein sehr einfaches Verhältniss für die Wechsel, wenn man den Wechsel g constant einen Bruchtheil des Wechsels d sein lässt, z. B. $1/8$. In diesem und solchem Falle lässt man die Bewegung des Abnehmers unverändert durch die Seitenwelle sich fortpflanzen und nimmt das Rad e von gleicher Zähnezahl mit dem Zahnrad auf der Einführwalze. Der Wechsel g ist dann $1/8$ und vermittelt die Bewegung des Einführcylinders im Verhältniss $1:8$. Dies Verhältniss entspricht der allgemein angenommenen Geschwindigkeit diesen beiden Organismen gegenüber. Es würde ferner den Guss der Räder wesentlich vereinfachen.

Neben dieser Uebertragung durch die Seitenwelle und durch conische Räder tritt die Uebertragung durch den Riemen auf. Man nimmt dabei von einer Scheibe auf der Abnehmeraxe einen Riemen an der Seite der Maschine entlang zu der Riemenscheibe, die mit dem Wechsel für das Zahnrad auf den Einführcylinder auf einer Zwischenwelle sitzt. Die Berechnung ist dabei einfach. Sei die Bewegung der Abnehmerwalze gleich 8 in der Minute und die Bewegung der Einführcylinder $1/8$ derselben, also 1, so übersetzt man die Riemenscheibe, wie $1:2$ und den Wechsel, der dadurch also nur 4 Umdrehungen hat, nimmt man mit $1/4$ der Zähnezahl des Zahnrades der Einführwalze, so lässt sich jedes Verhältniss der Bewegung leicht herstellen.

Der Betrieb durch die Kette fällt mit dem Betrieb der Arbeiter und Vorreisswalze zusammen, abgesehen davon, dass letztere zuweilen direct von der Tambourwelle aus Antrieb erhält durch Zahnräder. Der Kettenbetrieb beim Krempel ist fast durchweg für die Arbeiter eingeführt, weil der Arbeiter eine sichere Führung erhalten muss, sowohl sicher gegen das Mitreissen durch den Tambour, als gegen das Stehenbleiben durch Anhäufung von Wolle Man hat versucht beim Arbeiter die Kette zu ersetzen. Martin z. B. versieht die Arbeiter mit Schnurscheiben und lässt dieselben ganz von einer Schnur umfassen, ja man hat jeden Arbeiter einzeln durch Zahnräder bewegen wollen, allein am besten hat sich die Leistung der Ketten herausgestellt. Die Ketten*) und die entsprechenden Scheiben sind sehr vielfach verändert worden, meistens aber doch nur in ihrer äusseren Form. Die älteste Kette bestand aus viereckigen, von starkem Draht gebogenen Schaken, deren kürzere Seite von Blechstreifen umfasst wurde, die man umbog und mit einer Nuthe verband. Die dazu gehörige Scheibe enthielt in den Abständen der offenen Glieder Nasen, über welche dieselben sich legen konnten. Eine andere Form besteht aus Blechstücken, deren untere Kante mit dreieckigem Vorsprung versehen sind. Die einzelnen Blechstücke werden an einander genietet zu einem oder zu zweien neben einander und die dreieckigen Vorsprünge greifen in dreieckige Ausschnitte der dazu gehörigen Scheibe ein. Diese Anordnung hat für Krempeln sehr wenig Anwendung gefunden. Die Anordnung der Kette aus Bodengliedern, die zu zwei und drei nebeneinander mittels fester Stifte zusammengefügt werden, so dass diese Glieder um diese Stifte sich drehen können, ist neuerdings die herrschende geworden. Sie erfordert eine Scheibe, die, ähnlich einem Drehling, aus zwei Scheiben besteht, die in gewissem Zwischenraume durch gleichmässig von einander entfernt gestellte, entsprechend der Bogenlänge der Kettenglieder, Stifte verbunden sind. Man fertigt diese Kette bezüglich der Gliedergrösse und Gliederzahl viel verschieden an.

Die Uebertragung der Bewegung auf die Arbeiter geht meistens vom Abnehmer aus. Auf der Abnehmerwelle ist eine Kettenscheibe aufgebracht und von dieser aus geht die Kette über die Kettenscheibe der Arbeiter und wird auf dem Wege geeignet durch Rollen geführt. Auf diesem Wege lässt Köster (Neumünster) die Kette auch über eine Scheibe auf der Axe fortlaufen, auf welcher der Wechsel für die Einführung sitzt. Diese Idee ist anzuerkennen, sie wirkt zur Vereinfachung des Mechanismus der Maschine.

Die Uebertragung der Bewegung auf die Arbeiter erfordert keine schwierige Berechnung. Die Arbeiter gehen meistens 2—3mal so rasch, als der Abnehmer; daraus ergiebt sich der zugehörige Scheibendurchmesser.

Betrachten wir alle diese Bewegungsmechanismen wie bisher, so erscheinen sie ungemein einfach. Trotzdem ist es nicht geschehen, dass man für dieselben normale Verhältnisse angenommen hätte. Schwanken

---

*) Die Combinationen der Ketten sind aus den diversen Figuren des Werkes ersichtlich.

schon die Grössen der Walzen ihrem Durchmesser nach, so variiren in den einzelnen Constructionen die Umdrehungszahlen sehr vielfach. Und doch ist diese Variation keine sehr wesentliche. Sie beruht nur darin, dass der Maschinenbauer A seine Wender von 5 Centimeter Durchmesser 200 mal umlaufen lässt, der Maschinenbauer B aber bei 5 Centimeter Durchmesser 315 mal oder dass C bei 300 Umgängen einen Durchmesser gleich 4,6 nimmt u. s. w. Man kann diese Variationen factisch als willkührliche bezeichnen, einen effectiven Vortheil tragen sie nicht in sich. Warum macht man nicht dieser Verschiedenheit ein Ende und nimmt ebenso wie für die Breite des Krempels*) eine, höchstens zwei bestimmte Grössen für die einzelnen Walzen an? Eine solche Durchschnittsgrösse mit Durchschnittsgeschwindigkeit der Bewegungen würde sich ergeben aus Vergleichen verschiedener tüchtiger Systeme. Als variable Werthe würden Abnehmer und Zuführwalzen und Volant, auch die Hackerbewegung den Krempeln hinreichende Beweglichkeit im Zusammenwirken der Theile verleihen.

Wir geben in Folgendem eine Tabelle der Durchmesser und Umdrehungszahlen bei angewendeten Krempeln von Hartmann, Schellenberg, Martin, Wiede, Köster, Zimmermann und nach Angaben von Karmarsch und von Fischer: (D in Millimetern).

Reisskrempel.

Tambour		Abnehmer		Einführwalze		Wender		Arbeiter		Volant		Pelztrommel
D.	Um.	D.	Um.	D.	Um.	D.	Um.	D.	Um.	D.	Um.	D.
1024,1	90	372,4	8,33	79,8	1	99,8	270	196,2	20	266	420	798
1200	100	400	5,0	60	1,3	79,8	350	200	8,4	290	480	600
945	110	550	5,35	60	1,31	100	372	180	10,7	—	—	955
1076,8	100	558	4,0	39,9	1,44	79,8	343	179,5	9,6	266	480	824,6
985	120	500	5,0	90	1,05	108	644	185	9,25	275	253	800
970	110	530	4,82	47	0,964	112	358	185	7,23	260	522	858
980	100	450	6,0	60	1,2	98	320	180	8,5	260	480	750
1050	100	450	5,3	80	1,3	90	372	180	9,2	260	480	750

*) Bezüglich der Krempelbreite mögen folgende Angaben reden:

Krempel von	Breiten.			
	mm	mm	mm	mm
Richard Hartmann in Chemnitz	824,6	882,2	1143,8	1227,2
Schellenberg in Chemnitz	824,6	882,2	—	—
Goetze und Co. in Chemnitz	824,6	882,2	—	—
Houget Demeuse und Co. in Aachen	—	—	1037,4	—
Martin in Pepinster	—	—	1000	1180
A. Zimmermann in Burg	838,4	—	1048	1257,6
Gebr. Köster in Neumünster	717	860,4	1003,8	1147,2
Michaelis und Müller in Chemnitz	—	—	1120	1260
Theodor Wiede (vormals Goetze und Co.) in Chemnitz	806	966	1140	—

Vorspinnkrempel.

Tambour		Abnehmer		Einführwalze		Wender		Arbeiter		Volant		Wickelwalze		Würgelwalze	
D.	Um.	D.	Um.	D.	Um.	D.	Um.	D.	Um.	D.	Um.	D.	Um.	D.	Um.
1200	100	460	6,8	60	1,3	79,8	370	200	8,4	290	480	140	16	60	25
960	100	540	3,92	50	1,45	100	316	190	9,38	—	—	140	15,6	80	29,6
985	100	300	4,28	55	0,583	110	527	180	7,81	275	446	130	10,6	65	18,1
851,2	110	372,4	9,16	—	—	—	—	—	—	—	—	—	—	—	—
980	100	510	5,18	54	0,48	110	358	180	6,39	270	562	140	15,0	55	27,4
1076,8	100	292,6	6,66	39,9	1,44	—	—	—	—	—	—	13,3	14,8	—	—

Vom Abnehmer her erhält auch das Würgelsystem, Röhrensystem etc. zum Rollen der Vliessbänder seine Bewegung. Ehe wir dies jedoch näher betrachten, möchten wir zunächst den am Arbeiter thätigen Hacker und seinen Bewegungsmechanismus besprechen.

Die Bewegung des Hackers ist entweder eine gradlinig auf- und absteigende oder eine oscyllirende Bewegung, bei welcher die Kammspitzen einen Kreisbogen beschreiben. Letzteres ist am häufigsten angewendet. Wir haben schon oben angeführt, dass die Bewegung des Hackers von einer Axe ausgeht, welche durch den Riemen über Wender, Volant und Tambourscheibe getrieben wird. Diese Scheibe enthält einen Schlitz oder Zapfenpunct, in welchen man den Kurbelzapfen, welcher das eine Ende der Hackertriebstange aufnimmt, einstellt. Wir geben eine solche Vorrichtung in Fig. 322—324. Die Triebstange a umfasst mit ihrer

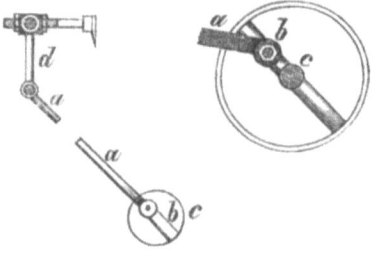

Fig. 322—324.

Lager-Hülse den Zapfen b, welcher im Schlitz der Scheibe c verschiebbar ist. Nach der Stellung dieses Zapfens b näher oder entfernter zur Axe richtet sich die Grösse des Bogens, welchen der Hackerkamm zu beschreiben hat, nicht aber seine Schnelligkeit im Schlage. Die Triebstange a ist mit dem Arm d an der Hackeraxe verbunden durch Hülse und Zapfen, während der Hackerkamm an einem zweiten Arm der Hackeraxe sitzt. Eine Anordnung zur Bewegung von zwei Hackerkämmen zugleich stellt sich leicht her, indem man, wie Fig. 325 zeigt, die beiden

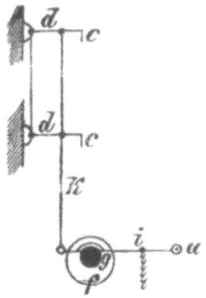

Fig. 325.

Arme d als einarmige Hebel am Gestell befestigt, welche die Hacker c tragen. K ist unten mit dem Hebel i verbunden, welcher auf dem Excenter g aufliegt und durch dieses in eine auf- und abgehende Bewegung versetzt wird, die sich durch k den Hackern c mittheilt.

Als Variationen zur ersten Construction sind die Fig. 326 und 327 zu betrachten. In Fig. 326 ist das Verbindungsglied a zwischen Triebstange e und Axe b verschiebbar mit einem Schlitz, der einen Schraubenbolzen umfasst, welcher in b eingeschraubt wird. In Fig. 327 ist die Triebstange e möglichst lang genommen, daher steht der feste Arm a an b über dem Hacker empor.

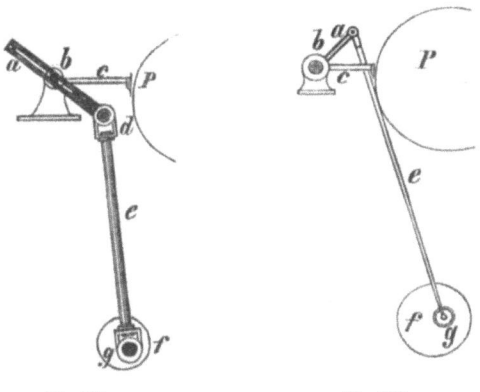

Fig. 326.   Fig. 327.

Bei Schellenberg's Krempeln treibt die Stange h (Fig. 328) an der Kurbelscheibe f mittelst Winkelhebels d den Arm b an der Hackeraxe, die an a sitzt. Der Hackerkamm c trägt den Hacker. An älteren Maschinen, und auch den neueren englischen, ist die Bewegung des Hackers folgender Art vermittelt. (Fig. 329). Die Kurbelscheibe ist durch Riemen bewegt. An ihr empfängt der Kurbelzapfen g die Lenkstange a und Träger für den Kamm c, welcher mit dem oberen Ende an einer elastischen Stahlschiene b befestigt ist. Die Rotation von f bewirkt das Auf- und Abgehen des Kammes und seine Bogenbewegung. Eine ab-

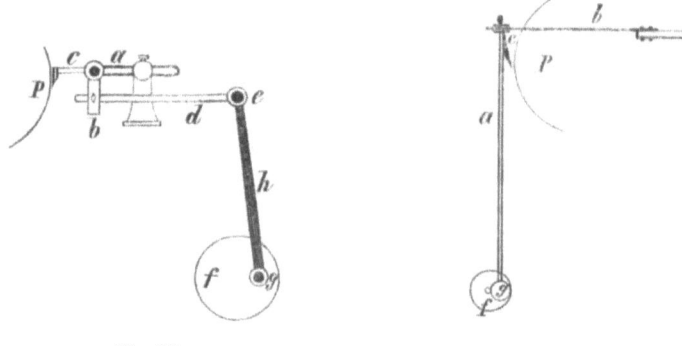

Fig. 328.   Fig. 329.

weichende Anordnung zeigt Fig. 330. Hierbei greift die Stange a in der Mitte der Schwungstange c b an. — Uebrigens nimmt man diese Schwungstange gern von Holz, da solche dauerhafter sind. — Eine noch ältere Construction ist in Fig. 331 dargestellt. f ist die Kurbelscheibe. Am Zapfen g sitzt die Hackerstange a oben, geführt von i i, mit dem Hacker c, der an P arbeitet.

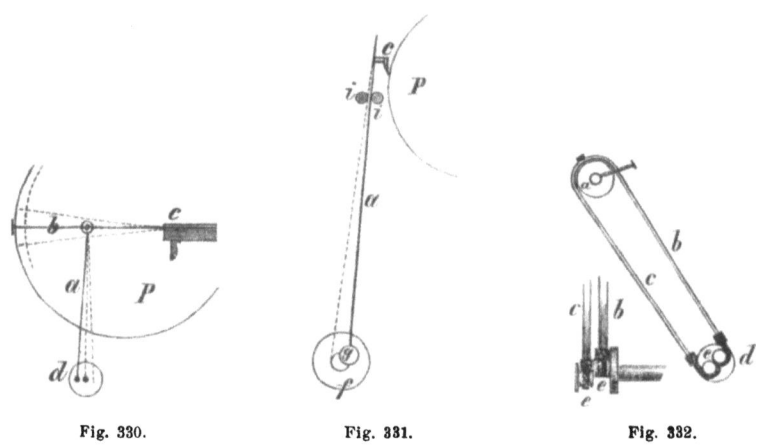

Fig. 330.   Fig. 331.   Fig. 332.

Neuer als diese Einrichtung kann die folgende (Fig. 332) genannt werden. An der Axe a, welche mittelst Scheiben und Riemen vom Schnellriemen der Krempel bewegt wird, sitzen zwei Kurbel, um 18 Grad gegen einander verstellt. Jede dieser Kurbelzapfen e wird von einem Haken d umfasst, der an einem Riemen c b sitzt. Beide Riemen von gleicher Länge sind auf der Scheibe a, die auf der Hackeraxe sitzt, so befestigt, dass, wenn der Hacker radial zum Abnehmer steht, sich eine Linie vom Befestigungspunct des Riemenhalbirungspunctes durch den Mittelpunct der Axe und den Schnittpunct der beiden Kurbelaxenkreise ziehen lässt. Bewegt sich nun die Kurbelaxe, so zieht immer eine der Kurbeln abwechselnd die Scheibe a nach dieser oder jener Seite und so entsteht die oscyllirende Bewegung des Hackers.

Eine andere Anordnung (Fig. 333) bringt unterhalb der Hackeraxe mit Arm b eine Scheibe a an, auf deren Axe ein Excentrik c aufgebracht ist von gleicher Bogenlänge mit der Bahn des Hackerschlages.

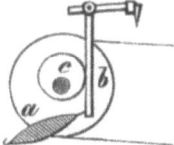

Fig. 333.

Gegen dies Excentrik legt sich der untere Arm des Hackers an und macht so, durch Federzug angezgeen, alle Bewegungen des Excenters mit. Die Scheibe a wird von der raschgehenden Hackertriebaxe aus durch Riemen oder Schnur in Rotation versetzt. An Stelle des Armes b kann auch eine Gabel oder ein Bügel c umfassen.

In Abbildung 334 ist die Bewegung zweier Hacker für eine Kammwalze dargestellt. Diese Combination besteht aus den Walzen a a', über welche ein Riemen genommen und auf a und a' befestigt ist. Auf der Axe von a a' sitzen die Hacker c c'. Die Axe von a' umfasst den Hebel b, der am Ende mittelst Zugstange mit der Kurbelwarze g an f verbunden ist. Eine Rotation von f bringt die Kämme in die geeignete Oscyllation.

In der in Figur 335 skizzirten Einrichtung befinden sich die Stangen a auf den Kurbeln einer durchgehenden Axe c. Oben gehen sie durch

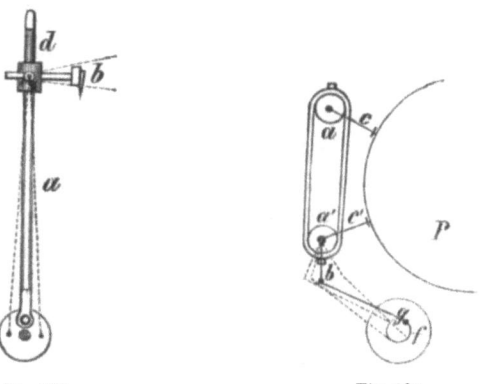

Fig. 335.   Fig. 334.

auf einer Parallelaxe befestigte Hülsen d hindurch. Wenn die untere Axe rotirt, so können die Stangen in den Hülsen der Bewegung des untern Endes folgen und machen die Axe b oscylliren, mit ihr den Hacker. Eine geradlinige Bewegung des Hackers, die also in der Tangente zur Peripherie der Kammwalze vor sich gehen muss, ist jetzt gänzlich verlassen und mit Recht. Sie ward hergestellt dadurch, dass die Führungsstangen des Kammes in einer Nuthe sich bewegten, **angetrieben durch eine Kurbelstange**.

Eine neuerdings vielfach angewendete und der in Figur 335 ähnelnde Construction ist die in Figur 336. Sie kommt unter Anderem in den

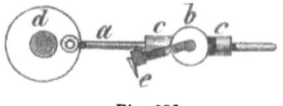

Fig. 336.

sächsischen Krempeln jetzt viel vor. Mit der Scheibe d ist die Kurbelstange a verbunden, welche durch die Hülse c frei beweglich hindurchragt. Diese Hülse c wird also alle die Bewegungen mitmachen bei Drehung von d. Mit c fest verbunden ist die Ansatzscheibe b auf der Hackeraxe, welche die Hackerarme mit dem Hacker e trägt.

Robertson und Waddel wollen an den Krempeln den Riementrieb des Hackers durch gezahnte Räder ersetzen. Mit dem gewöhnlich auf der Filettrommelwelle befindlichen grösseren Stirnrade bringen sie ein kleines Getriebe in Eingriff, welches fest auf einem Bolzen steckt, der sich in einer auf dem Gestelle angeschraubten Lagerbüchse dreht und am andern Ende ein innen gezahntes Rad trägt. Derselbe Bolzen ist hohl und es steckt darin drehbar ein zweiter, dessen hervorragender Theil einen kleinen Krummzapfen trägt, auf dessen Warze ein kleines Stirnrad sitzt, das mit dem innen gezahnten Rade in Eingriff steht. Mit diesem Stirnrade ist die Zugstange des Hackers fest verbunden, und wenn daher das erst erwähnte Getriebe nebst Bolzen vom Filetrade aus seine Umdrehung erhält, wird diese Hackerzugstange durch das Aufeinanderwirken des innen und des aussen gezahnten Rades in schnellen Hin- und Hergang versetzt, der natürlich genauer und sicherer als mittelst des bisherigen Riementriebes erfolgt. Anstatt auf den Bolzen ein innen gezahntes Rad zu setzen, kann man auch ein gewöhnliches Stirnrad darauf festkeilen; es muss aber dann das an die Hackerzugstange angegossene Rad eine innere Verzahnung erhalten und man bringt dann an der jenseitigen Verlängerung der Hackerzugstange einen Bolzen an, der um einen anderen, am Krempelgestell festgemachten, herum gleiten kann, durch welche Einrichtung der obige zweite Bolzen mit Krummzapfen überflüssig wird. Man erhält aber auf diese zweite Art eine langsamere Hackerbewegung, als auf die erste.

Der nachstehend beschriebene Hacker von Proctor & Lindsay (Fig. 335, 336) zeigt zugleich deutlich die Combination der einzelnen Hackertheile. Die Grundidee der Verbesserung ist die, die schnellbewegten Theile des Apparates stets reichlich geölt zu wahren. B ist ein excentrisch-conisches Stück, eine Art Manchette, welches die Scheibe D' durch eine Feder presst und an den Bewegungen von D theilnimmt. Der

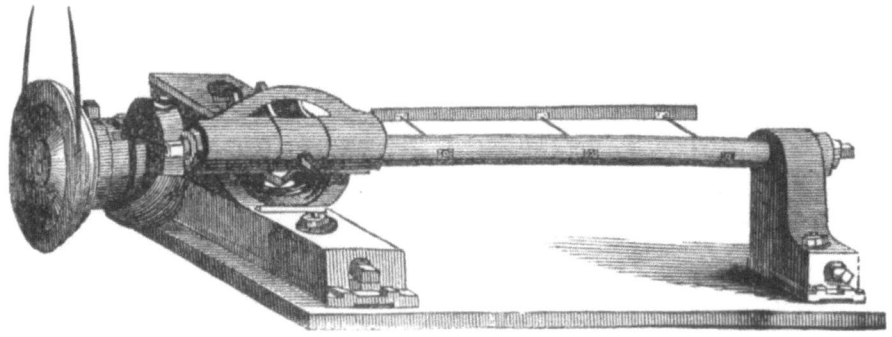

Fig. 337, 338.

excentrische Conus ist 2 Zoll lang. (Fig. 337.) Entsprechend diesem Conus ist auch die conische Hülse B' geformt mit gleicher Steigung des Conus, die nämlich ¼ Zoll per Zoll Länge beträgt. B' stützt sich gegen die Scheibe D', welche ein Theil des Schaftes D ist. Am kleineren Ende des excentrischen Conus stützt sich die Scheibe D gegen die Körper C. Der Körper C' gleitet auf dem Schaft D gegen das breite Ende des excentrischen Conus B, mit der Aufgabe, den Conus B in die conische Hülse B' einzupressen und so den Raum zwischen B und D' zu verringern, welcher Bewegung die Feder F entgegen arbeitet. Die punktirten Linien geben das Reservoir an, welches unterhalb so eingestellt wird, dass die Körper C C' in das Schmieröl eintauchen. Diese Körper C C' sind 2 Zoll lang und mit Bohrungen nach Innen versehen, so dass das Oel, welches bei den Oscyllationsbewegungen auf die Enden der Körper getreten ist, den Weg zu dem Schaft und den zu schmierenden Theilen findet. Das Oel ist vor dem Verschleudern bewahrt, wenn es den Oscyllationen der Körper

C C' ausgesetzt ist, weil die Körper C C' von einem Gehäuse E überdeckt sind, welches mit dem Oelreservoir communizirt und zugleich auch für die Füllung des letzteren benutzt wird. — Das Gelenkstück A, welches mit dem Arm an B' zusammenhängt und an dem der Hebel A' befestigt wird, ist aus Stahl gemacht. Der grössere Diameter dieser Theile ist ½ Zoll, der kleinere ⅜ Zoll. Die Länge der Verjüngung ist ¾ Zoll. Der Kamm ist sehr leicht construirt. Alles Uebrige ergeben die Figuren.

Im Allgemeinen sucht man die Hacker möglichst aus untrennbaren Theilen fest zusammenzufügen, weil die Erschütterungen der Oscyllation sonst die Theile sehr gefährden würde.

Higgins hat allerdings einen vorzüglichen Hacker hergerichtet, von dem man die eigentliche kammtragende Leiste abnehmen kann. Jedenfalls müssen die zerlegbaren Hacker sehr sorgfältig construirt sein, so dass die Erschütterungen der Oscyllationen die einzelnen Theile nicht lösen können.

In der Figur 339 stellen wir ferner eine neue Hackerbewegung von Leach dar. a ist die festliegende Axe. Daran sitzt die Schleife c, welche den excentrischen Zapfen d der Scheibe e umfasst. Die Schleife muss den Bewegungen von d folgen und es entsteht eine oscyllirende Bewegung, die sich auf b natürlich überträgt. Diese Einrichtung ist sehr einfach. Hat man mehrere Hacker zugleich zu bewegen, so lässt man

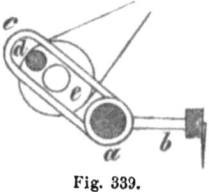

Fig. 339.

die gemeinschaftliche Treibschnur über die Scheibe e laufen und bewegt so alle Hacker gleichmässig.

Gebr. Bouvet in Eupen wenden für ihr Continuesystem folgende Hackeranordnung an. Die beiden Hacker werden durch einen combinirten Mechanismus bewegt, der aus Figur 340 und 341 klar werden möge. A ist die treibende Axe mit Triebscheibe C. Auf derselben sitzen zwei excentrische Scheiben D D', um 180° verstellt. Jede dieser Scheiben wird von einem Bügel E E' umfasst, an welchem die resp. Arme G G sitzen. Diese Arme umfassen an ihren Enden die Ansatzstücke m m', welche durch Schrauben p mit G G' verbunden, übrigens dabei geeignet eingestellt werden können. An m m' sind an Zapfen F mit Schraube n beweglich die resp. Hebelarme H H' fest mit den Hackeraxen J J' verbunden. Die Bewegung der Excenter überträgt sich also nach J J'. Die Figur 341 zeigt den dritten Hacker, der von der Welle

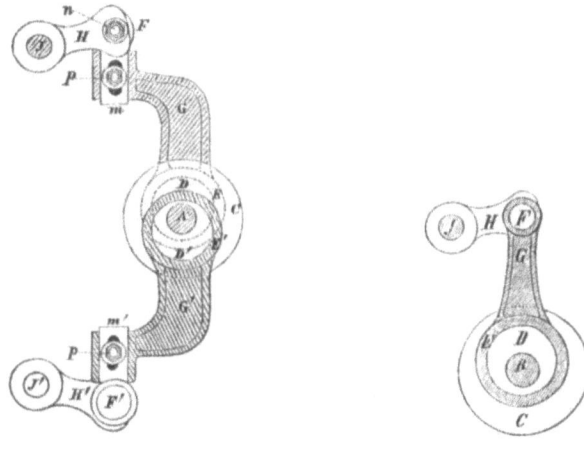

Fig. 340.   Fig. 341.

B mit Scheibe C bewegt wird. Beide Scheiben C aber werden mit derselben Schnur betrieben.

Dyson's Hacker ist in Figur 342, 343 dargestellt. Derselbe enthält die Hauptwelle n mit Schnurscheibe und Stufen k und ruht in Lagern i. Sie trägt auf einem Excenterzapfen die Hülse e mit Stange d. Die Stange d fasst einen Zapfen c an dem Hebelarme m, welcher letzterer fest an der Axe b sitzt. Die Welle b ruht in Lager h, welches unterhalb auf i ruht, während b und n durch g umfasst und verbunden sind. An b ist der

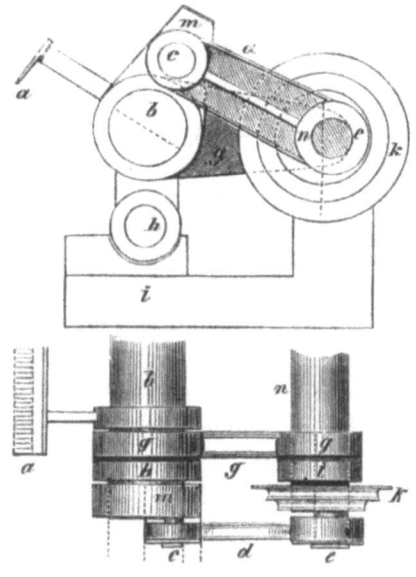

Fig. 342, 343.

Hacker a angebracht. Das Excenter e setzt den Hebel m in Schwingungen, die sich der Axe b und dem Kamm a mittheilen.

Die Geschwindigkeit des Hackers hängt von der Scheibe ab, die den Mechanismus bewegt. Sollen Veränderungen der Geschwindigkeit vorgenommen werden, so muss diese Scheibe durch eine grössere oder kleinere ersetzt werden.

Für die Geschwindigkeit des Hackers hat die Erfahrung ein ungefähres Maas festgestellt, welches durch folgende Zahlen ausgedrückt wird:
Volant: 420 Umgänge per Minute,
Kammwalze: 366 Zoll Umfang per Minute,
Kamm: 430 Schläge.

Volant: 480 Umgänge per Minute,
Kammwalze: 263,9 Zoll Umfang per Minute,
Kamm: 460 Schläge per Minute.

Es sind dies die differirendsten Angaben, von denen die ersteren etwas veraltet und für jetzt weniger Beachtung verdienen. Wir wollen uns mehr den letzteren anschliessen. Wir wiederholen dabei die oben schon berührte Thatsache, dass der Hacker bei den Streichgarnkrempeln dazu da ist, zu strecken, nicht dazu aber, zu stauchen, wie das beim Baumwollenkrempel der Fall ist.

Die Abnahme geschieht, wie oben beleuchtet bei den Pelz- und Mittelkrempeln, entweder durch Pelztrommel oder durch Bandapparat etc. Die Verhältnisse der Bewegung und Weiterführung für Letztere haben wir bereits oben angedeutet und genauer beschrieben. Die Geschwindigkeit der Abnahme richtet sich nach der Geschwindigkeit des Hackers. Trennt dieser in der Minute 263,9 Zoll Vliess von der Trommel ab, so muss auch die Abnehmerwalze, hier also der Trichter und die Abzugswalzen, oder die Pelztrommel ebensoviel Lieferung oder Oberfläche bieten. Der Hacker trennt bei jedem Schlage $\frac{263,9}{460} = 0,57$ Zoll Vliess ab, denn der Abnehmer geht bei 21 Zoll Durchmesser 4 mal um, also ganze Umfangsgeschwindigkeit $= 4 \cdot 21 \cdot 3,14 = 263,9$. Da die wirksame Schlagweite des Hackers, je nach der Stellung der Kurbelwalze und der Länge der Hebel an der Hackeraxe variabel zwischen 0,57—1,5 Zoll betragen kann, so wird im letzteren Fall das losgelöste Vliess von 0,57 auf 1,5 Zoll Zoll ausgedehnt.

Die Bewegung der Pelztrommel am Reisskrempel, die also mindestens genau die Geschwindigkeit der Vliessabtrennung haben muss, aber schneller sein darf, sobald es sich darum handelt, durch sie auch eine Ausdehnung des Vliesses zu vermitteln, wird in sehr einfacher Weise durch Scheibe und Schnur bewirkt. Gut ist es mit Rücksicht auf den schnelleren oder langsameren Gang dieser Trommel, dieselbe sowohl mit Stufenscheibe zu versehen, als auch die Antriebscheibe, welche meistens auf der Abnehmeraxe sitzt, oder auf einer von hier aus getriebenen Zwischenwelle. — Bei dem Vorspinnkrempel tritt das Vliess in die Lockenapparate ein, welche eine Umwandlung des ausgebreiteten Faserbandes in einen dicht zusammengerollten, fadenartigen Wulst, in die Vorspinnlocken bewirken sollen. Bei Vorspinnkrempeln mit Blatt-Kammwalze finden natürlich diese Apparate nicht Anwendung.

Die Bewegungsmechanismen für diese Apparate (Würgelapparate) sind folgende. Zur Bewegung der Würgelwalzen ist frühzeitig das Excentrik benutzt worden und findet noch heute fast durchweg allein dafür Anwendung.

Die Bewegung der Würgelwalzen wird durch Excentrik k bewirkt, in Fig. 344, 345 auf verticaler Axe gedacht. Der Excenterbügel trägt an der einen Seite einen Ansatz zur Aufnahme des Bolzens a zur Zusammenfügung mit dem Stück b. Das Stück b trägt am Ende ein Winkelstück c'

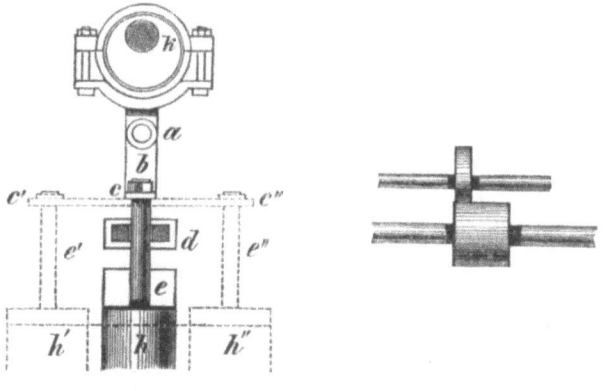

Fig. 344. Fig. 345.

durch dessen Fläche die Axe e der Würgelwalze h hindurchgeht und dahinter durch Schraube gehalten wird, so aber, dass h und e sich drehen können. e lagert im Lager d. Dient ein solches Excenter für die beiden unteren Würgelwalzen, so werden die Axen derselben e' e" durch das Stück c' c" verbunden. c' wird an c angeschraubt. — Das Excenter k bewirkt also die seitliche alternirende Bewegung; die rotirende wird durch breite Zahnräder ermöglicht, die sich auf einander schieben, ohne ausser Eingriff zu kommen (Fig. 345).

Für diejenigen Würgelapparate, in denen zwei Paare Walzen mit endlosem Leder aufgestellt sind, bedient man sich natürlich zweier solcher Vereinigungen von je zwei Walzen an ein Excentrik. In der äussern Anordnung der Würgelbewegungsmechanismen hat man man mancherlei Veränderungen walten lassen, die zum Theil die Einrichtung der Walzen selbst tangiren. Wir lassen hier mehrere solcher Variationen folgen.

Ronnet (Pont-Maugis) [französ. Patent] hat die in Fig. 346—348 abgebildete Vorrichtung construirt. Fig. 1 stellt den Mechanismus im

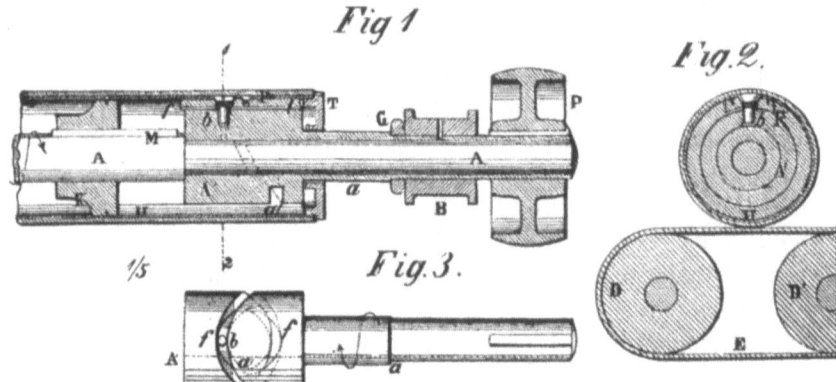

Fig. 346—348.

horizontalen Durchschnitt durch die Axe, Fig. 2 im Querschnitt nach der Linie 1—2 dar. Die Welle A trägt eine Hülse A′, die sich auf ihr und in dem Lager B frei dreht. Weder die Welle noch die Hülse besitzen eine hin- und hergehende Bewegung, jede Verschiebung ist vielmehr durch einen an die Hülse anstossenden Ansatz der Welle und einen auf der Hülse bei a vor dem Lager B aufsitzenden Ring G verhindert. Die Hülse ist mit einer nahezu schraubenförmigen Nuth a′ versehen, die an den den Enden der Bewegung entsprechenden Puncten f f zur Verminderung von Stössen abgerundet ist, wie aus dem in Fig. 3 dargestellten Grundriss der Hülse ersichtlich. In der Nuth der Hülse gleitet ein Stift b, der auf einer Eisenplatte an der mit Leder bekleideten Walze H sitzt und somit bei Drehung der Hülse mitgeführt wird und der Walze H die hin- und hergehende Bewegung ertheilt. Durch den Boden T wird am Ende des Cylinders H eine Oelkammer gebildet, so dass der Stift b und die Nuth a′ fortwährend geschmiert und gleichzeitig gegen das Eindringen von Schmutz und Wollstaub geschützt werden. Die Walze H ist mit der Welle A durch 2 Scheiben K verbunden, die mit einer Nuth auf Keilen gleiten, die in der Welle A sitzen; auf diese Weise ist es der Walze ermöglicht, sich gleichzeitig mit der Welle A zu drehen und die von dem Stifte b übertragene hin- und hergehende Bewegung auszuführen. Die Welle selbst erhält ihre Bewegung durch einen Zahnradmechanismus auf der linken Seite der Fig. 1, die Hülse A′ dagegen durch die auf ihr festsitzende Riemenscheibe P. Das Zapfenlager B gleitet auf einem Lagerstuhl zwischen zwei Leitschienen, die durch Stellschrauben verstellt werden können um den Würgelapparat je nach Bedarf dem von den Walzen D und D′ getragenen endlosen Tuche E mehr oder weniger zu nähern.

Da die hin- und hergehende Bewegung der Walze H von ihrer rotirenden unabhängig ist, so kann man das Verhältniss der beiden Bewegungen je nach Bedarf innerhalb gewisser Grenzen beliebig abändern.

Bei andern Maschinen, so auch bei denen von Gebr. Köster und bei denen von Rich. Hartmann ist die Construction, wie in Fig. 349, 350 dargestellt. Die Excentrikaxe liegt hier horizontal und

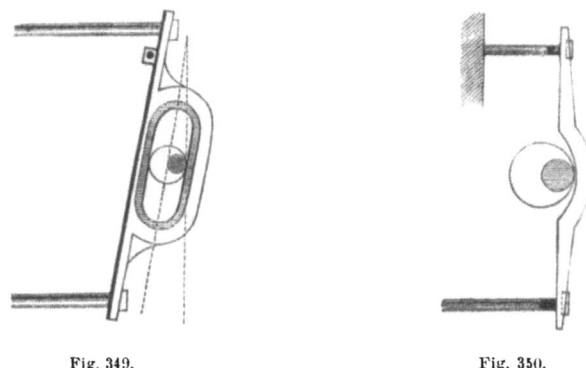

Fig. 349.   Fig. 350.

erhält von einer Scheibe des Tambours mittelst Riemens und einem Vorgelege mit Kegelrad seine Bewegung. Die Bügel, welche die Excenter umfassen, sind auf Axen angebracht und verschieben sich seitlich, während die Verschiebung in der Höhe und nach unten hin durch Ausschneiden der Bögen unmöglich gemacht ist. Dieser Bügel läuft nach oben und unten in Arme aus, die zur Aufnahme der Axenenden der betreffenden Würgelwalzen dienen.

Sind an einem Krempel nur ein Paar Würgeln, so benützt man einarmige Excenterbügel. Auf der Excentrikwelle aber sitzen 2 Excenter und bewegen auch je einen Bügel, die ja zur Hervorbringung der alternirenden Bewegung der oberen Walze oder der unteren eine entgegengesetzte Stellung bezüglich der Lage ihrer Mittelpuncte haben müssen. Die Rotation der Walze geht hierbei vom Peigneur oder direct vom Tambour aus je nach entsprechender Uebersetzung.

Diese letztere Anordnung ist sehr empfehlenswerth ihrer verhältnismässigen Einfachheit wegen sowohl, als der grösseren Solidität wegen, da die Reibung des Excentriks wesentlich verringert ist.

Was nun die Bewegung der Röhren anlangt, so wird diese in einfachster Weise durch Schnüre vermittelt, welche über einen Wirtel, der an den Röhren sitzt, von einer gemeinschaftlichen Schnurentrommel aus laufen. Selten wird hierbei Zahnradbewegung angewendet.

Die Bewegungsverhältnisse des Würgelwerkes richten sich hauptsächlich zunächst nach der Schnelligkeit der Kammwalze, dann nach der Zahl der Hackerschläge und deren Schlagweite, endlich nach der Streckung, welche man den Fäden ertheilen will. Die Modificationen der Geschwindigkeiten werden durch Wechselräder vermittelt, die meistens bei der Antriebscheibe liegen. Diese Einschaltungen bieten keine Schwierigkeiten.

Schliesslich müssen wir noch des Apparates gedenken, dem die

Führung und Vertheilung der Fäden auf den Abnehmerwalzen obliegt. Diese Führer erhalten zu dem Zwecke eine Hin- und Hergangsbewegung von geringer Geschwindigkeit, welche sich nach der Geschwindigkeit der Lieferung und des Abzuges richtet. Die Weite des Herganges richtet sich nach der Breite der Vorspinn-Vliessbänder und nach der Zahl derselben, und wächst und nimmt ab mit ihr. Um diese Bewegung hervorzubringen, bedient man sich entweder eines Excentriks oder einer Nuthenscheibe mit Schraubennuth oder einer geneigt zur Axe gerichteten Scheibe, auf deren Kranz eine mit dem Führer fest oder lose verbundene Gabel schleift. Diese drei verschiedenen Constructionen sind in den Fig. 351—353 dargestellt. Fig. 1 zeigt zunächst den Führer in Gestalt eines Rahmens e b e.

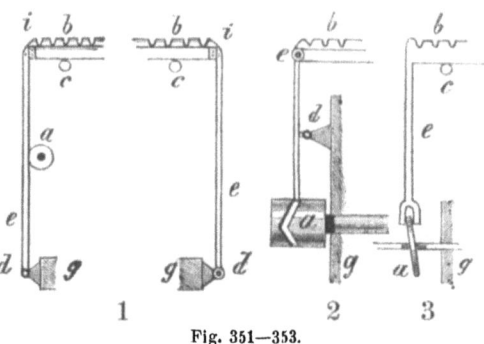

Fig. 351—353.

Die Arme e sind mit b durch Zapfen i lose verbunden und beweglich. b ruht auf den Schleifrollen c c, die ihnen zur Bahn dienen. An dem einen Arm e ist der Bügel angebracht, welcher eine Excentrikscheibe a umfasst. Beide Arme e sind ferner an Lager d, welche am Gestell g angeschraubt sind, drehbar befestigt. Bei Umgang des Excentriks a muss der Führer natürlich einen Hin- und Hergang annehmen. Fig. 2 zeigt den Führer bewegt durch eine Scheibe a mit schraubenförmigem Nuthengang. In dieser eingeschnittenen Nuth schleift das untere Ende des Rahmenarmes e, welcher bei d als ungleicharmiger Hebel eingehängt und drehbar ist. Figur 3 zeigt endlich die Anwendung der schräg zur horizontalen Axenebene gestellten Scheibe a, welche mittelst der Gabel an e diesen Arm sammt der mit e fest verbundenen Führungsschiene in den Schleifhaken c hin- und herschiebt. An Stelle dieser Führer hat man vielfach rotirende angewendet, bestehend aus Axen, auf welche Scheiben in geeigneten Distanzen aufgesteckt sind. Die Axen rotiren und werden seitlich entsprechend verschoben.

Die eigentlichen Abnehmewalzen haben einfachste Construction. Sie bestehen aus Holzcylindern oder Walzen, die von den Würgelwalzen her oder vom Abnehmer aus bald schnellere bald langsamere Bewegung erhalten. Auf diesen Walzen ruhen die Lockenwalzen in langen Schlitzlagern beweglich auf und drehen sich durch Friction mit ihm um. Gessner in Aue lässt sie durch Zahnkränze umdrehen. —

Zu den Bewegungsmechanismen gehören auch die Aus- und Einrückung der Krempel und die Vorrichtungen dazu. Wie bei jeder Maschine, welche aus dem Zustande der Ruhe, des Stillstandes in den der Arbeit und Bewegung übergehen soll, Vorrichtungen nöthig sind, um diese Umkehrungen des Zustandes zu vermitteln, so auch bei den Krempelmaschinen. Diese Vorrichtungen sind sehr verschieden angeordnet. Für gewöhnlich hat man auf der Tambouraxe zwei Riemenscheiben, von welchen die eine lose, die andere fest sitzt, so dass das Aufschlagen des Riemens auf die eine oder andere Scheibe schon die Einrückung oder Ausrückung der Maschine bewirkt. Soll dies nicht mit der Hand geschehen, so bringt man einen Ausrückhebel an, der zwei Stifte enthält, zwischen welche der Riemen läuft. Je nachdem man diesen Hebel verstellt, führt er den Riemen auf die eine oder andere Scheibe der Axe. Es ist dies eine sehr gewöhnliche Anordnung der Ausrückung. In einzelnen Constructionen fehlt die Losrolle und der Riemen wird, soll die Maschine in den Ruhestand übergehen, abgeworfen. Für das Auflegen bedient man sich der Hand, jedoch nicht ohne Gefahr, so dass selbstthätige Riemenaufleger, wie der Herland'sche, sehr wohl am Orte sind. Im Gebrauch sind auch dynamometrische Einkehrungen. Dieselben bestehen theils in Klauenkupplungen, Zahnkupplungen, theils in Frictionskupplungen. Dieselben sind einfacher Art und wir wollen sie hier nicht besonders beschreiben.

Eine neuere Kuppelung von Müller und Michaelis haben wir in Fig. 354 skizzirt. A ist die Transmissionswelle, die hier unter den Krempeln liegend gedacht ist. Dieselbe macht 150—200 Touren per Minute. Auf ihr ist der Konus V verschiebbar, welcher die Feder L gegen die im Innern konische, lose auf der Welle A sitzende Riemenscheibe W drückt. Sobald der Einleger Z am Hebel T gelöst ist, kommt die Feder zur Wirkung und die Scheibe W muss nun die Drehungen von A annehmen. Von W wird mittelst Riemens und Riemenscheibe R der Tambour und von diesem werden die Wender etc. getrieben.

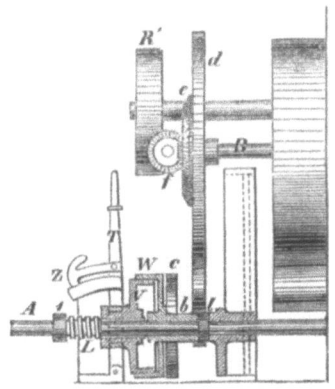

Fig. 354.

Berechnung der Krempel.

Die Berechnung der Krempel erstreckt sich sowohl auf die Dimensionen der einzelnen Organe dieser Maschine an sich, als auch auf die Grössenverhältnisse und die Eintheilung der Bewegungsmechanismen selbst und ist dabei stets abhängig von der Absicht bezüglich der Art und Form der Produkte und der zu liefernden Menge derselben. An gegebenen Krempelconstructionen und fertigen Maschinen kann man daher deren Lieferungsfähigkeit berechnen aus den Dimensionen der vorliegenden Organe, aus den vorgestellten gelieferten Arbeitsprodukten aber kann man die Verhältnisse der Krempeltheile zu einander bestimmen.

Im Verlaufe der Darstellung bis hierher haben wir bereits eine grosse Anzahl Bestimmungen spezieller Natur vorgenommen, die alle für die Berechnung der Krempel wesentlich sind. Wir verweisen zurück auf die Abschnitte über die Walzen und deren Bezüge, die Kratzenstellungen und ihre Nummern, über die Bewegungsmechanismen u. s. w. Die Berechnung der Krempel soll zugleich zeigen, welchen Antheil jede der Walzen an dem Krempelprozess hat.

Schon oben haben wir entwickelt, dass der ganze Spinnprozess darauf ausgeht, eine bestimmte Menge Wolle von bestimmtem Gewicht so zu bearbeiten, dass daraus Fäden werden von bestimmter Länge und bestimmtem Durchmesser oder Fäden von m Länge und y^{mm} Durchmesser. Wenn wir Wolle haben von einer Feinheit, welche erlaubt, bei a.n Fasern im Durchmesser eines Fadens n.m Meter Faden per Pfund zu spinnen, so müssen wir dabei die Fasern in solcher Weise neben einander zu legen und zu vertheilen suchen, dass ein solcher Faden von solcher Länge entstehen kann. Bei den Thätigkeiten ist also das Auseinanderziehen der als ungeformte Masse gegebenen Wolle gefordert. Diese Operation wird successive vorgenommen, zunächst auf den Krempeln, nachdem das Material durch Waschen, Lockern und Theilen im Wolf vorbereitet ist. Jede der Operationen giebt ein Resultat und ein Produkt, welches von dem Rohmaterial abweicht, welches einen Grad der Bearbeitung, einen Schritt vorwärts zur Erreichung des Zieles erkennen lässt. Nehmen wir dies Produkt näher in Augenschein, so werden wir eine Formveränderung in allen Richtungen wahrnehmen. Für den Spinnprozess hat aber vorzugsweise die Länge eine besondere Berücksichtigung zu erfahren, während die Dicke von vornherein für die Längenbestimmung, wie sie vor Beginn des ganzen Prozesses in Aussicht zu nehmen ist, massgebend ist. Von n-stückiger Wolle kann man nur n.x Meter spinnen, weil der Faden die vorgeschriebene Dicke haben muss, um n-stückig zu sein. Bei den einzelnen Stadien des Krempelprozesses aber erhält man grössere Längen aus den Materien, als sie den Speiseapparaten für diese Stadien zugeführt wurden. Nennen wir diese Längen der einzelnen Stadien

$l^1\ l^2\ l^3\ l^4\ \ldots$

so sagen wir damit, das Rohmaterial ist im Produkt des ersten Stadiums mit einer Länge $= l^1$ enthalten u. s. f. Es handelt sich also um ein Ausdehnen in der Länge, um ein Ausziehen, und die Differenz zwischen der Länge der Vorlage und der Ablieferung nennt man (freilich recht schlecht) Verzug, es würde dieselbe besser mit Auszug zu benennen sein und diesen Ausdruck werden wir gebrauchen. Der Auszug, den das Material in einem solchen Stadium erleidet, ergiebt sich aus der Formel

$$\text{Auszug} = \frac{\text{Länge der Gew.-Einheit bei der Lieferung}}{\text{Länge der Gew.-Einheit bei der Vorlage}}.$$

War nun p_1 das Gewicht der Vorlage vor dem ersten Bearbeitungsstadium, so ist also der Auszug des gelieferten Produktes l^1

$$A_1 = \frac{l^1}{p^1}$$

Die Gewichtseinheit würde nach und nach in den Stadien die Auszüge A^2 A^3 ... von der Länge l^2 l^3 l^4 ... erleiden müssen, wenn sich nicht auch die ursprüngliche Gewichtseinheit änderte. Dies geschieht faktisch allerdings nur durch Verlust beim Krempelprozess. Dieser Verlust ist grösser bei kurzen Wollen, kleiner bei langstapeligen Wollen und differirt zwischen 6 und 12% beim Behandeln auf Wolf und Krempeln. Er wird natürlich mit jedem Stadium grösser, so dass, wenn man den Verlust mit v_1 v_2 v_3 .... bezeichnet, p bei Schluss jedes Stadiums erscheint als

$$p - v_1 \quad p - (v_1 + v_2) \quad p - (v_1 + v_2 + v_3) \ldots$$

Nun ist dabei zu bemerken, dass das Gewicht p bei der Auflage nicht p Wollfasern repräsentirt, sondern Wollfasern plus Oel und Verunreinigung, Staub etc. Der Zusatz an Oel verschmiert sich, verdunstet zum kleinen Theil, und Staub, Kletten u. s. w. werden herausgeschafft. Dies alterirt aber die eigentliche Spinnerei nicht, denn solche soll lediglich mit Wollfasern ausgeführt werden und unumstösslich soll die Norm sein: Einen Faden herzustellen von m.n Meter Länge und a.n Diameter als Fadendicke. Der effective Verlust an Fasern ist nicht gross und beträgt höchstens 2—3%.

Wie verhält man sich nun am besten diesem Gewichte gegenüber? Man verfolgt für die Ablieferung jedes Stadiums ein bestimmtes Wollquantum. Dies sei als erste Vorlage $= p$. p verliert v% und das Gewicht der Lieferung ist dann $p - v = p_1$. p_1 dient als Auflage für das zweite Stadium und verliert dabei wieder v_1%; es wird dann das Gewicht der Lieferung des zweiten Stadiums sein $p_1 - v_1$ oder $p - (v + v_1) = p_2$ u. s. f. Die Operation geht jedoch darauf aus, die verlangten Längen herzustellen und desshalb ist es nöthig, die Auflage gleich nach dem Gewichte plus Verlust einzurichten, d. h. die erste Auflage zu machen $p + v_1 + v_2 + \ldots v_n$ oder wenn $v_1 + v_2 + v_3 + \ldots = V$, also $p + V$. Für diesen Fall würde die zu erzielende Länge keine Rücksicht auf Verlust erfordern.

Bei der Berechnung der Krempeln ist es jedoch nicht immer der Fall, dass man von Anfang bis zu Ende durchrechnet, sondern man greift aus den Stadien ein Product heraus und ermittelt hierfür Gewicht und Länge und diese Länge gilt dann immer für das gegenwärtige absolute Gewicht, nicht für $p-p_v$. Ebenso gilt die endlich erhaltene Vorspinnfadenlänge für ihr eigenes zu ermittelndes Gewicht, bezüglich der Bestimmung ihrer Nummer. Desshalb ist es gut, für die Lieferungsgewichte die Differenz zu bestimmen und das erhaltene abgelieferte Gewicht durch die allgemeine Gewichtseinheit zu dividiren. Hätten wir z. B. 5 Pfd. Auflage von 5 Meter Quadrat und 4 Pfd. 15 Loth Lieferungsgewicht bei 50 Meter Länge der Lieferung, so beziehen sich die 50 Meter auf dies letztere Gewicht dividirt durch die Gewichtseinheit. Sei dieselbe 1 Pfd., so galt zuerst per Pfd. 1 Meter Quadrat aber bei der Ablieferung per 1 Pfd $\frac{50}{4,5} = 11,1$ Meter. Wir bezeichnen also die Auflagegewichte, Längen und Ablieferungsgewichte mit

$$p \; p_1 \; p_2 \; p_3 \; p_4 \ldots p_n$$
$$l \; l_1 \; l_2 \; l_3 \; l_4 \ldots l_n.$$

Aus diesen Grössen, die aus den einzelnen Stadien der Bearbeitung resultiren, können wir die Grösse des Auszuges ermitteln, denn der Auszug innerhalb zweier aufeinander folgender Stadien ist stets gleich der Länge des Gelieferten per Gewichtseinheit dividirt durch die Länge des Aufgelegten per Gewichtseinheit, also

$$\frac{\frac{l_1}{p_1}}{\frac{l}{p}} = \frac{l_1 \, p}{l \, p_1}$$

Die Auszüge seien nun nacheinander: $a \; a_1 \; a_2 \; a_3 \ldots a_n$, so haben wir

$$a = \frac{\frac{l_1}{p_1}}{\frac{l}{p}} = \frac{l_1 \, p}{l \, p_1}$$

$$a_1 = \frac{l_2 \, p_1}{l_1 \, p_2}$$

$$a_2 = \frac{l_3 \, p_2}{l_2 \, p_3}$$

$$a_3 = \frac{l_4 \, p_3}{l_3 \, p_4}$$

$$a_n = \frac{l_n \, p_{n-1}}{l_{n-1} \, p_n}$$

$a \; a_1 \; a_2 \ldots a^n$, die einzelnen Auszüge der Verarbeitungsstadien, setzen aber den Gesammtauszug A zusammen, folglich haben wir

$$A = a \, a_1 \, a_2 \, a_3 \ldots a_n$$

$$A = \frac{l_1 \, p \;\; l_2 \, p_1 \;\; l_3 \, p_2 \;\ldots\; l_n \, p_{n-1}}{l \, p_1 \;\; l_1 \, p_2 \;\; l_2 \, p_3 \;\ldots\; l_{n-1} \, p_n} = \frac{l_n \cdot p}{l \cdot p_n}$$

Diese Werthe lp und l_n p_n entsprechen aber den Werthen für die erste Auflage und letzte Ablieferung, **folglich entspricht der Gesammtauszug dem Quotienten aus der Länge der gesammten Lieferung der Gewichtseinheit, dividirt durch die Länge der Auflage per Gewichtseinheit.**

In gleicher Weise giebt dieser Ausdruck aber an: die erhaltene Länge per absolutes Gewicht im Vergleiche zum Auflagegewicht und p_n ist dann niemals gleich p, sondern ein Ausdruck für den Verlust bei der Bearbeitung, etwa $p_n = p - V$, wenn V den Gesammtverlust ausdrückt. Es lässt sich somit diese Gleichung nach verschiedenen Gesichtspunkten hin betrachten und benutzen.

Dieser Ausdruck, die **Fundamentalgleichung für die Anordnung des Spinnprozesses**

$$\frac{l_n}{l} \frac{p}{p_n} = A$$

lässt sich noch in folgender Weise verändern. Wie wir oben bereits mehrfach bemerkt haben, sucht man die Ungleichheit des Vliesses der Pelz- und Mittelkarden noch dadurch auszugleichen, dass man mehrere solcher aufeinanderlegt und zusammen durch die folgende Maschine durchgehen lässt. Ferner entstehen auf jeder Pelztrommel, auf dem Martin'schen Vliessapparat, auf vielen Abnahme- oder Speisevorrichtungen etc. Doublirungen des Vliesses. Diese Doublirungen verkürzen natürlich die Länge der Lieferungen der betreffenden Maschine. Z. B. würde eine Kammwalze von 698 Millimeter Durchmesser und 5 Umdrehungen per Minute 10958,6 Millimeter Wollvliess liefern. Somit würde der Auszug sein

$$A = \frac{\text{Länge der Gewichtseinheit-Ablieferung}}{\text{Länge der Gewichtseinheit-Auflage}}$$

und wenn die Einziehwalzen mit 50 Millimeter Durchmesser sich per Minute 1 mal drehten und ihre Umfangsgeschwindigkeit also wäre = 157,00 Millimeter

$$A = \frac{10958,6}{157} = 69,8.$$

Die Pelztrommel z. B. aber vereinigt so viele Vliesslagen übereinander, dass die Lieferung endlich nur 600 Millimeter (Durchm. der Pelztrommel) mal 3,14 . 2 Umgänge = 3768 Millimeter lang ist und somit

$$A = \frac{3768}{157} = 24 \text{ wird.}$$

Es ist also der Auszug verkürzt durch die Doublirung auf der Pelztrommel. Dasselbe findet statt bei Auflage mehrerer Vliesse übereinander auf der Mittel- und Feinkrempel. Desshalb kann man die Ablieferung der Kammwalze nicht als Auflage der folgenden Krempel benutzen, sondern dieselbe dividirt durch die Doublirungen d, also

$$A = \frac{a}{d} \frac{a_2}{d_1} \frac{a_2}{d_2} \cdots \frac{a_n}{d_n}$$

Hieraus folgt auch
$$\frac{l_n \; p}{l \; p_n} = \frac{a \; a_1 \; a_2 \ldots a_n}{d \; d_1 \; d_2 \ldots d_n}$$

Die Werthe von A und damit die Werthe von allen einzelnen Auszügen und Längen der Lieferungen hängen ab von der Anordnung des **Bewegungsmechanismus** der Krempel, speziell ferner von der Grösse der **Wechsel** und umgekehrt; um auf einem Krempel einen Auszug gleich A hervorzubringen, muss der Bewegungsmechanismus darnach gestellt sein. Der erstere Fall interessirt nur, wenn man es mit einem Endprodukt zu thun hat und will dessen Nummer etwa ermitteln; der zweite Fall aber tritt immer hervor, wenn es sich um die Verarbeitung von Wollfasern zu Garn handelt. Eine Quantität von 10 Pfd. Wolle z. B. nimmt zusammengepresst etwa den Raum eines Würfels von 400 Millimetern Seite ein. Dieselbe Wollmenge auf dem Zuführtuch ausgebreitet bedeckt etwa 20 □ Meter. Es handelt sich nun um die Verarbeitung dieser Wolle zu Vorgarn von 2000 Meter per Pfund, also von 20000 Meter in 10 Pfd. Bei Bearbeitung eines Metalls würde man diesen Würfel ausziehen, wie z. B. Eisen zu Draht unter Wahl der geeigneten Lehre. Die aber aus feinen nicht zusammenhängenden Faserchen bestehende Wolle lässt dies nicht zu. Man breitet den Würfel daher zuerst aus auf dem Zuführtuch und hat nun eine Wollfläche von 20 Meter, $^1/_2$ Pfd. per □ Meter. (Es haben die Vorspinnkrempel 50 Fäden.)

Betrachten wir nun den Effect der einzelnen Maschinen. Die Pelzkrempel gewährt in ihrer Construction wohl einen Auszug bis zur geforderten Länge, aber giebt denselben durch die Pelztrommel in reducirtem Masse. Durch die Praxis hat man ermittelt, dass für die Pelztrommel ein Abnehmen gerathen ist, wenn die auf ihr aufgespeicherte Wolle im Vliess ca. 1—2 Pfund beträgt, je nach der Feinheit derselben. Wir wollen für unser Beispiel annehmen 1 Pfund. Die Pelztrommel würde bei einer Verarbeitung von 5 Pfund per Stunde demnach 5 mal zu entleeren sein. Nehmen wir ihren Durchmesser gleich 0,75 Meter an, so hat die Pelztrommel $0{,}75 \cdot \pi = 2{,}35$ Meter Umfang. Sie wird uns also die Wolle der Auflage zurückgeben mit einem Auszug von
$$A = \frac{2{,}35 \cdot 10}{20} = 1{,}17 \text{ Meter.}$$

Es liegt auf der Hand, dass man diesen Auszug vergrössern und verkleinern kann, je nachdem man die Pelztrommel öfter leert. Betrachten wir die zweite Krempel, so wird sich auf dieser derselbe Auszug wiederholen, wenn die Maschine mit Pelztrommel läuft. Lassen wir aber von dieser Maschine das Vliess in Bandform mittelst Trichters abnehmen, so giebt die Abnahmewalze den Auszug an. Solche Bänder nun auf der Vorspinnkrempel vorgelegt in gleicher Anzahl mit den zu erzielenden Vorspinnfäden, also hier angenommen 50, ergiebt zunächst den Auszug 50 d. h. so gross, als die Zahl der Vorspinnfäden, und ferner den Auszug, welcher resultirt aus der Geschwindigkeit und den Umfängen der Einzieh- und der Abnahmewalzen der Vorspinnkrempel. Diese Uebersicht giebt uns an die Hand, wie wir für bestimmte Forderungen die Auszüge zu vertheilen haben. In unserem Falle sollen also 10 Pfund Wolle, welche auf dem Zuführtuche 20 ☐ Meter bedecken, ausgezogen werden auf 20000 Meter oder 1 Meter auf 2000. Wir sehen bei diesem Maschinenassortiment 50 als constanten Factor des Auszuges auftreten und es verbleibt für das Produkt der übrigen Auszüge $\frac{2000}{50} = 40$. Für den Auszug der Reisskrempel können wir also nach obiger Ermittelung nur 1,17 als Auszug in Anspruch nehmen, es bleibt uns somit für die zweiten und dritten Krempel der Auszug von 34,2 vorbehalten. Diesen Auszug kann man so vertheilen, dass die bereits charakterisirte Auflage auf der Vorspinnkrempel in Form von Vliessbändern nur noch einen Auszug $= 2$ erleidet, so haben wir für die Mittelkrempel einen Auszug von 17,1 anzuwenden und der Gesammtauszug für dieses Assortiment würde sein

I. II. III.
A = a a_1 a_2
I. II. III.
A = 1,17 . 17,1 . 2 . 50 = 2000

Wäre die Mittelkrempel auch eine Pelzkrempel, so würde dieselbe eventuell auch mit 1,17 Auszug anzuschlagen sein und dann resultirte für die Vorspinnkrempel ein Auszug von 29,2, dann würde sein

A = 1,17 . 1,17 . 29,2 . 50 = 2000

Für die Krempelmaschinen mit Pelztrommel pflegt man nichtsdestoweniger einen Auszug hervorzubringen, welcher etwa so gross ist, als der für Herstellung der Vliessbänder in unserem Falle oder als der Auszug auf der Feinkrempel ohne den Factor für Theilung der Fäden. Wir können demnach in einem System mit Vorreisskrempel und Pelztrommel und Mittelkrempel mit Bandapparat den zu erzielenden Auszug auch für die Vorreiskrempel gleich 17,1 setzen, und im Falle, dass das Assortiment besteht aus Krempel I und Krempel II mit Pelztrommel für beide als Auszug 29,2. Diese resp. Auszüge werden dann durch die Doublirungen auf der Pelztrommel zu 1,7 reducirt: $A = \frac{17,1}{d} . 17,1 . 2 . 50$ oder $A = \frac{29,2}{d^I} . \frac{29,2}{d^{II}} . 29,2 . 50$.

Endlich aber, und das ist das Bessere, lässt man mit dem ganzen Auszuge, gleich 40, die mit Pelztrommeln versehenen Krempel arbeiten und hat dann:

$$A = \frac{40}{d} . 17,1 . 2 . 50 \text{ oder}$$

$$A = \frac{40}{d^I} . \frac{40}{d^{II}} . 29,2 . 50.$$

— 406 —

Dies thut man aus dem Grunde, die Wollfasern so gründlich zu isoliren und zu lockern, dass sie dem endlichen Auszuge keinen erheblichen Widerstand mehr leisten, vielmehr hierbei leicht sich nebeneinander anordnen.

Aus dieser Aufstellung der Auszüge, die nun sehr verschieden angeordnet sein können, lassen sich die Krempel berechnen, d. h. es lässt sich ermitteln, welche Grösse und Umdrehungszahl man den Rädern und Walzen geben muss u. s. w. Wir nehmen die in Holzschnitt beigefügte Skizze (Fig. 355) der Maschine zur Grundlage. P ist der

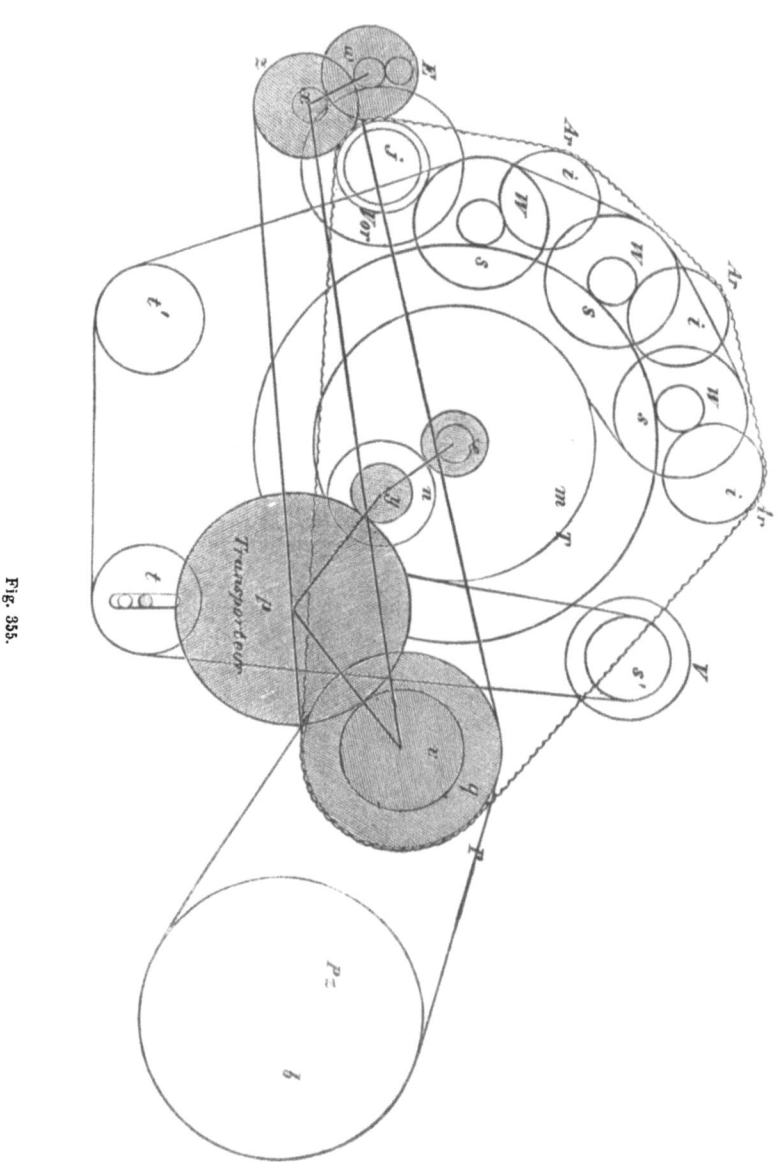

Fig. 355.

Abnehmer von der Tambourwelle T aus getrieben durch e n y p v. Der Abnehmer P treibt durch eine Riemenscheibe das Rad z mit dem Wechsel x, der seinerseits w in Umdrehung versetzt d. h. die untere Einführwalze. Die Scheibe m treibt neben Volant und Wender auch die Scheibe t für die Hackerbewegung, und einer Umdrehung für t entspricht ein Hackerschlag. Die Arbeiter werden vom Abnehmer her bewegt und sind somit demselben adjustirt; ihre Geschwindigkeit wächst mit der des Abnehmers. Betrachten wir diese Combination zunächst als für den Vorreisskrempel gültig unter der Voraussetzung eines Auszuges von 40. Haben die Einzugswalzen 50 Millimeter Durchmesser, so ist ihr Umfang $50 \cdot 3,14 = 157,00$ Millimeter. Wenn nun eine Auflage von 20 □ Meter = 10 Pfd. Wolle per 2 Stunden verarbeitet werden soll, so müssen per Minute $\frac{20000}{120} = 166$ Millimeter Wolle eingezogen werden oder $\frac{10}{120} = 0,083$ Pfd. Somit werden die Zuführwalzen per Minute $\frac{166}{157} = 1,06$ Umdrehungen erhalten müssen. Diese 166 Millimeter sollen aber auf dem Abnehmer mit 40 maligem Verzuge erscheinen. Der Abnehmer habe 400 Millimeter Durchmesser, so ist sein Umfang $= 400 \cdot 3,14 = 1256$ Millimeter. Er wird also, um jene $166 \cdot 40 = 6640$ Millimeter Vliess abzugeben, $\frac{6640}{1256} = 5,34$ mal umgehen müssen. Damit nun die Pelztrommel dieses Vliess aufzunehmen im Stande ist, muss sie, da der Hacker bei Streichgarnkrempeln stets ausziehend wirkt, und hier angenommen einen Auszug von 1,2 bewirkt, also das Vliess auf 7968 ausdehnen wird, $\frac{7968}{2350} = 3,4$ Umdrehungen haben.

Wir haben somit der Krempelmaschine zunächst die Combination des Räderwerks zu geben, dass $P = 5,34$ Umdrehungen erhält und $w = 1,06$. Der Abnehmer wird von der Tourachse aus getrieben und zwar resultirt die Umdrehungszahl von P aus $a \cdot \frac{e}{n} \cdot \frac{y}{v}$. (a ist die Umdrehungszahl des Tambours per Minute, hier = 100 genommen.) Wie wir aus obigen Betrachtungen des Bewegungsmechanismus der Krempel sehen, macht man sowohl e n als v von bleibender Zähnezahl und nur y wechselt. Ist $e = 28$, $n = 120$ und $v = 140$, so hat man

$$P = a \cdot \frac{e}{n} \cdot \frac{y}{v} = 100 \cdot \frac{28}{120} \cdot \frac{y}{140} = \frac{y}{6}.$$

Für P haben wir die für den hervorzubringenden Auszug nothwendige Umdrehungszahl nöthig = 5,34, folglich wird $y = 5,34 \cdot 6 = 32$ Zähne sein müssen.

Die Umdrehungszahl der Einführwalzen E wird aber vom Abnehmer aus vermittelt durch Uebersetzung. Es sind die Umgänge (E = 1,06) von

$$E = P \cdot \frac{q}{z} \cdot \frac{x}{w}.$$

Constante und bekannte Grössen sind $q = 400$ Millimeter, $z = 266$ Millim. und $w = 120$ Zähne. Es ist

$$E = 5,3 \cdot \frac{400}{266} \cdot \frac{x}{120}$$

$$x = \frac{798 \cdot 1,06}{53} = 16 \text{ Zähne.}$$

Es ergiebt sich nun der Auszug der Krempel

$$= \frac{a \cdot \frac{e}{n} \cdot \frac{y}{v} \cdot \pi \cdot 400}{a \cdot \frac{e}{n} \cdot \frac{y}{v} \cdot \frac{q}{z} \cdot \frac{x}{w} \cdot \pi \cdot 50}$$

Derselbe wird bei Bekanntsein von a e n v q z w wesentlich bestimmt durch y u. x.

Wir haben gefunden, dass für den Auszug $= 40$, $x = 16$ und $y = 32$ sein muss, vorausgesetzt obige Rädercombination und obige Umfänge der in Rede kommenden Walzen. Auf gleiche Weise kann man für jeden Auszug nun die zugehörigen Werthe von x und y ermitteln.

Gleichzeitig machen wir aufmerksam auf die Kämmungen des Tambours. Derselbe dreht sich per Minute 100 mal, während die Einzugswalzen sich 1,06 mal drehen. Die Einzugswalzen fördern per Minute 166 Millimeter in die Maschine. Der Tambour hat 958 Mm. Durchm. und 100 Umdrehungen per Minute, folglich $958 \cdot \pi \cdot 100 = 301712$ Mm. Umfangsgeschwindigkeit. Es finden somit Kämmungen per Millimeter statt:

$$K = \frac{\text{Umfangsgeschwindigkeit des Tambours p. M.*)}}{\text{Umfangsgeschwindigkeit der Einführwalzen}} = \frac{301712}{166} = 1817,6$$

d. h. jeder Millimeter der Einführwalzen oder der eingeführten Wolle wird von 1812,1 Mm. des Tambours mitgenommen und etwa darauf ausgebreitet. Es richtet sich diese Zahl der Kämmungen natürlich nach der Umfangsgeschwindigkeit der Einziehwalzen, die durch die Wechsel y x bestimmt wird. Somit ist auch die Zahl der Kämmungen abhängig von den Wechseln.

Vom Wechsel y ist auch die Bewegungsgeschwindigkeit der Arbeiter abhängig. Sie bestimmt sich durch

$$A r = P \cdot \frac{q}{i}$$

i ist die Scheibe auf dem Arbeiter. Haben wir wie oben für P den Ausdruck ermittelt

$$P = a \frac{e}{n} \frac{y}{v} = \frac{y}{6}$$

Es ergiebt sich für

$$A r = \frac{y}{6} \cdot \frac{q}{i}$$

q ist in der betreffenden Maschine $= 400$ Millimeter und $i = 190$ Millim.

$$A r = \frac{y}{6} \cdot \frac{400}{190}$$

Folglich, für $y = 32$ gerechnet, $A r = 11,2$ Umdrehungen. (Für gewöhnlich nimmt man q nicht so gross.)

Die Bewegung der Wender ist vom Tambour abhängig und bestimmt sich durch

$$W = a \cdot \frac{m}{s} \cdot \quad (m = 630 \text{ Millimeter}, s = 260 \text{ Millimeter}, a = 100).$$

---

*) Schmidt berechnet in seiner Spinnereimechanik pag. 259 die Zahl der Kämmungen durch die Formel $K = \frac{\text{Umgänge des Tambours p. M.}}{\text{Umfangsgeschwindigkeit der Einziehwalzen}}$ und setzt dann ein $\frac{1000}{0,0118 \, x \, y} = \frac{8475}{x \, y}$, während die von ihm angenommene Umdrehungszahl des Tambours gleich 100 steht. Er erhält dann natürlich zu grosse Werthe und seine Tabelle über Kämmungen per Zoll könnte keinen Anspruch auf Richtigkeit machen. Obige von ihm angeführte Gleichung aber ist zweifelhaft, da man die Umgänge des Tambours nicht mit der Umfangsgeschwindigkeit der Einziehwalzen vergleichen kann. Doch möchte dies noch eher gelten, als man unter Umfangsgeschwindigkeit der Einziehwalzen auch Einführung des Materials per Zoll verstehen kann und nun gerechnet würde

$$K = \frac{\text{Umgänge des Tambours}}{\text{eingeliefertes Material per Zoll}}.$$

Das Bild der Kämmung erscheint jedoch stets erst, wenn man die Oberflächen der betreffenden Organe, welche kämmen sollen, in Betracht zieht. — Fischer's Rechnung über Krempel in seiner Streichgarnspinnerei enthält einige 20 Fehler. —

$$W = 100 \cdot \frac{630}{260} = 242 \text{ Umdrehungen}$$

und der Volant

$$V = a \cdot \frac{m}{s^1} = 100 \cdot \frac{630}{180} = 350 \text{ Umdrehungen.}$$

Der Hacker berechnet sich mit

$$H = a \cdot \frac{m}{t} = 100 \cdot \frac{630}{200} = 315 \text{ Bewegungen.}$$

Endlich bleibt noch die Bewegung der Pelztrommel übrig. Dieselbe kann vom Abnehmer her bewegt werden oder vom Tambour. Ihre Umdrehungszahl ist zuvor festgestellt und darnach richten sich die anzuwendenden Zahnräder oder Scheiben. Sei die Scheibe q auf dem Abnehmer so breit, dass sie auch den Riemen für die Pelztrommelscheibe b aufzunehmen im Stande ist, so muss b, da Pz 3,4 Umdrehungen hat, und

$$Pz = 5{,}34 \cdot \frac{q}{b} = 5{,}34 \cdot \frac{400}{b}$$

$$b = \frac{5{,}34 \cdot 400}{3{,}4} = 628 \text{ Millimeter Durchmesser haben.}$$

Mit den Arbeitern zugleich wird der Vorreisser angetrieben und berechnet sich daher mit

$$\text{Vor} = P \cdot \frac{q}{j}.$$

Die Scheibe j auf dem Vorreisser habe 170 Millimeter Durchmesser; dann hat

$$\text{Vor} = P \cdot \frac{400}{170}$$

und wenn $P = \frac{y}{6}$ und $y = 32$ gesetzt wird,

$$\text{Vor} = 12{,}56 \text{ Umdrehungen.}$$

Stellen wir diese Ermittelungen neben einander, so haben wir:

1. Tambour $T = a$ Umdrehungen
    $= 2 r_t \pi$ Umfang (r_t = Radius des Tambours)
    $= 2 r_t \cdot \pi \cdot$ Umfangsgeschwindigkeit.

2. Abnehmer $P = a \dfrac{e}{n} \dfrac{y}{v}$ Umdrehungen
    $= 2 r_p \cdot \pi \cdot a \dfrac{e}{n} \dfrac{y}{v}$ Umfangsgeschwindigkeit
    $= 2 r_p \pi$ Umfang. (r_p = Radius von P.)

3. Einführwalzen $E = P \cdot \dfrac{q}{z} \dfrac{x}{w}$ Umdrehungen
    $= 2 r_e \pi$ Umfang
    $= 2 r_e \pi \cdot P \cdot \dfrac{q}{z} \cdot \dfrac{x}{w}$ Umfangsgeschwindigkeit.

4. Arbeiter $Ar = P \dfrac{q}{i}$ Umdrehungen
    $= 2 r_a \pi$ Umfang
    $= P \dfrac{q}{i} 2 r_a \pi$ Umfangsgeschwindigkeit.

5. Vorreisser $\text{Vor} = P \cdot \dfrac{q}{j}$ Umdrehungen
    $= 2 r_v \pi$ Umfang
    $= 2 r_v \pi \cdot P \cdot \dfrac{q}{j}$ Umfangsgeschwindigkeit.

6. Wender $W = a \dfrac{m}{s}$ Umdrehungen

$\qquad = 2\, r^w\, \pi$ Umfang

$\qquad = 2\, r^w\, \pi\, .\, a\, .\, \dfrac{m}{s}$ Umfangsgeschwindigkeit.

7. Volant $Vo = a\, .\, \dfrac{m}{s^1}$ Umdrehungen

$\qquad = 2\, r^o\, \pi$ Umfang

$\qquad = 2\, r^o\, \pi\, .\, a\, \dfrac{m}{s^1}$ Umfangsgeschwindigkeit.

8. Hacker $H = a \dfrac{m}{t}$ Bewegungen bei 1,2 Streckung.

9. Pelztrommel $Pz = P\, .\, \dfrac{q}{b}$ Umdrehungen

$\qquad = 2\, r^z\, \pi$ Umfang

$\qquad = P\, .\, \dfrac{q}{b}\, .\, 2\, r^z\, \pi$ Umfangsgeschwindigkeit.

A zwischen P Kammwalze und Einführwalze

$$A = \dfrac{P}{E} = \dfrac{a \dfrac{e}{n} \dfrac{y}{v} .\, 2\, r^p .\, \pi}{a \dfrac{e}{n} .\, \dfrac{y}{v} .\, \dfrac{q}{z} .\, \dfrac{x}{w} .\, 2\, r^e .\, \pi} = \dfrac{2\, r^p\, \pi}{\dfrac{q}{z}\, \dfrac{x}{w} .\, 2\, r^e\, \pi}$$

Rechnen wir nach obigem Beispiel die Formel für A aus, so haben wir

$$A = \dfrac{2\, r^p\, \pi}{\dfrac{q}{z}\, \dfrac{x}{w} .\, 2\, r^e\, \pi} = \dfrac{1256}{\dfrac{400 .\, 157 .\, 16}{266 .\, 120}} = \dfrac{1256}{31{,}4} = 40.$$

Die Dimensionen der Uebertragungsräder werden von den Constructeuren sehr verschieden gegriffen. Z. B. führen wir hier den Mechanismus von Theodor Wiede's Krempel an. Auf der Tambouraxe sitzt das Rad $e = 26$ Zähne. Der Transporteur p überträgt diese Bewegung (= 100 Umdrehungen) auf n mit 132 Zähnen. Auf der Welle von n sitzt der Wechsel y und dieser treibt ein grosses Zahnrad auf der Abnehmeraxe $v = 200$ Zähne. Welche Zähnezahl erfordert nun y bei 3 Umdrehungen des Abnehmers?

$\qquad$ Abnehmer $Pu = a\, .\, \dfrac{e}{n}\, .\, \dfrac{y}{v} = 100\, .\, \dfrac{26}{132}\, .\, \dfrac{y}{200} = \dfrac{13\, .\, y}{132}$

$\qquad Pu = 0{,}099\, .\, y.$

Die Umdrehungen von P haben wir angenommen gleich 3, folglich ist $3 = 0{,}099\, y$ oder

$$y = \dfrac{3}{0{,}099} = 30.$$

Der Abnehmer treibt bei Wiede's Krempel die Einführwalzen mittelst der Kette, die über die Arbeiter geht. Die Uebersetzung ist folgende: Auf der Axe des Abnehmers sitzt die Kettenscheibe $q = 100$ Millimeter. Die Kette treibt von hier aus die Scheibe $z = 60$ Millimeter. Auf der Axe von z sitzt der Wechsel x und greift in ein Zahnrad $w = 150$ auf der unteren Einführwalze ein. Wir haben demnach

$\qquad E = a\, .\, \dfrac{e}{n}\, .\, \dfrac{y}{v}\, .\, \dfrac{q}{z}\, .\, \dfrac{x}{w} = P_u\, \dfrac{q}{z}\, .\, \dfrac{x}{w} = 3\, .\, \dfrac{100}{60}\, .\, \dfrac{x}{150}$

$\qquad E = \dfrac{x}{30}$

Die Einführwalze E soll haben 0,5 Umdrehungen per Minute, folglich $0{,}5 = \dfrac{x}{30}$

$x = 0{,}5\, .\, 30 = 15$ Zähne. Hätte E 1 Umdrehung, so würde $x = 30$ Zähne sein müssen. Wir haben somit für x, wenn Umdrehungen von E = 0,4; 0,5; 0,6; 0,8; 1; 1,2;

$\qquad\qquad\qquad\qquad\qquad\qquad\qquad\quad$ 12$\quad$15$\quad$18$\quad$24$\quad$30$\quad$36

ferner für y, wenn Umdrehungen von P = $\quad$3$\quad$4$\quad$5$\quad$6$\quad$7$\quad$8$\quad$9$\quad$10

$\qquad\qquad\qquad\qquad\qquad\qquad\qquad\qquad\quad$ 30$\quad$40$\quad$50$\quad$60$\quad$70$\quad$80$\quad$90$\quad$100

Nach obiger Formel kann man bestimmen, welche Grösse der Auszug haben wird für verschiedene Werthe von x unter sonst gleichen Umständen, indem sich die Einzugsgeschwindigkeit mit dem Wachsen von x zunehmend vergrössert, folglich der Auszug verkleinert. Hat z. B. x den Werth 20, so wird A sein:

$$= \frac{1256}{\frac{400 \cdot 157 \cdot 20}{266 \cdot 120}} = 31{,}5 \text{ und so fort.}$$

Wie aus früherer Ermittelung des Wechsels x hervorging, hängt x wieder ab von y, und da diese Wechsel von verschiedenen Constructeuren im verschiedenen Verhältniss zu einander genommen werden, so lassen sich keine allgemein gültigen Werthe für A bezüglich x, bezüglich y aufstellen. —

In ähnlicher Weise bestimmt man auch für die Mittelkrempel und Feinkrempel die Werthe der Wechsel und Umdrehungszahlen. Für die Mittelkrempel ist der Bandapparat zu berechnen. Man nimmt ihn von gleicher oder etwas grösserer Geschwindigkeit als den Abnehmer. Es treten für die Vorspinnkrempel noch hinzu die Würgel- und Wickelwalzen. Der berechnete Auszug an der Kammwalze der Vorspinnmaschine ist für die einzelnen Fäden gültig. Nennen wir diese α, so haben wir

$$A = \frac{2 \, rp \, \pi \cdot \alpha}{\frac{q}{z} \cdot \frac{x}{w} \cdot 2 \, re \, \pi}$$

und dies giebt für unser Beispiel, wo α gleich 50 wird
$$A = 40 \cdot 50 = 2000.$$
Bei 30 Fäden z. B. würden die Werthe für die Krempel ganz andere gewesen sein, weil wir dann von der Annahme $\frac{2000}{30} = 66{,}6$ für die Auszüge hätten ausgehen müssen. Es hätte vorzüglich der Werth von x ein anderer werden müssen. Es entsprach der Werth für x = 16 dem Auszug 40 und 50 Fäden. Bei Beibehaltung aller übrigen Werthe würde x bei 30 Fäden sein müssen unter dem Auszug = 66

$$A = \frac{1256}{\frac{400}{266} \cdot \frac{157}{120} \cdot x} = \frac{1256}{1{,}97 \cdot x} = 66$$

$$x = \frac{1256}{1{,}97 \cdot 66} = 10{,}6$$

Bei solchen Berechnungen werden die Seitenfäden oder Eckfäden, die in manchen Vorspinnmaschinen als Fäden benutzt werden, stets mitgerechnet. — Die Würgelwalzen müssen mindestens gleiche Geschwindigkeit haben wie die Kammwalzen. Sie werden meistens durch Zahnräder von der Kammwalze aus bewegt. Es gilt also für die Würgelwalzen der Ausdruck

$$Wi = P \cdot \frac{s}{\delta}$$

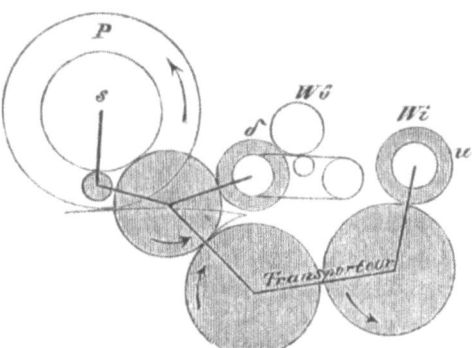

Fig. 356.

Wenn die Peigneurs 5,34 Umdrehungen machen, müssen die Wickelwalzen mindestens auch so viel Umfangsgeschwindigkeit, als jenem Verhältniss entspricht, haben. Es kommt daher auf die Zähnezahl von δ an. P = 5,34 Umdrehungen und s = 140 Zähne; ferner die Wickelwalze 120 Millimeter Durchmesser und somit 120 . 3,14 = 376,8 Millimeter Umfang. Der Peigneur hat 1256 Millimeter Umfang und 5,34 Umdrehungen, folglich sind die Umdrehungen von

$$W\ddot{u} = \frac{1256 \cdot 5{,}34}{376{,}8 \cdot f}$$
$$f = 15{,}1.$$

Nun bestimmt sich

$$W\ddot{u} = \frac{s}{\delta} \cdot \frac{5{,}35}{15{,}1} = \frac{747{,}6}{15{,}1 \cdot \delta}$$
$$\delta = \frac{747{,}6}{15{,}1} = 49{,}4 \text{ Zähne.}$$

Die Wickelwalzen müssen ebenfalls mindestens so schnell gehen, wie der Peigneur. Meistens lässt man sie schneller gehen, z. B. 1,5 mal. Die Wickelwalzen haben z. B. 120 Millimeter Durchmesser, also einen Umfang von 120 . 3,14 = 376,8 Millim., dann muss die Geschwindigkeit f derselben sein

$$\frac{1256 \cdot 5{,}34}{376{,}8 \cdot f} = \frac{6707}{376{,}8 \cdot f}$$
$$f = 15{,}1 \text{ Umdrehungen}$$

Die Wickelwalze wird vom Abnehmer her bewegt durch Transporteurs, die für die Berechnung keinen Einfluss haben. Auf den Wickelwalzen sitzen die Zahnräder u. Es ist somit die Zähnezahl für u

$$Wi = \frac{s}{u} \cdot \frac{5{,}34}{15{,}1} = \frac{747{,}5}{15{,}1 \cdot u}$$
$$u = \frac{747{,}6}{15{,}1} = 49{,}4 \text{ Zähne.}$$

Berücksichtigt man eine 1,5 mal schnellere Umdrehung, so wird

$$f = 15{,}1 \cdot 1{,}5 = 22{,}65$$
$$\text{und } u = \frac{747{,}6}{22{,}65} = 33 \text{ Zähne}$$

Schon bei der Beschreibung der Vorspinnkrempel haben wir aufmerksam gemacht auf den Umstand, dass bei Anwendung von 2 Peigneurs der obere stärker abkämmt als der untere. Dadurch wird das Vorgarn ungleich. Diesem Uebelstande kann man dadurch abhelfen, dass man das Vorgarn des oberen Abnehmers besonders und stärker auszieht auf der Spinnmaschine. Man kann dies jedoch auch ausgleichen auf der Vorspinnkrempel selbst, wenn man das obere Würgelsystem und die Wickelwalze mit stärkerem Auszuge arbeiten lässt. Bei dem Einpeigneurkrempel kommt dies natürlich nicht vor.

Die Lieferung der Krempel zeigt sich aus obigen Betrachtungen und lässt sich mit Hülfe solcher Rechnungen ermitteln. Ueber die Leistungsfähigkeit giebt es sehr verschiedene Angaben und fast alle Bestimmungen divergiren bedeutend. Wir schreiben dies jedoch nicht dem zu (wie Jean Laterrière), dass die Wolle mit verschiedenem Feuchtigkeitsgehalte sich bedeutend aufblähen kann, mehr noch durch gründliches Bearbeiten auf dem Wolf; Laterrière (Alcan meint, er habe dies auch schon gewusst) nennt dies Pouvoir élastique und bestimmt dafür als Grenze: Wolle, welche mit 30 Kilogr. Compression 24 Stunden zusammengedrückt wurde und die darauf 24 Stunden ohne Belastung lag. Diese Grenzwerthe und die sich ergebenden Differenzen ermittelte er für Wolle, die einmal gewolft war, für solche, die gewolft und kardirt war, und für solche, die gewolft und fünfmal kardirt war. Es ergaben sich dabei für die elastische Kraft der verschiedenen Wollen (Differenzen der Volumen) von 625—960, 960—1120, 980—1080.*)

---

*) Alcan, Traité du travail de laine I. p. 424.

Diese Ermittelungen sind ziemlich müssig und die Bezeichnung „elastische Kraft" ist schlecht genug gewählt. — Die Dichtheit und Höhe der Auflage für die Krempeln variirt selbstredend mit der Feinheit des Materials, ferner mit der Absicht des Krempelprocesses, bezüglich der zu erzielenden Nummer u. s. w.

Wir geben hier die wenigen veröffentlichten Angaben wieder über die Leistung der Krempel und bemerken, dass die neueren Krempel von 1 Meter Breite von fast allen Constructeuren mit 120—150 Pfd. Wolle Leistungsfähigkeit offerirt werden.

Beobachter	Breite der Krempel Meter	Auflage auf 1 □M. Pfd.	Auflage p. 1 St. Pfd.	Auflage p. Tag =12 St. Pfd.	Bemerk.	Fabrikant	Fabrikort
Martin	1			150		Martin	Pepinster
Karmarsch			5	60	alt		
Karmarsch			9—14	108—168		Oesterr. Krempel	
Wedding	1,02		c.5Pfd	58	alt	Price	Stroud
Hartig		3,656	16,92	203,04		Götze & Co.	Chemnitz
Hartig		0,88	10,34	124,08		R. Hartmann	"
Hartig		2	11,60	139,20		Schellenberg	"
Lohren			8	96		Engl. Krempel	
Schau				120—130		Gebr. Köster	Neumünster
Schmidt	0,851			40—50			
Schmidt	1,01			60—70			
Grothe	1	0,5	7,5	90	alt	Jahn & Co.	Dessau
Grothe	1	0,8	9,1	110		Zimmermann	Burg
Hahn		0,8		110—120		Buchholz	Werdau
Alcan *)	1,10			102			

Ausgeführte Krempelconstructionen.

Nach Betrachtung der Details und speziellen Zufügungen zu den Krempeln müssen wir noch etwas verweilen bei den Verschiedenheiten, welche die grosse Anzahl ausgeführter und in Anwendung stehender Krempelconstructionen in ihrer allgemeinen Composition aufweisen. Wenn wir oben den Unterschied machten zwischen Vor- oder Reisskrempel, Pelz- oder Mittelkrempel und Vorspinn- oder Feinkrempel resp. Lockenkrempel, so richtete sich derselbe auf die successive Verarbeitung der Wolle auf den Krempeln des Assortiments. Hier aber wollen wir noch einen Unterschied berühren, der oben nur bei den Kratzen in Rede kam, nämlich den Unterschied, der gebildet worden ist durch die Qualität der Wolle:

1. Krempel für grobe Wollen,
2. Krempel für Medio-Wollen,
3. Krempel für feine Wollen.

---

*) Alcan betrachtet nämlich Variationen des Betriebes in den verschiedenen Monaten, wie sie in der Normandie vorkommen, und giebt als mittleren Werth an: 51,000 Kilogr. par assortiment et par jour (douze heures). — Traité du travail de laine I. p. 127.

Zu diesen Klassen tritt dann noch

4. Krempel für Kunst-Wollen.

Diese verschiedenen Variationen von Krempeln beziehen sich meistens auf die Anordnung der Krempelwalzen und ihren Bezug, die Zuführung und die Abführung, ohne die Grundzüge des Krempels und Krempelprozesses selbst zu modifiziren.

Die verschiedene Feinheit der Wolle hat für Streichwolle stets verschiedene andere Eigenschaften im Gefolge. Wir haben schon gesehen, dass die gröbere Wolle neben dickerem Haar keine oder nur wenige Kräuselungsbögen zeigt und dazu länger ist, die feinere Wolle dagegen zahlreiche Kräuselungen enthält. Solche Eigenschaften aber üben, wie leicht einleuchten wird, einen Einfluss auf den Krempelprozess und die Krempelconstruction aus. Daher sehen wir in den Krempeln für gröbere Wolle weniger Walzen angebracht und thätig, als in den Krempeln für feinere Wolle. Beispielsweise enthalten die Krempel für ordinaire Wolle von Martin in Pepinster nur 4 Paare Wender und 5 Arbeiter; in englischen Streichgarnspinnereien giebt es Maschinen mit nur 2 Paaren Arbeiter und Wender, ja nur mit 2 Arbeitern und einem Wender. Man erklärt dies durch die Länge und geringere Zahl der Wollhaare der groben Wolle gegenüber den feinen Wollen. Diese Erklärung kann im Allgemeinen als gültig betrachtet werden. Diesen Krempeln stehen gegenüber die Constructionen von Cutler & Bliven, von Faulkner und von Pooley, welche rund um den ganzen Tambour herum Arbeiter- und Wenderpaare haben und zwar bis zu 9 Paaren. (Diese Idee ist für Baumwollenspinnerei vielfach in Anwendung gekommen, ebenso für Wergspinnerei.)

Im Allgemeinen wendet man für die drei Grade der Wollverschiedenheit folgende Maschinen an.

a) Für grobe Wollen. (2—3 Maschinen im Assortiment)
1. Reisskrempel: 2—4 Paare Wender-Arbeiter. Bezüge von Kratzen Nr. 14—22. Vorreisser, nach Bedürfniss, zuweilen mit mehreren Vertheilern und Reinigungswalzen. Klettenwalze mit oder ohne Messerwalze. Pelztrommel. Es eignet sich für dieses System Apperley's Speiseapparat gut und wird dafür in England viel verwendet. Auch Martin's Vliessapparat ist hierfür anwendbar.
2. Pelzkrempel: 2—4 Paar Arbeiter-Wender. Bezug: Nr. 14—22.
3. Vorspinnkrempel: 2—5 Paar Arbeiter-Wender. Bezug: Nr. 14—22. Hacker. Vorspinnapparat mit Röhren oder Würgelsystem mit Röhren combinirt. Zahl der Vorspinnfäden 8—25 bei 838,5 Millimeter Breite der Krempel. Das Würgelsystem ist jedoch für die niedrigsten Wollen nicht am Platze. An Stelle dessen Lockentrommel mit Anstückelmaschine.

Als ein treffliches Beispiel von Kratz-Maschinen für ordinäre Wollen geben wir in Fig. 357, 358 auf nebenstehender Tafel des Assortiments à 2 Maschinen für ordinäre Wolle, Kunstwolle und Wollabgänge von Celestin Martin (Pepinster). Die erste Krempel hat hinter dem Zuführtisch einen Avanttrain, bestehend aus dem Sägezahncylinder i mit Abschlägern, ferner zwei Uebertragwalzen k, welche die Wolle zur Walze n hinleiten, die die Stelle eines Vorreissers oder Vortambours vertritt und mit 2 Paar Arbeits-Wendern arbeitet. Von diesem Tambour nimmt eine kleinere Walze die Wolle ab und übergiebt sie dem grossen Tambour. Letzterer ist mit 5 Arbeitern garnirt, die grösseren Diameter haben, als für feine Wolle nothwendig ist. Ebenso ist der Volant gross und mit einer Flugwalze oberhalb versehen und mit Gehäuse geschützt, weil gerade bei grober, weniger gekräuselter Wolle der Wind, durch die Centrifugalkraft erzeugt, Fasern abweht. Ein Hacker trennt das Vliess vom Peigneur. Dasselbe wird zum Band geformt im Apparat g und zur zweiten Maschine geleitet und hier mit dem Martin'schen Apparat f e auf das Zuführtuch aufgelegt.

Dieses Speisungssystem ist bei Assortiments von zwei Maschinen das vorzüglichste.

Es ist auch das regelmässigste, da alle Unregelmässigkeiten gleichförmig unter alle Fäden vertheilt werden, und somit verschwinden, während sie im Gegentheil im vollsten Maasse zum Vorschein kommen, wenn die Spinnkrempel durch einen ungekreuzten Pelz gespeist wird, was nothwendigerweise stattfinden muss, wenn das Sortiment aus nur zwei Krempeln besteht.

Dieselbe Continüvorrichtung mit Lederriemchen, wie pag. 355 beschrieben, ist auch an dieser Spinnkrempel angebracht mit 60 Fäden, welche sich auf nur 2 Vorgarnwalzen aufwickeln. Die Einführung ist einfach. Die Maschine arbeitet mit 5 Arbeitern, Volant mit Flugwalze und einem Peigneur. Der Riemchenapparat ist hinreichend klar dargestellt. Wir werden noch Gelegenheit haben, die Vorzüge des Martin'schen Systems später bei den Feinkrempeln zu erwähnen.

Ein sehr gutes Assortiment von A. Zimmermann in Burg für grobe Wolle schaltet bei der Abnahme Röhren ein statt der Würgelwalzen. Diese Einrichtung wirkt sehr gut, besonders für lange Haid- und Zackelwollen.

Für Spinnerei ordinärer Wollen kann es vortheilhaft sein, die Krempel in continuirlicher Folge aufzustellen und sie so zu verbinden, dass sie als eine Maschine arbeiten. Ferner aber haben die Engländer und später die Belgier versucht, und zwar mit Erfolg, die einzelnen Maschinen wirklich als eine zu construiren und herzustellen. Hierin leisten Taylor Wordsworth & Co. in Manchester Bedeutendes. Lohren beschreibt eine solche Maschine oder besser ein solches Maschinensystem für gröbere Wollen, welches zwei combinirte Maschinen enthält, welche jede wieder als aus zwei Krempeln vereinigt zu betrachten ist. Wir geben in Fig. 359 die Abbildung dazu. a ist das Lattentuch der ersten Krempel, welches den Speisewalzen b b die abgewogene Wolle zuführt. Von letzterer gelangt die Wolle an den kleinen Tambour c, um welchen zwei Paar Wender und Arbeiter angebracht sind, und von welchen die Wolle mittelst der Walze d abgenommen und an den grossen Tambour e übertragen wird. Um diesen Tambour sind ebenfalls zwei Paar, häufiger noch drei Paar Arbeiter und Wender und der Volant f aufgestellt.

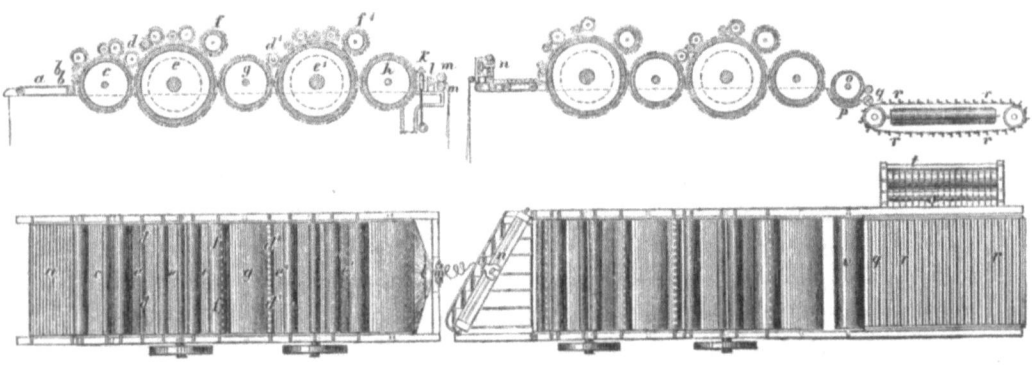

Fig. 359.

Das Ablösen der Wolle vom Tambour e erfolgt mittelst der Trommel g, die ihrerseits von dem Abnehmer d' gereinigt wird. Letztere Walze überträgt die Wolle an den zweiten Tambour e', welcher ebenso construirt ist wie Tambour e und die Wolle an den Abnehmer h abliefert, von wo aus dieselbe mittelst Hackers k abgelöst und mittelst Trichter l und der Pressionswalzen m m in Bandform in einen Kanal niedergeleitet wird. In diesem Kanal weiter geführt, gelangt das Band zum Speiseapparat n der Lockenkrempel, die in beliebiger Entfernung und Lage zur Vorkrempel aufgestellt sein kann. Die Construction der Lockenkrempel ist dieselbe, wie die der vorher beschriebenen, nur mit dem Unterschiede, dass an jener der erste kleine Tambour fehlt und dass hinter der Kammwalze die Lockentrommel o, umgeben von der Mulde p aufgestellt ist. Es folgt dann die Anstückelmaschine, welche die aus der Mulde herausfallenden Locken mittelst der getheilten Walze q auffängt, mittelst der Blechtröge r fortführt, unter den Würgelbändern vereinigt und verdichtet und schliesslich auf der Spule t aufwickelt.

In neuerer Zeit hat man angefangen, für diese Krempel eminente Dimensionen zu wählen. Drei selbst vier grosse Tambours kommen daran vereinigt vor. Der grosse Tambour e hat gewöhnlich 1066,8 Millimeter

Durchmesser ohne Beschlag. Die kleineren Trommeln c und die Abnehmerwalzen h haben 762 Millimeter Durchmesser ohne Kratzenbezug.

Arbeiter - Durchmesser = 203,2 Millimeter.
Wender „ = 114,3 „
Volant „ = 304,8 „
Lockentrommel = 330,2 „

Die Arbeitsbreite der Maschine beträgt 1119,2; 1371,6; 1524 Millimeter. (Siehe hierzu unsere Darstellung auf pag. 371.) Diese Krempel dienen für Verarbeitung der sehr kurzen, groben Wollen und der Kunstwollen.

Mercier (Louviers) vereinigte ähnlich wie Martin die drei Assortimentmaschinen zu einer einzigen und erhält von der Ablieferung der Maschine das Vliessband oder Vorspinnfäden. Solche Combinationen giebt es noch mehrere. Girardoni's Construction der hochgebauten Krempel, welche für die Baumwollkrempelei einige Zeit hindurch gebraucht ward, ist auch für Streichgarn versucht worden; mit welchem Erfolge, ist uns unbekannt geblieben.

Wir bemerken noch, dass in manchen Constructionen der Reisskrempel (und auch der Mittel- und Feinkrempel) die Reihe der kleinen Walzen über den Tambour nach der Vorreisswalze mit einem Arbeiter beginnt, dem dann die Paare Wender und Arbeiter folgen. Dabei ist zuweilen der Wender so zwischen dem ersten und zweiten Arbeiter eingestellt, dass er mit beiden arbeitet. In anderen Constructionen beginnen die Arbeiter- und Wenderpaare unmittelbar hinter der Vorreiss- oder der Klettenwalze. Besondere Vorzüge sind von keiner dieser Anordnungen im Vergleich zu den andern zu ersehen.

b) Für Mediowollen: (2—4 Maschinen im Assortiment).

1. Reisskrempel: 4—5 Arbeiter- und Wenderpaare. Einführung ohne oder mit Klettenwalze (bei Colonialwollen oder sehr futterigen Wollen). Vorreisser mit Reinigungsapparat. Mechanischer Speiseapparat. Pelztrommel oder Bandapparat mit Apperley-Clissold'scher Diagonalspeisung für die folgenden Krempel. Martin'sches Vliesstuch. Beschlag: Kratzen Nr. 20—26.
2. Mittelkrempel: Ebenso.
3. Vorspinnkrempel: Ebenso. Der Vorspinnapparat meistens mit Würgelsystem, sehr selten mit Röhre. Anwendbar ist die Combination Würgel und Röhre für geringe Mediowollen. Ein oder zwei Kammwalzen mit Hacker oder abnehmender Walze. Zahl der Vorspinnfäden 25—80.

Für die Mediowollen hat besonders die Klettenwalze sehr grosse Bedeutung. Kletten kommen nicht nur in den mittleren Colonialwollen, und diese liefern das Hauptquantum der Mediowollen, vor, sondern auch in Landwollen. Die Anwendung von Klettenapparaten ist daher hier herrschend. R. Hartmann, Wiede, Köster, Oscar Schimmel & Co. u. A. haben gewöhnlich 4 Paar Arbeiter und Wender.

Wir erwähnen hier auch die sehr gut angeordneten Systeme von Mercier (Louviers). Houget & Teston empfehlen für Mediowollen noch Systeme von 2 Karden, während die Pelzkarde von einer Deru'schen Vorbereitungsmaschine schon Pelz erhält. Der Abzug und die Speisung des Vorspinnkrempels geschieht mit dem Apparat Apperley-Clissold. Das System Thatam (Rochdale) enthält 2 Krempeln mit Ferabee's Speiseapparat.

Wir führen nun gleich die Krempel für feine Wollen auf, um sodann eine Reihe von Assortimenten näher zu betrachten, die für Mediowollen und feine Wollen Anwendung finden und sich lediglich durch den Beschlag unterscheiden.

c) Für feine Wollen. (2—6 Maschinen per Assortiment.)
1. Reisskrempel: 4—6 Paar Arbeiter und Wender. Beschlag, Kratzen Nr. 24—30. Einführung nur für feine Colonialwollen mit Klettenwalze, meistens mit Vorreisser und Reinigungscylinder.
2. Mittelkrempel: Ebenso.
3. Vorspinnkrempel: Ebenso. Vorspinnapparat mit Würgelwalzen von 45—120 Vorspinnfäden. Die Ueberleitung des Materials resp. Auflage für die Krempel wird meistens durch den Ferabee-, Martin-, Clissold-Apperley-Apparat bewirkt.

Zur näheren Betrachtung der Assortimente führen wir hier zunächst das von Celestin Martin in Verviers an. Die Einrichtung ist wesentlich ebenso wie das Assortiment für ordinäre Wollen von Martin. Die Krempel haben 6 Paar Wender und Arbeiter.

Die Maschinen*) dieses Sortiments haben gewöhnlich eine Arbeitsbreite von 1 M. 50. Der Tambour und Peigneur sind aus Gusseisen und die Wellen aus Stahl, die Wender aus hohlem Schmiedeeisen und die Arbeiter und Volants aus Eisenblech mit Pappe; dieses letztere System giebt diesen Cylindern eine grössere Leichtigkeit, bei einer Festigkeit und Widerstandsfähigkeit, welche der des Gusseisens gleichkommt, und es erlaubt dadurch auch, Maschinen von der grössten Breite herzustellen, ohne irgend welche Schwierigkeit bei der Behandlung derselben oder ein Durchbiegen befürchten zu müssen.

Das in diesen Maschinen angewendete System von beweglichen Lagern und Büchsen ist sicherlich das Beste, was man in diesem Genre gemacht hat. Diese Lagerbüchsen oder Kanonenlager, auf welche jede ein Oelreservoir aufgeschraubt ist, umschliessen die Zapfen vollständig und verhüten dadurch, dass die Wollfasern sich darin festsetzen und das Oel aufsaugen, womit die Zapfen geschmiert werden. Da diese Kanonen-

---

*) Siehe Martin's Brochüre zur Wiener Ausstellung. 1873. pag. 9.

lager ferner in ihrem Gehäuse beweglich sind, so ruhen die Zapfen immer in ihrer ganzen Länge gleichmässig auf, ob die Maschine genau in der Waage steht oder nicht. Es ist bekannt, dass Wellen, welche nicht ganz waagerecht auf ihren Ansätzen lagern, sich immer schneller abnutzen; diesem Uebelstand wird durch das beschriebene System vollständig abgeholfen. Die Riemenscheiben der hauptsächlichsten Organe haben einen möglichst grossen Durchmesser erhalten und sind mit Leder bekleidet; man vermeidet dadurch jedes Rutschen der Riemen, ohne benöthigt zu sein, dieselben ausserordentlich straff zu halten, vermindert deren Abnutzung und spart bedeutend an Kraft.

Ueber den Volants sämmtlicher drei Maschinen ist eine Flugwalze angebracht. Diese Walze dient dazu, das Auswerfen des Volants bedeutend zu vermindern und zu vermeiden, dass sich in der Mitte der Maschine eine Luftströmung bilde. Man wird die Wichtigkeit dieser Verbesserung am besten anerkennen, wenn man beobachtet hat, dass die vom Volant herausgeschleuderten Wollfasern sich durch den Luftzug nach der Mitte hin zusammenziehen und durch alle Walzen der Krempel wieder zurückgegeben werden, wodurch die Stärke des Vorgarnes in der Mitte auf Kosten des Garns beider Seiten stärker wird. Ausser diesen Flugwalzen und zu deren Completirung sind an den Volants noch Deckmäntel angebracht.

An jede dieser Maschinen sind noch besondere Lagerstanzen mit Stellung angebracht, um die Schleifwalze zum gleichzeitigen Schleifen der Tambours und Peigneurs aufzunehmen.

Die Reisskrempel ist mit einem selbstthätigen Speiseapparat versehen, um die Wolle ohne Hilfe des Arbeiters aufzulegen und zuzuführen.

Die Wolle, welche in ziemlich grosser Menge in den Kasten dieses Apparates geworfen wird, wird auf dem Zuführtisch in viel gleichmässigerer Weise aufgebreitet, als der geschickteste Arbeiter es mit der Hand thun könnte, sie wird ausserdem sehr regelmässig gemengt und geöffnet, und wird der Krempel zugeführt mittelst zweier Entréewalzen, welche mit Sägezähnen versehen sind und von einer dritten ähnlichen Walze gereinigt werden. (Siehe Beschreibung pag. 270).

Ein vierter Cylinder mit Sägezähnen und mit einem Klettenschläger versehen, welcher alle harten Gegenstände und Kletten zurückschlägt, nimmt die Wolle von den Entréewalzen und führt sie den folgenden Walzen zu. Diese bestehen aus einer zweiten Vorreisswalze, ebenfalls mit Sägezähnen, welche mit zwei Arbeitern und zwei Wendern, ebenfalls mit Sägezähnen versehen sind. Zwei kleine Walzen, welche unter den beiden Vorreisswalzen angebracht sind, verhindern das Abfallen der Wolle und reguliren die Speisung der Krempeln.

Die Vorzüglichkeit dieser Vorrichtung springt in die Augen, die Wolle wird ganz allmälig bearbeitet, die Flocken werden durch kleine Cylinder geöffnet, welche sich langsam bewegen, die Beschläge durch ihre Widerstandsfähigkeit und Beschaffenheit vermeiden jegliche Reparatur und brauchen nicht gereinigt zu werden, und die Wolle gelangt an die mit Kratzenband beschlagenen Walzen so offen und gereinigt, dass diese eine bedeutend längere Dauer erreichen, und viel weniger Unterhaltung und Ausbesserung benöthigen. Da nun ausserdem noch und in Folge dessen die Krempeln nicht so oft gereinigt zu werden brauchen, erzeugen sie weniger Abfall bei einer viel grösseren Production.

Am Ausgang dieser Vorreisskrempel ist ein einfacher endloser Pelzapparat angebracht, auf welchem sich der Pelz bildet; dieser Apparat kann auch durch eine Vliesstrommel ersetzt werden, aber in sehr vielen Fällen ist er vorzuziehen, denn er nimmt die Hälfte weniger Platz ein, als diese. (Siehe Fig. 341).

Die zweite oder Pelzkrempel ist vorn mit einem Zuführtisch und 3 Entréewalzen versehen, und beim Ausgang mit einem doppelten endlosen Pelzapparat; der Pelz, welcher durch diesen Apparat gebildet wird, hat eine Länge von nahezu 14 Meter. Er wickelt sich auf eine Holzwalze auf und speist die Continükrempel.

Es ist dies das praktischste System aller Speisungen für Sortimente zu drei Maschinen.

Dieses System ist von grösster Einfachheit, erspart Bedienung und convenirt ebenso gut für kleine als grosse Partieen. Durch das grosse Quantum Wolle, welches zur Herstellung eines Pelzes nöthig ist (7 bis 8 Kilo) erzielt man mit Sicherheit eine vollkommene Melirung derselben, und ebenso die grösste Gleich- und Regelmässigkeit des Garnes.

Die dritte Krempel oder Continü ist mit derselben Speisevorrichtung wie die vorige versehen, der Ausgang aber dieser Maschine besteht in dem Martin'schen Apparat zur Fadenbildung, Riemchenvorrichtung; derselbe bildet 120 Vorgarnfäden auf 4 Walzen, 30 Fäden auf jeder und ausserdem noch 2 Eckfäden.

Bei Martins Assortiment ist also ein Peigneur in der Vorspinnkrempel enthalten und jener, oben pag. 355 beschriebene Riemchenapparat angebracht. Diese Theile sind in der That sehr originell.

Das Assortiment von Mercier in Louviers enthält 3 Krempel von 1170 Millimeter Tambourdurchmesser und Tambourbreite. Jede Maschine enthält 5 Paar Wender-Arbeiter. Die erste Krempel enthält ein Speiseapparat-System Bollette. Die Wender sind sehr kleinen Diameters, um eine grössere Kardirungsoberfläche am Tambour zu finden. Unter der Vertheilungswalze der I. Krempel befindet sich eine Stachelwalze zur Reinigung. Die Geschwindigkeit des Umfangs des Tambours ist sehr bedeutend. Die Speisung der II. und III. Krempel geschieht durch Apparat Apperley-Clissold. In diesen beiden Krempeln arbeitet der Vertheiler ohne Stachelwalze. Der Vorspinnapparat enthält 50 Fäden für 2 Rollen und Würgelwalzen mit 2 endlosen Ledern.

Das Assortiment Bède & Co. in Verviers (Houget, Teston und Demeuse in Aachen) enthält eine Reisskrempel mit Avanttrain, bestehend aus 2 Speisecylindern, einer Klettenwalze mit Abschlagflügel, einem kleinen Tambour mit 3 Arbeitern und 3 Wendern, Uebertragwalze zwischen dem kleinen Vortambour und dem grossen Tambour. Die Uebertragung von der Klettenwalze auf den kleinen Tambour geschieht mittelst einer kleinen Uebertragungswalze zwischen der Klettenwalze und dem kleinen Tambour. Es enthält der grosse Tambour 6 Paar Arbeiter-Wender, somit die ganze Reisskrempel 9 Paar! An der Reisskrempel ist meistens ein Boletteʼscher Zuführapparat angebracht. Der Abzug geschieht in Bandform. Das Band wird auf der zweiten Krempel mittelst Diagonalvorrichtung (Clissold-Apperley) ausgebreitet. Die zweite Krempel ist ohne Avanttrain und im Uebrigen mit 6 Paar Arbeiter-Wender construirt. Ebenso die Continükrempel, so dass dies Assortiment 21 Arbeiter-Wender-Paare enthält! Die Vorspinnkrempel ist mit dem Bède'schen Abzugs- und Fadentheilapparat (siehe pag. 359) versehen. Neben diesem sehr vollständigen Assortiment bauen die Fabrikanten auch einfachere mit 5 Paar Arbeiter-Wender und Vorreisswalze u. s. w.

Besonderes Aufsehen hat vor etwa 10 Jahren das Assortiment von Carimey & Crepin in Paris gemacht, beschrieben in Oppermann's Portefeuille des machines (B. X. Tafel 43—49). Dasselbe war mehr für die französische Wolle cardée peignée bestimmt und für diese Zwecke hatte Carimey eine Gill-Box construirt, welche die Wolle von den Krempeln herab weiter bearbeitete. (Oppermann Bd. 13.)

Der Krempelbau ist übrigens ziemlich verbreitet und ausgebildet in Frankreich, jedoch scheint er nicht für Export geeignet, da nirgends ausserhalb Frankreichs Maschinen für Streichgarnspinnerei (mit Ausnahme des Vouillon'schen Frotteurs) zu finden sind. A. Malteau in Elboeuf liefert gute Klettenwölfe und Krempel. A. Valery und A. Delaroche in Rouen bauen Klettenwölfe auch für gefärbte Wolle und gute Krempel. Mehl, Delamarre & Co. in Rouen scheinen besonders die Vorbereitungsmaschinen zu cultiviren. Recheux ainé in Rouen, Sixte Villain und Andere erfreuen sich eines guten Rufes in Frankreich. Ein Theil des Krempelbaues in Frankreich war früher Sache der Fabriken (Stehelin, Schlumberger) im Elsass.

Leroux*) giebt für Frankreich 6 Systeme von Karden an:
1. Einfache Karde (Douglas).
2.   do.   mit Klettencylinder.
3. Karden mit Avanttrain (enthält einen kleinen Tambour).
4. Doppelkarde (mit 2 grossen Tambours).
5. Dreifache Karde (mit 3 grossen Tambours).
6. Karde mit Spinnapparat (filature americaine).

---

*) Leroux, Filature de laine. 1874. Paris, Lacroix.

Eines der vollständigsten, elegantesten und constructivsten Assortimente Krempeln für mittlere und feine Wollen, sowie für feine Kunstwollen ist aus der Sächsischen Maschinenfabrik zu Chemnitz hervorgegangen und wird seit 1873 gebaut. Wir führen dies Assortiment, aus 3 Maschinen bestehend, hier auch bildlich vor.

Diese Maschinen haben eine Breite von 48″ rheinl. = 1,256 Meter und repräsentiren ein Drei-Krempel-System. Sowohl die Reiss- und Mittel- als die Vorspinnkrempel besitzen 5 Arbeiterpaare und sind ganz in Eisen ausgeführt. Die Reisskrempel (Fig. 360*) ist mit Vorreissapparat versehen und liefert Band mittelst seitlichen Abzugs. Sie steht durch einen Diagonal-Legapparat (Fig. 222) an der Einführung der zweiten Krempel mit dieser in directer Verbindung, so dass für diese zwei Krempeln das Auflegen von Pelzen wegfällt. Die zweite Krempel (Fig. 361*) hingegen liefert Pelze, die der Vorspinnkrempel vorgelegt werden. Die betreffende Pelztrommel ist aber mit Signal-Apparat versehen, um anzuzeigen, dass der Pelz voll oder fertig ist, um Stärke und Gewicht der Pelze genau gleichartig herzustellen. Der Signal-Apparat hat Wechselräder, um je nach Bedürfniss verschieden starke und schwere Pelze zu bilden. Die Vorspinnkrempel (Fig. 362) zeichnet sich durch ein Einhackersystem aus, welches sich besonders zur Herstellung von Kunstwollgarnen eignet. Die Eintheilung ist hier auf 30 gute und 2 Eckfäden berechnet und zur sicheren Theilung der Fäden ein rotirender Fadentheiler angebracht, während ein Extra-Unterhacker dazu dient, die Eckbändchen als lose Wolle abfallen zu lassen. Insgesammt ist das Krempelsystem als ein combinirtes System zu bezeichnen, da die Vortheile des Diagonal-Legapparates an der 1. und 2. Maschine zur Geltung gebracht sind, und nur an dem Vorspinnkrempel Pelze vorgelegt werden, um dem allgemeinen Verlangen, die Vorspinnkrempel von den Reisskrempeln getrennt zu erhalten, nachzukommen. Mittelst dieser Combination kann man Pelze vorräthig machen und zu jeder Zeit die Reisskrempeln, die ohnehin öfters gereinigt werden müssen, unabhängig von der Vorspinnkrempel ausputzen, wohingegen der Signalapparat die Herstellung eines stets gleich starken, beziehentlich gleich schweren Pelzes ermöglicht.

Ein Selbstauflegeapparat nach King's Patent ist diesem Systeme für die erste Reisskrempel beigefügt. Der Apparat empfiehlt sich besonders insofern, als seine Bauart erlaubt, ihn ohne Weiteres an jede Maschine heranzustellen. Das Problem, selbstthätig aufzulegen, ist hiermit in bis jetzt vollendetster Weise erreicht und verdient in der That der Apparat die aufmerksamste Beachtung, da durch denselben die erste Ursache zu Ungleichheiten und Unregelmässigkeiten in der Arbeit der Krempeln nach Möglichkeit beseitigt wird. Derselbe zeichnet sich insbesondere dadurch aus, dass dem Tisch der ersten Krempel die Wolle ver-

---

*) Fig. 360 und 361 auf nebenstehender Tafel.

— 423 —

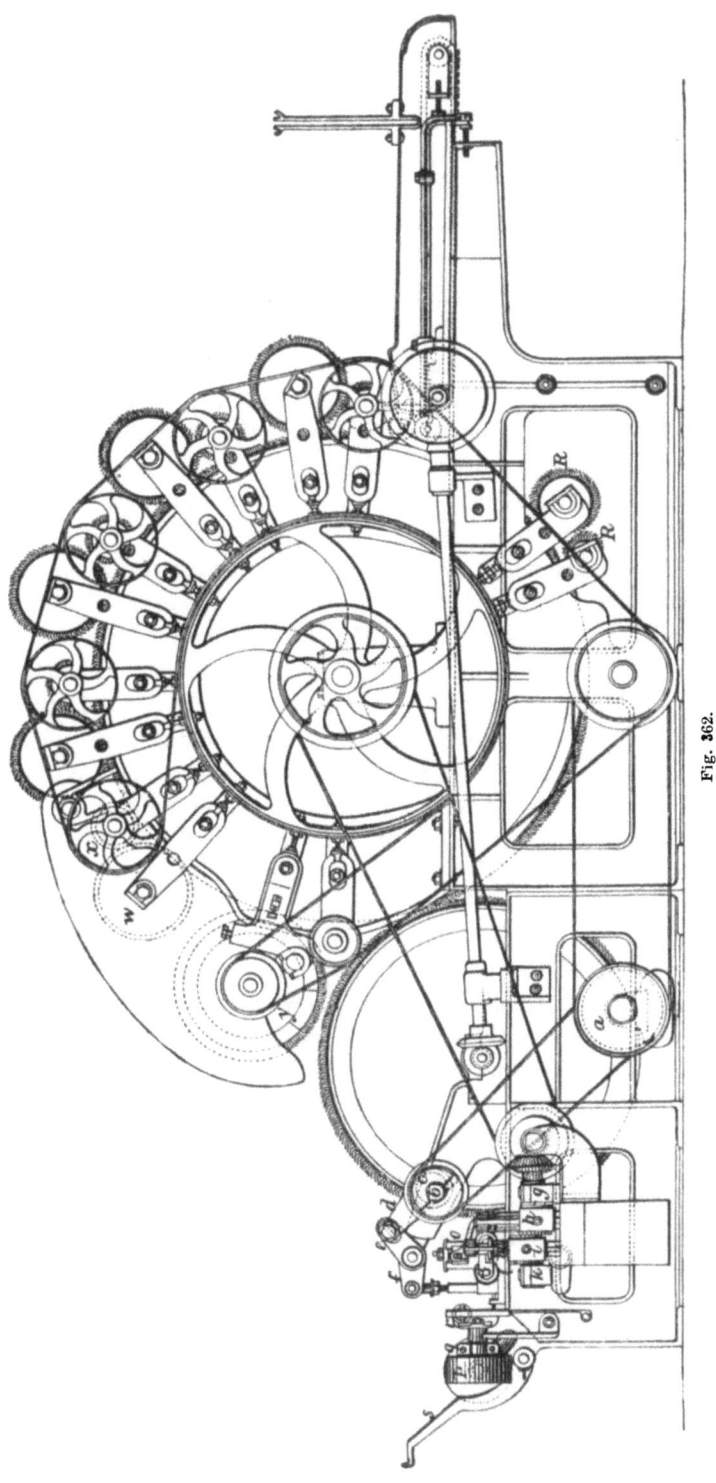

Fig. 362.

mittelst einer eigens dazu construirten Waage gewogen zugeführt wird. — Was das Detail der Krempeln in ihrer Construction anlangt, so ist die grosse Einfachheit in den Formen, Stellungen und Bewegungen hervorzuheben. Arbeiter und Wenderlager haben Coulissenstelleisen und deren Stellung ist eine sichere und dauerhafte. Hacker und Nitschel-Bewegung ist ebenso solid als dauerhaft für grössere Geschwindigkeiten und grössere Production berechnet. Die Maschinen leisten Vorzügliches und haben sich allgemein schnell eingeführt. Für ihre leichte und bequeme Handbabung spricht ferner ihre niedrige Bauart, ein Vortheil, der dem sicheren, ruhigen Gang der Maschine zu Gute kommt.

Bei Assortimenten für feinere Wollen wird die Vorspinnkrempel natürlich mit anderer Fadentheilung und Einrichtung versehen. Ausserdem liefert die Fabrik auch Krempelsätze gewöhnlicher, einfacher Einrichtung in bekannter und anerkannter Trefflichkeit.

Was die specielle Einrichtung der Krempel anlangt, so wollen wir hierüber noch einiges hinzufügen.

Wir sahen in Krempel 1 den Selbstauflegeapparat von King angeführt. (Siehe oben pag. 275 die betreffenden neueren Constructionen.) King hatte besonders die Einschaltung einer Waage in den Zuführungsmechanismus vor Augen und machte ihre Entleerung nicht von dem Gewicht der Wolle abhängig, sondern bewirkte den Umschlag der Schaale in regelmässigen Zeitabschnitten durch den Mechanismus der Zuführung an der Krempelmascine selbstbefindlich. Im Kasten A, der die Wolle enthält, bewegt sich ein Zuführungsmechanismus in Form endloser Tücher p p, wie punktirt angedeutet. Die Wolle fällt in die Schale C, welche an den Armen eines auf s ruhenden Hebels h hängt. Dieser Arm steht mit der Scheibe r in Verbindung. s ist dagegen fest auf dem Consol aufgesetzt, das die Scheibe r q enthält. Auf h ist das Contregewicht l aufgeschoben und die Rolle k. An einem Hebelarme o ist eine Rolle m angebracht, welche auf dem Kurvenkranz p schleift und bei 80° Drehung unter l gelangt. Ist nun Wolle in die Schaale c gefallen, so senkt sich dieselbe. Zunächst von der Klinke g und h verhindert, kann sie nicht tiefer sinken. Sobald aber diese Klinke ausgehackt ist, was durch den Mechanismus im geeigneten Momente geschieht, so kann die Schaale c überwiegen und der Hebel dreht sich. Dadurch sinkt natürlich das Ende von der freien Stange an der Waage parallel s. Dieselbe trägt unten eine Klinke, welche von dem Klinkrad r erfasst wird und niedergezogen, so das Umwippen von c erwirkt unter Nachhülfe von m l k. Dies findet aber statt, wenn der Flügel t unter u greift und den Mechanismus der Schnurrollen v q p einrückt, welche Bewegung so lange dauert, als u von t gehoben bleibt, gerade genug Zeit, um p einen halben Umgang machen zu lassen. Zugleich hebt sich die geneigte Ebene w, um die aus c abfallende Wolle aufzunehmen und in langsamer Oscillation abzuschütteln. Während des Abschüttelns aber bleibt der Zuführmechanismus durch Verschiebung des Riemens auf D stehen. Alles kehrt wieder in die vorige Lage zurück, wenn u von t abgeglitten ist.

In der Krempel I bezeichnen E F die Zuführung, H die Arbeiter, J die Wender. K ist Volant mit Deckel und Reinigungswalze. L ist Peigneur. O ist die Bandwalze, S der Hacker mit Stange O. — Die Krempel II enthält den Diagonalapparat in verbesserter Gestalt (p. 282). R sind die Tischriemen. a ist der Trichter mit den Führungen b b. c ist die Gleitstange für die Hülse d mit Trichterarm, geführt von den endlosen Riemen über n m, der seine Bewegung erhält von der Schnurscheibe t her mittelst o p. v w nebst x w sind die endlosen Deckriemen, um die Enden der Lagen festzuhalten und zu führen, während r den Wendepunct bildet. — x w sind Wender und Arbeiter, P ist Peigneur, V Volant, a b c Hacker in Krempel II. Die Krempel III endlich enthält den Nitchelapparat k i h g o mit Hebelbewegung Fig. 349 und Hacker f e d von dem Excenter b c aus bewegt. g ist Garnwalze. — p würde nur am Orte sein, wenn das Vliess als Band abgezogen würde, resp. aber um die Eckfäden aufzuwinden. —

Die Krempelassortimente von Oscar Schimmel & Co. in Chemnitz (Typus wie oben auf Tafeln IV u. V dargestellt) zeichnen sich durch saubere Ausführung aus. Die Firma baut die Krempel mit 1 oder 2 Peigneurs und 2 Hackern, mit 4—6 Arbeiter-Wenderpaaren, Reinigungswalzen unter dem Tambour, Nitschelwerk aus 3 Lederwalzen. Als besondere Eigenthümlichkeit müssen wir anführen, dass die Pelztrommeln construirt sind mit selbstthätigem Aufreissapparat, wie oben pag. 340 beschrieben. Vortrefflich sind die Lager für die Wender. —

Die Assortimente vom Maschinenbau-Verein vorm. C. F. Schellenberg in Chemnitz sind ebenfalls durch sorgsame Ausführung ausgezeichnet und enthalten mancherlei gute originelle Details. Die Krempel enthalten meistens nur 4 Wender-Arbeiterpaare. Sämmtliche Walzen sind in Ballonköpfen mit Rothgussbüchsen eingelagert und mit Lagerdeckel versehen, oder in gusseiserne Kanonenlager mit Antimonfüllung. Schellenberg bringt an der Reisskrempel seinen patentirten Excenterhacker an, an den Fein- und Vorspinnkrempeln aber Hacker mit Bolzenführung (p. 387). An der Reisskrempel ist ein Avanttrain zur Vorreinigung angebracht, bestehend aus einer Klettenwalze und vier in Lagern verstellbaren Messern, welche scharf gegen die Klettenwalze eingestellt, jedes Eindringen fremder Substanzen verhindern. Die Würgelsysteme enthalten 3 Holzwalzen mit combinirtem Excenter- und Hebelbewegunsmechanismus. Der Tambour macht 125 Touren. Die Walzen sind von Gyps.

Die Assortimente von Theodor Wiede (vorm. Götze) in Chemnitz reihen sich den musterhaftesten an. Die Vorspinnkrempel enthält einen Peigneur mit 2 Hacker, 4 Paar Arbeiter-Wendern, Volant mit Flugfangwalze. Die Reisskrempel hat ebensoviele Walzen und eine Vorreisswalze mit einfacher Zuführung. — Die Bewegungsmechanismen sind vorzüglich exact gearbeitet.

Das Assortiment der Gebr. G. & A. Bouvet in Eupen stellt sich am meisten seiner Originalität wegen dem System Martin zur Seite. Das System ist zuerst 1858 ausgeführt und erst nach Erfindung des Riemchenapparates wieder aufgenommen. Für die Vorspinnkrempel haben wir bereits auf pag. 350 die Vorzüge und Eigenheiten der Abnahme- und Fadentheilung des Weiteren beschrieben. Es sind also vorhanden 1 Peigneur, 3 Hacker, 3 Würgelsysteme, 3 Vorgarnwalzen. Es werden für feine Wollen 75—90 Bändchen (excl. der Eckbänder) abgekämmt. Die Maschine enthält 5 Paar Arbeiter-Wender und ist im übrigen höchst einfach construirt; die Bewegungsmechanismen sind sehr sinnreich. Die Reiss- und Feinkrempel entsprechen dieser Einrichtung vollkommen. Das Assortiment ist eine hervorragende Leistung.

Das Assortiment der G. C. Köster Söhne in Neumünster bestrebt sich, die Verarbeitung der mittleren Wollen besonders rationell und sorgfältig durchzuführen. Oben bereits (pag. 372) haben wir das anerkennenswerthe Streben der Firma hervorgehoben, die Stabilität aller Krempeltheile möglichst zu erhöhen. Auch im Uebrigen ist die Leistung der Firma höchst respectabel. Wir geben in folgender Abbildung (Fig. 359) eine Reisskrempel der Firma wieder, dadurch zugleich eine Anschauung des Typus, nach welchem die Fabrik baut. (a Tambour, d c Arbeiter-

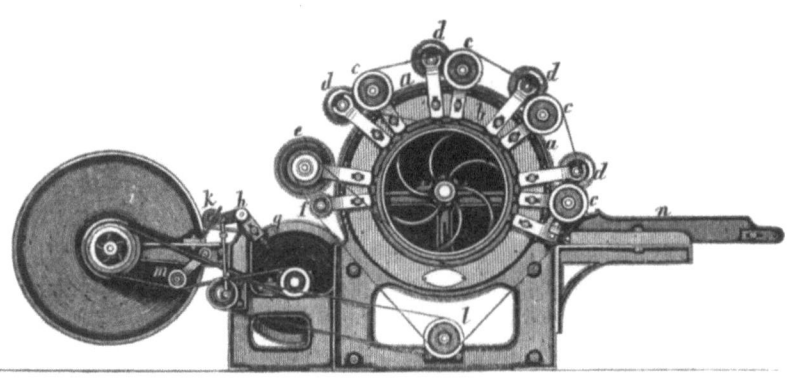

Fig. 363.

Wender, n Zuführung, e Volant, f Wender am Volant, g Peigneur, h Hacker, k Andrückwalze für die Pelztrommel i, m Spannwalze für den Riemen, l Hülfsscheibe, b Maschinenbogen). Diese Krempel wird auch mit Klettenwalze mit unterliegender Abschlagwalze, geliefert. Walzen mit Gypsbelag. Die 3te Krempel ist mit Roulettevorrichtung ohne Hacker eingerichtet und enthält neben 4 Paar Wender-Arbeiter ein Paar Arbeiter-Wender unter dem Tambour, um die mit hindurchgegangene Wolle zu lockern und zu wenden. Nur die Eckfäden werden mit Hacker abgetrennt. Volant ist mit Walze versehen. Die 2te Krempel entspricht diesen beiden. Uebrigens bringen die Fabrikanten nach Wunsch andere Vorrichtungen an für Zu- oder Abführung.

Das Assortiment der Gebr. Platt in Oldham enthält für jede Maschine einen Klettencylinder mit Abschläger und eine Vorreisswalze. Letztere giebt die Wolle nicht direct an den Tambour, sondern durch eine kleine Uebertragewalze. Die Reisskrempel enthält 5 Paar Arbeiter-Wender und einen Abzugapparat, gebildet aus einer rotirenden Trichter- und einer Winkelführung. Sodann gelangt das Band zu einem selbstthätigen Aufwickelapparat, welcher das Band auf schmale Rollen aufwindet und die volle Rolle selbstthätig abstellt und eine leere Rolle vorgiebt. 64 solcher Rollen mit Band werden zum Speisen der 2. Krempel benützt. Die Bänder werden durch Riemen den Einführwalzen zugeführt und diese liefern sie in die Maschine. Um aber die entstehenden Lücken zwischen je 2 Bändern für den Tambour auszugleichen, erhalten die Einführwalzen eine regelmässige seitlich verschiebende Bewegung neben der rotirenden. Diese 2te Krempel ist mit dem pag. 283 beschriebenen Ferabee'schen Abnahme- und Kreuzungsapparate ausgerüstet, welcher die Wolle aufrollt. Zwei solcher Rollen werden der Vorspinnkrempel vorgelegt. Dieselbe ist mit einem Martin'schen Riemchenapparat versehen.

Das Assortiment von John Tatham, Moss Lane Works, Rochdale enthält manche Eigenthümlichkeiten. Die Speise- und Uebertragungsvorrichtung ist die verbesserte Ferrabee'sche (Patent 1871); die Abnahme geschieht durch einen Walzenapparat, bei welchem die abnehmende kleine Walze mit Spiralband bezogen ist. Tatham stellt die Axen der Krempelwalzen aus Stahl her, den Körper der Walzen aus Eisen und legt sie in selbstbalancirende Lager ein.

Die Assortimente von Taylor, Wordsworth & Co. haben wir bereits unter den Krempeln für ordinäre Wolle betrachtet.

In America hat sich die Wollenmanufactur erst in den letzten Jahren unter dem Schutze des für America rechtzeitig eingeführten Prohibitivsystems entwickelt und zwar in überraschender Weise. Der Krempelbau ist in America schnell und eigenthümlich entwickelt und wird mit jener bekannten Sicherheit, Leichtigkeit und Genauigkeit durchgeführt, welche die americanische Maschinentechnik kennzeichnet. Noch vor 5 Jahren hatte America wenig für diese Branche des Maschinenbaues aufzuweisen, da der dominirende Import von Wollstoffen Englands und Deutschlands eine eigene Wollenindustrie in Nordamerica nicht aufkommen lassen wollte. Heute schon sieht es damit ganz anders aus. Schon jetzt können americanische Maschinenfabriken auch im Krempel- und Spinnmaschinenbau mit uns concurriren. Wir nennen hier einige der hervorragendsten Fabriken in America.

Harwood & Quincy (Boston, Mass.). Das Assortiment ist mit Apperley's Speiseapparat ausgerüstet. Die Maschinen sind meistens mit 5 Arbeiter-Wenderpaaren hergerichtet. Die Bandbildung geschieht mit Trichter und Vorzugwalzen. Bei der ersten Maschine (First Breaker) wird der Bolette'sche Speiseapparat angewendet.

Cleveland Machine Works (Junction Shop, Worcester). Dieses System ist mit einem neuen Abnehmermechanismus versehen, der bisher nicht bekannt gegeben ist. Die Maschinen sind in eleganter Form ausgeführt. Alle Walzen sind durch Riemen bewegt.

Davis & Furber (North Andover near Lawrence Mass.). Sehr elegant gebautes Assortiment mit 4—6 Paar Arbeiter-Wender, sämmtlich mit Riemenbetrieb. Einzug und Peigneur stets direct durch eine Welle in Verbindung. Der Zuführtisch ist mit dem Kirk & Pendergast'schen Patent-Oeler versehen bei der ersten Karde (Fig. 196). Das Gestell der Krempel besteht aus einem untern Satz, welcher in einem Stück gegossen, Lager des Tambours, Lager für Speise und Abnahme enthält. Die Bogen sind aufgeschraubt.

Bridesburg Manufacturing Comp. (Philadelphia). Diese Fabrik, mit einer Million Dollars Grundcapital, baut Krempeln mit allergrösster Sorgfalt in Details. Jeder einzelne Theil wird mit Specialmaschinen hergestellt. Bei jedem einzelnen Theil wird genau Alles in Erwägung gezogen, um der Maschine Leichtigkeit des Ganges und in Folge dessen grössere Leistungsfähigkeit zu sichern. Die Fabrik verwendet zu den Walzen nur Holz, aber sorgsam präparirtes Holz, um jedem Werfen der Walzen vorzubeugen, wie wir bereits oben speciell (pag. 290) beschrieben haben. —

Auch die Krempeln von Sumner, Pratt & Co. (Worcester, Massach.) liefern anerkennenswerthe Maschinen, ferner die von S. Colwin & Co. in Anthony (R. I.). Ganz besondere Sorgfalt wendet man auch der Kratzenfabrikation zu.

Hauptprinzipien des amerikanischen Krempelbaues sind: Leichtigkeit aller bewegten Theile, Festigkeit des Aufbaues, Sorgfalt und Solidität jedes Detailtheiles, möglichst gedrungene Form.

Von Oesterreichs Fabriken für Krempelmaschinen lässt sich nicht viel sagen. Die Ausstellung zu Wien machte uns nur mit den allerdings anerkennenswerthen Kratzenmaschinen von der Ersten Brünner Maschinenfabrik-Gesellschaft bekannt. Der ausgestellte Krempelsatz enthielt drei Maschinen. Ein Vorreisser empfängt in der Reisskrempel die Wolle vom Einführtuch und den Speisewalzen und überträgt sie unmittelbar an den Tambour. Die zweite Krempel lieferte mit Martin'schem Wattentuch. Der Würgelapparat besteht aus drei Unterwalzen, 2 Oberwalzen. Man kann zwischen diesem Doppelwürgelsystem ein wenig Auszug geben. Schwerfällig ist der Antrieb der Tambourwelle mittelst Zahnradvorgelege an Stelle von Riemen und Scheiben. Wir halten denselben nicht für nachahmenswerth. Der besondere Betrieb der Wender und des Volants ist unnöthig.

Ferner erwähnen wir die Tannwalder Spinnfabrik und Josephy's Erben in Bielitz, Sternickel & Gülcher in Biela.

d. Für Kunstwollen (und Abfallwollen). Schon unter a, b und c haben wir eines grossen englischen Systems und anderer Systeme von Krempeln Erwähnung gethan, die zur Bearbeitung der Kunstwolle dienen können. Wir wollen hier noch näher auf die Bearbeitung der Kunstwolle eingehen. Oben pag. 239 schlossen wir die Betrachtung über die Vorbereitung und eigentliche Herstellung der Kunstwolle ab; hier sei der weiteren Bearbeitung und Verarbeitung der Kunstwolle gedacht.

Die producirte Kunstwolle aus Tuchlumpen kann für sich nicht gut versponnen werden wegen Kürze der Faser, sie muss daher mit Naturalwolle gemischt werden. Kunstwolle aus Strümpfen etc., deren Fasern lang erhalten sind, kann dagegen für sich versponnen werden. Man thut dies jedoch nicht gerne, weil die Fasern durch das erstmalige Krempeln und Spinnen, Weben und später durch den Gebrauch als Kleidungsstück wesentlich verändert sind, vorzüglich viele Eigenschaften der Elasticität und Contractionskraft und Festigkeit eingebüsst haben. Man schreitet daher auch hierbei zur Beimischung von Naturalwolle, wenn auch oft nur in geringem Grade. Gerade die Shoddyfaser zeigt, unter dem Mikroskop betrachtet, unzweideutige Zeichen der Abnutzung, ja Abtrennung der Oberhautschuppen der Wolle, so dass man Shoddy eigentlich als eine sehr stark fehlerhafte Fasermasse betrachten muss, der man mit Unrecht ihrer Länge wegen mehr Vertrauen entgegenbringt. Mungo ist durch seine Kürze nichts anderes als ein Füllstoff. Er soll gute Fasern ersparen und doch dem Gespinnst trügerische Fülle geben.

Im Allgemeinen richtet man sich nach der Faserlänge der Kunstwolle, wenn es sich um Ermittelung des nöthigen Zusatzes an Naturalwolle handelt. Für die Streichgarnspinnerei kann man sich den Normalnummercylinder für die einzelnen Nummern der Garne hergestellt denken aus 40 Haaren von x Durchmesser und ca. 30 Millimeter Länge. Diese Grössen müssen im Normalfaden an jeder Stelle im Durchschnitt aufzufinden sein. Die Enden der einzelnen Haare aber vertheilen sich auf den Raum von 30 Millimeter und es gleicht sich die Haltbarkeit über diesen Raum aus. Wollte man nun aus Mungo von 10 Millimeter Länge einen Normalfaden bei 40 Haaren im Durchschnitt herstellen, so erhielte man auf 30 Millimeter Länge drei mal 40 Haarende nund Ansätze. Ferner, haben wir bei Streichgarn von Nr. 3 z. B. per 30 Millimeter neun Drehungen zu geben, so würden sich diese neun Drehungen auf die Länge des Haares von 30 Millimeter Naturalwolle vertheilen. Bei der Kunstwolle würden sich diese neun Drehungen auf drei Mal Faserlänge von 10 Millimeter vertheilen, somit für jede Faser nur drei Drehungen. Die Haltbarkeit des so gebildeten Fadens könnte unter sonst gleichen Umständen nur ⅓ von der betragen, welche dem Naturalfaden eigen ist. Will man nun der normalen Haltbarkeit bei einem Kunstwollfaden nahe kommen, so könnte das durch schärfere Drehung geschehen; allein die Haltbarkeit, d. h. hier Dehnbarkeit des Fadens, nimmt von der Normaldrehungszahl an Festigkeit ab. Um aber hier in diesem Falle den Kunstwollfaden auf die Festigkeit des Normalfadens zu bringen, müsste man drei mal soviel Drehungen geben, also 27 auf 30 Millimeter. Von neun Drehungen per 30 Millimeter ab nimmt aber die Dehnbarkeit des Fadens ab. Es lässt sich so also kein bestimmter Nutzen erzielen. Ebenso nicht dadurch, dass man die Faserzahl erhöht. Desshalb hat man zu dem einzig richtigen Mittel gegriffen, durch Zusatz von Naturalwolle der mangelnden Haltbarkeit der Kunstwolle entgegenzutreten. In dem Verhältniss, wie die Länge der Mungofaser zunimmt, kann die Quantität des Naturalwollzusatzes abnehmen. Für die Mungospinnerei giebt es dafür bestimmte Grenzen, unter und über welche hinaus die verschiedenen zu berücksichtigenden Momente nicht mehr in Einklang zu bringen sind. In anderen Streichgarnspinnereien aber, wo man Mungo als billiges Surrogat verwendet, mischt man denselben oft sogar nur zu 4 und 6 Prozent zur Naturalwolle. In Mungospinnereien ist aber die Grenze der Mischung angezeigt durch

15 Prozent Mungo zu 85 Prozent Naturalwolle,
80 „ „ „ 20 „ „

sobald man die Grenzen der Mungofaserlängen zwischen 5 bis 20 Millimeter feststellt. Für die Längen von 20 Millimeter ist sogar, vorausgesetzt, dass die Länge gleichartig in der Fasermasse ist, auch noch ein günstigeres Verhältniss, etwa 85 Prozent Mungo zu 15 Prozent Naturalwolle zulässig. Bei ordinären Qualitäten suchen mehrere Spinnereien dadurch an Naturalwolle zu sparen, dass sie der Mischung von vielem Mungo und wenig Naturalwolle viel Fett zusetzen, und um nun dadurch wieder das Gespinnst nicht zu vertheuern, wird ein möglichst schlechtes Oelmaterial genommen, womöglich mit harzenden Substanzen versetzt, um mehr Klebekraft hervorzubringen und so gewissermassen die Fasern zusammenzukleben. Aus solchen Garnen haben wir zwischen 30 bis 50 Prozent Verlust beim Waschen derselben ohne grosse Anstrengung erhalten, bestehend in 15 bis 20 Prozent Fett-, Harz- und damit zusammenhängenden Staubsubstanzen, und 15 bis 30 Prozent an Faserstoff, welcher also nur durch die Vermittelung des Fettes an den Faden klebte. Es wird mit diesen Garnen ein trauriger Schwindel betrieben, welcher nicht genug zu beklagen ist, weil er dazu gedient hat, **der gesammten Spinnerei fast den soliden Boden zu entziehen**. Unter 52 von uns untersuchten Proben von Garnen der verschiedensten Spinnereien, als gute Wolle bezeichnet, fanden wir nur acht ohne Zusatz von Mungo, und in diesem Verhältniss, kann man mit Recht behaupten, hat die Solidität der Spinnereiprodukte und der Gewebe abgenommen und dies zwar in einem viel höheren Masse, als die Billigkeit der Produkte dadurch zugenommen hat.

Die Bearbeitung der Mungomasse in ungemischtem Zustande haben wir bereits oben beleuchtet. Was in jenen Maschinen besonders auffallen muss, ist die Qualität und Form der Beschläge. Seien jene Walzen nun mit ausgestanztem Sägeblattbeschlag oder mit glattgewalzten englischen Kratzen beschlagen oder aus peripherischem Drahtbezug, so haben wir es mit einem Bezug zu thun, in dem die Kratzenzähne fast unelastisch sind, im Vergleich zu den Kratzen der Wollkrempel. Es rührt dies davon her, dass nämlich die Walzen in jenen Maschinen nichts zu zerpflücken finden, keinerlei Widerstand der Wolle erfahren. Die Mungofasermasse sinkt in die Kratzenzähne ein und wird in der That nur dazwischen fort gewälzt, wobei die Zähne in etwas richtend auf die Fasern wirken.

Anders wird dies Verhältniss in dem Moment, wo man Mungo und Naturalwolle vermischt, und zwar steigern sich die Ansprüche an die Elasticität des Beschlages mit dem Prozentgehalt an Wollfasern, mit dem abnehmenden Zusatz von Mungo! Dies erklärt sofort die berührte Thatsache, dass die englische Industrie der unseren überlegen ist in Mungogespinnsten mit hohem Gehalt an Mungo. Der unelastische englische Beschlag und die nöthige Krempelfläche der grossen englischen Tambours müssen eine bedeutend höhere und bessere Leistung gewähren, als wir sie mit unseren deutschen Kratzen erzielen können trotz Anwendung so grosser Krempelflächen.

Die Anforderung der geringen Elasticität der Beschläge für starke Mungomischungen hat dazu geführt, Krempelbeschläge in Blättern für Arbeiter, Tambour, Volant herzustellen, oft auch für den Peigneur, sobald er mit Anstückelmaschine versehen ist. Das Futtern der Beschläge kann für Mungo fortfallen. Je mehr aber die Naturalwolle in der Mischung vorherrscht, je weniger braucht man sich an diese Vorschrift zu halten und kann sich den gewöhnlichen Einrichtungen der Krempel und den gewöhnlichen Garnituren nähern.

Nehmen wir nun an, dass die Mungomasse in geliefertem Zustande verpackt vorläge und mit Wolle gemischt werden sollte, so muss es zunächst die Sorge sein, diese durch das Verpacken klumpige Mungomasse zu zertheilen und aufzulösen in einzelne Fasern. Man bedient sich hierzu zunächst eines Wolfes, sodann der oben beschriebenen Bossut' und Garnet'schen Maschinen. Die letztere benutzt man zugleich als Mischungsmaschine, nachdem die Mungomasse geöffnet und geklärt ist. Bei dieser Operation oder nachher nimmt man das Oelen vor, am besten jedenfalls mit einem Oelwolf oder auf dem Zuführtuch der Reisskrempel. Nach dem Oelen benutzt man auch wohl öfter nochmals die Droussette (Fig. 189 oben pag. 231). Wir schliessen hier noch eine Abbildung einer englischen doppelcylindrigen Droussette an Figur 364. Dieselbe ist von Thomas Baraclough in Manchester. Sie enthält 2 Tambours (öfter auch 3). Die

— 432 —

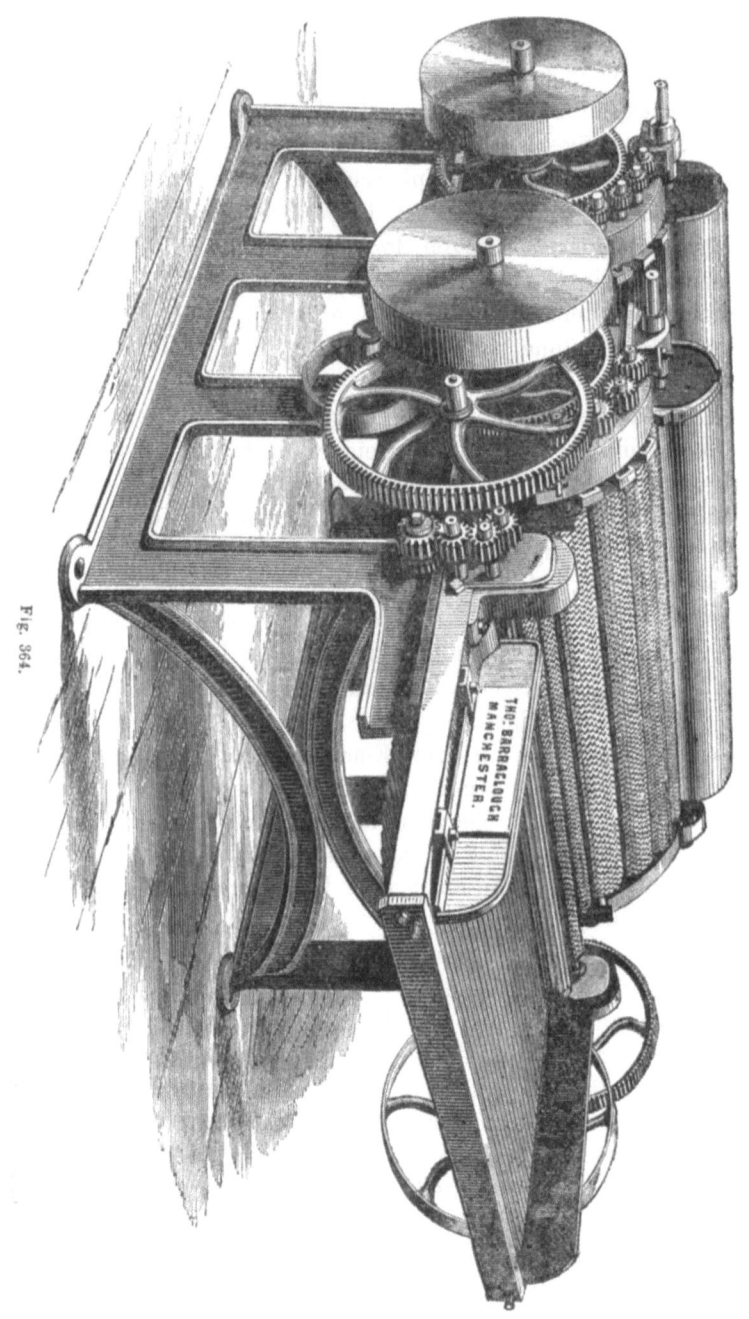

Fig. 364.

Arbeiter sind mit runden Stahldrahtsectoren bekleidet. Es folgt sodann also das Bearbeiten auf den Krempelmaschinen, deren zwei oder drei angewendet werden. Bei der Wahl der Beschläge für die Maschinen hat man genau auf die Mischungsverhältnisse Rücksicht zu nehmen. Für die Bearbeitung des Mungo an sich betrachtet, sind Blattkratzen, starke Zähne, unelastisches Blatt angemessen, da im Allgemeinen im Mungo nur Klümpchen aufzulösen sind. Für die beigemischte Wolle aber gelten die gewöhnlichen Grundsätze und diese veranlassen eine Abschwächung jeder Mungoforderung.

Bei dieser Betrachtung wolle man jedoch im Auge behalten, dass wir nur den Kratzenzahn der englischen Beschläge an sich unelastisch nennen. Da aber dieser in dünnes Leder oder Tuch eingesetzt wird und der Beschlag ohne grosse Spannung aufgezogen wird, so erhält der Beschlag dennoch Elasticität. Bei den deutschen Beschlägen ist das Leder stark und der Draht biegsam. Die Elasticität des Beschlages liegt also hier im Draht. Man beeinträchtigt dieselbe, indem man die Kratzen bis zum Knie futtert und andererseits eine Erhöhung der Widerstandskraft zu erreichen sucht. Im Allgemeinen haben die Engländer in der Construction der Krempeln mit grossen und vielen Tambours für hohe Mungos das Richtige gefunden, — für Naturalwolle passen diese grossen Maschinen nicht.

Wir wollen nun hier noch eine besondere Methode der Mungomischung und Krempelei von Carl von Berg (Waldmünchen) vorführen.

Wie wir gesehen, pflegt man bei Verarbeitung von Kunstwollen diese schon mit der Wolle vor dem Wolfen zu mischen, wonach, abgesehen von sonstigen Schwierigkeiten, ein Verlust entsteht. Da bei Kunstwollen die Wollfaser schon geöffnet, so ist im Oeffnen unnöthig. In nachfolgender Maschine wird sie auf der Trommel der zweiten Reisskrempel zugeführt, gut gemischt und hat als solche vereinigt mit der Wolle nur die Vorspinnkrempel zu passiren, wobei ein grösserer Verlust unmöglich zulässig ist, auch erzielt man hierbei ebenso leicht gutes Vorgarn, welches selbstverständlich im Verhältniss starken Gespinnstes zu verspinnen ist.

In Skizze (Figur 365) ist A der Auflegetisch, welcher durch schwarze Stäbe in drei Theile getheilt ist und das betreffende Quantum

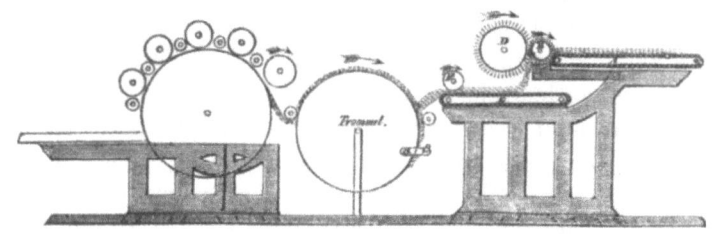

Fig. 365.

---

*) Zeitschrift des Vereins der Wollinteressenten. 1871.

Kunstwolle, welches in einer Decke zugeführt werden soll, in der Entfernung von einem schwarzen Stabe bis zum andern aufgelegt wird. Der Lauf des Tisches ist sehr langsam und soll, während die Krempel eine Decke liefert, von einem bis zum andern Stabe laufen. B ist die Entréewalze, C das Unterlager und D der Tambour, welcher die Kunstwolle etc. in ganz feinen Flöckchen auf Tisch E wirft.

Die Entréewalze ist mit Rädern von starken Zähnen bezogen, das Unterlager glatt von Eisen, wie Skizze zeigt; der Tambour mit Stiften beschlagen, welche in die Zähne der Räder der Entréewalzen greifen und mithin die zugeführten Wolltheile abnehmen und auf Tisch E werfen.

Der Tisch E soll von Metallstäben angefertigt sein und läuft circa dreimal so rasch als obiger. Auf diesem befindet sich der Cylinder F, welcher mit schneckenartigen Messern umzogen ist; diese dürfen jedoch nicht geschärft sein. Der Cylinder kann immerhin 500 Touren per Minute machen.

Die nun schon gut zertheilten Kunstwollen werden durch den Cylinder in ganz feinen Theilen auf die Trommel der zweiten Reisskrempel geworfen und durch die Rolle G in den zugeführten Pelz gedrückt.

Unterhalb der Rolle G ist der Deckenbrecher H angebracht. Im Uebrigen unterscheiden sich die eigentlichen Krempeln für Kunstwollen nicht von den Krempeln für ordinäre und Medio-Naturalwolle, dagegen wesentlich von Krempeln für feine Naturalwolle. Um Verlust an kurzer Faser vorzubeugen, umgiebt man wohl die Walzen, besonders den Volant, mit Gehäuse. Bei der Arbeit lässt man die einzelnen Walzenkratzen möglichst dicht zusammenarbeiten, um das Herausfasern der Naturalwolle zu vermeiden. Ebenso gehen die Würgelwalzen dicht auf einander.

Die oben zu pag. 416 skizzirten Krempel, Figur 357, sind englische Mungokrempel. Sie besitzen grosse Streichflächen. Die Bearbeitung durch vielfache Abnahme durch Hacker, Pelztrommel und das Kreuzen der Pelze in kleinen Partien ist für Mungospinnerei nicht rathsam. Daher leistet die fortlaufende Arbeit in den combinirten Tambours für die Bearbeitung Gutes. Freilich muss dann auch für geeigneten Beschlag nach englischem Muster gesorgt werden. Bei diesen Maschinen, die ihre eigentliche Leistung nur bei hohen Mungomischungen haben, muss auf die Bildung eines dichten, dicken Pelzes gesehen werden, oder man wendet selbstthätige Abnahme und Auflage (Blamires, Apperley, Ferrabee) unter Kreuzung des Pelzes an. Für diese hohen Mungomischungen werden deutsche Maschinen in gewöhnlichen Abmessungen sich vergebens bemühen, während sie den Leistungen selbst so colossaler englischer Maschinen nahe kommen, sie übertreffen, sobald die Mungomischungen herabsteigen. Im Uebrigen verweisen wir auf die oben angeführten Assortimente von Martin, Hartmann, Schimmel, Schellenberg etc. —

In der folgenden Abbildung Fig. 366 führen wir die neueste Krempel (Fein-

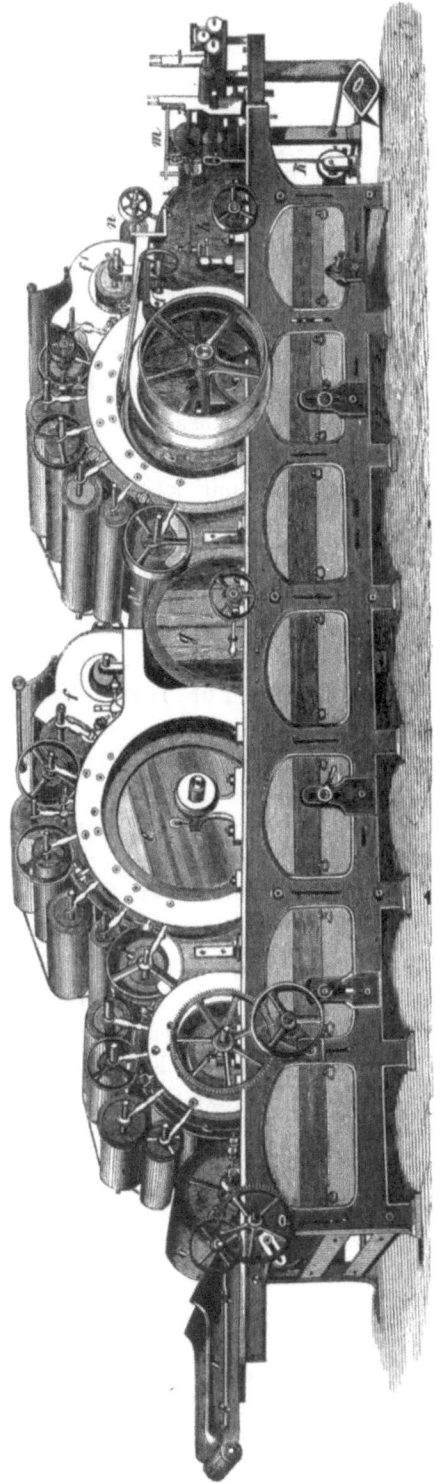

Fig. 366. (Nach einer Photographie gestochen.)

karde) von Taylor Wordsworth & Co. aus Leeds vor. a die Zuführung, b Zuführcylinder, v Vorreisser, c erster Tambour mit 2 Paar Arbeiter und Wender und d Volant, — e zweiter Tambour mit 3 Arbeiter und Wender und f dem Volant, g dem Peigneur, d' Uebertrager auf Tambour e' mit 3 Paar Wender-Arbeiter, f' der Volant und h der Peigneur mit Streichwalze n, m das Würgelsystem, k Hacker. Bei der hierzugehörigen Vorkrempel sind vorhanden Zuführtuch, Vorreisser, — und nun folgen: 3 mal grosser Tambour mit 3 Paar Arbeiter-Wender, Volant, und Peigneur nebst Uebertrager. Den Schluss bilden Kamm- und Abzugwalzen. —

Wir können diese Betrachtung ausgeführter Krempel nicht verlassen, ohne auf Martin's Worte bezüglich der **Wahl** der Krempel für bestimmte Zwecke einzugehen. Celestin Martin behauptet Folgendes zum Theil abweichend von den Ansichten Anderer: Für Kunstwolle und Abfälle nehme man Assortimente mit kleinen Tambours, kleinem Peigneur und grossem Volant,*) — und je nach Beschaffenheit des Materials oder der Feinheit des zu erzielenden Garnes Assortimente aus 2—3 Maschinen.

Für einfarbige oder weisse feine Wollen und Mittelwollen wähle man Sortimente von 5—6 Arbeitern an jeder Maschine, mit mittlerem Durchmesser für alle Organe, ausgenommen den Peigneur, dessen Diameter stark sein kann. Für feine Wollen und Melangen nehme man Assortimente, welche eine sehr grosse Arbeitsfläche bieten, nicht bloss durch den grossen Durchmesser der einzelnen Organe, sondern auch durch deren Anzahl.

Für lange, ordinäre Wollen (Strumpfgarnwollen) nehme man Sortimente aus 2 Maschinen mit wenigen Organen von grösserem Durchmesser, damit die Wolle wenig gekreuzt wird und glatt verbleibt.**)

Martin wendet für ungleiche Wollen kleine Wender an. Er erzielt dadurch den Vortheil der Möglichkeit viele Wender anzuwenden und so die Arbeitsfläche zu vergrössern. Die grossen Wender nehmen selten mehr als die oberste Schicht Wolle, welche am Arbeiter haftet, da in dem Augenblick, wo die Spitze der Kratzenzähne des Wenders in einem rechten Winkel mit der Arbeiteraxe oder in Linie mit dem Tambourradius gelangt, die Entfernung zwischen den Spitzen dieser Zähne und dem Arbeiter grösser als die Länge der Wollfasern ist. Diese werden

---

*) Martin sagt pag. 40 seiner Brochüre:
Ich glaube, dass man darüber einig ist, dass ein grosser Durchmesser vorzuziehen ist; diesem Umstande, sowie dem kleinen Durchmesser des Peigneurs verdanke ich, dass ich mit einer Tambourgeschwindigkeit von 180 Touren pro Minute arbeiten konnte, ohne dass der Volant mehr Wolle als bei anderen Maschinen mit 100 Umgängen herausgeworfen hätte. Man kann sich übrigens an dem ausgestellten Sortiment für feine Wollen, dessen Tambours 150 Umgänge machen, davon überführen.

**) Privatschreiben.

in Folge dessen vom Arbeiter abgerissen, ohne dass irgend welcher Kämmungsprozess stattfindet.

Wenn nun Melangen von Buenos-Ayres-Wollen gearbeitet werden sollen, und wenn die Wollfasern sehr unregelmässig, die einen sehr lang und die andern sehr kurz und sehr spitz sind, so ist der Vortheil der kleinen Wenderdurchmesser sehr beträchtlich.

Sie tragen dazu bei, dem Flohr ein bedeutend regelmässigeres Ansehen zu geben, indem sie die Wollfasern gleichmässiger vertheilen. Es ist dies ein Geheimniss, in welchem der Erfolg der belgischen Spinnerei gipfelt.

Wenn man von dem Standpuncte ausgeht, dass die beste Maschine diejenige ist, welche am meisten und am besten producirt, und dabei gleichzeitig die billigste ist, so muss man zu diesem Zweck dasjenige System wählen, welches dem Material, für das es bestimmt ist, am besten entspricht. So verlangen die feinen Qualitäten mehr Arbeit und Arbeitsfläche als die groben, es müssen daher auch Krempeln, welche für ersteres Material bestimmt sind, eine grössere Anzahl Arbeiter besitzen, als solche für letzteres bestimmte.

Feine, in verschiedenen Farben melirte Wollen verlangen ebenso viel mehr Arbeitsfläche als weisse oder einfarbige, und sind es namentlich jene, welche die ganze Wissenschaft des Constructeurs und des Spinnmeisters in Anspruch nehmen müssen.

Welches aber ist der beste Durchmesser für die verschiedenen Walzen der Krempelmaschinen? Um diese Frage zu beantworten, müssen wir vor allen Dingen die ökonomische Seite im Auge haben, denn für ordinäre und offene Wollen wird man keinen grossen Durchmesser des Tambours wählen, welcher ausser Verhältniss zu der nöthigen Zahl Arbeiter steht, der ganzen Krempel eine unnütze Dimension geben und ohne Zweck eine grössere Ausgabe verursachen würde. Der Durchmesser des Tambours wird sonach immer der Arbeiterzahl angemessen zu wählen sein, und um von diesen letzteren auf einen bestimmten Tambourumfang eine möglichst grosse Anzahl anbringen zu können, muss man den Wendern einen möglichst kleinen Durchmesser geben. Je nach Beschaffenheit und Qualität des Materials, welches man zu verarbeiten hat, ist auch die Entfernung zwischen Arbeitern und Wendern zu bestimmen. Der kleine Durchmesser für Wender genügt, den Arbeitern die Wolle vollständig abzunehmen, vertheilt dieselbe besser und giebt eine vorzügliche Arbeit.

Was die Arbeiter anbelangt, so nehmen die kleinen Durchmesser mehr Wolle auf, aber cardiren nicht so gut; die grossen, wenn sie cardiren, sind in geringerer Zahl auf demselben Tambourumfang, und wenn man deren Durchmesser übertreibt, so wird der Contact mit dem Tambour zu gross und die Wolle wird derart eingeklemmt, dass sich die Tambourbeschläge viel schneller füllen und ein häufigeres Reinigen benöthigen.

Dasselbe gilt von dem Peigneur, je kleiner dessen Durchmesser, je mehr nimmt er Wolle auf. Es würde demnach viel vortheilhafter erscheinen, kleinere Peigneurdurchmesser anzuwenden, denn die Beschläge würden sich schneller entleeren, und würden auf diese Weise eine bessere Arbeit und weniger Abfälle geben.

Dem entgegen stellt sich aber folgender Uebelstand: Um ein möglichst feines und regelmässiges Vorgarn an der Vorspinnkrempel zu erzielen, ist es vor Allem wichtig, dass der Flohr, aus welchem derselbe gebildet wird, ebenfalls sehr gleichmässig und fein sei, da nun aber dieser Flohr durch den Contact zwischen Tambour und Peigneur entsteht, so wird er um so gleich- und regelmässiger werden, je grösser dieser Contact ist.

Der kleine Peigneurdurchmesser hat, ausser diesem Uebelstand, manchen Vortheil. Ausser dem schon Gesagten erlaubt er noch, viel länger zu arbeiten ohne Reinigung, da der Peigneur schon an und für sich länger rein bleibt, ungeachtet eines allgemein angenommenen Vorurtheils, welches durch einen grossen Peigneurdurchmesser ein weniger schnelles Füllen desselben mit Wolle und Fett zu erreichen glaubt. Irrthum, denn gerade in Folge dieses grossen Durchmessers, füllt er sich schneller, weil der Contact mit dem Tambour ein grösserer ist, und die Wolle, welche durch die Action des Volants auf dem Tambour bis zu einer Höhe von beinahe 15 Millimeter gehoben wird, sich auf einmal auf den Beschlag des Peigneurs so zu sagen abwischt, statt sich von demselben in einer um so grösseren Länge abnehmen zu lassen als der Durchmesser ein grösserer ist. Wenn im Gegentheil der Peigneurdurchmesser ein kleiner ist, so wird die Wolle nur dicht am Berührungspuncte zwischen beiden Walzen abgenommen. Aus demselben Grunde leert auch ein kleiner Peigneur eine Maschine viel besser, da die Wolle nicht wieder durch die seichte Stellung des Peigneurs in den Tambour zurückgedrängt wird. Jener darf aber nur an seinem äussersten Puncte arbeiten, d. h. nur an demjenigen Puncte, welcher dem Tambour am nächsten steht. Indem sich ferner eine Maschine mit einem grossen Peigneur schwerer leert, so ist das Wollquantum, welches in dem Tambour bleibt, und mit jedem Umgang vom Volant gehoben wird, um so viel grösser, und verschmiert die Beschläge des Peigneurs um so viel schneller.

Aus dem Vorgehenden kann man schliessen, dass, wenn in gewissen Fällen die Peigneurs von kleinem Durchmesser gewisse Uebelstände haben, sie doch in andern Fällen unläugbare Vortheile bieten und namentlich, wenn sie bei Sortimenten für Kunstwollen oder Abfälle angebracht sind, da der Hauptpunct für solches Material darin beruht, dasselbe so schnell und so vollständig als möglich aus der Maschine herauszubringen.

Für Peigneure wie für Arbeiter handelt es sich also darum, einen mittleren Durchmesser zu finden, aber für die ersteren ist er nach der Qualität des Materials, welches die betreffenden Maschinen verarbeiten sollen, zu besimmen.

Man wird aus Vergleichung dieser Auseinandersetzung über die Construction und ihre gewählten Dimensionen mit obigen speciellen Angaben über Krempelconstruction wesentliche Differenzen der Ansichten finden, besonders zwischen Martin und den englischen Constructeuren. Merkwürdig ist es, dass die Americaner den Ansichten Martin's nahe kommen und die Zwecke desselben, wenn auch öfter auf andere Weise erreichen. Die wesentlichste Differenz herrscht allerdings zwischen dem Krempelbau der Engländer und dem der Belgier, Deutschen und Americaner — und zwar scheint die Waage keineswegs sich zu Gunsten der Engländer zu neigen, — im Gegentheil das Bestreben nach Construction leichtbeweglicher, auch in ihren Theilen selbstständiger Fabriken muss sich den Assortimenten mittheilen, und die Zukunft gehört höchst wahrscheinlich dem americanischen Fabriksystem. —

Was nun die **Aufstellung** der Krempeln im Raume anlangt, so muss sich zunächst die Grösse des Raumes nach der Krempelgrösse richten. Die Reisskrempel und Mittelkrempel haben etwa 12 Fuss Länge bei 4 bis 7 Fuss Breite, die Vorspinnkrempel meistens 10 Fuss Länge bei 4 bis 7 Fuss Breite. Nimmt man für Umgänge und Durchgänge zwischen den Krempeln ca. 2½ Fuss, so stellt sich der erforderliche Raum für ein Assortiment Krempeln à 3 Maschinen auf 15 Fuss × 31 Fuss. Man kann diese Durchgänge kleiner nehmen für Krempel, welche mit selbstthätigen Speiseapparaten versehen sind. Man stellt die Krempel in der Regel und bequem so auf, dass die Lieferung der einen nahe der Speisung der andern ist, d. h. also bei einem System von drei Maschinen, wie Fig. 367—369 zeigen, die Ablieferung A der ersten Maschine neben der Einführung E der zweiten und neben der Ablieferung A der zweiten die Einführung der dritten. Stellt man die Krempel in fortgehender Reihe, so befolgt man dieses Prinzip gleichfalls. Bei Krempeln mit Diagonalspeisung sind folgende Anordnungen angebracht (Fig. 370, 371).

Es interessirt ferner zu wissen, welchen **Kraftbedarf** die Krempel haben. Hierfür sind eine ziemliche Anzahl unbestimmter Angaben gemacht worden, und nur Prof. Dr. Hartig hat die Ermittelung dafür mit der nöthigen Sorgfalt und Umsicht durchgeführt.*)

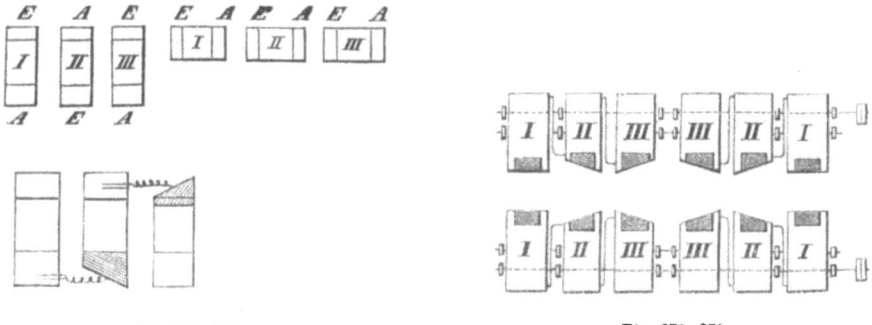

Fig. 367—369.   Fig. 370, 371.

*) Hartig, Versuche über den Kraftbedarf der Maschinen in der Streichgarnspinnerei und Tuchfabrikation. Leipzig 1864. Teubner.

1. Reisskrempel von Richard Hartmann in Chemnitz.
   Breite 0,90 Meter,
   Tambour 945 Mm. mit 100 Umg.,
   Abnehmer 550 Mm. mit 5,35 Umg.,
   Einziehwalze 60 Mm. mit 1,31 Umg.,
   Lieferung 5,59 Kilo p. St.

   Pferdekraft
   leer arbeitend Durchschnitt
   0,37   0,62   0,56

2. Reisskrempel von Schellenberg in Chemnitz.
   Breite 1,075 Meter,
   Tambour 985 Mm. mit 5,00 Umg.,
   Abnehmer 500 Mm. mit 1,20 Umg.,
   Einziehwalze 90 Mm. mit 1,05 Umg.,
   Lieferung 6,90 Kilo p. St.

   0,30   0,655   0,59

3. Reisskrempel von Goetze & Co. in Chemnitz.
   Breite 1,05 Meter,
   Tambour 970 Mm. mit 110 Umg.,
   Abnehmer 530 Mm. mit 4,82 Umg.,
   Speisewalze 47 Mm. mit 0,964 Umg.,
   Lieferung 7,46 Kilo p. St.

   0,34   0,46   0,42

4. Mittelkrempel von Richard Hartmann in Chemnitz.
   Breite 0,90 Meter,
   Tambour 945 Mm. mit 100 Umg.,
   Kammwalze 550 Mm. mit 3,82 Umg.,
   Einziehwalze 50 Mm. mit 1,06 Umg.,
   Lieferung 4 Kilo p. St.

   0,34   0,45   0,405

5. Mittelkrempel von C. F. Schellenberg in Chemnitz.
   entsprechend 2.,
   Lieferung 5,08 Kilo p. St.

   0,215   0,48   0,43

6. Mittelkrempel von Goetze & Co. in Chemnitz.
   entsprechend 3.,
   Lieferung 6,03 Kilo p. St.

   0,26   0,37   0,33

7. Vorspinnkrempel von Richard Hartmann in Chemnitz.
   entsprechend 4.,
   Lieferung 5,17 Kilo p. St.

   0,38   0,655   0,59

8. Vorspinnkrempel von C. F. Schellenberg in Chemnitz.
   entsprechend 5.,
   Lieferung 5,80 Kilo p. St.

   0,32   0,51   0,46

9. Vorspinnkrempel von Goetze & Co. in Chemnitz.
   entsprechend 6.,
   Lieferung 8,46 Kilo p. St.

   0,29   0,42   0,37

Hartig zeigt, wie der Leergang der Krempel bereits einen Aufwand von 69 % der gesammten zur Bewegung der arbeitenden Krempel erforderlichen Kraft absorbirt. Der Arbeitsanspruch der Wolle ist nur 36—40 % der benutzten Pferdestärken. Hartig beweist ferner, dass die Verdoppelung der Auflage keinen sehr bedeutenden Einfluss auf den

Kraftbedarf habe. Derselbe sei aber um so geringer, je weiter die Bearbeitung des Wollpelzes überhaupt vorgeschritten sei. Die Steigerung der Betriebskraft bei Verdoppelung der Auflage betrug beim Krempel

    2. 37 %
    5. 28 %
    8. $16^{2}/_{3}$ %

Aus den Hartig'schen Versuchen geht der Kraftbedarf eines Assortiments von 3 Maschinen hervor mit:

    1. 0,62 und 0,56
    4. 0,45 „ 0,405
    7. 0,655 „ 0,59
       1,725 und 1,555 mit Rücksicht auf Stillstände,

    2. 0,655 und 0,59
    5. 0,48 „ 0,43
    8. 0,51 „ 0,46
       1,645 und 1,48   „   „   „   „

    3. 0,46 und 0,42
    6. 0,37 „ 0,33
    9. 0,42 „ 0,37
       1,25 und 1,12   „   „   „   „

Redtenbacher giebt als Kraftbedarf für ein Assortiment Krempel à 3 Maschinen an bei 1 Meter Breite 1,75 Pferdekraft.

Die neuesten americanischen Assortimente sollen für 3 Maschinen nur 1 Pferdekraft erfordern. Die grossen englischen Assortimente beanspruchen dagegen 2½—3 Pferdekräfte.

Bearbeitung der Mischungen.

Bereits bei der Beleuchtung der Wölfe, der Kunstwolle etc., haben wir öfter auf Wollmischungen hingewiesen. Wir wollen uns hier näher damit beschäftigen.

Das Mischen der Wolle*) kann dreierlei Character haben;
    a) Man mischt Wolle mit Wolle,
    b) Man mischt Wolle mit Kunstwolle,
    c) Man mischt Wolle mit Baumwolle oder andern Faserstoffen.

Es stösst die Frage auf, welche Zwecke verfolgt man bei dem Mischen der Wolle? Der Zweck kann sein, — erstens die ordinäre Wolle zu verfeinern, resp. das daraus gesponnene Garn, — zweitens eine Quantität

---

*) Interessant ist die Thatsache, dass man in früherer Zeit noch im Anfang dieses Jahrhunderts Sterblingswolle nicht mit guter Wolle mischte, ja wie es scheint nicht mischen konnte. Joh. Schwarbreck Rogers in Chester nahm 1813 am 14. December ein Patent auf Mischung und Bearbeitung der Codwool, slink lambswool von Sterblingen und verarbeitete sie. Er sagt, die Verarbeitung solcher Wolle sei so wie Baumwolle, Wolle oder Seide, — nur müssten die hölzernen Walzen aus Eschenholz sein. —

feinerer Wolle durch Zusatz weniger guter Wolle zu ersetzen —, drittens um Abfälle und Restwollen zu verwenden durch Zugabe zu grösseren Partien Wolle, — viertens um gewisse graue und mehrfarbige Mischfarben, Melangen hervorzubringen. Die unter b verzeichnete Mischung mit der Kunstwolle hat einen andern selbstständigen Character, der bereits oben pag. 430 hinreichend gekennzeichnet ist. Die Mischung ad c aber dient einem besonderen Spinnereizweig zur Grundlage, der sogenannten Vigognespinnerei (Barchent).

Bezüglich der Wollmischungen verfährt man so, dass man die zu mischenden Quantitäten auf den Wölfen bearbeitet oder mit der Hand in Schichtenauftragung und folgender Durcharbeitung mit dem Stab.

Man soll bei Wollmischungen vermeiden, grobe und feine Wollen zu vermischen, weil sich der schlichtere Charakter und die stärkere Haardicke mit dem feingekräuselten und feinen Habitus der feineren Wolle nicht verträgt und einen wirklichen Zusammenhang nicht giebt. Dagegen sollte man nur Wollen mischen von annähernd gleicher Feinheit, ebenso Wollen von möglichst gleicher Länge. Letztere Bedingung ist allerdings nicht oft angänglich, aber sie kann doch mit Einhaltung gewisser Grenzen in den Unterschieden durchgeführt werden. Ebenso kann man die Feinheit, Weiche und das Wesen der verschiedenen Wollsorten zur Mischung möglichst einander nähern. In solchen Fällen schafft man stets etwas Besseres. Bei sehr ungleichen Wollen dominirt stets die eine Partie. Dominirt das Ordinäre, so verschlechtert sich die ganze Mengung, dominirt das Bessere, so wird dies durch das Ordinäre tiefer als gut herabgezogen u. s. w. Ebenso muss man die Eigenschaften der Wolle beachten. Filzfähige Wolle darf nicht mit haariger, schlecht filzender Wolle gemischt werden. Gut gekräuselte Wolle soll nicht schlichter Wolle zugesetzt werden.

Dagegen sind Mischungen anzurathen, wo es sich um Verspinnung von Quanten handelt, die bei wenig differirender Feinheit durch ihre Abstammung und andere Verhältnisse sich unterscheiden. Auch Sterblingswolle gehört zu den vielfach zugemischten Wollen. Ferner benutzt man die Kämmlinge der Kammgarnfabriken als Zumischung, sodann Enden, Ausputz u. s. w.

Die Mischungen müssen sorgfältig durchgeführt werden, und zwar bewirkt man dies am Besten auf die Weise, dass man einen Posten Wolle a in mehrere Theile theilt ($a' + a'' + a'''$) und nun zunächst mit entsprechenden Theilen des andern Postens $b = b' + b'' + b'''$ mischt, also $a' + b'$, $a'' + b''$, $a''' + b'''$. Dann mischt man $a' + b'$ mit $a'' + b''$ und das erhaltene Gemenge dann mit $a''' + b'''$. Dieser Art kann man jede Mischung sehr intensiv durchführen und erreicht eine völlig gleichartige Mischung. Für Einschlag- (Schuss-) Garne ist es eher statthaft, auch mehr differirende Wolle miteinander zu vermischen, zumal solche von differirender Länge der Fasern. Allein für Kettengarne, welche Haltbarkeit haben müssen, ist es räthlich, vorsichtig zu wählen und verhältnissmässige Gleichartigkeit vorwalten zu lassen.

Die Mischungen sind wesentlich Resultate der Praxis, und andere als allgemeine Vorschriften lassen sich dafür nicht aufstellen.

Die **Melange**mischungen d. h. Mischungen von verschieden gefärbten Wollen unterliegen obigen Angaben ebenfalls, doch tritt bei ihnen eingetlich nur die Absicht auf, von derselben Qualität Wolle verschiedene Farben so zu vermischen, dass das Produkt ein gleichmässiges Farbengemisch zeigt. E. Kaselitz gab vor längerer Zeit einige Winke bezüglich der zu Melangen zu verwendenden Wollen und des Verfahrens selbst, gute Melangen herzustellen, indem er besonders betonte, zu allen Farben gute Schurwolle gleichen Charakters zu nehmen und dann tüchtig zu krempeln. Er verwirft es, einige der zumischenden Farben in Lammwolle oder kurzen Wollen herzustellen und sie der Schurwolle beizumengen. Schliesslich glaubt er, dass die Walke und Rauherei das Uebrige thun müssten, um kleine Fehler zu beseitigen. Allein dieser letzte Grundsatz ist absolut verwerflich und hat denn auch vielfache Entgegnung erfahren. C. G. A. Buchholz*) hat sich in Anlass dessen ziemlich eingehend auf die Darlegung derjenigen Umstände eingelassen, welche für Erzielung einer guten Melange von Bedeutung sind. Wir wollen den Hauptinhalt dieser Darlegung wiedergeben.

Die Ansprüche, welche man in industriellen Kreisen an eine Melange stellt, sind sehr verschieden, und richten sich in der Regel je nach dem Zweck, für welchen sie zusammengestellt wird. Es ist daher auch wohl sehr erklärlich, warum die Urtheile der Fachmänner so verschieden sind und manchmal weit auseinander gehen. Im Allgemeinen kann man die Behauptung aufstellen, dass in Kaufgarn-Spinnereien, also solchen Etablissements, die nur für den Markt spinnen und niemals ihr Fabrikat selbst verarbeiten, die Ansprüche an eine Melange niemals so hoch gespannt werden, als in einer Tuch- oder Buckskinfabrik. Eine noppenfreie Melange ist nicht immer eine in jeder Beziehung gute; die Gleichmässigkeit derselben, d. h. eine den einzelnen Gewichtstheilen entsprechende Vertheilung der verschiedenen Farben fällt dabei sehr ins Gewicht. Der Kaufgarnspinner ist auch nicht in der Lage, die Melange in ihren feinen Nuancirungen so zu beurtheilen, als dies der Tuchfabrikant im Stande ist, denn erst die fertige Waare lässt in Bezug auf gleichmässige Vertheilung der Farben einen sicheren Schluss zu.

Die drei Faktoren, welche bei Herstellung guter Melangen von gleicher Bedeutung, sind: die Wolle selbst resp. ihre Beschaffenheit, dann die Behandlung derselben in der Wäsche und Färberei und drittens das Verfahren in der Spinnerei und die dabei betheiligten Maschinen.

---

*) Wollengewerbe 1872. 44. 122. 187. 210. — Die Abhandlung ist die einzige eingehendere Darlegung dieses wichtigen Spinnereizweiges, welche in neuerer Zeit existirt.

Was nun den ersten dieser drei Faktoren anbelangt, so ist es gerade keine Unmöglichkeit, bestimmte Arten von Wolle zur Herstellung guter Melangen anzugeben. Unbedingt für Melangen zu verwerfende Wollen sind diejenigen, welche schon von Natur fehlerhaft sind. Hierher gehören alle Wollen von kranken Thieren, sei es an Reude, Grind etc., sowie diejenige von gefallenen Schafen. Erstere charakterisiren sich durch kleine feste Partikelchen, welche am Ende des Stapels, also am Schnitt sitzen. Ganz besonders nachtheilig ist es, solche Wollen zu Stichfarben welche in der Mischung am wenigsten vertreten sind, zu verwenden. Letztere sind, wenn nicht eine der vorhin genannten Krankheiten das Fallen des Viehes zur Folge gehabt und dann leicht zu erkennen sind, schwerer von gesunden Wollen zu unterscheiden; sie haben den einer jeden Wolle eigenthümlichen Glanz ganz verloren und die Vliesse in den meisten Fällen sind am Schnitt mehr oder weniger filzig. Bei Dominialwollen werden derartige fehlerhafte Wollen in der Regel besonders gehalten; bei Rusticalwollen hingegen werden die kranken Vliesse meistens unter die gesunden gemischt und erfordern dann beim Sortiren grosse Aufmerksamkeit. Solche sind auszuwerfen.

Es eignen sich langstaplige Wollen nicht besonders zu Melangen. Bei deutschen Wollen sind hinterpommersche, mecklenburgische auch ostpreussische Stämme, wenn auch nur zum Theil, zu vermeiden und empfehlen sich für Melangen schlesische, polnische und märkische Wollen, wie ja auch bekanntlich erstere Gattungen gern für Kammgarnspinnereien begehrt werden. Ist aber die Wahl einer langen Wolle nicht zu umgehen, dann bestimme man wenigstens für diejenige Farbe, welche in der Melange am wenigsten vertreten ist, (sei es die hellere oder dunklere) eine kürzere Wolle, Stücken, gute Zweischuren etc. Auch längere Gerberwolle ist für solche Fälle zu berücksichtigen, besonders wenn sich die Prozentsätze der Farben zwischen 45 und 55 bis 30 und 70 bewegen. Bei überseeischen Wollen vermeide man die langen Port Philipp, Sidney und ähnliche Wollen und wähle Neuseeland, gute Buenos Ayres und bessere Montevideo. Auch hier unterstütze man, wenn die Verhältnisse die Zurücklegung langer Wollen nicht gestatten, mit kürzerer Wolle, wozu sich Cap-Fliess besonders eignet. Auch gute ungarische Zweischuren sind zu diesem Zwecke zu empfehlen. Bei Melangen, zu denen sogenannte Stich- oder Bildfarben in Prozenten von nur 10 bis hinunter zu 2 verwendet werden und die in der Regel aus weiss, helloliv, orange, silberperl, carmoisin etc. bestehen, ist, wie schon weiter oben bemerkt wurde, einer guten Lamm- oder Jährlingswolle entschieden der Vorzug zu geben. Gute Gerberwolle würde hier aus öfter genügen, doch wähle man zu derartigen Farben nicht solche Gerberwolle, welche durch Kalk vom Fell gelöst wurde, da in solchen Fällen sehr oft die Lebhaftigkeit der Farben, die man hier ganz besonders im Auge behalten muss, beeinträchtigt wird. Gute Behandlung sämmtlicher hier angeführter Wollen, sowohl in der Sortirung, Wäsche und Färberei ist selbstverständlich, und sehe man hauptsächlich bei den überseeischen Wollen, die entklettet werden müssen, darauf, dass die Klettenwölfe gut und tadellos arbeiten. Kletten-Wollen, die gefärbt und zu Melangen verwendet werden sollen, erfordern äusserst sorgfältige Behandlung in der Färberei und Spinnerei. Bei nicht genügend rein gewaschenem Produkt sollte man sich eine nochmalige Wäsche nicht verdriessen lassen, um allen Eventualitäten mit Bestimmtheit begegnen zu können. Die Waschflotte braucht in solchen Fällen nur aus einer schwachen Sodalösung zu bestehen oder aus 4 Theilen Wasser und 1 Theil Urin. Letzterer Zusammenstellung ist, wo sonst die Verhältnisse es gestatten, der Vorzug zu geben, da die in den Lockenspitzen sitzenden Schweisspartikelchen, welche oft einen harzigen Charakter annehmen, durch den Urin besser gelöst werden.

Als Basis einer rationellen Melange-Spinnerei ist zunächst die gute tadellose Wäsche der Wolle zu betrachten. Wird in dieser Beziehung gefehlt oder geht der Fachmann hier mit einer gewissen Nonchalance zu Werke, so rächt sich ein solches Verfahren zunächst dadurch, dass in jeder nachfolgenden Operation der Fabrikation etwas von dieser Nachlässigkeit hängen bleibt. In der Färberei sind ohne gute Wäsche schöne lebhafte Farben nicht zu erwarten. Grösser und mehr in die Augen springend sind die Nachtheile in der Spinnerei. Hier werden in erster Linie die Garne mangelhaft ausfallen. Glätte des Gespinnstes wird in den meisten Fällen vermisst werden, abgesehen davon, dass durch öfteres Putzen, was die natürliche Folge von unreinen Wollen ist, die Parthien einen viel grösseren Verlust ergeben und dass sich mit der Zeit ein bedeutenderer Kratzenverschleiss herausstellt.

Zur Wäsche empfiehlt sich also ein Bad mit 3—4° B. Sodalauge und 45—50° R. und etwas Urin. Man nimmt die Wolle heraus und spült schnell in kaltem Wasser. Es folgt dann das Färben. Dabei muss man vor allen Dingen jedes Filzen zu verhüten suchen, dem allerdings jetzt bei der Erwärmung des Bades mit direkter Dampfeinströmung nicht immer zu entgehen ist, wenn man letztere nicht geeignet anordnet. Ebenso soll das Ansetzen von Farbstofftheilen etc. vermieden werden.

Es bleibt nun noch übrig, die Behandlung der Wollen in der Spinnerei, dem Hauptfaktor bei Herstellung guter Melangen sowie die bearbeitenden Maschinen einer kurzen Besprechung zu unterziehen. Es empfiehlt sich zunächst, Wollen, wenn solche nicht schon vorher den Klettenwolf passirt haben, durch einen sogenannten Klopf- oder Schlagwolf laufen zu lassen. Die Wollen werden offener und, im Fall sie Farbstaub enthalten, lassen sie diesen durch die Bearbeitung grösstentheils fallen. Die specielle Mischung der verschiedenen Wollen für Melangen, bevor solche auf den Reisswolf gegeben werden, ist im Verfahren dabei sehr mannigfaltig, da fast jeder Spinnmeister seine eigenen Maximen dabei verfolgt. Empfehlenswerth ist folgende Behandlung: Bewegen sich die Prozentsätze der Farben zwischen 30 und 70 oder auch noch zwischen 10 und 80, so lasse man jede einzelne Farbe einmal gesondert den Wolf passiren. Sodann mache man von der Farbe, welche den Grundton der Melange bilden soll, ein Bett von verhältnissmässiger Grösse und lagere dann von der zweiten Farbe im Verhältniss der Gewichtstheile eine möglichst gleichmässige Schicht darauf. Mit dieser schichtweisen Lagerung der verschiedenen Farben wird nun fortgefahren, bis die Wolle ganz aufgebettet ist. Es sei hierbei noch bemerkt, dass es desto besser und zweckentsprechender es ist, je grösser das Bett seinem Flächeninhalte nach ist resp. gemacht werden kann und je geringeren Durchmesser (von oben nach unten gerechnet) die verschiedene Schichten haben können. Das ganze Wollbett wird nun mit einer hölzernen Gabel oder einem andern dazu passenden Instrument im Höhendurchschnitt, also von oben nach unten, abgeschlagen oder abgestochen, wodurch man eine den Verhältnissen ganz entsprechende erste Vermengung der verschiedenen Farben erlangt.

Die auf diese Weise gemischte Wolle muss nun, bevor sie eingefettet wird, erst einmal trocken den Wolf passiren und nachdem die Manipulation des Einölens beendigt ist, kommt sie wenigstens noch zweimal zum Durchgang. Die Urtheile und die Behandlung von Seiten der Fachmänner sind in diesem Punkte auch wieder mehr oder weniger abweichend, da mancher Spinnmeister die Wolle zweimal trocken und nur einmal geölt durch den Wolf gehen lässt. Ersterer Methode ist indess insofern der Vorzug zu geben, als durch den zweimaligen Durchgang im Fett eine bessere Vertheilung des Oeles möglich wird, die Wolle einen höheren Grad der Spinnbarkeit dadurch erlangt und schöneres strichreicheres Gespinnst liefert.

Unter Umständen kann auch, je nach der Beschaffenheit der Wolle, ein viermaliges Wolfen bedingt sein, da bei langen, wenn auch offenen Wollen, und ebenso bei kürzeren, die aber einen dichten gedrungenen Stapel haben, ein dreimaliger Durchgang nicht genügt.

Bei derartigen Melangen nun, wo die Melirwolle nur 10 % und weniger gegenüber der Grundfarbe beträgt und in der Regel lebhafte Farben in Anwendung kommen, ist behufs Erzielung einer schönen gleichmässig vertheilten Melange nicht nur anzurathen, sondern geboten, die Stichfarbe vorzukrempeln. Zu diesem Zweck muss diese gleichfalls 3 mal gewolft und auch geölt werden, worauf man die Wolle wenigstens zweimal durch eine Reservekrempel laufen lässt, ohne indess einen Pelz zu bilden. Dieser sogenannte Aufstrich, welchen man beim Vorkrempeln einfach auf den Boden fallen lässt, muss nun vor dem Vermischen mit der Grundfarbe wieder durch den Wolf laufen, worauf nun bezüglich der Mischung in der vorhin angedeuteten Weise verfahren wird. Noch bessere Resultate in Bezug gleichmässiger Melangen erzielt man, wenn beim Vorkrempeln die Stichfarbe gleich mit einem entsprechenden Theil der Grundfarbe gemischt wird. Als Anhaltspunkt sei hier noch bemerkt, dass bei ca. 10% Stichfarbe nur 5—6% der Grundfarbe hinzugenommen werden, um das vorzukrempelnde Quantum der Wolle nicht zu sehr zu erhöhen. Fällt jedoch der Prozentsatz der Melirwolle auf 5 oder gar 3 bis $2^1/_2$%, so empfiehlt es sich, im ersteren Falle wenigstens die gleichen Gewichtstheile, im letzteren aber das doppelte oder gar 3fache Gewicht der Stichfarbe beizumengen. Bei diesem Verfahren erhält man schon auf der ersten Maschine eine so schöne Vertheilung des Melangehaares, wie man es, wenn Grund- und Stichfarbe beim Vorkrempeln nicht gemischt werden, in der Regel erst auf der zweiten Maschine erhält.

Ueber ein drei- oder viermaliges Streichen der Melangen ist schon viel gestritten worden, da von mancher Seite die Behauptung aufgestellt worden ist, dass mit einem dreimaligen Streichen eine ebenso schöne Bearbeitung der Melange zu erzielen ist, als wenn die Wolle viermal durch die Krempeln geht. Diese Behauptung ist nur unter gewissen Bedingungen richtig. Allerdings kann ein Spinnmeister bei passenden Wollen und vorzüglichen Maschinen bei einem dreimaligen Durchgange die gleichen oder vielmehr noch bessere Resultate erzielen als ein anderer, der minder gute Maschinen und weniger passende Wollen zur Verfügung hat. Bei gleichen Verhältnissen muss ein viermaliges Krempeln auch eine bessere Vertheilung der Wolle, also eine schönere Melange im Gefolge haben; diese Behauptung wird sich also nicht leicht umstossen lassen.

Es können sogar Fälle eintreten, wo der Spinner genöthigt wird, einfarbige Wollen wie Melangen in der Spinnerei behandeln zu lassen und zwar dann, wenn in Folge der Anwendung direct einströmender Dämpfe beim Färben die Wollen filzig (wenn auch nur theilweise) aus der Färberei kommen. Sollen die von solchen Wollen zu fertigenden Waaren eine starke Walke erhalten, dann ist man besonders bei schweren Farben der Gefahr ausgesetzt, bandiges, wolkiges Fabrikat zu erhalten, welcher Fehler aber durch eine entsprechende Behandlung der Wolle in der Spinnerei zu vermindern, wenn nicht ganz zu umgehen ist.

Es bleibt jetzt nur noch übrig, über die Beschaffenheit der Krempeln bei Verarbeitung melirter Wollen Einiges hinzufügen, und da muss zunächst darauf hingewiesen werden, dass die Nummer der Kratzenbeschläge immer der Beschaffenheit der Wollen für die Melangen angepasst sein sollte. Man kann beispielsweise bei feinen Wollen mit einer niederen Nummer der Beschläge eine gute reine Melange in nur sehr wenigen Fällen erzielen, und gerade in diesem wichtigen Puncte wird vielfach gefehlt. Bei feinen und hochfeinen Wollen sollte die erste Maschine auf Tambour und Peigneur Nummer 26 und Arbeiter vielleicht Nummer 24 haben, hingegen schon bei der zweiten Maschine auf dem Peigneur Nummer 28 und auf den Arbeitern Nummer 26 aufgezogen sein. Für die Continue sollte Nummer 28 durchweg verwendet sein, oder aber, was noch besser, für Tambour und Peigneur

Nummer 30. Selbstverständlich sind die hier angegebenen Verhältnisse nicht absolut nothwendig, da, wenn die Maschinen immer in gutem Zustande gehalten werden und, was die Hauptsache ist, stets schön scharf sind, auch mit 2 Nummern niederen Beschlägen gute, gleichmässig vertheilte Melangen erzielt werden können; die Beschaffenheit der Wollen giebt eben auch hier den Ausschlag.

Bezüglich der Reservekrempeln ist noch zu bemerken, dass auch diese stets in gutem möglichst scharfem Zustande gehalten werden müssen, denn in vielen Fällen können die nachfolgenden Maschinen, selbst bei der grössten Sorgfalt, das nicht wieder gut machen, was die erste derselben verdorben hat.

Wir haben der erschöpfenden Darstellung des Hrn. Buchholz nichts hinzuzufügen. —

In neuerer Zeit hat man angefangen, die Melangirung auf den Krempeln durch geeignete Mittel resp. Apparate zu bewirken, um etwa die Mischungsarbeit vor dem Krempeln zu ersparen. Eine solche Construction von H. Grothe ist die nachfolgend abgebildete. (Fig. 372.) a und r sind zwei Zuführtische, (von denen der obere auch schräg aufgeleitet

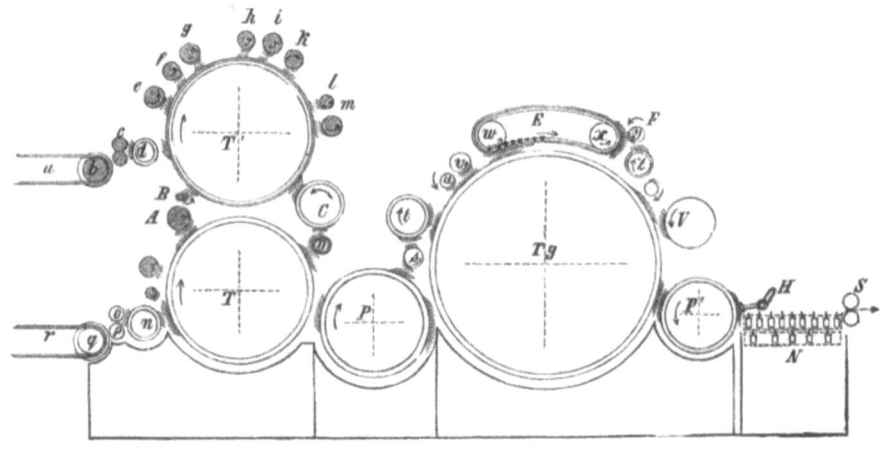

Fig. 372.

werden kann,) deren jeder mit einer betreffenden Farbe beschickt wird und zwar nach Gewichtsverhältniss. Die eigentliche Regulirung der Mischung geschieht durch differirende Geschwindigkeit der beiden Tambours T und T', und zwar so, dass, wenn die Farben in gleichem Verhältnisse gemischt werden, die beiden Tambours gleiche Geschwindigkeit haben; ist das Mischungsverhältniss ein anderes, so legt man auf r die kleine Farbe und verringert entsprechend die Geschwindigkeit von T. Der Gang der

---

*) Polyt. Zeitung 1875. Nr. 28. Die Maschine ist mit besonderer Rücksicht auf längere Wollen angeordnet.

Mischung ist folgender. Die Wolle von Tisch r wird durch die Zuführwalzen o p dem Vorreisser n übergeben, welcher langsam rotirt und dieselbe an den Tambour T abgiebt. Sofort wird diese Wolle vom Arbeiter und Wender erfasst und durchgearbeitet an den Tambour zurückgegeben. Dieser führt sie zu dem Arbeiter A und Wender B. Der Wender aber giebt die Wolle nicht an den Tambour T zurück, sondern überträgt sie an den Tambour T'. Dieser Tambour T' empfängt zu dieser Wollschicht nun die von a, b, c, d zugeführte Wolle. Die bereits vormaschinirte Wolle legt sich selbstredend gleich tiefer in den Tambour T' ein und wird von dem ersten Arbeiter e, der weiter abgestellt ist vom Tambour, um nur hervorragende nicht gelöste Flocken zu erfassen, nicht abgenommen. Auch das folgende Paar Arbeiter-Wender f g steht noch zu weit ab und bearbeitet fast nur Wolle von a mit wenig vorbearbeiteter.

Nun folgt aber der Arbeiter i, dicht auf T' gestellt. Derselbe greift scharf in T' ein und vertheilt die erfasste Wolle durch 2 Wender h und k. Diese Walzencombination trägt viel zur Erreichung der Melangirung bei. Das letzte Arbeiter-Wenderpaar l m vollendet das Zusammenarbeiten. Die Mischung schichtet sich nun auf die Peigneurwalze C mit langsamer Bewegung auf und wird von dort durch D abgekämmt und an den Tambour T zurückgebracht. Derselbe dehnt vermöge seiner grösseren Umfangsgeschwindigkeit dies Gemisch wieder aus und giebt es an den Peigneur P ab. Der folgende Theil der Maschine hilft einerseits das Melangiren vollenden mit Hülfe der Arbeiter s t von grossem Kaliber, des Arbeiters v und Wenders u — andererseits tritt er kämmend ein, mit Hülfe der Kratzenblätter E, die als endlose Kette mit langsamer Bewegung in genauen Bogenführungen fortschreitet gegenüber der schnellen Rotation des Tambours T g. Die Thätigkeit dieser Blattkette*) ist sehr günstig. Der Tambour speichert in ihre Zähne hinein alle hervorragenden, besonders ungelösten Wollflocken, um dann selbst auflösend Faser nach Faser auszuziehen. Die tiefer in den Tambourzähnen sitzende Wolle erhält dagegen immer noch eine geraderichtende Wirkung von der Blattkette. Diese Combination wirkt sowohl günstig für die Vermischung der Farben als auch für die Auflösung der Wollflocken. Die Walze y nimmt von der Kette E die Wolle ab und übergiebt dieselbe durch den Arbeiter Z und Wender dem Tambour wiederum. Der Volant V hebt das Vliess aus dem Tambour an, damit es in die Zähne des Peigneurs P' übergehen kann, von dem es der Hacker H nach Leach's Construction abtrennen kann. An Stelle der gewöhnlichen Abnahme aber fällt das losgetrennte Vliess auf die Kammzähne des Schraubengills N, welche nun ausziehend und gleichrichtend wirken. Die Walzen S ziehen das Vliess aus der Maschine, um es je nach Bedürfniss in Bandform umzuwandeln, oder aber einem Vorspinnapparat zuzuführen.

---

*) Die Blattkette tritt auch in neueren englischen und amerikanischen Constructionen für längere Wollen mehrfach auf. —

Andere Richtung verfolgen die Vorschläge und Apparate von Ballantyne, Ripley, Deveux, Vigoureux, Laidlaw, Fairgrieve u. A.

Deveux will seinen Zweck, gleichmässige melirte Garne zu erzielen, so erreichen, dass er oberhalb des Peigneurs der Vorspinnkrempel eine Spule auflagert, welche genau so viele Vliessbänder enthält, wie der Peigneur Fäden theilt. Diese Vliessbänder lässt er auf den Peigneur herablaufen und hernach mit dem von der Maschine bearbeiteten Wollvliess zusammen abkämmen und durch das Würgelsystem gehen. Diese Methode ist gewiss der Ausbildung fähig, ob sie gleich seit 1864 ganz wieder verschollen ist.

Laidlaw & Fairgrieve*) haben mehr die Absicht, flammige Garne hervorzubringen und bedienen sich dabei folgender Anordnung. Ueber dem Peigneur ist eine Walzencombination angebracht, bestehend aus einem

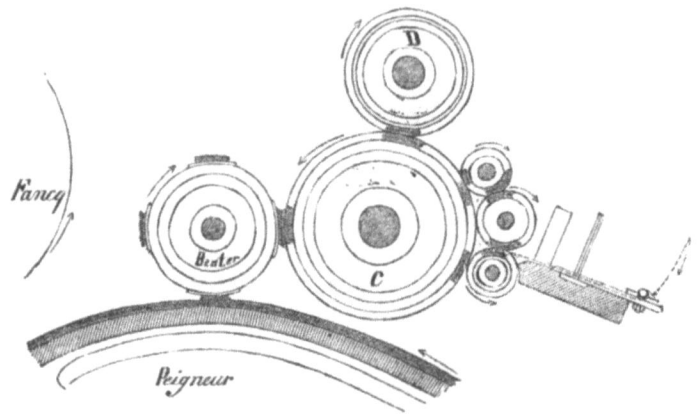

Fig. 373.

Zuführtisch, einer Art Peigneurwalze, mit Spiralband dicht bezogen, dem 3 Walzen das Vliess zuführen, einem Volant D, welcher das Vliess aus C anhebt und dem Beater einer Walze, welche nur 4 Kratzenblätter enthält und das von C abgenommene Wollvliess an den Peignenr abgibt. Je nach dem Verhältniss der Geschwindigkeit zwischen dem Beater und Peigneur wird ersterer in kürzeren oder längeren Zwischenräumen das andersfarbige Vliess auf den Peigneur auftragen.

Aehnlich verfährt Ballantyne***).

Ripley†) aber bedruckt die Vliessbänder und dämpft sie, um die Farbe zu befestigen, worauf er sie weiter verarbeitet.

---

*) Polyt. Centr.-Bl. 1864. 134. — Genie ind. 1869 Sept. p. 142.
**) Specif. Nr. 1491. 1872. Polyt. Zeitung 1873. Nr. 28.
***) Spec. 1869. 3566.
†) Zeitschr. des Vereins der Wollinter. Grothe 1871. Nr. 1.

Was nun die **Vigogne**-Spinnerei anlangt als Urheberin der Wollmischung mit Baumwolle, so erledigt sich dieser Punkt leicht.

Die Vigognespinnerei schliesst sich fast in Allem der Streichgarnspinnerei an, mit Ausnahme der Bearbeitung der Baumwolle selbst. Letztere wird mittelst Schlagmaschinen verschiedener Construction gereinigt, geöffnet und von Anhängseln (Schaalen, Kern) befreit. Darauf wird sie mit der Wolle gemischt und zwar in sehr wechselnden Verhältnissen auf dem Reisswolf. Der am meisten hierzu angewendete Wolf ist der auf pag. 172 abgebildete Reisswolf mit Claviermuldenzuführung von Oscar Schimmel & Co. in Chemnitz. Nach dem gründlichen Mischen wird das Vigognegemisch auf Streichgarnkarden verarbeitet. Auch diesen Satz Maschinen liefern Oscar Schimmel & Co. vorzüglich, so dass wir gern diese Firma hier hervorheben.*) Sie versieht die Vorspinnkrempel mit dem bekannten Changierzeug unterhalb des Tambours. Dasselbe besteht aus einem Paar Wender und Arbeiter mit seitlich alternirender Bewegung neben der rotirenden, um die durch die Zwischenräume der Peigneurringe auf dem Tambour stehengelassenen Fasermengen auszukämmen und so den Tambour zu reinigen. Die Baumwolle lässt sich sehr gut mit der Wolle vermischen, erfordert aber natürlich grosse Sorgfalt und Sachkenntniss. Man wählt möglichste Gleichförmigkeit der beiderseitigen Fasermassen. Die Vigognebearbeitung beginnt mit hohen Procentsätzen an Wolle und steigenden Zusätzen guter Baumwolle und hört auf bei der Barchent-Fabrikation, der Baumwollabfallspinnerei. —

Wir erwähnen auch noch andere Mischungen der Streichwolle: Wolle und Seidenabfälle in dem sogenannten Bourrettegarn, Wolle mit langen glänzenden Haaren vermischt (Chinchilla), Wolle mit Federbärten vermischt, Wolle mit Seidenstaub, d. h. kurzen farbigen Seidenfasern, vermischt, Wolle mit Chinagras vermischt u. s. w.

Alle diese Variationen tangiren das Wesen der Streichgarnspinnerei nicht; sie sind meistens Erzeugnisse für eine höchstens zwei Saisons der Fabrikation und verschwinden dann um nach wieder, sieben Jahren etwa wiederaufzutauchen.

Wir müssen endlich noch die Bearbeitung der **Strumpfwolle** zu Strumpfgarnen berühren. Dieselbe bedient sich der langhaarigen, schlichteren Streichwollen, die auf der Scheide zwischen Tuch- und Kammwolle stehen. Bis vor nicht langer Zeit stand diese Industrie auf derselben Basis in Deutschland und Belgien wie die Streichgarnspinnerei, d. h. ihre Manipulation war völlig der Arbeit des Streichgarnprocesses gleich, nur traten für die längeren Wollen bei der Abnahme von den Krempeln Röhren oft an Stelle der Würgelwalzen ein. Neuerdings haben aber die Engländer den von den Franzosen früher bereits betretenen, aber ihnen ausschliesslich

---

*) Es seien ferner genannt „Sächsische Maschinenfabrik, Th. Wiede, C. F. Schellenberg" — sämmtlich in Chemnitz. —

verbliebenen Weg verfolgt, alle Strumpfwolle nach Art von Halbkammgarnen zu verarbeiten, und bedienen sich dabei zum Theil der Maschinen, welche für die Kammgarnfabrikation herrschend sind. Damit tritt die Strumpfgarnspinnerei aus dem Gebiet der Streichgarnspinnerei heraus und bildet eine selbstständig dastehende gemischte Spinnerei, welche wir ebenfalls selbstständig und in einem besonderen Theile unseres Werkes behandeln werden als: **Spinnerei der Strumpf- und Halbkammgarne** (Carded, Laine cardée peignée u. s. w.)

Verdichten des Vorgespinnstes.

Wir schalten hier die Beschreibung über eine Maschinengattung ein, welche allerdings nur eine beschränkte Verwendung findet.

Es ist dies die Verdichtungsmaschine für die Vorspinnlocken der Continue, wie sie in einer Ausführung von Bouillet & Malherbe in Paris*) 1867 auf der Ausstellung in Thätigkeit war und seitdem eine, wie gesagt, nur beschränkte Einführung gefunden hat.

Die Vorspinnfäden oder Locken, wie sie die Continuekrempel liefert, sind nur lose Wulste ohne eine festere Verbindung, die das Rollen zwischen den Würgelwalzen durch Aufeinanderdrücken und Ineinanderpressen der einzelnen Wollhaare nicht erzeugen kann. Für die Verspinnung der Locken aber ist ein Ausziehen und Verfeinern derselben nothwendig, es muss eine Art Streckprozess stattfinden und um diesen mit Erfolg auszuführen, ist es nöthig dem Haufwerk der Wollfasern in den Wulsten mehr Verbindung zu geben. Dies soll nun, während man sonst in der gewöhnlichen Ausführung der Spinnerei zu einer Drehung der Fäden seine Zuflucht nimmt, nach Bouillet & Malherbe durch eine Verdichtung und Verfilzung der Wollhaare in den Fäden auf der Frotteuse oder Feutreuse geschehen. Wir fügen hinzu, dass dieser Zweck durch die Feutreuse ziemlich gut erreicht wird, aber eine solche Verfilzung und Verdichtung dem Spinnen nicht besonders zuträglich ist. Dagegen ist ein zweiter Zweck dieser Maschine nicht unbeachtenswerth. Es giebt nämlich gewisse Artikel, besonders in der Fabrikation der Nouveautés für Damenmäntel etc., in der Paletotstofffabrikation, in der Fabrikation von Phantasiewaaren, Châles und Tüchern etc., welche mit Effect Vorgespinnstfäden verwebt enthalten. Für diese Anwendung ist es wesentlich vortheilhaft, die Vorgespinnstfäden auf der Feutreuse zu verdichten. — Die Feutreuse ist im Allgemeinen als ein grosses Würgelwerk zu betrachten.

---

*) Kick & Rusch, Beiträge etc. zur Spinnereimechanik 1868, p. 36. — Lohren, Verhandlungen des Vereins für Gewerbefleiss 1864. — Grothe, Spinnerei, Weberei, Appretur auf der Pariser Ausstellung pag. 50. —

Ein endloses, dickes elastisches Tuch bewegt sich über die Walzen a b c d e f g, während auf diesem Tuch die Walzen h i n l abrollen und dabei eine alternirende Bewegung erhalten. Das untere Walzensystem empfängt durch Kurbelmechanismus eine alternirende, aber durch die Schnelligkeit der Bewegungen, mehr schüttelnde Bewegung. Die seitlichen Bewegungen der Oberwalzen sind den seitlichen Bewegungen der unteren Combination stets entgegengesetzt. Hinter der ersten Würgelwalze ist das Dampfrohr o aufgestellt, welches aus feinen seitlichen Perforationen Dampf in feinem Strahle auf die von m ablaufenden Vorspinnfäden sendet. Die frottirten Fäden wickeln sich auf n auf. Es

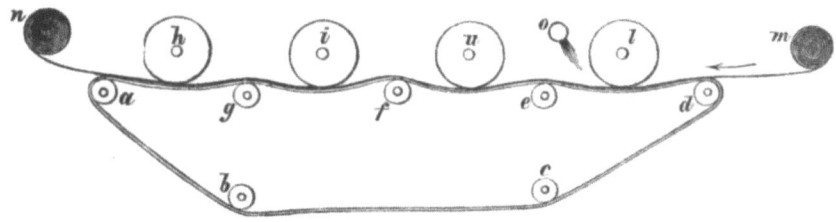

Fig. 374.

liegt nun anf der Hand, dass wenn man n schneller als l, i schneller als n und h schneller als i umlaufen lässt, auf den Faden eine Streckwirkung ausgeübt wird, die freilich durch die mittlere gleichbleibende Geschwindigkeit des endlosen Tuches in etwas aufgehoben wird. Die Reibung zwischen Walze und Tuch, und die Einwirkung von Wärme und Feuchtigkeit durch den Dampf bringt eine ziemlich starke Verfilzung auf diese Vorgespinnstfäden hervor. —

Buchdruckerei von Gustav Lange (Paul Lange) in Berlin, Friedrichstrasse 103.

III.

Die eigentlichen Spinnmaschinen und das Verspinnen der Wolle und Kunstwolle.

Die eigentlichen Spinnmaschinen und das Verspinnen.

Die Vorarbeiten für den Spinnprozess sind in den vorstehenden Abschnitten eingehend behandelt worden und es tritt nunmehr die Aufgabe heran, auch die eigentliche Spinnoperation näher zu beleuchten. Die Wollwäsche liefert ein gereinigtes Rohmaterial, die Krempelei ergiebt ein geordnetes, gleichgerichtetes Zwischenprodukt und zwar geordnet bezüglich der gleichmässigen Vertheilung der Fasermasse auf gewisse Rauminhalte und durch die Vliesstheilungsapparate der Vorspinnkrempel auch eingetheilt der Länge nach und nach bestimmter Schichthöhe. Die Würgelwalzen und Röhren der Vorspinnapparate haben den Spinnprozess eigentlich schon begonnen, indem sie die Vliessstreifen zusammenrollen und dabei auch ein wenig um sich selbst drehen.

Der Begriff des Spinnens der Streichwolle wird von allen Autoren mit seltener Einmüthigkeit dahin präcisirt:

> Spinnen ist die Herstellung eines Fadens von Streichwolle durch Ausziehen (in die Länge) des durch die Vorbereitungsmaschinen aus derselben hergestellten gewulsteten Vliessbandes unter Drehung um sich selbst.

Als besondere Eigenschaft der Streichgarnspinnerei (wie auch bereits angeführt) ist zu betrachten, dass dieselbe den Zweck verfolgt (für die endliche Bestimmung ihrer Producte meistens zur Fabrikation gefilzter Stoffe), möglichst viele Haarenden an die Oberfläche zu bringen, welche hervorragen, — und dass sie diesen Zweck erreicht durch Verwendung möglichst feiner, kürzerer und vielgekräuselter Wollen, welche grössere Tendenz zum Filzen haben und einen Faden bilden können, der auf seiner Oberfläche eine grössere Anzahl Faserenden hervorstehend enthält.

Hierin sind also die wesentlichen Bedingungen, denen das Spinnen des Streichgarns und der gebildete Faden selbst entsprechen muss, gegeben. Es handelt sich zuerst darum Fäden zu bilden. Man nennt Faden eine Composition aus Fasern, resp. eine Combination von Fasern zu einem (nahezu) cylindrischen Körper von gewisser Länge und gewissem Durchmesser und zwar hat der Sprachgebrauch die Benennung Faden beschränkt auf solche langen cylindrischen Körper von geringerem Diameter, und hat diesen Ausdruck dadurch fast präcisirt. Man spricht von „Eisenfaden", wenn der Diameter dieses cylindrischen Körpers aus Eisen gering ist, etwa 5 Mm. nicht übersteigt und dabei Biegsamkeit zeigt. (Merkwürdiger Weise hat man auf diese Eisenfäden den Namen Draht übertragen, in Folge davon, dass man diese Eisenfäden zusammendrehen kann, dadurch wesentlich unterschiedlich von dem Fadendraht der Textilfäden der als Hülfe für das Bilden des Fadens auftritt). Ebenso hat man andere Metallfäden, Glasfäden, Harzfäden, und der Uebergang zu den Textilfäden wird durch die Seide vermittelt, deren Coconfaden im Allgemeinen dem Eisenfaden, Glasfaden, bezüglich Bildung und Gestaltung ähnelt. Von diesen Fadenbildungen weicht der Textilfaden dadurch ab, dass der Eisenfaden etc. besteht aus einer einheitlichen, festen und vollen Masse, (denn die Eisenfasern resp. Metallfasern, wenn solche in der Masse gedacht werden dürfen, hängen, sei es durch Attraction, Adhäsion, Cohäsion etc. fest aneinander und bilden unter gewöhnlichen Umständen eine und dieselbe compacte Masse), — und dass der Textilfaden (ausgenommen der Coconfaden) gebildet wird und besteht aus mehreren einzelnen (unter sich verglichen allerdings gleichartigen) Fasern, die nicht durch irgend welche physikalischen, chemischen etc. Kräfte im Faden fest an einander haften, sondern stets einzelne für sich bestehende, lose Körper sind. Diese Unterschiede bilden die Grundlage zu den ebenfalls grundsätzlich verschiedenen Methoden zur Bildung der Fäden. Der Eisenfaden wird hergestellt durch ein gewaltsames, kräftiges Ausziehen seiner homogenen Masse, wobei die innere Structur des Metalles sich wesentlich ändert und die einzelnen Metalltheile in eine gewissermassen unnatürliche Lage verschoben werden, — das Metall aber dichter wird und vollkommner faserig, wodurch eine höchst auffallende Vermehrung der absoluten Festigkeit eintritt.

Der Glasfaden entsteht nur aus der zuvor weichgemachten Glasmasse durch ein schnelles unbehindertes Ausziehen derselben, nachdem man mit einem Körper, an welchem die Glasmasse schnell erhärtet und stark adhärirt, die weiche Masse berührt und darauf diesen Körper schnell davon fliehen macht. Aehnlich zieht sich der Coconfaden und der Spinnenfaden aus. Das Thier trägt die flüssige Seidenmasse in der Spinndrüse und dem Spinnbeutel, heftet diesen Saft an einen festen Körper (Holz), an welchem die Masse stark adhärirt und erhärtet, und eilt nun in viel verschlungenen Bahnen und Wegen umher, immerfort den Faden weiter herausziehend.

Der Textilfaden aber wird gebildet, indem man Faser auf Faser herzuträgt, diese Fasern in der Länge neben- und aufeinander legt, bis zu einem gewissen Inhalt der Schicht und dabei in der Längsrichtung stufenartig vertheilend fortrückt, endlich aber diese ganze Schichtung durch Druck und Drehung so aneinander zu pressen sucht, dass die äussere Eigenschaft der Fasern (Kräuselung, Schuppen, gekrümmte Spitzen etc.) in Wirksamkeit treten können und zur Bildung eines festeren Zusammenhaltes beitragen, der dann durch Drehung der Fasermasse um sich erhöht wird. Auch bei dieser Fadenbildung wird zuerst ein stärkerer cylindrischer Körper gebildet und sodann durch Ausziehen verfeinert. Es ist vielleicht möglich, dass dieses Ausziehen des Textilfadencylinders in sich betrachtet, dem Vorgange in der Masse des Metalles beim Ausziehen des Eisenfadens ähnlich sein kann. Bei dem Textilfadencylinder ist aber die Adhäsion der einzelnen ihn bildenden Körper so gering, dass schon bei einem naheliegenden Punkte im Fortschritt des Ausziehens eine Auflösung des Zusammenhaltes der Fasern eintritt. Um dies zu vermeiden sucht man den Zusammenhalt dadurch zu erhöhen, dass man die Fasern unter sich in der Fasermasse zu verschlingen sucht, um so Hindernisse, Winkel, Bogen, Haken in und mit den einzelnen Fasern hervorzubringen, welche dem Abgleiten der bogigen, schuppigen Einzelfasern entgegentreten. Dies wird erreicht dadurch, dass man die Fasern umeinander zu schlingen sucht, in Spiralbogen und Spiralgängen, wobei sowohl die eine die andere als auch die Gesammtheit der den Faden bildenden Fasermasse an jedem Punkte der Fadenlänge mehrfach umfasst. Das ist der Zweck und der Vorgang in der Fadenbildung bei der Textilindustrie überhaupt, und je kürzer das Fasermaterial in den Fasern ist, um so mehr tritt die Nothwendigkeit auf, die Verschlingung, Drehung zu bewirken. Wir geben hier ein Bild der Locken im ungedrehten Zustande, wie sie von der Continue herabkommen und ein anderes Bild eines Vorspinnfadens, bei dem die Spindeldrehung mit geringer Umdrehungszahl bereits gewirkt hat. Diese Abbildungen (Fig. 375) sind photographisch aufgenommen und zeigen höchst characteristisch a. den Wulst des Continuevorspinnfadens und b. den mit leichter Drehung versehenen Vorspinnfaden; besonders die veränderte Richtung der Fasern in Folge der Drehung ist ersichtlich. An dieser Drehung nehmen die aussenliegenden Fasern mehr Theil wie die inneren, wie das leicht ersichtlich ist. Für jeden einzelnen Bogen der Cylinderdurchschnittsfläche lässt sich diese grössere Drehung der vom Mittelpunkte weiter abliegenden Fasern zeigen. Jedoch ist dabei zu bemerken, dass die Zahl der Drehungen im ganzen Fadenkörper dieselbe ist.

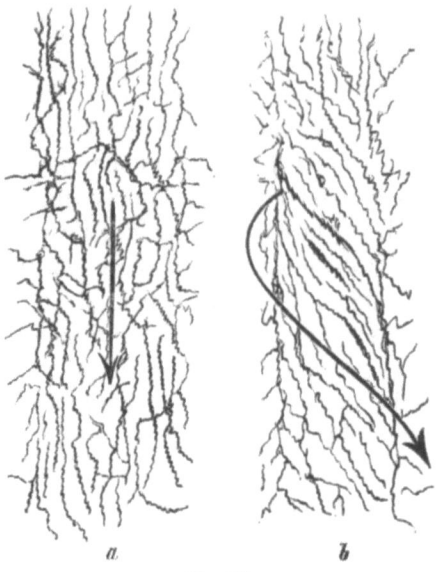
Fig. 375.

Aus diesem (vergrösserten) Bilde geht hervor, dass die beregte Haltbarkeit des Fadens nur dann durch Drehung vergrössert wird, wenn entweder die Fasern lang sind oder bei kurzen Fasern die Drehung scharf ist d. h. die Spiralgänge, welche die Drehung am Körper des Fadens hervorbringt, zahlreich sind. Denken wir uns z. B. als allgemein richtig, dass zur Erzielung besagter Haltbarkeit eine Drehung nothwendig wäre, durch welche jede Faser den Körper des Fadens in 3 Spiralgängen umschlänge, so ist ersichtlich, dass für eine Wollfaser von 15 Cm. diese Spiralgänge steil werden und sich auf je 5 Cm. erstrecken, — bei einer Wolle von ca. 2 Cm. Faserlänge jedoch sehr flach werden und nur je eine Höhe von 6,63 Mm. erhalten, — angenommen einen gleichen Fadendurchmesser. Wächst nun der Fadendurchmesser von 0,6 Mm. bis zu 1,2 Mm., so ist bei gleicher Faseranzahl eine um so geringere Länge der Fasern nothwendig, als die Abnahme des Fadendurchmessers beträgt, weil der dünne Faden eine grössere Anzahl Spiraldrehungen jeder Faser gestattet. Wir haben somit die Gesetze:

    a) Bei gleich langen Fasern erhält der dickere Faden schärferen Draht als der dünnere, um auf gleiche Haltbarkeit zu gelangen.

    b) Bei gleicher Faserzahl im Querschnitt des Fadens bedarf der dickere Faden längere Fasern als der dünne.

Dieses zweite Gesetz folgt aus einer idealen Anschauung der ganzen Fadenbildung, welche den Umstand, dass die Verschiedenheiten in der Dicke resp. Feinheit der Wollfaser in reicher Abstufung vorhanden sind, dass ebenso die Länge der Fasern wesentlich variire — und dass die Stärke resp. Dicke der Gespinnste sich unterscheide, zur Composition des Fadens benutzt und den Gesichtspunkten folgt:

1) Ein Faden enthält, gleichviel ob er dick oder dünn ist, auf dem Durchschnitt an irgend einer Stelle seiner Länge abgezählt, stets dieselbe Haarzahl, resp. im Durchmesser jedes Fadens liegen stets gleichviel Fasern nebeneinander von gleicher Länge.

2) Ein Faden enthält um so weniger Fasern, umsomehr dieselben lang sind.

3) Ein Faden wird um so länger, je mehr Fasern in seinem Einheitsgewicht enthalten sind und je länger dieselben sind.

Hiernach lässt sich zunächst eine Nummernreihe aufstellen mit einer Normalfaserzahl im Durchschnitt des Fadens in allen Nummern, angenommen bei einer Normallänge der Faser, sodann eine Nummernreihe mit wechselnder Normalfaserzahl proportional der Zunahme der Faserlänge. Diese Reihen geben bezüglich jeder Nummerstärke resp. Durchmesser des Fadens ein- und dieselbe Grösse, ebenso natürlich bezüglich der Länge des Fadens per Gewichtseinheit. Bei der zweiten Reihe, welche also bei wachsender Länge die Normalzahl der Fasern vermindern lässt, tritt natürlich, um zu demselben Resultat der Grösse des Diameters zu gelangen, ein anderer Faserdiameter ein, d. h. man spinnt diese längere aber gröbere Wolle höher, als es ihrer Feinheit an und für sich zukäme. Hierin liegt für die Streichgarnspinnerei ein höchst wesentliches und viel benutztes Moment, um die Spinnnummer für die betr. niedriger rangirende Wolle practisch zu erhöhen. Mit der zunehmenden Länge der Faser nimmt aber die Zahl der in der Gewichtseinheit enthaltenen Fasern ab und es liegt auf der Hand, dass man mit 10,000 Fasern von 30 Mm. Länge und 2,5 Centimill. Diameter nicht mehr Länge des Fadens schaffen kann, als mit einer Wolle von gleichem Durchmesser, aber nur 15 Mm. Länge, die etwa 20,000 Fasern per Gewichtseinheit enthält, sobald man auf die Normalfaserzahl im Durchschnitt des Fadens sieht und diese beibehalten will. Wohl aber verträgt es die erstere Sorte leicht, mit einer geringern Faserzahl im Durchschnitt versponnen zu werden, um noch haltbaren Faden zu liefern, und ist diese Verminderung nur gering, handelt es sich um 3—5 Fasern Veränderung im Durchschnitt, so ist auch die Veränderung in der Nummerstärke derart, dass sie practisch unbemerkt bleibt. Oder aber, da eine Sorte Wolle einer bestimmten Nummer entspricht, z. B. No. 8, so kann man, da die Länge der Faser die Haltbarkeit des Höherspinnens unterstützt, mit einer reducirten Faserzahl im Durchschnitt eine höhere Nummer erreichen, die denselben Durchmesser hat als die normale Nummer. Wie man aus den folgenden Reihen sieht, steigt die Zunahme der Faden-Diameter für die einzelnen Nummern nicht in einfachem Verhältniss, ebenso wie die Feinheiten der Wollfasern mit den Klassen nicht um gleichviel wachsen. Bei allen diesen Angaben und Berechnungen erscheint die Länge der Faser nicht als auf Haareslänge ausgespannt, auch nicht in der einfachen Stapellänge, sondern in einer zwischen beiden liegenden mittleren Länge.

Diese Länge nimmt das Wollhaar **gezwungen** durch die Manipulationen des Spinnens wirklich im Faden an. Ferner ist zu beachten, dass durch die sehr verschiedene Form der Fasern im Faden selbst sehr grosse Zwischenräume entstehen, deren Betrag wir sehr wohl auf 50% für gewaschene Garne annehmen dürfen, während in Fett gesponnene Garne durch Klebkraft des Fettes scheinbar feiner gesponnen sind, aber nach der Wäsche ebenfalls ein Volumen annehmen, welches den 50% Lücken + 50% Fasern entspricht. Es ist dieses Maass angenommen für die Fäden, welche man ausstreckt, ohne sie auszuspannen. Die Folge jener bedeutenden Zwischenräume ist der hohe Grad der Zusammenpressbarkeit der Wollgarne. Wir wollen gleich hier anfügen, dass die Berechnungen dem vom Internationalen Congresse für Nummerirung der Gespinnste aufgestellten Systeme folgen und somit als Grundlage für die Nummerirung aufstellen: No. 1 hat per Kilogramm 1000 Meter, — No. 5 hat per Kilogramm 5000 Meter Länge. Zur Orientirung folgt hier eine Uebersicht zum Vergleich der früher in den diversen Ländern und Gegenden gebräuchlichen Nummern mit der neuen Congress-Nummer.

Streichgarn, englisch	Streichgarn, Wiener	Streichgarn, böhmisch	Streichgarn, sächsisch	Streichgarn, Berliner	Streichgarn, Cockerill	Streichgarn, Sedan	Streichgarn, Elboeuf	Neue Congress-No.
4·43	2·04	4·13	2·76	1·74	1·67	1·64	0·69	5
5·31	2·45	4·96	3·31	2·09	2·01	1·97	0·83	6
7·09	3·26	6·62	4·41	2·79	2·68	2·62	1·11	8
8·86	4·08	8·27	5·51	3·49	3·35	3·28	1·39	10
10·6	4·90	9·92	6·61	4·19	4·02	3·94	1·67	12
13·3	6·12	12·4	8·27	5·23	5·02	4·92	2·08	15
17·7	8·16	16·5	11·0	6·97	6·69	6·56	2·78	20
22·2	10·2	20·7	13·8	8·71	8·36	8·20	3·47	25
26·6	12·2	24·8	16·5	10·4	10·0	9·83	4·17	30
35·4	16·3	33·1	22·1	13·9	13·4	13·1	5·56	40
44·3	20·4	41·3	27·6	17·4	16·7	16·4	6·94	50
53·1	24·5	49·6	33·1	20·9	20·1	19·7	8·33	60

Es ist auch die Kräuselung der Wolle hier von Wesenheit, weil sie den Spinnprozess durch Einleitung fester Verschlingungen bei der Drehung unterstützt und die Haltbarkeit des entstandenen Fadens erhöht. Sie ist zum Theil auch die Veranlassung zur Elasticität des fertigen Fadens, weil die Kräuselung die Wollfasern von einer ausgespannten Lage im Faden zurückhält. Jede Faser im Garn ist daher zunächst um die Grösse auszustrecken, welche von der Fadenlänge auf die Kräuselungsbogen verwendet ist. Die Kräuselung ist, wie erwähnt, auch Veranlassung zu den Zwischenräumen unter den Fasern im Garnfaden. Diese Einwirkung ist sehr wesentlich für die Spinnerei, weil sie dahin führt, dass der Streichgarnfaden stets dicker erscheint und ist, als er dem Corpus der Fasern nach, die ihn bilden, sein sollte. Er ist aber auch dadurch in Richtung des Querschnittes elastisch, sodass der Streichgarnfaden mehr wie z. B. der Baumwollenfaden seine cylindrische Gestaltung sich erhält.

Bei der practisch durchgeführten Auszählung hat sich als die durchschnittlich am meisten vorkommende, und in nahezu normal gesponnenem Streichgarn die Zahl 10 als diejenige erwiesen, welche die Zahl der Haare bezeichnet, die in dem Diameter des Fadens der normalen Nummerreihe wirklich liegen, also ist die Zahl 20 diejenige, welche die Faserzahl angibt, welche in diesem Raume unter Berührung nebeneinander liegen könnte. Mit Hülfe dieser Beobachtung und mit Zuhülfenahme zahlreicher Auszählungen von Fäden unter Berechnung ihrer genauen Nummer und Umrechnung auf die neue, internationale Aufmachung ist die nachfolgende Tabelle entstanden, welche für die Nummern des Garnes nach internationaler Aufmachung die Diameter der für dieses Garn (bestimmten Nummer) anwendbaren Faserdicken, die Faserzahl per Mm. Raum des Durchmessers und die Dicke des Fadens im ausgestreckten (nicht ausgedehnten) Zustande angibt, — bezogen auf die Normal-Haarzahl 20 resp. 10 für den Durchmesser des Fadens. Wir bemerken im Voraus, dass die umstehende Tabelle einer idealen Vorstellung der normalen Verhältnisse entsprungen ist und in der Praxis gewiss selten befolgt ist, allein die Grundidee derselben ist zweifelsohne richtig und alle practisch erzielten Spinnproducte lassen sich darauf zurückführen. Besonders interessant ist die Geringfügigkeit der Unterschiede in der Faser- und Fadenstärke bei den hohen Nummern. Die Abnahme der Faser- und Fadendicke gegen die höheren Nummern hin folgt keinem einfachen Gesetze. Die eigenthümlich conglommerirte Beschaffenheit des Fadens erschwert jedoch die Aufstellung einer Formel hierfür ungemein.

Zum näheren Verständnisse der folgenden Tabelle sei bemerkt, dass die Berechnung basirt auf folgenden Annahmen:

die Fasern sind 40 Mm. lang,
   im Faden sind an jeder Durchschnittsstelle 10 Fasern F in der Diameterlinie enthalten und diese 10 Fasern + 10 Faserzwischenräume Z gleicher Grösse entsprechen der Länge des Diameters,
die Drehungsvariationen sind mit Hülfe der unten folgenden Formeln berechnet.

Normal-Zahl der Fasern per D = 10 F + 10 Z. Normale Faserlänge =

Congress-No. des Garns N	Diameter Mm. der Faser d	Qualität	Zahl der Fasern per Mm. nd	Dicke des Fadens Mm. D	Länge des Fadens per Kilo in Metern L	Faserzahl in 1 Kilo der betr. Wolle Millionen
0,50	0,054	Ganzgrob	19	1,09	500	
1	0,05		20	1,00	1000	1
2	0,045		22,2	0,90	2000	2
3	0,04		25	0,80	3000	3
4	0,036	Quarta	29	0,72	4000	4
5	0,034		29,5	0,68	5000	5
6	0,032		31	0,64	6000	6
7	0,030		33,3	0,60	7000	7
8	0,028	Tertia	34,6	0,56	8000	8
9	0,027		36,9	0,54	9000	9
10	0,026		37	0,52	10000	10
11	0,025	Secunda	40	0,50	11000	11
12	0,024		41,5	0,48	12000	12
13	0,023		43	0,46	13000	13
14	0,0225		44,4	0,45	14000	14
15	0,0220	Prima II.	45	0,44	15000	15
16	0,0215		46,5	0,43	16000	16
17	0,0210		47,8	0,42	17000	17
18	0,0205		48	0,41	18000	18
19	0,0200		50	0,40	19000	19
20	0,0195		51,2	0,390	20000	20
21	0,0190	Prima I.	52,5	0,38	21000	21
22	0,0185		54	0,370	22000	22
23	0,0182		54,9	0,364	23000	23
24	0,0180		55,5	0,36	24000	24
25	0,0178		56,1	0,356	25000	25
26	0,0176		56,7	0,352	26000	26
27	0,0174		57,4	0,348	27000	27
28	0,0172	Electa	58,1	0,344	28000	28
29	0,0170		58,8	0,340	29000	29
30	0,0168		59,7	0,336	30000	30
35	0,0158		63,3	0,316	35000	35
40	0,0148	Superelecta	67,3	0,296	40000	40
46	0,0140		71	0,280	46000	46
53	0,0130		77	0,26	53000	53
60	0,0125		80	0,25	60000	60

Drehungs-Variationen für Längen der Faser.

40 mm. Faserlänge Drehungen		10 mm. Faserlänge Drehungen		20 mm. Faserlänge Drehungen		30 mm. Faserlänge Drehungen		50 mm. Faserlänge Drehungen		60 mm. Faserlänge Drehungen		Qualität
100mm	25mm	100mm	25mm	100mm	25mm	100mm	25mm	100mm	25mm	100mm	25mm	
20	5	80	20	40	10	26,6	6,6	16	4	13,3	3,3	Ganzgrob
22	5,5											
25	6,1	100	25	50	12,5	33,2	8,3	20	5	16,6	4,1	Quarta
28	7											
29,4	7,6	120	30	60	15	39,1	9,8	23,5	5,87	19,6	4,9	
31,2	7,8											
33	8,2											
35	8,8											Tertia
37	9,2											
38,3	9,7	154	38,5	77	19,2	51	12	30,7	7,7	25,5	6,3	
40	10											Secunda
41,5	10,3											
43,4	10,8											
44,4	11,1											
45,4	11,3	181	45,2	90,9	22,4	64	16	36,3	9	30,2	7,5	Prima II.
46,4	11,6											
48	12											
49	12,2											
50	12,5											
51,3	12,7	205	51,2	102,6	25,6	68,2	17	41	10,2	34,1	8,5	Prima I.
52,6	13,1											
54	13,5											
54,9	13,7											
55,5	13,8											
56,1	14	224	56	112	28	74,6	18,6	45	11,2	37,3	9,2	
57,1	14,2											
57,5	14,3											Electa
58,1	14,5											
58,8	14,7											
59,5	14,9	240	60	120	30	78	19,5	47,6	11,9	39,5	9,8	
63,3	15,8	253	62	126,6	31,4	84,1	21,0	50,8	12,7	42	10	
67,6	16,9	270	67,5	135	33,3	89,7	22,8	54	13,5	45	11,2	Superelecta
71,3	17,8											
77	19,2											
80	20	320	80	160	40	106,4	26,6	64	16	53,2	14,3	

Zur Orientirung für unsere an die alte Aufmachung z. B. nach Berliner Methode gewöhnten Spinner führen wir hier einige der Hauptnummern vorstehender Tabelle in altem Maass vor, wobei wir die zweite Decimalstelle der Unterschiede zwischen neuer Nummer und alter in den Faden und Fasernberechnungen unberücksichtigt lassen:

Alte No.	Neue No.	Fadendicke mm.	Faserdicke mm.
2	5,7	ca. 0,032	0,64
4	11,5	„ 0,025	0,50
6	17,2	„ 0,021	0,42
8	22,9	„ 0,0182	0,364
10	28,7	„ 0,0170	0,340
12	34,4	„ 0,0158	0,316
16	45,9	„ 0,0140	0,280
20	59,8	„ 0,0125	0,25

Nach der oben gegebenen Tabelle setzt sich also der Faden zusammen aus Fasern von bestimmter Länge und bestimmter Faserdicke. Damit bereits ist nahe gelegt, dass die Faserdicke sowie die Länge, wenn sie anders auftreten als in jener Reihe, die Nummern alterirt, d. h. besonders die **Normalzahl der Haare auf dem Durchmesser des Fadenquerschnitts ändert sich mit der Länge der Fasern.** W. Wagner jun.*) in Esslingen hat diese Beobachtung näher zu bestimmen gesucht und das Gesetz abgeleitet:

Die zur Herstellung eines haltbaren Fadens erforderliche **Zahl Haare auf dem Fadendurchschnitt abgezählt verhält sich bei zwei Wollen gleicher Feinheit aber verschiedener Länge der Fasern umgekehrt wie die Quadrate der Längen der Haare.** Dieses Gesetz trifft in der That genau genug zu.

---

*) Ueber die Spinnbarkeit der Schaafwolle. II. Aufl. Esslingen 1868.

Faserzahl per Diam. für Faserlängen gleich:

Normal-Garn-No.	Diameter der Faser	Faserlängen					
		10 mm.	20 mm.	30 mm.	40 mm.	50 mm.	60 mm.
0,50	0,054	304	76	33,6	19	12,1	8,4
1	0,05	320	80	35,5	20	12,7	8,8
2	0,045	350	88,8	39,4	22,2	14,2	9,8
3	0,04	400	100	44,4	25	16	10,1
4	0,036	464	116	51,5	29	17,7	13
10	0,026	592	148	65,5	37	23,7	16,4
15	0,022	720	180	80	45	28,8	20
20	0,0195	819	204	91	51,2	32,7	22,7
25	0,0178	897	224	99,7	56,1	35,9	24,9
30	0,0168	955	239	106	59,7	38,2	26,5
40	0,0148	1076	269	119,6	67,3	43	29,9
60	0,0127	1280	320	142	80	51,2	35,5

Normal-Garn-No. 40 mm. Faserlänge	Faser-Diameter	Normale Fadendicke für 40 mm. Länge u. 20 Fasern im D	Fadendicken für								
			20 mm. 80 F.	Wirkliche No.	30 mm. 33,5 F.	Wirkliche No.	50 mm. 12,7 F.	Wirkliche No.	60 mm. 8,8 F.	Wirkliche No.
0,5	0,054	1,09					0,68	5	0,475	12
1	0,05	1,00	4,0	?	1,77	?	0,63	6¼	0,44	15
2	0,045	0,90			1,59	?	0,57	7¾	0,396	20
3	0,04	0,80			1,42	?	0,51	10	0,352	26
4	0,036	0,72			1,278	?	0,457	14	0,316	35
5	0,034	0,68			1,207	?	0,431	16	0,299	40
10	0,026	0,52			0,92	2	0,33	30	0,228	48
15	0,022	0,44	1,76	?	0,78	3½	0,279	27	0,193	
20	0,0195	0,39			0,69	5	0,247		0,172	Ueber 60 hinaus
25	0,0178	0,356			0,65	6	0,239	Ueber 60 hinaus	0,157	
30	0,0168	0,336			0,596	7	0,226		0,148	
40	0,0148	0,296			0,525	10	0,201		0,130	
60	0,0125	0,25	1,00	1	0,44	15	0,158		0,110	

Betrachten wir gleichzeitig noch die Gesammtfaserzahl im Faden per 1000 Meter der Länge der Nummer 1 per Kilogramm, so haben wir, da
$$1000 \text{ Meter} = 1000000 \text{ Millimeter}$$
dividirt werden müssen durch die normale Faserlänge gleich 40 Mm., dagegen multiplicirt mit der effectiven Faserzahl im Faden von dem Durchmesser $= \frac{20}{2}$ Haare (nämlich 10 Haare und 10 Lücken), welche pr. pr. 40 beträgt, — die Gesammtfaserzahl per No. (= 1000 Meter) ermittelt mit 1000000 Fasern. Es stellt sich nun die Normalberechnung, wie folgt:

No.	Faden-dicke Mm.	Effective Faserzahl im Diameter	Effective Faserzahl im Faden	Diameter der Fasern	Länge der Fasern Mm.	Faden-länge Meter	Faserzahl per 1000 Mtr.
1	1	$10\left(\frac{20}{2}\right)$	40	0,05	40	1000	1,000,000
2 etc.	0,90	10	40	0,045	40	2000	2,000,000
1	1	10	40	0,05	50	1000	800,000
2 etc.	0,90	10	40	0,045	50	2000	1,600,000
6¼ etc.	0,63	6,3	25	0,05	50	6250	3,125,000

Die Faserzahl, welche zur Bildung des Fadens nothwendig ist für 1 Kilo und 1000 Meter schwankt mit der Länge der Faser, dem Diameter derselben, sowie mit der geforderten Spinnnummer resp. der Faserzahl im Durchschnitt des Fadens.

Das Spinnereiverfahren stellt sich nunmehr dar, als das Zusammentragen von x Haaren von a Diameter und b Länge zu einem Cylinder von b Länge und z Diameter und die Vereinigung solcher Cylinder von b Länge zu einem gestreckten Fadencylinder von 1000 mal n Meter.

Der Spinner kann diese Aufgabe lösen durch Ermittlung oder Annahme einiger dieser Grössen x, a, b, z, y, n. Ist n oder die Nummer gefordert, so ist x zu ermitteln in Beziehung auf a und b. Sei n = 5, so ist damit ausgesprochen, es solle ein Faden gebildet werden von 5000 Mtr. Länge und 0,68 Mm. Fadendicke. Es kann dies auf verschiedene Weise erfüllt werden, normal mit Wolle von 0,034 Mm. Faserdiameter, die zu 40 Fasern im Durchschnitt bei 40 Mm. Länge, — oder auch mit Wolle von 0,034 Mm. Faserdiameter, 50 Mm. Länge und 25 Fasern im Durchschnitt etc.

Die obigen Tabellen zeigen uns also auch den Einfluss der Haarlänge auf die Spinnbarkeit und die Zahl der Fasern für die resp. Längen, welche nöthig sind, um die Fäden zu bilden. Am Auffallendsten in der Tabelle sind gewiss die Rubriken für die Längen 10 Mm. und 20 Mm. Abgesehen davon, dass für diese Längen das obige Gesetz (dass sich die Haarzahlen für gleich feine Wollen verhalten wie die Quadrate ihrer Faserlängen) in der Fassung zu sonderbaren Resultaten führt, documentiren diese Rubriken mindestens die Unmöglichkeit, aus kurzen Fasern einen haltbaren Faden zu spinnen. Diese Zahlen zeigen uns an, welches Conglommerat z. B. Kunstwollmaterial liefern würde ohne Zufügung von Naturalwolle. Diese Reihen sind von 1—60 hin unbenutzbar, dagegen haben sie Platz bei den niedrigeren Nummern als 1. Die Nummern der Gespinnste ändern sich für dieselbe Feinheit der Faser natürlich mit der Länge der Faser; z. B. No. 1 von 20 Fasern im Durchschnitt und 40 Mm. Länge ist für Fasern von 50 Mm. Länge nicht mehr No. 1, sondern mit $12{,}7 \times 0{,}05$ Mm. $0{,}63$ Mm. des Fadens annähernd No. 6 bis 7, — oder mit Fasern von 60 Mm. nicht mehr No. 1, sondern $8{,}8 \cdot 0{,}05 = 0{,}44$ Mm. Fadendicke sogar No. 15; aber mit Fasern von 30 Mm. Länge nicht mehr No. 1, sondern $35{,}5 \cdot 0{,}05 = 1{,}775$ Mm. Fadendicke etwa No. 0,1!

Es entsprechen sich für dieselbe Feinheit z. B. Faser $= 0{,}05$, die Faserzahlen für die Faserlängen

Länge	10	20	30	40	50	60
Zahl	320	80	35,5	20	12,7	8,8

Dabei muss also die Dicke des Garnfadens nothwendig alterirt werden. Sie ist entsprechend

$$\begin{array}{cccccc} & & 1 & 0{,}63 & 0{,}44 \\ & 16 & 4 & & 1{,}775 \end{array}$$

Es ist also die No. des Fadens von 8,8 Faserzahl und 60 Mm. Faserlänge aus Fasern von 0,05 bei einer Fadendicke von 0,44 entsprechend der Normalnummer 15, oder mit anderen Worten: Man kann (der Feinheit nach) dieselbe Qualität Wolle um so viel höher spinnen, als die Faserlänge zunimmt, durch Verringerung der Faserzahl im Durchschnitt des Fadens. Es erhellt, dass zwischen den angegebenen Grenzen sowohl der Fadenzahl, als der Faserlänge eine fast unendliche Reihe möglicher Spinncombinationen liegt, die durch Variationen in der Feinheit der angewendeten Faser wesentlich vergrössert wird, ferner aber noch durch Herstellung von Mischungen verschieden langer Wollen. Solche Mischungen spinnen sich übrigens nicht nach dem Durchschnitte der Haarlängen beider Mischmaterien, sondern stets etwas mehr zu Gunsten oder in Richtung der längeren Beimischung, welche die andere kürzere Haarmenge gewissermassen umstrickt. Dies tritt besonders bei der Mungospinnerei hervor, bei welcher die Kunstwolle mehr oder minder nur einen Körper bildet, um den die Naturalwolle sich herumwindet. Dies hängt mit der Erscheinung zusammen, die in jedem Faden vorkommen wird, in starken Fäden aber leicht zu beobachten ist, dass sich um die Längsachse des Fadencylinders die Fasern nicht viel drehen, sondern schnell von den äusseren, durch die Drehung scharf angezogenen Fasern festgehalten werden, so dass das Innere des Fadens eine Kernschicht zeigt, um welche sich die äussere gewundene Faserschicht, die Kernschicht fest einkneifend, herumlegt.

Es sei dabei bemerkt, dass diese Kernschicht, wenn sie stark auftritt, bei Faden von No. ¼, ½, ... dem Faden wohl Körper giebt, aber auch, wenn beim Spinnen der Auszug langsam, aber die Drehung rasch vollzogen wurde, ein Würgen des Gespinnstes statthat, welches den normalen Auszug und die Gleichmässigkeit des Gespinnstes hoch beeinträchtigen muss, besonders bei Anwendung scharfer Drehung. Ist aber dieser innere Kern von Kunstwolle gebildet, so ist ein solches Würgen nicht möglich der Kürze der Fasern wegen.

Nachdem wir das Spinnen im Allgemeinen betrachtet haben, müssen wir den Effect der Drehung selbst noch beachten, den Draht des fertigen Fadens. Ueber den Draht der Fäden existirt keine genügende, ja fast keine Publication. Schon Schmidt suchte fast vergebens nach zuverlässigen Angaben über den Draht, um dieselben in seiner Spinnereimechanik benutzen zu können und musste sich mit den von Karmarsch*) theoretisch ermittelten Zahlenwerthen begnügen. Alcan**) giebt eine kleine Tabelle, die gänzlich unzuverlässig ist und von Grothe's und Karmarsch's Angaben bedeutend abweicht. Man vergleiche in dieser Tabelle die zugefügten Zahlen von Karmarsch und Grothe und man wird sehen, dass Alcan mit einer falschen Formel gerechnet hat und Unmögliches angiebt. Z. B. folgt aus Alcan's Angabe, dass bei No. 28,8 1,4 Drehungen per Millimeter im Faden vorhanden sind!!! Leroux***) giebt dafür ein scheinbar einfaches Gesetz an. Er sagt: „Man multiplicirt die Zahl der Umdrehungen des Einlieferungscylinders mit seinem Umfang und dividirt dies Product durch die Anzahl der Spindelumgänge". Er giebt aber keine Tabelle über den gebräuchlichen Draht. — Die beiden Tabellen lauten wie folgt, und zwar haben wir in der Tabelle von Karmarsch die Wiener Pfund auf Kilogramm und die Wiener Ellen auf Meter reducirt und die metrische Nummer zugefügt. Wir verweisen besonders auf den sehr ersichtlichen Einfluss der Faserlänge, der nur in Grothe's Tabelle hervortritt.

---

*) Prechtl's Encyclopädie. X. 166.
**) Alcan, Traité du travail de laine I. 460.
***) Leroux, Filature de laine pag. 309.

Tabelle von Karmarsch:

Meter No.	Per Pfund Wiener Elle	Drehungen per Wiener Zoll		Meter per Pfund = 0,560 Kilo	Meter per Kilogramm
		Kette	Schuss		
5	3600	6	3,0	2808	5025 (5000)
6	5000	7	3,5	3900	6081 (6000)
7	6400	8	4,0	4992 (4000)	7160 (7000)
11⅓	8000	9	4,5	6320	11312 (11333)
14	10000	10	5,0	7800	13932 (14000)
16¾	12000	11	5,5	9360	16754 (16750)
20¼	14500	12	6,0	11310	20244 (20250)
23¾	17000	13	6,5	13260	23735 (23750)
28	20000	14	7,0	15600	27924 (28000)
31⅓	22500	15	7,5	17550	31304 (31333)
35⅔	25500	16	8,0	19890	35603 (35666)
40½	29000	17	8,5	22620	40489 (40500)
45⅓	32500	18	9,0	25350	45376 (45333)
50¼	36000	19	9,5	28080	50263 (50250)
55¾	40000	20	10,0	31200	55848 (55750)

Tabelle von Alcan. (Elboeufer Garne.)

Meter-No.	Zahl der Drehungen am Faden per Decimeter!!			Kette per 25 mm.	Karmarsch ca.	Grothe Faserlänge =		
	Kette	Schuss	Halbkette			40 mm.	30 mm.	50 mm.
7,2	25,6	12,8	19,2	6,4	8	8,2	10	6
10,8	44,8	22,4	32,0	11,2	8,6	9,9	12,2	7,9
14,4	64	32	48	16	10,4	11,3	15	9
18,0	80	41,6	60,8	20	11,5	12,2	16,4	9,5
21,6	100,0	51,2	76,8	25	12,3	13,1	17,2	10,3
25,2	118,4	60,8	89,6	29,5	13,5	14	18,6	11,2
28,8	140,8	70,4	105,6	35	14	14,5	19	11,6

Sehr wunderbar erscheint offenbar die Alcan'sche Tabelle. Man denke sich, dass die metrische No. 7 ca. 25 Drehungen per Decimeter, also 2,5 Drehungen per Zoll haben soll! Karmarsch schreibt dem Garn von 7000 Meter per Kilo oder ca. 5000 Elle per Pfund nur 7 Drehungen zu. Bei den hohen Nummern erhält Alcan z. B. für No. 44 mit

44000 Meter per Kilo 140 Drehungen per Decimeter d. h. 35 Drehungen per 25 Mm., während Karmarsch's Tabelle nur für die entsprechende No. 32500 Ellen per Pfund 14 Drehungen per 25 Mm. verlangt. — Diese Unbestimmtheit resultirte übrigens aus dem Mangel an experimentellen Feststellungen. Solche sind von Grothe vorgenommen und haben folgende Resultate aus Garnen verschiedenster Spinnereien verschiedenster Qualitäten ergeben:

No.	Meter per Kilo	Drehungen per 100mm.	Bemerkungen.	
			Faserlänge	Faserdiameter Mm.
1	1000	20	ca. 7 cm.	ca. 0,032
1	1000	29	6 -	0,04
1	1000	33	3—6 -	0,021 — 0,32 gemischt.
1	1000	18	4,1 -	0,029
3	3000	25	4,0 -	0,032
3	3000	39	5,3 -	0,028
3	3000	33	5,2 -	0,033
4	4000	27	4,5 -	0,031
5	5000	24	4,2 -	0,033
7	7000	28	4,2 -	0,029
9	9000	27	4,5 -	0,028
12	12000	34	4 -	0,025
14	14000	28	3,5 -	0,024
16	16000	32	4,2 -	0,022
16	16000	44	3,1 -	0,022
16	16000	29	3,3 -	0,025
16	16000	43	2,6 -	0,021
20	20000	46	3,5 -	0,021
20	20000	51	6,3 -	0,031
25	25000	52	4,2 -	0,020
25	25000	36	5,2 -	0,019
25	25000	44	4,5 -	0,018
25	25000	41	3,3 -	0,017 — 0,026
30	30000	60	2,5 -	0,029
30	30000	52	3,2 -	0,023
30	30000	57	3,9 -	0,019

Diese Zahlen, die zur Uebereinstimmung mit unseren übrigen Berechnungen nach neuem Nummerirungssystem gegeben sind, zeigen äusserst erhebliche Variationen und keineswegs eine aufsteigende Reihe der Drehungszahlen in gleichmässiger Weise. Allerdings sieht man die Drehungszahl wachsen und es lässt sich mit Benutzung einiger der Resultate sogar eine proportional steigende Reihe aufstellen, allein diese Reihe repräsentirt doch nur einen rothen Faden unter hundert schwarzen. Betrachtet man die Rubriken für Faserlängen und Faserdiameter, so erklären sich die Schwankungen in etwas. Es besteht eine sichtbare Relation zwischen Faserlänge und Faserdiameter und Drehung. Die Drehung wird durch die Faserlänge alterirt, nicht wieder durch die Faserstärke und das auch auf ganz natürliche Weise. Es leuchtet auch hier wieder klar hindurch, dass es eine Normaldrehungszahl geben muss, welche für alle Wollen gleicher Faserlänge und gleichen Faserdiameters für alle Normalgarne ausreicht, wenn die **Faserzahl** ungeändert bleibt. Es müssen sich also alle Garnnummern spinnen lassen mit derselben **Drahtzahl** per Decimeter, wenn diese Garne der normalen Nummerreihe bei 40 Mm. Faserlänge und den entsprechenden Faserdiametern, sowie bei 20 Fasern im Durchschnitt der Fadendicke folgen.

Die für diese Bedingungen am häufigsten auftretende Drehungszahl ist die Zahl 40 per 100 Millimeter für Kette, 20 per Millimeter für Schuss.*)

Die Grenzen der vorkommenden Drahtzahlen bei Streichgarn haben wir gefunden mit 25 und 65 für Kette und mit 15 und 35 für Schuss. Von sogen. Halbkette sehen wir hier ab. — Feinheit, Länge und Faserzahl im Faden bedingen oder erlauben die Variationen in der Drehungszahl, und im Allgemeinen gelten die Gesetze:

Längenzunahme der Fasern erlaubt Verringerung der Drahtzahl;

Feinheitszunahme bei bleibender Länge erlaubt Verringerung der Drahtzahl;

Abnahme der Faserzahl bei gleicher Länge und Feinheit erfordert Zunahme der Drahtzahl;

Abnahme der Faserzahl bei Längenzunahme erlaubt Beibehaltung der Drahtzahl;

Abnahme der Faserzahl bei Längenabnahme erfordert Zunahme der Drahtzahl.

---

*) Die zu obigen Untersuchungen benutzten Garne wurden von den Herren Otto Helbing, D. J. Lehmann, Director Schoenfeld, Dessauer Wollgarnspinnerei u. a. bereitwilligst zur Verfügung gestellt und waren Producte von Spinnereien in Sachsen, Thüringen, Rheinland, Belgien, Lausitz, Brandenburg etc.

Die Versuche wurden unter sorgfältigem Zurückdrehen von 2,5 Meter langen Fäden ausgeführt und für das freiwillige Entdrahten beim Haspeln etc. wurden 5 pCt. für die Erhaltung der vollen Drehungszahl zugeschlagen. Nach jeder Aufdrehung wurden die Fasern gemessen unter dem Microscop mit dem Micrometer.

Betrachtet man die Reihe der in der Streichgarnspinnerei zur Verwendung kommenden Wollen, so findet man im Allgemeinen heraus, dass bis zu einem gewissen Grade die Länge der Fasern mit der Feinheit abnimmt (d. h. Länge der ungestreckten Fasern). Trotzdem nun die gröberen langen Wollen durch ihre zunehmende Schlichtheit an Spinnbarkeit verlieren, bis sie bei 25 Mm. diese fast total verloren haben, steht dennoch diese Abnahme in keinem einfachen Verhältniss zur Länge und Spinnbarkeitszunahme mit der Längenzunahme. Dieses Verhältniss ist auch nicht vergleichbar mit der Längenabnahme der feinen Wolle, deren Spinnbarkeit erst bei 10 Mm. Länge erlischt. Man wird eine progressive Steigerung der Längenabnahme für die Wollqualitäten mit zunehmender Feinheit verfolgen können und damit wächst das Bedürfniss nach Drehungszunahme bei naturgemäss eintretender Abnahme der Haareslänge. Aus dieser Thatsache, die sich in den gewöhnlichen Spinnproducten des Handels ausdrückt und erkennen lässt, ist Karmarsch's Formel entstanden, welche die Drehungen berechnet:

Ist n die Zahl, welche angiebt, wie viele Tausend Meter Garn auf ein Kilogramm gehen, so ist die Anzahl der nöthigen Drehungen per 25 Mm.

für Kette $= 3{,}64 \sqrt{n}$

für Schuss $= 1{,}82 \sqrt{n}$ oder

per Zoll, wenn n die Zahl der Strähne im Wiener Pfund ist (787 Elle per Strähne)

für Kette $= 2{,}8 \sqrt{n}$

für Schuss $= 1{,}4 \sqrt{n}$ oder

per Zoll und Berliner Pfund (2200 Elle)

für Kette $= 4{,}3 \sqrt{n}$

für Schuss $= 2{,}6 \sqrt{n}$

Diese Formel giebt für obige Voraussetzung ganz brauchbare Resultate, trifft jedoch besonders nicht genau zu, sobald man es mit grösseren Variationen zu thun hat. Karmarsch hat diese Formel der Praxis und Erfahrung entnommen.

Um zu einer Bestimmungsmethode zu gelangen, welche allen vorkommenden Fällen genauer gerecht wird und zugleich nicht mit einer angenommenen, sondern einer motivirten Grösse rechnet, müssen wir uns klar machen, wodurch die Drahtzahl bedingt werden kann. Es sind offenbar die Variationen der Länge und des Durchmessers der Fasern, welche bestimmenden Einfluss haben müssen.

Da, wie wir oben bereits berührt und auseinandergesetzt haben, die relat. Spinnbarkeit der Wolle zunimmt mit der Länge und die benöthigte Drehungszahl abnimmt mit Zunahme der Länge, so ist aus dieser Relation eine gesetzmässige Bestimmung der Drehungszahl herzuleiten, sobald man eine einheitliche Normalzahl sich gebildet hat, auf welche die gesuchten Zahlen sich beziehen können. Ist L die Normallänge der Einheit oder Normalzahl, mit einer normalen erforderlichen Drehungszahl $=$ Dr, so wird die gesuchte Drehungszahl dr für eine andere Länge derselben Wollqualität sich bestimmen durch die Proportion

$$L : L^1 = dr : Dr$$

L^1 ist aber $= L + (L^1 - L)$ und man hat dann $L : L + (L^1 - L) = dr : Dr$. z. B. ist $L = 40$ und $Dr = 20$, ist ferner $L^1 = 80$, so ist $dr = 10$, — oder ist $L = 40$, $Dr = 20$, $L^1 = 30$, so ist $dr = 27,5$. Sobald man aber die Drehungszahl für Wollen verschiedener Haardurchmesser berechnen will, so muss in die Gleichung der Haardurchmesser eingeführt werden und dieselbe lautet dann (n = Haardurchmesser):

$$Ln : L^1 n^1 = dr : Dr$$
$$Ln : [L + (L^1 - L)] n^1 = dr : Dr$$

z. B. $L = 40$, $n = 0,05$, $L^1 = 80$, $n^1 = 0,030$, $Dr = 20$
so ist $dr = 1,60$

$L = 40$, $n = 0,05$, $L^1 = 40$, $n^1 = 0,0125$, $Dr = 20$
so ist $dr = 80$.

Ermitteln wir für letzteres Beispiel die Nummer, so ergiebt sich dieselbe nach unserer obigen Tabelle = No. 60 zu 60000 Meter. Das auf Pfund und Elle reducirt giebt ca. 40000 Ellen und 80 Drehungen per 100 Millimeter oder 20 Drehungen per 25 Millimeter (1 Zoll).

Diese Resultate beziehen sich natürlich zunächst auf eine bestimmte Faserzahl im Faden. Da sich aber für **gleiche** Wollen die Faserzahlen verhalten wie die Quadrate der Längen, so kann man mit Hülfe jener oben gegebenen und besprochenen Formel in jedem einzelnen Fall den Einfluss der Variation der Faserzahlen ermitteln. Es verhalten sich ja diese F wie folgt:

$$F : F^1 = L^{1^2} : L^2$$

unsere Gleichung für die Drehungen lautet:

$$L^1 : L = Dr : dr$$

somit ermittelt sich der Einfluss der **Faserzahl** durch die Formel:

$$Dr : dr = \sqrt{F} : \sqrt{F^1}$$

z. B. $Dr = 20$, $F = 20$, $F^1 = 18$ so ist

$$dr = \frac{\sqrt{20} \cdot 20}{\sqrt{18}} = 21,0$$

und $Dr = 20$, $dr = 80$, $F = 20$ so ist

$$\sqrt{F^1} = \frac{80 \sqrt{20}}{20} = 17,8$$

Mit Hülfe also dieser Formeln kann man für jede Nummer die Drahtzahl ermitteln und an der Hand obiger Tabelle ist es möglich, dem Einfluss der Variationen der Faserdimensionen Rechnung zu tragen. Dass nun in der That die Drehungen fortschreitend mit der Nummer zunehmen, liegt lediglich an der Abnahme des Faserdurchmessers mit der

Zunahme der Fadenfeinheit, aber es folgt daraus nicht etwa, dass je feiner die Faser, um so mehr Draht verlange sie, — wie das mehrfach in Schriften ausgesprochen ist, denn das Verhältniss ist effectiv umgekehrt. —

Die in Vorliegendem dargelegten Principien bezeichnen nun die Grundlage der Streichgarnspinnerei. Im Nachstehenden folgt die eingehende Beschreibung der Maschinen, mit denen man nach solchen Prinzipien die Vorspinnfäden fertig spinnt.

Die Spinnmaschinen.

Die Continuekrempel in ihren verschiedenen Anordnungen, die wir betrachteten, hat immer den Zweck, das auf den Krempeln gebildete Vliess vom Peigneur abzunehmen und in Theile zu zertheilen, welche die Urgestalt für die Fäden bilden sollen, die der Spinnprozess selbst formte. Betrachtet man diese Vliesstheile und beobachtet man die auf dieselben wirkenden Mechanismen der Continuekrempel, nämlich das Würgelwerk, die Anstückelmaschinen oder die Röhre, so ist wohl leicht ersichtlich, dass diese Mechanismen nicht im Stande sind, aus den platten Vliessbändern einen **gedrehten** Faden zu machen. Das Würgelwerk rollt bei seiner alternirenden Bewegung dieses flache Vliess zusammen und drückt beim Rückgang und wiederholten Hingang die Fasern des aufgerollten Vliesses in einander, so dass diese entstandene Rolle eine ziemlich gleichartige Masse bildet. Bei der Anstückelung ist dies Zusammenrollen von geringerer Intensität. Bei der Röhre allein wird dem Vliess unter Zusammenwulstung eine Art Spiraldraht gegeben, der vor Eintritt in die Röhre sich links anordnete, hinter der Röhre rechts nach Auflösung des ersteren Drahtes. Auf diese Weise entsteht je nach Differenz der Längen vor und hinter der Röhre ein mehr oder weniger dichter und leicht gedrehter Wulst. Diese Wulste nennt man im Allgemeinen **Vorgespinnst. Will man diese Wülste verspinnen, so muss sich der Spinnprozess bestreben, zunächst dieselben zu verlängern, sie auszuziehen und ihr durch Drehung Festigkeit und Verbindung bis zu einem gewissen Grade zu verleihen.**

Bei Anblick der Vorfadenbildung auf den Feinkrempeln steigt der Gedanke leicht auf, diesen gebildeten Faden nun gleich zu vollenden auf derselben Maschine. Dieser Gedanke ist denn auch von Anfang jener Zeit an, wo Krempel verwendet wurden, verfolgt, — hat aber bis zum heutigen Tage ausgenommen für einzelne Specialfälle zu keinem ausreichendem Resultat geführt. Ob gerade diese Combination des effectiven Spinnens mit dem Krempelsystem das Erwünschte ist, wollen wir dahingestellt sein lassen, jedenfalls ist sie nicht unbedingt wichtig oder nothwendig. Angewendet aber ist solche Combination mit Erfolg für Herstellung grober Gespinnst e aus langen Fasern wie z. B. zu Teppichgarnen, Leistengarnen etc., bei welchen der Auszug der Würgelfäden nicht bedeutend ist, sondern sich innerhalb engerer Grenzen hält, bei welchen ferner die langen Fasern durch ihre Länge bereits eine mehrfache Umschlingung umeinander, um dem Faden Halt zu geben, einschliessen und ermöglichen. Denn der wesentlichste Gegenstand für das Spinnen ist es, entgegengesetzt zu der Faserlage in den Locken oder Wulsten, die Fasern des Fadens um einander zu schlingen. Während die Fasern im Wulst etwa so gerade liegen wie die Fig. 376a angiebt, sollen sie bei dem fertigen Faden b in Spiralen einander umschlingen. Dabei legen sich dann die einzel-

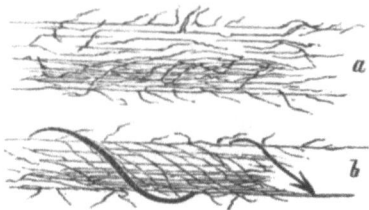

Fig. 376.

nen Bögen und Kräuselungen der einzelnen Fasern ineinander und stützen sich damit untereinander, so dass der Faden eine gewisse Zugfestigkeit erhält, die für seine Verwendung von Wichtigkeit ist.

Für die bei solchen Combinationen nothwendige und in der That fast stets verwendete Röhre tritt eine besondere Function auf, die einer genaueren Betrachtung werth ist und aus dem Nachstehenden erhellen wird.

Die Continuekrempel bilden, wie wir gesehen haben, Wülste, Locken — eine Art Vorgespinnst, welches dann bestimmt ist, auf den Spinnmaschinen verfeinert und gedreht zu werden. Diese Operationen geschehen oftmals in zwei getheilten Vorgängen, von denen die erste eine Vorarbeit, die andere die eigentliche Schlussarbeit bewirkt. Sowohl bei dieser als bei jener ist es nothwendig, dass die Maschinen so wirken, dass der Faden nicht nur die benöthigte resp. gewünschte Länge erhält, sondern auch die genügende Festigkeit. Letztere hängt, bedingt von dem Draht, der Drehung des Fadens um sich selbst resp. der Fasern des Fadens um einander ab. Die Erreichung der gewünschten Länge des Fadens aus dem dicken Fadenwulste der Locke ist eines der Bedingnisse der Spinnerei. Man überzeugt sich leicht, dass ein Ausziehen der Locken in ruhendem, gespanntem Zustande allein ein Resultat für Verlängerung und Verfeinerung **nicht** hat. Desshalb sind für die Streichgarnspinnerei Cylinderstreckwerke unbrauchbar oder nur anwendbar unter Einschaltung von Hülfsmechanismen zwischen die einzelnen Walzen, welche während der Auszugsarbeit dem Faden eine Drehung ertheilen, durch welche die einzelnen Fasern sich verschlingen und sich gegenseitig halten, oder sich aneinander klammern.

Das Cylinderstreckwerk ist daher auch nur in solcher Combination in der Streichgarnspinnerei verwendet. Eine ganze Klasse von Apparaten aber bedient sich eines besonderen Streckwerkes für die Streichgarnspinnerei gar nicht, sondern sucht unter Zuhülfenahme der Drehung durch Spindeln die Wülste auszuziehen mittelst direkten Zuges, und zwar ist dies die ursprüngliche Methode der Spinnerei, bei welcher zuerst das Gewicht der Spindel am Ende des Fadens den Auszug unter Drehung erwirkte, später die allmählige Entfernung des Wagens von den feststehenden Spindeln bei den Mulespinnmaschinen, während die vorher characterisirte Methode das Prinzip der Waterspinnmaschine enthält. Der Draht eines Fadens wird hervorgebracht durch Intervention von geeigneten Maschinentheilen. Dieselben bestehen einmal in Apparaten **zum Festhalten der Fäden** in gewissen Distanzen und sodann in Apparaten, **welche die Drehung selbst bewirken**. Die Mechanismen zum **Festhalten**, zur bestimmten Begrenzung der Drehung können verschiedener Anordnung sein und verschieden ihre festhaltende Wirkung ausüben, ebenso die eigentlich **drehenden** Theile. Man bedient sich zu dem ersteren Zwecke:

    a. der Finger (beim Handspinnen),
    b. des Kneipapparates, der Presse (bei Hargreaves' Jenny),
    c. der Cylinder mit intermittirender Bewegung, (bei der Mule-Jenny, Selfactor etc.)
    d. der Cylinder mit continuirlicher Bewegung (Waterspinnmaschine, Continuespinner),
    e. besonderer, meistens intermittirender Organismen (Continuespinner).

Beim Handspinnen formen die zwei Finger der Hand den Faden, strecken ihn und halten ihn längere Zeit an einem Punkt fest, damit die von der Spindel intendirte Drehung sich bis zu diesem Punkte nur fortsetzen kann, bevor eine neue Partie Faden gebildet, gestreckt und gedreht wird. Der Kneipapparat folgt der gleichen Idee. Eine Partie Faden geht durch ihn hindurch und, indem er sich dann schliesst und die Fäden fest zwischen seinen beiden Backen einklemmt, begrenzt er die Drehung des Fadens genau während der Drehung der Spindeln etc. Dieselben Functionen erfüllen die beiden Einführungsglieder bei den Mulemaschinen und Selfactoren, welche eine bestimmte Quantität Faden hindurchgeben und dann stillstehen. Bei den Watermaschinen, sowie den Continuespinnern (im Grunde genommen auch Waterspinnmaschinen), bei denen die Spindeln eine ununterbrochene Bewegung haben, muss auch entsprechend die Zuführung an Faden eine continuirliche sein. Es können demnach Organismen an der Maschine den erwünschten Zweck zunächst nicht haben, welche von Zeit zu Zeit sich öffnen, schliessen, stillstehen u. s. w. Hierfür wendet man nun continuirlich drehende Cylinder an, die langsam aber stetig Faden ausgeben, dennoch aber den Begrenzungspunkt für die

Fadendrehung zwischen sich bilden, obwohl von einem effectiven Festhalten, unter Stillstand der Bewegung etwa, nicht die Rede sein kann. In diesem Umstande hat die Schwierigkeit gelegen, das Watersystem zum Feinspinnen der Streichgarne anzuwenden. Die neueren Bestrebungen, welche dies bewirken wollen, erreichen diesen Zweck zum grössten Theil nur durch Einschaltung eines Mechanismus, welcher den Haltpunkt intermittirend ersetzt oder aber auf eine andere Weise bestimmt diese eine Begrenzung ersetzende Wirkung ausübt. Hierher gehört der eigenthümliche, intermittirend wirkende Haltapparat von Avery, der Schlitzhammerapparat von Goulding und von Brandon, die Regulirleisten von Spineux, die Balancierpresse von Martin, die Flügel von Vimont-Sykes und in gewissem Sinne der Fadenführer mit mehrfachen Schlingen, wie von Greenwood-Asquith u. A. Diese Apparate halten sämmtlich die Fäden, wenn auch oft nur für einen Moment fest an einem dem Zwirnraum entsprechenden Punkte, um so Gelegenheit zu bieten, nicht sowohl die ausziehende Arbeit als auch die Dreharbeit zu verrichten.

Der zweite Theil der Mechanismen, die hier in Rede kommen, ist der drehende, der Drehung gebende. Diese Mechanismen sind weniger zahlreich und zwar für Streichgarn sehr wenig zahlreich. Diese Mechanismen bestehen in Röhren und Spindeln, und zwar unterscheidet sich die Wirkung dieser beiden Organe ganz wesentlich. Die Röhre verleiht keine einfache Drehung, sondern zu gleicher Zeit auf das Fadenstück vor Eingang in die Röhre eine entgegengesetzte Drehung zu der, welche die Röhre dem austretenden Fadenstück ertheilt, und zwar löst die letztere Drehung die Wirkung der ersteren auf, so dass, wenn die Fadenenden, in einem Moment gedacht, nach beiden Seiten hin gleiche Länge haben, der Faden ausserhalb des letzten Stückes ohne Drehung erscheint oder bei ungleicher Stücklänge mit dem Ueberschuss der Drehung erscheint, welche durch jene grössere Fadenlänge vor oder hinter der Röhre entsteht. Dieser Vorgang, der bei den Continuemaschinen von bedeutungsvollster Wichtigkeit ist, lässt sich sehr einfach darstellen in folgender Fig. 377. Es ist in derselben die Röhre mit Würtel D angenommen, die sich mit grosser Geschwindigkeit dreht.

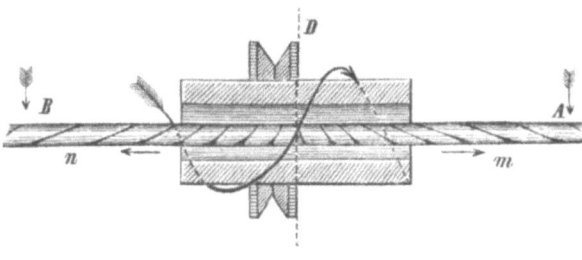

Fig. 377.

Von A her tritt der Faden durch die Bohrung der Röhre hindurch und wird bei B aufgefangen. B und A seien die Begrenzungspunkte für die von der Röhre ausgeübte Drehung auf den Faden. Die Drehrichtung ist durch den Pfeil angedeutet. Es ist leicht ersichtlich und durch ein sehr einfach anzustellendes Experiment darzustellen, dass die Röhre auf den Faden dahin wirken muss, dass vom Mittelpunkt der Röhre an der Faden sowohl nach A als nach B hin Drehung empfangen wird und dass die Wirkung davon für Stück n einen entgegengesetzten Draht als für Stück m hervorbringen muss. Ist $n = m$, so wird bei Fortbewegung des Fadens der Draht des Stückes n gänzlich zurückgedreht, also aufgelöst sein, wenn der Punkt A mit dem Mittelpunkt der Röhre zusammentrifft. Ebenso ist ersichtlich, dass, wenn man die Längen für m und n, also die Distanzen B und A vergrössert resp. variirt, so dass z. B. $n = m + p$, — der Draht für n bei Ablauf der Drehzone gleich p sein wird, während m und n als gleiche Grössen von ungleicher Drehung sich vollkommen aufheben. Dieses Drehen und Aufdrehen scheint nun in gewissem Grade effectlos, allein der Zweck ist dennoch ein wohlerwogener, insofern die temporär eingeführten Drehungen die Streckung resp. das Ausziehen vor und hinter der Röhre wesentlich unterstützen.

Die Spindel dagegen übt, wenn sie sich in einer bestimmten Richtung continuirlich dreht, nur in einem Sinne die Drehung aus und verleiht dem Faden auf der ganzen Drehlänge eine bestimmte Drehung. Hierbei variirt die Stärke der Drehung durch die Grösse der Drehlänge d. h. die Distance der Spindelspitze etc. von dem Begrenzungspunkt der Drehung durch obige Apparate, oder durch die Schnelligkeit der Spindelbewegung, oder durch die Schnelligkeit der Ausgebecylinder, der Einführung und Zuführung der Fadenlängen. Sollen aber Spindeln eine ähnliche Wirkung ausüben, wie die Röhren, also Drehen und Ausdrehen, so ist dies nicht anders zu ermöglichen als dadurch, dass man die Spindeln in entgegengesetzter Richtung in aufeinanderfolgenden Zeiträumen drehen lässt und es entscheidet dann die Dauer dieser beiden Spindelbewegungen über die Grösse des verbleibenden Drahtes. In Wirklichkeit geschieht dies seltener auf einer und derselben Maschine, als vielmehr auf zwei selbstständigen Maschinen, von denen die eine die Vorspinnmaschine z. B. Rechtsdraht giebt, die Feinspinnmaschine als zweite aber Linksdraht. In diesem Falle hat natürlich die Feinspinnmaschine zunächst den ganzen Rechtsdraht aufzulösen und dann erst Linksdraht zu geben.

In den Continuemaschinen für Streichgarn, welche heutzutage mit vollem Recht in den Vordergrund für Maschinerie der Streichgarnspinnerei gestellt sind und bestimmt sein können, für dieses Gebiet der Spinnerei eine ausschliessliche Herrschaft zu erlangen, — combinirt man mit Erfolg die Wirkung der Röhre und die Wirkung der Spindel. Wie bereits bemerkt, reicht das reine Waterspinsystem für diese Zwecke nicht aus, weil die kurzfaserige Masse der Streichgarnfasern im Vorgarn dem scharfen Zuge der Waterspindel nicht gewachsen ist, ausserdem aber der starre Auszug der Watermaschine für Erzielung eines guten Streichgarns nicht vortheilhaft ist und nicht genügt. Dagegen liefert das Watersystem günstige Resultate, wenn, wie bei den neueren Continuemaschinen, gewisse eingeschaltete Maschinentheile die starre Wirkung der Watermaschine ergänzen und modificiren. Im Allgemeinen laufen diese Einschaltungen und Ergänzungen darauf hinaus, durch Röhren dem Garne eine vorübergehende Drehung zu ertheilen und so dem Faden Widerstand während des Auszuges zu verleihen, ferner dem Faden feste Begrenzungspunkte für die Drehungslänge zu geben, endlich durch Schläger den Faden in eine schwingende Bewegung zu versetzen, um einmal die Spitzen und Enden der Fasern nach dem Aeusseren des Fadens zu kehren und etwaige Knoten und Verstärckungen zu lösen und zu ebenen. Ferner hat man sogenannte Regulatoren hinzugefügt, welche bei zu starkem Auszuge sowohl als bei zu schwachem Auszuge helfend und regulirend eintreten und für die Gleichmässigkeit des Fadens sorgen. Besonders hervortretend war aber bei den amerikanischen Constructionen der Continuemaschinen die Imitation des Spinnvorganges auf der Jenny und dem Selfactor. Wie dort eine gewisse Länge des Gespinnstes ausgeliefert wird, bevor das Ausziehen beginnt, so suchten sie ebenfalls eine bestimmte Länge auszuliefern, sodann den Faden festzuhalten und diese Länge zu strecken. Die belgischen Constructeure dagegen sowohl wie Vimont-Systes sahen von dieser Imitation ab und suchten vielmehr die Ungleichheiten des Vorgespinnstes durch Schlagflügel, Röhre und Bremsregulator auszugleichen. Diese beiden Richtungen der Bestrebungen führen zu einem günstigen Resultat und schon heute kann man annehmen, dass das Problem der Streichgarncontinuespinnmaschine gelöst ist. Ja Herr Celestin Martin in Verviers geht so weit, zu schreiben*): „Ich habe seit Construction und Erprobung meiner Continue alle meine Modelle von Mules und Selfactors verbrannt!" und die Amerikaner bemühen sich nicht erst sehr mit Selfactorbau, sondern cultiviren die von ihnen mit Glück betretene Construction der Streichgarncontinues! Auch für uns ist es eine Frage der Zeit allein, dass man in der Streichgarnspinnerei die Continue ausschliesslich anwendet und den complicirten Selfactor stille stehen lässt. Der Eintritt dieses Ereignisses würde auch mit einem Male die Streichgarnspinnerei von dem Banne einer fast vorgeschriebenen Grösse befreien und diese Technik beweglicher machen, Assortimente als abgeschlossenes Ganze hinzustellen im Stande sein! — Wir können nicht umhin zu gestehen, dass die Amerikaner uns bereits nach dieser Richtung hin Lehrmeister geworden sind und uns in Energie der Verfolgung einer wünschenswerthen Verbesserung weit übertroffen haben, — uns, sowie besonders auch die Engländer, die an dem Gedanken der möglichsten Grandiosität jeder Fabrikation festhaltend, ihr Hauptziel aller Construction in Ausführung mächtiger Maschinen suchen. Auf dem Continent waren es in

---

*) Privatschreiben.

der That nur Fr. Pasquay, Vimont und mit grossem Erfolge Celestin Martin und jüngst Oscar Schimmel, welche ganz und voll erkannten, dass die Zukunft nicht erheische, mit gewaltigen Maschinen zu arbeiten, sondern mit Beweglichkeit und der Möglichkeit bald Massen, bald kleine Quantitäten zu verarbeiten, ohne sich empfindlichen Kraftverlusten oder einer drückenden Ueberproduction auszusetzen.

Nach dieser allgemeinen Beleuchtung der Spinnfrage für Streichgarn, wollen wir in die specielle Beschreibung der üblichen Spinnmethoden eintreten.

A. Spinnapparate mit den Continuekrempeln verbunden.

Die älteste Construction dieser Art rührt von Paul Higton her 1786. Später ist eine derartige Einrichtung dem Wilh. Davis in Leeds (1825) patentirt. Diese letztere Construction ist noch ausserdem insofern von Interesse, als Davis darin eine Methode zur Abtrennung der Fadenvliesse von den Peigneurs angab, die allerdings niemals wieder nachgeahmt ist, indessen in ihrer Art originell ist und einen heute verfolgten Zweck der Krempelei, den des Kreuzens der Wollpelze etc. auf originelle Art zu erreichen suchte. In dieser Beziehung enthält diese Maschine zugleich eine selbstständige Kategorie der Abnahmeapparate, die wir pag. 346 classificirt haben. Davis spricht in seiner Patentbeschreibung ausdrücklich aus, dass die Wolle durch schräg gestellte kleine Kratzencylinder cc von den Peigneurs abgenommen werden sollte, damit die Fasern der Wolle eine andere Richtung erhielten, als sie durch die Maschine bekommen, und auf diese Weise sich kreuzen und die Haare auswärts kehren. Andererseits bewirken die kleinen Kratzencylinder, dass die Wulste auf ihrer

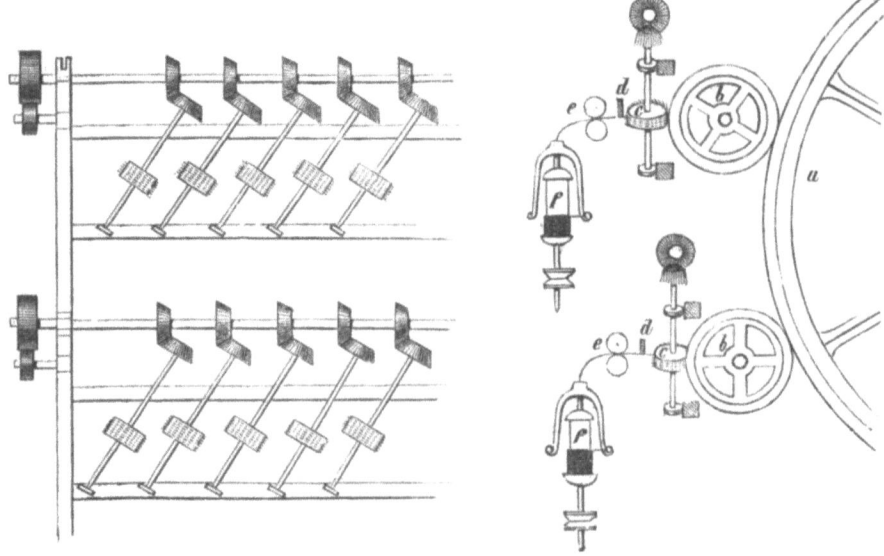

Fig. 378.

Oberfläche so haarig als möglich werden und so das Tuchgewebe auf der Oberfläche wollreich werde. Von den kleinen Kratzencylindern trennen Hackerkämme die Vliesse ab. Dieselben gehen durch die Streckwalzen e und werden den Spindeln f mit Flügeln zugeleitet. (Fig. 379.) Um mit dieser Einrichtung fertig zu spinnen und die besondere Spinnmaschine zu ersparen, hat Davis eine besondere Einrichtung getroffen und vor e eingeschaltet, welche ein in neuester Zeit wieder aufgetretenes Princip bereits vertritt. Der Apparat ist ein Differentialmechanismus (Fig. 379). Er besteht aus

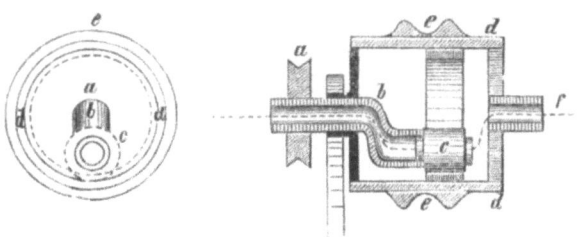

Fig. 379.

einer Röhrenaxe bb, die in die Trommel d hineingeht und im Innern von d eine Biegung macht, auf deren Bogenlinie das Zahnrad c beweglich aufgebracht ist. Das Zahnrad c kämmt in einen inneren Zahnkranz von d ein. Auf b sitzt der Würtel a und auf d der Würtel e. Beide erhalten gesonderte Bewegung mittelst Schnuren.

Der Vorspinnfaden tritt in b ein und wird durch c hindurchgeleitet, wobei die Biegung der Röhre b gleichsam als Grenzpunct der beiderseitigen Drehung des Fadens zu betrachten ist. Nimmt man nun den Fall an, dass a und d in gleicher Richtung sich drehen, so wird c von b in derselben Richtung mitgenommen, aber da c in den Zahnkranz von d eingreift, so wird die Bewegung von c eine andere sein, als die von b und zwar, wenn a schneller sich dreht als d, so wird c entgegengesetzt umlaufen als a, — dreht sich a langsamer als d, so erhält c eine um so viel beschleunigte Bewegung, als die Differenz der Umdrehungsgeschwindigkeiten ausmacht. Dreht sich aber a entgegengesetzt wie d, und zwar langsamer oder schneller als d, so wird c sich auch entgegengesetzt mit a drehen, entsprechend den Geschwindigkeitsdifferenzen von a und d. Man hat in diesem Apparat also folgende Möglichkeiten für die Ausführung des Spinnprozesses: a) Die Röhre b dient als Mittel, um Vordraht für den Streckprozess zuzugeben und ist hierbei der Ausgabecylinder resp. die Abkämmung als eine Grenze des Drahtes und das Rohrknie als die andere zu betrachten. b) Röhre c hebt den Vordraht durch entgegengesetzte Drehung auf. c) Röhre c vollendet den Vordraht in gleichem Sinne. d) Röhre c löst einen Theil des Vordrahtes wieder auf. Diese und andere Fälle resultiren aus den verschiedenen Geschwindigkeiten und Drehrichtungen der Röhre b und c resp. der Würtel a und d unter einander. Der Faden wird aus c heraus durch f hindurch nach den Spindeln geleitet, und empfängt wiederum Draht. —

— 482 —

Eine klare treffliche Darlegung des Spinncontinuespinnsystems sprach 1849 Fritz Pasquay in Wasselonne aus, der eigentliche Vater der Vimont'schen Continue. Wir bringen seine Angaben später. *) —

Die weitergehende Combination hat John Goulding in Worcester (Massachusetts U. St. A.) 1869 gemacht**), nachdem übrigens eine Reihe Combinationen in America für den ähnlichen Zweck patentirt wurden. Goulding's Maschine erwies sich als gut und erfolgreich. Die Beschreibung dieser Maschine resp. dieses Spinnapparates greift bereits wesentlich in den Bereich der separaten Continuespinner über und könnte dieser Spinnapparat auch sehr gut ohne Zusammenhang mit der Feinkrempel als selbstständige Maschine hergestellt werden.

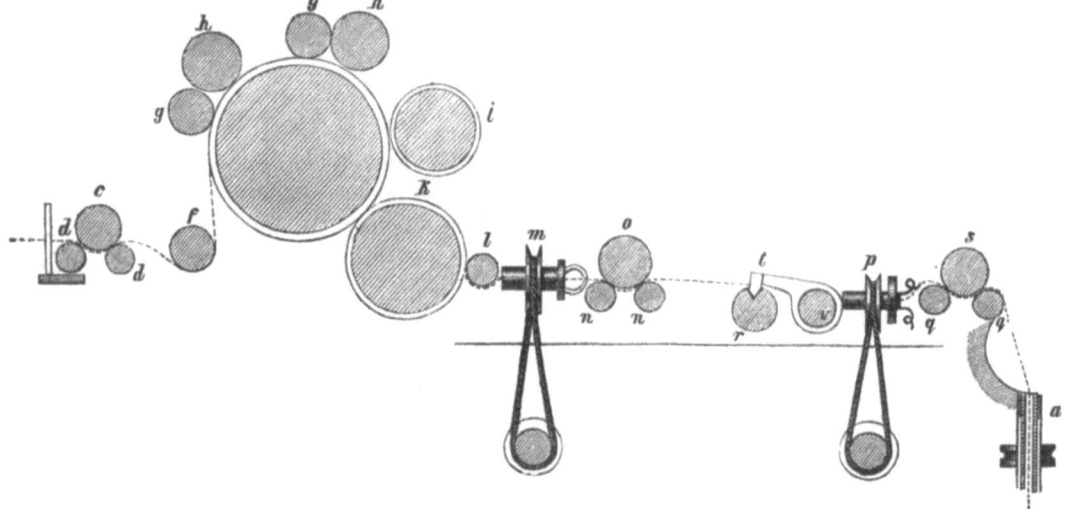

Fig. 380.

Goulding's Maschine Fig. 380 enthält den Einführapparat d c d für den Pelz, Vliessband etc. Die Walze f führt dieselben an den Tambour, mit welchem die Wender-Arbeiterpaare g h zusammenarbeiten. i ist der Volant, k der Peigneur, von dem die Abnehmungswalze l das Vliess abkämmt und theilt und den Röhren m zuführt. Leicht gedreht gelangt die Locke zwischen die Walzen n o n und von da über den feststehenden Streichbaum r nach der zweiten Röhre p und der zweiten Streckenwalzenanordnung p s q. Von da geht der gestreckte und mit Vordraht versehene Faden zur Spindel a. Die Spindel besteht in ihrem oberen Theil aus einer Röhre, aus welcher sodann der Faden austritt und zu dem Fadenführer übergeht. Die Streichwalze r enthält auf der oberen Seite einen Einschnitt, in den sich eine

---

*) Brevet 20. Oct. 1849. No. 8990.
**) Patent 1869 America. — Patent Specif. England durch W. Rob. Lake in London 1869. 26. Aug. No. 2537.

Leiste t an Armen der Welle v einlegen kann. Geschieht dies, so werden die Fäden natürlich festgehalten zwischen t und r und es vollzieht sich ein Verzug zwischen r t und q s q von grösserer Ausdehnung. Währenddessen ziehen n o n langsam Vorgespinnst ein und wenn t sich hebt, tritt sofort ein neues längeres Stück desselben zwischen r und q s q. Diese intermittirende Wirkung von t ist später in anderer Weise von Avery trefflich benutzt worden.

Brandon*) construirt die Continuekrempel (Fig. 381) ganz ähnlich wie Goulding. Die Cylinder e d e dienen als Einzug für die Bänder, Pelze,

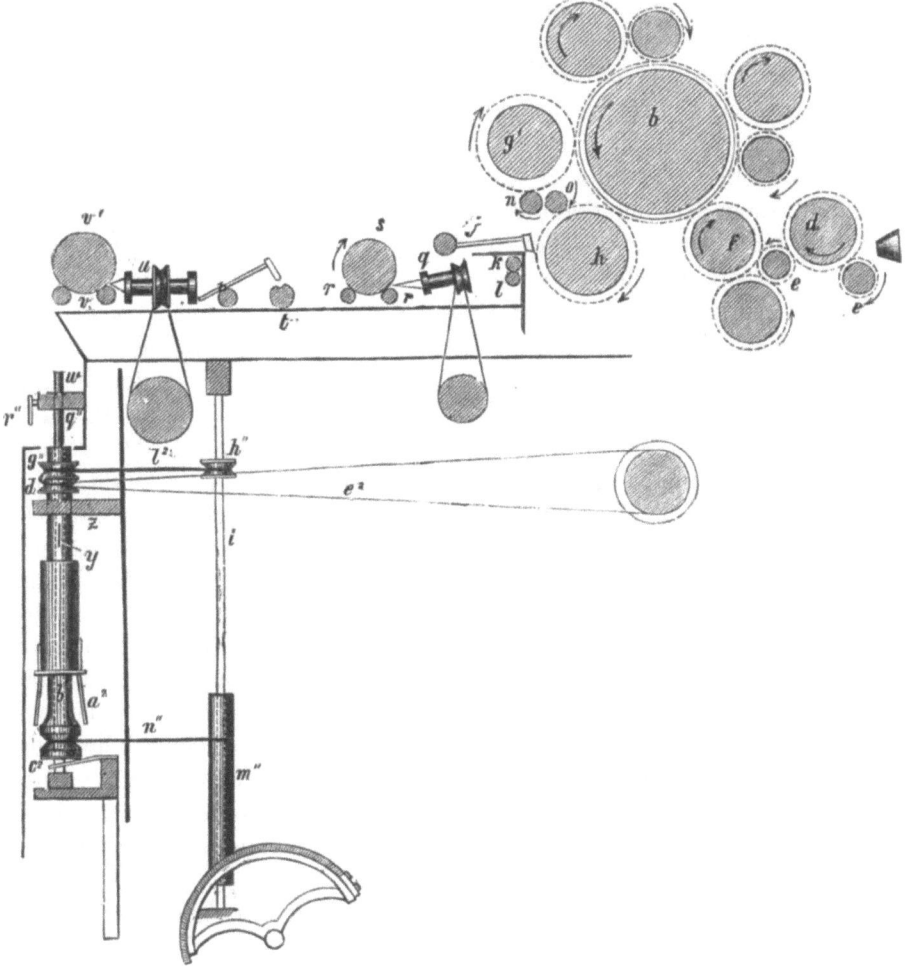

Fig. 381.

Lockenvliesse etc., wie sie gerade als Vorlage benutzt werden und die Walze f überträgt das Material an den Tambour b, der mit zwei Paaren Arbeiter — Wender, zusammenarbeitet. Der Volant g^1 hebt die Wolle in b an und der Peigneur h nimmt sie von b ab. Die Walze n o hat

*) Specification No. 1601 vom 2. Juni 1870.

Brandon hinzugefügt, um den Volant stets rein zu halten und die an ihm lose hängenden Fasern direct auf h zu übertragen. Die Vliesstheilung auf h wird durch Ringe bewirkt und die Vliessbänder werden durch ein Verticalgitter vor den Walzen k l auseinandergehalten, nachdem sie durch den Hacker j abgetrennt sind. Die Bänder passiren sodann die Röhren q und werden von den Streckwalzen r s r aufgenommen. Zwischen s r und k l findet die Streckung der Faden statt, während q Vordraht giebt. Hinter r s r folgt sodann eine Vorrichtung t, die von Goulding herrührt, um intermittirend den Faden festzuhalten und zu strecken. Die zweite Röhre u löst den Vordraht unter starker Streckung auf und die Cylinder v^1 v v leiten denselben zu den Spindeln. Diese Spindeln sind von besonderer Construction und ebenfalls von Goulding bereits der Hauptsache nach angegeben, von Brandon dahin verbessert, dass jede Spindel während des Ganges der Maschine ausgeschaltet werden kann. Der Faden tritt in die Röhren der Spindel w ein und durch das Auge y aus, welches unter der festen Halslagerbank z angebracht ist. Der Faden wird dann zu einem der Flügelarme a^2 geleitet, von welchem er an die Bobine oder Spule b^2 auf die Spindel c^2 übergeht. Auf dem Röhrenschaft m sitzt der Würtel d, welcher von einer Trommel durch die Schnur e^2 seine Bewegung erhält. Ueber d sitzt ein zweiter Würtel g. Derselbe treibt durch eine Schnur den Würtel h und mit diesem den stehenden Schaft i, welcher unterhalb eine Trommel m'' enthält. Von m'' aus erhält dann der Würtel c^2 nebst der Spindel und Spule ihre Bewegung. Die Röhre w also und die Spindel rotiren in gleicher Direction. Der Draht wird bei w ertheilt und die Geschwindigkeit der Spindel kann genau der Bewegung von g folgen. Die Vertheilung des Garns auf dem Spulenkörper bewirkt der Wagen, auf welchem die Spindeln stehen, der durch die Bewegung eines Sectors mit Riemen vermittelt wird. Unterhalb des Würtels c^2 ist noch eine Feder angebracht, die mit einer stellbaren Spiralfeder in Verbindung steht und den Würtel c^2 gegen den unteren Theil der Bobine b andrückt. Wird bei Füllung von b die Zunahme des Durchmessers der Bobine in Folge Garnaufnahme grösser und dadurch der Zug stärker auf den Faden, so überwindet dieser Zug die Fadenspannung um so mehr, als die Spannung der Feder durch eine Zugrolle zunehmend vermindert wird, somit gegenüber der Frictionswirkung auf die Spulenbasis beständig proportional dieselbe bleibt.

Beide Constructionen sind höchst bemerkenswerth und in America verbreitet. Sie enthalten, wie gesagt, die Idee der Continuespinner vollkommen in sich, sogar in der weitgehendsten Anordnung, welche sich den Krempel- und Spinnprozess eng combinirt denkt.

Diese Anregungen, die übrigens auch in andern Ländern, allerdings nicht mit dem eminent klaren Begriff und den practischen Details, versucht und gegeben wurden, sind von höchst schätzbarem Werthe. In Deutschland fanden sie Nachfolge durch Oscar Schimmel & Co. in Chemnitz und durch Zimmermann*) in Burg. Wir führen hier die erstere Construction von Oscar Schimmel & Co.**) in einer perspectiv. Ansicht und einem Diagramm (Fig. 383 und 382) vor, wie sie in zahlreichen Exemplaren besonders für die Spinnerei der Leistengarne, groben Teppichgarne etc. Anwendung gefunden haben. Diese sehr interessante Maschine ist als eine Lösung der Continuespinnerei für grobe längere Wollen zu betrachten.

Die folgende Figur giebt ein Diagramm der speciellen Anordnung.

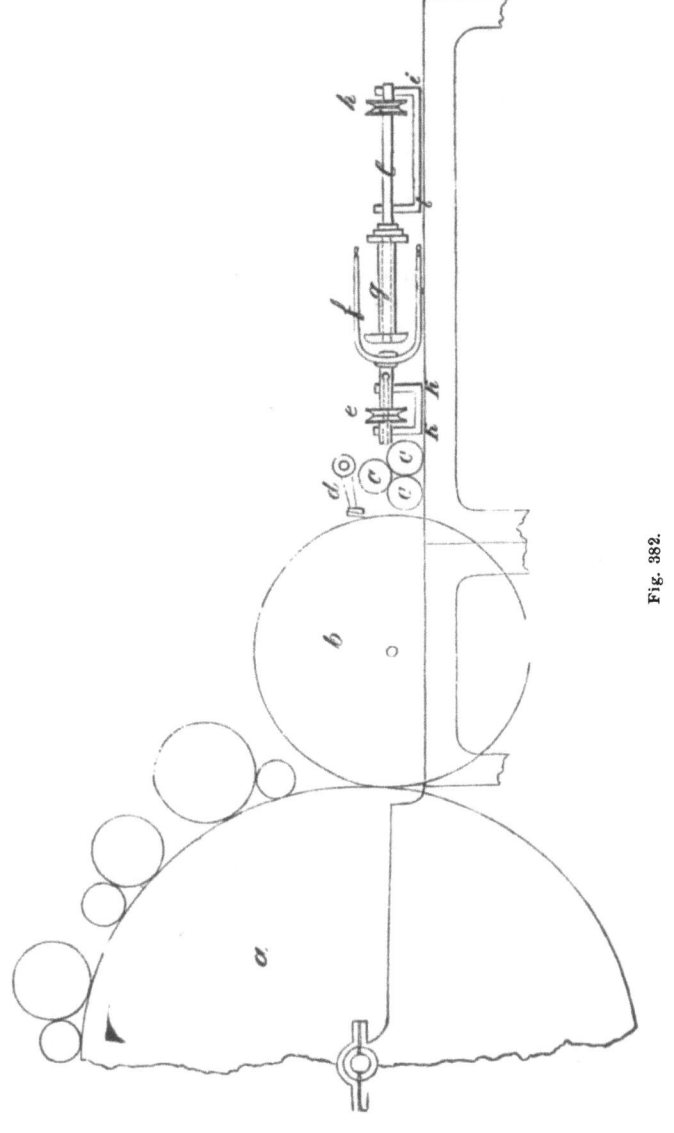

Fig. 382.

---

*) Beschrieben von Grothe, Zeitschrift der Wollinter. 1870.
**) Beschrieben von Kohl, Zeitschr. d. Vereins der Wollint. 1871. p. 24. und von Grothe, Engineering 1874 pag. 170 und All. polyt. Zeitg. 1874.

a ist der Tambour, der Feinkrempel mit den Arbeitern und Wendern, der Volant mit Flugwalze, dem Peigneur b, von dem der Hacker d das Vliess abtrennt und dem Würgelwerk c c c übergiebt. Von hier ab folgt die Zufügung des Spinnapparats. Derselbe besteht in der Röhre mit Würtel e, an dessen Ende der Flügel f angebracht ist. Der Faden tritt in die Röhre ein und aus einem Loch oberhalb der Flügel f aus und wird an das Ende eines der Flügel geleitet, um von da an die Spindel resp. Spule g auf der Spindel l überzugehen. Diese ebenfalls vertical aufgestellte Spindel wird durch Schnur und Würtel h bewegt. Beide Theile, Röhre e und Spindel l, sind für sich besonders verstellbar, indem e auf dem Schlittenlager k einruht, und l auf dem Schlittenlager i i. Mithin ist es möglich die Entfernungen beider Organe unter sich als zu dem Würgelwerk c c c zu wechseln. Weiter ist noch wichtig, dass der Schlitten oder Wagen i i mit den Spindeln und Spulen sich langsam hin und her bewegt. Wie aus der perspectivischen Fig. 383 hervorgeht, erhalten die Zwirnflügelwürtel e ihren Betrieb durch Schnure von einer Schnurentrommel unterhalb ihrer Aufstellungsebene. Die Spindeln l dagegen werden durch zwei Wellen getrieben, die von einer Zwischenwelle umgedreht werden. Letztere ist mit Mechanismus versehen, welcher die Bewegung der Spindeln verlangsamt im Verhältniss zum Fortschritte des Aufwindens. — Meistens liegen 12—14 solcher Spindeln und Flügel neben einander und diese sind im Stande, zusammen circa 100 Pfd. Garn von No. 2 zu fabriciren bei 120 Umdrehungen des Tambours.

Für feinere Nummern wird diese Anordnung nicht mit Vortheil verwendet, während sie bis zu No. 2 bei längeren Wollen Vorzügliches leistet. — J. Hausner behandelt dieselbe Maschine als besonders brauchbar für die Fabrikation von Hallinas d. h. Pferdedecken etc.*)

Von englischen Constructionen der combinirten Krempelcontinuespinner, die ebenfalls im Gefolge der amerikanischen Bestrebungen erschienen, zeichnet sich die Maschinerie von S. E. Asquith und Fr. Alex. Greenwood in Bradford durch Subtilität und Feinheit der Ideeen als Folgen genauester Beobachtung aus. Die erste Construction dieser Erfindung zeigt (siehe Fig. 384) die Combination der Krempel mit Würgelwerk, Streckwerk, Röhre und Spindel. Das Würgelwerk M liefert die Locken direct zu den Walzen N C. Diese üben mit O zusammen den Streckprozess aus, der durch die Erwirkung eines Vordrathes durch die Röhre D mit 2 Würteln F und E und dem Schleifendraht L unterstützt resp. ermöglicht wird. Der Faden geht sodann zum Führer R und der Spindel es mit Flügel P. Die Eigenthümlichkeit der Röhre springt hier am meisten in die Augen. Die Bohrung D der Rohre ist nicht concentrisch zum Röhrenkörper, sondern excentrisch und die Wirkung dieser Exentricität

---

*) Darstellung der Textil-, Kautschuk- und Leder-Industrie mit besonderer Rücksicht auf Militärzwecke. Von Josef Hausner, Major etc., Wien 1875. (Nicht im Buchhandel).

Fig. 353.

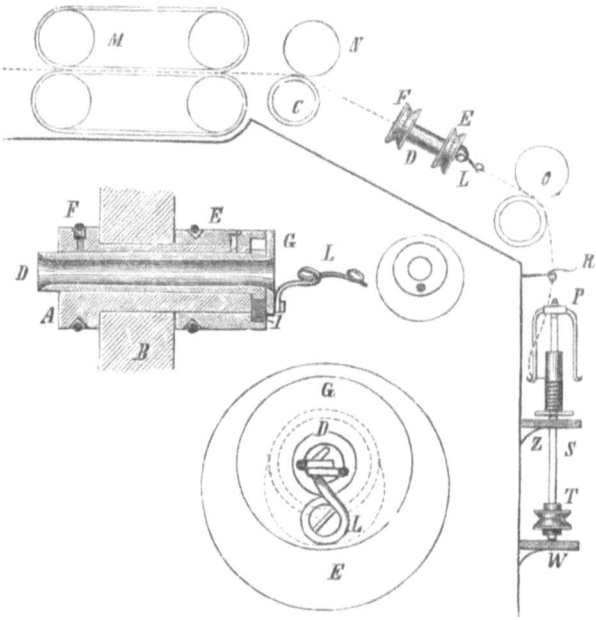

Fig. 384.

(kräftigere Drahtgebung) wird wesentlich erhöht durch die Zufügung des Leitungsdrahtes L in doppelter Windung. Der eigentliche Rohrkörper A im Gestell B enthält die doppelten Schnurspuren F und E zur Aufnahme der Triebschnur. (Die untere Vorderansicht der Röhre ist in doppelter Grösse des Durchschnitts gezeichnet.) Die spätere Verbesserung der Anordnung zeigt Fig. 385. Dieselbe besteht in der Ersetzung der einen excentrischen Röhre durch zwei excentrische Röhren getrennt hintereinander unter Belassung eines Zwischenraumes und Aufstellung mit entgegengesetzter Excentricität. Ausserdem ist die Bohrung jeder Röhre nicht

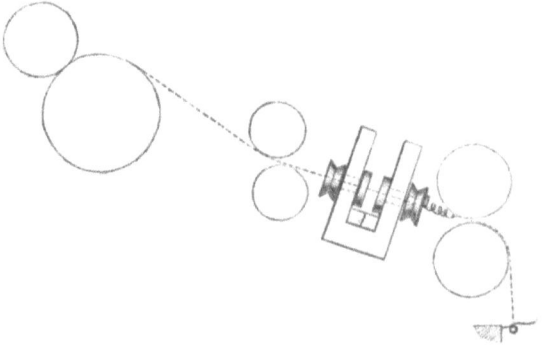

Fig. 385.

concentrisch zur Axe des Rohrcylinders, sondern schief geführt, so dass die Axe des Rohrkörpers die Axe der Bohrung schneidet. Endlich ist die Bohrung so eingerichtet, dass sie concentrisch mit der Axe an der einen Seite des Röhrencylinders beginnt und excentrisch an der entgegengesetzten Seite endigt. Die Aufstellung dieser Röhren ist aber so, dass die Enden der Röhren, bei welchen die concentrische Bohrung beginnt, sich gegenüber liegen, wenn auch die zweite Röhre an und für sich tiefer lagert als die erste. Betrachtet man diese Anordnung, so ersieht man leicht, dass der in die erste Röhre eintretende Faden (Fig. 386) eine trichterförmige schwingende Drehbewegung machen muss, in sofern der Anfangspunkt der Röhre — excentrisch — um den Endpunkt derselben, welcher concentrisch gebohrt ist, Schwingungen machen muss, denen der Faden folgt. Er geht dann in das ruhig rotirende concentrische

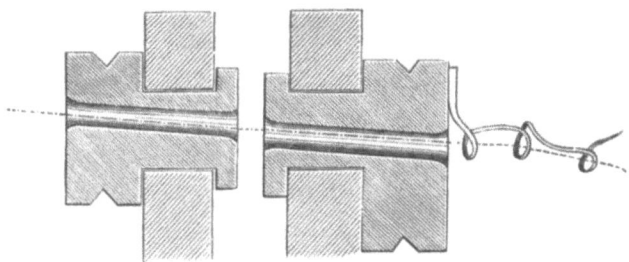

Fig. 386.

Anfangsstück der zweiten Röhre über und empfängt durch das Ende derselben dieselbe Schwingung durch die Inconcentricität der Mündung der Röhre, die noch erhöht wird dadurch, dass der Faden durch den angesetzten Führer in seiner Drehung und Schwingung behindert wird.*) — Auch diese Anordnung ist von Asquith und Greenwood wieder verlassen worden und zwar zu Gunsten einer neueren Construction, die in der That sehr durchdacht und manchen Vortheil aufzuweisen im Stande ist.

Die folgende Figur 387 zeigt die neue Combination, welche entweder dem Würgelwerk folgt oder für sich als Continuespinnmaschine angeordnet sein kann. Diese Anordnung zeigt zunächst die Walzen e, sodann die Röhre b mit Würtel im Gestellager c, den Schnabelansatz a, die Walze f und endlich das letzte Walzenpaar zur Ueberführung des Fadens zur Spindel.

Die Figur 388 giebt den schnabelförmigen Ansatz der Röhre speciell, während die Abbildungen 389 und 390 die Röhre mit allen Details zeigen. Die grosse Einrichtung ist für kurze Wollen bestimmt.

a ist ein schnabelartiger Ansatz an der Zwirnröhre b. Derselbe ist mit einer beweglichen Zunge h versehen, drehbar und befestigt an i und einfallend in einem Einschnitt, wo a mit correspondirendem Ausschnitt und Sitz und mit einem entsprechenden Auge zur Aufnahme des Fadens g versehen. Die Zunge h ist mit einem Hebelarm l versehen, welcher mit dem Stabe m zusammenhängt. Dieser wird bewegt durch die Flantsche der Spindelröhre b' und einem Führungsring n, welcher auf einer Schub-

---

*) Patent-Specificationen No. 2681. 1870. 10 Oct. und No. 947. 1871.

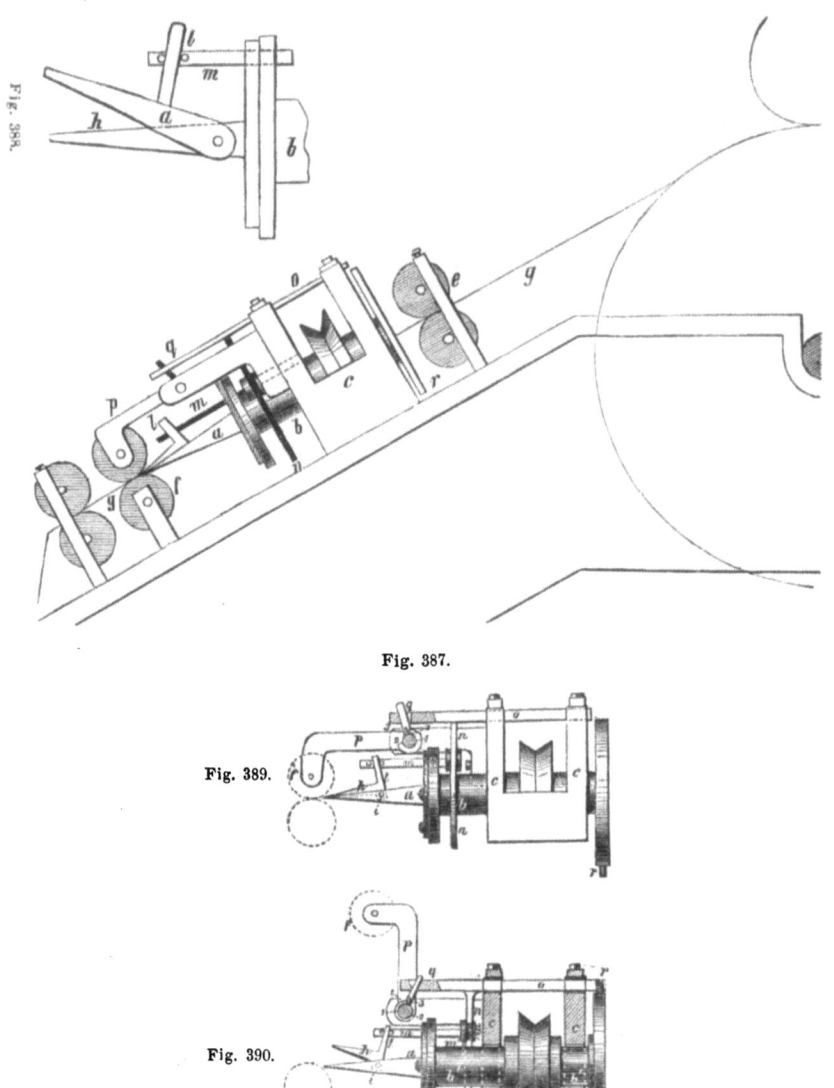

Fig. 388.
Fig. 387.
Fig. 389.
Fig. 390.

stange o befestigt ist an einem Bolzen. o verschiebt sich oben in den Lagerböcken c c. Der Stab m läuft rund innerhalb des Ringes n und ist mit 2 Vorsprüngen versehen, je einer zu jeder Seite des Ringes, so dass er frei mit dem Twister rotiren kann, sich aber durch die Ansätze zugleich alternirend verschiebt, wenn der Ring n durch die Schubstange o hin- und hergeschoben wird. Diese Alternativbewegung wird durch die Walze f bewirkt, welche in dem Arm p hängt. Derselbe ist um die Axe 1 drehbar, welche zugleich die Nase q trägt, die in einem Schlitz q von o eingreift. Dieser Arm p ist mit einer an ihm befestigten Hülse 2 um die Axe 1 versehen, die seitlich hervorragt, jedoch auf einem Viertheil ihres Cylinderumfangs ausgeschnitten ist. Wird nun p emporgehoben, wie Figur 390 zeigt, so drückt dieser Hülsenvorsprung gegen die Nase 3 an q und bewegt dadurch die Axe 1 nebst q und o. Nun schiebt sich o nach rechts hinaus und der Zapfen r an der äusseren Scheibe der Röhre b stösst gegen o und hält die Röhre b selbst im Laufe auf. Bei dieser Operation hat sich auch die Zunge h geöffnet und man kann ungehindert den Faden durch die Röhre ziehen und in Ordnung bringen. Diese Art der Fadenführung durch die Zungenanordnung a, h ist sehr originell, sie hebt die Zurückdrehung des Vordrahtes zwischen b und g in etwas auf und begünstigt scharfen Draht, ohne den Faden grossen Schwingungen auszusetzen.*)

Die Maschine von Asquith und Greenwood ist mit Ringspindel versehen in besonderer Anordnung, die wir hier besprechen wollen. Die Spindel D trägt die starke Spule E mit breitem Kopf. Diese Spule umgiebt in einem gewissen Abstande die Röhre F', welche auf der Bank G eingeschraubt ist. Diese Bank G kann mit Hülfe der Kurbel an L und des Zahnrades K, sowie der Welle H mit Excenter I verstellt werden, d. h. auf und ab bewegt werden unter Verkürzung oder Verlängerung des Wagens. Diese Röhre umgiebt sodann der Ring B auf der Ringbank A, B trägt den Ring C. Die Ringbank erhält regelmässige Auf- und Abbewegung. Der Faden wird durch C geschlungen und über den oberen Rand von F' an die Spule E übergeführt, wo er sich aufwickelt. Diese Einrichtung bewährte sich vorzüglich. (Fig. 390 a, b, c, d, umstehend).

B. Continuespinner.

Der Vater der Continuespinnmaschinen ist nicht Arkwright,**) der Verbesserer der Waterspinnmaschine, sondern Lewis Paul. Lewis Paul's Maschine enthält den Ausgabecylinder und den Zuführungscylinder nebst Spindel, die heute noch die wesentlichen Theile der Wollcontinuespinnmaschinen ausmachen. Arkwright's Watermaschine war nichts Anderes als eine Lewis Paul'sche Watermaschine unter Zufügung des Streck-

---

*) Patent-Specif. Nr. 1000. 1872. 5. April. — Nr. 2803. 1874. 13. August.

**) Stommel vindicirt ebenfalls dem Arkwright die Erfindung der Watermaschinen pag. 263. — Dagegen sagt schon Briavonne pag. 66: Mr. Baines, dans son Histoire des manufactures du cotton attribue la première invention des procédés mécaniques pour la filature du cotton à John Wyatt, qui prit un brevet, en 1738. Un étranger, Louis Paul, figure dans le brevet, et par consequent cette invention pourrait bien n'être pour l'Angleterre qu'une importation. — Es ist dies dieselbe Geschichte, wie mit der Erfindung der Flachsspinnmaschinen des Girard's, die sogar als englische Erfindung von Thiers im Triumpf nach Frankreich zurückgeführt ward. — Wir wissen nunmehr, und von englischer Seite bestätigt, dass Lewis Paul oder Louis Paul ein Deutscher war, — der die Kenntniss der aus Italien (!) nach Deutschland gekommenen Spinnapparate besass. Italien hatte bereits zu Zeiten Leonardo da Vinci's vor 1500 Spinnmaschinen. Leonardo da Vinci hat 2 Sczizen solcher sehr vollkommenen Maschinen hinterlassen. Siehe Grothe, Leonardo da Vinci als Ingenieur und Philosoph. Berlin, (Stricker) Nicolai'sche Buchh. 1874.

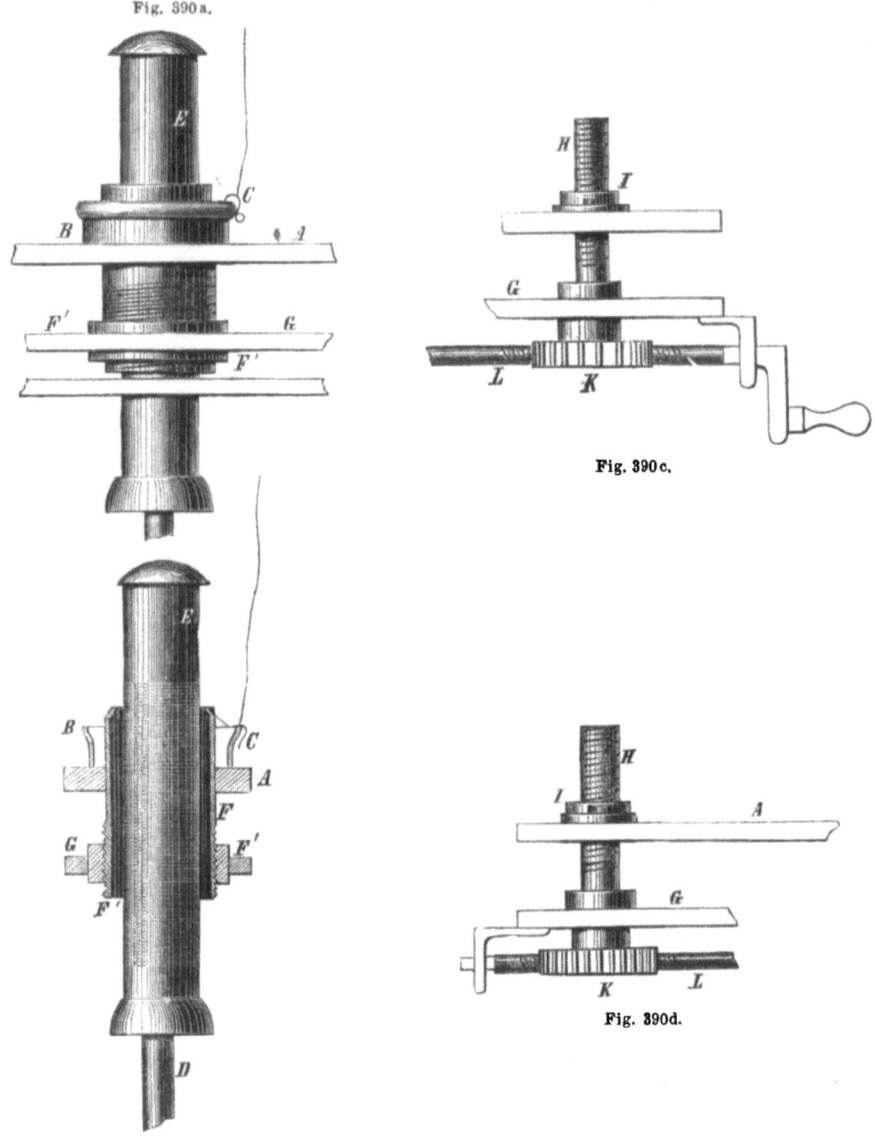

Fig. 390a.
Fig. 390c.
Fig. 390d.
Fig. 390b.

werkes von 3 Cylinderpaaren, wie es Paul in seiner Patentspecification bereits beschrieben hatte. Eine Nebeneinanderstellung beider Maschinen in Zeichnung mag hier folgen.

Lewis Paul's Maschine enthält (Fig. 391) zunächst rund um ein Gestell herum Arme b, drehbar befestigt in d, welche die Lockenwalzen a tragen. Diese Walzen legen sich mit ganzer Schwere gegen den Cylinder d und diese beiden Walzen bilden die eigentliche Ausgabe. Der Cylinder d enthält auf seiner Axe ein Zahnrad d, welches durch g auf der stehenden Welle f getrieben wird. Die Welle f erhält ihre Bewegung durch das auf ihr sitzende Zahnrad h, welches mit dem grossen Stirnrad A mit Zahnkranz i eingreift. Der Faden geht zur Spindel c hinab. Diese wird bewegt durch das Zahnrad i, welches n treibt, während die Welle K durch das Zahnrad E umgedreht wird. Die stehende Spindel p mit Kette q

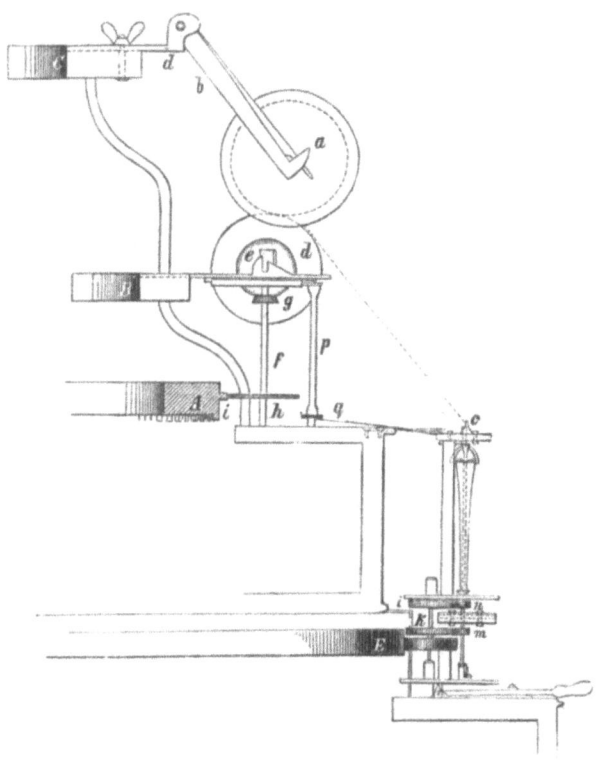

Fig. 391.

aber sorgt für Auf- und Niedergang der Spule an der Spindel, indem sie die Fläche über in abwechselnd hebt und senkt, auf welcher die Spulen aufruhen. — Der Auszug des Fadens hat statt zwischen den Walzen a d und dem Flügelkopf.

Arkwright's Maschine, welche wir in Figur 392 darstellen, enthält 3 Paar Cylinder als Streckwerk im oberen Theil; im Uebrigen war diese Maschine viel roher und unrationeller construirt, als die von Lewis Paul.

Im oberen Theil der Maschine sind die Streckcylinder J J J J angebracht, gedreht durch die Scheibe H, die ihre Bewegung durch die Axe G von dem Kurbelrad B her erhält. Die Fäden M kommen von den Rollen L L L L her und gehen zwischen den Streckwalzen durch, die mit Gewichten N belastet und gegeneinander gepresst sind, und werden von der Stange U zu den Spindeln Q herabgeleitet, die, mit Kamm und Flügel versehen, den Faden drehen und auf der Spule aufwickeln. Die Spule wird durch Schnüre und Gewichte s an ihrer unteren Scheibe R

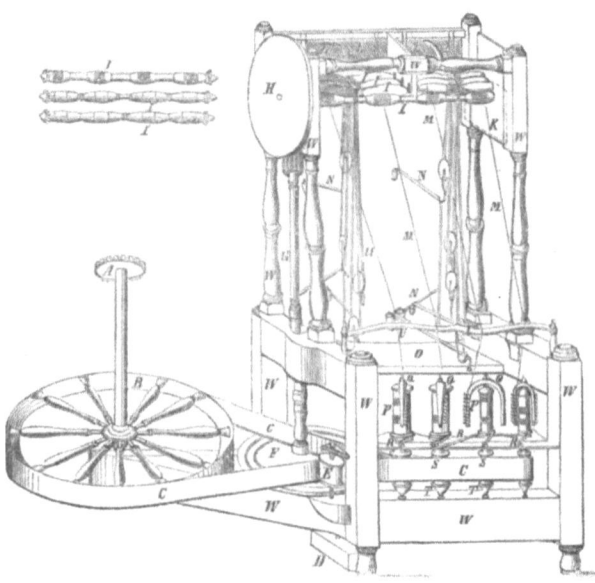

Fig. 392

gebremst. Die Spindeln stehen in Lagern T T, auf dem Grundbrett W, und erhalten ihre Bewegung durch Riemen C über die Würtel an den Spindeln von der Scheibe B aus.

Wir können nicht umhin, hier einzuschalten, dass Arkwright's Erfindungsverdienst gering ist! Alles, was seine Maschine enthielt, war bekannt. Auch die Cylinderpaare mit differirender Geschwindigkeit, die man stets als Arkwright's schliessliches Verdienst aufführt, stammen nicht von ihm, sondern von Lewis Paul, welcher in seinem Patent 1738 wörtlich sagt, nachdem er die Vorbereitung der Wolle oder Baumwolle für die Verarbeitung auf seiner Maschine beschrieben hat: „As the prepared mass passes regulary through or betwixt these rowlers, cillinders or cones, a succession of other rowlers, cillinders or cones moving proportionably faster than the first draw the rope, thread or sliver into any degree of fineness which may required. Sometimes there successive rollers, cillinders or cones (but not the first) have another rotation besides that which diminishes the thread, yarn or worsted, that they give it a small degree of twist betwixt each pair by means of the thread itself passing through the axes and center of that rotation etc.

Arkwrigt war 1738 ein Knabe von 5 Jahren! — Leichtfertigen Characters von Grund aus hat Arkwright sich später nicht genirt, trotzdem Paul's Patent 1769 noch bestand und Paul sogar 1758 ein zweites Spinnmaschinenpatent genommen hatte, seine lediglich imitirte Maschine auszubeuten — und Paul hat niemals reclamirt, während Arkwright jede Patentverletzung auf das Schärfste verfolgte.

Die Watermaschine ist für die Continuespinnmaschine der Prototyp. Man fand dieselbe allerdings für Wollgarn in der gewöhnlichen Construction unbrauchbar, allein die unverkennbare Bequemlichkeit des Spinnprozesses auf ihr machte, dass die Constructeure fortgesetzt thätig waren*) für eine Einrichtung der Watermaschine, welche erlaubte, Streichgarn

---

*) Siehe Weiteres: Grothe, Geschichte vom Spinnen, Weben, Nähen. II. Aufl. 1875. Berlin, Julius Springer.

auf ihr zu spinnnn. Es ward genugsam eingesehen, dass das Misslingen des Spinnprozesses auf der Watermaschine darin lag, dass die Streckung des Vorgespinnstes zunächst auf einem kleinen Raum geschah und sodann unmittelbar nach Austritt desselben aus den Lieferungscylindern. Hierbei traten nach den Constructionen zwei Fälle ein. Wurde das Ende des Fadens unmittelbar mit der Spindel verbunden, so erstreckte sich die Drehung sofort bis zu den Lieferungscylindern und hinderte jede Ausgleichung der Unregelmässigkeiten. Wurde das Garn zunächst noch durch ein Cylinderpaar geführt, das etwa schneller umlief als die Lieferungscylinder, so erstreckte sich die Drehung allerdings nur von der Spindel bis zu dem zweiten Cylinderpaar, allein die Länge des Fadens zwischen den Cylinderpaaren blieb, ohne alle Drehung und löste sich leicht dem Streckzeuge folgend auf als zu lose für den selbst kleinen Streckzug des zweiten Walzenpaares. Hierzu kam endlich noch ferner die Nothwendigkeit, direct auf die Spindel der Watermaschine aufzuwinden, also die sonst bei der Watermaschine übliche Spule auf der Spindel zu vermeiden. Diese letzte Bedingung fand ziemlich schnell ihre Erledigung, je weniger sie sogar als absolute Nothwendigkeit auftrat. Es wurden sehr bald Anordnungen erfunden, welche die Aufwindung trefflich effectuirten, besonders die sogen. Ringspindeln.

Beide ersten Vorkommnisse aber schienen die Waterspinnerei für Streichgarn illusorisch zu machen, — aber sie zeigten sehr deutlich, wohin die Bestrebungen auf Verbesserung der Watermaschinen für den beregten Zweck gehen müssten: **nämlich die zu schnelle Drehung des Fadens war zu verhindern und eine Streckung des Vorgespinnstes durch zwei Cylinderpaare war zu unterstützen durch eine temporäre Drahtgebung.**

Wenigen der Constructeure schwebten diese Gründe klar vor und daher ist die grosse Anzahl der misslungenen Versuche so sehr erklärlich, ebensosehr der endliche Erfolg Martin's und Avery's.

Wir übergehen hier die Versuche, welche die Waterspinnmaschine, Throstle etc., direct für die Streichgarnspinnnrei anwendbar machen wollten und die noch auf der Pariser Ausstellung 1867 in Pierrard Parpaite & Co.'s (Rheims) Maschine eine sehr viel belobte Ausführung fand, mehr von den Berichterstattern fast hervorgehoben als die gleichzeitig ausgestellte Maschine von Aug. Vimont.

Dagegen müssen wir auf die Construction der Watermaschine für Streichgarn und ähnliche Fasern eingehen, welche bereits 1849 dem Herrn Fritz Pasquay in Wasselonne (Elsass) patentirt wurde und welche von J. Grün in Guebweiler gebaut wurde. Pasquay*) sagt in dieser Patentbeschreibung: ... „L'étirage au chariot, où il s'effectue sur un fil muni de torsion, égalise le ruban ou boudin primitif pendant que celui-ci se transforme en fil tordu, les parties maigres se tordent d'avantage que les parties grosses et que ces dernières par suite, s'etirant davantage.

j'obtiens le même resultat en opérant sur un banc à broches fixes, en y écartant les cylindres étireurs autant que possible et plus ou moins suivant que j'opére sur une matière ou sur une autre, et que je soumets le boudin **pendant l'étirage à** l'action continue de bobineaux et rotafrotteurs ou de tout autre mécanisme **pouvant exercer une torsion sur ce boudin.**

Mon invention peut se résumer dans **l'application de bobineaux ou autres engins analogues entre les cylinders étireurs de bancs à broches, afin que l'étirage s'opère sur un boudin tordu.**

Zu dieser so klaren Darlegung der Erfordernisse für die Streichgarnwatermaschine gab Pasquay in der Zeichnung die Röhren zwischen den Cylindern an. Ferner enthielt die ausgeführte Maschine einen Mechanismus, mit Hülfe dessen durch Drehung einer Handkurbel und zweier Riemenconusse die Geschwindigkeit der Röhrchen verändert werden konnte, entsprechend dem Character der zu verspinnenden Fasern. Pasquay hätte mit dieser Maschine reussiren müssen, wenn ihm bereits die Ringspindel bekannt gewesen wäre. Allein dieselbe ward erst später erfunden und die Flügelspindel in Pasquay's Maschine machte die Anwendbarkeit des Systems scheitern. Vimont konnte dieses System wieder aufnehmen, als die Ringspindel erfunden und so die Möglichkeit grösserer Production gegeben war. Merkwürdiger Weise haben die späteren Constructionen die von Pasquay gegebene Regulirvorrichtung für die Röhren nicht beibehalten, sondern sie haben den Röhren constante Geschwindigkeit verliehen und zur Regulirung des Drahtes Organe eingeführt, welche den überflüssigen Draht aufhalten, verringern oder ganz vermeiden. Wir können nicht umhin, ernstlich auf die Vortheile eines solchen Regulirapparates hinzuweisen, der besonders für die variirenden Längen der Wollfasern von Wichtigkeit sein muss.

Aug. Vimont[*]) (Vire, Calvados) erreichte das verfolgte Ziel mehr als alle anderen Constructeurs zuvor. Seine Maschine enthielt jene Organe, die die hervorgetretene Unzuträglichkeit der Waterspinnerei für Streichgarn abzuschwächen im Stande waren. Seine erste Construction (siehe Figur 393) ging bereits von dem Gesichtspuncte aus, die Streckung des Vorspinnfadens zwischen den Einlieferungscylindern a und den Ablieferungscylindern b unter falscher Drehung des Fadens zu bewirken. Dieser falsche Draht sollte in seiner Ausdehnung beschränkt sein und durch eine intermittirte Schwingung des Fadens geeignet gestört werden, welche Schwingung zugleich dahin wirken sollte, die Haarenden des Fadens nach Aussen zu kehren, um so ein rauhes Gespinnst herzustellen. Diese intermittirende Bewegung stellte Vimont her durch die oscyllirende Leiste d, die mittelst Kurbel ihre Bewegung erhielt. Die intermittirte Begrenzung des Drahtes durch die Röhre c Fig. 393 erzielte er durch das Streichbrett e. Bei den verschiedenen Stellungen, welche bei Oscyllation von d der Faden nach

---

[*]) Brevet No. 8990. 20. Oct. 1849.
[**]) Engl. Patent 1856 No. 892.

einander einnehmen muss, wurde er zeitweise von e abgehoben und musste nothwendigerweise auch das Fadenstück a d der Einwirkung der Drehung

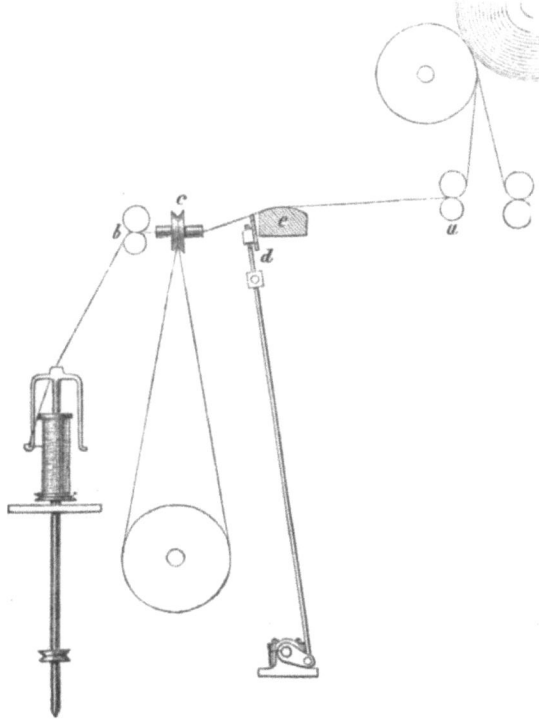

Fig. 393.

von c überlassen. Vimont ersetzte später die oscyllirende Schiene d, wie Fig. 394 zeigt, durch einen rotirenden dreiarmigen Flügel d und die Streichschiene e wurde in eine senkrecht über dem Faden aufgestellte, stellbare Streichschiene e verwandelt. Auch bei dieser Anordnung traten dieselben Erscheinungen ein, wenn auch die Oscyllation des Fadens eine regelmässigere wurde und weniger von Stössen unterbrochene. Die Entwicklung des Systems nach den Hauptgesichtspuncten schritt weiter fort, insofern als Vimont einsah, dass das temporär wiederkehrende Uebergehen des Drahtes auf die Länge des Vorgarns zwischen Röhre und Einzugswalzen keine wesentlichen Unzuträglichkeiten hatte, und zwar dahin, dass Vimont die feste Streichschiene e fortfallen liess und durch einen zweiten Flügel oberhalb des Fadens ersetzte (siehe Figur 396). So entstand denn ein neues System. Der Faden a tritt zwischen die Einlieferungswalzen $c'd'$ und wird auf der Strecke zur Röhre g' von den Flügeln $e'f'$ gepeitscht, sodann von den Streckwalzen $h'l'$ der Spindel zugeführt. Bei dieser Construction ist Vimont[*]) dann stehen geblieben und hat sie

---

[*]) An der Entwicklung der Vimont'schen Maschine hat John Sykes in Huddersfield Antheil. Sykes verbreitete die Maschine mit einigem Erfolg besonders nach Oesterreich hin, daher die Maschine vielfach als Sykes' Maschine beschrieben worden ist. Augenblicklich scheinen Vimont und Sykes den Bau dieser Maschine ruhen zu lassen. — Patent 1858 No. 1209 auf E. & R. & Ph. Sykes.

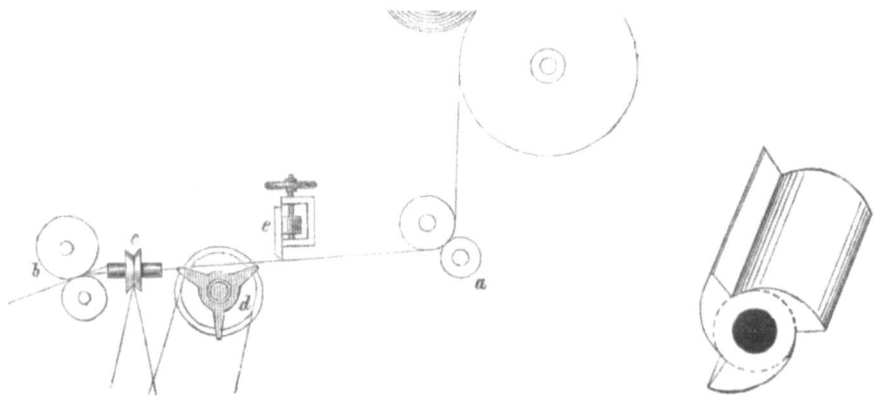

Fig. 394.   Fig. 395.

nur insofern verbessert, als er die Flügel nicht mehr aus einem Stück construirte, sondern aus einzelnen Theilen bestehen liess. Er zerschnitt den Flügel in Stücke für jeden Faden einzeln für sich bestehend (Fig. 395). Diese Stücke sind mit Bohrung versehen und werden auf eine durchgehende Axe aufgeschoben, welche sie durch Friction mitnimmt. Zerreisst ein Faden, so kann man das Flügelstück leicht mit der Hand aufhalten, ohne den Stillstand der ganzen Maschine bewirken zu müssen.

Die Wichtigkeit der Vimont'schen Versuche bestimmt uns hier, seine Maschine näher zu betrachten und zwar nehmen wir hierfür Kick's Beschreibungen derselben zu Hülfe. Zunächst machen wir noch aufmerksam darauf, dass die ursprüngliche erfolglose Construction Vimont's für die Drehung und Aufwindung Spindeln mit Flügel und Spulen benutzte wie Pasquay. Später trat die Ringspindel ein.

Das Vorgespinnst wird auf der Vorgespinnstspule a (Figur 396. 1.) der Maschine vorgegeben, von dieser durch die Abzugswalze b abgenommen und an einem Führungsdrahte vorbei den ersten Streckwalzenpaaren c d oder c' d' zugeführt. Die Walze a ruht auf auf der Abzugswalze b, da die Axe von a durch Gabellager blos eine verticale Führung erhält. Zwischen dem etwa 14 Zoll entfernten zweiten Streckwalzenpaare h i und zwischen c d, deren verschiedene Peripheriegeschwindigkeit das Mass der Streckung bestimmt, befinden sich zwei Schläger e und f und das Röhrchen g. Die beiden Schläger rotiren und schlagen in der Richtung der Streckung auf das Vorgespinnst. Da die Bewegung so rasch ist, dass das Auge die einzelnen Stellungen nicht mehr zu unterscheiden vermag, so dürften dieselben kaum weniger als 600 Umdrehungen per Minute betragen. So ertheilt dann jeder Schläger 1200 Schläge per Minute. Die Schläger selbst sind aus Stahl, an den Kanten abgerundet und polirt.

Die neuere Anordnung haben wir bereits oben angedeutet und geben wir in Figur 395 wieder. Die Hülsen haben eine der Spindeltheilung entsprechende Breite. Beim Anknüpfen zwischen den Streckwalzen entstehen nothwendig ungleiche Stellen im Garne. Um dem vorzubeugen, lässt man das unegale Fadenstück lieber durchlaufen und reisst dasselbe vorn angekommen bei der Spindel ab, wenn der richtige Auszug wieder eingetreten ist, und knüpft nun entsprechend an das Garn an.

Denkt man sich einen Faden an beiden Enden gehalten und führt auf ihn einen Schlag, so wird der Faden jedenfalls gezerrt. Es ist somit leicht auch die streckende Wirkung der beiden Schläger auf das Vorgespinnst erklärt.

Das schwache Vorgespinnst würde aber weder die Zerrung der Streckwalzen noch die der Schläger aushalten, würde der Faden nicht durch das Röhrchen g eine Drehung erhalten. Nur hierdurch erhält er die nöthige Festigkeit; hierdurch ist es möglich, die

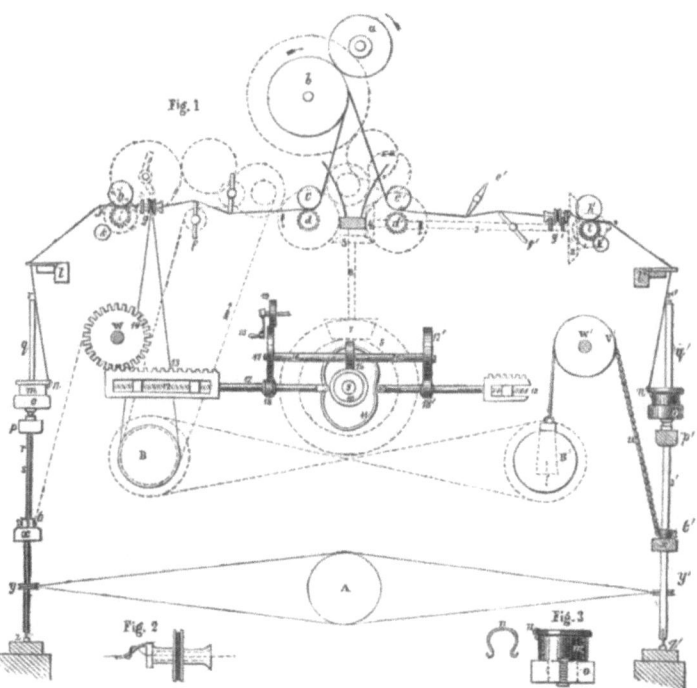

Fig. 396.

Streckwalzenpaare so weit aus einander zu legen und somit möglichst gleichförmig zu strecken. Das erwähnte Röhrchen g (Fig. 2) hat an einem Ende einen excentrischen Stift, um welchen der Faden geschlungen wird, daher bei erfolgender Rotation von g eine Drehung des Fadens zwischen g und c d in einem Sinne und zwischen g und h i im entgegengesetzten Sinne bedingt ist. Die zwischen g und c d entstandene nothwendige Drehung wird sonach zwischen g und h i wieder beseitigt und es gelangt der Faden ungedreht zwischen das zweite Streckwalzenpaar h i, wie es sein muss.

Hat der Faden die Streckwalzen h i verlassen, so gelangt er über den Führungsdraht j und durch die Fadenleitung l zum ösenförmigen Häkchen n und durch dieses zur Spule. Das Häkchen n (Figur 3), lose auf dem Ring m steckend, vertritt die Flügel; die Spule, fest auf der Spindel steckend, vertritt die lose Spule der Watermaschine. Es ist somit die Bewegung des Häkchens von jener der Spule nicht direct bedingt, sondern dasselbe wird blos durch den gespannten Faden mitgenommen und läuft um die Spule herum. Die Führung erhält das Häkchen durch den Reifen m. Würde kein Faden geliefert, so müsste das Häkchen n so viele Umläufe machen, als die Spindel oder die Spule; würde so viel Faden geliefert, als die Peripheriegeschwindigkeit der Spule beträgt, so würde das Häkchen stehen bleiben; da diese beiden Fälle nicht eintreten, sondern eine bestimmte kleinere Menge Faden constant geliefert wird, so macht das Ringelchen nicht so viele Umläufe als die Spindel, und zwar beträgt sein Zurückbleiben so viel, als Faden geliefert wurde; dieser wird eben aufgewickelt.

Die Drehung des Fadens findet zwischen l und n statt. Da dieselbe bei verschiedenen Garn-Nummern aber durch den Ausdruck

$$d = \frac{n}{l} - \frac{1}{2R\pi} = \frac{n}{l} - \frac{1}{6.3R}$$ bestimmt ist, in welchem

n die constante Anzahl der Umläufe der Spindel in einer Minute,
l den in der gleichen Zeit erzeugten Faden in Zollen,
R den Radius des Ringes in Zollen bezeichnet;
so muss l veränderlich sein, somit auch die Geschwindigkeit des zweiten Streckwalzenpaares sich ändern lassen, sollen Garne mit verschiedener Drehung erzeugt werden.

Das Wälzchen k, welches mit Leder überzogen ist, hat den Zweck, den etwa reissenden Faden aufzuwickeln.

Wir sehen nun zuerst die ursprüngliche Einrichtung für die regelmässige Aufwicklung des gebildeten Fadens hier an, um dann die Verbesserungen bezüglich der Spindelbewegung, wie sie an der Pariser Maschine enthalten waren, speciell zu betrachten.

Es soll also die Spule gleichförmig bewickelt werden und zwar so, dass sich dieselbe leicht wieder abwickeln lässt. Hierzu ist ein regelmässiges Heben und Senken der Ringe m, somit der Ringbank o erforderlich. Dieses Heben und Senken erfolgt aber nicht wie bei der Watermaschine um die ganze Höhe des mit Garn zu bewickelnden Stückes, sondern die Ringbank wird um $1^1/_2$ Zoll gehoben, sinkt dann fast wieder um $1^1/_2$ Zoll herab, steigt dann wieder um $1^1/_2$ Zoll und sinkt darauf wieder, jedoch nicht genau so viel, als sie sich hob. Somit tritt während des Auf- und Absteigens um nahezu $1^1/_2$ Zoll ein sehr allmäliges, constantes Heben ein, und es wird somit die Spule so bewickelt, wie die Schleifspulen zu den Weberschützen mit freier Hand bewickelt werden.

Der hierzu benutzte Mechanismus ist folgender: Die Ringbank wird von mehreren Eisenstäbchen s (Fig. 1) getragen, welche durch die Leitungen p und x geführt und durch die Ketten u gehalten werden. Die Ketten sind an Scheiben v befestigt, welche an der Axe w sitzen. Wird nun w gedreht, so erfolgt, je nach der Richtung der Drehung, ein Anspannen oder Nachlassen der Kette, also ein Heben oder Senken der Ringbank. An der Axe w sitzt das Zahnrad 14, es handelt sich also darum, diesem die erforderliche Drehung mitzutheilen. Das an der Axe der unteren Walze des zweiten Streckwalzenpaares sitzende Kegelrädchen 1 greift in 2, hierdurch wird die Axe 3 und das Kegelrädchen 4 bewegt, dieses bedingt die Drehung von 5, wie die Axe 6 und des Rädchens 7, hierdurch wird 8, somit die Axe 9 gedreht. An dieser Axe sitzt die doppelte Herzscheibe 11 und die Schraube 10. Durch die Bewegung der Herzscheibe 11 wird die Schubstange 12, also auch die Zahnstange 13 bewegt; letztere greift in das Rad 14, welches bald nach rechts, bald nach links gedreht wird und somit die Ringbank um $1^1/_2$ Zoll hebt und senkt. Die Bewegung der Schraube 10 bedingt eine Drehung der Räder 15, 17, 18, diese eine Drehung der Schubstange 12 und dadurch der Schraube 12; es wird folglich gleichzeitig mit der obigen Bewegung, durch die Schraube, die Zahnstange nach auswärts geschoben, das Rad während der schwankenden Bewegung auch constant gedreht, also die Ringbank constant gehoben. Ist ein Turnus des Spinnens zu Ende und die Spule voll, so rückt man das Rädchen 15 aus und führt mittels der Kurbel 20 und des Vorgelegerades 19 die beiden Zahnstangen in die ursprüngliche Lage.

Diese gleichmässig auf allen Spindeln zugleich erfolgende Kötzerbildung, welche einen gleichzeitigen Beginn des Spinnens auf allen Spindeln bedingte, ist später abgeändert worden und bereits in der Pariser Maschine hatte Vimont die Spindeln von einander unabhängig gemacht und das Andrehen kann Spindel für Spindel vorgenommen werden, ohne die Maschine abzustellen. (Desshalb hält Prof. Kick auch die Vimont'sche Bezeichnung für die Maschine System continue de Métiers à étirer et filer la laine cardée für vollständig berechtigt). Um diese Verbesserung klar zu machen, geben wir nachstehende Figur und Beschreibung. In Figur 397 ist die Spindel in gehobener Lage gezeichnet, bei welcher die volle Bobbine oder Röhre leicht abgenommen und durch eine leere ersetzt werden kann. Die Spindel geht frei durch die Ringbank, findet bei n ein Halslager, über dem Ende der Zahnstange Z aber ihre Pfanne i. Wird der Rahmen p gehoben, so bewegt sich auch die Spindel selbst nach aufwärts, sinkt der Rahmen, so sinkt auch jene. Die Spindel ist mit der langen Rolle r verschiebbar und mit derselben in solcher Verbindung, dass eine Drehung von r auf die Spindel übertragen wird. Die Länge der Rolle r ist gleich dem grössten Hube, welcher der Spindel ertheilt werden kann. Der Rahmen p ist mittelst eines Charniers mit der Zahnstange z verbunden, welche durch die Feder f gegen das Rad gedrückt wird. Diese Konstruction

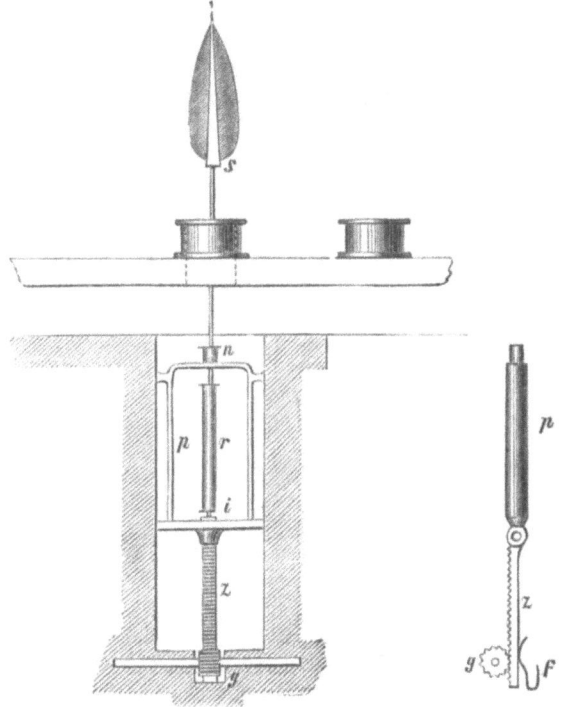

Fig. 397.

gestattet, wie wohl ersichtlich sein dürfte, jede Spindel ohne die Maschine abzustellen, um ein Beliebiges (innerhalb gewisser Grenzen) zu heben und in der ertheilten Lage festzustellen. Dies vorausgeschickt, wird das Zusammenwirken der Spindeln und der Ringbank leicht verständlich sein. Indem auf der Spindel (dem Rohre) der Faden wie bei Schleifspulen aufgewickelt werden soll, so wird dies dadurch erreicht werden, dass sich die Ringbank gleichmässig hebt und senkt, die Spindel aber sehr allmählig herabsinkt. Die Abwärtsbewegung der Spindel wird durch das Zahnrad g bewirkt, welches mit der Zahnstange z in Eingriff steht. Die Achse g geht durch die ganze Länge der Spinnmaschine, und es sitzen an derselben so viele Zahnräder g, als Spindeln vorhanden sind. Es werden daher alle Spindeln gleichmässig, aber langsam nach abwärts gezogen, mögen dieselben auch sehr verschieden hoch stehen, sich also in sehr verschiedenen Stadien der Kötzerbildung befinden. Die Ringbank macht hierbei kontinuirlich die Auf- und Abbewegung. Je nach der Nummer des zu spinnenden Garns kann sowohl diese Bewegung, als das Sinken der Spindeln beschleunigt oder verzögert werden. Die Bewicklung der Röhre mit Garn erfolgt, wie es sein muss, von unten gegen oben sehr allmälig und entsteht so ein den Schleifspulen analoger Kötzer.

Die Wirkung, welche hier die kombinirte Bewegung der Spindeln und der Ringbank bewirkt, erzielte bei der früheren auch von Vimont ausgeführten Anordnung die Ringbank allein. Eben desshalb war aber die Kötzerbildung bei den einzelnen Spindeln nicht von einander unabhängig, sondern musste eine übereinstimmende sein.

Die Regulirung der Fadenspannung fand früher durch Auswechslung der Häkchen n statt. Um das Ungenügende dieser Spannung zu beseitigen, gab Vimont seinen Häkchen eine andere Gestalt, indem er den einen Schenkel derselben verlängerte, und die Häkchen h so auf die Ringe r (Figur 398) steckte, dass ihr längerer Schenkel nach aussen zu liegen kommt. Bei der raschen Rotation des Häkchens h schlägt dessen längerer Schenkel gegen die Bremsschnur n, welche durch ein Gewichtchen q gespannt wird. Da nun diese Schnur näher oder weiter an den Ring gerückt werden kann, je nachdem sie auf der Schraube s mehr links oder mehr rechts aufliegt, so hat man hierin ein einfaches und gutes Mittel zur Regulirung der Spannung. Da aber die Kötzerschichten konisch sind, so haben die einzelnen Windungen variablen Durchmesser, der zum Kötzer laufende Faden bildet daher mit der Tangente an den Ring beim Aufsteigen der

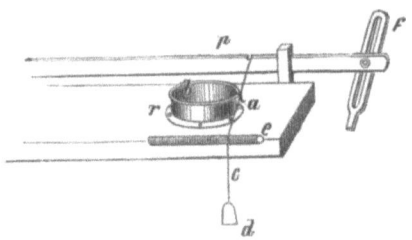

Fig. 398.

Ringbank allmählig zunehmende Winkel, die Reibung des Häkchens wächst, und es ist auch hierdurch eine weitere Regulirung der Spannung gefordert, soll nicht der Kern weit fester als die Aussenschichten des Kötzers gebildet werden. Hierzu ist das Ende von n an der Stange p befestigt, welche die Bewegung der Ringbank mitmacht. Am Ende der Stange ist ein Zapfen angebracht, der gezwungen ist, in dem Schlitze der Führung f zu gleiten. Die gestellte Forderung ist hierdurch erfüllt, denn beim Heben der Ringbank wird p und dadurch n nach rechts, beim Sinken nach links gezogen; in ersterem Falle vermindert, im letzteren vermehrt sich die Bremsung. —

Was nun die Transmission in der Maschine anlangt, so verhält sich diese wie folgt: Die Streckwalzen, sowie die Abzugswalze b erhalten ihre Bewegung durch Zahnräder. Die unteren Streckwalzen i und d sind geriffelt und haben eine durch die ganze Länge der Maschine gehende gemeinschaftliche Axe, die oberen Walzen h c sind ungeriffelt, haben keine gemeinschaftliche Axe und werden nur durch Reibung mitgenommen. Die Röhrchen g erhalten ihre Bewegung mittelst einer Schnur ohne Ende von der Trommel B, die Schläger e, f mittelst eines Riemens ohne Ende von der Riemenscheibe, die an der Axe von B sitzt. Die Bewegung der Ringbank geht von i' aus, wie oben beschrieben. Die Spindeln werden durch Schnüre von A aus bewegt.

Veränderungen, welche vorzunehmen sind, um verschiedene Garn-Nummern zu spinnen sind folgende:

a) Man verändert das Verhältniss der Umdrehungsgeschwindigkeiten von i und d i' und d' durch Auswechselung der Zahnräder an i und i'. So erhält man feineres oder gröberes Garn von gleicher Anzahl Drehungen auf die Längeneinheit. Wollte man auch hierin Abänderung treffen, so müsste man die Räder des am andern Ende befindlichen, oben erwähnten Rädersystems versetzen. Die Menge des in gleicher Zeit gelieferten Fadens würde dann geändert und daher auch ein Faden mit anderer Drehung erzielt.

b) Feineres Garn erlaubt langsamere Bewegung der Ringbank, gröberes fordert schnellere; dies wird durch Austauschen des Kegelrädchens 1 gegen ein kleineres oder grösseres und durch Verrücken von 2 erzielt.

c) Endlich nimmt man bei feinerem Garne zartere Häkchen, bei gröberem stärkere.

Die Spindeln machen gegen 5000 Umdrehungen per Minute, welche Geschwindigkeit auf den Mulespinnmaschinen nicht erreicht wird.*)

Wir sind der Ansicht, dass Vimonts Maschine für die Zukunft nicht unbeachtet bleiben, sondern in verbessertem Zustande noch eine Rolle spielen wird. — Charakteristisch für die Lösung des Problems der Construction einer Streichgarncontinue ist die Bemühung von Ferd. Spineux in Verviers**). Er wies der Stellung der Röhre besondere Bedeutung zu und lehrte, wie man mittelst der Röhre Vordraht zur Streckung ertheilen, denselben auflösen und endlich bleibenden Draht geben könne, entsprechend der Stellung der Röhre und ihrer Gsschwindigkeit.

Die durch Vimont-Sykes kräftig angeregte Möglichkeit der endlichen Vervollkommnung der Watermaschine für den Spinnprozess des Streichgarns hat sehr guten Boden in Belgien gefunden. Hier haben sowohl Celestin Martin in Verviers (Pepinster), Snakers in Verviers als auch Ferdinand Spineux in Lüttich und Emil Bède in Verviers ernstlich auf dem betretenen Wege fortgestrebt. Bède***) zunächst schloss seine Bemühungen eng an Vimont's Maschine an und die Frucht dieser Bestrebung war eine Continuespinnmaschine, welche nach Vimont-Sykes construirt ist und insofern eine Verbesserung enthält, als an Stelle des glatten zweiten Flügels ein solcher mit Kratzen besetzt eingeführt ist. Bède stellte eine solche Maschine in Wien 1873 aus, an welcher noch die Verbesserung angebracht war, dass der Antrieb der Streckwalzen und Röhren direct von der Hauptwelle durch ein Frictionsvorgelege, welches sehr leicht regulirbar ist, bewirkt wird. Es ermöglicht diese Anordnung schnelle und bequeme Umstellung der Geschwindigkeiten entsprechend den Wollfeinheiten.

G. J. Snakers†) Maschine zeichnet sich durch folgende Eigenthümlichkeiten aus, welche der ebengenannten Bède'schen Maschine ähnlich sind. Von der Garnwalze a rollt das Vorgarn ab dem Zuge der Walzen b folgend. Auf dem Wege bis zum zweiten Paar Walzen g f wird der Faden von den schnell drehenden Flügeln c und d bearbeitet und passirt dann die Röhre e, die sehr dicht an die Walzen g f herangestellt ist. Der Faden wird sodann vom Führer h nach der Ringspindel geleitet. Der Flügel c ist glatt, d aber auf den Schlagleisten mit Kratzen bezogen oder feinen Kammspitzen. (Fig. 399).

---

*) Vimont's (Sykes) Maschine wurde beschrieben: von Lohren, Verh. für Gewerbefleiss etc. 1864. — von Kick, Verh. des Niederöstr. Gewerbe-Vereins 1863. H. 10. — Dingler's polyt. Journ. 1864. CLXXI. II. 3. — Deutsche Industriezeitung 1864. H. 8. — Polyt. Centralbl. 1864. No. 10. — Grothe's Jahresber. der mechan. Techn. Bd. III. p. 145. — Ramming, Spinnerei etc. Voigt, Weimar. — Kick & Rusch, Beiträge etc. zur Spinnereimechanik. 1868. — Grothe, Spinnerei, Weberei etc. auf der Pariser Weltausstellung 1867. — Oesterr. Ausstellungsbericht von der Pariser Ausstellung 1867. B. II. H. IV. — Fischer, Streichgarnspinnerei (Chemnitz, Focke) pag. 54 mit Abb.
**) Specification 1866. No. 2382. 17. Sept. — Ertheilt an John Dunn.
***) Bède, S. Zemann, Spinnerei auf der Wiener Ausstellung 1873.
†) Snakers-Murdoch Specification 1873 No. 1863.

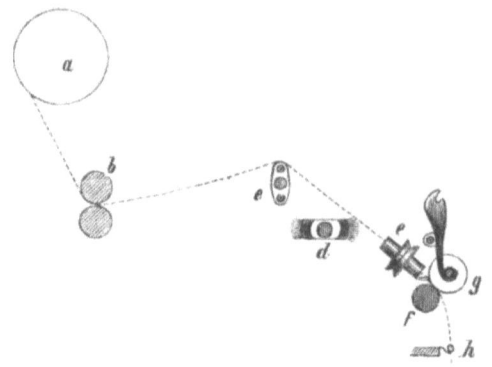

Fig. 399.

Einer besonderen Verbesserung und Anordnung bedienen sich Bywater & Shaw*). Dieselben (Figur 400) schalten zwischen Ausgabe-

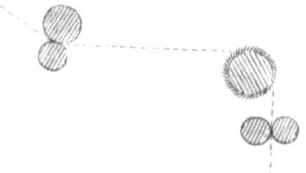

Fig. 400.

cylinder und Streckcylinderpaar eine Kratzen- oder Stachelwalze ein, und zwar dient dieselbe gleichzeitig zur Umlenkung des Fadens aus der fast horizontalen Ebene in die senkrechte, wodurch das Vorgespinnst etwa auf ein Viertheil des Umfangs der Walze aufliegt. Die Wirkung dieser Walze ist recht eigenthümlich. Sie hat etwas schnellere Umdrehung, wie die Eingabecylinder, während die zweiten Streckcylinder wiederum schneller laufen als die Walze. Die Function ist dabei folgende. Die Walze zieht den Faden aus aber empfängt gleichsam zur Conservirung des Vorgespinnstes dasselbe auf sich und giebt es durch die Kratzen in etwas gelockert an die nahen zweiten Walzen ab, welche die Ausgabecylinder gegenüber der Spindel bilden, sodass die gelockerten und ausgestreckten Fäden nunmehr bei Austritt gleich Draht empfangen.

Von sehr weitgehendem Interesse tritt uns der Streichgarncontinuespinner von Ferd. Spineux in Lüttich entgegen. Spineux zeigt in seiner Beschreibung der Maschine ein überaus klares Verständniss der Continuespinnerei. Er sucht Abhülfe der Mängel an Vimont-Sykes Maschine und findet dieselbe in vier besonderen Anordnungen:

1) in der geeigneten Stellung und Benutzung der Röhre;
2) in der geeigneten Einrichtung der Streckcylinder;
3) in der geeigneten Bremsung des Fadens;
4) in der geeigneten Construction der Spindel und Flügel.

---

*) Specification 1870 No. 2814.

Spineux wendet ausserdem noch eine Reihe besonderer Constructionen an, so z. B. die der Einführungswalzen.

In Figur 401 I und II haben wir diese Zuführung dargestellt. Sie besteht aus

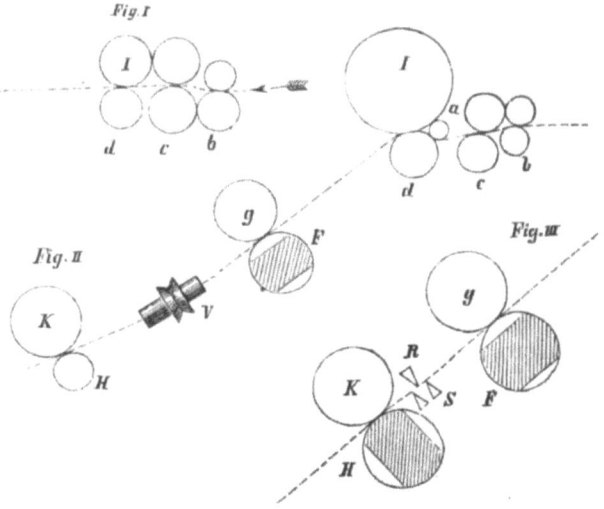

Fig. 401.

3 oder mehreren Paaren Walzen und zwar in einer solchen Folge, dass (die oberen Walzen sind durch Friction gedreht) das erste Paar b nur eine leichte Pression ausübt, weil der Obercylinder b leicht ist, — das zweite Paar bereits mehr belastet und der dritte Obercylinder I dagegen die bedeutendste Pression auf den Faden hervorbringt. Dabei erhalten die drei Paare Walzen differente Geschwindigkeit, die mit Hülfe von Wechselrädern etc. genau für jeden Fall eingestellt werden kann. Zweck dieser Anordnung ist, die Masse der Fasern des Vorgespinnstes zu mischen, das heisst die leichten an der Oberfläche hervortretenden feinsten Fasern mit den stärkeren zu vermischen, weil beim Spinnen die feinen Fasern dennoch wieder an die Oberfläche treten und ohne diese innigere Vereinigung sich leichter vom Faden ablösen. In Folge davon werden beim Drehen die Enden der feinen Fasern sich mit den stärkeren besser und fester zusammendrehen. Die differirende Geschwindigkeit bewirkt einen Auszug der Vorspinnfäden und richtet die Fasern damit mehr gleich, so dass später der Draht leichter aufgenommen und gleichmässiger wird, sowie der Faden feiner. Bei dieser Streckung, die übrigens so bei keiner anderen Continuespinnmaschine versucht worden ist, würde das Brechen der Vorspinnfäden ohne Zweifel in Masse eintreten, wenn nicht die Walzen neben ihrer Rotation eine alternirende Bewegung erhielten, die eine leichte Drehung ertheilt, resp. ein neues Wulsten der gestreckten Locken bewirkt und den Zusammenhang der Fasern wiederherstellt. Das letzte Paar Rollen ist ohne alternirende Motion. (Wir erinnern hierbei an Bouillet's Maschinerie zum Filzen des Vorgespinnstes und an Leach's Einrichtung zum Dämpfen des Vorgespinnstes beim Spinnen). Spineux führt an, dass man die Alternativbewegung ersetzen könne durch Fadenführer, die die Fäden zwischen den Walzen hin- und herbewegen, oder durch mit Kratzen bezogene Walzen, oder durch intermittirende Rotation der Walzen, oder durch einen oscyllirenden Kamm, oder durch einen Kneipapparat, oder einen Flügel, der auf die Fäden fällt und dieselben streckt u. a. Mittel.

Es tritt der Faden sodann aus dem Bereich der letzten Walzen d I aus und soll nun Streckung erleiden. Um diese durchzuführen bedient sich Spineux der Röhre und eines Walzenpaares von besonderer Construction F g, während hinter der Röhre das Walzenpaar HK, den Faden aufnimmt. Die Streckung sollte statthaben zwischen Fg und HK, allein die eigenthümliche Form und Zusammenwirkung von Fg modificirt diese Wirkung. Die Walze F hat nämlich 2 Ausschnitte, natürlich für jeden Faden (Fig. II.) Wenn die Walzen F und g die gezeichnete Stellung haben, so kann sich der Vordraht durch die Röhre V auf das Fadenstück bis zu den Ausgabecylindern d I fortsetzen. Trifft aber g mit der vollen Cylinderfläche von F zusammen, so ist der Vordraht durch gF begrenzt. Rotirt nun das Cylinderpaar gF schneller als dI, so ist der Prozess folgender: Zuerst erhält der Faden bis an d hin eine Drehung also auf einem ziemlich langen Stück, wobei der Faden nur dem Zuge der Walzen KH folgt. Darauf pressen F und g den Faden zwischen sich und nun dreht die Röhre V das Stück zwischen F und V unter Wirkung des Auszugs zwischen F und H, während durch die schnellere Bewegung von Fg der leicht gedrehte Faden zwischen Fg und dI eingezogen und dabei gestreckt wird. Von V bis HK aber hebt die Drehung der Röhre V den Vordraht wieder auf und streckt dabei dieses Fadenstück entsprechend der Differenz der Geschwindigkeit zwischen gF und HK. Diese geistreiche Anordnung bewirkt in der That einen annähernden Streckprozess, wie bei der Mule.

Auch diese Anordnung hat Spineux in mehreren Modificationen, siehe Abb. 401 III,

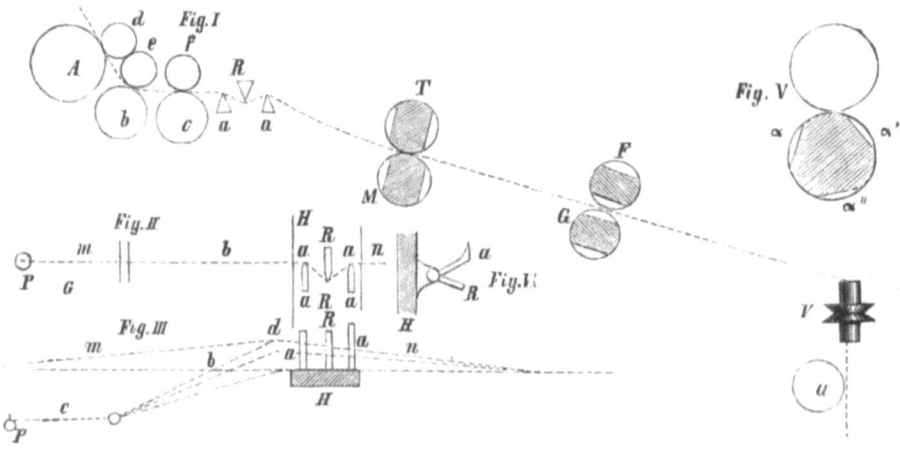

Fig. 402.

gegeben, indem er an Stelle des Cylinderpaares KH (in Fig. II) ebenfalls ein Paar KH (in Fig. III) einsetzt, dessen untere Walze mit Ausschnitt versehen ist. Die Stellung dieser Walzenpaare resp. der Walzen F und H muss dann entgegengesetzt sein. Die Zahl dieser die Bewegung intermittirenden Walzen kann noch grösser sein.

Um die Verhältnisse der respectiven Wirkung solcher Anordnungen klar zu machen, geben wir in Fig. 403 (I und II) Diagramme von verschiedenen Combinationen für bestimmte Zwecke. Wenn man kurze Fasern spinnen will, welche sehr viel Draht ver-

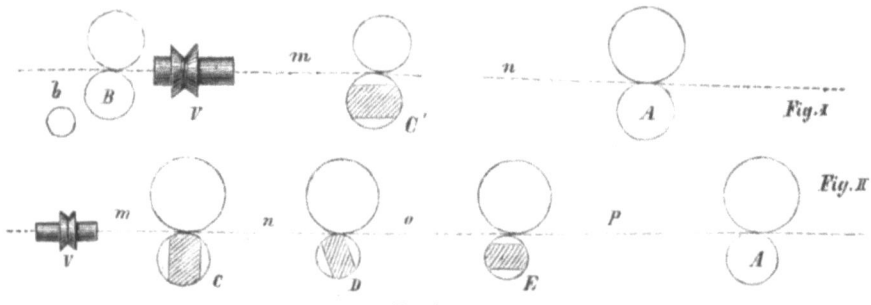

Fig. 403.

langen, so erweist sich die Röhre dafür ziemlich unbrauchbar, wenn sie nahe den Walzen B steht, weil der Gegendraht zwischen V und B die gute Wirkung des Vordrahtes zerstört. In allen Maschinen, in welchen der Draht mit Hülfe einer Röhre (wie V) hergestellt wird, die vor B placirt ist, tritt jener Uebelstand ein. Wenn die Walzen der Röhre zu schnell folgen, so ist die natürliche Wirkung dieses Umstandes, dass die Faden zwischen dem letzten Paar Walzen und der Spindel schlaff hängen und schlecht den bleibenden Draht aufnehmen, weil die Spindeldrehung zunächst den Vordraht aufhebt und den Faden verlängert. Mit solchem Schlaffwerden ist aber Brechen der Fäden stets verbunden. Die Erfahrung und Betrachtung lehrt, dass es bei solchem Arrangement unmöglich ist, ein gutes, weiches Garn von kurzen Fasern zu machen, welches langgedreht und so biegsam und geschmeidig ist, als das auf der Mule oder dem Selfactor hergestellte. Man hilft sich in solchem Falle wohl durch den Cylinder u, der sich entgegengesetzt dreht zur Richtung der Fadenbewegung oder aber mit grösserer Geschwindigkeit als die Cylinder B in gleicher Rotationsrichtung, allein ohne genügenden Nutzen. Da nun die Drahtgebung überhaupt wesentlich unterstützt wird von einem Arrangement, wie oben dargestellt, mit ausgeschnittenen Cylindern F, so kann diese glückliche Einschaltung auch für die Fäden kurzer Fasern von Vortheil gemacht werden. In Fig. I (403) sind auf dem Fadenzug zwischen A und B das Walzenpaar C¹ und die Röhre V aufgestellt. Es wird nun zunächst Draht auf m + n mitgetheilt und dann, wenn C¹ mit ihrer Oberwalze tangirt, auf m allein. Der Draht auf m ist gleich $\frac{Vm}{m}$ und auf $n = \frac{Vm}{m+n}$. Der Draht auf m wird daher stets grösser sein. In der zweiten Figur sind drei Paar Cylinder mit Ausschnitt C D und E aufgestellt, wobei zu bemerken, dass die Schnelligkeit der Rotation für C grösser ist, als die von D und die Geschwindigkeit von D übertrifft die von A.

Diese Combinationen können variirt werden; sie erleichtern aber die Drahtgebung zwischen den Cylindern und führen zu einem guten Resultat dann, wenn man die endliche Drahtgebung in derselben Direction statthaben lässt, wie die Rotation der Röhre V. Wenn das Gespinnst in der Röhre V einer Kraft t wiedersteht und T das Gewicht resp. die Spannung, welche der Draht, der die Endspannung empfängt, ertragen kann, so ist T = K t (K repräsentirt die Vermehrung des Drahtes entsprechend dem Bogen den der Draht beschreibt entweder an der Kante oder am Führungsdraht, der an V befestigt ist). Diese Mittel bewirken eine gewisse Constanz in Aufnahme des Drathes, der nur die Elasticität des Fadens entgegenwirkt. Die Elasticität variirt mit dem Stand der Drehung und beeinflusst mehr die Verspinnung, als der Zustand des Fadens nach Austritt aus A.

Die Drehung überträgt sich auf die schwachen Theile des Vorgespinnstes und verhindert einen Bruch, indem sie die Fasern auf ihrer ganzen Länge beansprucht; ihre Einfluss wächst mit der Abnahme der Länge, während die elastische Kraft mit der Länge der ausgespannten Fasern wächst. Man soll also die Streck-Länge des Vorgespinnstes kurzer Fasern vermindern, im Allgemeinen aber den Zug niemals grösser nehmen, als die Kraft des Fadens selbst, mit welcher derselbe der Friction wiedersteht: — eben so sehr soll man achten, dass der Grad der Elasticität mit dem Drahte in Einklang steht. Um den Draht zu reguliren, hat Spineux ein System kleiner beweglicher Leisten R S eingefügt (siehe oben Fig. 402. III.) über welche die Gespinnste gleiten. Für die Construction solcher Regulatoren waren zu berücksichtigen, die Tension der Gespinnste auf den Frictionsleisten, die Frictionsgrösse selbst, die Elasticität, die Grösse des Bogens für das Aufschleifen etc. Diesen Gesichtspuncten folgen die in den folgenden Figuren dargestellten Regulatoren (Fig. 404. I, II, III), ferner Fig. 401 und Fig. 405 I und II. In allen diesen Figuren bezeichnen gleiche Buchstaben gleiche Theile. Die Disposition ist im Allgemeinen folgende: Der eine Arm b des zweiarmigen oder Winkelhebels trägt an seinem Ende eine Bremsfläche, am andern Arm ein Gewicht P, welches möglichst genau der Spannung gleich gemacht wird, mit welcher der Faden normal zwischen den Cylindern ausgespannt ist und bei welcher die Drehung und Streckung die richtige ist. Bei dieser Stellung kommt der Faden nur mit einem Punkte der Bremsplatte und zwar leicht in

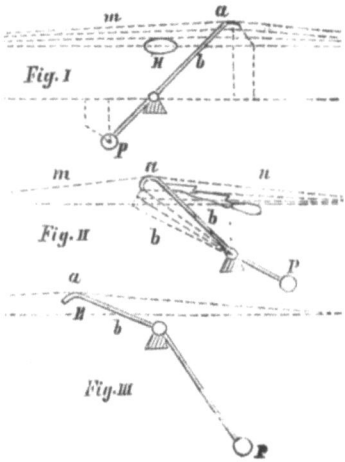

Fig. 404.

Berührung. Wenn aber die Tension zu **stark** wird, so drückt der Faden auf die Bremsplatte a und sucht diese nieder zu pressen, allein das Gegengewicht P bewirkt, dass der Faden sich nunmehr kräftiger auf a auflegt und mit einer Reihe von Punkten auf a in Berührung kommt. Die Folge davon ist, dass dieses Touchement die Fortsetzung der Drehung auf m ganz verhindert und nun n schärfer gedreht wird und der Auszug so unterstützt wird, bis die dadurch erwirkte Abnahme der Spannung den Hebel in die ursprüngliche Gleichgewichtslage zurückbringt. Wenn die Tension zu **schwach** wird und der Faden dadurch sich verlängert, so drückt P den Hebel b mit a dennoch continuirlich gegen den Faden und bewirkt, dass derselbe straff läuft; aber der Bremskopf berührt nur leicht und erlaubt, dass die Drehung sich über m n fortpflanzt und allmählig die alte Spannung wieder erreicht. Der Hebel b in Figur 404, II und III enthält eine Bremsplatte von stufenförmig angeordneten oder curvenförmigen Reibungsflächen, die in letzterem Falle durch ihre geneigte Stellung, welche sie dann annehmen, gänzlich ausser Contact mit dem Faden kommen, dagegen bei zu grosser Spannung sämmtlich mit dem Faden in Berührung treten. In Figur 405, I, enthält der Apparat einen feststehenden Bremskörper H, während a am Hebel b allein die Pression gegen den Faden ausübt. Steigt die Tension zu hoch, so wird a b niedergedrückt und nun tritt der Faden mit H in Berührung und schleift auf H, je nach Grösse der Tension mehr oder weniger viel.

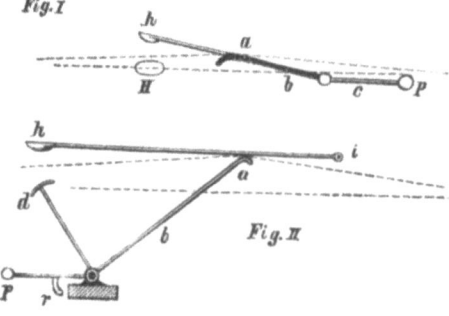

Fig. 405.

Die Anordnung in Figur 405, II, giebt nun neue Gesichtspunkte. Hier wirkt ein Winkelhebel b d unter Druck von P, der genau begrenzt ist, auf den Bremskopf a. Die Spitze des Hebelarms d ist ebenfalls mit einer Bremsleiste versehen. Ferner wirkt bei dieser Anordnung ein einarmiger Hebel i h mit und zwar wie folgt: Hat der Faden seine normale Spannung, so entspricht die Stellung des Mechanismus der gezeichneten Stellung. Wird der Faden schlaffer, so schlägt der Winkel r gegen den Lagerfuss des Hebels und jeder weitere Druck von a gegen den Faden hört auf. Wächst die Spannung aber, so senkt sich a b und hebt sich d. Durch Senkung von a aber fällt auch der Hebel i h bei h (um i drehbar). Wächst die Spannung weiter, so kommen endlich h und d in Contact und fassen den Faden zwischen sich, wodurch natürlich die Drehung fest begrenzt wird und erst wieder eine weitere Fadenlänge umfassen kann, wenn durch die erfolgte Verlängerung des Fadens die Bremsbacken d h sich von einander entfernt haben. Die Figur I zeigt eine ähnliche Anordnung, bei welcher jedoch der Bremshebel b sowohl die Bremsführung a, als auch den Bremsbacken h trägt, der bei zunehmender Spannung endlich mit H in Contact kommt und den Faden festhält.

Spineux giebt als die beste Bremshebelanordnung die in Figur 402, Figur I—VI angebrachte aus. Wenn der Bremsbalken d am Hebel b den höchsten Punkt erreicht hat, so befreit er den Faden von der Einwirkung der Hindernisse a R a, die in Form von Hebelarmen (Fig. VI) den Faden führen, und nun kann der Draht frei über die ganze Länge des Fadens zurückgehen, wodurch sich die Spannung vergrössert und der Balken d herabgedrückt wird, der Faden wieder auf den Hebelarm a R a schleift und dadurch verhindert wird, dass der Draht über dieses Hinderniss frei hinweggeht. Das Gewicht P wird genau nach der mittleren Spannung eingestellt.

Dieses bewegte Hinderniss (obstacle), auf welches Spineux mit Recht viel Gewicht legt, erhellt in seiner Construction aus Fig. I, III, IV (402). Dieser kleine Apparat wechselt langsam die Richtung des Drathes, und das ist nöthig, wenn Cylinder mit Ausschnitten angewendet werden, um die Streckung zu bewirken, und ferner empfiehlt es sich, die Ausschnitte möglichst gross zu nehmen und die Walzen, wenn sie beide ausgeschnitten sind, von gleichem Diameter zu machen. Mit der Grösse der ausgeschnittenen Cylinder kann auch die Zahl der Ausschnitte wachsen, so wie z. B. Fig. V 3 solche Ausschnitte $a'\ a''$ angiebt Die Pressung der Cylinder gegeneinander geschieht durch Hebel- oder Federdruck.

Wir kommen nunmehr zu der Combination der Continuespinnmaschine von Ferd. Spineux. Dieselbe ist in Figur 402, I, scizzirt. Das Vorgespinnst kommt zu den Einführcylindern a d, e b, c f, passirt das Hinderniss a R a, wird durch die ausgeschnittenen Cylinder T M geleitet, sodann durch die Cylinder F G und erhält Drehung auf dieser Bahn durch die Röhre V, welche abwechselnd Vordrath giebt bis T M und stärker dreht bis F G, sodann aber aufdreht nach der Spindel hin und in derselben Richtung als die Spindel rotirt. Der Cylinder u bremst auf den Nachdraht. An Stelle der beschriebenen und gezeichneten Einführung kann auch ein einfaches Cylinderpaar die Maschine eröffnen.

Von Interesse ist endlich noch die Construction der Röhre, welche Spineux anwendet. Wir führen davon zwei Modifikationen vor. Die eine, Fig. 406 a und b, enthält den Rohrkörper V aus zwei Stücken bestehend, verbunden durch ein starkes Zwischenstück, an welchem eine Axe mit conischem Rad b und Trommelchen a befestigt ist, sowie einen Fadenführer n. In der oberen Röhre ist eine zweite Röhre d eingesteckt, oben mit Scheibe f versehen, unten mit conischem Rad c. Der Faden tritt oben in d ein, wird von n um a herumgeführt und läuft von a ab durch die untere Röhre V. — Die zweite Construction enthält das obere Rohrstück

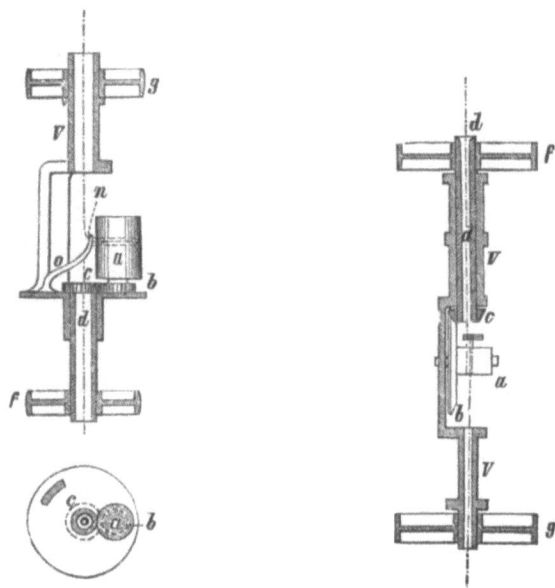

Fig. 406a. Fig. 406b.

von V mit der Scheibe g und an einem kräftigen Verbindungsstück eine Platte mit der zweiten Röhre d im unteren Stück von V, montirt unten mit der Scheibe f, oben mit dem Zahnrädchen c. Auf der Platte ist die Welle a angebracht und der Fadenführer n nebst einem anderen Fadenführer o. Die Trommel a enthält unten das Rad b, welches von c getrieben wird. Der Faden passirt durch V nach o, um a und über n nach Rohr d. Mit Hülfe solcher Röhrenanordnung kann man den Faden die Enddrehung ertheilen ohne Zuhülfenahme einer Spindel, durch einfache genaue Adjustirung der Drehung jeder Spindel bezügl. der anderen, sowie der Direction der Drehung.*)

Eine besondere Anordnung haben Darius Goff & Darius Lee Goff**) (Pawtuket R. J. America) getroffen. Figur 407. Das Vorgarn

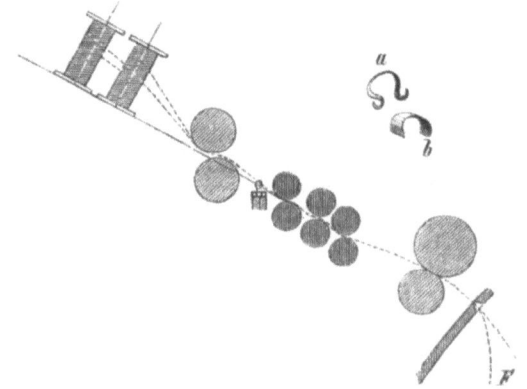

Fig. 407.

*) Spineux und Ferd. Falconer. Specification No. 3354. 1872.
**) Patent Macquen 1870 28. Januar. (Figur ist etwas entstellt.)

passirt ein grosses erstes Streckwalzenpaar, darauf einen Führungsring und sodann 3 Streckwalzenpaare von differirender Geschwindigkeit, endlich ein letztes Streckwalzenpaar. Der Faden gelangt nach F zur Ringspindel. Für Baumwolle wird der Reiter b angewendet, für Schafwolle der Reiter a. Hierauf legen die Erfinder grosses Gewicht und schreiben dieser Form a wesentlich den Erfolg zu, den ihr Continuespinner hat.

Sehr interessant und den Versuchungen amerikanischer Spinner zufolge vortrefflich wirksam ist die im Folgenden dargestellte Continuespinnmaschine von Robert Loudon Walker (Southbridge) (Patentirt 1869). Diese Maschine enthält zunächst die Lockenwalzen b über der Abzugsrolle v mit Scheibe a auf Axe d. Der Vorspinnfaden tritt in die Walzen e n ein, welche das eine Streckwalzenpaar bilden, während das andere Paar innerhalb der Röhre m angebracht ist. (Figur 408.) Die Röhre m ist in Fig. 408a speciell dargestellt. Sie besteht aus einer Trommel mit Boden und Deckel a a, in welche selbstständig drehbar die

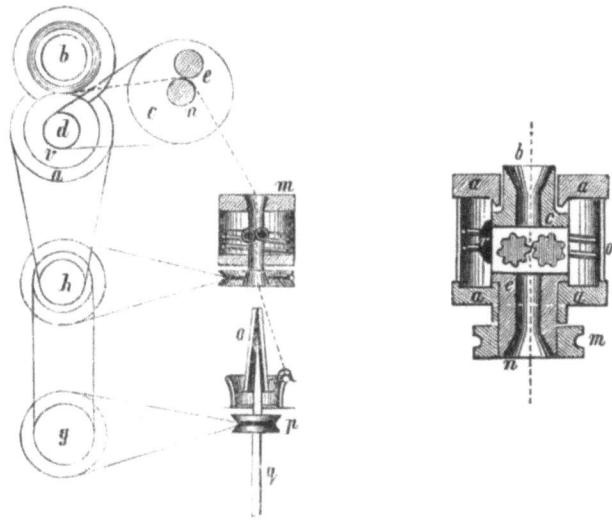

Fig. 408.   Fig. 408a.

Röhre e c eingefügt ist. Die Trommel a a ist im Maschinengerüst festgestellt. Sie enthält an der inneren Wandung einen Schraubengang o. Der Röhrenkörper e e fasst zwischen diesen beiden röhrenartigen Theilen einen prismatischen Rahmen, in welchem zwei Walzen eingestellt sind, die auf der Oberfläche cannelirt sind und gegeneinander sich berühren. Die eine dieser Walzen trägt ein Zahnrad r, welches in den Schraubengang o eingreift und da a a mit o feststeht, c c aber durch Würtel m umgedreht wird, sich dreht und somit auch beide Walzen. Die Combination vereinigt also in dem Rohrkörper Streckwerk und rotirende Röhre. Der Faden b geht nach Austritt aus n nach der Ringspindel q o mit Würtel p. Alle Bewegungen werden mit Schnurscheiben g h a d c und Schnuren übertragen.

Wir gelangen nun zu der Betrachtung von Celestin Martin's[*]

---

[*] Specification Martin — Bonneville No. 3652, 1872, und No. 174, 1873.

— 512 —

Continuespinner. Derselbe ward zuerst bei der Wiener Ausstellung 1873 dem Publikum vorgeführt und hat mit vollstem Rechte die Aufmerksamkeit der gesammten Spinnereiwelt erregt. Wir geben in Fig. 409 Abbildung von Martin's Maschine, wie sie in Wien ausgestellt war. Die

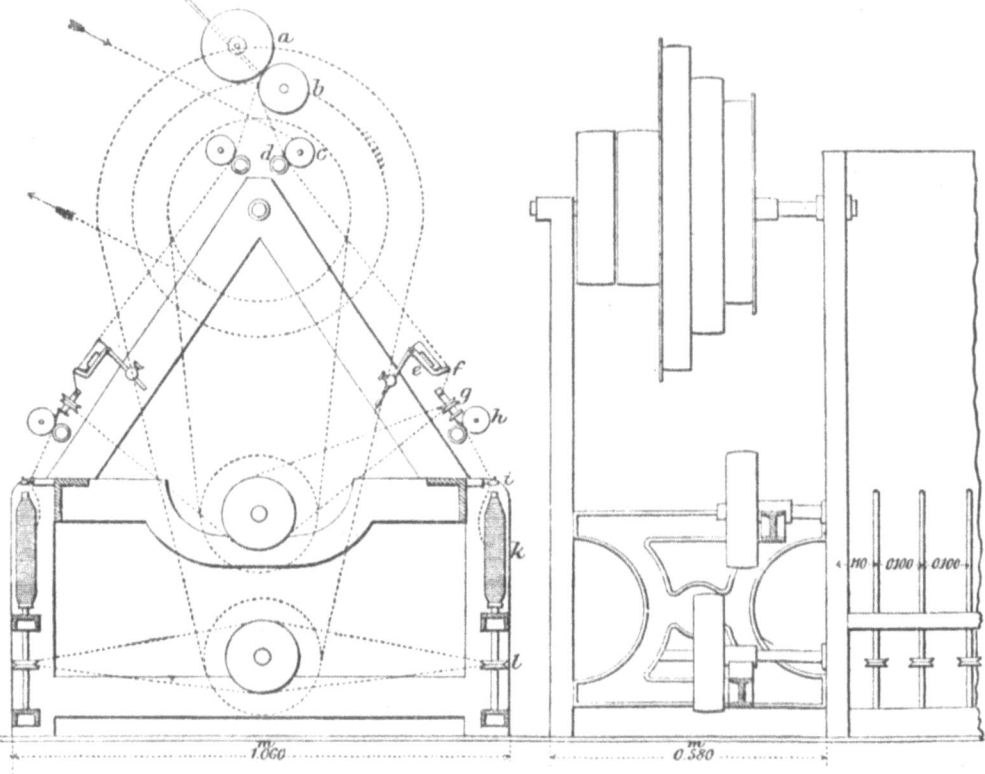

Fig. 409.

Lockenwalzen a werden über b aufgelegt. Die Fäden werden nach rechts und links auf den dachförmigen Obersatz des Gestells herabgeleitet, zunächst oben durch die Streckwalzen c und d, denen die unteren Streckwalzen h correspondiren. Letztere gehen je nach Absicht schneller als erstere und bewirken den Auszug. Die Röhre g ertheilt den den Auszug unterstützenden Vordraht. Für die Gleichmässigkeit der Spannung und die Gleichmässigkeit des Auszugs wirkt der Regulator f, bestehend aus einem balancirenden Hebel, der an der Vorderseite eine lederbezogene Platte trägt, mit erhöhter Vorderkante, auf welche der Faden sich auflegt. Das Gegengewicht an f ist verstellbar und wird so eingestellt, dass der Faden in normaler Spannung das Plättchen so zurückgedrückt erhält, dass der Faden ohne Friction mit dem Leder ungehindert seinen Weg nimmt. Ist aber die Spannung zu gross, so wird die Platte mehr zurückgedrückt und es kommt der Faden mit der Lederfläche in kräftige Friction, wodurch der Faden aufgehalten und der Auszug schneller bewirkt wird. Ist die Spannung zu schwach, so drückt das Gegengewicht die

Platte heraus und gegen den Faden. Derselbe streift nunmehr nur auf der glatten Kante des Plättchens ohne Friction mit dem Leder. Die Maschine enthält sodann den Fadenführer i und die Ringspindelanordnung k l.

Seitdem hat Martin einzelne Verbesserungen und Aenderungen an der Maschine angebracht, deren Beschreibung wir hier folgen lassen.*) Dieselben beziehen sich lediglich auf den Bremsapparat. Die Figur 410 stellt einen solchen dar. Der Hebel schwingt um d. Er trägt oben eine Gabel c, welche die Walzen b und a umfasst und unten einen Arm e mit verschiebbarem Gewicht. Der Faden passirt zwischen b und a durch, legt sich gegen c c und gelangt zur Röhre f mit Würtel g und den Walzen h i. Je nachdem der Faden gegen c sich fest oder lose anlegt, wird Druck auf c ausgeübt und tritt das Gewicht e in Wirkung.

Die spätere Verbesserung überlässt die Regulirung lediglich den kleinen Wälzchen e e über g, einer mit Einkehlungen versehenen Walze.

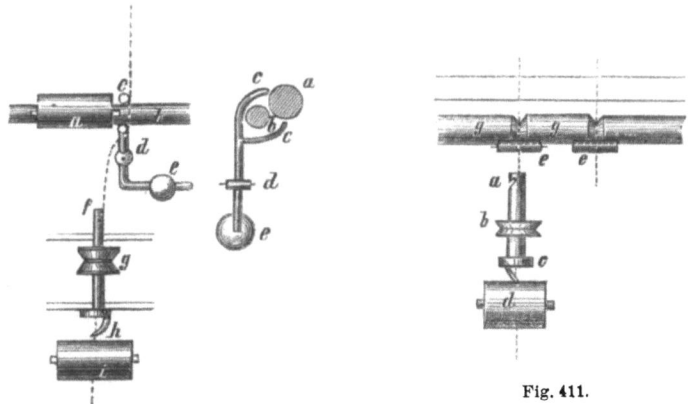

Fig 410.

Fig. 411.

Zu diesen Beschreibungen fügen wir diejenigen Auslassungen, Erklärungen etc. hinzu, die Martin selbst an das Spinnereipublicum erlassen hat und bemerken, dass dieselben das Wesen des Spinnprozesses der Watermaschine für Streichgarn sehr klar und deutlich characterisiren und zwar in einigen Puncten abweichend von anderen vorstehenden Erklärungen. Das Urtheil eines so geistvollen Erfinders für das Gebiet der Spinnerei müssen wir dem Publicum vorlegen, zumal es Beobachtungen enthält, welche neu sind und bisher nicht verzeichnet wurden.

Martin macht besonders darauf aufmerksam, dass es bisher weder durch den vorgeschrittenen Stand der Wollkardirung noch durch die Verbesserungen der Spinnmaschine verschiedener Ordnung gelungen ist, die **Unregelmässigkeit jedes Fadens und die Differenz der einzelnen Fäden unter sich zu verhüten!** Diese Mängel haften auch den Mules und Selfactors noch an — und nur durch die neue Martin'sche Continuespinnmaschine werden dieselben auf das geringste Mass herabgedrückt. Wir unterschreiben diese letzte Behauptung des Erfinders nicht pure, gestehen aber zu, dass dieselben in der That nicht ohne Berechtigung ist. Dagegen hat Martin bezüglich der Differenzen der Gespinnstfäden auf allen Spinnapparaten incl. Mule-Jenny's und Selfactors uns folgende verdienstliche Zusammenstellung gemacht, aus welcher für den stärksten und schwächsten Faden eine Differenz des Gewichtes von 5—20 % hervorgeht.

---

*) Specification Martin — Bonneville 1874 No. 2536.

Martin's Gewichts-Tabelle für jeden einzelnen
(12 Walzen

Gewicht jedes Strähnes

Reihenfolge	1. Walze.	2. Walze.	3. Walze.	4. Walze	5. Walze.
No. 1	10 75	10 75	11	11	10 75
„ 2	11	11	10 50	11	10
„ 3	10 25	10 50	10 75	10 75	11
„ 4	10 50	10 75	10 75	10 75	10 50
„ 5	10 25	10 50	10 75	10 75	10 50
„ 6	10 50	10 50	10 75	10 75	10 50
„ 7	10 75	10 25	10 75	10 25	10 75
„ 8	10	10 25	10 50	10 50	10 75
„ 9	10 25	10 50	10 50	10 25	11
„ 10	10 25	10 50	10 75	10 25	10 50
„ 11	11	10 75	10 25	11 25	10 25
„ 12	10 75	10	11	11 25	11
„ 13	10 75	10 50	11	11 50	10 50
„ 14	10 75	10 50	11	11	10 50
„ 15	10 75	11	10 75	11 50	10 50
„ 16	10 75	10 75	10 75	11	11
„ 17	11	10 75	10 75	11 25	10 25
„ 18	10 77	10 50	10 50	10 75	10 50
„ 19	10 25	11 25	10	10 50	10 75
„ 20	10 75	11	10 50	11 50	10 25
„ 21	10 75	10 75	10 75	10 75	11 25
„ 22	10 75	10 75	10 25	11	11
„ 23	10 75	10 75	10 75	10 25	10 75
„ 24	10 75	10 50	10 25	10 50	11
„ 25	11	10 75	10 75	10 25	11
„ 26	11	11	10 75	11 25	11
„ 27	10 25	10 50	10 50	11	10 75
„ 28	10 25	10 50	10 75	11 25	10 50
„ 29	10 25	10 25	10	11 25	10 25
„ 30	13	9 50	10 25	11 25	10 50
Feinster Faden	10	9 ½	10	10	10
Stärkster Faden	13	11 ¼	11	11 ½	11 ¼
Abweichung p. Walze	30 %	18 4/10 %	10 %	15 %	12 ½

Abweichung unter sämmtlichen Walzen 37 %.

Faden eines Selfactors von 360 Spindeln.
à 30 Faden.)
in Grammen.

6. Walze.	7. Walze.	8. Walze.	9. Walze.	10. Walze.	11. Walze.	12. Walze.
11	10 50	11	11 25	10 75	11	10 75
11 50	10 50	11	11	11 25	11 50	10 50
11	11 50	10	11 25	11	10 50	10 75
10 75	10 50	11 25	10 75	10 75	10 50	10 50
10 75	10 50	11 25	10 75	10 75	11	11 75
10 75	10 50	11 25	10 75	11	11 50	11 25
11 25	10 25	11 25	10 25	10 75	11 50	11
10 75	11	10 50	11 75	11 25	10 50	11 50
10 75	10 50	10 50	10 75	10 50	10 50	10 75
11 50	10 50	10 50	11 25	10 75	11 25	11 15
11	10 75	11	11 25	11	11 50	11
10	10 75	10 50	11	11 25	10 25	10 75
11	10 50	10 50	11	11	10 75	11
10 75	11	10 75	11 25	11	11	10 50
11 25	11 50	11 25	10 75	11 50	11 11	11
11	10 50	10 25	11 25	10 25	11 75	11
10 75	10 75	10 25	11 25	10 50	11	11
10 75	10 75	10 75	11	10 75	11 25	10 50
11	10 50	10 75	11 50	10 25	11	10 75
11	11	10	10 50	10 50	11	10 75
10 50	10 25	10 25	11 25	10 50	10 50	10 75
11	10 50	11	11	10 50	11 75	11
10 75	10 50	10 25	11 25	10 75	10	10 50
11 25	10	10 25	11	10 25	11 50	11
11	10 25	10 76	11 25	10 75	11	11 75
11	10 50	10 75	10 75	10 50	11 50	10 75
10 75	10 50	10	11 25	10 75	11 25	10 50
10 75	10 50	10 50	11 25	10 75	11 50	10 75
10 75	11	9 75	11	11	11 50	11
12 50	12	11 75	11 25	10 75	12	12 50
10	10	9 ¾	10 ¼	10 ¼	10 ¼	10 ¼
12 ½	12	11 ¾	10 ¾	11 ¾	12	12 ½
25 %	20 %	20 ½	4 8/10	14 6/10	17 %	19 ½

Da nun der Verzug an diesen Maschinen mit einer gleich grossen Torsion für jeden einzelnen Faden vor sich geht, ob er stark oder schwach sei, so folgt daraus, dass der feinste Faden zu wenig Draht hat; wenn er beim Spinnen nicht reisst, so thut er es beim Scheeren oder beim Weben. Was nun den stärksten Faden anbelangt, welcher zu viel Draht hat, so reisst er immer beim Verstrecken oder beim Zudrehen.

Es geht aus dem eben Gesagten hervor, dass, um eine Wolle auf den höchst möglichen Grad der Feinheit, und mit der grössten Regelmässigkeit zu spinnen, es nothwendig wäre, dass das Vorgarn von einer ausgezeichneten Regelmässigkeit in allen seinen Theilen und dass alle Fäden ebenfalls immer ganz gleichmässig stark sein müssten, wenn man nicht jedem Faden, oder jedem einzelnen Theile eines Fadens einzeln den zum Verhältniss seiner Stärke nöthigen Draht geben wollte.

Der zu geringe Draht während der Verstreckung bewirkt ein Zerziehen der Wollfasern, welche, da sie nicht genügend zusammengehalten sind, dann ein unregelmässiges, spitziges, blasiges Garn liefern, und der zu starke Draht verhindert die Verstreckung des Fadens, indem er den Wollfasern zu viel Widerstand bietet, um übereinander gleiten zu können. Das Garn verlangt sonach nach Verhältniss seiner Stärke mehr oder weniger Draht, und möge die Construction der Spinnmaschine sein, welche sie wolle, es ist immerhin ganz unmöglich, dieselbe Garnnummer, dieselbe Regelmässigkeit und Haltbarkeit des Fadens zu erzielen, ohne selbstthätige Regulirung des Drahtes während der Verstreckung, und zwar für jeden einzelnen Faden und jeden einzelnen Theil desselben.

Der zu diesem Zweck von Martin erfundene Apparat ist von ausserordentlicher Einfachheit. Er wird an jedem Faden angebracht, der Faden selbst ist es, der ihn in Betrieb setzt, und seine Wirksamkeit ist auf die Spannung des Fadens begründet. Um wohl zu verstehen, genügt es zu wissen, dass, wenn man eine neue Parthie anfängt, man an der Maschine genügend Draht giebt, um dessen genug zu haben, selbst für die feinsten Gespinnste, welche am meisten verlangen. Es gleicht jeder Faden auf Martin's Maschine den Draht nach Verhältniss der Feinheit oder seiner Unregelmässigkeiten aus, derart, dass die Wollfasern sich weder zerziehen, noch zu sehr zusammengedreht werden können, was die Verstreckung behindern würde.

Die Ausgleichung des Drahtes ist so exact wirksam, dass man, ohne irgend etwas an der Maschine zu verstellen, denselben Faden mit einer Abweichung bis zu 10,000 Meter per Kilo in seiner Stärke spinnen kann.

Ein anderes, sehr wichtiges durch die Ausgleichung des Drahtes während der Verstreckung erzieltes Resultat, welches hauptsächlich hervorgehoben zu werden verdient, ist die Möglichkeit, mit einem und demselben Vorgarnfaden eine höhere Garnnummer zu erzielen, als dies auf einer Mule-Jenny oder Selfactor möglich wäre, so dass man überhaupt, wenn es die Wolle zulässt, ein stärkeres Vorgarn machen kann, welches auf letztgenannten Maschinen zur gewünschten Taxe gar nicht zu verwenden sein würde. Die daraus entspringenden Vortheile sind leicht ersichtlich: eine viel grössere Production der Krempeln, weniger Abfälle an denselben, das gänzliche Wegfallen schlechter Vorgarnwalzen und für den Arbeiter eine bequemere Arbeit.

Da oben nachgewiesen ist, dass bei Mule-Jennys und Selfactors die starken Fäden während der Verstreckung dieselbe Summe von Drehungen, oder denselben Draht erhalten, als die feinen, so nehmen erstere in Folge dessen eine solche Spannung an, dass die Differenz, welche unter allen Vorgarnfaden existirte, sich noch um die ganze Länge vermehrt, um welche der feine Faden zunimmt, um eine gleiche Spannung zu erhalten als der starke, wodurch er immer noch feiner wird. Dies ist bei Martins System nicht der Fall, da die Fäden während des Verzuges immer dieselbe Spannung haben. Es ist dies ein grosser Vorzug, denn die Stärkedifferenzen in den Fäden werden vermindert.

Die übrigen Vortheile des neuen Systems sind ebenso zahlreich als wichtig. Zunächst erlaubt es, die Mule-Jennys und Selfactors durch feststehende Spinnmaschinen mit allem daraus erwachsenden Nutzen, sowohl in Fabrikationskosten des Garnes, als in Raumersparniss zu ersetzen: alsdann, und dies namentlich ist wichtig, erhält man durch dieses

System mit einer und derselben Wolle ein ungleich feineres Garn als mit irgend einem anderen, wodurch das Zweimalspinnen selbst für die feinsten Nummern wegfällt. Endlich ist das damit gesponnene Garn in Haltbarkeit, Regelmässigkeit und Geschmeidigkeit, ja sogar in Frische keinem andern zu vergleichen. Alle diese Eigenschaften lassen sich sehr leicht erklären: da das Garn immer den zu seiner Verstreckung nöthigen Draht ganz regelmässig aufnimmt, so sind die ihn bildenden Fasern niemals zu hart zusammengedreht, in Folge dessen gleiten sie bequem über einander, und bilden nicht, wie bei jedem anderen System, eine Menge harter Knötchen; Jedermann weiss, dass diese Knötchen oder Würgelchen sich während der Verstreckung in Folge einer zum Verhältniss der Stärke unproportionirten Vertheilung des Drahtes bilden, und dass dieselben durch die daraus entstehenden Unregelmässigkeiten dem Garne die Haltbarkeit entziehen. Es ist also leicht begreiflich, dass die auf Martins System gesponnenen Kettgarne den anderen in Haltbarkeit und Glätte überlegen sind, eine Lebensfrage für die Anwendung der mechanischen Webstühle, deren Einführung von Tag zu Tag allgemeiner zu werden verdient. Das Garn ist geschmeidiger, weil die ausserordentlich regelmässige Vertheilung des Drahtes und die genaue Verstreckung beim Garne eine geringere Summe von Draht beansprucht, um dieselbe Haltbarkeit zu erzielen, und seine Frische erwächst natürlich aus demselben Grunde und aus dem Wegfallen der oben erwähnten harten Stellen oder Knötchen.

Wenn wir die übrigen Vortheile anführen, welche diese neue Spinnmaschine bietet, und die schon erwähnten recapituliren, so finden wir:

1. Eine Ersparniss von ohngefähr 100 % in der Bedienung.
2. Eine Ersparniss von 100 % in Betriebskraft, im Vergleich zu den Selfactors.
3. Eine Ersparniss von 100 % im Vergleich zu letzteren auf Reparaturen und Abnutzung in Riemen und Schnuren.
4. Eine wenigstens verdoppelte Production pro Spindel im Vergleich zu anderen.
5. Die Möglichkeit, in denselben Raum mindestens die doppelte Spindelzahl zu stellen, durch welche man wenigstens eine vierfache Production erzielt. Diese Maschinen nehmen nur eine Breite von ohngefähr 1 Meter ein, man kann also bequem, mit Einrechnung des zur Bedienung nöthigen Raumes zwei derselben an Stelle einer Mule-Jenny aufsetzen.
6. Eine erhöhte Production der Krempeln, welche man auf mindestens 25 % annehmen kann.
7. Eine Verminderung von mindestens 50 % der Spinnabfälle, durch ein leichteres Anknüpfen der Fäden, was jederzeit ohne Stillstand der Maschine geschehen kann; man füge hinzu, dass viel weniger Fadenbruch vorkommt und dass, wenn er stattfindet, die verlorene Garnlänge viel kürzer ist.
8. Aus dem Vorhergesagten erhellt, dass die Parthien nicht mehr schlechter werden können, wenn sie zu Ende gehen, wie dies bei anderen Maschinen der Fall ist, durch die grosse Menge von Abfällen und Enden, welche man nothwendigerweise bei der Krempel wieder beimengen muss, wodurch häufig genug eine ganze Parthie verdorben wird, und Streifen in den Stoffen oder Tuchen entstehen.
9. Die Möglichkeit, dieselbe Wolle auf eine viel höhere Nummer zu spinnen, wodurch man die Fabrikation leichter Waaren unternehmen kann, deren vortheilhafter Verkauf ohne diesen Umstand unmöglich wäre.
10. Das Erzielen eines kräftigeren und regelmässigeren Fadens mit allen Vortheilen, die daraus entspringen und welche weiter oben erörtert worden sind.
11. Eine Ersparniss der Beleuchtung von 100 %.
12. Eine grosse Erleichterung und Sicherheit in der Nachtarbeit, da diese Maschinen weder eine grössere Intelligenz noch besondere Sorgfalt des Arbeiters beanspruchen.
13. Eine grössere Regelmässigkeit im Gang des Betriebsmotoren, da die Kraft, welche die Maschinen beanspruchen, immer eine gleichmässige ist, wodurch noch eine bessere und regelmässigere Production nicht nur der Krempeln, sondern auch der

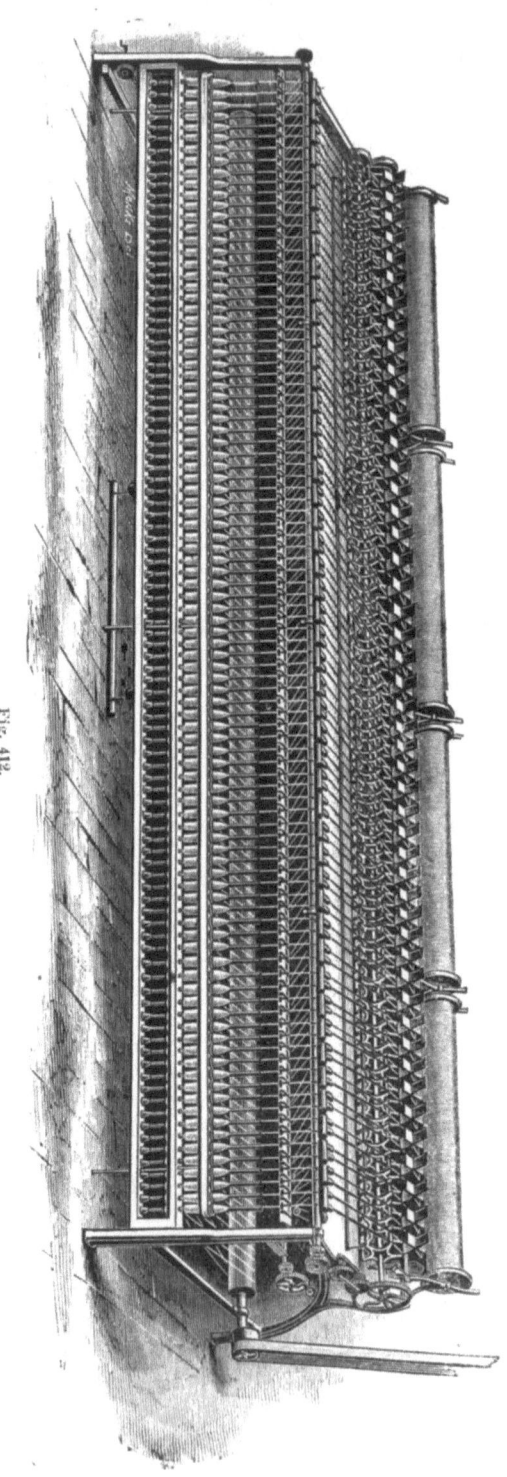

Fig. 412.

Avery's Spinnmaschine.

anderen Maschinen, wie z. B. der Webstühle, für welche ein regelmässiger Gang von grosser Wichtigkeit ist, erzielt wird.

14. Der Vortheil, Räume und Gebäude zu benutzen, welche sich zur Aufstellung der ehemaligen Spinnmaschinen nicht eigneten.

Martin macht zugleich darauf aufmerksam, dass diese feststehende Spinnmaschine im Verein mit seinem Riemchenapparat im Stande sei, die Leistungsfähigkeit der Spinnereien wesentlich zu erhöhen. Er betont allerorts die stete Nothwendigkeit, die Herstellung des Vorgarns gut durchzuführen, da davon die Vollkommenheit des Gespinnstes abhängig sei, — und das mit vollem Recht, denn es ist wahr, dass eine Reihe nicht unzweckmässiger Einrichtungen von Continuemaschinen an der Unvollkommenheit, d. h. besonders Ungleichmässigkeit des Vorgespinnstes gescheitert sind.

In weiterer Betrachtung des Continuespinnsystems kommen wir nun auf die Beschreibung der Maschine von G. John Avery aus Spencer Mass. U. S. N. A.*)

Diese Maschine, zuerst in Wien 1873 auf der Ausstellung vorgeführt, frappirte durch die eigenthümliche Organisation, durch die offenbar zu Tage tretende Imitation intermittirender Spinnerei, durch die Zufügung einer Reihe besondere neue Gedanken enthaltender Theile.

Die bei Gelegenheit der oben berührten Systeme Snakers, Vimont, Spineux, Martin angeführten und aufgestellten Grundsätze für den Spinnprozess auf der Watercontinuespinnmaschine für Streichgarn finden durch diese Maschine eine besondere Beantwortung und Erledigung. Es sind vorhanden Ausgabecylinder, Streckwerk, Röhre, Streckcylinder, Spindel. Die Idee des Constructeurs geht davon aus, die Streckung nicht continuirlich zu bewirken, sondern intermittirend. Daher löst ein Apparat eine bestimmte Quantität Garn von den Ausgabecylindern aus und übergiebt diese Länge auf einmal und von Zeit zu Zeit dem eigentlichen Streckprozess unter Festhalten des Endes dieser Länge. Der Streckprozess findet statt zwischen diesem Kneipapparat, der die Längenenden festhält und dem Cylinderpaar am Schluss dieser Streckweite. Eine Röhre unterstützt die Streckung durch leichten Draht, die Spindel dreht auf und giebt den bleibenden Drath. Das Ende des Fadens vor der Röhre ist lang, dasjenige zwischen Röhre und Streckcylinder sehr kurz, so dass die Röhre von dem Vordraht nur wenig wieder zurückdreht.

Wir geben hier die Beschreibung der Maschine unter Zufügung der Abbildungen (412-425). — In Fig. 413 geben wir ein Diagramm des Arrangements der Theile in der Maschine. Auf einem einfachen Gestell von Wangen und Querstreben ist die Garnwalze e eingelegt in einem Schlitzbogen des Armes g und ruht auf der Rollwalze f. Von der Garnwalze wickelt sich der Faden ab und gelangt zwischen dem Arm b an b' und dem entsprechenden Arm an a, welcher mit b zusammengreift. Zwischen diesen Armen bleibt der Faden festgeklemmt bis die Axe von a sich um so viel gedreht hat, dass die punktirte Stellung eintritt, somit der zweite Arm von b' mit dem zweiten Arm von a zusammengreift und nun den Faden

---

*) Patentirt in America, England, Belgien, Frankreich, Russland, Preussen, Sachsen etc. Beschrieben von Grothe, Engineering 1873. Polyt. Zeitung 1873.

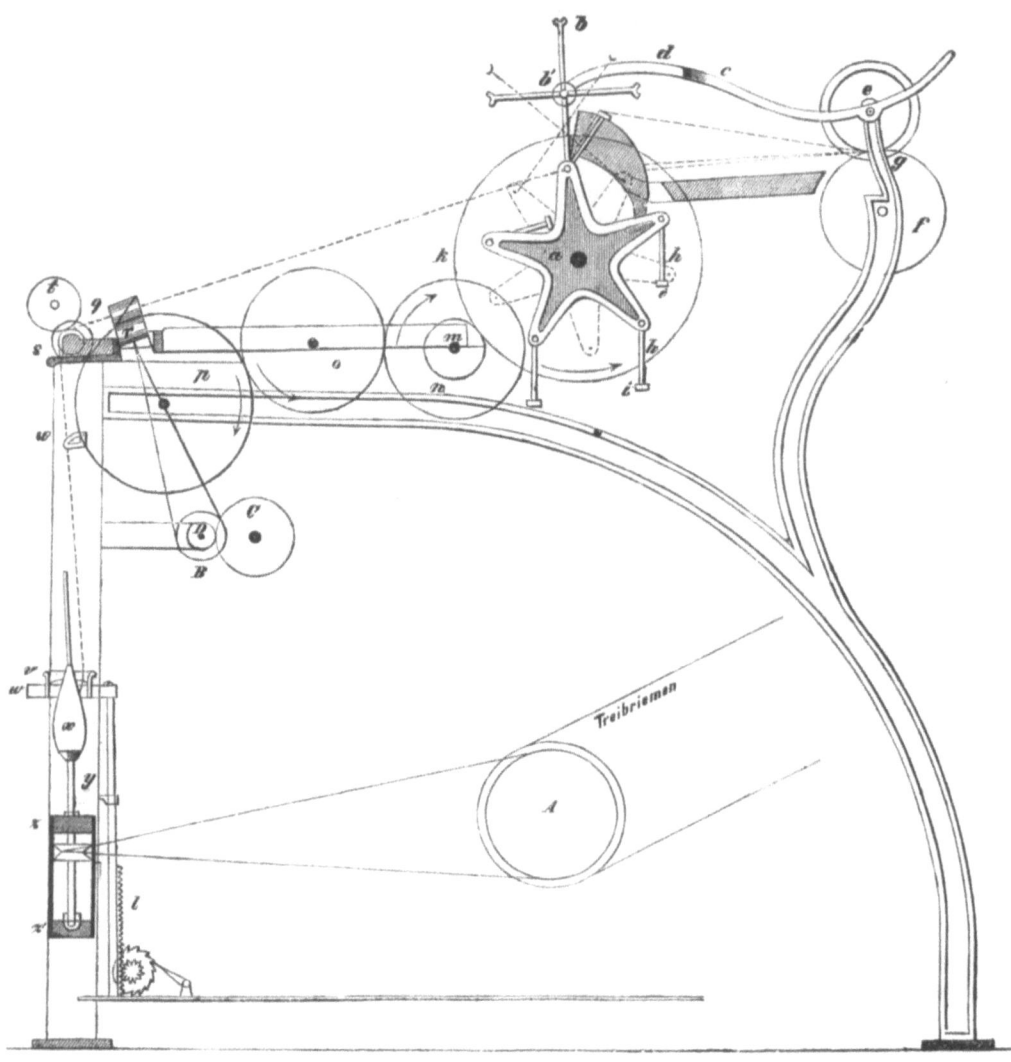

Fig. 413.

festklemmt. Der Arm b ist unten gabelartig geformt, während in a durchgehende Stäbe oberhalb des Armes angebracht sind, über welche sich der aufgeschnittene Hohlcylinder der Gabel der ganzen Länge nach auflegt. Bei Beginn der Arbeit muss man sich den oberen Kreuzhaspel auf b' in der punktirten Lage denken, so dass die Axe b' die Lage b'' eingenommen hat. (Fig. 414). Von da ab ändert sich die Stellung (wie Fig. 415 zeigt) fortwährend mit der langsamen Drehung von a z. Von z an durchläuft der Apparat alle Stellungen a a a bis die Radien beider Haspelkreise eine gerade Linie bilden und sodann alle diese Stellungen zurück bis c. Während also diese Zange den Faden festhält und somit die Drehung, welche die Röhre q auf der Fadenlänge q a b hervorbringt, begrenzt,

— 521 —

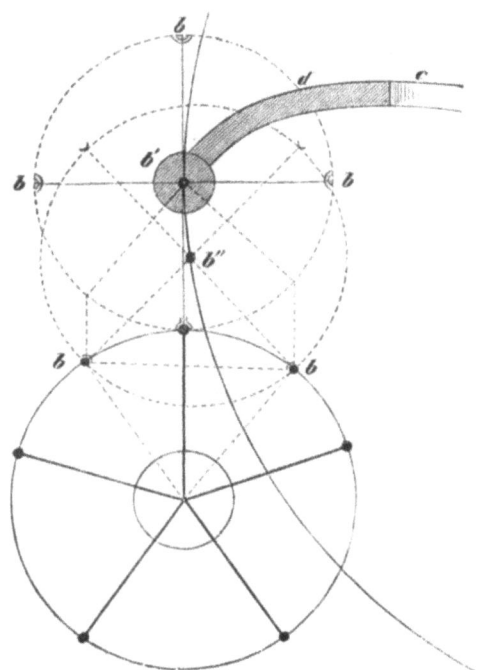

Fig. 414.

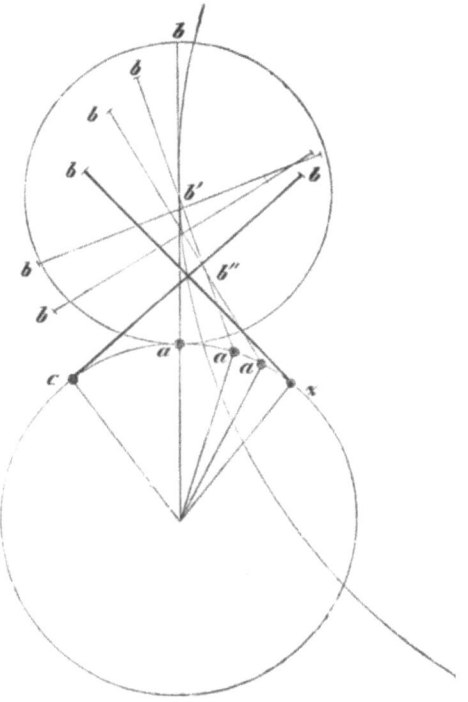

Fig. 415.

34*

giebt die Zange etwas nach und schont so den durch die Streckwalzen t s kräftig vorgezogenen Faden. Hierin liegt ein hervorragender Werth dieses Systems. Während nun der Kneipapparat oder die Zange jene scizzirte Bewegung von z nach c macht, tritt ein anderer Mechanismus wirksam ein, um eine bestimmte Länge des Vorgarns vorzuziehen und bereit zu halten, bevor sich die vorgeschrittene Zange bei c öffnet und die folgende Zange bei z zusammengreift. Dieser Mechanismus besteht in dem drehbaren Rahmen h mit Leisten i, welche an den Armen von a hängen. Diese Arme folgen der Rotation der Arme von a. Gelangt aber ein Arm in die Lage z, so findet i bei Fortgang der Bewegung einen Wiederhalt an dem Curvenstück, welches schraffirt in der Zeichnung angegeben ist, und i schiebt sich langsam auf dem Rücken desselben empor. Der Faden, der von e abgezogen wird, wird von i erfasst und mit emporgeschoben. Der Faden, der ohne die Wirkung und das Eingreifen des Mechanismus h i nur die Ausdehnung (in Figur 415) von z bis i haben würde, erhält nunmehr die Länge i b z und diese Längen verhalten sich fast wie die

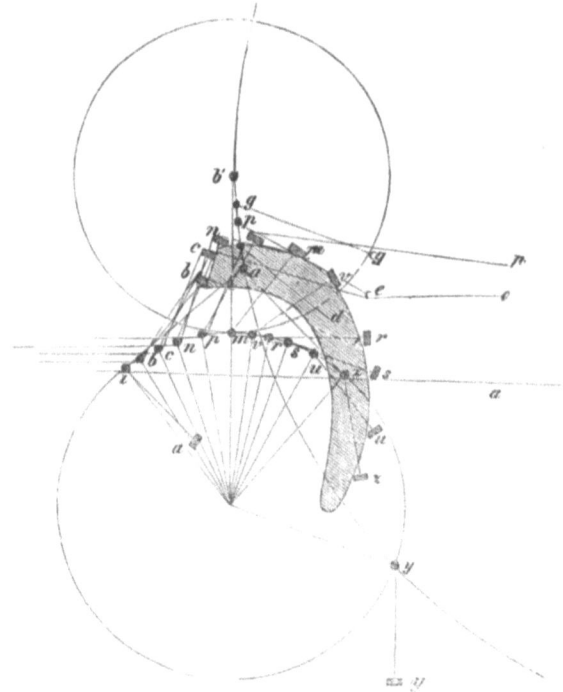

Fig. 416.

Summe der beiden Katheten eines rechtwinkligen Dreiecks zur Hypothenuse. In der Figur 416 haben wir den Fortgang der Leiste i auf dem (übrigens absichtlich grösser gezeichneten) Curvenstück näher dargestellt und diese Figur macht die Folge der Bewegungen ganz deutlich.

So also misst dieser Apparat gewissermassen genau die Länge des Vorgarns ab und giebt diese Länge sodann in die Maschine zum Strecken ein. Um der Bewegung von a folgen zu können ist b^1 in Bügeln d am frei beweglichen einarmigen Hebel c befestigt und für je 2 Faden dient ein solcher Bügel.

Wir gehen nun auf den Mechanismus ein, welcher zur Bewegung dieses Kneipapparats dient. An der Seitenwange der Maschine ist folgende Rädertransmission (Fig. 417 u. 418) angebracht. Auf der Streckwalze

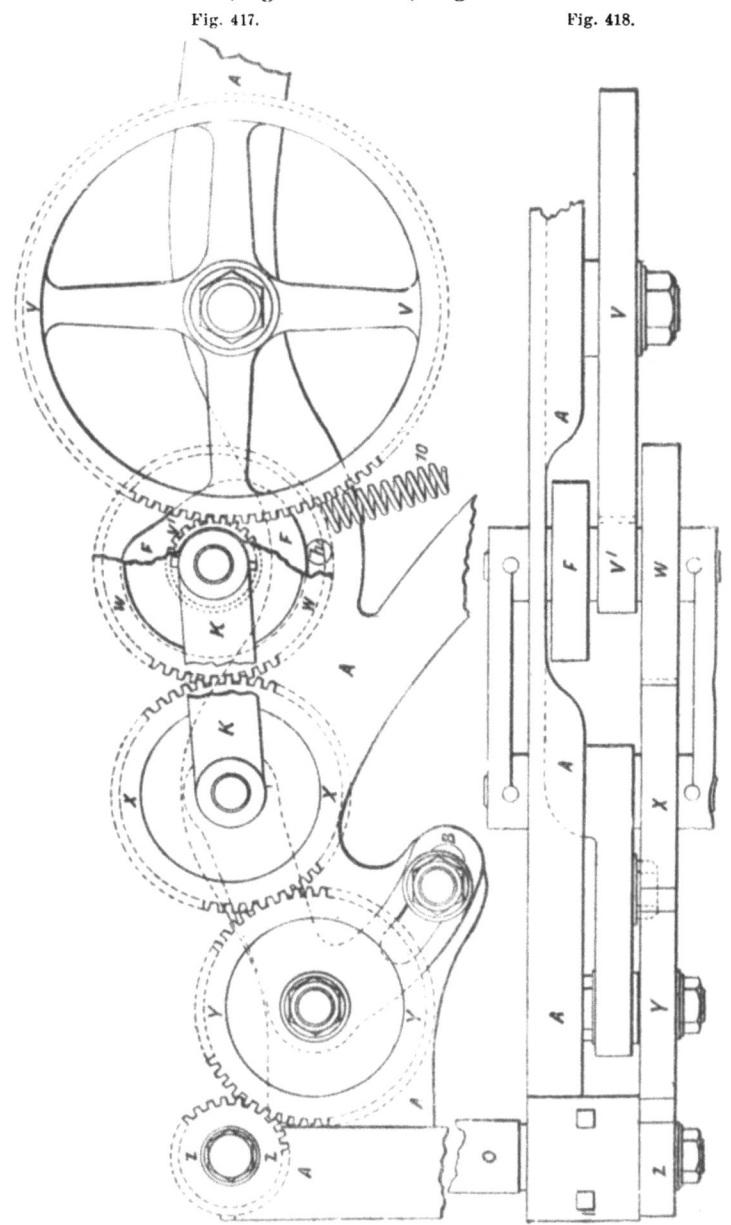

Fig. 417.   Fig. 418.

s sitzt das Zahnrad Z. Dieses greift in den Transporteur Y, dessen Stellung genau durch den Arm B mit Schlitz und Schraube eingestellt werden kann und überträgt so die Bewegung an X. Auf der Axe von X sitzen zwei Hebel K, deren andere Enden von der Axe aufgenommen werden, auf der das Rad W, ferner V^1 und die Scheibe F aufgebracht sind. W erhält seine Bewegung von X, somit von Z. V^1 greift in V ein, dem Zahnrade der Haspelaxe a. Die Scheibe F endlich ist mit einem Ausschnitt versehen und wird durch die Feder 10 gegen den festen Stift h angedrückt. So lange nun die volle Mantelfläche von F auf h abrollt, bleiben V^1 und V im Eingriff und der Haspel dreht sich. Sobald aber V^1 mit dem Ausschnitt auf h schleift, fest angepresst durch die Spiralfeder 10, sobald kommen V^1 und V ausser Eingriff, weil V^1 herabgezogen wird. Da V^1 25 Zähne hat, V aber 125 Zähne, so erfolgt somit für eine Umdrehung von V dieser Stillstand 5 mal. Was nun die Anordnung der Röhre anbelangt, Fig. 419, so ist auch diese höchst originell. Zunächst ist diese Röhre N nicht gleichmässig cylindrisch, sondern

(Maassstab für Figur 417, 418, 419, 420: ¼" engl. = 1" engl.)

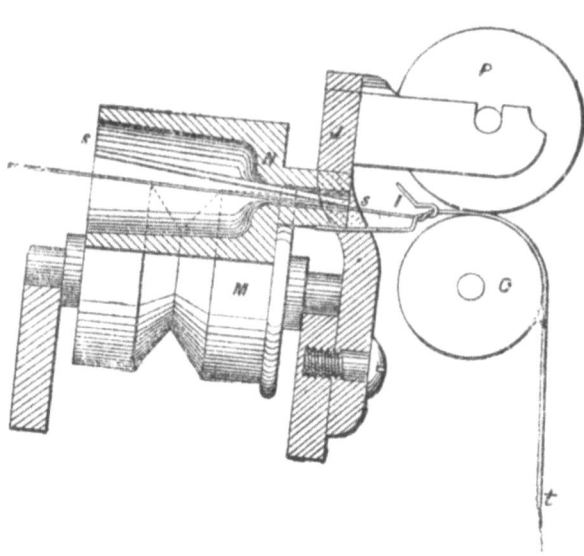

Fig. 419.

beginnt mit einem weiten cylindrischen Körper von conischer Bohrung und verjüngt sich am anderen Ende plötzlich scharf zu einer Auslassröhre von $1/5$ des Diameters der Anfangsbohrung. An diesem dünnen Ansatzrohr ist der Führungsdraht I befestigt, um welchen der Faden s geschlungen wird. Ferner aber ist die Röhre auf der Länge des Mantel s mit einem spiralgang-

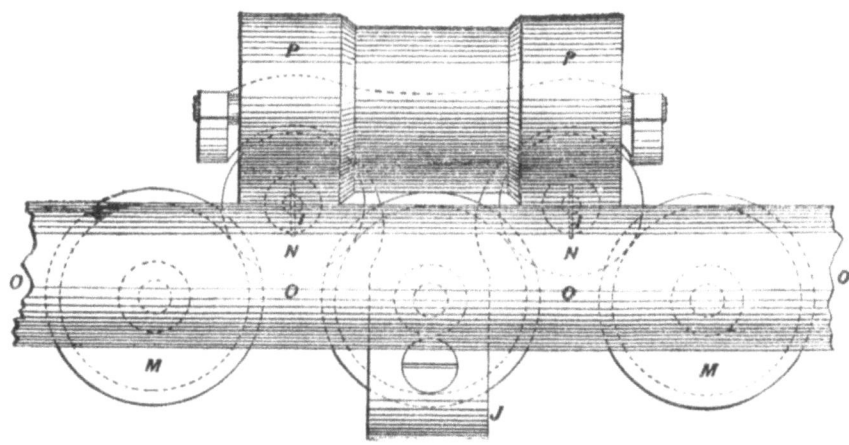

Fig. 420.

artigen Schlitz oder Einschnitt versehen, durch den man den Faden in die Röhre einlegen kann. Endlich erhält diese Röhre ihre Bewegung nicht durch Würtel und Schnur, sondern durch Friction. Diese Röhren sind nämlich einfach auf die in Reihen im Gestell eingelegten Walzen M mit Würteleinschnitt aufgelegt, welche von unten her mit Schnur und zwar je 2 der Walzen M durch eine Schnur bewegt werden. Diese Combination ist eine vorzügliche, da sie den Gebrauch der Röhren so sehr bequem macht. Vor den Röhren ist das Streckwerk aufgestellt und zwar ist dasselbe gebildet aus der durchgehenden Walze o (in der Figur 413 s) und den kleinen Oberwalzen P für je 2 Faden (siehe oben t). Die Wirksamkeit dieser Röhren ist eine andere als die bei den früheren Systemen, da in Folge dieser Anordnung die Röhre fast nur im Stande ist, Vordraht zu geben, aber nicht denselben aufzulösen, welche Operation, wenn sie beabsichtigt wird, hier den Spindeln zufällt. Dagegen wird der Streckprozess durch das langsame Vorrücken des Kneipapparats als erstes Streckpaar in vorzüglicher Weise eingeleitet.

Die eigentlichen Spinnorganismen haben in dieser Maschine ebenfalls besonders geistreiche Composition. Avery will in seiner Maschine direct auf der Spindel resp. Hülsen aufwinden oder aber auf Spulen. Für beide Zwecke hat er die Mechanismen geeignet vorgerichtet. Was zunächst die Spindelanordnung anbelangt, so ist diese die von Potter*). Die Figuren 421—423 machen deren Anordnung deutlich. Die Ringspindelbank ist auch hier die Grundlage. Der Reiter auf dem Ring ist durch den gebogenen Draht D ersetzt, welcher sich in einer ringförmigen Auskehlung B des Ringes A C bewegt und sich stets näher an die Spule resp. den Kötzer anlegt. Um den Kötzer zu bilden, resp. auf der Spule aufzuwinden, enthält die Avery'sche Maschine folgende Einrichtung.

Nehmen wir zuerst an, es würden auf die Spindel Holzspulen aufgesteckt, die mit Garn bewunden werden sollen. Damit solche Spule

---
*) Grothe's Polyt. Zeitung 1873 pag. 329 und 552.

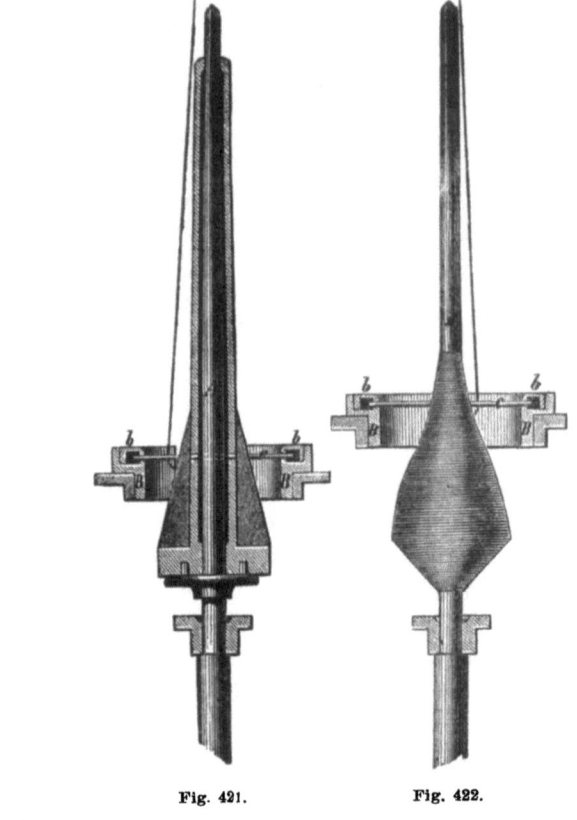

Fig. 421.   Fig. 422.

Fig. 423.

gleich als Webespule im Webeschützen oder als Kettenspule in dem Scheerrahmen sich gleichartig und leicht abwickelt, muss das Garn schichtenweise von unten nach oben hin aufgewickelt werden, wie Figur 424 zeigt. Man wird bemerken, dass gegen die Fussplatte der Spule hin die parallelen Schichten aufhören und weniger geneigte Schichtengänge aufgewunden sind. Es ist dies der Ansatz der Aufwindung, der eine besondere Vorrichtung erfordert. Dieselbe enthält bei Avery's Maschine einen balancirenden Hebel a (Fig. 425), welcher auf dem Knaggen n aufruht, an dem einen Ende mit der stehenden Welle b verbunden ist, am anderen Ende c aber unter der Mantelfläche der Herzscheibe s aufgestellt ist und durch diese eine auf- und abgehende Bewegung erhält, welche sich in entgegengesetzter Direction der stehenden Welle b mittheilt. Auf b ist oben die Ringbank aufgebracht und zwar hat b oben Schraubengänge, mit denen b durch eine in die Ringbank eingelassene Mutter hindurch-

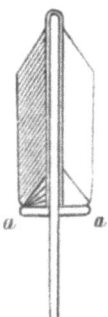

Fig. 424.

geschraubt ist. Ausserdem trägt b ein Zahnklinkrad r, in welches die Klinke q an dem Hebel p einklinkt. Der Hebel p hat am unteren Ende eine Nase m, welcher der feste Vorsprung an o entspricht. Wird der Hebel a bei c niedergedrückt, so hebt sich das Ende mit b und m greift unter die Nase von o, wodurch der Hebel p einen Stoss erhält, welcher mittelst q auf die Zähne von r wirkt und das Rad r dreht, mit ihm die Welle b. Diese schraubt sich etwas aus der Mutter auf der Ringbank heraus, so dass die Bank nunmehr höher steht, somit die nächste Anfangsschicht der Aufwindung ebenfalls etwas höher beginnt. In diesem Mechanismus ist ferner auf einer Schlittenbahn K K der gezahnte Schlitten f aufgesetzt, an dessen einem Ende der Knaggen n befestigt ist.

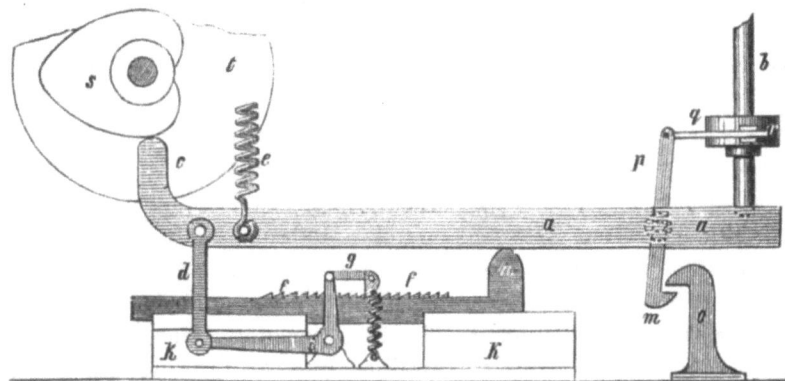

Fig. 425.

In die Zähne von f greift die Klinke g ein, welche am Winkelhebel i befestigt ist, der seinerseits durch d mit a fest verbunden ist. Bei jeder Senkung des Hebels a bei c durch die Herzscheibe s zieht die Klinke g die Zahnstange f um einen Zahn ein und verändert dadurch den Drehpunct n für den Hebel a, so dass für b die Hebungen fortgesetzt grösser werden, — bis g endlich den letzten Klinkzahn überschritten hat. Von da an bleiben die Hübe von a b gleichmässig gross und nur der Mechanismus o m p q r wirkt weiter für allmäliges Heben der Ringbank. Während der Function der Zahnschubstange hatte sich der Kötzerfuss mit zunehmend steigenden Schichten gebildet.

Für die Bildung eines Kötzers, wie Figur 426 zeigt, bedient sich Avery des umgekehrten Apparates. Entsprechend den anfangs langen Dreieckschichten a a ruht der Hebel a so auf n, dass die Welle b die grössten Hübe zu Beginn der Aufwindung macht. Die Zahnstange und der Schlittenapparat ist nach der andern Seite gekehrt, ebenso ist

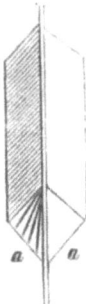

Fig. 426.

h i g mit dem längeren Hebelarme von a an der Seite von b befestigt. Im Uebrigen ist der Verlauf der Aufwindung derselbe.

Die starke Feder e drückt die Spitze c von a gegen den Umfang der Herzscheibe an.*)

Wir können nicht unterlassen hier anzuführen, dass die ausgeführten Avery'schen Spinner bedeutend schwerer und kräftiger gebaut werden, als das Wiener Modell construirt war und besonders der Haspel a ist starrer und schwerer arrangirt. Der Avery-Spinner hat in America bereits eine grosse Verbreitung. In Oesterreich bauen ihn Sternickel & Gülcher (Biela-Bielitz) und G. Stein (Berlin). Die Leistungsfähigkeit dieser Maschine wird von amerikanischen Spinnern ausserordentlich gerühmt. Eigene Versuche mit der Modellmaschine haben dem Verfasser gezeigt, dass dieser Spinner selbst für sehr verschiedene Wollen mit gleich gutem Erfolg verwendet werden kann, und dass die Maschine aussserordentlich schnell und gleichmässig arbeitet. Die Fülle neuer und ingeniöser Gedanken in der Composition und Ausführung der Details ist bei dieser Maschine von allen Autoritäten warm anerkannt worden. Die Maschine folgt im Allgemeinen dem Goulding'schen Grundgedanken für die Herstellung einer Streichgarncontinue, übertrifft aber Goulding's Construction bei Weitem durch die glückliche Aufhebung des starren Festhaltens im Kneipapparat.

---

*) Beschreibungen von Dr. H. Grothe in Engineering (London) 1874. H. 6. März. — d. Engineering D. A. (Wien) 1874. — d. Polyt. Zeitung 1873 pag. 549. — Von Zemann, Dingler's Polyt. Journal 1873. — Von Prof. G. Herrmann in der Zeitschr. des Vereins deutscher Ingen. 1874. H. 8,

Wir haben endlich noch auf drei neueste Constructionen hinzuweisen, welche sich von den Martin'schen und Avery'schen Maschinen unterscheiden. 1871 hat nämlich Dreyscharff in Chemnitz einen Continue-Selfactor construirt, der besonders von J. D. Fischer mit sehr grossem Lob ausgestattet, die Aufmerksamkeit der Spinnereitechnik in hohem Grade auf sich zog. Fischer*) behauptete geradezu, dass das Problem, continuirlich zu spinnen, von Dreyscharff in einfacher Weise aber vollständig gelöst sei. Dennoch hat die Praxis diesen Continueselfactor als nicht befriedigend schnell verworfen. Nichtsdestoweniger enthält die Construction doch mancherlei beachtenswerthe Ideeen, und für das Surfiliren dürfte diese Maschine in ungeänderter Form gute Dienste leisten. Wir bringen in Figur 427 eine Scizze dieser Maschine nebst Beschreibung**). In der Figur sind A die Vorgarnspulen, von denen das Vorgarn nach dem Streckwerk B D C geleitet wird. Das Streckwerk

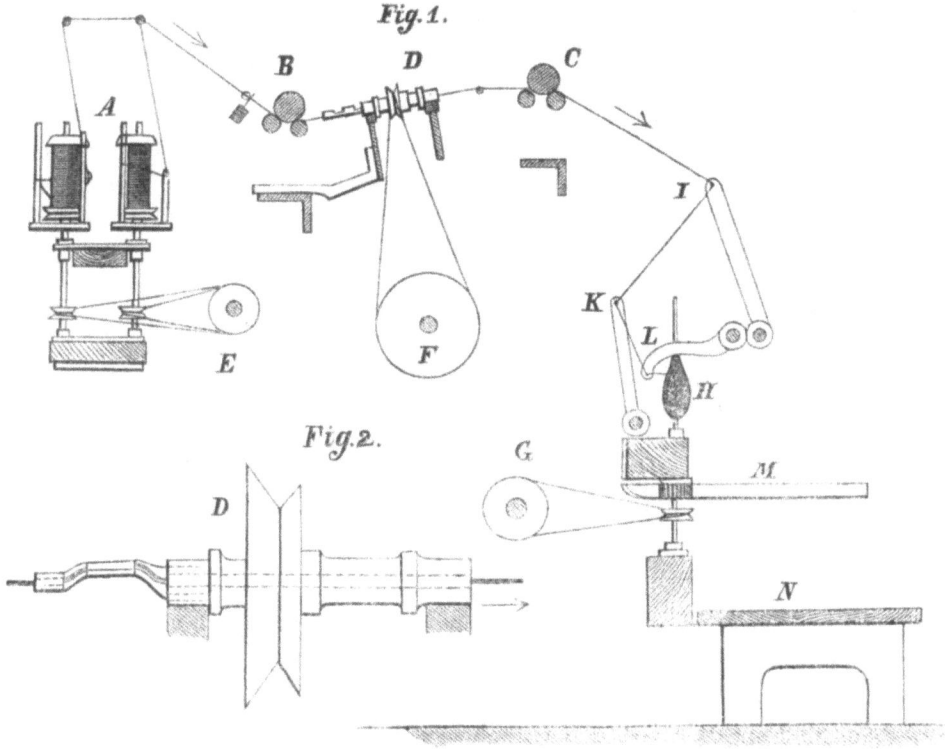

Fig. 427.

besteht aus den Walzenpaaren B u C, zwischen denen die Röhre D, die in Figur 2 grösser gezeichnet ist, aufgestellt ist. Von C aus wird das Garn zu dem Aufwinder L geführt, dabei aber von den Gegenwindern

---

*) Deutsche Industrie-Zeitung 1871. No. 31.
**) Dingler's polyt. Journal CCII, H. I, pag. 6,

I und K geleitet. Der Aufwinder L erhält die für die Kötzerbildung nöthige Bewegung, sodass die Spindel eine auf- und niedergehende Bewegung nicht zu machen hat. In der früheren Beschreibung dieser Maschinen ist nun dieser ganze Spinnvorgang sehr unklar dargelegt. Der Verfasser jener Beschreibung giebt an, dass bereits scharfgedrehtes Vorgarn als Vorgespinnst auf umgedrehte Waterspindeln aufgewickelt, bei A aufgestellt werden und dass die Röhre als Unterstützung des Fadens diene. Dies scheint uns eine dunkle Auffassung, denn die grade in der Mitte zwischen B und C eingelegte Röhre giebt dem ungedrehten Faden zunächst Draht, um die Streckung zu ertragen, den das austretende Ende wieder verliert, — oder (je nach Richtung der Röhrendrehung) der bereits scharf gedrehte Faden wird durch die Röhre vorher entdrahtet, um ausgezogen werden zu können und nachher wieder zugedreht. Nun drehen sich die Waterspindeln A allerdings, um abzuwickeln und geben Draht dabei. Hierin liegt die Schwäche der Einrichtung, denn es kommt viel zu scharf gedrehtes Garn an das Streckwerk heran, welches nicht mehr gut ausgezogen werden kann. Hierin liegt aber auch gleich der Grund, dass die Maschine für das Surfiliren gut wirkt, weil diese Operation einen grösseren Auszug nicht beabsichtigt.

Es ist noch zu bemerken, dass die vorliegende Construction erlaubt, die Spindeln stärker und fester zu bewickeln. Dreyscharff windet mit gleicher auf- und absteigender Spirale der Kötzerschichte. Um schärfere Kreuzwindungen an der Spitze jeder Schichte zu bekommen, wird die Spindeldrehung thatsächlich innerhalb jener Zeit unterbrochen, während welcher der Winder L die erforderliche Verstellung durchführt. Was die Bedienung des Continue-Selfactors betrifft, so ist diese keine schwierige. Es finden auffallend wenige Fadenbrüche statt. Zum Durchziehen gerissener Vorgarnfäden durch die Röhrchen, deren nähere Gestalt in Figur 2 zu ersehen ist, dient ein langer Drahthaken. Während des Anknüpfens kann jede Spindel ausgerückt werden, indem der auf dem Laufbrette N stehende Spinnjunge mit dem Beine die federnde Sperrklinke M in das Sperrrädchen der betreffenden Spindel einrückt. Zwischen je zwei Spindeln liegt ein solcher Sperrhebel M. —

1874 hat H. Grothe in Berlin eine Jenny-Watermaschine entworfen und der Ausführung im Grossen übergeben, deren Einrichtung die resp. Verschiedenheiten der Watermaschine zur Jenny auszugleichen, dieselben zu combiniren strebt. Die Watermaschinen-Constructionen für Streichgarn kranken alle an der starren Streckung zwischen Cylinderpaaren. Die eingeschalteten Röhren können die dabei entstehenden Inconvenienzen nicht ganz beseitigen; deshalb haben die Watercontinues für Streichgarn nicht jene schnelle und befriedigende Entwickelung und Einführung genossen, wie die Selfactorjenny aufzuweisen hat. Die Grothesche Maschine sucht das Hauptprincip der Jenny mit den Principien der Watermaschinen zu vereinen, jedoch nicht wie Crompton dies bei Schaffung der Mule gethan hat, sondern das Jennyprincip ist mitten in die Watermaschine hineingeworfen. Beigegebene Figuren zeigen die Hauptidee der Maschine in einem Diagramm der allgemeinen Einrichtung, einem Situationsplan der Transmission und etlichen Details. Betrachten wir Fig. 431, so erblicken wir zunächst die Einlieferung b c, darüber mit b fringirend die Vorgespinnstrolle a. Der davon abgewickelte Faden geht durch die Streckwalzen d, welche sich in einem Wagen n o gelagert befinden. Der Faden passirt später durch die Röhre y, die von der Trommel x aus getrieben wird und wird durch die Streckwalzen z geleitet. Diese Streckwalzen z (Fig. 428) sind abweichend construirt und enthalten Ausschnitte auf

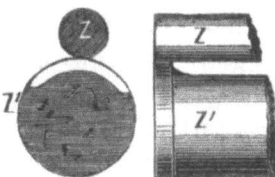

Fig. 428.

der ganzen Länge der Cylinderfläche bis auf zwei ringartige Ueberbleibsel, durch welche die Cylinder in der peripherischen Stellung zu einander erhalten bleiben. Treffen die Ausschnitte der Cylinder aufeinander, so entsteht zwischen beiden Walzen ein leerer Raum, es wird also die festhaltende Wirkung von z z' gegenüber den Fäden aufgehoben, und der Faden ist frei ausgestreckt von d d bis zu den Ausführrollen c' c'', die somit das zweite ständige Streckwalzenpaar bilden, und den Faden durch den Führer d' der Ringspindel besonderer Construction zuführen, die von der Trommel i' durch Würtel h' gedreht werden. Der Wagen n, auf den Rollen o o laufend und bestehend aus zwei Seitentheilen n, die durch Strebestangen und Platte über die ganze Breite der Maschine hinweg fest verbunden sind, nimmt also die Streckwalzen d d auf, von denen die untere durchgehend ein voller Cylinder ist, während die obere Walze aus einzelnen abnehmbaren Stücken besteht, wie bei den üblichen Constructionen eingelagert. Auf den hervorstehenden Zapfen des unteren Cylinders d ist eine Hülse mit Arm e aufgebracht, der durch Schraubengewinde etc. beliebig verlängert werden kann, — dessen anderes Ende mit einer Hülse einen Zapfen umfasst, der an dem oberen Theil des schwingenden Hebels f befestigt ist. In Folge dieser Einrichtung, die zu den beiden Seiten der Maschine sich wiederholt vorfindet, muss der Wagen n Theil nehmen an der Bewegung des Hebels f, der um den Zapfen g schwingt. Dieser Hebel f wird einerseits durch das Seil h gezogen, welches am Fusse einer Schnecke k festgemacht, sich auf die Schneckengänge aufwindet, — andererseits ist ein Seil von f aus über die Leitrolle v geführt und mit der Trommel t in Verbindung gebracht, sodass die Rückfahrt des Wagens durch Aufwinden des Seiles u auf t bewirkt wird. Aus Figur 432 ergiebt sich das Arrangement der Transmission für diese Theile. Auf der Schneckenaxe sitzt die Scheibe l, welche mit Riemen von m aus bewegt wird. Auf der Axe von m sitzt auch die doppelt so grosse Scheibe p, von welcher aus Scheibe q bewegt wird. Beide Scheiben tragen Kuppelungskränze und zwischen ihnen ist der Kuppelungskörper x' eingeschaltet, der durch ein Zählwerk die Kuppelungen aus- und einkehrt, je nach Erforderniss. Mit q auf derselben Axe sitzt r, ein Zahnrad, dass mit dem Zahnrad s auf der Axe der Trommel t zusammengreift, sei es direct, sei es unter Benutzung von Transporteur-Zahnrädern. Je nach Zähnezahl des Rades s als Wechselrad wird die Geschwindigkeit von t grösser oder kleiner sein. Die Wirkung dieser Combination ist einfach die, dass bei Beginn des Spinnprozesses m eingekehrt ist (Axe von m ist zugleich Hauptaxe, die von der Transmission des Motors getrieben wird) und die Schnecke den Arm f mit zunehmender Geschwindigkeit herüberzieht, somit auch den an f sitzenden Wagen mit Streckwerk d. In diesem Momente aber waren die Walzen z z' geschlossen, somit war der von den Walzen d auf die Fäden ausgeübte Zug durch z z' begrenzt. Die Walzen d d drehen sich bei Herausgang des Wagens n getrieben durch die Zahnräder n' n" und die Schnurrollen a''' und a", und zwar wird a" von einem durch die Hauptaxe N in Bewegung gesetzten Sperrradwerk bewegt, welches erlaubt, dass die Bewegung von d d im a entgegengesetzten Sinne der Wagenausgangsbewegung beliebig andauern oder abgestellt oder aber verlangsamt oder beschleunigt werden kann. Die Walzen d d pressen scharf aufeinander und dienen so als Kneipapparat; dadurch, dass sie eine resp. meistens langsame Drehung erhalten, wirken sie sanfter und schonender und zwar adoucirend auf den vom Wagen ausgeübten Auszug; sodann verhindern sie, dass die Drehung des Fadens durch die Röhre y während des Auszuges sich willkührlich auf die ganze eingeführte Vorspinnfadenlänge bis zu den Walzen b c fortpflanze. Der Wagen fährt also mit Beschleunigung aus, entsprechend dem Vorgang bei der Mule resp. der ursprünglichen Billy. Wenn der Wagen am Ende der Bahn A angelangt ist, so steht er still, weil in diesem Moment die Steuerung, durch das Zählwerk gewöhnlicher Einrichtung bewegt, die Kuppelung x' mit m auskehrt und die Kuppelung mit p einkehrt. In demselben Moment haben z z' sich soweit gedreht, dass die Kreisausschnitte an der Berührungsstelle zusammentreffen. Der Wagen wird nun von p q und r s t mittels des Seils u eingezogen, wobei das Seil h sich von der Schnecke k abwickelt. Dabei stehen die Walzen d d still, während b c sich drehen. Da die Einfahrt aber mit doppelter oder dreifacher Geschwindigkeit vor sich geht, so würde das Fadenende d c' schlaff herabhängen. Um dies zu verhindern und zwar den Faden F continuirlich gleichmässig gespannt zu halten, tritt der Spannapparat a' b' b" in Wirkung, bestehend aus der Scheibe a', von welcher die radialen Arme b' b" abgehen, die oben (wie Fig. 429 zeigt) balancirende Rollen a tragen, um etwaigen Ungleichheiten der Spannung zu begegnen. Diese Arme legen sich unter die Faden F und nöthigen sie einen Bogen zu beschreiben, den ihre Länge gegenüber der Distance z′ c′ zu beschreiben erlaubt. Die Bewegung dieser Walze d′ ist aber

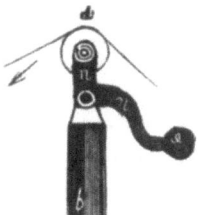

Fig. 429.

combinirt und genau adjustirt mit der Einfahrtbewegung des Wagens und zwar in doppelter Weise. Einmal ist ein an der Welle s′ befestigter Riemen an der Rolle t auf der Einzugtrommelwelle befestigt und wickelt sich bei der Einzugsdrehung derselben auf, wodurch a gedreht wird, — sodann ist die kleine Scheibe s′ durch eine Kette mit der Schneckenaxe verbunden. Diese beiden Theile enthalten die Möglichkeit genauer Regulirung der Fadenspannung durch die Arme b′ b″. Ist der Wagen bis nahe an die Röhre y herangefahren, so steht er still, weil die Auskehrung der Kuppelung x′ p erfolgte, ebenso ist die Drehung von z z′ soweit vorangeschritten, dass die Cylindermäntel wieder sich berühren und die Fäden festhalten. Nun erfolgt Einkehrung von x′ n und Ausfahrt des Wagens, also ein neuer Streckprozess, während dessen die Cylinder c′ c″ die aufgespeicherten überschüssigen Fadenlängen zwischen z z′ allmälig den Spindeln zuführen und spinnen lassen. Durch die geeignete Verbindung der Welle von s′ mit der Schneckenwelle mittels der Kette k wird die Scheibenwalze a während der Ausfahrt des Wagens allmälig zurückgedreht, entsprechend dem Vorzuge von c′ c″, so dass b″ herabsinkt bis der Faden zwischen z′ und c′ eine Horizontale bildet. In dem Moment beginnt dann die Wageneinfahrt. Bei diesem ganzen Prozess spielen die Arme b″ und b′ zugleich die Rolle von Spannungsregulatoren und zwar für jeden Faden einzeln, sodass die Fäden mit stets gleicher Spannung in c′ c″ eintreten und den Spindeln zugeführt werden. Die Röhre y kann während Einfahrt und Ausfahrt gleichmässig fortrotiren, sie bildet kein Hinderniss für das schnellere Durchziehen des Fadens F, vielmehr übt sie dabei eine zurückgehende Wirkung aus, sodass der Spindel nur wenig Vordraht aufzulösen bleibt. Der ganze Apparat ist ein continuirlich wirkender. Die Spindeln erhalten ihre constante Bewegung und winden ohne Aufenthalt oder Stillstand auf. Die Streckung wird in einzelnen Zügen vom Wagen zum Theil ausgeführt, zum Theil geschieht sie zwischen Spindel und Streckwalzen c′ c″. Die Streckung durch den Wagen kann sehr genau geregelt und variirt werden, je nachdem man den Apparat d d zum Stillstand bringt früher oder später. Während der ungleichförmigen Bewegung des ausfahrenden Wagens geschieht die Rückbewegung der Scheibenwalze a' durch eine Rolle auf der Schneckenwelle, welche denselben Umfang hat wie der mittlere Umfang aus den Umfängen der Schneckengänge, sodass, trotzdem die ungleichförmige Bewegung des Wagens der Scheibe a' nicht mitgetheilt wird, diese dennoch den Rückgang vollendet, im Moment wo der Ausgang des Wagens vollendet ist. Wollte man die Rückdrehung allein erfolgen lassen durch das Nachlassen des Seiles u oder des Riemens, so würde dann in der That dem Apparat a' die ungleichförmige Bewegung ebenfalls mitgetheilt sein, was zu einer ungleichmässigen Spannung von F führen müsste zwischen z' und c' und sowohl Schleifenbildung sowie ungleichmässige Zuführung zu den Spindeln veranlassen würde. Es ist nun leicht ersichtlich, dass die Geschwindigkeit der Walzen c' c" genau dem Bogen des Fadens entsprechen muss, der durch die Action der Arme b' b" beschrieben wird plus der Länge von $\frac{2}{3}$ Umfang von z', denn diese beiden Walzen geben beständig Faden ein, wenn auch eine kleine Länge. Ist nun der Auszug ein längerer, so muss man den Apparat zum Aufspeichern entsprechend verändern und so herstellen, dass er eine grössere Ganglänge reservirt. Es kann dies wohl in der Art geschehen, wie Fig. 430

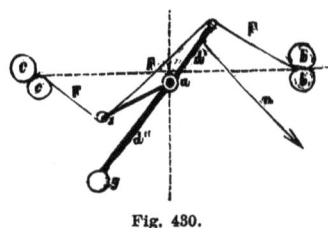

Fig. 430.

angiebt, indem der Faden von b b über die Rolle an d' und unter die Rolle von g hindurchgenommen wird, während das Gewicht g am Arm d" die Einstellung unterstützt, von n aus aber d' allmählig herabgezogen wird bis zur Horizontalen, — allein diese Combination veranlasst zu scharfen Zug auf den Faden. Der hebende Arm muss am besten ein einarmiger leicht beweglicher Hebel sein. Gut ist es, vor c" c' noch ein Paar Walzen einzuschalten, um alle Einwirkung der steigenden und fallenden Hebel möglichst auszugleichen. Für die Spindelanordnung ist zu bemerken, dass die Ringbank feststeht, damit die Fadenlängen d' g' stets von gleicher Länge sind und somit eine gleichmässige Drehung erhalten. Die Spindeln enthalten an ihrem unteren Theile vier Flantschen längs des Spindelkörpers k', sodass hier der Querschnitt der Spindel ein kreuzförmiger ist. Mit diesen Flantschen schiebt sich die Spindel in der Würtelhülse h', die auf der Bank m' befestigt ist und ihren Platz nicht verändert, auf und nieder, für die Empor-

— 535 —

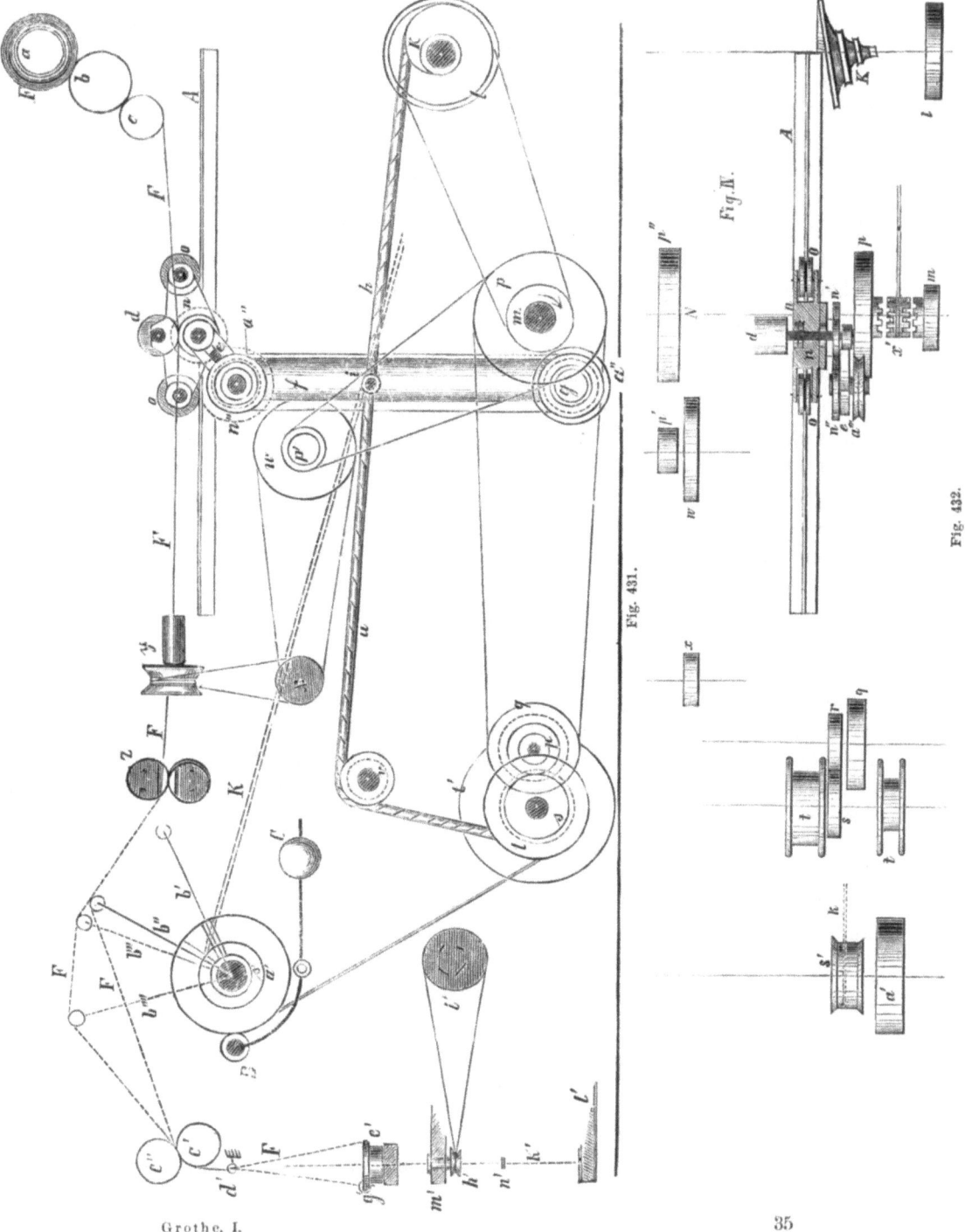

Fig. 431.

Fig. 432.

Grothe, I. 35

schiebung begrenzt durch den Ring n' an der Spindel, für das Herabgehen durch den Fuss des Gestelles. Die Würtelhülse erhält ihre Bewegung von i aus und dreht sich schnell (bis 5000 Umdrehungen per Minute), indem sie die Spindel in diese Drehung mitnimmt. Die Hebung der Spindelbank geschieht mit den bekannten Mechanismen. Als besondere Einrichtungen erwähnen wir noch, dass hinter z'z ein Gitter eingeschaltet wird, um die Fäden in getrennter Stellung zu erhalten. Die Anordnung des Hebels B mit Gewicht C soll das unregelmässige Rollen der Scheibe a' beim Auszug verhüten.

Das Arrangement der ganzen Maschine, welches hier in übersichtlichem Diagramm gegeben ist, kann wesentlich variirt sein, und die Theile werden so gegeneinander angeordnet, dass diese Maschine nur den Raum einer Watermaschine einnimmt. —

Von Wichtigkeit ist noch die Einrichtung, dass, entsprechend dem Auszuge bei Ausfahrt des Wagens, die Lieferungscylinder zurückdrehen und zwar um soviel, als der Faden ausgezogen wird. Dies lässt sich durch Wechselräder genau einstellen. Bei Einfahrt des Wagens dagegen drehen sich die Lieferungscylinder mit entsprechender Geschwindigkeit des einfahrenden Wagens und liefern so die hinreichende Ersatzlänge bis zu den Walzen d d ein, von der allerdings nur ein bestimmter Theil wirklich dem Auszug unterworfen wird. Ferner bleibt bei jeder Einfahrt das letzte Stück des ausgezogenen Fadens, welches während der Ausfahrt keine so starke Drehung empfangen hat als der Anfang desselben, zwischen y und d zurück und bildet den Beginn des neuen Zuges. Alles dies sichert dem Mechanismus eine bedeutendere Wirksamkeit für Gleichmässigkeit des Fadens. Hierher ist auch noch der Umstand zu rechnen, dass die Walzen z'z langsam umdrehen und so zum Auszug um den Betrag ihres $\frac{2}{3}$-Umfanges beitragen. Der Auszug besteht also in Summa aus

dem $\frac{2}{3}$ Umfang von z'
plus dem Wagenweg minus Umdrehungsgeschwindigkeit von d
minus Verkürzung durch den Vordraht für den Fall, dass während der Ausfahrt die Cylinder d sich gleichförmig drehen, aber aus dem $\frac{2}{3}$ Umfang von z'
plus dem Wagenweg minus eingelieferte Länge bis zum Stillstand der Walzen d
minus Umdrehungsgeschwindigkeit von d bis zum Stillstand
minus Verkürzung durch den Draht,

für den Fall, dass die Cylinder d sich einige Zeit während des Wagenausganges hindurch bewegen, dann aber stillstehen während des übrigen Wagenweges. —

Von der dritten neuen Continuemaschine von Oscar Schimmel & Co. ist es uns leider unmöglich, Näheres mitzutheilen, da noch zu entnehmende Patente dies verhindern. Indessen glauben die Constructeure das Richtige gefunden zu haben.

(In den Catalogen der Maschinenfabriken und an anderen Orten findet man nicht selten Continuespinner vermerkt. Theils sind diese Imitationen der in Vorstehendem beschriebenen Maschinerieen, theilweise aber einfache Adoptionen von Throstles Waterspinnmaschinen etc. der Baumwolle, Kammwolle etc. für Streichgarn. Von allen diesen Maschinerieen von Leyherr, Higgins, Roberts, Halle, Bernhard, Speicht, Farrar, Pierrard Parpaite, Steiner, Wain u. A. dürfte höchstens die Construction von Leyherr unter geeigneter Modification Aussicht haben auf erfolgreiche Anwendung für die Streichgarnspinnerei.)

C. Grundzüge und Details der Continuespinnmaschine nach dem Waterspinnsystem.*)

Wir haben bereits mehrfach darauf hingewiesen, dass die Streichgarncontinuespinnmaschinen ihren Constructionsgrundzügen nach dem Waterspinnmaschinensystem angehören. Die Haupteigenthümlichkeiten des Waterspinnsystems lassen sich, wie folgt, präcisiren:

I. Die Waterspinnmaschine enthält stets ein **Streckwerk,** gebildet aus zwei oder mehreren Paaren Walzen, von denen die letzten Paare schnellere Bewegung haben wie die ersteren. Zwischen diesen Walzenpaaren findet die Streckung, der Auszug des Fadens statt. In beigedrukter schematischer Figur 433 einer Watermaschine z. B. sind vier Streckpaare b d e f angenommen. Erhalten die Paare b und d einerseits und e und f andererseits gleiche Geschwindigkeit, so werden b und f

---

*) Wir führen in der folgenden Abhandlung zugleich die Elemente der Waterspinnmaschine vor, die, abgesehen von ihrer partiellen Benutzung in der Streichgarncontinue für die Streichgarnspinnerei auch Werth haben bezüglich der Zwirnerei, des Doublirens etc. Die folgende Abhandlung hebt das Wichtigste mit besonderer Rücksicht auf Streichgarnspinnerei hervor und findet später in dem Kapitel: Doubliren u. Zwirnen speciellere Abrundung, während es unvermeidlich war, einzelne eigentlich für Baumwolle, Kammgarn etc. construirte Details hier mit hereinzuziehen. Eine erschöpfende Behandlung der Waterspinnmaschine in allen Formen und für alle Zwecke wird einen besonderen Band füllen. Wir verweisen auf die trefflichen Abhandlungen von Hülsse (Baumwollspinnerei p. 183, Kammwollspinnerei pag. 141), von A. Lohren (Zeitschr. d. Ver. der Wollinteressenten III. p. 8 cf. —), sowie auf Arbeiten von Zemann, Hartig, Karmarsch u. A.

dadurch einfache Einzieh- und Ausgebewalzen und der Streckprozess vollzieht sich zwischen d und e.

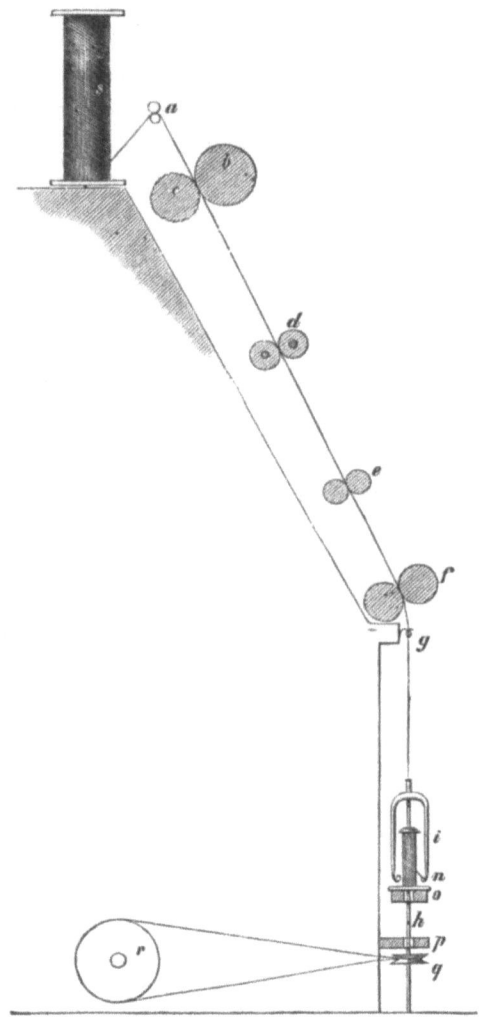

Fig. 433.

II. Hinter dem letzten Streckwalzenpaar folgt die **Spindelaufstellung**. Je nach Relation zwischen der Geschwindigkeit des letzten Streckwalzenpaares und der Spindel findet noch ein geringerer oder grösserer Auszug des Fadens zwischen und vermittelst beider Organe statt, stets aber erhält der Faden durch die Spindel seine bleibende Drehung.

III. Um den Faden **zu spinnen und aufzuwickeln,** können mehrere Einrichtungen getroffen sein:

a. Die Spindeln drehen sich.

1. Der Faden wickelt sich direct auf dem oberen Theil der Spindel auf, geführt durch einen Flügelarm, Ring etc.
2. Der Faden wickelt sich auf eine Spule auf, welche fest auf die Spindel aufgesteckt ist.
3. Der Faden wickelt sich auf eine Spule auf, welche lose auf die Spindel aufgesteckt ist und zwar so, dass sie wohl durch Friction mit der Spindel mitgenommen wird, aber auch durch Friction eines gegen die Peripherie ihrer Grundscheibe schleifenden Bremsbandes in ihrer Umdrehung mit der Spindel zurückgehalten werden kann, so dass ihre wirkliche Umdrehung mehr oder weniger verlangsamt wird, sobald die Friction des Bremsbandes nur nicht kräftiger wirkt als die Friction der Spindel oder Spindelscheibe, auf welcher die Spule lose sitzt.
4. Der Faden wickelt sich auf eine Spule, die die Spindel umfasst; aber Spule und Spindel werden selbstständig bewegt. (Diese Construction giebt uns schon Leonardo da Vinci in seinen Manuscripten in Zeichnung an).

Bei diesen 4 Constructionen können wieder folgende Fälle eintreten und angewendet sein:

Fadenführung.

1. Der Faden wird an die Stelle der Aufwindung geführt durch Flügel, oder eine Glocke, Röhre oder Aehnliches, welche auf den Kopf der Spindel oder an irgend einem Theile derselben aufgeschoben sind und festsitzen.
2. Der Faden wird an die Stelle der Aufwindung geführt durch ringförmige Apparate, welche die Spindel und Spule weit umfassen, und auf ihre wulstförmig erweiterten Oberkanten kleine aus Draht construirte Reiterösen oder ähnliche Hülfskörper haben, welche auf diesem Wulst sich bewegen, dem Fadenzug nachgeben können und dem Faden zur Leitung dienen. Ringspindeln.
3. Der Faden wird an die Stelle der Aufwindung geführt durch Flügel, welche an einer Röhre etc., die aber unabhängig von der Spindel ist, befestigt sind, und die gedreht wird, während die Spindel die Spule enthält und sich dreht. Diese selbstständige Aufstellung der Flügel kann so eingerichtet sein, dass die Flügelgabelöffnung nach unten oder nach oben gerichtet ist.
4. Der Faden wird zur Aufwindung geführt durch Flügel, welche auf der Spindel lose aufstecken und mit den Gabelschenkelenden auf der Wagenplatte aufruhen und nur dann sich bewegen, wenn die Tension des Fadens grösser ist als die Reibung zwischen Wagenplatte und Flügelarm. (Bourkart-Clark.)

Fadenaufwindung.

1. Zur Vertheilung des Fadens auf der Länge der losen Spule wird der Spindel neben der rotirenden Bewegung eine auf- und niedergehende Bewegung ertheilt, dadurch, dass der Steg oder die Bank, auf welcher die Spindeln in Pfannen stehen, gehoben und gesenkt wird, während die lose Spule mit ihrer unteren Scheibe auf der Spulenbank verbleibt. Diese Construction ist anwendbar für Glocken und Flügelspindeln mit fester Verbindung an der Spindel und für die feste Ringbank.
2. Die Spindel wird gehoben und gesenkt, während die Spule fest auf der Spindel sitzt oder das Garn direct auf der Spindel aufwindet. Anwendbar bei Ringspindeln mit fester Ringbank und bei Flügeln, die eine von der Spindel unabhängige Bewegung haben.
3. Die Spindelbank steht fest, aber die Ringbank bewegt sich auf und nieder zur Vertheilung der Aufwindung. Diese Combination ist anwendbar für die Ringbank jeder Form, ferner für die von der Spindel getrennten Flügel mit selbstständiger Bewegung. Es bleibt also hierbei die Spule an der Spindel oder auf der Spulenbank ungeändert stehen und erhält keine auf- und niedergehende Bewegung.
4. Die Spindelbank hat keine auf- und abgehende Bewegung, ebensowenig etwa die Ring- oder Flügelbank, — dagegen die Spulenbank. Anwendbar ist diese Methode nur für lose auf der Spindel sitzende Spulen, die mit ihrer unteren Scheibe auf der Spulenbank aufruhen, sei es fest oder mit Friction. Diese Einrichtung findet sich am meisten vor, besonders für Doublirmaschinen.
5. Es können sowohl die Spindelbank als die Spulenbank, — ebenso die Spindelbank und die Ringbank gleichzeitig Alternativbewegungen annehmen, jedoch dürfen dieselben für die betreffenden Organe nicht gleichzeitig gleich gerichtete u. gleich schnelle Bewegungen sein, sondern entweder entgegengesetzt gerichtete Bewegungen oder gleich gerichtete, aber in der Geschwindigkeit differirende Bewegungen. (Greenwood.) —

b. Die Spindeln drehen sich nicht, sondern stehen fest. Sie dienen in diesem Falle nur als Träger von Flügeln, die sich auf ihrer Spitze drehen oder als Träger von Spulen, denen eine selbstständige Bewegung zuertheilt ist, oder welche lose sitzen.

c. Aufwindemechanismus. Da die Form der Aufwindung wechselt, die Kötzerform bei directer Aufwicklung auf die Spindel oder die feste Spule wesentlich differirt von der losen Spule —, bei dieser Aufwindung aber stets und zwar mit jeder aufgewundenen Schicht der Umfang des die Aufwindung aufnehmenden und durch dieselbe gebildeten Körpers wächst, somit fortgesetzt Aenderungen eintreten in den Umdrehungsverhältnissen, den Verhältnissen der aufzuwindenden Längen zu dem aufnehmenden Körper, — da ferner eine regelmässige Vertheilung der Fäden auf die Länge des Kötzers oder der Spule statthaben muss, so sind Vorrichtungen nothwendig, um diese Verhältnisse der Aufwindung zu regeln und zu reguliren. Wir haben bereits oben erwähnt, wie die Aufwindung bezüglich der Vertheilung des Fadens auf die Länge des Aufwindekörpers geschehen kann und in Wirklichkeit geschieht, — allein wir haben dabei ausser Acht gelassen, dass neben geeigneter Hebung und Senkung der Spindelbank, Spulenbank oder Ringbank auch eine Regulirung der Umdrehungsgeschwindigkeiten der Spindeln, Spulen oder Flügel unter einander statthaben muss.

Nehmen wir z. B. eine Spulenrolle an von 100 Mm. Höhe und Garn von 1 Mm. Stärke, so muss also die Spulenbank 100 Mm. steigen, damit während dieser Zeit sich 100 Windungen des Fadens nebeneinander auf der Spulenlänge vertheilen können. Die Spindel mit Flügel macht dabei 100 Umdrehungen und während dieser 100 Umdrehungen steigt also die Spulenbank 100 Mm. Man ersieht die Relation unter diesen beiden Bewegungen! Die Spule habe leer 30 Mm. Diameter, so muss sie mit einer Windungsreihe auf ganzer Länge bedeckt 30 Mm. $+ 1$ Mm. $+ 1$ Mm. $= 32$ Mm. Diameter haben. Das ergiebt aber statt vorher **30 . π** jetzt **32 . π**, oder der ursprüngliche Umfang der Spule $= 94,20$ Mm. ist jetzt gleich $100,48$ Mm. geworden, es gehören nunmehr also nicht 9420 Mm. Faden dazu, um die Spule einmal mit 100 Umwindungen zu versehen, sondern 10048! Um diese 10048 Mm. in derselben Zeit wie die 9420 Mm. um die Spule zu winden, muss die Spindel um so viel rascher gehen und die Spulenbank muss um so viel als die Differenz beider Längen auf die 100 Windungen ausmacht, langsamer emporsteigen oder herabgehen. Hat man es aber mit sich selbstständig drehenden Spindeln und Spulen zu thun, so lässt man die Spulenumdrehungen der Differenz angemessen sich schneller vollziehen — oder ändert die Geschwindigkeit der Spindeln und die der Spulen zugleich. Dabei entsteht für die Aufwindung die Nothwendigkeit, dass wenn Spindel und Spule sich selbstständig drehen, diese Umdrehung in einer Richtung statthaben muss. Dreht sich die Spule schneller als die Spindel, so ist die Aufwindung gleich Umgänge der Spule minus Umgänge der Spindel, — dreht sich die Spindel schneller als die Spule so findet statt: die Aufwindung gleich Umgänge der Spindel minus Umgänge der Spule. Also muss in solchen Maschinen mit voreilender Spindel die leere Spule am langsamsten gehen, — mit voreilender Spule die leere Spule aber am schnellsten gehen. Bei der voreilenden Spindel ist die Anzahl n der von der Spule aufgenommenen Windungen o gleich Umgänge x der Spindel minus Umgänge y der Spule ferner gleich der aufgewundenen Länge l des Garnes dividirt durch den Umfang der Spule t ($d\pi$). Daraus ergiebt sich, dass die Umgänge der Spule gleich sind der aufgewundenen Garnlänge l dividirt durch den Umfang der Spule und — dass die Umgänge der Spule gleich sind den Umgängen der Spindel minus der aufgewundenen Garnlänge l dividirt durch den Umfang der Spule (d π). Also

$$n \cdot o = x - y = \frac{l}{d\pi}$$
$$x - y = \frac{l}{d\pi}$$
$$y = x - \frac{l}{d\pi}.$$

Es muss bei derartigen Maschinen eine solche Einrichtung getroffen sein, dass die Umgänge der Spule (bei voreilender Spindel) für jede neue Schicht um eine bestimmte Grösse zunehmen. Solcher Einrichtungen sind sehr viele construirt, und besonders bei der Baumwollenspinnerei tritt die Nothwendigkeit solcher Einrichtung bei den Vorspinnmaschinen (Flyern) sehr kräftig in den Vordergrund und hat dort Veranlassung zu den mannigfach variirten sogen. Differentialmechanismen gegeben, die theils mit Hülfe von 2 Conus mit entgegengesetzten Kegelspitzen (in gewisser Distanz aufgestellt) und Verschiebung eines Riemens auf ihnen, sowie mit geeigneter Zahnradcombination die Differenz der Geschwindigkeiten zwischen Spule und Spindel allmälig variiren, theils mit Hülfe von Frictionsscheibenanordnungen das Ziel zu erreichen suchen. Bei den bisher construirten Watermaschinen für Wolle, bei den Continuespinnern und bei den Doublir- und Zwirnmaschinen für Streichgarn ist ein so complicirter Mechanismus für die Aufwindung nicht in Anwendung gekommen. Man hat sich mit einfacheren Anordnungen begnügt, diese allerdings mannigfach variirt. Bei Gelegenheit der Beschreibung der Maschinen von Vimont, Avery etc. haben wir bereits solche Mechanismen angeführt und detaillirt. Dieselben theilen sich naturgemäss nach der Form der Aufwindung ein in solche, welche für die Form des Kötzers oder die Form der Kettenspule oder Rolle wirken. Diese Formen variiren sehr bedeutend mehr nach die Art der Composition dieser Garnaufnahmekörper, deren Herstellung besonders seitens der Amerikaner ausserordentliche Sorgfalt zugewendet wird. Erstere Form wird vorgezogen und erstrebt bei der Spinnerei einfacher Garne und bei solchen doublirten, welche unmittelbar zur Weberei benutzt werden sollen, und in diesem Fall bildet man den Kötzer nicht auf dem Spindelkörper direct, sondern über einer auf dem Spindelkörper aufgesteckten Hülse, die direct später auf die Federspindel des Webeschützens aufgesteckt wird. Aber auch für Garne, die später abgespult werden sollen, benutzt man diese Form. Für dieselben dienen oben z. B. die Anordnungen von Vimont und von Avery, sowie die

---

*) Siehe die Gestalten desselben an vielen Figuren, z. B. 430, 431, 437 etc., sowie die Hülsen, Holzspulen verschiedenster Gestalt für Kötzer unter Figur 439 und 440, ebenso dort die Rollen für Kettengarn 3, 9, 12 und auch 2.

von Martin, deren Einfügung in die obige Figur wir unterliessen. Im Allgemeinen sind diese Anordnungen so getroffen (weil die Aufwindung in Schichten, geneigt zum Spindelkörper, hergestellt wird), dass die Ringbank oder die Spulenbank eine räumlich bestimmte Hebung und Senkung erhält, die continuirlich wiederkehrt, aber mit einem stets um eine der aufgetragenen Schicht entsprechende Grösse verrückten d. h. emporgeschobenen Anfangspunkt der Alternativ-Bewegung, abgesehen von der bereits oben berührten Bildung der Doppelkegelschicht des Anfanges vom Kötzer. Es ist nun völlig gleichgültig bezüglich der Erwirkung dieser Verrückung, ob dieselbe durch Schraubengänge oder durch Planscheiben und Frictionsscheiben oder durch Cylinder und Seil oder durch andere Mechanismen statthat, mit Hülfe welcher man diese regelmässig wiederkehrend durchzuführende Versetzung vornehmen kann. Wir führen hier als eine einfache und klare Ausführung des Gedankens der Kötzerbildung in der Continue- und Watermaschine das Bild

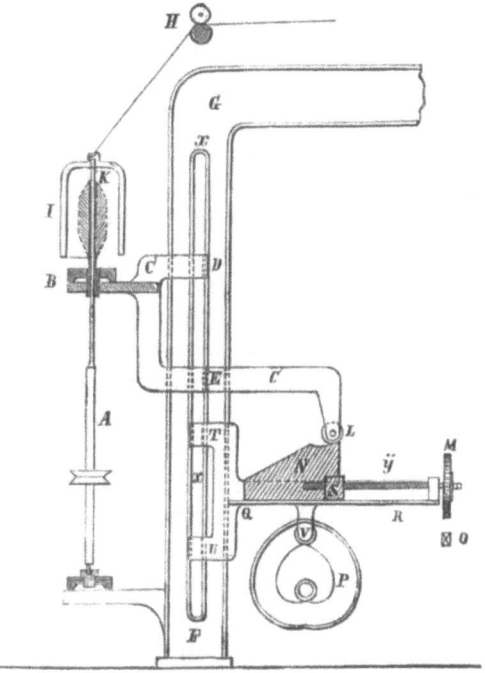

Fig. 434

einer von Stamm*) entworfenen idealen continuirlichen Spinnmaschine vor, zugleich als ein Beispiel für die Kötzerbildung in der Continue ohne Ringbank mit der Spulenbank. A ist die feststehende drehende Spindel mit Flügel I. Die Spule K steckt lose auf A und wird durch die Spulen-

---

*) Stamm, Der Selfactor. Deutsch von Hartig. 1872. pag. 12.

bank B auf- und niederbewegt, um die Schichten zu bilden, mit welchen der Faden von H her die Hülsenspule umwickeln soll. Die Spulenbank B ist befestigt an den Armen C, welche in Schlitzen X des Gestells F mittelst der Nuthenklötze D E geführt werden. An der Verlängerung des unteren Armes sitzt die Rolle L, welche auf dem Stück N aufruht. N ist aber eingestellt auf den Körper Q, der mit 2 Armen T U ebenfalls in den Schlitzen X verschiebbar ist. An der Platte Q sitzt unterhalb ein Arm mit Rolle V, welche in der ausgeschnittenen Curve des Herzstücks P geführt wird. Die Platte Q trägt andererseits noch einen Klotz R, durch den ein Schraubenbolzen y hindurchragt, an der einen Seite mit dem Rade M versehen, an der andern Seite in die Mutter S eingeschraubt, welche an N befestigt ist. Das Stück N lässt sich verschieben und gleitet in einer Nuth auf Platte Q. Bei jeder Drehung von P wird durch die Nuth und Rolle V der Körper Q in eine Auf- und Niederbewegung versetzt und zwar ist die Grösse dieser Bewegung durch geeignete Bestimmung der Curve resp. der Herzradien genau zu begrenzen. (In der Zeichnung z. B. ist das Herz viel zu gross angenommen der Deutlichkeit wegen. Der Radius dürfte nicht grösser genommen sein als die Steigung jeder Schicht des Kötzerkegels beträgt.) Da nun L fest auf N aufruht und sich darauf stützt, so folgt N sammt C B, durch sein Gewicht getrieben, den Bewegungen von N Q, sodass C theilnimmt an der Auf- und Nieder-Bewegung durch P V, somit die auf B aufruhende Spule K. Bei diesen Bewegungen trifft das herabgehende Rad M gegen das Hinderniss (Klinke, Nase etc.) O und erhält dadurch jedesmal einen Anstoss, ein n-tel Drehung, welche sich der Schraube y mittheilt. Diese schraubt sich dadurch in 3 ein und zieht um ein entsprechendes Stück die Formplatte N zurück. Denkt man sich diese Bewegungen fortgesetzt, so wird man finden, dass L allmälig auf der geneigten Ebene von N herabrollt, je mehr nämlich durch y und S die Formplatte N nach R hin gezogen wird. Entsprechend dieser immer tieferen Einstellung von L C B K wird allmälig der Körper des Kötzers K von oben herab gebildet. Um den ersten Kegelansatz zu formen, dient das Anfangscurvenstück für L an N. Setzt man dieses Curvenstück an den Anfang der steigenden Ebene und stellt man diese Formplatte N so in Q ein, dass dieselbe sich von R nach Q bewegt, so kann man den Kötzer von unten nach oben hin bilden. Bei dieser Maschine ist vorausgesetzt, dass die Hülse K wohl mit der Spindel dreht aber nur durch Friction mitgenommen wird und eine zur Aufwicklung nothwendige Bewegung erhält resp. nachgezogen wird, wenn die Aufwindung dies nothwendig macht. Richtet man die Maschine so ein, dass die Hülse K auf einer Hülse aufgeschoben wird, welche die Spindel umfasst, aber durch einen Würtel etc. selbstständig gedreht wird, so kann man auch diese Drehbewegung der Spulenhülse so einrichten und so reguliren, dass sie entsprechend der Kegelform der Schichten beschleunigt wird, wenn die Schicht von der Spindel ab anwächst, verlangsamt wird, wenn die Schicht von der Peripherie des Kötzerumfangs nach der Spindel zu abnimmt. Die Gestalt der Formplatte und der Herzscheiben bleiben indessen die Kernpuncte für eine derartige Maschine, um die gesetzmässige, mit jeder Fadenschicht erfolgende Fortrückung zu ermöglichen und demgemäss die Hebung und Senkung der Spulenbank (Wagens) einzurichten. Ernst Stamm erkennt die grosse Schwierigkeit an, welche die Construction des Mechanismus zur Spulenbewegung und die Construction der Formplatte und Herzscheibe bieten, und glaubt, dass man dieselbe auf empirischem Wege durch Auszählen der Kötzerschichten finden könne, dass aber die strenge Realisirung dieser Construction auf rein theoretischem Wege nicht befriedigend zu ermöglichen sei, wenigstens nicht bei dem heutigen Stande der Wissenschaft. Viel weniger Schwierigkeit an und für sich hat die zweite Form der Aufwindung verursacht, welche also Kettenrollen bewickelt. Hierbei kann der Wagenweg oder Spulenbankweg ganz regelmässig dieselbe Grösse und Grenze haben, sie kann sich auch von vornherein auf den ganzen Raum zwischen den Scheiben erstrecken. Für die Zwirnerei resp. das Doubliren von Garnen genügt es sogar, wie in Fig. 433 dargestellt ist, die Spule lose auf die Spindel aufzustecken und so aufzuwinden; die etwa eintretenden Spannungen im Faden werden die Spule mit in Bewegung setzen und so sich ausgleichen. Es genügt also, den Spulenwagen oder die Spulenbank in eine regelmässige Auf- und Niederbewegung zu versetzen, was mit excentrischen Scheiben leicht zu bewerkstelligen ist. Man hat die Herzform der Scheibe gewöhnlich angewendet, weil diese der besonderen Anforderung entspricht, dicht an den Scheiben der Spulen weniger zu bewickeln, um ein Klemmen des Materials zu vermeiden. Für die subtileren Arbeiten des Zwirnens und Doublirens wendet man allerdings auch die selbstständige Bewegung der Spule an, um gemäss der Aufwindungsschichtenzunahme die Bewegung der Spule mit der der Spindel in Einklang zu bringen.

Im Uebrigen bemerken wir hier gleich, dass die Maschinen vom Watersystem dieser Kathegorie die ausgedehnteste Anwendung finden für die Zwirnerei und das Doubliren.

    d. Die **Spindelbewegung** wird auf verschiedene Weise erwirkt,
    a) Mit Würtel auf dem unteren oder mittleren Theil der Spindel durch Schnur von einer Trommel aus Holz, Eisen, Zinkblech etc. im Innern des Gestells her. Hierbei kann sowohl jede Spindel für sich durch eine Schnur getrieben sein, oder eine und dieselbe lange Schnur schlingt sich um die Würtel einer gewissen Anzahl von Spindeln. (Siehe später bei den Jennys.)
    b) Mit Frictionsrädern in conischer oder Scheibenform.
    c) Mit Zahnrädern in conischer oder Cylinderform.

Der Betrieb mit Schnuren ist der älteste und am meisten verbreitetste. Da die meisten Watermaschinen zweiseitig garnirt sind, so benutzt man entweder für jede Spindelreihe einen besonderen Trommelcylinder für die

Schnüre oder man benutzt einen Cylinder nach beiden Seiten hin. Eine besondere Anordnung ist in den Watermaschinen und Zwirnmaschinen von Gebr. Köster benutzt, hergenommen von der Mulespinnmaschine; nämlich eine Reihe Spindeln werden von einer Spurtrommel her mittelst endloser Schnur getrieben. Eine andere Einrichtung, von Shaw & Cottam und von John Elce & Co., sowie von Bernhardt angewendet, benutzt 2 Cylinder, über welche eine endlose Schnur je zwei gegeneinander überstehende Spindeln treibt. Endlich ist die Anordnung von Johnson bemerkenswerth, die aus Fig. 435 klar werden wird. Vom Würtel her

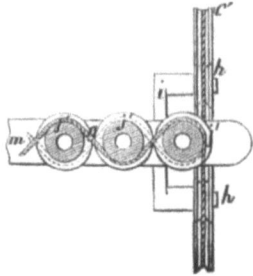

Fig. 435.

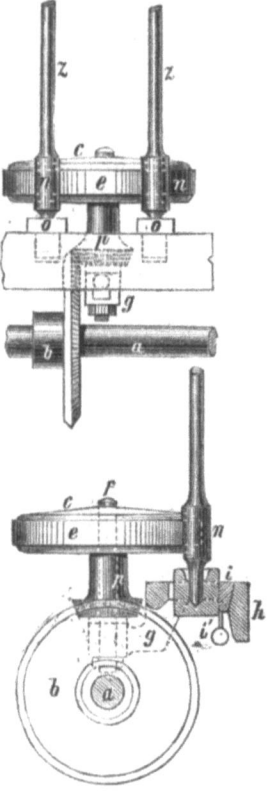

Fig. 436 u. 437.

umwindet die Schnur die Spindeln schlangenartig und kehrt ebenso zurück. Der Betrieb mit Frictionsrädern ist von Stehelin, Mackenzie, Stein, Wild, Ramsden, Calvert u. A. angewendet und empfiehlt sich für gröberes Material oder sehr feste Doublirungen, — mehr noch aber ist der Betrieb durch Zahnräder hier angebracht, wie in Maschinen von Stein, Franke, Stehelin, Tatcher u. A. Ein aus letzteren beiden Systemen gemischtes Betriebssystem für Spindeln ist das in der Figur 436 u. 437 dargestellte von de Vila, bei welchem Friction und Zahnbetrieb combinirt eingerichtet sind. Die Triebwelle a enthält die Zahnräder b, welche die vertikale Axe p durch conischen Trieb bewegen, die oben das Frictionsrad e trägt. Diese Scheibe e treibt die Spindeln z an ihrem Frictionswürtel n. Spindellager und Spindelbank ruhen verstellbar im Arm g, der drehbar ist um p und durch h festgestellt wird.

e. Die **Spindelform** und **Spindelaufstellung** wechselt mit den Constructeuren. Freilich bleibt im Allgemeinen die Form der Spindel die einer längern Stange, die vertical*) aufgestellt ist, unten in einer kleinen Lagerpfanne steht, in der Mitte oder auf dem mittleren Dritttheil der Länge von einem Halslager unterstützt ist, um sie stabil und genau vertical zu erhalten, — welche ferner in dem unteren Dritttheil einen Würtel oder ein Zahnrad etc. trägt für die Bewegungsaufnahme, am Kopf aber den Flügel, und zuvor Spule oder Hülse aufnimmt. Der Spindelkörper kann auch aus mehreren Theilen zusammengesetzt sein. Solche Constructionen sind neuerdings von Lake, Gibson, Elmsley u. A. vorgeschlagen worden. Der Körper der Spindel wird meistens conisch nach oben ausgebildet und am untern Ende oft mit einer Verstärkung versehen, während die Fussspitze conisch ausgearbeitet ist, um

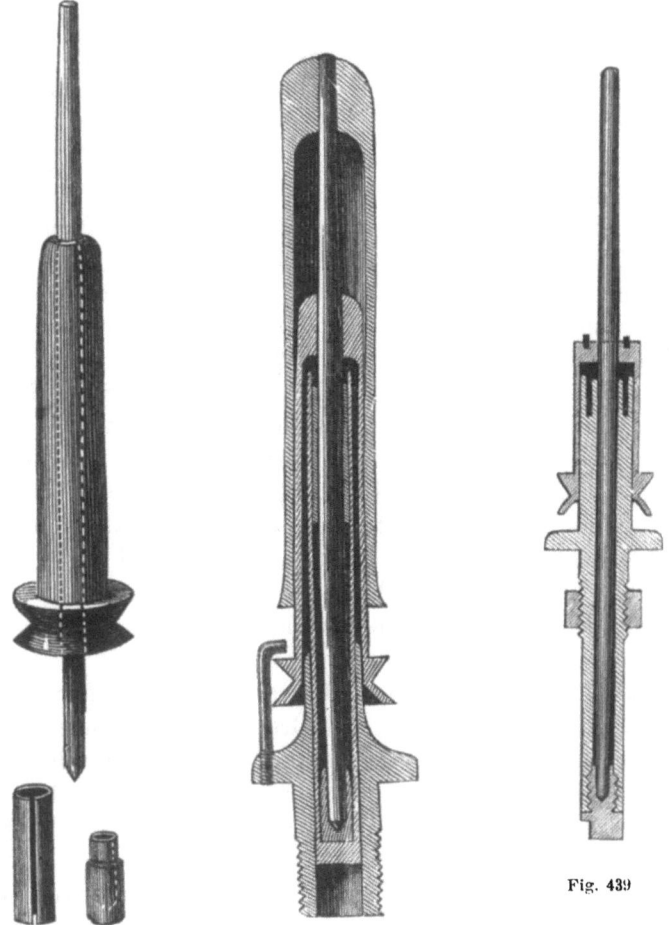

Fig. 438.

Fig. 439.

---

*) Watermaschinen mit horizontaler Spindel sind nicht häufig.

in die Vertiefung der Lagerpfanne einzudringen und der Drehung die möglich geringste Reibungsfläche zu bieten. Ein Blick auf die zahlreichen Abbildungen in unserem Werke ergiebt zur Genüge die Variationsmenge für die Waterspindeln, die in Gusseisen, Stahl oder Gussstahl hergestellt werden. Ganz besonders erfinderisch sind die Amerikaner für die beste Spindelform. Sie suchen in der Composition und Combination vergebens ihresgleichen in England, Deutschland oder Belgien. Die Pointen dieser Constructionen gehen häufig auf scheinbare Kleinigkeiten hinaus, die dennoch von recht bedeutendem Nutzen und Werthe sein können. Wir führen z. B. hier die in Amerika sehr verbreitete, von Rabbeth & Atwood construirte selbstölende Spindel*) (Fig. 438 u. 439) an. Man unterscheidet einen Fusskörper, welcher mit Schraubengang auf der Spindelbank eingeschraubt wird. Dieser Fusskörper ist hohl und enthält zunächst eine mit Boden versehene Röhre, die oben offen ist. In dieselbe ist das Fusslager für die Spindel (Step) eingelassen, während dicht unter dem oberen Rande das lange Halslager (Bolster) sich anschliesst. Beide Lager halten die Spindel vollkommen stabil. Die Spindel ist glatt und nach beiden Enden hin conisch zugeformt. Auf die obere Hälfte der Spindel wird zuerst eine stumpfconische lange Hülse am unteren Rade mit Würtel versehen, aufgeschoben und fest aufgedrückt, während ein drehbarer Haken auf dem festgeschraubten Fusskörper so eingestellt wird, dass seine Nase über dem Würtel steht und diesen am Emporsteigen verhindert. Endlich folgt die Kötzerhülse selbst, welche oben auf dem obersten Theil der Spindel mit einer Bohrung aufgefügt wird, unten aber die Würtelhülse fest umfasst. Diese Anordnung bewahrt bei aller Stabilität eine sehr geschätzte Elasticität. Die in Figur 432a dargestellte Spindel enthält auf der Würtelhülse ein Paar erhöhte Stifte zur Aufnahme der Spule.

Eine einfachere Construction ist die von den Mansfield Spindle Works, die wir in Abbildung auf Tafel XI, geben, bei welcher auf Oelöconomie sehr geachtet und das Fusslager verstellbar eingerichtet ist. Eine sehr schöne Construction stellen die Figuren 440 dar. Die Spindel A trägt den Würtel E darüber die Verstärkung K, deren Zweck die Oelaufnahme ist, wie der Durchschnitt (2) zeigt. M ist die Oeffnung für die Oelauffüllung. Das Fusslager C enthält einen verdeckten Schmierapparat F. In K hinein ragt das Ende der Halslagerröhre B, welche im Innern Spielgänge enthält, in denen das Oel aufsteigt bei Drehung der Spindel und dieselbe stets geschmiert erhält. Oberhalb bei O (2) ist zum Verschluss der Röhre B die Schraubenhülse P eingefügt, welche in ihren Theilen in 5, 6, 7 dargestellt ist. O ist der Spulenkörper, dessen Durchschnitt (4) die Construction klar macht. —

Sehr interessant ist die oben mitgetheilte Spindel von Goulding-Brandon, pag. 483

---

*) Patent von 1860, 1866, 1867.

D. & D. L. Goff haben sowohl die Ringspindelanordnung als die Flügel- und Glockenspindel wesentlich verbessert, wie die Figuren oben und auf Taf. XI zeigen. Die eigentliche Verbesserung beruht in dem Reiterring, wie bereits erwähnt und abgebildet.

Die Flügelspindel von Elmsley & Smith*) zeichnet sich aus durch eine mit Einschnitten zur Fadenführung versehene Scheibe am Flügelkopf. Dadurch wird die Drehung des Fadens höchst exact und ohne Abgleiten erwirkt. Fig. 441.

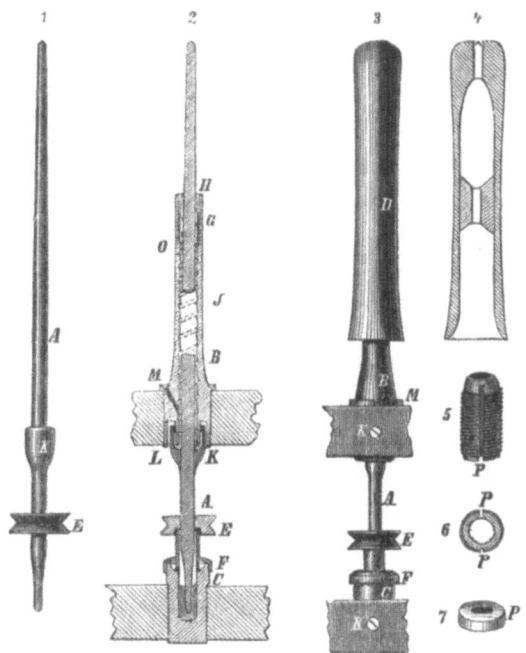

Fig. 440.

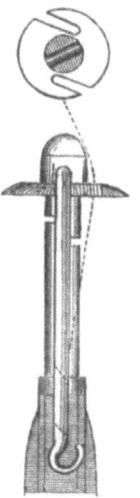

Fig. 441.

Die Ashworth'sche Flügelspindel ist auf Taf. XI abgebildet. Ashworth sucht die gewöhnlichen Flügelspindeln für eine grössere Geschwindigkeit geeignet zu machen, indem er dieselben durch Anordnung langer

---

*) Patent Spec. 1874 No. 4069.

Halslager vor dem Erzittern schützt, und die Fadenspannung, welche durch das Zurückhalten der mit den Spindeln rotirenden Spulen bewirkt wird, durch Anwendung von Windscheiben regulirt. Diese Anordnung ist in den Figuren auf Tafel XI in Ansicht und Verticalschnitt dargestellt.

D ist der Flügel, E die Spindel, F die Spule, G die Spindelbank, H die Halslagerbank. Letztere empfängt die auf- und niedersteigende Bewegung, dient also zu gleicher Zeit als Spulenwagen, a a sind lange Halslagerbuchsen, welche dem oberen, dünneren Theil der Spindel zur sicheren Führung dienen. Auf diesen Buchsen sind die Röhrchen b b brechbar aufgesteckt, welche mit den Windflügeln c c (Fig. 3 und 4) versehen sind. Die Spule F wird von dem Röhrchen b getragen, und ist durch einen Stift d mit demselben verbunden, so dass also Spule und Windflügel-Röhrchen nur gemeinschaftlich rotiren können. Die Windflügel c c vertreten die Stelle der gewöhnlichen Unterlagscheiben von Tuch oder Leder, in Verbindung mit verschiebbaren Gewichtsschnuren, welche gegen die Spule pressen. Ihr Zweck ist also das Aufhalten der Spule in ihrer Bewegung mit der Spindel und das dadurch bedingte Aufwickeln des gebildeten Fadens. Je grösser der Reibungswiderstand ist, welchen die Luft an den Flügeln erzeugt, um so grösser ist die Fadenspannung beim Aufwickeln. Je nach der Nummer und der Festigkeit des Fadens ist diese Spannung grösser oder kleiner zu nehmen, wenn eine feste Spule gebildet werden soll, ohne zu viel Fadenbruch zu verursachen. Ashworth findet die gewöhnliche Anordnung von Unterlagscheiben bei grösseren Geschwindigkeiten minder vortheilhaft, als die Anwendung dieser Windflügel und schlägt vor, verschiedene Sätze solcher Röhrchen, die verschieden grosse Windflügel haben, in Anwendung zu bringen, und jedesmal diejenige Grösse auszuwählen, welche der Feinheit und Festigkeit des Fadens am besten entspricht.

Wichtig sind die Verbesserungen von Farrar, nämlich die sogenannten Farrar's Cup-Spindel und Cap-Spindel. Auf Tafel XI ist diese Spindeleinrichtung mit umgekehrten Flügeln (cup-spindle) und Farrar's Patent Einöl-Apparat in derjenigen Form abgebildet, welche zum Zwirnen von wollenen Garnen ausgeführt wird. Die Spindel steht wiederum fest in der Fussbank G, welche die auf- und niedergehende Bewegung empfängt. Am obern Ende trägt sie auf einer Scheibe E die Spule F. Ueber die Spindel ist ein Rohr A geschoben, an welchem sich oberhalb der Flügel D, und am unteren Ende der Würtel b befindet. Die beiden Flügelarme sind durch einen Ring c verbunden.

Das selbstthätige Oelen der Spindel und des rotirenden Würtelrohrs a erfolgt nun dadurch, dass die Spindel bei ihrem Austritt aus der Halslagerbank H den Patentschmierapparat passiren muss. Dieser Apparat besteht einfach aus einer geflochtenen, mit Oel oder Schmiere getränkten Schnur d, welche zum Schutz gegen Unreinigkeiten von dem Gehäuse e überdeckt ist. Auf dem Gehäuse e ruht der Metallring f, welcher dem

Rohre a als Fusslager dient und also von der Spindel bei ihrem Niedergange ebenfalls in vorzüglichster Weise geölt wird. Jede Spindel ist mit einem solchen kleinen Apparat versehen, der auch noch die gute Eigenschaft besitzt, dass man sich in jedem Moment, selbst während der Arbeit, durch Hochheben des Gehäuses, von der Wirkung und Beschaffenheit der Schnur d überzeugen kann.

Von ganz besonderem Werthe ist diese Einöl-Vorrichtung auch bei der Glockenspindel, welche ja in Bezug auf Arbeitsweise der obigen Flügelspindel sehr nahe steht. Da dieselbe auch für die Spinnerei ein besonderes Interesse hat, so geben wir eine Abbildung in der von Farrar angegebenen Form auf Tafel XI.

Die Cap-Spindle unterscheidet sich von obiger Cup-Spindle einzig und allein dadurch, dass Spule und Flügel ihre Stellung vertauscht haben. Anstatt dass die Spindel an ihrem oberen Ende die Spule trägt, trägt sie hier die Glocke D^1, welche die Flügel vertritt; — und anstatt dass das lange Würtel a die Flügel trägt, ist er hier mittelst der Stifte m m mit der Spule oder dem Kötzerröhrchen F verbunden. Der Apparat d e ist genau derselbe, wie oben; nur lässt man in dieser Maschine nicht die Glockenspindeln, sondern den Spulenwagen K in der üblichen Weise die auf- und niedergehende Bewegung ausführen, wodurch die Art des Oels jedoch in keiner Weise bedingt wird. Spindel und Glocke haben in dieser Maschine eine feste unveränderliche Stellung.

Ebenso interessant ist Tysoe's Flügelspindel. Bei der von Tysoe angegebenen Einrichtung steht die Spindel fest in ihrer Fussbank und empfängt mit letzterer eine auf- und niedersteigende Bewegung. Aus Tafel XI, welche die Spindel enthält, ist zu ersehen, dass die Spindeln E am oberen Ende die Spulen F tragen, und bei ihrer Auf- und Niederbewegung in langen Büchsen a ihre Führung erhalten. Auf diesen Büchsen sind die Würtel b aufgesteckt, welche mit den nach oben gekehrten Flügelarmen c d verbunden sind. Die ganze Anordnung ist ausserordentlich einfach, erlaubt eine grosse Geschwindigkeit des Flügels und hat den grossen Vortheil, dass die Flügel beim Wechseln der Spulen nicht abzuheben sind. Andererseits haben diese Spindeln den Nachtheil, dass zwischen Büchse a und Würtel b ein grosser Reibungswiderstand erzeugt wird, welcher neben einem bedeutenden Kraftaufwand eine starke Abnutzung dieser Theile zur Folge hat. Das ist der Grund, weshalb diese mit so vielen Vorzügen ausgestattete Spindelconstruction wenig Eingang gefunden hat.

Es ist von vielen Seiten darüber nachgedacht worden, wie diesen Uebelständen abzuhelfen sei. Unter mehreren, hierher gehörigen Vorschlägen ist diese Erfindung, welche der Maschinen-Constructeur Farrar in Halifax gemacht und patentirt hat, als eine ebenso einfache als sinnreiche hervorzuheben. Dieselbe besteht eben in der Vereinigung der reibenden Flächen und in dem selbstthätigen, ganz regelmässigen Schmieren oder Oelen dieser Flächen.

Speicht's*) verbesserte Glockenspindel enthält sehr wesentliche Anordnungen, um besonders das Abnehmen der Spulen ohne Umstände zu besorgen. Da die Maschine jedoch ausschliesslich für Kammgarn- und Baumwollengarnspinnerei bestimmt ist, so entfällt sie dem Rahmen unseres Werkes.

In Bernhardt's Ringspindelbank hat die Spindel eine Anordnung mit selbstthätiger Abstellung nach Füllung der Spule, resp. Vollendung des Kötzers. Die Beschreibung der Maschine selbst lese man nach**).

H. Haefner's Spindel ist auf Tafel XI ersichtlich. Mittels Würtels C wird die Röhre mit Flügel gedreht, während die Spindel sich dreht, die Spule aber feststeht. Der Flügelarm a ist nun mit Schraubengang versehen und auf demselben ist die Mutter b aufgesetzt mit dem Drahtführer. Diese Mutter b trägt einen Ring, welcher einen so grossen Durchmesser hat, dass seine Peripherie an den Mantel des fertig bewickelten Spulenkörpers anschleift und dadurch gedreht wird. Auf diese Weise wird eventuell der ganze Hebemechanismus erspart.

Auf Tafel XI finden sich die Darstellungen der Spindeln von John Elce für drei verschiedene Anordnungen. Die Figuren zeigen den Körper der Spindel fast übereinstimmend, besonders auch die Einlagerung im stehenden Lager. Das Halslager d aber ist in der Figur I in die bewegliche Spulenbank eingelassen und mit einer Frictionsplatte m bedeckt, auf welcher die Spule n mit Scheibe o aufruht. Bei Figur II ist das Halslager in eine feststehende Bank (Bolster Rail) b eingelassen, während die bewegliche Spulenbank p die Spule auf- und abführt. In Figur III endlich ist das Halslager in der Spulenbank ebenfalls fest und die Ringbank R beweglich.

Die Spindel von Bourcart steht in dem Fusslager i und dem conischen Halslager h. (Fig. 442.) Der obere Theil der Spindel ist allerdings conisch zugearbeitet, aber nicht voll cylinderisch, sondern mit längsstreifenden Ausschnitten, sodass die Section ein Kreuz zeigt oder einen dreistrahligen Stern.

Die Anordnung von Anterton (Tafel XI) enthält die feststehende Spindel a im Lager c, die Würtelhülse g, welche zugleich Halslager für die Spindel bildet in der Bank f und nach oben gerichteten Flügelarme. Am Fuss der Spindel ist eine Bremsanordnung angebracht. Auck kann die Spindel beweglich sein und die Würtelbank fest.

Wir verweisen ferner auf die sehr zahlreichen Patente auf Spindelconstruction in England, für welche Constructeure und Fabrikanten wie Shaw, Chesterman, Watson & Hall, Combe, Kirby, Mahon, Schofield, Tatham, Sutcliffe, Higgins, Rambottom, Rhodes,

---

*) Speicht, Glockenspindelbank. Zeitschrift des Vereins der Wollinteressenten. 1872. März.
** Zeitschrift des Vereins der Wollinteressenten. 1872. Märzheft.

Lakin, Whitworth, Horrocks, Ryo-Catteau, Buckley, Edge, Elce, Roberts u. A. eifrig thätig waren.

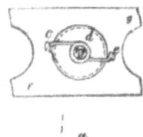

Wir geben ferner auf Tafel XI die Construction der Glockenspindel von Smith (d Spindel mit Würtel e, c Spule, a Glocke mit Rand b), und endlich die Grover'sche Spindel in 3 Figuren. Figur 1 zeigt die Spindel fest und die Hülse h mit Spule durch conischen Trieb g bewegt. Figur 2 giebt die Spindel mit Würtel, die Spulentraghülse l resp. Flügelhülse l mit Bremsfaden i. Figur 3 ist Grundriss dazu.

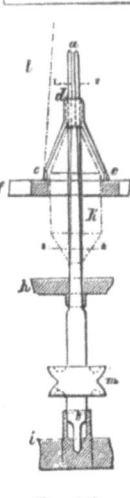

Wir führen endlich noch auf Tafel XI eine Anordnung von Kennedy vor (patentirt 1875), welche jener Kathegorie angehört, die Flügel und Spindel ganz getrennt enthält. Die Röhre a wird umgeben von der Hülse b, die den Würtel c trägt und den Flügel e. Die Röhre hängt oben an einen Ring von b auf der Röhrenbank. Die Spindel h trägt die Spule f. Letztere kann durch die Bank auf- und nieder- bewegt werden. Folgt sie der Spannung des Fadens und muss sich drehen, so dreht sich die Spindel mit. Endlich kann auch die Spindel h einen Würtel enthalten. Beach- tenswerth ist das Spindellager i in der Spindelbank k.

Fig. 442.

Die **Lager** oder Steps (Crapaudine) für die Spindeln, sowie die Hals- lager oder Bolsters (Collet) haben ebenfalls durch die Sorgfalt der Con- structeure eine höchst vollkommene Einrichtung erlangt. Die neuesten Bestrebungen für dieselben richteten sich auf Erzielung selbstthätiger Schmierungen, — denn das Schmieren der Spindeln ist eine höchst wesent- liche Sache und bei der grossen Anzahl der kleinen Stehlager eine sehr umständliche Sache. Ebenso ist die Befestigung und geeignete reihen- weise Einfügung der kleinen Lagerschalen in die Spindelbank eine höchst wichtige Sache. Die gewöhnliche Anordnung ist die, dass die Spindel- näpfchen oder Stehlager in sogen. Plattbänder (plates-bandes) mit gewissen Zwischenräumen eingelassen sind, die dann auf der Spindel- bank (Spindellatte) aufgebracht werden. Ganz ebenso werden die Hals- lager in Plattbänder (bandes porte collets) eingelassen und auf die Halslagerbank oder auch Spulenbank aufgepasst. Den Stehlagern (die von Eisen, Stahl, Bronze, Messing, Antimonlegirung etc.) hergestellt werden, giebt man verschieden äussere Form, (Tafel XI Dandoy a b c d) um ihre Befestigung zu unterstützen. Die Sternform herrscht neben runder Form vor. Aehnlich formt man den oberen Flantschring des Hals- lagers in verschiedener Art, so dass man unterscheidet: runde, ovale, quadratische, gabelartige und schieberartige Halslager. Daneben treten eine Reihe anderer Formen auf, die zu beschreiben allein ein Buch kaum ausreichen würde. Die neuesten Constructionen der Stehlager und der Halslager verfolgen alle die Prinzipien, leicht austauschbar und leicht zu befestigen und dabei mit selbstthätiger Schmierung eingerichtet zu sein. Die selbstthätige Schmierung wird auf verschiedene Weise zu erreichen gesucht, auch dadurch, dass man fetthaltige Lagerschaalen-Compositionen herstellt, wie das vielfach beschriebene Metalline*) und die folgende Composition von Cohné**).

Diese Composition gehört zu den neuesten aufgetauchten Lagermaterien, die keiner Oelung bedürfen. Sie ist 1874 patentirt. Es werden 75% Asbest und 25% Graphit gemischt, darauf wird Wasserglaslösung zugesetzt, bis die Mischung die Form einer Pate erhält. Dieselbe wird dann unter hydraulischem Druck stark gepresst und sodann getrocknet, bis alle Feuchtigkeit verschwunden ist. Darauf taucht man die Masse in Ozokerit oder Paraffin, in geschmolzenem Zustande, oder in eine Lösung von Paraffin, Benzol und anderen Mineraloelen. Die Imprägnation mit diesen Stoffen sollte womöglich unter dem Vacuum geschehen.

Wir verweisen nun zunächst auf die in unseren zahlreichen Abbildungen enthaltenen Lageranordnungen. Tafel XI Elce's Lager enthält ein kräftiges Stehlager g, welches auf der Spindelbank a eingelassen ist, ohne Verschraubung. Die Platte c besteht aus Flanell oder gutem Filz, welche das Ausspritzen des Oels aus dem Stehlager g verhütet und das an die Spindel s herabrinnende Oel auffängt und an die Spindel unterhalb zurück giebt. Der Deckel f schützt diese ganze Anordnung vor Einfallen des Staubes. Auch über dem Halslager d ist eine Flanellplatte h aufgefügt.

Das Lager von Bourcart ist am unteren Theile a mit Schraubengang in die Spindelbank i eingelassen, während das eigentliche Lager c über letztere hervorragt. (Tafel XI). Dem Oelverlust ist vorgebeugt dadurch, dass der stärkere Spindelkörper b über der eigentlichen Drehspitze des Fusses in das Lager c einragt und dieses oben schliesst.

John Billington Booth***) in Preston hat sich 45 Spindelnapfanordnungen patentiren lassen, die an sich nach der Gestalt der Spindelformen wesentlich variiren, dennoch aber sämmtlich auf die diesen Constructeur leitende Grundidee zurückführen lassen, nämlich das Lager so einzurichten, dass der Oelraum nach oben hin abgeschlossen ist. (Tafel XI a-f). Er bewirkt dies auf die Weise, dass er den verstärkten Spindelkörper in die Lagerpfanne eintreten lässt, wie bei Bourcart's Lager, oder dadurch, dass er den Deckel des Oelraums eng um den Spindelfuss sich schliessen lässt. Origineller sind jedoch die abgebildeten Formen mit doppeltem Oelraum im Lager und mit conischem Boden des Oelraums.

Joseph Revell†) in Duckinfield versucht die Idee durchzuführen, den Zutritt des Oels zur Spindel im Stehlager, sowohl als im Halslager auf einem ganz kleinen Raum zu verlegen. Die Tafel XI zeigt ein Hals-

---

*) Scientific Amer. 1874. No. 1.
**) Pat. Specification 1874. No. 37. — Polyt. Zeitung 1875. No. 36.
***) Spec. Patent No. 3674 1874.
†) Pat. Spec. 1874. No. 3862.

lager d mit Deckhülse c und Deckel f auf dem Oelgefäss e. Das Oel gelangt lediglich zwischen d und f hinauf an die Spindel. Dass Stehlager enthält nur einen kleinen Dreieckraum a für das Oel zur Schmierung der Spindel.

Marshall wendet das folgende Stehlager für Spindeln an. (Tafel XI). In den hohlen Gusskörper C wird der Lagerkörper B eingesetzt, welcher durch E mit dem Oelraum in C in Verbindung steht.

Wilson & Folk*) haben dem Halslager folgende Figur 443 Gestalt und Einrichtung gegeben. Die Spindel ist umgeben von einer Hülse h, deren Wandungen Oeffnungsreihen enthält. Um diese Hülse herum befindet sich ein Raum und das Oel tritt von dem Oelungsraum b an s

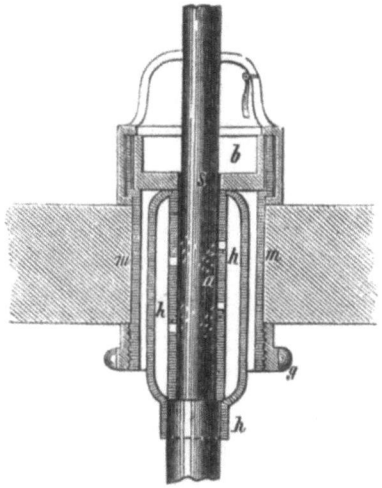

Fig. 443.

der Spindel herab und der Ueberfluss wird durch die Oeffnungen in h aufgefangen und in dem besagten Raum um h abgelagert. — Wenn der Raum um h als Oelbehälter dient, so kann auch so eine gute Schmierung durch die Oeffnungen hindurch an die Spindel gegeben werden.

Dubreuil in Roubaix stellt Halslager mit Spiralnuthen her, in denen das Oel sich vertheilen und emporsteigen kann, wenn die Spindeln im Sinne der Spiralsteigung rotiren. Diese Lager haben sich gut bewährt. (Tafel XI). (Siehe auch oben Fig. 440.)

Platt Brother's gebrauchen für ihre Spindeln ein besonderes System von Halslagern**). Tafel XI stellt dasselbe dar. Die Spindel A tournirt in einer Hülse B, welche im Sinne der Spindel sich dreht. Diese Hülse trägt einen Ansatz b mittels einer Bohrung an E befestigt, ferner einen Ansatz c für Aufnahme der Holzröhre der Bobine. Es sitzt

---

*) Pat. Spec. No. 458. 1874.
**) Bulletin de la Soc. ind. de Rouen 1874.

D fest im Wagen. Durch diese Disposition entstehen die Vortheile, dass zwischen Ring und Spindel keine Reibung entsteht, dass das Oel im Gusslager durch hervorragende Ränder stets festgehalten, dass die Oelmenge durch das Auf- und Niedergehen des Lagers an der Spindel und dem Ringe stets vertheilt erhalten und am Abfliessen verhindert wird. Solche Lager brauchen nur nach längerer Zeit neu geschmiert zu werden (3 Wochen).

Bemerkenswerth sind die zusammengesetzten Lager, Spindeln etc. von Lake*), ferner die Projecte für Halslager und Stehlager bei der Ringspindelbank von Johnson**), sodann die Lager von Ramsden, Butterworth, Clough & Smith, Pilling & Scalf u. A.

Abweichend von allen diesen Constructionen sind die Halslager von John Smith Raworth***) construirt. Raworth folgt bei seiner Construction der Idee, das Halslager nachgiebig herzustellen, so dass es den etwaigen Spannungen der Spindel entsprechend nachgeben kann. Das Lager ist gebildet aus einem Rohrkörper e mit oberer angegossener

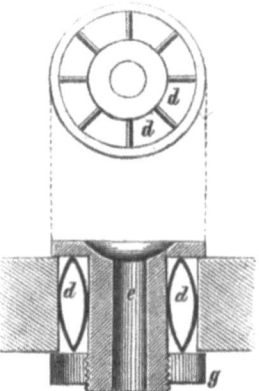

Fig. 444.

Flantsche und unten angeschraubter Flantsche g. Von dem Rohrkörper aber gehen Arme radial aus, so dass zwischen dem Rohrmantel und der inneren Wandung der Bohrung in der Spindelbank radiale Kammern d entstehen. In diese Kammern d werden Federn eingelegt. Dieser Federdruck hält das Lagerrohr genau in der Mitte der Bohrung, giebt aber dem Schwanken etc. der Spindel etwas nach. (Fig. 444).

Ebenfalls abweichend von den bisher berührten Anordnungen ist das Spindellager von Henry, welches zwei Linsen D als Grundplatten

---

*) Pat. Spec. 1872. No. 261 u. 2933.
**) Pat. Spec. 1873. No. 18.
***) Pat. Spec. 1874. No. 2707.

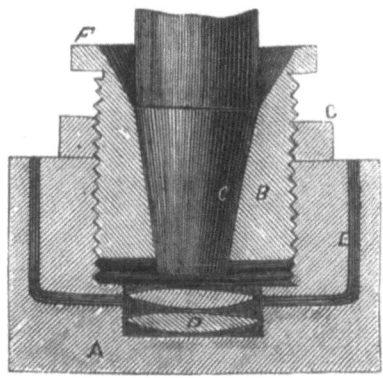

Fig. 445.

enthält, bei dem aber der Stehzapfen der Welle C conisch gestaltet ist und in einem conischen stellbaren Lager B steht, das in den Lagerblock A eingeschraubt und mit der Regulir-Mutter G versehen ist, welche auf A aufruht. F ist der innen trichterförmig erweiterte Rand der conischen Lagerschaale. E sind Schmiercanäle. B wird nun so weit herunter geschraubt, dass das Ende von C die Linsen berührt und in der Schaale B ein wenig gelüftet wird. (Fig. 445).

Die **Spule** wechselt, wie bereits berührt, in ihrer Form sehr wesentlich je nach ihrem Zweck. Sie tritt bald als einfache Hülse auf, bald als conische Holzröhre, bald als Scheibenrolle. Viele ihrer Formen sind auch aus dem Bestreben entstanden, durch die Form den schwierigeren und complicirteren Anfang der Aufwindung zu ersparen. Andere Veränderungen galten der Erzielung von Leichtigkeit, Billigkeit und Dauerhaftigkeit, so noch besonders die neueren patentirten Formen von Lewis M. Becker, Elmsley, Bass, Baldwin, John Jackson u. A. Die Verbesserung des letzteren[*] z. B. bezieht sich auf Vorbeugung des Zerbrechens der Scheiben an Spulrollen und besteht im Umlegen von Metallringen um den Mantel der Spulenscheiben. Auf die Aufzählung der benutzten Formen können wir uns nicht einlassen und verweisen auf die in den beigebrachten Abbildungen zahlreich enthaltenen Darstellungen von Spulen. Um zu zeigen, mit welcher Sorgfalt auch dieser Gegenstand in America behandelt wird, bringen wir hier Bass'[**] Patent Crown

---

[*] Spec. No. 2885. 1874.
[**] Am. Patent 1873. 10. Juni (D. Bass jr., Woonsocket R. J.) Bedeutende Fabriken in Amerika beschäftigen sich lediglich mit Herstellung von Spindeln, Spulen u. s. w, so z B. die Bee-Hive Spindle and Flyer Works Co. in Lewiston, Me., H. B. Davis & Co. in Great Falls N. H., die Mansfield Spindle Works in Mass., Gilman & Co. in Lewiston, Me. Interessant sind ferner die Spindeln und Spulen von Asel M. Wade (Lawrence Mass.) Patent 165,433. 1875.

Spule (Fig. 445) zur Anschauung und J. H. & N. A. Williams (Utica N.-Y.) Spulen. (Fig. 447.)

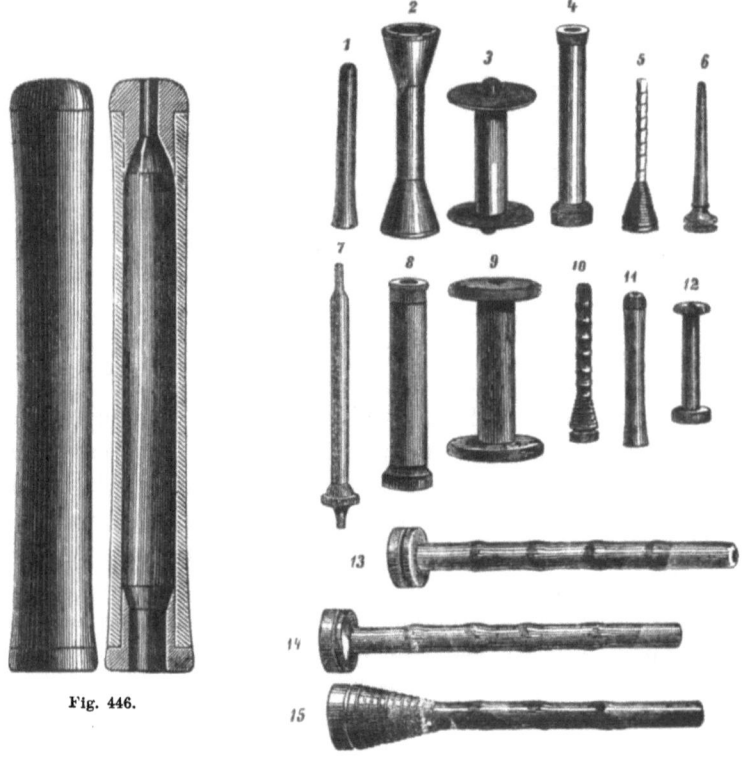

Fig. 446.

Fig. 447.

Die Masse des gebrauchten Spulenmaterials ist so bedeutend, dass für deren Herstellung besondere Maschinen construirt sind und sehr häufig in den Spinnereien zu finden sind, am häufigsten Maschinen, welche die Papierhülsen herstellen, die besonders beim Selfactorspinnen jetzt fast vorherrschend gebraucht werden. Solche Maschinen zum Fabriciren der Kötzerhülsen aus Papier sind von Escher & Wyss in Zürich bereits 1865 gebaut, später von einer Anzahl anderer Fabriken. Eine solche Maschine bildet circa 1000—1200 Röhrchen per Stunde.

Eine rationelle Fabrication der Holzspulen wird nach J. H. Johnsons Patent (1874) u. a. ermöglicht und mit vielen früheren Maschinerien, während bisher seit Jahren die Holzrollen und Holzspulen auch in grossen Quantitäten mit der Hand angefertigt wurden.

f. Das Spinnen selbst auf solchen Watercontinues und mit solchen Einrichtungen ist je nach den Einrichtungen selbst verschieden. Im Allgemeinen richtet sich der Effect und die Leistung des Spinnens auf den Continues nach folgenden zu bestimmenden Grössen:

1. Umfangsgeschwindigkeit der Einführwalzen resp. Länge der Lieferung.
2. Umfangsgeschwindigkeit des letzten Walzenpaares.
3. Geschwindigkeit der Spindeldrehung.

Es ist somit nöthig zu wissen, welche Geschwindigkeit den Einlieferungscylindern ertheilt wird. Gehen wir davon aus, dass die Bewegung auf die Lieferung b von der Hauptwelle (mit 300 Umdrehungen per Min.) aus ertheilt wird, direct oder durch Wechselrad x auf das letzte Walzenpaar f und sei die Umlaufszahl von $f = n$, der Durchmesser von $f = 10$ Cm., so ist die Umfangsgeschwindigkeit von $f = 10 \cdot \pi \cdot n$. Von f aus wird die Bewegung auf die übrigen Paare übertragen und gelangt auch zu den Einlieferungswalzen b. Man bedient sich hierbei der Transporteurräder und eines Wechselrades (zur Variation der Geschwindigkeit). Dieser letzte Wechsel sei y und habe z. B. 100 Zähne, so bestimmt sich die Umlaufszahl von b durch $n \cdot \frac{y}{100}$. Ist der Durchmesser von $b = 6$ Cm., so erhalten wir die Umfangsgeschwindigkeit $= b \cdot \pi \cdot n \frac{y}{100}$ Cm.

Sind nun in der Continue mehrere Walzenpaare für das Strecken enthalten, so lassen sich für diese leicht die Umfangsgeschwindigkeiten aus den Räderwerken mit Hülfe der Umfangsgeschwindigkeiten von b und f ableiten. Der Gesammtauszug des Garnes im Streckwerk ergiebt sich jedoch stets aus der Formel

$$A^1 = \frac{\text{Umfangsgeschwindigkeit von f}}{\text{Umfangsgeschwindigkeit von b}} = \frac{10 \cdot \pi \cdot n}{6 \cdot \pi \cdot n \frac{y}{100}}$$

Hieraus lassen sich für y leicht die entsprechenden Werthe für verschiedene Auszüge ermitteln. Es folgt sodann die Spindel. Die Umlaufszahl der Spindel hängt ab von der Hauptwelle und die Bewegungsübertragung auf die Schnurentrommel r, sodann von der letzteren und dem Spindelwürtel q. Sei die Drehungszahl der Hauptwelle 300 und die Uebersetzung auf die Spindeltrommel wie 1 : 2, so macht die Spindeltrommel 600 Umgänge. Sei nun der Spindeltrommeldiameter $= 30$ Cm. und der Diameter des Spindelwürtels $= 5$ Cm., so wird die Spindel sich per Minute 3600 Mal drehen. Der Auszug zwischen f und der Spindelspule wird also sein

$$A^2 = \frac{\text{Geschwindigkeit von s}}{\text{Umfangsgeschwindigkeit von f}} = \frac{3600 \, \pi}{10 \cdot \pi \cdot n}$$

Der Gesammtauszug A aber ergiebt sich aus

$$\frac{\text{der Umfangsgeschwindigkeit von s'}}{\text{der Umfangsgeschwindigkeit von b}} = \frac{3600 \cdot \pi \cdot 3 + \frac{(2n + \ldots o n)}{m}}{6 \cdot \pi \cdot n \cdot \frac{y}{100}}$$

Es ist unter s' die Spule auf Spindel s verstanden, welche mit 3 Cm. Diameter 2 Mal um die Dicke n des Fadens zunimmt bei je m Umdrehungen.

Es ist hierbei vorausgesetzt, dass die Spule festsitzt auf der Spindel. Für alle Fälle, wo dies nicht der Fall ist, ändert sich das Verhältniss natürlich.

Die Drehungen, welche der Faden durch die Spindel per Cm. erhält, ermitteln sich durch folgende Formel:
$$D = \frac{3600}{10\,\pi\,.\,n}$$
Hierbei ist zunächst n alterabel durch die Grösse des Wechsels x, der zwischen Hauptwelle und f eingeschaltet ist. Ist z. B. die Umlaufszahl der Hauptwelle 300 und hat f ein Zahnrad von 100 Zähnen, so wird die Uebertragung der 300 Umdrehungen der Hauptwelle von 50 Cm. mittels Scheibe auf der Wechselwelle von 60 Cm. dahin wirken, dass die Wechselwelle nur $\frac{50}{60}$ Umdrehungen macht. Ist nun auf der Wechselwelle das Zahnrad x (eingreifend in das Zahnrad auf f = 100 Zähne) mit nur 20 Zähnen ausgerüstet, so erhalten wir für f folgende Umdrehung:
$$n = 300\,.\,\frac{50}{60}\,.\,\frac{20}{100} = 50 \text{ Umdrehungen.}$$
Ist nun x = 100, so erhalten wir n = 250 Umdrehungen.

Also diese Werthe von n, bestimmt durch Werthe von x, modificiren die Drehung. Ist also z. B. n = 50, so betragen die Drehungen per Cm.
$$D = \frac{3600}{10\,.\,\pi\,.\,50} = 2{,}3 \text{ per Cm.}$$
n = 250 U.
$$D = \frac{3600}{10\,.\,\pi\,.\,250} = 0{,}5 \text{ per Cm.}$$

Diese Drehung, welche als bleibend dem Faden zugeführt und beigebracht wird, ist nicht gleichmässig vertheilt, sobald folgende Fälle statthaben:

1. wenn die Flügel mit der Spindel sich heben und senken,
2. wenn die Ringbank auf- und absteigt,

überhaupt aber dann immer, wenn die Flügelösen oder der Reiter seine Stellung zum Führungsöhr hinter den Cylindern in der Längsdimension wechselte.

Der von dem Cylinderpaar continuirlich ausgelieferte Faden, der von dem Führungsöhr g geführt, dem Reiter zuläuft, um durch diesen an die Spindel gebracht zu werden, ist ungleich lang in den verschiedenen Bewegungsstadien des Aufwindewagens und zwar ist der Unterschied x der Fadenlänge zwischen dem Reiter in höchster Stellung bei B und dem Reiter in tiefster Stellung bei A die Veranlassung zu Unregelmässigkeiten der Drehung. Während des Aufsteigens der Bank mit dem Ring muss in gleichen Zeiträumen eine vom Streckwerk gelieferte Fadenlänge L + x aufgewickelt werden, beim Absteigen die Länge L − y. Nennen wir die beiden Aufwindelängen L_1 und L_2, so sind
$$L_1 = L + x$$
$$L_2 = L - x.$$

Als erste Folge dieses Umstandes ist zu constatiren, dass die Längen verschiedenen Draht aufnehmen müssen, ferner dass beim Aufsteigen die Windungen des Fadens auf der Spule zahlreicher sind als beim Absteigen, wesshalb man den abgehenden Wagen schneller gehen lassen kann. Bei feststehender Spindel mit Spule treten diese Differenzen nicht ein.

Die Fadendrehungen erscheinen bei Auf- und Absteigen der Ringbank sehr eigenthümlich. Der Reiter übt auf den Faden einen grösseren reibenden Einfluss aus als das Flügelohr, dennoch kann man auch bei letzterem diese Erscheinung beobachten. Ganz besonders aber tritt sie wechselnd hervor bei der auf- und niedergehenden Ring- oder Spindelbank. Wie Fig. 448 darstellt, wird durch die Winkelreibung am Reiter

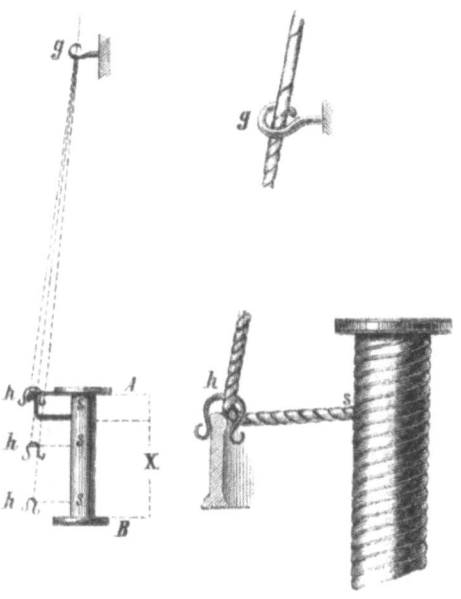

Fig. 448.

der Faden zwischen Reiter und Spule mehr angezogen als zwischen Reiter und Führungsöhr g. In Folge dieser Erscheinung wird der Draht auf Stück h s schwächer gedreht sein als g h. Diese Thatsache kann nun von grösserem Einfluss sein und sie ist es wohl werth, näher betrachtet zu werden, zumal sie zeigt, wie nothwendig die Erzielung und Erhaltung constanter Spannung für den Faden ist. Ferner überträgt sich auf diese Längen h s auch die Unregelmässigkeit der Drehung zwischen dem Ring und dem Führer g bei dem Heben und Senken der Ringbank oder des Flügels. Betrachten wir zunächst die Lieferung des Cylinders per 1 Hebung und 1 Senkung des Wagens und sei dieselbe 1500 Mm. Faden. Drehen sich die Spindeln während eines Wagenaufganges von 12 Secunden 1000 Mal, so würden per 1 Secunde 83,3 Drehungen erfolgen, wenn die

Ringbank still stände. Nun aber hebt und senkt sich diese und angenommen, sie sei in der Hebung begriffen und x sei = 120 Mm., so verkürzt sich die Länge des Fadens zwischen Ring und Führer g in jeder Secunde um 12 Mm. und die 83,3 Drehungen per Secunde würden in der ersten Secunde auf z. B. 420 Mm. erfolgen, in der 2. Secunde auf 410 Mm., in der 3. Sec. auf 400 Mm., ... in der 12. Secunde auf 300 Mm. Umgekehrt gestaltet sich dies beim Herabgehen des Wagens. Diese Unregelmässigkeit im Draht wird nun durch die variirend starke Anspannung des Fadens unter dem Reiter hindurch vergrössert und zwar beim Herabsteigen mehr als beim Aufsteigen, weil letzteres dem zufliessenden Faden entgegen keinen, das Absteigen aber einen wirklichen Zug ausübt, welcher auf Zerstreuung des Drahtes hinwirkt. Setzt man voraus, z. B. dass die Zahl der Fadendrehungen pro Längeneinheit für g h gerade so gross ist als für h s und bezeichnet

z die Zahl der Fadendrehungen pro Längeneinheit des gelieferten Fadens,

Z die Zahl der Windungen in einer Schicht auf der Spule von der Höhe x,

d den momentanen Spulendiameter; d π den Spulenumfang.

Wir nehmen zunächst eine bewegliche Spindel (Flügel, Ring etc.) mit Spule in gewöhnlicher Weise hergestellt an und finden die gelieferte Fadenlänge für die Zahl der Windungen, die eine Spule auf feststehender Spindel aufnehmen würde, nämlich

$$L = Z \, d \, \pi.$$

Beim Aufsteigen der Spindel oder der Ringbank wird die Länge x also noch mehr aufgewickelt, so dass die aufgewickelte Fadenlänge ist

$$L_1 = Z \, d \, \pi + x.$$

Die ganze Zahl der Fadendrehungen auf dieser Länge L_1 ist

$$N_1 = L_1 \cdot z = (Z \, d \, \pi + x) \, z,$$

folglich ist die Anzahl der Drehungen pro Längeneinheit des aufgewickelten Fadens

$$z_1 = \frac{N_1}{L_1} = \frac{(Z \, d \, \pi + x) \, z}{Z \, d \, \pi + x} = z.$$

Weiter ist beim Niedergang die Länge x weniger aufzuwickeln und die Fadenlänge beträgt:

$$L_2 = Z \, d \, \pi - x.$$

Die Zahl der Fadendrehungen auf L_2 ist

$$N_2 = L_2 \, z = (Z \, d \, \pi - x) \, z,$$

die Drehungen pro Längeneinheit also

$$z_2 = \frac{N_2}{L_2} = \frac{(Z \, d \, \pi - x) \, z}{Z \, d \, \pi - x} = z.$$

Es ergiebt sich hierfür die Ausgleichung $z_1 = z_2$ d. h. in dem betrachteten Fall würde der Draht beim Aufsteigen gleich dem beim Absteigen werden, aber die Windungszahl verschieden ausfallen.

Gesetzt nun g h habe einen m Mal so grossen Draht als h s und seien z und z_0 die Drehungen per Längeneinheit, so würde zunächst $z = m z_0$ sein und beim Aufsteigen des Ringtisches würde sein die aufgewundene Fadenlänge
$$L_3 = Z d \pi + x$$
und die Zahl der Drehungen dieses Fadens $N_3 = Z d \pi z_0 + x z$.

Da $z = z_0 m$, so ist $N_3 = Z d \pi z_0 + x m z_0 = (Z d \pi + x m) z_0$, somit die Drehungszahl pro Längeneinheit
$$z_0 = \frac{N_3}{L_3} = \frac{(Z d \pi + x m) z_0}{Z d \pi + x}$$
Beim Niedergang stellt sich heraus:
$L_4 = Z d \pi - x$
$N_4 = Z d \pi z_0 - x z$
$N_4 = Z d \pi z_0 - x m z_0 = (Z d \pi - h m) z_0$
$z_4 = \frac{N_4}{L_4} = \frac{(Z d \pi - x m) z_0}{Z d \pi - x}$ Drehungen pro Längeneinheit.

Das Verhältniss der Drehungen beim Aufsteigen und Absteigen der Spindelbank resp. Ringbank ist nun
$$\varphi = \frac{z_3}{z_4} = \frac{Z d \pi + x m}{Z d \pi + x} : \frac{Z d \pi - x m}{Z d \pi - x} \quad \text{oder}$$
$$\varphi = \frac{Z d \pi + x m}{Z d \pi - x m} \cdot \frac{Z d \pi - x}{Z d \pi + x}.$$

Der hier besprochene Umstand ist nicht viel berücksichtigt worden bisher, allein es scheint, dass man neuerdings demselben Aufmerksamkeit zuwendet und einsieht, dass besonders bei losem Gespinnst der Einfluss dieser wechselnden Längen nicht ohne Bedeutung ist. Wir heben in dieser neuesten Richtung die Verbesserungen an Watermaschinen mit Ringbank hervor, welche dem Amerikaner Thomas Mayor[*] in Providence (R. J.) patentirt sind. Wir fügen hier diese Einrichtungen an in Vorderansicht. (Fig. 449). In den Figuren ist der ideale Glocken- oder Kegelkörper dargestellt, den der Faden in den verschiedenen Zeitperioden der Rotation mit dem Reiter um die Grundbasis den Ring bildet. Die Ringbank W steht fest am Gestell bei V angeschraubt. Die Spindeln, mit Flanschen am unteren Theile, stehen auf der Spindelbank o und durchragen die Würtelbank k, welche auf dem geflanschten Unterkörper der Spindel aufgesteckt und sich schiebende Würtelkörper enthält, sie aber in ihrer vertikalen Stellung festhält. Somit bewegt sich nur die Spindelbank o (vermittels Kurbel und Gelenkhebel) mit der aufgestreckten Spulenhülse. Die Figur zeigt die höchste, mittlere und tiefste Stellung der Spindeln.

---

[*] Thomas Mayor, Specific. No. 3854. 1874. 7. Novbr. —

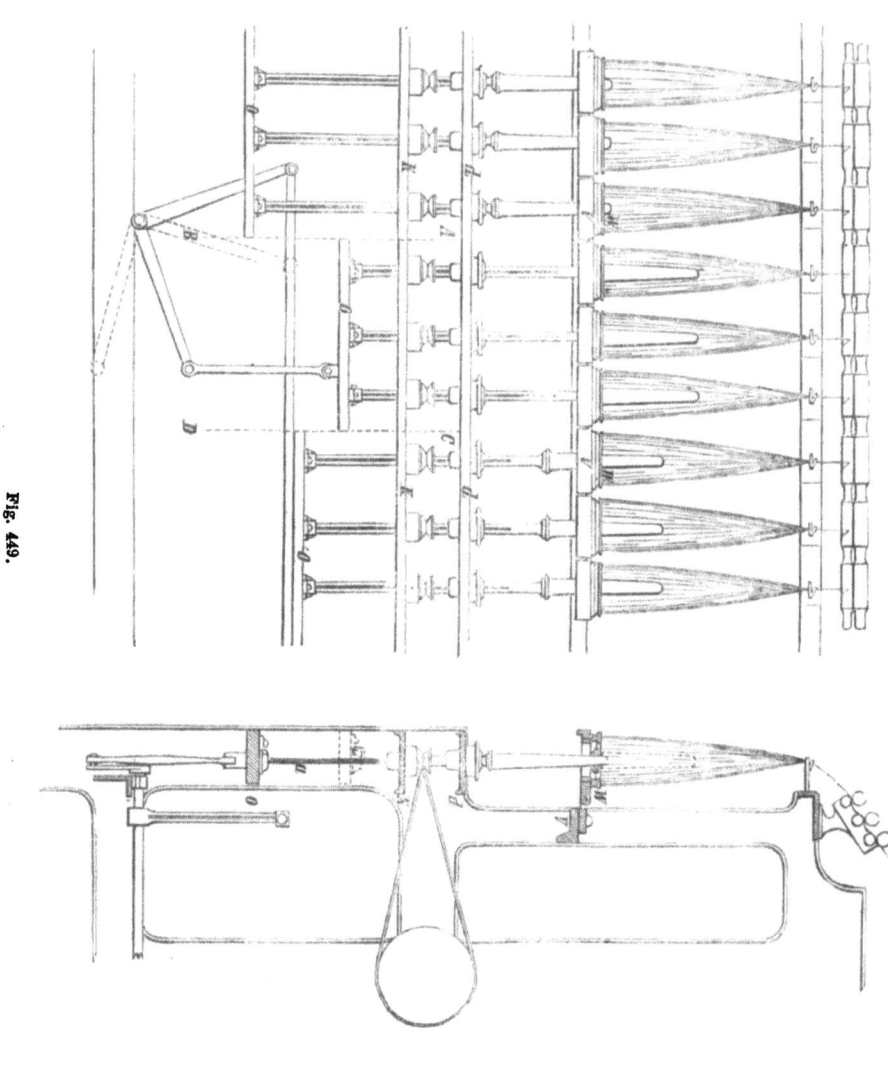
Fig. 449.

Die Streichgarnjenny.

Eine Erfindung seltener Art ist die der Wollenspinnmaschine des James Hargreaves, die er mit dem Namen Jenny (nach seiner Tochter) belegte. Wir nennen diese Erfindung eine seltene, weil dieselbe für Streichwolle sich verhältnissmässig unverändert erhalten hat, so weit wir die Grundprincipien in Betracht ziehen. Dagegen hat sie eine zahlreiche Detailverbesserung erfahren, welche äusserlich die jetzige Cylinderfeinspinnmaschine, sowohl die Handjenny als auch die Selfactorjenny wesentlich verändert erscheinen lässt. Es ist hier nicht der Ort über die Erfindungsgeschichte der Jenny ausführlich zu berichten.*) Wir führen daher einfach an, dass Hargreaves seit 1764 sich mit dieser Erfindung beschäftigte, dieselbe seit 1766 zu eigenem Nutzen mit überraschendem Erfolg anwendete, dadurch seine Handwerksgenossen zur neidischen Unzufriedenheit reizte, die in Thätlichkeiten ausartete, sodass Hargreaves 1778 nach Nottingham flüchtete. Hier fand er in Thomas James einen Compagnon und baute sowohl eine Spinnerei als auch für Andere Exemplare seiner Maschine, auf welche er 1770 ein Patent nahm.

Seine Maschine enthielt ein Spinnsystem, welches total verschieden**) war und ist von dem des Lewis Paul, und Hargreaves ist als ein Erfinder ersten Ranges zu bezeichnen. Die Prinzipien des Lewis Paul und die des James Hargreaves einigte oder verband später Crompton zu seiner Mulejenny, welche in der Selfacting-Mule jetzt hauptsächlich durch Robert's Bemühungen einen so hohen Grad der Entwicklung gewonnen hat.

Hargreaves Spinnjenny war folgendermassen eingerichtet. (Fig. 450).

An einem Ende eines kräftigen Gestells sind in einer Reihe 16 Spindeln s aufgestellt, und zwar in der Mitte und am Fusse in Lagern laufend und zwischen den Lagerstellen mit Würtel m versehen. Um diese Würtel sind Schnuren geschlungen, die andererseits von der in der Maschine gelagerten Treibtrommel k bewegt werden. Etwa in der Mitte der Maschine am Boden sind die 16 Spulen i mit Vorgespinnst aufgestellt, — oder die Rollen mit Locken. An dem der Spindelreihe entgegengesetzten Ende der Maschine ist auf seitlichen Rollen c d, die in einer Nuthenbahn über den Seitenbalken laufen, die sogen. Presse oder der Kneipapparat a aufgestellt. Derselbe besteht aus 2 horizontalen Stangen a und b, die mit Nuthen und Leisten versehen sind, auf den zusammenstossenden Flächen. Während die obere dieser Stangenbalken a fest auf dem Rollengestell ruht, lässt sich der untere Balken b etwas herabbewegen, geführt

---

*) Siehe Grothe, Bilder und Studien zur Geschichte vom Spinnen, Weben und Nähen. II. Aufl. 1875. pag. 135.

**) Mr. Briavoinne ist in seiner Schrift „Sur les inventions et perfectionements dans l'industrie" pag 69, durchaus im Irrthum, wenn er sagt: Les premiers metiers d'Arkwright etc. parurent en 1769 et firent très promptement oublier ceux de Hargrave.

durch Parallelführung und Hebewerk mit Klinke. Man nimmt die Fäden des Vorgespinnstes und führt sie von vorn her durch den geöffneten Kneipapparat bis zu den Spindelköpfen und befestigt daran die Enden der Fäden. Nun schliesst man den Kneipapparat, so dass die Fäden darin festgeklemmt werden und dann beginnt der Spinner durch Drehung des grossen Schwungrades g mittels Kurbel h die Spindeltrommel k und Spindeln s in Bewegung zu versetzen. Man bemerkt über der Spindelreihe einen Arm p mit einem Draht o. Die Höhe des Kneipapparats ist so, dass die Fäden an demselben höher stehen, als der Kopf der Spindeln emporragt, in Folge dessen diese kein Garn auf sich aufwinden können, sondern nur ihre Drehung dem Faden mittheilen. Ist aber die Drehung genügend ausgeübt und das Garn fertig, so senkt der Spinner den hochstehenden Draht o vor den Spindeln. Derselbe zieht die Fäden herab, so dass sie nun bei Drehung der Spindeln sich auf die Spindel aufwickeln können. Dies geschieht auch, wenn der Spinner den Wagen mit dem Kneipapparat nach den Spindeln zu fährt und dabei die Spindeltrommel entgegengesetzt umdreht. Wenn nun der Spinner den geöffneten Kneipapparat nur den halben Weg z. B. zurückführt und dann schliesst, so ist damit von dem Vorgespinnst nur eine Fadenstrecke gleich dem **halben Wagenweg** zwischen Kneipapparat und Spindeln in der Maschine. Beginnt nun der Spinner unter Umdrehung der Spindeln, also unter beständiger Drehung der Fäden, den Wagen bis an den Anfang des Wagenweges langsam zurückzuziehen, so dehnt er den Faden unter Drahtgebung auf die doppelte Länge aus. Auf diese Weise ist mit dieser Maschine die **Streckung** der Vorgespinnste zu ermöglichen, natürlich je nach Einstellung des Wagens um 100, 80, 50, 40 ..... n%. Ist die Streckung vollendet, so giebt der Spinner auch wohl unter geringem Rückgang des Wagens den fertigspinnenden **Nachdraht**.

Die Arbeitsperioden dieser Maschine sind also folgende:

I. Der Wagen mit dem Kneipapparat steht an den Spindeln und ist geöffnet. Derselbe bewegt sich heraus (d. h. von den Spindeln fort) und lässt eine bestimmte Länge Vorgespinnst in die Maschine (d. h. zwischen Kneipapparat und Spindeln) ein.

II. Der Kneipapparat schliesst sich. Der Wagen geht weiter aus unter Drehung der Spindeln bis an das Ende des Wagenweges.

III. Der Wagen steht still. Die Spindeln werden noch fort bewegt und stehen dann still. Der Spinner senkt den Aufwinderdraht.

IV. Der Wagen wird eingefahren unter (entgegengesetzter) Drehung der Spindeln zum Aufwinden des fertiggesponnenen Fadens. Ist der Wagen ganz eingefahren, so wird er angehalten; der Aufwindedraht schnellt in die Höhe.

Der Wagen wird gerade und gleichmässig geführt durch eine Schnur zwischen t und p, die über die Rolle r auf dem Wagen läuft.

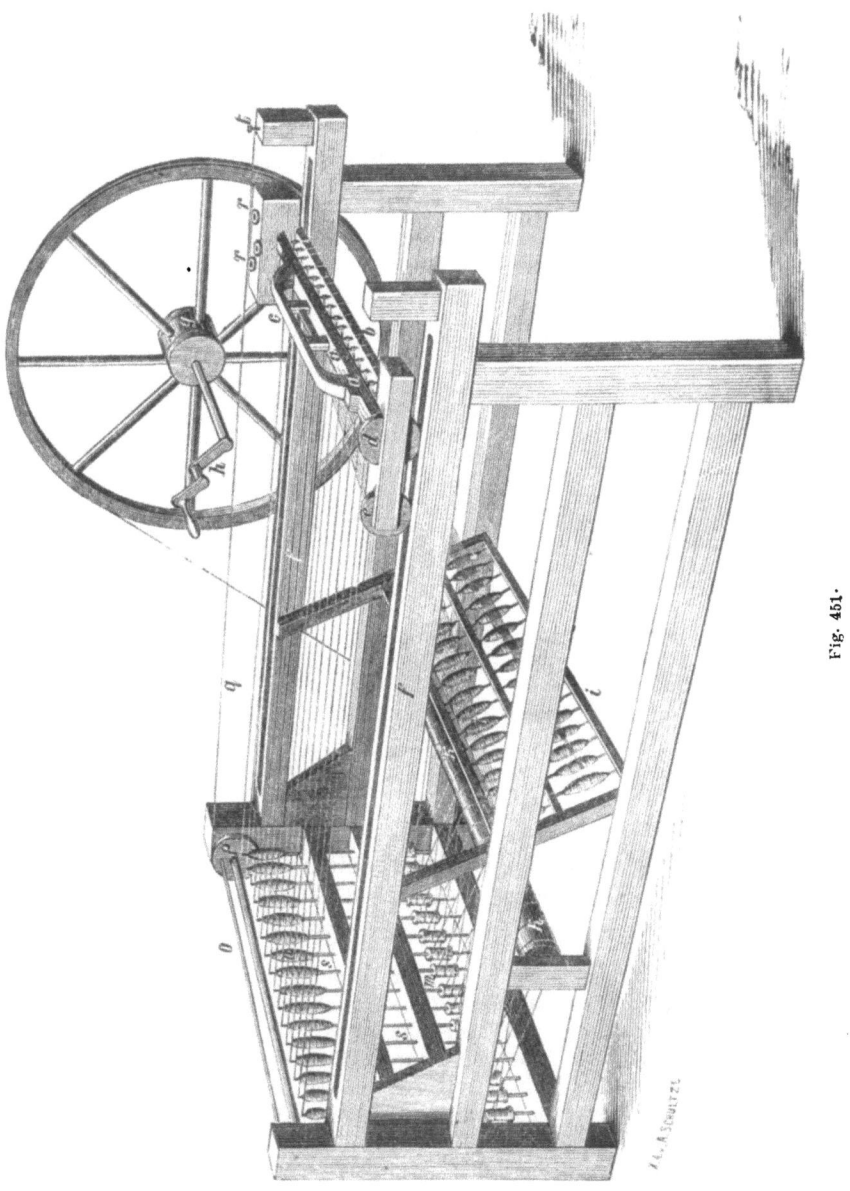

Fig. 451.

Eine Vergleichung mit den Perioden unserer Selfacting-Jenny ergiebt, dass dieselben Vorgänge noch für dieselbe gelten, mit dem Unterschiede, dass die Selfacting-Jenny die spätere von Wood hervorgerufene Umänderung der Jenny beibehielt, welche die Spindeln auf den Wagen setzte nebst dem Aufwindezeug und den Kneipapparat feststellte, ferner den Kneipapparat durch ein Cylinderpaar ersetzte. Diese Umänderung geschah, wie

Ure versichert, „durch eine Person*) (Wood) in Stockport, dem die Jennyspinner dafür eine Prämie gaben"! und zwar zur Zeit, bevor Crompton seine Combination der Mulejenny machte, so dass er den Spindelwagen bereits vorfand. Die zur Billy umgeänderte Jenny hatte die in folgender Figur dargestellte Gestalt. In dem kräftigen Gestell A sind die Rollen

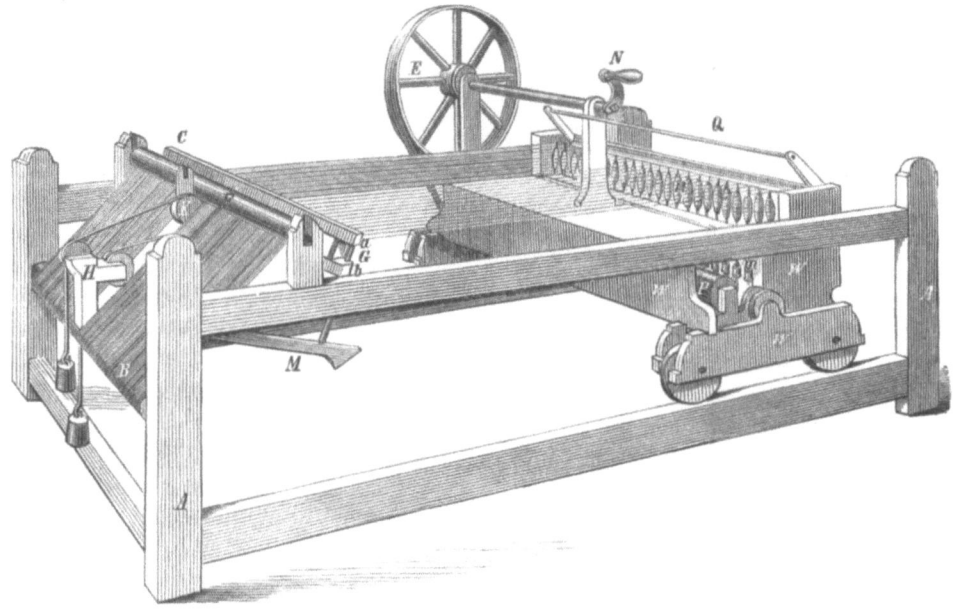

Fig. 452.

mit Vorgarn B aufgestellt. C ist der feststehende Kneipapparat mit den Balken a und b und zwar ist a durch die Stange G beweglich. Die Walze F drückt die Fäden gleichmässig gegen die untere Stange b an.

---

*) Diese ganze Erfindungsgeschichte der Spinnmaschinen ist höchst sonderbar. Louis Paul erfindet die Watermaschine 1738, — Arkwright erfindet oder imitirt sie nochmals 1769; — Hargreaves erfindet die Jenny, Wood formt dieselbe zur Billy um; — Crompton findet die Jenny und zwar die Billy vor und combinirt sie mit dem Waterstreckwerk, welches Arkwright patentirt war (eigentlich bereits Lewis Paul), versichert aber, nichts gewusst zu haben von A's Streckwalzen (übrigens glaubhaft schon durch die Unvollkommenheit der ersten Crompton'schen Walzen.) Crompton's Maschine, also Combination von Jenny-Billy mit dem Waterstreckwerk, erhält den Namen Musselinrad, später Mule-Jenny, später einfach Mule. Strutt und Roberts machen die Mule automatisch selbstspinnend und legen ihr den Namen Selfacting-Mule bei. Hierauf entsteht der Name Selfactor. Die Jenny und die Billy bleiben lange Zeit unverändert, jedoch vergrössert bezüglich der Spindelzahl und vervollkommnet im Mechanismus für die Wollenindustrie im Gebrauch, in Deutschland und England vorherrschend mit Kneipapparat, in Frankreich und Belgien mit Zuführwalzen an dessen Stelle. Man überträgt dann seit etwa 1830—1840 die Baumwollmuleconstruction auf die Jenny, aber mit Weglassung der Waterstreckwalzen — und nun bürgert sich fälschlich für die Jenny der Name Mule und Selfactingmule ein! — In England gebraucht man daneben die Bezeichnung Selfacting Billy weiter, in Deutschland treten diverse Bezeichnungen auf, wie Cylinderfeinspinnmaschine, Streichgarnmule, Streichgarnselfactor.

Die Spindeln stehen in einer Reihe auf dem Wagen W, gehalten durch Näpfchen oder Fusslager und etwa in der Mitte ihrer Länge durch Halslager. Zwischen beiden Lagern sitzen die Würtel m auf den Spindeln, während an dem freien oberen Ende n sich die fertigen Garne aufwickeln. Die Spindeln werden durch Schnüre, von P aus um die Würtel herumgenommen, bewegt. Die Trommel P wird mittels Riemens von dem Kurbelrad E mit Kurbel N bewegt. Wenn der Wagen einfährt, was zum Aufwinden des Garnes geschieht, so wird der Rahmen mit dem Aufwindedraht a gesenkt und so die Fäden vor die Spindeln hin bewegt, dass sie sich aufwickeln können. Gelangt der Wagen in die Nähe des Kneipapparates, so greift ein Knaggen am Wagen unter M und drückt M hinauf, wodurch G den horizontalen Balken a emporhebt und also den Kneipapparat öffnet. Dabei verstellt sich die Rolle K mit den Gegengewichten an H. Geht der Wagen wieder heraus nach Hebung von Q, so kann das Vorgespinnst dem Zuge durch die Oeffnung zwischen a und b hindurch folgen. Gleitet aber M von dem Wagenknaggen ab, so stellen sich die Gewichte an H ins Gleichgewicht und schliessen den Kneipapparat wieder. Wenn nun der Wagen noch weiter ausgeht, muss dies unter Spindeldrehung und Auszug der Faden geschehen. Die Prinzipien der Billy sind also dieselben, wie die der Jenny unter Vertauschung der Bewegungen resp. bewegten Theile. Wie man aber früher bereits über die grössere Zweckmässigkeit der einen oder anderen Construction gänzlich im Zweifel war, so noch später, als schon der Bau der Cylinderfeinspinnmaschine oder Jenny nach den äusseren Formen der Mule und Selfactingmule die ältere Jenny- und Billy-Construction verdrängte.

Als Thatsache aber muss hervorgehoben werden, dass die der ursprünglichen Maschine des Hargreaves gegenüber wenig veränderte Jenny und Billy bis gegen 1830 ausschliesslich der Streichgarnspinnerei diente; dann erst begann die Form sich der Baumwollenmule entsprechend zu modificiren, und man kann wohl behaupten, dass das alte, gute Tuchmachergewerbe in den 40er und 50er Jahren mit der alten Form der Jenny und Billy untergegangen ist. Die neueren vervollkommneten Handjenny's und Selfacting-Jenny's erfordern entsprechend ihrer grossen Spindelzahl grössere Anlagen. Das kleiner vertheilte Gewerbe formte sich um in ein grösseres Fabrikwesen, sobald die Jenny so wuchs, dass mindestens zum Theil zu ihrer Bewegung Maschinenkraft als Motor nöthig ward.

Beachtet man die Serie aller Constructionen, die von Hargreaves Jenny und Wood's Billy entstammen, soweit sie ganz und allmälig nur partiell von der Hand des Spinners geführt wurden, so erblickt man ein sehr schnelles Schaffen von Constructionen, welche die Jenny und Billy soweit der bewegenden Hand des Spinners entfremdeten, dass nur noch der Schluss in der Operationsreihe dieser überlassen blieb. England ist das Land des Spinnmaschinenbaues und zwar verschloss der rigoroseste Schutzzoll allen übrigen Staaten der Welt die Einsicht und die Benutzung desselben. Die Serie englischer Patente bezeichnet daher Jahrzehnte hindurch allein die Geschichte der Spinnmaschine. Bemerkenswerth ist dabei, dass kurz nach Erfindung und Umgestaltung der Jenny durch Hargreaves und Wood auch gleich der weiteste Schritt zur vollständigsten Selbstbewegung aller Theile versucht ward und dass dieses Bestreben ein so intensives war, dass der Handjennybau weniger berücksichtigt und unausgebildeter blieb, als er es verdiente und weit weniger hervorragende Neuerungen aufzuweisen hat, als der Selfactorbau. Die Bestrebungen für die Selfactors begannen mit William Kelly in Lanark um das Jahr 1790, bis zu welchem Jahre den Constructionen Hargreave's und Wood's nur sehr wenige gefolgt waren, und setzte sich lebhaft bis in die Neuzeit fort, so dass der Selfactorbau allein an englischen Patent-Specificationen ca. 600 aufzuweisen hat, dagegen die Hand-Jenny kaum 100 Patente!! Allerdings lauten die Specificationen vieler Selfactorpatente so, dass die patentirten Verbesserungen und Neuerungen anwendbar sind in Selfactors und Mules. Das wirkliche Verhältniss ist aber offenbar das, dass die Jenny- und Billy-Constructionen bereits alle Theile so enthielten wie heute und dass sich die Verbesserung darauf bezog, diese Theile constructiver, zweckmässiger umzuformen und zu combiniren und mit Betriebstheilen zu versehen. Die Jennymaschinenbauer nahmen vielfach keine Patente auf diese Maschine, weil die Grundideen und wesentliche Theile nicht mehr patentfähig waren. So liegt denn in der That die spätere Geschichte der Handjenny nicht im Patentregister Englands, sondern ganz besonders ausserhalb dieses Registers und recht wesentlich auch seit 1830 etwa ausserhalb Englands.

In England spielten für die Jenny- und Handmuleconstructionen (zumal nach Crompton's Vorgang) Goulding, Ford, Wilson, Elce, Ashworth, Johnson & Haliwell, Price, Fletscher, Knowles, Wain, Fielden, Lees, Schofield, Dobson, Benson & Greenwood, Thatam, Mason als Constructeure eine Rolle, — in Deutschland zeichneten sich besonders Götze & Co., (Theodor Wiede), R. Hartmann, Jahn & Co. (Dessau), u. A. durch selbstständige Verbesserungen aus, — in Oesterreich war K. W. Brevillier dafür thätig, sowie Th. Bracegirdle, — in Frankreich bemühten sich Douglass, Berlet & Noel, Köchlin, Belanger, Weber, Peugeot, Thiers, Perrin & Arnould, Martin, Biemont; in Belgien, Cocqueril u. A. dafür. Thatsächlich ist nicht abzuleugnen, dass die Jenny unter den Händen der Maschinenfabrikanten bald diejenige vervollkommnete Mechanik erhielt, welche später der Vollendung des Selfactors überaus weit entgegenkam.

Wir geben nun eine Reihe der charakteristischen Hand-, Halbhand-, Dreiviertelhand-Jenny-Constructionen in Folgendem bildlich und beschrieben wieder, welche zugleich die Geschichte der Jennymechanik repräsentiren.

Um die Entwicklung der vollkommneren Constructionen der Jenny näher zu verdeutlichen, geben wir zuerst eine Abbildung der Jenny-Vorspinn-Maschine von Price in Stroud. Diese Maschine rührt von 1832 her und diente zum Vorspinnen der losen Locken. Bis zu jener Zeit waren die Krempel entweder nicht oder nur mangelhaft mit einer Vorspinnvorrichtung versehen. Vorspinnvorrichtungen an der Krempel waren allerdings bereits 1783 u. 1796 von Oldham, Partridge und R. Varley angebracht, allein ohne bleibenden Erfolg. Auch White's Vorrichtung von 1820 konnte sich nicht einführen, ebensowenig die interessante Construction von Martin & Co. von 1822, die von Chauvelot 1824. Erst Goulding's Construction gewann Boden, obwohl auch sehr langsam. Seine Vorrichtung ward von Mercier (1835), und von Walton (1837), verbessert. Endlich brachte Götze in Chemnitz 1839 die heute noch gebräuchliche Continuevorrichtung am Feinkrempel an und von da ab verbreitete sich dieselbe, und die Vorspinnerei mittels besonderer Jenny trat in den Hintergrund.

Unsere Abbildung (Tafel XII-XIV) repräsentirt also eine Vorspinnmaschine, welche übrigens auch alle Theile enthält, welche der Feinspinnmaschine eigen sind. Sie besteht aus folgenden Haupttheilen, nämlich dem geneigten Legetisch, auf den auch die Locken aufgelegt, mit ihren Enden zusammengefügt werden, dem Kneip- oder Klemmapparat, welcher die Vorspinnfäden resp. Locken zwischen seine Backen einklemmt und festhält, dem Wagen, (auf welchem die Spindeln aufgestellt sind), welcher unter beständiger Drehung der Spindeln sich von dem Kneipapparat entfernt und so das Ausziehen der Lockenfäden besorgt.

Alle diese Operationen können auch bei dieser Maschine noch mit Hand vollführt werden. Aber schon Wedding sagt: „In kleinen Fabrikanlagen erfolgt die Bewegung des Legetisches mit Zubehör, und des Wagens zum Ausziehen und Drehen der Locke, sowie zum Zurückführen des Wagens, um ein neues Stück Locke zu verarbeiten, und bei diesem Zurückführen den vorher gewonnenen Faden aufzuwickeln, durch die Hand des Arbeiters. Da indess, insbesondere beim Ausziehen und Drehen des erhaltenen Stückes Locke, welches mit Zunahme der Länge entweder schneller geschehen muss, wenn beides in der ganzen ausgezogenen Menge gleichmässig stattfinden soll, — oder, bei gleichförmiger Drehung mit abnehmender Geschwindigkeit ausgezogen werden muss, eine grosse Uebung und Vorsicht gehört, und der Fabrikbesitzer dabei leider von dem guten Willen des Spinners abhängig ist, so wird das Ausziehen und Drehen des ausgezogenen Theils der Locke in grösseren und besseren Fabrikanlagen durch Elementarkraft bewerkstelligt und nur das Zurückführen des Wagens und Aufwickeln des Vorgespinnstes dem Arbeiter überlassen."

Wedding hat in diesen 1837 geschriebenen Worten[*] die Scheide

---

[*] Verhandlungen des Vereins für Gewerbefleiss 1837.

zwischen der Handwerksarbeit und der Fabrikarbeit, — ohne es gerade zu beabsichtigen, — vorzüglich characterisirt. Ein Vergleich mit der in Fig. 452 abgebildeten frühesten Construction der Billy lehrt, dass die Maschine von Price mit der Billy in den prinzipiellen Haupttheilen **identisch** ist. Gleichzeitig aber zeigt der Vergleich die Fortschritte der äusseren Gestaltung, die verbesserte Form der Bewegungsmechanismen und Transmission, die zweckmässigere und exactere Anordnung der Steuerungsmechanismen.

1. Die Zuführung und die Presse.

Wie die Oberansicht der Maschine zeigt, besteht die Zuführung in einem endlosen Tuche a, welches über die Walzen c und b sich bewegt, vor dem Einsinken geschützt durch den festen Tisch d. Um den Locken eine feste Führung zu geben rotirt auf b die Oberwalze e, getrieben durch die conischen Räder T uud S, letzteres auf der schräg gelagerten Welle R, die von der Hauptwelle ihre Bewegung erhält. Diese Hauptwelle H enthält das Zahnrad N. Dieses greift in O ein auf der kleinen Zwischenaxe q', die auch das conische Rad P trägt, gegen welches das conische Rad Q auf R durch Hebel gedrückt wird und mit demselben zusammengreift. Q ist also ausrückbar und wird in der That nur für die Periode bewegt, während welcher neues Vorgespinnst in die Maschine eingeführt werden soll. Während dieses Einziehens ist dann auch die Presse oder der Kneipapparat geöffnet. Derselbe, bestehend aus den Balken f und g, liegt in kurzer Distance hinter den Walzen b e. Wie aus der Abbildung hervorgeht, sind beide Balken untereinander verbunden durch die Eisenstange i, drehbar sowohl um Zapfen an g als um Zapfen an f, in Art eines Parallellineals. Der untere und der obere Balken tragen die Schienenansätze h und h', mit denen sie ineinandergreifen bei Senkung von g und die Fäden festklemmen. Das Oeffnen der Presse wird durch die am Wagen befindliche Rolle b'' besorgt. Fährt nämlich der Wagen ein, so drückt er unter den gebogenen Hebelarm von Y (drehbar um c''). Der dadurch herabgedrückte andere Hebelarm von Y legt sich auf den Vorsprung Z an der Welle X und dreht diese um einen bestimmten Sector. An dieser Drehung nimmt aber der auf X befindliche Daumen W Theil, welcher unter das mit Schleifbahn versehene Ende von g greift und g empor hebt, somit die Presse öffnet. Dieser Zustand dauert so lange, bis der Druck von Y auf Z aufgehoben wird, und das Gewicht von g den Daumen W zurückschiebt. — Gleichzeitig mit der Schliessung der Presse muss auch die Bewegung von b e aufhören. Dies wird so bewerkstelligt. Der um den Zapfen v' schwingende pendelartige Hebel w' mit Gewicht V schleift mit dem Zapfen y' auf dem Hebelarm U. Der andere Arm an U wird durch einen an dem Wagen befindlichen Bolzen a'' emporgehoben und nun kann der Hebel w' frei schwingen und findet, nachdem der Wagen näher herangekommen, hinter dem Ausschnitt an U eine

Stütze für y'. In dieser Stellung verharren w' und U, bis bei Ausfahren des Wagens a' wieder unter das niedergebogene Ende von U stösst und y' auslöst, so dass w' durch das Gegengewicht nach innen schwingt und dann in der gezeichneten Stellung verbleibt, gehalten durch das überhängende Stück von U. Mit w' ist aber die Stange u' verbunden, die an ihrem anderen Ende gelenkartig mit dem Winkelhebel s's' zusammenhängt. Das Ende von s' aber trägt die Hülse r', welche die Welle R mit dem conischen Rade Q umfasst. Bei der punctirten Lage von w' aber rückt die Stange u's'r' so herüber, dass Q und P zum Eingriff kommen, wodurch b e umgedreht werden.

2. Der Wagen und die Spindeln.

Die Gestalt des Wagens geht aus Tafel XV 1 u. 2 hervor, während die Oberansicht desselben Tafel XIV verdeutlicht. Der Wagen ist auf die Laufräder ll gebracht und enthält die Spindeln k, stehend in kleinen Lagernäpfchen und in der Mitte gehalten durch ein Halslager, versehen mit dem Würtel n, der von der Trommel o seine Bewegung erhält. An der Wandung ist der Arm mit Draht p'' als Gegenwinder angebracht in ganz fester Stellung, während der Arm mit Draht p, dem Aufwinderdraht, aus einem zweiarmigen Hebel drehbar um q besteht, dessen eines Armende den Draht p trägt, dessen anderes Armende das Gegengewicht t enthält. q ist eingelagert im Arm r. Auf q ist ein Handgriff s angebracht, in welchem der Spinner eingreift, um den Aufwindedraht zu senken, wie die punctirte Einzeichnung angiebt.

Der Wagen enthält ferner unter dem Boden die Rolle m'', über welche die Leitstricke gehen, welche dazu dienen, die Bewegung des breiten Wagens auf allen Punkten gleichmässig zu vollbringen. (Figur 5 Tafel XV.)

An den mit Ansatz nach oben versehenen Wagenwangen sind die Tauenden e'' e'' befestigt an schwingenden auf g'' aufgeschobenen Lappen l'' und f''. Das Tau umschlingt die Gänge der Schnecke B' und läuft ferner um die Leitrollen E' und D'. Letztere Rolle ist am Winkelhebel k befestigt, welche am andern Arme das Gewicht J' trägt, das dazu dient, die Schnur stets gespannt zu halten. Die Schnecke B' erhält ihre Umdrehung durch das Zahnrad A' für die Ausfahrt des Wagens, während der Eingriff von A' mit N bei der Einfahrt aufgehoben wird. Dies geschieht durch folgenden Mechanismus. Die Axe d'' von B'A' ist in eine Gabel am oberen Theil des Hebels C' der um c'' schwingt, eingelagert. Das andere Ende von C' wird von beiden Seiten durch Hebel l'' und m'' berührt. Beim Ende der Einfahrt stösst ein Vorsprung am Wagen gegen den Knopf p auf der Zugstange o. Dadurch wird die hängende Falle m' zurückgezogen, der Sperrdaum n l' wird gelöst. Letzterer ist befestigt auf e' und bewirkt, wie später beschrieben wird, die Ueberführung des Riemens auf die Losscheibe. Auf e' befindet sich auch der Daumen k'', der bei Beginn der Ausfahrt den Hebel l″ niederhält und den um c″ drehbaren Hebel C′ herübergedrückt hatte, so dass N und A′ im Eingriff waren. Wenn nun die Welle e′ durch das Gewicht k′ in entgegengesetzter Richtung gedreht wird, hört die Wirkung von k″ auf C′ auf und nun wirkt das Mehrgewicht des Hebels m″ dahin, dass C′ am unteren Ende zurückgedrängt wird und so A′ und N ausser Eingriff kommt. Die Spindeltrommel o wird bewegt durch die Schnur h″, welche über die Stufenscheibe F′ geht, die Würtelscheibe G′ auf der Axe von o umschlingt und über die Rolle H′ nach F′ zurückkehrt. Die Stufenscheibe F′ wird durch das grosse Würtelrad L in Umdrehung durch Schnur i″ versetzt.

3. Die Bewegungsmechanismen.

Die Hauptwelle H enthält eine feste und eine lose Riemenscheibe J und K. Sie ruht in dem Gestellbogen G fest ein und enthält an ihrem in die Maschine hineinragenden Ende die Kurbel M. Auf der Hauptwelle sitzt der grosse Würtelkranz L mit der Stufenscheibe F′ dur Schnur verbunden. Ferner ist das Zahnrad N auf die Welle H aufgeschoben, welches über O P in der geeigneten Periode die Bewegung auf Q überträgt. In einer anderen Periode greift N in A′ ein und dreht die Zugschnecke B′ um. In der letzten Periode wird der Riemen auf die Losscheibe geschoben und die Welle H erhält nunmehr ihre Bewegung nicht von dem Motor, sondern von Hand des Spinners an der Kurbel M. In allen Perioden also erhalten die Spindeln Drehung durch L F′ G′ o n. Man unterscheidet also zunächst zwei Haupttheile der Bewegung, (siehe die Figuren auf den Tafeln XII, XIII, XIV),

    a) durch den Kraftmotor,   b) durch den Spinner,

sodann für die verschiedenen Perioden:

a) Motorische Kraft auf K

$\quad\quad\quad\quad\downarrow$ Riemen

Welle H) — K — N — J — L — M

Welle g′) — O — P′   F′ ∞ G′

Welle R) — Q — S   n n n ... Spindeln

Welle e) — T — c b = Lieferungswalzen

b) Motorische Kraft auf K

$\quad\quad\quad\quad\downarrow$ Riemen

Welle H) — K — N — J — L — M

Welle d″) — A′ — B′   F′ ∞ G′

    E′ mit Wagen   n n ... Spindeln

∞ bedeutet Transmission durch Kreuzriemen, $\circ$ Transmission durch gewöhnliche Riemen, Δ Transmission durch conische Räder und der einfache Bruchstrich bedeutet Transmission durch einfache Zahnräder.

c) Kurbel M durch Hand gedreht

$$\text{Welle H)} - K - N - J - \overset{\text{Riemen}}{L} - M$$

Eingang des Wagens direct $F' \circ G'$
durch die Hand.
                              n n ... Spindeln.

4. Die Steuerung.

Wir haben bereits die Steuerungen mitberücksichtigt und wollen hier nochmals dieselben übersichtlich betrachten.

a) Der einfahrende Wagen stösst mit b″ Y auf, drückt Z herab, dreht X, hebt durch g den Backen g — die Presse ist geöffnet;

b) Zapfen a″ hebt U, löst y′ aus, w′ schwingt und stellt sich fest am Ausschnitt von U, u′ zieht s′ an, schiebt r′ mit Q zum Eingriff in P, Welle R rotirt, S greift in T, Walze e dreht sich;

c) Wagen stösst an p′ an, Zugstange o′ wird angezogen und rückt m′ vom Daumen l′ herab, der auf e′ sitzt. e′ enthält die Riemengabel d′ und am anderen Ende den Arm f, der in der Handzugstange (zum Abstellen der Maschine) g′ steckt. Ferner steckt auf e der Arm i mit Gewicht k′. Ist l′ gelöst von m′, so sucht k′ durch i′ die Welle e′ zu drehen und wirft den Riemen von K nach J. Ferner sitzt auf e noch Hebel k″ der auf l″ aufliegt, dessen anderer Arm gegen C′ presst, wenn m′ l′ eingeklinkt sind. Ist aber l′ frei und kann e′ sich drehen, so hebt sich dabei k″ von l″ ab und nun wirkt das schwere Ende von m″, so dass dessen anderes Ende gegen C′ andrückt und den Eingriff von A′ und N aufhebt.

Bei Beginn des Heraussspinnens rückt der Spinner mittels der Stange o oder g′ die Klinke m′ auf l′ und somit den Riemen auf die Riemenscheibe k zurück. —

Die Wirkung der Schnecke B′ hierbei ist die, dass, wenn bei Beginn der Ausfahrt die Schnur e″ den niedrigsten Schneckengang (nahe A′) umfasst und nun alle Gänge successive durchläuft bis auf den höchsten Gang und von da auf der anderen Hälfte der Gänge herabgeht bis zum kleinsten Durchmesser, — hierdurch auch auf die Wagenbewegung die Wirkung erfolgt, dass die Geschwindigkeit derselben anfangs sehr klein ist, bis zu einem gewissen Maximum wächst und von da wieder abnimmt.

Wir betrachten hieran anschliessend noch eine andere Construction der **Spinnjenny von Price**, die für Feinspinnerei speciell bestimmt ist. Wir geben hiervon die Abb. Tafeln XVI, XVII, XVIII und machen auf die höchst vollständige Berücksichtigung aller für die **Streichgarnspinnerei wichtigen Punkte** besonders aufmerksam, wie sie später im Selfactor zu finden sind.

Bei dieser Feinspinnmaschine tritt an die Stelle des Kneipapparates oder der Presse das Cylinderpaar B. Der Obercylinder besteht aus einzelnen Stücken und zwar für je 2 Fäden, die sich leicht aus den Lagern f abheben lassen. Der Untercylinder besteht aus einem durchgehenden gleichmässig cylindrischen Körper e, auf dessen Axe das conische Rad S sitzt und durch ein ausrückbares Vorgelege von der Hauptwelle her bewegt werden kann, und zwar durch die Folge (siehe die Figur.)

Welle a') —— M
„   q') — O — P
               Δ
„   l') — Q — R
               Δ
„   B) — S + Lieferung.

Auf b sitzt aber noch ein anderes Zahnrad G', mit Hülse lose drehbar, welches in eine Zahnstange J' eingreift, die sich auf Rollen bewegt. Ferner ist fest auf der Welle B ein Klinkrad H' befindlich, in dessen Zähne ein kleiner Sperrkegel eingreift, der an der Wandung des Rades G' festgeschraubt ist. Diese Einrichtung hat folgenden Zweck. **Die Drehung des Fadens findet nahe den Lieferungscylindern kräftig statt.** Es würde nicht gut sein, diese mehr gedrehte Stelle des Garnes mitaufzuwinden auf die Spindeln, sondern man soll sie aussparen, damit bei der folgenden Spinnstrecke der auf dieser Stelle angehäufte Draht sich weiter vertheilen kann. Desshalb bewirkt diese beschriebene Einrichtung die Zurückziehung dieser Stelle durch die Lieferungscylinder B und zwar wie folgt: Die Zahnstange ist auf den Rollen K' beweglich und mit dem Hebel L' verbunden. Dieser Hebel L' ragt über das Gerüst E in die Maschine hinein, so dass der einfahrende Wagen dieses Ende von L' treffen und mitnehmen muss. Durch diese Bewegung von L' wird die Zahnstange zurückgedrückt und greift in die Zähne von G' ein. Dadurch wird die Sperrklinke an G' in das Rad H' gestemmt und so das Rad H' mitsammt dem Cylinder B mitgenommen, sodass die Cylinder B die betreffende Strecke Gespinnst herausziehen aus der Maschine. Hört die Pressung auf L' durch den Wagen beim Ausfahren auf, so zieht das Gewicht M' die Zahnstange J' in ihre erste Stellung zurück und stellt den Hebel L' wieder ein.

Abweichend von der vorher mitgetheilten Vorspinn-Construction ist ferner die Anordnung der Hauptwelle. Die Hauptwelle a' ruht in den Lagern b' auf dem Gerüstbogen F. Sie enthält die Kurbel c', das Zahnrad M, ferner die grosse Würtelscheibe K, die feste Riemenscheibe G und die Riemenscheibe H auf einer Hülse d mit dem Rade L sitzend. Auf dieser Hülse zugleich ist die lose Scheibe J aufgebracht, die also weder mit d noch mit a' zusammenhängt. Endlich ist noch das Rad N fest auf a' aufgesteckt.

Die Rolle des Rades M ist dieselbe wie jene des Rades N in der vorstehend beschriebenen Jenny. M greift je nach Einsteuerung in O oder in r ein. Die Würtelscheibe K treibt X und dadurch A' nebst Spindeltrommel und Spindeln. — Alle festen Räder MNK drehen sich mit der Welle, wenn der Riemen auf G läuft. —

Wir kommen nunmehr an eine sehr sinnreiche Einrichtung, welche Price ursprünglich nur für Kettengarn bestimmte, die aber seitdem von fast allen Jennys und später von den Selfacting-Jennys übernommen ist. Price hob, nachdem der Wagen bis an das Ende seiner Ausfahrt gelangt war, die weitere Drehung der Spindeln im Sinne der Drahtgebung auf, wenn er Schussgarn spinnen wollte. Für diesen Zweck also genügte die Einrichtung der früheren Maschine, insofern der Riemen einfach auf die Losscheibe übergeführt ward. Wir geben hierfür eine besondere Figur 453 mit den Buchstaben, die den ähnlichen Theilen in der Vorspinnmaschine (Tafel XII) dienen, der Vergleichung halber.*)

Für Kettengarn hielt Price es für nothwendig, den Spindeln nach Stillstand des Wagens noch so lange Bewegung mitzutheilen, als die verlangte Drehung bedingte. Er erwirkt das nun in vorliegender Maschine so, dass er nach Stillstand des Wagens den Riemen von der festen Scheibe nicht auf die Losscheibe übergehen lässt, sondern auf die Hülsenscheibe F. Mit dieser sitzt auf der Hülse vereinigt das Rad L''. L'' kann für diesen Fall so auf die Hülse geschoben und festgestellt werden, dass es mit D'' zusammengreift und nun findet folgende Uebersetzung statt:

Welle d) — F — L''
" y'') — D'' ——————— C''
" y''') — E''' — F'' H) — N'' — K — L
G'' Zählapparat F'
C' + Spindeln

so dass also die Hauptwelle H mitgeschleppt wird nebst den durch sie getriebenen Würteln für die Spindelbewegung. Erst die Ueberführung des Riemens auf die Losscheibe J beendigt diese Bewegungen. —

Die Vermittlung für den Eintritt dieser Bewegungen übernimmt ein Steuerapparat. Seitlich des Betriebsgestells E ist die Welle Z'' eingelagert. Diese enthält auf sich fest aufgesetzt das Zahnrad G'', welches von dem Schraubenrad F'' auf y''' getrieben wird. Ferner sitzt auf Z''

---

*) Mit vorliegenden Tafeln XVI etc. entsprechen die Buchstaben so:

M = N	G = K	d = d
a' = H	H = F	L' = L''
K = L	J = J	D' = D''
E' = E''	C' = C''	N = N''
g' = g''	z' = z''	x'' = x''
G'' = y''	F = F'''	t'' = t''
h' = i'	f' = e'	y''' = y'

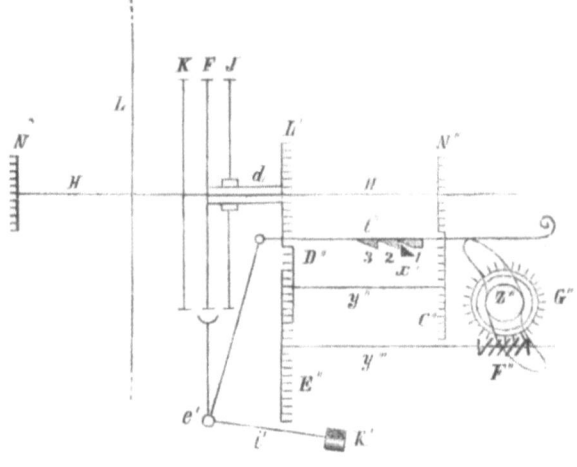

Fig. 453.

ein Daumen, der bei halbem Umgang der Welle Z'' und des mit ihr verbundenen Schraubenrades G'' unter den Fallhebel t'' greift und ihn hoch hebt. Dieser Hebel t'' ist am Arm der Welle e' befestigt, welche, wie oben beschrieben, die Riemengabel führt. Er hat auf der unteren Seite 3 Verzahnungen 1, 2 und 3, die sich je nach Stellung gegen einen Sperrdaumen x'' am Gerüst E anlegen, gezogen durch das Gewicht K' an i'. Diesen 3 Zähnen entspricht die Stellung der Riemengabel und des Betriebsriemens

1	2	3
K	F	J

Die Herüberführung des Zahnes 1 gegen die Sperrklinke x'' geschieht bei Beginn der Ausfahrt durch den Spinner. Bei Ende der Ausfahrt aber wird die Verlegung des Riemens selbstthätig bewirkt, dadurch dass das Zahnrad N'' eingreift in C'' auf y'' und durch D'' E'' die Welle y''' bewegt, somit durch die Schraube F'' und Schraubenrad G'' die Welle Z'' mit Daumen unter t''. Der Daumen hebt t'' nach halber Umdrehung von Z'' auf und der Zug des Gewichtes K' an i' bewirkt die Vorschiebung von t'', bis der Zahn 2 gegen die Sperrung x'' anstösst. So wird der Riemen entsprechend dieser Vorschiebung von t'' auf F übergeleitet. Steht nun das mit F verbundene Rad L'' im Eingriff mit D'' (das ist bei Price's Maschine für Kette stets der Fall), so werden bei dieser vorherigen Bewegung durch das Rad D'', L'' und F mitgenommen. Sobald aber der Riemen auf F ist, so kehrt sich diese Uebersetzung (unter Beibehaltung der Bewegungsrichtung) um. Die 3. Bewegung dauert so lange an, bis der Daumen für t'' eine halbe Umdrehung gemacht hat, sodann t'' aufhebt und bewirkt, dass das Gewicht K' an i' den Hebelarm t'' fortschiebt, so dass die Klinke 3 gegen x'' stösst und damit der Riemen auf die Losscheibe J übergeht, wodurch jede Einwirkung des Motors auf die

Maschine aufgehoben wird. Nunmehr folgt das Abschlagen des Aufwinderdrahtes und das Einfahren des Wagens, worauf der Spinner den Hebel t'' einrückt, so dass die Nase 1 gegen x'' stösst und die Bewegungskraft des Motors auf die Festscheibe wieder übertragen wird.

(Der Massstab, in welchem die obigen Figuren ausgeführt sind, ist ¾ Zoll Rhein. = 1 Fuss).

Die Scheibe K der Vorspinnmaschine pag. 571 macht 80 Umdreh. p. M., also N = 24 Zähne ebenfalls 80 Umdreh. O hat 38 Zähne, somit muss O in einer Minute 50,526 Umg. machen, ferner auch P = 30 Zähne ebensoviele Umdrehungen. Q hat 38 Zähne und macht 39,89 Umg., ebenso S mit 34 Zähnen. T hat 58 Zähne und wird durch S getrieben, macht somit 23,38 Umgänge. Es resultirt also von H her eine Umdrehungszahl = 23,38 für die Einzugswalzen b = $3''$ Durchmesser, also $9,4248''$ Umfang und $220,35''$ Umfangsgeschwindigkeit. Diese Einlieferung wird aber abgestellt, wenn der Wagen etwa 16 Zoll ausgefahren hat, und da dies mit zunehmender Geschwindigkeit durch die Schnecke geschehen ist, so stellt sich die Einlieferung durch die Differenz der Geschwindigkeiten zwischen Wagen und Einlieferung so, dass wirklich nur 12 Zoll Locke eingeliefert sind und diese 12 Zoll bereits um 4 Zoll ausgezogen sind, wenn die Einlieferung abgestellt wurde. Von da ab wird sodann das Lockenende auf den ganzen Wagenweg von 6' 4" noch ausgezogen und zwar somit um 6⅔ Mal.

Die Schnecke B' macht 6,77 Umdr. getrieben durch A' = 78 und N = 24 Zähne auf H mit 80 Umdr. Folglich gehören für einen Wagenauszug 22 Umdrehungen von H und 16½ Secunden Zeit. L macht für einen Wagenauszug ebenfalls 22 Umdrehungen bei 3' Durchmesser und setzt über F C' die Bewegung auf die Spindeln mit 233 Umdrehungen in der Zeit von 16½ Secunden fort. Diese Umdrehungen kommen also auf 76 Zoll ausgezogener Garnlänge oder auf 1 Zoll 3,1 Drehungen. — In der Stunde können 60 Einfahrten und Ausfahrten geschehen. Somit liefert die Vorspinnmaschine mit 96 Spindeln per Stunde 34960' Fuss Garn.

Die Feinspinnmaschine macht in der Hauptwelle a' ebenfalls 80 Umdrehungen. M = 24 Z., O = 38 Z., also P = 30 Zähne und 50,526 Umdr., Q = 34 Z., somit Q R = 44,58 Umdr., T = 38 Z., S = 30 Z., folglich S und B = 56,46 Umg. Walzen B = 1¼" Diameter und 5,498 Umfang, folglich $310,42''$ Umfangsgeschwindigkeit.

Die Einlieferung steht still, wenn $24''$ eingezogen sind. Der Auszug beträgt sodann bei 6' 4" Wagenweg 3,18.

Die Schnecke U macht für die ganze Ausfahrt 8,18 Umdrehungen. Diese kommen, da r = 78, M aber = 24 Z., auf 26,69 Umgänge der Hauptwelle a' oder auf 19,94 Secunden.

Die Spindeln haben 1377 Umdrehungen und es kommen auf 76" also 1377 Drehungen oder per 1 Zoll 6 Umdrehungen für Schussgarn.

Für Kettengarn aber dauert die Spindeldrehung noch an nach dem Auszug und zwar ebenfalls 19,94 Sec., sodass nunmehr 12 Drehungen per Zoll ertheilt werden.

Per Stunde werden somit gesponnen bei 240 Spindeln 68400 Fuss Garn.[*]

Diese Angaben ändern sich, sobald folgende Aenderungen im Gange der Maschinen eintreten:

1. Frühere oder spätere Abstellung des Lieferungscylinders;
2. Aenderung in der Zähnezahl von O oder r oder in der Construction der Schnecke U.
3. Auflage der Schnur K' auf einem kleineren oder grösseren Würtel der Stufenscheibe X.
4. Auswechselung des Zählrades G', wodurch die Periode des Nachdrehens verlängert oder verkürzt wird.

---

[*] Wir haben hier die alten Maasse beibehalten, wie Wedding dieselben berechnet hat, weil alle Maschinenmaasse in den Abb. in demselben Maassfusse genommen sind und eine Umrechnung keinen wesentlichen Nutzen haben würde. Verh. des Ver. für Gewerbfleiss. 1837.

Die beiden Maschinen von Price*) sind solche mit Seitenbetrieb d. h. die Betriebsmechanismen sind auf eine Seite der Maschine verlegt. Dies ist die erste aus der Billy hervorgehende Construction, die auch vielfach beibehalten wurde, zumal bei allen Handjennys und Billys kleinerer Spindelzahl, an deren Stelle jedoch später eine andere Anordnung eintrat, die mit Mittelbetrieb.

Die später folgenden Figuren machen diese Unterschiede klar. Der Mittelbetrieb, bei dem also der treibende Mechanismus in die Mitte der Spindelreihe resp. des Wagens verlegt ist, verdankt seine Entstehung der Zunahme der Spindelzahl. Je grösser diese wurde, um so weiter streckte sich der Wagen von dem Mechanismus (dem Treibstock, Haupttriebstuhl, Headstock) nach einer Seite hin und die Schwierigkeit wuchs, den Wagen in seiner ganzen Länge gleichmässig zu führen, damit der Wagen während der ganzen Andauer der Bewegungen der Einlieferung absolut parallel bleiben konnte. Dieser Schwierigkeit suchte man durch Führungsschnüre etc., wie in den Figuren angegeben, welche mit den unter dem Wagen angebrachten Rollen in Verbindung stehen, entgegenzukommen. Die Aufstellung des Mittelbetriebes ermöglichte aber noch eine bedeutende Vergrösserung der Spindelzahl nach beiden Seiten hin, bevor die Wagenführung schwieriger sich zeigte als die der einseitigen Jenny. Auch die Mittelbetriebseinrichtung wurde variirt ausgeführt. So ist eine der ersten, grösseren, besseren Mulemaschinen (für Baumwolle) derart ausgeführt, dass die Hauptwelle vertical aufgestellt ist**). Dies ist später selten nachgeahmt worden, dagegen hat man die horizontale Hauptwelle bald parallel bald im rechten Winkel zu den Einführcylindern aufgestellt und es wird unterschieden:

Cylinderspinnmaschine mit Mittelbetrieb
a: Parallelbetrieb,   b: Winkelbetrieb.

Diese Veränderungen im Placement des Treibstockes hatten allerdings mancherlei Aenderungen in dem Arrangement zur Folge, jedoch immer principiell unbedeutender bis gegen 1855. Die relativ anerkannteste Construction seit den 30er Jahren war die Feinspinnmaschine von Mason in Rochdale. Allein ein Vergleich dieser Maschine mit den Constructionen

---

*) Wir sind durch die dankenswerthe Ueberlassung der Kupfertafeln von den Maschinen von Price durch den Verein für Gewerbfleiss in Preussen in der Lage, von diesen Maschinen ausführliche Pläne beizubringen, sowohl der zusammengesetzten Maschine als auch der Details. Diese Tafeln enthalten werthvolles Material für die historische Entwicklung der Jenny, aber auch sehr schätzbares Material, um das Eindringen in die verwickelten Verhältnisse der Selfactoren dem Studium wesentlich zu erleichtern. Wir geben diese Tafeln wieder, ohne uns auf eine detaillirte Beschreibung einzulassen, vielmehr glauben wir, dass die gleichgewählten Buchstaben und Zeichen nebst der von uns oben gegebenen Charakteristik der Maschinen vollkommen hinreichen werden, die Zeichnungen auf den Tafeln zu erklären.

**) Baines, History of the Cotton Manufactory.

von Price lehrt, dass Mason*) den Price'schen Seitenbetrieb beibehalten und mit einigen Modificationen in die Mitte der Maschine verlegt hat, die nun 60 Spindeln rechts und 100 Spindeln links vom Treibstock im Wagen hat. Der Speiseapparat enthält eine drehende Leitstange und eine Führungsleiste zwischen Vorspinnrollen und Lieferungscylinder. Die Lieferungscylinder bei Price waren von Holz, hier bei Mason sind die unteren geriffelt und aus Schmiedeeisen, die oberen aus Gusseisen und glatt. Die Spindeln stehen um 18 Grad in die Maschine hineingeneigt in Spurpfannen und Halslagern von Metall. Sie sind 43 Cm. lang. Der Würtel sitzt 14 Cm. vom Fuss entfernt. Die Spindelschnurentrommel ist von Weissblech. Von speciellerer Beschreibung sehen wir auch hier ab, weil die Construction der Mason'schen Maschine nach den vorher beigebrachten Beispielen verständlich ist durch die Abbildungen.

Der Treibstock enthält (siehe Tafel XIX) eine Hauptwelle H mit drei Riemenscheiben, davon K fest, F auf einer Hülse mit dem Zahnrad L'' und J lose Scheibe. Es ist ferner auf H die grosse Würtelscheibe L aufgebracht, sodann das Zahnrad N'', das Zahnrad N und ein Stellrad C, ferner aber das Schraubenrad F'' und endlich ein conisches Rad P. In dieses letztere wird die schräge Welle R eingerückt für die Lieferungscylinder, wie oben bei Price's Maschine pag. 575 gezeigt. Jedoch hat Mason ein Zählrad angebracht, welches die Ausrückung der Lieferungscylinder selbstthätig bewirkt und ermöglicht, die Abstellung beliebig eintreten zu lassen. Das Rad N greift in das Zahnrad A' ein, welches auf derselben Axe mit der Schnecke sitzt. Die Schnecke B hat hier bei Mason eine andere Gestalt erhalten, wie Fig. 454 darstellt. Sie beginnt mit schwacher Steigung, während sodann die Gänge und Durchmesser schnell zunehmen. Mit dieser Schnecke erfolgt die Bewegung natürlich anders als mit der steigenden und fallenden in der Maschine von Price. Und zwar bewegt sich bei Ausfahrt des Wagens derselbe anfangs mit **wenig variirender Geschwindigkeit**, so lange sich das Seil auf den höchsten Gängen aufwickelt und dies entspricht der Zeit für die Dauer der Ausgabe; sobald aber die Lieferung ausgerückt ist, windet sich das Tau auf **die fallenden Gänge und der Wagen fährt bis an das Ende mit abnehmender Geschwindigkeit aus**. Das für diesen Zweck bestimmte Tau ist in dem mit dem grössten Schraubengange verbundenen Rade A' festgelegt und durch Knoten gesichert, während ein anderes Tau sich an dem kleinsten Durchmesser der Schnecke befestigt findet. Beim Ausfahren windet sich das erstere auf und das zweite ab. Die anderen Enden beider Taue sind nach vorn und hinten über Leitrollen geführt und am Wagen befestigt.

Das Nachdrehen wird von dem Rade L'' vermittelt, wenn der Riemen auf F ist. L'' greift in T ein und dadurch wird U' auf derselben Welle y'' bewegt und greift in N'' ein. So wird also die Bewegung von F und

---
*) **Verhandlungen des Vereins für Gewerbfleiss in Preussen. 1854. p. 32.**

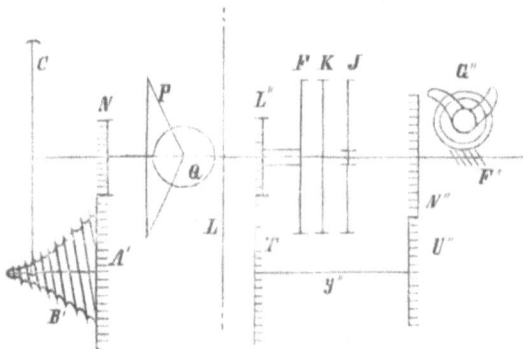

Fig. 454.

Hülse d durch L″ T y″ U″ N″ auf Welle H übertragen, und das Schraubenrad F″ bewegt das Zählrad G″ auf der Welle z″, welche den Hebel für die Riemengabel verstellt. Die Daumen auf z″ sind nur um 80° verstellt, sodass die Auslösung der zweiten Nase schneller erfolgt. —

Während der Periode von 1834—1854 hatte, trotzdem Roberts bereits 1826 und 1830 Patente auf den Selfactor genommen hatte, sich das Selfacting-Prinzip nur in geringem Masse für Streichgarn Bahn gebrochen, da es sich zeigte, dass die für Baumwolle trefflich arbeitenden Selfactors keineswegs direct für Kamm- oder Streichwollen angewendet werden konnten. Es bedurfte noch eines Zeitraums von mehr als 30 Jahren und der unausgesetzten Bemühungen hervorragender Constructeure und Maschinenfabrikanten, bevor die selbstspinnende Jenny allen berechtigten Anforderungen genügte. Das Streben hierfür aber belebte in der Periode von 1850 bis 1865 etwa den Bau der Handjenny sehr. Während man bis dahin etwas ängstlich an den ersten Constructionsformen hing, traten die neueren Constructionen aus diesen heraus und erstrebten selbstständigere Lösungen des Jenny-Spinnvorganges. In dieser Richtung hin nennen wir besonders Wiede, Schimmel, Dufour, Beugger, Cottam, de Vire, Rhodes, Lakin, Steiner, Villain, Brunneaux, Durand, Knowles-Houghton, Schlumberger, Hartmann u. A.

Wir beschreiben als ein Beispiel bester heutiger Construction die folgende Jenny mit Winkelbetrieb von Oscar Schimmel & Co. in Chemnitz. (Siehe die Abbildungen 1, 2, 3, 4 auf Tafel XXII).

Der Antrieb geschieht von der Welle A aus und ist dieselbe je nach Verlangen entweder parallel oder rechtwinklig zum Cylinderbaum angeordnet. Auf dieser Welle sind A′ A″ Fest- und Losscheiben für die gewöhnliche Geschwindigkeit, B B′ Fest- und Losscheiben für eine zweite Spindelgeschwindigkeit. C ist der Twistwürtel, D Rad zum Betriebe der Wagenauszugschnecke. E Rad zum Cylinderbetrieb. Durch den Schaft F und G wird die Bewegung auf die Welle der Wagenauszugsschnecke a″ übertragen. Vom Twistwürtel C aus wird die Drehung mittelst Schnur und der Rollen $C_1 C_2 C_3 C_4$ auf die Spindeltrommel T_1 übertragen.

Zur Erläuterung der Functionen, welche die einzelnen Theile zu verrichten haben, verfolgen wir ein Wagenspiel. Der Wagen sei eben im Begriff zum Ausfahren, der eine Riemen befindet sich auf der Festscheibe, A^1, der zweite auf der Losscheibe B^1, ebenso ist der Cylinder durch E in Drehung versetzt und die Wagenauszugschnecke durch D.

Zum Betriebe des Zählzeuges für den Spindelriemen befindet sich auf der Hauptwelle A noch das Rad H. Ebenso sitzt auf dem Cylinder J das Rad K zum Betriebe des Cylinderzählers. Nachdem der Wagen einen bestimmten Theil seiner Ausfahrt zurückgelegt hat, wird der Cylinder ausgelegt, d. h. er wird in Stillstand versetzt und zwar geschieht dies auf folgende Weise: Die Hauptwelle A ist so gelagert, dass sie um das hintere Lager L etwas drehbar ist, während das vordere Lager in einem Hebel M so gelagert ist, dass sich die Welle A nach der Richtung des Pfeiles etwas seitlich bewegen kann, so dass das Rad E mit dem auf dem Cylinder sitzenden Rad N ausser Eingriff kommt. Es trägt nämlich das Zählrad O einen stellbaren Bolzen, welcher nach einer Umdrehung des Rades den Hebel P trifft, welcher eine Falle des Hebels M aushebt, infolgedessen Welle A mittelst eines Gewichtes M^1 durch den Hebel M seitlich gezogen wird.

Je nach Bedarf kann nun eine zweite Spindelgeschwindigkeit bei theilweise zurückgelegtem oder nach vollendetem Wagenauszug in Wirksamkeit treten.

Durch den Tourenzähler Q wird mittelst des Daumens R die Falle S ausgehoben, wodurch die Riemenführer T und U durch Gewicht V soweit nach rückwärts bewegt werden, dass der Riemen für erste Geschwindigkeit auf die Losscheibe A'' und der Riemen für zweite Geschwindigkeit auf die Festscheibe B gelegt wird. Der Riemenführer U muss der Bewegung von T folgen, da beide durch eine Falle W verbunden sind.

Nach beendigtem Wagenauszug wird die Auszugschnecke dadurch in Stillstand versetzt, dass ein Anschlag am Wagen durch den Hebel H die Zugstange Y nach vorwärts schiebt, wodurch die Falle Z ausgehoben wird und der Winkel a, welcher das Fusslager des Schaftes G trägt, durch die Feder b etwas nach der Seite bewegt wird, wodurch die Räder c und d ausser Eingriff gesetzt werden.

Der Wagen bleibt nun am Ende seines Auszuges so lange in Ruhe, bis der nöthige Nachdraht gegeben ist, worauf durch einen zweiten Daumen c_1 des Tourenzählers Q die Klinke W gehoben wird und infolge Zug des Gewichtes d_1 der obere Theil des Riemenführers U nach vorwärts gezogen wird, wodurch der Riemen für die zweite Geschwindigkeit ebenfalls auf die Losscheibe B^1 geschoben wird.

Das Zählrad e (Schneckenrad) des Tourenzählers ist nur theilweise verzahnt, so dass nach Drehung des Rades durch die Schnecke um diesen verzahnten Theil das Zählerwellchen Q, sich selbst überlassen durch das

Gewichtchen f, sich noch soweit dreht, als dies der Hebel g und Daumen h auf dem Zählerwellchen erlaubt.

Nun wird der Wagen vom Spinner durch Anstemmen des Knies am Buffer i eingefahren, wobei derselbe mit der einen Hand mittelst des Aufwinderrades k die zur Aufwindung nöthige Drehung der Trommel besorgt und mit der anderen Hand dem Aufwinder l die zur Aufwindung und Bildung des Kötzers entsprechende Lage giebt.

Bei Beendigung der Wageneinfahrt müssen alle functionirenden Theile dieselbe Stellung wieder einnehmen, welche dieselben bei Beginn der Wagenausfahrt hatten, damit das Wagenspiel von neuem beginnen kann. Es wird dies auf folgende Weise erreicht: Auf dem Wagen ist ein Stück m angeschraubt, welches eine schräge Nase trägt; diese Nase schiebt den Hebel M, somit auch Hauptwelle A in der Weise seitlich, dass die Räder E und N wieder in Eingriff kommen, also der Cylinder eingerückt ist und die Falle von M wieder eingelegt hat.

Ferner ist am Wagen ein Hebel n angeordnet, welcher mit seinem Ende gegen den Arm o^1 der stehenden Welle o stösst und eine Drehung derselben bewirkt. Auf derselben Welle sitzt ein Daumen p, welcher in eine Oeffnung des Riemenführers T eingreift; durch die Drehung der Welle o nun wird T soweit vorwärts geschoben, dass die Falle S wieder einlegt, der Riemen für die erste Geschwindigkeit sich also wieder auf der Festscheibe befindet.

Zur Einlegung der Wagenauszugschnecke ist am Wagen ein Anschlageisen p_1 angeschraubt, welches gegen den Winkel a anstösst und diesen soweit dreht, dass die Falle z wieder einlegt, wodurch die Räder c a d wieder in Eingriff kommen.

Die Aufwindung der Wagenauszugschnur ist bei der Wageneinfahrt durch die Gegenschnur q besorgt worden. Endlich wird noch der Tourenzähler dadurch wieder in Thätigkeit versetzt, dass das Eisen r den Hebel g mittelst dessen Stäbchen so weit bei Seite schiebt, dass der Daumen h des Zählers q frei wird, wodurch q mittelst des Gewichtchens f noch so weit gedreht wird, dass der verzahnte Theil des Zählrädchens mit der Schnecke wieder in Eingriff kommt. Es kann nun das Wagenspiel von Neuem beginnen. Will man den Wagen am Cylinder stehen lassen, so braucht man nur den Hebel n seitlich zu drehen, damit derselbe den Arm o^1 nicht trifft, also keine Drehung der Welle o eintritt, demnach der Riemen für erste Geschwindigkeit auf der Losscheibe bleibt.

Will man die Maschine wieder in Bewegung setzen, so ist nur eine Drehung von o durch den Handgriff s nothwendig.

In der Figur 455 geben wir ferner eine Generalansicht einer Jenny mit Parallelbetrieb und in Figur 456 den Treibstock dazu in grösserem Massstabe. Die Buchstaben in letzterer Abbildung entsprechen den correspondirenden Theilen der Jenny mit Winkelbetrieb, wie wir vorstehend beschrieben. Auch diese Abbildungen sind einer Maschine von Oscar Schimmel & Co. in Chemnitz entnommen.

Fig. 455.

Fig. 456.

Wir bezeichneten schon die Jenny von Theodor Wiede als hervorragende und anerkannte Construction. Wir bemerken auf Grund genauer Erkundigung, dass Theodor Wiede[*] bereits 1860 dieser Jenny einen selbstthätig wirkenden Aufwindemechanismus zufügte, der unter Aufsicht und Beihülfe des Spinners in ziemlich hohem Grade genau und zuverlässig wirkte. Wiede nannte diese selbstständiger gewordene Jenny Halbselfactor[**]. Diese Construction des Aufwindemechanismus bediente

---

[*] Jetzt Dampf- & Spinnerei-Maschinenfabrik, vorm. Theodor Wiede's Maschinenfabrik in Chemnitz.

[**] Diese Bezeichnung war nicht zutreffend. Eigentlich hätte man, von der Jenny und Billy ausgehend, eintheilen müssen:

1. Hand-Jenny (die älteren Jennys und Billys ohne mechan. Betrieb.
2. Zweiperiodisch selbstthätige Jenny (Jenny mit motorisch bewegter Lieferung und Wagenbewegung.)
3. Dreiperiodisch selbstthätige Jenny (Jenny mit mechan. bewirktem Nachdraht, sonst wie 2).
4. Vierperiodisch selbstthätige Jenny (Jenny mit selbstthätiger Aufwindung versehen.)

sich der Frictionstransmission zur Bewegung des Aufwindeorganes, während der Spinner mittels der Hand die Spindelschnurentrommel umzudrehen hatte, somit auch von ihm die Spindelgeschwindigkeit abhing. Da also diese Abhängigkeit vorhanden war und ferner noch dieser Frictionsbetrieb von der Temperatur, der Witterung etc. sehr alterirt ward, so ward die bei normalen Verhältnissen und tüchtiger Uebung des Spinners allerdings vorhandene Zuverlässigkeit bei nicht ganz normalen Verhältnissen wesentlich herabgedrückt. Dennoch befinden sich heute noch ziemlich viele dieser Halbselfactoren in Thätigkeit, besonders am Rhein. Diese Uebelstände veranlassten aber Wiede an die Construction seines Selfactors zu gehen, der sich durch Eigenthümlichkeit sehr auszeichnet, besonders aber die in der vorliegenden Jennyconstruction vorhandene Einrichtung enthält, dass während des Einzugs des Vorgespinnstes die Spindeln von der Bewegung ausgeschlossen sind. Die Haupteinrichtung*) der Jenny ist aus der folgenden Beschreibung und Abbildung auf Tafel XXIII ersichtlich. Der Wagen W a K wird vom Spinner nach dem Gerüst B B hingeschoben und dadurch wird das vorstehende Stück b gegen eine Klinke 4 gepresst und löst dieselbe aus. Nun kann das Gewicht z wirken. Dasselbe zieht an und dreht die Welle 22 mit dem Hebel 23 mit ihrer verbundenen Riemengabelwelle 34 in die Höhe, bis eine Falle 52 am Fussboden die Schiene 48 und 49 und dadurch auch die Riemenlenkung 36 nicht weiter in die Höhe lässt, daher der Riemen auf die Betriebsscheibe r 3 zu liegen kommt, wie es aus Figur 1, 2 und 3 ersichtlich ist. Das Spiel der Maschine nimmt nun seinen Anfang. Von der stehenden Welle 1 aus treibt das 16^r, (nämlich ein Rad mit 16 Zähnen) das auf dieser Welle festgekeilt ist, ein 30^r, auf diesem 30^r ist ein 28^r festgekeilt, die sich gemeinschaftlich auf einem Bolzen drehen. Das 28^r treibt ein 80^r und das 80^r treibt ein 60^r. Zugleich aber bewegt auch das 80^r ein 48^r und die Wechsel 20, 22, 24, 26 oder 28, je nach dem man den Wagen K schneller oder langsamer gehen lassen will. Dieser Wechsel greift nun in ein 150^r, das auf der stehenden Wagenbetriebswelle 38 steckt und mit letzterer die Schnecke S 41 in Gang setzt. Die auf der Schnecke angebrachte Schnur zieht nun den Wagen K Anfangs mit grösserer, hingegen am Ende mit geringerer Geschwindigkeit heraus. Auf letztgenanntem 60^r ist ein 30^r konisches Rad festgemacht, das in ein 15^r konisches Rad greift, welches am ersten Cylinder steckt. Am hinteren Ende des ersten Cylinders wird durch ein 65^r Doppelrad, das am ersten Cylinder in ein 24^r und am zweiten Cylinder in ein 26^r greift, die Bewegung auf den zweiten Cylinder übertragen. Auf beiden nicht geriffelten, sondern glatten Cylinderreihen zugleich liegen die Obercylinder 74, welche

---

*) Illustr. Gew.-Zeitung von Fr. Wieck 1859.

keine Zäpfchen besitzen, an denen sie mittels Lagerhalters (Kaps) geführt würden, sondern von Cylinderstange 71 stumpf zusammenstossen. Da die beiden Untercylinder gewissermassen einen Sattel für die oberen bilden, so bedarf es der Kaps nicht, wie es solcher bei den bis jetzt gebräuchlichen geriffelten, einreihigen Cylindern bedarf. Die glatten Doppelcylinder haben vor den einfachen den Vorzug, dass sie durch den ein wenig gespannteren, geschwinderen Gang des ersten Paares gegen das zweite Paar den vom zweiten zum ersten geführten Vorgespinnstfaden gespannt halten und der Spindel spinngerechter zuführen; ferner, dass sie durch zweimalige Auflage des Obercylinders auf den Faden denselben noch fester halten, als geriffelte Untercylinder und glatte Obercylinder, weil letzterer nicht so schwer sein darf als der glatte Obercylinder der Doppelreihe, da sonst die Wollfasern durch die Riffeln leicht zerschnitten würden. Ueberdies lassen sich die Doppelcylinder bequemer als die Einreih-Cylinder bedienen, weil dem Spinner kein Kaps im Wege ist. Je nachdem nun das Garn aushält, kann man durch Heraus- oder Hereinstellen der Schiene u 65 die Spindeldrehungen später oder früher einfallen lassen (ersichtlich aus Figur 1 und 4) indem, wenn letzteres geschehen soll, die Rolle 70, die sich auf einem Bolzen dreht, welcher am Wagen festgeschraubt ist auf der schiefen Ebene der Schiene 65 herabgleiten muss. Dadurch wirkt das Gewicht 64 an dem Hebel und drückt mit dem andern Ende dieses Hebels den Twist oder Spindelbetriebswürtel R 18 in den Frictionsconus 19, der auf Welle 1 festgekeilt ist (Fig. 6). Der Twist- oder Spindelbetriebswürtel R 18 steckt lose auf einer Hülse 142, welche eine Nuth besitzt, in welche eine entsprechende Feder der stehenden Welle e 1 greift, so dass sich derselbe auf e schieben aber nicht drehen kann. Unter dem obern Ring befindet sich die Twistwürtelgabel 62, welche den Twistwürtel hebt und wobei, in Wirkung seines unten befindlichen konischen Ansatzes 143 er, in sanfter Weise — Folge der Reibung — der drehenden Bewegung der Hülse folgt. Diese den Spindeln mitgetheilte sanfte Bewegung oder Verdrehung soll dazu dienen, bei Herausgabe des Vorgarns durch die Cylinder, während die Spindeln noch nicht eingefallen sind, das Garn immer auf der Spitze der Spindeln zu halten. Unter Twistwürtel 18 befindet sich ein Frictionskonus 19, welcher in die konische Eindrehung des Twistwürtels 18 genau passt. Lässt nun Hebel 62 den Twistwürtel 18 niederfallen, so theilt Konus 19 dem Twistwürtel 18 seine Drehung, wenn auch nicht plötzlich, doch alsbald vollständig mit, weil die Friction dieser konischen Flächen stärker ist, als die Reibung zwischen Twistschnur und Twistwürtel 18, und werden dadurch die Spindeln in Umdrehung gebracht. Ist genug Vorgarn von den Cylindern geliefert, so zieht der Wagen K durch den Haken 83 (Fig. 1) an der Schiene q des Hebelstückes 79, worauf der Bolzen 81 ruht. Auf diesem Bolzen befinden sich das 60^r Stirnrad und 30^r konische Rad, welches letztere in das 15^r am ersten Cylinder greift, festgemacht. Wenn nun das Hebelstück 79 gedreht wird, so geht der Bolzen nieder, mithin auch das konische Rad und rückt aus dem 15^r das am ersten Cylinder steckt, heraus, und die Cylinder bleiben stehen. Hat der Faden nun eine grössere Feinheit erlangt, so dass er raschere Drehungen zum noch feiner spinnen erfordert, so legt der Wagen durch den Bolzen 57 (Fig. 1) die schon früher erwähnte verstellbare Klinke 52 aus, und das Gewicht 26 zieht die Schiene und die durch Gabel 33 damit verbundene Riemengabelwelle 34 vollends in die Höhe, bis eine Falle 24 dieselbe an ihrer obern Nase hält. Dadurch kommt der Riemen auf die doppelte Geschwindigkeitsscheibe, und der Gang der Maschine wird weit schneller als bisher. Die Einrichtung der Scheibe für die vermehrte Geschwindigkeit ist folgende: Die Nabe der Scheibe 5 ist verlängert, trägt die lose darauf gehende Scheibe 4, und das 25^r Stirnrad ist auf dieser Nabe unter der Geschwindigkeitsscheibe 4 aufgekeilt. Dadurch kommt letzteres in directen Eingriff mit den zwei 24^r Stirnrädern und dem inneren 75^r Zahnkranz, welchen die Festscheibe 3 besitzt. Diese hat nun ihre Nabe, mittels welcher sie durch Keil an die stehende Welle 1 gebunden ist, nicht in sich, weil sonst das 25^r Stirnrad keinen Raum haben würde, sondern nach unten, wesshalb auch die Losscheibe 2 nicht unmittelbar auf der Welle 1 sondern auf der Nabe der Scheibe 3 steckt. Diese vermehrte Geschwindigkeit ist eine als praktisch gut sich bewährende Vermehrung der Drehung zum Schnellzwirnen, eine ebenso grosse Vermehrung, als wie man sie seither anwandte und doppelte Geschwindigkeit nannte. Aber der Unterschied zu Gunsten Wiede's Einrichtung ist der, dass die alte Einrichtung durch doppelte Los- und Festscheiben, mehrere Riemen, Lenkeisen, Hebel- und Zählapparate hergestellt wird, wozu bei dieser Einrichtung ein Riemen, eine Riemenscheibe mehr und ein einfaches Zählzeug hinreicht. Kommt nun der Wagen vollends heraus, so zieht der Bolzen 58 durch eine Rolle 55, die am Hebel 54 steckt, die Schiene 49 und die mit ihr verbundene 48 wieder auf, d. h. in die Lage, die sie vor dem Spiel der Maschine einnahmen. Die Riemenlenkung hingegen bleibt an der Nase 32 in der Klinke 8 so lange hängen, bis nach dem Nachdrahte der Maschine (der durch Höher- oder Tieferstellen der Zählschraube 15 beliebig auf der eingetheilten Schiene 14 regulirt werden kann) durch die Schraube 7 die Klinke 8 aus der Nase 32 auslöst und der Riemen auf die Losscheibe 2 gezogen wird. Dabei ist noch zu bemerken, dass, wenn der Wagen K herauskommt, derselbe auch durch die Schiene 48 und die damit verbundene 49 und durch den mit letzterer verbundenen Mechanismus 46 den gezahnten Kuppelmuff 40 ausser Eingriff bringt, und die Schnecke 41 zum Behufe des Aufwindens sich lose auf der stehenden Wagenbetriebswelle 38 drehen kann. Beim Anfang des Spiels wird diese letzterwähnte Kuppelung durch die Welle 38 und den Mechanismus 49 wieder zusammengelassen. Die Wagenbetriebsschnur ist so geschlungen, dass das eine Ende am grossen Durchmesser der Schnecke festgemacht ist, nach oben in der Schneckenrinne fortgeht und bei y dieselbe verlässt, worauf sie dann über die Spannrolle 131 und von da zurück an den Wagen geht, wo sie durch Umdrehung der Rolle 132, woran das andere Ende befestigt ist, gespannt wird. Der Wagen selbst wird aber noch durch die Gegenschnur am Ueberlaufen verhindert, die auf dem schwachen Ende der Schnecke festgemacht ist und abwärts in der Schneckencurve bis zur Stelle y, von da über die Trommel 59 geht und dann ebenfalls an eine Rolle festgespannt wird. Zum Betreiben der Spindeln ist die Schnur folgendermassen gelegt. Die Schnur geht vom Twistwürtel aus über eine Leitrolle 127 hinauf auf den Würtel 114, der auf der Trommelwelle steckt, geht wieder über die Leitrolle 25 hinweg und, **je nachdem Schuss oder Kette gesponnen wird, wird die Schnur gekreuzt oder offen aufgezogen.** (Zum Oeffnen oder Kreuzen der Schnur besteht der Würtel 114 auf der Trommelwelle aus zwei Theilen, rechtwinklig zur Trommelaxe getheilt, so dass, wenn diese beiden Theile auseinander genommen sind, die Trommelschnur auf der Welle oder Trommel hängen würde. Da diese aber ebenfalls aus zwei Theilen besteht, wovon der eine nach rechts und der andere nach links treibt, so kann durch Oeffnen des Würtels 114 die Schnur auf der Trommel beliebig gewechselt werden.) Die Schnur geht dann über den Spannwürtel 129 und von da aus zurück nach dem Twistwürtel, wo dann diese beiden Enden mit einander verbunden werden. Sollte irgend ein Unglücksfall bei der Maschine vorkommen, so ist ein Ausrückmechanismus 99—100 für den Spinner angebracht, um dieselbe ausser Thätigkeit setzen zu können. Auf der Einlegewelle 28 befindet sich ein Armmuff 96, der auf einer Feder ruht, die auf der Einlegewelle 28 festgemacht ist. Der Armmuff 96 hat eine dieser Feder entsprechende Nuth, jetzt rechtwinklig zu der Feder stehend. Von dem Armmuff 96 geht ein Draht 97 über einen Winkel am Hinterriegel und zwei andere Drähte über zwei dergleichen an der Decke des Saales bis zum Stande des Spinners. Zieht nun derselbe an den Drähten und bringt somit die Nuth des Armhebels 96 bei einer Viertelwendung parallel unter die Feder, so lässt diese den Armhebel fallen und mit ihm Gabelhebel 33, Riemenstange 34, sammt der Riemengabel 35 und 36, wodurch der Riemen auf Losscheibe 2 zurückkehrt und die Maschine stille stehen bleibt. Die Einlegewelle 28 besitzt noch eine über Rolle 30 gehende Kette, deren eines Ende an den Muff 29 und an deren anderes Ende ein Gegengewicht 31 festgemacht ist, welches einen zu jähen Fall des Einleggestänges verhindert.

Wie nun aus vorstehender Beschreibung hervorgeht, besteht die Wesenheit der neueren Construction in folgenden 8 Punkten, deren jeder ein Ganzes für sich bildet und welche in ihrer laut Beschreibung dargethanen Zusammenstellung gemeinschaftlich das **Wiede'sche Mittelbetriebssystem** von Cylinderfeinspinnmaschinen (Jenny-Mules) für Streichgarn bilden:

1) in einer eigenthümlichen neuen senkrechten Lage der Betriebswelle (Königswelle), von welcher sämmtliche Bewegungen direct ausgehen; 2) in einer eigenthümlich neuen Darstellung einer zunehmenden Geschwindigkeit der Welle, nicht durch verschiedene Riemen und Grössen der Scheiben, sondern durch eine im Innern dreier Scheiben befindliche Combination von Rädern mit radialen Zähnen; 3) in einem neuen eigenthümlich verstellbaren Schraubenzählmechanismus; 4) in einem neuen eigenthümlich selbstthätigen Ein- und Auslegmechanismus für Riemen, Schraubenzählung und Wagenschnecke; 5) in einer neuen eigenthümlich selbstthätigen veränderbaren Ein- und Auslegung des Twistschnurenwürtels; 6) in einer eigenthümlichen Betriebsweise der Cylinder- und Schneckenwelle durch vertical stehende Stirnräder; 7) in den neuen doppelten glatten Untercylindern mit differentem Gange, worauf nur eine Reihe glatter Obercylinder ohne Lager und Zapfen ruhen; 8) in dem neuen eigenthümlich verstellbaren Ein- und Auslegemechanismus der Cylinder.

Die Fabrik von Richard Hartmann in Chemnitz führte seither sehr einfach und rationell construirte Cylinderspinnmaschinen für Handbetrieb und gemischten Betrieb. Richard Hartmann begann 1840 den Bau von Baumwollspinnmaschinen, und als die Continuevorrichtung Götze's 1840 an Hartmann's Krempeln angebracht eine überraschende Ausbreitung der Streichgarnindustrie ergab, trat auch die Ausführung von Streichgarnspinnmaschinen in den Vordergrund, deren Construction besondere Liebhaberei Richard Hartmann's wurde und welcher er viel Arbeit, Eifer und Geist zuwendete. Hartmann gestaltete sehr bald die einfache sog. 60^r Handspinnmaschine um und construirte die Streichgarnjennys mit Seitenbetrieb und mit Mittelbetrieb, deren Hauptbetriebswelle er bald parallel, bald rechtwinklig zu den Lieferungscylindern anordnete. Alle diese Formen werden auch jetzt noch verlangt, wenn auch einige (besonders die mit Seitenbetrieb) weniger oft, und jetzt in einer recht rationellen Form und Construction, die auch für die Mittelbetriebsstöcke im Prinzipe beibehalten wurde. Bei letzteren liegt jedoch die Auszugsschneckenwelle unten im Stock parallel zum Wagen und erhält durch Transmission einer stehenden Welle ihren Betrieb, während bei dem Seitenbetriebsstock diese Bewegungsübertragung direct von der Hauptwelle aus geschieht. — Bei der Maschine mit Seitenbetrieb übertragen Zahnräder incl. Wechselrad zur Variation der Bewegung die Bewegung auf die Lieferungscylinder. Die Hauptwelle enthält 2 Riemenscheibenpaare (je Los- und Festscheibe) für die beiden zu erzielenden Geschwindigkeiten. Die für diese dienenden Riemen werden durch einen sog. Drahtzähler dirigirt. Wir stellen diesen Drahtzähler in den nachfolgenden Figuren 457—459 besonders dar. Gehen wir von der in Fig. 457 gegebenen Stellung aus, alsdann hebt der Stift b den Verbindungshebel B, der sich um d dreht, über die Nase hinweg und die beiden Riemengabeln bewegen sich infolge der Einwirkung des Gewichtes e, welches schwerer ist als f, auf die benachbarten Scheiben, d. h. der Riemen der 1. Geschwindigkeit auf die Los- und der der 2. auf die Festscheibe. Darnach hebt der Stift c den Hebel B in die in Roth ausgeführte Stellung, so dass das Viereck g frei wird und die Riemengabel der 2. Geschwindigkeit mit dem Hebel B nach der Losscheibe zurückkehren kann. Bei dieser Retourbewegung stösst die schiefe Ebene h des Hebels B an den Hebel i und bringt das mit letzterem verbundene Schneckenrad mit der Schnecke ausser Eingriff, infolge dessen das Gewicht k die Zählerscheibe in die ursprüngliche Stellung zurückdreht, welche durch den Stift l, der auf die Feder m zurückschlägt, bestimmt ist. Die Stifte b und c lassen sich beliebig in der Zählerscheibe*) concentrisch zur Achse verstellen, so dass man die 2. Geschwindigkeit früher oder später nach der ersten einfallen lassen kann, ohne sonst Wechselräder anwenden zu müssen. Das Einrücken der 1. Geschwindigkeit von der Los- auf die Festscheibe erfolgt zu Ende der Einfahrt, von der Aufwindung der Mitte der Maschinen aus, indem an dieser Stelle ein Bolzen an einem Winkelhebel stösst, der mit dem Draht n, resp. dem Winkelhebel o in Verbindung steht. Sobald der Wagen herausfährt, zieht der Hebel o mit seinem Gewicht den Draht und Winkelhebel

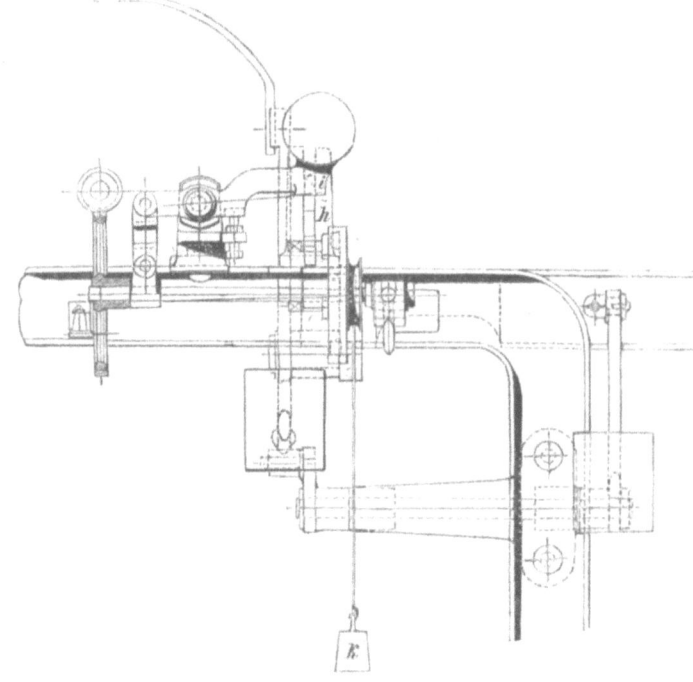

Fig. 457.

---

*) Bezüglich dieses Zählapparates ist noch zu bemerken, dass in den englischen Mules und Selfactors Zählapparate des Hartmann'schen Systems oder ähnliche selten zu finden sind. Dagegen sind Zahlräder mit versetzbaren Nasen sehr häufig. Interessant sind die Zähler der amerikanischen Mules. Hierüber sehe man nach Grothe, der Selfactor. Springer, Berlin, 1876. —

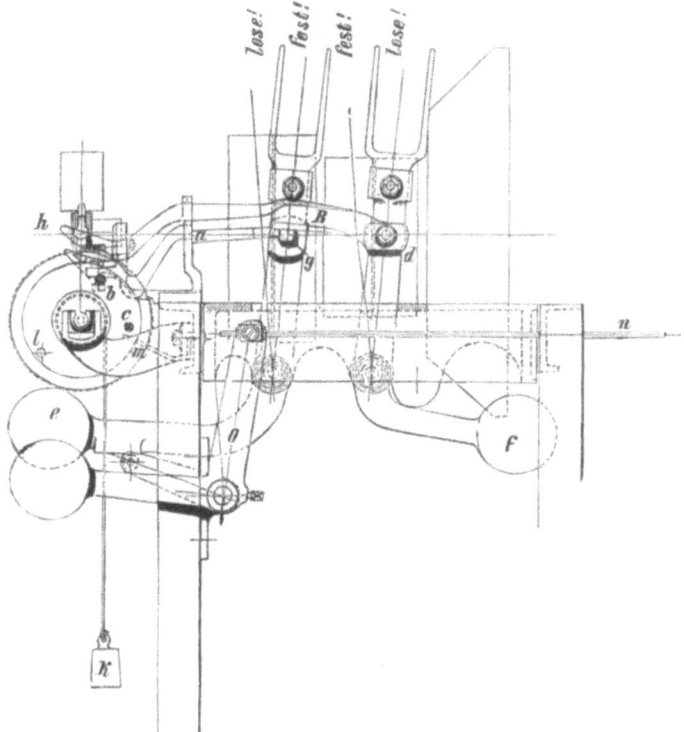

Fig. 458.

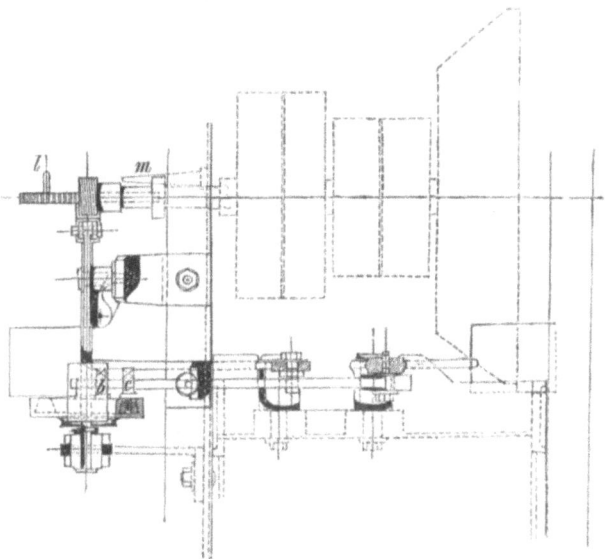

Fig. 459.

in der Mitte der Maschine wieder zurück in die ursprüngliche Stellung, damit dies nicht später durch das Gewicht e besorgt zu werden braucht. Der Betrieb der Auszugschnecke erfolgt direct von der Hauptwelle aus durch Stirnräder; die Getriebe auf der Hauptwelle können behufs Veränderung der Wagengeschwindigkeit ausgewechselt werden.

Das Einrücken des Cylinders sowie der Auszugschnecke erfolgt durch den am Wagen befestigten Stift D, Fig. 458. Der Winkelhebel F, Fig. 458, drückt hierbei gegen den Hebel F, Fig. 459, der den Cylinderschieber, resp. die Cylinderkupplung einlegt, die durch die Klinke G festgehalten wird, bis sie durch den Vorgarnzähler H, Fig. 458, mit Hilfe der Feder I, Fig. 459, wieder ausgelegt wird. Die Auszugschnecke wird mittels eines am Wagen befindlichen Stiftes, der gegen den Hebel K stösst, ausgelegt.

Im Uebrigen abstrahiren wir hier davon, die Hartmann'sche Cylinderspinnmaschine speciell vorzuführen, da Vieles von den General- und Special-Einrichtungen aus dem später ganz ausführlich zu beschreibenden Selfactor von R. Hartmann hervorgeht und in den vorstehend illustrirten Constructionen R. Hartmann's Vorgang und Einfluss unverkennbar ist, zumal in der trefflichen Maschine von Oscar Schimmel & Co. Die Ausführung dieser Maschine durch die Sächsische Maschinenfabrik in Chemnitz entspricht allen gesteigertsten Ansprüchen.*) —

Von früheren engl. Constructionen haben wir einige bereits oben speciell vorgeführt, unter den neueren Constructionen zieht Wain's**) Spinnmaschine die Aufmerksamkeit besonders auf sich. In dieser neuen Einrichtung einer Jenny wird die Einfahrt des Wagens durch Schnecken bewirkt. Während dieselben gewöhnlich in diesen Maschinen im Treibstock aufgestellt sind und auf einer Welle sitzen, welche festgelagert eine uniforme Bewegung hat, bringt Wain diese Einzugsschnecken im Wagen an und bewirkt durch dieselben nicht sowohl die Bewegung der Spindeltrommeln, sondern auch die Einfahrt des Wagens mit variabler Geschwindigkeit, d. h. langsam am Beginn, schnell im mittleren Theil des Laufs und wieder langsam gegen

---

*) In bisher erschienenen Lehrbüchern findet man sehr wenig von den Streichgarnspinnmaschinen vorgeführt. Schmidt giebt in seiner Spinnereimechanik nur Diagramme der Constructionen wieder, die seinen berechnenden Zwecken vorzüglich dienen, (Prechtl's Encyclopädie enthält nur die Price'sche Construction und Schemata.) Fischer druckt in seiner Streichgarnspinnerei die Schmidt'sche Arbeit einfach mit Erlaubniss desselben ab, Stommel beschränkt sich in seiner Schrift „Das Ganze der Streichgarnspinnerei" ebenfalls darauf. Alcan erledigt dieses Kapitel in seinem Traité du travail de laine ziemlich dürftig. Leroux (Filature de laine) giebt nur ganz Allgemeines In einzelnen englischen Encyclopädien findet man verschiedene Muleconstructionen für Streichgarn meistens ziemlich unvollständig behandelt. — Unter den deutschen Constructionen von Streichgarnspinnmaschinen der Jenny-Mule-Kathegorie nennen wir noch besonders Julius Steiner in Chemnitz, sodann C. F. Schellenberg, Gebr. Köster, G. Zimmermann (Burg), F. W. Bündgens (Aachen), E. Gessner in Aue, Buchholz in Werdau u. A.

**) Patent Spec. No. 1058. 1870. John Wain aus Leveshulme bei Manchester. Diese Maschine wird als Baumwollmule und für Wolle ausgeführt.

Ende des Wagens. Entsprechend diesen Geschwindigkeitsvariationen ist zuerst das Seil auf dem kleinsten Diameter der Schnecke im Wagen aufgewunden und läuft sodann die steigenden Schneckengänge durch, um dann wieder auf einen Gang von geringer Steigung aufzuwickeln. Demzufolge hat die Schnecke eine eigenthümliche Gestalt, wie aus Tafel XXIV hervorgeht, dass nämlich die grössten Diameter der Schneckengänge an die 2 Enden der Schnecken fallen und ihre kleinsten Diameter in die Mitte. In der Figur ist a die Treibwelle, b ist das baking off Treibrad, c ist die Riemengabel, d ist der untere Einlieferungscylinder, f ist Wagen und g g' sind die Axen des Aufwinders und Gegenwinders. Alle diese Theile sind in gewöhnlicher Weise construirt. In dem Wagen ist die lange Welle h mit der Schnecke h^3 gelagert. Diese Welle h enthält zu jeder Seite des Treibstockgestelles 2 Zahnräder h^1 und h^2, welche in die festen Zahncurvenstangen i^1 und i^2 zu jeder Seite des Gestells eingreifen. (In der Zeichnung ist diese Combination nur einfach gegeben.) Der Zweck dieser Zahnräder und Zahnstangen ist lediglich, den Wagen zu ziehen und zu bewirken, dass er am Ende der Ausfahrt und Einfahrt stehen bleibt. Die Curvenenden i^2 der Zahnstange i^1 haben noch den besonderen Zweck, die Diameter der Schnecken h^3 zu reduciren. In diese Curvenverzahnung greifen die Excenterzahnräder h^2 ein. Es ist diese Einrichtung also eine Art Ersatz der Mangelradconstruction.

Auf a sitzt lose die Scheibe a^1, mit Gruben auf dem Würtelmantel, an welcher die eine Hälfte der Frictions- oder Zahnkuppelung a^2 angegossen oder befestigt ist, während andererseits eine angegossene Flantsche eine zu weit auskehrende Bewegung verhütet. Die Einkehrung dieser Kuppelung wird in gewöhnlicher Weise erzielt durch den Aufwindesector, der auf den Hebel f^1 wirkt. Dieser Hebel f^1 löst f^2 aus und es zieht die Feder f^3 am kurzen Arm des Winkelhebels f^4 empor. Dadurch wird die Zugstange f^5 nach rechts hinübergezogen und mit ihr der Hebelarm f^6, an dessen anderem Arm die Kuppelungsgabel sitzt. Dadurch wird die Kuppelung zum Eingriff gebracht und nimmt Theil an der Bewegung von b. So erhält nun auch a^1 seine Rotation und vermittelt durch das Seil h^4 und die Schnecke h^3 die Bewegung auf die Axe h im Wagen. Wenn der Wagen seine Einfahrt vollendet hat, bewegt die Riemengabel c den Riemen auf die Festscheibe und der Hebel c drückt den Hebel f^6 zurück, so dass die Kuppelung $a^2 b^2$ sich löst. Die Enden des Seiles h^4 sind in dem Grundcylinder der Schnecke befestigt und das Seil läuft dann unter die Rolle h^6 über a^1 unter h^5 und unter dem Wagen hin zu der Leitrolle z nach dem Wagen zurück und umgiebt hier die Spuren der Schnecke. Die diagonalen Wellengruben auf dem Umfang von a^1 sollen ein Gleiten des Seils verhindern. Diese Undulationen sind dem Drahte des Seils entsprechend abgemessen, so dass eine starke Friction und ein fester Gang erzielt werden kann. — Diese Anordnung des Treibstocks ist von Wain auch abgeändert angewendet, wie Figur 3 zeigt. In dieser

Figur erscheint dieser Seilwürtel a^1 mit der Kuppelung auf der Steuerwelle e. b^2 ist dann mit einem Zahnrad verbunden, welches in b eingreift und von demselben getrieben wird. Die Einrückung wird entsprechend modificirt.

Die Steuerwelle e treibt Wain direct von der Welle a her durch das Zahnrad a^4, welches an der Losscheibe a^3 wie gewöhnlich befestigt ist. a^4 treibt durch Transporteurs das Rad e^1 auf e. Von der Welle e aus erhält sodann b die Bewegung durch e^2.

Um die Wagenbewegung beim Ausfahren und zwar gegen Ende der Ausfahrt während der Drahtgebung zu beschleunigen, verlängert Wain die Steuerwelle bis an das Ende des Treibstockes (s. Fig. 6 u. 7) und bringt auf derselben einen oder mehrere Körper c^3 mit Nuthen an, in verschiedener Form. Auf der Einzugs- oder Quadrantenwelle k aber schiebt er das Klinkrad k^1 lose auf die Büchse des Hebels k^2, an dessen Seite die Klinke k^3 befestigt ist, die mit ihren Zähnen in das Klinkrad k^1 eingreift. Wenn nun die Steuerwelle e rotirt, so kommt der Nuthenkörper e^3 mit dem Hebelarm k^3 in Berührung in Folge der excentrischen Grundgestalt von e^3, und hebt den Hebel k^2 empor, und wenn dies geschieht, so greift die Klinke k^3 in das Zahnrad k^1 und bewirkt so eine partielle Rotation der Quadrantenwelle k. Der Betrag dieser Rotation hängt von der Gestalt des Kammes e^3 ab. Die Uebertragung und später die Auslösung geschieht durch den Hebel l, welcher durch das Seil l^1 mit dem Wagen in Verbindung steht, — andererseits aber den Hebel k^3 aus dem Rade k^1 aushebt und so den Hebel k^2 zur Ruhe bringt.

Die Construction von Dobson, Slater & Halliwell[*]) enthält sehr eigenthümliche Verbesserungen, von denen wir hier Abbildung Fig. 460 und Beschreibung folgen lassen wollen. Der Haupttenor dieser Verbesserungen ist die Ermöglichung der Geschwindigkeitsänderungen in schnellster Weise. a und b sind die beiden Theile der Riemenscheibenwelle, die sich fast über die ganze Länge des Headstock erstreckt. Auf der Welle a sitzt die Scheibe a' lose auf, während die Scheibe a'' für den langsamen Gang auf sie festgekeilt ist; auf der Welle b sitzt die Scheibe b' für den raschen Gang fest. An dem andern Ende der Welle a sitzt die Riemenscheibe d und am andern Ende der Welle b die Scheibe c fest; die beiden Scheiben c und d können leicht entfernt und durch Scheiben von anderen Durchmessern ersetzt werden; von der einen zur andern geht über Führungsrollen das endlose Seil e, das wie gewöhnlich über eine Trommel f im Wagen geleitet ist. Zu seiner Spannung dient die Rolle h, die auf einem Träger i im Wagen gelagert ist und deren Stellung durch eine Schraube mit Handrad k regulirt wird, welche durch eine Mutter im Träger i geht. Die anderen Theile sind wie gewöhnlich construirt, nur entsprechend der Lage der Riemenscheiben angeordnet. Die Twistwelle l

---

[*]) Specif. No. 3130. 1864. D. Ind. Zeit. 1864, für Baumwolle und andere Faserstoffe.

liegt rechtwinklig gegen den Headstock und wirkt durch einen Daumen l'
auf den Gegengewichtshebel m. Hebt der Daumen l' den Hebel m, so
entlastet er den Ausrückhebel von dem Gewichte des Hebels m und der

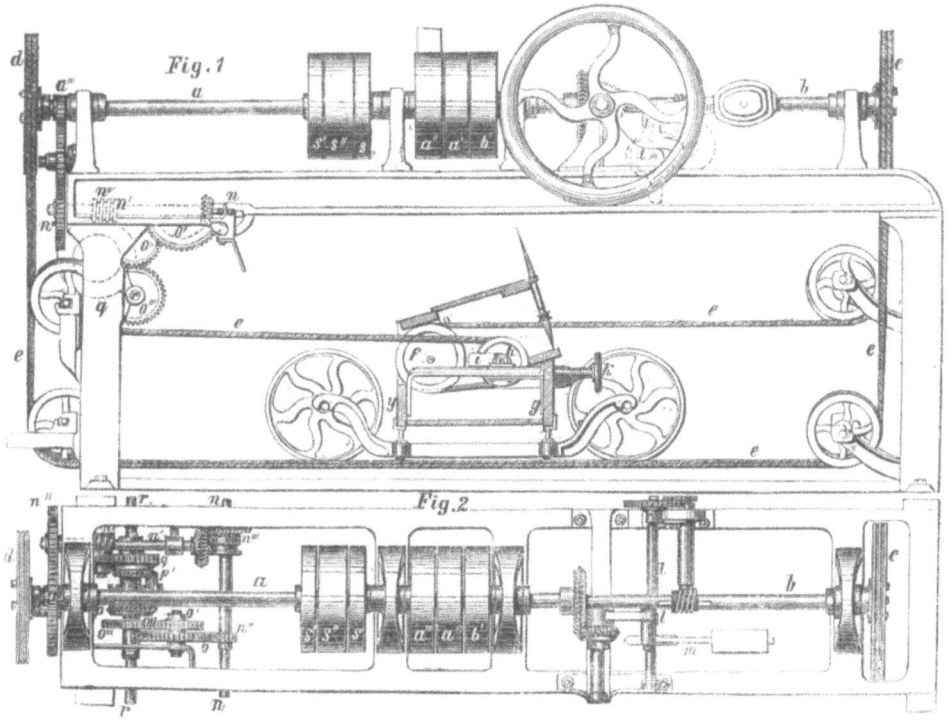

Fig. 460.

Riemen wird von der Scheibe a" auf die Scheibe a' geschoben. Bei
weiterer Drehung der Welle l lässt der Daumen l' den Hebel m frei, der
nun auf die Riemengabelstange wirken kann und dieselbe, wenn sie von
dem zweiten Daumen der Welle l losgelassen worden ist, zurückschiebt,
so dass der Riemen von der Scheibe b' auf die Losscheibe a' gelangt;
wenn dann der Wagen eingefahren ist, so wird der Riemen wieder von
der Losscheibe a' auf die feste Scheibe a" geschoben. Die Streckwalzen
n werden von der Welle a aus durch das Rad a''' betrieben, welches in
das auf der Welle n' sitzende Rad n" eingreift. Durch konische Räder
wird dann die Bewegung von der Welle n' auf die Achse der Streckwalzen übertragen. Der Auszug des Wagens erfolgt durch das Rad n'''
auf der Axe der Streckwalzen, welches in das Rad o greift. Letzteres
sitzt auf einer Axe mit dem Wechselrade o', welches wieder durch das
Rad o" in das Rad o''' greift, das mit dem einen Theil der Differentialbewegung bildenden Rade p verbunden ist. Ist die Klauenkupplung
n^{IV} ausgerückt, so ist das zuletzt erwähnte Räderwerk ausser Thätigkeit
und der Wagen wird mit langsamer Geschwindigkeit ausgezogen. Dazu
dient die Schnecke n^V auf der Welle n', die in ein Schraubenrad greift,

auf dessen Achse ein in das Rad q greifendes Wechselrad sitzt. Das Rad q ist mit dem konischen Rade p_2 verbunden, das den andern Theil des Differentialmechanismus bildet. Die Scheiben s, s′ und s″ auf der Welle a dienen wie gewöhnlich zum Zurückdrehen und Aufwinden.

Das Patent Benson & Greenwood*) enthält bemerkenswerthe Verbesserungen. A A ist ein Theil des Gestells einer Jenny, B der Cylinderbaum mit den Cylindern c und d. E ist eine Trommel, welche ein Stirnrad trägt, das durch Vermittelung der Zahnräder f, g, h seine Bewegung vom Cylinder d erhält und auf E überträgt. Auf E ruht, von Schlitzlagern geführt, die Spule auf, welche das Vorgespinnst enthält und durch Friction von E mit umgedreht wird. Die Cylinderaxe d besitzt noch ein Rad k, welches in die Zahnstange l eingreift; diese Zahnstange hat eine Verlängerung durch die Schiene m, welche durch ein Scharnier bei S gegliedert ist und durch die Gabeln O und r geführt wird. Auf m ist ferner mittelst Schraube verstellbar ein Aufhalter p befestigt, um dessen Bolzen u eine Falle T schwingt, was aus Fig. 2 deutlicher zu sehen. Die Zeichnung Fig. 461 zeigt den Wagen im Ausfahren begriffen und die Cylinder haben die zu spinnende Fadenlänge wie gewöhnlich geliefert. Wenn die am Wagen befestigte Stange v während des Wagenlaufs in Berührung mit der Falle T kommt, so zieht sie die Schiene mit sich fort, es erhalten also die Cylinder durch die Zahnstange und das Rad k eine rückgehende

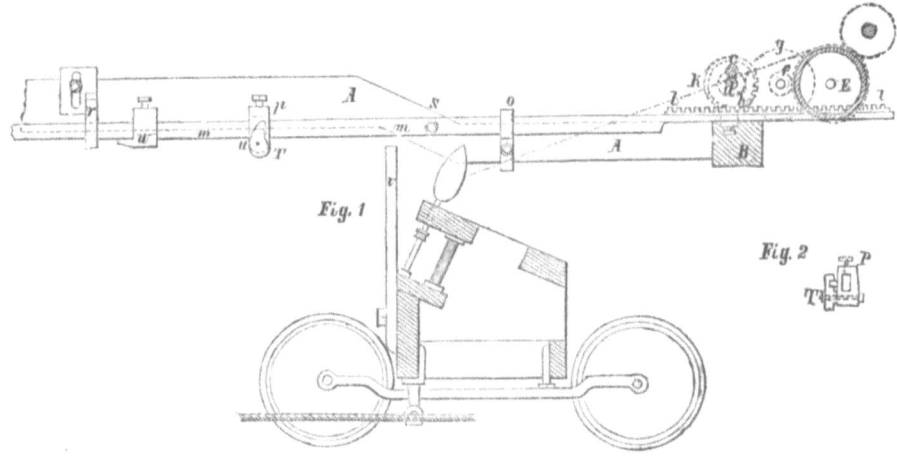

Fig. 461.

Bewegung. Auf die Stange m ist ferner noch durch Schraube nach Belieben stellbar ein Halter w aufgesetzt, dessen untere Fläche mit einer schiefen Ebene versehen ist. Dieser Halter wird so gestellt, dass, wenn die beabsichtigte Rückwärtsdrehung der Cylinder bewirkt ist, seine schiefe Ebene in der Führungsgabel r auftrifft und ein Heben dieses Theils der

---
*) Spec. 1863. No. 2090.

Stange m veranlasst, wodurch der Aufhalter T ausser Eingriff mit der Stange v gesetzt wird. Beim Wiedereingang des Wagens geht dann die Stange v ohne anzustossen unter der Falle T weg, was durch die besondere Einrichtung derselben ermöglicht wird. Man ersieht leicht, dass durch Verstellen der Aufhalter p und w der Betrag der Rückwärtsdrehung der Cylinder genau regulirt werden kann. Beim nächsten Wagenauszug drehen sich die Cylinder wieder nach ihrer gewöhnlichen Richtung für das Fadenausgeben und schieben die Zahnstange zurück nach ihrer gehörigen Stellung.

Durch die beschriebene Einrichtung wird möglich gemacht, in jedem beliebigen Moment des Wagenauszugs ein Rückwärtsdrehen der Cylinder und ein **Wiederzurückwickeln** des schon mit Draht versehenen Fadens zu bewirken. Die Vortheile dieses Verfahrens sollen darin bestehen, dass das von der Krempel gelieferte Band unmittelbar auf die Spinnmaschine gebracht werden kann, ohne erst durch eine Vorspinnmaschine Draht und also mehr Haltbarkeit erhalten zu müssen. *)

Zur **Spindelbewegung** hat man nicht immer Seile angewendet, sondern hat dieselbe durch Zahnradübertragung bewirkt und auf andere Weise. So wendet **Backer** (Pat. 1862) ein langes Zahnrad an, an welchem entlang sich der Trieb für die Spindeltrommel bewegt und eigene Umdrehung erhält. (Siehe die Mule von Brunneaux.)

Barton und **Whalley** wenden statt jenes langen Rades eine lange mit Nuth versehene Welle an, welche ihre Bewegung auf ein darauf verschiebbares, am Wagen drehbar festes Rad, (das mit den Spindeltrommeln in Verbindung steht) fortpflanzt, haben sich aber genöthigt gesehen, auch an dieser bereits früher bekannten Construction wegen häufiger Radbrüche folgende Verbesserung anzubringen. Das Rad, welches die lange Welle treibt, ist lose auf der Haupttriebwelle und mit einer Scheibe verbunden, die am Umfang ausgehölt ist, um zwei Spiralfedern aufzunehmen; jede dieser Federn ist mit einem Ende an einer auf der Scheibe angegossenen Knagge befestigt; dicht neben der Scheibe sind nun zwei Arme fest auf die Haupttriebwelle gekeilt, und an ihren in den ausgehölten Scheibenumfang eintretenden Ausläufern mit den anderen Enden der Federn verbunden. Die Haupttriebwelle ertheilt somit dem Rädertrieb nicht unmittelbar die Bewegung, sondern wirkt durch die Arme erst unter Vermittelung der Federn auf selbigen ein, so dass die Stösse beim Inbetriebsetzen der Spindeln wegfallen. **)

Wir führen nun auf Tafel XXV eine trefflich durchgeführte Construction vor, die eigentlich eine Baumwollenmule ist, allein doch auch für Wolle Verwendung gefunden hat, besonders für bessere längere Wollen. Diese Maschine ist von **Brunneaux*****) entworfen und ausgeführt. Auf eine

---

*) Spec. 1836. No. 2090. London Journal, June 1864 p. 332.
**) Pol. Centralbl. 1868 pag. 1481.
***) Publ. industrielles par Armengaud Vol. 15. —

ganz detaillirte Beschreibung können wir uns nicht an dieser Stelle einlassen. Zur Erleichterung der Uebersicht bezeichnen viele Buchstaben die vielen gleichen Details in den verschiedenen Figuren. Die characteristischen Theile dieser Maschine sind die folgenden: 1) Die lange gezahnte oder genuthete Welle O, getrieben durch das Rad N^2 von N^1 und N her, welches letztere auf der Hauptwelle L sitzt mit den Riemenscheiben M und M^1. Auf dieser langen gezahnten Welle verschiebt sich eine Hülse, getragen von den am Wagen befestigten Armen p. Auf der Hülse, die innen ebenfalls gezahnt ist, sitzt das conische Rad P^1, eingreifend in P^2 conisches Rad auf der Wagenwelle a^2, welche durch den ganzen Wagen hindurchgeht und durch conische Triebräder die Schnurcylinder J treibt (s. Fig. 6). Die Wagenbewegung selbst wird durch den starken endlosen Riemen Q^1 bewirkt, in den der Wagen eingeschaltet ist. Der Riemen enthält von der Trommel J^2, getrieben durch Welle o^1 und Zahnräder q und q^1, seine Bewegung. Die seitliche Welle o^1 lagert auf dem Hebel Q und wird durch Drehung der Steuerstange J^1 im geeigneten Momente gedreht, so dass q und q^1 ausser Eingriff kommen. Im Eingriff seiend erhält o^1 ihre Bewegung durch die conischen Räder p^2 und p^1, letzteres auf der Cylinderachse der Einlieferung, welche bewegt wird von dem conischen Rad k auf der Hauptwelle durch das ausrückbare Rad k^1, Zahnräder L^1 und L^2 und L^3.

Bei Drehung von O dreht sich natürlich P^1 mit, während P^1, gezwungen durch die Wagenausfahrt, sich auch alternativ bewegt.

Auf alle übrigen Theile dieser sehr durchdachten Maschine wolle man achten. Fig. 1 giebt eine Seitenansicht des Treibstockes, Fig. 2 eine Oberansicht, Figur 3 eine Ansicht des Wagens, um die Aufstellung der Spindeln, Trommeln und des Stellrades zu zeigen; — Figur 4 zeigt die Uebersetzung im Headstock auf die Welle O und auf die verticale Treibachse o^1. Figur 5 vervollständigt die Darstellung dieser Uebersetzung und der Bewegung für o^1. Figur 6 stellt den Wagen mit der eigenthümlichen Bewegungsübertragung für die Trommel mit innerem Zahnkranz (siehe Fig. 7 im Detail) dar. Figur 8 und 9 endlich geben die Anordnung des Zählmechanismus und der Steuerung, im grösseren Massstabe gezeichnet, wieder.

Die selbstspinnende Jenny. Streichgarnselfactor.

Im Vorstehenden haben wir die verschiedenen Jennyspinnmaschinen kennen gelernt und mehrfach haben wir darauf verweisen können, dass der Schritt zum Selfactor darauf hinauskam, die Einfahrt und Aufwindung selbstthätig zu bewirken, sie also der mehr oder minder willkürlichen

Leitung des Spinners zu entziehen. James Smith,*) der neben Roberts hervorragendste Constructeur und Erfinder der Selfactors, hat in höchst präciser Weise bereits 1834 die eigentliche Idee desselben dargelegt. Er sagt: „Betrachtet man die Bewegung der Lieferung und der Spindeln als etwas allen Spinnmaschinen gemeinsames, so macht die Mule ausser diesen zwei Bewegungen noch 5. Die erste besteht in der Ausfahrt des Wagens, welche zu gleicher Zeit mit der Lieferungsbewegung beginnt und aufhört, wenn der sogen. Auszug (the stretch) vollendet ist und der Wagen am Ende der Ausfahrtbahn steht. Die Lieferungswalzen haben bereits ihre Bewegung sistirt. Das zweite Glied der Bewegung ist das Abwinden des spiralförmig um den oberen Körper der Spindel zwischen Kötzer und Spitze aufgewundenen Fadenstückes (genannt the backing of). Behufs dieser Operation müssen die Spindeln rückwärts gedreht werden. Die dritte Bewegung besteht in dem Herabführen des Aufwindedrahtes und Führung desselben während des Aufwindens des Fadens auf die Spindel (putting down and guiding the faller wire). Diese Bewegung wird bei der Mule mit der Hand ausgeführt und erfordert grosse Aufmerksamkeit, um das Garn gleichmässig auf der Spindel zu vertheilen und den Kötzer (cop) zu formen. Die vierte Evolution besteht in der Aufwindung selbst (winding on) während der Einfahrt des Wagens und wird effectuirt bei der Handmule durch den Spinner, der den Spindeln die nöthige Geschwindigkeit mittels Handrades etc. ertheilt. Die letzte oder fünfte Action ist das Einfahren des Wagens gleichzeitig mit der Aufwindung (going in of the carriage). Ist die Einfahrt vollendet, so ist der Wagen bei den Lieferungscylindern wieder angekommen und es beginnt darauf ein neuer Auszug. Betrachtet man diese 5 Bewegungen, die wesentlichsten des Spinnprozesses genauer, so findet man, dass 4 derselben bei der Handmule vom Spinner abhängig sind." **) Diese einfache Darlegung zeigt auf das Beste, welchen Aufgaben der Selfactor gerecht werden musste. —

Betrachten wir nun eine Selfactorconstruction genauer und zwar die im Diagramm Figur 4 Tafel XXVI dargestellte Construction von Parr Curtis & Madeley, so finden wir folgende Haupttheile: Vg die Vorgarnrolle, C der Lieferungscylinder, H der Wagen, Sp die Spindel, A die Hauptwelle, V Twistwürtel, L der Aufwindehebel, E die Spindelschnurentrommel, f die Auszugscheibe, N L' der Zählmechanismus.

Diese Theile sind auch Bestandtheile der Hand-Mulespinnmaschine. Das Vorgespinnst kommt also von Vg herab und wird durch einen Führer den Ausgebecylindern C zugeführt. Hinter C wird der Vorspinnfaden an der Spindel Sp befestigt und nun fährt der Wagen H mit der

---

*) Specif. 1834. No. 6560.
**) Smith fährt fort: One object of my Invention is, to render these movements independent of the Spinners, and dependent on the moving power which turns the machine. —

Spindel aus, durch einen Mechanismus getrieben, der bei Parr Curtis' Selfactor aus folgenden Theilen besteht:

Seil A' befestigt am Wagen H, laufend über die Scheibe f und f'. Die Scheibe f sitzt auf derselben Welle mit dem Zahnrad U getrieben von T', getrieben von S' getrieben von R' auf der Lieferungscylinderwelle, welche mittels conischen Rades P von der Hauptwelle A ihre Bewegung durch a erhält.

Die Scheibe f' sitzt auf der Axe z' mit dem Zahnrad D, welches eingreift in den Zahnsector S, befestigt an dem sog. Quadranten X, drehbar um F', mittels einer Kette aber befestigt an der Schnecke F im Wagen H.

Bei Drehung in Pfeilrichtung muss also der Wagen herausgehen, während D in den Zahnsector S eingreift und den Quadranten X aufrichtet resp. in eine mehr verticale Lage bringt. — Während dieser Ausfahrt aber dreht sich mit der Hauptwelle A der darauf befestigte Twistwürtel V. Ueber V läuft eine Schnur, die, über a und e geführt, T umfasst und um r herum nach V zurückkehrt. Von E aber aus werden die Spindeln Sp mittels Würtel n und Schnur bewegt, sodass durch Drehung der Hauptwelle A die Spindeln Sp über V e f'' T E n ihre Rotation erhalten.

Wir haben hierin alle Theile vor uns, welche für den Ausgang des Wagens nöthig und unerlässlich sind. Für den Eingang dienen folgende Theile:

Auf Welle Q im unteren Theil der Maschine sitzen zwei Doppelschnecken z (siehe Detailfigur 21, 22 und 9). An dem niedrigsten Punkt der Schneckengänge sind Seile befestigt und zwar das eine rechts das andere links, so dass das eine Seil stets aufgewickelt, das andere abgewickelt wird. Die anderen Enden der Seile sind mit dem Wagen H fest verbunden und zwar das Ende des einen Seils bei w, das des anderen nach Umgang um R'' an w'.

Es ist nun nothwendig, dass wir auf die Einrichtungen eingehen, für die Rückdrehung der Spindeln, für das Nachdrehen und die Aufwindung des gesponnenen Fadens. Nachdem der Wagen an das Ende der Bahn gelangt und die erforderliche Anzahl Drehungen der Spindeln erfolgt ist, bewirkt das Zählrad L'' eine Umsteuerung der Welle A. In Folge dessen hört die Bewegung der Spindeln auf und die eintretende entgegengesetzte Drehung von A bewirkt die entgegengesetzte Drehung der Spindeln. Diese Umkehr der Rotation veranlasst auch, dass E die Rolle C mitnimmt, welche ebenfalls auf der Spindeltrommelaxe aufsitzt. Die Folge davon ist, dass C die Kette F^2 aufzuwickeln strebt, dadurch den Hebelarm L' senkt und mit ihm den an derselben Axe b sitzenden Aufwinder, während der Arm z' auf b ebenfalls emporschnellt und die schwebende Stange L emporzieht, so weit, dass ihr unteres Ende mit dem Ausschnitt J über die Rolle i gleitet und auf dieser aufruht. Dadurch ist der Aufwinde-Apparat für die Aufwindung festgestellt, und verbleibt so, bis der einfahrende Wagen soweit einrückt, dass der Schwanz n' gegen die Knagge D' stösst und dadurch I von i herabgleitet. Ferner hört mit diesem Stillstand des Wagens und eintretender Umkehrung der Bewegung von E der Connex zwischen E und C auf, sodass der Federzug B den Hebelarm L' an b emporzieht und die Kette F^2 von C abwickelt. Damit ist die Aufwindung wieder abgestellt. — Während der Ausfahrt des Wagens wickelte sich von der Kette Q', welche einerseits an Quadranten andererseits an der Trommel F der Spindeltrommelwelle befestigt ist, in Folge der langsameren Bewegung von D ein der Differenz der beiden Bewegungen entsprechendes Stück der Quadrantenkette Q' auf F auf. Diese Einstellung wirkt nun bei Einfahrt des Wagens umgekehrt; indem der Sector des Quadranten an D abrollt und der Quadrant X sich senkt, rückt der Wagen H mit grösserer Geschwindigkeit vor. In Folge dieser Differenz der Geschwindigkeiten rollt F an der Kette Q' ab und dreht dadurch die Spindelschnurentrommeln, die mit der Quadrantenkettenaufwindetrommel F durch Frictionskuppelung verbunden ist. Die Schnelligkeit des Umganges von F wird noch erhöht, wenn der Quadrantenarm so weit herabgesunken ist, dass die stellbare Ansatzrolle Y die Kette berührt und auf sie drückt. Diese durch Q' und dem Quadranten hervorgebrachte Geschwindigkeitsänderung variirt wesentlich durch Verstellung der Quadrantenmutter s auf der Schraubenspindel des Quadranten. Diese Verstellung kann sowohl mit der Hand durch die Kurbel y geschehen, als durch eine automatisch bewirkte Bewegung von Stellrädern auf der Axe F'. Damit während der Einfahrt die Aufwindung so geleitet wird, dass eine Kötzerform herauskommt, ist die Vorrichtung der Coppingplatte vorhanden. Unterhalb des Wagens ist die eigenthümlich geformte und verstellbare Coppingplatte R angebracht. Auf derselben schleift die Rolle g, welche unterhalb des Hebels G und an demselben angebracht ist. G ist frei drehbar an g', welches an dem Wagen H befestigt sitzt. Beim Ausfahren folgt die Rolle X' einfach der Bahn auf der Coppingplatte R, ohne auf einen andern Theil des Wagens dadurch zu influiren. Beim Einfahren aber ist der Ausschnitt J über i herübergehoben und sitzt auf i. In Folge davon überträgt sich jede Bewegung von g auf G und auf den Arm L und durch diesen auf den Aufwinder an L' mittels Z'. Je höher nun die Coppingplatte R über dem Boden emporragt, je höher wird g G i gehoben, je tiefer sinkt der Aufwinder an L' und umgekehrt.

Dies sind in den Grundzügen die Vorgänge beim Selfactor, ausgenommen die Bewegungsvermittlung und Umsteuerung selbst. In diesen Grundzügen finden sich mehrere Perioden leicht erkennbar, die für sich eine mehr oder weniger abgeschlossene Thätigkeit umfassen.

Die I. Periode lässt den Wagen herausfahren; dabei geben die Lieferungscylinder Vorgarn aus, die Spindeln drehen sich und, da der Aufwinderdraht hoch steht, ist ein Aufwickeln des Fadens unmöglich.

Der Quadrantenarm erhebt sich und die Quadrantentrommel F an der Spindeltrommel E des Wagens wickelt die Quadrantenkette auf im Verhältniss zur Differenz der Geschwindigkeiten des Wagens und der Quadrantenmutter s. Die Schnecken Z werden vom Wagen gezogen.

Die II. Periode beginnt mit der Ausrückung der Räder T' U und Stillstand des Wagens, ferner Stillstand der Lieferungscylinder c. Die Spindeldrehung dauert fort, bis das Zählrad L'' umsteuert, die Spindeln anhält und sodann in entgegengesetzte Bewegung versetzt, zum Abwinden des um den Spindelkopf gewickelten Fadenendes.

Die III. Periode beginnt mit der in Folge der entgegengesetzten Drehrichtung der Spindeltrommel bewirkten Aufwindung der Kette F'' am Aufwinder, welche die Senkung und Feststellung desselben bewirkt. Bei Hebung von L aber steuert die Maschine um, so dass nun die Einzugschnecken ZQ selbstständige Bewegung erhalten und durch Aufwindung des Seils den Wagen einziehen. Die Hauptwelle A ist ausgerückt, dagegen ist die Quadrantenkettentrommel F fest mit E verbunden und das Abrollen derselben an der Kette Q' giebt der Spindeltrommelwelle ihre Bewegung somit den Spindeln, die durch schliessliches Auftreffen von Y auf die Kette noch beschleunigt wird. — Die Einfahrt des Wagens macht die IV. Periode aus. Während derselben erfolgt die wirkliche Aufwindung, regulirt durch die Coppingplatte R. — Trifft der Wagen an der Seite der Maschine ein, wo die Lieferungscylinder aufgestellt sind, so bewirkt D' die Abstellung der Aufwindung L, der Wagen H steht still, die Hauptwelle A wird eingerückt, ebenso die Lieferungscylinder, die Quadrantentrommel F löst sich von E und alle Theile sind für die erneuete Ausfahrt des Wagens eingestellt, welche dann auch sofort erfolgt.

In der vorstehenden Darlegung der Haupttheile des Selfactors ist, wie bemerkt, der Selfactor Parr Curtis' zu Grunde gelegt, weil dieser Selfactor für die Ausbildung des Streichgarnselfactor von höchster Wichtigkeit gewesen ist, mehr fast wie die sehr verwandte Construction von Platt Brothers. Beide Selfactorconstructionen aber stammen von dem einen Vorbilde, dem Selfactor von Richard Robert's ab.

Nachdem nämlich, wie oben gezeigt, Coniah Wood (1772) die Jenny des Hargreaves umgeändert hatte und ausserdem Samuel Crompton bereits 1779 die eigentliche Mule aus Arkwright's Watermaschine (resp. Louis Paul's) und der Hargreavesschen, resp. der Wood'schen Jenny componirt hatte, erschienen bald Versuche, diese verbesserten Maschinen ganz selbstthätig zu machen. Besonders energisch traten Jedediah Strutt 1790 dafür auf und Matthew Murray in demselben Jahre. Beider Constructionen konnten jedoch mit der Aufwindung nicht fertig werden. 1792 reihte sich ihnen William Kelly an, dessen Patent-Specification ungemein ausführlich über die Idee des Selfactors spricht, ohne aber die wesentlichsten Nothwendigkeiten des Gelingens der selbstthätigen Spinnmaschine klar zu erfassen. John Wood machte 1803 einen neuen Selfactorversuch, den er 1804 in verbesserter Form wiederholte und in einer ausführlichen Specification darlegte. Das Absteigen des Aufwinders und das Aufführen desselben suchte er durch Röhrenhebel zu bewirken, in deren Bohrung Quecksilber oder Schrootkörner sich befanden. Es folgen sodann die weiteren Versuche von W. Clark

& J. Bugby 1806, sodann von W. Eaton 1818. John Heathcoat tritt dann 1824 mit sehr geläuterten Ideen auf. Er richtet das Zurückdrehen der Spindeln selbstthätig ein, um das Fadenende vor der Aufwindung von der Spindelspitze abzuwickeln, er trennt beim Einfahren die Bewegung des Wagens und die Bewegung der Spindeln und giebt jedem dieser Theile besondere Geschwindigkeit; er richtet eine Coppingmotion zur selbstthätigen Bildung der Kötzer ein. Gerade ein Jahr später entnahm **Richard Roberts** sein erstes Selfactorpatent am 29 März (No. 5138). Dasselbe enthielt bereits sehr viel Treffliches, aber die Spindelbewegung und Regulirung der Aufwindung bei der Einfahrt durch einen Apparat, den Quadranten, erfand Roberts erst später und liess sich diesen wichtigen und originellen Theil 1830 patentiren. Mit Roberts Selfactor, wie er nun dastand, war die Aufgabe der Construction einer selbstthätigen Spinnmaschine gelöst und zwar so vollkommen, dass der späteren Zeit nur noch übrig blieb, zu vervollvollkommnen und zu combiniren, resp. aber sich zu bemühen, die an R. Roberts patentirten Details durch andere zu ersetzen, welche denselben Zweck in anderer Form erfüllten. Hiermit begann Thomas Knowles gleich 1831, und ganz besonders John Robertson 1833, der übrigens in seinem Patent thut, als ob vorher kein Versuch zur Construction eines Selfactors gemacht war, dagegen in seinen zahlreichen späteren Patenten 1846, 1850, 1852, 1856, 1863, 1866 etc. ein hervorragender Verbesserer der Details geblieben ist. Ferner betheiligten sich an den Verbesserungen John Travis, Peter Ewart, Dobson, Sutcliffe & Threlfall und in hervorragendster Weise **James Smith**, der in seinem Patent vom 20. Februar 1834 so bedeutende Neuerungen, Modificationen etc. der Details, besonders die Benutzung der Mangelräder für den Wageneinzug etc und des ganzen Arrangements machte, dass sein Selfactor mit vollem Rechte neben Richard Roberts Selfactor als fast ebenbürtige Construction auftreten kann. Allerdings kann man auch in dieser Construction als Vorbild der Conception den Roberts'schen Selfactor durchblicken sehen. Von dem Moment ab erscheinen aber zwei Systeme von Selfactorconstructionen: das System Roberts und das System Smith.

Inzwischen war in Amerika durch **Gilbert Brewster** in Norwich (Con.) die Erfindung des Selfactor selbstständig gemacht und patentirt am 27. Febr. und am 13. März 1874, also sogar früher als in England Roberts Patent erschien. Freilich ist dieser Selfactor später durch die Construction Roberts und Smith überholt, aber sie zeigt doch eine bedeutende Combinationsgabe. Den Ausgangspunct für alle diese Constructionen bildete gleichmässig die inzwischen vervollkommnete Mule des Wood.

Ein ebenfalls neu entwickeltes System enthielt sodann der Selfactor von **James Potter** (21. Dcbr. 1836). Potter bewirkte die Bewegungsübertragungen durch gewaltige Excenter, hyperbolische Schrauben, Spiraltrommeln etc. — Alles angeordnet in einem gewaltigen Headstock, den er erst 1849 reducirte. In seinem Patent 1842 aber giebt er zwei wichtige Neuerungen: Einrichtungen für langsames Anspinnen bis die Lieferung steht, sodann schnelles Herausspinnen. Auch im Uebrigen ist dieser Selfactor reich an Finessen. Gleichzeitig hatte Joseph Whitworth in einem Patente für die Wagenbewegung eine Schraube construirt, was Robert Montgomery 1840 in ausgebildeter Weise durchführte, später besonders Julius Steiner 1864 und Maqueen 1872. Es ist nun höchst interessant, weiter zu verfolgen, wie die einzelnen Theile am Selfactor verbessert wurden. So gab Sharp eine neue Einrichtung an, die durch zwei geneigte Ebenen geführt ward und aus welcher jene Coppingplatteneinrichtung hervorging, welche nach Vereinigung zwischen Roberts und Sharp ein wesentliches Aquisit des Selfactors der Firma Sharp, Roberts & Co. wurde. Eccles & Brierley richten 1845 Bremsapparate ein zum Aufhalten der Spindeln nach Beendigung der Ausfahrt. Houghton beugt 1847 der Schleifenbildung bei Angang des Wagens vor. Fothergill führt einen selbstthätigen Reinigungsapparat für den Wagen ein 1842—46 und verbessert den Quadranten. Weild (1848) regulirt die Wagenführung. Grundy & Farrow bewirken 1849 für den Nachdraht grössere Geschwindigkeit etc. Hervorragend und epochemachend beginnt seit 1847 die Thätigkeit der Gruppe Curtis und seit 1850 die Thätigkeit der Gruppe Platt Brothers. Wir bedienen uns des Ausdrucks „Gruppe", weil die resp. Selfactorconstruction, die den Namen Parr, Curtis, Madeley & Co. trägt oder neuestens Curtis Sons & Co., nicht als das Werk eines Einzelnen, sondern als durch die Zusammenarbeit einer Gruppe von trefflichen Kräften entstanden zu betrachten ist. Die Construction dieses Systems begann 1847 mit einem Patent (Curtis & Lakin), welches anknüpfend an den Smith'schen Selfactor eine Reihe Verbesserungen und Applicationen Roberts'scher Details enthält und setzte sich fort durch die Erfindungen und Verbesserungen von Robert Lakin, Rhodes, Wain, Madeley, Asa Lees, Greasley, Parr bis auf den heutigen Tag. Diese Zusammenarbeit hat heute also das System Parr-Curtis geschaffen, in welchem weder Smith's noch Roberts Selfactor in ihrer Urform zu erkennen sind, noch aber diese Grundformen zu verkennen sind. Es ist ein bedeutendes Quantum „Originales" hinzugetreten. Das System Parr. Curtis hat auf dem Continent sehr glückliche Aufnahme gefunden und zu vielen schönen Constructionen in deutschen Händen geführt, besonders bei Wiede, Hartmann, Schellenberg, Schlumberger, Stehelin, Köchlin, Bède u. A.

Die Construction des Platt'schen Selfactors, ausgehend von der Construction Sharp-Roberts, in den Patenten 1850 und 1856, ursprünglich genau imitirend, später freier und freier sich entwickelnd, verdanken wir der Gruppe Platt, zu welcher gehörten John Platt, Schiele, Hibbert, Spencer, Fielding, Dodd, Whitacker, Buckley u. A. Das System Platt hat ebenfalls auf dem Continent und in Amerika beste Aufnahme und sorgfältigste Pflege genossen. —

Eine andere Gruppe, deren Erfolg freilich in Europa nicht so durchgreifend wurde als in Amerika, wollen wir hier erwähnen. Es ist das die, welche das System Thatam oder Knowles, Houghton & Co. vertreten und geschaffen hat. Die Combination dieser Kräfte, zu der gehören Thatam, Ferabee, Thurlow, Banks, Slater, Johnson, Albinson, Halliwell, Leach, Hoyle, Robinson, Oldroyd, Burrows, Collier, Knowles und Houghton u. A. ist augenscheinlich keine so enge gewesen, als bei obengenannten Gruppen, allein ihre Arbeit hatte sich doch mehr oder minder der Verbesserung des einen Systems zugewendet. Dass solche Gruppenarbeiten von Erfolg sein mussten, ist nicht räthselhaft. Stehend auf den Schultern verdientester Vorgänger, — durch die veröffentlichten und allgemein zugänglichen Patentspecificationen Englands, Amerika's und Frankreich's im Besitz und in der Kenntniss auch der kleinsten, jemals geplanten Verbesserungen von vielen Hunderten von Erfindern, — unterstützt von gewaltigem Kapital, nicht beirrt oder berührt durch continentale Concurrenz, sondern dominirend gegenüber der verhältnissmässigen Unkenntniss und dem Unvermögen des Continentes, — sagen wir es, emporgehoben und hoch entwickelt durch einen fast fünfzigjährigen Vorsprung in der Kenntniss und Ausübung und Ausbeutung des Maschinenwesens, — konnte der Selfactorbau sich so hoch in England erheben, bevor der Continent nur einmal eine ausgiebige Kenntniss von demselben hatte! —

Selbstständige Constructionen neben diesen Gruppensystemen traten in England wohl noch auf, allein sie brachten es zu keinem bedeutenden Erfolge, — andererseits wurden alle originellen und einflussversprechenden Details von den Gruppen aufgekauft, theilweise verwendet, theilweise unbenutzt gelassen. Doch wollen wir noch auf Einzelnes aufmerksam machen des geschichtlichen Werthes wegen. Wir hatten also die Systeme

I. Sharp-Roberts   II. Platt Brothers
James Smith   Parr Curtis
James Potter   Thatam

entstehen sehen. Bevor eines dieser Systeme gewichtiges Uebergewicht erlangte, verbesserte man an den primären Systemen ziemlich gleichmässig. Jedoch neigte man bis 1860 ungemein stark zur Ausbildung des Smith'schen Systems hin. Wir finden dafür Patente von Cottam, Shaw, Makindoe, Greenbank & Pilkington, Mc. Gregor, Hacking, Kilshaw, Beckett, Kenworthy, Jackson, Cowban & Andrews,

Dean, Parkinson, Riley & Burton, Fielden u. A. unter denen das von Makindoe und das von Mc. Gregor sehr hervorragend sind. G. P. Makindoe construirte nämlich 1849 einen Selfactor (sehr verbessert 1862 in London ausgestellt), bei welchem der Wagen durch Seil ausgezogen wird, durch einen Hebel aber eingezogen wird und bei welchem der Quadrant abweichende Anwendung gefunden hat. Die Idee Makindoe's in dieser Construction fand später mehrfache Anwendung. P. & J. Mac Gregor*) construirten den Selfactor mit Smith's Mangelrad nach Roberts'schem Prinzip. Die Ausfahrt wird gegen Ende hin verlangsamt; die Spindeln werden nicht zurückgedreht, sondern der Faden wird heruntergeschoben von dem Spindelhaupt. Mac Gregor's Construction fand vielen Beifall und erhält sich bis auf den heutigen Tag mit Erfolg.

Der Roberts-Selfactor fand Nachahmung und Verbesserung besonders durch Platt, Elce, Brierley, Higgins & Withworth, Oldfield, Mac Mellor, Rothwell, Beads, Halliwell, Asa Lees, Schofield, Parker & Harrison, Taylor, Gantside & Wood, Pickering, Brooks & Denton, Wrigley & Morris etc.

Der Potter'sche Selfactor fand besondere Beachtung und Entwicklung durch die Ingenieure aus der Gruppe Thatam-Knowles, so besonders W. Slater, Halliwell, Barlow, Johnson, Knowles, Hoyle u. A., und viele Einzelheiten der Potter'schen haben in den neuen Systemen Anwendung gefunden. Die secundären Systeme Curtis, Platt und Thatam nehmen heute die Kraft fast aller Erfinder für Spinnmaschinen in Anspruch; neuere Systeme sind nicht aufgetaucht, doch haben sich einzelne Constructeure durch Specialitäten ausgezeichnet. Wir nennen Elias Cocker (1858), Scholfield & Cudworth (1859), R. Threlfall (1860), Wrigley & Morris (1863), J. Dodd (1863), Threlfall & Pietfield (1864), Bodmer (1864), E. Stamm (1865), Standeven (1864), Macqueen (1870), Methcalf (1872), Dobson & Cocker (1867), Smith & Hartley (1874), Mac Myn & Taylorson (1874), J. Dodd (1874), Wright & Pollard (1875). — Mit gewisser Selbstständigkeit und mit abweichenden Constructionselementen waren nur (und zwar ohne Erfolg) erschienen: Higgins & Schofield Whitworth 1845 Selfactor, bei welchem die Spindel sich mit dem Wagen im Bogen bewegte; eine Construction, die später 1866 von Rhodes & Zwanziger in ihrer Triangularmule eine Nachfolge erhielt und jetzt noch nicht aufgegeben erscheint.**) Flageollet 1858. Fr. J. Brammel 1861 Selfactor mit hydraulischem Apparat für die Wagenbewegung. Mallinson (1863) Doppelselfactor. —

Deutschland griff in den Selfactorbau sogar epochemachend etwa 1860 ein und zwar für Streichgarnspinnerei. Die beiden Publicisten Fr. Wick und Wedding sorgten für Bekanntwerden der Selfactoren in Deutschland, später auch Hülsse. Die ersten Versuche deutschen Selfactorbaus machten Gebr. Lauckner in Aue (Sachsen), die auch 1843 ein Patent auf eine neue Construction am Selfactor erhielten. Sie bewirkten die Ausfahrt des Wagens durch eine Schraube und ebenso das Einfahren durch eine Schraube von grösserer Ganghöhe, die sich Anfangs vergrössert, gegen Ende aber vermindert. Die Stellung der Coppingplatte geschah durch spiralförmig gewundene Formplatten. Von diesen Selfactoren kamen nur wenige in Gebrauch. 1860 trat dann Theodor Wiede mit seinem Selfactor auf, kurze Zeit vorher Richard Hartmann und später Fr. W. Schellenberg. Für die Ausbildung dieser sächsischen Selfactoren ist wohl Rhodes Einfluss mitthätig gewesen. Es ist dies derselbe Rhodes, welcher in der Gruppe Parr Curtis thätig gewesen und jetzt noch thätig ist. Ferner müssen wir Julius Steiner in Chemnitz nennen, der seit 1861 unermüdlich für die Verbesserung des Selfactor arbeitet. Ausserdem haben Hütter, J. B. Heiller, Th. u. W. Schmidt, Fr. Hetzel, Fr. Buser, und ganz besonders Heller***) in Schönau in Baden 1855 sich für den Selfactor verdient gemacht, letzterer durch seinen Selfactor, den Barlow später umarbeitete. Derselbe zeichnete sich durch Klarheit der Conception aus.

---

*) Artizan 1853. 174. Leigh, the Science of modern Cotton spinning II.
**) Leigh, The Science of modern Cotton spinning II. p. 250.
***) Brevets d'invention 1851–1855.

Die Leistung der sächsischen Constructeure ist äusserst bedeutend. Ausgehend von Platt Brother's und von Parr Curtis' Construction schufen Wiede und Hartmann besondere originelle Selfactoren mit der besonderen Bestimmung für Streichgarn und Vigogne. Sie hatten die wesentlichen anderen Bedingungen durchschaut, welche das kürzere, gekräuselte Streichgarn erforderte und stellte und gaben ihren Selfactoren selbstständige Einrichtungen, durch welche diese sich von den englischen Constructionen nicht nur unterschieden, sondern diese für den Zweck bei Weitem übertrafen. Die Variation der Aus- und Einfahrtsgeschwindigkeit, die eigenthümliche Aufwindung etc. ist erst später von den Engländern gezwungen nachgeahmt worden, weil durch diese Einrichtungen die deutschen Selfactoren den englischen überlegen sich zeigten. Ebenso galten und gelten die Wiede'schen und die Hartmann'schen Selfactoren in Frankreich als mustergültig.

In Frankreich begann man frühzeitig mit dem Selfactorbau. Es waren dort seit 1802 Douglass & Cocquerill, später Martin & Co., Mac Lardy*), Chauvelot, Montigny, Berlet & Noel, Filleul, Müller (1848), Chauvière in Rouen 1846, Pierrard-Parpaite u. A. thätig. Wirklich concurrenzfähig gestaltete sich der Selfactorbau allein im Elsass. Seitdem beschäftigten sich Köchlin, Köhler, Stamm, Stehelin, Heller, Schlumberger, Grün, Peters, Peynod, Peugeot, Sommervail, Durand, Perrin, Ziegler, Thouroude-Daugny, Prevost-Meunier, Moeckel, Kaeppelin, See, Harmel, Brunneaux**), Weild***), Bourcart, Mercier, Recheux ainé u. A. mit dem Bau der Selfactoren resp. der Verbesserung seiner Construction. Heute gehört der Selfactor von Andreas Köchlin & Co. †) in Mulhouse zu den bestausgeführtesten Selfactoren der Welt und der Kammgarnselfactor dieses Hauses lässt die englischen Selfactoren weit hinter sich, was Ausführung, genaueste Berechnung und Zusammenwirken der einzelnen Theile betrifft. Mit manchen originellen Détails ausgestattet und im Allgemeinen vorzüglich construirt (nach Parr Curtis) steht der Selfactor von N. Schlumberger ††) in Guebweiler da. Auch der Selfactor von Stehelin in Bitchweiler-Tann nach Parr Curtis System zeigt sich als leistungsfähige Construction.

In der Schweiz bauen F. F. Rieter & Co. in Winterthur und in Oesterreich Jo|sephi's Erben†††) und Sternickel & Gülcher in Bielitz, sowie die Thannwalder Baumwollfabrik und die erste Brünner Maschinenfabrik Selfactoren.

In Belgien leisteten früher Martin & Co. in Pepinster Bedeutendes für Selfactoren. Jetzt baut das Haus nur Continues. Jules Hemptinne in Gent fertigt Selfactoren nach Platt's System. Bède & Co. (früher Houget & Teston) haben ein gemischtes System combinirt und suchen möglichst alle Zahnräder durch Seile zu ersetzen. —

In America endlich begann der Selfactorbau frühzeitig. Schon 1824 ward Dr. Brewster ein Selfactor patentirt*†) und Roberts's, sowie de Jongh's Selfactor wurden seit 1825 nachgebaut. Die amerikanische Erfindungsgabe erwies sich am Selfactor nicht sehr glücklich, aber schnell wurden die Selfactoren von Platt, Smith, Potter, Thatam, Parr Curtis nachgebaut und mannigfach verbessert. Hervorragend als Selfactorconstruction amerikanischer Verbesserung ist zu nennen: der Selfactor von William Mason in Taunton (Mass.) 1846. Aus der Gestalt dieses Selfactors und seiner Details, sowie aus der Verbindung und Einrichtung einzelner Theile leuchtet das Vorbild Potter's hervor, wie auch später der Thatamselfactor die weiteste Verbreitung in Amerika fand. Uebrigens war William Mason ein höchst intelligenter Mann, der mit 21 Jahr einen mechanischen Webstuhl construirte. Den Selfactor erfand er 1842—1846 als Maschinist

---

*) Polyt. Centralbl. 1847. 791.
**) Publ. ind. XV.
***) Armeng. Publ. ind. IX. pag. 159.
†) Grothe, Technologie der Gesp. Bd. II. Springer, Berlin.
††) Publ. ind. XVIII. pag. 247, Kick & Rusch, Beiträge etc. 1868 pag. 39.
†††) Zemann, Spinnerei auf der Wiener Ausstellung.
*†) Verh. des Vereins für Gewerbfl. 1827.

in der Fabrik von Crocker & Richmond in Taunton. Die Firma Mason's Machine Works at Taunton betreibt heute in mächtiger Ausdehnung den Bau von Wollen- und Baumwollenmaschinerien, Locomotiven, Waggons und Spritzen. In America ist der Mason-Selfactor am weitesten verbreitet. *)

Die Bridesburg Co. baut nach Platt'schem Muster. Johnson & Basset in Worcester haben das Thatam-System mit sehr gerühmtem Erfolg nachgebaut. Die Woonsocket Machine Comp. und Davis & Furber in North-Andover bauen nach Parr Curtis mit vielen Veränderungen. Neuere Selfactorconstructionen rühren her von W H. Brothers (1869), J. W. Thompson & Frank H. Orr in Rochester, von James Watts in Lawrence (1873), von Mac Govern in North-Andover (1871 und 73) u. A.

Im Allgemeinen tritt der Selfactorbau in Amerika gegen den der Continue zurück.

Nach dieser historischen Darlegung wollen wir zunächst an folgenden Figuren die Originalconstruction von Sharp, Roberts & Co.**) betrachten.

A ist das Gestell des Headstockes, zu dessen beiden Seiten sich die Lieferungswalzen B ausdehnen.

Auf der horizontalen Welle a sitzen 3 Riemenscheiben

C mit dem Zahnrade 1 auf einer als Hülse geformten, a umschliessenden zusammen befestigt,

C' fest auf der Welle a befestigt,

C'' lose Rolle.

Diese Rollen oder Riemenscheiben werden getrieben durch den Riemen D und D' und zwar zuerst treibt:

D beide Scheiben C und C', indem er sich auf jede zur Hälfte auflegt, später mit bestimmtem Zweck nur C allein, indem er ganz auf die Mantelfläche von C übergeht und dort bleibt, bis ein neuer Beginn der Bewegungsperioden stattthat.

D' die Scheibe C' kurze Zeit und zwar langsamer und in entgegengesetzter Richtung, worauf er auf C'' überrutscht und dort verbleibt bis zum Eintritt der Periodenwiederholung.

Von C geht die Bewegung auf andere Theile über und zwar durch die Räder 1. 2, d (mit 2 auf einer Axe). Dieses Rad d ist mit Leder überzogen. Ihm gegenüber auf der vorgelagerten Welle b sitzt ein Rad c, dessen Mantel 4 Ausschnitte parallel zur Welle zeigt, in denen d gleiten kann, ohne c zu drehen. Wird aber durch Federdruck c gegen d angedrückt und zwar so, dass die Kante einer der Vertiefungen mit dem Ledermantel von d in Friction tritt, so dreht sich c um ein Viertheil, worauf der Federdruck durch einen Mechanismus aufhört und die Axe b durch Sperrung festgestellt wird. Dieses Spiel wiederholt sich 4mal während eines vollständigen Spiels der Maschine. An dieser Welle b sitzen folgende Theile:

h' excentrische Spurscheibe mit Curvennuth, in welche der Lenker der Riemengabel D eingreift;

i'' excentrische Spurscheibe mit Curvennuth, in welche der Lenker der Riemengabel für D' eingreift (k'' l'');

m'' excentrische Scheibe, welche auf einen Hebelarm wirkt und bewirkt,

dass die Räder 7 und 6 ausser Eingriff kommen,

dass die Kuppelung h, der Lieferungscylinder sich löst,

dass die Räder 10 und 11 in Eingriff kommen (vermittels der Hebelverbindung m'' n''. (In n'' hängt die Welle i mit dem Rade 10);

---

*) Beschrieben in Scott, the practical Cotton Spinner. 1851. — Appleton's Dictionary of machines etc. 1852. Vol. II. pag. 404.

**) Wir legen hier absichtlich eine frühe Construction zu Grunde, 1836 veröffentlicht. — In der Beschreibung gebrauchen wir folgende Zeichen: s Δ s' = conische, zusammengreifende Räder, ∞ gekreuzter Riemen, $\frac{a}{a'}$ = zusammende cylindrische Zahnräder, $\bigcirc$ gewöhnlicher Riemen, a) — 1 — 2 .... Welle a mit den Scheiben oder Rädern 1, 2 ....

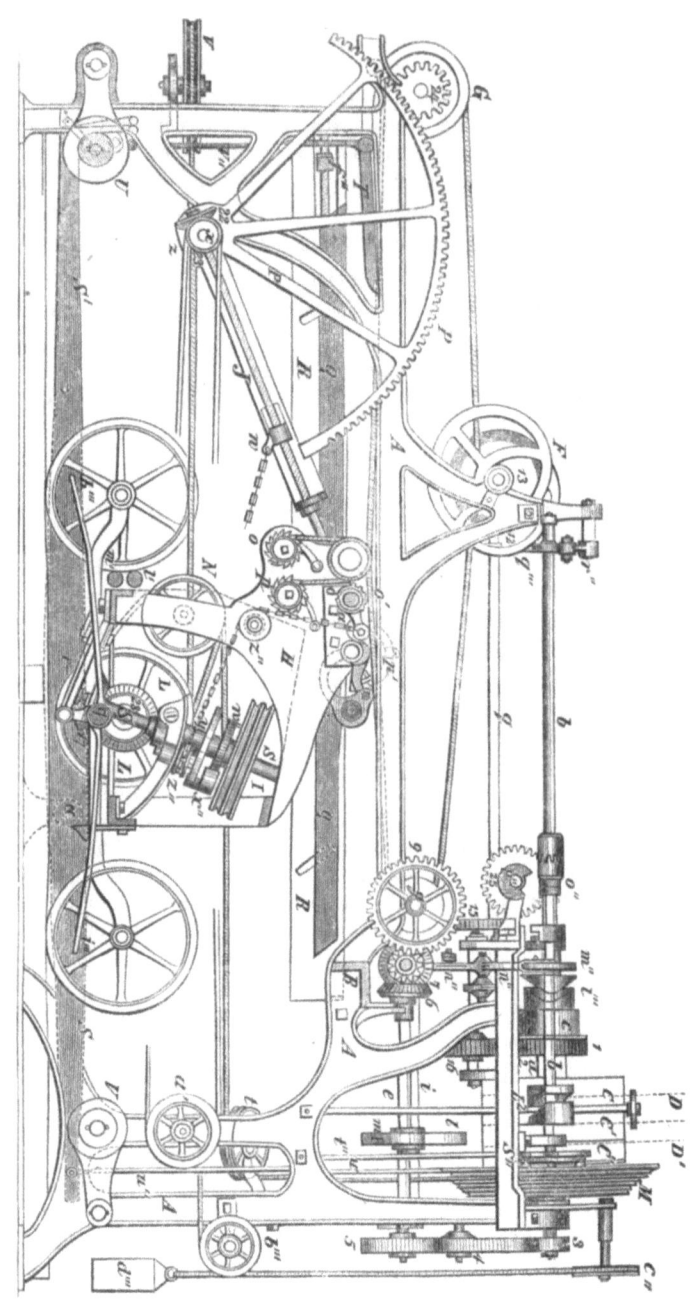

Fig. 462.

o″ Knaggen, um die Drehung der Welle b zu reguliren und sie aufzuhalten, sobald ein Viertheil derselben vollendet ist. Mit ihm wirkt die Scheibe p″ an der Axe des Zählrades 25, welches durch eine Schraube am Ende der Welle a umgedreht wird. Je nach gewünschter Stärke der Drehung kann dies Rad verschiedene Durchmesser haben. Die Platte p″ hat einen Einschnitt und dreht sie sich nun, bis der Knaggen in diesen Einschnitt einfallen kann, so dreht sich die Welle b um soviel, als dieser Einschnitt o″ freiliess;

q″ excentrische Scheibe, um das Rad 12 mit 13 in Eingriff zu bringen durch r″. 12 sitzt an der Welle q;

s″ ist eine Platte mit 4 Stiften, gegen welche die Feder t″ drückt, um die Frictionsrolle c auf b in die Lage zu bringen, dass d dieselbe für eine Viertheildrehung mitnimmt. Anderseitig aber enthält s″ drei quadratische Hemmungsstücke, gegen welche das Ende der Stange u″ drückt, dessen anderes Ende mit dem 2 armigen Hebel S verbunden ist. Dieser Hebel S wird durch den Wagen bewegt und sein Steigen oder Fallen bewirkt ein Loslassen oder Festhalten der Scheibe s″ resp. giebt die Erlaubniss zur Viertheildrehung der Welle b.

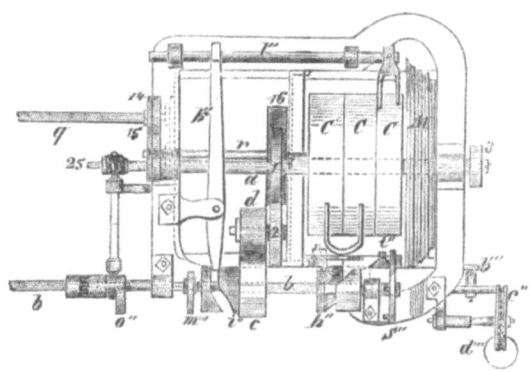

Fig. 463.

Dieser Hebel S ist um α drehbar und besteht aus den Armen S und S′. Am Wagen sind die Hebelarme h‴ und i‴ angebracht, welche unter die respectiven Gewichte U und V greifen und dadurch die mit diesem verbundenen Arme S′ und S niederdrücken. Sobald nun z. B. S niedergeht, so löst u″ die Hemmung der Platte s″ frei und b macht die Viertheildrehung, worauf diese von o″ und p″ in Ruhelage gebracht wird etc. Man sieht, dass in den ebenbeschriebenen Mechanismen die eigentliche Steuerung der Maschine beruht.

Wir gehen nun weiter zu den Transmissionen der Bewegung.

An der Welle a sitzt das Zahnrad 3 und treibt durch Transporteur 4 das Rad 5 und die Welle l desselben. e treibt f und diese Welle f ist mit dem ersten Streck-Walzenpaare für die Auslieferung des Materials im Eingriff. (Conische Räder 6 $\triangle$ 7). Auf f befindet sich (neben der Kuppelung h) das Zahnrad 8. Dies treibt das Zahnrad 9 auf der Axe g.

g enthält eine Trommel E, die Auszugstrommel d. h. diese Trommel enthält das Ende eines Seils, welches zu der zweispurigen Schnecke F hingeht, hier die eine Hälfte der Schneckenspirale umwindet und am kleinsten Durchmesser befestigt wird. Ein zweites Seil ist an dem kleinsten Durchmesser der zweiten Schnecke befestigt und geht zur Scheibentrommel G hinüber. Ebenso ist E mit dem Wagen durch ein dort befestigtes Seil verbunden und auch G, nachdem letztere Seile die Trommeln umwunden haben in einigen Gängen. Am Wagen sind die Seile auf kleine Trommeln mit Sperrrädern und Sperrklinken o p aufgewickelt und festgelegt. Durch diese Combination sind Trommeln E G, Schnecke F und der Wagen ein festgeschlossenes Glied. Es heisst dasselbe bewegen. So lange die Streckwalzen drehen, wird diese Ausfahrt durch f g 9 g E bewirkt, sobald

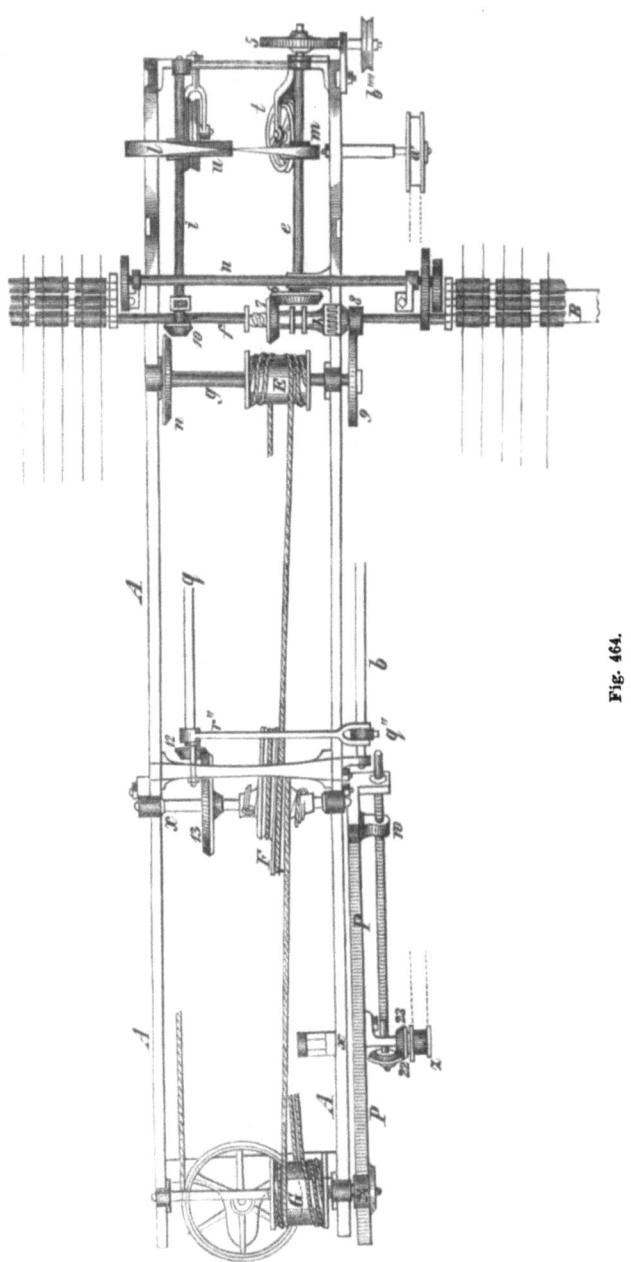

Fig. 464.

diese aber still stehen, so wird nach Ausrückung der Kuppelung h und Eingriff 6 und 7 die Bewegung von e auf i durch Riemen l per m u übertragen, nachdem inzwischen das Excenter m'' auf b die Welle i verschoben und 10 mit 11 in Eingriff gebracht hat.

Der Wagenauszug geht nun bis zum Schluss der Bahn weiter und der Wagen stösst mit h''' unter U und drückt den Hebelarm S' nieder. In Folge dessen löst sich u'', die Platte s'' wird frei, c kommt mit d in Friction und die Welle b macht eine Viertheildrehung, m'' rückt i zurück und 10 und 11 kommen ausser Connex — darauf Stillstand des Wagens!

Bei dieser Bewegung der Ausfahrt trieb der Riemen D die Scheiben C und C', während D' auf C' lief. Wir haben alle Bewegungsübersetzungen betrachtet, nämlich

$$D \text{ auf } \begin{cases} C \times 1 + 2 + d \\ C' \times a \cdot 3 + 4 + 5 \cdot e \cdot 6 \triangle 7 \, f \times \text{Lieferungscylinder} + 8 + 9 \cdot g \, (EFGW) \end{cases}$$

und nach dem Stillstand von letzteren

$$D \text{ auf } C' \times a \cdot 3 + 4 + 5 \cdot e \, (m \infty u) \, i \cdot 10 \triangle 11 \cdot g \, EFGW.$$

Auf der Axe a aber sitzt noch eine grosse Spurscheibe M der sog. Twistwürtel. Ueber diesen läuft ein Seil durch t t geführt nach dem Wagen, umfasst hier die Würtelscheiben N L und geht über die horizontale Würtelscheibe V nach t und M zurück. Bewegt sich M also, so muss sich N und L mit bewegen. Mit L aber sind die Trommeln für die Spindelschnüre gekuppelt, von welchen aus alle Spindeln bewegt werden, wir haben somit die Bewegung auf die Spindeln im Wagen übertragen, indem das conische Rad 18 auf der

$$D \text{ auf } C' \times a \, M + t + N + L \cdot 18 \triangle 17 \, K + \text{Spindeln}$$

Spindeltrommelaxe im Wagen, die stehenden Trommeln K durch Eingriff in ihre conischen Räder 17 umdreht.

Kommt der Wagen an das Ende seines Weges, so stösst er gegen U, klinkt den Hebel S' aus, so dass dieser niedergehen kann, und erwirkt einen Eingriff mit einem

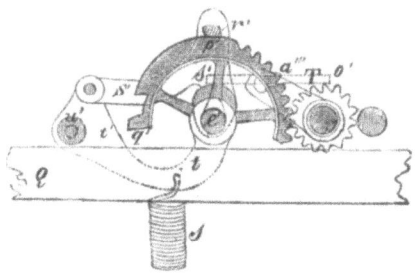

Fig. 465.

Haken an Stange v'', die mit dem Hebel T verbunden ist. T ruht auf dem gebogenen Hebel s'.

Es kommt nun darauf an zu zeigen, welchen Einfluss diese Umstellung U S' v'' T s' haben kann.

Verfolgen wir s', so finden wir, dass dieser gebogene Hebel an dem gebogenen Hebel t' sitzt durch ein Gelenk verbunden. t' enthält an seinem äusseren Ende eine kleine Axe mit Rolle u', ferner eine Spiralfeder s, die ihn gegen die Bahn Q (Coppingplatte) presst und auf dieser rollt u' während der Wagenbewegungen hin und her. Der gekrümmte Hebel s' trägt aber noch einen Sperrhaken r'. r' hat die Bestimmung, auf dem Segment p' zu schleifen, bis dessen Drehung mit Hülfe der Verzahnung und des Rades o' so weit vorgeschritten ist, dass der Einschnitt q' unter r' kommt. Dann fällt r' in q' ein und begrenzt die Drehung von e'. e' ist die Achse des Aufschlagdrahtes

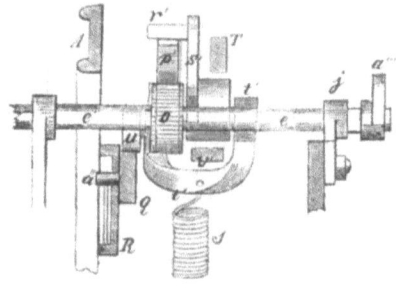

Fig. 466.

(Faller shaft) am Wagen und erstreckt sich durch die ganze Länge des Wagens nebst der Welle f', welche ebenfalls eine Aufschlagdrahtwelle ist.

e' ist die Welle des **Aufwindedrahtes**.

f' ist die Welle des **Gegendrahtes**.

Diese Wellen sind durch feste Lagerarme j am Wagen gehalten. Nach unten hin sind sie durch Stangen mit den Hebeln i' und k verbunden, welche auf den Axen i' und m sizen.

Die Welle e' ist durch Federdruck etc., wie bereits angegeben, stets so gestellt, dass sie für den Herausgang der Maschine den Aufwindedraht hoch empor hält über den Kopf der Spindeln. Die Welle f' enthält mehrere Segmente, an denen Ketten mit Gewichten n' hängen, deren Schwere in directem Verhältniss zur Anzahl der Fäden, in umgekehrtem Verhältniss zur Feinheit des Fadens stehen.

Verfolgen wir nun die Wirkung von o' resp. p' r' q' + s' u' t', die mit der Welle e' in Verbindung stehen.

o' sitzt mit dem Arm a''' an einer Welle ∂.

a''' ist durch eine Kette über Rollen z'' z'' mit einer Scheibe, an welcher unterhalb eine Spiraltrommel y'' sitzt, verbunden. y'' sitzt auf der Wagenwelle s, über y'' befindet sich das Klinkrad w'' mit der Sperrklinke x''.

Das Rad w'' wird bewegt, wenn die ihm ertheilte Bewegungsrichtung der Hemmung entgegengerichtet ist, dass also die Sperrklinke x'' gegen den radial abfallenden Theil des Zahns gedrückt wird. Dies aber findet dann statt, wenn der Twistwürtel M eine entgegengesetzte Bewegung erhält d. h. eine der oben angedeuteten Bewegung entgegengesetzte. Diese Contrabewegung hat seine Einleitung dadurch, dass bei Anlauf des

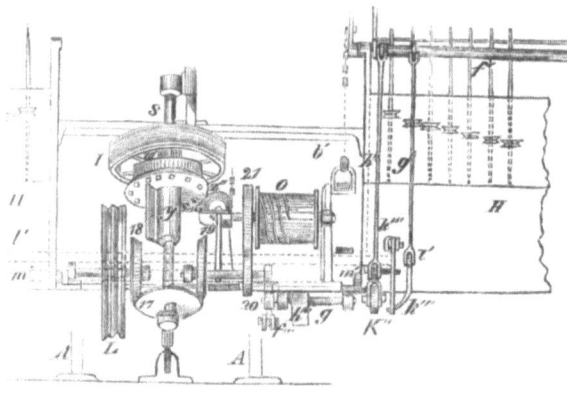

Fig. 467.

Wagens an das Ende der Ausfahrt, die Welle b freimacht, so dass sie eine Viertheildrehung machen kann. Dadurch wird

D auf C allein übergehen,
D' auf C' allein übergehen.

Da D' aber ein (∞) gekreuzter Riemen ist, so muss nun die mit C' festverbundene Welle a die entgegengesetzte Bewegung der früheren machen. Da D' viel langsamer geht, so wird auch die Bewegung von a langsamer erfolgen als vorher. Die Folge dieser Contradrehung der Spindeln ist, dass sich die an der Spitze der Spindeln aufgehäuft habenden Garnwindungen wieder abwickeln. Dieses **Abwickeln hat bestimmte Grenzen und bestimmte Bedeutung.** —

Also die Spindelwelle s im Wagen hat Contrabewegung erhalten durch

D' auf C' a M + t + N + L 18 △ 17 . s
   s . w'' contra x'' . y ←⚙ Kette (z'' z'') a'' . ∂
   ∂ . o' ←⚙ (p' . e') bis Schluss q' r'.

Es wird also dadurch, dass M Contrabewegung erhalten hat, s entgegengesetzt gedreht (somit die Spindelschnurtrommeln und die Spindeln), es treibt das Klinkrad w'' durch die Sperrklinke x'' die Spiraltrommel y'' um und windet die Kette über z'' z'' auf. Dadurch senkt sich Arm a''' auf Welle ∂. Das Zahnrad o' greift in den Zahnsector p' ein und dreht diesen mit Welle e' so weit, bis r' in q' einfällt. Nun folgt der Aufwindedraht der Bewegung von u'. Die Walze u' gleitet auf Q.

Durch diese Evolution senkt das Ende des Hebels T auf dem excentrischen Buckel von s sich nieder und giebt die Klinkenverbindung v'' frei und der Hebel S', der durch

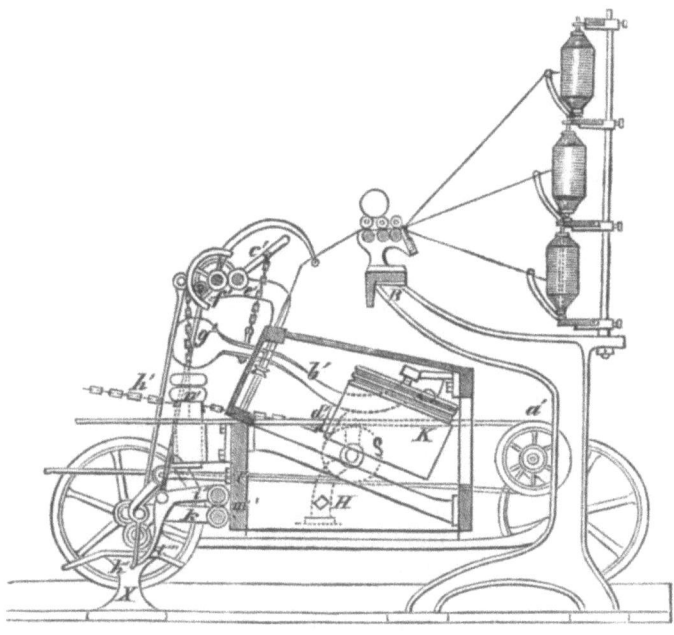

Fig. 468.

v'' gehoben war, kann wiederum niedergehen. Dadurch hebt sich S und u'', lässt die Stellplatte s'' der Welle b frei, sodass diese nun eine Viertheildrehung zu machen im Stande ist und so eine neue Bewegungscombination einleitet, — nämlich

D auf C und C'
D' auf C''.

Inzwischen ist folgende Transmission bewirkt. Durch die Drehung von b ist mittels Excentriks q″ und Hebels r″ das Rad 12 auf q in Eingriff mit 13 gebracht worden auf derselben Welle mit der Doppelschnecke F. Die Welle q dreht sich immer mit, ohne im steten Eingriff bei (13 $\triangle$ 12) zu sein. q wird von C aus bewegt und zwar durch das mit C verbundene Zahnrad 1. Das Rad 1 greift in Rad 16 auf Welle r ein und Rad 15 auf r treibt Rad 14 auf q. Also

$$C \times 1 \text{ auf } \mathbf{a} \rightarrow 16 \cdot \mathbf{r} \cdot 15 \rightarrow 14 \text{ q } 12 \rightarrow \triangle 13 \times F.$$

An F ist das Wagenseil befestigt und da F das Seil aufwindet, so muss der Wagen nöthigerweise einfahren. Da F [mit dem Höherwerden des Spiralganges stärker zieht, so muss der Wagen mit zunehmender Geschwindigkeit einfahren, bis die gleichmässigere Aufwindung auf dem höchsten Bogen der Spirale die Bewegung verlangsamt.

Nachdem, wie oben beschrieben, die Contrabewegung (backing-of) der Spindeln eingeleitet ist, wird die Welle s mit Rad 17 in 19 zum Eingriff gebracht. Diese Umsteuerung vollzieht sich so. Am Boden des Wagens befinden sich ein einarmiger Hebel, welcher drehbar ist um eine Axe f‴. Er umschliesst in seinem freien Ende mit Hülsenlager die Welle g. Auf der Welle G ist ein zweiarmiger Hebel angebracht mit den Armen h‴ und i‴ (siehe oben). (f‴ ist auf dem Ende eines Winkelhebels e‴ befestigt). Die Function dieser Hebelarme i‴ und h‴ ist bereits erwähnt. Naht sich der Wagen dem Ende des Ausganges, so schiebt sich h‴ unter U und in Folge davon bleibt Rad 17 mit 19 in Eingriff und dies bleibt so, bis der Hebelarm S frei wird. Da aber durch v″ und T S′ gehoben wird, so hebt sich auch h‴ und der Eingriff von 17 $\triangle$ 19 bleibt vorläufig gehemmt. Sobald aber v″ T frei werden, wird auch h‴ niedergedrückt und 19 $\triangle$ 17 kommen in Eingriff.

Mit Schluss des Wageneingangs stösst i‴ unter V und der Eingriff 17 $\triangle$ 19 wird aufgehoben. Während dieser Einfahrt kann 17 $\triangle$ 18 im Eingriff verbleiben, weil 17 dann 18 treibt. Auf der Welle von 19 sitzt aber auch das Rad 20 und greift in 21 ein. Auf der Welle von 21 ist die Trommel O aufgebracht und auf dieser wickelt sich die Kette 10 von dem Quadranten P auf. Wenn nun aber der Wagen zurückgeht, so entsteht ein Zug der Kette von O auf P. Würde P festgehalten, so würde O sich an der Kette abrollen müssen und somit wären 21 ∥ 20 . 19 bewegt entsprechend der Geschwindigkeit des Wagenrückganges. Würde P sich leicht und freiwillig senken, so würde O nicht in Rotation kommen. Senkt sich P aber mit einer anderen Geschwindigkeit als der Wagen zurückgeht und zwar langsamer, so entsteht aus der Differenz dieser Geschwindigkeit ein Abrollen der Kette und eine Bewegung von O, die sich durch 21 ∥ 20 . 19 $\triangle$ 17 auf s überträgt resp. auf die Spindeltrommeln und Spindeln.

Dieser Quadrant P besteht nun aus der aufrecht in einem Rahmen (dessen kleinere Seiten durch Mutterplatten gebildet werden) stehenden Schraubenwelle y. Auf y bewegt sich eine Laufmutter w, die die Kette enthält, welche auf O andererseits befestigt ist. Diese Kette hatte sich beim Ausfahren auf Trommel O aufgewickelt. Die Quadrantenschraube y hat an ihrem unteren Ende ein Winkelrad 22. Dasselbe greift in das Winkelrad 23 ein, welches auf einer Welle x sitzt und zwar zusammen mit einer Rolle z. Wenn nun der Quadrantenarm y um die Axe x sich dreht, so wird das Rad 22 durch 23 gedreht und y macht Umdrehungen, wodurch die Laufmutter w sich auf y verschiebt. Der Quadrant hat seinen Namen von dem an ihm befindlichen Viertheilzahnkranz P, der mit dem Zahnrad 24 im Eingriff steht. Dies Zahnrad 24 aber sitzt auf der Welle der Seiltrommel G. Bei Rückgang des Wagens treibt daher F durch G den Quadranten P. Je nachdem die Stellung von w ist, wird w nun einen kleineren oder grösseren Kreisbogen durchlaufen. Steht w ganz unten bei x, so wird der Einfluss des Quadranten fast ohne Wirkung sein, je mehr aber w heraufrückt, je mehr w an der Bewegung von y Theil hat und der Kreisbogen sich vergrössert, je mehr wirkt diese Zunahme auf Verlangsamung der Kettenrolle O und die Spindelbewegung hin — entsprechend der Zunahme der Kötzer auf der Spindel selbst! — Die Bewegung der Laufmutter erfolgt so: Ueber die Rollen z und a' bewegt sich ein endloses Band. Dasselbe geht durch den Wagen und zwar wird bei Beginn des Kötzers dies Band durch den Hebel b' fest gegen die Platte gedrückt. Dies geschieht dann, wenn der Aufwindedraht am Arm c' am tiefsten herabgedrückt wird, also bei Beginn des Kötzers. Bei Senkung von c' wird b' durch sein Gewicht g' auf d' herabgesenkt und fasst das Band von a' z zwischen sich. So muss das Band eine gleiche Geschwindigkeit mit dem Wagen erhalten und wird erst frei, wenn c' wieder emporschnellt. Später wird c' nie wieder so tief herabgedrückt, dass das Band zwischen d' und b' festgehalten werden könnte und w bewegt sich gleichmässig, entsprechend den Drehungen von z durch a mittels Friction an der Rolle ϱ auf H beim Einzug. Dieser ganze Vorgang des Einzuges bis dahin characterisirt sich also so:

$C \times 1$ auf $\mathbf{a} \leftrightsquigarrow 16 \cdot \mathbf{r} \cdot 15 \leftrightsquigarrow 14 \mathbf{q} \ 12 \leftrightsquigarrow \Delta \ 13 \ X \ F$

$F \leftrightsquigarrow G \cdot 24 \leftrightsquigarrow P \ \mathbf{x} \ z \circ a'$

$y \cdot 23 \ \Delta \ 22 \ y \leftrightsquigarrow w$

Kette $w \leftrightsquigarrow O \cdot 22 \parallel 20 \cdot 19 \ \Delta \ 17 \cdot \mathbf{s} +$ Spindeln.

Vor Beginn des Rückganges war durch Drehung von s, wie oben bemerkt, contra der ersten Bewegungsrichtung mittels w" x" die Spiraltrommel y" mitgenommen und die Kette auf y" aufgewunden, welche a' p' u. s. fort bewegte. Nach der vierten Steuerbewegung aber schiebt das Excentrik q" das Rad 12 ausser Eingriff mit 13, während das Excentrik m" die Kuppelung h einrückt und somit die Bewegung des Beginnes des Wagenausganges einleitet. Die Stange v' hat r' aus dem Einschnitt des Segments herausgehoben und so den Aufschlagdraht frei gemacht, so dass er dem Gewichts- und Federzug folgen kann und emporschnellt. Der Eingriff der Räder 19 Δ 17 ist aufgehoben.

Zu bemerken ist noch, dass um O herum ein Seil geschlungen ist entgegengesetzt den Windungen der Quadrantenkette.

Dies Seil geht über die Rollen b''' c''' und ist mit Gewicht d''' belastet, welches dafür sorgt, dass die Abwicklung und Aufwicklung mit straffer, gespannter Kette vor sich geht.

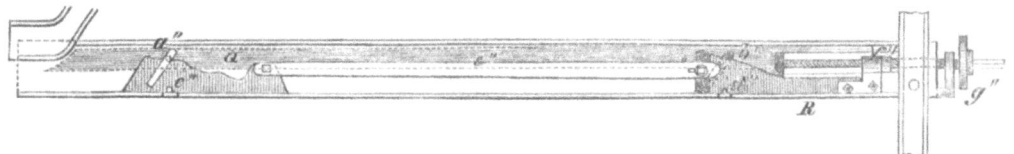

Fig. 469.

Es erübrigt noch die Erörterung der Coppingplatte Q. Dieselbe ruht auf R, oder den auf R aufgestellten Formplatten (Shaper plates) c" d" auf mit 2 Zapfen a" b". Diese Formplatten c" d" sind durch eine Verbindungsleiste e" verbunden. Die Formplatte d" hat die Schraubenmutter f", durch welche die Schraubenwelle mit dem Stellrädchen g" hindurchgeht, welches durch eine Sperrklinke vom Wagen am Ende jedes Ausfahrens bewegt wird. So werden diese Formplatten c" d" nach und nach geschoben und die Laufbahn Q kann allmälig hinten sinken. Dadurch erhält auch u', die Walze an Welle e, stets tiefere Stellung bei jedem Zug und steigt allmälig an mit der Annäherung am Lieferungsgestell. Bei Ankunft des Wagens am Lieferungscylinder greift die Stange v' in s' ein und löst den Sperrhaken r' aus q' aus und der Einwindedraht schnellt empor. Dadurch wird auch e' und f' bewegt und die Aufwindedrähte bleiben oben.

Wir wollen uns nun mit der Bewegungsfolge in diesem ersten Sharp & Robertschen Selfactor beschäftigen. Wir nehmen an, der Wagen stehe am Gestell der Ausgabe und die Riemen D D' begönnen zu wirken.

Es drehen sich dann die Welle a, die Scheibe C mit Hülse und Rad 1 und Alles, was damit zusammenhängt. Die Lieferung ist eingekuppelt bei h.

I. Periode. Der Lieferungscylinder B (resp. Streckwerk) ist in Bewegung. Die Bewegung geht von der Welle a aus. Der Wagen fährt aus mit etwas grösserer Geschwindigkeit als die Garnausgabe. Die Wagenbewegung geht von der Welle a aus

```
                         D    D'
      Welle a) — 1 — C ⌒ C' — C'' — M ——— 3
                    ―                 ―    ―
                    2                 t    4
                    ―                 ―
                    d                 N   e) — 5 — 6
                    ―                 ―              Δ
Steuerwelle b) — c —              L — 18   f) — 7 — h — 8 — B (Lieferung)
                                  Δ
                           K —— 17 — (s      g) — 9 — E ○ F
                           Spindeln                    ○ G
                                                      Wagen
```

II. Periode. Lieferungscylinder steht. Wagen geht noch fort. Spindeln gehen in gleichem Sinne fort. Nachdraht.

```
                         D    D'
      Welle a) — 1 — C ⌒ C' — C'' — M —— 3
                    ―                ―   ―
                    2                t   4
                    ―                ―
                    d                N  e) — 5 — m
                    ―                            ∞
Steuerwelle b) — c        18 — L      u — i — 10
                           Δ                  Δ
                     K — 17 — (s        g) — 11 ——— E ○ F
                     Spindeln                       ○ G
                                                   Wagen
```

III. Periode. Die Spindeln kehren ihre Bewegung um. Aufwinder abwärts, Gegenwinder aufwärts bewegt.

```
                       D   D'
      Welle a) — 1 — C — C' — C'' — M ——————— 3
                    ―                ―         ―
                    2                t         4
                    ―                ―
                    d                N        e) — 5 — m
                    ―                                  ∞
Steuerwelle b) — c —
                                — L — 18       u — i — 10
                                  Δ
                        y'' — x'' — w'' — 17 — (s Welle
                       o' — a'' — z'' — (∂ Welle
      Welle e') — p' — r' q'
                 ―――
                 u' Q
```

IV. Periode. Rückgang des Wagens. Spindeln drehen sich durch den Quadranten. Der Führer der Aufwinder schleift auf Q der Formplatte.

```
                                  D           D'
Hauptwelle a) ——— 1 ——— C ⌒⌒ C' ——— C'' ——— M ——— 3
      Welle r) — 16 — 15                     ―
             Welle q) — 14 — 12              t
                         Δ                   ―
                  Welle X) — 13 — F          N
                                ―
                                G — 24       L ——18
                                                Δ
                              P — x — z   Welle s) — 17 — K Spindel
                                 a' — 23           Δ
                                    Δ              19 ——— 20
                                    22 — y
                                          w mit Kette auf Trommel O—21.
```

V. Periode. Der Wagen angekommen. Die Lieferung wird eingeschaltet. Die Aufwindung wird von r' q' freigelassen und es beginnt die Ausfahrt mit Stellung laut I.

— 619 —

Wir werfen nun auch sogleich einen Blick auf die Selfactor-Construction von James Smith, die in Figur 470 scizzirt ist*).

a ist die Hauptwelle mit den Riemenscheiben b b', die durch Riemen von der Haupttransmission bewegt werden. Auf a sitzt auch die Scheibe c, ferner das conische Rad a. Die Scheibe c treibt durch Kreuzriemen die Scheibe c" auf Achse y, während c' lose Scheibe ist. Die Welle y enthält ferner den Twistwürtel v, dessen Mantelfläche durch ein Bremsband berührt werden kann, um die Twistscheiben aufzuhalten, sobald der Riemen von c" auf c' geht. Das conische Rad d treibt das conische Rad e auf Welle f, somit auch das Rad g, welches in das conische Rad h eingreift auf Achse i. Auf dieser Welle i sind ferner aufgebracht: Zahnrad k nebst den schwingenden Armen

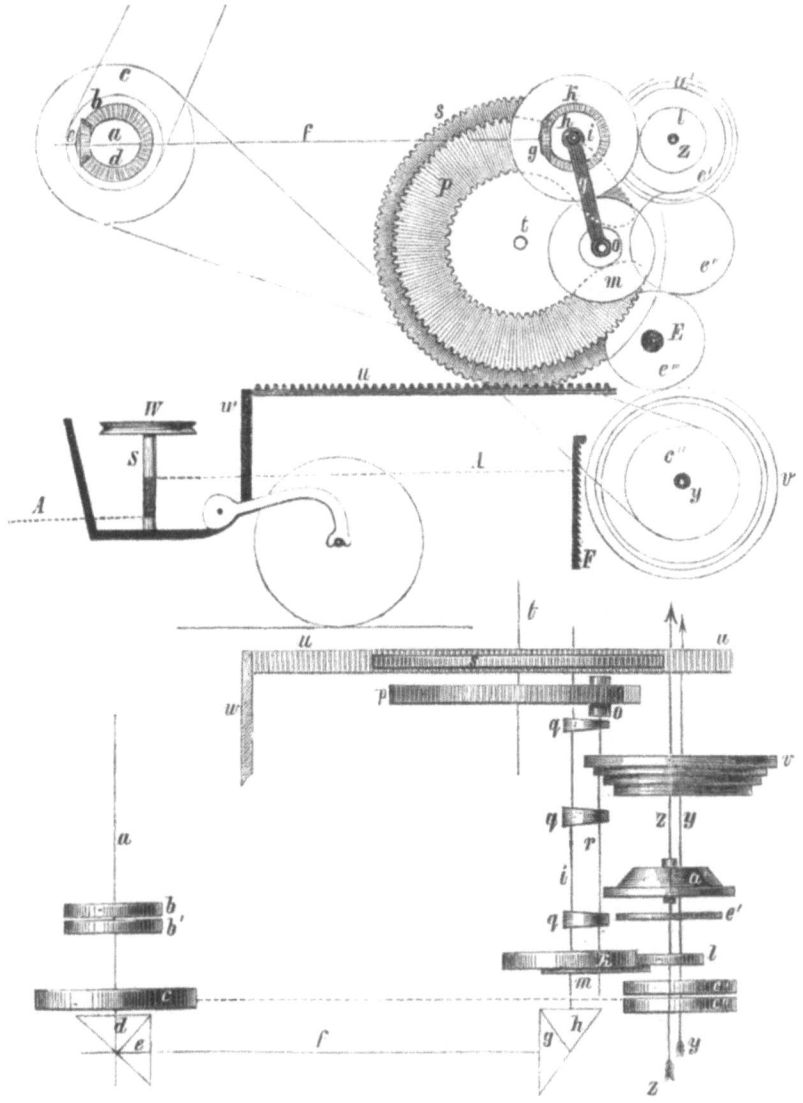

Fig. 470.

*) Tafel XXVa giebt den Smith'schen Selfactor in seiner neueren Construction. —

q q q in deren Enden die Achse r ruht. Welle r trägt den **Zahntrieb** o, während sie sich durch Eingriff von m (auf ihr) in k umdreht. Der Zahnbetrieb o aber greift in die Zähne des grossen Mangelrades p auf der Axe t ein, auf welcher auch das Triebrad s sitzt, das in die am Wagen w befestigte Zahnstange u einkämmt. Die Zähne des äusseren Umkreises vom Mangelrade mit dem grösseren Radius dienen für die Ausfahrt des Wagens, die Zähne des inneren Kranzes aber zum Einfahren des Wagens. An den Uebergangspunkten der beiden Zahnkränze ineinander formt Smith eine Zahnfläche, welche der Zahntrieb o abkämmt, ohne das dadurch eine wesentliche Bewegung des Wagens hervorgebracht würde. Auf diese Weise erreicht Smith die für Umsteuerungen nöthige Ruhezeit, ebenso für die **Abstreifung** des Fadenendes von der Spindel, welche die Rückdrehung der Spindeln ersetzen sollte. Letztere Einrichtung ist von Smith selbst später verlassen worden. Aus der Form der Mangelkränze ergiebt sich, dass die Bewegungen resp. die Geschwindigkeiten wesentlich für den Wagen variiren, je nachdem der äussere oder innere Kranz des Mangelrades mit dem Trieb arbeitet. Diese verschiedenen Geschwindigkeiten aber übertragen sich durch s auf die Zahnstange u und den Wagen w. Von k aus wird l in Bewegung gesetzt auf der Axe z. Diese Welle z trägt auch die Kuppelung a' und das Zahnrad e', welches letztere über e" die Lieferungscylinder E durch e''' in Bewegung setzt. An Stelle des Quadrantenregulators und der Coppingplatte hat Smith eine höchst einfache Anordnung mit Federn, Seil und Gewicht, die leider zu sehr dem Verschleiss unterliegt, sonst sehr ingeniös ist. Wir übergehen sie hier, weil diese Einrichtung heute an allen Smith's Selfactors verlassen ist. In späteren Patenten giebt Smith andere auch einfache Modificationen an, um die Aufwindung zu regeln. Unter anderem combinirt er die Twistrolle mit der Mangelwelle und fügt ein Sperrrad zu zum schnellen Aufhalten des Twistwürtels, wenn die Ausfahrt vollendet ist, versehen mit Klinkrad und Sperrklinken, welche durch die Centrifugalkraft während des Ganges nicht sperren können, dagegen sofort einfallen, wenn die Bewegung sich verlangsamt, wie in Figur 36a auf Tafel XXVII.

Das **Potter**'sche System in seiner Ursprünglichkeit zeichnet sich durch **Originalität** wesentlich aus. Im Patent von 1836 zeigt die Construction einen aufrecht stehenden Headstock von ca. 7—8' engl. Höhe.

In demselben ist die Hauptwelle mit 3 Riemenscheiben aufgebracht, von denen die mittlere die Losscheibe ist, die anderen resp. die Mulescheiben und die „Selfactingscheibe". Durch eine schräge Welle (wie bei Price) wird die Lieferung mittels Transmission durch conische Räder bewegt. Von der Lieferung aus wird die Auszugwelle getrieben und bei dieser Construction bleibt die Lieferung im Gange bis zum Wagenauszugende. Nun geht der Riemen über auf die Selfactingscheibe. Die Vorrichtung mit dem Steuerhebel und den drei Absätzen (wie in der Price'schen Mule) ist auch hier in Potter's Maschine enthalten und wird ausgelöst resp. verstellt durch Aus- und Einfahrt des Wagens und dessen Stoss gegen geeignete Hebel. Wenn der Wagen also ausgefahren ist, wird ein Sector im oberen Theile des Headstocks eingerückt und beginnt durch Eingriff in eine Welle mittels langer Kette die Seiltrommel für die Spindeldrehung um Etliches zurückzudrehen, so dass das Fadenende sich vom Spindeloberthiel abwickeln kann. Beim Ausfahren ist ein Unterstützungshebel für den Aufwindearm ausgerückt und der Aufwinder kann herabsteigen, in seiner Bewegung durch einen Hebel, der in den Spiralnuthen einer Scheibe schleift, geführt und in seiner Stellung zum zu bewickelnden Theile der Spindel geregelt. Mittels Gewicht, Rolle und Hebel, sowie eines Sternrades wird bei jedesmaligem Herauskommen des Wagens die Axe der Spiralgangscheibe um den nöthigen Theil verstellt. Die Schwingung der Scheibe wird um so grösser werden bei constantem Hub des Hebels, je mehr der Stift des Hebels, der in den Nuthen schleift, in dem Spiralgang sich dem Mittelpunkt nähert. Während der Ausfahrt wird von der Hauptwelle aus mittels Triebes ein grosses Zahnrad bewegt, dessen Axe mit einer Art Kurbel versehen ist, deren Warze durch eine Kette mit einer Scheibe auf der

Achse der Ausfahrtsseilscheibe verbunden ist und sich dort aufwickelt während der Ausfahrt. Nach Beendigung aber der Abwicklung des Fadenendes vom Spindelkopf beginnt unter Umsteuerung die Einfahrt des Wagens und zwar bewirkt durch jene Kurbel und Kette, welche sich auf der Seilscheibe aufwickelte. Betrachtet man die Sache selbst genau, so ist in dieser letzten Einrichtung das gegeben, was bei Roberts der Quadrant bewirkt. Denn wenn zum Beispiel die Warze der Kurbel so eingerichtet ist, dass sie dem Mittelpunkt der Kurbelaxe genähert werden kann, — und wenn dies geeignet mit jeder Evolution geschieht — so richtet sich darnach die aufzuwickelnde Kette resp. die Geschwindigkeit der Spindeln. Aber für die Geschwindigkeit der Spindeldrehung sorgt noch ein anderer Apparat, verbunden mit dieser Kettenscheibe, nämlich eine hyperbolische Schraube in Verbindung mit einer conischen Spiralwelle, über welche eine Kette läuft, deren anderes Ende mit entsprechendem Gewicht gespannt ist und über einer motorisch bewegten Kettenrolle geht. Die hyperbolische Scheibe verstellt die Windung der Kette auf der conischen Spiraltrommel von der Grundfläche an bis zur Spitze des Conus entsprechend der Anhäufung der Garnfäden auf dem Kötzer. Durch diese Kette wird die Schnur getrieben, welche die Spindeltrommel im Wagen bewegt.

In späteren Patenten hat Potter sein System wesentlich modificirt, ja das Patent von 1849 ähnelt scheinbar kaum dem ursprünglichen und das Patent von 1860 hat sehr wesentliche Constructionstheile der ersten Conception fallen lassen. Besonders ist die Situation der Betriebstheile total geändert, indem Potter von dem perpendiculären System auf eine Anordnung in niedriger horizontaler Anordnung herabstieg. Natürlich brachte schon diese Aenderung des Headstocks ein anderes Arrangement der einzelnen Details hervor, besonders für das Arrangement der Aufwindung, die Lage der Hauptwelle und Steuerung, die Drahtgebung etc., allein dennoch ist die ganze ursprüngliche Conception nicht verwischt. In den neuen Patenten wird der Wagen durch Zahnstangen am Boden bewegt, die Spindeltrommel aber nach Art der Brunneaux'schen Mule (siehe oben) mittels eines auf einer drehenden Welle verschiebbaren Kammrades. Die Mangelwelle war in einige der Potter'schen Patente aufgenommen, ist aber in den letzten wieder verschwunden. Dagegen ist die Bewegung des Aufwinders fast ganz genau beibehalten. Sehr ähnlich wird auch noch jetzt die Spindeldrehung bei der Einfahrt regulirt, wie früher.

Nachdem wir so im Allgemeinen die Grundzüge der ersten Selfactorsysteme angegeben haben, lassen wir zunächst die Beschreibung des Streichgarnselfactors von Richard Hartmann[*], — Sächsische Maschinenfabrik zu Chemnitz — mit allen Eigenthümlichkeiten der Construction folgen, um sodann auf die Unterschiede der Systeme, der Constructionen und Details specieller einzugehen. Wir haben oben bereits von den unterscheidbaren Perioden der Selfactorspinnerei gesprochen und beginnen hier damit, das übersichtlich anzugeben, was der Hartmann'sche Selfactor in den einzelnen Perioden leistet.

I. Periode. Ausfahren des Wagens.

1) Der Lieferungscylinder giebt eine gewisse Länge Vorgarn, der Garnnummer und Verspinnbarkeit der Wolle entsprechend, und wird durch den Vorgarnzähler in Ruhe gesetzt.

---

[*] Beschrieben sind Hartmann'sche Selfactors von Prof. Alcan in Traité du travail de laine (1867); von Armengaud, Le Progrès de l'Industrie Vol. 2 (1867). Planches 25-32 (in sehr grossen Zeichnungen mit Details); von H. Grothe, Engineering (London) 1875, Polytechn. Zeitung 1875. II.; — von Prof. Herrmann in der Zeitschrift des Vereins deutscher Ingenieure 1874; — von Joh. Zemann im Dingler'schen Journal 1872 (in einer jetzt wieder verlassenen Anordnung), ferner in seiner Spinnerei auf der Wiener Ausstellung.

Die vorliegende Beschreibung und Illustration der neuesten Construction ward durch die dankenswertheste Liberalität der Direction der Sächsischen Maschinenfabrik ermöglicht.

2) Der Wagen bewegt sich mit ungleichförmiger Geschwindigkeit nach Aussen und zwar ist diese Geschwindigkeit während der Thätigkeit des Lieferungscylinders nur um ein wenig grösser als die Umfangsgeschwindigkeit des letztern und nimmt nach Abstellung des Cylinders — Beendigung des Vorgarngebens — bis zum Schlusse des Wagenauszuges stetig ab, so dass sich die Endgeschwindigkeit zur Anfangsgeschwindigkeit ungefähr wie 1:5 bis 1:7 verhält.

3) Die Spindeln drehen sich zu Anfang der Periode mit geringer (I.) Geschwindigkeit, erhalten nach Ausschluss des Cylinders eine grössere (II.) Geschwindigkeit, welche kurz vor Beendigung des Wagenauszuges zur grössten (III.) Geschwindigkeit übergeht. Die Anzahl der Drehungen und Momente des Einfallens und Auslegens der verschiedenen Geschwindigkeiten ist ganz von der Auszuglänge, dem Material und der, durch den weitern Verbrauch des Gespinnstes benöthigen Festigkeit, bedingt.

4) Der Aufwinder befindet sich in seiner normalen Lage oberhalb der Spindelspitze, ebenso der Gegenwinder unterhalb der Fäden, ohne dieselben zu berühren.

II. Periode. Das Nachdrehen der Fäden.

1) Der Lieferungscylinder steht still.

2) Der bis zu diesem Moment thätig gewesene Riemen der kleinsten (I.) Geschwindigkeit, der von der II. und III. Geschwindigkeit in Folge seiner Sperrradvorrichtung unabhängig ist, geht auf seine Leerscheibe zurück.

3) Der Wagen steht still und erhält nur in dem Falle, dass man sehr scharf gedrehte feine Kettengarne spinnt, eine ganz langsame Bewegung nach dem Cylinder zu.

4) Die Spindeln drehen sich mit der III. Geschwindigkeit in derselben Richtung wie während des Auszuges fort.

5) Der Auf- und Gegenwinder befinden sich beide noch unbeweglich in ihrer früheren Position.

III. Periode. Das Abschlagen der Fäden.

1) Der Lieferungscylinder steht still.

2) Der Wagen steht still.

3) Die Spindeln erhalten eine langsame Drehung, in umgekehrter Richtung als vorher, wickeln hierdurch eine bestimmte Menge Gespinnst ab und heben die bis dahin herrschende Anspannung der Fäden zwischen Cylinder und Spindelspitze auf.

4) Der Aufwinder senkt sich und führt die Fäden an denjenigen Punkt des Kötzers, an welchem der Aufwindeprozess beginnen soll.

5) Der Gegenwinder erhebt sich aus seiner Lage und giebt den Fäden die zur festen Aufwindung nöthige Spannung.

IV. Periode. Das Einfahren des Wagens.

1) Der Lieferungscylinder steht still.

2) Der Wagen läuft gegen den Cylinder und zwar mit von Anfang bis zur Mitte der Einfahrt zunehmender und von da bis zu Ende derselben abnehmender Geschwindigkeit.

3) Die Spindeln drehen sich in derselben Richtung wie beim Ausfahren und Nachdrehen, nur nicht mit gleichförmiger sondern durch die Geschwindigkeit des Wagens bedingter, ihr proportionaler Geschwindigkeit.

4) Der Aufwinder senkt sich anfangs zur Bildung der Kreuzwindungen und erhebt sich dann gleichmässig zur Bildung der aufsteigenden Windungen, in der ihm von der Coppingplatte vorgeschriebenen Art.

5) Der Aufwinder gleicht durch sein Steigen und Senken die Spannung der auflaufenden Fäden im richtigen Verhältniss zur aufwindenden Spirale und zur Wagengeschwindigkeit aus.

— 623 —

Wir betrachten nun jede einzelne Periode genauer.

I. Periode. Die Wagenausfahrt.

Die Hauptwelle A (Fig. 471, 472, 473) wird vom Vorgelege B aus mit den 3 Riemen der I., II. und III. Geschwindigkeit betrieben.

Die Hauptwelle trägt ausserhalb des Headstockes den Twistwürtel C (Figur 473), der leicht durch einen kleineren oder grösseren ausgewechselt werden kann, je nachdem man Garne von mehr oder weniger Draht, mit Rücksicht auf eine möglichst grosse

Haupttriebstock (Headstock) und Wagenquerschnitt.
Fig. 470.

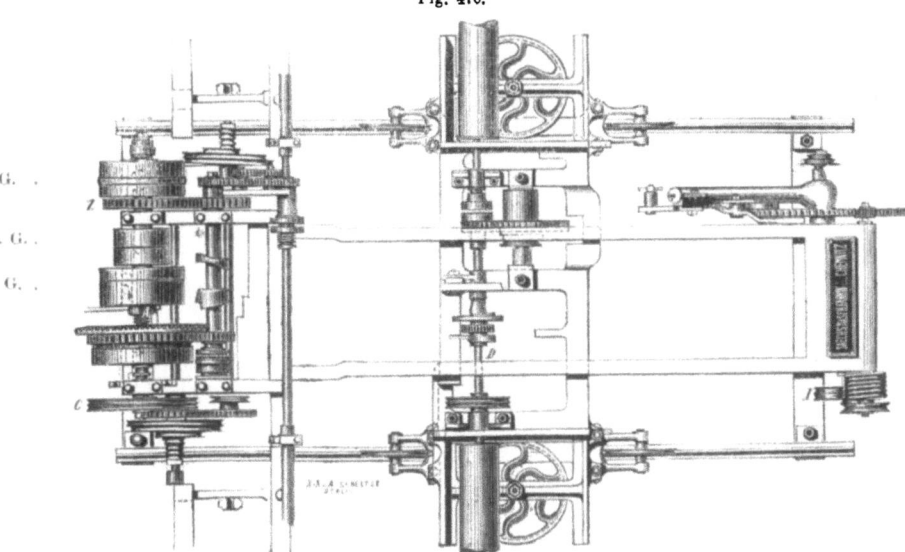

Headstock mit Wagenmittelstück.
Fig. 471

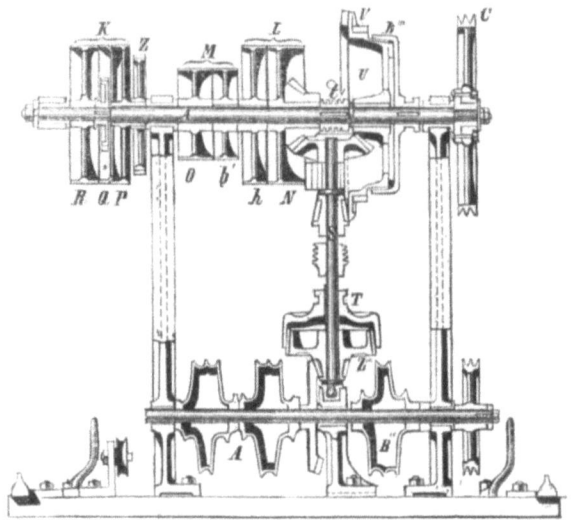

Grosser Headstock (Durchschnitt).

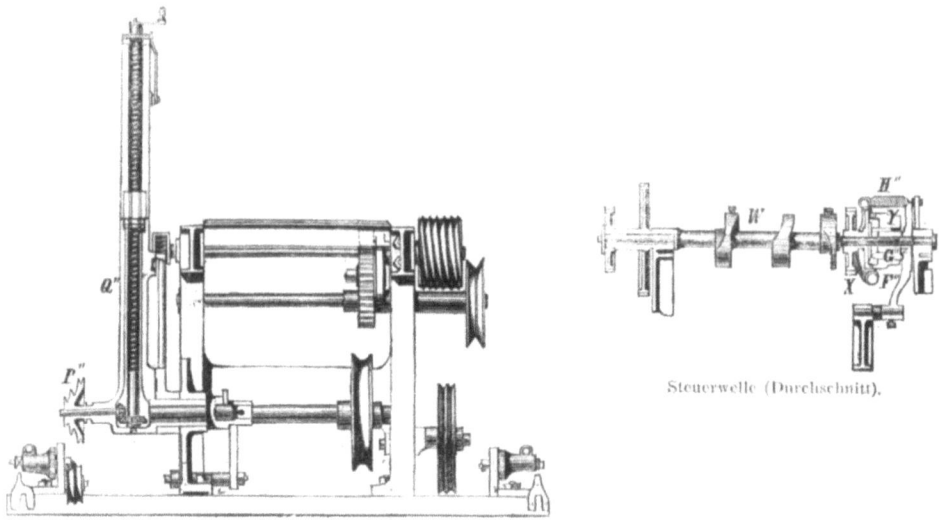

Kleiner Headstock (Durchschnitt).

Steuerwelle (Durchschnitt).

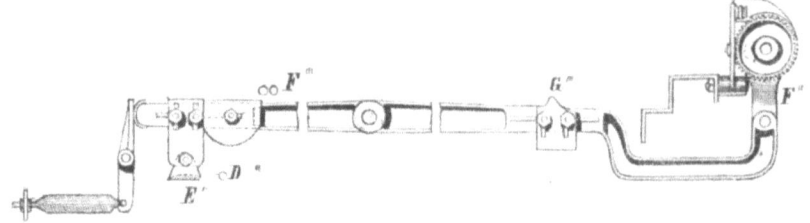

Balancier.

Fig. 472.

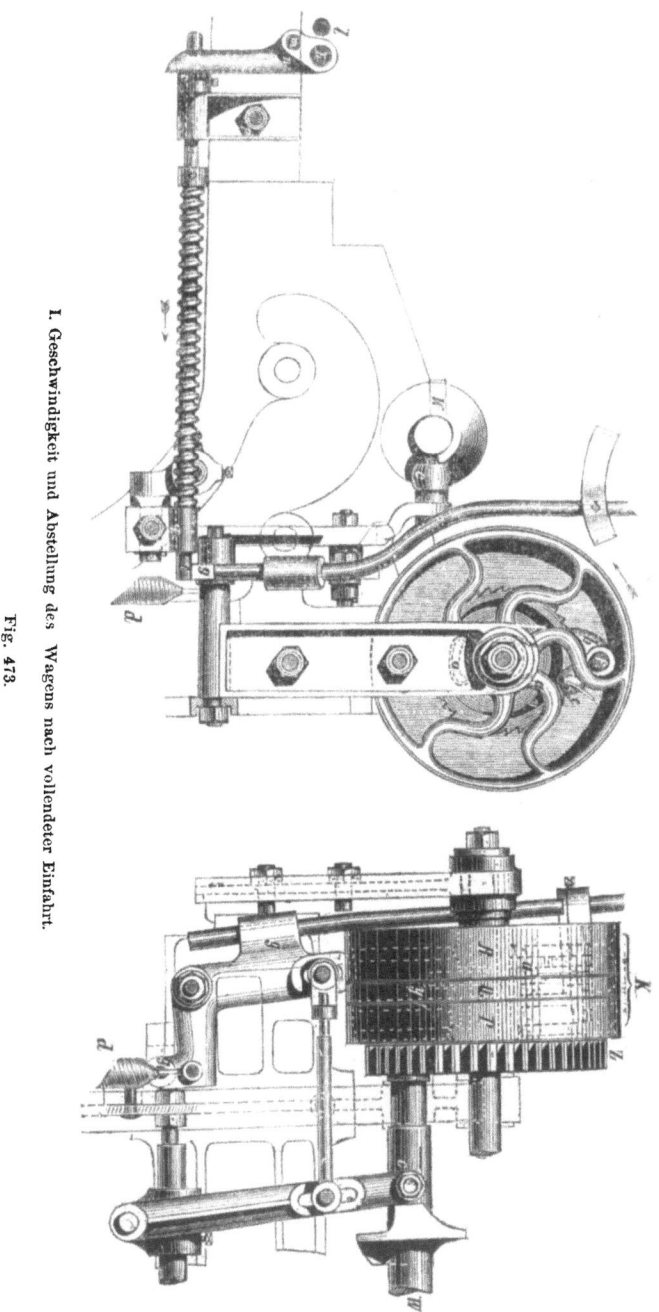

I. Geschwindigkeit und Abstellung des Wagens nach vollendeter Einfahrt.

Fig. 473.

Production zu spinnen hat. Dieser Würtel überträgt die Bewegung vermittelst einer Doppelschnur weiter auf die Spindeltrommelwelle D (Figur 470), resp. die Spindeln E, wobei dieselbe über die Leitrollen F, G, H und die Spannrolle I läuft. Die Riemscheiben K (Fig. 472), auf der Hauptwelle A, sind die Betriebsscheiben der I., L die der II. und M die der III. Spindelgeschwindigkeit. Die Riemen von L und M laufen zu Beginn der Ausfahrt auf den Leerscheiben N und O. Beide Riemen haben also zu Anfang keinen Einfluss auf die Hauptwelle und Spindeln, wohl aber wird durch N die Bewegung der stehenden Welle S und der darauf befindlichen Bremsglocke T, für den Wageneinzug, und die Drehung des conisch verzahnten Abschlagmuffes U hervorgebracht. Letzterer trägt ausserdem an seinem Umfange die Verzahnung V, durch welche das Rad X, in Verbindung mit der Umsteuerungskupplung Y (Parr Curtis siehe später), getrieben wird.

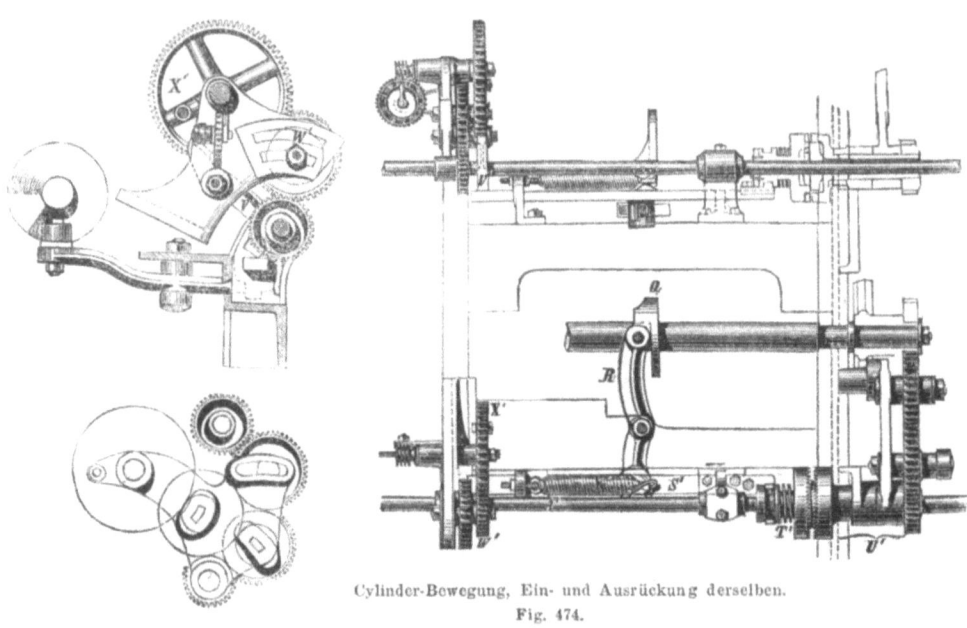

Cylinder-Bewegung, Ein- und Ausrückung derselben.
Fig. 474.

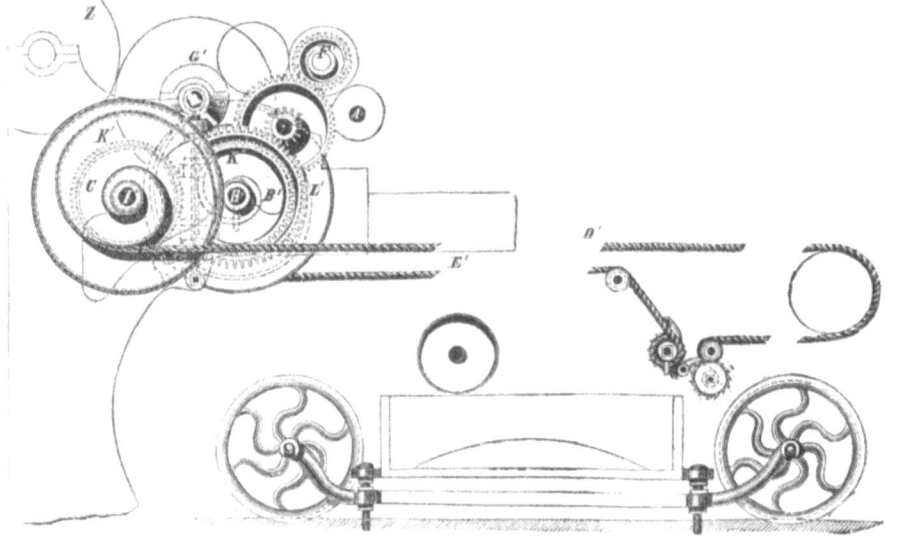

Fig. 475.

Der Riemen K liegt zu Beginn der Ausfahrt auf der Scheibe P und Q. Mit der Scheibe P ist fest verbunden das Rad Z (Fig. 472, 473, 475), welches die Bewegung weiter überträgt auf Cylinder A' (Fig. 470 u. 475) und die Auszugschnecken B' und C' (Fig. 475 und 476). Durch die Räder G' (Fig. 475) kann man die Geschwindigkeit des Wagens und der Cylinder gleichzeitig, ohne dass sich das Verhältniss beider zu einander verändert, und durch F' das Verhältniss zwischen Cylinder- und Wagengeschwindigkeit verändern. Aus Figur 475 ist gleichzeitig ersichtlich, wie die Auszugschneckenschnur D' und die Gegenschneckenschnur E' mit dem Wagen verbunden sind. Figur 476 zeigt die Auszugschnecken in Verbindung unter sich und mit dem Wagen. Die Contreschnecke B' sitzt fest auf der Welle H', die Auszugschnecke C' sitzt lose auf dem Bolzen I' und ist durch 2 Stirnräder K' (Figur 475 u. 476) mit der Welle H' verbunden. Das Rad L', von Z betrieben, ist fest auf der Büchse M, welche lose auf der Welle, mit einer Zahnkupplungshälfte zusammengegossen ist. Die andere Hälfte der Zahnkupplung N' ist mit der Welle durch Keil verbunden, lässt sich aber nach der Achsenrichtung derselben

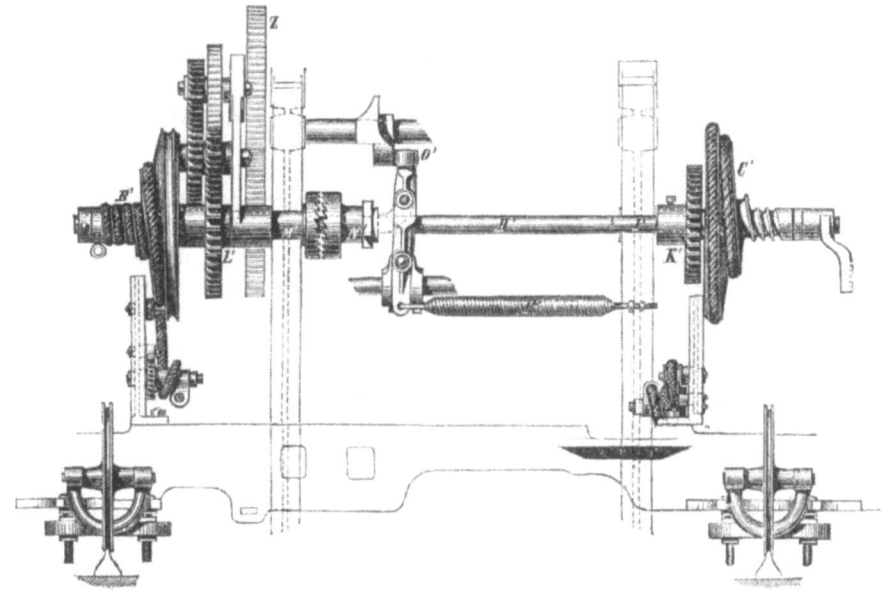

Fig. 476.

verschieben. Die Steuerwelle, welche nach Beendigung der Wageneinfahrt, die I. Periode — Wagenausfahrt — einleitet, macht hierbei die Rolle O' frei und die Feder P' legt in Folge dessen die Kupplungshälfte N' in M' ein, so dass also, da hierdurch die Schnecken mitgenommen werden, die Ausfahrt beginnt. Vor Beendigung der Ausfahrt gelangen in Folge der Umsteuerung die beiden Kupplungshälften wieder in die Lage, in welcher sie in Figur 476 dargestellt sind, in Folge dessen der Wagen zum Stillstand kommt. Durch erwähnte Einleitung der I. Periode wird ferner der Cylinder durch die Steuerwelle resp. das Excenter Q' (Figur 474), Hebel R', Schieber S' und Kupplung T' — welche mit Keil versehen ist, M' lose auf der Welle — dadurch, dass sich der Schieber S' mit T nach dem Pfeil bewegt, vor welchen sich die Falle V' vorlegt, in Bewegung gesetzt. Die Dauer dieser Bewegung wird durch den Zählerwechsel W' bestimmt; ein im Rade X' befindlicher Bolzen drückt dann, während dasselbe eine Umdrehung gemacht hat, die Falle V' wieder zurück, in Folge dessen der Schieber S' durch die Feder Y' wieder zurückgezogen wird und der Cylinder stehen bleibt. Wie aus Figur 473 ersichtlich ist, haben wir für die I. Geschwindigkeit 3 Riemenscheiben, B ist die Leerscheibe, P lose auf der Welle fest mit Z, zur Bewegung der Cylinder und des Wagens, Q lose auf der Nabe von P. Innerhalb der Scheibe Q sitzt auf der Welle fest das Sperrrad y', welches auf seiner Nabe eine Feder a trägt. Dieselbe liegt mit dem einen Ende zwischen den 2 Stiften i und e, der in der Scheibe Q drehbar befestigten Sperrklinke b. Bei der Einleitung der I. Periode macht die Steuerwelle die Rolle c frei und gestattet der Feder d, den Riemen K auf die Scheiben Q und P herüberzuführen, die Cylinder kommen also in Bewegung und der Wagen bewegt sich heraus. Die schmale Scheibe Q dreht sich in der Richtung des Pfeiles, der Stift e legt sich dabei an die Feder a und da sich Punkt f mit Q fortbewegt, die Feder a aber noch stehen bleibt, so wird sich die Klinke b in die Zähne des Sperrrades y' fest einlegen und dieses resp. die Hauptwelle veranlassen, die Bewegung mitzumachen, wodurch den Spindeln die I. Geschwindigkeit ertheilt wird. Der Riemen K treibt so lange die Scheiben Q und P, bis kurz vor Beendigung der Wagenausfahrt, wo die Steuerwelle den Riemen nach der Leerscheibe hinüber führt und der Riemenführer g die Lage einnimmt, welche in Figur 473 gezeichnet ist. Wie man hieraus ersieht, ist die I. Geschwindigkeit ganz unabhängig von der II. und III. Geschwindigkeit und zwar in Folge einer Sperrradvorrichtung, wie wir gleich weiter sehen werden. Wird also das Sperrrad y' durch die Klinke b resp. die Scheibe Q mitgenommen behufs der Ertheilung der I. Spindelgeschwindigkeit und tritt alsdann die II. Geschwindigkeit ein, dadurch, dass der Riemen L auf die Scheibe h (Figur 472) übergeführt wird, — (bemerkt sei hierbei, dass der Riemen L die Breite der Scheibe N hat, also letztere, wenn ersterer auf h treibt, immer noch von demselben mitgenommen wird wegen der Bewegung der Steuerwelle) — so macht die Hauptwelle A mehr Umdrehungen als die Scheibe Q, und das Sperrrad y' wird, da dasselbe mit A fest ist, gegen die Scheibe Q voreilen. Da ferner die Feder a in Folge ihrer Reibung auf Sperrrad y' gegen den Stift i drückt, wird die Klinke b aus den Zähnen des Sperrrades ausgehoben werden, bis die Feder a genöthigt wird auf y zu schleifen und das Voreilen des Sperrrades mit der Welle ohne alles Geräusch vor sich geht. Ebenso ist es, wenn die III. Geschwindigkeit einlegt, nur dass dann die Voreilung des Sperrrades eine noch grössere ist. Diese patentirte Einrichtung ist für die Anordnung der drei Geschwindigkeiten von grosser Wichtigkeit und trägt viel zur Vereinfachung des Ganzen bei. Auf Figur 473 ist gleichzeitig die Einrichtung zu ersehen, mit Hülfe welcher man von jeder Stelle des Wagens aus bewirken kann, dass die Maschine nach Vollendung der Wageneinfahrt zum Stillstand gelangt. k ist die Auf-, l die Gegenwinder- und m eine unterhalb beider, durch den ganzen Wagen hinlaufende Ausrückstange. Seitlich des Headstockes steckt fest auf m das Stelleisen n, welchem k als Führung dient. o ist ein Wellchen, welchem die am Headstock befestigten Stelleisen p und q zur Führung dienen. Innerhalb derselben trägt es eine gewundene Feder, die einerseits an der Führung q, andererseits an einem auf o befestigten Stellring anliegt, mit Hülfe dessen man die Feder mehr oder weniger spannen kann. Ausserdem trägt o ausserhalb einen seitlichen Arm r. Zieht man nun n von r weg, so geht bei der Einfahrt n an r vorbei, schiebt man jedoch die Stange m nach r hin, so wird zu Ende der Einfahrt n an r antreffen und das Wellchen o in der Richtung des Pfeiles fortschieben, so dass das Ende desselben unter den Ansatz g des Riemenführerhebels zu stehen kommt, dass also die Feder d verhindert ist, den Riemenführer g auf die Scheiben Q und P überzuführen. Cylinder, Wagen und Spindeln werden also stillstehen bleiben, bis man die Stange m wieder zurückzieht und die auf o gespannte Feder das Wellchen o entgegen der Pfeilrichtung zurückdrückt und den Ansatz g befreit. Auch hier begünstigt der Umstand, dass Cylinder, Spindeln und Wagen durch den einzigen Riemen K getrieben werden, die Ausführbarkeit dieser Ausrückung, was im andern Falle nicht so leicht und einfach zu erzielen sein würde.

Figur 477 und 478 veranschaulichen die Riemenführung der II. und III. Geschwindigkeit s und t, in Verbindung mit dem Drahtzähler u, dem Abschlagbremshebel v, dem Bremsversicherungshebel w, der Wageneinzugbremsglocke x, dem Moderationshebel y mit

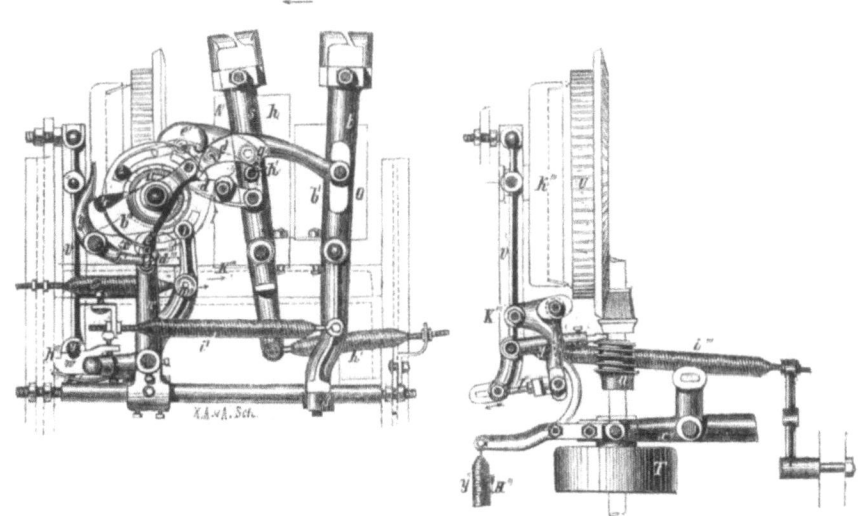

II. und III. Geschwindigkeit mit dem Zählapparat, der Abschlagbremse einschl. der Moderation.
Fig. 477.

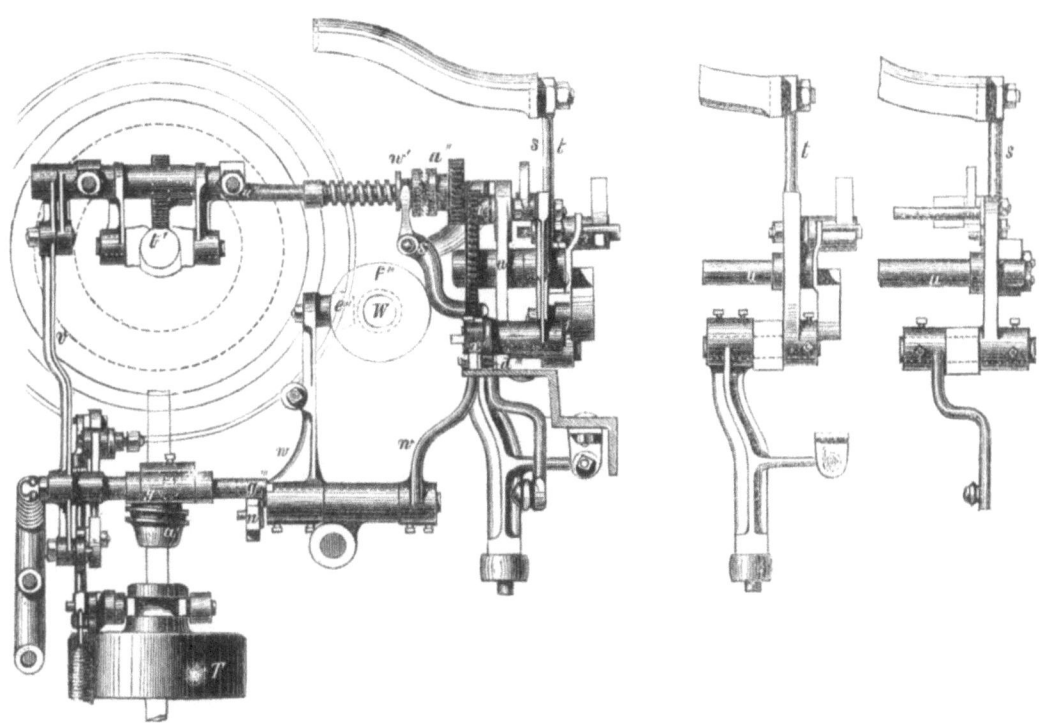

II. und III. Geschwindigkeit
Fig. 478.

der zugehörigen Schnecke a'. Vom Beginn der Wagenausfahrt bis zum Abschluss der Cylinder werden die Spindeln mit der I. Geschwindigkeit gedreht und die Riemenführer s und t befinden sich in der in Figur 477 angegebenen Stellung, d. h. die Riemen laufen auf ihren Leerscheiben. Sobald aber die Cylinderabstellung erfolgt ist, stösst Bolzen 1 — am Drahtzähler u — an d' und schiebt Hebel s soweit zurück, dass sich e' mit seiner Nase hinter den festen Bolzen f' und h' hinter g' legt, wonach die II. Geschwindigkeit zur Wirkung kommt. Vor Beendigung der Ausfahrt und bei weiterem Fortschreiten des Drahtzählers in der Richtung des Pfeiles hebt alsdann der Bolzen 2 die Falle e' über den Bolzen f' hinaus, in Folge dessen die Feder h', welche grössere Spannung hat als Feder i', sowohl Hebel s als auch t — da g' durch h' gefangen — nach der Pfeilrichtung hinüber zieht, also Riemen s auf seine Leer- und t auf die Festscheibe führt, in Folge dessen die III. Geschwindigkeit zu wirken beginnt. Ist die

II. Periode, der Nachdraht,

ziemlich beendet, so hebt Stift 3 die Falle g' über h' aus zu Folge dann Riemen t auf seine Leerscheibe zurückgeführt wird. Nach diesem und mit Hülfe der Zeichnung (Fig. 477) lässt sich nun leicht ermitteln, welche Veränderungen man an der Riemenführung zu treffen hat, um auf der Maschine Zwirnen und Surfiliren zu können. Erwähnt sei nur, dass beim Surfiliren, wobei die III. Geschwindigkeit zuerst zur Wirkung kommt, dieselbe durch den Wagen, indem derselbe gegen die Rolle β stösst, eingerückt wird. Wir wollen hier noch eine kleine Erläuterung des auf Fig. 479 angedeuteten Wagenrückganges für starkgedrehte Kettengarne einschieben und dann wieder an das Letztere anschliessen. l' ist ein auf der Welle k' sich lose drehendes Schneckenrad, was von

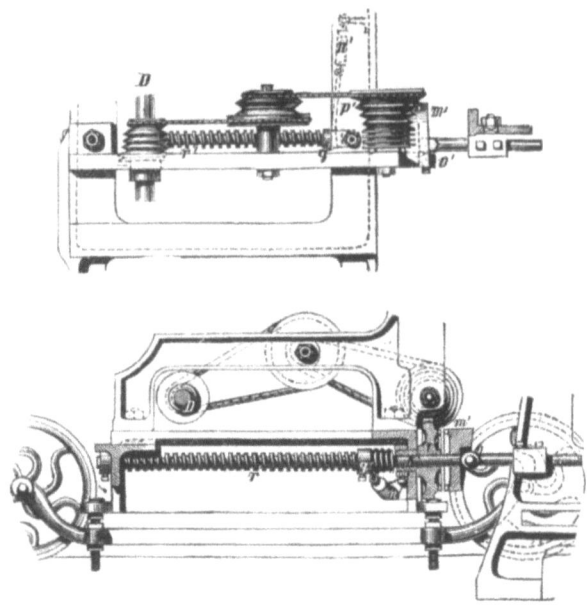

Wagen-Rückgang.
Fig. 479.

der Spindeltrommelwelle D aus getrieben wird. Auf der Stirnfläche ist dasselbe mit einer Zahnkupplung versehen. Eine 2. Zahnkupplung m', seitlich mit einer schiefen Ebene versehen, sitzt fest auf der Welle und wird durch die auf derselben befindlichen

Feder r' gewöhnlich aus der Verzahnung mit l' gehalten. Sowie aber der Wagen beim Auszuge seinem Ende nahe kommt, stösst die am kleinen Headstock befestigte Rolle o' gegen m', drückt m' unter gleichzeitiger Spannung der Feder r' in die Verzahnung von l', m' wird in Folge dessen mit in Rotation gesetzt, die Rolle o' läuft an der schiefen Ebene von m' auf und veranlasst dadurch den Wagen, eine kleine Rückwärtsbewegung zu machen. Dabei wickelt sich die Schnur p' um die Schnecke q', spannt die Feder n', welche schliesslich, sobald der Wagen seine Einfahrt beginnt, also m' von o' frei wird, die Welle k' resp. die Kupplung m' in ihre ursprüngliche Lage zurückführt, nachdem die Feder r' m' aus der Verzahnung mit l' gehoben hat. Wir kommen jetzt zur

III. Periode, dem Abschlagen der Fäden.

Wie wir oben gesehen, sind durch Veranlassung des Zählers die Riemen der I. u. II. Geschwindigkeit auf die Leerscheiben N und O gelangt, nachdem der Riemen der I. Geschwindigkeit durch die Steuerwelle auf die Leerscheibe R (Figur 473) übergeführt worden ist. Das Zählzeug u (Figur 478) wird durch das Vorgelege u' von der auf der Hauptwelle A befindlichen Schnecke t' (Figur 472 und 478) getrieben und kann die Geschwindigkeit desselben sehr beliebig, je nachdem mehr oder weniger Draht nothwendig ist, durch das Zwischenvorgelege v' gewechselt werden. Der Hebel s' mit Kupplung w' steht mit dem Hebel x' in Verbindung, so dass durch Heben von x', w' aus, und durch Senken von x' w' eingerückt, also im erstern Falle das Zählzeug ausser Bewegung, im letztern in Bewegung gesetzt wird. In demselben Augenblicke nun, wo Stift 3 (Fig. 477) die Veranlassung ist, dass der Riemen der III. Geschwindigkeit t auf die Leerscheibe zurückgeht, drückt Ansatz 4 den Hebel y' zurück, x' bewegt sich also nach oben und zwingt die Kupplung w', ausser Eingriff mit a'' zu treten. Der Zähler dreht sich dann in Folge des Gewichts b'' soweit nach der Pfeilrichtung, bis c'' an die Nase von x' antrifft, in welcher Stellung er dann stehen bleibt, bis zum Beginn der I. Periode. Dadurch ferner, dass durch Ansatz 4 der Hebel y' resp. x' gehoben wurde, ist der Bolzen d''' am Hebel w, welcher durch den Vorsprung an x' bisher gehindert war, der Spannung der Feder e'' zu folgen, frei geworden und wird der Hebel w von e'' soweit zurückgezogen, bis Rolle g''' vom Ansatz h''' frei wird und die Rolle e''' am Hebel w (Figur 478) zur Anlage an das Excenter f''' kommt. Da nun die Rolle g''' am Hebel v von dem Hinderniss h''' frei geworden, bewirkt die Feder i''', dass der Moderationshebel y in die untersten Gänge der Schnecke a' einlegen kann. Das Drehen der Schnecke veranlasst alsdann y, in den Gängen derselben aufwärts zu steigen und sowie dieselben zu Ende sind, für v also jedes Hinderniss beseitigt ist, zieht die Feder i''' die Bremsglocke k''' (Figur 472 und 477) am Hebel v fest gegen den Bremsconus U und der Abschlag beginnt. k''' ist nämlich mit Keil, jedoch verschiebbar mit der Hauptwelle A verbunden und wird daher durch Conus U, der vom Riemen L aus in Bewegung gesetzt ist, genöthigt, an der Bewegung Theil zu nehmen, welche sich durch den Twistwürtel C weiter auf die Spindeltrommelwelle erstreckt. Da nun diese Bewegung entgegengesetzt ist derselben während des Herausfahrens, so beginnt die Wirkung der bekannten Sperrradvorrichtung l''' (Figur 480) innerhalb des Wagenmittelstückes, durch welche die Kette m''' aufgewickelt, folglich Hebel n''' mit dem Aufwinder sich senkt, wodurch der Gegenwinder genöthigt wird, sich zu heben (Figur 482), entsprechend der durch die Linksdrehung der Spindel sich abwickelnden Fadenlänge. Durch das Senken des Hebels n''' wird Hebel p''', der Anfangs mit der Fläche q''' an der Rolle r''' schleift, bis die untere Kante von q''' über r''' hinaus tritt und alsdann durch die Abschlagfeder o''' (Figur 480) nach der Pfeilrichtung in die Stellung gebracht wird, in welcher Hebel p''' (Figur 483) gezeichnet ist. Die Hereinwärtsbewegung des Hebels t''' (Figur 480) hat bezweckt: die Einrückung der Wageneinzugkupplung u''' (Figur 484 und 485) und die Bewegung des Hebels v''' und w''' in der Richtung der Pfeile. Durch letztere wird der Hebel x''' (Figur 480 und 481), der bisher von w''' gehalten wurde, frei und der Feder y''' gestattet, die mit x''' verbundene Wageneinzugglocke fest gegen den Conus Z''' anzuziehen, wodurch die Wagen-

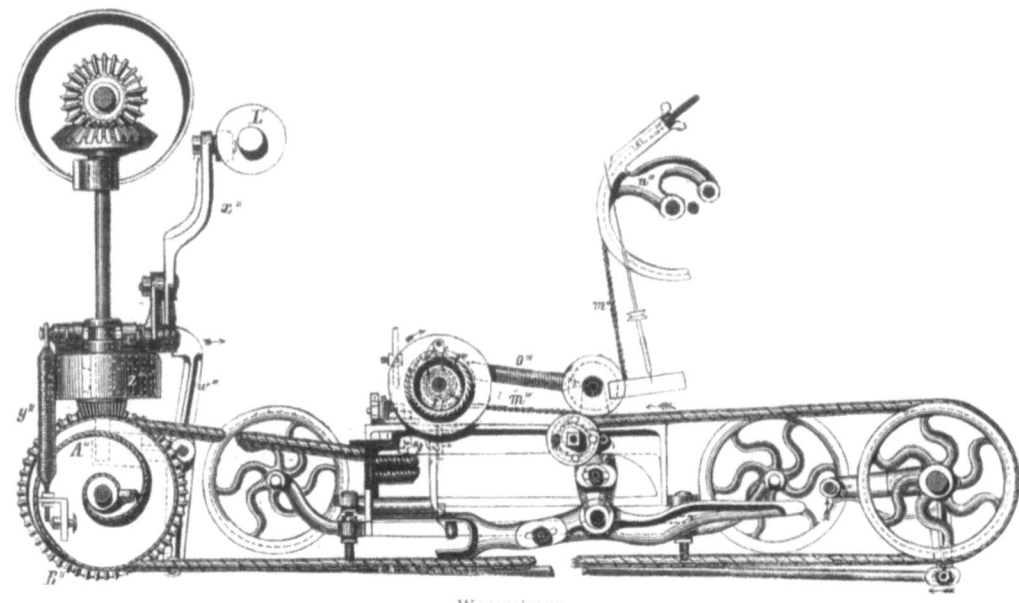

Fig. 480.

einzugschnecken in Bewegung gebracht werden. Durch das Einlegen der Wageneinzugglocke (Figur 477) in der Pfeilrichtung H''', wurde aber gleichzeitig v, in Folge seiner Verbindung mit x''' — K''' fester Drehpunkt an der Gestellwand — durch I''' nach der Pfeilrichtung zurückgeschoben, also die Bremsglocke k''' von dem Bremsconus U frei

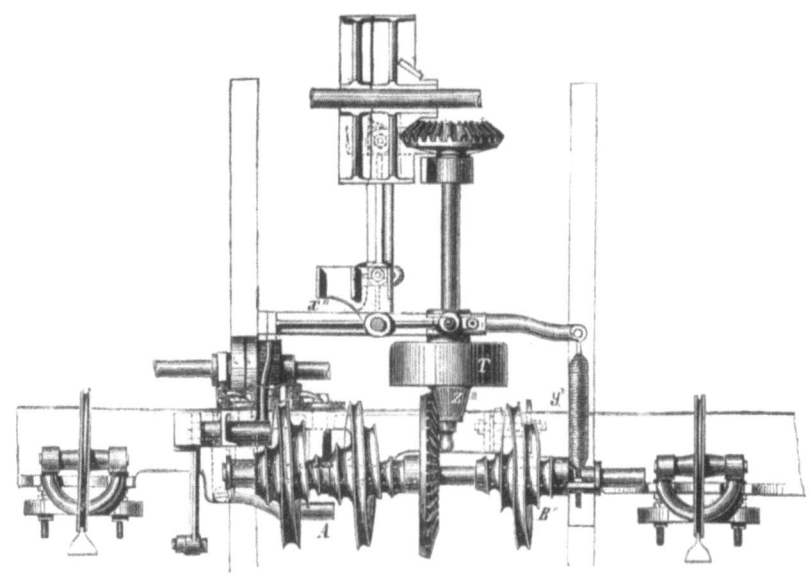

Wageneinzug.

Fig. 481.

gemacht, dass also eine Collision zwischen der Abschlagsbewegung und der nunmehr eingetretenen Einzugsbewegung der Spindeln nicht stattfinden kann. Der Bremshebel v wird in dieser Stellung durch die Einzugbremsfeder y''' so lange gehalten, bis der Wagen ans Ende seiner Einfahrt gelangt und Hebel w durch die Umsteuerung nach Pfeil K''' zurückgezogen wird, in Folge dessen sich Ansatz h''' wieder vor die Rolle g''' legt und somit die Abschlagbremse veranlasst wird, in dieser Stellung bis vor Beginn des Abschlagens zu verharren. Erst nachdem diese Versicherung stattgefunden hat, wird x''' (Figur 480) durch das Excenter L''', welches dem Excenter f''' (Figur 478) etwas nacheilt, mit der Bremsglocke T ausgehoben und demnach die Einzugschnecken zum Stillstand gebracht. Nachträglich bemerken noch, indem wir auf Figur 477 zurückweisen, dass nachdem der Riemen der III. Geschwindigkeit auf die Leerscheibe gelangt ist, wie wir gesehen haben, die Abschlagbremse nicht sofort einlegt, sondern in Folge des Zusammenarbeitens der Moderationsschnecke a' mit dem Hebel y, indem letzterer in den Gängen derselben hinaufgleitet, eine kleine Zeit verstreicht, in welcher die Hauptwelle und Spindeln erst etwas zur Ruhe gelangen können, damit, wenn alsdann das Bremsen eintritt, wodurch die Umkehr der Hauptwelle und Spindeln herbeigeführt wird, dies nicht mit so heftigem Stoss und Geräusch in den Rädern stattfindet. Der Zweck wird durch den patentirten Moderationsapparat vollständig erreicht.

IV. Periode. Die Wageneinfahrt.

Der Wagen wird durch die Einzugschnecken A'' und die Gegenschnecke B'' (Figur 472, 480 und Figur 481), welche ein Ueberlaufen des Wagens und ein zu heftiges Anschlagen desselben zu Ende der Einfahrt verhindert, hereingezogen. Die Drehungen der Spindeln für das Aufwinden der Fäden werden hierbei durch die Quadrantenkette A''', welche in bekannter Weise auf die Quadrantentrommel C'' resp. die Spindeltrommelwelle D wirkt, herbeigeführt, bis gegen Ende der Einfahrt D''' an ein Stelleisen stösst, wodurch p''' zurückgeschoben wird und der Aufschlag erfolgt und zwar in der Weise, dass in Folge der Einwirkung der Aufwinderfedern E''' (Figur 482) der Aufwinderdraht

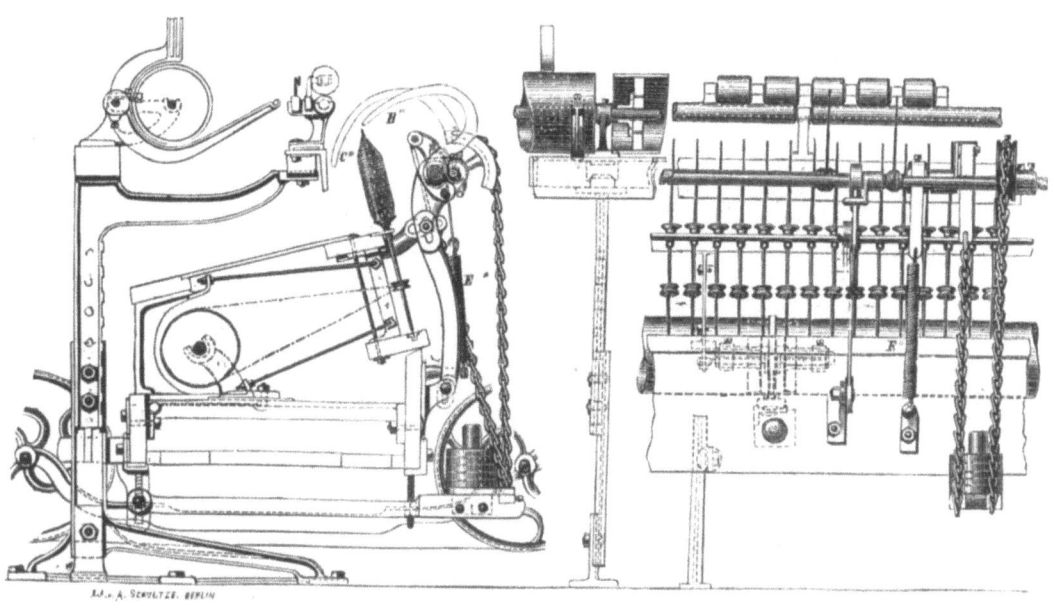

Wagenquerschnitt mit Auf- und Gegenwinder-Mechanismen.

Fig. 482.

B''' seine Anfangsstellung über der Spindelspitze und der Gegenwinder C''' dieselbe unter derselben einnimmt. Das Aufschlagen der Fäden erfolgt gleichzeitig mit dem Umsteuern, was in bekannter Weise durch das Antreffen der Aufwinderstange F''' (Figur 472) an das Balancierstelleisen G''' bewirkt wird. Die Umsteuerung zu Ende der Ausfahrt wird durch den am Wagen befestigten Bolzen D'', welcher gegen das Stelleisen E'' drückt und den Balancier nöthigt, sich zu senken, hervorgebracht. Im erstern Falle senkt sich der Steuerschieber F'', im letzteren Falle hebt er sich, wodurch jedesmal der Bolzen G' frei und der Feder H'' gestattet wird, beide Kupplungen ineinander zu legen. Die Folge hiervon ist nun, dass die Steuerwelle W so lange in Bewegung gesetzt wird, bis Bolzen G'' auf der schiefen Fläche des Schiebers F'' aufläuft, wodurch die mit X festgegossene

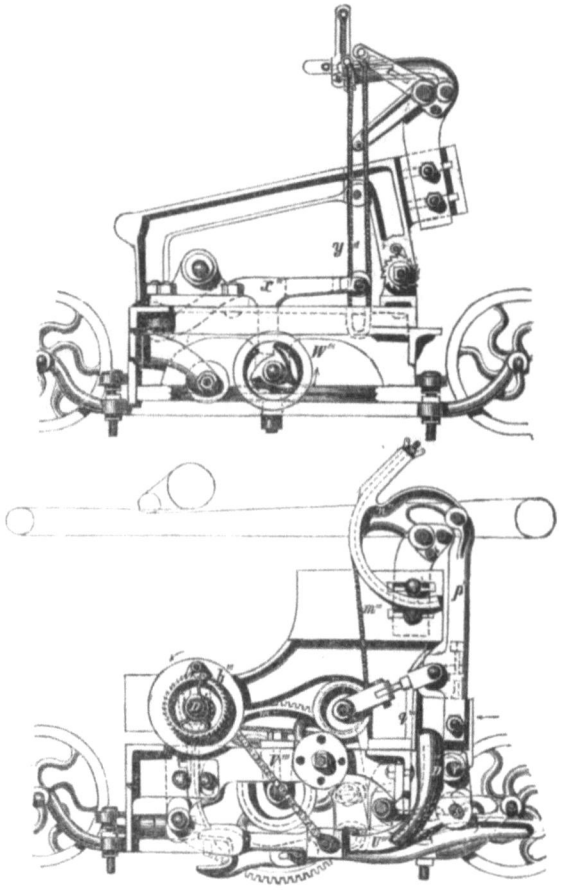

Wagenmittelstück.

Fig. 483.

Kupplung wieder aus der Verzahnung von Y gedrückt wird, was jedesmal einer halben Umdrehung der Steuerwelle W entspricht. Durch die Bewegung des Hebels w nach Pfeil K''' (Figur 477 und 478) wird gleichzeitig Hebel x' resp. z' durch die auf Welle u' befindliche Feder zurückgedrückt und Kupplung w' in a'' eingelegt. Das Zählzeug beginnt also seine Bewegung, nachdem es von c'' frei geworden ist, das Spiel beginnt also von Neuem.

Die Form der Kötzer wird durch die in Figur 486 veranschaulichte Coppingplatte I''', mit den Formkästen O''' und P''', in bekannter Weise bedingt. Die Gleitbolzen M''' und N''' sind nur, zum Unterschied von früher und andern Constructionen, hier auf beiden Seiten unterstützt durch die sogenannten Formplatten, die eine doppelte Bahn haben. Die Fortrückung derselben wird durch den Hebel Q''', in Verbindung mit der Schraube R''', bewirkt. Q''' sitzt auf dem Quadrantenzapfen, macht also bei jedem Spiele eine Schwingung, welche sich der Schraube R''', vermittelst des darauf sitzenden Sperrrades, resp. den durch eine Schiene verbundenen beiden Formkasten mittheilt, in Gestalt einer horizontalen Verschiebung. Das Stelleisen K'' veranlasst die Coppingplatte I'', ausser der durch die Verschiebung der Formkasten nach Pfeil N'' verursachten vertikalen Senkung, noch eine kleine horizontale Verschiebung nach der Richtung des Pfeiles O'' zu machen. Es sind hierbei die Linien rechts als wichtig anzunehmen. Zweck dieses ist die Entfernung L'', der höchsten Stelle der Coppingplatte von der Anfangsstellung der Schlepphebelrolle s''', durch welche die Vertheilung des Fadens auf den Aufwinderdraht beim Aufwinden übertragen wird von Beginn der Kötzerbildung an, etwas zu vergrössern. Da nun diese Entfernung der Länge des auf eine absteigende Windung verwendeten Fadens entspricht, so geht hieraus hervor, dass die für halbe Windungen verwendeten Fadenlängen zu Anfang kleiner sind als zu Ende der Ansatz- und Kötzerbildung, was durch die allmälige Zunahme des Kötzerdurchmessers bedingt wird. Die Platte S''' ist an der Grundplatte des kleinen und T''' an der des grossen Headstockes befestigt, so dass also im Gegensatz zu früher die Lage der Aufwindetheile unverrückbar bleibt.

U''' (Figur 483) ist der Schlepphebel, welcher mit seiner Rolle s''' auf der Coppingplatte hingleitet und die Vertheilung des Fadens durch p''' und n''' auf den Aufwinder überträgt. Mit U''' ist ferner verbunden die Kette V''', welche, während m''' sich beim Abschlagen auf l''' aufwickelt, sich davon abwickelt. Sowie der Abschlag vorbei ist und

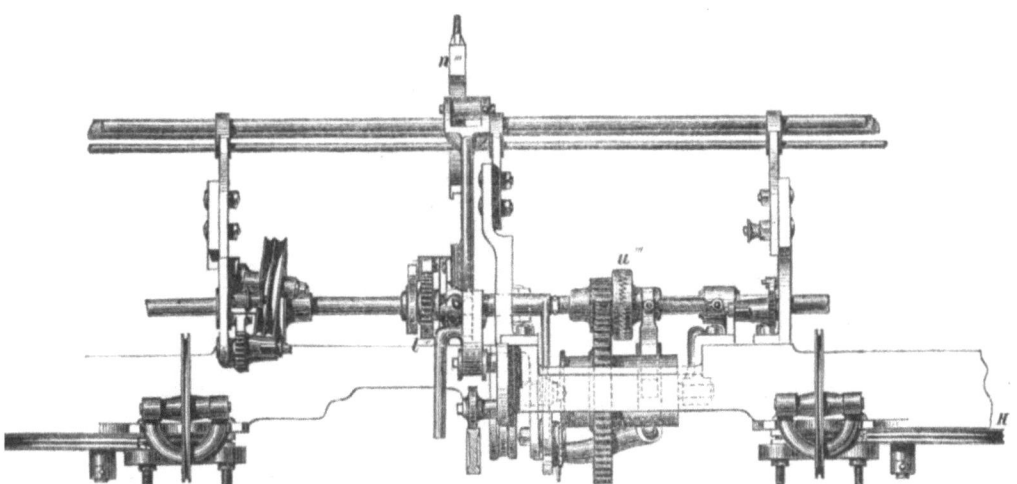

Wagenmittelstück.
Fig. 484.

die Einfahrt beginnt, dreht sich l' wieder in entgegengesetzter Richtung, m''' wickelt sich dabei wieder ab, während sich Kette V''' aufwickelt, bis dieselbe straff geworden ist und l''' verhindert, ferner an der Bewegung der Spindeltrommel theilzunehmen; da das Sperrrad von l''' fest auf der Trommelwelle D sitzt, so wird die auf der Nabe desselben sitzende Feder von diesem Augenblicke an darauf schleifen. Da sich nun von Beginn bis zur Beendigung des Kötzers der Schlepphebel U''', mit der Coppingplatte allmälig immer mehr und mehr senkt, so muss sich nothwendiger Weise das Stück Kette V''', zwischen dem Hebel U''' und der Sperrradvorrichtung l''' verlängern und m''' sich um so viel verkürzen. Diese Verkürzung der Abschlagkette bewirkt, dass der Aufwinderdraht beim Abschlagen gegen Beendigung der Kötzerbildung sich frühzeitiger senkt als zu Beginn derselben, was zur Verhinderung von Schleifenbildung und für eine gute Kötzerform und Windung sehr wesentlich ist. Auf Figur 483 ist ferner der verbesserte Quadrantenregulirapparat zu ersehen. Derselbe besteht aus der Schnurrolle W''', Hebel X''' und der mit dem Auf- und Gegenwinder verbundenen Kette Y'''. Um W''' ist eine Schnur geschlungen, deren eines Ende hinterwärts um eine Leitrolle läuft, dann wieder zurückkehrt nach vorn, wo sie die Quadrantenrolle P'' (Fig. 472), welche durch conische Räder mit der Quadrantenspindel Q'' in Verbindung steht, umschlingt und sich alsdann mit dem andern Ende der Schnur verbindet. Es muss beim Aufwinden, vom Beginn der Ansatzbildung des Kötzers an bis zur Vollendung desselben, bekanntlich eine allmälige Verringerung der Spindeldrehungen, dem zunehmenden Durchmesser des Ansatzes entsprechend, stattfinden. Dies wird hervorgebracht durch eine allmälige Verrückung der Quadrantenmutter, welche Aufhängepunkt der Quadrantenkette ist, von unten nach oben. Sind nämlich die Spindeldrehungen zur vorhandenen Fadenlänge zu gross, so verringert sich die Reserve, d. i. das Stück Fadenlänge zwischen Auf- und Gegenwinderdraht, der Gegenwinder wird dadurch gezwungen sich etwas zu senken, weshalb der Hebel x''' mit seinem abwärts führenden Arme sich vor einen der drei Vorsprünge des Schnurwürtels w''' legt. Steht x''' höher, so dass also W''' unabhängig von x''' ist, so

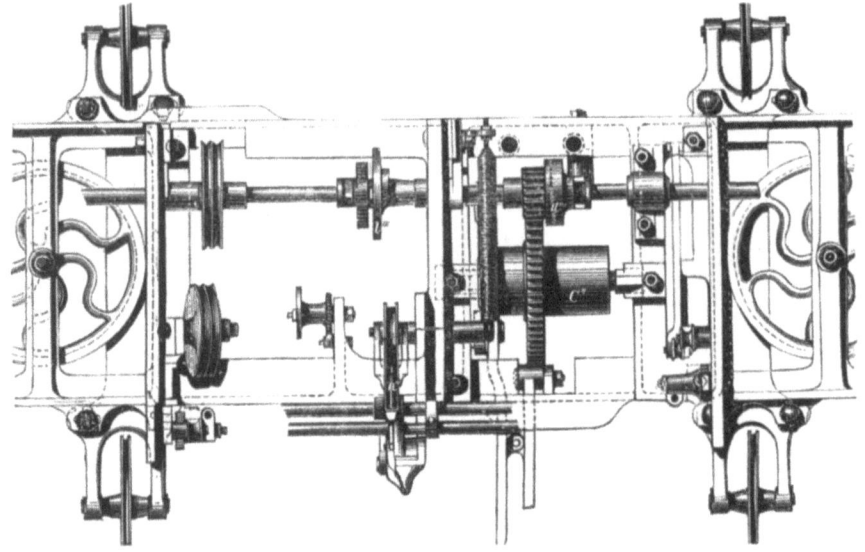

Wagenmittelstück.
Fig. 485.

wickelt sich bei der Einfahrt einfach die Schnur auf W''' ab, indem W''' sich in der Richtung des Pfeiles dreht. In dem vorher angeführten Falle jedoch ist W''' gezwungen, während der Einfahrt still zu stehen, so dass das nach vorn führende Schnurende durch W''' mit fortgezogen wird, was eine kleine Drehung der Quadrantenspindel resp. ein Steigen der Quadrantenmutter verursacht und die Reserve wieder auf ihre normale Länge bringt. Ist der Kötzeransatz fertig, so hört die Regulirung auf, da von da an die einzelnen Fadenschichten unter sich congruent sind. Es ist bei einer sehr zugespitzten

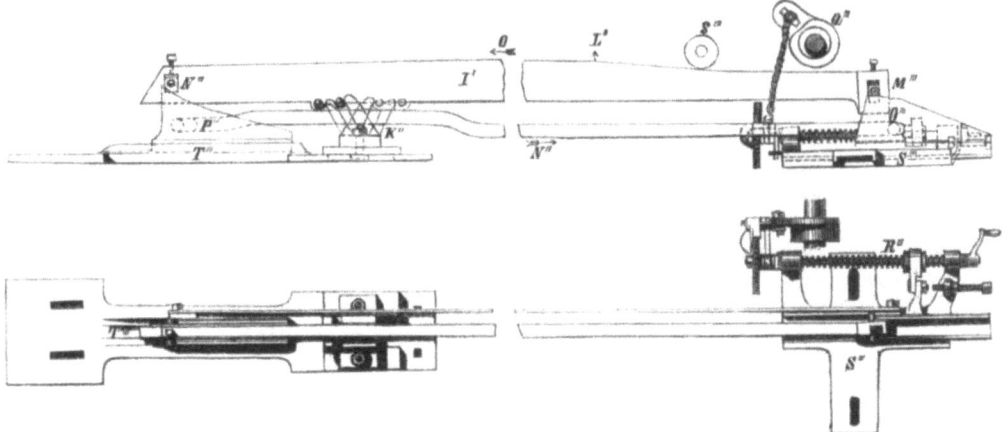

Coppingplatte (Windeschiene) mit Formkästen (Formplatten).

Fig. 486.

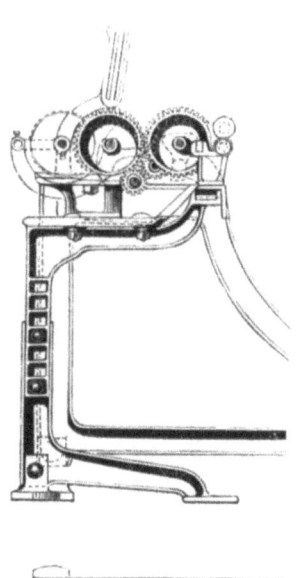

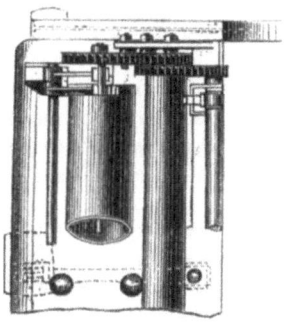

Abwickelzeug.

Fig. 487.

Spindel nach der Vollendung des Ansatzes nur noch eine kleine Nachhülfe des Correctionshebel α (Figur 470) nöthig, der sich bei weiterer Senkung, während der letzten Windungen in jeder Schicht mit seiner Rolle α gegen die Quadrantenkette A''' legt und eine Verkürzung derselben resp. geringe Vergrösserung der Spindelgeschwindigkeit herbeiführt, dem nach der Spitze zu kleiner werdenden Spindeldurchmesser entsprechend.

Figur 487 stellt die Endwand dar in Verbindung mit dem Cylinderbaum, den Mittelfüssen, den Abwickeltrommeln mit ihrem Betriebe vom Cylinder aus. Das kleine Rädchen am Ende des Cylinders kann durch ein grösseres oder kleineres ausgewechselt werden behufs einer geringen Veränderung der Geschwindigkeit zwischen Cylinder und Abwickeltrommeln. —

Der Hartmann'sche Selfactor repräsentirt also das System der dreifachen Spindelgeschwindigkeit, welches von der Sächs. Maschinenfabrik vorm. Rich. Hartmann in Chemnitz eingeführt und seit 10 Jahren mit dem grössten Erfolge angewendet wurde.

Dieses System erwies sich am Selfactor als das geeignetste, die Maschine zu einer möglichst vollendeten, in Hinsicht der Verspinnbarkeit der verschiedenen Wollen universell anwendbaren zu machen.

Um das Letztere möglichst zu erreichen, sind die 3 Geschwindigkeiten vollständig unabhängig unter sich und auch ganz unabhängig vom Wagen gemacht. Der Drahtzähler, welcher die Aufeinanderfolge der 3 Geschwindigkeiten vermittelt, giebt dem Spinner die Mittel an die Hand, die Zeitmomente, in welchen dieselben nach einander folgen müssen, den Anforderungen gemäss, welche die verschiedenen Rohmaterialien in ihren Zusammensetzungen an den Spinnprozess stellen, mit Leichtigkeit zu regeln, während der Wagen, der mit dem Ein- und Ausrücken der verschiedenen Geschwindigkeiten nichts mehr zu thun hat, sich ohne Hinderniss und Stoss heraus und herein bewegt.

Der Drahtzähler gestattet daher auch ein Funktioniren des Selfactors mit:
der I. Geschwindigkeit allein, der I. und II. Geschwindigkeit zum Vorspinnen, der I., II. und III. Geschwindigkeit zum Feinspinnen, der I. und III. Geschwindigkeit zum Zwirnen und der III. und II. Geschwindigkeit zum Surfiliren (Doppelspinnen.)

Nach Beendigung des Nachdrahtes kehrt der Drahtzähler in die Lage zurück, die er von Beginn des Auszuges inne hatte, während er bei Beginn des Spieles durch die Steuerwelle wieder in Thätigkeit gesetzt wird. Es bürgt diese Eigenschaft des Zählers für die genaue Einhaltung des Drehungsverhältnisses.

Das Anspinnen der Maschine, d. h. Beginn der Wagenausfahrt der Spindeldrehungen und der Bewegung des Vorgarncylinders, erfolgt sicher und unter den günstigsten Verhältnissen für die Verstreckung des Vorgespinnstes. Sämmtliche Excenter auf der Steuerwelle sind zu dem Zwecke verstellbar und ist dadurch die Möglichkeit geboten, die vortheilhafte Stellung derselben für einen guten Einschluss finden zu können.

Günstiger Lauf der Doppeltwistschnur ausserhalb des Headstockes und hierdurch ermöglichtes leichtes Auswechseln der Twistwürtel für eine möglichst grosse Production.

Vortheilhafte Anbringung der Wagenauszugschnecken zu beiden Seiten der Maschine, Verbindung der eigentlichen Auszugschnecke mit der sogenannten Contreschnecke durch Stirnräder, welche ein leichtes Verstellen des Schneckenseiles am Umfange gestatten.

Vortheilhafte Anbringung der Wageneinzugschnecken, die Betriebskupplung mit Lederconus und Bremsglocke, wodurch die an älteren Maschinen oft vorkommenden Brüche und Stösse vermieden sind.

Patentirter Moderationsapparat, welcher bewirkt, dass vor dem Abschlagen der Riemen der III. Geschwindigkeit erst vollständig auf die Leerscheibe geführt wird, die Hauptwelle und sonach die Spindeln also erst etwas zur Ruhe gelangen können, ehe die Abschlagbremse einsetzt und die Umdrehungen der Hauptwelle und Spindeln in entgegengesetztem Sinne erfolgt. Der Gang der Maschine ist hierdurch ein viel ruhigerer und die durch die früheren Einrichtungen hervorgebrachten gefährlichen Stösse und Brüche sind durch diese Einrichtung beseitigt.

Fig. 488.

Alle Abschlagmechanismen und die sie verbindenden Theile, namentlich die Sicherung der Bremse während des Wagenauszuges, sind leicht zugänglich und verstellbar.

Die Fundamentplatten des grossen und kleinen Headstockes sind durch 2 starke Wagenschienen verbunden, worauf sich das Wagenmittelstück mit seinen 4 Rädern bewegt. Das Gewicht des Wagenmittelstückes vertheilt sich also hier auf eine viel grössere Fläche und hat dasselbe resp. der Wagen gleichzeitig eine viel sicherere Stellung zum Headstock, die sich durch keinerlei Einflüsse und Veränderungen der Beschaffenheit des Fussbodens, wie dies bei andern Maschinen älterer Construction der Fall ist, ändern kann. Das Wagenmittelstück umfasst ausserdem beide Wagenhälften kastenartig auf eine Länge von 450 Mm., die Wagenhälften haben ferner in ihrer Längenrichtung je eine Doppelkreuzspannung, bestehend aus schmiedeeisernen Stangen, so dass der Wagen in seiner Verbindung ein sehr stabiles Ganze bildet und damit jede seitliche Schwankung desselben bei der Aus- und Einfahrt beseitigt ist.

Die Windemechanismen, wozu die Coppingplatte (Leitschiene), die Formkästen (Formplatten), das Stellrad mit Schraube zur Verschiebung der Formkästen etc. gehören, befinden sich genau in der Mitte des Wagens und Headstockes und sind leicht zugänglich.

Der Wagenrückgang — langsame Bewegung des Wagens nach Vollendung der Ausfahrt während des Nachdrahtes für stark gedrehte Kettengarne, ist in sehr einfacher Weise am Wagenmittelstücke angebracht.

Verbesserte schnellwirkende Quadrantenregulirung, Quadrantenspindel mit unten grösserer, nach der Mitte hin abnehmender Steigung des Gewindes, was einer besseren Regulirung der Spindelgeschwindigkeit beim Aufwinden für die Ansatzbildung des Kötzers entspricht. Einrichtung, dass von jeder beliebigen Stelle des Wagens aus bewirkt werden kann, dass die Maschine nach Beendigung der Wageneinfahrt stehen bleibt, ohne dass deshalb die Betriebsriemen zum Stillstand kommen, so dass beim Wiedereinrücken die Bewegung leichter stattfindet, daher an Zeit und Kraft gespart wird. Ebenso kann, an welcher Stelle der Wagen sich auch befindet, die Maschine dadurch zum Stillstand gebracht werden, dass man mit Hülfe der Zugstange das Vorgelege ausrückt. (Wir verweisen auf die perspectivischen Abbildungen Fig. 488 und Tafel XXV[b].)

Wir lassen der Beschreibung des Hartmann'schen Selfactors die Beschreibung des Selfactors von Theodor Wiede*) folgen, nach dem Text, welchen Prof. Falke 1875 gegeben.**)

Um die specielle Ausführung des Wiede'schen Selfactors möglichst deutlich darzulegen, sind die hauptsächlich wirkenden Theile mit thunlichster Weglassung des Gestelles dargestellt und zwar zeigen Tafel IX und X, Figur 1 und 2, Längenansichten, Figur 3 eine Queransicht des sogenannten Headstocks, Figur 7 und 8 Grundrisse der verschieden hoch über einander liegenden Theile, ausserdem Figur 4—6 verschiedene Details, und Figur 9—12 besonders die Theile, welche die Riemenverschiebungen bewirken in den verschiedenen Lagen. Die Bezeichnung der einzelnen Maschinentheile ist nach der dem Verfasser von der Verwaltung der Chemnitzer Dampf- und Spinnereimaschinenfabrik freundlichst überlassenen Originalzeichnung gewählt.

Auf der Hauptwelle a befinden sich zwei Sätze Riemenscheiben und zwar die kleineren, Festscheibe 3 und Losscheibe 4, für die grösste Spindelgeschwindigkeit; ausserdem die gleich grossen Scheiben 1, 5, 2; von diesen ist 2 ganz fest auf der Welle, die Scheiben 5 und 1 dagegen sind lose. Es besitzt 5 eine lange röhrenförmige Nabe, an deren vorderem Ende das conische Trieb 101, um durch Eingriff mit dem Rade 102 die Cylinder und den Wagenbetrieb in Bewegung setzen zu können. Scheibe 1 steckt wieder

---

*) Jetzt ausgeführt von der Chemnitzer Dampf- und Spinnereimaschinenfabrik.
**) Siehe Civilingenieur 1875. Heft III, pag. 185.

lose auf der Nabe von 5 und treibt mittels des auf ihrer Nabe sitzenden Triebes 75 die Räder 76, 77 und 78, von denen das letztere an der das Schaltrohr 6 treibenden Welle steckt. An dieser befindet sich dann noch das Trieb 33, durch welches das auf der Hauptwelle lose Rad 35 mit dem einem Conus der Scheibe 2 entsprechenden Hohlconus fortwährend umgedreht wird, und ausserdem das conische Rad 86 zum Betriebe der stehenden Welle, von welcher aus durch das anderweite conische Räderpaar 79, 80 die liegende Welle mit den Wageneinzugsschnecken 56, 57 in Bewegung gesetzt wird.

Es vermitteln demnach von diesen Scheiben 3 die grösste Spindelgeschwindigkeit; 2 direct vom Riemen getrieben die kleinere; 5 den Cylinder- und Wagentrieb; 1 den Betrieb der Schaltwelle, ausserdem durch Verkuppeln des grossen Rades 35 mit Scheibe 2 indirect den Spindelbetrieb beim Abschlagen, und später den langsamen Wagenrückgang beim Nachdraht, sowie die gesammte Wagenrückgangsbewegung einschliesslich der Kötzeraufwindung.

Um die Riemen für diese Scheiben zu leiten, sind vorhanden: Die Führungsgabel 8 für die Scheiben 3 und 4 und der Hebel b. Dieser trägt nicht unmittelbar die Führungsgabel für die Riemen der grossen Scheiben, sondern diese Gabel befindet sich an einem besonderen Arme β, der um das untere Ende von b beweglich ist, sich oben an einem Vorsprunge von b anlehnen kann (siehe Fig. 3, 7, 10) und in dieser Lage für gewöhnlich erhalten wird, da eine von β ausgehende, wieder am unteren Ende des Armes 8 angehängte Feder 17 vorhanden ist, welche β immer nach 8 hinzuziehen strebt. Der Riemen in der Gabel β ist übrigens breit genug, dass er sowohl auf 2 und 5, als auch noch genügend auf 1 aufliegt, um gleichzeitig, wenn nöthig, alle drei Scheiben in Bewegung zu setzen. Um die Riemengabeln in gewissen Stellungen festzuhalten, sind daran Klinkhaken angebracht, nämlich für β der Haken 14, für b der Haken 9, und ausserdem hängt noch b durch den Fallhaken 7 mit der Gabel 8 zusammen.

Das Uebertragen der Hauptwellenumdrehung auf die Spindeln erfolgt durch, dem Bedürfnisse angemessen, gross zu wählende Twistwürtel 94, deren doppelt umgelegte Schnur, über Leitrollen 95, 96, 99 vor- und zurückgeführt, den Gegenwürtel 98 und den Spindeltrommelwürtel 97 mehrmals umfasst und so zunächst die Spindeltrommel 90 in Bewegung setzt.

Das Cylinderwerk besteht bei diesen Selfactors meist aus zwei glatten hintereinanderliegenden, über die ganze Maschinenlänge sich erstreckenden, gleich schnell gedrehten Unterwalzen und lose auf beiden zugleich ruhenden Oberwalzen von jedesmal einer Länge gleich zwei Spindeltheilungen. Das von Riemenscheibe 5 aus getriebene zur Cylinderbewegung dienende Rad 102 ist zunächst auf ein lose auf die Vordercylinderachse aufgeschobenes Rohr 170 befestigt, und theilt seine Bewegung den Cylindern nur dann mit, wenn der Kronenmuff an dem einen Rohrende mit der auf der Cylinderachse undrehbaren Gegenkrone M in Eingriff kommt. Das andere Rohrende trägt ein Stirngetriebe m, welches mit dem Rade n zusammen arbeitet, das seinerseits wiederum durch einen Kronenmuff 143 in beliebig lösbare Verbindung mit einer Welle gebracht wird, deren zweites Rad o das Triebrad p der Wagenauszugschnecke S umdreht. Von dieser Schnecke geht zunächst ein Seil nach dem Würtel 160 der Hinterwelle 159 (backshaft) und von hier aus ein zweites erst über die Leitrolle 100 auf der Quadrantentriebwelle, um von da ab zurück nach dem Vordertheil des Wagens zu laufen, wo es befestigt ist. Aehnliche doppelte Seile gehen wie sonst gewöhnlich noch von den Würteln an den beiden Endpunkten der Hinterwelle aus, das eine erst über Leitrollen nach der Vorderwand und das andere direct nach der Hinterwand des Wagens, und so wird dieser durch diese mehrfachen Seile parallel zu sich selbst herausgefahren, während die Hinterseile beim Wageneinfahren durch Rückdrehen der Hinterwelle auch das Auszugschneckenseil wieder abwickeln, das beim Ausfahren aufgewickelt wurde.

Zur Hervorbringung, oder wenigstens Einleitung der verschiedenen Riemenverschiebungen, Muff- oder Räder-Ein- und Auslösungen ist die Parr Curtis'sche Steuerwelle 6 vorhanden, welche in gewöhnlicher Weise bei Ende der Wagen-Ein- oder

.Ausfahrt durch wechselndes Niederdrücken des Balanciers i von Seiten einer Rolle auf der Aufwinderwelle 46, die gegen die schiefen Ebenen 188 und 189 wirkt, veranlasst wird, eine halbe Umdrehung zu machen, je nachdem die Platte d am Balancier vermöge ihrer Verschiebung und der wechselnden Stellung ihrer Vorsprünge es dem durch eine Feder sich zu verschieben strebenden Kronenmuff 89 gestattet, mit der Gegenkrone 184 des Rohres in Eingriff zu kommen. Auf diesem Schaltrohre 6 findet sich zunächst das Excenter l, welches auf den Schieber 172 wirkt, und darnach den Kronenmuff 143 des Wagenauszugschneckentriebes wechselweise ein- und auslegt. Blos das Auslösen erfolgt durch directen Druck des Excenters; das Einlegen erfolgt sanft durch den Zug der Feder 175, die vom Schieber 172 ausgeht und an den unteren Hebel 176 des Muffeinlegers angehängt ist.

Weiter folgt das Daumenexcenter k, welches beim Wageneinfahren den Hebel 11 umdreht, an dessen oberem Ende die Gabel befindlich, durch welche der Muff M bewegt und sonach der Cylindertrieb angestellt wird. Das Festhalten in dieser geschlossenen Stellung erfolgt nicht durch den Druck des Daumens, sondern dadurch, dass Hebel 11 oben eine Nase 154 hat, die von der Hakenfalle 32 erfasst wird. Wird letztere ausgehoben, so geht der Hebel 11 in Folge der Wirkung der Feder 18 zurück und der Muff M öffnet sich, somit ist der Cylindertrieb abgestellt. Der Hebel 11 hat auch noch einen weiteren Zweck, wie später erwähnt werden wird. Damit die Cylinder ganz sicher nach Auslösen der Krone M stehen bleiben, ist Einrichtung getroffen, dass die schiebbare Krone sich sofort an eine mit Leder bezogene feste Fläche 193 anlehnt, und sich hieran bremst.

Weiter hinten ist das Excenter c auf der Steuerwelle ersichtlich, dieses dreht beim Wageneinfahren den Hebelarm e des Riemengabelhebels b, so dass letzterer sich nach Scheibe 2 zuwendet.

Das letzte Schaltrohrexcenter q wirkt auf den Hebel 158, an welchem die Stange 126 hängt, die eine Frictionskuppelung r aus- und einzulegen bestimmt ist, und so die Bewegung des conischen Rades 85 auch dem Räderpaare 79 und 80 beziehentlich den Wageneinzugsschnecken 56, 57 zu Theil werden lässt oder nicht.

Da die Steuerexcenter blos in den beiden Augenblicken der Ankunft des Wagens auf ihre äussersten Stellungen wirken, so ist es lediglich die Auszugsschneckenbewegung, welche allein vollständig durch dieselben an- und abgestellt werden kann, alle anderen Bewegungen werden durch die Excenter blos gewissermaassen eingeleitet und müssen ausserdem, z. B. die Vorgarnlieferung und die absolute oder relative Drahtmenge, genau abgemessen werden können. Hierzu dienen zwei Zählzeuge, jedes aus einer durch ein Getriebe zu verschiebenden Zahnstange bestehend, an welche man an abzumessenden Stellen Vorsprünge anschraubt, die ein Auslösen der Muffsperrungen oder Riemengabelfallhaken bewirken. Diese Zahnstangen können während eines Wagenspieles nur nach einer Richtung hin wirken und müssen nach jedem Spiel wieder in ihre Anfangsstellung zurückfallen können.

Von den beiden Zählzahnstangen dient die eine, 15, zur Abmessung der Vorgarnlänge und theilweise auch zur Feststellung des Zeitpunktes, in welchem die geringere Spindelgeschwindigkeit in Thätigkeit tritt; ihr Getriebe h befindet sich auf der Welle des Rades g, welches von dem auf der Vordercylinderachse befestigten Triebe f bewegt wird. Die andere Zahnstange 10 dient allein zur Abmessung des Drahtes, beziehentlich zur Feststellung des Zeitpunktes, wo die kleinere Spindelgeschwindigkeit sich in die grössere umändert, und letztere dann wieder abgestellt wird. Ihr Getriebe 34 befindet sich auf der Welle des Rades 33, das seine Drehung durch eine auf der Hauptwelle befindliche Schraube empfängt.

Die Zahnstange 15 führt sich im Schwalbenschwanzschlitz eines aufrechten Armes 20, der am unteren Ende um einen festen Bolzen drehbar ist, damit der Eingriff von Trieb und Zahnstange sich lösen lässt. Das Anstellen dieses Eingriffes wird beim Wageneinfahren dadurch bewirkt, dass der vom Excenter k bewegte Hebel 11 mit dem schrägen

Vorsprunge 19 gegen eine ähnliche schiefe (des sanften Einrückens wegen federnde) Fläche an der Stange 20 wirkt. Wenn dann bei der Cylinderbewegung die Zahnstange 15 aufsteigt, so hebt eine daran beliebig hoch oder tief zu stellende, also eher oder später wirkende Nase 31 die Falle 32 aus, sodass Hebel 11, der Wirkung der Feder 18 folgend, sich senkt, wobei er aber auch die Stange 20 durch die über eine Rolle laufende Kette der Feder 18 nachzieht und vom Getriebe abrückt. Die Zahnstange 15 kann nun für das nächste Spiel frei in die Anfangsstellung herabfallen, damit sie hierbei aber nicht zu stark aufschlägt, wird sie von der Feder der Riemengabelfalle 14, welche mit einem Haken die Rippe der Zahnstange ergriffen hatte und gleichfalls durch einen Vorsprung an der Zahnstange (aber eher als die Cylinder) ausgeschaltet wurde, etwas gebremst. — Die andere Zahnstange 10 schiebt sich gleichfalls in einem aufrechten, etwa in der Mitte auf einem Bolzen am Gestelle drehbaren Arme; um sie in die aufrechte Stellung zum Eingriffe mit dem Getriebe, beziehentlich wieder aus dieser Stellung herauszubringen, haben die beiden Riemenführer 8 und b horizontale, einander zugekehrte Seitenarme, und diese beiden sind durch einen kleinen Balancier 25 verbunden, von welchem aus ein Stängelchen 24 nach oben und durch einen Seitenarm des Zahnstangenarmes geht. Beim Wageneinschlusse haben die beiden Riemengabeln (Figur 9) eine solche Stellung, dass die Mitte des Balanciers einen tiefsten Stand einnimmt, alsdann drückt jenes Stängelchen mittelst eines Knopfes (und der sanften Einrückung wegen zwischengelegter Schraubenfeder) von oben her auf jenen Seitenarm, dadurch kommt die Zahnstange in aufrechte Stellung oder zum Eingriffe mit dem Getriebe. Nach Beendigung des Nachdrahtes während des Wageneinfahrens und Aufwindens sind dagegen beide Riemenführer in solcher Stellung, dass die Balanciermitte in die höchste Lage kommt, und dann drückt ein Knopf des Stängelchens von unten an den Seitenarm der Führungsstange von 10, sodass letztere schräg zu stehen (Fig. 12), die Zahnstange ausser Eingriff kommt und wieder herabfällt.

Die Zahnstange 10 hat ebenfalls eine vorstehende Rippe (Fig. 7) und erfasst damit die Riemengabelfallen 9 und 7; durch stellbare Vorsprünge 27 und 26 werden letztere beim Heben der Zahnstange ausgelöst und Falle 9 wird ebenfalls durch eine Feder gegen die Zahnstange gepresst, um letztere zu bremsen, damit sie nicht zu schnell fällt und hart unten aufschlägt, für welch letzteren Umstand auch noch eine Fangfeder am Fusse der Führungsstange bei 135 angebracht ist.

Der Verlauf eines vollständigen Wagenspieles ist nun der folgende:

Im Augenblicke, wo der einfahrende Wagen bei den Cylindern ankommt (Wageneinschluss) wird durch Niederdrücken der schiefen Ebene 188 am Balancier i der Steuerwelle 6 eine halbe Umdrehung ermöglicht und demnach vom Excenter 9 durch Aufheben des Hebels 158 und der Stange 126 die Wageneinzugskuppelung r ausgelöst, dagegen vom Excenter k die Auszugsschnecke eingelegt, durch Excenter l die Cylinderkuppelung eingeschlossen und der Zählstangenarm 20 aufrecht zum Eingriffe des Getriebes h gestellt worden, dabei hält die Falle 32 den Hebel 11 fest, obgleich ihn das Excenter bereits wieder verlassen hat. Excenter c hat den Arm e des Riemenleiterarmes b bewegt und letztere in solche Stellung gebracht, dass die Zählstange 10 aufrecht und im Eingriffe mit dem Getriebe 9 steht, Falle 9 sich mit ihrem Haken an der Zahnstangenrippe festhält und der Arm β, sich gegen den Vorsprung an b lehnend, den Riemen gleichzeitig auf Scheibe 2 und 5, aber auch zum Theil auf 1 leitet. Es würde β diese Stellung eigentlich schon in Folge der Wirkung der Feder 17 einnehmen, es ist aber, ehe noch das Excenter c auf e und b wirken konnte, vor völligem Wageneinschlusse durch Anstossen der schiefen Ebene 12a gegen den horizontalen Arm 13 der Gabel β, letztere sowohl als b, etwas voraus nach jener Stellung zu verschoben worden (Figur 9), damit sich schon im letzten Augenblicke des Wageneinfahrens die Spindeln behufs des Aufschlagens der Fäden auf die nackte Spindelspitze und, um das sonst häufige Fadenreissen in diesem Augenblicke zu verhindern, etwas drehen. Diese Spindeldrehung muss aber beim gewöhnlichen Spinnen sogleich wieder abgestellt werden, wenn, wie oben angegeben, zuerst beim Wagenausfahren die Spindeldrehung gleich Null sein soll.

Sobald daher die Cylinder anfangen, sich zu drehen und Vorgarn zu liefern, und der Wagen seine Ausfahrt beginnt, so wirkt die andere schiefe Ebene 12b entgegengesetzt auf den Arm 13 und bringt ihn in die Stellung Fig. 10, wobei sich die Falle 14 mit ihrem Haken an die Rippe der Zahnstange 15 anhängt und so β derartig feststellt, dass der Riemen nur auf Scheibe 5 und 1 aufliegt. Während nun die Cylinder fortfahren, Vorgarn herauszugeben und der Wagen in Folge seiner schnelleren Bewegung dasselbe, was bisher noch ungedreht ist, ziemlich leicht auszuziehen vermag, kann man in jedem Augenblicke die Spindeldrehung einlegen, je nachdem man an der sich hebenden Lieferungszählstange 15 einen Vorsprung 16 verschieden hoch angeschraubt hatte, der, bei Falle 14 ankommend, dieselbe von der Rippe der Zahnstange abschiebt und alsdann dem Arme β mit der Riemengabel gestattet, sich nach dem Arme b zu zu bewegen und dadurch den Riemen wieder mit zum Aufliegen auf Scheibe 2 (wie in Figur 9) zu bringen.

Die beabsichtigte Länge Vorgarn ist geliefert, wenn ein anderer beliebig stellbarer Vorsprung 31 an der Zählstange 15 die Falle 32 aushebt; dann wird Hebel 11 frei, löst die Cylinderkuppelung M aus und gestattet der Zählstange 15, in ihre Anfangsstellung zurückzufallen.

Der Wagen fährt indess weiter heraus und dehnt das nunmehr etwas Draht erhaltende Vorgarn nach und nach weiter aus. Am äussersten Stande angekommen, drückt er mittels der Aufwinderwelle 46 die schiefe Ebene 189 des Balanciers i nieder und gestattet dadurch abermals dem Kronenmuff 89 mit der Gegenkrone 184 in Eingriff zu kommen, um die zweite halbe Drehung der Steuerwelle zu vollbringen, wodurch zunächst vom Excenter l die Auszugsschneckenkuppelung 143 des Rades n gelöst wird und die Wagenausfahrt aufhört. Zugleich wird aber noch eine weitere Bewegung eingeleitet, indem Excenter q den Hebel 158 niederdreht; dessen oben mit einer Schleife lose daran hängende Stange 126 kann aber dieser Niederbewegung noch nicht sogleich folgen, denn 126 hängt mit dem Hebel 36 auf Welle 52 zusammen, und es hat der Wagen soeben mit der schiefen Ebene des Gabelhebels 37 die Rolle des Winkelhebels 38 erfasst, niedergedrückt und durch den Arm 39 die Feder 40 der Schubstange 51 gespannt, sodass letztere das Streben hat, den grossen Hebel 30 mit seinem unteren Ausschnitte über den anderen Arm von 36 wegzuschieben, um diesen für eine kurze Zeit festzuhalten, sodass eben die Stange 126 noch nicht herunter gehen kann. Es kann nun zunächst die grösste Spindelgeschwindigkeit eingelegt werden (doch hätte dies auch schon vor dem Wagenstillstande erfolgen können), wozu nur erforderlich ist, dass an der sich fortgesetzt hebenden Zählstange 10 die beliebig stellbare schräge Nase 26 die Falle 9 um ihre verticale Achse dreht, dadurch auslöst und so der Feder 17 gestattet, den Hebel b dergestalt zu drehen, dass b mit β nach Scheibe 1 zugeht, also Scheibe 2 freimacht, aber dabei durch den Haken 7 auch den Arm 8 nach sich zieht und dessen Riemengabel auf die Festscheibe 3 führt. Dass die Feder 17 so wirkt, ist deshalb möglich, weil sie bei b an einem grösseren Hebelarme wirkt, als an 8. (Fig. 11.)

Während der Nachdraht ertheilt wird, soll nun der Wagen wegen der entstehenden Fadenverkürzung etwas zurückgehen. Hierzu hat er im letzten Augenblicke des Ausfahrens durch die schiefe Ebene 65 den Bolzen 69 eines aufrechten gegliederten Hebels 66 erfasst, dadurch letzteren gerade gestreckt und ermöglicht, dass sein oberes, einen gezahnten Sector 67 tragendes Ende zum Eingriffe in die Schraube 68 gelangt. Die verlängerte Steuerwelle setzt aber durch ein Getriebe und ein innengezahntes Rad 137 die Welle 140 in Bewegung, an welche die Schraube 68 durch eine Kronenkuppelung angeschlossen ist. Sowie nun die Schraube mit dem Sector in Eingriff kommt, wird letzterer in Drehung versetzt, und dabei schiebt der Hebel 66 den Wagen langsam vor sich her nach den Cylindern zu, bis der Sector an die vorstehende Scheibe des durch eine Feder angedrückten Kronenmuffes 71 antrifft und diesen gleichfalls ausrückt, sodass nun der Wagen ganz stillsteht und hierbei von den Hakenfallen 161 festgehalten wird. Wenn dann später der Wagen ganz eingefahren wird, sinkt auch der Sectorhebel 66 in Folge der Wirkung seines Belastungsgewichtes 73 wieder nieder. Die Grösse dieses Wagenrücklaufes regelt man durch die Schraube 70, die es dem Sector gestattet, mehr oder weniger zurückzufallen, sodass er von einem weiter oder weniger weit abgelegenen Anfangspunkte aus bewegt wird.

Der Nachdraht wird beendet, wenn die stellbare Platte 27 der Zählstange 10 die Falle 7 aushebt, es kann dann der Riemenführer nach der Losscheibe 4 zurückgehen. (Figur 12.)

Das eigentliche Spinnen ist nun vollbracht, und es beginnt die Periode des Abschlagens und des Kötzeraufwindens bei der Wagenrückfahrt.

Wenn kein Nachdraht gegeben wurde, so kann sich das Abschlagen dadurch einleiten, dass der durch die Feder 40 stets nach rückwärts gedrehte Hebel 30, der mit seinem wagerechten Arme 28 und dessen Setzschraube 74 einem anderen Arme b_1 des Riemenleiterarmes b gegenüber steht, in dem Augenblicke, wo der Arm b die Riemenscheibe 2 frei macht (also nach Auslegen der Klinke 9), auch diesem Arme b_1 nachfolgt. Wird aber Nachdraht angewendet, so kann der Hebel 30 erst dann diese Bewegung ausführen, wenn der Bolzen 22 der zurückgehenden Riemengabel 8 von dem Seitenarme 23 des Hebels 30 abgeleitet. Durch die so ermöglichte Drehung des Hebels 30, seiner Welle 63 und des kurzen darauf steckenden Armes 64 wird aber der Schieber 186 bewegt, der den Conus des Rades 35 auf den Conus der Riemenscheibe 2 aufpresst, und da 35 stets von der Schaltwelle aus der gewöhnlichen Hauptwellendrehung entgegengesetzt in Umlauf gesetzt wird, so macht jetzt die Hauptwelle und der Twistwürtel, also auch Spindeltrommel und Spindeln, die nöthigen Umgänge entgegengesetzt der früheren Bewegung, wie es für das Abschlagen nöthig ist.

Bei dieser verkehrten Drehung der Spindeltrommel erfasst das auf deren Welle sitzende Sperrrad 43 den durch eine Federbremse gleichzeitig umgedrehten Sperrkegel der Scheibe 44, dreht diese sammt ihrer Kettenaufwindungsschnecke mit um und wickelt dabei die Kette 45 auf. Diese ist an den Hebelarm t des Aufwinders befestigt und ausserdem über die Leitrolle am Hebel 195 weggezogen, dadurch wird, wie sonst gewöhnlich, die Aufwinderwelle gedreht und der Aufwinderdraht niederbewegt; der krumme Gegenarm 47 erhebt die gleichnamige Stange, welche sich nun mit dem unteren Ende auf die Rolle 109 des Formschienenhebels 111 aufsetzt, und da etwas später wegen der Kettenspannung sich auch der Hebel 195 nebst seiner Welle 50 dreht, so kann der auf 50 noch befindliche Hebel 49 durch die Zugstange 168 die Aufwinderstange 47 noch nach der Wagenwand zu zum besseren Aufsitzen anziehen, und anderntheils der ebenfalls auf 50 angebrachte Gabelhebel 37 sich etwas aufwärts drehen, was zur Folge hat, dass nun auch Hebel 38, 39 sich drehen muss, dadurch die Feder 40 löst und durch Stange 51 den Hebel 30 zurückzieht, sodass das Abschlagen aufhört, sobald der Aufwinderdraht an der Kötzerspitze angekommen ist, weil sich der Conus 35 von Scheibe 2 ablöst. Letzteres ist aber nicht die einzige Folge des Zurückziehens des Hebels 30, sondern es wird dadurch auch der wagerechte Hebel 36 frei und die Feder 55 (welche gleichzeitig durch einen Winkelhebel den Balancier i zu bremsen bestimmt ist) kann jetzt die Welle 52 umdrehen, dadurch einmal die Hakenfallen 161 ausheben, die den Wagen festhielten, und ausserdem der Stange 126 gestatten, niederzugehen, damit der Frictionsmuff r zum Einfallen kommt und die Wageneinzugsschnecke 56 ihre Umdrehung erhält.

Setzt sich nun der Wagen zur Rückfahrt in Bewegung, so wird hierbei der Aufwinder in gewöhnlicher Weise bewegt, indem der am Wagen feste Hebel 111 mit seiner Rolle auf der Formschiene 59 hinläuft und die ihm durch die Gestalt der Formschiene ertheilte Bewegung mittels Schubstange 47 auf die Aufwinderwelle überträgt. Die Wagenseile wirken nun aber rückwärtsdrehend auf die Hinterwelle ein, und deren Bewegung trägt sich wieder durch den Schaft 121 und dessen konische Räder auf die Quadrantentriebwelle 87, also auch auf den Quadranten 58 selbst über. Je nachdem letzterer in Folge des augenblicklichen Standes des Anhängepunktes der Kette gestattet, dass sich mehr oder weniger Kette abwickelt, dreht sich auch die Kettentrommel 104 weniger oder mehr und diese Drehung überträgt sich durch das Rad 93 auf das Rad 91 der Spindeltrommelwelle, also zuletzt auch auf die Spindeln behufs des Aufwindens.

Es ist sonst üblich, das Rad 91, welches wegen der bei der Wagenausfahrt erfolgenden Zurückdrehung der Quadrantenkettentrommel durch eine die Trommel umschlingende hinten und vorn am Gestell mit beiden Enden befestigte Schnur nicht fest auf der Spindeltrommelwelle sein darf, durch ein Sperrrad mit von einer Federbremse einzulegendem Sperrkegel während der Aufwindebewegung auf der Welle der Trommel anzukuppeln; da diese Sperrung aber den Nachtheil hat, dass sie sich nicht ganz sicher und sogar zuweilen bei der Kötzeransatzbildung unrichtigerweise von selbst einlegt, so ist am Wiede'schen Selfactor die Verbindung des Rades 91 mit der Trommelwelle durch einen Kronenmuff 92 hergestellt. Letzterer wird bewegt durch den Hebel 112, und dieser hängt wieder durch die Stange 167 mit dem Hebel 195 zusammen. Hat letzterer seine Bewegung für das Abschlagen vollendet, so hat er auch 112 so gedreht, dass der Muff 92 eingerückt ist. Sobald der Wagen vollständig eingefahren ist, wird Stange 47 durch Anstossen an einem festen Widerhalte zurückgeschoben und sinkt herab, um den Aufwinder für das Aufschlagen der Fäden zu heben, gleichzeitig muss sich da aber auch Hebel 49, Welle 50 und Hebel 195 mit 112 zurückdrehen, sodass dann sofort der Muff 92 wieder gelöst wird.

Uebrigens ist die Quadrantenschraube zur Verrückkung des Aufhängepunktes der Kette vom Quadrantenmittel aus nach oben zu, mit allmälig immer weniger ansteigendem Gewinde versehen, weil während der Bildung des Kötzeransatzes die Durchmesser der aufgewundenen Garnkegel zu Anfang viel schneller anwachsen als später und es bei der anfänglichen starken, später geringen Steigung der Schraube demnach nicht nöthig wird, sie nach den ersten Wagenspielen sehr viel und später weniger zu drehen, sondern bei richtiger Wahl der Steigung das Drehen der Quadrantenschraube 127 zur Erlangung einer geringeren Anzahl Spindeldrehungen für's Aufwinden nahezu gleichmässig schnell geschehen kann. Da bei Streichwolle immer blos weniger feine Nummern gesponnen werden, so kann das Umdrehen der Schraube auch in der einfachsten Weise durch eine endlose, parallel zum Wagenwege laufende, den Würtel 149 des konischen Rades am Quadrantenbolzen umfassende Schnur erfolgen, die im Wagen einmal um eine Rolle geschlungen ist, deren Umfang durch einen daraufliegenden Hebel gebremst wird, sobald dieser bei gleichzeitigem tiefen Stande des Aufwinders und Gegenwinders, also zu grosser Fadenspannung beim Ansatzbilden, sich senkt. Hierzu ist jener Bremshebel dadurch veranlasst, dass um eine Rolle an seinem Kopfe eine Kette gelegt ist, deren Enden einmal am Aufwinder und einmal am Gegenwinder angehängt sind.

Endlich als dritten deutschen Selfactor beschreiben wir in seinen Haupttheilen den Selfactor von C. F. Schellenberg[*]) in Chemnitz.

Wir können nicht umhin, zu bemerken, dass der Begründer dieser Fabrik bis 1845 den Bau der Streichgarnspinnereimaschinen bei Richard Hartmann geleitet hatte und 1845 selbst dann eine Fabrik zu demselben Zwecke errichtete. Schellenberg bildete sich selbst ein System Streichgarnmaschine, und besonders der Selfactor ward von ihm genau studirt und in sehr anerkennenswerther Construction hergestellt nach eigenem Patent. Die folgenden Figuren stellen den Selfactor dar und zwar Tafel XXXII (Figur 1) in einer Seitenansicht des eigentlichen Triebapparates oder Headstockes, (Fig. 2) eine Oberaufsicht auf denselben, (Fig. 488) eine Vorderansicht desselben. Fig. 490 stellt einen Schellenberg patentirten Bremsapparat für die Einzugsschnecke resp. den Wageneinzug besonders dar. Figur 489 erläutert ebenfalls ein Patent Schellenberg,

---

[*]) Jetzt Maschinenverein zu Chemnitz. — Beschrieben wurden Schellenberg's Construction in Fischer, Streichgarnspinnerei pag. 46 mit einigen Zeichnungen; sodann nach dem in Wien ausgestellten Exemplar von Grothe in Engineering, London 1875 No. 1. — Polytechnische Zeitung (Berlin) 1875 No. 1; — von Prof. Herrmann (Aachen) in der Zeitschrift des Vereins deutscher Ingenieure 1875.

welches sich auf die Kuppelung und Auslösung zweier Schnecken behufs Drahtgebung und des Wagen-Rückganges und Stillstandes bezieht. — Diese einzelnen Theile ergänzen die gut geordnete Construction zu einem organisch gegliederten Ganzen. Das Spinnen mittelst der Mule und mit dem Selfactor geschieht unter Fortbewegung entweder der Spindel von dem Streck- und Ausgabeapparat oder umgekehrt. Beim Selfactor ist die Anordnung stets so, dass das Streck- und Ausgabewerk feststeht und die Spindeln auf einem Wagen stehen, der sich abwechselnd dem ersteren nähert oder von ihm entfernt.

Beim Spinnen des Streichgarnes mit seinem Selfactor unterscheidet Schellenberg beim einmaligen Aus- und Einfahren des Wagens folgende Perioden:

1) Vorgarnlieferung, schnelles Herausfahren des Wagens, Drahtgeben.
2) Stillstand der Ausgabecylinder, Verstrecken des Vorgarns durch Fortgang des Wagens, welcher jetzt verzögert wird, stärkeres Drahtgeben.
3) Stillstand des Wagens, noch stärkeres Drahtgeben als bei 2, wobei, um das Reissen der Fäden möglichst zu vermeiden, der Wagen wieder etwas zurückgeschoben wird, (Wagenrückgang.)
4) Abschlagen des Fadens durch Retourdrehen der Spindeln und Herabziehen des Aufwinders.
5) Einziehen des Wagens und Aufwinden des Fadens hierbei.

Zur Ausführung der in der ersten Periode nöthigen Arbeiten setzt die Steuerwelle, welche nach dem Hereinkommen des Wagens eine halbe Umdrehung macht, durch Excenter A, den Hebel B und den Bügel C, die Vorgarnkuppelung D ein, was die Bewegung der Cylinder und damit die Vorgarnlieferung bedingt, während sie mittelst des Excenters E, des Hebels F_1, der Zugstange G_1 und des Hebels F_2, die Auszugschneckenkuppelung G_2 einsetzt. Letztere bewegt durch 2 conische Räder a a eine Welle mit der Auszugsschnecke und deren Gegenschnecke, welche beide eine entsprechende Steigung haben, um den Wagen schnell anzuziehen und ihn um so langsamer gehen zu lassen, je weiter er hinaus kommt.

Die Regulirung der Geschwindigkeit der Schnecken und somit die des Wagens hat man durch die conischen Wechselräder b in der Hand.

Um bei einer bedeutend grösseren Dauerhaftigkeit schwächere Schnuren benutzen zu können, ist auch hier die Auszugsschnecke mit einer doppelten Spur versehen, wodurch man eine Doppelschnur anwenden kann. Dieselbe Anordnung ist auch bei der später zu besprechenden Einzugsschnecke angebracht. Die Einrichtung, Doppelschnuren zu gebrauchen, ist übrigens dieser Fabrik patentirt. — Gleichzeitig, d. h. beim Hereinkommen des Wagens drückt die am Wagen befindliche Nase H, durch den Hebel J, den Riemen auf die Festscheibe K_3 der ersten Geschwindigkeit, wobei die Spindeln bewegt werden.

Die in der zweiten Periode gestellten Bedingungen werden durch folgende Mechanismen erfüllt. Die Vorgarnkuppelung wird während der ersten Periode durch die Nase L eingerückt erhalten. Hebt diese einen am Vorgarnrad M excentrisch angebrachten Zapfen, so legt die Kuppelung aus und es wird kein Vorgarn mehr zugeführt. Der Betrieb des Vorgarnrades ist durch Umänderung der Wechsel h sehr zu variiren und kann man in Folge dessen bei einem Wagenauszug die Vorgarnmenge wechseln lassen.

Ein stärkeres Drahtgeben, oder einen schnelleren Spindelumgang erzielt man durch Einlegen der zweiten Geschwindigkeit, indem durch den am Wagen befindlichen Hebel N und den auf einer Welle N_1 in der Längsrichtung verstellbaren Block N_2 der Hebel J_2 den Riemen der zweiten Geschwindigkeit auf die Festscheibe bringt, gleichzeitig aber den Riemen der ersten Geschwindigkeit auslegt.

Beim Herauskommen des Wagens wird durch einen halben Umgang der Steuerwelle die Auszugsschneckenkuppelung ausgelegt und auch der Zähler der Riemen der dritten Geschwindigkeit auf die Festscheibe gerückt und dabei die zweite Geschwindigkeit ausgelegt, was einen noch schnelleren Spindelumgang erzielt. Gleichzeitig kommt die am

Wagen befindliche, von der Trommelwelle durch einen Schneckenantrieb bewegte Kronenmuffe P_1 mit einer solchen P_2 am vorderen Headstock in Eingriff, wodurch die beiden Schnecken Q_1 und Q_2 (Figur 489) in Wirksamkeit treten, wobei die feste Schnecke Q_2, Q_1 und mit ihr den Wagen, soviel als nöthig ist, zurückdrückt. Die Feder Q_3 bewirkt, nachdem die Schnecken den höchsten Punkt ihrer Berührungsfläche überschritten haben, das schnelle Zurückspringen der Schnecke Q_1 und dadurch das sofortige Stillstehen des Wagens. Die Anordnung dieses Wagenrückganges ist patentirt.

Hat das Garn seinen genügenden Draht, so drückt eine an der Zählerscheibe R verstellbare Nase durch Hebel S und J_3 den Riemen der dritten Geschwindigkeit auf die Losscheibe zurück. Hierbei wird mittelst des Excenters T_1 die Klinke T_2 gehoben und kann nun die Abschlagbremse U einlegen. Dadurch wird das Rückwärtsdrehen der Hauptwelle und der Spindeln erreicht; dieses bewirkt durch die Stahlfeder V_1 (im Wagen) das Einlegen der Klinke V_2 in sein Sperrrad V_3 und nimmt in Folge dessen die Abschlagschnecke V_4 mit; diese zieht hierbei durch Aufwickeln der Kette V_5 den Aufwinder herab und hebt darnach den Hebel V_6, welcher durch die Gabel V_7, die Zugstange V_8 und die Hebel V_9, V_{10} und V_{11}, die Abschlagbremse U wieder auslegt. Nun lässt

Fig. 489.

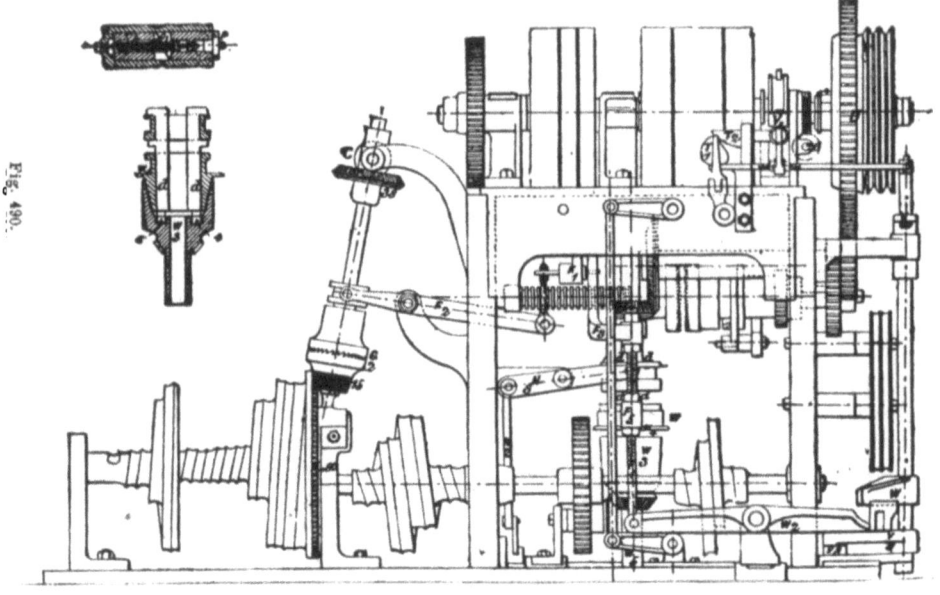

Fig. 488.

W_1 den Bogen W_2 in der Art frei, dass sich die Bremse W der Einzugsschnecke (Figur 490) einlegen und der Wageneinzug erfolgen kann. Die Bremse ist in der Weise construirt, dass die Glocke W_3 derselben nicht blos durch die Friction des mit Leder belegten Conus W_4, sondern auch durch die in die Stahlpfannen e e gefallenen Keile d d bewegt wird. Damit der Wagen sanft einläuft, drückt er bei seinem Hereinkommen auf die Schiene X_1, welche hierdurch mittelst der Zugstange X_2 und des Hebels X_3, die Keile d d aus ihren Stahlpfannen e e hebt, so dass die Glocke nur noch durch die Friction zwischen ihr und dem Conus mitgenommen wird. Dieser vortheilhafte Mechanismus ist besonders patentirt.

Während des Abschlagens wird, wie bereits gesehen, der Aufwinder herabgezogen, wobei der Hebel Y_1 so gehoben wird, dass er auf der Rolle f des Armes Y_2 sitzt. Die Rolle g des Letzteren gleitet auf der Coppingplatte Y_3 und diese ruht auf den Formplatten $Y_4 Y_4$, welche bei jedem Auszug des Wagens in der Weise verschoben werden, dass die Coppingplatte fällt. In Folge dessen wird der Aufwinder stets höher stehen als bei dem vorhergegangenen Wageneinzug und so dem Kötzer seine Form geben können. Die Spindelgeschwindigkeit entsteht hierbei durch die Abwickelung der Quadrantenkette und der dadurch entstehenden Umdrehungen der Kettentrommel Z_1, welche durch das Zuführen der Kette seitens des Quadranten in der Weise vermindert werden, als der Umfang des Kötzers sich vergrössert, damit stets die gleiche Umfangsgeschwindigkeit beibehalten wird.

Nach dem Hereinkommen des Wagens wird gleichzeitig mit dem Einrücken der Auszugschneckenmuffe durch den Hebel F_1 mittelst des Winkels F_3 der Zugstange F_4 und des Bügels F_5 das Ausrücken der Einzugsschneckenbremse erreicht.

Als besonderer Vortheil an diesem Selfactor ist hervorzuheben, dass die Abschlagbremse genau nach dem Stillstand der Spindeln, die Wageneinzugsbremse nach erfolgtem Abschlagen einlegen muss, wodurch das Bremsleder vor übermässiger Abnutzung bewahrt wird, ohne hierdurch einen Zeitverlust zu haben.

Wenden wir unsere Betrachtungen jetzt auf die Geschwindigkeitsverhältnisse der verschiedenen Selfactortheile.

Das Vorgelege soll 250 Touren machen; auf ihm sitzen folgende 3 Scheiben, für die erste Geschwindigkeit eine von 235 Mm. Durchmesser, für die zweite Geschwindigkeit eine von 425 Mm. Durchmesser und die dritte Geschwindigkeit eine von 660 Mm. Durchmesser, so dass die Hauptwelle während der ersten Geschwindigkeit 165 Touren, während der zweiten Geschwindigkeit 300 Touren und während der dritten Geschwindigkeit 464 Touren macht, da auf ihr für alle drei Geschwindigkeiten Scheiben von 350 Mm. Durchmesser sitzen.

Der gesammte Wagenauszug beträgt 1,630 Mtr., der Durchmesser der Cylinder 32 Mm., der grösste Durchmesser der Auszugschnecke 315 Mm., mit Schnur 327 Mm., der Durchmesser der Abtreibwalzen ist 140 Mm.

Der Betrieb des Cylinders geschieht durch die erste Geschwindigkeit. Auf der Nabe der dazu gehörigen Scheibe K_2 sitzt ein 68er Stirnrad, welches durch zwei 24er Transporteure, das 40er Vorgelegerad treibt, auf dessen Nabe die 24—36 Wechsel kommen, die mit dem 37er Rad auf dem Cylinder in Eingriff stehen. Die Einrichtung dieses Betriebes ist ebenfalls patentirt.

Bezeichnet man die obigen Wechsel mit a, so kann man per Minute $165 \cdot \frac{68}{40} \cdot \frac{a}{37} \cdot 32 \cdot \pi = 716$ a Mm. oder von 18,184 bis 25,776 Mtr. Vorgarn liefern.

Die Auszugschnecken werden vom Cylinder aus getrieben. Auf diesen sitzt ein 33er conisches Rad, welches durch ein gleiches den horizontalen Schaft w treibt. Auf demselben befinden sich die conischen Wechsel b, welche 18 bis 20 Zähne haben und das 38er conische Rad auf der stehenden Welle treiben; das noch auf ihr sitzende 15er conische Rad treibt das 80er conische Rad der Auszugsschneckenwelle. Wir erhalten nun zwischen den Cylindern und dem Wagen, während die Schnur auf dem grössten Durchmesser der Schnecke liegt, einen Verzug von $\frac{327}{32} \cdot \frac{33}{33} \cdot \frac{b}{38} \cdot \frac{15}{80} = 0{,}0504$ b, also zwischen 0,907 bis 1,008.

Zum Betrieb des Vorgarnrades M ist auf dem Cylinder ein 35er Rad, welches mit dem 54er Vorgelegerad im Eingriff steht. Die auf ihm befindlichen Wechsel h = 24 bis 44 treiben das 140er Vorgarnrad, so dass der Cylinder nach n Umgängen stehen bleibt, indem $n = \frac{54}{35} \cdot \frac{140}{h}$ ist, oder die Endwerthe von h eingesetzt, n = 4,9 bis 9 Touren oder $n \cdot 32 \pi = 492{,}8$ bis 905 Mm. Cylinderlieferung und erhält deshalb das Vorgarn während des Feinspinnens einen Verzug von 1,8 bis 3,3.

Die Spindeln erhalten ihre Bewegung durch den auf der Hauptwelle sitzenden Twistwürtel k, von welchem deren 4 mit den Durchmessern 0,300, 0,350, 0,400 und 0,425 Mtr. zum Selfactor gehören. Dieser treibt durch die Twistschnur den Blechtrommelwürtel von 0,275 Mtr. Durchmesser; von der 0,160 Mtr. starken Blechtrommel erhalten mittelst der Spindelschnur die 0,020 Mtr. starken Spindelwürtel ihre Bewegung.

Bei m Umgängen der Hauptwelle werden also die Spindeln m $\cdot \frac{k}{575} \cdot \frac{160}{20} = 0{,}0291$ m k = 8,75 m bis 12,77 m Touren machen.

Der Zähler wird durch eine eingängige Schnecke auf der Hauptwelle getrieben, indem diese mit dem 26er Schneckenrad im Eingriff steht, von wo aus der Schaft durch zwei 20er conische Räder getrieben wird. Auf diesem befindet sich das 26er Rad, welches mit den Wechseln l = 20 bis 50 im Eingriff steht. Das darauf befindliche 21er Rad bewegt das 51er Zählerrad. Da nach einem einmaligen Umgang desselben die Spindeln stehen bleiben, so haben wir deren Umgänge bei einer Zählerperiode zu berechnen; diese betragen $\frac{50}{21} \cdot \frac{1}{26} \cdot \frac{20}{20} \cdot \frac{26}{1} \cdot \frac{k}{275} \cdot \frac{160}{20} = 0{,}0693$ k l = 415,8 bis 1472,6, diese vertheilen sich auf 1,630 Mtr., so dass wir auf 100 Mm. Garn 25,5 bis 90 Drehungen erhalten.

Die Einzugsschnecken erhalten ihre Bewegung von der zweiten Geschwindigkeit, indem auf der Losscheibe derselben ein 27er conisches Rad sitzt, welches ein gleiches auf der stehenden Welle W_5 treibt; das darauf befindliche 16er conische Rad treibt ein gleiches auf dem Vorgelege, dessen 9er Stirnrad mit einem 40er Stirnrad auf der Schneckenwelle im Eingriff steht, diese macht also: $300 \cdot \frac{27}{27} \cdot \frac{16}{16} \cdot \frac{9}{40} = 67{,}5$ Umgänge per Min.

Zum Betriebe des Abschlagrades ist auf der stehenden Welle W_5 für den Einzugsschneckenbetrieb, ein 19er conisches Rad, welches das 36er conische Rad des Schaftes in Bewegung setzt, ein darauf befindliches 22er Rad steht mit dem 78er Abschlagrad im Eingriff; dieses wird demnach $300 \cdot \frac{27}{27} \cdot \frac{19}{36} \cdot \frac{22}{78} = 44{,}9$ Touren pr. Min. machen.

Ein Hauptvortheil dieses Selfactors besteht noch in der Einrichtung, dass man an jedem Ort desselben im Stande ist, sein Vorgelege auszurücken.

Der Selfactor von Knowl'es Houghton & Co. in Comersal bei Leeds enthält mannigfaltige Eigenthümlichkeiten. Er vertritt zugleich das System Thatam. Wir geben von diesem Selfactor, der für hohe Mungogarne vorzüglich arbeitet und im Uebrigen zu den besten englischen Streichgarnselfactoren gehört, eine perspective Ansicht. Zunächst fällt bei diesem Selfactor die allgemeine Anordnung auf. Die Antriebscheibe F vom Vorgelege her ist im kleinen Treibstock angebracht, auf derselben Welle mit den Scheiben E, von welcher mittels Riemens D die Bewegung in den grossen Treibstock auf die Hauptwelle mit Scheiben A B übertragen wird. Auf der Hauptwelle sitzen auch zwei Twistwürtel und zwar der grössere k auf einer Hülse mit n″ dem Antrieb für die Einzugswelle. Neben der Scheibe b schliesst sich das grosse Zahnrad C mit Kuppelung in B an, ferner das Zahnrad M für die Einlieferung mit dem Zähltrieb. Der kleine Twistwürtel L sitzt direct auf der Hauptwelle. Auf die Details der Construction einzugehen, ist nach den vorhergegangenen Beschreibungen von Selfactoren unnöthig. Die Buchstaben bezeichnen: R′ Garnwalzen, Sp Spindeln, Tr Spindelschnurentrommel, x y Auf- und Gegenwinder, x′ Leitrollen, e′ d′ d″ e″ d‴ l′ Federn, Belastung etc. am Wagen, z Laufräder, P Zahnrad der Einzugswelle, Sn Schnecken für die Einfahrt, Q Leitrollen für das Twistseil, a″ a′ Steuerungshebel, r″ Auszugsseil, u Sector auf der Aufwindewelle, k Fallhebel mit Ansatz m für die Auslenkung o, m′ Zahnstange, i Stellrad für die Coppingplatte, g Leitrolle für r, f Leitrolle für r′, G Quadrantensector, b Aufwindung für das Auszugsseil, N′ Quadrantenkette, s Aufwindekettenrolle etc. Besonders hervorzuheben ist die eigenthümliche Quadrantenregulirung durch

Fig. 491.

Stellrad und Feder. Die Steuerung bedient sich der Ketten und Gewichte für die Hauptumschaltungen bei der Einfahrt, während die übrigen Verstellungen durch das Zählrad resp. durch eine Steuerwelle bewirkt werden. — Diese Steuerungen haben weite Anwendung gewonnen und sind auch neuerdings von Anderen benutzt und verbessert worden, so von John Thurlow in Morley bei Leeds, welche wir hier gleich einfügen.

Diese (Ende 1873) patentirten Verbesserungen für den Selfactor beziehen sich wesentlich auf das System „Thatam" und sind auch anwendbar für das System „Platt". Die Figuren 492 und 493 zeigen das Arrangement des Thatam-Selfactor, dem Knowles Houghton u. A. folgen. Die Verbesserungen sind nun die folgenden. Der Hebel A wird in zwei Theilen hergestellt und der obere Theil wird durch die Schraubenanordnung C geeignet eingestellt, so dass der im Schlitz des Twistrades E verstellbare Knopf D allein auf den Hebel wirkt, sobald die Spindeln genügend rotirt haben. Der obere Theil des Einzugshebels F wird verstellbar verbunden mit dem Arm G (s. Fig. 494 u. 492), der eine Verstärkung H enthält, so dass, wenn der Hebel A durch das Rad J vorwärts geschoben ist, H in Contact kommt mit einer Frictionskugel J, welche auf der Büchse C befestigt ist, die auf der Welle P mit der Schraube R zur Bewegung des Zählrades S sitzt. Sobald H unter J tritt, wird die Schraube R aus dem Eingriff mit S ausgehoben, und dies geschieht dann, wenn die Spindeln den Draht vollendet haben. Figur 495 zeigt die Construction des Hebels A für die Platt'sche Selfactoreinrichtung. Die sehr variable Stellbarkeit des Selfactor von Knowles Houghton lässt ihn besonders für hohe Mungogarne sehr trefflich verwendbar sein, und für diese Garne ist er ein Unicum. Freilich arbeitet er auch nur bei geschickter Bedienung und Einstellung solche Garne vorzüglich. Besonders kommt es dabei an auf den richtigen Stillstandseintritt der Lieferungscylinder und auf die respectiven Geschwindigkeiten der Cylinder und des Wagens, ebenso auf die Drehungsgeschwindigkeit der Spindeln nach dem Ausfahren etc. Die Verhältnisse für diese Mungospinnerei sind so unterschiedlich und variabel, dass es fast unmöglich wird, genaue Vorschriften und Angaben zu machen. —

Die mehrfache Geschwindigkeit hat jetzt auch bei den Engländern allgemeinen Eingang gefunden, sowohl bei Knowles Houghton als bei Platt Brothers, als bei Curtis Sons & Co. Von letzterer Construction wollen wir hier das anführen, was Curtis Sons & Co. speciell zu ihrem Selfactor hinzugefügt haben, um ihn für Streichgarn und Mungogarne zu vervollkommnen, ferner von den hervorragenden Verbesserungen früheren Datums (vor 1875) eine Reihe wichtiger Verbesserungen zuerst anfügen. Dieselben sind auf Tafel XXVIII dargestellt.

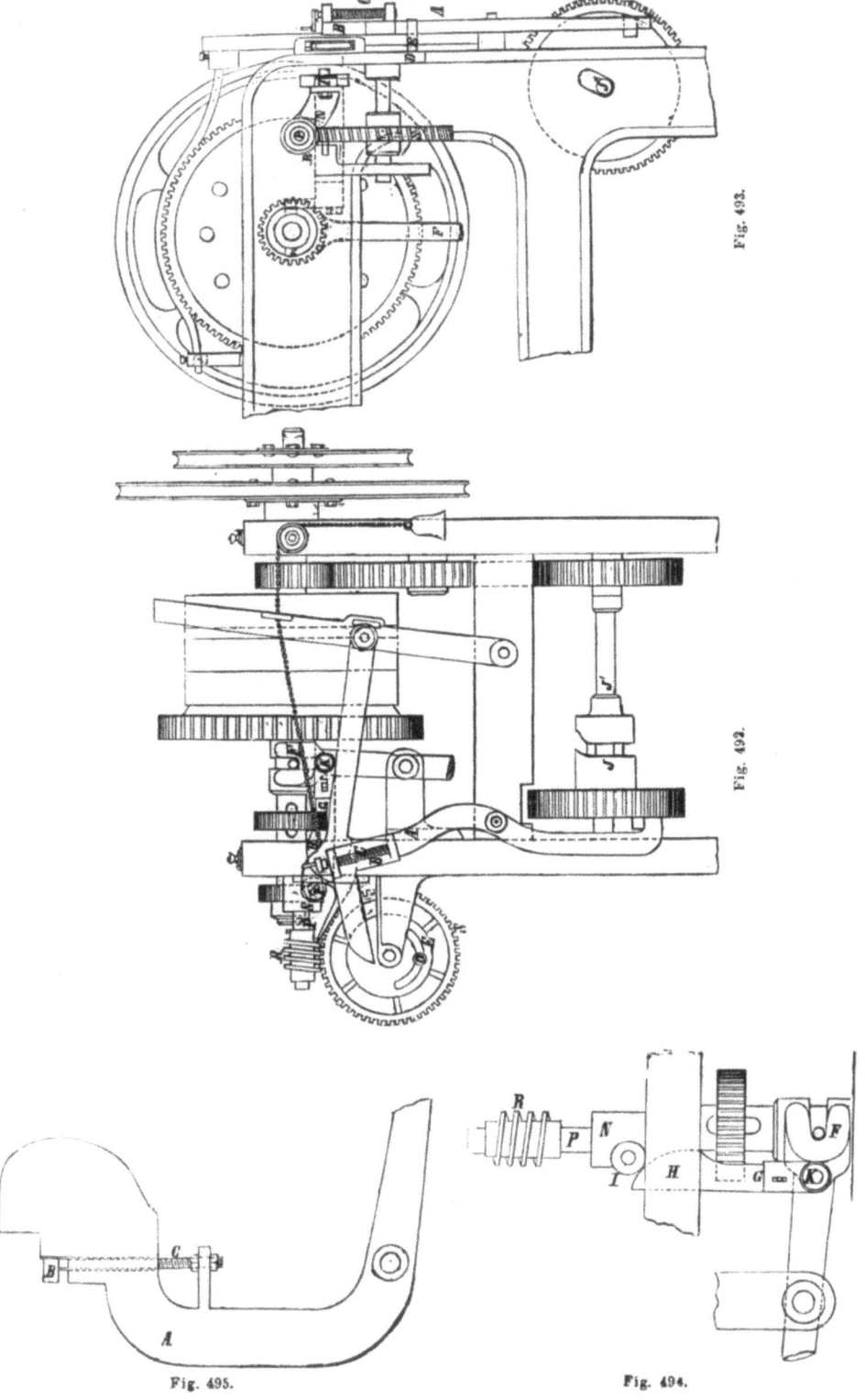

Fig. 493.

Fig. 492.

Fig. 495.

Fig. 494.

Die erste Verbesserung bezieht sich auf die Regulirung des Aufwindens. In Tafel XXVIII Fig. 1 ist a das Ende des Wagens, b ist ein Stück vom Headstock, c ist ein Arm, der den Winder und Gegenwinder trägt, d ist ein Arm am Gegenwinder d^1; c ist eine Feder, welche mit dem d zusammenhängt und am anderen Ende den Frictionshebel f trägt, auf welchem das Gewicht g verschiebbar angebracht ist. f umfasst die Rolle h auf der Axe i. Diese Friktionsanordnung ist in diesem Fall nicht zum Aufhalten der Spindeln bestimmt, sondern allein dazu da, den zu schnellen Gang derselben zu mässigen. Es war gebräuchlich, bisher den Arm d mit dem Bremshebel f mittelst einer Kette zu verbinden, allein die Anwendung einer Kette ist zu verwerfen, wegen ihrer Starrheit. Es ist einleuchtend, dass, wenn man d und f durch eine Kette verbindet, sobald das Garn im Winder so schlaff ist, dass es dem Arm d erlaubt, sich zu erheben, die Kette angezogen wird, und der Effect der sein wird, dass der Arm d den Hebel f von der Scheibe h abheben wird, so dass nun die Axe i sich ganz ungehindert zu drehen vermag. Wenn, wie in der Verbesserung in Figur 2, aber der Arm d mit dem Hebel f durch eine Feder verbunden ist, so dehnt sich zunächst dem Zuge von d entsprechend die Feder e aus und der Bremshebel bleibt auf der Scheibe, wenn auch ein wenig angehoben ruhen und übt hier seine reibende und bremsende, die Bewegung moderirende Kraft aus.

Die zweite Construction bezieht sich auf die Erhaltung der gleichmässigen Spannung des Twistwürtelbandes. Diese Spannung ist den Aenderungen unterworfen je nach der Zahl der gebrauchten Spindeln und je nach den einzelnen Perioden des Spinnprozesses. In Fig. 2 sieht man diese Verbesserung, die auf Ausgleichung der Spannung hinwirken soll. Die Spurscheibe h k ist eingelagert in den einen Arm l des um m drehbaren Winkelhebels l, dessen anderer Arm durch die Feder o mit dem Gestell des Headstocks fest verbunden ist. Der Zug der Feder gleicht dann die bei den Arbeitsperioden verschiedene Spannung n aus.

Die Verbesserung, welche in Fig. 3 dargestellt ist, bezieht sich ebenfalls auf den Aufwindeapparat. Es ist bisher gebräuchlich, auf den Aufwindesector p, der an der Axe q drehbar ist, eine Stange (faller leg) anzubringen, welche unten mit einer Nase versehen ist. Es ist nun an dem Körper der Nase, die über den Stift v gleiten soll, ein Winkelhebel s angebracht, drehbar um t, dessen unterer Arm concentrisch ist mit dem Kreisbogen der Nase. Das Gewicht des Armes s' veranlasst den Arm s'' sich gegen die Ribbe s''' an der Stange r anzulegen. Ist nun die Stange r genügend hochgehoben, um über den Stift v zu gleiten, so wird der Hebel s'' so lange auf dem oberen Mantel von V ruhen und mitgehen, bis s' gegen r schlägt und dadurch die weitere Bewegung von s'' begrenzt ist. Bei Weitergang von r auf v aber löst sich die Friction mit s'' und das Gewicht von s' treibt den Arm s'' gegen s''', so dass nun das rechtwinklige Ende von s'' über die Peripherie der Nase hervorragt und so vor dem Knopf liegt, und ein Abgleiten der Nase von v herab unmöglich macht.

In Figur 4 und 5 ist der Hebel B, wie gewöhnlich angebracht, befestigt an dem Gestell und zwar auf dem Zapfen B'. Das andere Ende dieses Hebels schwebt und ist genügend beschwert, so dass das an ihm sitzende Zahnrad C im Eingriff bleibt mit dem Rade D, welches auf der Auszugwelle aufgebracht ist. D wird also von C bewegt. Die Bewegung überträgt sich von A A A her. Wenn nun bei der Maschine die nothwendige Ausrückung nicht gemacht worden ist, um bei Vollendung des Weges die Ausfahrwelle in Stillstand zu bringen, so wird das Rad C ausser Eingriff mit D kommen und dadurch B angehoben. Ist aber jene Ausrückung gemacht, so bleibt C mit B im Eingriff.

Die Verbesserung ist aus Figur 6, 7, 8, 9 ersichtlich. Die Betriebswelle E mit den Riemenscheiben N' N'', trägt das Zahnrad E, welches in das Zahnrad auf Welle F (Fig. 8) eingreift, und dieses kämmt mit G, welches die Welle H' treibt durch Eingriff mit H. H ist mit zwei Zahnradsegmenten J J versehen, wie Figur 9 zeigt, welche am Radkranz verstellbar sind und mit G nicht im Eingriff stehen, durch den Gabelhebel K (Figur 7) gleitend an Welle L. L ist durch den Vordertheil des Headstocks begrenzt und wird bewegt durch den Wagen, bevor derselbe den Auszug vollendet hat, um die Gabel K umzulegen zur Aufhebung der Bewegung für das Ausfahren. Der Gabelhebel K hat die entgegengesetzte Stellung als in Figur 7, wenn der Wagen eingefahren ist und hat dann den Zweck, die Einwärtsbewegung aufzuheben. Die besagten Segments J haben den Zapfen I'. Wenn die Gabel K nach der Seite von I' hingedrängt ist, so presst sie dies eine Segment aus dem Eingriff mit dem Zahnrad G heraus. Bewegt aber der Gabel-Hebel sie in entgegengesetzte Richtung, so bringt er dasselbe Segment in Eingriff mit G. Durch diese Einrichtung wird die Bewegung der Welle H geregelt.

Die Verbesserung in Figur 6 ist besonders anwendbar an Spinnmaschinen von Richard Roberts und besteht in der genannten Anordnung der Welle H mit den beiden verschiebbaren Segmenten, im Zusammenhange mit M und dem Hebel für den Riemen der Scheibe N. Der Arm des Hebels M ist verlängert und mit einem Knopf versehen, der auf den schiebbaren Ausrücker R wirkt. Diese Verlängerung von M ersetzt die Nase am Steuerschaft. Das eine Ende der Schubstange trägt eine Klammer S und ist am anderen Ende mit dem Riemenausrücker verbunden. Will man Kettengarn spinnen, so wird der bewegliche Zapfen T, der gegen die Klammer S stösst, auf der Unterseite von R befestigt. Dieser Zapfen wird über S erhoben, wenn die Drehung vollendet ist und die Platte U am Zählrade unter R tritt. Spinnt man Schuss, so wird T zurückgeführt und die Platte U kommt ausser Thätigkeit. Die Verbesserung besteht nun in dem Gebrauch des Verticalschaftes O, um das Conusrad P aus und in Eingriff zu setzen und um ebenso die Kuppelung an der Welle W (Figur 6, 11 und 10) ein- und auszurücken. An dem Verticalschaft O ist der Arm O' angebracht, der einen Zapfen enthält, in Contact mit H' durch H'. An O ist ferner der Arm O'' angebracht, verbunden mit der Feder Q, die andererseits am Gestell des Headstocks festgemacht ist. Endlich sitzt an O noch der Arm O''' (Fig. 10), welcher mit M' zusammenhängt und andererseits mit dem Hebel M verbunden ist. Mit dem Arm O' steht auch ein Zapfen in Verbindung, der den Ausrücker der Kuppelung an W fasst. Dieser Ausrücker V besteht in einem Winkelhebel. Wenn der Wagen beinahe ausgefahren ist, beginnt die Gleitstange L zu wirken und bewegt die Gabel K so herüber, dass das Segment J durch den Zapfen J'' gedrängt, mit G in Eingriff kommt. Es macht die Welle E eine halbe Umdrehung und der Wechsel hält die Wagenbewegung und die Arbeitswelle auf, der Riemen ist von N' auf N'' gegangen durch Wendung des Führers N, der Frictionsconus P ist eingerückt. Durch das Eingreifen der Klinken und Hebel wird O'' niedergedrückt. Sofort bewegt sich O, nimmt den Arm O, den Stab M' und den Winkelhebel M, der nun P aus der Friction befreit. Zugleich wird die Kuppelung W eingerückt zum Einzug des Wagens. Ist der Wagen fast eingefahren, so wird L zurück gerückt und die Gabel K wendet sich und bringt das andere Segment nach J' hinüber in Eingriff mit G und E dreht den Steuerschaft um eine halbe Umdrehung, worauf die Einzugsbewegung aufhört und die verschiedenen Theile der Mule wieder in Spinnaction gebracht werden.

Die wesentlichen Eigenthümlichkeiten des Selfactor Parr Curtis[*], die sich speciell auf seine Anwendung für Wolle und Streichgarn beziehen, bestehen in folgenden Theilen. —

Wenn im Streichgarnselfactor eine gewisse Länge Vorgespinnst ausgegeben ist, stehen die Ausgebe-, oder Einlieferungscylinder still. Dieses eingelieferte Quantum kann nun mit Hülfe eines Arrangements wesentlich variirt werden. An der Seite des Einlieferungsrades ist eine Spiralnuth eingegossen, in welcher in Zwischenräumen Löcher eingebohrt sind. Die Löcher dienen zur Aufnahme von Bolzen, um die Länge des Vorgespinnstes zu begrenzen. In den Figuren 490 u. 491 ist diese Einrichtung abgebildet.

---

[*] Die Herren Curtis Sons & Co. haben dem Verfasser mit grösster Liebenswürdigkeit die folgenden, bisher niemals veröffentlichten Details auf seine Bitte zugesendet. Dieselben gehören der allerjüngsten Zeit an, ebenso wie der auf Tafel XXIX dargestellte Selfactor.

Der Headstock ist A. An dem oscyllirenden Arm K, befestigt an A, ist der Zapfen H angebracht, auf dem das Rad oder die Scheibe B mit langer Nabe sitzt. Diese Scheibe B enthält auf einer Seite Spiralnuthen mit den Löchern und die Bolzen 1 und 2 werden in dieselben eingeschoben, um je nach ihrem Platz die Quantität des eingelieferten Vorgespinnstes zu regeln. Vor der Scheibe ist auf den Zapfen noch der Hebel P aufgeschoben, in welchem ein Ausschnitt N so hergestellt ist, dass derselbe radial über sämmtliche Spiralgänge der Scheibe fortgeht. Der Steuerhebel R dreht sich an G, welches an E festsitzt. Die Feder F ist mit einem Ende an E befestigt und steht durch das andere Ende mit dem Steuerhebel der Kuppelung Q in Verbindung. An dem oberen Theil des Kuppelungshebels ist ein Zapfen S eingefügt, welcher in einen Diagonalausschnitt S' des Hebels K eingreift. Ferner dient der Winkelbügel V dazu, am Zapfen X

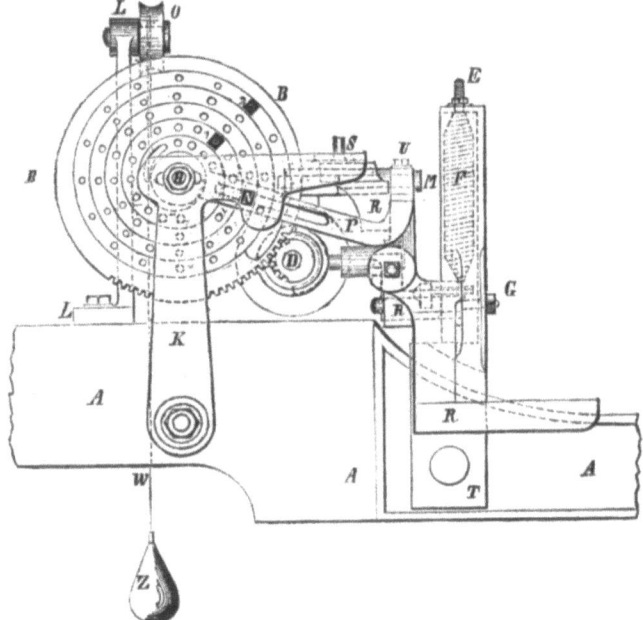

Fig. 496

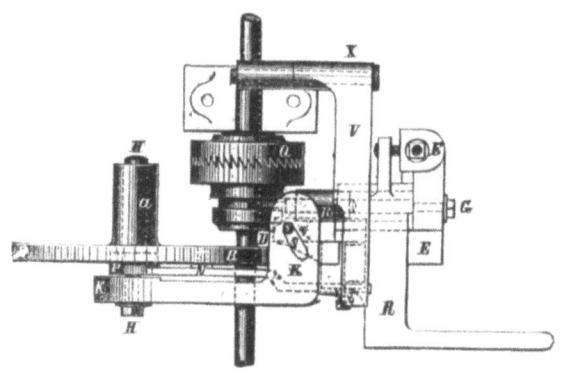

Fig. 497.

das Lager der Welle mit den Kuppelungen Q zu halten, sowie den Eingriff von B in das Zahnrad D zu vermitteln und zu bewahren. Auf dem beim Headstock A befestigten Träger L ist die Rolle O befestigt, über welche die Schnur W mit Gewicht Z gleitet. Diese Schnur ist mit einem Ende an der Büchse oder die Nabe a von B befestigt und wickelt sich darauf auf. Bei Beginn des Wagenauszugs ist D im Eingriff mit der Einlieferungscylinderscheibe B und die Hälften der Kuppelung Q sind im Eingriff. Es dreht sich nun die Scheibe B und wickelt die Schnur auf. Dabei schleift der Zapfen N im Schlitz von P fortgesetzt in den Spiralnuthen, bis er an die eingesetzte Nase 2 stösst. Nun wird die Bewegung von B aufgehalten, aber 2 drückt unter N stark genug, dass dadurch der Hebel P emporgehoben und der Kuppelungshebel freigemacht wird und dem Zuge der Feder folgt, wodurch die Kuppelung Q gelöst und sowohl D **ausser** Eingriff kommt mit B als auch die Einlieferungscylinder still stehen. Durch Ausrückung von D aber kann B dem Zuge des Gewichtes Z folgen und dreht sich zurück, bis der Stift N an die Nase 1 stösst und dadurch B in Stillstand kommt. Diese Einrichtung ist sehr einfach und sicher wirkend. —

Eine weitere Einrichtung von Parr Curtis für die Streichgarnspinnerei ist bestimmt zur Erzielung verschiedener Geschwindigkeiten der Spindeldrehung für das **Ausfahren**. In der Fig. 5 auf Taf. XXIX ist ein Schnitt durch eine Treibwelle gegeben, die entweder im Headstock selbst aufgestellt werden kann oder an der Decke oder in besonderem Stativ. Auf der Welle O werden zwei lose Scheiben T und R aufgeschoben. Dieselben sitzen an einer Hülse a, welche im Innern der hohlen Scheibenräume getheilt ist. In diesem Zwischenraum ist aber am starken Scheibenkörper der Wellenträger P befestigt auf O, welcher in Hülsenlagern die kurzen Axen F trägt, deren jede zu jeder Seite des Scheibenkörpers P kleine Zahnräder N E trägt. Diese Zahnräder N E greifen wiederum in Zahnräder Q L ein, von denen die Räder Q auf dem einen Theil der Hülse a, die Räder L auf dem anderen Theil der Hülse a sitzen. Wenn nun der Riemen auf R sich befindet, so übersetzt sich die Bewegung durch a mit L auf E, sodann von N auf Q und die zweite Hülse a mit dem Twistwürtel A, von dem die Bewegung auf die Spindeln vermittelt wird. Ferner sitzt auf der Welle O die Kuppelung S, deren eine Hälfte b auf dem Lagersupport c mit Keilen festgemacht ist, deren andere Hälfte c aber auf O verschiebbar ist mit Nuth und Keil. Für die langsame Drehung wird der Riemen auf die Scheibe R gebracht und die Kuppelung S wird eingerückt. Dadurch aber wird verhütet, dass sich die Welle O dreht, so dass nun R a treibt mit dem Rade L. Dies Rad L greift in die Räder E ein und da die Scheibe P mit der Welle O still steht, treiben die auf F anderseitig sitzenden Zahnräder N das kleine Zahnrad Q und mit ihm die andere Hülse a nebst F und A. Aus der Zahl der Zähne folgt die Verlangsamung der Geschwindigkeit für A. Ist die grössere Geschwindigkeit verlangt, so wird der Riemen auf T geschoben und nun die Kuppelung S gelöst. Da T direct auf a mit A sitzt, so hat A schon direct die grössere Geschwindigkeit, ob O festgehalten wird oder nicht.

In ihrer neuesten Construction sind Curtis Sons & Co. dazu übergegangen, die verschiedenen Geschwindigkeiten durch die in der Figur 498 dargestellte Wellencombination zu bewirken. Von der Hauptwelle a mit Scheiben d und Scheiben e für die resp. grossen und kleinen Geschwindigkeiten wird die Welle b getrieben mit den entsprechenden Scheiben i und h. Auf dieser Welle b sitzt ferner die Antriebsscheibe K für die Riemenscheiben l im Treibstock A. p bezeichnet die Lieferungsaxe mit dem Antriebszahnrad und Kuppelung n und anderseits mit der Auszugsschnecke m.

Die Figur 12 auf Tafel XXIX zeigt das Rollengestell zur Aufnahme der Vorgespinnstrollen b. Die Gegenrolle a ist gerifflet gezeichnet; die Constructeure ziehen jedoch glatte Gegenrollen vor, weil die gerifflten Cylinder leicht wie Messer wirken können. In der Figur 13 auf Tafel XXIX ist die sehr originelle Anordnung der Regulirung der Quadrantenschraube dargestellt. An dem Quadranten, mit Sector h und Trieb **g**, mit Schraube z und Laufmutter mit d und Kette e, die sich auf t im Wagen

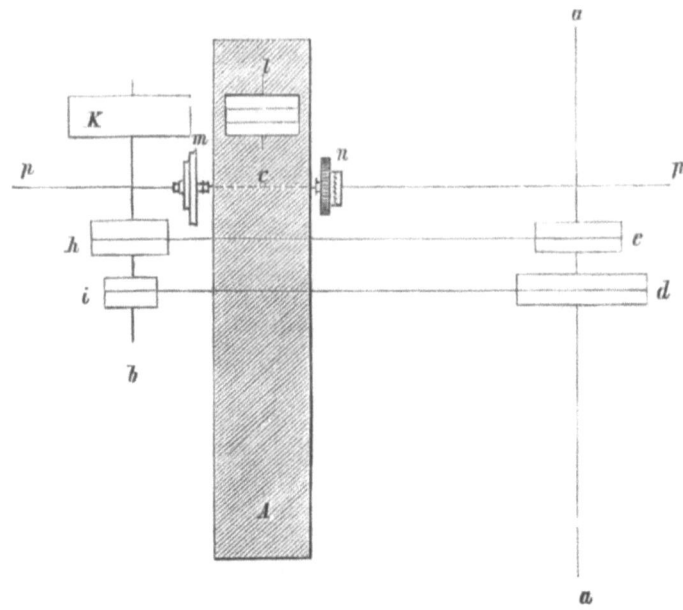

Fig. 498.

auf- und abwindet, — ist das Zahnrad b angebracht, in welches das Zahnrad i eingreift. Letzteres sitzt auf der Zahnstange K, welche einerseits in den Armen n n hängt und andererseits in o lagert, sowie in w. Die Feder u sucht die Stange nach b zu bewegen. Auf K sitzt die Regulatorschraube a mit ihrer genau nach Form der Kötzer berechneten Gestalt. In die Gänge derselben fällt die Zunge c ein, sobald der Wagen gegen Ende der Einfahrt angelangt ist, und bewegt die Schraube a nebst Welle K, und dadurch das Rad l nebst Rad b und die Schraube des Quadranten z.

Die in Figur 14 auf Tafel XXIX dargestellte Verbesserung bewirkt ein exactes Aufhalten der Spindeln beim Ende der Ausfahrt. Der Triebstock H enthält den Twistwürtel A auf der Welle Z. Auf Z sitzen ferner der Frictionsconus B und C und der Gabelhebel E, welcher in einer Grube am Umfang des Conus B eingreift, aber auf dem Bolzen T das Ende des Winkelhebels D empfängt, dessen Stellung durch Stellschrauben genau eingestellt werden kann. D dreht sich um Y. Am anderen Ende aber trägt D die Stange N, welche nach dem kleinen Treibstock hinübergeht und hier am Hebel V befestigt ist, der in einem Schlitz von W verstellbar ist. Gegen V fährt der Wagen mit dem Stück U an, welches an dem Arm S der Bremse F sitzt, die oberhalb an Q eingestellt wird und deren Ausschlag bei Freisein von U durch die Schraube R begrenzt wird. Die Bremse F presst bei Anschlag an E gegen die Scheibe X und bremst die Spindeltrommel auf Axe G. Hierbei wird sie unterstützt durch die Scheibe P, an welcher die Klinken L L L befestigt sind. Sobald X nicht mehr sich bewegt, so stehen auch die Klinken L L L still, weil P mit X durch Friction combinirt ist. Dreht sich nun G noch mit den Spindeltrommeln, so greifen L L L in die Zähne des Klinkrades ein und halten dadurch die Bewegung ganz auf. Durch den Andruck von U gegen V aber wird V abgelenkt und zieht die Stange N mit, wodurch ein Auskehren der Conen B und C erwirkt wird, folglich Stillstand des Twistwürtels A.

Wir wollen hier gleich den Selfactor von Platt Brother's betrachten, ohne die Allgemeinheit der Construction zu wiederholen. Platt Brother's in Oldham, welche Firma 1850 kräftig für den Selfactorbau eintrat, anfangs in engem Anschluss an Roberts System, später durch die Arbeit einer Reihe trefflicher Köpfe freier und freier entwickelt, haben in neuester Zeit ihrem Selfactor für Streichgarn eine der allgemeinen Richtung bezüglich der Geschwindigkeiten, der Regulirung, der Steuerung etc. entsprechende Form angedeihen lassen, die wesentlich von der früheren abweicht. Schon auf der Pariser Ausstellung 1867 enthielt der Platt'sche Streichgarnselfactor einige interessante Steuerungen, so die Einrichtung für variable Geschwindigkeiten, für das Anhalten der Spindeln, für die Drahtgebung, zum Anhalten des Wagens; ferner einen Regulator zur Regulirung der Aufwindung, Frictionsconusse für die Steuerwelle, und für die Einzugswelle etc. Theilweise sind diese Einrichtungen beibehalten, theilweise umgestaltet und verbessert, theilweise ersetzt und es sind neue Theile hinzugetreten, so dass der Platt'sche Selfactor auf der Ausstellung in Wien 1873 ein unterschiedlich anderes Gesicht hatte. Wir geben von dem Platt'schen Selfactor (ausgestellt in Wien) drei perspectivische Ansichten Tafel XXX, sowie auf Tafel XXXI eine Reihe Details.

Aus den Figuren ist ersichtlich, dass der Platt'sche Selfactor mit zwei Scheiben und einem Riemen ausgerüstet ist, wie früher. Nichts destoweniger hat Platt es ermöglicht, mit diesen beiden Scheiben 3 Geschwindigkeiten hervorzubringen, und zwar besonders für die doppelte Geschwindigkeit, um diese an jedem Punkte der Wagenausfahrt eintreten zu lassen, während dies früher nur nach vollendeter Halbdrehung der Steuerwelle anging. Er erreicht dies mit Hülfe zweier Twistwürtel, von denen C der grössere die doppelte Geschwindigkeit erzielt. Die erste Geschwindigkeit, die langsamste, wird durch einen Apparat im Wagen erzeugt; indem nämlich der kleine Twistwürtel sich dreht, wirkt ein Frictionsrad an der Seilrolle, die nicht fest auf der Spindeltrommelwelle sitzt, auf Verlangsamung der Spindeldrehung oder auf gänzlichen Stillstand der Spindeln. Dieses Frictionsrad wird durch einen Hebel dirigirt, welcher durch eine Ausrückstange am Langgestell des Headstocks seine Verstellung erhält. Man kann in Folge dieser Anordnungen schnell Anspinnen in der ersten Periode für einen Theil des Wagenweges, dann die Bewegung verlangsamen und so den Draht auf dem Gespinnst vertheilen lassen und dann schliesslich die doppelte Geschwindigkeit eintreten lassen. Beim Surfiliren oder Doppelspinnen kann man zuerst mit der doppelten Geschwindigkeit ausgehen unter Linksdraht und dann den so entdrahteten Faden zuerst unter langsamer Drehung ausstrecken und dann mit einfacher Geschwindigkeit wieder anspinnen, worauf die doppelte Geschwindigkeit einsetzt und fertig dreht.

Die Steuerwelle ist an der Front des grossen Headstockes angebracht und wird durch einen Riemen und Riemenscheibe betrieben. Diese Welle treibt auch noch die Einzugswelle durch conische Getriebeübersetzung und durch das grosse Stirnrad auf der Hauptwelle T B das Abschlagrad. Tritt irgend ein Hinderniss der Wagenbewegung entgegen, so kann der Riemen von dieser Wellenscheibe leicht abrutschen und die Einzugswelle bleibt stehen. An Stelle des Riemens kann aber auch ein Zahnrad der Hauptwelle die Bewegung auf diese Hülfswelle übertragen.

Eine Ausrückstange unter der Gegenwinderwelle gestattet an jedem Punkte der Einfahrt die Maschine anzuhalten. Der Wagen vollendet dabei seinen Weg, auch die Steuerwelle dreht sich noch um $\frac{1}{2}$, aber der Riemen wird nicht auf die Festscheibe gelassen, sodass der Auszug nicht beginnen kann. Die Stange ist in der Figur 1 sichtbar. Früher war an Stelle dieser Ausrückstange eine Hebelverbindung angewendet, die durch Niedertreten eines Fusstritts die conische Einzugsfrictionskupplung löste und so den Wagen zum Stillstand brachte.

An der 1867er Maschine Platt's war der in Nachstehendem beschriebene Apparat von Buckley angewendet zur automatischen Fortbewegung der Quadrantenschraube. Wir geben davon Beschreibung und Abbildung auf Tafel XXXI Fig. 6, 7, 8.

Die Schwingungsaxe des Quadranten ist durch eine angeschraubte kleine Welle verlängert; diese trägt ein Rohr N, auf dessen einem Ende ein konisches Rad C sitzt, das in das Zahnrad auf der Quadrantenschraube eingreift; das andere Ende des Rohrs N ist mit einem sehr feinen Schraubengewinde n, n versehen Die Mitte des Rohrs N wird durch eine Schraubenscheibe A' und ein gezahntes Stirnrad B eingenommen, welches letztere in zwei Hälften zerschnitten ist, von denen eine mit der Schnurenscheibe A' und die andere mit dem Winkelrad C fest zusammenhängt; die Scheibe A' mit der einen Radhälfte B dreht sich lose auf dem Rohre.

Längs des feinen Gewindes n, n bewegt sich wie eine Schraubenmutter der Hebedaumen D, der durch ein Stängelchen t geführt wird, welches dem Daumen gestattet, mit dem Quadranten gleichzeitig zu oscylliren und sich parallel mit seiner Axe zu verschieben, wenn das Rohr sich dreht.

Ein kleines eisernes auf dem Fussboden befestigtes Gestell x unterstützt die beiden Hebel E und F. Der erstere schwingt um den Zapfen e und trägt an seinem oberen Ende ein Transporteurrad b, welches dem Rade B gegenübersteht und in seine beiden Hälften eingreift, wenn der Apparat in Thätigkeit ist. Dem Daumen D gegenüber und auf demselben Ende des Hebels E ist eine geneigte Ebene S angebracht, die man dem Daumen nähern oder davon entfernen kann. Eine Spiralfeder r wirkt in solcher Richtung auf das untere Ende des Hebels E, dass das Rad b mit B in Eingriff kommt; nach der entgegengesetzten Richtung wird der Hebel E durch einen Arm des Winkelhebels F aufgehalten, der sich um f dreht und dessen anderer Arm mit einer langen horizontalen Zugstange G zusammenhängt. Eine an letztere gehängte Feder r' wirkt in entgegengesetzter Richtung der Feder r

Der Aufwinder und der Gegenwinder haben jeder einen kleinen Hebel l' und l, an welche auf je nach Bedürfniss zu verstellenden Zapfen die Enden einer Kette O angehängt sind, die mit Hülfe einer kleinen Rolle einen horizontalen Hebel H unterstützt, welcher letztere schwer genug ist, um durch sein Eigengewicht nieder zu fallen. An der einen Hinterwand des Wagens ist die Drehungsaxe dieses Hebels befestigt, der mittelst Scharnier eine herabhängende Stange I trägt, die lang genug ist, um in gewissen Fällen gegen einen kleinen verticalen Hebel J zu streifen, welcher unten sich in einem festen Support bewegt und in der Mitte an das Ende der Stange G angehängt ist. Alle diese Theile empfangen ihre Bewegung und wirken auf folgende Weise während eines Abzugs.

Die Gegenwelle der Wagenauszugvorrichtung bewegt mit Hülfe einer der Schnurenrolle A' gegenüber stehenden Schnurenscheibe A das halbe gezahnte Rad B und dreht es bald nach der einen, bald nach der anderen Richtung.

Wenn in Folge zu grosser Fadenspannung der Gegenwinder sich senkt, so lässt die Kette O den Hebel H und seine Zugstange I niedergehen. Diese Bewegung findet natürlich beim Wageneingang statt und wenn I genügend tief gesunken ist, stösst sein Ende gegen den Hebel J, welcher die Zugstange G fortzieht, hierbei die Feder r' anspannt und f' auslöst, in Folge dessen dann der Hebel E der Wirkung der Feder r nachgeben und das Getriebe b in Eingriff mit den Rädern B bringen kann.

Der eben am Ende seines Laufes angekommene Wagen fängt wieder einen neuen Auszug an; aber jetzt greift das Getriebe b ein und die Mutter an der Quadrantenschraube erhebt sich. Wenn der Daumen und die geneigte Ebene nicht vorhanden wären, würde der ganze Apparat in Eingriff bleiben, bis der Wagen vollständig herausgefahren ist, in welchem Augenblicke dann ein am Wagen angebrachter verstellbarer Aufhalter p gegen E drücken und so die Vorrichtung ausrücken würde.

Zu Seite 132.

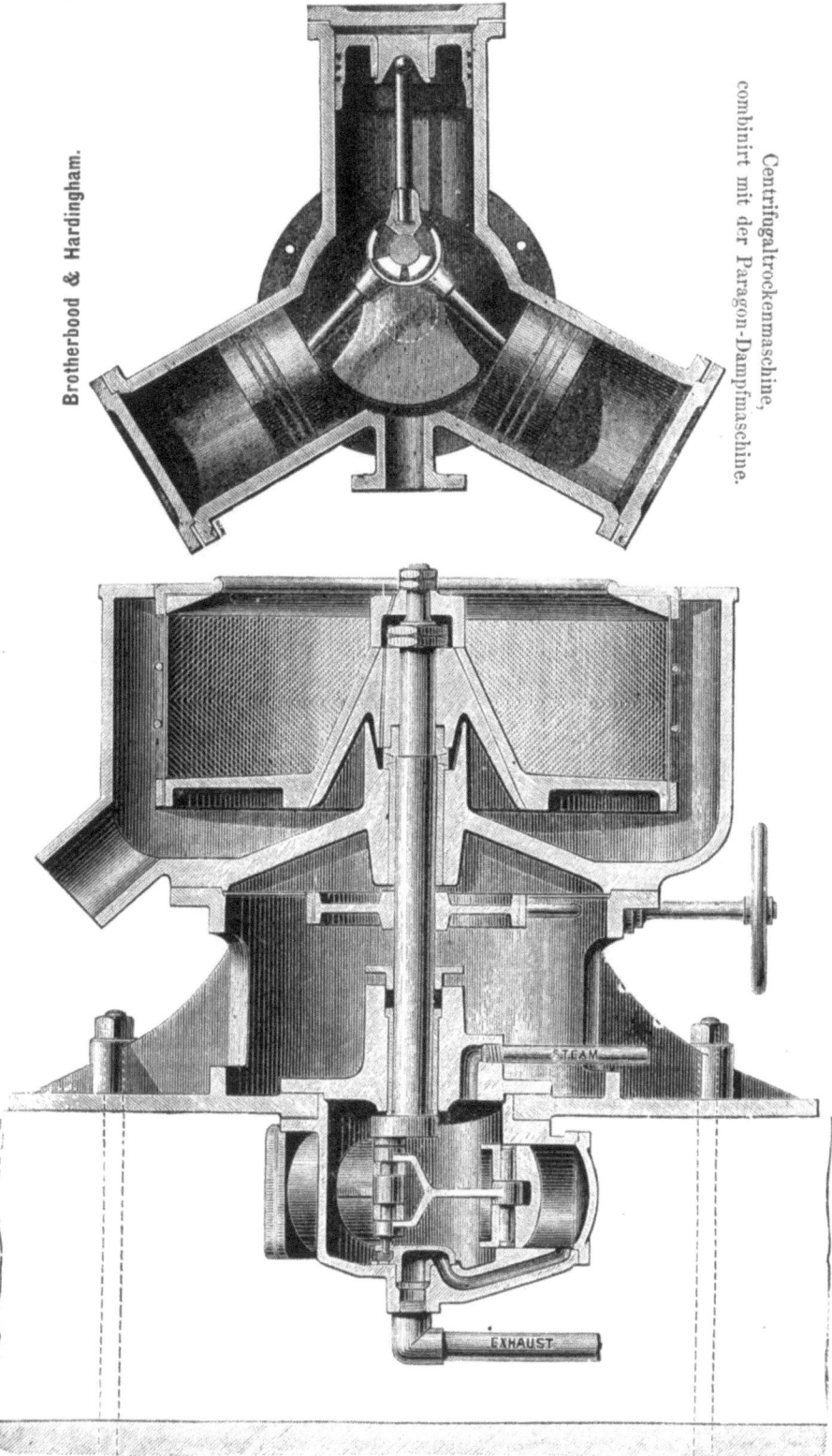

Brotherhood & Hardingham.
Centrifugaltrockenmaschine, combinirt mit der Paragon-Dampfmaschine.

Zu Seite 133

Centrifuge mit Dampfmaschine von **Fauquemberg.**

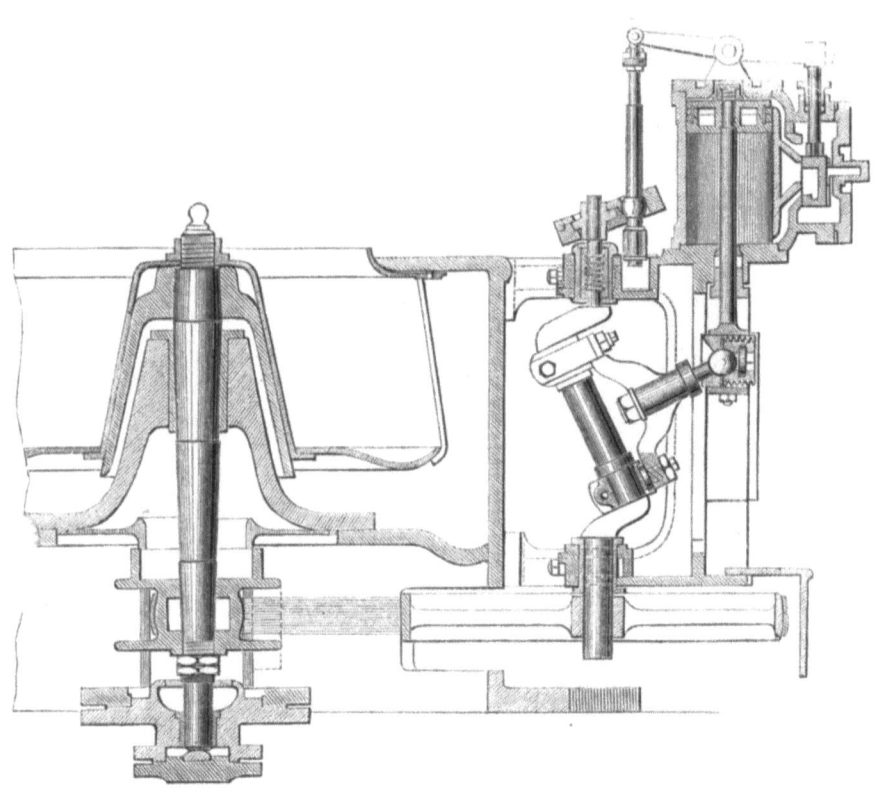

Zu Seite 428.

Amerikanische Bandkrempel der
Cleveland Maschine Works, Worcester, Mass.

Fadentheil- und Würgelapparat
am Feinkrempel der **Cleveland Maschine Works.**

Während des Wagenherausganges dreht sich aber auch der Quadrant und führt durch Vermittelung von t den Daumen D mit herum, welcher nun gegen die geneigte Ebene trifft, den Hebel E zurückdrängt und so den Apparat ausrückt, bevor der Wagen ganz herausgefahren ist In dem Maasse, als der Kötzer grösser wird, bewegt sich der Daumen auf den Schraubengewinden n, n fort und kommt näher an die geneigte Ebene heran, folglich erhebt sich auch die Mutter der Quadrantenschraube immer weniger, um endlich ganz still stehen zu bleiben, wenn der untere Conus oder Ansatz des Kötzers fertig ist, und die Geschwindigkeiten der Spindeln periodisch werden.

Man ersieht leicht, dass der ganze Apparat genug verstellbare Elemente enthält um jede gewünschte Fortschiebung der Schraube des Quadranten zu ermöglichen.

Für verschiedene Garnnummern hat man verschieden grosse Schnurenscheiben A anzustecken. Der Daumen, je nach seiner Gestalt oder Aufkeilung und die geneigte Ebene, je nach ihrer Stellung, passen sich allen Veränderungen der Kötzerformen an, und man gelangt leicht dahin, alle Geschwindigkeiten so zu regeln, um sowohl zu häufige Fadenbrüche, als zu lockere Windungen zu vermeiden.

Man kann den Apparat auch mehr oder weniger empfindlich machen, je nach der Qualität der Baumwolle, der Feinheit des Fadens, der Feuchtigkeit und Trockenheit der Luft, den Unregelmässigkeiten der Triebkraft etc.; man braucht dann blos den Aufhängungspunkt der Kette O zu verändern.

Platt hat in der neuen Construction diese Regulirungsanordnung wieder verlassen, und, wie aus der perspectivischen Figur XXX hervorgeht, durch eine einfache Schnur, die über eine lose Rolle im Wagen geht und bei der Einfahrt durch momentanes Festhalten der Rolle mittels Sperrklinke und Sperrrad vom Gegenwinder aus einen Zug auf die Rolle am Quadranten ausübt. Die Schraube des Quadranten enthält jetzt Gänge von abnehmender Steigung, so dass sich die Laufmutter schon dadurch nicht mehr erheben kann als der Kötzerbildung entspricht. Die Figuren 1—5 auf Tafel XXXI stellen eine der neuesten Verbesserungen des Platt'schen Selfactors dar, darauf gerichtet, die Spindeln augenblicklich anzuhalten, wenn das Abschlagen vollendet ist und der Einzug beginnen soll, sowie die Aufwindung. Die Abbildungen zeigen dabei die ältere Einrichtung der Platt'schen Maschine mit der neuen Vorrichtung. a a ist ein Theil des Headstockgestells, c c ist der Hauptschaft und d d ist der Twistwürtel. Auf der Axe b ist der zweiarmige Hebel f angebracht und der einarmige Hebel e. Mit f steht eine lange Stange g in Verbindung, welche sich durch den ganzen Headstock erstreckt. An ihrem Ende ist eine Projection h angebracht mit geneigt ansteigender Fläche, welche sobald die Stange durch den Hebel f zurückgezogen wird, gegen den Finger i stösst Dieser Finger sitzt an der Klinke k k durch den Arm l l. Dieser Finger ist glatt und abgerundet, so dass er dem Zuge von h nachgibt, wenn g sich in Richtung des punctirten Pfeils bewegt. Kurz vor Vollendung der Rückdrehung der Spindeln (backing of) wird der Hebel e e frei und wird durch eine starke Feder m m oder ein Gewicht zurückgezogen, wodurch sich g in Richtung des punctirten Pfeils bewegt, und die geneigte Ebene h drückt gegen den Finger i, und dieser erhebt die Klinke k, so dass sie einfällt in das Sperrrad n, welches auf der Hülse der Twistscheibe sitzt und diese natürlich sofort zum Stillstand bringt. Dadurch ist jede fernere Rückdrehung der Spindeln abgeschnitten. Sobald als h den Finger i freilässt, fällt die Klinke k aus dem Eingriff in die Zähne von m heraus und es kann nun der Einzug beginnen. Um alle Zufälle zu vermeiden, ist die lange Stange g nicht ganz starr, sondern mit einer Federkuppelung q in der Mitte versehen. In Figur 2 (welche der neueren Construction für Baumwolle entspricht) ist g geformt aus zwei Stangen, die durch einen gleicharmigen Hebel verbunden sind. Davon ist die eine Stange mit der Federkuppelung versehen.

Um die Kötzerspitzen recht fest zu winden in jedem Stadium der Aufwindung, ist die Laufmutter nicht direct mit der Kette des Quadranten verbunden, sondern mittels einer kleinen Sperrradaxe. Die Drehung des Sperrrades soll die Verkürzung der Quadrantenkette erwirken und so dasselbe besorgen, was sonst durch den Quadrantencorrectionshebel geschieht, in dessen Schlitz eine Rollenaxe verstellt wird, nämlich die Kette gegen Beendigung der Einfahrt noch ein wenig mehr von der Kettentrommel herabzuziehen. Auch diese Einrichtung ist neuen Datums. In der Tafel XXX ist diese Vorrichtung vom Gehäuse oben am Quadrantenarm verdeckt, doch sind die Axen des Sperrrades etc. erkennbar.

Auf der Hauptwelle sitzen zwei Scheiben von denen A, neben dem Zahnrad B T lose auf derselben und die andere fest ist. Bei der ersten Periode nimmt der Riemen auf der Festscheibe die Losscheibe A mit und bewegt alle mit A zusammenhängenden Theile, also das Zahnrad T B etc. Wird aber der Riemen auf A übergeführt, so dreht sich die Festscheibe und die Hauptwelle nicht direct mit, sondern lediglich durch die Uebersetzung von T B aus indirect*). —

Die Construction Platt Brothers hat in Deutschland eine directe Nachahmung gefunden in den Selfactors von Oscar Schimmel & Co. in Chemnitz. Diese Firma führt diesen Platt'schen Selfactor mit allen Eigenthümlichkeiten der englischen Construction genau aus in ihrer soliden Art und Weise des Maschinenbaues. Einzelheiten sind sogar in verbesserter Gestalt gegeben und streben der Originalität zu, welche allmälig den Nachahmer weiter entfernt vom Urheber, ohne dadurch eine absolute Aenderung der Grundidee zu bedingen. Thatsache ist, dass die Schimmel'schen Platt-Selfactors sich bereits warme Freunde erworben haben und sich den englischen Maschinen ebenbürtig zeigen. —

Eine Vorführung des Schimmel'schen Platt-Selfactors würde an diesem Orte zu weit führen. Wir versparen eine gründliche Beleuchtung desselben für den Band unseres Werkes, welcher die Selfactoren speciell behandelt. —

Die Theile der Selfactoren**).

1) Die beigedruckte Figur 499 verdeutlicht den **Weg des Wagens** und die **Stellung des Fadens** während des Spinnens vom Beginn des

---

*) Selfactoren von Platt resp. der Gruppe Platt Brothers & Co. findet man beschrieben in den Patentspecificationen 1850 No. 13379, 1856 17. Dec., 1858 No. 17, No. 2490, 1860 No. 922, 1864 No. 850, 1861 No. 1832, 1862 No. 918, 1855 No. 1780, 1856 No. 131, 1870 No. 1376, 1872 No. 2448, 1874 No. 2899 etc. Hülsse, Baumwollspinnerei, p. 260 mit Abb.; Niess, Baumwollspinnerei pag. 396; Polyt. Centralbl. 1857 pag. 1415; Dingler p. f. Bd. 146 und Bd. 154; Repert. of patent E. S. XXX p. 190. — Kick & Rusch, Beiträge etc. pag. 48; Grothe, Spinnerei etc. auf der Pariser Ausstellung 1867 pag. 58; Polyt. Zeitung 1875 pag. 97. — Zemann, Spinnerei etc. auf der Wiener Ausstellung pag. 15; Herrmann, Zeitschrift des Vereins deutscher Ingenieure 1874.

**) Wir schliessen diese wissenschaftlichen Betrachtungen lediglich an das System Parr-Curtis an und zwar an die im Bulletin de la Société industrielle de Mulhouse 1869 enthaltene Arbeit von J. M. Weiss: Resumé d'un cours sur les métiers à filer automates, professé à Moulhouse par M. F. Stamm, à la demande de la Société industrielle. Diese Arbeit wendet sich wesentlich an die Praxis, während das grössere Werk von E. Stamm, der Selfactor, die hier angedeuteten Theorien und Ermittelungen ausführlich behandelt und erschöpft. Dem Weiterstrebenden sei daher dieses letztere empfohlen.

Ausfahrens an bis zum Ende. Erstere entspricht der Linie a b, letztere der Linie a c und es ist ersichtlich, dass der Winkel, den F und B bilden, von der Stellung a b B an immer kleiner wird und sich fast dem rechten Winkel nähert, den er nicht erreicht. Allein während dieser Bahn bildet der Faden keine grade Linie, sondern eine Kettenlinie durch die Schwere

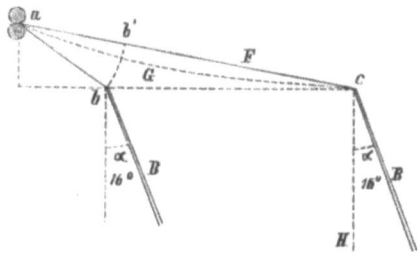

Fig. 499.

des Fadens selbst, deren Ende um so mehr zur Spindel B normal wird, je weiter sich B von a entfernt. Die Distance a c ist massgebend für die Leistung der Maschine; sie beträgt meistens 1,60 Meter bis 2 Meter; sie repräsentirt die Spinnproduction. Stehen die Cylinder a still, wenn dieser Weg halb zurückgelegt ist, so beträgt der Auszug auf der Spinnmaschine $\frac{a c}{2}$. Die Neigung der Spindeln bezeichnet durch die Grösse des Winkels α beträgt ca. 14—18°. — (Tafel 26.)

2) Die Figur 4 giebt eine Uebersicht über den Zusammenhang des Selfactor. Wir haben denselben bereits oben auf pag. 601 dargestellt und weisen darauf zurück.

Wir begegneten in diesem Diagramme den **Seiltransmissionen** und fügen hinzu, dass man in neuerer Zeit stets zwei Seile besonders für die Twistwürtel und für Auszug und Einzug anwendet. Es werden dadurch eintretende Unzuträglichkeiten vermieden; denn jedes Verlängern eines Seiles durch den Zug wirkt auf die Bewegung der einzelnen Theile im Selfactor zurück und ist sofort merklich durch Vibrationen.

3) Für die **räumliche Anordnung** des Selfactor giebt die Scizze Fig. 13 auf Tafel 26 ein gutes Bild, sowie Fig. 16 und auch Figur 20. Leitseile gehen zwischen den Punkten F und A um D und C am Wagen herum und zwischen den Punkten B und E um D und C (Figur 13). Figur 16 zeigt die Befestigung des Wagens am Auszugsseil und die Anbringung der Seilrollen K K', welche Parallelseile mit dem Zugseil D D' im Triebstock führen. Diese Einrichtungen sichern den parallelen Gang des Wagens und schützen ihn vor Schwankungen. Man findet zu dem Behufe, den parallelen Gang des Wagens zu sichern und zu erhöhen auch bei einer Reihe Selfactoren Zahnstangen angewendet, in welche Zahnräder, die alle am Wagen auf einer Axe sitzen, eingreifen. Diese Einrichtung

ist, trotzdem sie die Walzen schwerer macht, mehrfach im Gebrauch. Die Art der Anbringung und Befestigung geht aus der grossen Abbildung eines Curtis Sons'schen Selfactors (Tafel XXIX) hervor.

4) Die Figur 12 ist eine Scizze, welche die Transmissionsmethode für die **Bewegung der Spindeln** zeigt. Die Twistwürtelseile übertragen die Bewegung auf die stehenden Trommeln T und bewirken so die Bewegung der Spindeln durch Schnurwindungen. —

Nicht immer ist diese Uebertragung so bewirkt. In älteren Selfactoren sind liegende Trommeln für die Spindelbewegung angebracht. Stehelin hat die Bewegung mittels Zahnräder zu bewirken gesucht, ein Versuch, der übrigens mehrfach wiederholt worden ist. Ausserdem giebt es Frictionsbetriebe für diesen Zweck etc. Bis jetzt steht der Schnurenbetrieb trotz seiner scheinbaren Complicirtheit und Zerbrechlichkeit noch unübertroffen da. Die Herstellung der Schnürung ist jedoch auch ein Punkt, für den die äusserste Sorgfalt nothwendig ist. Besonders wichtig ist es, die Schnürung niemals an einen oder mehreren Trommeln zu erneuen, sondern wenn eine neue Schnürung nothwendig ist, dies an allen Trommeln gleichzeitig vorzunehmen. Da die Schnüre so hergestellt sein sollen, dass sie wenig dehnsam sind und sich nicht durch den Zug wesentlich prolongiren, so werden sie nicht gedreht, sondern geflochten mit Hülfe von Cordelgängen oder Schnurmaschinen. Dasselbe gilt auch von den Selfactorseilen. Für beide Utensilien werden wir Maschinerien, welche für deren Herstellung construirt sind, später betrachten. Bei näherer Betrachtung der Würtel an den Spindeln ersieht man, dass dieselben verschiedene Höhe an den Spindeln einnehmen. Für jeden solchen verticalen Tambour rechnet man ca. 36 Spindeln. Figur 6 giebt eine nähere Illustration über die Zusammensetzung der Trommeln t. Dieselben werden gebildet aus den Scheiben C auf der Spindelwelle T. C besteht aus einer Scheibe auf einer Hülse m, die die Welle T umfasst und mittels Stellringes K und Stellschrauben fest auf T eingesetzt wird. Zwischen der oberen Flansche von C werden die Cylinder aus Weissblech eingelegt und festgehalten durch C. Um die horizontalen Trommeln solcher Composition abzuwägen und ins Gleichgewicht zu bringen, vertheilt man die Schweiss- oder Lothnäthe der Mäntel t t, wie die Figur angiebt, abwechselnd entgegengesetzt auf dem Mantel der Trommel.

5) Der **Wagen**, dessen Körper Fig. 2 zunächst verdeutlicht in seinen Haupttheilen, trägt auf dem Langgestell C mit Rädern L K die mit Nuthenreifen, Figur 9, bis auf Schienen M N laufen, die Wände B und A, stark genug zur Aufnahme einer Anzahl Betriebstheile, die daran festgeschraubt werden. Auf A ist eine geneigte Grundplatte zur Aufnahme der Spindellager fest aufgebracht und die Spindeln stehen geneigt in diesen Lagern, unterstützt und gehalten durch Halslager, die in einem von B ausgehenden dachähnlichen Rahmen oder Deckel des Wagens eingefügt sind. Zwischen Halslager und Fusslager enthält die Spindel den

Würtel n, den die Schnur von der Spindeltrommel T, die im Wagen lagert, umfasst. Die Construction dieses Wagens ist keineswegs unbeachtenswerth; dieselbe hat zwei Hauptaufgaben zu erfüllen, nämlich **Starrheit** und **Festigkeit** sowohl in der sehr gestreckten Breitrichtung als in der Längsrichtung und **Leichtigkeit**. In Fig. 7 ist ein Plan des Wagenstückes vorgelegt. Die Pfeile deuten die Richtung der Zugbewegung an. Es kommt also darauf an, dass die Construction des Wagens so fest und stark ist, dass eine Deformation des Rechtecks A B C C' unmöglich ist. Dies vermeidet am besten laut Erfahrung die Einlegung des Kreuzes D D'. — Die übrige Garnitur des Wagens aber entspringt dem Bedürfnisse des Spinnprozesses. Betrachten wir zunächst den **Ausgang des Wagens**.

6) Der **Ausgang** des Wagens wird bewirkt mit Hülfe der Scheibe C (an anderen besonders Streichgarnselfactors durch Schnecken). Diese Scheibe (poulie de main douce) treibt durch das Seil um E und R den Wagen. Das Seil windet sich im Wagen um die Axen K und K'. In K greift eine Sperrklinke ein und hindert die Drehung von K, sobald die Bewegung des Seils in Richtung des Pfeils f stattfand. Sobald aber das Seil durch den Stillstand von K und K' festgehalten wird, muss der Wagen selbst der Bewegung des Seils folgen und fährt aus. Bei der umgekehrten Bewegungsrichtung des Seils löst die Sperrklinke aus und das Seil rotirt, ohne den Wagen mitzubewegen. An Stelle des Seils kann ein Riemen angewendet sein, ja selbst eine Kette. Um eine richtige, proportionale Bewegung für Cylinder und Wagen herzustellen zur Erzielung guten Gespinnstes, bringt man den Antrieb für die Auszugswelle mit den Cylindern in möglichst enge Zusammenstellung. Bei Streichgarn differirt jedoch öfter die Geschwindigkeit der Cylinder von der des Wagens. Im Dreieck a b c (Figur 499) ist $ac - ab < bc$. Ist aber $ab' = ab$ und zieht man einen der Werthe ab oder ab' ab, so erhält man offenbar $b'c < bc$. Die Länge $b'c$ ist aber die durch die Cylinder gelieferte Länge während des Wagewegs bc. Wenn nun die Länge des Wagenweges gleich sein würde der eingelieferten Länge, so könnte der Faden nicht straff gespannt sein. Für gewöhnlich ist daher die Bewegung des Wagens eine etwas voreilende (l'avance du chariot) und die Voreilung hängt von der Nummer ab die zu spinnen ist.

Gegenüber den Cylindern stehen die Spindelspitzen circa 60 Mm. **tiefer** und bei vollendeter Einfahrt bleiben die Spindelspitzen ca. 100 Mm. von den Cylindern **entfernt**.

Um den Wagen zu bewegen, benutzt man übrigens auch vielfach die in Fig. 10 dargestellte Anordnung der Seile, die fest am Wagen befestigt sind, übrigens mehr ein Mittel, um den Parallelismus des Wagens aufrecht zu erhalten. Man wendet dabei wohl Scheiben mit Schraubengängen in der Form von Fig. 9 an und zwei Seile, deren eins stets aufläuft, wenn das andere abläuft. Bei dieser Anordnung ist ein Gleiten des Seils unmöglich. Trotzdem ist man mit Hülfe der Seilführung doch nicht im Stande, den Parallelismus des Wagens absolut zu erhalten. Ist besonders der Treibstock in der Mitte und beginnt die Auszugsscheibe zu ziehen, so wird natürlich zunächst die Mitte des Wagens getroffen und es bildet die Länge des Wagens eine Art Bauch. Dem wird vorgebeugt durch die Anbringung von getriebenen Scheiben an den beiden äussersten Enden des Selfactors, wie Figur 16 zeigt, die mit der Treibscheibe zugleich in Action treten. Hierbei sind die Seile stets gespannt zu erhalten, was durch eine einfache Stellradaxe (Fig. 14) leicht geschieht.

Bei Ankunft des Wagens am Ende seines Laufes stösst er gegen **Buffer** von Leder an (Figur 15). Um diese Begrenzung des Wagenweges in der Hand zu haben und um dieselbe variiren zu können, ist der Buffer an einem verstellbaren Arm angebracht.

7) Für die **Einfahrt** des Wagens bedient man sich ebenfalls der Seile, die sich auf Scheiben von **Schneckengestalt** (archimedische Spirale) aufwickeln. Die Einfahrt soll prinzipiell die kleinste Zeit in Anspruch nehmen, ohne die während dieses Weges zu vollziehende Manipulation des Aufwindens zu beeinträchtigen. Da vor Beginn des Rückganges der Wagen still steht, so ist beim Anzuge zunächst die Trägheit zu überwinden, und damit dies nicht mit Stössen verbunden ist, so beginnt der Wagen langsam die Einfahrt und beschleunigt seine Bewegung bis zu einem Maximum und verlangsamt sie wieder bis zum Stillstand bei Ankunft am Cylinder. Diese erforderliche Bewegung leistet die **Schnecke**, eine Scheibe mit Seilgängen von wachsendem und abnehmendem Diameter. Die Fig. 20 stellt uns dies Einzugsarrangement dar, wie es in Robert's Selfactor war. Fig. 21 zeigt die Schneckenconstruction mit dem Durchschnitt Fig. 22. Diese Schnecken haben durch die Constructeure je nach dem Zwecke wesentlich variirte Gestalt, Ganghöhe, Gangzahl etc. erhalten, während sie freilich immer der ursprünglichen archimedischen Spirale folgten. Die Einzugsschnecke hat einen sehr grossen Widerstand zu besiegen, zunächst den des Wagens, die Kraft des Aufwindens und die Reibung alter Art. Desshalb hat man auch 2 und öfter sogar 3—4 Einzugsschnecken construirt, um die Arbeit zu vertheilen. Zwei Einzugsseile und Einzugsschnecken zu haben, ist immer gut, weil, wenn während der Einfahrt ein Seil reisst, das zweite allein functioniren kann.

8) Wenn der Wagen ausgefahren ist und stillsteht, wechselt die Bewegungsrichtung der Seile für die Spindeltrommelbewegung und es entsteht ein Zug auf den Wagen zur Einfahrt hin. Um diese Rückbewegung zu verhindern und **den Wagen festzuhalten,** wendete man in den älteren Selfactoren den in Figur 17 abgebildeten Apparat an. Am Wagen war in Führungen gleitend der Riegel t angebracht, durch Kette mit dem Aufwinder B verbunden. Der Riegel stiess gegen Ende der Ausfahrt auf die schräge Bahn A und fiel in den Ausschnitt derselben ein. Erst die Senkung der Aufwindung hob ihn empor und machte den

Wagen frei. Jetzt bedient man sich allgemein einfacher Haken l und Fallen n (Fig. 18) in verschiedenster Anordnung und Verbindung. Um diesen Haken auszuheben, ist am Balancier ein Haken l (Figur 18a) angebracht, welcher unter l (Figur 18) greift und zwar in dem Moment, wo die Kuppelung der Einzugsschneckenwelle eingerückt wird.

9) Die **Spindeln** werden allein von der Spindeltrommel bewegt, und zwar während der 2 ersten Perioden des Spinnens dient die Spindelwelle zur Ertheilung der Fadendrehung. In der 3. Periode dreht sich die Spindelwelle entgegengesetzt zur Abwicklung des Fadenendes von den Spindelspitzen, und zu gleicher Zeit muss der Gegenwinder empor-, der Aufwinder abwärts steigen. Beide Bewegungen sind solidarisch.

Für diesen Zweck ist, wie in Figur 4 dargestellt, auf Welle C' eine kleine Trommel F angebracht, die sogen. **Aufwindetrommel** (virgule). Dieselbe ist nicht fest auf C' während der 3. Periode. An F ist die Kette F'' befestigt, die mit dem Hebel L' in Verbindung steht. L aber ist der Hebelarm des Winkelhebels Z' b L'. Während der Abwindung des Fadens von der Spindelspitze dreht sich F mit C' und wickelt die Kette F'' zum Theil auf. In Folge davon senkt sich L' und es hebt sich Z' mit dem Fallhebel L. L steigt soweit in die Höhe, dass der Ausschnitt J über i gleitet und nun die Aufwindung für die Einfahrt feststeht.

Bei dieser **Aufwindekettentrommel** (virgule) müssen wir noch ein wenig verweilen unter Betrachtung der Figuren 38, 39 und 40, sowie 34. Um die Function dieser Trommel zu vollbringen, nämlich das Kettchen am Aufwinderhebel während des Abschlagens des Fadens von dem Spindelkopf (depointage) herabzuziehen, sind einige sehr hübsche Vorrichtungen erfunden. In Figur 38 ist A die Spindeltrommelaxe, auf welcher die Scheibe R befestigt ist. Ferner sitzt auf A die Scheibe D mit der Kettentrommel. Diese Scheibe D trägt für einen Sperrzahnkranz C auf der Scheibe R eine Sperrklinkenvorrichtung auf der Axe t. Ferner ist die Hülse dieses Körpers mit der Gabel P versehen, zwischen deren Zinken eine der Arme der Stahlfeder BBB eingreift, welche auf der Hülse K an R festsitzt durch Friction, letztere durch Lederhülle verstärkt. Nach der Depointage dreht sich die Spindeltrommelaxe im Sinn des Pfeils f und in Folge der Friction wird die Sperrklinke in das Sperrrad eingedrückt, sodass also D mit A fest verbunden wird. Dreht sich aber diese Axe A wie Pfeil f' angiebt, so hält die Feder B durch P die Klinke aus dem Sperrrad heraus und nun hat D keine Verbindung mit A. Aus Figur 39 sehen wir ferner, (ebenso aus Figur 39a), dass die Scheibe D sechs Sperrklinken a b c d g e trägt. Bei Drehung im Sinne von f greift mindestens eine Klinke in R ein. Dreht sich A entgegengesetzt im Sinne des Pfeils f' und zwar mit grosser Geschwindigkeit, so hebt die Centrifugalkraft alle Klinken aus dem Zahnkranz und treibt sie nach Aussen. —

Während der Aufwindung wird die Trommel lose, allein die Reibung mit der Axe A treibt die Trommel mit und bewirkt das Abwickeln der

Kette, ja sogar das Aufwickeln im entgegengesetzten Sinne, sobald die Abwicklung bis zum Befestigungspunkte statthatte. Um zu verhindern, dass D von der Bewegung der Spindeltrommelaxe entrainirt wird, bedient man sich eines besonderen Organes. In Fig. 40 ist S eine Scheibe lose auf der Axe A und versehen mit den Nasen N und N'. Sobald die Scheibe D der Kettentrommel sich im Sinn des Pfeils h dreht, stösst der Zapfen M gegen die Nase N, und zwar früher findet dies statt, als die Kette gespannt ist. Die Scheibe S schlägt sodann mit N' gegen Q. Für das Abschlagen des Fadenendes von der Spindelspitze dreht sich M im Sinn des Pfeils f und erlaubt der Kettentrommel etwas mehr als eine Tour zu machen. Um nun die Bewegung der Kettentrommel noch mehr zu verhindern, nachdem der Hebel H auf g (Fig. 34) festgestellt ist, hat man das Verbindungsstück k t angebracht, welches den Winkelhebel e (mit c) effectiv an Bewegung verhindert, bis der anlaufende Wagen durch einen Zapfen in das Maul von N eindringend die nöthige Einstellung verursacht.

10) Für die Einfahrt des Wagens oder die 4. Periode muss sich die Spindeltrommel C' natürlich bewegen für das **Aufschlagen** resp. **Aufwickeln** des Garnes. Um ihr diese Bewegung zu ertheilen, ist auf einer Nebenachse, welche in C' eingreift, eine Trommel E aufgebracht (carillet). Diese Trommel ist während der drei ersten Perioden lose auf der Axe, während der vierten Periode fest. Auf E wickelt sich eine Kette Q' auf, welche an der Quadrantenschraubenmutter s befestigt ist. Die **Quadrantenschraubenmutter** läuft auf der Quadrantenschraube X die in ein Gestell eingesetzt ist, das sich um F' dreht. An dem Quadranten ist ein Sector S mit Zahnkranz angebracht, in den der Zahntrieb i an der Auszugsrolle D eingreift. Bei der Einfahrt des Wagens muss sich die Kette von E abwickeln, weil X wohl eine Bewegung macht aber gegenüber der Wagenbewegung eine unbedeutende: E rollt an Q ab und diese Bewegung überträgt sich auf die Spindeltrommelwelle und die Spindeln. Bei der Ausfahrt des Wagens muss sich nun die Quadrantenkette Q wieder auf E aufwickeln und um dies zu bewirken, da sie sich ja für die ersten 3 Perioden lose auf ihrer Axe befindet, ist (Fig. 19) das Seil C ausgespannt. Dasselbe umfasst B mit einer Windung und ist bei a befestigt und an dem Winkelhebel, dessen Gegenarm Q, mit Gewicht versehen ist. Bei Ausfahrt des Wagens nun dreht sich durch C die Trommel B entgegengesetzt wie die Spindeltrommelaxe und die Quadrantenkette wird aufgewunden.

Diese Quadrantenkettentrommel ist auch in Fig 40 u. 41 (Tafel XXVII) noch näher und genauer betrachtet. Sie hat im Curtis-Selfactor einen Diameter von ca. 140—150 Mm. In Fig. 41 ist D die Axe, auf welcher die Trommel B aufgebracht ist zugleich mit dem Zahnrad a. Von D wird durch b die Bewegung auf die Spindeltrommelaxe A übertragen. Für gewöhnlich ist b lose auf D, aber im erforderten Augenblick kann b fest auf A eingekuppelt werden. Anfangs während der I. Periode dreht sich die Trommel B im entgegengesetzten Sinne, so dass b nicht drehen kann im Sinne des Pfeils f und somit lose auf A bleibt. In der II. und III. Periode bleibt die Trommel b unbewegt. In der IV. Periode dreht sich B im Sinne des Pfeils h, während b im Sinne von f tournirt und mit A fest verbunden wird. — Es ist also die Quadrantentrommel besonders auf eine Axe gebracht und zwar geschieht dies vorzugsweise bei Anwendung von horizontalen Spindeltrommeln, während bei Anwendung von mehreren verticalen Spindeltrommeln meistens die Quadrantenkettentrommel auf die Spindeltrommelaxe aufgesetzt wird. Bei Anstoss des Wagens an das Gerüst bei Ende des Wagens löst sich die Kuppelung und Friction zwischen b und A aus. —

11) Am Wagen sitzt, wie bereits angegeben, das **Aufwindezeug**. Fig. 11 zeigt uns einen Theil davon. Die Aufwindeaxe B trägt einen Hebel L, an dessen Ende das Kettchen a befestigt ist, welches die Rolle A etwas mehr als die Hälfte umfasst. Die Axe von A ist im Support S eingelegt, in welchem auch die Axe B eingelagert ist. Diese Kette ist mit dem einen Ende an A mittels Schraube festgemacht. Ausserdem aber ist eine zweite Kette b vorhanden, welche ebenfalls auf A befestigt ist, aber an einem Theile von A, der bedeutend geringeren Diameter hat als die Rolle an A für die Kette a. Diese Kette b ist mit ihrem anderen Ende an der Rolle D befestigt, welche endlich eine dritte Kette c aufnimmt. Die Kette c hält an ihrem unteren Ende den Hebel K, der ein verstellbares Gewicht P trägt, so dass die Verschiebung desselben die Pression von K auf c und D vermehrt, je weiter das Gewicht P vom Drehpunkte des Hebels K abrückt. Die Rolle D dreht sich lose auf der Axe B' und ist durch nichts an freier Bewegung gehindert. Während der Ausfahrt des Wagens ist die Axe B so gedreht, dass die Arme des Aufwinders, welche den Aufwindedraht halten, diesen etwa 2 cm. über die Spitze der Spindeln einstellen, so dass der Aufwindedraht keinen Einfluss auf den Faden hat. (Siehe Figur 2 mit dem Aufwindedraht J am Arm von G und Gegenwindedraht J am Arm der Axe H.) Dabei nimmt der Hebel L eine fast verticale Stellung ein und spannt die Kette a. Diese Spannung wirkt auf A b D und Kette c, so dass die Aufwindeaxe momentan das Gewicht P trägt. Aber im Moment, wo die Abwicklung des Fadens von der Kötzerspitze (depointage) sich vollzieht, steigt der Aufwindedraht herab, der Hebel L sinkt und nun lässt die Kette a nach und b, sodass der ganze Druck von P auf K c und D sich überträgt und D zum Drehen bringt. D aber sitzt auf der Gegenwinderaxe B' und greift bei dieser Bewegung mit einem inneren Ausschnitt gegen einen Ansatz auf B', sodass sich mit D auch die Gegenwinderaxe dreht und der Gegenwinderdraht emporschnellt und dadurch den Fäden Spannung verleiht während der Aufwindung. Sobald der Wagen nun ankommt bei den Lieferungscylindern, stösst ein Hebel n mit der Gegenwinderaxe p

durch eine Kette verbunden auf eine Rolle o. Die Rolle drückt n nieder und zieht den Gegenwinder p auf B' herab, dadurch aber schnellt q empor, dessen Ende durch eine Kette über die Rolle m hinweg mit p verbunden ist. (Fig. 23).

Die Aufwindeaxe trägt ferner den Hebel Z' (Figur 4), an welchem der Hebel L befestigt ist (Levier de liaison). Wenn nach dem Abwickeln der Fäden von der Spindelspitze der Aufwinder herabgeht, hebt sich der Hebel Z und der Hebel L, bis derselbe mit dem Ausschnitt J über die Rolle i gleitet, die an dem Hebel G sitzt. G ist ein Regulirungshebel mit der Rolle (also i) g, welche auf der Curvenschiene R (la règle) läuft. Letztere ist auf dem Fussboden befestigt. Bei Einfahrt des Wagens übt nun diese Curvenschiene und der Hebel G durch L eine Einwirkung auf die Aufwindeaxe aus und zwar mit dem Effect, dass der Aufwindedraht folglich die Fäden selbst an der Spindel beim Aufwickeln bewegt werden längs der Spindel. Am Ende der Schiene R oder vielmehr daneben ist ein Ansatz D' angebracht, gegen welchen der Hebel L mit dem Ende n' anstösst (bei Ende des Wagenweges), sodass J von i abgleitet. Dadurch ist die Feststellung der Aufwindeaxe aufgehoben und letztere unterliegt wieder der Einwirkung der Federn, deren Zug sie folgt.

Die Schwierigkeit des Aufwindens ist eine so grosse, dass an ein Selfactorspinnen eigentlich gar nicht gedacht werden kann ohne eine sorgsame Bewegung und Leitung des Aufwinders. Ebenso ist auch der Gegenwinder nöthig und nützlich. Letzterer unterstützt die Wirkung des Aufwinders und zwar müsste ohne Gegenwinder die Aufwindung mathematisch genau vor sich gehen, — ersichtlich eine Unmöglichkeit für die Praxis, weil sehr viele Einflüsse fortgesetzt den Faden alteriren und so die Bedingungen der Aufwindung modificiren. Der Gegenwinder ist gleichsam ein Mittel, um den aufzuschlagenden Faden, der durch die Abwindung des Fadenendes von der Spindelspitze wesentlich verlängert ist, in Reserve gespannt aufzuspeichern. Der Gegenwinder gleicht so auch die Differenzen der Fadenaufwicklung in Folge der Spindeldrehungszahl und des Kötzerumfanges für jedes Stadium der Aufwindung aus gegenüber der für jedes Stadium wechselnden Wagengeschwindigkeit, und erspart uns eine Reihe complicirtester Constructionen. Die bedeutendsten Kenner des Selfactors haben daher den Gegenwinder (Contrebaguette) das Hauptorgan des Selfactors genannt und E. Stamm sagt: Il faut le dire, c'est la contre-baguette seule qui a permis de réaliser les métiers automates! —

12) Um für den Wagen die einzelnen Details gleich noch genauer zu besprechen, betrachten wir hier auch die sog. **Copping-Platte** (Fig. 3) A B C. Diese Platte oder Schiene (**Leitschiene**) dient also dazu, wie bereits gesagt, um während der Aufwindung des Fadens diesen an der Längsrichtung der Kötzerhülse entlang zu führen. Mit der Zunahme der Schichten des Kötzers muss allmälig die Coppingplatte etwas sinken,

damit L um so tiefer herabgeht und der Aufwinder um so viel höher steigt, als es die nächstfolgende aufzuwindende Schicht erfordert. Dies erreicht man dadurch, dass man die Schiene in einen Support mit schrägen Einschnitten K K' gestellt hat, ferner mit Zapfen t t' versehen hat, die sich in diesen Coulissen bewegen können. Diese Zapfen t t' ruhen auf zwei Stücken P P' (Calibres oder Platines) Stellplatten, **Formplatten** etc. genannt. Die beiden Formplatten sind verbunden durch T. Die Platte P beim kleinen Treibstock (Headstock) trägt eine Schraubenmutter X, in welcher sich der Schraubenbolzen V dreht, geführt und gehalten durch Z (Figur 3). Am Ende dieses Zapfens ist ein Stellrad R, in welches eine Sperrklinke eingreift. Ein Ansatz am Wagen bewegt bei jeder Ausfahrt die Sperrklinke und dreht das Stellrad, somit auch den Zapfen V und schiebt dadurch die Formplatte etwas hinaus. Dadurch sinken t t' natürlich auf P P' etwas herab und die Leitschiene nimmt also einen tieferen Stand ein. Die Form von P P' kann nun wesentlich modificirt werden und wird es in der That auch, sodass für jede Schicht das Aufwindezeug verstellt resp. eingestellt wird.

13) Die Form des Körpers, den das Garn auf der Spindel durch das Aufwinden bildet, ist eine cylindroconische, wie in Fig. 5 dargestellt. Desshalb muss nun auch der Aufwinder einen solchen Bogen machen können, dass er den Faden zuerst bei a zur Aufwicklung bringt und successive an allen anderen Punkten in der Ausdehnung des Kötzers bis zum Punkte h. Die Pfeilrichtung dieses Bogens, für welchen die Spindel die Chorde ist, soll so klein genommen werden als möglich.

14) Wir kommen unten auf die Bildung des Kötzers zurück, — und gehen hier zunächst auf die **Bewegungsorgane** des Selfactors ein und auf die im (Headstock) Treibstock enthaltenen Organe. Man unterscheidet den grossen und den kleinen Treibstock, und zwar liegt im ersteren meistens der Antriebmechanismus nebst der Hauptwelle, während der kleine Treibstock Hülfsorgane und den Quadranten enthält. Resumirt man die Functionen, welche vom grossen Treibstock ausgehen, so sind dieselben kurz folgende:

I. Periode: { Rotation der Lieferungscylinder; Ausfahrt des Wagens; Rotation der Spindeln.

II. Periode: Rotation der Spindeln.

III. Periode: Rotation der Spindeln im entgegengesetzten Sinne.

IV. Periode: Einfahrt des Wagens.

Wir haben diese Bewegungen bereits angeführt auf Seite 601 unseres Bandes und wollen nun die Erzeugung derselben näher betrachten.

Die **Lieferungscylinder** erhalten ihre Bewegung direct von der Welle A (Fig. 4). Für diesen Zweck sitzt auf A eine Kuppelung M M', deren eine Partie M' mit A fest verbunden ist mittels Nuthenkeiles Z. Dagegen ist die Partie M frei und dreht sich lose auf A. An diesem Theil M sitzt das conische Rad D, welches seinen Antrieb von der Hauptwelle aus erhält. Der Theil M' ist seitlich verschiebbar und enthält eine Auskehlung a zur Aufnahme der Steuergabel. — In Folge der Relation zwischen Lieferung und Wagen besonders bezüglich der Geschwindigkeit ist es gut, dass der erste Lieferungscylinder die **Ausfahrtswelle** (main douce) betreibt, oder dass zwischen der Bewegung der Lieferung und der Auszugswelle Verstellungen leicht möglich sind. Beim Curtis-Selfactor ist (Fig. 28) die Einrichtung meistens so, dass von der Kuppelungshülse M durch das Rad d aus die Bewegung durch Transporteure auf die Auszugswelle P übertragen wird. Während der Einfahrt ertheilt der Wagen der Ausfahrtswelle eine entgegengesetzte Drehung und um nun eine unnöthige Fortsetzung derselben auf die Lieferung zu hindern, ist die Transportation an einem Hebel L befestigt, der während der Einfahrt einfach aufgehoben wird und so den Connex der Ausfahrtswelle mit den Cylindern und der Hauptwelle sistirt (Fig. 28).

Die **Einfahrt** geschieht durch die **Schnecken** und diese werden bewegt durch Vermittlung der stehenden Welle Y, Figur 30. Dieselbe erhält ihre Bewegung von der Hauptwelle aus durch die conischen Räder A c und das conische Rad X, welches bei Einfallen der Kuppelung (Fig. 26) in das Zahnrad T eingreift und die Einzugswelle Z bewegt. Da die Last, welche die Einfahrt auf die Einzugswelle überträgt, eine sehr bedeutende ist, so ist das Zahnrad T auf Z sehr stark und gross gewählt, damit die Bewegung desselben eine langsame und ruhige wird; dagegen ist die Geschwindigkeit der treibenden Welle Y eine grosse. Auch für die Einrückung der Schneckenwelle in den Betrieb ist die grosse Geschwindigkeit von Y von Vortheil. Die Einrückung ist in Fig. 26 besonders dargestellt mit einem **Frictionsconus**, in Figur 30 aber mit einer Zahnkuppelung. Für grössere Selfactors nimmt man die Zähne selbst kürzer, um den Widerstand zu erhöhen (s. Fig. 24), oder construirt die Kuppelungsbacken mit Stellrad-Verzahnung wie Fig. 25 zeigt. Mit Hülfe einer guten Frictionskuppelung vermeidet man wesentlich Brüche.

Die **Treibscheiben** haben bei den Selfactoren sehr verschiedene Anordnung. Ursprünglich waren nur 3 Scheiben beliebt, — für Streichgarn aber wie wir oben mehrfach berührt haben, benutzt man 4 bis 6 Scheiben und zudem oft noch Zwischenscheiben. Wir haben oben bei den einzelnen Fällen bereits mitgetheilt, welchen Zweck die Cumulation der Scheiben hat. Hier wollen wir den einfachen Curtis-Selfactor betrachten, welcher 3 Scheiben enthält. Die Spindeln drehen sich während der 2 ersten Perioden beständig und zwar mit Hülfe des Twistwürtels in directem Sinne. Bei der III. Periode aber muss der Twistwürtel (volant) **entgegengesetzt drehen**, ebenso wie die Hauptwelle. Es kann somit der Treibriemen unmöglich auf derselben Scheibe P der Hauptwelle wie in der I. und II. Periode bleiben, ebensowenig für die IV. Periode, in welcher die Quadrantenkettentrommel die Spindelbewegung erzeugt. Für die III. und IV. Periode ist demnach eine besondere Riemenscheibe P' eingerichtet, lose auf der Welle, aber fest an einer Hülse a, welche das Rad R trägt, welches die Bewegung auf die gewünschte Weise transmittirt. Ausserdem ist noch eine dritte Riemenscheibe P'' vorhanden, die ganz lose ist. Während nun die erste P für die I. und II. Periode dient und die zweite P' für die III. und IV. Periode, wird P'' benutzt, wenn die Maschine zum Stillstand gebracht werden soll. Oftmals kommt aber ein Zurückkehren des Wagens vor und auch dafür dient die Losscheibe. Diese Losscheibe dreht sich lose auf der Hülse a, an welcher die Scheibe P' sitzt. Die Losscheibe zwischen beide Treibscheiben zu setzen ist unbequem, weil dann der zu verschiebende Riemen über die Losscheibe stets hinwegtransportirt werden muss, — andererseits aber kommen Fälle vor, dass der Riemen auf beiden Triebscheiben zugleich aufliegen muss. Von diesen Triebscheiben geht nun folgende Kette von Bewegungen aus:

Riemen auf P
- I. Periode
  - Bewegung der Cylinder,
  - " der Ausfahrtwelle,
  - " des Twistwürtels,
- Uebergang
  - Ausrückung der Lieferung,
  - " der Ausfahrtwelle,
  - Einklinken des Halters in den Wagen,
- II. Periode
  - Bewegung des Twistwürtels.

Uebergang des Riemens auf die Scheibe P',
 Einrückung des Frictionsconus mit m.

Riemen auf P'
- III. Periode
  - Entgegengesetzte Bewegung des Twistwürtels,
- Uebergang
  - Auslösung des Frictionsconus,
  - Einrückung der Einzugswelle und Schnecke,
  - Ausheben des Halters,
- IV. Periode
  - Bewegung der Schneckenwelle und Einzug des Wagens.

Uebergang
- Ausrückung der Schneckenwelle,
- Einrückung der Ausfahrtswelle,
- Ueberführung des Riemens auf die Scheibe P.

Für Streichgarnselfactoren gestaltet sich die Lage des Riemens für die I. Periode wesentlich anders, wie oben besonders bei der Beschreibung des Hartmann-Selfactors ausführlich mitgetheilt. Der in dieser Aufstellung benannte **Frictionsconus** ist in seiner Stellung und Einrichtung in Fig. 30 und 29 näher dargelegt. In der III. Periode tritt er in Wirksamkeit und zwar wird er in P eingeschoben und da er seine Bewegung erhält durch R (auf a) R' R'' R''' u. R'''' auf N mittels W und Zahnkranz auf sich m, so dreht er die Scheibe P nebst der Hauptwelle A in entgegengesetztem Sinne wie die Scheibe P' sich dreht. Die Franzosen nennen diese Bewegung mit Recht motion de retour und die Welle N, welche dieselben vermittelt, heisst der arbre à retour. Der eigentliche Conus an K und m ist mit Leder bezogen. In der IV. Periode ist dieser Conus wieder ausgerückt, aber die Riemenscheibe P' bewirkt mit Hülfe R R'.... und Welle N die Bewegung von Y und die Bewegung der Einzugswelle. Der Uebergang des Riemens von der Scheibe P auf P' darf erst geschehen, wenn die Drahtgebung vollendet ist und der Twistwürtel seine Tourenzahl gemacht hat. Letztere wird durch einen **Zählapparat** festgestellt und controllirt. Derselbe besteht (Fig. 31) aus einer endlosen Schraube V, welche in ein Zahnrad t eingreift. Mit t sitzt der Körper F von excentrischer Gestalt auf einer Axe. Der Riemenführer ist an dem Ende eines Hebels angebracht, der um K sich dreht. Das überstehende Ende des Hebels ist bei L von einer Feder gehalten, welcher sich bemüht, den Riemenführer in Richtung des Pfeiles a zu ziehen. Ferner enthält der Hebel noch einen festen Arm M. An der oberen Partie ist der Hebel E mit einem anderen Hebel G verbunden, mit einer Nase endigend, die durch das Excenter F zurückgehalten wird. Die Coulisse in G nimmt die Axe b des Excenters auf. Die Feder L drückt nun die Nase von G stets gegen den Mantel des Excenters und rotirt letzteres so weit, dass die Nase auf dem Curvenausschnitt schleift, so zieht die Feder den Hebel E herüber und bringt den Riemen auf die Scheibe P'. — Soll aber der Selfactor ganz ausgerückt werden und zum Stillstand kommen, so muss eine Ausrückung vorhanden sein, welche den Riemen auf die Losscheibe P'' bringt. Für diesen Zweck hat man zwei Hebel (E und H) construirt (Figur 32), und zwar sind diese unten bei J miteinander verbunden. E drehbar um K ist oben mit dem horizontalen Hebel G zusammengebracht. Der Hebel H trägt nun die Riemengabel und ist dem Zuge der Feder J L ausgesetzt. Mit diesem Hebel ist eine Stange Q verbunden, welche durch den ganzen Headstock geht und mit Handgriff versehen ist. Soll der Selfactor in irgend einer Periode zum Stillstand gebracht werden, so zieht man an der Ausrückstange Q und zieht damit die Gabel und den Riemen auf die Scheibe P'' hinüber.

Um das selbstständige Rückgehen des Riemens von der Scheibe P' auf P zu verhindern, während der III. und IV. Periode ist die Gabel mit einer geeigneten Verlängerung versehen (Fig. 33).

15) Um die **Umschaltungen** zu machen, bedient sich der Selfactor diverser Hebel. In der I. Periode kommt solche Ausschaltung bei dem Streichgarn bereits vor, nämlich Ausrückung der Lieferung. Wie diese Ausrückung bewirkt wird, haben wir oben bereits beschrieben. Hier folgen wir dem allgemeinen Curtis-Typus wieder, bei welchem am Schluss der Ausfahrt Lieferung und Ausfahrtwelle auszurücken sind. Der Wagen vermittelt dies. Wir betrachten Figur 34. D ist auf eine Axe aufgeschoben und macht eine halbe Tour beim Ausgang des Wagens und

eine andere halbe Tour bei Eingang des Wagens. D trägt 3 Excenter r p n. Das Excenter r bewegt die Gabel s am Balancier T. Dieser Balancier hebt die Stange U, welche den Hebel V trägt, in welchem die Transporteurs ruhen, welche die Bewegung der Cylinder auf die Ausfahrwelle übertragen. Eine Drehung von r, so dass der grössere Diameter senkrecht auf der Achse oberhalb steht, rückt die Transporteurs ein; derselbe unterhalb stehend rückt die Transportation aus (deren Zusammenhang oben beschrieben und aus Fig. 28 ersichtlich ist.) Das Excenter n wirkt auf den Hebel l, der um m oscylliren kann. l trägt eine Gabel, mit welcher er die Kuppelung für die Lieferungscylinder umfasst. —

Das Excenter p zwingt den Hebel M, den Riemen auf der Scheibe A zu belassen, den der horizontale Hebel H und das Excenter des Zählwerkes ebenfalls hält. Bei der Drehung in dem Uebergang zur zweiten Periode bleibt diese Stellung ungeändert. Bei dem Uebergang aber zur dritten Periode lässt das Excenter F den Hebel H los, der Hebel M folgt dem Zuge einer Feder (siehe für die Specialconstruction die Fig. 31, 32 und Beschreibung oben) und führt den Riemen auf B über. Bei dem Uebergang von der vierten zur ersten Periode aber zwingt p wieder den Hebel M zurückzukehren in die gezeichnete Stellung und somit den Riemen auf A zurückzuführen, ohne dass hierbei das Excenter F des Zählapparates schon mitwirkte. Man beachte weiter, dass die Vollendung der Ausfahrt die Gabel N gegen den Zapfenknopf V' fährt und dadurch der Winkelhebel f u gedreht wird. Das untere Ende dieses Winkelhebels greift zwischen die feste Scheibe S und die lose T beide auf der Stange W. Der Hebelarm stösst also gegen T und die zwischen T und der festen Scheibe K' aufgezogene Spirale R fängt die Kraft des Stosses auf, um sie durch K auf die Stange W zu übertragen, die mittelst Schraubensicherung Q an dem Hebel P befestigt ist. P dreht sich um N' und enthält die Arme V und O, letztere Prolongation von P. Der seitliche Arm von P trägt die Schraube v, welche auf K drückt, deren Ansatz am Hebel M für die Riemenführung. So lange nun K in der Lage verbleibt und der Riemen auf A, ist jede Bewegung von P verhindert und somit ist der Stoss von N auf V' nur wirksam zum Zusammenpressen der Feder R gegen K'. Sobald aber der Hebelarm K die Schraube v nicht mehr aufhält, dehnt sich die Feder R aus und schiebt W durch K' nach links und nunmehr wird der Hebel P gedreht, sodass O nach rechts ausschlägt und mit seiner Gabel E den Frictionsconus Y in die Scheibe A eindrückt.

Auf der Spindeltrommelwelle (resp. auf einer damit zusammenhängenden Nebenwelle) im Wagen ist eine Trommel für die Aufwindekette (virgule) (siehe oben) aufgebracht, welche während des Abwickelns der Fäden von der Spindelspitze in der III. Periode die Winder herabzieht und die Einstellung des Hebels b auf g bewirkt. Dieser Hebel b ist durch den Riegel k mit dem Winkelhebel e (an t) verbunden und enthält jene Gabel N. Wenn nun b auf g übergeschoben wird, so drückt b durch k den Hebelarm t von e zurück und N erhebt sich und bewirkt, dass der von ihm umfangene Zapfen V' eine Bewegung in Richtung des Pfeils macht. Dadurch wird die Scheibe T vom Druck des Hebels u entlastet und vielmehr S angestossen und die Stange W wird entgegengesetzt der Pfeilrichtung zurückgehen, wobei der Hebel P nach rechts abgezogen wird. — P enthält aber einen Ausschnitt und derselbe schiebt sich bei Linksbewegung von P über das Stück 1 am Ende des Balanciers y, welcher die Kuppelung 3 für die Einzugswelle trägt. Sobald die Friction ausgerückt ist, verlässt nun P das Stück 1, die Feder 2 kann wirken und rückt die Kuppelung 3 der Schneckenwelle ein. Meistens ist die Feder 2 im kleinen Treibstock angebracht und danach ist dann die Wirkung derselben auf y durch Uebertragungstheile disponirt, besonders eine durchgehende Welle. Diese nämliche Axe trägt auch einen Daumen zur Aushebung der Falle, welche den Wagen festhält. Derselbe wirkt im Moment, wo die Schneckenwelle einrückt. Während der ersten Periode aber hält der Balancier T die Kuppelung 3 ausgerückt mit Hülfe der Stange 4 und 5. Diese Einrichtung, dass also die **Einrückung der Ausfahrt die Ausrückung der Einfahrt entspricht**, ist eine sehr vorzügliche, weil diese beiden entgegengesetzten Bewegungen dadurch von zufälliger Zusammenwirkung absolut ausgeschlossen sind. Dies ist in der I. Periode. Bei den ferneren Perioden aber arretirt der Hebel P den Balancier y, so dass dann bei Ausrückung von T U V die Einrückung der Kuppelung der Schneckenwelle ausgeschlossen ist. — Die Auslösung des Hebels b von g geschieht durch den Ansatz b.

Folgende Uebersicht dieser Umsteuerungen wird die Sache klarer machen:

1. Umsteuerung durch den Wagen:
   Ausrückung der Lieferung und Ausfahrtwelle.
2. „ durch den Zählapparat:
   Uebergang des Riemens auf die II. Riemenscheibe.
   Einrückung des Frictionsconus.
3. „ durch den Aufwindehebel:
   Ausrückung des Conus.
   Einrückung der Schneckenwelle.
   Aufheben der Haltfalle vom Wagen.
4. „ durch den Wagen:
   Ausrückung der Schneckenwelle.
   Ueberführung des Riemens auf die Scheibe I.
   Einrückung der Lieferung und der Ausfahrtswelle.

Diese erste und vierte Umsteuerung ist bewirkt durch die **Steuerwelle,** die in Fig. 35 und 36 dargestellt wird.

Dieselbe ist bestehend aus einer Hülse C lose auf der Welle A. Diese Welle A ist meistens parallel zur Hauptaxe und wird von dem

Zahnrad am Frictionsconus bewegt durch Eingriff in das Zahnrad X auf der Welle A. Da diese Welle während des ganzen Spinnprozesses gleichmässig zu bewegen ist, so tritt die Nothwendigkeit heran während der Perioden, wo eine directe Bewegung des Conus nicht möglich wäre, den Riemen noch ein wenig auf die Nebenscheibe wirken zu lassen. Auf A sitzen also die Theile G und F, welche die Hülse bilden, also eine Kuppelung. Auf dem grösseren Theil von C befinden sich die Excenter, von denen wir bereits berichtet. Der Theil G dreht sich mit, A ist aber verschiebbar durch die starke Spiralfeder H, die sich gegen J anstemmt. Von dem Einrücken in die Kuppelung F wird G abgehalten durch eine eigenthümliche Anordnung, die in Figur 35 in grösserem Massstabe dargestellt ist. Die Scheibe E hängt an dem Balancier B, der um m drehbar ist und an dem Ende die Ansätze D trägt, gegen welche ein Zapfen am Wagen anstösst und so Veranlassung giebt zur Hebung und Senkung der Scheibe E. Diese Scheibe E enthält zwei curvenförmig ansteigende concentrische Ringe, gewissermassen zwei Stellradzähne. Trifft nun der Pflocken K in der Scheibe an C F gegen die Höhe dieser Zähne, so presst K dadurch die Kuppelungshälfte G zurück mittels einer losen Scheibe, die aber durch den Zapfen H mit F verbunden bleibt. Die Kuppelung kann also nicht in einandergreifen. Schlägt aber das Ende des Balanciers auf Stoss des Wagens nieder, an dem sich die Scheibe E befindet, so drückt die Feder H die Kuppelungshälfte G gegen K und da K dann keinen Rückhalt an E mehr findet, weil diese Scheibe so tief gesenkt ist, wird K zurückgedrückt und die Verkuppelung findet statt, in Folge dessen die Hülse C an der Drehung von A Theil nimmt. Dabei dreht sich aber die Scheibe F natürlich mit und der Pflock K ebenfalls. Derselbe beschreibt auf der Fläche der Scheibe eine Bahn, die allmälig ansteigt zufolge der betonten zahnartigen Gestaltung. Ist der Pflock dann bis an die Spitze einer der beiden Curven gekommen, so drückt er die Kuppelung G so weit ab, dass der Eingriff aufhört, lehnt sich gegen N oder O an und hält so die Hülse C in ihrer Rotation auf. Es ist ersichtlich, dass dies für jede halbe Umdrehung von C geschieht, entsprechend den beiden Bewegungen des Balanciers. Diese Einrichtung ist äusserst sinnreich. Sie führt den Namen „Steuerwelle à deux temps". Es liegt auf der Hand, dass mancherlei Variationen hierbei angebracht werden können und in der That hat man solche versucht; jedoch ist keine der Modificationen so einfach und sicher wirkend erdacht wie diese.

Die Steuerwelle à deux temps ist von den meisten neueren Constructionen aufgenommen, so von Hartmann, Wiede, Knowles-Houghton, Schlumberger, Köchlin, Stehelin und auch in neuerer Zeit von Platt Brothers und Oscar Schimmel & Co. Wir verweisen auf die oben angeführten Selfactorconstructionen. Daneben existirt auch noch die von Roberts ursprünglich angegebene Steuerwelle à quatre temps, deren Abbildung und Beschreibung wir oben beibrachten.

16) Zur **Berechnung der Aufwindung** muss man die Tourenzahl der Spindeln kennen und man muss im Stande sein, dieselben variiren zu können. Die kleinen Rechnungsfehler, die dann noch entstehen, gleicht der Gegenwinder genügend aus. Zunächst haben wir für die Aufwindung festzuhalten, dass ein dem Wagenwege gleiches Fadenstück vorhanden sein muss, so dass zunächst statthat, dass, wenn der Wagen 1 Cm. vorrückt, auch 1 Cm. Faden aufgewickelt wird.

Der Faden wird an der Spindel oder an der Spulenhülse, die auf der Spindel sitzt, befestigt. Nun kann, geleitet durch den Aufwindedraht, das Garn sich auf die Spindel aufwickeln. Aber die Art dieser Aufwicklung ist nicht gleichgültig, denn der durch die Aufwicklung entstehende Garnkörper hat verschiedenen Anforderungen zu entsprechen. Er darf nicht zu **lang** und **dick** sein, um in dem Schützen (Schiffchen) des Webstuhls eingelegt zu werden; er muss sich **abwickeln** lassen mit äusserster Leichtigkeit, ohne sich drehen zu müssen; er muss möglichst **viel Garn enthalten** auf kleinem Volumen und ein Maximum von **Festigkeit** in den Schichten zeigen.

In diesen Eigenschaften liegt ein Programm für die effective Ausführung der Kötzerbildung. Beginnt also das Aufwinden, so lässt man zuerst den Fadenführer langsamer aufsteigen am Fusse des Kötzers als an der Spitze der Schicht und legt eine Schicht über die andere in gleichmässiger Dicke. Da die Basis jedes Schichtenconus denselben Diameter hat, so bilden die übereinanderliegenden Basisschichten endlich einen cylindrischen Körper des Kötzers von einem durchweg gleichen Durchmesser.

Die Fig. 5 giebt ein Bild solches Kötzers. Man unterscheidet hierin zwei von einander verschiedene Körper, nämlich a b c d und b c d g h f, ferner den Grundconus b d a und den Spitzenconus (das Haupt der Bobine) f h g. Man ersieht aus dieser Figur, dass die Bewegungsverhältnisse für den Aufwinder wesentlich andere sein müssen zur Herstellung der Schichten, welche den Körper a b c d bilden, als die, welche den Körper b c d g f formen. Ersterer entsteht durch eine Reihe **variirter** Schichten, letzterer durch eine Reihe fast **conformer** Schichten. Um diese Verhältnisse genauer zu bestimmen, betrachten wir die Figur 500.

Betrachten wir z. B. einen Durchschnitt A B formirt aus 50 Schichten, so ist jede Schicht zunächst aufzufassen als $\frac{1}{50}$. Berechnet man nun das Volumen der Bobine, so erhält man, da die Schichten und die Zwischenräume gleich erachtet werden, das Resultat, dass der Querschnitt des Kötzers proportional ist der Windungszahl des Fadens auf der Spindel. Nehmen wir an, dass dieser Querschnitt des Kötzers dem Körper desselben angehöre, so wird er dieselbe Dicke auf allen Theilen haben zwischen Haupt und Grund. Theilen wir diese Section in 5 Zonen von gleicher Höhe und habe sie 25 Faden, so hat jede Zone deren 5. Wenn nun die Diameter 6, 12, 18, 24 und 30 Mm. für diese Zonen sind, so wird auf

— 679 —

jeder Zone eine Fadenmenge proportional dem Diameter aufgewickelt sein. Wenn man, anstatt den Faden zur Bildung solcher Schicht aufzuwickeln, ihn direct auf den Spindelkörper windet, so bleibt doch die Länge dieselbe und die Zonen desselben Ranges haben dieselbe Fadenquantität. Der Durchmesser der 5. Zone von A B ist 30 Mm., der der 5. Zone von

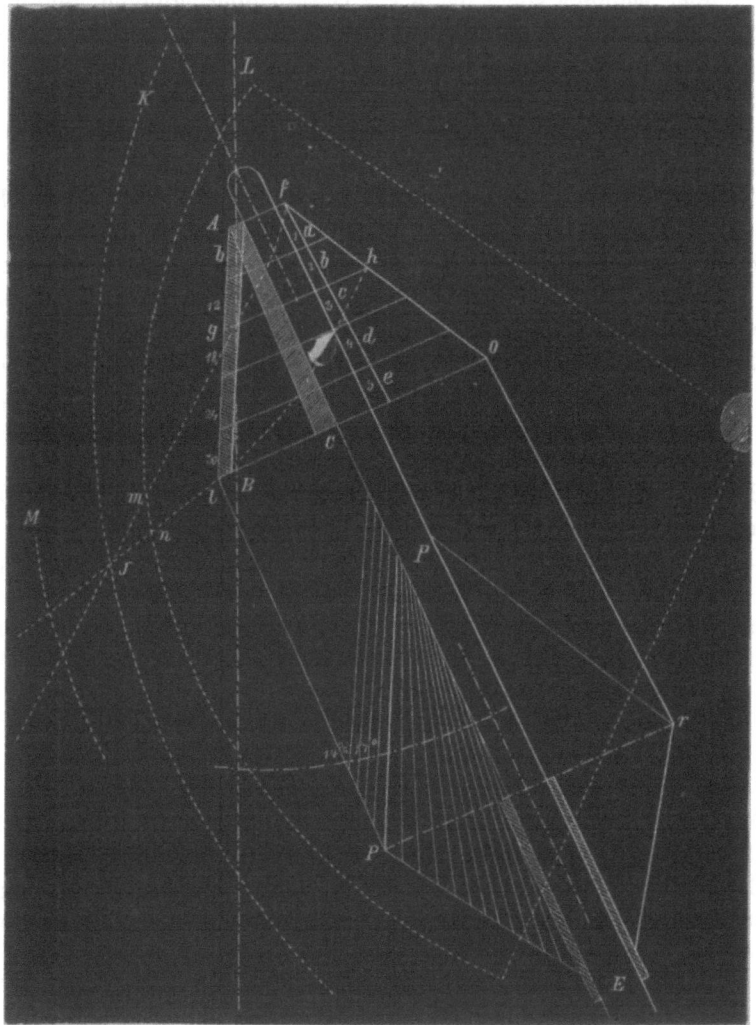

Fig. 500.

A C ist 6 Mm. Wenn wir dieselbe Länge des Fadens annehmen, so ist klar, dass die Spindel 5 mal mehr Touren für die Section A C zu machen hat, wie für die Section A B. Die Section ist also 5 mal grösser. Für die 4. Zone sind die resp. Diameter 24 Mm. und 6 Mm., die Dicke 4 mal so gross und so fort. Für die erste Zone sind die Diameter und die Dicke der Schicht gleich gross. Die erste Schicht hat also eine von dem Haupt nach der Basis zu wachsende Dicke! — Wenn, anstatt den Faden direct auf die Spindel aufzuwickeln, derselbe auf eine Hülse mehr oder weniger conisch aufgewunden wird, aber immer weniger conisch als A B, so wird man auch eine Schicht erhalten, deren Dicke von der Spitze zur Basis wächst, aber weniger stark als A C. Diese Ueberlegungen gelten sowohl für die absteigende als für die ansteigende Schicht Der eigentliche Kern des Kötzers bildet im Querschnitt ein Trapez P P r E und jede Schicht ist wieder ein Trapez, aber jede sich auflegende Schicht nähert sich mehr und mehr im Querschnitt dem Parallelogramm und die Schichten im Körper von P aufwärts haben parallelogrammische Section.

Nehmen wir nun Fig. 45 (Tafel XXVII) zu Hülfe, und theilen wir einen Durchschnitt des Kötzers auf der Spindel B in 5 Zonen. Wenn wir R T als Horizontale gleich einem Fadenende von 1,575 M. annehmen und in zwei Theile theilen für die aufsteigende und absteigende Schicht, so werden die correspondirenden Zonen von der absteigenden gleich 5, 10, 15, 20, 25 Mm., während die der aufsteigenden gleich sind 500, 400, 300, 200, 100. Tragen wir diese Längen auf R T ein, so ist die Länge der absteigenden 75 Mm. und diese Partie wickelt sich auf, während der Wagen den Weg S R zurücklegt.

Ist der Wagen also bei S angekommen, so sind 75 Mm. Faden absorbirt. Zufolge des Grundgesetzes der Aufwindung muss der Faden die 2. Zone berühren, wenn der Wagen 5 Mm. durchlaufen hat; wenn er 5 + 10 durchlaufen hat, wird der Faden die 3. Zone erreichen u. s. f. Ziehen wir durch die Theilpunkte die Ordinaten, welche die Horizontalen, durch die Basis jeder Zone gelegt, schneiden, so ergeben die Schnittpunkte a b c d e f das Gesetz der Aufwindung.

Sobald der Wagen in S angekommen ist, wird die absteigende Schicht aufgewunden und von da an wird der Faden in aufsteigenden Schichten weiter aufgewickelt. Während der 5. Zone avancirt der Wagen 500 Mm. und ca. 500 Mm. Faden werden aufgewickelt. Der Aufwicklungspunkt steigt bis g, für die 4. Zone bis h ... für die erste bis K.

Der Aufwicklungspunkt ist durch den Fadenführer bestimmt zur selben Zeit, als die Spindel für die Aufwicklung sich zu drehen beginnt. Nimmt man an, dass der Würtel lose auf der Spindel sich befinde, aber dass er eine sehr grosse Geschwindigkeit habe, um ihr eine Tendenz zur Drehung lediglich durch Reibung zu geben, so ist evident, dass eine solche Disposition lediglich und allein den disponiblen Faden aufwindet und somit wieder das Gesetz der Aufwindung exact befolgt.

Die erste Schicht des Fadens wickelt sich direct auf die Spindel auf und die Tourenzahl der Spindeln ist genau gleich dem Fadenende dividirt durch den Umfang der Spindel. Wenn an die Stellen eines losen Würtels eine kleine Trommel angebracht wäre und an dieser eine Schnur (die

Schnur sei auf der kleinen Trommel aufgewickelt und mit dem Ende am kleinen Treibstock angeknüpft), so macht der Eingang des Wagens natürlich die Schnur von dem Trommelchen abwickeln und dreht die Spindel in der für die I. Schicht geeigneten Tourenzahl. Wenn man also für jeden Centimeter des Weges die abgewickelten Längen auf die Ordinaten einträgt, die Punkte verbindet, so erhält man ganz präcis die Linie A G, welche das Gesetz der Aufwindung repräsentirt für den ersten Weg. Giebt man der Schnur eine kleine Bewegung vorweg in Richtung auf den grossen Headstock, so ist evident, dass die abgewickelte Länge geringer sein muss. Dann wird man durch die Ordinaten eine Curve Z H K erhalten, deren Stück t X das Maximum repräsentiren wird. Die Curve muss dem Aufwindungsgesetz entsprechen; sie wird in Correspondenz mit der letzten Schicht des Kerns folgende Bedingungen erfüllen: Für die I. Zone von 5 Mm. Faden müssen 5 Mm. der Schnur abrollen. Für die II. Zone von doppeltem Diameter und gleicher Länge muss 2 mal weniger Schnur abrollen u. s. f.

Der mittlere Durchmesser für das Total der Drehungen wird (für den grössten Diameter = 18 Mm. gegenüber 6 Mm.) 3 mal weniger Schnur abrollen für die absteigende als für die aufsteigende Linie. Die grösste Schicht, deren Section ein Parallelogramm ist, und welche die letzte des Kerns ist, ist nunmehr näher zu betrachten. Man nehme als Maximumordinate t X, das Drittheil von t G und zur Ordinate s v das Drittheil von s u. Man ziehe v y parallel zu Z t und theile y X und y t, jede in so viele gleiche Theile, als Zonen vorhanden, also in 5 Theile. Wenn nun durch jede dieser Theilpunkte Parallelen zu Z t gezogen werden, bis zum Schnitt der Ordinaten gezogen durch die Punkte a b c.... k, und wenn man die Schnittpunkte verbindet durch eine Linie, so wird man eine Curve erhalten, welche das Gesetz der Rotation für die grösste Schicht des Kerns (Typenschicht) ausdrückt. In der That jede Zone gleichen Querschnitts und von derselben Zahl von Fadenquerschnitten resp. gleicher Tourenzahl, der gleichen Abwicklung der Schnur entspricht demselben Wachsen der Ordinaten der Curve. Jede Zone der Absteigenden erfordert ein Abwinden der Schnur gleich $\frac{1}{5}$ von v s oder y t und jede Zone der Aufsteigenden entspricht einem Abrollen von $\frac{1}{5}$ y X.

Die Curven der Zwischen-Rotation variiren fortschreitend und fortgesetzt von der ersten bis zur letzten Schicht und lassen sich leicht unter der Form einer Reihe von Zwischencurven zwischen der Geraden Z G und der Curve Z H X darstellen. Z. B. theilt man jeden Theil der Ordinaten der Punkte a b.... j' k zwischen der Geraden Z G und der Curve Z H X in 10 gleiche Theile und bezeichnet man auf jeder Ordinate die Theilpunkte von Z H X aus; verbindet man sodann durch eine Linie die ersten Theilungen, darauf die zweiten u. s. f., so werden wir eine Serie von Curven erhalten, welche beinahe genau die Rotationsgesetze aller successiv auf einander folgenden Transformationen verdeutlichen. Will man jede Curve exact haben, so muss man für jede so verfahren, wie für S H K, mit dem Unterschied, dass, nachdem man die Punkte X und v oder y, welche die 5 Theilungen bezeichnen, festgestellt hat, die 5 Theilungen von y auf X und von y auf t den Sectionen der 5 Zonen von der Basis zur Spitze proportional werden, d. h. im Verhältniss der Zonendiameter gleichzeitig mit der Typusschicht und der Schicht, mit der man sich beschäftigt. —

Die Curve a b c d .... K (Fig. 45) repräsentirt das Gesetz der Aufwickelungspunkte. Der Faden ist durch den Aufwindedraht geführt. Derselbe befindet sich stets in gewisser Distance von der Spindel. Es ist ersichtlich, dass die Fadenaufwindung dem Gesetze nicht exact folgt, weil sich die Aufwindung **nicht normal zur Spindel** vollzieht, sondern weil der Faden in Schraubenwindungen sich aufrollt und desselben Richtung stets **in der Tangente zu den Windungscurven liegt.**

Die Punkte, wo sich successive der Fadenführer befindet, liegen auf den Tangenten der Schraubenlinien. Wenn a f das Gesetz für das Aufwinden der Absteigenden giebt, so muss der Aufwindedraht tiefer herabsteigen, und der Faden in a stehend erfordert den Draht bei J. Der Fadenführer folgt also einer Curve J Q Y, von Y aus zusammenfallend mit der Curve Y K, weil die Schraubenlinien beinahe Umfänge werden. Sobald die Absteigende vollendet ist, hat der Faden noch eine Neigung nach oben; aber sobald die Aufsteigende beginnt, modificirt sich diese Neigung und ist von oben nach unten gerichtet. Es vollzieht sich also eine ziemlich scharfe Wandlung, welche sich reproducirt durch die Leitschiene und welche abgeschwächt wird durch eine Verlangsamung der Bewegung. Sobald man die Curve a J Q Y K, **das Gesetz des Aufwindedrahtes** bestimmt hat, überträgt man dasselbe auf die Form der Leitschiene, resp. auf die Formplatten.

Wir hatten in der vorhergehenden Betrachtung den Fall angenommen, dass eine Trommel (barillet) direct auf jeder Spindel sitze, die sich an einer Schnur abrolle, um bei Eingang des Wagens die Spindel in Bewegung zu setzen. Dies ist nun in Wirklichkeit unausführbar. Dagegen ist, wie wir oben bereits gedachten, eine Trommel für alle Spindeln zusammen angebracht, die an solcher Schnur (hier eine Kette) abrollt und so den Spindeln bei Einfahrt Bewegung ertheilt, d. i. die **Quadrantenkettentrommel.** Die Bewegung dieser Trommel ist gleich dem aufzuwindenden Fadenende (aiguillée), dividirt durch den Umfang. Wenn R das Verhältniss zwischen Geschwindigkeit der Rotation der Spindel und derjenigen der Trommel bezeichnet, so muss der Durchmesser D der Trommel R-mal grösser sein als der Durchmesser d der Spindeln, — also $D = R d$. Hierbei ist noch Rücksicht zu nehmen auf die Kötzerpapierhülse und auf die auf der Trommel aufgewickelte Kette.

17) Es muss nun ein Organ aufgefunden werden, welches das Rotationsgesetz producirt. (Figur 45). Die Schwierigkeit ist, es für alle Schichten zu finden; denn wenn man auch für eine Schicht das Gesetz gefunden hat, variirt es doch für die anderen Schichten. Dies Organ ist nun der **Sector,** resp. der sog. **Quadrant.**

Sei Z v H X (Figur 45) das Gesetz für die Kette oder die Rotation für die grösste Schicht, sei O P G' die Curve für die Leitschiene und die Curve a T Q Y K die Curve für die Aufwinderbewegung, so giebt der Sector uns nicht exact die Curve Z v H X, sondern die Curve Z m n o p X, welche mehr oder weniger von der theoretischen Curve abweicht. Für den Punkt D', welchen uns der Sector giebt, ist eine Kettenlänge J C' abgewickelt (C' correspondirend mit D'). Aber sobald der Punkt G' der Leitschiene correspondirt mit C' und correspondiren soll mit D', so muss er seinen Platz verändern und etwa den Punkt H' einnehmen. Führt man diese Umänderung für jeden Punkt aus, so erhält man eine neue Leitschienencurve. Ist q' r' s' t' u' der theoretische Weg für den Gegenwinder, so verwandelt ihn dies Changement in q' r" s" t" u". Dies gestaltet sich auf der Leitschiene so für das letzte Rotationsgesetz und nicht für die übrigen. Diese Umwandlung beeinträchtigt also nicht das Gesetz, wohl aber dient sie als resultirende Compensation der entstandenen Irrthümer.

Gut ist es für die Berechnungen, auch die Dimensionen des Sectors zu kennen, um den Punkt zu bestimmen, wo die Kette anzubringen ist für die letzte Schicht des Kerns. (Figur 46). Sei A das Centrum des Sectors und A C der Hebelarm in seiner Anfangsstellung. A' C' bezeichnen die Endstellung. Die Umfänge D und D' figuriren für den Anfang und das Ende der Aufwindung.

Nehmen wir C als den Befestigungspunkt der Kette für die letzten Schichten des Kernes. Während der Hebel des Sectors die Position A C verlässt und nach A' C' sich bewegt, geht auch die Kette von C D nach C' E und (die Trommel den Punkt D' berührend) es ist die Kette C' D' um das Stück D' E verlängert, entsprechend der Abrollung. Also gesetzt

$$A C = C D$$
so ist: $A C' = C' E.$

Nehmen wir noch an, A C' D sei eine gerade Linie entsprechend der Länge des aufzuwindenden Fadenendes. Die Länge A' C' ist hypothetisch die Hälfte von A E' d. h. gleich der Hälfte der Differenz zwischen A' D' und E D'. Die Entfernung des Befestigungspunkts der Kette von dem Selfactorcentrum ist also beinahe gleich der Hälfte der Differenz des Fadenendes und der totalen Länge des Kettenstückes, welches von der Trommel abgewickelt werden muss. Dies Gesetz ist richtig und genügend für die Bestimmung der grössten Distance des Befestigungspunkts der Kette vom Centrum.

Wollte man für eine zwischenliegende Schicht die Kette festmachen, so würde man grosse Fehler begehen. Eine einfache Betrachtung kann davon überzeugen.

18) Die Leitschiene erfordert weiter unsere Aufmerksamkeit. Gesetzt die Curve, exact gegeben vom Sector, sei die durch die punktirte Linie Z m n o p X (Fig. 45) bezeichnete, während das perfecte Gesetz ausgedrückt sei in Z v H C'; dass ferner P G' die Schiene, J Q Y K Bahn des Aufwinders und q' r" s" t" v' die des Gegenwinders. t X repräsentirt die Totallänge der abgewickelten Kette. Wenn wir bei D' angekommen sind, werden wir auf einer vollkommenen Curve einen correspondirenden Punkt C' für die exacte Länge der abgewickelten Kette haben. Mit C' correspondirt der Punkt G' der Schiene, und nach Rückschiebung derselben nach rechts erscheint der Punkt H' der rectificirten Regel. Für den Aufwinder finden wir den Punkt f' correspondirend mit C'. Sobald die Absteigende aufgewickelt ist, beginnt die Spindel langsamer zu drehen, weil die Aufwindung der Aufsteigenden auf einem grösseren Diameter beginnt. Es ist dies der äusserste Punkt der Aufwindungsschiene.

Theoretisch kann man die Leitschiene resp. deren Curve finden aus der Rotationscurve des Sectors. Einfacher verfährt man so (Figur 47.) Ist A B die Fadenlänge, so nimmt man einen Punkt C an, der jedoch nicht mit dem extremen Punkt zusammenfallen darf. Man errichtet eine Senkrechte C D. Dieser Punkt C muss gewählt werden für die Wiederaufnahme einer grösseren Geschwindigkeit. Die Normale C D schneidet die Curve D B, welche der Rotationscurve für die Absteigende entspricht. Sei nun E der Punkt der grössten Verlangsamung und ziehen wir hier die Linie E F, welche D B in F schneidet. Für Fälle, wo die Verlangsamung sehr fühlbar sein muss, nimmt man den Punkt F' über F. Man verbindet D und F' durch eine Curve. An der äussersten Grenze von A B in A errichtet man eine Senkrechte A G, welche in G die horizontale G H schneidet, gezogen durch H, der Mitte von B D. Man verbindet diese Punkte mit F oder F' durch eine gerade Linie oder eine schwache Curve, ebenso H mit D und man hat die Leitschiene fertig. Die Superposition der Schichten formt eine gute Bobine, unter der Bedingung, dass diese Schichten nicht allein in ihrer Stellung, sondern auch in ihrer Länge variiren. Sei A B C D (Figur 48) der Schnitt durch eine Bobine. Die Dicke der Grundflächen der Schichten wachsen successive stark während der Formation des Kernes und bleiben beinahe constant für den cylindrischen Körper des Kötzers. Ein gutgewundener Kötzer hat in der Basis möglichst gleichmässige Abstufung gleicher Schichten, dagegen sind die Abstufungen im Haupt des Kötzers abnehmend, somit auch die Länge der Schichten. Bei Uebergang des Kernes in den Körper des Kötzers ändert sich die Bildung der Schichten plötzlich. Das Gesetz für die Bildung der Schichten des Kerns schliesst dann ab. Das Gesetz für das Haupt der Bobine aber umfasst Anfang und Ende der Aufwindung. Die

3 Hauptelemente der Bobine sind also (Fig. 48) die erste Windung A N, die letzte des Kerns B E und die letzte des Körpers C D. Ziehen wir durch A, Basis des Kerns, eine Senkrechte zur Spindel, auf welche wir die Länge J′ H abtragen gleich der angenommenen für den Lauf der Platinen; nehmen wir J′ H als Ausdruck des Volumens der Bobine oder der Schichtzahl. Jeder Punkt dieser Linie, situirt z. B. auf der Hälfte, dem Drittheil oder dem Viertheil seiner Länge von H aus, repräsentirt sodann das Volumen oder die Windungszahl des Kötzers bei Vollendung zur Hälfte, zum Drittheil etc. seines Volumens. Construiren wir in jedem Punkt von J′ H zwei Ordinaten, welche sich decken, zur Bezeichnung der Höhe über dem Punkt A, der Spitze und der Basis der Windung, in Formation des Kötzers bis zu dem diesem Punkte entsprechenden Volumen angekommen. Man ziehe eine Reihe Linien zur Darstellung der räumlichen Profile der verschiedenen Schichten der Bobine. Man bezeichne diese Profile von A ab. Man theile H J′ von H bis J′ in proportionale (den eingeschriebenen Volumen von A bis D) Theile. Errichtet man nun in jedem dieser Punkte eine unbestimmte Ordinate, lässt man durch 1 2 3 ... der successiven Profile unbestimmte Parallelen zur Linie J′ H ziehen, markirt man die Schnittpunkte der Ordinaten und Parallelen und verbindet diese Schnittpunkte durch eine continuirliche Linie, so erhält man die Curve der Abstufung für die Basis des Kötzers.

Ebenso kann man die Curve für das Haupt des Kötzers ermitteln.

Der Fadenführer am Aufwinder steigt, wenn die Schiene ansteigt. Die Curven H 1′ 2′ ... C′ und a J M sind gefunden in der Annahme, dienen zu können für die Erreichung des Aufsteigens des Aufwinders. Um diese Curven in die für die Anwendung tüchtige Form überzuführen, muss man sie umkehren, d. h. man muss für die Linien der Abscissen eine Grade M H′ nehmen. Sei nun m die Zahl der Centimeter des Fadenführerweges, correspondirend 1 Cm. Variation in der Höhenstellung des Regulirungshebels. Theilen wir durch m die Ordinaten der Curven H 1 2 ... C′ und a M J, genommen im Verhältniss zur Abscisse M H′, und construiren wir nun die Curven durch die äussersten Punkte der so reducirten Ordinaten, so erhält man in den neuen Curven das Dessin für die Platinen, aber unter der Annahme, dass die Leitschiene sich deplacire in verticalen Coulissen.

Die Gestalt der Formplatte der Basis wird mit Hülfe der Fig. 49 zu ermitteln sein. Es sei A B die derselben während der ganzen Kötzerfüllung ertheilte Verschiebung. Wir theilen dieselben in zwei Strecken A C und B C ein, die sich wie das Volumen des Ansatzes zu dem Volumen des Körpers erhalten, errichten in den Punkten A C B Perpendikel und bestimmen aus dem mechanischen Zusammenhang der Theile deren Längen A D, C E, B I so, dass, wenn der Zapfen der Leitschiene sich an den Endpunkten D E I derselben befindet, der Aufwindedraht sich beziehentlich dem Kötzeranfang, der Basis der letzten Ansatzschicht und der Basis der letzten Schicht des ganzen Kötzers gegenüber befindet. Durch den höchsten Punkt D führen wir eine Parallele DG zu AB und verlängern die Senkrechte CE bis zum Durchschnitt F mit derselben; von F aus tragen wir nach D hin das Stück FO gleich $\frac{1}{20}$ DF auf und schlagen aus dem erhaltenen Punkt O mit OE als Radius einen Kreisbogen EH. Theilen wir diesen, sowie die Strecke DF in dieselbe Anzahl, z. B. fünf gleiche Theile, und führen durch die Theilpunkte des Bogens Parallelen, durch die Theilpunkte von DF Senkrechte zu AB, so bestimmen die Durchschnitte jener (von H aus gerechnet) mit diesen (von D aus gerechnet) eine Curve DE, welche als Begrenzungslinie der Formplatte eine befriedigende Fortrückung der Schichtenbasis während der Bildung des Ansatzes bewirkt. Durch die gradlinige Verbindung der Punkte E und I wird die obere Begrenzung dieser Formplatte vollendet. Aus dieser lässt sich die Gestalt der zweiten Formplatte, welche die Fortrückung der Spitzen bewirkt, ableiten, indem man auf die Senkrechten AC und B von den Endpunkten DEI aus beziehentlich die Höhen der ersten Ansatzschicht, der letzten Ansatzschicht und der letzten Schicht des ganzen Kötzers nach unten aufträgt und durch die gewonnenen drei Punkte im Kreisbogen legt.

Die Leitschiene erhält für gewöhnlich eine horizontale Verschiebung, und das bewirkt eine kleine Modification der Trace der Platinen. Sei CAF (Fig. 50) die ermittelte Form und IHJ die Richtung der Coulissen-Zapfen der Schiene. Theilen wir die Basis IE in eine gewisse Anzahl gleicher Theile und ziehen wir die Ordinaten, welche die Curve CAF in den Punkten 1' 2' 3... treffen. Ziehen wir durch die Punkte I 1 2 3... der Basis die Parallelen IJ, 1 1'', 2 2'' etc. in Richtung IHJ und durch die Punkte C 1' 2' 3' die Horizontalen. Die Punkte J 1'' 2'' etc. werden die Punkte für die Platine der Basis sein.

Für die Platine der Spitze verfährt man ebenso und schlägt durch die Punkte einen Kreisbogen.

Für alle Nummern dienen dieselben Platinen. Dagegen ist für grosse Feinheitsdifferenzen das Zahnrädchen zu ändern. Die Zahl der Zähne wird proportional den Nummern genommen.

19) Zur Ermittlung der richtigen Sectorbewegung hat man mancherlei Wege eingeschlagen, und hat dies unter andern folgendermassen erreicht. Sei AB (Figur 42) der Hebel des Sectors mit der Schraube. Am Ende des Hebels ist ein Arm BC angesetzt, welcher in eine Rolle endigt. Letztere ist am Wagen befestigt auf einem Zapfen und bewegt sich auf einer Curvenbahn DE. Der Wagen bewegt also den Sector direct und man kann der Curve eine Form geben, welche vermittelt, dass der Sector successiv alle verlangten Positionen für die Rotation der Quadrantenkettentrommel einnimmt. Man bestimmt die Form dieser Curve, welche regulirt, mit Hülfe des Gesetzes der Aufwindung.

während der Aufwindung c d und d f einen bestimmten Winkel bilden. Sodann um so mehr a c und b d genähert sind, um so mehr sind auch die Grenzen, zwischen denen der Winkel variirt, begrenzt. Aber wenn der Bogen des Gegenwinders einen grösseren Strahl wie g h z. B. hat,

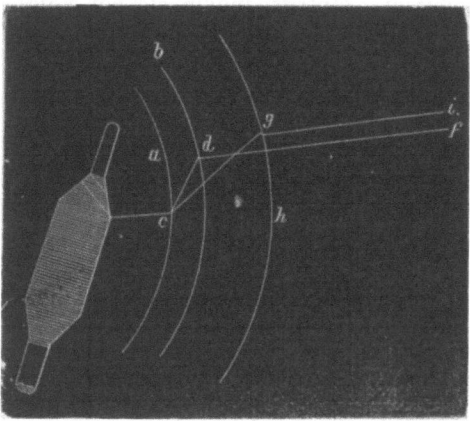

Fig. 501.

so ist ersichtlich, dass die Oscyllationen grösser sein müssen. Folglich geben die Variationen den geringsten Einfluss, welche den grössten Variationen des Fadenwinkels entsprechen. Betrachtet man den Faden ausgespannt an seinen beiden Enden. Trägt derselbe ein Gewicht in der Mitte, so kann man eine Spannung annehmen, welche in beiden Hälften gleichmässig ist. In dem Masse, als der Faden sich der Horizontalen nähert, vermehrt sich die Spannung und der Faden kann reissen. Die Variationen des Winkels c g i haben natürlich Einwirkung auf die Spannung, und die starken Variationen der Spannung beeinträchtigen die Formen des Kötzers. Derselbe wird dann weiche und harte Stellen haben, Lücken und Kreuzungen und Absätze.

Die Distance zwischen dem Bogen des Aufwinders und der Bobine ist ebenfalls sehr einflussreich. Ist dieselbe zu gross, so entsteht eine merkliche Aenderung in der Aufwindung. Der Aufwinder, welcher eine solche Neigung hat, dass der Faden der Tangente von g f, l h folgen kann (siehe oben Fig. 501) sich schneidend in T, würde einen zu grossen Weg haben. Der Bogen L schneidet diese Tangenten in m und m. Wenn der Aufwinder dem Bogen K folgt, wird er fest bleiben für die Absteigende; folgt er dem Bogen M, so wird er steigen für die Absteigende. Man muss nun einen solchen Bogen zwischen K und der Bobine wählen, dass die durch die Neigung der Aufrollung hervorgebrachte Alteration ein Minimum sei, und in Anlass dieses wird man den Bogen möglichst dem Profil der Bobine und der Spindel angemessen formen.

Nach den vorstehenden Detailbesprechungen, die, wenn sie auf die zahlreichen Variationen in der Selfactorconstruction sich ausdehnen sollten, sehr weitschichtige Referate erforderten, fügen wir noch Einzelheiten

Diese vollkommene Curve für die typische Windung oder die letzte Aufwindung des Kötzerkerns wird natürlich Fehler geben; allein die Reserve gleicht sie aus. Hierfür wirkt auch die Rolle in der Coulisse Y (Fig. 4), welche dann, wenn die conische Gestalt der Spindel auf die Aufwindung successiv Einfluss äussert, eintritt, indem sie bei Neigung des Quadrantenarmes schliesslich auf die Kette drückt und dadurch ein schnelleres Abwickeln derselben von der Kettentrommel und eine schnellere Rotation der Spindeln einleitet.

20) Das **Aufschlagen** und **Abschlagen** des Fadens von der Spindel (empointage und depointage) muss möglichst schnell geschehen, erfordert jedoch stets einige Zeit. Diese Zeit wächst, je nachdem die leere Partie der Spindel über dem Kötzer und so der Weg des Aufwinders und Gegenwinders gross ist. Aus diesem Grunde trägt der Aufschlaghebel für seine Auslösung einen gebogenen Finger, welcher um so früher durch die Leitschiene zufolge ihrer wechselnden Stellung ausgelöst wird. Die Spiralen des aufzunehmenden Fadens vermehren sich an Zahl während der Ausfahrt auf Kosten des aufgewundenen Fadens am Kötzer, und um zu verhindern, dass dieser Fadenaufwand die regelrechte Bildung des Hauptes am Kötzer beeinträchtige, lässt man nach normaler Vollendung desselben bei jeder Einfahrt noch einige Windungen darüber auf die Spindel auflaufen. Um dies zu bewirken, giebt man der Leitschiene in der Nähe des grossen Headstockes eine leichte Abweichung, um eine geringe Hinaufschiebung des Aufwinders zu bewirken, bevor der Aufwinder ganz emporschnellt resp. jene Umwindung der Spindelspitze erfolgt. Diese Erhöhung bleibt constant, aber die Leitschiene bewegt sich gradatim nach dem grossen Headstock hin und diese horizontale Bewegung bewirkt also in diesen beiden Fällen die Zeitveränderung für das Auslenken des Hebels für die Aufwindung und für die Erhöhung des Aufwinders. Je später beides eintritt, um so kürzer werden die Zeiten und Fäden.

Diese Einrichtungen wechseln übrigens bei den verschiedenen Constructeuren. So hat auch Curtis die Erhöhung dadurch zu ersetzen gesucht, dass er die Leitschienencoulissen nicht gradlinig-schräg macht, sondern mit Curven begrenzt.

In der Einleitung der Abschlagbewegung, exact gleichzeitig mit dem Herabgehen des Aufwinders und Heraufgehen des Gegenwinders, und unter richtiger Bemessung des Schlagbogens und des Garnüberschusses beruht nun ferner die nothwendige, geforderte **Vermeidung von Fadenwirbeln** (vrilles) und **Fadenschleifen**, welche ebenso beim Aufschlagen des Abwinders am Ende der Einfahrt entstehen können, wenn die Zeit und das Fadenende nicht im Einklang stehen mit der Geschwindigkeit des Aufwinders.

Die Distance zwischen dem Auf- und Gegenwinder muss möglichst **gering sein**. Sei a c (Fig. 501) der Bogen, beschrieben vom Aufwinder; b d derjenige des Gegenwinders; c d sei die Reserve. Man sieht, dass hinzu, deren Besprechung von allgemeinem Interesse und Werthe sein muss, da sie für alle Selfactorsysteme passen.

21) Die Spindeln. Die Spindeln unterscheiden sich weniger in der Form, als vielmehr in der Grösse (350—500 Mm. lang, in der Mitte etwa 6 Mm. D. stark und nach oben zu conisch sich verjüngend bis auf 1—2 Mm. D., für grobe Garne grösser als für feine Garne), als besonders in der Art der Aufstellung d. h. bezüglich der Spindeltheilung, der Spindellagerung, des Spindelantriebs.

Die Spindeltheilung richtet sich nach der Grösse der Spindel resp. der Qualität des zu spinnenden Garnes und variirt zwischen 45 Mm. und 60 Mm. Die Spindellagerung besteht aus einem Fusslager und einem Halslager. Ersteres sind messingene oder stählerne Näpfchen (siehe Tafel XI Dandoy), welche in eiserne Bandeisen eingelassen oder eingeschraubt werden. Die Bandeisen oder Plattbänder werden sodann auf dem Wagenbrett befestigt. Für die Construction dieser Plattbänder und die geeignete Befestigung der Näpfchen darin haben besonders Bernard & Philipp in Chemnitz sehr empfehlenswerthe Fortschritte geschaffen. Eine der wichtigsten Erfordernisse für die Aufstellung der Stehlagernäpfchen ist die genaue Abrichtung derart, dass die Axe der conischen Bohrung vom Näpfchen mit der Achse der Spindel zusammenfällt und so der Reibung möglichst vorgebeugt wird. Eine möglichst gleichmässige continuirliche Schmierung ist für die Stehlager ebenso sehr Erforderniss, als für die Halslager und allerdings leichter zu erzielen als bei jenen. Auf Tafel XI finden wir eine Reihe guter Constructionen*) für diesen Zweck von Booth, Revell, Bourcart, Mansfield, Elce, Marshall u. A.

Die Halslager bestehen meistens in Messingbüchsen, die ebenfalls an Plattbändern festgeschraubt sind, deren Länge meistens für 10 bis 25 Spindeln gewählt ist. Ein früherer Vorschlag von A. Ermen, diese Halslager und die Fusslager kugelförmig zu nehmen, hat weniger Anklang gefunden als man hätte denken sollen.

Auf Tafel XI findet man Halslager von Platt, Dubreuil, Revell abgebildet, ferner auf pag. 556 solche von Raworth und Wilson & Folk. In früherer Zeit hatte Stosberg bereits gläserne Lager empfohlen. Die Erfindung des Hartglases von Bastie, Pieper, Siemens u. A. möchte diese Materie für diesen Zweck leicht einbürgern. Die Anzahl der Verbesserungspatente für Spindellager und Schmierung ist sehr gross. Wir verweisen in der Anmerkung**) darauf.

---
*) Man lese nach pag. 553.
**) Booth 1870, Spec. 1059. Lake 1872, Spec. 261. Lake 1872, Spec. 2933. Johnson 1873, Spec. 18. Cohné 1874, Spec. 37. Ramsden 1874, Spec. 325. Butterworth 1874, Spec. 228. Elmsley & Smith 1874, Spec 4069. Wilson & Folk 1874, Spec. 485. Revell 1774, Spec. 3862. Filleuil & Jarriel 1863, Spec. 107 etc. Tatcher, London Journal 1865 März. Piconne & Penneteau, Dingl. polyt. Journal, Bd. 11, pag. 106.

Die Spindel selbst wird practisch viel stärker ausgeführt, als die theoretische Ermittlung es verlangt. Bei der starken Rotationsgeschwindigkeit kommt es wohl vor, dass bei fehlerhafter Lagerung die Spindel sich verbiegt. Es ist hierauf genau zu achten, weil dadurch der Spinnprozess sehr unregelmässig vor sich geht. Um die Gefahr des Verbiegens zu vermindern, haben einzelne Constructeure es versucht, die Spindeln aus mehreren Stücken herzustellen, so z. B. Lake, Gibson u. A.

Auf die Spindeln werden oft Hülsen (von Papier, Blech, Holz) aufgeschoben, welche das Garn aufnehmen und hernach abgezogen gleich für die Webeschiffchen dienen können. Motsch & Perrin*) haben 1848 diese Kötzerhülsen zuerst mit Maschinen dargestellt und 1849 ein Patent darauf genommen. Sie veränderten die cylindrischen Röhrchen dem Spindelkörper gemäss in conische. Die Maschine erhielt folgende Functionen:

1) Zuschneiden des Papiers in endlose Streifen von der Breite gleich der Länge der anzufertigenden Kötzerhülsen;
2) Schneiden des Papierbandes in einer auf die Länge desselben senkrechten Richtung, um die Hülse aus mehrfach zusammengerollten Schichten genügend steif zu machen;
3) Auftragung des nothwendigen Bindemittels auf den Rand des Papierstückes durch einen Mechanismus mit geradlinig wiederkehrender Bewegung;
4) Aufrollen desselben auf einen conischen Dorn von den Dimensionen der Selfactorspindel, so dass der mit Leim bestrichene Längsrand zuletzt sich auflegt;
5) Entfernung der vollendeten Kötzerhülse.

Die durch ein Drehrad in Bewegung gesetzte Maschine lieferte nach den Angaben der Erfinder 50 bis 60,000 Stück conischer Kötzerhülsen in 12 Arbeitsstunden und zur Bedienung genügte ein kräftiger Knabe.

Diese Maschine wurde später von Joseph Troppmann**) in Cernay wesentlich verbessert (Pat. 1869) und die Beschreibung dieser verbesserten Maschine zählt folgende Functionen:

1. Markiren des Papierstreifens. 2. Seitliches Ausschneiden des ruckweise bewegten Papierbandes. 3. Bestreichen der einen Papierfläche mit Leim. 4. Schneiden des Papiers in einzelne zur Bilduug des Röhrchens genügende Theile. 5. Aufwicklung um einen conischen Dorn (Spindel). 6. Abstreifen der fertigen Kötzerhülse von diesem Dorn.

---

*) Publications Industr. p. Armengaud 1856. X. p. 401. — Dingl. polyt. Journ. Bd. 195. p. 505.

**) Arm. Génie industr. 1869. Dec. pag. 309. — Dingl. polyt. Journ. 195 pag. 500. Deutsche Industriezeitung 1870. p. 82. — Alcan, Traité du travail de laine I. 470. — Beschreibung von J. Zemann.

Diese Maschine ist die tonangebende bisher gewesen. Proponet's Maschine (Pat. 1850) erreichte keinen Erfolg, ebensowenig die von Parent (Pat. 1852). M. Poole's Maschine (Pat. 1854) fertigte metallene Hülsen. Bayley's Maschine (Pat. 1859) lieferte solche von Messingblech, welches mit Papier bezogen ward. W. Ch. Maniece in Manchester suchte (1859) eine Composition aus Baumwollengewebe zur Fabrikation der Kötzerhülsen zu verwenden, indem er dasselbe mit Mehl, Stärke, Porzellanerde oder Gyps bestrich und dann scharf calandrirte. Delauny liess (1852) sich hölzerne Kötzerhülsen patentiren und Steinlein (1856) solche aus Kautschuck.

Später haben die Engländer mehrfach geleimten und mit starker Appretur versehenen Baumwollenstoff für die Kötzerhülsen benützt.

In Deutschland und Oesterreich sind uns die Firmen Escher & Wyss in Leesdorf*) bei Wien bekannt als Lieferanten solcher Maschinen, und G. Eicheler in Nürtingen; F. Riesler in Bezingen. In Amerika baut die Burgess Cop Tube Co. (Providence, R. J.) solche Maschinen. Letztere Fabrik garantirte per Maschine 75—80 Röhrchen per Minute. Ein Mädchen reicht für 3—4 Maschinen aus.

Ausserdem werden maschinell hergestellte Hülsen geliefert von Specialfabriken wie z. B. Rugendas & Co. in Augsburg, Gerstenberger & Rosch in Chemnitz, Eaton & Ayer in Nashua N. H., Roswell Bobbin Manufactory in Paterson, J. Atkinson & Co. in Paterson etc.

Das Abnehmen der Kötzer von den Spindeln (doffing), wenn sie besponnen sind, raubt natürlich einen Theil der Arbeitszeit. Desshalb hat man seit längerer Zeit versucht, diese Operation auf einmal durch eine mechanische Vorrichtung zu besorgen. Schon John Platt und Th. Palmer**) haben 1847 ein Patent auf solche Vorrichtung entnommen, bei welcher sich unmittelbar auf dem Plattbande für die Halslager eine Schiene befindet, welche für sämmtliche Spindeln kleine Ausschnitte hat und mit denselben die Spindeln auf die Hälfte des Umfangs umfasst. Wird diese Schiene erhoben, so schiebt sie alle Kötzer empor und macht so das Abnehmen leicht und bequem. Eine ähnliche Anordnung rührt von Fillou her. Mehrere andere wurden veröffentlicht.

Ebenso wie das Abnehmen ist auch das Aufstecken der Kötzerhülsen mechanisch und summarisch versucht. R. Wappenstein hat 1861 ein Patent*) darauf entnommen. Der Patentträger stellt die Kötzerdüten aus einem Hohlgewebe her, das er in die erforderlichen Längen zerschneidet. Die einzelnen Längen werden auf conische Spindeln gespannt, auf diese Weise geformt und endlich mit Leim, Gummi, Firniss oder

---

*) Pract. Maschinenconstructeur. Bd. 1873. Taf. 13 u. 14.
**) London Journal of arts 1849. Vol. 34. p. 1. — Hülsse, Baumwollspinnerei pag. 253. —
***) Rep. of pat. inv. Juli 1862. pag. 1. Polyt. Centralbl. pag. 1130. 1862.

irgend einem anderen Material, welches klebend wirkt und zugleich Festigkeit verleiht, überzogen. Um nun diese Düten auf die Spindeln der Spinnmaschine aufzustecken, bedient sich Wappenstein eines hölzernen Rahmens, der zur Vermeidung des Werfens aus einer grösseren Anzahl Stücke zusammengesetzt ist und etwa die halbe Länge einer Maschine hat. In diesem Rahmen sind, der Spindeltheilung entsprechend, Löcher eingebohrt, die dann noch mit einer elastischen Substanz ausgebüchst werden können. In jedes Loch wird, concentrisch mit demselben, eine Klammer gebracht, welche die in das Loch eingelegte Düte lose umfasst. Vermittelst einer in der halben Länge des Rahmens angebrachten Vorrichtung, z. B. eines durch einen Hebel bewegten Excentrics, können sämmtliche Klammern nach einer und derselben Richtung in ihren Löchern so weit seitlich verschoben werden, dass sie die eingelegten Düten fest fassen und am Herausfallen hindern. Die Gebrauchsweise ist nun folgende: Die Klammern werden so gestellt, dass sie die einzulegenden Düten lose umfassen; nachdem alle Düten eingelegt sind, werden die Klammern seitwärts verschoben, die Düten also fest gefasst. Dann wird der Rahmen auf die Spindeln der Spinnmaschine aufgesetzt, die Klammern werden in ihre frühere Stellung zurückgeführt, und die Düten fallen nun auf die Spindeln nieder.

Der Antrieb der Spindeln geschieht durch verschiedene Mittel
  a) durch Schnüre,
  b) durch Riemen,
  c) durch Frictionsscheiben,
  d) durch Zahnräder.

Die gewöhnlichste Antriebsweise ist die durch Schnüre. Dieselben werden um die Spindeltrommel und um die Würtel auf der Spindel endlos herumgenommen. Diese Schnüre sind sorgfältig aus Baumwollgarn geflochten und vor der Anwendung am besten ausgereckt, damit der Zug der Maschine sie nicht noch wesentlich verlängern kann. Die Würtel haben ca. 20—35 Mm. Durchmesser. Man unterscheidet wesentlich zwei Arten der Schnürung. Die eine für horizontale Spindeltrommeln begreift für jede Spindel eine endlose Schnur; die andere für verticale Trommeln bedient sich für eine Anzahl Spindeln einer gemeinschaftlichen Schnur (siehe Tafel XXV). Schnurenführungen wie die pag. 546 dargestellte von Johnson sind selten, ebenso die von Wright & Pollard*), Strange & Cronish**), Hartog***), Hetzel†) u. A. Die Spindelbewegung mittelst Riemens ist neuerdings vorgeschlagen von J. C. Ramsden††). Bisher ist eine solche Uebertragung nicht erprobt.

---

*) Specif. 1875. No. 133.
**) Specif. 1873. No. 1559.
***) Polyt. Centr.-Bl. 1858. p. 957.
†) Polyt. Centr.-Bl. 1862. 2995.
††) Spec. 1874. 718.

Die Spindelbewegung durch Friction hat sich mehrfach gut bewährt. Besonders im Elsass scheint sie Anklang gefunden zu haben unter Anwendung von Hartgummischeiben. Frictionsscheiben und Zahnräder aus Gummi wurden 1861 von J. B. Bruissart & T. L. Levesque in Paris zuerst fabricirt. Die Zahnräder werden in eigenthümlichen Formen hergestellt und dann in diesen Formen selbst unter Einwirkung von Wärme gehärtet. Die Formen bestehen aus vier Theilen, nämlich: 1) einem Kern für die Oeffnung der Narbe, 2) einem cylindrischen Mantel, welcher auf den unteren erweiterten Theil der Kernspindel aufgesetzt wird und zur Bildung des äusseren Nabentheiles dient, 3) einem über dem cylindrischen Mantel ruhenden, innen verzahnten Ring zur Bildung der Zähne und 4) einem über dem verzahnten Ring liegenden Deckel, durch welchen die Vorderfläche des Rades geformt wird. Diese Theile werden in einen Rahmen eingekeilt und mit dem eingeformten Gummi der Einwirkung der Wärme ausgesetzt. Wenn dann das Rad aus der Form herausgenommen worden ist, so wird es noch geputzt; d. h. es werden etwaige Rauhigkeiten beseitigt und die Theilung der Zähne ausgeglichen. Darauf wird in die Nabenhöhlung eine Metallbüchse eingetrieben, so dass die Spindel, auf welche das Rad aufgesteckt wird, nicht mit dem Gummi selbst, sondern nur mit der Metallverkleidung in Berührung kommt. Bei Spinn- oder Zwirnmaschinen ist es zweckmässig, die Spindel mit einem Ansatz zu versehen und das Rad durch eine Schraubenfeder, welche die Spindel umschliesst und an die Radnabe sich anlegt, gegen jenen Ansatz zu drücken*). Versucht ist ein ähnlicher Betrieb bereits 1850 durch Eartman & de Bergue**), sodann von Th. Wiede 1851 und später von Slagostera 1866 und von E. de Vila 1864 (siehe oben Fig. 436 auf pag. 546) in einem Mischsystem. Auch für diese Bewegungsart hat J. C. Ramsden Neuerungen vorgeschlagen.

Die Bewegung der Spindeln durch Zahnräder ist oft versucht und hat dennoch keine bleibenden Erfolge erzielt. Man wird sich besonders des Versuchs von Stehelin (Pariser Ausstellung) erinnern, ferner hat Fischer über eine Anwendung dieser Betriebsart im Wollengewerbe 1874 p. 320 referirt. Die erste Anwendung des Zahnradbetriebs rührt von Leop. Müller***) in Thann her. Auch Pierrard Parpaite hat solche eingerichtet und Sircoulou†) hat statt einfacher conischer Räder einen Schraubenradbetrieb versucht. — Merkwürdig genug klingt es, dass solcher Zahnradbetrieb bedeutende Kraftersparniss mit sich bringen soll.

22) **Die Spindeltrommel und der Seilbetrieb.** Der Antrieb der Spindeltrommel geschieht durch Seile und durch Zahnräder. Auch

---

*) Practical Mech. Journ. 1862. 93. Juli.
**) Armengaud, Génie etc. I. 382.
***) Armengaud, Publ. ind. IX. 270. Hülsse, Baumwollspinnerei, pag. 247.
†) Armengaud, Publ. ind. V. 135.

hier ist der Seilbetrieb vorherrschend geblieben. Die Seile kommen vom Twistwürtel her und umfassen die Spindeltrommelaxe. Diese Seile bestehen auch aus sorgsam geflochtenen Schnuren von ca. 300—400 Baumwollfäden (No. 16—22 Kette). Dieselben müssen stark und dauerhaft sein und haben viel zu ertragen. Daher recken sie sich aus und verlieren an Spannung. Man kann wohl dieser Prolongation abhelfen durch Spannungsrollen und Spannungsregulatoren, wie solche theils im Gebrauch, theils in besonderen Constructionen (Chaverondier 1854. Pat. 2574) vorgeschlagen sind, — allein diese Aushülfe reicht nur bis zu gewissen Graden aus, wenn die Seile schlecht gesponnen sind. — Wir schalten hier ein, dass auch der Ein- und Auszug des Wagens vorherrschend durch Seile bewirkt wird.

Es wird somit der Bedarf an Seilen und Schnuren ein bedeutender und hat dahin geführt, dass besondere Etablissements sich mit Anfertigung derselben befassen und im Uebrigen auch Maschinen zur Herstellung derselben construirt sind, die in vielen Spinnereien zur Selbstherstellung der Schnuren und Seile benutzt werden. Wir führen hier zunächst einige derartige Maschinen also Hülfsmaschinen zur Herstellung von Nebenerfordernissen des Spinnereibetriebs an.

Eine bequeme Herstellung für Spindelschnüre wird durch die Kordelgänge der Posamentirfabriken geleistet. Die beigedruckte Figur 502 zeigt eine solche für Spinnereien construirte Maschine zu vier einzelnen Gängen, von denen nur der eine voll montirt ist. Die darin sichtbaren Spulen stecken auf Spulenhaltern, die nach unten hin verlängert und mit Zahnrädern versehen sind. Diese Spulen wandern bei Ingangstellung der Maschine in vorgeschriebenen abgegrenzten Bahnen herum, indem die Hälfte derselben nach rechts, die andere nach links marschirt und die sich begegnenden Spulen in der Bahn einer 8 sich vorbeigehen. Oberhalb der Spindeln über der Mitte der Kreisbahnen wird das geflochtene Schnurprodukt von Walzen ergriffen, sodann über die Rollen im oberen Theil der Maschine geleitet etc.

Die vorstehend abgebildete Maschine wird von Ernst Reuss & Co. in Manchester geliefert. Diese Maschinen construiren auch die Herren Blecher & Rittershaus in Barmen, Henry Livesey in Blackburn u. A. — Eine andere Verfahrungsart benutzten die folgenden Maschinen von G. Stein in Berlin und Thom. Barraclough in Manchester. Die Stein'sche Maschine ist eine der besten dieser Art. Sie enthält (Fig. 503) im Gestell A die Spindel J mit Flügel und Spule N. Letztere ruht auf der Wagenplatte O auf. Die Spindel erhält ihre Bewegung durch die Zahnräder a und b letzteres auf k. An der andern Seite des Gestells ist die Axe M mit Zahnrad G eingelagert, das von c auf H getrieben wird. An dem oberen Theil der Axe M sitzt das Zahnrad F, bestimmt die Spulen E zu treiben, welche das zu verflechtende Garn enthalten. Gegen die Spule E presst eine Bremsplatte an unter starkem Federdruck und regelt genau die Abwicklung der Spule. Die Spule E und die Fadenführer nn sitzen auf den Scheiben D und diese auf der Axe o zusammen mit einem Zahntrieb, in den das Rad F eingreift. Die Axen o sind aber fest in CC eingeschraubt und die Scheiben D drehen sich auf ihnen. Die von E ablaufenden Faden werden um sich gedreht durch Rotation von D (entweder aufgedreht oder schärfer gedreht). Sie werden über S geleitet, sodann um Z zur Erzielung richtiger Spannung und treten über T in einen 2-4-5spaltigen Führerkern in U ein, unterhalb dessen sie durch Drehung der Spindel J vereinigt werden. Die Maschine arbeitet äusserst exact und gleichmässig. — Q ist der Hebeapparat für den Wagen O. —

Barraclough's Maschine ist eine Art Zwirnmaschine und erfährt dieselbe in dem betreffenden Abschnitt nähere Erklärung. Brierley's Maschine für Spindelschnüre ist mehrfach beschrieben. Eine Beschreibung und Abbildung einer ähnlichen Maschine von Hillaire enthält das Polyt. Centralbl.

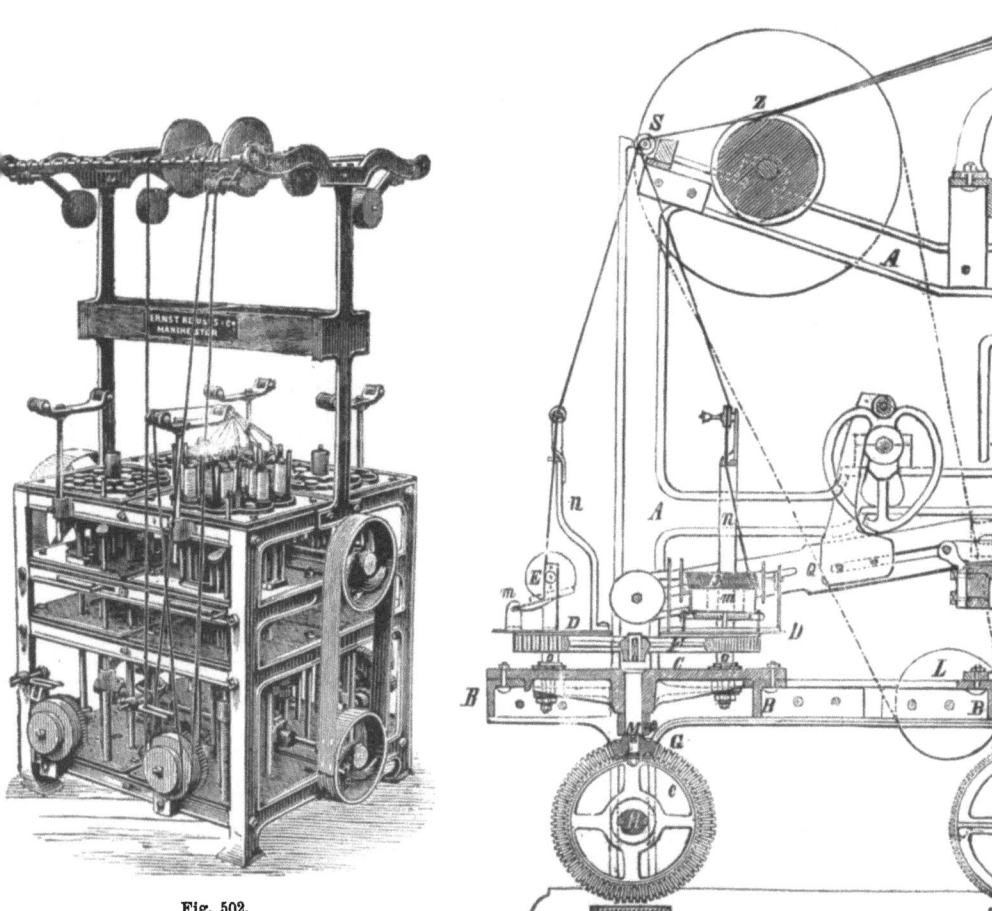

Fig. 502.

Fig. 503.

Unter den Maschinen für Herstellung der Selfactorseile führen wir hier besonders die von Möhring*) an. Diese Maschine (Fig. 504, 505 u. 506) enthält A die verticale Axe des Spulenrahmens, in welcher sich 4 Spulengestelle a befinden. Die Axe A ist durch 4 Arme mit dem Ring r verbunden und ihre rotirende Bewegung wird also auf r übertragen, sowie auf die Spulengestelle a, die in r festgestellt sind. An der Achse b sitzen die Räder 16, welche mit 15 in Eingriff stehen. Auch diese Räder werden an der Drehung von A Theil haben. Da Räder 15 mit 14 zusammengreifen und 14 unbeweglich auf fester Hülse sitzt, so wird noch ausserdem eine Drehung von 15 und 16 erfolgen. Die Bewegung der Gestelle a ist somit zweifach rotirend mit A und rotirend um die eigene Achse b, letzteres im entgegengesetzten Sinne. Die von den einzelnen Spulen kommenden Fäden gehen einzeln durch mit Löchern versehene, an b befestigte Platten c und vereinigen sich oberhalb derselben in dem Rohre A, von welchem sie zusammen gegen e laufen. Diese Fadenpartie wird unter e gedreht, da a um seine Axe b rotirt. Es gelangen somit vier gedrehte Fadenstränge zur Achse A, treten durch Führung an diese, und gelangen zu einem conischen, mit vier Leitungen versehenen auf A aufgesteckten Stücke, über welchem sich die so gebildeten Fäden vereinigen. Das so

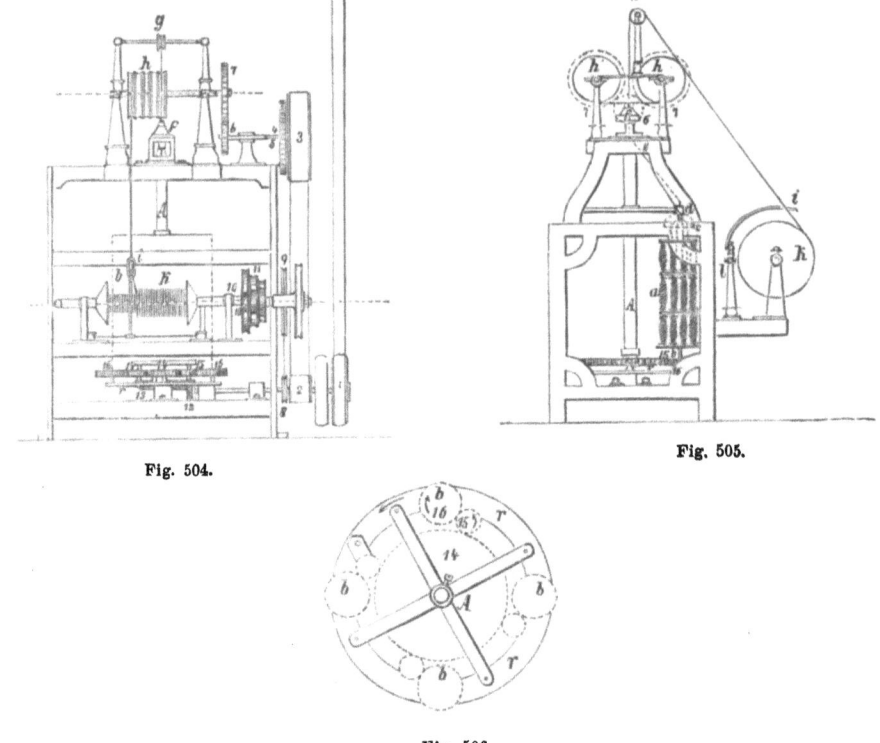

Fig. 504.

Fig. 505.

Fig. 506.

---

*) Kick und Rusch, Beiträge etc. pag. 58.

gebildete Seil enthält die 4 Drähte, die jedoch beim Zusammendrehen entgegengesetzt ihrer vorherigen Drehung, also etwas sich öffnend, drehen. Das Seil geht dann über g um die Walze h,*) nach h', wieder zurück nach h, und so mehrmals, bis endlich der Strick den Führer i passirt und auf die Trommel k aufgewickelt wird. Es dürfte wohl kaum der Erwähnung bedürfen, dass man den Weg des Seiles über die Trommeln h h' darum so bedeutend verlängert, um ein Gleiten des Seiles über diese Trommeln unmöglich zu machen, und dadurch einerseits den Zug vollkommen der Umfangsgeschwindigkeit von h h' gleich zu haben, andererseits aber eine sehr feste Aufwicklung des Seiles auf der etwas voreilenden Trommel k zu ermöglichen. Der Fadenführer i erhält eine hin- und hergehende Bewegung durch eine Schraube bei l mit linkem und rechtem stark steigendem Gewinde. Verfolgen wir nun in Kürze die einzelnen Uebertragungen der Bewegung. Von 1 wird die Achse 1, 12 bewegt, an dieser sitzt die Riemenscheibe 2, wodurch die Bewegung auf 3 und das an derselben Achse sitzende Rad 4 gelangt, welches hinter 5 liegt, aber mit diesem in Eingriff steht; durch 6 an derselben Achse auf 7, 7, wodurch die beiden Cylinder h h' ihre Bewegung erhalten. Die bei beiden Cylindern gleiche Peripheriegeschwindigkeit ist das Mass des gelieferten Strickes. Durch 8, 9, 10 und 11 wird die Bewegung der Trommel k wie jene der Führerschraube l bewirkt. Das Kegelrad 12 wirkt auf 13, ein an A sitzendes Rad, wodurch diese Achse und dadurch alle damit festverbundenen Theile r, d etc. ihre Bewegung erhalten. Durch das feste Rad 14 erhalten die mit dem Ringe r in Verbindung stehenden Räder 15 und 16, dadurch b und a die entsprechende Bewegung. Auf den Spulen bei a ist mehrfach, z. B. 10fach doublirtes Garn; da nun auf jedem der 4 Haspel dreimal 8 Spulen sich befinden, so wird der Strick aus 4 Theilstricken zu 240 Fäden, somit in dem gegebenen Beispiele aus 960 Fäden (Baumwollgarn Nr. 15—20) geflochten sein.

Wie man ersieht, liegt dieser Maschine eine ähnliche Idee zu Grunde wie der Stein'schen. Es ist dies das Prinzip der alten Gimpmühle.**) Auch Tabers***) Maschine ist ähnlich.

Die Kostspieligkeit des Schnur- und Seilverbrauchs hat dahin geführt, dass eine Reihe Mittel probirt wurden, um die Haltbarkeit der Seile zu erhöhen. Solche Versuche sind gemacht von Sommer,†) von P. A. Schlumberger††) u. A. Eine Schmiere für Selfactortheile hat G. Moser†††) in Voltri empfohlen und zwar ist sie zusammengesetzt aus: 50 pCt. ungesalzenes Schweinefett, 25 pCt. Melasse, 25 pCt. Kienruss. Das Fett wird geschmolzen und die beiden anderen Substanzen dazu ge-

---

*) Alcan beschreibt eine ähnliche Maschine I. pag. 480. Traité du travail de laine.
**) Grothe, Katechismus der Spinnerei. II. Aufl. pag. 114. (J. J. Weber, Leipzig).
***) Engineering 1871 pag. 417. I.
†) Moniteur des Tissus. 136.
††) 1864. Spec. 1233.
†††) Wollengewerbe 1871. No. 12.

rührt, bis Alles einen gleichmässigen Brei bildet. Nach dem Erkalten werden die Baumwollenschnüre mit dem Gemisch bestrichen und ihnen dadurch ein glattes, matt schwarz glänzendes Aussehen ertheilt; sie haften nun sehr gut an den Rollen, ohne zu kleben, fasern sich nicht ab, werden nie spröde und dauern bedeutend länger. Uebrigens stehen noch andere Mittel im Gebrauch zu gleichem Zwecke: Tränken mit Vulcanoel, Paraffin, Seife u. A. Eine gute Masse, die stets Geschmeidigkeit bewahrt, ist Glycerin, Tischlerleim und etwas Thonerde. Um dem Gleiten vorzubeugen, worin ein Hauptübelstand der schnellen Destruction zu suchen ist, hat man versucht, die Seile mit Colophonium zu bestreuen, allein nicht mit gutem Erfolg.

Zur guten Führung der Seile hat man Rollen angebracht mit **tieferen Nuthen**. Auch bei diesen Seilrollen kommt es auf gute Schmierung vorzüglich an. Eine sehr gute Einrichtung dieser Art rührt von T. T. England**) in Colne her.

Diese Einrichtung eignet sich sowohl für horizontale, als verticale und geneigte Zapfen und besteht in der Anbringung von Oelbüchsen an den betreffenden Theilen.

Figuren 507 1 u. 2 zeigen die Anwendung dieser Erfindung auf horizontale Zapfen, und für stehende oder geneigte Zapfen. a a sind die Lager, b die Rollen. Die Theile des Lagers, welche die Büchsen oder Kanonen enthalten, in denen die Zapfen der Rollen sich drehen, sind von angegossenen Behältern c überragt, durch deren Boden Löcher gebohrt sind, welche durch die Büchsen hindurch bis auf die Rollzapfen gehen. Diese Be-

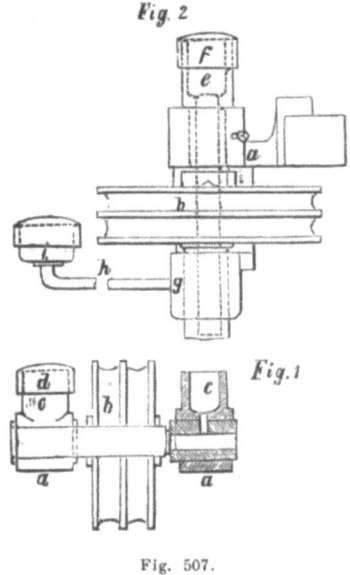

Fig. 507.

**) London Journal, Sept. 1864. pag. 116.

hälter sind mit Schmiere angefüllt und mit Deckeln d versehen, welche den Schmutz und Staub abhalten sollen. Bei Fig. 2 ist der Schmierbehälter durch e, dessen Deckel mit f bezeichnet; der Behälter e hat ein Loch, welches das Oel nach dem Obertheil des verticalen oder geneigten Wellchens der Rolle führt, während am Fusslager g eine Röhre h angesetzt ist, durch welche aus dem seitlich stehenden Behälter i Oel nach dem unteren Wellenende gebracht wird. Statt die Behälter c und e anzugiessen, kann man dieselben natürlich auch in beliebiger Form besonders anfertigen und aufstellen, so wie es in vielen Fällen möglich ist, die Behälter dadurch herzustellen, dass man in dem die Büchse oder Kanone haltenden Gestelltheil mittels eines Fräsers ein weiteres Loch einbohrt und dieses durch ein kleineres mit dem zu schmierenden Zapfen verbindet. — Eine treffliche Construction rührt auch von A. Ossenbrück her.

23) **Spindelumlaufzähler.** Die Schnüre und Seile, welche im Selfactor und den Jenny's angewendet werden, gleiten bei plötzlichen Angängen oder Umkehrungen der Bewegungen auf ihren Scheiben und Rollen mehr oder weniger. Dadurch entstehen natürlich Differenzen zwischen den aus den Zähnezahlen und Umfängen der Räder berechneten Umdrehungszahlen und den factisch eingetretenen. Diese Differenz kann bis zu 8% der berechneten Spindelumgänge betragen und wird natürlich um so grösser sein, je mehr Seilbetrieb (Bède!) angewendet wird oder je mehr die Constructionen der Scheiben ein Rutschen gestatten. Für das Spinnen ist es nun nicht gleichgültig, diese Differenzen zu kennen oder nicht. Daher hat man Apparate erfunden, um die factische Umdrehungszahl genau zu ermitteln. Ein solcher Spindelumlaufzähler wurde bereits 1839[*]) benutzt. In neuerer Zeit sind solche Indicatoren, Zählapparate etc. vorgeschlagen von Jordan,[**]) Goldschmidt[***]) Caflisch[†]) Jessen,[††]) Niess, Abegg, Taylor, Schaeffer, Richmond, Saladin, Rhodes, Garnier, Evrard u. A., während Aster[†††]) auf ein interessantes Mittel der optischen Controlle hingewiesen hat.

Diese Zählwerke sind meist aus einer Zahl von Zahnrädern construirt, die unter geeignetem Verhältniss ihrer Grösse miteinander in Eingriff stehen oder durch Haken und Klinken bewegt werden.[*†])

24) **Reinigungs- und Schutzapparate für Selfactors.** Abgesehen von der Reinhaltung der Spinnmaschinen selbst ist das öftere Reinigen des Wagens und des Cylinderbaumes von dem anhängenden Spinnstaube, sowie das Abnehmen der Ringel (entstanden durch die gebrochenen Fäden), die sich um die durch die sogen. Gänse gegen den eisernen Vordercy-

---

[*]) Gewerbeblatt für Sachsen 1839. pag. 349.
[**]) Dingler, pol. Journ. CXL. 190.
[***]) Polyt. Centralbl. 1868. 1621.
[†]) Spec. 155. 1862.
[††]) Illustr. Gew.-Z. 1871. 71.
[†††]) Polyt. Centralbl. 1862. 898.
[*†]) Siehe Näheres in Rühlmann, Allg. Maschinenlehre I.

linder gedrückten Unterwalzen gebildet haben, dringend nothwendig, will man im Garn starke Stellen vermeiden, die durch das Mithineindrehen solcher Fasern hervorgebracht werden.

Leider ist aber das Reinigen des Wagens und des Cylinderbaumes für den Andreher nicht ohne Gefahr.

Durch strenge Aufrechterhaltung des Verbotes, den Cylinderbaum und die Unterwalzen während des Ganges der Maschine zu putzen, lässt sich zwar diesen traurigen Vorkommnissen in wirksamer Weise vorbeugen, durch das öftere Aufhalten der Maschine aber wird eine nicht unbeträchtliche Minderproduction bedingt und es sind daher vielfach Versuche gemacht worden, eine Vorrichtung zu construiren, welche das Reinigen des Cylinderbaumes und des Wagens selbstthätig vornimmt.

Die Idee zu einem solchen Apparate rührt von dem Elsasser Fabrikanten Michel*) her. Er besteht im Wesentlichen in Folgendem. Auf dem das Rad a tragenden Bolzen (a vermittelt die Bewegung des mittlern Cylinders II durch den Hintercylinder III und ist u die in den sogen. Gänsen

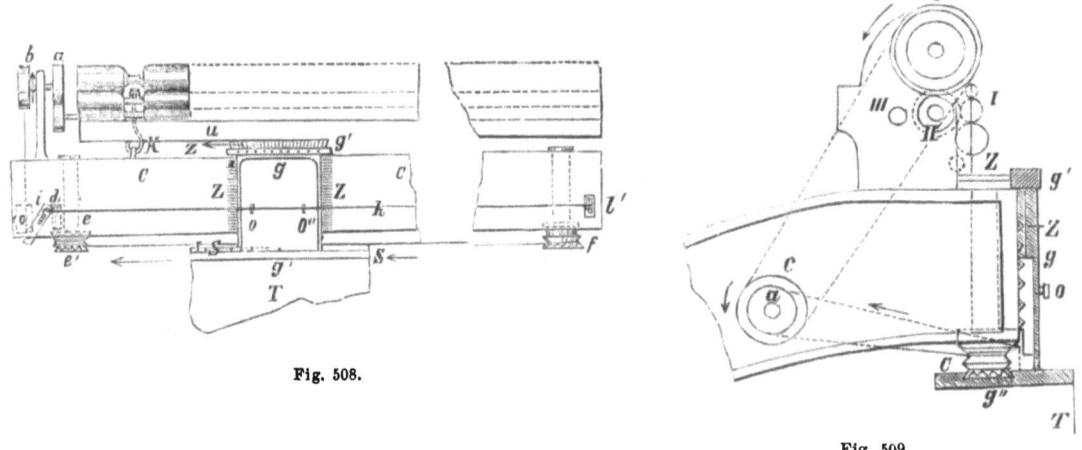

Fig. 508.

Fig 509.

liegende Unterwalze) ist eine Scheibe b befestigt, welche mittelst der Scheiben c und d die doppelspurige Scheibe e in Umdrehung versetzt und wird von der zweiten Spur der Scheibe e aus, also von e, die Bewegung durch eine Schnur s auf die am andern Ende des Cylinderbaumes C befestigte lose drehbare Scheibe f übertragen. Fig. 508 u. 509.

An dem zwischen den Stelleisen i und i_1 ausgespannten Drahte hängt mittelst der beiden Oesen o und o_1 ein 1″ starker, 6″ langer und 7″ hoher hölzerner Winkel g, der, um ein Werfen desselben zu verhüten, mit einem Riegel g_1 überdeckt und an drei Seiten mit Borsten ver-

---

*) Bulletin de la Société de Mulhouse. 1870. — Comptes rendus de l'Assoc. pour prévenir les Accidents 1873. p. 33. — D. Ind.-Zeit. 1871. No. 30. — Maschinenbauer 1871. No. 25. — Dingler, pol. Journ. 202. Bd. p. 15. — Zeitschr. des Vereins der Wollinter. 1872.

sehen ist, welche bei einem Hin- und Hergang von g den Cylinderbaum C von vorn und von oben, sowie die Sattelhaken k von dem anhängenden Spinnstaube reinigen.

Am untern Ende von g hängt ein Stück Kattun T, auf welches sich beim Rückgang des Wagens der auf demselben lagernde Spinnstaub anlegt und erstreckt sich g_2 deshalb soweit unter den Cylinderbaum, weil auf dem hintern Theile von g_2 der aus einzelnen Charnieren bestehende Mitnehmer S befestigt ist. Um nun die hin- und hergehende Bewegung des mit den Borsten besetzten Holzwinkels g zu bewerkstelligen, ist der auf g_2 befestigte Mitnehmer S mit der Schnur s fest verbunden und wird, wenn er am vordern Ende der Schnur befestigt ist, g sich nach der Richtung des Pfeiles bewegen. Ist nun auf diese Weise S bis nach e_1 oder bei der entgegengesetzten Bewegung bis f gezogen worden, so legt sich S in die sowohl an e_2 wie auch an f angebrachten, klauenartigen Ausschnitte und wird so um e_1, beziehentlich um f mit herumgenommen. Während dieses Herumganges steht g still, sobald aber S (das, wie gesagt, aus einzelnen Charnieren zusammengesetzt ist) auf die andere Seite herumgekommen und wieder straff angezogen ist, wird die Bewegung von g in die entgegengesetzte verwandelt, auf welche Weise der Hin- und Hergang des Apparats erzielt wird. Selbstverständlich steht der Apparat während des Einzuges des Wagens still, weil in diesem Moment die Cylinder ausgerückt sind und es gehört zu jeder Seite ein besonderer Apparat, da derselbe nicht durch den Headstock hindurchgehen kann.

Michel hat auch für andere Theile des Selfactors Reinigungsapparate und besondere Schutzapparate zur Verhütung von Unfällen eingerichtet. Es bestanden vor 1845 bereits ähnliche Vorrichtungen in England, allein sehr ungenügende, unbequeme und kostspielig zu unterhaltende. 1862 wurden Ed. Isler in Frankreich Reiniger patentirt und in Offenburg angewendet. Diese Vorrichtung hat Michel die Veranlassung zu seiner Construction gegeben. Dieselbe hatte im Elsass grossen Anklang und die Association pour prévenir les accidents beschäftigte sich eingehend mit deren Einführung. Es konnte nicht fehlen, dass dadurch eine Reihe Verbesserungen an den Apparaten erzielt wurden durch Buchholtzer, Aug. Dollfuss, P. Rebstock u. A. Als Bedingungen für die gute Construction eines Reinigungsapparates für Selfactoren, mit dem Zwecke, die Gefahren für die Bedienung zu beseitigen, sind aufgestellt:

1) Abwechselnde Reinigung der Cylinderbank und des Wagens;

2) Einfachheit und Haltbarkeit des Bewegungsmechanismus. Leichte Application an alle Selfactors. Regelmässige Function.

3) Der Apparat muss durch eine wenig complicirte Transmission mit dem Maschinenantrieb zu verbinden sein und so verstellbar sein, dass er für Spinnen von gröberer Nr. öfter abwischt.

4) Der Apparat darf selbst nicht Gelegenheit zur Staubablagerung bieten und keines Falles die Bedienung der Maschine geniren*).

Auch für die Oelung und verschiedene andere Vornahmen und Theile hat genannte Gesellschaft beachtenswerthe Vorschläge gemacht und publicirt.

Der Jennyspinnprozess.

Nach der ausführlicheren Darstellung der Entwicklung der Jenny- und Selfactor-Construction von ihrer Erfindung bis zu den heutigen Constructionen, soweit sie das Streichgarn angehen, wollen wir in Kurzem den Jennyspinnprozess klarlegen. Die Jenny spinnt nicht den Faden continuirlich fort, sondern sie streckt Fadenstücke von gewisser Länge, versieht sie mit Draht und windet sie auf, worauf derselbe Turnus der Operationen beginnt und sich beständig wiederholt. In allen Jennyspinnmaschinen treten folgende Theile ganz characteristisch auf:

    a) Lieferungscylinder (in älteren Constructionen die Presse oder der Kneipapparat, — oder Lieferungscylinder unterstützt vom Kneipapparat).

    b) Der Wagen, welcher die Spindeln trägt und sich von der Lieferung gradatim resp. mit ungleichförmiger Geschwindigkeit entfernt.

    c) Der Bewegungsapparat für die Spindeln.

    d) Der Aufwindedraht, um das fertig gesponnene Garn auf die Spindel aufzuwinden.

Erst in späteren Constructionen treten auf:

    e) Mechanismen zur Bewegung des Wagens bei der Ausfahrt (Rolle, Schnecke, Seil).

    f) Mechanismen zur selbstthätigen Abstellung der Lieferung.

    g) Mechanismen zur Ertheilung des Nachdrahtes.

    h) Mechanismen zur mechanischen Bewegung der Spindeln bei der Ausfahrt und dem Nachdraht.

Durch diese Zufügungen, welche also einen Theil der bisher von der persönlichen Kraft des Spinners bewirkten und von dieser abhängigen Bewegung nunmehr von einem mechanischen Kraftmotor bewirken, werden Einrichtungen nothwendig, um die Zeitdauer der Wirkungsweise dieser Mechanismen zu begrenzen und deren Abstellung resp. Umlenkung zu veranlassen. Zunächst tritt noch der Spinner als Steuermann auf, um die Einkehrungen und Auskehrungen zu handhaben; — dann aber werden (zuerst rohe) Stangen, Haken, Knaggen und Nasen an sich bewegenden

---

    *) Das Compte rendu der Association pour prévenir les accidents (Bader, Mulhouse, 1873) enthält auf 4 Tafeln die genannte Construction abgebildet, mit ausführlicher Beschreibung. — Auf pag. 7 und 26 Bd. I ist auch ein Reglement für die Bedienung des Selfactor gegeben.

Theilen angebracht, durch deren Zusammenstoss, hebenden Einfluss, Druck etc. die Aus- und Einkehrungen bewirkt werden, in fest abgemessenen Zeitabschnitten; — später gestalten sich diese **steuernden** Einrichtungen vollkommener, — man bringt ihnen quasi **Verstand** bei! — d. h. man ordnet sie so an, dass sie entsprechend den Variationen der Fadendrehung, der Kötzerform, des Fortschrittes beim Aufwinden, der Qualität des Materials etc. für eine Zeitperiode diesen Variationen entsprechend arbeiten, — für jede Vorgespinnstqualität andere Zeit- und Maasseintheilungen des Spinnprozesses vermitteln. Diese verständnissreicheren Steuerungsmechanismen der jetzigen Zeit sind die **Zählmechanismen** und **Wechselräder**, und fast komisch nimmt es sich aus, wenn man sieht, wie ein kleines Stiftchen am Zählrade plötzlich die ganze mächtige Maschinerie commandirt und zwingt, aus ihrer Bewegung herauszutreten und eine neue oft sogar entgegengesetzte Bewegung sofort anzutreten. —

Das ursprüngliche Prinzip des Jennyspinnprozesses war:

Von den Locken oder Vorspinnwulsten eine bestimmte Länge zwischen Spindel und Einlieferung in die Maschine zu bringen,

sodann die Einlieferung oder Presse zu schliessen, sodass die Locken in die Maschine hinein sich nicht nachziehen konnten,

nun unter Drehung der Spindeln den Wagen herauszufahren, wobei der Gegenwinderdraht die Fäden so emporhielt, dass sich dieselben nicht auf die Spindel aufwickeln konnten, dagegen fortgesetzt ein Paar Gänge um den Kopf der Spindel schlangen und abglitten. Durch diesen eigenthümlichen Vorgang gerieth das Garn in Schwingungen, welche die Herauskehrung der feinen Fasern veranlasste und erhielt die Drehungen entsprechend den Spindelumgängen; —

nach vollendeter Drehung des Garnes den Aufwindedraht zu senken, dadurch den Faden gegen die Mitte der Spindel herabzuleiten und unter entgegengesetzter Drehung der Spindeln aufzuwickeln, wobei der Wagen einfahren muss mit einer Geschwindigkeit, um die Fäden straff zu erhalten. —

Die **Zwischenperiode der Vervollkommnung der Jenny oder Billy** behält diese Perioden bei, — und fügt hinzu als Resultate der Erfahrung und aufmerksamer Beobachtungen:

Ausfahrt des Wagens mit ungleichförmiger Geschwindigkeit (erwirkt durch die Schnecke für das Auszugsseil) und zwar mit langsamem Angang, Beschleunigung in dem mittleren Theil des Wagenweges und Abnahme der Geschwindigkeit gegen Ende.

Bei dieser mechanischen Einrichtung der Ausfahrtsbewegung (welche allerdings mit Mühe und nur bei grösster Uebung und Aufmerksamkeit vom Spinner mit der Hand ausgeführt werden kann) mussten die ersten mechanisch bewegten Maschinen einen Uebelstand in Kauf nehmen, dass nämlich während der Ausgabe des Garnes bereits die Spindeldrehung eintritt, somit die Locken während der Einlieferung Draht empfangen, ohne dass dabei gleichzeitig ein Auszug statthat.

Ferner zugefügt ward das Nachdrehen, nachdem der Wagen seine Ausfahrt vollendet. Die dritte Vervollkommnungsepoche der Jennymaschine stellte ungefähr folgende Vorgänge fest:

> Ausgabe des Vorgespinnstes ohne oder unter ganz geringer (oder mässiger) Drehung der Spindeln, darauf nach Stillstand der Ausgabecylinder schnelle Drehung mit Abnahme der Geschwindigkeit bis zum Ende des Wagenweges (Folge der Geschwindigkeiten variirt jedoch) —

> Stillstand des Wagens, Nachdrehen mit (doppelter) grösserer Geschwindigkeit als die Durchschnitts- (oder die grösste) Geschwindigkeit der Spindeln bei der Ausfahrt.

> (Geringer Rückgang des Wagens und Abwickelung von etwas bereits beim vorigen Zug aufgewickelten Garnes). Niedergang des Aufwinders. (Einfahren.)

> (Gegen Mitte der Aufwindung beginnen die Einlieferungscylinder eine kleine Rückwärtsdrehung zu machen, um etwas Garn wieder aus der Maschine zu ziehen, und so im Garne mangelhafte Stellen zu vermeiden.)

Die beiden letzten Punkte haben wir mit Klammern versehen, da die darin ausgesprochenen Vorgänge nicht überall und niemals zusammen vorkommen. —

Wie unterscheiden sich nun diese periodisch hinzugekommenen Modificationen und Verbesserungen des Jennyspinnprozesses?

Die Ausgabe an Locken oder Vorgespinnst ist verhältnissmässig dieselbe geblieben bezüglich des Verhältnisses der Länge zur Zahl der Spindelumläufe etc. Die Spindel ertheilt durch ihre Drehung dem Faden, der mit ihr fest verbunden ist, dieselbe Drehung und zwar zunächst dem Theil des Fadens, der an der Spindel befestigt ist. Die Drehung pflanzt sich dann fort über die ganze Länge des Fadens, — aber der durch sie ertheilte Draht ist nicht gleichmässig über die ganze Länge des Fadens vertheilt, sodann entsprechend dem Zeitunterschiede zwischen dem Moment der Theilnahme des an der Spindel befestigten Fadenendes und dem Moment, wo auch das an der Lieferung festgehaltene Ende des Fadens an der Drehung theilgenommen hat, — ferner entsprechend den auf der Fadenlänge auftretenden Widerständen für die gleichmässige Fortpflanzung der Drehung, als da sind: dicke Stellen, welche, weil sie langsamer Draht aufnehmen, in Folge ihrer schwerer in Drehbewegung zu versetzenden grösseren Masse und in Folge der dadurch entstehenden Verzögerung der Fortpflanzung der Drehung auf die übrigen folgenden Theile des Fadens, — dünne Stellen, welche schnell und viel Draht in sich aufhäufen und dadurch schwächer werden, um den folgenden dickeren, schwereren Fadenkörper schnell in die Drehung mitzunehmen — ferner die fortgesetzte Prolongation des Fadens durch den Auszug, wodurch die fortschreitende Drehung zugleich in einen localen Stillstand oder gar einen localen Rückgang geräth — ferner die entsprechend der an der Lieferung befindlichen Haltestelle des Fadens entstehende Rückwirkung der hier gewaltsam inhibirten Drehung, wodurch natürlich eine gewisse Rückdrehungsspannung entstehen muss, welche der Drahtaufnahme entgegenwirkt.

Also der Draht der Fadenlänge wird von der Spindel bis zur Lieferung ein abnehmender (d. h. weniger Gänge per Cm. enthaltender) sein und zwar stets um die gleichmässig auftretende Differenz des Zeitunter-

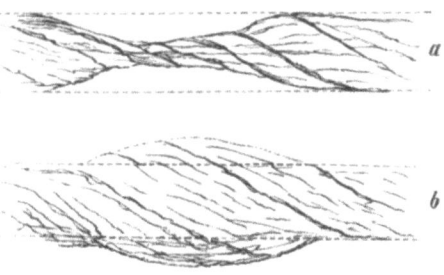

Fig. 510.

schiedes, der Auszugsbewegung und der rückwirkenden Spannung, während die Differenz durch Einfluss der Widerstände (Ungleichheiten) sehr variirend auftritt, selbst in einer und derselben Partie Garn. Man kann diese Störungen der Drahtgebung sehr leicht an der Spinnmaschine beobachten und experimental zeigen.

Befestigt man kleine Drähte mit Fähnchen in bestimmten Distanzen auf dem Faden, ohne dadurch die Fasern an diesen Stellen zu klemmen oder zusammenzuhalten und beobachtet genau deren Umdrehungszahl, so kann man leicht die Differenzen constatiren. Angenommen die Spindel dreht sich 2000 Mal per Minute, so werden diese 2000 Umdrehungen sich über die ausgezogene Länge von 2 M. zu vertheilen haben und auf jeden Decimeter würden kommen 100 Drehungen oder für die Andauer der Spindeldrehung von 30 Secunden $\frac{100}{2} = 50$ Drehungen. Diese 50 Umdrehungen für jeden Decimeter sind über den Berührungspunkt des Fadens mit der Spindel zu transportiren und während der 20. Decimeter nur 50 Umdrehungen empfängt, um den gewünschten Draht von 50 Windungen aufzunehmen, macht der erste Decimeter 1000 zu demselben Zweck! — Beim Ausfahren greift die Zugkraft zunächst an an diesem an der Spindel festgelegten Ende und zwar also unter der heftigen Drehung von 2000 Umdr. per Minute. Nach jeder Drehung aber findet der Auszug durch die Kraft des ausfahrenden Wagens mehr Widerstand in dem scharfgedrehten Fadenstück und die Auszugskraft greift dann an den weniger von der Drehung betroffenen Stellen an. Auf diese Weise pflanzt sich der Auszug immer weiter nach dem Ruhepunkt des Fadens zwischen den Cylindern fort, gefolgt von der Drehung, und wirkt in einem absolut gleichmässigen Faden gleichmässig fortschreitend.

Der Auszug würde ganz gleichmässig vertheilt sein wie die Drehung, wenn mit der Ankunft des Wagens am Wagenende das letzte Decimeter des Fadens 25 Drehungen erhalten resp. das Fähnchen beim 19. Decimeter sich 25 Mal gedreht hätte. Die Fortpflanzung des Drahtes geschieht keineswegs so, dass sich die 25 Drehungen auf jeden Decimeter fertig bilden, bevor der nächste Decimeter sich dreht, sondern die auf das erste Decimeter an der Spindel ausgeübte Drehung zieht alle folgenden Decimeter in die Drehung hinein und die Voreilung des bleibenden Drahtes auf dem ersten Decimeter beträgt höchstens 3—5 Drehungen. In dieser Thatsache beruht übrigens die Möglichkeit des Spinnens überhaupt. Theilen wir uns die Zeit der halben Minute für die Drahtgebung ein und komme z. B. $1/4$ Minute auf die Drahtgebung und den Auszug beim Ausfahren des Wagens und $1/4$ Minute auf das Nachdrehen, so stellt sich nun der Fortgang der Drehung ungefähr wie folgt:

Secunde	1. Dec. hat erhalten	1. Dec. hat behalten	20. Dec. erhält
1	33,3	$1,65 + n \cdot 33,3$	$1,65 - n \cdot 33,3$
2	66,6	$3,33 + n \cdot 66,6$	$3,33 - n \cdot 66,6$
.	.	.	.
.	.	.	.
15	500	$25 + n \cdot 500$	$25 - n \cdot 500$

Nehmen wir an, die Differenz der Drehungen sei nur 3 auf 20 Decimeter, so beträgt $n = \frac{3}{500} = 0{,}006$. — In Wirklichkeit stellt sich n etwas grösser heraus und schwankt zwischen 0,006 und 0,010. —

Wenn nun eine dünne Stelle in der Garnlänge sich vorfindet, so nimmt diese mehr Drehung auf, weil sie nicht im Stande ist, die darauf folgende dicke Stelle sogleich in gleiche Drehung zu versetzen, und nun wird die Differenz in Vertheilung des Drahtes grösser zwischen 1. und 20. Dec. z. B. wenn die dünne Stelle auf der Fläche des 11. Dec. sich befände, so würden sich bei 33,3 Drehungen des ersten Diameters auf den 11. Dec. $1{,}65 - \frac{n \cdot 33{,}3}{2}$ Drehungen aufsammeln bei einem Durchmesser von 1, aber bei einem Durchmesser von $\frac{1}{2}$ absorbirt dieses Stück die doppelte Anzahl und verhindert so für diesen Betrag die Fortsetzung des Drahtes auf die übrigen Theile des Fadens, eine Differenz, die dann erst ausgeglichen ist, wenn durch die Drehungsaufspeicherung die dünne Stelle so kräftig geworden ist, dass sie die dickere Fortsetzung mit Leichtigkeit umzudrehen im Stande ist, wenn also Draht die mangelnde Stärke ersetzt hat. Bei Vorkommen der dickeren Stellen nimmt zunächst die Partie des Fadens vor derselben eine bedeutendere Drehung auf, indem sie die Rolle einer Verdünnung spielt, sodann aber erfordert der grössere Umfang der Verdickung einen vergrösserten Aufwand von Drahtlänge. Durch beide Ungleichheiten also entstehen Differenzen in der Drahtzahl per Längeneinheit. — Wir haben nun noch zu betrachten, welches die Differenz zwischen Auszug und Draht ist. Die Wagenausfahrt z. B. dauert 15 Secunden. Nehmen wir zunächst an, dass die Spindeldrehung erst beginnt, wenn 6,34 Decimeter Vorgarn in die Maschine eingeführt ist und die Lieferung feststeht. Die Prolongation oder der Auszug des Fadens beträgt in 15 Secunden 12,66 Decim. Das macht per Secunde (unter Annahme gleichförmiger Bewegung des Wagens) 0,84 Decim. Auszug. Es würden sich demnach die von der Spindel ausgeübten Drehungen auf **stets wachsende Längen** erstrecken und zwar in der

    1. Secunde auf 6,34 + 0,84
    2. „ „ 7,18 + 0,84
    . . . . . .
    15. Secunde auf 19,16 + 0,84

und zwar wohlbemerkt auf die Originallänge plus die während in jeder laufenden Secunde entstehenden 0,84 Dec.

Betrachten wir nun den Umstand, dass die Spindeln mit **constanter** Geschwindigkeit in 15 Secunden 500 Umdrehungen produciren, so werden nacheinander in der

    1. Secunde 33,3 Umdr. auf 6,34 + 0,84 Länge
    2. „ „ 7,18 + 0,84 „
    . . . . . .
    15. Secunde 33,3 Umdr. auf 19,16 + 0,84 Länge

übertragen, wodurch natürlich die Drahtzahl per Decimeter beständig für **jede** Secunde wechselt und die oben beregte Differenz der Fortpflanzung des Drahtes effectiv für jede Secunde zwischen dem ersten und letzten Decimeter entsteht. In Folge dessen ist die Differenz in dem Draht auch viel grösser als eben angenommen, wenn man den Drehungsprozess plötzlich unterbricht und den Draht untersucht. Nun tritt für diesen Auszug noch ein neuer, wichtiger Punkt in Rechnung, wenn der Wagen mit **abnehmender** Geschwindigkeit ausfährt. Nehmen wir an, dass dieselbe gleichmässig verzögert sei und für die 15 Secunden betrage:

    1) 0,80 + 0,075 = 0,915 Dec.
    2) 0,84 + 0,070 = 0,910 „
    . . . . . .
    7) 0,84 + 0,010 = 0,850 Dec.
    8) 0,84 − 0,010 = 0,830 „
    . . . . . .
    15) 0,84 − 0,075 = 0,765 Dec.

so ergiebt sich, dass der Draht sich in Wirklichkeit vertheilt in der Secunde

    1 auf 6,34 + 0,84 + 0,075 = 7,255 Decim.
    2 „ 7,18 + 0,84 + 0,070 = 7,09 „
    . . . . . .
    15 auf 19,16 + 0,84 − 0,075 = 19,25 Dc. Beginn
                                        20,00 Schluss.

Nun folgen also in der Secunde
1. 33,3 Drehungen auf 7,255 Decimeter
2. 66,6 Drehungen auf 7,255 Decimeter und 33 Drehungen auf die Differenz 8,09—7,255
u. s. f.

Diese Differenzen nehmen ab, je mehr sich die Wagenbewegung verlangsamt und darin liegt die Möglichkeit, trotz des Auszuges und der stets wechselnden Länge demnach den Draht auf die ganze Länge annähernd gleichmässig zu vertheilen. Die in jeder Secunde neu hinzukommenden 33,34 Rotationen, Drehungen der Spindel, addiren

---

*) Wir erinnern hierbei noch daran, dass selbst die Zahl der Spindeldrehungen nicht factisch erreicht wird, sondern durch Gleiten des Riemens, der Seile etc. um 3—8 Procent vermindert wird.

sich den ertheilten Drehungen hinzu, abzüglich der erforderlichen ausgleichenden Drehung für jedes neue Stück ausgezogenen Fadens. Z. B. waren dem Stück von 7,255 Decim. 33,34 Drehungen ertheilt, so kommt auf jeden Decimeter 0,49 Windung. Es folgt der Auszug der 2. Secunde und die Länge beträgt 8,09, welcher am Schluss der 2. Secunde 66,6 Umdrehungen ertheilt sind. Um gleiche Spannung und Draht zu erhalten, nimmt das neue Stück sofort Draht mit 0,49 Windung per Decimeter auf und der Rest der 66,6 Drehungen vertheilt sich nun auf 8,09 Decim. u. s. f.

Diese Vorgänge der Drahtgebung sind keineswegs einfach, sondern ungemein complicirt; ihre mathematisch-mechanische Herleitung führt zu sehr langen und verwickelten Formeln, die wir hier füglich fortlassen können. Die Spinnereimechanik begnügt sich einfach mit der Thatsache, dass die Vertheilung des Drahtes mit annähernder Gleichmässigkeit auf dem Faden erfolgt, und zwar dass das Nachdrehen nicht sowohl dazu da ist, den Draht zu verstärken, sondern denselben auch gleichmässiger zu vertheilen.

Ferner tritt beim Haspeln des Garnes eine weitere Vertheilung und Ausgleichung des Drahtes ein.

Die Erzeugung des Drahtes vertheilt sich verschieden nach den einzelnen Geschwindigkeitsperioden. Wir wollen dies an einem beliebigen Beispiel zeigen:

Bei 120 Umgängen der Haupttransmission der Fabrik möge die Hauptwelle des Selfactor für die 3 Geschwindigkeiten machen

	I. Geschw.	II. Geschw.	III. Geschw.
Hauptwelle	80 Umgänge.	150 Umgänge.	240 Umgänge.
Spindeltrommel	160 „	300 „	480 „
Spindeln	1600 „	3000 „	4800 „

Die gesammte Ausfahrt dauere 0,70 Minuten und setze sich zusammen wie folgt:

0,2 Minuten I. Geschwindigkeit dann Stillstand der Lieferung
ergiebt 319,2 Umdrehungen.
0,4 Minuten II. Geschwindigkeit
ergiebt 1400 Umdrehungen.
0,1 Minuten III. Geschwindigkeit
ergiebt 480 Umdrehungen,

zusammen in 0,7 Minuten 2199,2 Umdrehungen der Spindeln vertheilt auf 2 Meter Faden also 200 Cm. ergiebt per Ctm. 10,9 Umdrehungen.

Das Diagramm in Figur 511 ist dieser Annahme entsprechend gebildet. Es tritt dabei die Einwirkung der Auszugsschnecke sehr klar auf. Die Axe derselben macht in den 0,7 Minuten des Ausganges des Wagens 6 Umdrehungen, somit in den 3 Zeiträumen der diversen Geschwindigkeiten:

0,2 Minuten I. $\frac{12}{7}$ Umdrehungen.

0,4 Minuten II. $\frac{24}{7}$ Umdrehungen.

0,1 Minuten III. $\frac{6}{7}$ Umdrehungen.

Aus dem Diagramm folgen die Masse für die dabei abgewickelten Längen, vorausgesetzt also, dass die III. Geschwindigkeit noch eintritt vor Beendigung der Ausfahrt. Betrachten wir nun die Zahl der Drehungen für jedes $\frac{1}{7}$ der Schneckenumdrehung, so haben wir die Zahlen:

— 709 —

Tab. I.						Tab. II.					
Anzahl der Spindeldrehungen während der Zeit, immer vom Anfang der Geschwindigkeitsänderungen an gerechnet.						Anzahl der Spindeldrehungen vom Anfang des Wagenausganges an gerechnet.					
1. Geschw.		2. Geschw.		3. Geschw.		1. Geschw.		2. Geschw.		3. Geschw.	
in	Umdreh. der Spindel	in	Umdreh. der Spindel	in	Umdreh. der Spindel	am Ende der	Spindeldrehungen	am Ende der	Spindeldrehungen	am Ende der	Spindeldrehungen
1 Sec.	26,6	1 Sec.	58,33	1 Sec.	80	1 Sec.	26,6	13 Sec.	377,53	37 Sec.	1799,20
2 „	53,2	2 „	116,67	2 „	160	2 „	53,2	14 „	435,87	38 „	1879,20
3 „	79,8	3 „	175,00	3 „	240	3 „	79,8	15 „	494,20	39 „	1959,20
4 „	106,4	4 „	233,33	4 „	320	4 „	106,4	16 „	552,53	40 „	2039,20
5 „	133,0	5 „	291,67	5 „	400	5 „	133,0	17 „	610,87	41 „	2119,20
6 „	159,6	6 „	350,00	6 „	480	6 „	159,6	18 „	669,20	42 „	2199,20
7 „	186,2	7 „	408,33			7 „	186,2	19 „	727,53		
8 „	212,8	8 „	466,67			8 „	212,8	20 „	785,87		
9 „	239,4	9 „	525,00			9 „	239,4	21 „	844,20		
10 „	266,0	10 „	583,33			10 „	266,0	22 „	902,53		
11 „	292,6	11 „	641,67			11 „	292,6	23 „	960,87		
12 „	319,2	12 „	700,00			12 „	319,2	24 „	1019,20		
		13 „	758,33					25 „	1077,53		
		14 „	816,67					26 „	1135,87		
		15 „	875,00					27 „	1194,20		
		16 „	933,33					28 „	1252,53		
		17 „	991,67					29 „	1310,87		
		18 „	1050,00					30 „	1369,20		
		19 „	1108,33					31 „	1427,53		
		20 „	1166,67					32 „	1485,87		
		21 „	1225,00					33 „	1544,20		
		22 „	1283,33					34 „	1602,53		
		23 „	1341,67					35 „	1660,87		
		24 „	1400,00					36 „	1719,20		

Jeder $\frac{1}{7}$ Umdrehung der Schnecke entspricht 1 Sec. Zeit, also $\frac{42}{7}$ oder 6 ganze Umdrehungen 42 Sec. oder 0,7 Minuten.

Die Zahlen dieser Tabelle sind in dem oberen Diagramm von der Grundlinie aus aufgetragen. Die Anzahl der Windungen, die bei der betreffenden Wagenstellung auf 1 M. Fadenlänge kommen, erhält man, wenn man die ganze Zahl der Spindelumdrehungen, wie sie sich in Tab. II finden, durch die jedesmalige Länge des Wagenweges dividirt. In dem unteren Diagramm sind diese Grössen aufgetragen, aber nicht durch Rechnung, sondern durch Construction gefunden.

Diese Betrachtung lässt unter Beachtung der Scillängen, die jedem $^1/_7$ der Schneckengangumfänge für 6 Umdrehungen entspricht, einen klaren Blick zu auf die Fortschritte der Drahtgebung während der 3 Geschwindigkeitsperioden der Ausfahrt. Dabei ist also die Geschwindigkeit der Schneckenwelle constant. Die obigen gewählten Verhältnisse können nun wesentlich andere sein bezüglich der Schneckendimensionen, der Spindeldrehung, der Zeitdauer der Ausfahrt, des Stillstandes der Lieferung etc. Obiges Beispiel wird aber genügen, um einen anschaulichen Begriff der betr. Verhältnisse zu geben. — Wir bemerken noch, dass das Diagramm keine reine Curve für die Drahtzunahme zeigt. Theoretisch müsste sich eine solche ergeben, in der Praxis stellt sich jedoch das Resultat anders und nähert sich der gegebenen Darstellung. —

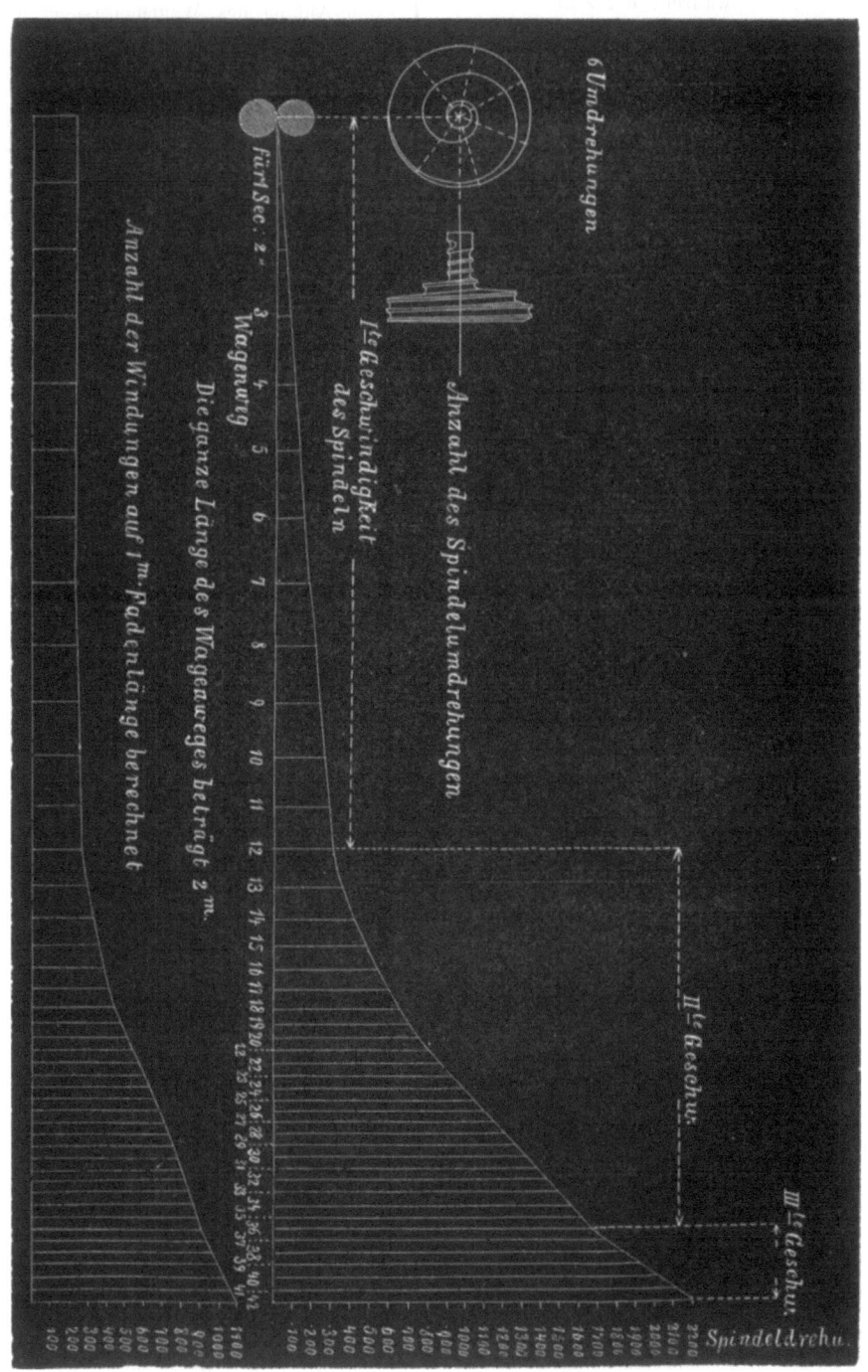

Fig. 511.

Betrachtet man die Entstehung des Auszuges unter fortgesetzter Drehung der Spindeln und zwar unter Annahme gleichförmiger Spindelgeschwindigkeit und gleichmässiger Ausfahrtsgeschwindigkeit des Wagens, so stellt sich der Auszug (s. Fig. 512) für jeden Theil der eingelieferten Länge dar, ideell wie Linie A B zu Linie D E und wie die Theile a zu Theilen c. Bei einer durchaus gleichartigen Auszugsarbeit ein gleichmässiges Produkt voraussetzend, müsste jeder Theil a für sich genau auf die Länge c ausgezogen sein. Allein es liegt auf der Hand, dass ein solcher Auszug nur ideell angenommen werden kann, vielmehr derselbe gerade so wie der Draht am drehenden Werkzug am meisten ertheilt wird, ebenso der Auszug in den dem ziehenden Werkzeug am nächsten liegenden Theilen der Locken am kräftigsten statthat, besonders da ja das Ende des Fadens zwischen den Lieferungswalzen starr festgehalten und in seiner Elasticität sowohl als in seiner Auszugsfähigkeit (Gleiten der Fasern aneinander) begrenzt ist. Der Auszug geschieht desshalb nicht im Verhältniss von A B zu D E, sondern im Verhältniss A B zu B E. Er fällt also etwas grösser aus, aber dieser Ueberschuss wird durch die Drahtgebung compensirt. Die Betrachtung des Vorganges wollen wir an Figur 512 anknüpfen, in welcher wir die Differenz der Höhenstellung der Cylinder bei

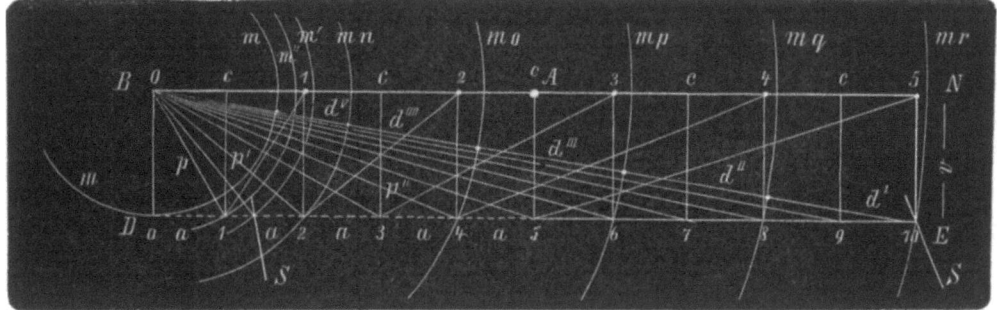

Fig. 512.

B und der Spindelspitze S in Linie D E v — grösser im Verhältniss angenommen haben, als sie in Wirklichkeit vorkommt. Bezüglich der obigen Betrachtungen der wechselnden Lage des Fadens mit Ausfahrt des Wagens stellt sich der Auszug des Fadens nun ganz anders dar als man gewöhnlich annimmt. Um nämlich den Auszug des Meter Faden 0—5 von D E auf 0—5 B N zu bewirken, sind folgende Punkte zu beachten. Der bei Beginn des Ausfahrens in der Maschine befindliche Faden sei p. Derselbe hat bereits fast eine Länge von o c 1 auf B N, also doppelt so lang als das normal zu verlängernde Stück des eingeführten Fadens o 1. Ist die Spindel bei 2 D E angekommen, so ist das Fadenstück p' nicht mehr so gross, um mit der Verdoppelung o c 2 gleicher Länge zu sein. Der Kreisbogen m schneidet 1 c noch nicht einmal in der Mitte. Der Faden p'' zeigt mit o c 3 eine noch bedeutendere Abweichung. Man sieht, wie durch die Zunahme des Winkels, den der Faden mit der Spindel S bildet, der Einfluss der tiefer liegenden Stellung von S gegen B abnimmt, und dadurch die Nothwendigkeit des wachsenden Auszuges des Fadens hervortritt. Die Entfernungen der Schnittpunkte von m, m n, m p ... mit der Linie B N von den Punkten o c 1 2 3 4 5 zeigen deutlich die Nothwendigkeit stärkeren Auszuges mit der Entfernung des Wagens von den Cylindern um die entsprechenden Stücke o a 1 2 3 4 5 auf D E in die Stücke o c 1 2 3 4 5 auf B N zu erzielen. Letztere Stücke stellen die theoretisch zu bewirkenden Verlängerungen jedes Fadenstückes dar. Die endliche Lage des Fadens nach vollendeter Ausfahrt ist durch die Linie B E ausgedrückt. Es werden demnach die Schnittpunkte von m, m n, m p, m q, m r auf B E die für jedes Stadium der Ausfahrt entsprechenden Auszüge d^v d$''''$ d$'''$ d$''$ d$'$ abtheilen. Dieselben zeigen, dass der Auszug von Beginn bis Ende hin zunimmt, entsprechend der Stärke der Drehung, die einzelnen Theilen ertheilt wird, dass aber das den Cylindern zunächst liegende letzte Stück schwächeren Auszug und, wie wir bereits wissen, schwächere **Drehung erhalten hat.**

Um alle diese Verhältnisse klarer zu machen, führen wir noch folgendes an. Trotz der festen Behauptung Th. Wiedes, dass die sogen. dreifache Geschwindigkeit, oder besser die wirkliche Herstellung und Einleitung der dreifachen Geschwindigkeit wie bei Hartmann's und Schellenberg's Selfactoren und dem Curtis & Sons'schen jetzt keine innere Nothwendigkeit und Sinn besässe, behaupten wir doch, dass die von Wiede quasi aufgestellte dreifache Geschwindigkeit, deren eine gleich Null ist, nicht im Stande ist, so zu befriedigen, und läge dies selbst nur in der ideellen Anschauung, wie die wirkliche Dreigeschwindigkeit. Wiede betrachtet den Stillstand der Spindeln, während der Einlieferung der Cylinder als I. Geschwindigkeit. Da er sehr wohl eingesehen hat, dass die Vorgespinnste resp. Locken ohne leichte Drehung kaum dem kettenlinienförmigen Durchhängen zwischen Spindel und Cylinder widerstehen, geschweige denn einen Zug des etwa schneller ausfahrenden Wagens aushalten könnten, so giebt Wiede bei Beginn der Ausfahrt eine kurze Drehperiode und lässt sodann die Spindeln stillstehen, in der Voraussetzung, dass dieser kurze und verhältnissmässig scharfe Draht sich auf die nachfolgend eingelieferten Fadenenden von selbst übertrage. Wir haben aber oben gezeigt, dass diese Uebertragung unsicher ist und von verschiedenen Einflüssen abhängt, — von der Spannung des Fadens, von der Qualität der Fasern, von der Gleichmässigkeit des Fadens etc. Ferner aber kommt noch der wichtige Umstand hinzu, dass im Moment des Abstellens der Spindeldrehung der Twistwürtel stehen bleibt; sein Seil zur Spindelschnurentrommel verliert die Straffheit und abgesehen davon, dass der vielleicht auch sogar unwesentliche Zug dieses Seils fortfällt, kommt dasselbe doch in eine Lage, sodass in dem Momente, wo die normale Spindeldrehung dicht vor dem Beginn des Lieferungsstillstandes eintreten soll, zunächst erst Zeit und Kraft verwendet wird, um das Twistseil wieder in den angezogenen Zustand zurück zu versetzen, und dies geht nicht ohne gelinden Ruck ab, und sei er fast unmerklich. Bei dem Beginn der normalen Geschwindigkeit müsste nun der vorhin auf dem kurzen Anfangsstück ertheilte Draht bereits sich auf die ganze Länge der eingelieferten Fadenmenge vertheilt haben. Es ist dies aber gewiss nie der Fall besonders, wenn die Locken stärkeren Kalibers sind, weil bei dem Durchhängen des Fadens die Fortpflanzung des Drahtes sehr beeinträchtigt wird. Genug, es beginnt nun der eigentliche Auszug unter normaler Drehung.

Ob ein Ausziehen eines Fadens von verschiedenem Drahte auf seiner Länge gleichmässig möglich ist, braucht man nicht zu fragen. Allein der Umstand der Ungleichmässigkeit scheint doch hierbei günstig mitzuwirken, denn die nächsten Fadenstellen an der Spindel haben der Zugkraft von der Spindel aus zunächst zu widerstehen und zwar der grösseren Kraft, während an die weiterabliegenden, aber auch mit geringerem Drahte behafteten Fadentheile nur von einem Theile der Zugkraft noch erreicht werden. In diesem Umstande dürfte vielleicht die gute Wirkung des Wiede'schen Systems beruhen, resp. ein Ausgleich der dieselben beeinträchtigenden Verhältnisse zu finden sein. Normaler muss uns indessen die dreifache Geschwindigkeit erscheinen, welche mit schwachem Auszuge unter schwacher Drehung beginnt, mit schnellem Auszug und mittlerer Drehung fortsetzt und mit schneller Drehung endet, — resp. auch je nach Bedürfniss in anderer Folge in einer Weise, welche zur Stütze des Auszugs sofort Draht giebt und nach Vollendung des Auszugs schnell fertig spinnt. Diese rationelle Methode Hartmann's ist von englischen Spinnmaschinenfabrikanten Platt Brothers & Co. u. Curtis Sons & Co., Knowles Houghton u. A. sehr schnell als richtig anerkannt worden, aber in ihren betreffenden Streichgarnselfactoren nicht gerade glücklich benutzt. Knowles Houghton und Platt wollen die grössere Geschwindigkeit durch einen grösseren Twistwürtel erreichen, der auf der Hülse mit der Kupplungsscheibe eingerichtet ist neben dem normalen Twistwürtel. Allein diese Einrichtung erfüllt den eigentlichen Zweck nicht, weil durch die Combination der Maschinentheile mit dem grossen Twistwürtel zugleich die Auszugswelle indirect eine grössere Geschwindigkeit erhält und nun der Wagen mit gesteigerter Geschwindigkeit bei grösserer Spindelgeschwindigkeit ausgeht. Das ist aber nicht die Absicht der ursprünglichen Idee. Trotz der Verschiedenheiten in den Wegen zur Erreichung der Variationen der Spindelgeschwindigkeiten scheint der Einfluss derselben für das practische Bedürfniss doch nicht ausschlaggebend für Spinnmöglichkeit zu sein, denn Hunderte von Selfactoren gehen ohne eine solche und liefern gutes Product. Indessen liegen die rationellen Vorzüge des Systems doch klar und die steigende Nachahmung und Acceptation desselben beweist auch, dass dieselben anerkannt und gewürdigt werden.

Von wesentlicher Bedeutung ist für die Spinnerei mit der Jenny die Stellung der Spindel. Die Spindel muss so aufgestellt sein, dass ihre Spitze etwas tiefer steht als die Berührungslinie der Cylinder der Lieferung. Ferner muss die Spindel unter Neigung nach der Lieferung hin gerichtet sein und zwar kann diese Neigung 15—20° betragen, je nach dem Zweck. Die Neigung ist nämlich keineswegs ganz gleichgültig. Der Faden wird an der Spindel befestigt, und zwar unterhalb deren Spitze, die glatt abgerundet ist. Wenn nun die Spindel in einem stumpfen Winkel zum Faden aufgestellt ist und die Lieferungscylinder etwas höher liegen, so wird sich der Faden zunächst um die über den Anknüpfpunkt überstehende Spitze umwickeln bis an die Spitze der Spindel, sodann aber über diese weggleiten und stets in die Lage der letzten Windung zurückfallen (Fig. 513). Bei sehr bedeutender Umdrehungsgeschwindigkeit aber findet dieses Abgleiten nicht mehr statt aus Zeitmangel und Beharrung, und der Faden erhält auf der ganzen zwischen Spindelspitze und Lieferungscylinder liegenden Länge soviel Drehungen

Fig. 513.

um seine Axe, als die Spindel Umgänge macht. Für einen feinen Faden kann die Neigung der Spindel resp. der stumpfe Winkel zwichen Spindel und Faden geringer sein, weil der feine Faden weniger durchhängt, d. h. eine Kettenlinie von nur sehr schwacher Curve bildet, in Folge des geringeren Massengewichtes, der gröbere Faden dagegen eine Kettenlinie von stärkerem Curvenradius bildet, somit mehr von der horizontalen abweicht, ferner die Spitze der Spindel etwas tiefer unter der Berührungslinie der Lieferung zu stehen kommen muss, ferner die Spindel geneigter stehen soll, um der grösseren Reibung des stärkeren Fadens am Spindelkopfe entgegenzuwirken. Die richtige Einstellung der Spindel und die geeignete Geschwindigkeit des Wagens sind um so wichtigere Bedürfnisse, als sich ohnehin der Winkel zwischen Faden und Spindel beim Ausfahren stetig vermindert, um so weiter der Wagen ausfährt. Wird er durch das Einsinken des Fadens in Kettencurve ungefähr ein rechter Winkel, so ist ein Abgleiten an der Spitze der Spindel nicht mehr möglich und die Spindel wickelt dann den Faden auf, was natürlich zum Reissen führen muss, wenn der Wagen noch weiter ausgeht.

Das Vorauseilen der Spindel findet nicht immer statt. Für kurze Wollen vermeidet man es, ja giebt sogar der Lieferung eine Voreilung, weil die kurzfaserige Wolle dem Faden keine Drehbarkeit und Elasticität zu verleihen im Stande ist. Bei langer Wolle steigert man häufig die Voreilung. Es können nun folgende Fälle auftreten: *)

a) Lieferung dreht sich langsam, bis der Wagen mit geringer Voreilung an das Ende des ganzen Wagenweges angelangt ist. (Ganz kurze Wollen).

b) Lieferung bleibt stehen, nachdem sie langsam (auch wohl mit geringer Voreilung) das Garn ausgegeben, der Wagen fährt fort, unter Verlangsamung auszugehen. (Kunstwollmischungen).

c) Lieferung bleibt etwa nach schneller Ausgabe von 60 Cm. stehen, der Wagen geht bis dahin voreilend, sodann mit höchster Geschwindigkeit bis langsamster (Mediowollen, Feinwollen) aus.

d) Lieferung giebt schnell 60 Cm. aus ohne oder mit geringer Spindeldrehung, die darauf mit Ausfahren des Wagens unter Steigerung beginnt. (Längere Feinwollen.)

---

*) Man beobachte, dass Wiede's Jenny mit Erfolg so verfährt, dass die Spindeln nicht drehen während der Eingabe des Vorgespinnstes.

Der Gegenwinder darf bei der Fadendrehung den Faden nicht berühren, weil dadurch die Aufnahme des Drahtes verhindert wird.

Das Abschlagen des fertig gesponnenen Garnes und Aufwinden auf die Spindel zu einem Kötzer erfordert viel Aufmerksamkeit nicht sowohl zur Erreichung der Form des Kötzers, die unregelmässig ist, als besonders der Erreichung einer durchgängig gleichen Spannung des Fadens in allen Windungen und der Regelmässigkeit der aufgewundenen Schichten wegen. Diese bedeutende Sorgfalt erheischende Aufwindung ist bei der Hand-Jenny ganz in die Hand und Uebung des Spinners gelegt. Der Spinner bewegt dabei die Spindeln, fährt den Wagen ein und lenkt den Aufwindedraht dem Erforderniss gemäss. Im Selfactor sind diese Bewegungen und Vorgänge durch den Mechanismus der Maschine bewirkt.

Jene Angaben unter a—d für das Herausspinnen erleiden je nach Qualität der Wollen vielfache Variationen, ebenso wie das Nachdrehen besonders bezüglich der Andauer desselben. Im Allgemeinen gilt als Norm:

1) Feine Wolle von guter Länge mit vieler Kräuselung wird schnell ausgegeben, weil gerade die langen Wollfasern sehr disponiren zur Schnellaufnahme des Drahtes. Geschieht aber die Drahtaufnahme zu schnell bevor der eigentliche Auszug eintritt, so wird dadurch dieser sehr erschwert, ja unmöglich gemacht. Der Wagen muss sodann schnell ausfahren und das Nachdrehen braucht nur kurze Zeit anzudauern. Längere feine Wollen erfordern zur Fadenbildung weniger Drehung.

2) Mediowollenvorgespinnst wird mit mittlerer Geschwindigkeit ausgegeben unter langsamer Drehung der Spindeln und mit mässiger Geschwindigkeit beim Ausfahren des Wagens gesponnen. Nachdraht dauert annähernd so lange als das Herausspinnen oder $\frac{2}{3}$ so lange an.

3) Ordinäre lange Wollen erfordern mittlere Geschwindigkeit des Einzuges, geringe Drehung während dem und schnelles Herausspinnen, worauf starkes Nachdrehen.

4) Kurze ordinäre Wollen erheischen langsame Ausgabe des Vorgespinnstes unter schnellerer Spindeldrehung und geringer Voreilung des Wagens, sodann langsames Herausspinnen und scharfes Nachdrehen.

5) Kunstwollen und Kunstwollmischungen werden in grösserer Lockenlänge (entsprechend der Höhe der Mischungen) langsam unter mittlerer Geschwindigkeit der Spindeln eingezogen. Der Wagen geht mit Verlangsamung aus. Darauf folgt scharfes Nachdrehen. (Diese Angaben sind um so mehr zu berücksichtigen, je feiner das Vorgespinnst dieser Sorten ist).

Der für die einzelnen Garnnummern zu gebende Draht richtet sich einerseits nach der Qualität der Wollen, andererseits nach dem Zweck, zu welchem die betr. Garne dienen sollen. Man unterscheidet:

1) Kettendrehung,
2) Schuss- oder Einschlagdrehung.

Erstere ist schärfer und enthält je nach Stärke des Garnes 12 bis 26 Drehungen per 50 Mm. Dasselbe wird meistens links gedreht. Je feiner und länger die Wolle ist, je weniger Drehungen sind nothwendig für eine und dieselbe Nummer, aber auch für alle Nummern im Allgemeinen. Die bedeutendere Drehung wird erzielt, einmal dadurch, dass man eine höhere Stufe des Twistwürtels mit der Spindeltrommel verbindet, sodann dass man das Nachdrehen länger und mit grösserer Geschwindigkeit andauern lässt. Garne, welche der Wollqualität nach zu niedrig gesponnen werden, erfordern früheren Schluss oder zeitige stärkere Drehung bevor der Auszug beginnt. Für diesen Fall muss das Vorgarn bei der Eingabe bereits schneller laufen, um so möglichst viel Drehungen zu empfangen. Natürlich genügt für solche Garne eine geringe Drahtzahl. Werden aber Wollen surfilirt, übersponnen oder in höherer Nummer gesponnen als die Qualität der Wolle im Allgemeinen erlaubt, so muss der Vordraht beim Eingeben des Vorgespinnstes langsam angehen und die Spindeln sollen während der Eingabe wenig Drehungen machen. Die Eingabe wird kürzer, der Wagenauszug nach Stillstand der Lieferung länger und scharfes Nachdrehen folgt. Der Schussfaden, also der zum Einschlag in Geweben bestimmte Faden, wird loser gesponnen. Er hat etwa nur die Hälfte der Kettendrehung und wird rechts gedreht. Für Herstellung dieses Garnes wäre das Nachdrehen leicht ganz zu ersparen, wollte man nicht damit eine Vergleichmässigung des Drahtes etc. theilweise miterzielen. Jedenfalls aber wendet man nur kurzen Nachdraht an und zwar um so kürzer, als die Wollen feiner und länger sind. Das Schussgespinnst soll jedoch nicht der Haltbarkeit entbehren und besonders die Schussgarne, welche in gewaschenem resp. gefärbtem (Melange) Zustande in der Weberei Verwendung finden sollen, müssen fester gedreht sein, als solche, welche in Fett verwebt werden. Die Schussgarne für mechanische Weberei sind aber so zu drehen, dass sie dem Zuge des schweren Schiffchens widerstehen; und solche Garne nähern sich in der Drahtzahl mehr den Kettgarnen (Halbkette).

Berechnung der Spinnmaschine.

Wir haben auf pag. 400 eine Berechnung der Krempeln gegeben und fügen hier einige Bemerkungen derselben Art über Spinnmaschinen an. Da aber die Construction der letzteren so sehr wesentlich variirt, nicht sowohl bezüglich der Transmissionstheile, der Geschwindigkeit, der Art der Bewegungsübertragung, so wird eine solche Berechnung schwer und nutzlos, würde sie an einem Selfactor gezeigt, — zu weitschichtig, würde sie an allen oder nur mehreren Systeme gezeigt. Es wird daher von der Berechnung nur im Allgemeinen die Rede sein und verweisen wir für Specialitäten auf die oben eingestreuten Berechnungen z. B. an Masons Jenny, Schellenbergs Selfactor u. A.

Bei der Berechnung einer Spinnmaschine kommen als Haupttheile in Betracht:

   die Cylindereinführung,
   der Wagen,
   die Spindel und Spindeltrommel.

Alle diese Theile werden selbstständig von der Hauptwelle aus bewegt, commandirt durch die Steuerwelle.

Es kommt demnach an zunächst auf die Umdrehungszahl der Hauptwelle der Spinnmaschine, der Treibwelle. Dieselbe variirt zwischen 80 und 350 Umdrehungen in einzelnen Constructionen, je nachdem die Transportation der Bewegung auf die arbeitenden Theile gewählt wird. Z. B.

   Wiede Patentjenny: 350 Touren
   Wiede Patentselfactor: 250—255 Tauren
        I. II. III. Geschw.
   Schellenberg 165 300 446 Touren.

Für die Berechnung der Spinnmaschinen wird nun Alles auf 1 Umdrehung der Treibwelle bezogen. Z. B. können in einem Selfactor die Verhältnisse folgende sein:

Hauptwelle 250 Umgängen,
für jede Umdrehung der Hauptwelle macht

der Lieferungscylinder	0,26 Umdrehungen,
der Wagen	30 Mm. Weg,
die Spindel (Ausfahrt)	25 Umdrehungen,
der Wagen (Einfahrt)	40 Mm. Weg,
die Spindel (Einfahrt)	1,2 Umdrehungen

oder bei zweifacher Geschwindigkeit:
für jede Umdrehung der I. Geschw. = 80 Umg.

der Lieferungscylinder	0,35 Umdrehungen,
der Wagen	35 Mm. Weg,
die Spindel	20 Umdrehungen,

für jede Umdrehung der II. Geschw. = 240 Umg.

der Lieferungscylinder	0,0
der Wagen	32 Mm. Weg,
die Spindel	20 Umgänge

oder bei dreifacher Geschwindigkeit für jede Umdrehung der Treibwelle
I. Geschwindigkeit = 165 Touren,
- der Lieferungscylinder 1 Umdrehung,
- der Wagen 30 Mm. Weg,
- die Spindel 20 Umgänge.

II. Geschwindigkeit mit 280 Touren,
- der Lieferungscylinder 0,0,
- der Wagen 25 Mm. Weg,
- die Spindel 20 Umgänge.

III. Geschwindigkeit mit 450 Touren,
- der Lieferungscylinder 0,0,
- der Wagen 12 Mm.
- die Spindel 20 Umgänge.

Diese Geschwindigkeits- und Bewegungsverhältnisse müssen von dem arbeitenden Organe zurückgeschlossen und berechnet werden auf das treibende Organ. Die Variationen werden dann durch Wechselräder bewirkt. Soll z. B. ein Selfactor in einer Minute 2 vollständige Spiele machen, so ist zunächst der Weg zu bemessen, den die Maschine für den Wagen zulässt und zwar für jede ½ M. Ausfahrt und Einfahrt in Obacht genommen und danach die Zeit eingetheilt. Möge die Ausfahrt ⅔ und die Einfahrt ⅓ in Anspruch nehmen, so sind danach zu bemessen die Transmissionen für die Wagenbewegung. Aus der Länge des Wagenweges und dem nothwendigen Auszug des Garnes berechnet sich mit Hülfe des Umfangs der Lieferungscylinder die Geschwindigkeit der letzteren und der Eintritt ihrer Abstellung. Es sind demnach die Wechselräder und Transporteurs so zu bemessen, dass diese Geschwindigkeit und der Eintritt der Abstellung statt haben, wie verlangt etc. etc.

Genau betrachtet kommt also die Berechnung des Selfactor und der Spinnmaschine überhaupt auf die Bestimmung des Auszuges hinaus. Dieser bestimmt die Geschwindigkeit der in den Dimensionen je gegeben Arbeitsorgane (Lieferung, Spindeln) und bezeichnet die Bewegungstransportation von der mit bekannter Geschwindigkeit sich bewegenden Haupttreibwelle auf die arbeitenden Theile. Die richtige Erzielung der Geschwindigkeiten hängt sodann von den eingeschalteten Wechselrädern ab, deren man bei den Spinnmaschinen viele hat. Von Einfluss ist ferner auf diese Anordnungen die Drahtgebung resp. die Drehungszahl der Spindeln und die Drahtzahl auf dem fertigen Garn. Diese bestimmt im Rückschluss die Dimensionen resp. die Geschwindigkeit des Twistwürtels.

Der Auszug ermittelt sich dabei natürlich aus der fertig gesponnenen Fadenlänge eines Wagenauszuges dividirt durch die Länge des eingelieferten Vorgespinnstes. Die Drehung aber berechnet sich per mm. aus der gesammten Umdrehungszahl der Spindeln während das Wagenausganges dividirt durch die fertig gesponnene Fadenlänge in Mm. eines Wagenauszuges. Auszüge haben in den Spinnmaschinen statt zwischen Vorgarnwalze (nicht immer) und Lieferung und zwischen Lieferung und dem ausfahrenden Wagen. Man unterscheidet ferner den Auszug zwischen Lieferung und Wagen während der Zeit bis zum Stillstand der Lieferung und den Auszug zwischen stehender Lieferung und Wagen bis zum Ende seiner Bahn. Letzterer ist natürlich stets bedeutender. Im Allgemeinen variirt der Auszug auf den Spinnmaschinen zwischen engen Grenzen, als welche man annehmen kann 0,5 - 4mal. Uebersteigt der zu gebende Auszug diese Grenze, so spinnt man zweimal, man surfilirt das schon einmal gesponnene Garn. (Hierbei ist es nothwendig, das Garn im ersten Spinngange leicht und lose zu spinnen und vorsichtig aufzuwickeln auf die Kötzer. Gut ist es, wenn nach Stillstand der Lieferung dann der Wagen momentan anhält und die Drehung etwas vorausgeht.)

Um nun den Auszug und die Drehung geeignet zu erreichen, ist die Aufstellung eines Spinnplans nothwendig. Man macht sich klar, welche Feinheit des Garnes nothwendig ist resp. gewünscht wird und welche diversen Auszüge nöthig sind um die Meterzahl der betreffenden Nummer aus der entsprechenden Qualität Wolle per Kilo herauszuspinnen.

Auch für diesen Vorwurf bringen wir die pag. 403 angeführte Fundamentalformel:

$$A = \frac{l_n}{l} \frac{p}{p_n} = \frac{d a_1 \; a_2 \; a_3 \; \ldots}{d d_1 \; d_2 \; d_3 \; \ldots}$$

Betrachten wir den Spinnprozess nur in der oben gezeigten Folge, so stellt sich derselbe bei einem 2 Krempelsystem dar als

$$\frac{l_n}{l} \frac{p}{p_n} = \frac{a+}{d+} \cdot a_1 \cdot x,$$

wenn unter x die Zahl der auf der Feinkrempel getheilten Fäden verstanden ist und also auf der Feinkrempel eine Doublirung nicht mehr statthat.

In dem Produkt für die Pelzkrempel ist bei der erhaltenen Länge l_n das Gewicht $p_n = $ der Differenz, welche also das ursprüngliche Gewicht p vermindert um den Verlust während der Arbeit repräsentirt. Möge aus der Vorlage von p Wolle ein Pelz gebildet werden gleich dem Umfang der Pelztrommel, so geht l dabei über in $2 r \pi$ und der Ausdruck lautet:

$$\frac{l_n}{2 r \pi} \frac{p}{p_n} = \frac{a}{d}$$

Für die Feinkrempel hat zuerst ein Auszug statt zwischen Einführung und Peigneur gleich a_1 und dazu tritt dann die Fadentheilung in x Fäden. Der Ausdruck wird nun

$$\frac{l_n}{2 r \pi} \frac{p}{p_n} = \frac{a}{d} \cdot a_1 \cdot x.$$

Jeder dieser x-Fäden erleidet nun auf der Spinnmaschine einen Auszug gleich a_2 und es ergiebt sich der Ausdruck

$$\frac{l_u \cdot p}{2r\pi \cdot p_n} = \frac{a}{d} \cdot a_1 \text{ x} \cdot a_2.$$

Die Länge l_n aber enthält auf ein bestimmtes Gewicht p **einen bestimmte Fadenlänge L (= 1000 Meter) von bestimmter Stärke, so oft als die oder metrische Nummer N angiebt**, desshalb können wir einsetzen unter Annahme das p_n das Garngewicht ist und hier das Einheitsgewicht der Nummerotage das Kilogramm bezeichnet, also = 1 ist

$$\frac{L\ N\ p}{2r\pi \ p_n} = \frac{L\ N\ p}{2r\pi \cdot 1} = \frac{a}{d} \cdot a_1 \text{ x} \cdot a_2$$

In diesem letzten Ausdruck ist der Quotient $\frac{a}{d}$ von geringer Bedeutung, da die Pelzkrempel keinen effectiven Auszug bewirkt (sondern zuweilen sogar Reduction). Es genügt daher für das Zweikrempelsystem sich einfach an den Ausdruck zu halten

$$\frac{L\ N \cdot p}{2r\pi} = a_1 \text{ x} \cdot a_2.$$

Hat man es mit einem Dreikrempelsystem zu thun, so bestimmt man die Auszüge der II. und III. Krempel, ausgehend davon, dass der Pelz der Pelzkrempel seiner Länge l nach gleich sei $2r\pi$ (der Pelztrommel). Sei die II. Krempel eine Pelz liefernde und wird die Abnahme des Pelzes öfter vorgenommen als von der Pelzkrempel, so dass daraus ein Auszug des vom I. Krempel her vorgelegten Pelzes oder des gebildeten Vliessbandes, welches entweder per Vorspinnfaden (je 1) oder durch Diagonalapparat vorgelegt wird, entsteht, so stellt sich die Berechnung dieses Systems so:

$$\frac{L\ N\ p}{2r\pi} = \frac{a}{d} \cdot a_1\ a_2 \text{ x} \cdot a_3$$

worin also $\frac{a}{d}$ der Auszug der Pelzkrempel,

a_1 der Auszug der zweiten Karde,
a_2 x der „ der Vorspinnkrempel,
a_3 der „ der Spinnmaschine ist.

Wird aber in diesem System auf der II. Krempel Band gebildet und solches in n-facher Anzahl in die Vorspinnkrempel geleitet für die x-Bänder derselben, so entstehen natürlich Doublirungen, welche zu berücksichtigen sind für die effective Auszugsleistung der II. Krempel der III. gegenüber.

$$\frac{l_n \cdot p}{2r\pi \cdot p_n} = \frac{a}{d} \cdot \frac{a_1}{d_1} \cdot a_2 \cdot \text{x} \cdot a_3$$

$$\frac{L\ N\ p}{2r\pi} = \frac{x}{d_1} \cdot a_1 \cdot a_2 \cdot a_3$$

Endlich ist noch in Obacht zu ziehen, ob der Auszug durch eine **Vorspinnmaschine** noch gefördert werden muss oder durch **Surfiliren**, insofern dann hierfür noch ein Auszug mit zu berücksichtigen ist:

$$\frac{L\,N\,p}{2\,r\,\pi} = \frac{x}{d_1} \cdot \quad \begin{array}{cccc} \text{II. K.} & \text{III. K.} & \text{Vorsp.} & \text{Feinsp.} \\ a_1 & a_2 & a_3 & a_4 \end{array}$$

In der Praxis nimmt man die Auszugsverhältnisse im Allgemeinen so, bezogen auf **eine** Länge:

I. Krempel 0	0,4—2 Kilo	0,4—2 Kilo.
II. Krempel 10	0,4—2 Kilo	0,04—0,2 Kilo.
III. Krempel 30	0,04—0,2 Kilo	0,0013—0,006 Kilo.
Vorspinnmaschine 2	0,0013—0,006 Kilo	0,00065—0,003 Kilo.
Feinspinnmaschine 2	0,00065—0,003 Kilo	0,000325—0,0015 Kilo.

Betrüge die angenommene Länge 1 Meter, so wiegt diese Länge also bei der ersten Krempel z. B. 0,4, bei der II. 0,04, bei der dritten 0,0013, bei der Vorspinnmaschine 0,00065 und bei der Vollendung 0,000325 Kilo oder mit andern Worten dieses 0,4 Kilo ist ausgezogen auf $\frac{0{,}4}{0{,}000325} = 1234$ Meter, entsprechend der metrischen Nummer 3,5 etwa. Betrachten wir den Auszug bezogen auf ein bestimmtes Gewicht (= 2 Kilo) z. B.

I. Krempel 0	1—3 Meter	1—3 Meter.
II. Krempel 10	1—3 Meter	10—30 Meter.
III. Krempel 30	10—30 Meter	300—900 Meter.
Vorspinnmaschine 2	300—x900 Meter	x600—x1800 Meter.
Feinspinnmaschine 2	x600—x1800 Meter	x1200—x3600 Meter.

Ist nun x (die Fadentheilung der III. Krempel) gleich 40, so erhalten wir z. B. III. Krempel 12000— 36000 Meter,
  Vorspinnmaschine 24000— 72000 „
  Feinspinnmaschine 48000—144000 „
entsprechend den wirklichen metrischen No. 24—72. Die nominell grössten Auszüge wendet man bei den Krempeln an nämlich zwischen 30—50 ja bis zu 60, während der Auszug auf den Spinnmaschinen meistens zwischen 2 und 3 sich hält, sogar selten auf 4 steigt und ebenso selten unter 2 herabgeht.

Bei Anwendung obiger Formeln kann man bei Bekanntsein einzelner Werthe die andern leicht durch Rechnung ermitteln, z. B. Wenn wir bei 1 Kilo Auflage unter Auszügen, wie folgt: $a_1 = 15$, $a_2 = 10$, $a_3 = 1{,}5$, $a_4 = 1{,}3$, $x = 60$, $d_1 = 2$ die Nummer ermitteln will, welche daraus entsteht, so hat man zu rechnen

$$\frac{L\,N\,p}{2\,r\,\pi} = \frac{x}{d_1} \cdot a_1 \cdot a_2 \cdot a_3 \cdot a_4.$$

$$\frac{1000 \cdot N \cdot 1}{2} = \frac{60}{2} \cdot 15 \cdot 10 \cdot 1{,}5 \cdot 1{,}3$$

$$N = 17{,}5.$$

Wenn wir für eine No. (also $N = 12$) die anzuwendenden Auszüge ermitteln wollen, so ist

$$\frac{L\,N\,p}{2\,r\,\pi} = \frac{1000 \cdot 12 \cdot 1}{2} = \frac{x}{d_1} \cdot a_1\, a_2\, a_3\, a_4$$

Bekannt ist bei der Maschine $x = 50$. Es bedarf nun der Ueberlegung und Prüfung des Materials. Ist die Wolle kurz, so dürfen für $a_3\, a_4$ die Auszüge nur kleiner genommen werden, ist die Wolle lang, so erleichtert man die Krempelei durch kurze Auszüge u. s. f. Diese Ueberlegungen führen dann zur Annahme und Feststellung der Auszüge unter Beachtung der **Länge** der Faser und dem **Diameter** derselben. Letztere erlauben den Schluss auf die Spinnfähigkeitsgrade resp. die nöthigen Drehungsverhältnisse. Man beachte unsere Tafel auf pag. 462 u. 463. Liegt uns eine Wolle vor von 20 Mm. Fahrlänge und 0,334 Mm. Diameter, so sind die nöthigen Drehungsverhältnisse (15 per 25 Mm.) **schwierige** d. h. sie bezeichnen bereits die geringere **Auszugfähigkeit** auf der Spinnmaschine für **diese** Wollqualität. Es muss daher der Auszug im Krempel gesucht werden. Haben wir es aber mit einer Wolle von 60 Mm. Fahrlänge und 0,034 Mm. Diameter zu thun, so finden wir, dass die Drehung dieses Garnes nur 4,9 Drehungen per 25 Mm. erfordert, um einen bezüglich ebenso haltbaren Faden zu bilden und dieses Drehungsverhältniss ist dem Auszuge auf der Spinnmaschine sehr günstig, während die Fahrlänge die Bearbeitung in der Krempel erschwert.

Der Auszug der II. Krempel steht zu dem der III. Krempel in starker Relation. Ist nämlich a_1 hochgegriffen, so wird a_2 durch den Quotienten $\frac{x}{d_1}$ herabgedrückt, weil das Arbeitsverhältniss Doublirung für starken Auszug mehr erforderlich macht als für schwachen Auszug. Für kurze Wolle möge folgendes Beispiel stehen:

$$a_4 = 2 \qquad d_1 = 4$$
$$a_3 = 0 \qquad x = 50$$
$$\frac{1000 \cdot 12 \cdot 1}{2} = \frac{50}{d_1} \cdot a_1 \cdot a_2 \cdot 2$$

Abgesehen von $\frac{x}{d_1}$ ist der Auszug auf der Karde II meistens deshalb wie auf Krempel III, wir können daher rechnen ($a_1 = a_2$) also $a_2 \cdot a_2 =$

$$a_1^2 = \frac{4 \cdot 1000 : 12 \cdot 1}{50 \cdot 2 \cdot 2} = 240$$

$$a_1 = \sqrt{240} = 15{,}49 \quad a_2 = 15{,}49.$$

Für lange Wolle stellt der Auszug sich etwa so:

$$a_4 = 2 \quad d_1 = 2$$
$$a_3 = 2 \quad x = 50$$

$$\frac{1000 \cdot 12 \cdot 1}{2} = \frac{50}{2} \cdot a_1 \cdot a_2 \cdot 2 \cdot 2.$$

$$a_1^2 = \frac{1000 \cdot 12 \cdot 1 \cdot 2}{50 \cdot 2 \cdot 2 \cdot 2} = 60$$

$$a_1 = \sqrt{60} = 7{,}746 \quad a_2 = 7{,}746 \qquad \text{u. s. w.}$$

Bezüglich der **Drehungsverhältnisse** und der **metrischen Nummerirung**[*]) (von jeder andern sehen wir grundsätzlich ab) weisen wir zurück auf unsere Darstellung pag. 460 cf., ferner später pag. 559 für die Anwendung der Water- resp. Continuespinnsysteme und endlich pag. 690 für die Jenny- und Selfactorspinner.

Bezüglich der **räumlichen** Ausdehnung der Jennymules und Selfactors wollen wir einige kurze Bemerkungen anfügen.

Oscar Schimmel und Co. liefern Jennymules oder Cylinderfeinspinnmaschinen in folgenden Dimensionen: Ganz in Eisen, Mittelbetrieb, doppelte Geschwindigkeit der Spindeln, Plattbänder (Büchsen mit Muttern), Abwickelwalzen zum Abwickeln des Vorgarns von den Spulen, eisernes verstellbares Abtreibezeug und stehende Eisentrommeln.

Spindelzahl.	Preis bei 2 Zoll = 0,047 Meter Spindeltheilung.	Länge in Fuss und Zoll.	Länge in Meter.
100	cra. Thlr. 243	19 Fuss 10 Zoll	5,61
120	- - 280	23 - 2 -	6,56
140	- - 316	26 - 6 -	7,50
150	- - 350	28 - 2 -	7,98
160	- - 375	29 - 10 -	8,45
180	- - 400	33 - 2 -	9,39
200	- - 430	36 - 6 -	10,34
220	- - 465	39 - 10 -	11,28
240	- - 500	43 - 2 -	12,22
250	- - 517	44 - 10 -	12,70
300	- - 600	53 - 2 -	15,06

[*]) Festgestellt und allen europäischen Regierungen zur Einführung vorgelegt und empfohlen auf den Congressen für einheitliche Garnnummerirung unter der Präsidentschaft des Herrn G. v. Pacher zu Wien 1873, Brüssel 1874, Turin 1875. — Literatur dazu von Grothe, Lohren, Lassagno, Thovez, Duckerts, Müllendorf, Persoz, Karcher, Migerska, Ferrero, Musin, Roger, Dubut, Rieter, Hartig, Peyrot u. A. Im gleichen Sinne wirkt seitdem die Société internationale pour les Textils (Präsidenten: Baron Cantoni, Henneberg, Grothe, Müllendorf, Dubut.)

Tiefe der Maschine 11 Fuss = 3,11 Meter. Antriebscheiben bei 12 Zoll = 0,283 Meter. 244 Touren pr. Minute; bei 9 Zoll = 0,213 Meter. 325 Touren pr. Minute.

Die sächsische Maschinenfabrik baut diese Spinnmaschinen etwas grösser d. h. länger bei 3,11 Meter durchgehender Tiefe und liefert Einrichtungen zum Zwirnen incl. Aufsteckzeug, ebenso Aufsteckzeug zum Surfiliren mit. Dieselbe Fabrik construirt ferner die Jennymule mit dreifacher Spindelgeschwindigkeit, 2″ sächs. Spindeltheilung, eingerichtet zum Zweimalspinnen und Zwirnen, Mittel- oder Seitenbetrieb, Eisengestell, Plattbändesboxes und Schienen, beste Stahlspindeln mit Rothgussnüsschen unterhalb der Plattbänder, incl. Abwickelzeug, beste und eleganteste Bauart.

Spindelzahl.	Preis.	Länge.
120	ca. Thlr. 400	24 Fuss sächs.
140	- - 455	27½ - -
160	- - 507	30¼ - -
180	- - 555	34 - -
200	- - 600	37¼ - -
220	- - 642	40¼ - -
240	- - 680	44 - -
260	- - 715	47¼ - -
280	- - 747	50¼ - -
300	- - 775	54 - -

Tiefe durchgehends 11 Fuss sächs.

Gebrüder Köster in Neumünster liefern ein neuestes Mittelbetrieb-System mit doppelter Geschwindigkeit eigenen Princips, zur Verarbeitung ordinairer und feiner Wollen und zur Erzeugung starker und hoher Feinheitsnummern, Eisengestell, Mittelaufwindung, Plattbänderbox und Schienen, beste Stahlspindeln mit Rothgussnüsschen, Schmutzklappen incl. Abwickelzeug, beste und eleganteste Bauart. Spindeltheilung 2″. Tiefe durchgehends 11 Fuss.

Spindelzahl.	Preis.	Länge.
120	ca. Thlr. 320	24 Fuss
140	- - 360	27¼ -
150	- - 380	29 -
160	- - 400	31 -
180	- - 440	34 -
200	- - 480	37½ -
210	- - 500	39 -
220	- - 520	41 -
240	- - 560	44 -
260	- - 590	47½ -
280	- - 620	51 -
300	- - 650	54 -

Die drei von Th. Wiede jetzt Chemnitzer Dampf- und Spinnereimaschinenfabrik ausgeführten Systeme sind folgende:

1. **System.** Seitenbetrieb, Cylinderbaum und Mittelfüsse in Eisen, Betriebsgestelle in Holz, mit verstellbarem Spätereinfall der Spindelbewegung und einfacher Schnelligkeit der Spindeln, mit Abwickelwalzen der Spulen, exclusive Vorgelege

per Maschine von	120	150	180	210	240	270	300 Spindeln.
ca. Thlr.	300	345	390	435	480	525	570
Länge	24	28¼	34	38¼	43½	48¼	53 Fuss.

Tiefe 11 Fuss.

II. **System.** Mittelbetrieb oder Seitenbetrieb, Eisengestelle ohne alle Räderwechslung mit verstellbarem Spätereinfall der Spindelbewegung und doppelter Geschwindigkeit der Spindeln, mit Abwickelwalzen der Spulen, zum Spinnen mit und ohne Schnecke eingerichtet, exclusive Vorgelege

per Maschine von	120	150	180	210	240	270	300 Spindeln.
ca. Thlr.	400	445	490	535	580	625	670
Länge	24	29	34	39	44	49	54 Fuss.

Tiefe 11 Fuss.

III. **System.** Patent-Mittelbetrieb eigener Erfindung in Eisen, mit stehender Betriebswelle von unten, oben und allen Seiten treibbar, ohne Räderwechslung, mit doppelter Geschwindigkeit der Spindeln durch Scheiben und Räder ohne alle Riemen dargestellt, mit verstellbarem Spätereinfall der schnelleren und schnellsten Drehung der Spindeln, mit doppelten Cylinderreihen, inclusive stehendem Vorgelege mit 30" und 12" Riemenscheiben, Maschinen-Betriebsscheibe 350 Touren, Vorgelege 160 Touren per Minute, inclusive Abwickelwalzen der Spulen

per Maschine von	180	210	240	270	300 Spindeln.
mit stehenden Trommeln ca. Thlr.	550	595	640	685	730
mit liegenden Weissblechtrommeln	580	630	680	730	780
Länge	34¼	37½	42¼	47¼	52 Fuss.

Tiefe 11 Fuss*).

weitere Spindeltheilung oder Entfernung per 30 Spindeln	66	75	90 Zoll.
ca. Thlr.	6	12	22⅔ mehr.

Die sächsische Maschinenfabrik giebt für ihre **Streichgarnselfactoren** folgende Dimensionen etc. an (Modell oben pag. 626 beschrieben.)

---

*) Wir behalten in vorstehenden Angaben überall die von den Fabriken in ihren Preiscouranten aufgestellten älteren Masse der Conformität wegen bei. Die Reductionen auf Metermass wird jeder leicht selbst ausführen können.

Spindelzahl	Länge in Metern	Preis incl. Vorgelege Thlr. (1873)	Netto-Gewicht Kilo
240	12,800	ca. 1203	3300
250	13,267	1226	3350
260	13,734	1248	3450
270	14,201	1272	3500
280	14,608	1294	3600
290	15,135	1318	3650
300	15,602	1340	3750
310	16,069	1367	3800
320	16,536	1392	3900
330	17,003	1415	3950
340	17,470	1436	4050
350	17,937	1460	4150
360	18,404	1482	4200
370	18,871	1506	4300
380	19,338	1528	4350
390	19,805	1552	4450
400	20,272	1573	4500
410	20,739	1600	4600
420	21,206	1625	4650
430	21,673	1645	4750
440	22,140	1664	4800
450	22,607	1692	4900
460	23,074	1716	4950
470	23,541	1740	5050
480	24,008	1762	5100
490	24,475	1785	5200
500	24,942	1808	5250
510	25,409	1832	5350

Theilung 2" sächs. = 47 Mm. Tiefe constant = 3,380 Meter.

Die Chemnitzer Dampf- und Spinnereimaschinenfabrik (vormals Th. Wiede) macht folgende Angaben über ihren Selfactor:

Selfactor (Selbstspinner) ganz selbstthätige Spinnmaschine, ohne alle Räderwechslung, mit doppelter Geschwindigkeit der Spindeln durch directe Wirkung auf die die Spindeln treibende Blechtrommel ohne Anwendung von verschiedenen Riemen und Riemenscheiben dargestellt, mit verstellbarem Spätereinfall der schnelleren und schnellsten Drehung der Spindeln, mit doppelten Cylinderreihen, inclusive Abwickelwalzen der Spulen, inclusive Vorgelege mit 15 zölligen Fest-

und Losscheiben und 270—275 Touren pr. Minute, Maschinen-Betriebsscheibe 440 Touren pr. Minute.

per Maschine von .	240	270	300	360	400	500 Spindeln.
ca. Thlr.	970	1025	1080	1190	1260	1450
Länge	43¾	48½	53⅓	63	69½	85¼ Fuss.
mit Emballage Ctr.	60			98		120

Tiefe 11 Fuss.

weitere Spindeltheilung oder
Entfernung per 30 Spindeln 66   75   90 Zoll.
ca. Thlr. 6¾ 13½ 25½ mehr.
Zähler der Wagenauszüge, um die No. des
Garnes ohne Haspelung zu ermitteln . . . . Thlr. 8.

Die Leser werden sich aus diesen Angaben hinreichend informiren können über die bei den Selfactoren und den Cylinderspinnmaschinen in Betracht kommenden Grössen, Preise etc. Die Engländer sind im allgemeinen nicht theurer, besonders nicht, seitdem die deutsche Regierung eine Handelspolitik verfolgt, welche den Ruin der deutschen Maschinenfabrication unfehlbar herbeiführen muss! —

Die **Betriebskraft** der Spinnmaschinen ist nur von Prof. Dr. Hartig in Dresden näher bestimmt worden und zwar für eine Cylinderfeinspindel mit 0,003 Pferdekraft; es existiren wohl eine Reihe Angaben von Maschinenfabriken, die jedoch für die Schätzung der Betriebskraft nicht mehr als einen Annäherungswerth repräsentiren. Auf die Zahl der Spindeln bezogen stellt sich natürlich heraus, dass mit der Zahl derselben die Betriebskraft für jede einzelne Spindel sinkt. — Da die Geschwindigkeiten der Spindeln wesentlich variiren, für Streichgarn (obgleich geringer als für Baumwolle) etwa zwischen 1800 und 3500 Umgänge per Minute, so variirt auch das Kraftbedürfniss. Die Hartig'sche Zahl wird daher als ein gutes Mittel zu betrachten sein.

Im Allgemeinen kann man annehmen, dass für die gröberen Nummern bis No. 10 260 Spindeln bis 300 Spindeln auf die Pferdekraft kommen, dagegen für feinere Nummern bis zu 600 und mehr Spindeln. Durchnittlich kommen 600 Spindeln auf ein vollständiges Assortiment Vorbereitungsmaschinen bei mittlerer Spinnnummer, mit einer Production von ca. 60—90 Kilo verarbeiteter Wolle. — Die Angabe der Leistungsfähigkeit der Streichgarnspinnerei ist sehr schwierig, weil die Länge der Wolle und ihre sonstigen Eigenschaften sehr wesentliche Modificationen für die Schnelligkeit der Verarbeitung mit sich bringen. — Alcan hat in seinem Traité du travail de laine Bd. II den Versuch [*)]

[*)] C. Stommel, Streichgarnspinnerei pag. 272 enthält die Uebersetzung des Alcan'schen Plans. Ein von E. Stamm und Rossi ausgeführter Plan der Lanificio di Piovene (Milano) sei hier genannt und empfohlen; ferner Bau- und Betriebs-Anlage für Spinnereien und Webereien (Uhland). Leipzig 1875. Baumgärtner.

gemacht mit einem Plan und der Organisation einer Streichgarnspinnerei, allein die betreffenden Angaben und Berechnungen darin, erscheinen kaum für einen einzelnen Fall als Anhalt dienen zu dürfen.

Die Herstellung gezwirnter, façonnirter und flammirter Garne.

Gezwirnte Garne nennt man solche Garne, welche durch Zusammendrehung fertiggesponnener Fäden hergestellt sind. In diesem Sinne spricht man von doublirten, triplirten, quadruplirten Garnen, je nachdem man 2, 3, 4 einzelne Fäden zusammendreht. Das Zusammendrehen oder Zwirnen kann man mit den oben beschriebenen Mulejenny's und Selfactors vornehmen, ebenso wie mit den Maschinen nach Watersystem, den Continues. Die eigentlichen Zwirnmaschinen, welche lediglich zu diesem Zwecke construirt sind, folgen alle dem Watersystem. Die Elemente solcher Zwirnmaschinen sind ziemlich einfach. Bei allen solchen Maschinen müssen folgende Theile vertreten sein:

- a) Aufsteckrahmen, Haspel, Rollen etc. zur Aufbringung der zu zwirnenden Fäden.
- b) Ein Leitapparat, um die je 2, 3 ... zusammen zu zwirnenden Fäden der Einwirkung der Spindel zuzuführen.
- c) Ein Führungsapparat, um die Drehung von der Spindel her zu begrenzen.
- d) Eine Spindel mit Flügel und Spule.
- e) Ein Wagen zur Vertheilung des fertiggezwirnten Materials auf der Spule.

Die folgenden Figuren 514–517 geben ein deutliches Bild einer Drilliroder Zwirnmaschine einfacher Construction. Auf der geneigt aufgebrachten Decke U werden die Garnspulen k aufgesteckt. Die von diesen herablaufenden Fäden werden, je so viel als zusammengezwirnt werden sollen, zusammen durch die Führungsaugen d genommen und sodann um die Holzwalze in 1—3 Windungen herumgeführt, worauf sie zu den Spindeln hinabgeleitet werden, um durch den Zwirnhaken F durch das Ohr g nach den Führungsring t und an die Spule d' geleitet zu werden. Die Spule d' steckt lose auf der Spindel c oberhalb des Wagens W a, der in Lenkarmen hängt, die sich in Coulissen verschieben und an dem Balancier R O befestigt sind, der durch die Herzscheibe N eine auf- und abgehende Bewegung erhält, an der der Wagen Wa Theil nimmt. Diese Wagenbewegung veranlasst die gleichmässige Vertheilung des Garns auf der Spule. Die Spindel c steht in i und wird durch Schnur oder Riemen auf dem Würtel b von der Trommel S aus getrieben. Jede Spindel ist demnach einzeln getrieben. In gewünschtem Fall kann die Maschine mit zwei Langseiten Spindeln ausgerüstet sein und genügt dafür die eine Trommel S. Die Spulen wickeln das Garn auf, indem sie sich mit den Spindeln drehen. Ist die Fadenspannung stärker als die Friction zwischen Spule und Spindel,

Fig. 515.

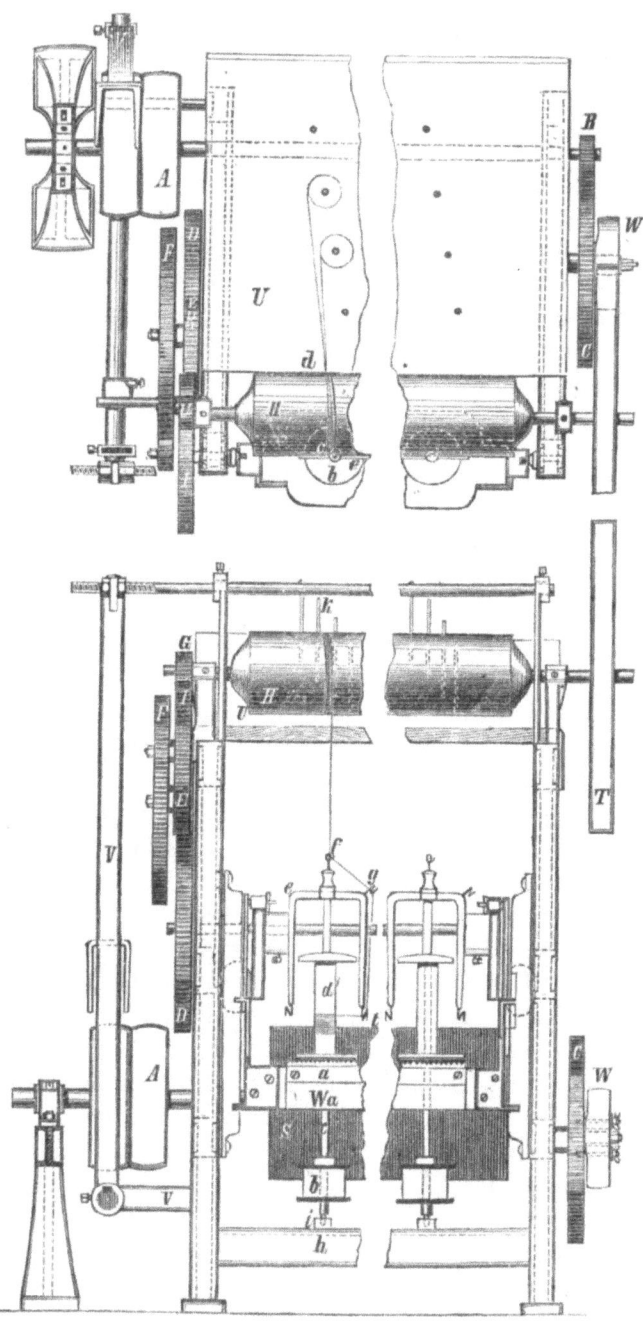

Fig. 514.

so bleibt die Spule ein wenig zurück, bis die Friction wieder die Oberhand gewonnen hat. Um eine zu grosse Friction zu hindern, kann man die Spule bremsen, und zu diesem Zweck sind Bindfäden am Innenrande des Wagens angebracht und nach vorn hinaus an den Peripherien der unteren Holzscheiben der Spule vorbei genommen, mit Gewicht beschwert und in die Zahnlücken der Zahnstange a eingelegt. Die Bewegungsverhältnisse sind die folgenden. Die Betriebsscheiben A sitzen auf der Spindeltrommelaxe S, an deren anderem Ende der Trieb B sich befindet und in das Zahnrad C eingreift. Das Zahnrad C ist mit W auf einer kurzen Axe aufgesteckt. W ist Riemenscheibe und treibt durch Riemen die grosse Scheibe T der Vorziehwalze H. Von dem Trieb G auf der Axe von H aber wird die Bewegung über M L J E und D auf N übertragen und somit die Bewegung des Wagens veranlasst. (Die Figuren sind in $\frac{1}{12}$ natürl. Grösse gegeben).

Die Constructionen der Zwirnmaschinen sind sehr variirend, aber hauptsächlich nur für die Zuführung und für die Wagenhebung. Andere Variationen kommen wohl auch vor, allein doch nur von untergeordnetem Werthe. Wir wollen die hauptsächlichsten Verschiedenheiten kurz berühren.

1) Die Aufstellung der Materialspulen geschieht meistens auf Drähten, wie in vorstehender Maschine. Werden Kötzer aufgesteckt, so nimmt man die Fäden wohl über eine höher angebrachte Stange, um den Abzug des Kötzers gleichartig zu bewirken oder man wählt Rahmen, in denen die Kötzer so eingesteckt werden, dass sie mit dem Haupt nach unten gewendet sind und leicht sich abwickeln. Beispiele für diese verschiedenen Methoden geben die Zwirnmaschinen von Stehelin, Häffner, Carimey, Makenzie, Grover, Hartmann. Bei der Groverschen Maschine ist der Abzug insofern unterstützt, als die Spule auf eine Spindel gesteckt wird, welche durch Zahngetriebe Bewegung erhält, wie Figur 518 zeigt. Für Wollgarne, besonders kurzfaserige, weiche oder lose gesponnene, ist diese Methode sehr zu empfehlen.

2) Bezüglich des Vorzuges weichen die Constructionen, wie bereits gesagt, sehr wesentlich ab. Es können für den Vorzug vorhanden sein:

a) Eine drehende Walze (Stein, siehe Figur 514—517.)

b) Eine drehende Walze und eine feststehende Schleifstange, vor oder hinter der Walze. Eine solche Construction rührt von Makenzie her und stellen wir diese in der Figur 519 dar. Die 2—3 Fäden gehen zuerst um die Walze A herum, von b zusammengefasst, und kehren nach c zurück, um sodann über C nach der Spindel F herabzusteigen.

In der Maschine von Th. Barraclough wird der Faden um den unteren und oberen Cylinder herumgenommen (Fig. 524).

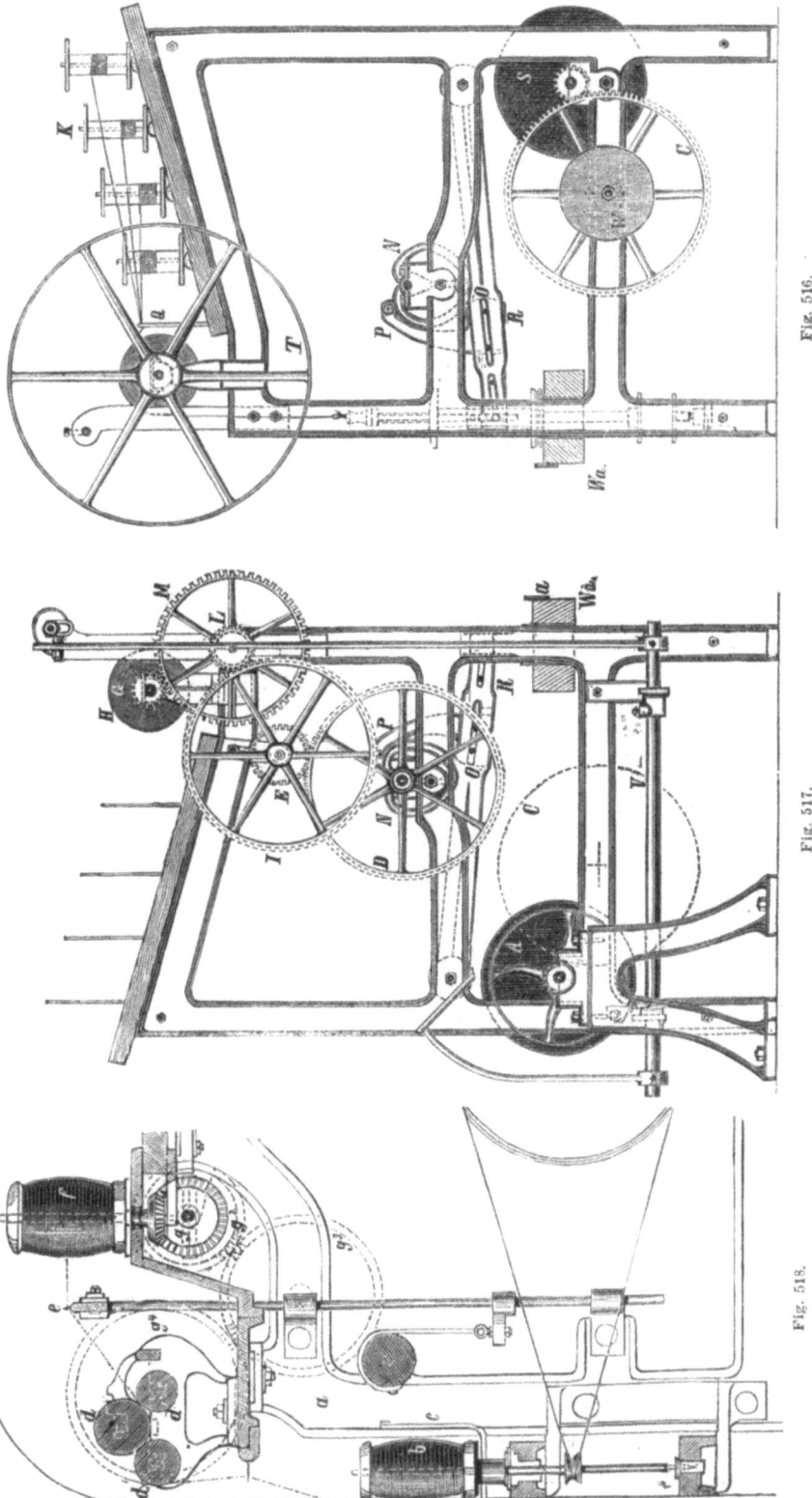

Fig. 516.

Fig. 517.

Fig. 518.

c) Zwei drehende Walzen übereinander. Es ist hierbei die untere Walze getrieben, die obere abnehmbar grösser, glatt und durch Friction umgedreht. Der Faden geht über eine Schleifstange, um welche er sogar noch in 1—2 Windungen herumgenommen sein kann.

Die zwei Vorziehwalzen können auch den Faden direct an die Spindeln entlassen, ohne einer Gleitstange zu bedürfen. Bei Stehelins Maschine liegt dieser Fall vor, allein mit der Umänderung, dass die bewegte, stabile Walze B oben liegt und die bewegliche A darunter angedrückt wird durch die Walze F am Hebel g mit Gewicht P. Im Uebrigen vertritt diese Maschine noch eine Anordnung, die unter eine spätere Rubrik (e) fällt. (Figur 521).

d) Drei Walzen können angebracht sein, wie Figur 518 zeigt in Grovers Maschine. Hierbei nimmt man gern die beiden Tragwalzen d' d' von kleinerem Durchmesser als die Presswalze d. Häffners bekannte und anerkannte Zwirnmaschine, Figur 520, huldigt besonders diesem System mit Walzen d' d' von kleinem Diameter, ebenso die Zwirnmaschine von R. Hartmann.

e) Zwei Walzen mit Schleifwalze und senkrechtem Zwischenführer enthält Stehelins Maschine. d ist die Schleifstange, die auch etwas lose eingelagert werden kann und sich dann ein wenig bewegt. Der Faden geht zwischen B A durch, aber um B herum, und um den Zwischenführer e, ein senkrechter Finger, zurück zwischen A B hindurch nach der Spindel. Diese mehrfache Führung empfiehlt sich bei Material von heterogener Beschaffenheit um einen Ausgleich der Spannung zu erzielen (Fig. 521).

f) Zwei Walzen mit conischen Nuthenrollen, in denen der Faden geführt wird. (Patentirte Einrichtung von E. Reuss & Co. in Manchester.) Fig. 522. Einrichtung einer conischen Nuthenrolle siehe bei Stein's Maschine später Fig. 525 und bei der von Barraclough Fig. 524.

g) Es kommen immerhin noch einige Zwirnmaschinen vor, welche mehrere Walzenpaare hintereinander enthalten.

Für Zwirnung von Vorgespinnst oder Locken miteinander oder mit feinen Fäden wirkt diese Einrichtung sehr vortheilhaft.

Mit dem Vorziehapparat verbunden oder hinter demselben eingeschaltet ist häufig und zwar besonders bei grossen Maschinen ein Regulirapparat für die Spannung und Vorrichtung zum Abstellen der Spindel bei Fadenbruch. Die Regulirapparate bestehen meist in balancirenden Winkelhebeln, ähnlich denen auf pag. 508 dargestellten. In Carimey's Maschinen ist ein ähnlicher enthalten. In Grover's Maschinen Fig. 518

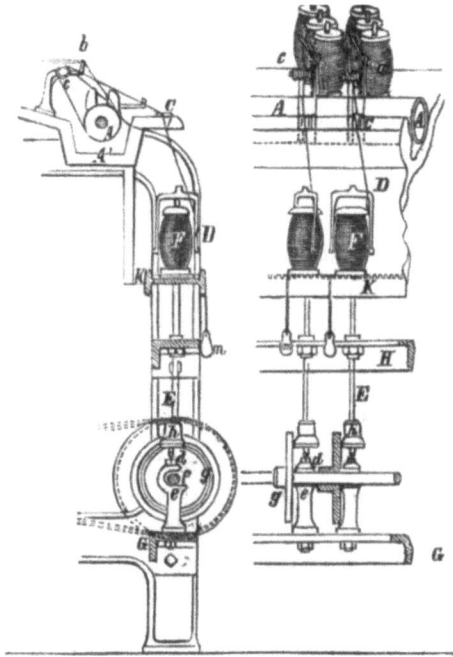

Fig. 519.

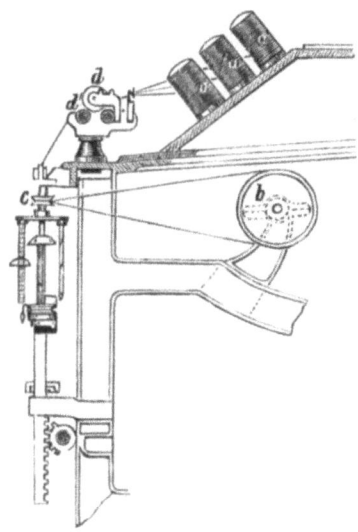

Fig. 520.

Fig. 521.

oben ist ein Spannungsregulator mit der Wagenhebung verbunden, der mit Zähnen e an der Oberkante eines Lineals den Faden berührt. Einen neuen Apparat zur Spannunggebung und zum Ausrücken der Zuführung hat Michael Stell construirt (Pat. 1870. 334.) Derselbe ist in Fig. 523 dargestellt. Der von den Spulen herabkommende Faden wird von dem verticalen Cylinder vorgezogen und durch den Führer am horizontalen Hebel der Spindel zugeführt. Der verticale Cylinder wird durch Friction umgedreht und ruht in einer Platte, welche an einem senkrecht aufgestellten einarmigen Hebel befestigt ist, dessen freies Ende, etwas übergebogen, auf dem freien Ende des zweiarmigen Hebels ruht. Letzterer wird durch den Zug des Fadens an der Spindel in seiner horizontalen Lage gehalten. Bricht der Faden, so hört am Führer der Zug auf und das Gewicht des verticalen Cylinders drückt den Hebel zurück und so hört die Friction mit dem Triebrad auf. — Es sind im Uebrigen für beide Zwecke eine ziemliche Zahl sehr sinnreicher Vorrichtungen gemacht, allein allgemeiner haben sie in der Praxis bisher nicht Anwendung gefunden. Wir nennen noch die neueren Einrichtungen von Whalley [*], R. Smith [**], Richards [***], Wart [†], Hugh Mc Entee [††], Schlumberger, W. & J. Kay [†††].

Gyte & Walsch [*†] in Edale (Engl.) haben vor dem Vorziehcylinder eine Bürste angebracht, um zu verhindern, dass gerissene Fäden mit Nebenfäden zusammenlaufen. Ebenso haben Farrar & Hirst eine Bürstenplatte eingeschaltet. Interessant ist die Methode von E. Williams [*†]. Wenn der Faden zwischen den Zuführcylindern und den Flügeln abreisst oder Schleifen bildet, so wird das freie Ende oder der schlaffe Theil desselben durch die Centrifugalkraft weggeschleudert und verbindet sich mit dem benachbarten Faden, so dass Fehler im Garn oder Zwirn entstehen. Der Patentträger verhindert dies dadurch, dass er mitten zwischen den Zuführcylindern und dem über den Flügeln befindlichen Fadenführer über die ganze Länge der Maschine eine Schnur horizontal ausspannt, welche unmittelbar hinter den Fäden liegt, ohne dieselben zu berühren. Reisst ein Faden, so wird er durch die Reibung an der Schnur in einer gewissen Spannung erhalten, die ihn verhindert, mit dem Nachbarfaden sich zu verbinden. Die Schleifenbildung macht der Patentträger dadurch unschädlich, dass er unter dem Cylinderbaum kurze Bolzen einschraubt, deren Achse etwa ½ Zoll seitlich und eben so viel rückwärts von der Spindelachse gelegen sind. Der schlaffe Fadentheil wird nun sowohl von

---

[*] Spec. 1873. 1984.
[**] Spec. 1874. 3354.
[***] Spec. 1871. 239.
[†] Spec. 1870. 2968.
[††] Spec. 1870. 1912.
[†††] London Journal of arts 1862 Febr. 88.
[*†] Polytechnisches Centralblatt 1866 S. 344.

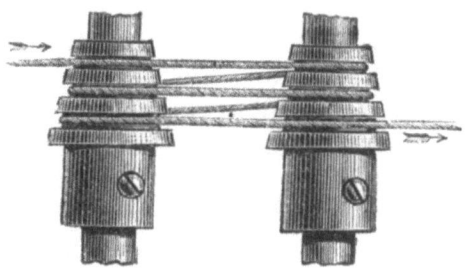

Fig. 522.

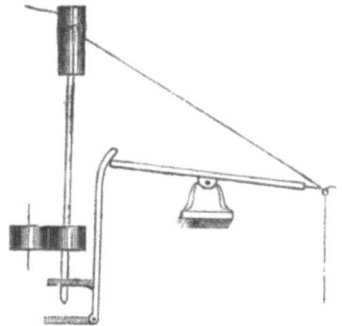

Fig. 523.

diesen Bolzen, als durch die Reibung der Schnur so angespannt, dass er nicht zur Seite weichen kann, und zwar so lange, bis der Faden durch die Aufwickelung des schlaffen Theils wieder in seine normale Spannung zurückkehrt. Thierry & Cloquemain schalten einen Balancierhebel ein, der bei Fadenbruch auf eine Glocke herabschlägt*).

3) Der Leitapparat oder der Führer ist, wie schon bemerkt, nicht bei allen Zwirnmaschinen angewendet. Wo er vorkommt, ist er meist fest im Gestell eingeschraubt und besteht aus einem Glasauge, Glasspiralhaken, Porzellanauge oder einem mit Metall umgebenen Ringe etc., oder auch aus einem Einschnitt in einer linealartigen Leiste. Wie wir gesehen, ist in Stell's Maschine der Fadenführer an einem beweglichen Hebel angebracht. Im Allgemeinen variiren für dies Organ die Einrichtungen nicht wesentlich.

4) Was die Spindel und Spule anlangt, so haben wir uns darüber bereits bei Veranlassung der Besprechung der Continue 537 cf. ausgesprochen. Wir fügen hier nur noch an, dass die vorstehende Figur 519 der Makenzie Zwirnmaschine Spindeln mit Frictionsbetrieb, sowie die von G. Stein pag. 738 Zahnradbetrieb für die Spindeln zeigen. Für gewöhnlich trifft man in Zwirnereien für Wollgarne etc. fast nur die fest-

---

*) Dingl. pol. Journ. Bd. 196 pag. 195.

stehende drehende Spindel mit leichtabnehmbarem Flügel und beweglicher Spule auf dem Wagen ruhend und von ihm geführt, in der Art wie wir oben die Maschine von Stein vorgeführt haben. Dieser Form schliessen sich die Maschinen von Platt Brothers, Henry Livesey, Carimey, Stehelin u. A., wenn auch mit zahlreichen kleinen oder grösseren Zufügungen, so doch im Grundprinzip an. Die Aufstellung mit horizontaler Spindel ist mehr und mehr abgekommen. Wir finden sie nur noch in kleineren Maschinen z. B. von Gebrüder Köster in Neumünster, Steidel in Berlin, Ryo Catteau in Paris, Rousselle & Gérard in Paris u. A.

5) Was endlich den Wagen für die Aufwindung anlangt, so darf auch dieser in der oben gegebenen Form als normal erscheinen. Es kommt

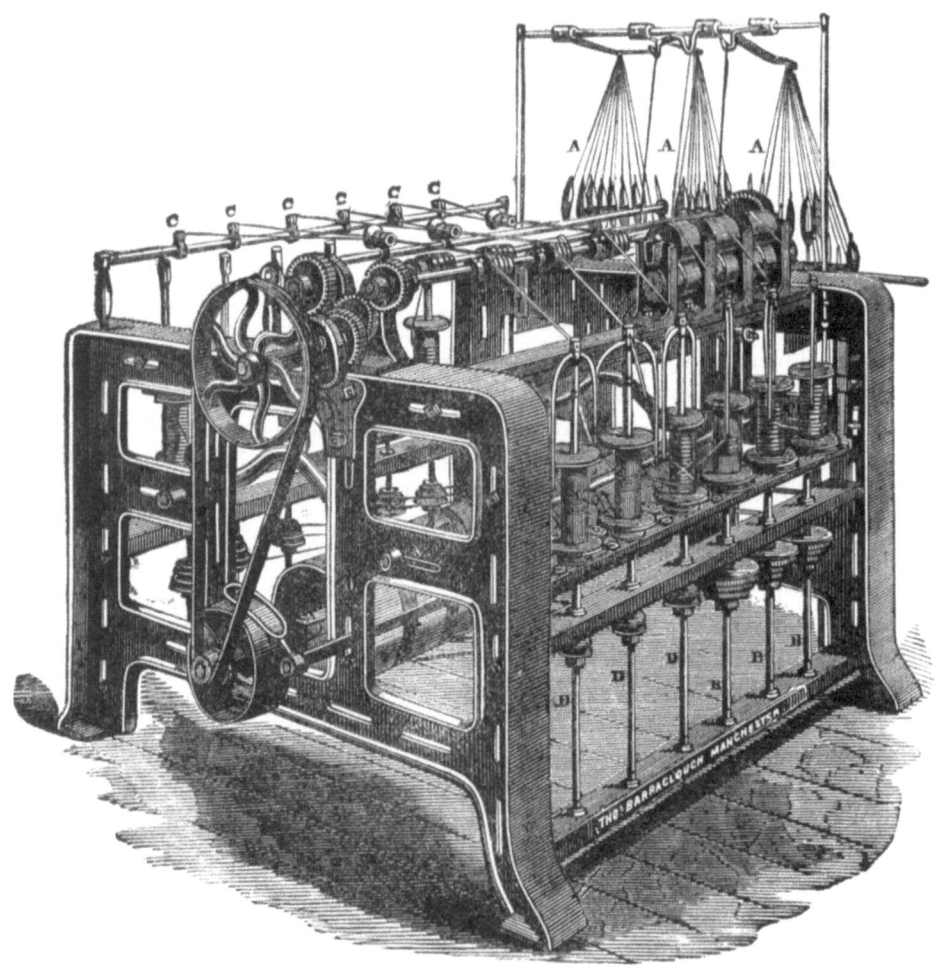

Fig. 524.

eben bei der Zwirnerei meistens nur darauf an, die Spulen zwischen den Scheiben gleichmässig zu bewickeln und es genügt dann ein einfaches Auf- und Absteigen der Spindel oder der Spule oder der Ringbank. Auch hierüber haben wir uns oben pag. 540 bereits verbreitet und können es für überflüssig erachten, hier näher darauf einzugehen.

Was nun die Zwirnmaschinen, Doublirmaschinen etc. an sich anlangt, so herrscht in diesem Gebiet des Maschinenbaues für Textilindustrie eine sehr verzweigte Thätigkeit. Die Patente auf Zwirnmaschinen sind fast an Zahl so bedeutend wie für Spinnmaschinen[*]. Von den sehr weit bekannt gewordenen Zwirnmaschinen führen wir zwei in perspectivischer Ansicht Figuren 524 und 525 vor, die von Thos. Barraclough in Manchester, deren Bild zugleich verschiedene Arrangements vereinigt enthält, und die von G. Stein in Berlin.

Die in Fig. 527 abgebildete Zwirnmaschine von G. Stein[*] in Berlin enthält eine Reihe interessanter Einzelheiten. N ist das Aufsteckbrett, W der Führerschieber mit dem Führer M'. T sind die Vorziehnuthenconen zum Herumnehmen und Spannen der Fäden vor oder nach ihrer Zwirnung. K ist eine Gleitstange mit Gleitrollen. An M sitzen die Winkelführer u mit Bewickelapparat. S sind die Spindeln mit Spulen G und Bremsschnur und Gewicht V, eingelegt auf der Kammleiste H. Die Spindeln sind durch Zahnräder C bewegt. Jede ist für sich abstellbar und verstellbar. H ist der am Balancier mit Herzscheiben sitzende Wagen. — Abgesehen von der ausgezeichneten Brauchbarkeit dieser Maschine für das Zwirnen, gewährt sie die Möglichkeit, Grundfäden schnurartig mit Materialfäden zu bewickeln mit Hülfe der Haken o und daran befestigter Kämme. Diese Bewicklung kann stellenweise auftreten oder den Grundfaden ganz bedecken und erlaubt interessante Variationen. —

Um bezüglich des Ankaufes ein Bild zu geben, fügen wir hier aus dem Preiscourant der Sächs. Maschinenfabrik eine Uebersicht an, die genügend informirt:

---

[*] Wir geben hier noch einige Hinweise über neuere Constructionen von Zwirnmaschinen und gute Ausführungen: Bernard & Philipp, R. Hartmann, A. Franke & Co. R. Voigt, H. Küchenmeister, Gebrüder Hamel, Oscar Schimmel & Co., Th. Wiede u. A. in Chemnitz, Gebr. Köster in Neumünster etc., Ryo Catteau, Russet, Gérard, Durand & Pradel (1858 Spec. 3813 u. 1860 Spec. 687.) (Alcan I. 477). Barnabé & Duboq jr. (1859 Spec. 59.) — Daillon; Guillard & Collé; L. J. Carpentier; Friedr. Buser (1857 Spec. 2508 u. 1863 Spec. 674); Jean J. Bourcart (1863 No. 805); Bonez; Sauval; Luyssen & Andrieux; E. Weber (1856 Spec. 2231); Perrier; Prouvost; Muloteaux & Co.; Seraphin Mansion; J. B. Buissart (wendet zuerst für Zwirnmaschinen geriffelte Cylinder an 1861. Spec. 2945); J. B. Heiller; Leroux Brothers; Lake (1870 Spec. 1601); Houle (1870 Spec. 2626)

[*] Polytechn. Zeitung (Grothe) 1873. Engineering 1873. Centralblatt für Textilindustrie 1874. Scientific American 1874.

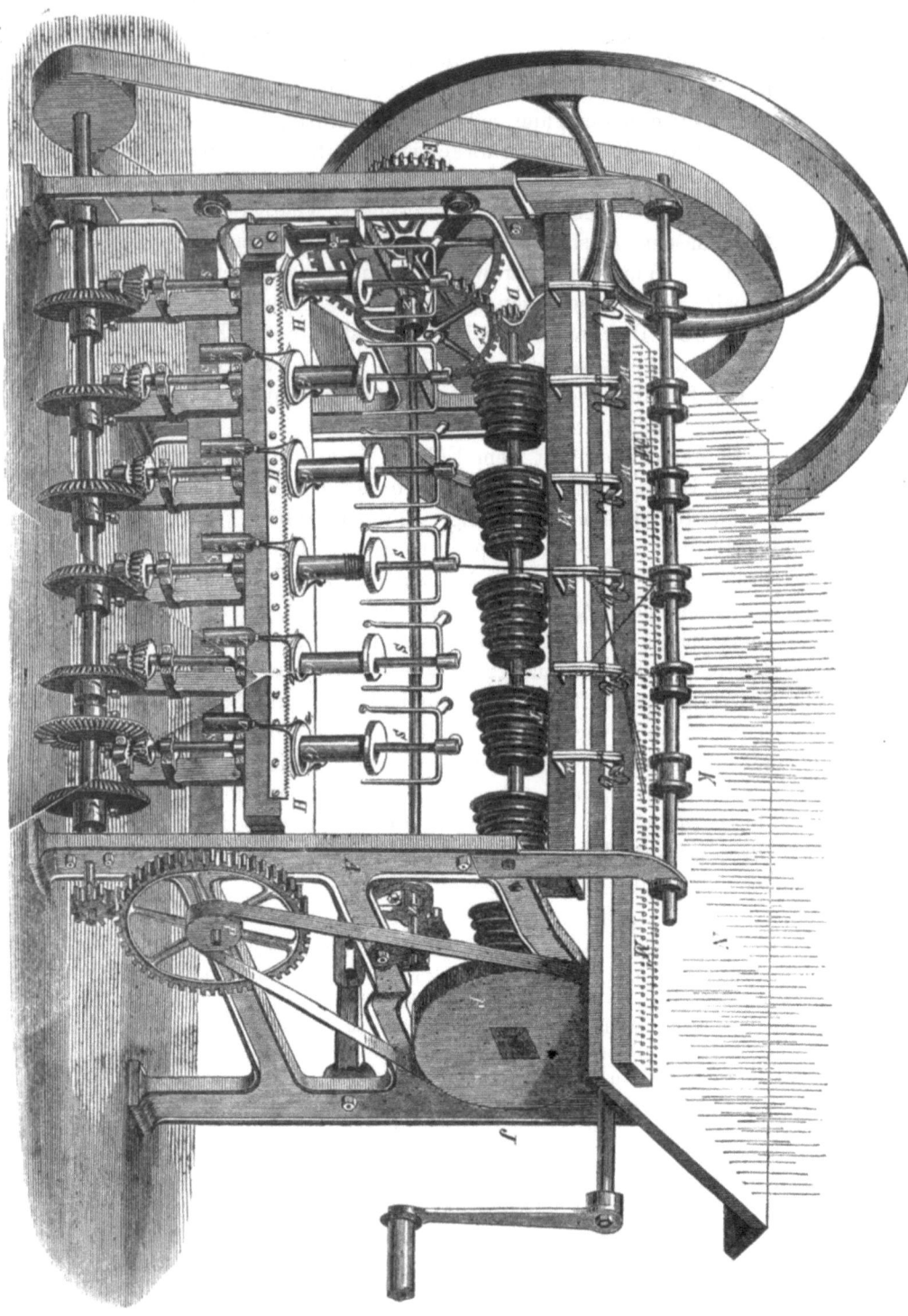

Fig. 525.

Zwirnmaschinen, mit Schnurenbetrieb, zum Zwirnen auf 2 Seiten, mit 2 Cylinder-Reihen auf jeder Seite, einer Blechtrommel, Aufsteckzeug für Kötzer.

Spindelzahl	87 Mm. Spindeltheilung, bei 80-100 Mm. Spulenhöhe		92 Mm. Spindeltheilung, 100-110 Mm. Spulenhöhe		105 Mm. Spindeltheilung, 118 Mm. Spulenhöhe	
	Preis	Länge	Preis	Länge	Preis	Länge
60	ca. Thl. 330	12 Fuss	ca. Thl. 350	12½ Fuss	ca. Thl. 390	13¾ Fuss.
80	- - 427	15 -	- - 454	15¾ -	- - 507	17½ -
100	- - 500	18 -	- - 533	19 -	- - 600	21¼ -
120	- - 596	21¼ -	- - 636	22¼ -	- - 716	25 -
140	- - 681	24¼ -	- - 728	25½ -	- - 821	28¾ -
160	- - 763	27¼ -	- - 816	28¾ -	- - 923	32½ -
180	- - 840	30¼ -	- - 900	32 -	- - 1020	36 -
200	- - 907	33½ -	- - 974	35¼ -	- - 1107	39¾ -

Tiefe durchgehends 3¾ Fuss sächs.

Das Zwirnen oder Doubliren.

Das Zwirnen und Doubliren etc. ist nun keine leichte Operation, sondern erheischt viel Sorgfalt. Zunächst kommt dabei in Rede, welchen Zweck das Doubliren hat! Der Zweck kann sein

a) den einfach gesponnenen (und zwar doppelt so hoch gesponnen als nöthig für die Anwendung) Faden durch das Doubliren mit seinesgleichen zu verstärken.

b) durch die Vereinigung zweier verschieden gefärbter Fäden gewisse Farbeneffecte in Geweben zu erzielen.

a

b

Fig. 526.

Dem Zwecke zu a gemäss doublirt man alle wollenen Strickgarne und viele Garne für Herrenbekleidungsstoffe. Man verbindet mit dem reinen Nützlichkeitszweck häufig den Schönheitszweck ad b.

Die Doublirung kann nun ausserordentlich verschiedene Effecte erzielen, abgesehen von der verschiedenen Färbung der Fäden, durch die grössere oder geringere Schärfe des Drahtes, durch die Variation der zu zwirnenden Materien besonders bezüglich der Fadenstärke, durch die Regelmässigkeit oder Unregelmässigkeit des Zwirndrahtes. Betrachten wir Fig. 526 so finden wir in diesen beiden Doublirungen bereits wesentliche

Unterschiede. Während bei b die Fäden lose um einander geschleift sind, verkürzt sich das flammige Farbenbild in a durch den schärferen Draht. Der scharfe Draht in Fig. 527 würde ein noch kürzeres Flammen-

Fig. 527.

bild geben, allein einen so scharfen Doublirdraht wendet man für Verschönerungszwecke nur sehr selten an. Die Figur 528 zeigt dann eine

Fig. 528.

Doppel-Doublirung, wie sie so scharf ebenfalls selten vorkommt, aber das Bild zeigt die Möglichkeit, die Spiralflamme der einfachen Zwirnung in kurz abgesetzte Flammen parallel der Fadenaxe zu verwandeln. Also derartige Variationen resultiren aus der Stärke des Drahtes. Sie haben auch Statt, sobald man Materialien zusammendreht von verschiedener Beschaffenheit und Stärke, als z. B. einen feinen Seidenfaden mit No. 10 Streichgarn (metr. No.), einen Baumwollfaden No. 70 mit Streichgarn No. 5 etc. In solchem Falle geben die Zwirnungen das Bild eines Herumschlingens des feineren Fadens um den gröbern, — eine gleiche Spirale für jeden Faden ist dann unmöglich. Doch ist es wichtig, bei allen glatten einfachen Doublirungen darauf zu achten, dass die Anordnung der Spiralen gleichmässig erfolgt, eine Aufgabe, welche nur bis zu gewissem Grade lösbar ist und welche abhängt von der richtigen, dem Material angepassten Spannung und dem gleichmässigen Gang der einzelnen Maschinentheile, — ferner von der gleichmässigen Qualität und Ausführung der Gespinnste an sich (siehe pag. 695). Die richtige Einleitung und Durchführung des Doublirens ist fast stets Sache der Erfahrung und des Probirens; Regeln und genaue Vorschriften kann man nicht dafür aufstellen. Ist man doch selbst darüber nicht einig, ob die Wollfäden schwach gedreht oder scharf gedreht zur Anwendung kommen sollen, ob sie beim Doubliren gegen ihren eigenen Draht sich drehen sollen oder nicht. —

Der **Materialaufwand** für die Zwirnerei ist bisher nur empirisch ermittelt worden. Es existiren keine Angaben, die auf wissenschaftlichem Wege als Resultate solcher Bestimmung betrachtet werden könnten. Die Praxis hat seither gezeigt, dass der Einfluss der Spiraldrehung zweier Fäden eine Verkürzung des einen oder beider Fäden bewirkt, je nachdem man den einen Faden als Spindelkörper, den anderen als Schraubenlinie um denselben auffasst, oder aber beide Fäden als Schraubenlinien um einen ideellen Cylinder. Diese Verkürzung reducirt die No. der Fäden, dass z. B. die Doublirung zweier Fäden von No. 20 nicht einen Zwirnfaden ergiebt, dem man die No. 10 beilegen könnte, sondern eine No., die unter 10 herabgesunken ist. Im Allgemeinen kann man diese Einbusse auf 1—3 pCt. anschlagen, so dass man z. B., um No. 10 gezwirnt herzustellen, d. h. also No. 10 = 1000 Meter per Kilogramm, die einzelnen Fäden auf No. 21 bis No. 22 spinnen müsste. Diese Thatsache ist von grosser Wichtigkeit, weil sie dem chicanösen Geiste, welcher freilich sehr verbreitet ist, Thor und Riegel öffnet. Es sind der Widerlegung der Chicane, andererseits dem Betruge sodann keine Mittel und Zahlen an die Hand gegeben, dieselbe endgültig und schlagend durchzuführen. Man hatte dem Nummerirungscongresse daher vorgeschlagen, eine allgemeine Fehlergrenze für gezwirnte Garne festzustellen und dafür die Grösse 2 pCt. bezeichnet, — allein jede Fehlergrenze ist nur eine neue Eröffnung der Betrugsmöglichkeit und würde sehr bald zu argen Missständen führen. Es ist daher viel vortheilhafter, wissenschaftliche Methoden an die Hand zu geben, welche auf dem Rechnungswege **die Längen der mit einander gezwirnten Fäden exact bestimmen lassen**. Ist das volle Mass der die Zwirne bildenden einfachen Fäden ermittelt, so fällt jede Einwendung gegen die Richtigkeit des Zwirnmasses von selbst fort, gleichviel, ob letzteres unter dem gesetzlichen Mass der No. 10 = 1000 Meter zurückbleibt, denn (unter P das Wollgewicht des einen Fadens, unter P' das Wollgewicht des anderen Fadens verstanden) $P + P' = P''$ dem Wollgewicht des gezwirnten Fadens, da der Material-Verlust beim Zwirnen meistens fast gleich Null ist. Da für die Nummern die Gewichte sich verhalten wie die Längen, so haben wir

$$\frac{P''}{L''} = \frac{P}{L} = \frac{P'}{L'}$$

wobei zu bemerken ist, dass am häufigsten für gleiche Materien

$P = P'$ und $L = L'$ ist.

Das Gewicht P und P'' kann leicht direct ermittelt werden und bietet bei gezwirnten Garnen keine Schwierigkeit. Die Länge aber ist durch directes Mass nicht festzustellen, denn selbst beim vorsichtigsten Haspeln übt die Spannung, mit welcher der Faden geführt wird, einen bestimmenden Einfluss auf die Länge aus.

Der gezwirnte Faden kann betrachtet werden als bestehend

a) aus einem Cylinder (der eine Faden), um den der andere Faden in einer Spirale herumgeführt ist. In diesem Falle beschränkt sich die Ermittlung lediglich auf die **Länge des Spiralfadens**. Diese kann ermittelt werden für eine Wiederholung mit Hülfe der Gleichung

$$l = \sqrt{4 r^2 \pi^2 + h^2}$$

für eine beliebige Anzahl x Windungen
$$L = x \cdot 1 \text{ oder}$$
$$L = x \cdot \sqrt{4 r^2 \pi^2 + h^2}$$
(r Radius des Kreises, den man sich vom Mittelpunkt des Cylinderquer-

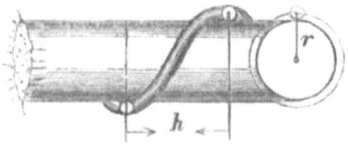

Fig. 529.

schnitts durch den Mittelpunkt des Spiralcylinders gelegt denkt, h die Höhe des Schraubenganges, L die Länge des Schraubenganges.

Bei diesem Fall, der nur dann anzunehmen ist, wenn der Cylinderfaden stärker als der Spiralfaden ist, wird sich die Hauptaufgabe auf die Ermittelung der Länge des Spiralfadens richten, da die Länge des Cylinderfadens durch diese Zwirnung unmerklicher verkürzt ist und nur die Differenz zu bestimmen ist, um welche in Rücksicht auf den Spiralfaden der Cylinderfaden kürzer oder länger sein darf. Z. B. ist der Cylinderfaden von No. 20, der umwindende Faden aber No. 30, so müsste die No. dieses Zwirns 12½ sein.

1 Kil. von No. 20 hat 20000 M.
1 „   „   „ 30 „ 30000 M.
die Dicke des Fadens No. 20 ist 0,390 Mm.*)
„   „   „   „   „ 30 „ 0,316 Mm.

der Radius $r = \dfrac{0,390}{2} + \dfrac{0,316}{2} = 0,353$ Mm.,

da h = 5 Mm. so wird auch l = 5 Mm. und
$$l' = \sqrt{4 \cdot 0,353^2 \pi^2 + 5^2}$$
$$= \sqrt{4 \cdot 0,1246 \cdot 9,87 + 25} = \sqrt{29,9192}$$
$$l' = 5,47.$$

Auf 5 Mm. des Fadens No. 20 würde sich also eine Länge von 5,47 von No. 30 wickeln oder auf 1 M. von No. 20 wickeln sich 1,094 M. von No. 30. Da 1 M. von No. 20 aber $\dfrac{1}{20000}$ Kilo wiegt und von No. 30

---

*) Hier, wie überall, in der Lehre vom Spinnen tritt das Bedürfniss nach festen, normalen Grössen lebhaft auf. Die hier benutzten Fadenstärken entnehmen wir unserer Normaltabelle auf pag. 462. Eine Aufgabe der Theorie ist es, für die Nummerirung der Fäden feste, bestimmte Masse für die Dicke resp. den Diameter der Fäden neben der Länge festzustellen, bezogen auf das Gewicht. Wird dieses Bedürfniss erfüllt, wozu wir oben nur einen Versuchsbeitrag geliefert haben wollen, dann wird sich die Theorie und Praxis der Spinnerei wesentlich einfacher und einsichtiger gestalten.

$\frac{1}{30000}$, so hat 1 Mm. Länge des gezwirnten Fadens ein Gewicht von

$$q = \frac{1}{20000} + 1{,}094 \cdot \frac{1}{30000} = \frac{5{,}188}{60000} \text{ Kilo.}$$

Die ganze Fadenlänge L für 1 Kilo Gewicht muss sich zu diesem Gewicht 1 Kilo verhalten wie 1 M. zu seinem Gewicht q, also

$$\frac{L}{1} = \frac{1}{q} \text{ oder}$$

$$L = \frac{1}{q} = \frac{60000}{5{,}188} = 11565 \text{ M.}$$

Die Faden-No. des gezwirnten Garnes würde hiernach sein **11,565** und nicht 12½.

Bei Annahme gleicher Längen l und l' würde man erhalten

$$q = \frac{1}{20000} + \frac{1}{30000} = \frac{5}{60000} \quad \text{und} \quad L = \frac{1}{q} = \frac{60000}{5} = 12000$$

oder die Fadennummer = **12** und nicht 12½.

b) Der zweite Fall betrifft die Doublirung zweier Fäden, die **nicht von verschiedener Dimension sind**. Bei diesen ordnet sich die Umwindung so an, dass jeder der Faden Schraubenlinien beschreibt und zwar um einen idealen inneren Cylinder herum, dessen zu berücksichtigender Werth in den meisten Fällen zu vernachlässigen ist. Vielmehr kann auch für jeden der Doublirfäden der andere als Cylinder betrachtet werden.*)

Die Fadendicke von No. 40 ist 0,296 Mm., also der Radius des Schraubencylinders für jeden Faden $r = \frac{0{,}296}{2} = 0{,}188$ Mm.

$$l' = l = \sqrt{4 \cdot 0{,}188^2 \pi^2 + 10^2} = \sqrt{4 \cdot 0{,}03534 \cdot 9{,}87 + 10^2}$$
$$= \sqrt{101{,}395} = 10{,}065 \text{ Mm. statt 10 Mm.}$$

oder 1,0065 M. statt 1 M

Die No. wird also statt 20, da das Gewicht von 1 M. Länge ist

$$q = \frac{1{,}0065}{40000} + \frac{1{,}0065}{40000} = \frac{1{,}0065}{20000}$$

und die Länge für 1 Kilo.

$$L = \frac{1}{q} = \frac{20000}{1{,}0065} = 19870$$

also No. 19,87.

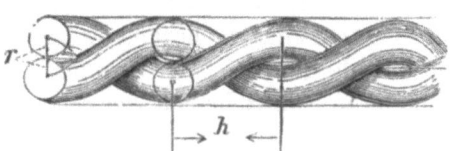

Fig. 530.

---

*) Man könnte nun noch als dritten Fall den betrachten, dass der gröbere Faden um einen straffen feinen Faden herumgelegt werde. Allein dieser Fall kommt nicht vor, es sei denn lediglich für die Erreichung bestimmter Effecte. Die Berechnung dieses Falles ist in derselben Weise wie in dem vorliegend betrachteten Beispiele durchzuführen, stellt sich aber etwas complicirter heraus.

Für h = 5 statt 10 ist
$$l = l' = \sqrt{4 \cdot 0{,}188^2\,\pi^2 + 5^2} = \sqrt{1{,}395 + 25}$$
$$= \sqrt{26{,}395} = 5{,}14 \text{ statt } 5 \text{ oder}$$
$$1{,}028 \text{ M. statt } 1 \text{ M.}$$

Das Gewicht von 1 M. Länge des gezwirnten Fadens
$$q = 2 \cdot \frac{1{,}028}{40000} = \frac{1{,}028}{20000}$$
und die Länge von 1 Kilo.
$$L = \frac{1}{q} = \frac{20000}{1{,}028} = 19455 \text{ M.}$$
also die No. 19,455.

Eine besondere Aufgabe des Doublirens ist die Erzielung eigenthümlicher **Zwirneffecte**. Der illustrirende Faden soll den anderen Grundfaden nicht blos in Spiralen umwinden, sondern in allerlei variirenden, unregelmässigen, abweichenden Gängen.

Derartige Effecte sind in den nachfolgenden Figuren 531 abgebildet. Der illustrirende Faden bildet in a in gewissen Zwischenräumen Punkte und umschlingt den Garnfaden zwischen ihnen nur leicht. Das Bild b ergiebt einen längeren Punkt, der ebenfalls in bestimmten Distanzen zurückkehrt. Für die Herstellung dieses Zwirns werden an der Zwirnmaschine

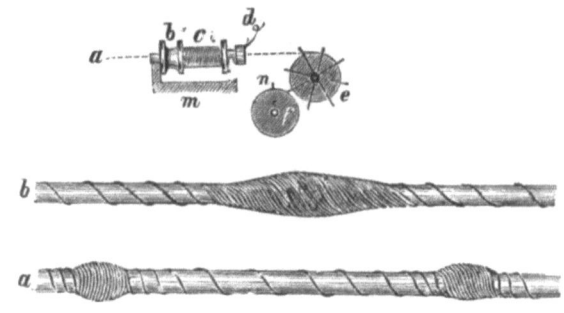

Fig. 531.

besondere Einrichtungen getroffen, derart, dass der Grundfaden in Zeitabschnitten stossweise vorrückt, der illustrirende Faden aber mit grosser Geschwindigkeit um den Grundfaden herumgeworfen wird. Ein solcher Apparat ist in Figur 531 dargestellt. Der Grundfaden a wird durch die Röhre c geleitet, auf deren von Scheiben begrenztem Körper das Garn zur Punktbildung aufgewickelt wird. Auf der Röhre sitzt zugleich der Würtel b, mit Hülfe dessen die Röhre in Rotation versetzt wird. Am Ausgang der Röhre, die im Lager m vor b fest eingelagert ist, befindet sich der Fadenführer d. Der Faden a wird von der Welle e vorgezogen. Die Walze e trägt eine seitliche Scheibe mit 4—12 Nasen und erhält ihre Umdrehung durch die Nasenscheibe F, welche mit 1 bis 4 Nasen versehen sein kann und deren Nasen gegen die von e schlagen.

Also für jede Umdrehung von F findet nur eine partielle Drehung von e statt und zwar stossweise, worauf der Faden a stillsteht und der Führer d

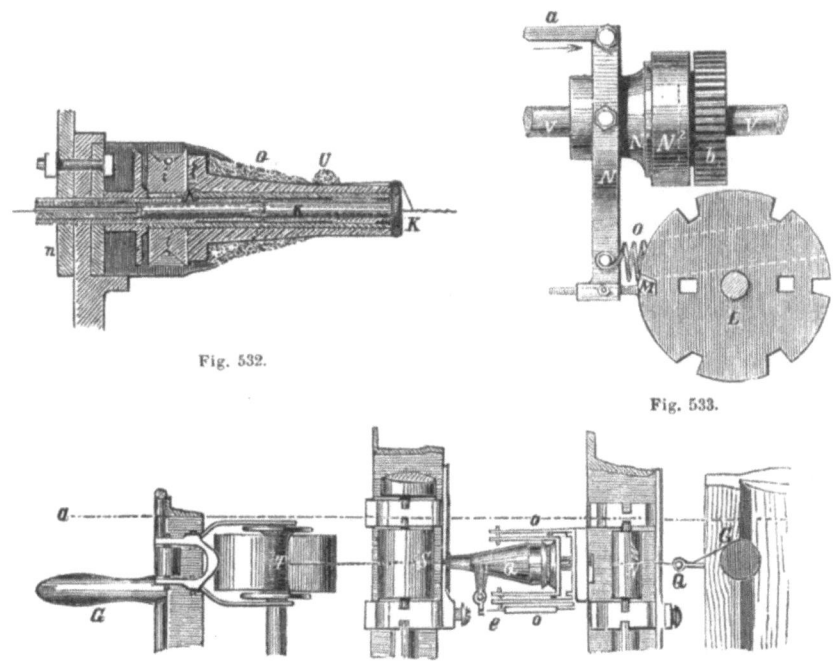

Fig. 532.

Fig. 533.

Fig. 534.

fortwährend den feinen Faden umwickelt. Um dem Punkt aber eine bestimmte Ausdehnung zu geben, ist eine kleine Scheibe mit f verbunden, von welcher aus in vermindernder Transportation e, während des sogen. Stillstandes von a, sich doch ein wenig dreht, je nachdem der Punkt 1—5—10 etc. Mm. lang werden soll.

Für die Maschinerie zu solchen Noppengarnen haben eine Reihe Constructeure Beiträge geliefert, so G. Stein, H. Grothe*) (1866), Noufflard, Smith & Son**), Saltaire, Tolson & Bury, Turner, Laidlaw.

Die Vorrichtung von R. Smith & Son (Stirling) besteht hauptsächlich in Einrichtung einer Spule mit Durchbohrung, wie Figur 532 zeigt. Der Grundfaden geht durch die Röhre K hindurch, auf welcher die Spule des Farbgarnes steckt, bewegt durch den Würtel i mittels Schnur. U ist eine Bürste zur Führung des Garnfadens. Die Bewegung dieser Spule ist continuirlich. Die absetzende Bewegung des Grundfadens wird durch ein Schaltrad L (Fig. 535) hervorgebracht, in dessen Ausschnitten der Schalter M eingreift. M sitzt an einem Hebel N, welcher unten durch die Spirale O' gegen das Schaltrad gezogen wird, oberhalb aber die Zug-

---
*) Engineering 1873. August.
**) Practical Mechanics Journal 1867. Oct. Polyt. Centralblatt 1868. pag. 23.

stange trägt. Dieser Hebel N ist in der Mitte und nach oben zu gabelförmig erweitert und umfasst den Kuppelungskern N', welcher conisch in die Kuppelungshülse N'' einpasst. Wird a in der Richtung des Pfeils bewegt, so wird zuerst N' in N'' eingedrückt und so die Welle V mit dem Rad b eingekuppelt, sodann aber löst sich der Schaltkegel M aus der Schaltscheibe aus und diese letztere wird von dem eingerückten Rade b aus bewegt, so lange als auf a der Druck in Richtung des Pfeils ruht. Es ist also die Stange a geeignet anzubringen und mit einem Curvenrade etc. in Verbindung zu bringen, um die zeitweisen Bewegungen von L einzuleiten. Die Entfernung der Einschnitte im Schaltrade entscheiden über die

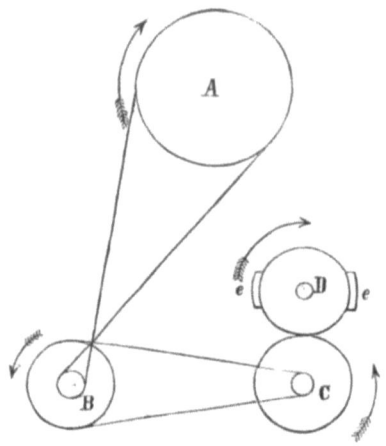

Fig. 537.

Grösse der Punkte (Fig. 536). Für lange Noppenpunkte hat Smith einen besonderen Mechanismus zur langsamen Fortbewegung des Grundfadens während der Bewicklung selbst angebracht.

An der dargestellten Zwirnmaschine von Barraclough in Manchester können die Noppengarne an den vorderen Spindeln rechts ebenfalls hergestellt werden. Die Grundfäden gehen hierbei durch Röhren. Der Vorzug des Garnes wird durch einen einfachen Mechanismus besorgt (Figur 537). Vom Hauptcylinder her wird das Rad D bewegt. Dasselbe greift mit dem Ansatzknaggen in geeignete Einschnitte von C und bewegt so zeitweise C. Von C aus wird B und dann A, der Vorziehcylinder in Umdrehung stossweise versetzt [*]). —

Sehr einfach und an jeder Zwirnmaschine leicht anbringbar ist die Vorrichtung von H. Grothe in Berlin (1866 mehrfach ausgeführt). Die Figur 538 giebt dieselbe an. E ist die Vorziehwalze mit Sperrrad S und Scheibe R. In das Sperrrad S greift die lange Sperrklinke D ein, die an der Spitze des einarmigen Hebels B sitzt. Durch die Feder e

---

[*]) Wollengewerbe von H. Söderström. 1875.

wird D stets nach B hin gespannt gehalten. Der Hebel B lehnt, gezogen von der Feder n, gegen den Ring d, welcher den grössten Kranz einer Stufenscheibe a auf m ausmacht. Hinter den Kranz ist eine Stellscheibe t auf m aufgesetzt. Dieselbe enthält Bohrungen b zum Einstecken von Zapfen und Nasen. Denkt man sich A in langsamer Rotation und bei x einen Zapfen eingesteckt, der etwa 40 Mm. hervorragt, so wird der Zapfen x gegen den Hebel B stossen und ihn nach rechts hinüberdrücken und zwar so lange, bis x von dem gebogenen Rücken von B abgleitet und der Federzug n B wieder gegen d drückt. Dabei greift natürlich die Klinke D in das Sperrrad S ein und dreht es angemessen der Stellung von x. Es ist also auf diese Weise die Vorrückung vom Faden f erfolgt, welcher durch eine Röhre mit Spule, wie oben beschrieben, geht und die Walze E umschlingt, während er sich unterhalb auf Rollen aufwickelt. Legt man über die Scheibe R und die Stufenscheiben a ein Band, so kann man für längere Punkte E langsam bewegen während der Punktbildung. Diese einfache Einrichtung lässt sehr viel Variationen zu.

Eine abweichende Einrichtung ist die von Noufflard & Co.*) in Louviers. Dieselbe erhellt aus der Figur 539. Es sei hier zuerst der

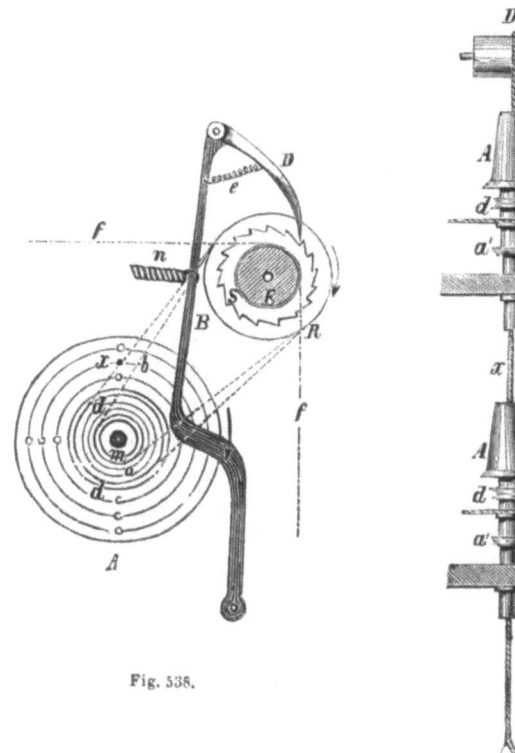

Fig. 538.

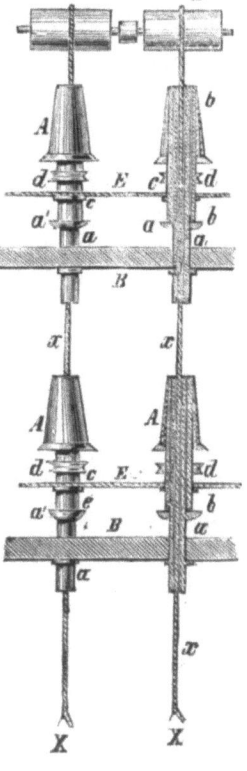

Fig. 539.

Fall angenommen, dass zwei Fäden um einen mittleren gewunden werden sollen. Es liegen dabei zwei Spindelsysteme über einander, von denen jedes aus einer hohlen Spindel B besteht, die auf der Traverse B so befestigt ist, dass ihr Ring a eine zweite Spindel c tragen kann. Letztere kann mittelst eines Würtels d in mehr oder weniger rasche Umdrehung versetzt werden und dreht sich um die an der festen Spindel a sitzenden Ringe b und b'. Die Schnur c, die sich gegen die Traverse E stützt, hindert die bewegliche Spindel, sich emporzuheben. Die Spule A auf der beweglichen Spindel enthält den Faden, der um den, nach einander durch beide über einander liegenden Spindelsysteme gehenden Faden x gewunden werden soll, von der Spule X kommt und von dem Cylinder D allmälig emporgezogen wird. Dieselbe wird z. B. in der untersten Spindel zuerst mit einem rothen, dann in der obern mit einem blauen Faden umzogen, der sich, da die obere bewegliche Spindel sich in umgekehrter Richtung dreht wie die untere, mit dem rothen Faden kreuzt. Indem man die eine Spindel sich mehr oder weniger rasch und in derselben oder in der entgegengesetzten Richtung sich drehen lässt wie die andere, oder indem man die Umdrehungsgeschwindigkeit des Cylinders D verändert, kann man die verschiedensten Zeichnungen auf dem Zwirne darstellen.

Wir fügen hieran noch die Darstellung einiger **Effectgarne**. Die Figur 540 zeigt ein Garn, hergestellt aus Vorgespinnst als Grundfaden

Fig. 540.

und einer Umwindung von feinem Faden, Baumwolle, Wolle oder Seide. Der Grundfaden wird in Absätzen durch ein Kneipwerk festgehalten und zieht sich dabei nach beiden Seiten hin conisch aus, wobei die rasche Zudrehung des Zwirns an den dünneren Stellen mithilft. Die folgenden Figuren 541 zeigen verschiedene sehr auffallende Effecte. Diese Zwirne waren zur Zeit der Pariser Ausstellung sehr beliebt. Zu ihrer Herstellung dienen: ein Grundfaden, ein Schlingfaden und bei den drei letzten Fig. d e f ein Schlauderfaden. —

Ausserdem werden noch Zwirne mancherlei Art hergestellt, so z. B. durch geeignetes Bewickeln und Belegen des Grundfadens mit Hülfe der Maschine von Stein (Fig. 525).

Wir wollen an diesem Orte der **Flammengarne** Erwähnung thun. Die Herstellung derselben ist **kein Zwirnprozess**, sondern ein **Spinnprozess**, insofern Vorgespinnst von beiden Farben benutzt wird und die Vereinigung in der Spinnoperation geschieht. Man legt also Vorgespinnst von 2 Farben der Spinnmaschine vor, leitet beide Locken durch einen Führer, sodass die Lieferungscylinder beide Vorgespinnste aufeinanderdrücken und knüpft sie zusammen an der Spindel an. Der ausfahrende Wagen zieht nun beide Fäden unter Drehung aus und bildet so ein Gespinnst, indem bei dieser Operation die Fasern der Locken sehr innig verbunden werden. Variationen sind hierbei möglich durch Farben, durch verschieden starkes Vorgespinnst, durch grösseren und kleineren Auszug etc. Diese flammirten Garne erzeugen vorzügliche Effecte. Besonders Verviers liefert darin grosse Assortimente. Die bezügliche Vorrichtung an der Spinnmaschine zur Bewegung der beiden Lockencylinder ist einfach. Die Sächsische Maschinenfabrik in Chemnitz stellte einen derartigen Apparat 1873 in Wien aus. Derselbe enthält eine sehr ausgiebige Wechselradanordnung und macht die Herstellung der Flammés mühelos exact.

Für die Herstellung von Garnen, die mit Flocken aus Seide, Flaum, farbigen Wollen, kurzen Fädchen etc. versehen sein sollen, verfährt man verschieden. Sollen diese Flocken mehr flammig im Garn enthalten sein, so bestreut man den Pelz vor der Feinkarde gleichmässig damit. Die Bearbeitung in dem Krempel bewirkt das Ausbreiten der Flocken hinreichend. Ist aber der Zweck, die Noppen und Flocken unzerzogen im Garn zu haben, so bestreut man das vom Peigneur abgekämmte Vliess vor der Theilung damit, so dass die Flocken eingewürgelt werden, oder man bringt erst auf der Spinnmaschine die Locken mit den Flöckchen in Berührung. Dieselben werden dann mehr oder minder fest in das Garn eingesponnen.

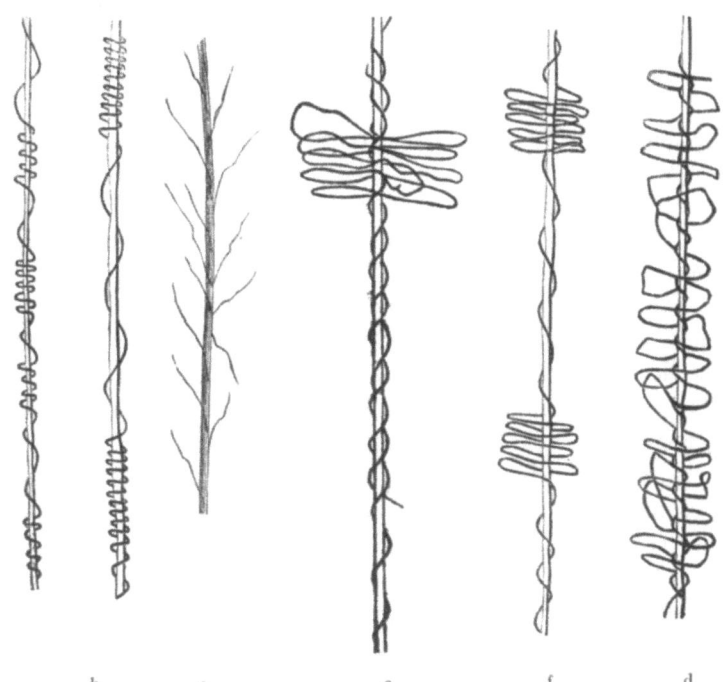

Fig. 541.

Das Haspeln.

Das Haspeln hat den Zweck, das Garn gleichmässig aufzureihen und nicht sowohl es zu messen, als besonders es in bestimmte Abtheilungen zu ordnen und so die Verwendung bequem und übersichtlich zu machen. Das Haspeln erfordert Sorgfalt und Genauigkeit, sowie gute, zuverlässige, unveränderliche Apparate, Haspelinstrumente.

Haspeln sind Apparate oder Maschinen, welche enthalten:

    a) die Aufsteckvorrichtung zur Aufnahme der Kötzer, Strähnen etc. (A).

    b) den Führer für den Faden (B).

    c) den eigentlichen Haspelflügel E, meistens bestehend aus gehobelten Latten, welche parallel zur Axe auf 6—8 gleich langen Armen oder auf Scheiben je an jedem Ende der Axe aufgenagelt oder befestigt sind.

    d) den Zählapparat, meistens auf der Flügelaxe.

    e) ein Spannungsapparat C D oder Streich-, Gleitschiene.

Die neuere Zeit hat für grössere Fabriken es wünschenswerth erscheinen lassen, mechanisch bewegte Haspeln zu haben. Eine solche Dampfhaspel führen wir in den Figuren 542, 543 u. 544 vor. Sie ist von G. Stein in Berlin construirt.

Zwischen eisernen Böcken sind 2—3 Haspel a von ca. 73 Cm. Länge gelagert, welche durch die Riemenscheiben W W' und die Zahnräder V in Bewegung gesetzt werden, die Haspel selbst ruhen in offnen Lagergabeln, welche ein leichtes Wechseln derselben gestatten.

Der auf der rechten Seite befindliche Bock trägt sowohl das Zählwerk als auch den Vorschub-Mechanismus. C ist eine in einem verstellbaren Lagerstück F eingefügte Welle, auf welcher eine eingängige und eine dreigängige Schnecke befestigt sind. In eine der beiden Schnecken greift ein Rad D, dessen Zahnzahl gleich der gewünschten Anzahl Haspelumfänge ist. D ist auf einer Welle E befestigt, welche am Endpunkt einen Hebel H trägt, welcher bei jedesmaligem Umgang des Rades D gegen eine bewegliche Schiene J mit Sperrklinke drückt. Diese Klinke greift in die am Ende gezahnte Führungsleiste K, auf welcher die Fadenführer für die einzelnen Strähnen befestigt sind. Zum selbstthätigen Ausrücken der Maschine nach zurückgelegter Tourenzahl dient der Ausrücker M, welcher durch einen an der Führungsstange angebrachten Hebelmechanismus O N beim Eingriff des letzten Zahnes ausspringt.

Beim Gebrauch der Maschine legt die Arbeiterin die Sperrklinke in den vordersten Zahn der Führungsstange K, rückt die Gabel ein, nachdem die auf Rollen vor den Haspeln befindlichen Fäden an denselben befestigt sind.

Hat die Maschine alsdann eine bestimmte Anzahl Fäden in die gewünschte Strähnenzahl gelegt, so kehrt die Maschine sich durch den

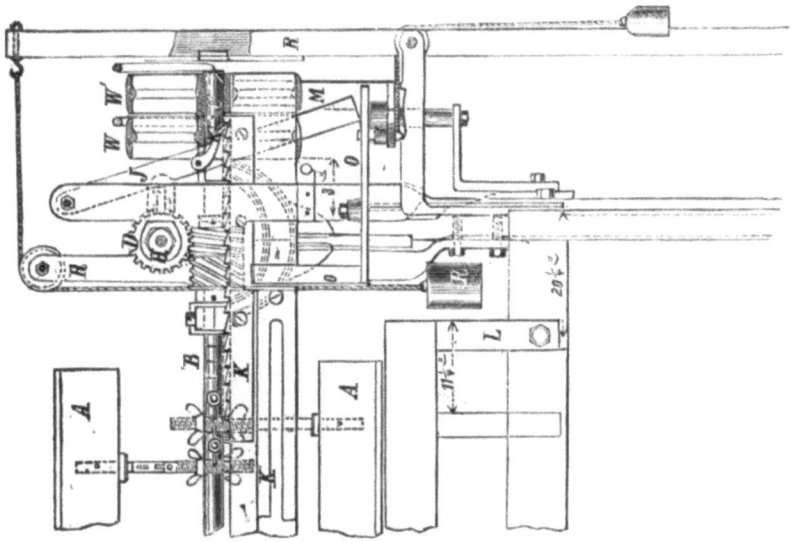

Fig. 542.

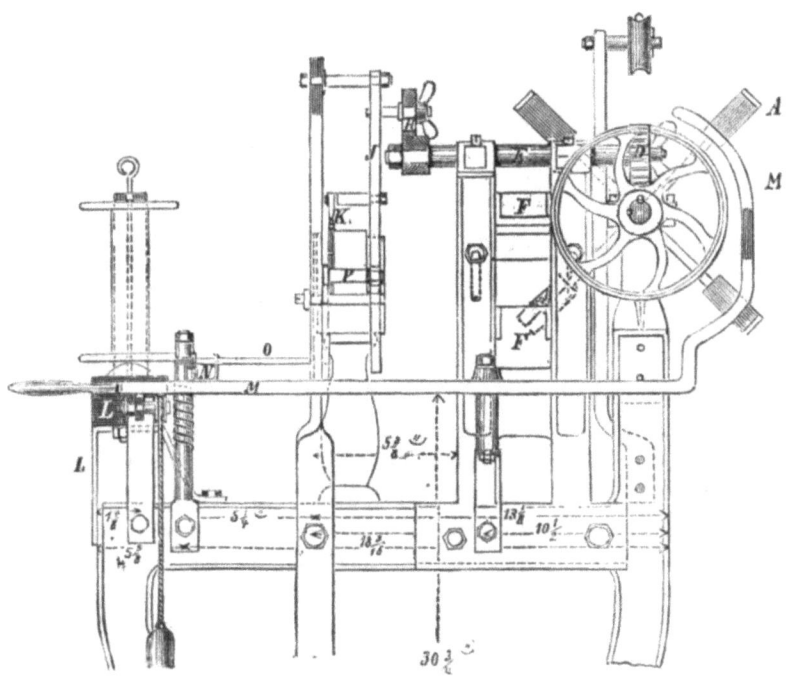

Fig. 543.

eigenen Mechanismus aus, die vollen Haspeln werden durch leere ersetzt und das Spiel beginnt von Neuem, während die Strähnen der vollen Haspeln auf nebenstehenden kleinen Ständern unterbunden werden. Durch die Erzielung fast continuirlicher Arbeit, sowie durch den exacten Mechanismus sind die Maschinen sehr leistungsfähig. Die Bedienung selbst ist eine sehr einfache, so dass die Arbeiterin sehr rasch damit vertraut ist. (Die perspectivische Figur giebt eine Uebersicht der Anordnung).

Fig. 544.

Eine recht gut arbeitende Garnhaspelmaschine wird von Philipp Hemmer in Aachen gebaut nach Patent Stephan Quast. Dieselbe besorgt selbstthätig auch das Abbinden der Abtheilungen des Garns. Andere Constructionen rühren her von Duboc, Muloteaux, Lecoeur, Stubbs, Bourcart, Perrier, Corrigeau (1874 Spec. 4061), u. A.

Das eigentliche Haspeln soll das gesponnene Garn also abtheilen und auch messen. Dazu muss der Umfang des Haspels eine bestimmte Grösse haben. Wie sehr diese bisher schwankte, hat der Garncongress in Wien bereits dargelegt. Es wurde constatirt, dass es ca. 115 verschiedene Haspelumfänge gab, ebenso wie die Nummer- u. Massbestimmung variirte. Wir geben hier 8 Hauptmasse, welche nun durch das internationale metrische System verdrängt werden:

Wiener (in fast ganz Oesterreich gebräuchlich). Nr. = der Anzahl Strähn à 1760 Wiener Ellen, welche auf 1 Wiener Pfund gehen. Verkaufseinheit das Wiener Pfund. Haspel 2 Wiener Ellen.

Böhmisch (nur in einem Theile Böhmens gebräuchlich). Nr. = der Anzahl Strähn à 800 Leipziger Ellen auf 1 Pfund englisch. Verkaufseinheit das englische Pfund. Haspel 3 Leipziger Ellen.

Sächsisch (nur in einem Theile von Sachsen gebräuchlich). Nr. = der Anzahl Strähn à 1200 Leipziger Ellen auf 1 Pfund englisch. Verkaufseinheit das englische Pfund. Haspel 3 Leipziger Ellen.

Berliner (neben dem Folgenden in Deutschland und Belgien). Nr. = der Anzahl Strähn à 2150 Berliner Ellen auf 1 Zollpfund. Verkaufseinheit das letztere. Haspel 2½ Berliner Ellen.

Cockerill'sche (neben dem Vorhergehenden in Belgien und Deutschland gebräuchlich). Nr. = der Anzahl Strähn à 2240 Berliner Ellen auf 1 Zollpfund. Verkaufseinheit das letztere. Haspel 4 Berliner Ellen.

Englisch (in England und Schottland gebräuchlich). Nr. = der Anzahl Strähn (hank) à 560 Yard auf 1 Pfund englisch. Verkaufseinheit das letztere. Haspel 1 Yard.

Sedan (in Frankreich neben dem Folgenden gebräuchlich). Nr. = der Anzahl Strähn (écheveaux) à 1256 aunes auf 1 altes Pariser Pfund. Verkaufseinheit sowohl das Pariser als das ½ Kilo. Haspel 1.2975 aunes.

Elbeuf (in Frankreich neben dem vorigen gebräuchlich). Nr. = der Anzahl Strähn à 3600 Meter auf ½ Kilo. Verkaufseinheit das ½ Kilo. Haspel 2 Meter.

Das metrische System hat für den Haspelumfang bei Streichgarn 1,50 Meter vorgeschlagen oder in Einheit mit dem englischen Yard und den französischen gebräuchlichen Massen für fast alle Spinnstoffe: 1,37 M.

Bezüglich der Haspelung hat sich Herr A. Lohren in Potsdam ein besonderes Verdienst erworben durch die genaue Beobachtung der Haspelerfordernisse: Spannung und Lage der Fäden.

Lohren[*]) sagt: „Das Messen des Garnes geschieht in der Regel dadurch, dass man das Garn auf einen Haspel wickelt, und den Haspel-Umfang mit der Anzahl der Touren multiplicirt.

Die Fehler, welche bei dieser Manipulation entstehen, haben zwei Ursachen;

einmal nimmt man alle Windungen gleich dem Umfange des Haspels an, während dieselben doch um so länger sind, je dicker das Garn aufeinander gewunden wird; — dann nimmt man die Spannung des Garnfadens bald zu gross, bald zu klein.

Was den ersten Fehler anbetrifft, so habe ich durch Versuche nachgewiesen, dass die äusseren Garnwindungen bei dem alten Gebinde zu 80 Fäden von 5 bis zu 30 Millimetern länger sind, als der Haspelumfang.

Dieser Fehler lässt sich leicht vermeiden, wenn man die Fadenlänge mittelst zweier rotirender Walzen misst, welche den Faden heranziehen, ohne denselben aufzuwickeln. Instrumente solcher Art sind längst bekannt, jedoch wenig in Gebrauch gekommen. In Streitfällen wird die Nummer des Gespinnstes durch Wägung und Messung von mindestens

---

[*]) Correspondenzblatt des Internationalen Congresses für einheitliche Nummerirung pag. 235. — Centralblatt für Textilindustrie 1875. No. 26 u. No. 20.

10 Proben à 100 Meter Fadenlänge erhoben. Viel schwieriger ist die Vermeidung des zweiten Fehlers, welcher durch die unrichtige Fadenspannung beim Messen hervorgerufen werden kann. Für grobes, mehrfach doublirtes Kammgarn kann diese Fadenspannung zu Differenzen von 4 pCt. und darüber Anlass geben. Dies wurde durch folgende Versuche festgestellt. Wenn man 100 Meter Faden locker und lose aufwindet und dann wiederum abhaspelt, indem man den Faden zwischen den Fingern so stark anspannt, als er erlaubt, ohne zu zerreissen, so ergiebt sich eine wesentlich grössere Fadenlänge. Um die sehr schwierige Frage: „Wie gross in jedem Falle die Fadenspannung genommen werden soll" versuchsweise einer Erledigung entgegen zu führen, habe ich fünf verschiedene Spannungsmethoden mitgetheilt, welche beim Haspeln der Kammgarne in Anwendung kommen und nothwendig sind. Aus jenen Versuchen habe ich den folgenden allgemeinen Satz abgeleitet: **Die Messung muss sich beziehen auf den geraden, leicht angespannten Faden**, und habe die Grösse der Spannung näher zu begrenzen versucht.

Diese daraus hervorgegangenen Spannungsmethoden sind die folgenden:

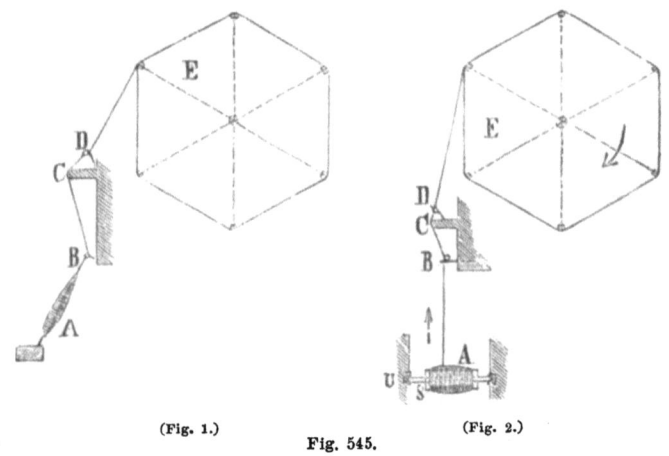

(Fig. 1.)   Fig. 545.   (Fig. 2.)

1) Für feine, leicht zerreissbare, wenig gedrehte Garne in den hohen Nummern leitet man den Faden nach beistehender Fig. 545, 1. 2. direct von der Canette A durch das Drahtauge B, über den polirten Spannstab C und endlich durch eine Drahtöse D zum Haspel E.

2) Für feinere, festere, stärker gedrehte Garne, z. B. Kettengarne, benutzt man denselben Haspel, führt jedoch den Faden nicht über einen polirten, sondern einen mit Tuch oder Leder bekleideten Spannstab. Die dadurch entstehende Spannung ist wesentlich grösser als die oben beschriebene und lässt sich durch Vergrösserung oder Verkleinerung des Winkels B C D vermehren oder verringern.

3) Für doublirte und stark gezwirnte Garne in feineren Nummern wendet man beim Haspeln mit der Hand dieselbe Construction an, steckt aber die Spule A, welche das gezwirnte Garn in diesem Falle enthält, auf eine horizontal liegende, frei in Lagern drehbare Spindel S, wie dies in Figur 2 dargestellt ist. Der Spannstab C wird bei feineren und zarteren Zwirnen glatt, bei kräftigeren rauh angewendet.

4) Bei kräftigen drillirten Garnen wählt man mechanische Haspeln von der aus Figur 3 ersichtlichen Construction. Hier ist die von der Zwirnmaschine entnommene Spule A auf eine Spindel S aufgesteckt, welche eine verticale Stellung hat, und in ihren Lagern frei rotiren kann. Die Spule A steht auf einer Frictionsscheibe U, die ihrerseits lose auf der Halslagerbank aufliegt.

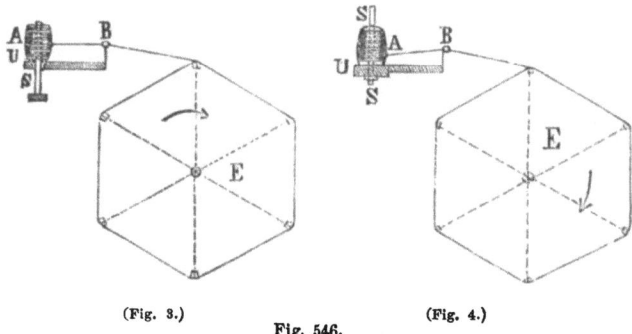

(Fig. 3.)   Fig. 546.   (Fig. 4.)

5) Für drei-, vier- und mehrdrähtige grobe Zwirne und Garne nimmt man denselben Haspel wie in No. 3, stellt jedoch die Spindel S ganz fest, so dass dieselbe an der Rotation der Spule A beim Abdrehen nicht theilnehmen kann.

Nachdem wir in Obigem die Fehler angedeutet haben, welche die unrichtige Spannung des Fadens beim Messen erzeugt, ist noch ein zweiter Uebelstand hervorzuheben, welcher bei der gewöhnlichen Methode der Nummerprobe zu grösseren Fehlern Veranlassung sein kann. Derselbe besteht darin, dass die Fadenwindungen beim Uebereinanderhaspeln stetig in Länge zunehmen; die äussersten Fadenlagen also eine grössere Länge besitzen, als der Haspelumfang, welcher der Rechnung zu Grunde gelegt werden muss.

Die Messung und Nummerirung.

Die genaueste Haspelmessung oder die Uebereinkunft auf das metrische System selbst können allein keine Besserung bringen in den Zuständen, die heute noch (1876) in der Wollgarnspinnerei bestehen. Um diese zu beseitigen, heisst es, Einführung exacter Masse und exacter Gewichte. Dieses ist nur möglich mit Hülfe der Conditionnirung*). Die Condition-

---

*) Siehe pag. 156.

nirung diene als Mittel zur Feststellung des Gewichtes, auf welches die Nummer zu beziehen ist. Dies Gewicht muss gerade wie das Kilo an und für sich durch ein Liter Wasser bei 4° C. seine unantastbare, unabänderliche Bestimmung findet, in ähnlicher Weise auf eine sichere physikalisch-mechanische Grösse zurückgeführt und bezogen sein, und diese Beziehung bildet zugleich für Fälle der Jurisdiction das Refugium der gerichtlichen Prüfung. Ja, die Conditionnirung muss das Fundament der Garnnummerirung bilden und sei es selbst nur für den Zweck, der Jurisdiction eine wirkliche Handhabe zu gewähren.

Der auf dem Turiner Congress*) 1875 von L. Simons (Elberfeld), A. Lohren (Potsdam), Dr. H. Grothe (Berlin) gestellte und durchgebrachte Antrag (leider später durch den Rapporteur im Wortlaut entstellt) war:

a) Die Nummerotage ist auf die facultative Conditionnirung zu basiren.

b) Die Conditionnirung für jede Faser muss bei einem niedrigeren Temperaturgrad bis zur absoluten Trockne vorgenommen werden, als derjenige ist, bei welchem die Faser sich zersetzt, und es ist eine zu ermittelnde Reprise zu dem erhaltenen absoluten Gewicht hinzuzufügen.

c) Die normale Messung und Bestimmung der Nummer ist von den Conditionnir-Anstalten auf das Exacteste auszuführen.

Auf diesem Fundamente ist für die Zukunft hoffentlich die Regelung der Spinnerei zu erhoffen. Die Conditionnirung ist das einzig radicale Mittel, der gräulichen Wirthschaft entgegenzutreten, welche heute in der Streichgarn-Spinnerei — theilweise auch im Wollhandel schon sich etablirt hat. Es ist eine ganz offenkundige Thatsache, dass es Streichgarn-Spinnereien giebt, welche ständig Garne billiger liefern, als reellen Spinnereien allein die Wolle kosten würde für Herstellung des Garnes, resp. noch für geringe Summen. Es bedarf zur Erklärung dieses Umstandes keiner Untersuchung, sondern der Betrug ist durch Thatsachen gekennzeichnet. Dass solche Gespinnste für eine bestimmte Quantität an Stelle der guten Fasern andere Ingredienzien enthalten, die für die Verwendung der Garne keinen Werth haben, ist die Wahrheit, — dass sie aber nicht als solche werthlose und später einfach im Webeprozess entfallende Stoffe angegeben werden, ist selbstredend. Neben diesem allergröbsten Betrug existiren in der Streichgarn-Spinnerei andere Unredlichkeiten, und diesem Unwesen haben wir bittere Rückschläge zu verdanken, so auf die Schafzucht, so auf den Wollhandel, so auf die Tuchfabrikation und die Stofffabrikation, und schon sind wir Deutsche dahin gekommen, dass unsere vordem als überaus reell und solide bekannten und gern gekauften Stoffe auf allen Märkten das Renommé verloren haben. Je bekannter und offenkundiger diese betrügerische Infection der Streichgarnspinnerei ist, um so mehr ist eine sichere und strenge Abhülfe geboten und diese liegt einzig und allein in Anwendung der Conditionnirung als gesetzlicher Constatirung der Nummer. Wenn nur diese eine Bestimmung

---

*) Centralblatt für Textilindustrie. 1875. No. 23—27.

aufgestellt wird, dass die Jurisdiction zur Constatirung der Nummer auf die Conditionnirung zurückgreift, — so ist schon ein genügendes Remedium gegeben, weil diese Möglichkeit, diese Berechtigung dem Käufer zusteht, wenn der Verkäufer nicht extra die Conditionnirung ausschliesst oder freiwillig den Etat an guter Wollfaser angiebt. Allein dieses drohende Recht der Conditionnirung im Streitfalle wird dazu führen, reellen Sinn und Geist wieder in die Streichgarn-Industrie einzuführen.

Entzündbarkeit der Wollspinnereiabfälle.

Hierüber sind neuerdings directe Versuche gemacht, aus denen die Entzündlichkeit der Wollabfälle unter gewissen Umständen evident erwiesen ist. Bereits 1872 hatte J. Gellatyl Näheres hierüber mitgetheilt und später die Herren Farez und Boulanger. 1874 hat J. J. Coleman in Glasgow die Sache näher untersucht und wurden dessen Recherchen von der Société industrielle de Mulhouse geprüft. Danach steht die Dichtigkeit der Oele, wie man früher glaubte, nicht in Relation mit der Entzündlichkeit. Ein Zusatz von Mineraloel zu den vegetabilischen und animalischen Oelen verhindert die Entzündung selbst bei hoher Temperatur.

Die nachstehende Tabelle giebt die Versuche wieder.

Stunden.	C	F	C	F	C	F	C	F	C	F	C	F	C	F	C	F	C	F	C	F
1	70	158	88	190	87	188	73	163	74	165	76	168	70	158	67	152	.	.	.	.
2	194	381	188	370	95	203	81	177	82	179	81	178	78	172	78	172				
3	inflammation.		inflammation.		145	293	90	194	89	193	88	190	90	194	83	181	nach 26 Stunden			
4	.	.	.	.	178	348	101	213	95	210	104	220	146	295	86	186	unverändert.			
5	.	.	.	.	inflammation.		121	249	118	245	121	250	177	350	88	190				
6	.	.	.	.	.	.	177	350	177	350	177	350	inflammation.		88	191				
7	.	.	.	.	.	.	inflammation.		inflammation.		inflammation.		.	.	93	199				
8															inflammation.					
Versuchsdauer.	Robbenthran.		Wallfischthran.		Baumwolloel.		Olivenoel.		Olivenoel (Malaga).		Olivenoel (Tarent).		raff. Colza.		roh Colza.		Baumwolloel mit 20% Mineraloel.		50% Robbenthran 50% Mineraloel.		Olivenoel 50% 50% Mineraloel.

Anhang zu pag. 64.

Dr. O. Braun's neues Verfahren, Wolle und dgl. zu waschen.*)

Herr Dr. Braun sagt darüber: „Der Aether vereinigt in sich fast alle Vortheile der anderen zu gleichem Zwecke benutzten oder vorgeschlagenen Flüssigkeiten (Schwefelkohlenstoff, Benzin, Fuseloel), und ist ausserdem in der Anwendung am billigsten, weil er am vollständigsten wiedergewinnbar ist aus der damit extrahirten Wolle.

Die nach diesem Verfahren mit Aether extrahirte und gewaschene Wolle ist in jeder Beziehung besser als nach anderen Methoden gewaschene, sie ist reiner, fettfreier, offener, weicher und weisser, als selbst mit reiner Seife gewaschene.

Ausserdem ist die so gewaschene Wolle billiger als auf andere Art entfettete, weil der Ertrag des in ganz reinem Zustande vollständig gewonnenen Fettes und bei Schweisswolle des ganzen Gehaltes an Potasche, die Waschkosten mehr als deckt, so dass die Wäsche gar nichts kostet.

Das Verfahren ist das gleiche für Garn, Tuch, Ausputz, Putzfäden etc., wie bei auf dem Schafe gewaschener Wolle, sog. Rückenwäsche, dagegen ein etwas anderes für Schweisswolle.

A. Extraction von auf dem Schafe gewaschener Wolle, Garn etc.

Das Fett wird mit Aether aus der Wolle gelöst und verdrängt; der dann die Wolle benetzende Aether wird durch Spiritus, und der alsdann die Wolle benetzende Spiritus durch Wasser verdrängt. Alles das geschieht kalt in geschlossenen Gefässen, ohne die Wolle zu bewegen. Die Flüssigkeiten, welche zum Extrahiren gedient haben, werden aufgefangen und daraus durch Destilliren das Fett, sowie Aether und Spiritus vollständig gewonnen. Die entfettete Wolle wird nass aus den Extractionsgefässen genommen und zur Entfernung des nun nur lose anhängenden Schmutzes mit Wasser gespült.

B. Extraction von Schweisswolle.

Schweisswolle wird zuerst in offenen Gefässen mit kaltem Wasser in der Art extrahirt, dass man die aus dem einen Gefäss ablaufende Flüssigkeit in ein zweites bringt und so fort, wie das bei der Potaschengewinnung aus Wolle üblich ist, nur gründlicher. Nimmt kaltes Wasser bei ruhigem Durchfliessen durch die Wolle daraus Nichts mehr auf, so

---

*) Wir führen dies treffliche Verfahren hier nachträglich an, als Ergänzung zu pag. 64, nachdem jetzt die Entnahme der Patente erfolgt und der Publication nichts entgegensteht.

wird mit besonderen Maschinen (wozu indessen auch die jetzt üblichen Waschmaschinen benutzt werden können) der grösste Theil des Schmutzes mit kaltem Wasser entfernt. Triefend nass kommt nun die Wolle in die Aetherextractionsgefässe, das Wasser daraus wird durch Spiritus, dieser durch Aether verdrängt; ferner nachfliessender Aether löst und verdrängt das Fett aus der Wolle und er wird wieder verdrängt durch Spiritus, welcher Letztere wieder kaltem Wasser weichen muss.

So complicirt das klingt, so einfach ist die Sache in der Ausführung, da Alles durch blosses Oeffnen und Schliessen von Ventilen geschieht.

Die von Fett, Aether und Spiritus befreite Wolle wird nass aus den Extractionsgefässen herausgehoben und auf mechanischem Wege von dem nun durch kein Klebmittel mehr befestigten Rest von Schmutz befreit. Die Gewinnung des Fettes, Aethers und Spiritus aus den Extractionsflüssigkeiten ist dieselbe, wie bei A.

C. Der Apparat und die Art damit zu arbeiten. (Tafel XXXIII).

M ist ein Wagen, auf welchem die zu extrahirende Wolle etc. in die Fabrik gebracht wird, Pr ist ein offener Cylinder von Blech oder Gusseisen. Derselbe hat einen etwa 40 Mm. geringeren inneren Durchmesser und die $1\frac{1}{2}$fache Höhe der Gefässe L_1, L_2, L_3. Derselbe steht mit letzteren in einer geraden Linie und ist gut befestigt. L_1, L_2, L_3 sind die Gefässe, in welchen die Extraction der Wolle stattfindet. Dieselben sind cylindrisch von Blech oder Gusseisen, haben gewölbten Boden und leicht abnehmbaren luftdichtschliessenden Deckel. Sie stehen aufrecht mit dem Deckel nach oben und in einer geraden Linie mit Pr. N ist eine fahrbare Differentialwinde von grosser Tragkraft. Dieselbe dient dazu, die in den Presscylinder gefüllte fettige Wolle auf etwa $^2/_3$ ihres Volumens zusammenzupressen, alsdann die zusammengepresste Wolle als Paquet aus Pr herauszuheben, über L_1, L_2, L_3, zu fahren und in diese Gefässe zu senken, nach geschehener Extraction wieder herauszuheben und auf den Wagen O niederzulegen. O ist ein Wagen, auf welchem die extrahirte Wolle aus der Fabrik gefahren wird.

D und D_1 sind 2 Destillirgefässe, Blasen, cylindrische Gefässe von Eisenblech, mit Doppelböden und Dampfschlangenröhren versehen. Kw ist ein Kühlapparat (von eigenthümlicher Construction), welcher während der Destillation auf einer Temperatur von 80—100° C. gehalten wird, so dass sich darin weder Aether noch Alkohol in erheblicher Menge condensiren kann. Ks ist ein Kühlapparat, ähnlich Kw. Derselbe wird 50 bis 70° C. warm gehalten, so dass sich darin kein Aetherdampf verdichten kann. Ka ist ein Apparat wie Kw und Ks, welcher mit kaltem Wasser möglichst stark gekühlt wird. Au ist ein Reservoir für Aether, ein Cylinder von Eisenblech. Es liegt zu ebener Erde. Ao ein Reservoir für Aether wie Au, es liegt etwa 3 Meter höher als Au. Su ist ein Reservoir für Spiritus, ein Gefäss ähnlich Au. Es liegt zu ebener Erde. So ist ein Reservoir gleich Su, es liegt etwa 3 M. höher als Su. Vu ist ein Reservoir gleich Su, für gemischte Flüssigkeiten; es liegt zu ebener Erde. R ist ein Wasserreservoir; es steht höher als Ka. P ist eine doppelwirkende Luftpumpe. W+ ist ein Windkessel für comprimirte Luft; die Pumpe P drückt in denselben. W— ist ein Windkessel für verdünnte Luft; die Pumpe P saugt aus demselben. W= ist ein Windkessel, in welchem fortwährend Atmosphärendruck herrscht, weil er durch selbstthätige Ventile mit W+ und W— verbunden ist.

Alle Gefässe stehen durch Röhren, Hähne und Ventile untereinander in Verbindung; die Hähne und Röhren sind nicht gezeichnet, um die Zeichnungen nicht zu complicirt zu machen.

D. Extraction von trockner fettiger Wolle, Ausputz, Garn u. dgl.

Beim Beginn der Arbeit wird das Reservoir Au mit Aether, Su mit Spiritus und R mit kaltem Wasser gefüllt.

Alsdann wird die Luftpumpe in Gang gesetzt, so dass im Windkessel W— die Luft verdünnt, in W+ die Luft comprimirt wird. Setzt man nun Ao und So mit W— und Au und Su mit W+ in Verbindung und öffnet die entsprechenden Abflusshähne an Au und Su, so steigt der Aether aus Au nach Ao, der Spiritus aus Su nach So.

Während dieser vorbereitenden Arbeiten füllen andere Arbeiter den Presscylinder Pr mit der zu entfettenden Wolle oder dergl. und pressen dieselbe mit Hülfe der Winde auf ⅔ ihres Volumens zusammen zwischen zwei Siebböden, heben alsdann das so entstehende Packet Wolle aus Pr, fahren damit über L_1 und senken die Wolle hinein. Ebenso werden die Gefässe L_2 und L_3 mit Wolle beschickt und dann luftdicht verschlossen. Alsdann lässt man aus Ao Aether in L_1 fliessen, zuerst von Unten, bis alle Luft aus L_1 ausgetrieben ist, dann von Oben. Der Aether drängt dann die specifisch schwerere Fettlösung unten aus L_1 nach L_2, zuerst auch von Unten in L_2 eindringend, bis auch aus L_2 alle Luft verdrängt ist, dann von Oben. Das Gefäss L_3 wird nun nach einander ebenso mit L_2 verbunden, wie es von L_2 mit L_1 eben beschrieben ist.

Ist auch L_3 mit ätherischer Fettlösung gefüllt, so lässt man dieselbe nach dem Destillationsgefässe D fliessen. Diese Fettlösung ist concentrirt, denn sie hat alle drei Gefässe L durchströmt.

Ist die Wolle in L_1 von Fett befreit, wovon man sich durch Verdunsten von einigen Tropfen Aethers, — den man aus einem Probirhahn, welcher an dem Rohr zwischen L_1 und L_2 angebracht ist, entnommen hat, — überzeugt, so hemmt man den Zufluss des Aethers aus Ao nach L_1 und lässt aus So Spiritus fliessen in L_1 unten. Der spezifisch schwerere Spiritus treibt den Aether vor sich her, ohne sich viel mit ihm zu mischen.

Ist L_1 etwa bis zur Hälfte mit Spiritus gefüllt, welches durch einen in der Mitte von L_1 angebrachten Probirhahn — auch durch Abnahme des Spiritus in So — erkannt wird, so hemmt man den Zufluss des Spiritus aus So nach L_1 und lässt aus R Wasser fliessen in L_1 unten. Das spezifisch schwerere Wasser treibt den Spiritus, dieser den Aether vor sich her, auch ohne sich viel mit ihm zu mischen. Nach kurzer Zeit, noch ehe sämmtlicher Aether aus L_1 nach L_2 verdrängt ist, schliesst man den Hahn von L_1 nach L_2, damit jetzt kein Spiritus und kein Wasser nach L_2 komme, und öffnet den Hahn von L_1 nach D, damit Wasser und Spiritus mit etwas Aether von L_1 nach D direct fliessen. Das Fliessen des Wassers durch L_1 dauert nun so lange fort, bis sämmtlicher Aether und Spiritus daraus verdrängt sind.

Ist dieser Punkt erreicht, so schliesst man die Hähne an L_1, öffnet den Deckel, hebt die Wolle nass heraus als Ganzes und setzt sie auf den Wagen O nieder, auf welchem sie in den Spülraum transportirt wird.

Einfaches Spülen mit reinem Wasser entfernt den Schmutz, der nun nicht mehr festklebt, fast vollständig; zur Erzielung blendenden Glanzes ist ein schwaches Seifenbad nöthig, welches sich aber nur sehr wenig abnutzt.

Das Extractionsgefäss L_1 wird sofort wieder gefüllt mit einem in Vorrath gepressten Wollpacket und das Fliessen der Flüssigkeiten findet genau so statt wie vorher, nur dass die Reihenfolge der Gefässe nicht L_1, L_2, L_3, sondern L_2, L_3, L_1 ist.

Ist dann L_2 entleert und wieder gefüllt, so wird die Reihenfolge L_3, L_1, L_2; darauf wird die Reihenfolge wieder L_1, L_2, L_3 und so fort.

Die Flüssigkeiten in D werden der Destillation unterworfen. Zur Ersparung an Dampf und Kühlwasser sind zwei Destillirapparate D und D_1 eingerichtet. Dieselben sind miteinander verbunden wie die Blasen eines Gall'schen Wechselapparates zur Spiritusfabrikation, nämlich so, dass die Dämpfe aus D in die Flüssigkeit in D_1 gehen, oder die Dämpfe aus D_1 in die Flüssigkeit in D.

Von D_1 oder D gehen dann die Dämpfe, bestehend aus Wasserdampf, Alkoholdampf und Aetherdampf in den Kühlapparat Kw. Hier (in Kw) erhält man eine Temperatur von ungefähr 80° C., so dass sich darin nur Wasser (mit sehr wenig Alkohol) condensirt und wieder zurückfliesst nach D oder D_1. Aether- und Alkoholdämpfe (mit wenig Wasserdämpfen) gehen weiter nach Ks, wo sich nun der Alkoholdampf und sämmtlicher noch vorhandene Wasserdampf zu Spiritus condensiren, weil man darin eine Temperatur von ungefähr 50° C. erhält. Aus diesem Grunde condensirt sich daselbst (in Ks) kein Aether, sondern der Aetherdampf geht nach Ka, worin er sich condensirt, weil man die Temperatur darin möglichst niedrig hält, auf etwa 10° C.

Der in Ka condensirte kalte Aether fliesst nach Au und wird wieder benutzt. Der in Ks condensirte warme Spiritus fliesst durch eine in kaltem Wasser liegende Schlange nach Su und wird ebenfalls wieder benutzt.

Obgleich es im Betriebe nicht durchaus nothwendig ist, dass der in Ka condensirte Aether ganz frei ist von Spiritus, da auch alkoholhaltiger Aether das Fett löst, so ist doch auf eine möglichst vollständige Trennung der Flüssigkeiten Werth zu legen und deshalb der Kessel W= eingerichtet. Die Condensation von Dämpfen ist nicht nur abhängig von der Temperatur, sondern auch von dem Druck, unter welchem sie stehen, und es genügt deshalb nicht, die Dephlegmirapparate bei einer bestimmten Temperatur zu halten, sie müssen auch denselben Druck behalten. Das sonst übliche Mittel, die Vorlage offen zu lassen (in Verbindung mit der Atmosphäre), würde erhebliche Verluste an Aether verursachen; deshalb ist der Kessel W= in Verbindung mit den Kühlapparaten gesetzt und so durch selbstthätige Ventile mit W— und W+ verbunden, dass sich das Ventil nach W— öffnet, wenn in W= (oder Ka, Ks, Kw) Druck entsteht und so lange offen bleibt, bis in W= Atmosphärendruck hergestellt ist. Entsteht in W= (oder Ka, Ks, Kw) Luftverdünnung, so öffnet sich das Ventil nach W+, bis in W= Atmosphärendruck hergestellt ist.

Calculation bei Extraction von täglich 100—200 Ctr. Wolle.
Einrichtungskosten.

Kosten der Apparate nach Anschlag von Borsig in Berlin Mk. 43885,00
Aufstellungskosten incl. Röhren und Hähne . . . . . „ 16115,00
Gebäude, wenn zu einer bestehenden Waschanstalt Extraction eingerichtet wird . . . . „ 10000,00

Summa der Einrichtungskosten . . . . Mk. 70000,00

1. Bei Extractionen von täglich 100 Ctr. Schweisswolle und 50 Ctr. Rückenwäsche.

Betriebskosten.		Ertrag.	
Arbeitslohn	30,00	15 pCt. Fett v. 150 Ctr. Wolle	
Kohlen	30,00	= 22,5 Ctr. à 15,000 =	337,50
Aether und Spiritus . .	45,00	6 pCt. Pottasche v. 100 Ctr.	
Abschreibung und Zinsen .	35,00	Wolle = 6 Ct. à 25,00 =	150,00
Reparatur etc.	45,00	Summe des tägl. Ertrages =	487,50
Patentabgabe 0,50 pr. Ctr..	75,00		
Summa der tägl. Kosten	260,00		

Gewinnberechnung.

Summe d. tägl. Ertrages	487,50;	das ist pr. Jahr v. 300 Tg.	146250,00
do. do. Unkosten	260,00;	do do.	78000,00
Reingewinn pr. Tag . .	227,50;	Reingewinn pr. Jahr .	68250,00

2. Calculation bei Extraction von täglich 60 Ctr. Schweisswolle.

Betriebskosten.		Ertrag.	
Arbeitslohn	15,00	15 pCt. Fett v. 60 Ctr. Wolle	
Kohlen	15,00	= 9 Ctr. à 15,00 = . .	135,00
Aether und Spiritus	45,00		
Abschreibung und Zinsen	35,00	6 pCt. Pottasche v. 60 Ct. Wolle	
Reparatur etc.	30,00	= 3,6 Ctr. à 25,00 = .	90,00
Patentabgabe 0,50 pr. Ctr.	30,00	Summe d. tägl. Ertrages	225,00
Summa d. tägl. Kosten . .	170,00	do. do. Unkosten	170,00
		Reingewinn pr. Tag . . .	55,00
		Reingewinn pr. Jahr . .	16500,00

3. Calculation bei Extraction von täglich 30 Ctr. Rückenwäsche.

Arbeitslohn	9,00
Kohlen	7,50
Aether und Spiritus	30,00
Abschreibung und Zinsen	35,00
Reparatur etc.	20,00
Patentabgabe 0,50 pr. Ctr.	15,00
Summe d. täglichen Kosten	116,50

15 pCt.	Fett von 30 Ctr. Wolle	= 4,5 Ctr.	à 15,00 =	67,50
20 pCt.	do. 30 do.	= 6 -	à 15,00 =	90,00
25 pCt.	do. 30 do.	= 7,5 -	à 15,00 =	112,50
30 pCt.	do. 30 do.	= 9 -	à 15,00 =	135,00
35 pCt.	do. 30 do.	= 10,5 -	à 15,00 =	157,50
40 pCt.	do. 30 do.	= 12 -	à 15,00 =	180,00

Bei vorstehenden Berechnungen ist angenommen, dass eine für Extraction von 100—200 Ctr. Wolle eingerichtete Fabrik
1. vollbeschäftigt mit 100 Ctr. Schweisswolle und 50 Ctr. Rückenwäsche
2. schwachbeschäftigt - 60 - -
3. - - 30 -

Bei 1. und 2. ist der Fettgehalt sehr niedrig zu nur 15 pCt. und Pottaschengehalt zu 6 pCt. angenommen. Der Fettgehalt der Wolle wechselt von 5—50 pCt., der Pottaschengehalt von 4—9 pCt.

Bei 3 ist der Ertrag ausgerechnet für verschiedenen Fettgehalt von 15—40 pCt. Man kann sich daraus leicht berechnen, bei welchem Quantum Wolle die Extraction noch einträglich ist bei einem bestimmten Fettgehalt und Preis des Fettes, oder auch wieviel Procent Fett eine Wolle haben muss, um mit Vortheil extrahirt zu werden.

Dabei ist zu berücksichtigen, dass die Einrichtungskosten — Abschreibung und Zinsen — für eine Fabrik von 150 Ctr. Leistungsfähigkeit angesetzt sind, und dass dieselben für eine kleinere Fabrik natürlich geringer sind. Die Unkosten zum Extrahiren von Garn, Ausputz, Putzfäden u. dgl. sind geringer pro Ctr., als für Wolle, und erlaubt dieses Verfahren sogar meist eine gleichzeitige Behandlung verschiedener Stoffe in demselben Kessel, jedenfalls aber steht nichts im Wege, heute Garn und Ausputz, morgen rohe Wolle zu extrahiren und umgekehrt. Diesen Vortheil hat kein anderes Extractionsverfahren.

Anhang zu Seite 80.

Ueber die Fabrikation von Potasche aus Wollschweiss.
Von Ferd. Fischer*).

Maumené und Rogelet liessen sich die Gewinnung von Potasche aus Wollschweiss am 15. Juni 1859 in England patentiren und stellten auf der Londoner Ausstellung 1862 die ersten Proben dieses neuen Productes aus. Die in Fässer zusammengedrückte Rohwolle wurde mit kaltem Wasser ausgelaugt, die erhaltene Flüssigkeit von 1,01 spec. Gewicht eingedampft, der braune Rückstand (suintate of potash) zur Gewinnung von Leuchtgas in Retorten geglüht und aus der zurückbleibenden kohligen Masse durch Auslaugen eine sehr reine Potasche gewonnen (wie bereits oben pag. 80 ausgeführt.

Rohwolle enthält nach Märcker und Schulze 11 bis 23 Procent Feuchtigkeit und 20,5 bis 22,5 Proc. im kalten Wasser löslichen Wollschweiss, welcher aus Kaliseifen der Oel- und Stearinsäure besteht mit wenig Essigsäure, Valeriansäure, Schwefelsäure, Phosphorsäure, Chlorkalium, kohlensaures Kalium, Ammoniumverbindungen etc.

1000 k. Wolle geben nach Chandelon**) beim Auslaugen mit Wasser:

Waschwasser.

hl.	Spec. Gew.	Preis von 1 hl.	Werth.
27,40	1,03	— Fr. 20 Cts.	5 Fr. 48 Cts.
16,07	1,05	— „ 65 „	10 „ 45 „
5,24	1,15	3 „ 35 „	17 „ 55 „
3,13	1,25	5 „ 90 „	18 „ 47 „

Maumené zahlte für 300 l. Wasser, mit welchen 1000 k. Wolle ausgelaugt waren, 14,5 M.

Um nun möglichst concentrirte Lösungen zu gewinnen, muss mit derselben Flüssigkeit wiederholt neue Wolle ausgezogen werden. Dabei muss die Rohwolle nur mit der concentrirtesten Lauge zusammengebracht werden, damit diese sich möglichst vollständig sättige; die theilweise aus-

---

*) Siehe hierzu pag. 80.
**) Wagner's Jahresbericht, 1864 S. 200.

gezogene Wolle kommt dagegen in die schwächeren Lösungen, während das zum Auslaugen bestimmte reine Wasser auch der bereits fast erschöpften Wolle nur lösliche Bestandtheile entzieht.

Die bisher zur Erreichung dieses Zweckes verwendeten Apparate lassen manches zu wünschen übrig. Entweder wird, unter Anwendung von 4 mit doppelten Böden versehenen Fässern oder Kästen, die Lauge von dem einen Behälter auf den anderen übergeschöpft oder gepumpt*), oder aber die Wolle wird, in Körben verpackt, aus einem Bottich in den anderen hinübergehoben, entsprechend dem Sodaauslaugeapparate von Cl. Desormes**). Der Auslaugeapparat von Shank, welcher allgemein in den Sodafabriken angewendet wird, und von Havrez erfordern zwar nicht soviel Arbeit als die vorher erwähnten; für Wolle eignen sie sich jedoch weniger gut, da die Differenz der specifischen Gewichte der betreffenden Flüssigkeiten zu gering ist.

Eine möglichst gehaltreiche Lauge unter Aufwand geringer Arbeitskräfte wird dagegen mit dem von Civilingenieur Hermann Fischer in Hannover construirten und in Figur 547 (1 und 2) in $^1/_{50}$ natürlicher Grösse dargestellten Apparate erhalten. Nach Art einer sogen. russischen Schaukel sind 4 Auslagebottiche A, B, C, D zwischen zwei, um die Achse E drehbare, radförmige Ringe F gehängt, so dass die Behälter frei um ihre Zapfen schwingen können. Der eine der Ringe F ist mit einem Zahnkranze versehen, in welchen das letzte Rad einer kleinen Winde eingreift. Das Uebersetzungsverhältniss der Räder ist derartig gewählt, dass ein Arbeiter genügt, den ganzen Apparat in Drehung zu versetzen. Der Deutlichkeit halber ist in Fig. 1 ein Theil des Gerüstes, des einen Ringes F und zweier Bottiche A und B abgebrochen gezeichnet. Man sieht in Folge dessen die beiden Böden des Bottichs A, den einen Ablasshahn desselben und das Ueberleitungsrohr nach dem Bottich B durchschnitten.

Zur Erklärung der Wirkungsweise dieses Apparates nehmen wir an, dass in A (Figur 9) sich bereits 4 mal ausgelaugte Wolle befindet. Dieselbe wird

1) mit der entsprechenden Menge reinen Wassers übergossen, welches mit I_0***) bezeichnet werden soll. Nach einiger Zeit wird

2) Wasser I_1 in den Bottich B übergeleitet und darauf der Apparat gedreht, so dass B in die Lage von A und A in die Lage von D gelangt. Es wird nunmehr

---

*) Vergl. Karmarsch und Heeren's techn. Wörterbuch, 3. Aufl. Bd. 1 S. 257.
**) Knapp, Lehrbuch der chemischen Technologie, Bd. 1, II S., 431.
***) Der Index der Zeichen I, II ... für Wasser deutet an, zum wievieltenmal ein und dasselbe Wasser I oder II ... auf seinem Durchgang durch den Apparat zum Laugen der Wolle gedient hat.

Analog bedeuten die Indices der Buchstaben o, p .. für Wolle, das wievieltemal eine und dieselbe Partie schon mit Wasser ausgelaugt wurde, also o_0 rohe Wolle, o_1 einmal gelaugte Wolle u. s. w.

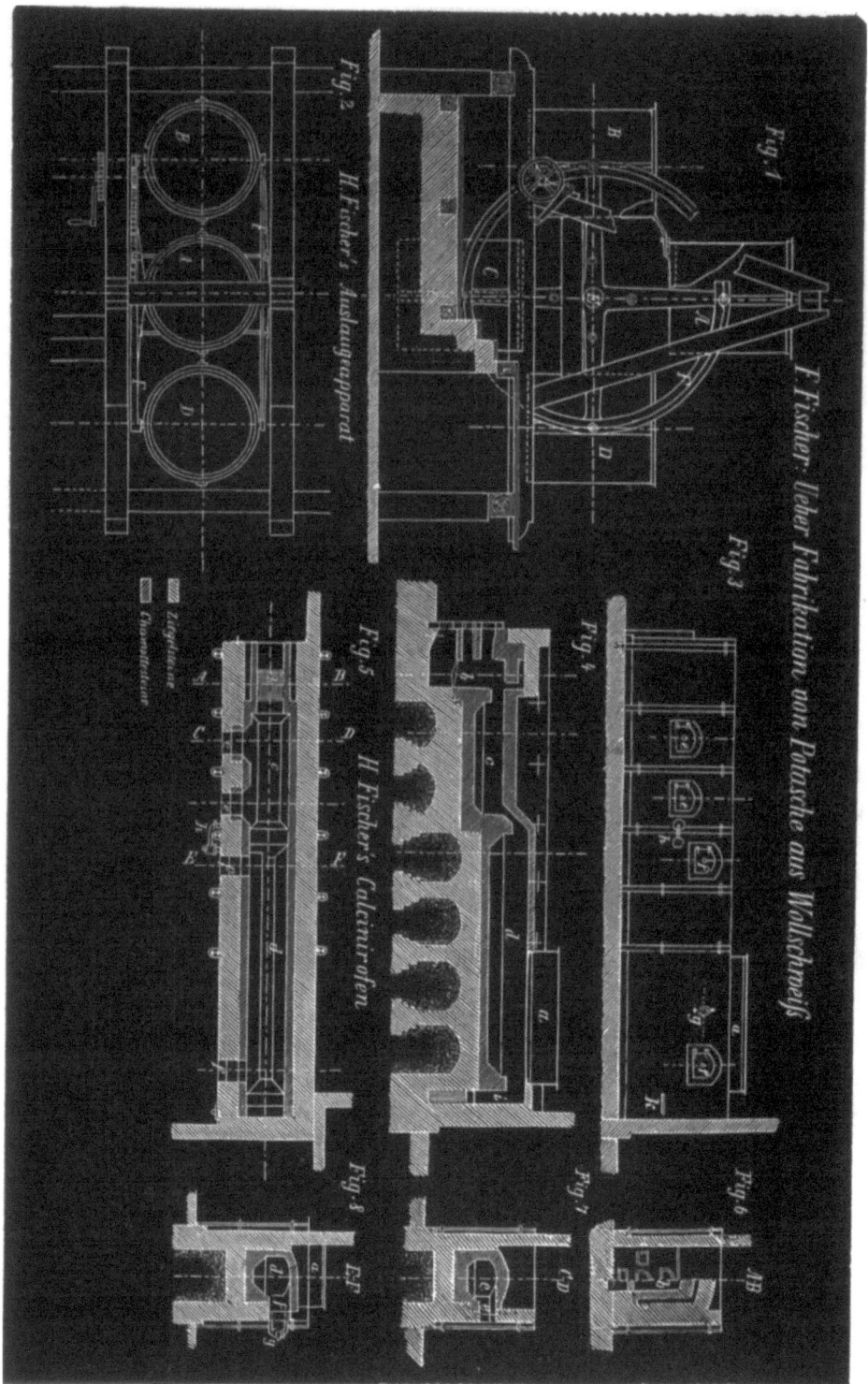

Fig. 547.

3) A geleert und mit Wolle o_0 gefüllt, Wasser I_2 nach C, frisches Wasser II_0 nach B gelassen;

4) Wasser I_3 aus C nach D, Wasser II_1 aus B nach C übergeführt. Hierauf findet eine fernere Drehung um 90^0 statt, worauf

5) Wasser I_4 von D nach A auf die frische Wolle o_0, Wasser II_2 von C nach D und in C frisches Wasser III_0 geleitet, der Bottich B entleert und mit frischer Wolle p_0 gefüllt wird.

6) Wasser I_5 wird aus A in den betreffenden Laugenbehälter, Wasser II_3 aus D in A, Wasser III_0 aus C in D übergeführt. Nach einer dritten Drehung wird

7) Wasser II_4 aus A in B, Wasser III_2 aus D in A und frisches Wasser IV_0 in D geleitet, die ausgelaugte Wolle aus C entfernt und Rohwolle q_0 eingebracht.

8) Wasser II_5 gelangt aus B in den Laugenbehälter, Wasser III_3 aus A in B, Wasser IV_1 aus D in A. Nach einer weiteren Drehung wird dann

9) Wasser III_4 von B nach C auf die frische Wolle q_0, Wasser IV_2 von A nach B, um die Wolle p_2 zum 3. Mal auszulaugen, und wie oben bei 1 in A auf die bereits 4 mal ausgezogene Wolle o_4 neues Wasser gelassen, D mit frischer Wolle r_0 gefüllt etc.

Es kommt also das Wasser I mit der Wolle in A, B, C, D, A, Wasser II mit der Wolle in B, C, D, A, B etc. in Berührung; es findet daher ein 5maliges auf einander folgendes Auslaugen statt. Die Bedienung des Apparates ist bequem und von einem Mann auszuführen, wenn für den Transport der Wolle besondere Kräfte disponibel sind. — Dass dieser Auslaugeapparat auch für Sodafabriken verwendbar ist, liegt auf der Hand.

Nach Maumené*) enthält ein 4^k schweres Vliess 600^g Wollschweiss und darin 198^g reines Kaliumcarbonat; nach früheren Angaben geben 1000^k Wolle 140 bis 180 trocknes Salz oder 70 bis 90^k Potasche. Fuchs**) giebt an, dass ein Vlies nur etwa 300^g trockenen Schweiss liefert und darin

	g	
Kaliumcarbonat	133,4 =	44,5 Proc.
Kaliumsulfat	7,5 =	2,5 „
Kaliumchlorid	9,0 =	3,0 „

Die Wollwäscherei in Döhren bei Hannover gewinnt aus 5000^k Wolle nur 152^k rohe Potasche von 80 Proc. Kaliumcarbonat***).

Nach A. W. Hofmann und Grüneberg†) zeigt der in Flammöfen

---

*) Wagner's Jahresbericht, 1863 S. 275.
**) Daselbst, 1865 S. 294.
***) F. Fischer: Verwerthung der städtischen und Industrie-Abfallstoffe S. 145.
†) Amtlicher Bericht über die Wiener Weltausstellung, Bd. 3 Abth. 1 S. 401.

veraschte Abdampfrückstand des Wollschweisses im grossen Durchschnitt folgende Zusammensetzung:

Kohlensaures Kalium . . . . 30,09 Proc.
Kohlensaures Natrium . . . . . . 1,95 „
Chlorkalium . . . . 8,95 „
Schwefelsaures Kalium . . . . . . 15,12 „

Die daraus durch Raffination erzielte Potasche enthält:

Kohlensaures Kalium . . . . 72,53 Proc.
Kohlensaures Natrium . . . . . . 4,14 „
Chlorkalium . . . . 6,34 „
Schwefelsaures Kalium . . . . . . 5,91 „
Wasser, unlösliche Substanzen etc. . 10,08 „

Aehnlich sind die Analysen von Tissandier*); Cloëz**) hält den Natriumgehalt der Wollschweissasche abhängig von dem Natriumgehalt des Schaffutters. In der Asche von Schafen an der Meeresküste kommen auf 100 Th. Kali 13,1 Th. Natron, im Lande nur 3,3 Th. Natron.

Auch Balard fand in dieser Asche durch indirecte Analyse 4 Proc. Chlornatrium. Nach Maumené***) enthält sie jedoch kein Natrium oder dasselbe ist nur zufällig bei der Fabrikation hineingekommen. Hartmann†) fand in derselben:

Kaliumcarbonat . . . . 83,1 Proc.
Kaliumsulfat und Kaliumchlorid . . . 14,6 „
Calciumcarbonat . . . . 2,3 „

Aehnlich Schulze und Märcker.

Die Wollwäschereien bei Hannover und Verviers verdampfen nur die Auslaugeflüssigkeiten, in Brügge und Antwerpen werden auch die Waschwässer verdampft; in wieweit dieses vortheilhaft ist, hängt natürlich von der Concentration derselben und den Kohlenpreisen ab.

Einen sehr praktischen Calcinirofen (Figur 547) zur Potaschenfabrikation hat ebenfalls H. Fischer construirt. Die in dem Auslaugeapparate erhaltene Wollschweissflüssigkeit wird in das Vorwärmebassin a befördert. Die in der Krigar'schen Feuerung b entwickelten Feuergase gelangen nach Passirung einer Feuerbrücke in den eigentlichen Calcinirofen c, von hier in den Eindampfofen d und entweichen, unter dem Boden des Vorwärmebehälters a hinstreichend, in den Fuchs i.

Bei Beginn der Arbeit wird die Lauge mit Hilfe der Ueberleitungen g und H in den Ofen d sowohl als auch in den Ofen c geleitet. Wenn die Flüssigkeit theilweise abgedampft ist, so wird zunächst c von dem

---

*) Wagner's Jahresbericht, 1868 S. 286.
**) Daselbst, 1869 S. 241.
***) Daselbst, 1865 S. 212.
†) F. Hartmann: Ueber den Fettschweiss der Schafwolle (Göttingen 1868).

Inhalte des Ofens d wieder in entsprechender Weise angefüllt, worauf der Behälter a das Fehlende in d ersetzt. In dieser Weise wird so lange fortgefahren, bis in c die genügende Menge zur Syrupsconsistenz eingedampfter Lauge vorhanden ist. Nun wird die Feuerung in b gemässigt; denn bald entzünden sich in dem Ofen c die in der Lauge enthaltenen organischen Stoffe und Schmutztheile und erzeugen dabei eine Flamme, die bis zum Fuchs i reicht. Eine Zuführung von Brennmaterial in die Feuerung b würde deshalb während dieser Zeit schädlich oder mindestens zwecklos sein.

Unter häufigem Umrühren wird die Masse so lange in dem Ofen gelassen, bis sie eine weissgraue Farbe angenommen hat. Dann wird sie mittelst Krücken herausgenommen und der Auslaugerei zugeführt.

Während dieser Zeit wurde in c weiter eingedampft und in a vorgewärmt. Bei richtiger Leitung des ganzen Processes ist daher die entsprechende Menge genügend eingedampfter Lauge bereits vorhanden, um sofort eine neue Füllung von c vornehmen zu können. Dieses muss mit einiger Vorsicht geschehen, da die in den glühend heissen Ofen c gelangende Lauge sich ausserordentlich stark aufbläht. Fehlt es an der erforderlichen Erfahrung, so empfiehlt es sich, den Ofen zunächst etwas abkühlen zu lassen.

Bei regelmässigem Betriebe sind nur geringe Mengen Kohlen erforderlich, da die erwähnten organischen Substanzen beim Verbrennen viel Wärme entwickeln. Wurde doch bei einem seit Jahren im Betriebe befindlichen Ofen beobachtet, dass zur Verdampfung von 12^k Wasser nur 1^k Kohle erforderlich war.

Der Calcinirofen c ist mit 2 Arbeits- und Einsteigethüren f, f versehen. Die Thüren haben kleine Schaulöcher zur Beobachtung des Prozesses. Da die ziemlich concentrirte Lauge, welche die Ueberleitung h zu passiren hat, allmälig einen schleimigen Ansatz bildet, welcher dieselbe zuletzt völlig verschliesst, so muss diese Leitung so construirt werden, dass sie mittels einer Stange gereinigt werden kann. Der Rauchschieber k dient zur Regulirung des Zuges, welcher in dem einzelnen Stadium des Prozesses natürlich verschieden sein muss.

Dieser Ofen eignet sich zum Eindampfen aller Art Laugen ohne Frage weit besser als die Oefen von Cleland, Porion, welche durch Zerstäuben der betreffenden Flüssigkeiten eine raschere Verdampfung erzielen wollen, und die von Werotte und Fernau, welche die Feuergase mittels Ventilatoren durch die Laugen hindurchsaugen.

Die durch Auslaugen der Schmelzrückstände und Raffiniren erhaltene Pottasche ist, wie erwähnt, sehr rein und hat leicht Eingang gefunden.

Maumené und Rogelet producirten im Jahre 1868 in ihren Fabriken in Rheims und Elboeuf 150^t reine Potasche. Ausserdem wird Wollschweissasche gewonnen in Roubaix, Antwerpen, Verviers, Lüttich, Brügge,

Hannover, Döhren und Bremen. Im Ganzen werden jährlich etwa 1000$_t$ dieser Potasche producirt; würde der Schweiss aller in Europa verarbeiteten Wolle in dieser Weise zu gute gemacht, so könnte mindestens die 15fache Menge erhalten werden.

Ueber die praktische Ausführbarkeit des Vorschlages von Havrez, die geglühten Massen zur Blutlaugensalzfabrikation zu verwenden, liegen noch keine Erfahrungen vor.

Register.

A.

Abegg 699
Abfallwolf 169
Abführungswalzen 262 398
Abgänge 227 337 757 760
Abnehmen der Kötzer 691
Abnehmer 257 326 340
Abnehmewalzen 398
Abschläger 252
Abschlagen 622 631 687
Abwickelzeug 637
Achez 304
Adien 162
Aesculus 64
Aether 64
Albert 205
Albinson 606
Alcan 68 80 87 120 143 150 191 240 242 254 314 412 468
Alcohol 64
Alcolea 3
Alkalien
Alpaca 8
Altströmer 3
Ammoniak 66 112
Analysen von Wolle 7
Anne 239
Anstückelmaschine 364
Anterton 552
Antwerpen 41
Apperley 277 279 371 418
Arbeiter 252 258 309 325
Arendt 143
Aretium 186
Arkwright 252 316 491 494
Armingaud 108
Arundo 64
Ashworth 301 549 550
Asquith 486 678
Aster 699
Atkinson 691
Aubet 240
Auctionen 41
Aufschlagen 668 487
Aufstellung 439
Aufwindekettentrommel 667
Aufwindemechanismus 540 560 669
Aufwinder 573 668
Aufwindetrommel 667
Aufwindung 540 560 668
Ausfahren 601 621 665

Ausfahrtswelle 672
Ausgabecylinder 478 671
Ausrückung 398
Australien 4 6 52
Austrockende Oele 240
Auszug 403 456 537 711 721
Auszugsschnecke 591
Avery 477 518

B.

Backer 599
Bänder 344
Bailly 117
Balancier 624
Balancirpresse 477
Balard 768
Baldwin 557
Ballantyne 450
Bang 242
Banks 606
Barlow 607
Barraclough, Th. 226 431 694 746 432 738
Barton & Whalley 599
Bass 557
Bastaert 155
Bastie 689
Bayley 691
Beauvais 210
Becker 575
Becket 606
Bède 105 357 421 503 606
Belanger 570
Benson & Greenwood 558
Benzin 64
Berenger 206
v. Berg 433
Berlet & Noel 570 608
Berlin 41
Bernhard 546 552 689
Bertholemey & Brissoneau 125
Beschlagen d. K. 326
Beu 143
Beuthner 295
Bewegungsmechanismen 377 386 671
v. Bibra 8
Biemont 570
Billey, Billy 566
Birch 316
Birkby 304
Bläschen 15
Blamires 279 342

Blecher 694
Block 31
Blumenstock 295
Bockwolle 43
Böttger 164 218
Bohm 26 36 52
Bohtz 40
Bolette 266 352 420
Bonnet 63
Boode 204
Booth 554 689
Bordeaux 165
Boucley 553 606
Boudet 164
Bouillet & Malherbe 452
Bourcart 539 552 554
Bourns, D. 251
Bourry 205
Bouvet 350 392 426
Bracegirdle 570
Brammel 607
Brandon 477 483
Braun, Dr. O. 64 227 758
Bremen 41
Breton 216
Brewster 605
Bridesburg Co. 189 428
Brierley 695
Brinjes 133
Brodnitz & Seydel 55
Broomann 217 266
Brotherhood & Hardinghan 132
Brothers 609
Brown 313 331
Brünner M. F. G. 418 662
Bruissart 693
Brunneaux 89 599 608
Buchholtzer 700
Buchholz 443
Buenos Ayres 4 8 41
Buffaud 125 129
Buissart 737
Burges Cup. Co. 691
Burrows 606
Buser 607
Busson 225 229 431
Butter 239
Butterworth 556
Bywater 504 608 737 752

C.

Caflisch 699
Californien 4
Calla 304
Calvert 195 197
Capwolle 6
Carbonisation 203
Cardée-peignée 2 452
Carden 251
Carduus 186
Carimay & Crepin 421 730
Carlier-Vitu 47 182
Caron 117
Carrière 127
Catteau 553 736

Centrifugalkraft 346 477
Centrifugaltrockenmaschinen 116
Chadwick 220
Chalcedonia 64
Chandelon 80 764
Charlesworth 140
Chase 291
Chaudet 86 91 148
Chauvelot 608
Chauvière 608
Chaverondier 694
Cholosterin 10
Chem. Enthaarung 163
Chevreuil 8 10
Clark 292 331
Clark & Bugby 604
Cleland 769
Cleveland M. W. 428
Clissold 271 277 291 375 481
Cloez 768
Clough 556
Cnicus 186
Coconfaden 456
Cocquer 607
Cocquerill 316 570 608
Cohin 304
Cohné 554
Coleman 757
Colonialwolle 41
Combe 552 553
Colzaoel 239
Conditionnirung 35 156 755
Congressnummer 460
Continuekrempel 301 346 477 480
Continueapparat 346 477
Continueringe 301
Continueselfactor 529
Continuespinnmaschinen 477 491 529 543
Colwin & Co. 428
Contractionskraft 37
Coppingplatte 637 617
Corda 23
Corker 316
Corrigaux 752
Cottam 582 606
Cowban 606
Crabtree 105
Crapaudines 553
Crighton 48 179 334
Crocker 608
Crompton 565 604
Crownspindel 557
Cudworth 607
Curtis Madeley & Co. 601
Curtis Sons 601 652
Cutler & Blieven 414
Cylinderstreckwerke 425 626

D.

v. Damme 66
Dampfhaspel 750
Dandoy 553
Daubenton 26
Davis & Furber 189 428 609
Davis 480 557

Dean 607
Degrand 304
Dehnbarkeit 38
Delaroche 421
Delauny 691
Delmasse 241
Demolin 266
Deru 418
Desban & Gardan 179
Desclabissac 82
Desormes 765
Despian 198
Diamantbezug 294 300
Dicke der W. 23 29
Dobson 570 596 607
Dodd 606 607
Doffer 259
Dollfuss 700
Dollond 25 29
Donisthorpe 89
Doubliren des Garnes 537 739
Doublirmaschinen 728 737
Doublirung 403 537
Douglass 316 570 608
Draht 297 333 431 559
Draht des Fadens 456 559 566
Drahtlehre 297
Drahtspitze 332
Drahtzahl 469 471
Drahtzähler 591 592
Drehungen 468 472 500 559 703 722
Dreyscharff 529
Drojat 304
Dronsfield 338
Duboc 752
Dubreuil 555
Duclaux 206
Dufour 582
Düngerwerth der W. 13
Durand 608
Dyers 304
Dyson 393

E.

Earle 304
Eartmann 693
Eaton 605 691
Eccles und Brierley 605
Edge 553
Ehrmann 316
Eibischwurzel 241
Eicheler 691
Einfahren 601 622 632 666 672
Einfallen 239
Einführcylinder 256 285
Einoelapparate 244
Einrückung 399
Einschur 43
Einweichbottich 105
Elasticität 18 37 461
Elce 546 552 554 607
Electoral 15
Electricität 37
Ellenmasse 753
Ellis 304

Elmsley 547 549 557
Elsner von Gronow 11 13 23
Endenöffner 227
England 698
Englische Wolle 8
Mc. Entee 734
Entfetten 63 156 758
Entfettete Wolle 46
Entkletten, mechan. 186—203, chem. 203
Entréewalzen 256 285
Entschweissen 63
Entstauben 46
Entzündlichkeit der Wolle 757
Erdeicheloel 242
Erdt 40
Eriometer 25
Ermen 689
Ernoult & Palatte 246
Escher Wyss 558 691
Escurial 3
Evans 267 273 345
Evrard 699
Ewart 605
Exhaustoren 151

F.

Fabrikwäsche 46 52 62
Faconnirte Garne 728 749
Faden 256 456
Fadenbruch 732 735
Fadendicke 464 474
Fadenendzerschneider 228
Fadenfeinheit 474
Fadenführer 398 539
Fadenquerschnitt 464
Fadenschleife 687
Fadentheilung 260
Fagard, S. 85
Fairburn 350
Farez 757
Farineaux 117
Farrar 550 734
Faserdicke 464
Faserzahl 465 467 473
Faulkner 414
Fauquemberg 133
Federkraft 37
Feinheit 24
Feinheitsgrade 43
Feinkrempel 259 413
Feinwolfkrempel 232
Feinwollen 413
Fellwolle 43
Fenton & Crone 256 217 219
Ferabee 277 281
Fernau 767
Fesca, Alb. 117 130
Festhalten des Fadens 476 519
Fettgehalt der Wolle 14
Fetu 295 299
Feuchtigkeitsaufnehmer 155
Feuchtigkeitsgehalt 156
Fielden 570 607
Fielding 606
Figuer 242

Filzbarkeit 18 36
Finger 476
Fingermulde 265
Finnland 4
Fischer. Ferd. 764
Fischer, F. D. 174 254 529 765
Fittou 375 391
Fitzenreisser 227
Fixwalzen 257
Flachdrahtkratzen 301
Flageolet 607
Flammirte Garne 428 748
Flügel 539 728
Flügelapparat 500
Folk 689
Ford 570
Formbarkeit 18 36
Formplatten 617 637 671
Fothergill 605
Foxwell 304
Franke 546 737
Fréné 300
Frictionsbetrieb 735
Frictionsconus 672
Friedrich 315
Frischgeschoren 56
Fuchs 767
Fuhrmann 105
Fumière 295 299
Fuseloel 64 76
Futtern 322 433

G.

Gancel 84
Gantside 607
Garnett 232 287 431
Garnier 699
Gasfabrikation 238
Gay, J. 107
Gazewinder 573
Gebauer, Fr. 250
Gedge 217 241
Gelatyl 757
Gerberwolle 43
Gerstenberger 9
Geschwindigkeit 120 251 383 394 408 502 559 579 584 628
Gessner 595
Gestelle 372
Gibson 547
Girardoni 417
Giroud 211 226
Glasfaden 456
Glattstreichen 319
Glocke 539
Glycerin 241
Goerard 7 8
Götze 117 120 570
Goddart 193
Goff 511 549
Goldschmidt 699
v. Gorup-Besanez 9
Gottlieb 240
Gottlieb, Schramm & Dill 171
Mc. Govern 609

Goulding 477
Graeger 66 237
Grand-Ry-Kaivers 47 87 227
Grawert 26
Greasley 606
Greenback 606
Greenwood 486
Mc. Gregor 606 607
Grivegnée 86
Grobwollen 413
Grothe, Dr. H., 8 35 37 110 202 210 229 234 255 315 318 348 413 448 468 470 530 565 745 756
Grover 553 730
Grün 495 608
Grumby & Farrow 605
Gutswäsche 52
Gypsophila 63
Gyte 734

H.

Haarbälge 17
Haareslänge 31
Haarscheide 18
Haarschuppen 19
Hacker 252 257 325 386 344
Hacking 606
Haecht 77
Häffner 552 630
Häute 161
Hahn, A. 413
Haidschnucke 8
Halbkette 718
Haliwell 570 596 606
Haltbarkeit 38
Hamel 737
Halslager 553 656 689
Harding 304
Harmel 608
Hartig 30 88 255 315 413 439 537 727
Hartmann, R. 140 187 220 274 344 397 422 570 591 606 607 621 724 730
Hartmann, S. 10 12 31 768
Hartog 692
Harwood & Quincy 269 428
Harzoele 240
Haspelflügel 750
Haspelumfang 753
Haubold jr. 132
Haupttriebstock 624
Hausner 486
Havre 41
Havrez 134 136 154 795 770
Headstock 624
Heatcoat 605
Heiden 11
Heiller 607
Heller, Fr. 607
Hemmer 292 752
Hemptinne 608
Hennneberg 66
Henry 129 242 556
Hepworth 139
Herland 399
Herrat 4

Hetsey 53 67 112
Hetzel 607 692
Heusch S. 300
Heyl 74 238
Hibbert 606
Higgins 392 552 607
Higton 480
Hirsch 67
Hirzel, H. 83
Hoffmann, E. 46
Holden 97
Honegger 300
Hornschicht 18
Horrocks 553
Horsfall 300 333 337
Houget & Feston 105 190 244 246 290 266 375
Houghton 605
Hoyle 606
Hülsen 690
Hülsse 29 315 537 607
Huet 242
Hütter 607
Hulin 89
Hydraulische Presse 115
Hygroscopicität 37 156

J.

Jackson 557
Jacobson 46 63 114 168 242
Jahn & Co. 187 570
James 565
Jean 71
Jenny 565
Jennyspinnprocess 702
Jennywatermaschine 530
Jeppe 29 39
Jessen 699
Illingworth 180
Import 42
Johnson 364 546 556 558 606 692
Johnson & Basset 609
Jongh 608
Jordan 699
Josephy 429 608
Jouhaud 107
Island 4
Isler 700
St. Juan 3
Jüngst 240
Julion 206
Izart & Lecoup 206

K.

Kämmungen 382 394 411
Kaeppelin 608
Kalkseifen 81
Kammwollen 1 6
Kammwalze 257 319 326 340 480
Kardensetzmaschine 302 305
Karmarsch 210 241 254 297 298 304 314 413 468 472
Kaselitz 443
Kay 734
Kelley 571
Kenworthy 606

Keratin 7
Kern 16
Kernoel 240
Kettenbetrieb 383
Kettenspule 542
Kick 315 491 497 696
Kieselsäure 9
Kiesler & Co. 123
King 267 273 422
Kirby 552
Kirk & Pendergast 250
Kitson 285
Klein P. 318
Kletten 186
Klettencylinder 187 287
Klettenfreie 445 186
Klettenwolf 168 186
Klettige W. 45 186
Klopfwolf 47 168
Kneipapparat 476 519 665 571
Kniewinkel 300 309
Köchlin 606 608
Koehler 26 29 608
Körte 38
Köster 227 384 307 426 546 725 737 763
Kötzer 527
Kolst 606
Kordelgänge 694
Kothwollen 238
Kraatz 40
Kräuselungsbögen 18 22 31 43
Kraftbedarf, Waschmaschine 88 106
— Krempel 439
— Wolf 224
— Ventilatoren 151
— Spinnmaschine 517 727
Kratzen 293 333 431
Kratzenappretur 307
Kratzenblätter 295
Kratzendrähte 297 333 431
Kratzenfabrikation 297 301
Kratzenhöhe 300 333 431
Kratzensetzmaschine 302 305
Kratzenstein 294 300 309 431
Kratzenwirkung 295 431
Kratzenzähne 254 300
Kratzmaschine 251
Krempelberechnung 400—412
Krempelconstruction 263 413
Krempelmaschine 251
Krempelprocess 254 323 436
Krempelschmutzapparat 339
Krempeltheile 263
Krempelwalzen 254 290
Krigar 768
Krümmkraft 36
Krumpfkraft 18 36
Küchenmeister 737
Kühn, J. 27
Kuhlwein 40
Kunsttuch 293
Kunstwäsche 46 113
Kunstwolle 209 212
Kuppelungen 399
v. Kurrer 80

L.

Lager 372 553 699
Lagerschaalen 554
Laidlaw 360 450 745
Lake, R. 291, 313, 547, 556
Lakin 321 606
Lammwolle 43
Länge der Wolle 23 43
Läufer 257
Landon & Bréant 109
Langenard 127 133
Laplata 4
Lardy Mc. 608
Laterrière 412
Lattentuch 256
Lauckner 607
Lawson 187
Leach 181 246 250 264 350 362 392 505 606
Lecoeur 752
Leder 293
Lederhobelmaschine 307
Lederwalzmaschine 306
Lees, Asa 606 607
Legris 109
Leistung, Waschmaschine 106
— Trockenmaschine 148
— Ventilator 151
— Spinnmaschine 574 727
— Krempel 406 cf.
Leitschiene 617 637 670
Lepainteur 241
Leroux 70 243 421 461
Leviathan 92
Leyherr 537
Liebau 83
Lieferungscylinder 671
Lindsay & Proctor 285
Liverpool 165
Livesey 694
Loas fils 265 285
Locken 43 256 361
Lohren, A. 193 210 251 255 360 365 413 415 752 757
London 41
Lord 241 273
Lumpen 211 214
Lumpensammler 211
Lumpenwolf 210
Lumpenwolle 210
Lundy 242
Lunge 74
Lupina 64
Lychnis 64

M.

Madeley 606
Maerker 7 8 11 12 764
Magnesia 239
Mahon 552
Makenzie 546 730 755
Makindoe 606 607
Mallinson 607
Malteau 104 197 198 421
Mangelrad 601

Maniece 691
Mannheimer Manufactur 129
Mansfield 548 557 689
Maqueen 605 607
Marée-Giot 351
Markhöhle 20
Markstrang 18
Marksubstanz 18
Marshall 555 689
Martin, C. 227 244 249 269 293 338 341 344 353 374 384 413 414 418 436 477 511
Martin, G. 205 218
Mason 580 608
Materialaufwand bei Zwirn 740
Mauméné 12 80 764
Mayor 563
Mechanik der Wolle 34
Mediowolle 413
Melangen 441
Mélen, Eng. 91
Mellet & Foulquier 83 91
Mc. Mellor 607
Membran 16
Menzel 30
Mercier 417 420 608
Merinowollen 3 11 15 16
Messung, Stapel 28
— Dicke 29
— Kräuselung 31
— Länge 32
— der Gerne 753 755
Metall der Wolle 38
Metallfaden 456
Metcalf 607
Michaelis & Müller 281 399
Michel 700
Milburn & Co. 91 98 153
Milch 239
Milly 269 352
Mimosa 64
Mineraloel 239 757
Mischungen zum Einfetten 241 441
Missa 83
Mittelkrempel 413
Moeckel 608
Möhring 696
Mohnoel 239
Moison-Payen 71
Monestier 242
Montgommery 605
Montigny 608
Moreau Valette 110
Morell 304
Morphologie 15
Moser 697
Motsch & Perrin 690
Mottet 241
Müller, G. 65
Müller 608 693
Mulder 8
Muloteaux 752
Münnich & Co. 121
Mungo 209 429
Murdoch 357

Murray 604
Mustard 268
Mc. Myn 607

N.

Nachdraht 566 622 630 708
v. Nathusius 19 32 36 39
Naudin 46 63 314 316
Naught, M. 94 152
Negretti 3 15
Negro 242
Neste 255
Newmann 218
Newsome 333
Newton 88 188
Niess 255 315 699
Normaldrehungszahl 471 708
Normalfaden 462
Normalfaserzahl 459
Norton 140
Noufflard 745
Nummerirung 460 462 720 755
Nussklette 186

O.

Oel 239 757
Oelsäure 240
Oelung 702
Oelvertheilungsapparat 248
Oelwolf 244
Offermann 117 119
Oldfield 607
Oldroyd 656
Olein 65
Oleocoll 242
Olivenoel 236
Onorpodon 186
Orr 609
Ortsmanns-Hauzeur 86
Osenbrück 699
Ovis 1

P.

v. Pabst 31 40
Palmer 691
Papavoine 304
Papierhülsen 558 690
Parallelisiren 319
Parent 991
Parker 607
Parkhurst 189
Parkinson 606
Parr Curtis 304 601 606 652
Parson 179 278
Pasquay 255 315 316 348 491
Pasquier 143
Paul, L 291 316 491 493 565
Paular 3
Pech 237
Peigneur 257 326 340 480
Pelassy fils 238
Peltzer 85
Pelz 255 279
Pelztrommel 257 279 394
Penzoldt 116

Perales 3
Peretta 3
Perrier 752
Perrin 608
Peters, R 297
Peters 608
Petrie j.
Peugeot 608
Peynod 608
Pfaff C. 337
Philippe & Fortier 66
Philipson 242
Physiologie 15
Pickering 607
Pictet 3
Pierrard Parpaite 90 174 495 608 693
Pierron & Dehaitre 125 138
Pihet 314
Pilgram 26 29
Pilling 556
Pimont 239
Pion 91 104
Piper 285
Plantrou fils 107
Plattbänder 553 689
Platt Brothers 49 198 216 278 345 427 555 604 658 691
Platt-Richardson 199
Plinius 251
Pogge 55
Poole 691
Pooley 414
Porion 767
Portago 3
Porthan 314
Possart, P. 110
Potasche 12 80 764
Potascheofen 768
Potter 525 605 620
Presse 105 114 573
Preussens Schatz. 40
Prevost-Mennier 608
Price 560 580 178 239
Prollius 227
Proponnet 691
Prouth 304
Punktgarn 744

Q.

Quadrant 605 683
Quadrantenkettentrommel 668
Quast 725
Quillaja 64 112

R.

Rabbeth 549
Rambouillet 4
Ramsbottom 552
Ramsden 555 592
Raufwolle 43
Raumbedarf 439 663
Raworth 556 689
Rebstock 701
Recheux 421
Regulirapparat 509 527 732

50*

Reich 8 11 13
Reinfeld 67
Reinigung 330 699
Reinigung d. W. 167
Reisswolf 168 171
Renaux 117 179
Reuss & Co. 694 732
Revell 554
Rhodes 552 582 606 699
Ribbeck 5
Richards 734
Richardson & Fiedler 201
Richter 76 76 112 237 240
Riemchenapparat 353
Riemenbetrieb 383
Riemenscheibe 672
Riesler 691
Rieter 608
Riley & Barton 607
Rindenschicht 18
Rindensubstanz 20
Ringbezug 259 348
Ringelklette 186
Ringspindeln 495 500 539
Ringwalzen 347
Ripley 450
Robert 247 248 565 601 605 609
Robertson 390 605
Robinson 606
Röhren 363 397 477 481 500 524 539
Rogelet 11 80 769
Rogers 441
Rohde 15 35 38 40
Rolland 67
Ronnet 241 395
Roswell Bobbin Co. 691
Rothwell 607
Rousselle 736
Rouvier 4
Rowley 218
Rüboel 239
Rückenwäsche 49 52 112
Rugendas 691
Russische Wolle 6
Rutscher 378

S.

Sachsen 3
Saladin 699
Salazar 3
Saltaire 745
Samenwolle 44
Sampson 269
Sandersohn 243
Sandwolle 169
Sapindus 64
Saponaria 63
Schaffelle 165
Schafracen 1
Schafroth 223
Schafwäsche 52
Schafzucht 40 41
Schaller 207 218
Schapringer 65

Schellenberg 128 289 397 425 594 606 607 646
Scherer 7 8
Schiele 606
Schielhaare 20
Schimmel & Co. 49 123 182 226 228 265 340 379 425 451 484 537 582 662 723
Schlagapparat 502
Schlagkamm 252
Schlagmaschine 47
Schlagwolf 166
Schleifen 332
Schleifwalzen 333
Schlesinger R. 211
Schlieper 65
Schlitzformenapparat 477
Schlossberger 9
Schlumberger 421 582 606
Schmiere 697
Schmidt 254 314 594
von Schmidt 20 29 40 161
Schmutzwolle 45
Schnecken 580 666 672
Schnellwalzen 251
Schnurenbetrieb 545 599 692 739
Schnurfabrication 695
Schofield 552 607
Scholz 15
Schulze C. A. M. 287
Schulze E. 7 8 12 768
Schur 43 162
Schussgarn 716
Schutzvorrichtung 699
Schwammborn E. 81
Schweden 4
Schwefel 8
Schwefelkohlenstoff 64 70 112
Schweiss 12 13 36
Schweisswasser 80
Schwemmen 52
Scrive 304
Sector 683
See P. 608
Seegrasgallert 241
Sehlmacher 84
Seife 70 112
Seifentabelle 70
Seifenwässer 80
Seile 599 663 693 697
Seilführung 698
Seilrollen 698
Seilschmiere 697
Seitle A. 109
Selfactingmule 568 600 662
Selfactor 568 600 662
Semper 141
Settegast 22
Sharp 304 605 609
Shaw 107 321 504 546 552
Shears 133
Sheewood 207 219
Sheridan 4
Shoddy 209 227 429
Sidney Smith 339
Siemens 689

Sierce 108
Simon H. 327
Simons 756
Sircoulou 693
Sirtaine 102
Skiadan 26
Slagostera 693
Smith E. 304
Smith & Co. 745
Smith J. 351 601 605 619
Smith & Hartley 607
Snakers 503
Solanum 64
Sommer 697
Sommervail 608
Sommerwolle 43
Sorge 25
Sortirwolf 234
Southdown 11 15
Spanische Wolle 3 6
Spannungsregulator 508 513 733
Specifisches Gew. 38
Specker 316
Speicht 552
Speiseapparate 263
Speisewalzen 256
Spindel 447 492 526 547 573 657 689 690 714 728 735
Spindelaustellung 538 547 713
Spindelbank 540 553
Spindelbewegung 545 664 692 712
Spindelform 547
Spindelknöpfchen 553
Spindellager 553 689
Spindelschnüre 545 599 692
Spindeltheile 689 739
Spindeltrommel 693
Spindelzahl 723
Spineux 477 503 505
Spinnen 539 466 559
Spinnmaschinen 455 476 565 580 716
Spinnverfahren 466 539 702
Spiralige W. 23 36 458
Spitze 18
Spritzwäsche 54
Spule 527 540 542 557 735
Stahlschmidt 82
Stamm E. 607 608
Standeven 607
Stapel 20 36
Stapellänge 32
Stehelin 546 606 630
Stehleger 553 556
Stein 528 546 694 729 736 737 745 748 750
Steiner 537 594 600
Steinlein 691
Stephan 250
Steps 553
Sterblingswolle 43
Sterling 164
Sternickel & Gälcher 429 528 608
Steuerung 575 624 676
Steuerwelle 624 676
Stichelhaare 20
Stoeckhardt 10 39

Stommel 158 255 315
Stosberg 689
Strähnchen 17
Streckwerk 475 519 531 537 566
Streichwolle 1
Strumpfwolle 451
Strutt 568 604
Stubbs 752
Sturzwäsche 55
Sumner Pratt 428
Surfiliren 529
Sutcliffe 552 605
Swines 333
Sykes 477 497
Sykes & Ogden 185

T.

Tabers 647
Tailor & Lang 273
Tambour 256 309
Tambourband 300
Tambourblätter 300
Tannwalder, F. 429
Tatscher 546
Tauber 31
Taylor 699
Taylor Wordsworth 315 427 436
Teichwäsche 52 112
Temperatur 155 209
Terpentinoel 64
Textilfaden 456
Thadden 55
Thaer 3 46 55
Thatam 247 274 276 348 351 364 418 427 552 570 606
Thierry 735
Thomae 297
Thomas, H. 123
Thomlinson 266
Thompson 609
Thornton 279 341 374
Threlfall 605 607
Throstle 445
Thurlow 606 652
Tissandier 768
Tolson 332 745
Tourenzähler 582
Touroude 608
Travis 605
Treibscheiben 672
Treibstock 625
Trenn 66
Trocknen der Wolle 113
Trommer 58
Tropmann 690
Tuch 256
Tuchwollen 6 15
Tulpin airé 123
Turner 745
Twistwürtel 580

U.

Ueberspinnen 716
Uhle 304
Ulbricht 7

Ullhorn 295 298 300 304
Umdrehungen 120 251 383 385 394 408 502 559 579 584 625, cf. 709 717
Umfangsgeschwindigkeit 408 559 579 584 717
Umlaufzähler 699
Umschaltungen 674
Ure 7

V.

Valery 421
Varley 571
Vauquelin 9
Vegetabilische Substanzen 216
Ventilatoren 151
Verseifen 80
Verspinnen 455
Verviers 13 68 80 749
Verzahnung der Wölfe 176
Vicuna 8
Vigogne 442
de Vila 546 693
Vilain 421 582
Vilermet 66
Vimont 495 497
da Vinci 491 539
Violette 206
de Vire 582
Vliesse, zerrissen 43
Vliesswäsche 46 52
Vliesswaschmaschine 109
Vliesswolle 43
Voigt, R. 128
Voigtlaender 26 29
Volant 257 314
Volantbezug 300
Volantblätter 295
Voreilung 541 715
Vorgespinnst 474
Vorkrempel 413
Vorlegeapparate 263
Vorreisswalze 256
Vorspinnapparate 346
Vorspinnfäden 256 346
Vorspinnkrempel 395
Vorwalzen 287 309
Vouillon 421

W.

Wade 557
Wagen 543 545 573 624 633 665 736
Wagenweg 662
Wagner 31
Wailes & Cooper 266
Wain 594
Walker 511
Walton 295 299 304 327 571
Walzenbänder 300
Walzenblätter 300
Walzenlager 372
Wappenstein 691
Waschmaschinen 83 216
Waschmittel 63 67 758
Waschresultate 111
Waschtrommeln 107

Waschverluste 112
Wasser, Zusammensetzung 58
Wassergehalt
Wasserglasseife
Wasserhaltende Kraft 35 156
Wasserlein 26
Waterspinnmaschine 476 543 558
Watte 256
Watteau 164
Watts 609
Wattson & Hall 553
Weber, R. 37
Wechselräder 378
Wedding 84 178 254 314 571 607
Weichheit der Wolle 36 38
Weild 608
Wekherlin 29
Wellentreue 30
Wender 252 326
Wenderbänder 301
Werotte 769
Westrumb 80
Whipper 168
White 316 571
Whitmore
Wickelwalze 412
Widerstände beim Spinnen 704
Wieck 607
Wiede 191 410 426 592 587 607 649 712 725
Wiedergewinnuug, Kali 80
Wilhelm 10 35
Williams 181 559 734
Willow 179
Wilson 240 555 689
Windeschiene 617 637
Winkelbetrieb 582
Winterwolle 43
Withacker 606
Withworth 553 605
Wittich 359
Wolf 47 168
Wolle 1
— Sorten 4 21 25 34 39 444
— Länge 4 33
— Chemismus 6
— Analysen 7
— Schwefel 8
— Schweiss 9 14
— Waschwasser 13
— Physiologie 15 20
— Charakteristik 15 20
— Eigenschaften 18 21 34
— Kräuselung 21
— Feinheit 24
— Messung 25
— Physik 34
— Elasticität 37
— Production 39
— Märkte 40
— Auctionen 41
— Import 43
— Sortirung 43 44
— Handelsklassen 43 44
— Entstauben 47

— Waschen 51—113 156
— Trocknen 113—157
— Abscheeren 43 162
— Reinigen 167—186
— Auflockern 167—186
— Entkletten 186—209
— Abfälle 227 757
— Kunst- 210
— Einfetten 239 757
— Krempeln 251
— Spinnen 256
Wollkali 80
Wollmesser 25
Wollwaschanstalten 157
Wood 567 604
Wright 692
Wrigley & Morris 607
Würgelapparat 361 395
Würgelprocess 325 361
Würtel 531
Wulste 256
Wyatt 491

X.

Ximenes 3

Y.

Young
Yranda 3

Z.

Zählapparat 582 591 592 674 699
Zartheit 38
Zauseler 168
Zellen 15
Zelleninhalt 16
Zemann, J. 47 280 359 537 690
Zemsch 227
Zerfliessliche Salze 242
Ziegler 608
Zimmermann, A. 363 415
Zuführtuch 256
Zuführwalze 256 478
Zupfen der Wolle 168
Zusammendrehen 436
Zwanziger 607
Zweischur 43
Zwirneffecte 744
Zwirnen 537 728 737 739
Zwirnmaschine 728 737 539 cf.
Zwischenwalzen 287
Zschille, A. 88

G. Josephy's Erben

Maschinenfabrik und Eisengiesserei

Bielitz, österr. Schlesien,

liefern als **Specialität**

Maschinen für Streichgarnspinnerei

Assortiments in allen Breiten mit 4 und 6 Paar Arbeitswalzen, Continues mit 2 Peigneurs
„ „ 1 „ und 1 und 2 Hacker.
Continues à lanières (Patent Celestin Martin) Mule Jenny's mit Mittel- und Seitenbetrieb, und Selfactors, jede Spindeltheilung und feststehende Spinnmaschinen, ohne Wagen 100 Mm. Spindeltheilung.

Maschinen für Baumwollabfallspinnerei

Universal-Federwalken

Maschinen für Tuch-Appretur

einfache und doppelte Rauhmaschinen, Scheermaschinen (Longitudinales, Lewis & Dawis), einfache und doppelte Bürstmaschinen, Centrifugaltrocken-Maschinen, hydraulische Pressen.

Maschinen für Carbonisirung von Tuchen, Wollen und Kunstwollen.

Die Fabrikate wurden prämiirt:
1871. Bielitz-Bialaer Ausstellung: 1. Preis, goldene Medaille.
1873. Wiener Welt-Ausstellung: Verdienst-Medaille.

MIX
Papier aus verantwortungsvollen Quellen
Paper from responsible sources
FSC® C105338

If you have any concerns about our products,
you can contact us on
ProductSafety@springernature.com

In case Publisher is established outside the EU,
the EU authorized representative is:
**Springer Nature Customer Service Center GmbH
Europaplatz 3, 69115 Heidelberg, Germany**

Printed by Libri Plureos GmbH
in Hamburg, Germany